Ecological Restoration Technologies for
Municipal Solid Waste Landfills

生活垃圾填埋场
生态修复技术

何若　龙於洋　沈东升　等 编著

内容简介

本书以生活垃圾填埋场污染治理与生态修复为主线，全面系统地介绍了垃圾填埋场生态修复技术和工程，包括生活垃圾填埋场问题识别和评估，生态修复基本原理与主要技术（包括原位生物修复、开挖修复和生态封场技术），以及生态修复过程中渗滤液、气体污染物、场地土壤及地下水污染控制和工程案例，并结合国家"绿色发展"、"双碳"目标和智慧管控的需求，介绍了生态修复填埋场的碳排放核算与控制及数字化运维管理等前沿技术。

本书在综合国内外相关领域最新进展的基础上，结合当前相关技术应用工程展开阐述与分析，旨在为广大读者提供生活垃圾填埋场污染治理和生态修复的全面性知识及可行的技术方案，可供从事垃圾处理及其污染控制相关领域的科研人员、工程技术人员和管理人员参考，也可供高等学校环境科学与工程、市政工程、生态工程及相关专业师生参阅。

图书在版编目（CIP）数据

生活垃圾填埋场生态修复技术 / 何若等编著.
北京：化学工业出版社，2024. 11. — ISBN 978-7-122-46067-7

Ⅰ. X705

中国国家版本馆 CIP 数据核字第 20247HH889 号

责任编辑：刘兴春　刘　婧　　文字编辑：李晓畅　王云霞
责任校对：赵懿桐　　　　　　　装帧设计：韩　飞

出版发行：化学工业出版社
　　　　　（北京市东城区青年湖南街 13 号　邮政编码 100011）
印　　装：北京建宏印刷有限公司
787mm×1092mm　1/16　印张 37¾　字数 947 千字
2025 年 5 月北京第 1 版第 1 次印刷

购书咨询：010-64518888　　售后服务：010-64518899
网　　址：http://www.cip.com.cn

凡购买本书，如有缺损质量问题，本社销售中心负责调换。

定　　价：298.00 元　　　　　　版权所有　违者必究

前 言

自 20 世纪 70 年代以来，垃圾填埋处理由于其简单方便、处理成本低等优势，成为我国生活垃圾处理的首选技术。随着我国经济的发展，垃圾产生量快速增长，如今在我国各地现存数以万计、大小不一的垃圾填埋场。据统计，目前共建有卫生填埋场 644 座，历年堆积的非正规垃圾堆场、简易填埋场约 2.7 万座。近年来，随着技术进步和土地资源紧缺，垃圾处理逐渐转向以焚烧为主，但在偏远地区、经济不发达的区域，受制于高昂的焚烧设备建设成本和严格的分类要求，填埋仍然是生活垃圾重要的处理方式。

随着我国城市的扩张和农村城市化进程的加速，垃圾填埋场的搬运和修复成了实施城市新发展规划、改善城市人居环境的必然选择。同时，由于早期垃圾填埋技术的限制和人们对其认识不足，出现了大量的非正规垃圾堆场和简易垃圾填埋场，给周边水、土、大气和地下水带来了严重的污染。虽然在"十二五"和"十三五"时期，我国生活垃圾堆放点的治理取得了很大的成效，但我国历年以来累积的填埋垃圾量巨大，面广量大的填埋场情况各异，特别是在党的二十大提出的"推动绿色发展，促进人与自然和谐共生"新目标新任务下，垃圾填埋场的污染整治和生态修复任务还很艰巨。为了提高城镇生活垃圾无害化处理水平，减轻垃圾填埋场对环境的破坏和对公众健康的威胁，切实改善人居环境，系统梳理和总结城市生活垃圾填埋场生态修复和污染控制技术成为当前学术研究和工程实践的迫切需要。

本书是笔者结合国内外生活垃圾填埋场在生态修复方面的研究成果和应用技术，对多年在垃圾填埋场污染控制方面的研究和工程实践经验的总结。本书以垃圾填埋场生态修复及其污染控制为主线，在全面识别和评估生活垃圾填埋场问题的基础上，详细梳理了垃圾填埋场生态修复的原理、主要生态修复技术（包括垃圾填埋场原位生物修复、生态封场和开挖修复等技术）的工艺参数和控制工程；从垃圾填埋场生态修复过程中的渗滤液、气体污染物、场地土壤和地下水、碳排放等方面，深入讲解了垃圾填埋场生态修复过程中的污染特征及控制技术，并汇总各污染要素控制技术的优势和局限性；最后通过案例，介绍了垃圾填埋场原位生物修复、生态封场和开挖修复工程。全书体系结构紧凑严密，内容丰富全面，结合领域发展方向，总结了生态修复填埋场的碳排放核算与控制及数字化运维管理等前沿成果与技术，旨在为生活垃圾填埋场污染控制与生态修复等提供技术支撑和案例借鉴。

本书由何若、龙於洋、沈东升等编著，具体编著分工如下：第 1 章由何若和沈东升编著；第 2 章由朱敏编著；第 3 章由何若和姜磊编著；第 4 章由何若和龙於洋编著；第 5 章由储意轩编著；第 6 章由龙於洋和周浩民编著；第 7 章由何若编著；第 8 章由储意轩编著；第 9 章由张鑫编著；第 10 章由戚圣琦编著；第 11 章由张鑫编著；第 12 章由惠彩和何小松编著。全书最后由沈东升教授审核，赵楠楠、吴书林、仝雪、沈彦、倪盼月、李心月、徐航等同志参加了部分辅助工作。

  本书在编著过程中，除了编著团队的研究成果之外，还参考了部分国内外专家学者的研究成果和专业资料，在此一并表示感谢。由于时间仓促，本书中难免有疏漏和不妥之处，敬请读者不吝指正。

编著者
2024 年 4 月

目 录

第 1 章 绪论 — 1

1.1 我国生活垃圾产生与处置现状 — 1
- 1.1.1 我国生活垃圾的产生现状 — 1
- 1.1.2 我国生活垃圾的组成与分类 — 2
- 1.1.3 我国生活垃圾的处置现状 — 5

1.2 生活垃圾填埋处理与发展趋势 — 7
- 1.2.1 各国生活垃圾填埋处理现状 — 7
- 1.2.2 生活垃圾填埋处理的发展与趋势 — 10
- 1.2.3 生活垃圾填埋场对环境的影响 — 11

1.3 垃圾填埋场污染控制标准体系 — 13
- 1.3.1 建设阶段污染控制标准体系 — 14
- 1.3.2 运行阶段污染控制标准体系 — 15
- 1.3.3 封场修复阶段污染控制标准体系 — 17

1.4 垃圾填埋场生态修复与环境意义 — 18
- 1.4.1 垃圾填埋场生态修复的需求与实践 — 18
- 1.4.2 垃圾填埋场生态修复技术 — 20
- 1.4.3 垃圾填埋场生态修复的社会与环境意义 — 24

第 2 章 垃圾填埋场问题识别与评估 — 26

2.1 垃圾填埋场基础调查 — 26
- 2.1.1 基础调查 — 27
- 2.1.2 建设及运行管理调查 — 29
- 2.1.3 污染防控设施调查 — 30
- 2.1.4 填埋场抽样检测 — 31

2.2 水文地质与工程地质勘察 — 32
- 2.2.1 水文地质勘察 — 32
- 2.2.2 工程地质勘察 — 33
- 2.2.3 周边地质灾害调查 — 34

2.3 垃圾填埋区安全调查与评估 ·········· 35
    2.3.1 垃圾堆体调查与评估 ·········· 36
    2.3.2 渗滤液调查与评估 ·········· 41
    2.3.3 填埋气体调查与评估 ·········· 43
2.4 垃圾填埋场周边环境调查与评估 ·········· 46
    2.4.1 地下水环境调查与评估 ·········· 46
    2.4.2 大气环境调查与评估 ·········· 52
    2.4.3 地表水环境调查与评估 ·········· 54
    2.4.4 土壤环境调查与评估 ·········· 56
    2.4.5 生态调查与评估 ·········· 60
    2.4.6 新污染物调查与评估 ·········· 61
2.5 垃圾填埋场风险判别与修复评估 ·········· 64
    2.5.1 风险评价技术指标体系 ·········· 64
    2.5.2 生态修复技术评估 ·········· 70

第3章 垃圾填埋场生态修复基本原理　78

3.1 垃圾填埋场微生态系统与功能 ·········· 78
    3.1.1 垃圾填埋场微生态系统 ·········· 78
    3.1.2 垃圾填埋场污染物的释放 ·········· 79
    3.1.3 垃圾填埋场的功能 ·········· 80
3.2 垃圾填埋场生态修复的原理 ·········· 82
    3.2.1 物理工程作用 ·········· 82
    3.2.2 物理化学作用 ·········· 89
    3.2.3 生物作用 ·········· 99
3.3 生态修复填埋场中垃圾的降解特性 ·········· 109
    3.3.1 填埋垃圾的降解特性 ·········· 109
    3.3.2 填埋垃圾降解动力学 ·········· 115
    3.3.3 填埋垃圾降解调控因素 ·········· 118
3.4 生态修复填埋场中主要污染物的转化 ·········· 120
    3.4.1 甲烷的转化 ·········· 120
    3.4.2 含氮化合物的转化 ·········· 123
    3.4.3 含硫化合物的转化 ·········· 126
    3.4.4 VOCs 的转化 ·········· 129
    3.4.5 重金属的迁移转化 ·········· 133

第4章 垃圾填埋场原位生物修复技术　136

4.1 垃圾填埋场原位生物修复类型 ·········· 136

4.2 垃圾填埋场原位生物修复组成系统 …… 141
4.2.1 气体系统 …… 141
4.2.2 液体系统 …… 144
4.2.3 污染隔离系统 …… 147
4.2.4 数据监测与控制系统 …… 149

4.3 垃圾填埋场原位生物修复主要参数与设计 …… 151
4.3.1 通风量与井位布置 …… 151
4.3.2 液体回灌量与回灌方式 …… 161
4.3.3 垂直防渗帷幕设计 …… 166

4.4 原位生物修复填埋场稳定化过程与评价 …… 170
4.4.1 原位生物修复填埋场稳定化过程 …… 170
4.4.2 垃圾填埋场稳定化评价指标 …… 174
4.4.3 垃圾填埋场稳定化评价方法 …… 180

4.5 原位生物修复填埋场数字化运维管理 …… 189
4.5.1 数字化运维模式与技术 …… 190
4.5.2 数字化运维管理系统 …… 190
4.5.3 数字化运行系统的监测布点与仪器 …… 195
4.5.4 数字化修复场景与应用 …… 197

第5章 垃圾填埋场开挖修复技术 …… 200

5.1 垃圾填埋场开挖前处理工程 …… 200
5.1.1 垃圾填埋场稳定化处理 …… 200
5.1.2 渗滤液降水与排水 …… 201

5.2 垃圾填埋场开挖修复工程 …… 202
5.2.1 开挖修复目的 …… 202
5.2.2 开挖工艺 …… 203
5.2.3 开挖垃圾脱水预处理技术 …… 207
5.2.4 开挖垃圾分选工艺 …… 211
5.2.5 开挖垃圾的处置 …… 215

5.3 垃圾填埋场开挖修复防护工程与措施 …… 218
5.3.1 边坡稳定性防护 …… 218
5.3.2 开挖工作人员的防护措施 …… 227
5.3.3 污染防治措施 …… 229

5.4 典型垃圾填埋场开挖修复工程 …… 232
5.4.1 高水位垃圾填埋场 …… 232
5.4.2 资源回收利用垃圾填埋场 …… 234
5.4.3 城市化类垃圾填埋场 …… 237

第6章 垃圾填埋场生态封场技术　　240

6.1 垃圾堆体整形　　240
6.1.1 垃圾堆体整形流程　　241
6.1.2 垃圾堆体整形方法　　242

6.2 垃圾填埋场覆盖工程　　244
6.2.1 封场覆盖系统　　245
6.2.2 封场覆盖材料　　247
6.2.3 封场覆盖技术　　248
6.2.4 水土流失控制　　250
6.2.5 封场沉降和护坡　　250

6.3 垃圾填埋场水气导排与防护　　252
6.3.1 渗滤液收集导排工程　　252
6.3.2 填埋气体收集导排工程　　254
6.3.3 防洪与地表径流导排工程　　256
6.3.4 地下水污染控制工程　　257

6.4 垃圾填埋场封场绿化　　260
6.4.1 封场绿化原则　　260
6.4.2 封场绿化工程设计程序　　261
6.4.3 土壤改良与植被恢复　　261

6.5 垃圾填埋场封场后维护　　265
6.5.1 水环境影响控制　　265
6.5.2 大气环境影响控制　　266

第7章 生态修复填埋场渗滤液收集与处理技术　　268

7.1 渗滤液来源与特性　　268
7.1.1 渗滤液来源　　268
7.1.2 渗滤液组成　　270
7.1.3 渗滤液产生量　　274
7.1.4 渗滤液水位壅高　　278

7.2 渗滤液收集与抽排系统　　285
7.2.1 渗滤液收集系统　　286
7.2.2 渗滤液抽排系统　　289

7.3 渗滤液处理技术　　296
7.3.1 渗滤液排放标准　　296
7.3.2 渗滤液处理方法　　297
7.3.3 渗滤液联合处理工艺　　312

第8章 生态修复填埋场气体污染物控制技术 314

- 8.1 垃圾填埋场气体污染物的组成与影响 314
  - 8.1.1 气体污染物的来源 314
  - 8.1.2 气体污染物的组成与影响 316
- 8.2 垃圾填埋场气体污染物的迁移扩散 320
  - 8.2.1 气体污染物的迁移扩散 320
  - 8.2.2 气体污染物的迁移规律 322
  - 8.2.3 气体污染物迁移的影响因素 324
- 8.3 生态修复填埋场气体污染物的控制 326
  - 8.3.1 原位生物修复填埋场气体污染物的控制 327
  - 8.3.2 生态封场填埋场气体污染物的控制 334
  - 8.3.3 开挖修复填埋场气体污染物的控制 338
  - 8.3.4 渗滤液收集与处置中气体污染物的控制 341
- 8.4 生态修复填埋场气体污染物处理技术 342
  - 8.4.1 气体污染物排放标准 342
  - 8.4.2 气体污染物处理技术 344

第9章 生态修复填埋场地土壤污染治理与恢复 360

- 9.1 垃圾填埋场地土壤污染识别 360
  - 9.1.1 土壤污染特征 361
  - 9.1.2 土壤污染识别方法 364
- 9.2 垃圾填埋场地土壤污染状况调查与风险评估 370
  - 9.2.1 土壤污染状况调查 370
  - 9.2.2 土壤环境监测 373
  - 9.2.3 土壤污染风险评估 376
- 9.3 垃圾填埋场地土壤污染修复技术 380
  - 9.3.1 土壤污染修复技术 380
  - 9.3.2 土壤污染联合修复技术 389
- 9.4 垃圾填埋场地土壤污染修复效果评估 395
  - 9.4.1 效果评估的验收标准 395
  - 9.4.2 效果评估的工作程序 398
  - 9.4.3 修复后的中长期监测 402

第10章 生态修复填埋场地下水污染控制技术 404

- 10.1 垃圾填埋场地下水污染识别技术 404

　　　　10.1.1　地下水污染特征 ……………………………… 405
　　　　10.1.2　地下水监测井布设 …………………………… 407
　　　　10.1.3　地下水分析指标 ……………………………… 410
　　　　10.1.4　地下水环境质量评价 ………………………… 410
　　10.2　垃圾填埋场地下水污染风险管控与修复技术 ………… 415
　　　　10.2.1　地下水污染风险管控与修复模式选择 ……… 415
　　　　10.2.2　地下水污染风险管控技术 …………………… 418
　　　　10.2.3　地下水污染修复技术 ………………………… 427
　　　　10.2.4　地下水污染风险管控与修复集成技术 ……… 435
　　10.3　垃圾填埋场地下水污染修复效果评估 ………………… 437
　　　　10.3.1　效果评估的工作程序 ………………………… 437
　　　　10.3.2　更新填埋场地块概念模型 …………………… 437
　　　　10.3.3　地下水样品采集与监测 ……………………… 444
　　　　10.3.4　地下水修复效果达标判断 …………………… 445
　　　　10.3.5　残留污染物风险评估 ………………………… 446

第 11 章　生态修复填埋场碳排放的核算与控制技术　　448

　　11.1　垃圾填埋场中主要温室气体与排放现状 ……………… 448
　　　　11.1.1　主要温室气体 ………………………………… 448
　　　　11.1.2　温室气体排放现状 …………………………… 450
　　11.2　垃圾填埋场甲烷排放模型与碳排放核算 ……………… 453
　　　　11.2.1　甲烷排放模型 ………………………………… 453
　　　　11.2.2　碳排放核算因子 ……………………………… 457
　　　　11.2.3　碳排放模型的选择 …………………………… 462
　　11.3　生态修复填埋场中的碳减排技术 ……………………… 463
　　　　11.3.1　生态封场填埋场中的碳减排技术 …………… 463
　　　　11.3.2　原位生物修复填埋场中的碳减排技术 ……… 469
　　　　11.3.3　开挖修复填埋场中的碳减排技术 …………… 473
　　　　11.3.4　碳减排技术对比 ……………………………… 474
　　11.4　生态修复填埋场覆盖土层碳减排技术 ………………… 476
　　　　11.4.1　覆盖土层中的碳减排微生物 ………………… 476
　　　　11.4.2　覆盖材料对碳减排的作用 …………………… 479
　　　　11.4.3　覆盖土层生物碳减排系统 …………………… 484
　　　　11.4.4　覆盖土层中碳减排的影响因素 ……………… 487
　　　　11.4.5　覆盖土层碳减排模型 ………………………… 492
　　11.5　垃圾填埋场碳减排策略 ………………………………… 503
　　　　11.5.1　碳减排政策 …………………………………… 504
　　　　11.5.2　加强源头管理 ………………………………… 505

11.5.3 扩大碳信用权交易 ································· 506

第 12 章　垃圾填埋场生态修复工程实例　　508

12.1 垃圾填埋场现状调查案例 ································· 508
12.1.1 工程概况 ································· 508
12.1.2 第一阶段初步调查 ································· 509
12.1.3 第二阶段详细调查 ································· 513

12.2 垃圾填埋场生态封场工程案例 ································· 528
12.2.1 工程概况 ································· 528
12.2.2 现状调查分析 ································· 529
12.2.3 生态封场工程 ································· 532

12.3 垃圾填埋场开挖修复工程案例 ································· 546
12.3.1 工程概况 ································· 546
12.3.2 现状调查分析 ································· 546
12.3.3 开挖修复工程 ································· 548

12.4 垃圾填埋场原位好氧生物修复工程案例 ································· 556
12.4.1 工程概况 ································· 556
12.4.2 原位好氧生物修复工程 ································· 556
12.4.3 生态修复效果评估 ································· 560

参考文献　　563

第 1 章 绪 论

自 20 世纪 70 年代以来，垃圾填埋处理由于其操作简单方便、处理成本低等优势，成为我国生活垃圾处理的首选技术。随着我国经济的发展，垃圾产生量快速增长，如今在我国各地现存数以万计、大小不一的垃圾填埋场。近年来，虽然世界各国生活垃圾填埋处理量不断下降，但填埋技术仍是城市固体废物最终处置的重要选择，特别是在偏远地区、经济不发达的区域，受制于高昂的焚烧设备建设成本和严格的分类要求，填埋仍然是生活垃圾重要的处理方式。由于早期垃圾填埋技术的限制和人们对其认识不足，出现了大量的非正规垃圾堆场和简易垃圾填埋场，其填埋处理工程设施不到位或几乎无工程设施，给周边地表水、土壤、大气和地下水带来了严重的污染。为了提高城镇生活垃圾无害化处理水平，减轻垃圾填埋场对环境的破坏和对公众健康的威胁，切实改善人居环境，我国已将生活垃圾填埋场封场和生态修复提上重要日程。旧垃圾填埋场、堆场生态恢复和污染控制已成为当今垃圾处理和环境保护的重要任务。本章主要概述了我国生活垃圾产生与处置现状、生活垃圾填埋处理与发展趋势和垃圾填埋场污染控制标准体系，最后针对目前非正规垃圾堆场和简易垃圾填埋场的环境污染问题和再利用，介绍了垃圾填埋场生态修复与环境意义，为我国生活垃圾填埋处理及其场地污染整治提供参考。

1.1 我国生活垃圾产生与处置现状

1.1.1 我国生活垃圾的产生现状

由于全球人口增长、生产和消费模式的变化，生活垃圾处理已成为备受人们关注的环境问题。随着人们生活水平的提高和经济的发展，生活垃圾产生量日益增加。据预测，到 2050 年全球生活垃圾总产生量将达到 34 亿吨[1]。在发展中国家中，我国城市化进程加快和经济快速增长，已成为生活垃圾主要产生国之一。据统计，2002~2021 年间，我国城市生活垃圾产生量呈上升趋势，特别是自 2011 年以来呈现快速增长，2021 年，我国城市生活垃圾清运量为 24869 万吨，较 2002 年的 13650 万吨增加了 11219 万吨，增长了 82.2%（图 1-1）[2]。

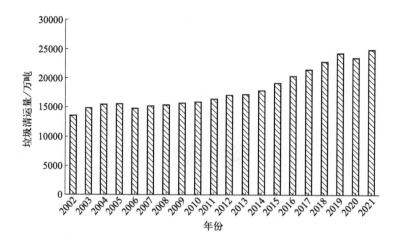

图 1-1　2002～2021 年间我国城市生活垃圾清运量

由于我国区域经济、人口、城市化发展等存在差异，各地产生的城市生活垃圾具有区域和空间特性。辽宁、山东、江苏、浙江、福建、上海、广东、海南等沿海地区由于经济发展快、人口密度高等原因，城市生活垃圾产生量较大，2021 年城市生活垃圾清运总量约为 11718 万吨，占全国的 47.1%，其中，广东省城市生活垃圾清运量最大，达到 3289 万吨，其次为江苏省（1904 万吨）、山东省（1769 万吨）和浙江省（1531 万吨）（图 1-2）。由于垃圾分类、资源回收等政策存在差异，各地区城市生活垃圾清运量的增长趋势也呈现差异。例如，2009～2021 年，辽宁省城市生活垃圾清运量基本保持稳定，而上海市 2013～2016 年城市生活垃圾清运量呈下降趋势，这可能归因于 2014 年 5 月实施的上海市城市生活垃圾分类减排工作。

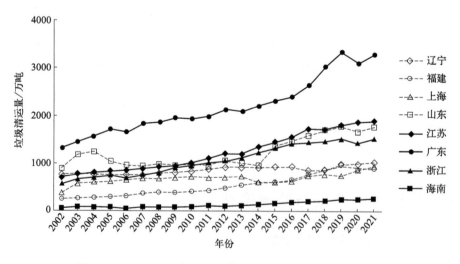

图 1-2　2002～2021 年间东部沿海地区城市生活垃圾清运量

1.1.2　我国生活垃圾的组成与分类

1.1.2.1　生活垃圾的组成

城市生活垃圾指城市居民日常生活中或为城市日常生活提供服务的活动中产生的固体废

物,其主要成分为厨余垃圾、纸类、橡胶塑料(橡塑)、纤维织物、草木、砖瓦陶瓷、玻璃、金属等。影响城市生活垃圾组成的主要因素有经济水平、居民生活水平、生活习惯、气候、地理位置和季节等。我国主要城市生活垃圾成分为厨余垃圾、纸类、橡胶塑料,其中厨余垃圾占比最大,为31.90%～72.00%(表1-1)。

表 1-1 我国主要城市生活垃圾组成　　　　　　　　　单位:%

城市	厨余垃圾	纸类	橡胶塑料	纤维织物	草木	砖瓦陶瓷	玻璃	金属	其他	参考文献
上海	60.40	11.88	17.56	2.85	1.95	0.41	3.57	1.08	0.30	[3]
杭州	56.80	9.31	19.09	3.05	1.92	—	1.40	0.46	7.97	
天津	63.22	11.74	14.63	—	—	—	—	—	10.41	
厦门	65.28	3.50	11.38	0.99	0.83	1.01	2.57	0.53	13.91	
南京	52.83	9.32	12.26	2.05	1.54	7.15	2.44	0.92	11.49	
广州	61.57	8.96	12.59	7.70	7.08			0.30	1.80	
济南	58.71	11.18	9.92	3.04	0.95	0.06	1.26	0.31	14.57	
沈阳	59.77	7.58	12.85	3.61	2.52	3.11	5.40	2.01	3.15	
北京	65.98	11.02	12.33	1.51	3.81	0.31	0.96	0.30	3.78	[4]
重庆	59.20	10.10	15.70	6.10	4.20	—	—	—	4.70	[5]
拉萨	72.00	6.00	12.00	7.00	2.00				1.00	[6]
长沙	63.90	10.00	10.80	2.60	3.40		3.50	0.70	5.10	[7]
深圳	31.90	15.40	18.40	12.40	3.80		3.40	1.20	13.60	[8]
乌鲁木齐	57.50	3.60	10.20	4.30	3.80		4.50	1.30	14.70	
大连	59.86	14.39	16.19	4.67	2.10	—	—	—	2.79	[9]
成都	47.06	15.76	14.98	1.72	—				20.48	
苏州	62.63	10.89	18.59	4.18	0.86				2.85	
桂林	61.31	4.96	28.18	1.80					3.75	
香港	38.30	24.30	18.90	3.30	4.30				10.90	

注:"—"指无相应分类数据。

近年来,随着我国生活垃圾分类政策的推进,城市生活垃圾中的厨余垃圾、纤维织物、玻璃、金属、草木等可回收组分占比均有所下降,而橡塑和灰土占比有所上升。例如,在2017～2021年间,苏州市生活垃圾主要由厨余垃圾、橡塑和纸类组成,这几类垃圾占总垃圾量的90%以上(图1-3)。其中,厨余垃圾含量最高,占总垃圾量的33.3%～65.8%。随着苏州市近年来积极推进垃圾分类政策,厨余垃圾总体上呈现逐年下降的趋势。特别是与2020年6月实施《苏州市生活垃圾分类管理条例》前相比,厨余垃圾含量显著降低,从分类前的均值54.8%下降至39.2%。与厨余垃圾相反,橡塑含量逐年增长,从2017年第1季度的21.4%增至2021年第4季度的42.9%,增幅高达100.47%。这可能与使用较多橡塑制品的外卖、快递等行业的快速发展有关。在《苏州市生活垃圾分类管理条例》推行后,橡塑含量提高了11.6%,达到了37.4%。此外,纸类占比为3.9%～14.0%[10]。1986～2019年间,上海市生活垃圾组分以厨余垃圾、纸类和橡塑为主,并且随着市民生活饮食结构、消费意识改变和外卖、快递等新兴行业发展,厨余垃圾含量呈下降趋势,纸类、橡塑类呈上升趋势[11]。生活垃圾组成的变化使其密度和含水率呈逐年下降的趋势,而热量则逐年上升。

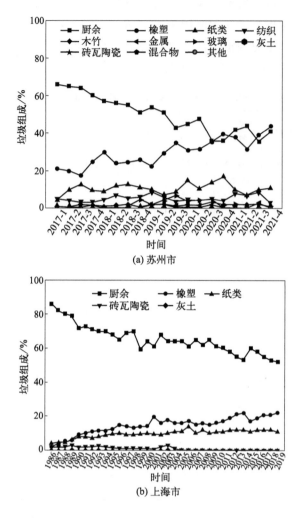

图1-3 苏州市和上海市垃圾组成的变化[10-11]

1.1.2.2 生活垃圾的分类

生活垃圾分类是根据不同垃圾处理要求,从垃圾产生的源头开始进行分类,再通过相应方式进行回收或处置,以达到垃圾减量化、资源再利用和减少环境污染的目的。生活垃圾分类收集是破解"垃圾围城"、推动资源再循环利用的关键环节。早在1957年,《北京日报》刊发的《垃圾要分类收集》中就提出了垃圾分类收集理念。1992年,国务院在《城市市容和环境卫生管理条例》(国务院令〔1992〕101号)中首次以官方文件的形式提出"对城市生活废弃物应当逐步做到分类收集、运输和处理"的要求。此后,国家多次推动生活垃圾分类收集。2000年,国家建设部确定北京、上海、广州、深圳、杭州、南京、厦门、桂林8个城市为"生活垃圾分类收集试点城市",但试点一段时间后很多城市收效甚微。2010年后,北京、南京、广州、上海等地陆续推动生活垃圾分类试点,生活垃圾分类收集开始逐渐形成一批创新经验及推广模式,但公众参与度还有待提高。2016年12月,中央财经领导小组会议研究普遍推行垃圾分类制度。2017年初印发《生活垃圾分类制度实施方案》,提出北京、上海等46个城市先行实施生活垃圾试点强制分类。2019年7月,上海市生活垃圾强制分类开始全面推行。2023年5月，住房城乡建设部表示，力争到2025年底前基本实现垃圾分类全覆盖。现阶段我国上海等城市通过立法推进生活垃圾强制分类，对未按规定分类投放生活垃圾的行为，依法予以罚款等行政处罚。这对于我国下一阶段全面实施城市生活垃圾分类，推动垃圾减量、资源循环利用，实现社会的持续发展具有重要意义。

我国现在正处于生活垃圾分类工作由局部试点城市逐步全面推行阶段。在这个过程中，各地政府根据实际情况制定了相应的分类标准，主要有"二分法"、"三分法"和"四分法"三大类。其中，"二分法"将垃圾分为可回收物和其他垃圾；"三分法"在"二分法"的基础上，增加了有害垃圾；"四分法"进一步将厨余垃圾单独分出来。目前我国46个试点城市中，大部分实行"四分法"分类垃圾（表1-2）。

表1-2 我国生活垃圾分类概况

类型	组成	垃圾箱
可回收物	(1) 纸类：报刊杂志、旧书、纸巾盒、纸板箱、纸箱、办公用纸等。 (2) 玻璃：碎玻璃、各种玻璃瓶、镜子等。 (3) 金属：易拉罐、锡罐、牙膏管等。 (4) 塑料：塑料瓶、泡沫塑料、一次性塑料餐具、塑料包装纸、塑料杯等。 (5) 织物：废弃衣物、毛巾、书包等	蓝色
厨余垃圾	剩菜、菜梗、茶梗、植物叶、废弃食用油、水果残渣、动物骨骼内脏等	绿色
有害垃圾	电池、废弃电子产品、过期药品、染发剂、过期化妆品、废灯泡、废油漆罐、废打印机墨盒、农药容器等	红色
其他垃圾	受污染的纸张、外壳、不可回收的玻璃、废旧陶瓷、香烟、受污染的塑料袋、受污染的尿布、灰尘等	灰色或黑色

1.1.3 我国生活垃圾的处置现状

我国生活垃圾处理方式主要有填埋、焚烧、堆肥和厌氧消化等。在2003～2009年，我国生活垃圾主要以填埋为主，占80.2%～85.8%（图1-4）。随着我国经济的快速发展，尤其是东部地区经济发展水平较高、土地资源稀缺，许多城市都面临着缺乏建造新垃圾填埋场可用土地的问题，各地区开始提倡原生垃圾"零填埋"，生活垃圾处理方式逐渐转换为以焚烧发电为主。特别是近年来，我国对环保日益重视，垃圾处理的"减量化、资源化、无害

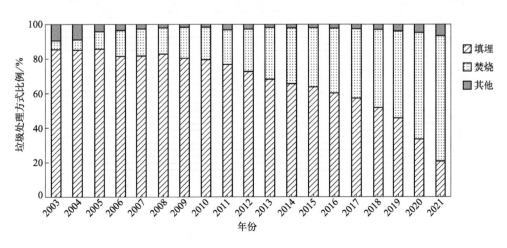

图1-4 2003～2021年我国城市生活垃圾主要处理方式占比

化"的水平逐渐提升,基本能够实现生活垃圾无害化处理。随着国家"十二五"规划、"十三五"规划和《关于进一步加强城市生活垃圾焚烧处理工作的意见》等一系列相关政策的出台,生活垃圾焚烧处置能力不断提升,生活垃圾卫生填埋量持续下降。2021 年我国生活垃圾卫生填埋量为 5208.5 万吨,占垃圾处理量的 20.9%;生活垃圾焚烧处置量为 19019.7 万吨,占比 72.5%。在垃圾分类和国家的"双碳"目标背景下,生活垃圾堆肥和厌氧消化等处理的占比有所上升,从 2013 年的 1.7%增长至 2021 年的 6.5%。

由于区域环境和经济等的差异,我国各地区的生活垃圾处理存在较大差异(图 1-5)。2021 年我国沿海、经济发达地区,如天津、浙江、海南、福建、山东、安徽、江苏、北京、上海等地,生活垃圾填埋处理占比少于 10%,焚烧处理占 60%以上,在北京和上海等地区,生活垃圾的堆肥和厌氧消化等处理量较大,占 14.6%~32.0%;而内陆、占地面积大的地区,如黑龙江、辽宁、内蒙古、新疆、西藏、青海等地,生活垃圾填埋处理占比为 47.8%~91.4%,焚烧处理占比为 0%~48.7%。虽然近年来我国主要城市已经明确了以焚烧为主的生活垃圾处理方式,但是垃圾填埋处理技术作为其辅助、应急的方式和保障性措施,仍然是一个城市正常发展不可替代的兜底设施。此外,在我国内陆、占地面积较大地区的中小城

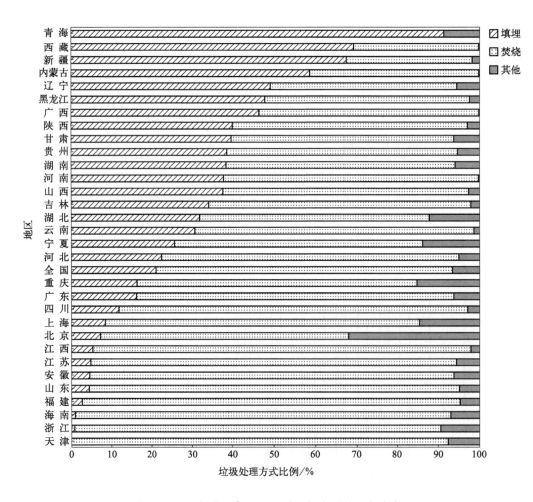

图 1-5 2021 年我国各地区生活垃圾主要处理方式占比

市，尤其是生活垃圾产生量小于焚烧经济性要求的地区，填埋技术依然是生活垃圾处理的主要方式。

1.2 生活垃圾填埋处理与发展趋势

1.2.1 各国生活垃圾填埋处理现状

根据 2018 年发布的 *What a Waste 2.0：A Global Snapshot of Solid Waste Management to 2050* 报告，世界上绝大多数国家的生活垃圾以填埋处理为主，其中拉丁美洲及加勒比海地区填埋占比 68.5%，北美填埋占比 54.3%，东亚及太平洋地区填埋占比 46%，中东及北非填埋占比为 34%，撒哈拉以南非洲和欧洲及中亚填埋占比为 24%～25.9%，南亚生活垃圾填埋处理占比为 4%（图 1-6）[1]。除了卫生填埋场外，无有效工程措施的堆放和非正规填埋在生活垃圾处理中也占有很大的比例，主要分布在发展中地区，其中南亚生活垃圾非正规填埋占 75%，撒哈拉以南非洲非正规填埋占 69%，中东及北非非正规填埋占 52.7%，拉丁美洲及加勒比海地区和欧洲及中亚非正规填埋占 25.6%～26.8%，东亚及太平洋地区非正规填埋占 18%。

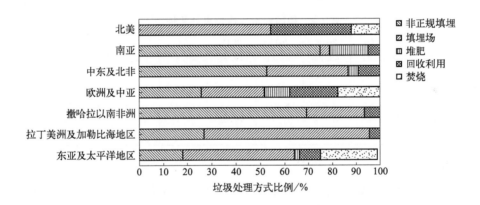

图 1-6 世界各区域生活垃圾主要处理方式占比

（1）欧盟

在欧洲，资源循环是目前垃圾处置的主要方向。德国在 1996 年生效的《循环经济与废物管理法》中提出了循环经济的减量化、再利用和再循环原则，简称为循环经济的"3R"原则，是循环经济最重要的实践操作原则。根据欧洲统计局数据（表 1-3），在 2008～2017 年间，欧盟生活垃圾总处置量稳定在 2.45×10^8 t。填埋处置和焚烧技术在欧盟生活垃圾无害化处置技术中所占的比例逐渐下降；能量回收和回收+堆肥处置方式所占的比例则逐步上升；在 2010 年，回收+堆肥处置方式所占的比例超过了填埋处置方式；2016 年，能量回收处置方式所占的比例超过了填埋处置方式；2017 年，欧盟生活垃圾填埋、焚烧、能量回收、回收+堆肥处置占比分别为 23.51%、1.56%、26.98% 和 47.95%。与 2008 相比，2017 年欧盟填埋比例减少 16.80%，焚烧比例减少 4.75%，能量回收比例增长 11.61%，回收+堆肥比例增加 9.94%。

表 1-3 欧盟城市生活垃圾处置情况[1]   单位：10^6 t

项目类别	2008	2009	2010	2011	2012	2013	2014	2015	2016	2017
总处置量	250.76	249.50	247.80	244.49	238.91	236.29	237.44	238.19	244.71	245.19
填埋	101.07	97.77	93.30	86.16	78.70	73.42	67.89	63.65	58.89	57.64
焚烧	15.83	15.56	13.11	11.68	9.09	6.66	6.31	8.34	5.76	3.82
能量回收	38.54	39.92	44.68	48.38	50.38	55.11	57.84	56.92	62.70	66.15
回收+堆肥	95.32	96.25	96.70	98.27	100.75	101.10	105.39	109.28	116.37	117.58
填埋比例/%	40.31	39.19	37.65	35.24	32.94	31.07	28.59	26.72	24.47	23.51

(2) 德国

德国是世界上率先进行生活垃圾分类和回收利用的国家，在生活垃圾处理方式上，德国注重生活垃圾回收与资源化利用。在2008~2017年间，德国生活垃圾总处置量为 (48.37~52.34)×10^6 t/a，呈少许增长趋势（表1-4）。在德国生活垃圾无害化处置技术中，填埋所占比例最小，为 0.22%~1.37%，焚烧技术在德国生活垃圾无害化处置技术中所占的比例逐渐下降，能量回收和回收+堆肥处置方式所占的比例则逐步上升。在2017年，德国生活垃圾填埋、焚烧、能量回收、回收+堆肥处置占比分别为 0.88%、4.20%、26.71%和68.21%。与2008年相比，德国填埋比例增长0.28%，焚烧比例减少18.50%，能量回收增长13.75%，回收+堆肥比例增加4.47%。

表 1-4 德国城市生活垃圾处置情况[1]   单位：10^6 t

项目类别	2008	2009	2010	2011	2012	2013	2014	2015	2016	2017
总处置量	48.37	48.47	49.24	50.24	49.76	49.57	51.10	51.63	52.13	52.34
填埋	0.29	0.18	0.21	0.25	0.11	0.68	0.68	0.65	0.52	0.46
焚烧	10.98	10.89	10.53	10.28	8.33	5.79	5.32	4.46	2.39	2.20
能量回收	6.27	6.81	7.72	8.07	8.86	10.92	10.99	11.53	13.86	13.98
回收+堆肥	30.83	30.59	30.78	31.63	32.46	32.18	34.10	34.99	35.36	35.70
填埋比例/%	0.60	0.37	0.43	0.50	0.22	1.37	1.33	1.26	1.00	0.88

(3) 美国

美国的生活垃圾分类属于简单的分类模式，主要可将生活垃圾分为普通垃圾、堆肥性废物和可再利用废物3大类。美国生活垃圾的处理方式主要为填埋、焚烧、堆肥和回收等（表1-5）。在2000~2017年间，美国生活垃圾的产生量逐年升高并最终稳定在 $2.67×10^8$ t 左右，填埋处置是美国生活垃圾主要的无害化处置技术，所占的比例随着近年来资源回收利用的增长有稍许下降，为 52.13%~57.59%，回收和堆肥所占的比例不断上升，焚烧技术所占比例基本保持不变，稳定在 11.67%~13.85%。2017年美国生活垃圾填埋、焚烧、堆肥和回收处置占比分别为 52.13%、12.71%、10.08%和25.09%。

表 1-5 美国生活垃圾处置情况[1]   单位：10^6 t

项目类别	2000	2005	2010	2015	2016	2017
总处置量	243.54	253.73	251.05	262.11	266.82	267.79
回收	53.10	59.24	65.26	67.56	68.63	67.18
堆肥	16.45	20.55	20.17	23.39	25.11	26.99
焚烧	33.73	31.65	29.31	33.55	33.90	34.03
填埋	140.26	142.29	136.31	137.61	139.18	139.59
填埋比例/%	57.59	56.08	54.30	52.50	52.16	52.13

(4) 日本

日本是最早进行垃圾分类的国家之一，其生活垃圾分类制度非常细致和严格，基于国家和各地方政府的相关条例，主要可以分为可燃垃圾、不可燃垃圾、可回收垃圾、大件垃圾和家庭有毒有害垃圾等。在日本细致分类的基础上，各地的垃圾资源回收站为垃圾"变废为宝"提供了有力的支撑。在 2009~2017 年间，日本生活垃圾处置量呈现小幅度下降趋势，到 2017 年，生活垃圾总处置量为 42.89×10^6 t（表 1-6）。填埋处置技术在日本生活垃圾无害化处置技术中所占比例最小，为 9.00%~10.96%，且基本呈现小幅度下降的趋势；回收在日本也呈下降趋势，从 2009 年 9.5×10^6 t 下降到 2017 年 8.68×10^6 t；能量回收为日本生活垃圾主要的无害化处置技术，从 2009 年 68.50% 上升到 2017 年 70.76%。

表 1-6　日本城市生活垃圾处置情况[1]　　　　　　单位：10^6 t

项目类别	2009	2010	2011	2012	2013	2014	2015	2016	2017
总处置量	46.25	45.36	45.43	45.23	44.87	44.32	43.98	43.17	42.89
填埋	5.07	4.84	4.74	4.65	4.54	4.30	4.17	3.98	3.86
回收	9.50	9.45	9.35	9.26	9.27	9.13	9.00	8.79	8.68
焚烧和其他	31.68	31.07	31.34	31.32	31.06	30.89	30.81	30.40	30.35
填埋比例/%	10.96	10.67	10.43	10.28	10.12	9.70	9.48	9.22	9.00

由此可见，近年来在欧盟、美国、德国和日本等发达国家或地区的生活垃圾填埋处理技术中，能量回收和资源化能源化处置有大幅度增长，焚烧和填埋处理有少许的下降，其中填埋处理占比变化不大，在美国仍占 50% 以上（图 1-7）。在发展中国家，填埋处理由于具有技术简单、操作方便、成本低等优点，是生活垃圾的主要处理方式。但由于填埋处理工程设施不到位或几乎无工程设施，导致出现了大量的非正规垃圾堆场和简易垃圾填埋场。

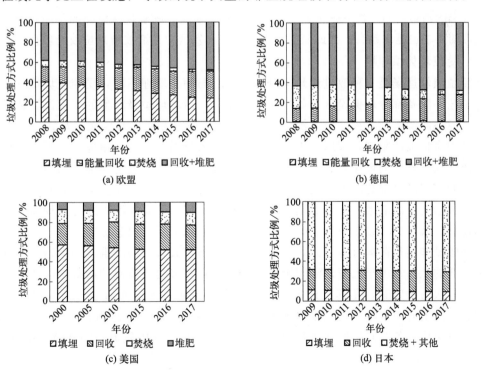

图 1-7　主要发达国家或地区生活垃圾主要处理方式

1.2.2 生活垃圾填埋处理的发展与趋势

填埋处理是生活垃圾最早的处理方式，其历史可以追溯到古代文明时期。然而，卫生填埋场的历史相对较短，只有几十年。在过去，人们通常采用简单的露天堆放方式来处理垃圾。这种方法存在许多问题，包括环境污染、地表水和地下水资源的受损以及臭气和病原体的传播等。20世纪60~70年代初期，随着城市化和工业化的迅速发展，垃圾数量急剧增加，垃圾造成的环境污染和破坏事件不断增多，特别是1972年在斯德哥尔摩召开"人类环境会议"以后，垃圾带来的环境问题引起了全球范围的广泛关注。随着人们对垃圾填埋处理技术及其环境影响认识的提高，垃圾填埋处理技术也在不断发展与完善。根据垃圾填埋场工程措施（如渗滤液的防渗、填埋气的导排等）的不同，垃圾填埋处理技术主要可分为以下4个阶段。

（1）简易垃圾填埋场

1950年以前，由于生活垃圾产生量少，其成分主要以煤灰和厨余垃圾为主，此时，生活垃圾主要在城市周边的坑洼地带进行简易填埋消纳处置。简易垃圾填埋是一种利用空地、沟壑以及一些废弃的水塘等进行的无任何工程措施的堆放和填埋方式。目前在一些经济欠发达地区，尤其是农村地区，仍然存在大量简易垃圾堆场。简易垃圾填埋作为一种传统的垃圾处理方式，具有简单易行、成本低廉和处理时间短等优点。但同时也存在着巨大的缺陷，首先由于简易垃圾填埋没有任何防渗层，垃圾中有害物质很容易渗透到地下水中，从而污染了地下水和土壤。其次，简易垃圾填埋产生的臭气会严重影响填埋场地周边的空气质量，垃圾降解所产生的甲烷等气体不仅会对环境造成污染，还可能导致火灾和爆炸等安全事故。此外，在简易填埋过程中，由于垃圾表面温度的升高，甚至还会产生燃烧事故。由于简易填埋只是简单处理生活垃圾的方法，不能对垃圾进行有效压实、污染控制和覆盖等处理。因此，它只是减轻生活垃圾带来的污染，而无法从根本上实现生活垃圾无害化。随着环保意识的不断提高，人们对垃圾处理的要求也越来越高，因此简易填埋在未来的发展中逐渐被新兴垃圾处理技术所取代。

（2）受控垃圾填埋场

受控垃圾填埋场是一种改进的垃圾处理方法。与简易填埋不同，受控垃圾填埋场采用垃圾填埋工艺并配备部分环保设施，如压实、覆土等，对填埋垃圾产生的二次污染物进行一定的控制，但在防渗系统、渗滤液（渗沥液）❶达标处理等方面仍有较大不足。由于当时的技术水平和国家标准的限制，我国大中小城市均存在大量的受控垃圾填埋场。受控垃圾填埋场主要特征是缺乏齐全的环保设施，或者是虽然环保设施齐全，但是污染物的控制达不到环保标准。例如填埋场底部防渗不完全、渗滤液处理不达标和日覆土厚度不够等问题。上海市科学技术委员会对上海老港固废处置基地的环境调研发现，上海老港固废处置场前3期工程开工时间较早，属于受控垃圾填埋场，且限于当时的技术水平、国家标准、工艺方式、作业条件、资金瓶颈和超负荷运行等原因，其长期处于规模超大、欠账严重、污染物无序排放、资源利用率低的状态。由于上海老港固废处置场不具备完善的环境保护措施，因此产生了一系列的环境二次污染问题，尤其是地表水环境。在调研期间，11个地表水环境监测点中仅3个监测点达到上海市水环境功能区划规定的Ⅴ类水体，其余8个监测点均属于劣Ⅴ类水体。与建设阶段相比，各监测指标含量均有不同程度的增加，其中氨氮、COD和BOD_5增加最

---

❶ 本书表述以"渗滤液"为主，部分出于尊重标准原文原因表述为"渗沥液"。

为明显，分别为建设时期的 1.54 倍、3.26 倍和 2.78 倍[12]。

（3）卫生填埋场

卫生填埋场建设始于 20 世纪 80 年代末，随着城市化进程的加快和城市垃圾数量的不断增加，垃圾填埋场作为一种重要的城市垃圾处理方法逐渐发展起来。卫生填埋场采用标准化的卫生填埋作业和污染控制措施，能够实现对填埋场地的防渗处理，同时对二次污染物进行处置，并综合考虑终场利用，以达到隔离、卫生、可控的目标。与传统的简易和受控垃圾填埋场相比，卫生填埋场可以较好地控制垃圾填埋过程中产生的有害物质和臭味等，对环境的污染相对较小。此外，卫生填埋场还可以对填埋气体进行收集，提高资源利用率。但是由于卫生填埋场采用严格的控制措施，其所需要的成本比一般填埋场更高，并且如果运行管理不善或设计施工不合理，也会造成环境的二次污染。

（4）可持续垃圾填埋场

可持续垃圾填埋场是在卫生填埋场的基础上，利用工程手段和微生物作用来促进填埋垃圾的生物降解和稳定化，实现填埋场循环和再利用。与传统的卫生填埋场相比，可持续垃圾填埋场采用了一系列工程和操作措施以及合理的微生物调控，以提高垃圾的分解速度，减少对环境的污染和影响。其常用的手段主要有渗滤液回灌、曝气、菌种和营养物质添加等。可持续垃圾填埋场将填埋场从一个被动接受垃圾的系统转化成了主动控制系统，提高了垃圾填埋气体的产生速率。与传统垃圾填埋场 30~50 年的主产气时间相比，可持续垃圾填埋场可缩短到 5~10 年，提高了垃圾填埋气体的资源化利用经济价值，较好地实现了城市生活垃圾的资源化和无害化。同时，可对垃圾填埋场地进行生态恢复和场地再利用，实现了区域生态环境的可持续与绿色发展。

1.2.3 生活垃圾填埋场对环境的影响

传统卫生填埋场虽然解决了垃圾露天堆放产生的恶臭以及渗滤液未经任何处理随意排放等环境问题，但是随着填埋场逐渐封场，填埋垃圾降解速度变慢，需要较长时间来维护。同时，由于运行管理不善和设计施工不合理等原因，造成了环境的二次污染。此外，发展中国家存在着数量巨大的非正规垃圾填埋场，如不妥善处理，会对周围的水体、大气和土壤造成严重污染，并危害人体健康（图 1-8）。

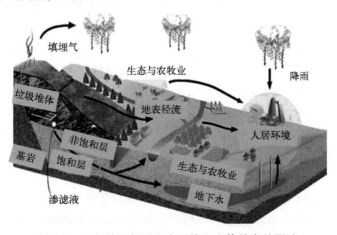

图 1-8 垃圾填埋场对生态环境和人体健康的影响

(1) 气体污染

垃圾填埋后经微生物厌氧分解产生填埋气体，其主要成分为甲烷（CH_4）和CO_2，均属于温室气体，特别是甲烷，其产生的温室效应是CO_2的20～30倍。垃圾填埋场是第三大人为甲烷排放源，排放量为60～69Tg CH_4/a，约占全球人为总排放量的12%[13]。甲烷是一种无色、无味的易燃易爆气体，甲烷的爆炸极限为5%～15%（体积分数），当甲烷浓度达到40%以上时，遇到火源会迅速燃烧。填埋气体中含有许多痕量气体，包括NH_3、H_2S和挥发性有机化合物（volatile organic compounds，VOCs）等，是引起垃圾填埋场恶臭污染的主要物质，严重影响周边居民的生活。生态环境部印发的《2018—2020年全国恶臭/异味污染投诉情况分析》报告显示，恶臭/异味是当前公众投诉最主要的环境问题之一，而垃圾处理占全部恶臭/异味投诉的平均比例为11%，居各行业首位。此外，填埋气体中含有200多种挥发性有机物，如甲苯、苯等，其中许多具有"三致性"（致癌、致畸、致突变）。2019年，安徽省泗县生活垃圾填埋场渗滤液处理站泵井内空气中甲烷、H_2S、CO_2和NH_3等气体浓度高于30%，造成泵井内严重缺氧，两名施工作业人员在地下泵房进行维修作业时，发生中毒窒息事故，造成1人死亡、1人受伤，直接经济损失约160万元。在一项垃圾填埋场附近关于儿童呼吸健康的研究中发现，虽然填埋气体中H_2S、NH_3等痕量气体浓度低于公布的监管限值，但也会对附近儿童的呼吸系统和免疫力产生负面影响，如引起溶菌酶和分泌型免疫球蛋白A（SIgA）水平的下降[14]。

(2) 地表和地下水体的污染

在填埋场中垃圾在物理、化学和生物等作用下产生大量渗滤液，其几乎是填埋场中所有污染物的"汇"。由于我国垃圾填埋场中主要以混合收集的垃圾为主，渗滤液组成复杂，其中NH_4^+、无机盐和有机物浓度较高，是一类难处理的废水。在雨季，渗滤液易形成地表径流，渗滤液渗漏会对周围土壤、地下水和地表水造成污染，特别是没有采取防渗等措施的非正规垃圾填埋场，而正规垃圾填埋场也会随着防渗材料的失效而面临相同的问题，国内外垃圾渗滤液污染地下水的事故屡有发生。据1977年资料，美国18500个垃圾填埋场中，几乎有50%由于渗滤液渗漏对地下水产生了污染。据生态环境部公开报道资料，近年来我国垃圾渗滤液污染事件呈高发态势，这对地下水质量产生严重影响，对人体健康构成潜在威胁。垃圾渗滤液中的主要污染物包括NH_4^+、硝酸盐、重金属、有机物等[15]。其中，NH_4^+和硝酸盐对地下水的污染特别值得关注。作为饮用水源的地表水体受NH_4^+污染后，可能会导致高铁血红蛋白血症，特别是对婴幼儿来说更具危险性[16]。而硝酸盐在地下水中转化为亚硝胺后，与人体消化系统接触可能会导致癌变。垃圾渗滤液中的化学需氧量（chemical oxygen demand，COD）主要由有机物质构成，包括易生物降解有机物、挥发性脂肪酸、酚类和酮类化合物等。高COD浓度的垃圾渗滤液会对地下水环境和人体健康造成严重危害，例如某些有机物是致癌物质或具有潜在毒性，人们摄取到这些有机污染物可能会对其健康构成威胁，如引发癌症或其他慢性疾病。因此，垃圾填埋场地下水污染的生态修复是世界各国垃圾填埋场污染整治和保障人体健康的重要任务。

(3) 土壤污染

在填埋场垃圾稳定化过程中产生的填埋气体和渗滤液等二次污染物，若处理不当会影响周边土壤性质，从而导致土壤环境变差，特别是初期的简易填埋场，给周边土壤造成了严重的污染。2014年环境保护部与国土资源部联合发布的《全国土壤污染状况调查公报》显示，在调查的188处固体废物处理处置场地的1351个土壤点位中，超标点位占21.3%，以无机污染为主，垃圾焚烧和填埋场有机物污染严重。我国垃圾填埋场地土壤中重金属环境风险评价的研究表明，铬是我国填埋场地土壤中最主要的重金属污染物[17]，其Nemero指数值高达44.3，并且填埋场地土壤中的铬存在一定的生态风险。垃圾填埋场周围的土壤也存在较大的酸化风险，这主要是由于垃圾在填埋过程中会产生大量渗滤液，其中含有溶解性有机酸，一旦渗入土壤会导致周边土壤的pH值低于7.0，呈酸性；同时土壤中渗滤液的外渗会导致铁元素流失，引起土壤酸化。而在酸性土壤中，锰会长期处于活化状态，会提高土壤的毒性，从而对土壤生态恢复产生较大的影响。

（4）传播疾病

垃圾填埋场是城市地区病毒传播的重要来源。垃圾填埋场中倾倒的废物非常复杂，是一个巨大的病毒库，包括可能死于传染性疾病的动物尸体或携带多种病毒的、无害化不完全的废弃物。在美国，通常在垃圾填埋场处置患有传染病的家禽和牲畜，在传染病暴发期间，一些携带病毒的医疗废物也会被填埋处理。这些处置增加了病毒二次传播的机会，使得垃圾填埋场成为城市地区病毒传播的新热点。研究表明，在适当的温度和pH值条件下，垃圾填埋场中家禽尸体的禽流感H6N2病毒可存活2年甚至30年以上，而其他病毒可在垃圾渗滤液中存活至少30d[18]。较长的存活时间可造成病原细菌（如大肠埃希菌和沙门菌）和病毒的广泛传播，从而导致禽流感、手足口病、鸡新城疫和猪流行性腹泻[19]。在垃圾填埋场中，垃圾处理设施可以以生物气溶胶的形式释放各种病毒，从而将新型传染性病毒传播给野生动物甚至是垃圾填埋场的工作人员[20]。此外，垃圾填埋场内或周围啮齿动物也可以摄入、携带和传播病毒。

（5）占用大量土地

垃圾填埋场不仅会对环境造成污染，而且占用了大量的土地资源。据"十三五"时期统计，我国生活垃圾堆存量已超80亿吨，占用土地面积5亿平方米。随着经济的快速发展和城市区域的扩张，历史上包围老建成区的垃圾填埋场又被新建成区反包围，形成"插花式"抢地现象，浪费了大量宝贵的土地资源。随着社会的发展，可供填埋的土地越来越少，垃圾填埋场选址难度越来越大，由此频发群体性事件。同时，随着城市的发展，处于城市包围中的大批垃圾填埋场制约着邻近区域的高质量发展，并且新的垃圾填埋场空间不足，垃圾填埋场的开挖和再利用已成为满足垃圾填埋场需求、实现垃圾填埋场可持续发展的重要方法。此外，我国存在大量已经封场的、不符合卫生要求的填埋场，或者处于无维护管理状态的、不再使用的垃圾堆场，因此，如何经济有效地治理垃圾填埋场（包括非正规垃圾堆场）已成为社会发展中一个亟待解决的重要问题。

1.3 垃圾填埋场污染控制标准体系

生活垃圾填埋场污染控制是垃圾填埋处置技术的重要内容。由于早期垃圾填埋技术的限制和对其认识不足，垃圾填埋主要以未进行有效污染控制的简易垃圾填埋场和受控垃圾填埋场为主，由于简易和受控垃圾填埋场没有任何防渗层或无完善的防渗系统，垃圾中有害物质很容易渗透到地下水中，污染周边地下水和土壤。随着人们对生活垃圾填埋场环境污染的认识和关注逐渐增强，为了保护环境和促进垃圾处理的科学化、规范化，1988年建设部（现住房城乡建设部）颁布了《城市生活垃圾卫生填埋技术标准》，该标准的发布规范和指导了城市生活垃圾填埋场的规划、设计、建设、运行和管理。这项技术标准包括了对垃圾填埋场场址选择、设计原则、建设要求、运行管理等各方面的规定，它的实施对于提高垃圾填埋场的环境卫生水平、防止环境污染、改善周边生态环境具有重要意义。《城市生活垃圾卫生填埋技术标准》的颁布为后续的生活垃圾填埋场建设提供了借鉴和参考，也促进了全国范围内一批生活垃圾卫生填埋场的建设和运营。垃圾填埋场的生命周期主要分为建设期、运行期和封场修复期三个阶段。为了有效控制垃圾填埋场的环境污染，我国颁布了一系列垃圾填埋场污染控制标准。

1.3.1 建设阶段污染控制标准体系

（1）工程建设

在建设阶段，垃圾填埋场应根据《生活垃圾卫生填埋处理工程项目建设标准》（建标124—2009）建设，主要包括填埋场主体工程与设备、配套工程和生产管理与辅助设施及生活服务设施等。《生活垃圾卫生填埋场岩土工程技术规范》（CJJ 176—2012）进一步提出需要综合考虑填埋场渗滤液处理、填埋场沉降及容量、填埋场稳定和填埋场岩土工程安全监测等要求。2021年4月《生活垃圾处理处置工程项目规范》（GB 55012—2021）正式发布，该规范强调生活垃圾卫生填埋场应配置垃圾坝防渗系统、地下水与地表水收集导排系统、渗沥液收集导排系统、填埋作业、封场覆盖及生态修复系统、填埋气导排处理与利用系统、安全与环境监测、污水处理系统、臭气控制与处理系统等。《生活垃圾处理处置工程项目规范》（GB 55012—2021）的出台标志着市容环卫领域的工程建设新型标准体系有了明确的顶层设计和底线保障，对于指导和引领生活垃圾处理处置工程的规划、设计、建设、运营全过程，实现生活垃圾减量化、资源化、无害化，切实保障人身和公共安全具有重要意义。

（2）防渗系统

为了防止渗滤液污染地下水和土壤，垃圾填埋场中必须设置防渗系统。2007年6月1日我国实施了首个垃圾填埋场防渗技术规范——《生活垃圾卫生填埋场防渗系统工程技术规范》（CJJ 113—2007），其对垃圾填埋场防渗系统工程的设计、施工、验收及维护做出了详细的要求。但在垃圾填埋场铺设人工衬砌的过程中，由于机械或人工不规范地作业，衬砌会被破坏，并且容易在接缝处留下缝隙；在运行期间，高密度聚乙烯（high density polyethylene，HDPE）土工膜还会因地基不均匀沉降、收缩变形、机械损伤和化学腐蚀等原因发生渗漏。为提高生活垃圾卫生填埋场人工防渗系统的垃圾填埋场防渗层建设和运营管理水平，及时发现和修补垃圾填埋场防渗层中HDPE土工膜存在的渗漏破损，保障其可靠性和安全性，国家制定了《生活垃圾填埋场防渗土工膜渗漏破损探测技术规程》（CJJ/T 214—2016）。2021年4月9日住房城乡建设部批准发布《生活垃圾卫生填埋场防渗系统工程技术标准》（GB/T 51403—2021），并于2021年10月1日起实施。该标准将生活垃圾卫生填埋场防渗系统工程技术规范上升至国家标准，明确了垃圾填埋场防渗系统工程的设计、施工、工程材料和后期维护等。

（3）产品标准

填埋场所用工程材料，包括HDPE土工膜、钠基膨润土防水毯（geosrnthetics clay liner，GCL)、土工布、土工复合排水网、土工滤网、卵石、HDPE 管道、HDPE 管件和 HDPE 球阀等。不同工程材料所适用的规范标准不同，主要包括《垃圾填埋场用高密度聚乙烯土工膜》(CJ/T 234—2006)、《垃圾填埋场用线性低密度聚乙烯土工膜》(CJ/T 276—2008)、《垃圾填埋场用土工网垫》(CJ/T 436—2013)、《垃圾填埋场用土工排水网》(CJ/T 452—2014)、《垃圾填埋场用土工滤网》(CJ/T 437—2013)、《垃圾填埋场用非织造土工布》(CJ/T 430—2013) 等产品标准。

1.3.2 运行阶段污染控制标准体系

(1) 运行维护

垃圾填埋场运行管理主要基于《生活垃圾卫生填埋场运行维护技术规程》(CJJ 93—2011)，该规程确定了垃圾填埋场运行维护相关规定，包括垃圾计量与检验，填埋作业及作业区覆盖，填埋气体收集与处理，地表水、地下水、渗沥液收集与处理，填埋作业机械，填埋场监测与检测及劳动安全与职业卫生等。2020 年住房城乡建设部对《生活垃圾卫生填埋场运行维护技术规程》(CJJ 93—2011) 进行局部修订，发布《生活垃圾卫生填埋场运行维护技术标准（局部修订条文征求意见稿）》，其在填埋场的安全管理和突发事件应急处置方面进行了较多的规范。例如，新增了"填埋库区内严禁火种"的要求；在"劳动安全与职业卫生"条款中，要求填埋场主要负责人应全面负责劳动安全和职业卫生工作，并履行相应责任和义务，建立安全生产投入保障制度，为作业人员缴纳相关保险费用；对从业人员进行安全生产教育和培训，不合格者不得上岗；填埋库区内不得设置集装箱等封闭性建（构）筑物。此外，对填埋场投用的前期规划，做了更细致的要求。例如，新增了雨污分流、临时道路、气体（导排）、臭气控制、渗沥液收集等规划；对渗沥液处理和填埋气体收集作业技术有了更明确的规定；同时强调了信息化在填埋场中的应用，要求利用信息化手段提升运行管理效率和水平，并采取相应技术措施保证信息化系统安全运行。

《生活垃圾卫生填埋处理技术规范》(GB 50869—2013) 是填埋技术的通用标准，涉及填埋物入场技术要求、场址选择、总体设计、地基处理与场地平整、垃圾坝与坝体稳定性、防渗与地下水导排、防洪与雨污分流系统、渗沥液收集与处理、填埋气体导排与利用、填埋作业与管理、封场与堆体稳定性、辅助工程、环境保护与劳动卫生、工程施工及验收等。2019 年 12 月住房城乡建设部颁布了《生活垃圾卫生填埋处理技术标准（局部修订条文征求意见稿）》，其主要修订内容是：按照近年来各级环保督查对生活垃圾填埋场二次污染控制提出更为严格的要求，补充规定防渗材料铺设焊接质量的检验和渗漏破损检测要求；修改补充规定渗沥液收集管防淤堵和防失效的措施；修改渗沥液产生量计算公式；修改补充规定调节池防渗和防臭措施；补充规定填埋作业和渗沥液处理的综合防臭除臭措施。

(2) 监督管理

目前垃圾填埋场监督管理执行的标准主要为《生活垃圾卫生填埋场运行监管标准》(CJJ/T 213—2016) 和《生活垃圾卫生填埋场环境监测技术要求》(GB/T 18772—2017)。其中《生活垃圾卫生填埋场运行监管标准》(CJJ/T 213—2016) 对垃圾填埋场监管程序和内容进行了严格的要求，包括填埋场运行过程的监管、污染防治设施运行效果监管、安全生产与劳动保护监管、监测管理及资料管理等，为加强生活垃圾卫生填埋场的运行过程监管、规范监管行为、提高运行水平提供了依据。《生活垃圾卫生填埋场环境监测技术要求》(GB/T 18772—2017)规定了生活垃圾卫生填埋场中填埋物、填埋气体、渗沥液、垃圾堆体渗沥液水位、外排水、大气污染物、地下水、地表水、厂界环境噪声、苍蝇密度以及封场后监测的内容和方法。此外，《生活垃圾填埋场无害化评价标准》(CJJ/T 107—2019)中对填埋场的工程建设和运行管理进行评价，以考核填埋场实际建设和运行情况。

(3) 污染控制标准

垃圾填埋场在运行期间，会产生渗滤液和填埋气体等污染物，需要对其进行控制。2024年我国颁布实施了《生活垃圾填埋场污染控制标准》(GB 16889—2024)，该标准结合国外的先进经验和我国实际情况对生活垃圾填埋场选址、运行要求、填埋废物的入场要求、污染物排放控制等内容进行了修订和细化。针对在设计、建设和运行阶段相继暴露出的问题，如渗漏风险高、渗滤液不能稳定达标排放，《生活垃圾填埋场污染控制标准》(GB 16889—2024)进一步完善了生活垃圾填埋场的污染控制要求，包括垃圾填埋场的选址、基本设施的设计与施工、温室气体排放的控制、渗滤液处理技术、焚烧飞灰入场填埋的管理、填埋场全生命周期的污染控制以及开挖再利用的技术要求等。

(4) 渗滤液处理

垃圾填埋场渗滤液中含有高浓度的有机物、悬浮物、溶解性物质和微生物等，如果不经过适当的处理，会对地下水和周边环境造成污染，因此，渗滤液处理是垃圾填埋场运行管理中的重要环节。2023年9月住房城乡建设部发布行业标准《生活垃圾渗沥液处理技术标准》(CJJ/T 150—2023)，其对常用渗沥液处理工艺的应用条件、设计参数和运行参数做了详细规定、补充和修正，并新增加了高级氧化、机械蒸汽再压缩蒸发(MVR)、浸没燃烧蒸发(SCE)等工艺内容。

此外，在2008~2019年间，住房城乡建设部也陆续发布了系列技术规范，包括《生活垃圾渗滤液碟管式反渗透处理设备》(CJ/T 279—2008)、《生活垃圾渗沥液卷式反渗透设备》(CJ/T 485—2015)、《生活垃圾渗沥液厌氧反应器》(CJ/T 517—2017)等，对渗沥液处理技术和设备进行了规范和指导。

(5) 填埋气体处置

我国垃圾填埋场填埋气体控制规范标准主要有《生活垃圾卫生填埋场填埋气体收集处理及利用工程技术标准》(CJJ/T 133—2024)、《生活垃圾卫生填埋气体收集处理及利用工程运行维护技术规程》(CJJ 175—2012)和《城镇环境卫生设施除臭技术标准》(CJJ 274—2018)。其中，《生活垃圾卫生填埋场填埋气体收集处理及利用工程技术标准》对填埋气体产气量估算，填埋气体导排，填埋气体输气管网，填埋气体抽气、处理和利用系统等做出了技术规范。2024年10月住房和城乡建设部发布了《生活垃圾卫生填埋场填埋气体收集处理及利用工程技术标准》(CJJ/T 133—2024)，主要对填埋气体主动导排设施设置、填埋气体利用设施建设前提条件的相关要求进行了修改。此外，增加了工程规模确定的和调气站的设计内容要求。除《生活垃圾卫生填埋场填埋气体收集处理及利用工程技术标准》(CJJ/T 133—2024)外，CJJ 175—2012也对填埋气体收集系统、填埋气体预处理系统、填埋气体利用系统和辅助设施等进行了规范。

为切实有效控制生活垃圾填埋场恶臭污染，改善生活垃圾填埋场周边环境空气质量，提高生活垃圾填埋场恶臭污染控制水平，保障周边人居环境质量，我国发布了《城镇环境卫生设施除臭技术标准》(CJJ 274—2018)。该标准主要对垃圾填埋场恶臭源和处理工艺进行了规范，例如生活垃圾填埋场与生活垃圾转运站应采取表面覆盖、密闭收集、喷雾除臭及其他恶臭污染控制技术。

1.3.3 封场修复阶段污染控制标准体系

为了减少渗滤液产生、控制气味和恶臭气体的散发、抑制病原菌传播、防止垃圾堆体坍塌和滑坡及推动生态修复和资源化利用，当填埋区垃圾达到设计填埋高度后，垃圾填埋场必须进行封场覆盖。2010年住房城乡建设部颁布了《生活垃圾填埋场封场工程项目建设标准》（建标140—2010），对生活垃圾卫生填埋场和简易填埋场的封场工程项目提出了建设要求，填埋场封场工程应包括垃圾堆体整治、封场覆盖与防渗系统、填埋气体导排与处理系统、渗沥液导排与处理系统、雨洪水导排系统、绿化与植被恢复等工程。2017年1月住房城乡建设部进一步细化了生活垃圾卫生填埋场封场技术，发布《生活垃圾卫生填埋场封场技术规范》（GB 51220—2017）。该规范对垃圾填埋场封场工程的规划、设计、施工、验收和运行维护提出了要求，规定填埋场封场工程应包括覆盖工程，地下水污染控制工程，填埋气体导排收集、处理与利用工程，渗沥液导排与处理工程，防洪与地表径流导排，垃圾堆体绿化，填埋场封场监测，封场工程的施工与验收，填埋场封场后维护与场地再利用。并且《生活垃圾卫生填埋场封场技术规范》（GB 51220—2017）对填埋场封场监测系统也提出了要求，主要包括地下水、地表水、污水排放、填埋气体集中排放、场区及场界大气监测设施，以及垃圾堆体表面沉降监测设施等，根据监测目标确定监测频次，进行垃圾填埋场生态封场后的运营管理。

2017年9月住房城乡建设部发布《老生活垃圾填埋场生态修复技术标准（征求意见稿）》。其建立了垃圾填埋场场地调查评估体系与指标，明确了场地调查报告编制内容，阐述了包括原位好氧修复、异位开采修复、污染控制的垃圾填埋场生态修复各工艺技术路线与具体要求。

由于垃圾填埋场的污染具有复杂性、动态性与长期性，其再利用的过程中存在诸多限制与挑战，《生活垃圾填埋场稳定化场地利用技术要求》（GB/T 25179—2010）明确了需以"垃圾填埋场稳定化"为判定垃圾填埋场再利用的基本要求，并对三种不同利用方式规定了需达到的标准，具体如表1-7所列。

表1-7 生活垃圾填埋场再生利用方式和要求

利用方式	低度利用	中度利用	高度利用
利用范围	草地、农地、森林	公园	一般仓储或工业厂房
封场年限/a	较短，≥3	稍长，≥5	长，≥10
填埋物有机质含量	稍高，<20%	较低，<16%	低，<9%
地表水水质	满足 GB 3838 相关要求		
堆体中填埋气	不影响植物生长，甲烷浓度≤5%	甲烷浓度 5%~1%	甲烷浓度<1%，二氧化碳浓度<1.5%
场地区域大气质量	—	达到 GB 3095 三级标准	
恶臭指标	—	达到 GB 14554 三级标准	
堆体沉降	大，>35cm/a	不均匀，10~30cm/a	小，1~5cm/a

注："—"指无关要求。

1.4 垃圾填埋场生态修复与环境意义

1.4.1 垃圾填埋场生态修复的需求与实践

(1) 垃圾填埋场生态修复的需求

近年来，随着城市规模和区域范围的不断发展，原本处于城市远郊区的垃圾填埋场进入城市近郊区和主城区，使得周边地区的土地供应变得更加有限，严重限制了城市的扩张和发展。同时由于老垃圾填埋场、堆场无有效的渗滤液和填埋气体等污染物的导排系统，给周边地表水、土壤、大气和地下水带来了严重的污染。为了提高城镇生活垃圾无害化处理水平，减轻垃圾堆场对环境的破坏和对公众健康的威胁，切实改善人居环境，我国已将生活垃圾填埋场封场和生态修复提上重要日程。老垃圾填埋场、堆场生态恢复和污染控制已成为当今垃圾处理和生态环境保护的重要任务。

2011年住房城乡建设部等十六部委发布《关于进一步加强城市生活垃圾处理工作意见的通知》，对垃圾堆场提出了整治要求。2012年国务院办公厅发布《"十二五"全国城镇生活垃圾无害化处理设施建设规划》，明确"十二五"期间实施存量治理项目1882个，其中，不达标生活垃圾处理设施改造项目503个，卫生填埋场封场项目802个，非正规生活垃圾堆放点治理项目577个。2016年5月28日，国务院印发的《土壤污染防治行动计划》也明确指出整治非正规垃圾堆场。2016年12月31日，国家发展改革委和住房城乡建设部印发的《"十三五"全国城镇生活垃圾无害化处理设施建设规划》提出"十三五"期间，预计实施存量治理项目803个，并进一步明确优先开展水源地、城乡结合部等重点区域的治理工作。2017年1月6日，住房城乡建设部办公厅等部门发布《住房城乡建设部办公厅等部门关于做好非正规垃圾堆放点排查工作的通知》（建办村〔2017〕2号）。2017年9月18日，发布住房城乡建设部标准定额司关于征求行业标准《老生活垃圾填埋场生态修复技术标准（征求意见稿）》意见的函（建标工征〔2017〕134号）。2018年6月1日，住房城乡建设部、生态环境部、水利部、农业农村部联合印发《关于做好非正规垃圾堆放点排查和整治工作的通知》（建村〔2018〕52号）。虽然经过"十二五"和"十三五"时期的垃圾填埋场治理，我国不达标的填埋场和城市非正规生活垃圾堆放点治理取得了很大的改善，但目前我国垃圾填埋场的修复规模与规划要求尚有较大的差距。此外，根据"党的二十大"报告中提出的"可持续发展"要求，"十四五"期间垃圾填埋场生态修复的需求将进一步扩大，对简易和非正规生活垃圾填埋场进行综合治理是急需解决的重要问题。目前我国各地陆续制订了生活垃圾填埋场整治与生态修复计划（表1-8），可以看出生活垃圾填埋场生态修复存在较大的市场空间。

表1-8 "十四五"期间我国部分地区生活垃圾填埋场整治与生态修复计划

地区	生活垃圾填埋场整治计划
北京	开展已封场垃圾填埋场生态修复。实施垃圾处理设施清洁化、密闭化升级改造，提高设施污染物控制水平，2025年底前完成全市垃圾处理设施异味治理[①]
上海	到2025年，实现生活垃圾分类全面达标，生活垃圾回收利用率达到45%以上，无害化处理率维持100%，全面实现原生生活垃圾零填埋。持续开展非正规垃圾堆放点排查整治。力争实现逐步消灭存量，遏制增量，对新发现的堆放点严格按照标准落实管控措施，做好非正规生活垃圾堆放点监测维护工作[②]
天津	2021~2025年期间全市原生生活垃圾实现"零填埋"，生活垃圾无害化处理率达到100%；针对库容已满及存在安全隐患的生活垃圾填埋场，有序开展封场治理，通过环境评估，逐步进行封场和生态修复[③]

续表

地区	生活垃圾填埋场整治计划
广东	到2025年底,全省焚烧能力占比达到80%以上。对于有富余焚烧能力的地区,鼓励开展生活垃圾填埋场存量垃圾筛分治理工作,腾退填埋场库容④
河北	2022年建成生活垃圾焚烧处理设施17座,同步关停并治理剩余22座生活垃圾填埋场,实现全省城乡生活垃圾焚烧处理全覆盖⑤
河南	有序推进现有生活垃圾填埋场停用和封场,完成停用40座以上,开展生态治理封场20座以上⑥
江西	到2025年底,原生生活垃圾基本实现"零填埋"。规范有序开展填埋设施封场治理,鼓励采取库容腾退、生态修复、景观营造等措施推动封场整治,从经济、环保、安全等角度科学制定治理方案⑦

① 资料来源:北京市"十四五"时期城市管理发展规划(京政发〔2022〕13号)。
② 资料来源:上海市生态空间建设和市容环境优化"十四五"规划(沪府办发〔2021〕14号)。
③ 资料来源:天津市生活垃圾治理规划(津城管规〔2022〕21号)。
④ 资料来源:广东省生活垃圾处理"十四五"规划(粤建城〔2021〕224号)。
⑤ 资料来源:河北省农村人居环境整治提升五年行动实施方案(2021—2025年)。
⑥ 资料来源:河南省"十四五"城市更新和城乡人居环境建设规划(豫政〔2021〕43号)。
⑦ 资料来源:江西省"十四五"生活垃圾分类和处理设施发展规划(赣建管〔2022〕4号)。

(2) 垃圾填埋场生态修复的实践

垃圾填埋场的整治与生态修复实践始于20世纪50年代,以色列的特拉维夫市生活垃圾填埋场的开挖工程。在1980年后,关于垃圾填埋场整治与生态修复的相关研究报道逐渐增多。在我国,虽然焚烧处理已成为生活垃圾主要的处理方式,但卫生填埋仍是城市生活垃圾处置的主要方式之一。随着经济和城市化的快速发展,生活垃圾产生量日益增加,填埋场用地的压力不断增大,寻找填埋场用地或扩建填埋场变得困难和昂贵,同时垃圾填埋带来的环境污染影响日益严重,对垃圾填埋场的整治与生态恢复也逐步由研究走向实践。目前,我国在各地也进行了一些生活垃圾填埋场整治与生态修复的工程实践,如表1-9所列。自2009年以来,北京市对1011处非正规垃圾填埋场进行了生态修复,处置存量垃圾8.0×10^7 t,形成近1333 hm² 的优质土地资源。上海老港固体废物综合利用基地生态修复项目是我国面积最大、立地条件最困难的沿海新成陆地区抗风抗盐碱的造林示范性项目,共建成7683亩(1亩=666.67 m²)公益林,绿化面积达到10 km²。

表1-9 生活垃圾填埋场整治与利用案例

项目名称	处理规模/m³	技术路线	修复期/a	利用方式	参考文献
上海老港固体废物综合利用基地项目	3.50×10^7	原位生物修复+生态封场	约1.5	郊野公园	[21]
北京市北神树垃圾卫生填埋场生态修复试点项目	5.28×10^6	原位生物修复+生态封场	约1.5	生态公园	[21]
武汉市金口垃圾填埋场生态修复项目	5.02×10^6	原位生物修复+生态封场	约1	武汉园博园景区	[22]
武汉市北洋桥垃圾填埋场修复项目	4.01×10^6	原位生物修复+生态封场	约2.0	生态公园	[23]
宜昌市夷陵区三环湾垃圾填埋场修复项目	1.00×10^6	生态修复	约1	公共绿地	[21]
山西简易垃圾填埋场	$>1.00 \times 10^6$	原位生物修复+生态封场	约3	公共绿地	[24]
昌江黎族自治县生活垃圾无害化填埋场修复项目	5.50×10^5	开挖再利用	约1.5	填埋场使用	[21]

1.4.2 垃圾填埋场生态修复技术

垃圾填埋场生态修复技术指采用工程措施进行填埋场污染治理和生态恢复过程,主要包括原位生物修复、生态封场和开挖修复技术三种。

1.4.2.1 垃圾填埋场原位生物修复技术

通常垃圾填埋场为厌氧型填埋场,填埋垃圾稳定化需要的时间较长,一般需要经过 30～50 年,有的甚至需要 50～100 年才能稳定化,垃圾填埋场需要较长的高成本维护期,这大大增加了垃圾填埋场的处理成本。为了解决这些问题,20 世纪 70 年代,美国率先开展了渗滤液回灌型生物修复技术的研究工作。此后,世界各国采用不同方式,如通过渗滤液/水注入、高压风机注气等,改变填埋场内的环境条件,建立适宜微生物生长的环境,强化微生物对填埋垃圾及其中污染物的降解,缩短填埋场的稳定化时间。在填埋场原位生物修复过程中,填埋垃圾被生物分解,产生的气体主要为 CH_4 和 CO_2,在好氧生物修复填埋场中产生的气体主要为 CO_2。在进行渗滤液回灌的原位生物修复垃圾填埋场中,垃圾渗滤液污染物可利用填埋场生物反应器对其进行净化,降低后续渗滤液的处理成本。原位生物修复技术具有垃圾稳定化速度快、治理周期短和能够实现土地资源化利用等优点。既适用于非正规垃圾填埋场,也适用于正在运行或封场后的正规垃圾填埋场。

垃圾填埋场原位生物修复技术通常分为前期准备、污染防控、快速稳定和场地处置 4 个阶段,如图 1-9 所示。

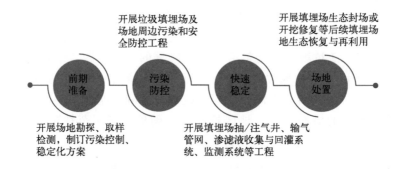

图 1-9 垃圾填埋场原位生物修复技术工作流程

垃圾填埋场原位生物修复技术主要工作如下。

(1) 填埋场堆体与场地调研

开展填埋场垃圾堆体和场地勘探、取样检测,判断填埋场土壤、地下水和地表水等的污染情况及填埋垃圾稳定化状态。

(2) 填埋场地污染防控

根据勘探结果,确定垃圾填埋场地周边环境影响状况,开展垃圾填埋场周边垂直防渗和表面防渗工程,切断填埋场内渗滤液与周边地表水和地下水的水力联系,防止填埋气体横向迁移等,减少垃圾填埋场污染。

(3) 填埋场原位快速稳定化

基于填埋场的特性,包括厌氧、好氧、准好氧、厌氧-好氧混合型填埋场等,开展填埋场垃圾原位快速稳定化，如设置填埋垃圾堆体快速稳定工艺系统，包括注气井、抽气井、输气管网、注气和抽气风机、控制系统、氧气和甲烷监测、除臭设备、渗滤液收集与回灌系统的布置等。

（4）数据监测与控制

在填埋场原位生物修复过程中，设置监测井、气体监测探头、温度和湿度传感器及配套组件等，对垃圾堆体温度、湿度，垃圾组分，填埋气体组成、渗滤液水位、水质，周围环境等进行监测和控制。随着近年来数字化在填埋场中应用越来越广泛，可在原位生物修复过程中设置数字化的运维管理模式，以精准监控填埋场的稳定化情况。

（5）场地恢复与利用

当填埋场原位生物修复快速稳定化后，可进行填埋场的生态封场或开挖修复，开展后续填埋场地生态恢复与再利用。

国外对原位生物修复技术的应用相对较早，已在美国、意大利和德国等国家成功应用了20多年。美国 Fresh Kills 填埋场经原位生物修复后被改造成大型的公园，为人们带来了良好的社会效益。Sohoo 等[25]研究表明，填埋场原位好氧修复技术能明显减少温室气体的排放，在实际工程案例中，温室气体减排率可达83%～95%。我国对垃圾填埋场原位好氧修复技术的应用起步较晚，2008年北京黑石头垃圾消纳场成为了我国首个使用原位好氧修复的实例。武汉金口垃圾填埋场在经过为期两年的好氧修复后，成为"第十届中国国际园林博览会"场址。

1.4.2.2 垃圾填埋场生态封场技术

垃圾填埋场生态封场技术是通过对垃圾堆体整形、渗滤液和填埋气体导排与处理和表面覆盖与绿化，使垃圾填埋场进行生态恢复的过程。根据《生活垃圾卫生填埋场封场技术规范》（GB 51220—2017）与《生活垃圾卫生填埋处理技术规范》（GB 50869—2013）中的要求，对现有非正规垃圾堆放点、简易垃圾填埋场、卫生填埋场等采取垂直防渗、地下水阻隔、封场覆盖、渗滤液处置、填埋气体收集处置等工程措施。垃圾填埋场生态封场具有技术简单、成本较低的优点，主要适用于占用土地区位较差、不具备再利用经济价值、垃圾存量大、挖运费用过高的垃圾填埋场的处置，特别是大型非正规垃圾填埋场的治理。垃圾填埋场生态封场的土地不能直接进行开发利用，也未消除污染和危害，若垃圾填埋场尚未稳定，则需要较长时期的运行维护。

垃圾填埋场生态封场技术通常分为前期准备、污染防控、生态恢复和景观运营4个阶段，如图1-10所示。

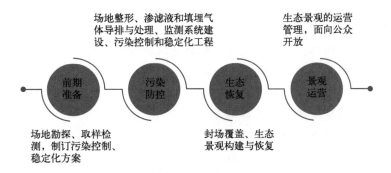

图1-10 垃圾填埋场生态封场技术工作流程

垃圾填埋场生态封场技术主要工作流程如下。

（1）场地调研与生态封场方案

开展场地勘探、取样检测，判断垃圾填埋场周边土壤、地下水和地表水的污染情况及填埋垃圾稳定化状态，对未稳定化的垃圾，根据需要制订填埋垃圾稳定化方案；同时对存在污染风险的点，设计垃圾填埋场垂直与水平阻隔等工程，进行污染防控。

（2）填埋气体导排与处理

根据调查所获得的甲烷含量、产气量和技术经济等要素，确定封场工程的填埋气体导排和处理方法，防止甲烷爆炸和恶臭气体的污染。当填埋垃圾量较大（如超过 $1.0\times10^6\,\mathrm{t}$）时，则可以考虑利用收集的填埋气体进行发电等资源化利用，以产生一定的经济效益。

（3）渗滤液导排与处理

基于渗滤液的产量、水质的变化情况及其处理后排放水质的要求，确定渗滤液处理工艺，并进行渗滤液导排系统的改造或新建。

（4）填埋场封场

采用填埋场封场覆盖措施，对垃圾堆体进行必要的整形，修筑平台、盘山道、边坡排水渠与雨水边沟等，并防止垃圾堆体滑坡。

（5）景观生态恢复

在考虑土壤肥力、排水情况、景观效果等因素的基础上，选择合适的植物，实现成活率高且具有美学价值的园林造景。同时对垃圾填埋场进行生态景观的运营管理，面向公众开放。

填埋场生态封场技术在工艺、施工周期以及经济性等方面具有明显优势，是目前应用最广泛的垃圾填埋场生态修复技术之一。例如，杭州天子岭垃圾填埋场和深圳玉龙坑垃圾填埋场都采用了填埋场生态封场技术。此外，该技术也适用于非正规垃圾填埋场及填埋一定时间（如 5 年以上）需要封场的垃圾填埋场。虽然垃圾填埋场生态封场可以人为控制垃圾填埋场中污染物的排放，将其由无序排放变为有序排放，降低了对周边环境的影响，但在自然状态下垃圾堆体保持厌氧环境，垃圾填埋场稳定化通常需要 30 年以上。在此期间，填埋垃圾将继续进行生物化学反应，产生渗滤液和填埋气体，同时填埋场还会出现不同程度的沉降。为了保证封场后垃圾填埋场的安全运行，还应加强封场后的维护管理[26]。

1.4.2.3 垃圾填埋场开挖修复技术

垃圾填埋场开挖修复技术是指对填埋场中存量垃圾进行开挖、筛分和处置后，进行土壤修复和开发再利用，主要包括垃圾堆体的注气、抽气、开挖、分选、垃圾处置或资源化利用、除尘除臭、液位控制、渗滤液收集与处理、环境检测、土壤修复以及二次开发利用等。垃圾填埋场开挖修复技术具有能够完全消除污染源和安全隐患的优点，但其成本较高。该技术主要适用于周围环境敏感、土地使用价值较高的填埋场生态修复。

垃圾填埋场开挖修复技术的实施流程通常分为前期准备、堆体开挖、土壤恢复和开发利用四个阶段（图1-11）。

垃圾填埋场开挖修复技术主要工作如下。

（1）填埋场堆体稳定化监测与处置

当对垃圾填埋场进行开挖修复时，首先需要对填埋垃圾进行稳定化监测，对于未经稳定化处理的填埋垃圾，需要在开挖前进行快速稳定化处理。填埋垃圾堆体的快速稳定化工艺系统包括设置注气井、抽气井、输气管网、注气和抽气风机、控制系统、氧气和甲烷监测设备

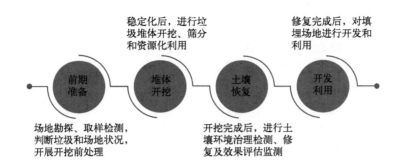

图 1-11　垃圾填埋场开挖修复技术工作流程

以及气体污染物处理设施等。

(2) 开挖工艺与环保措施

当对垃圾堆体进行开挖时，应控制作业面的面积，并采用分层浅挖工艺，以确保开挖规模与分选设施的处理能力相匹配。此外，还需要采取防扬尘、防臭气扩散等措施，并制订降水和排水措施。对于开挖深度较大的情况，还需要制订加固方案。

(3) 渗滤液的收集与处理

在开挖期间，应对垃圾堆体进行防雨覆盖，以减少渗滤液的产生。对于产生的渗滤液可采用移动式渗滤液处理设备进行处理或送往城市污水处理厂进行处理。

(4) 气体污染物收集与处理

开挖期间堆体内气体污染物会向外逸散，应采取适当的措施进行控制，如根据场地环境条件，选择适宜的密闭开挖方式，配备尾气处理系统的小型充气式负压大棚或滑轨式移动负压大棚，将开挖过程中产生的气体污染物集中收集后再进行末端处置。

(5) 开挖垃圾筛分

基于开挖的填埋垃圾组成和处置方式，进行填埋垃圾筛分，通常填埋垃圾可筛分为筛下腐殖土、筛上可燃物、可回收物和不可回收物四大类。其中可回收物分类收集后可以进行加工、回收或再利用；筛上可燃物采用压缩车或打包，转运至垃圾焚烧厂进行焚烧处理或制成可再生燃料（refuse derived fuel，RDF）进行出售；筛下腐殖土经检测和处理，若符合肥力条件，则可用于绿化营养土；不可回收物如玻璃、石块等惰性物质，可以回填垃圾填埋场或作为建筑填坑的填料。

(6) 填埋场地恢复再利用

当填埋场库区垃圾开挖完成后，需对填埋场地环境质量进行监测，当重金属和有机污染物等浓度超标时，应先进行土壤修复。在修复完成后，需要进行稳定化鉴定、土壤利用论证以及相关部门的论证，以确保填埋场土地的安全再利用。

填埋场地二次开发利用的方式主要有建设公益性项目和建设经营性项目两大类。

① 建设公益性项目包括公园、运动场、停车场等。通过将填埋场地转变为公益性用途场地，可以为社区和公众提供休闲娱乐、运动健身等场所，改善生活环境。

② 建设经营性项目包括仓储物流、工业厂房、游乐场、光伏发电站等。通过填埋场地的再利用，可以为商业和工业领域提供场地和资源，促进经济发展和可持续利用。

垃圾填埋场开挖修复主要是土地再利用和严格的固体废物管理政策的产物。据统计，目前超过40%的垃圾填埋场开挖再利用工程位于欧洲，其次为北美（31%）、亚洲（21%）和中东（4%）。其中，环境保护是垃圾填埋场开挖的首要目的，占30%。主要涉及保护地下水、减轻地表水风险、控制垃圾填埋场稳定性、减小对环境的负面影响等，特别是对水源、土壤、空气和气候变化的负面影响[27]；其次是回收利用，占21%，包括腐殖土的资源化利用、可燃物的能源利用和可回收材料的回用，其中腐殖土的资源化利用占52%，可回收材料和能源的利用分别为28%和20%；然后是研究类，占20%，不仅有试点研究和示范项目，也有侧重于技术和经济可行性评估、材料回收可行性、填埋开挖程序、设计参数和基础设施、挖掘废物回收技术路线的大型项目；延长使用寿命、封场和封场后利用分别占项目的11.1%和2%，以这些为目的进行的垃圾填埋场开挖修复项目，主要是由填埋场严格的维护要求及其选址的困难所致；城市化类项目占8%，该类项目的目的是由于老垃圾填埋场的城市化，使周围的土地变得有价值（图1-12）。总之，垃圾填埋场开挖再利用有利于填埋场地的污染治理和资源化利用，符合当前世界各国向循环经济转型的趋势。

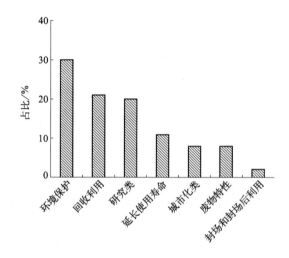

图1-12　全球垃圾填埋场开挖修复工程目的

1.4.3　垃圾填埋场生态修复的社会与环境意义

垃圾填埋是世界各国城市生活垃圾处理的主要方法之一。虽然近年来随着生活垃圾源头分类、减量化和可回收物的回收利用，以及生活垃圾资源能源回收处理技术的发展，生活垃圾填埋处理量处于下降趋势，但是填埋法作为城市固体废物的最终处置方法，是生活垃圾一切不能再利用物质的最终消纳处理方式。在垃圾填埋处置过程中，会产生渗滤液和填埋气体等污染物，若控制不当，会给周边地表水、土壤、大气和地下水带来严重的污染，同时垃圾填埋场占用了大量土地面积，因此，在垃圾填埋处置中应当进行有效的填埋气体和渗滤液等污染控制和填埋场地的生态恢复与再利用，将垃圾填埋场从一个被动接受垃圾的系统转变成主动控制系统，提高城市生活垃圾处置的资源化和无害化水平。

近年来，随着城市化进程的加快，许多填埋场逐渐靠近主城区，其释放出的各类污染物对城市居民的生活产生了影响，成为制约城市发展的新污染源，阻碍了城市周边区域的开发建设，并且目前很多垃圾填埋场达到了填埋上限，将进入封场修复阶段。此外，由于老垃圾填埋场、堆场无有效的渗滤液和填埋气体等污染物的导排系统,给周边环境带来了严重的污染。虽然在"十二五"和"十三五"时期,我国不达标的填埋场和城市非正规生活垃圾堆放点的治理取得了很大的改善,但目前我国垃圾填埋场的修复规模与规划还有待提升。为了提高城镇生活垃圾无害化处理水平,减轻垃圾填埋场对环境的破坏和对公众健康的威胁,切实改善人居环境,老垃圾填埋场、堆场生态恢复和污染控制已成为当今垃圾处理和环境保护的重要任务。

垃圾填埋场生态修复技术主要包括原位生物修复、生态封场和开挖修复技术。其中原位生物修复技术具有垃圾稳定化速度快、治理周期短和能够实现土地资源化利用等优点,既适用于非正规垃圾填埋场,也适用于正在运行或封场后的正规垃圾填埋场。垃圾填埋场生态封场具有技术简单、成本较低的优点,主要适用于占用土地区位较差、不具备再利用经济价值、垃圾存量大、挖运费用过高的垃圾填埋场的处置,特别是大型非正规垃圾填埋场的治理。垃圾填埋场开挖修复技术具有能够彻底消除污染源和解决安全隐患的优势,但其成本较高,该技术主要适用于周围环境较为敏感、土地再利用价值较高的填埋场生态修复。因此,在当前生活垃圾填埋处置和垃圾填埋场整治工作中,应当选择适合的填埋场生态修复技术,合理优化垃圾填埋场处置与生态环境整治工作,改善填埋场地环境,恢复土地使用价值,变"占地"为"造地",创造新的城市生态景观,促进地区经济良性、可持续和绿色发展。

第 2 章 垃圾填埋场问题识别与评估

随着城镇化进程加速，城市生活垃圾产量陡增。在各种垃圾处理处置技术中，填埋一直充当着保障性角色。然而，由于在经济水平、管理要求、运行方式等各方面存在差异，垃圾填埋场建设存在明显差别。而随着垃圾填埋场治理和可持续利用的需求日益迫切，急需厘清填埋场的实际状态。因此，针对垃圾填埋场的环境状况、垃圾存量、填埋场区的安全及其风险与稳定性等开展定量定性分析与评价十分必要。本章主要围绕垃圾填埋场污染和安全调查，介绍了垃圾填埋场基础调查、水文地质与工程地质勘察、垃圾填埋区安全调查与评估、垃圾填埋场周边环境调查与评估以及垃圾填埋场风险判别与修复评估等方法，为识别垃圾填埋场生态风险以及提出综合治理方案提供调查知识。

2.1 垃圾填埋场基础调查

垃圾填埋场现状调查工作程序分为两个阶段：第一阶段初步调查和第二阶段详细调查。其主要工作程序如图 2-1 所示。

（1）第一阶段：初步调查

主要为资料收集、现场踏勘、抽样检测、人员访谈，调查内容包括填埋场基础调查、填埋场建设与运行管理调查。通过文件核查、现场巡查、抽样检查、重点筛查及综合审查等方法，查明填埋场区域状况、填埋场设施建设情况及运行管理现状，识别填埋场周边环境保护目标和填埋场可能的污染类型，初步分析和推断填埋场中存在的安全与污染风险，列出填埋场问题清单，为第二阶段提供针对性意见。

（2）第二阶段：详细调查

主要围绕第一阶段初步调查所列出的问题清单，进行现场勘察和采样检测分析，调查内容包括水文地质与工程地质勘察、填埋场区安全与环境调查及填埋场周边环境调查。通过该阶段的调查，查明填埋场场地水文地质与工程地质条件、填埋堆体特性、污染防控设施服役状况、填埋场周边环境质量状况，并对填埋场安全与污染风险进行分析与评价。

垃圾填埋场现状调查结束后撰写填埋场现状调查报告，并提出填埋场综合治理方案建议。

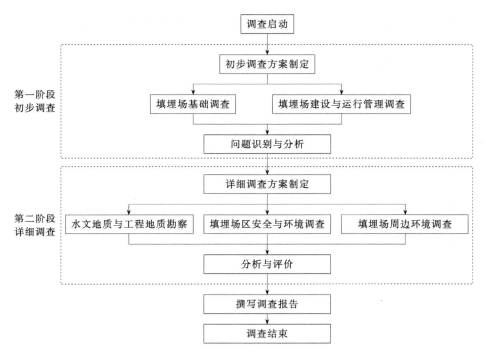

图 2-1 垃圾填埋场现状调查主要工作程序

2.1.1 基础调查

2.1.1.1 资料收集

填埋场基础调查需要收集各类相关资料,主要包括自然信息和社会信息、环境资料和工程资料。

(1) 自然信息和社会信息

填埋场基础调查需要收集所在区域的自然信息和社会信息。其中自然信息包括地理位置图、地形、地貌、土壤、水文、地质和气象资料等;社会信息包括人口密度和分布、敏感目标分布及土地利用方式,区域所在地的经济现状和发展规划,相关国家和地方的政策、法规与标准等。

(2) 环境资料

填埋场环境资料包括由政府机关和权威机构所保存和发布的环境资料,如区域环境保护规划、环境质量公告、企业在政府部门的相关环境备案和批复以及生态和水源保护区规划等。

(3) 工程资料

填埋场工程资料包括填埋场工程设计与建设资料。其中工程设计资料包括填埋场发展历程、总平面布置图、历年垃圾填埋量、填埋库区、垃圾坝、防渗系统及地下水导排系统、雨水截排系统、填埋气导排系统、渗滤液收集处理系统、管理区、道路等;建设资料包括相关基础设施与敏感目标、环评审批情况、填埋场运营记录资料、填埋场及周边环境监测资料等。

填埋场基础调查表内容详见表 2-1。

表 2-1　填埋场基础调查表（包括但不限于）

填埋场基本情况			
填埋场名称：_____			
填埋场场址：_____			
填埋场分类	□ 简易填埋场　　□ 卫生填埋场　　□ 其他		
使用年限：_____年			
是否封场	□ 已封场　　□ 未封场		
初始填埋时间：_____年_____月			
填埋规模/(t/d)			
填埋垃圾总量/($10^4 m^3$)			
填埋场占地面积/m^2			
填埋场平均埋深（地面下）/m			
填埋平均高度（地面上）/m			

填埋场建设概况			
渗滤液导排	导排措施	□有	□无
	导排方式	□竖井	□盲沟
	导排量/(m^3/d)		
渗滤液处理	处理措施	□有	□无
	处理方式	□调节池	□渗滤液处理站
	处理量/(m^3/d)		
填埋气导排	导排措施	□有	□无
	导排方式	□竖井	□盲沟
	导排量/(m^3/d)		
填埋气处理	收集措施	□有	□无
	处理方式	□焚烧	□直排
	处理量/(m^3/d)		
水平防渗	防渗措施	□有	□无
	防渗方式	□黏土	□土工膜
垂直防渗	防渗措施	□有	□无
	防渗方式		
地表水导排	导排措施	□有	□无
	导排效果	□好　　□较好	□失效
垃圾压实情况	□无压实　　□有压实		
垃圾坝	□土石坝　　□浆砌块石坝　　□混凝土坝　　□其他		
填埋场类型	□平原型　　□山谷型　　□坡地型 □海域围垦型		
填埋场建设地勘报告	□有　　□无		
填埋场建设环评报告	□有　　□无		
主要填埋垃圾种类	□生活垃圾　□建筑垃圾　□危险废物　□电子废物 □工业废物　□园林垃圾　□其他（可多选）		

填埋场周边环境情况						
周围敏感点	a. 地表水体[1 河, 2 湖（塘）, 3 水库, 4 污水沟] 5 其他]	b. 居民区	c. 自然保护区	d. 耕作区	e. 养殖区	f. 水源地
与敏感点的距离						

其他需提供资料

区域自然社会资料、区域规划资料、场地及周边前期水文地质勘察资料、填埋场地形测绘资料、填埋场工程设计与建设资料、填埋场运营记录资料、填埋场及周围环境监测资料等

2.1.1.2 现场踏勘

填埋场现场踏勘的目的是确定资料收集的信息是否准确，进一步识别现场关注区域和周边环境信息，初步确定采样的布设点位等。垃圾填埋场现场踏勘的主要任务如下。

（1）完善基本信息

现场踏勘可以补充资料收集过程中无法获得的信息，完善填埋场基本信息，如调查填埋场周边环境敏感点情况，包括数量、类型、分布、影响、保护措施，明确地理位置、规模、与调查对象的相对位置关系、所处环境功能区、周边土地利用情况等。可通过人员访谈的形式获得相关信息，受访人员包括场区管理人员和附近居民等。

（2）核实资料准确性

现场踏勘可以核实收集资料的准确性，需重点核实填埋场及其所在区域的水文地质条件、现有监测井信息（分布位置和井深等）、定期监测情况、环境管理状况，确定是否与资料中所提及的一致。

（3）获得现场图

现场踏勘可以获得垃圾填埋区、污水处理设施和监测井等的实体图片。

在现场踏勘前，应根据垃圾填埋场的具体情况掌握相应的安全卫生防护知识。踏勘范围以填埋场场区内为主，并应包括填埋场的周围区域。周围区域的范围应由现场调查人员根据污染物可能迁移的距离来判断。现场踏勘的方法包括异常气味的辨识、摄影和照相、现场笔记等，可初步判断污染状况。踏勘期间，可以使用现场快速测定仪器。

2.1.1.3 人员访谈

（1）访谈内容

访谈内容应包括资料收集和现场踏勘所涉及的疑问，以及对信息补充和已有资料的考证。

（2）访谈对象

受访者为填埋场现状和历史的知情人，至少应包括填埋场自建设至今各阶段的使用者和/或管理者、填埋场行政管理机构工作人员、属地政府工作人员、环境保护行政主管部门工作人员以及填埋场所在地或熟悉填埋场的相关工作人员和附近的居民等第三方人员。

（3）访谈方法

访谈可采取当面交流、电话交流、电子或书面调查表等方式进行。

（4）内容整理

访谈最后应对访谈内容进行整理，并对照已有资料，对其中可疑之处和不完善之处进行核实和补充，作为调查报告的附件。

2.1.2 建设及运行管理调查

垃圾填埋场建设调查包括主体设施调查和辅助设施调查（图 2-2），以主体设施调查为主，应查明设施类型、结构、材料、尺寸、分布等建设情况，初步分析垃圾填埋场设施是否完善、功能是否有效。垃圾填埋场主体设施调查主要包括垃圾坝、地基处理系统、地下水导排系统、防渗系统、渗滤液收集与处理系统、填埋气体导排与利用系统、覆盖系统、雨污分流系统、防洪系统、场区道路、环境监测设施等。

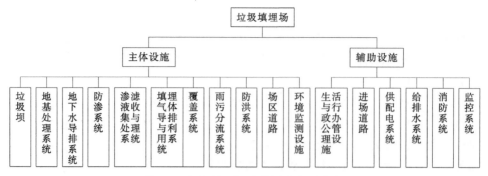

图 2-2 垃圾填埋场建设调查主要内容

① 垃圾坝调查包括坝型、坝高、筑坝材料及坝基处理。
② 地基处理系统调查包括填埋场地基和边坡处理方法及处理效果。
③ 地下水导排系统调查包括碎石导流层、导排盲沟、收集井等地下水导排及收集设施。
④ 防渗系统调查包括库区及渗滤液调节池等区域水平防渗系统的结构型式、防渗材料种类及其锚固方式，垂直防渗系统的分布、范围、深度和防渗材料种类。
⑤ 渗滤液收集与处理系统调查包括渗滤液收集设施、渗滤液储存设施和渗滤液处理设施。渗滤液收集设施包括导排层、导排盲沟、集液井（池）、抽排竖井、渗滤液水位监测井等。渗滤液储存设施包括调节池、泵房、清淤设备、膜盖系统等。渗滤液处理设施包括进水水量和水质、出水排放标准、处理工艺流程、主要处理设备、渗滤液处理后清水排放情况、残余浓缩液和污泥处理情况等。
⑥ 填埋气体导排与利用系统调查包括填埋气体导排、收集和利用设施。填埋气体导排与收集设施包括导气竖井、水平集气井和输送管道等。填埋气体利用设施包括预处理、燃烧火炬、发电等设施。
⑦ 覆盖系统调查包括垃圾堆体表面临时覆盖、填埋过程中间覆盖、封场覆盖等覆盖材料与结构。
⑧ 雨污分流系统调查包括垃圾堆体表面集水沟、库区周围排水沟等构筑物。
⑨ 防洪系统调查包括截洪坝、截洪沟、集水池、洪水提升泵站、排洪涵管等防洪构筑物。
⑩ 场区道路调查包括永久性道路和库区内临时性道路。
⑪ 环境监测设施调查包括地下水监测井、渗滤液和填埋气监测设施等。
填埋场辅助设施调查包括（但不限于）生活与行政办公管理设施、进场道路、供配电系统、给排水系统、消防系统、监控系统等。
填埋场运行管理调查应查明填埋场日常作业情况、设施运行与维护情况、填埋场环境质量情况，收集资料主要包括运行管理资料、运行监管资料、环境监测资料，具体如下。
① 运行管理资料包括垃圾进场计量记录、设备运行记录、设备维修保养记录、耗材消耗量记录、人员培训记录、安全事故及应急演练记录、管理制度文件等。
② 运行监管资料包括监管报告、监管问题整改单等。
③ 环境监测资料包括场内自测和第三方监测报告。

2.1.3 污染防控设施调查

污染防控设施调查包括防渗系统、地下水导排系统、雨污分流系统、渗滤液收集与处理系统、填埋气体导排与利用系统等,应根据基础调查中的问题识别与分析结果确定调查内容,并查明污染防控设施破损情况、渗漏情况及功能有效性。

① 防渗系统调查应查明防渗层破损渗漏位置与尺寸,调查方法宜参照现行行业标准《生活垃圾填埋场防渗土工膜渗漏破损探测技术规程》(CJJ/T 214—2016)中的有关规定。

② 地下水导排系统调查应查明排水通道的淤堵状况,调查方法宜参照现行行业标准《城镇排水管道检测与评估技术规程》(CJJ 181—2012)中的有关规定。

③ 雨污分流系统调查应查明覆盖层有效性、雨水收集与导排情况、堆体表面渗滤液收集与导排情况等,宜通过现场巡查或无人机航测方式开展。

④ 渗滤液收集与处理系统调查应查明导排设施淤堵情况、渗滤液导排量、调节池有效容量及渗漏情况等,导排设施淤堵情况宜通过管道视频检测、电法勘测等方法开展。

⑤ 填埋气体导排与利用系统调查应查明覆盖膜与输气管网的泄漏情况、填埋气收集量、填埋气除臭情况、火炬燃烧及发电利用情况,宜通过现场巡查、采样检测等方法开展。

2.1.4 填埋场抽样检测

对场区内地下水、表层土壤、填埋气体及大气环境进行抽样检测,采样方法、监测内容及分析方法应符合现行国家标准《生活垃圾卫生填埋场环境监测技术要求》(GB/T 18772—2017)等的有关规定。

① 地下水采样点宜布置在地下水监测井,对于地下水监测井缺失的填埋场,应尽早按相关现行国家标准中的要求建设。

② 表层土壤采样点宜布置在地下水监测井附近区域。

③ 填埋气体采样点宜布置在填埋工作面上 2m 以下高度范围内,填埋气体导气管排放口。

④ 大气环境采样点宜布置在厂界。

综上所述,通过填埋场基础调查、踏勘和抽样检测等环节,识别填埋场存在的主要安全与污染风险,列出填埋场问题清单(表 2-2)。

表 2-2 填埋场问题清单示例

序号	调查内容	调查子项	子项内容	调查情况	
1	设施建设	填埋气体导排与利用系统	无任何收集与处理设施	□是	□否
			气体自然导排,导排设施不能正常运行	□是	□否
			气体导排收集与处理系统运行状况欠佳,只能收集处理部分气体	□是	□否
			无填埋气导排、填埋气压力监测设施	□是	□否
			无填埋气产量、组分、甲烷浓度监测设施	□是	□否
			填埋气处理设施处理能力不匹配	□是	□否
		覆盖系统	无覆盖设施	□是	□否
			有覆盖设施,存在覆盖膜破损现象	□是	□否
		雨污分流系统	无雨污分流设施	□是	□否
			有雨污分流设施,存在雨污混流情况	□是	□否
		防洪系统	无防洪设施	□是	□否
			有防洪设施,存在洪水进入库区情况	□是	□否
		除臭设施	臭气产生区域无有效臭气收集、处理设施	□是	□否
		环境监测设施	地下水监测井缺失	□是	□否
			监测、化验用设备仪器缺失或不能满足日常主要指标检测	□是	□否

续表

序号	调查内容	调查子项	子项内容	调查情况
2	运行管理	监测管理	各污染物监测数据与制度不齐全	□是 □否
		运行记录资料	运行记录资料不齐全	□是 □否
		档案资料	各种文件如水文地质勘察资料、设计文件、批复文件、规章制度、安全管理制度、监测证明及相关记录等材料不完整	□是 □否
		工艺设施设备维护	有设施、设备不可用或缺损	□是 □否
3	环境状况	大气环境	空气异味明显、堆体表面填埋气明显泄漏	□是 □否
		水体环境	堆体渗滤液外溢	□是 □否
		岩土环境	岩土体明显受渗滤液浸染	□是 □否
4	运行效果	渗滤液	检测指标不符合《生活垃圾填埋场污染控制标准》(GB 16889—2024)或环评批复要求	□是 □否
		地表水	检测指标不符合《地表水环境质量标准》(GB 3838—2002)或本底井调查标准	□是 □否
		地下水	检测指标不符合《地下水质量标准》(GB/T 14848—2017)或本底井调查标准	□是 □否
		厂界大气污染物	检测指标不符合《生活垃圾填埋场污染控制标准》(GB 16889—2024)	□是 □否

2.2 水文地质与工程地质勘察

垃圾填埋场水文地质与工程地质勘察包括水文地质勘察、工程地质勘察及周边地质灾害调查，应查明填埋场区和周边地表水及地下水的补给、径流、排泄及动态变化特征，查明填埋场工程地质条件，识别填埋场区及周边地质灾害隐患点。

2.2.1 水文地质勘察

勘察内容应包括地形地貌特征，地下水的类型和赋存状态，地下水补给/排泄条件，地下水流向、水位及其动态变化情况，地表水径流及其和地下水的补排关系，透（含）水层与隔水层的埋藏条件及分布，各岩土层渗透性等。

勘察范围应根据地形地貌、地表汇水区域、地下水径流条件、填埋场地表污染痕迹等确定。主要集中垃圾填埋场类型的勘察范围如下。

① 山谷型填埋场：在上游及两侧以周边分水岭为界，下游边界距离垃圾堆体≥2000m。

② 平原型填埋场：上游及两侧边界距离垃圾堆体≥50m，强径流区平原形填埋场下游边界距垃圾堆体≥2000m，弱径流区平原形填埋场下游边界距垃圾堆体≥500m。

检测指标应包括（但不限于）地下水水位、水量及水质，透水层和隔水层的渗透系数等。岩土层的渗透系数宜通过注水试验、抽水试验或压水试验测得。注水、抽水及压水试验可分别参照《注水试验规程》(YS/T 5214—2021)、《抽水试验规程》(YS/T 5215—2021)、《压水试验规程》(YS/T 5216—2020)中的有关规定进行。

对垃圾堆体进行专门的水文地质勘察应包括下列内容。

① 查明堆体中含水层和隔水层的埋藏条件，包括渗沥液水位、承压情况、流向及这些条件的变化幅度，当堆体含多层滞水位时，必要时应分层测量滞水位，并查明互相之间的补给关系。

② 查明填埋、覆土及渗沥液导排系统淤堵等对渗沥液赋存和渗流状态的影响；必要时

应设置观测孔,或在不同深度处埋设孔隙水压力计,测量水头随深度的变化。

③ 查明堆体可能存在碎石盲沟、粗粒料堆积体等形成的优势透水通道,以及渗沥液导排设施淤堵程度。

④ 通过现场试验,测定不同埋深垃圾的水力渗透系数等水文地质参数。

2.2.2 工程地质勘察

物理样的采集与土工试验是在详细采样阶段,为风险评估提供数据支撑,以模拟污染物在环境介质中的迁移过程[28]。主要测试指标包括土壤粒径分布、土壤容重、含水量、天然密度、饱和度、孔隙比、孔隙率、塑限、塑性指数、液性指数、实验室垂直渗透系数和水平渗透系数以及粒径分布曲线等物理参数。

除了进行土壤和地下水采样之外,目前在场地污染调查实践中常采用便携式仪器、地球物理勘察技术等进行调查。

2.2.2.1 便携式仪器调查

利用手持 GPS 测量填埋场的位置及填埋场边界的经纬度坐标,估测填埋场面积。

针对填埋场污染物,常用的便携式仪器包括检测挥发性气体的光离子化检测器(PID)、检测重金属的 X 射线荧光光谱分析仪(XRF)等(图 2-3)。实际操作时,可根据便携仪器的测量值,确定具体的采样位置。一般可用洛阳铲、手动螺旋钻等在采样点处凿孔,并使用便携仪器测定污染物组分的浓度;在初步采样和详细采样认定的污染较重的区域,可采用便携仪器进行加密检测。

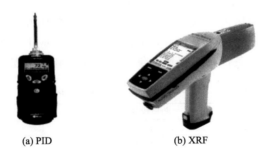

(a) PID   (b) XRF

图 2-3 手持式 PID 与 XRF

常用便携式仪器的主要功能及优缺点见表 2-3。

表 2-3 便携式仪器的主要功能及优缺点

仪器名称	主要功能	优点	缺点
XRF	检测土壤中的重金属	快速进行现场分析	需要前期训练操作人员;可能会受到基质干扰;检测限较高
火焰离子检测仪(FID)	半定量检测土壤中 VOCs 组分的含量	迅速获得结果	只能检测到 VOCs 组分
PID	检测土壤中 VOCs、部分半挥发性有机物(SVOCs)和无机物的浓度	迅速获得结果;容易使用	测试结果受环境湿度等影响;不能确定特定的有机组分浓度

2.2.2.2 地球物理勘察技术

污染场地调查中涉及的地球物理方法包括探地雷达法、高密度电阻率法、综合测井技术等[29-31]。在实际工作中,往往需要运用多种物探方法开展场地调查,常用物探方法应用范围及特点见表2-4。

表 2-4 常用物探方法的应用范围及特点

地球物理方法	应用范围及特点	适用调查阶段
探地雷达法	石油类污染场地、垃圾场、城市污水等,勘测污染源、污染范围和深度,可进行一维、二维、三维地面原位测试	初步采样和详细采样
高密度电阻率法	石油类污染场地、垃圾场、城市污水等,勘测污染源、污染范围和深度,可进行二维地面原位测试	详细采样
声波及浅层地震勘探	城市污水渠、核废料处理和垃圾填埋场等领域勘探,确定地下水埋深、垃圾场边界、核废料处理井结构等	详细采样
跨孔电磁波/超声波CT成像法	适用于各类污染场地勘测空间污染源、污染边界和污染通道的精细测量	详细采样
综合物探探井技术	可针对所有场地污染调查钻孔实施多参数综合物探测井,原位测定污染介质的属性和异常特征	详细采样

填埋场工程地质勘察内容应包括地质构造特征、岩土层类别、空间分布及物理力学性质、地基和边坡的稳定性、场地地震效应等。勘察区边界距离垃圾堆体≥50m,并可根据场地地质构造延展状况对勘察范围予以适当调整。

勘探点深度应满足稳定性评价和渗透性评价的需要,一般情况下控制性勘探钻孔深度为预计填埋高度的1.5倍,一般性勘探钻孔深度为预计填埋高度的1倍。控制性勘(钻)探点为总数的1/4~1/3,在每条剖面线上不少于2~3个控制性勘探点。钻探点一般要布置在拟建场地地貌单元边界线、地层分界线及地质构造线上。当地质界限不明显时,可以考虑按一定的钻孔数和钻(勘)探线间距均匀布置,但要注意钻探线应平行于或垂直于填埋场的堆填高度等直线,针对场地复杂条件,填埋场详细勘察勘探线和勘探点间距可见表2-5。

表 2-5 填埋场详细勘察勘探线和勘探点间距

场地类型	勘探线间距/m	勘探点间距/m
复杂场地	30~50	30~50
中等复杂场地	50~70	50~70
简单场地	70~100	不少于5个勘探点

检测指标应包括(但不限于)土体的容重、黏聚力、内摩擦角和压缩模量等土工参数,岩体容重和单轴抗压强度等岩石力学参数,土体的容重、黏聚力、内摩擦角等土工参数测试宜参照现行国家标准《土工试验方法标准》(GB/T 50123—2019)中的有关规定。

2.2.3 周边地质灾害调查

周边地质灾害调查内容应包括滑坡、崩塌、泥石流、地面沉降、地面塌陷以及其他对填埋场场地工程安全有影响的地质灾害隐患。调查方法宜参照现行国家标准《岩土工程勘察规范(2009年版)》(GB 50021—2001)中的有关规定,调查范围应为地质灾害隐患分布及影响区域,并根据场地地质灾害隐患的类型、发育程度及其相对填埋场的空间分布进行适当调整。

根据场地水文地质与工程地质条件,观测指标应包括边坡高度、坡度,植被覆盖程度,挖方与填方情况,山洪、冲沟和河流冲淤痕迹,危岩、采空区等不良地质作用或人类工程活动。由于垃圾填埋场勘察的特殊性,除按一般规定的要求进行外,还需对地层、地质构造、边坡稳定、填埋场地基土的承载力和变形进行专门的研究。

(1) 地层

勘察应查明工作区内地层的层序、岩土名称、地质时代、厚度、产状、成因类型、岩性岩相特征和接触关系,查明上部覆盖土的成因类型、颗粒组成、厚度及分布范围。应特别注意对垃圾坝范围内的软弱夹层和粗粒砾石层的勘察。

(2) 地质构造

勘察应了解工作区的构造轮廓,包括经历过的构造运动性质和时代各种构造形迹的特征、主要构造线的展布方向等,查明代表性岩体中原生结构面及构造结构面的产状、规模、形态、性质、密度及其切割组合关系。对于贯穿库区及坝基的断层,应查明其产状,延伸的长度及深度,特别是断层带的宽度和断层破碎带的密实性,破碎带的填充物性质。早期的断层破碎带往往填充有岩脉,破碎带极为密实,晚期的断层破碎带除断层角砾和断层泥外,尚存在很多空洞,成为地下水运移的通道。与断层相似,贯穿库区及坝基的紧密褶皱,接近核部的区域,由于岩层变形大、层间滑脱、纵向断层等,可发育为透水性极强的通道。地质构造带的透水性可通过抽水试验或注水试验确定。

(3) 边坡稳定

勘察应调查滑坡所处的地貌部位、变形形态、地面坡度、相对高度、沟谷发育情况、河岸冲刷、堆积物及地表水汇聚情况及植被发育状况,滑坡发生与地层结构、岩性、断裂构造、地貌及其演变、水文地质条件有关;基本查明边坡的成因类型、形态、规模和边界条件、坡体的结构类型与岩性组合特征,确定控制边坡稳定性的主要结构面;查明滑坡体特征,包括滑坡体形态和规模、边界特征、表部特征、滑面特征、内部特征;地下水情况,泉水出露地点及流量,地表水自然排泄沟渠的分布和断面;确定目前活动状态及其变形阶段以及滑动的方向,分析滑坡的滑动方式和力学机制;查明边坡已有变形破坏状况和造成的危害,分析其发展趋势,提出防治建议。

(4) 填埋场地基土的承载力和变形

垃圾填埋场的勘察除提供垃圾坝、运输用道路、污水处理设施、运营管理用房等构筑物地基的评价外,还需对填埋场地基土的承载力和在垃圾堆填的荷载作用下的变形特性做出评价。由于变形量的差异,会引起垃圾堆体的局部水平向蠕动,当上部堆填的荷载差异大,排水系统工作不畅时,这种水平向蠕动会进一步加大。地基土和垃圾土的变形,会极大地影响防渗系统的可靠性,严重时能导致防渗系统及排水系统失效。

2.3 垃圾填埋区安全调查与评估

根据前期基础调查中的抽样检测结果确定垃圾填埋区安全与环境的调查与评估内容,填埋区的调查主要包括垃圾堆体、渗滤液和填埋气体等,应查明其污染情况及进一步受污染的风险,根据场区环境调查结果验证填埋堆体污染源强及污染防控设施的有效性。

2.3.1 垃圾堆体调查与评估

2.3.1.1 垃圾堆体勘察

垃圾堆体外形主要包括垃圾堆体范围、面积、库底标高、顶部标高、中间平台分布、边坡比、顶部坡度及形状等,应通过填埋场建设及运行资料查阅、人员访谈、历史卫星图比对、地形测绘等调查方式进行勘察。

垃圾堆体勘察,应着重查明下列内容:a.堆体地形、地貌特征、厚度、体积、下卧地基或基岩的埋藏条件;b.堆体垃圾的组分、密实程度、堆积规律和成层条件;c.堆体内渗滤液水位分布形式及其变化规律;d.当场内填埋污泥和垃圾焚烧灰等废弃物时,应查明其体量、埋深及工程特性;e.现状堆体的稳定性,继续扩建至设计高度的适宜性和稳定性;f.堆体沉降及侧向变形,导致中间衬垫系统、封场覆盖系统及其他设施失效的可能性;g.垃圾渗滤液产量、填埋气体产量及压力。

垃圾堆体勘探钻孔的回填有着严格的要求,既要满足防渗的要求,还要满足承载力的要求,同时不能过硬,以免在填埋场基础沉降过程中,对膜下保护层和土工膜产生刺入破坏。保证回填后钻孔中材料的力学性质与周围土体尽可能相近,目前钻孔回填方法主要有水泥黏土浆、水泥砂浆、水泥水玻璃浆灌浆及分段回填等。

垃圾堆体勘察应配合工程建设分阶段进行,可分为初步勘察和详细勘察。

① 初步勘察应以工程地质测绘为主,并应进行必要的勘探工作,对拟扩建和治理工程的总平面布置、场地的稳定性和形变、废弃物对环境的影响等进行初步评价,并应提出建议。

② 详细勘察应采用勘探、原位测试和室内试验等手段进行,地质条件复杂地段应进行工程地质测绘,获取工程设计所需的参数,提出设计、施工和监测工作的建议,同时应评价不稳定地段和环境影响,并提出治理建议。

根据现行行业规范《生活垃圾卫生填埋场岩土工程技术规范》(CJJ 176—2012)的要求,勘探线宜平行于现有堆体边坡走向、扩建堆体及其他关键填埋场库区设施的轴线布置,初步勘察和详细勘察勘探点间距可分别按表2-6和表2-7确定,局部地形地质条件异常地段应加密。勘探孔的深度应满足稳定、变形和渗漏分析的要求。对于场底无衬垫系统的填埋场,勘探孔的深度应穿透垃圾堆体;对于场底有衬垫系统的填埋场,勘探孔的最深处距离衬垫系统不应小于5m。与稳定、渗漏有关的关键地段,应加密加深勘探孔或专门布置勘探工作。垃圾堆体工程地质测绘的比例尺,初步勘察宜为(1∶2000)~(1∶5000),详细勘察不应小于1∶1000。勘探方法应根据填埋垃圾及覆盖土层的性质确定。对于含有建筑垃圾和杂填土的垃圾堆体,宜采用钻探取样和重型动力触探相结合的方法。勘探时应采取措施避免填埋气发生爆炸或火灾事故。

表 2-6 垃圾堆体初步勘察的勘探线、勘探点间距

垃圾堆体复杂程度等级①	勘探线间距/m	勘探点间距/m
复杂	100	50~100
中等复杂	200	100~200
简单	不少于5个勘探点	

① 简单垃圾堆体指填埋物为比较单一的城市生活垃圾且其组分变化不显著;复杂垃圾堆体指填埋物种类较多,除城市生活垃圾以外还有城市污水污泥等废弃物,或垃圾填埋过程大量采用低渗透性的中间覆土;中等复杂垃圾堆体指除简单和复杂垃圾堆体以外的情况。

表 2-7 垃圾堆体详细勘察勘探点间距

垃圾堆体复杂程度等级	勘探点间距/m
复杂	30~50
中等复杂	50~100
简单	不少于5个

注：垃圾堆体复杂程度等级同表2-6。

垃圾填埋场治理及扩建岩土工程勘察的工程评价应包括下列内容。

① 现有垃圾堆体及扩建垃圾堆体整体稳定性和局部稳定性。

② 现有垃圾堆体沉降及侧向变形，及其导致中间衬垫系统、封场覆盖系统及其他设施失效的可能性。

③ 垃圾堆体渗滤液水位升高、填埋气产量及气压、渗滤液与场底岩土体相互作用、斜坡上衬垫系统土工材料界面抗剪强度软化、污泥库等不良地质作用及其影响。

④ 渗滤液污染物的渗漏与扩散及其对水源、农业、岩土和生态环境的影响。

⑤ 治理工程及扩建工程的适宜性。

2.3.1.2 垃圾堆体的边坡稳定性

填埋场区堆体边坡稳定性分析主要包括垃圾堆体边坡、垃圾坝、覆盖层等稳定安全系数，分析方法应参照《生活垃圾卫生填埋场岩土工程技术规范》（CJJ 176—2012）中的有关规定。

（1）安全等级

垃圾堆体边坡工程应根据坡高及失稳后可能造成后果的严重性等因素，按照表2-8的规定确定安全等级。

表 2-8 垃圾堆体边坡工程安全等级

安全等级	堆体边坡坡高/m
一级	$H \geqslant 60$
二级	$30 \leqslant H < 60$
三级	$H < 30$

注：1. 山谷型填埋场的垃圾堆体边坡高是以垃圾坝底部为基准的边坡高度，平原型填埋场的垃圾堆体边坡坡高是指以原始地面为基准的边坡高度。

2. 针对下列情况安全等级应提高一级：垃圾堆体失稳将使下游重要城镇、企业或交通干线遭受严重灾害；填埋场地基为软弱土或其他特殊土；山谷型填埋场库区顺坡向边坡度大于10°。

（2）运用条件

垃圾堆体边坡的运用条件应根据其工作状况、作用力出现的概率和持续时间的长短，分为正常运用条件、非常运用条件Ⅰ和非常运用条件Ⅱ三种。

① 正常运用条件为填埋场工程投入运行后，经常发生或长时间持续的情况，包括填埋场填埋过程、填埋场封场后和填埋场渗滤液水位处于正常水位。

② 非常运用条件Ⅰ为遭遇强降雨等引起的渗滤液水位显著上升。

③ 非常运用条件Ⅱ为正常运用条件下遭遇地震。

（3）安全系数

垃圾堆体边坡抗滑稳定最小安全系数如表2-9所列。

表 2-9　垃圾堆体边坡抗滑稳定最小安全系数

运行条件	安全等级		
	一级	二级	三级
正常运用条件	1.35	1.30	1.25
非常运用条件Ⅰ	1.30	1.25	1.20
非常运用条件Ⅱ	1.15	1.10	1.05

注：1. 除垃圾坝堆体边坡外其他类型边坡的安全系数控制标准应符合现行国家标准《建筑边坡工程技术规范》GB 50330 的相关规定。

2. 当垃圾堆体边坡等级为一级且又符合表 2-8 中提及条件时，安全系数应根据表 2-9 相应的安全系数提高 10%。

在稳定分析时，复合衬垫系统中土工材料界面强度指标取值宜符合下列要求：宜取最小峰值强度界面对应的强度指标，库区基底坡度大于 10°区域宜采用其残余强度指标，库区基底坡度小于 10°区域宜采用其峰值强度指标。

填埋场边坡稳定验算应符合下列规定：

① 应验算每填高 20m 后垃圾堆体边坡和封场后垃圾堆体边坡的稳定性。

② 应验算的破坏模式包括通过垃圾堆体内部的滑动破坏、通过垃圾堆体内部与下卧地基的滑动破坏、部分或全部沿土工材料界面的滑动破坏。

③ 应采用摩根斯坦-普赖斯法验算，稳定最小安全系数应符合表 2-9 中的规定。

④ 应确定每填高 20m 后垃圾堆体边坡和封场后垃圾堆体边坡的警戒水位，其所对应的边坡稳定最小安全系数应取表 2-9 中非常运用条件Ⅰ相应的值。

相关稳定计算方法应根据边坡类型确定，并应符合下列要求：

① 填埋场地基边坡稳定的计算方法应符合现行行业标准《水利水电工程边坡设计规范》（SL 386）的相关规定；

② 垃圾坝的稳定计算方法应针对坝型采用相应的规范，坝后水压力和土压力取值应根据填埋场的实际运行情况和可能出现的最不利情况确定；

③ 垃圾堆体边坡稳定计算方法应符合《生活垃圾卫生填埋场岩土工程技术规范》（CJJ 176—2012）的规定；

④ 封场覆盖系统的稳定分析宜采用无限边坡稳定分析法或双楔体法，验算无渗透水流和完全饱和时的安全系数；

⑤ 当边坡破坏机制复杂时，宜采用有限元法或上述合适的方法分析。

当填埋场存在垃圾堆体滞水位时，应验算滞水位引起的局部失稳。当填埋场存在污泥库时，应对污泥库及其周边和上覆垃圾堆体边坡进行稳定分析。处于设计地震水平加速度 0.1g 及其以上地区的一级、二级垃圾堆体边坡和处于 0.2g 及其以上地区的三级垃圾堆体边坡，应进行抗震稳定计算，宜采用拟静力法，并应符合现行行业标准《水利水电工程边坡设计规范》（SL 386）的有关规定。

2.3.1.3　垃圾堆体沉降分析

垃圾堆体沉降分析主要包括垃圾堆体主压缩量和次压缩量，并对填埋场库区设施的不均匀沉降进行验算，分析方法应参照现行行业规范《生活垃圾卫生填埋场岩土工程技术规范》（CJJ 176—2012）中的有关规定。

根据《生活垃圾卫生填埋场岩土工程技术规范》（CJJ 176—2012）中的要求，下列填埋场库区设施应进行不均匀沉降验算：

① 可压缩地基上填埋场底部渗滤液导排系统和防渗系统；
② 垃圾堆体内部的水平集气井、渗滤液导排系统和中间衬垫系统；
③ 封场覆盖系统。

2.3.1.4 垃圾的抗剪强度

垃圾的抗剪强度指标应采用现场试验、室内直剪试验、室内三轴试验、工程类比或反演分析等方法确定。无试验条件时，一级垃圾堆体边坡的垃圾抗剪强度指标可同时采用工程类比、反演分析等方法综合确定，二级和三级垃圾堆体边坡的垃圾抗剪强度指标可按工程类比等方法确定。

进行垃圾抗剪强度试验时，试样宜现场钻孔取样或人工配制；直剪试验的试样平面尺寸不宜小于 30cm×30cm，三轴试验的试样直径不宜小于 8cm；试验所施加的应力范围应根据边坡的实际受力确定。

垃圾抗剪强度宜采用有效黏聚力和有效内摩擦角表示，宜按式(2-1)计算：

$$\tau_f = c' + (\sigma - u)\tan\varphi' \tag{2-1}$$

式中　τ_f——垃圾的抗剪强度，kPa；
　　　σ——法向总应力，kPa；
　　　u——孔隙水压力，kPa；
　　　c'——垃圾的有效黏聚力，kPa；
　　　φ'——垃圾的有效内摩擦角，°。

土工材料界面的抗剪强度指标应采用大尺寸界面直剪试验或斜坡试验及工程类比等方法确定。一级垃圾堆体边坡的土工材料界面抗剪强度指标宜采用试验方法确定，二级和三级垃圾堆体边坡的土工材料界面抗剪强度指标可按工程类比确定。

试样应采用在填埋场工程中实际使用的土工材料，试样平面尺寸不宜小于 30cm×30cm，试验所施加的应力范围应根据土工材料界面的实际受力确定。

土工材料界面的抗剪强度指标应包括峰值抗剪强度指标及残余抗剪强度指标。

峰值抗剪强度可按式(2-2)计算：

$$\tau_p = c'_p + (\sigma - u)\tan\varphi'_p \tag{2-2}$$

式中　τ_p——土工材料界面的峰值抗剪强度，kPa；
　　　c'_p——土工材料界面的峰值抗剪强度对应的有效黏聚力，kPa；
　　　φ'_p——土工材料界面的峰值抗剪强度对应的有效摩擦角，°。

残余抗剪强度可按式(2-3)计算：

$$\tau_r = c'_r + (\sigma - u)\tan\varphi'_r \tag{2-3}$$

式中　τ_r——土工材料界面的残余抗剪强度，kPa；
　　　c'_r——土工材料界面的残余抗剪强度对应的有效黏聚力，kPa；
　　　φ'_r——土工材料界面的残余抗剪强度对应的有效摩擦角，°。

2.3.1.5 垃圾组分

填埋垃圾调查内容为场区填埋物组分及特性，其采样宜在垃圾堆体布设点位钻取不同埋深的样品，采样点的布设及采样频次宜参照现行行业规范《生活垃圾卫生填埋场岩土工程技术规范》(CJJ 176—2012) 中的有关规定。采样前，使用测量分析仪器测定甲烷浓度。在每个点上用小铲挖去表层覆盖土，准确测量取土深度和进土深度等尺寸。根据垃圾堆体厚度设置采样点，不宜少于3点。填埋厚度低于15m，分上、中、下三层采样；高于15m时适当增加采样点，可按五点法采样。填埋物主要使用专业的地勘钻机进行垃圾采集，采用采油机动力驱动，钻入垃圾堆体中取样，全套管护壁施工。

其取样的具体步骤如下：

将取好样品的管柱状垃圾样品平铺于钻井系统固定台面上，卡紧，并用卷尺测量垃圾填充长度，并用记号笔标注。按照压缩比例用竹刀分别取各层有代表性的垃圾样品，然后将垃圾组分按生活垃圾分类标准[参考现行行业标准《生活垃圾采样和分析方法》(CJ/T 313—2009) 中的相应要求]进行分类。应将垃圾堆体中不能被降解的材料剔除，例如塑料玻璃、金属及其他工业建筑垃圾等。分别取至少1kg供试验用垃圾堆体样品，置于贴有相应标签的盛样容器中，密封待测定。采集垃圾堆体样品时，仔细观察垃圾堆体剖面的颜色、结构、质地、松紧度等，将剖面形态特征自上而下逐一记录，并填写采样记录表。每个采样点钻探结束后，将所有用完的样品装入垃圾袋内，统一运往指定地点储存，废水同样需要用塑料桶进行收集，不得任意排放，防止造成二次污染。填埋物检测指标主要包括填埋垃圾组分、有机质含量、挥发性固体、生物可降解度、纤维素与木质素比值、含水率、容重、热值、土工参数等，以及非生活垃圾填埋物组分和含量等。

2.3.1.6 垃圾土

垃圾土是一种特殊的杂填土，对于一些改建、扩建的垃圾填埋场勘察需要对垃圾土进行全面的评价，以满足垃圾填埋场长期、稳定、安全运行的要求，垃圾填埋场规划和设计，主要包括垃圾土的重度、含水量（率）、密度、相对密度、孔隙比、渗透系数、抗剪强度和压缩（固结）性等物理力学指标。

(1) 重度

垃圾土的重度与垃圾的成分、覆土量、压实方式、填埋时间及深度等因素相关，垃圾土的重度可取样在实验室测定或在现场试坑测定。

(2) 含水量（率）

含水量（率）在土工分析中定义为垃圾土中水的重量与垃圾土干重之比，不同于环境工程分析中采用的体积比的定义。垃圾土天然含水量与垃圾的成分、覆土量、渗滤液排放系统的有效性等因素相关，含水量应采用烘干法测定。

(3) 密度

垃圾土的密度与垃圾的成分、覆土量、处理方式、填埋时间等因素相关，垃圾土密度的测定可采用环刀法或现场试坑测定。

(4) 相对密度

垃圾土的相对密度一般可在室内以密度瓶法测定，由于垃圾土中的可溶性盐含量较高，在测定时多采用中性液体（如煤油）代替纯水作试剂。颗粒较大的垃圾土应采用规范规定的其他方法测定。

(5) 孔隙比

垃圾土的孔隙比主要与垃圾的成分、压实程度相关，由于其组成的颗粒大小不一，没有形成一定的致密结构，孔隙比普通土要大。

（6）渗透系数

垃圾土的渗透系数可以通过现场抽水试验、大尺寸试坑渗漏试验和实验室渗透试验求出。其值会随填埋深度和填埋时间的增大而逐渐减小。

（7）抗剪强度

垃圾土往往含有一定的纤维素，其剪切效应与泥炭较为接近。垃圾土的抗剪强度一般采用室内、现场试验或反分析法确定。

（8）压缩（固结）性

在自重的作用下，垃圾的主固结发生在填埋完成后的1～2个月内，在以后很长时间内又有较大的次固结。垃圾土的固结有别于一般土体，垃圾土在外部荷载的作用下，水和气体被逐渐排出，颗粒间相互挤密，土体被压缩。与此同时，垃圾土中的有机质降解会产生水和气体，使土体内的水气得到补充，直至生化反应完全结束。

由于垃圾土的特殊性，加上样品制备困难，研究程度较低，其常用物理力学指标经验值[28]如表2-10所列。

表2-10 垃圾土常用物理力学指标经验值

资料来源	重度γ /(kN/m³)	含水量 w/%	密度ρ /(g/cm³)	孔隙比e	渗透系数k /(cm/s)	黏聚力c /kPa	内摩擦角 φ/(°)
国外统计值	3.1～13.5（不同压实程度）	10～35	—	0.7～1.0	9.2×10^{-4}～1.1×10^{-3}	0～23	24～41
国内统计值	5.3～15.6	20～135	2.0～24	1.2	—	0～100	10～53

2.3.2 渗滤液调查与评估

2.3.2.1 渗滤液调查

填埋库区渗滤液是由生活垃圾分解后产生的液体与外来水分渗入（包括降水、地表水、地下水）所形成的内流水。渗滤液中有机物种类复杂，含多种致癌与致突变物质，危害性大。其产生通常取决于水分来源、填埋场表面状况、垃圾特性、填埋库区操作运行方式等主要因素。调查内容包括渗滤液水位（主水位和滞水位）、渗滤液积存量及水质。渗滤液水位监测方法宜参照《生活垃圾卫生填埋场岩土工程技术规范》（CJJ 176—2012）中的有关规定要求，具体如下：

① 渗沥液导排层水头监测宜在导排层埋设水平水位管，采用剖面沉降仪与水位计联合测定的测试方法。

② 当堆体内无滞水位时，宜埋设竖向水位管，采用水位计测量垃圾堆体主水位；当垃圾堆体内存在滞水位时，宜埋设分层竖向水位管（如图2-4所示），应采用水位计测量主水位和滞水位。

③ 监测点布设应符合下列要求：a. 渗沥液导排层水头监测点在每个排水单元宜至少布置两个，宜布置在每个排水单元最大坡度方向的中间位置；b. 渗沥液主水位和滞水位应沿垃圾堆体边坡走向布置监测点，平面间距30～60m，应保证管底离衬垫系统不应小于5m，总数不宜少于3个，分层竖向水位管底部宜埋至隔水层上方，各支管之间应密闭隔绝。

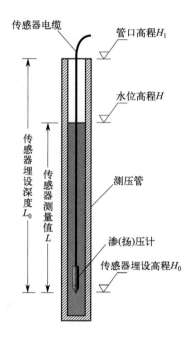

图 2-4 竖向水位管示意图

④ 当垃圾堆体水位接近或达到按照《生活垃圾卫生填埋场岩土工程技术规范》（CJJ 176—2012）第 6.4.1 条所确定的警戒水位时，应提高监测频次，并应立即采取应急措施。

渗滤液采样宜参照现行国家标准《生活垃圾卫生填埋场环境监测技术要求》（GB/T 18772—2017）的有关规定：在设有垃圾渗滤液集中收集和处理设施的垃圾填埋场，采样点设置在渗滤液收集井或调节池进水口处；在无渗滤液集中收集和处理设施的垃圾填埋场，采样点应设在渗滤液集液井。采样前，用采样设备提取渗滤液，应弃去前 3～5 次渗滤液样品；用水指标测量仪测试渗滤液 pH 值、导电性、温度、色度、浊度等指标，当其达到稳定状态后，方可采样。采样量和固定样品方法应按《水质 样品的保存和管理技术规定》（HJ 493—2009）中的规定执行。记录开始采样时间，取足量体积的水样装于附有相应标签的采样容器中，采集顺序可依待测项目的挥发性敏感度的顺序安排，采样设备应适当进行清洗。垃圾填埋场采用快速降解治理（有机物降解速率＞0.3%/d）阶段，渗滤液采样频率按治理工艺周期进行采样，每周不应少于 2 次；在治理结束，按《生活垃圾卫生填埋场环境监测技术要求》（GB/T 18772—2017）中 6.2 的规定执行。

2.3.2.2 渗滤液评估

渗滤液水质检测指标主要包括色度、COD、BOD、悬浮物、总氮、氨氮、总磷、粪大肠菌群数、总汞、总镉、总铬、六价铬、总砷、总铅。渗滤液分析方法应按现行国家标准《生活垃圾卫生填埋场环境监测技术要求》（GB/T 18772—2017）中的规定执行。采用《生活垃圾填埋场污染控制标准》（GB 16889—2024）对渗滤液污染进行评价，具体污染物浓度限值如表 2-11 所列。垃圾填埋场设置污水处理装置，垃圾渗滤液（含调节池废水）等污水经处理并符合《生活垃圾填埋场污染控制标准》（GB 16889—2024）规定的水污染物直接排放控制要求后排放。

表 2-11 垃圾填埋场水污染物直接排放限值

序号	控制污染物	排放限值[①]	序号	控制污染物	排放限值[①]
1	色度（稀释倍数）	40	10	总镉/(mg/L)	0.01
2	化学需氧量(COD_{Cr})/(mg/L)	100	11	总铬/(mg/L)	0.1
3	生化需氧量(BOD_5)/(mg/L)	30	12	六价铬/(mg/L)	0.05
4	悬浮物/(mg/L)	30	13	总砷/(mg/L)	0.1
5	总氮/(mg/L)	40	14	总铅/(mg/L)	0.1
6	氨氮/(mg/L)	25	15	总铜/(mg/L)	0.5
7	总磷/(mg/L)	3	16	总锌/(mg/L)	1
8	粪大肠菌群数/(个/L)	10000	17	总铍/(mg/L)	0.002
9	总汞/(mg/L)	0.001	18	总镍/(mg/L)	0.05

① 渗滤液处理设施排放口。

2.3.3 填埋气体调查与评估

2.3.3.1 填埋气体调查

生活垃圾中包含大量有机物，在填埋过程中会产生大量气体，其中恶臭气体是重点关注对象之一，其严重污染了周边的大气环境。厌氧、好氧和准好氧垃圾填埋场都有其不同的稳定化阶段，其气体组成和产气速率也不同。

填埋气体调查内容包括填埋气体产量、组分及产气潜力，垃圾堆体浅层填埋气体组分采样方法、检测项目及分析方法宜参照现行国家标准《生活垃圾卫生填埋场环境监测技术要求》（GB/T 18772—2017）中的相关规定。

(1) 填埋气体产量计算

填埋场理论产气速率，可按式(2-4)计算：

$$Q_n = \sum_{i=1}^{n} M_i l_{R_0} \left(\frac{k_R}{12}\right) e^{\frac{k_R}{12}(t_i-12)} + \sum_{i=1}^{n} M_i l_{S_0} \left(\frac{k_S}{12}\right) e^{\frac{k_S}{12}(t_i-12)} \quad (2-4)$$

式中 Q_n——填埋场在投运后第 n 个月的填埋气体单位时间理论产气量，m^3/月；

t_i——到计算时刻时第 i 个月填埋垃圾的龄期，月；

M_i——第 i 个月的垃圾填埋量，t；

l_{R_0}——单位质量垃圾中快速降解物质的理论产气量，m^3/t；

l_{S_0}——单位质量垃圾中慢速降解物质的理论产气量，m^3/t；

k_R——快速降解物质的产气速率常数，a^{-1}；

k_S——慢速降解物质的产气速率常数，a^{-1}。

填埋场累计理论产气量，可按式(2-5)计算：

$$G_n = \sum_{i=1}^{n} M_i l_{R_0} \left[1 - e^{\frac{k_R}{12}(t_i-3)}\right] + \sum_{i=1}^{n} M_i l_{S_0} \left[1 - e^{\frac{k_S}{12}(t_i-3)}\right] \quad (2-5)$$

式中 G_n——填埋场投入运行至第 n 个月的累计理论产气量，m^3。

不同类别垃圾组分的单位干重理论产气量、快速降解物质和慢速降解物质含量建议值可按表2-12取值。

表 2-12　垃圾单位干重理论产气量、快速降解物质和慢速降解物质含量建议值

物理组分	单位干重理论产气量/(m³/t)	快速降解物质含量/%	慢速降解物质含量/%	不可降解物质含量/%
厨余	299.3	80.0	20.0	0.0
纸张	233.3	30.5	37.5	32.0
竹木	129.2	15.0	38.3	46.7
织物	36.2	15.0	38.3	46.7

垃圾产气速率常数的确定应考虑垃圾组分、垃圾含水率、气候条件等因素，通过现场抽气试验确定；当不具备抽气试验条件时可按表 2-13 取值。

表 2-13　垃圾产气速率常数建议值

快速降解物质产气速率 k_R/a^{-1}	慢速降解物质产气速率 k_S/a^{-1}
0.6~1.5	0.02~0.40

注：厨余组分含量高时取高值，气候温暖湿润地区取高值。

（2）采样点的布设

填埋气体安全性监测主要是监测空气中甲烷的体积分数，其采样点应设置在以下地点：

① 填埋工作面上 2m 以下高度范围内，根据工作面大小设置 1~3 点，点间距宜为 25~30m；

② 填埋气体导气管排放口；

③ 场内填埋气体易于聚集的建（构）筑物内顶部。

填埋气体成分监测：当采用开放式填埋气体导排管时，应在导排管内下方距管口 0.5m 处设置采样点，采气期间，应尽量避免管口外环境空气混入采集的样品中；当采用密闭式填埋气体收集管时，应在填埋气集中收集系统末端布设采样孔。采集使用的容器和气体量应符合相应检测方法的要求。

垃圾堆体深层填埋气体组分采样宜结合现场抽气试验开展，测定当前填埋气体收集量，预测未来填埋气体收集量。抽气试验宜参照现行行业标准《生活垃圾卫生填埋场岩土工程技术规范》（CJJ 176—2012）中的有关规定。填埋场渗滤液水位较高时，宜进行不同渗沥液水位降幅条件下的现场抽气试验，提出渗滤液水位降低要求。渗滤液水位过高的填埋场，宜采取水位降低措施，增强垃圾堆体导气性能，提高填埋气体收集率。填埋气体抽排竖井宜符合下列要求：

① 深度不宜小于垃圾填埋厚度的 2/3，井底距场底的距离不宜小于 5m；

② 平面布置应根据抽排竖井影响半径等因素确定，井间距宜为井深的 1.5~2.5 倍，且不应大于 50m；

③ 渗滤液水位较高时，宜采用兼具抽水和集气功能的竖井。

应加强填埋作业管理与覆盖，提高填埋气收集率。

（3）采样频次

在填埋工作面上 2m 以下高度范围内和填埋气导气管排放口监测应每日 1 次；在场内填埋气体易于聚集的建（构）筑物内监测宜采用在线连续监测。填埋气体成分监测应每月 1 次。

（4）采样方法

在场内填埋气体易于聚集的建（构）筑物内顶部监测采用在线监测仪器直接采样测定，

在填埋工作面上 2m 以下高度范围内和填埋气导气管排放口监测可采用符合《便携式热催化甲烷检测报警仪》(GB/T 13486—2014) 要求或具有相同效果的便携式分析仪器直接采样测定。监测填埋气体成分的采样方法应按照《环境空气质量手工监测技术规范》(HJ 194—2017) 中第 4 部分的要求执行。

2.3.3.2 填埋气体评估

填埋气体检测指标主要包括甲烷、硫化氢、甲硫醇、甲硫醚、臭氧和氨等[32-36]。

(1) 甲烷

依据《生活垃圾填埋场污染控制标准》(GB 16889—2008) 和 (GB 16889—2024) 中的要求，填埋工作面上 2m 以下高度范围内甲烷的体积百分比应不大于 0.1%，生活垃圾填埋场应采取甲烷减排措施，当通过导气管道直接排放填埋气体时，导气管排放口的甲烷的体积百分比不大于 5%。

(2) 无组织排放恶臭污染物

依据我国现行标准《环境空气质量标准》(GB 3095—2012)，环境空气功能区分为两类：一类区为自然保护区、风景名胜区和其他需要特殊保护的区域；二类区为居住区、商业交通居民混合区、文化区、工业区和农村地区。对于无组织排放源分别排入一类区和二类区的恶臭污染物应执行《恶臭污染物排放标准》(GB 14554—93) 中一级和二级标准相应的标准限值，如表 2-14 所列。

表 2-14 恶臭污染物厂界标准值

序号	控制项目	一级	二级
1	氨/(mg/m^3)	1.0	1.5
2	三甲胺/(mg/m^3)	0.05	0.08
3	硫化氢/(mg/m^3)	0.03	0.06
4	甲硫醇/(mg/m^3)	0.004	0.007
5	甲硫醚/(mg/m^3)	0.03	0.07
6	二甲二硫/(mg/m^3)	0.03	0.06
7	二硫化碳/(mg/m^3)	2.0	3.0
8	苯乙烯/(mg/m^3)	3.0	5.0
9	臭气浓度(无量纲)	10	20

填埋场内环境空气中二氧化硫、氮氧化物（以 NO_2 计）及总悬浮颗粒物 (TSP) 等指标应满足《环境空气质量标准》(GB 3095—2012) 中二级浓度限值，具体数值如表 2-15 所列。

表 2-15 填埋场内环境空气污染物气体标准值

序号	控制项目	平均时间	二级
1	二氧化硫/(mg/m^3)	年平均	0.06
		24 小时平均	0.15
		1 小时平均	0.5
2	二氧化氮/(mg/m^3)	年平均	0.04
		24 小时平均	0.08
		1 小时平均	0.2
3	一氧化碳/(mg/m^3)	24 小时平均	4
		1 小时平均	10
4	臭氧/(mg/m^3)	日最大 8 小时平均	0.16
		1 小时平均	0.2

续表

序号	控制项目	平均时间	二级
5	颗粒物(粒径≤10μm)/(mg/m³)	年平均	0.07
		24小时平均	0.15
6	颗粒物(粒径≤2.5μm)/(mg/m³)	年平均	0.035
		24小时平均	0.075
7	总悬浮颗粒物/(mg/m³)	年平均	0.2
		24小时平均	0.3
8	氮氧化物/(mg/m³)	年平均	0.05
		24小时平均	0.1
		1小时平均	0.25

2.4 垃圾填埋场周边环境调查与评估

在垃圾填埋场场区地下水、土壤检测指标不达标，污染严重的情况下，应对周边环境进行调查。填埋场周边环境调查包括周边地下水环境调查、周边地表水环境调查、周边土壤环境调查及周边大气环境调查，宜根据填埋场场区安全与环境调查结果确定调查范围及内容，查明填埋场周边地下水、地表水、土壤、大气环境、生态环境及新污染物的污染情况及进一步的污染风险。根据不同填埋场类型及其特征差异，其运行期及后期维护与管理期环境调查与评价的重点内容不同。垃圾填埋场重点进行地下水和大气环境调查与评价：对地下水环境进行调查与评价时，填埋场运行期和后期维护与管理期应分别进行评价；对大气环境影响进行调查与评价时，填埋场运行期和后期维护与管理期可合并进行评价。

2.4.1 地下水环境调查与评估

填埋场周边地下水环境调查范围为填埋场场界外，填埋场地下水流向上游且距离垃圾堆体边界30～50m处，垂直填埋场地下水走向的两侧且距离垃圾堆体边界30～50m处，填埋场地下水流向下游距离垃圾堆体边界30～50m处，必要时调查范围可适当外延。填埋场位于地下水水源补给区时，可根据实际情况加密地下水采样点。当垃圾填埋场地下水监测井缺失或不足时，应尽早按现行国家标准《生活垃圾卫生填埋场环境监测技术要求》（GB/T 18772—2017）进行建设。

2.4.1.1 建井与洗井

（1）建井

根据《生活垃圾卫生填埋场环境监测技术要求》（GB/T 18772—2017），对地下水监测井缺失或不足的填埋场进行建井（图2-5）。建井前应确定地下水监测点位置，使用钻机进行建井，选取不改变地下水的化学成分或不释放可能目标测试物质影响测试结果的材料作为监测井建设的用材。建井时先确认滤水管位置，建井步骤包括钻孔、下管、填砾、止水及井台构筑等。建井时记录井深、埋深、建井参数等，并填写地下水监测井基本情况表。

（2）洗井

洗井一般分两次，即建井后的洗井和采样前的洗井。通常采用贝勒管进行洗井，在洗井过程中填写监测井洗井采样记录表，记录洗井时间、温度、pH值、电导率和溶解氧（DO）

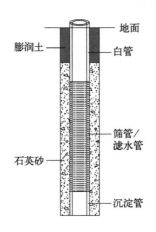

图 2-5 地下水监测井结构示意图

等，同时用水位计测量水位埋深变化。

建井后的洗井首先要求直观判断水质基本达到清洁。采样前的洗井在 1d 后开始，其洗出的水量达到井中贮水体积的 3 倍，待现场水质指标（水温、pH 值、电导率等）连续测定 3 次达稳定范围后，进行地下水采样。使用贝勒管采集地下水样品，坚持"一井一管"的原则，避免交叉污染，同时根据《地下水环境监测技术规范》，不同的分析指标应分别取样，保存于不同的容器中，并根据不同的分析指标在水样中加入相应的保存剂。采集水样后，立即将水样容器瓶盖紧、密封，贴好标签。水样均在 4℃ 以下避光保存，装箱用泡沫塑料等分隔以防破损，同一采样点的样品瓶装在同一采样箱中。

2.4.1.2 地下水环境调查

采样点的布设、采样频次、采样方法及分析方法应符合现行国家标准《生活垃圾卫生填埋场环境监测技术要求》（GB/T 18772—2017）中的有关规定。

（1）采样点的布设

应根据填埋场地水文地质条件，以及时反映地下水水质变化为原则，布设地下水监测系统：

① 本底井，一眼，宜设在填埋场地下水流向上游，距填埋堆体边界 30~50m 处。

② 排水井，一眼，宜设在填埋场地下水主管出口处。

③ 污染扩散井，至少两眼，宜分别设在垂直填埋场地下水走向的两侧，距填埋堆体边界 30~50m 处。

④ 污染监视井，至少两眼，宜分别设在填埋场地下水流向下游，距填埋堆体边界 30m 处一眼、50m 处一眼。

⑤ 当按照上述位置要求布设监测井时，井的位置如超出填埋场的边界，则应将监测井点位调回填埋场边界之内。当在上述位置打不出地下水时，可将距离填埋场最近的现有地下水井作为填埋场的地下水监测井。

（2）采样频次

应按照现行国家标准《生活垃圾填埋场污染控制标准》（GB 16889—2024）中的要求执行。在生活垃圾填埋场投入使用之前应监测地下水本底水平；在生活垃圾填埋场投入使用之时即对地下水进行持续监测，直至封场后填埋场产生的渗滤液中水污染物浓度连续两年低于表 2-11 中的限值时为止。生活垃圾填埋场管理机构对排水井的水质监测频率应不少于每周一次，对污染扩散井和污染监视井的水质监测频率应不少于每 2 周一次，对本底井的水质监测频率应不少于每个月一次。地方环境保护行政主管部门应对地下水水质进行监督性监测，频率应不少于每季度一次。

（3）采样前的准备、采样方法及记录

应按《地下水环境监测技术规范》（HJ/T 164—2004）中的要求执行，主要包括采样前的准备、采样方法和采样记录 3 个方面，具体如下。

1）采样前的准备

① 确定采样负责人　采样负责人负责制定采样计划并组织实施。采样负责人应了解监测任务的目的和要求，并了解采样监测井周围的情况，熟悉地下水采样方法、采样容器的洗涤和样品保存技术。当有现场监测项目和任务时还应了解有关现场监测技术。

② 制定采样计划　采样计划应包括采样目的、监测井位、监测项目、采样数量、采样时间和路线、采样人员及分工、采样质量保证措施、采样器材和交通工具、需要现场监测的项目、安全保证等。

③ 采样器材与现场监测仪器的准备　地下水水质采样器分为自动式和人工式两类，自动式用电动泵进行采样，人工式可分活塞式与隔膜式，可按要求选用。地下水水质采样器应能在监测井中准确定位，并能取到足够量的代表性水样。采样器的材质和结构应符合《水质采样器技术要求》中的规定。

水样容器的选择及清洗水样容器的选择原则：容器不能引起新的玷污；容器壁不应吸收或吸附某些待测组分；容器不应与待测组分发生反应；容器能严密封口，且易于开启；容易清洗，并可反复使用。水样容器选择、洗涤方法和水样保存方法见《地下水环境监测技术规范》（HJ/T 164—2004）中的附录 A。其中所列洗涤方法指对在用容器的一般洗涤方法。如新启用容器，则应做更充分的清洗，水样容器应做到定点、定项。

对水位、水量、水温、pH 值、电导率、浊度、色、嗅和味等现场监测项目，应在实验室内准备好所需的仪器设备，安全运输到现场，使用前进行检查，确保性能正常。

2）采样方法

① 地下水水质监测通常采集瞬时水样。

② 对需测水位的井水，在采样前应先测地下水位。

③ 从井中采集水样，必须在充分抽汲后进行，抽汲水量不得少于井内水体积的 2 倍，采样深度应在地下水水面 0.5m 以下，以保证水样能代表地下水水质。

④ 对封闭的生产井可在抽水时从泵房出水管放水阀处采样，采样前应将抽水管中存水放净。

⑤ 对于自喷的泉水，可在涌口处出水水流的中心采样。采集不自喷泉水时，将停滞在抽水管的水汲出，新水更替之后，再进行采样。

⑥ 采样前，除 BOD_5、有机物和细菌类监测项目外，先用采样水荡洗采样器和水样容器 2～3 次。

⑦ 测定 DO、BOD_5 和挥发性、半挥发性有机物项目的水样，采样时水样必须注满容器，上部不留空隙。但对准备冷冻保存的样品则不能注满容器，否则冷冻之后，因水样体积膨胀使容器破裂。测定 DO 的水样采集后应在现场固定，盖好瓶塞后需用水封口。

⑧ 测定 BOD_5、硫化物、石油类、重金属、细菌类、放射性等项目的水样应分别单独采样。

⑨ 各监测项目所需水样采集量见《地下水环境监测技术规范》(HJ/T 164—2004) 中的附录 A，采样量已考虑重复分析和质量控制的需要，并留有余地。

⑩ 在水样采入或装入容器后，立即按 HJ/T 164—2004 中附录 A 的要求加入保存剂。

⑪ 采集水样后，立即将水样容器瓶盖紧、密封，贴好标签，标签设计可以根据各站具体情况，一般应包括监测井号、采样日期和时间、监测项目、采样人等。

⑫ 用墨水笔在现场填写《地下水采样记录表》，字迹应端正、清晰，各栏内容填写齐全。

⑬ 采样结束前，应核对采样计划、采样记录与水样，如有错误或漏采，应立即重采或补采。

3) 采样记录

地下水采样记录包括采样现场描述和现场测定项目记录两部分，可参考表 2-16 的格式设计全省统一的采样记录表，每个采样人员应认真填写"地下水采样记录表"。

表 2-16 地下水采样记录表

监测站名＿＿＿＿＿＿＿＿＿

监测井编号	监测井名称	采样日期			采样时间	采样方法	采样深度/m	气温/℃	天气状况	现场测定记录									样品性状	样品瓶数量
		年	月	日						水位/m	水量/(m²/s)	水温/℃	色	嗅和味	浊度	肉眼可见物	pH值	电导率/(μS/cm)		
固定剂加入情况						备注														

采样人员＿＿＿＿＿＿＿＿＿　　　　　　　　　　记录人员＿＿＿＿＿＿＿＿＿

(4) 检测项目

地下水检测项目按现行国家标准《地下水质量标准》(GB/T 14848—2017) 中的规定执行，主要包括 pH 值、总硬度、溶解性总固体、COD、氨氮、硝酸盐、亚硝酸盐、硫酸盐、氯化物、挥发性酚类、氰化物、砷、汞、六价铬、铅、氟、镉、铁、锰、铜、锌、总大肠菌群等。

2.4.1.3 地下水质量评估

根据现行国家标准《地下水质量标准》(GB/T 14848—2017)，地下水分为五类：

Ⅰ类：地下水化学组分含量低，适用于各种用途；

Ⅱ类：地下水化学组分含量较低，适用于各种用途；

Ⅲ类：地下水化学组分含量中等，以《生活饮用水卫生标准》(GB 5749) 为依据，主要适用于集中式生活饮用水水源及工农业用水；

Ⅳ类：地下水化学组分含量较高，以农业和工业用水要求及一定水平的人体健康风险为依据，适用于农业和部分工业用水，适当处理后可作生活饮用水；

Ⅴ类：地下水化学组分含量高，不宜作为生活饮用水水源，其他用水可根据使用目的选用。

《地下水质量标准》(GB/T 14848—2017)和有关法规及当地的环保要求是地下水环境现状评价的基本依据。对属于《地下水质量标准》(GB/T 14848—2017)水质指标的评价因子,应按其规定的水质分类标准值进行评价;对于不属于《地下水质量标准》(GB/T 14848—2017)水质指标的评价因子,可参照现行国家(行业、地方)相关标准进行评价。地下水质量常规指标及限值如表2-17所列。现状监测结果应进行统计分析,给出最大值、最小值、均值、标准差、检出率和超标率等。地下水水质现状评价应采用标准指数法。标准指数>1,表明该水质因子已超标,标准指数越大,超标越严重。

表2-17 地下水质量常规指标及限值

序号	指标	标准值				
		Ⅰ类	Ⅱ类	Ⅲ类	Ⅳ类	Ⅴ类
感官性状及一般化学指标						
1	色(铂钴色度单位)	≤5	≤5	≤15	≤25	>25
2	嗅和味	无	无	无	无	有
3	浑浊度/NTU①	≤3	≤3	≤3	≤10	>10
4	肉眼可见物	无	无	无	无	有
5	pH值	6.5≤pH≤8.5			5.5≤pH<6.5 8.5<pH≤9.0	pH<5.5 或pH>9.0
6	总硬度(以$CaCO_3$计)/(mg/L)	≤150	≤300	≤450	≤650	>650
7	溶解性总固体/(mg/L)	≤300	≤500	≤1000	≤2000	>2000
8	硫酸盐/(mg/L)	≤50	≤150	≤250	≤350	>350
9	氯化物/(mg/L)	≤50	≤150	≤250	≤350	>350
10	铁/(mg/L)	≤0.1	≤0.2	≤0.3	≤2.0	>2.0
11	锰/(mg/L)	≤0.05	≤0.05	≤0.10	≤1.50	>1.50
12	铜/(mg/L)	≤0.01	≤0.05	≤1.00	≤1.50	>1.50
13	锌/(mg/L)	≤0.05	≤0.5	≤1.00	≤5.00	>5.00
14	铝/(mg/L)	≤0.01	≤0.05	≤0.20	≤0.50	>0.50
15	挥发性酚类(以苯酚计)/(mg/L)	≤0.001	≤0.001	≤0.002	≤0.01	>0.01
16	阴离子表面活性剂/(mg/L)	不得检出	≤0.1	≤0.3	≤0.3	>0.3
17	耗氧量(COD_{Mn}法,以O_2计)/(mg/L)	≤1.0	≤2.0	≤3.0	≤10.0	>10.0
18	氨氮(以N计)/(mg/L)	≤0.02	≤0.10	≤0.50	≤1.50	>1.50
19	硫化物/(mg/L)	≤0.005	≤0.01	≤0.02	≤0.10	>0.10
20	钠/(mg/L)	≤100	≤150	≤200	≤400	>400
微生物指标						
21	总大肠菌群/(MPN②/100mL 或 CFU③/100mL)	≤3.0	≤3.0	≤3.0	≤100	>100
22	菌落总数/(CFU/mL)	≤100	≤100	≤100	≤1000	>1000
毒理学指标						
23	亚硝酸盐(以N计)/(mg/L)	≤0.01	≤0.10	≤1.00	≤4.80	>4.80
24	硝酸盐(以N计)/(mg/L)	≤2.0	≤5.0	≤20.0	≤30.0	>30.0
25	氰化物/(mg/L)	≤0.001	≤0.01	≤0.05	≤0.1	>0.1
26	氟化物/(mg/L)	≤1.0	≤1.0	≤1.0	≤2.0	>2.0
27	碘化物/(mg/L)	≤0.04	≤0.04	≤0.08	≤0.50	>0.50
28	汞/(mg/L)	≤0.0001	≤0.0001	≤0.001	≤0.002	>0.002
29	砷/(mg/L)	≤0.001	≤0.001	≤0.01	≤0.05	>0.05
30	硒/(mg/L)	≤0.01	≤0.01	≤0.01	≤0.1	>0.1
31	镉/(mg/L)	≤0.0001	≤0.001	≤0.005	≤0.01	>0.01

续表

序号	指标	标准值				
		Ⅰ类	Ⅱ类	Ⅲ类	Ⅳ类	Ⅴ类
毒理学指标						
32	铬(六价)/(mg/L)	≤0.005	≤0.01	≤0.05	≤0.10	>0.10
33	铅/(mg/L)	≤0.005	≤0.005	≤0.01	≤0.10	>0.10
34	三氯甲烷/(μg/L)	≤0.5	≤6	≤60	≤300	>300
35	四氯化碳/(μg/L)	≤0.5	≤0.5	≤2.0	≤50.0	>50.0
36	苯/(μg/L)	≤0.5	≤1.0	≤10.0	≤120	>120
37	甲苯/(μg/L)	≤0.5	≤140	≤700	≤1400	>1400
放射性指标						
38	总α放射性/(Bq/L)	≤0.1	≤0.1	≤0.5	≤0.5	>0.5
39	总β放射性/(Bq/L)	≤0.1	≤1.0	≤1.0	≤1.0	>1.0

① NTU 为散射浊度单位。
② MPN 表示最可能数。
③ CFU 表示菌落形成单位。

填埋库区和调节池中渗滤液渗漏的地下水环境影响预测和评价是环境影响评价的重点工作内容。渗滤液渗漏源强的预测应考虑不同阶段（运行期和后期维护与管理期）的工程特征，对不同时期的渗滤液产生量和渗漏量分别进行核算。采集地下水作为供水水源的区域应考虑地下水开采对当地地下水流场的影响，并分析可能产生的环境水文地质问题。采用数值解法定量分析地下水水位、水量和水质变化，对环境水文地质问题进行定量或半定量的分析和计算。扩建和技术改造项目应对渗滤液的实际产生量、渗漏量及组分浓度进行监测，并以此为类比渗漏源强，对地下水环境质量进行模拟预测，进而评价污染物在地下含水层中的浓度分布能否满足地下水环境质量要求。地下水环境影响评价采用的预测值未包括填埋场建设地环境质量现状时，应叠加现状值后再评价。重点评价填埋场建设项目污染源对地下水环境保护目标的影响，评价因子与影响预测因子相同。

所选评价因子应包括以下三类水质指标：
① 反映区域地下水化学类型的 7 种离子浓度；
② 基本水质因子，主要反映区域地下水水质一般状况；
③ 特征因子，代表填埋场建设项目将来排放的水质特征。

一类和二类水质参数根据《环境影响评价技术导则 地下水环境》（HJ 610—2016）确定，特征因子确定可选择 pH 值、COD、色度、氨氮、硫酸盐、亚硝酸盐氮、硝酸盐氮、氯化物、溶解性总固体、细菌总数、总大肠菌群等，可根据区域地下水化学类型、污染源状况适当调整。

根据得到的填埋场周边地下水中污染物的浓度分布，确定填埋场周边污染物浓度大于标准限值浓度［《地下水质量标准》（GB/T 14848—2017）中Ⅲ类水质标准］的范围为地下水污染防控范围。对于垃圾填埋场污染防控范围外任一点到填埋场场界任一点的直线距离小于 400m 时，应拓展污染防控范围使该距离为 400m。绘制各预测因子的地下水防护范围，重点绘制重金属及有毒有害有机污染物的地下水污染防控范围，并标示（说明）该包络线内环境敏感区和环境保护目标的分布状况，对场址周围提出规划控制建议。对以污染防控范围内的地下水供水井作为水源的填埋场，应提出替代水源等解决方案。

2.4.2 大气环境调查与评估

2.4.2.1 大气环境质量调查

填埋场周边大气环境调查范围为填埋场场界外，常年或夏季主导风向的下风向且距垃圾堆体边界 50~100m 处，填埋场厂界 500m 范围内环境敏感区域，必要时调查范围可适当外延。采样点的布设、采样频次、采样方法及分析方法应符合现行国家标准《生活垃圾卫生填埋场环境监测技术要求》(GB/T 18772—2017) 中的有关规定。一般情况下，无组织排放源同其下风向的单位周界之间有一定距离，所以可以不必考虑排放源的高度、大小和形状因素，排放源可看作一点源。此时采样点位（最多可设置 4 个）应设置于平均风向轴线的两侧，与无组织排放源所形成的夹角不超出风向变化的 $\pm S°$（10 个风向读数的标准偏差）范围，如图 2-6 所示。

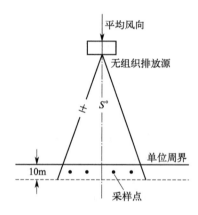

图 2-6 大气采样点位设置示意图

常用的环境空气采样器有 AMAE 大气采样器、ZR-3500 型大气采样器等（图 2-7），通常在采样时打开采样头顶盖，去除滤膜夹，用清洁干布擦掉采样头内滤膜夹及滤膜支持网表面上的灰尘，将采样滤膜毛面向上，平放在滤膜支持网上。同时核查滤膜编号，放上滤膜

图 2-7 环境空气采样器示例

夹，拧紧螺丝，以不漏气为宜，安好采样头顶盖。启动采样器进行采样。记录采样流量、开始采样时间、温度和压力等参数。采样结束后，取下滤膜夹，用镊子轻轻夹住滤膜边缘，取下样品滤膜，并检查在采样过程中滤膜是否有破裂现象。若有，则该样品作废，需重新采样。确认无破裂后，将滤膜的采样面向里对折两次放入与样品膜编号相同的滤膜袋中。记录采样结束时间、采样流量、温度和压力等参数。

检测指标主要包括甲烷、臭气浓度、总悬浮颗粒物、硫化氢、甲硫醇、甲硫醚、二甲二硫、氨、氮氧化物和二氧化硫，宜以总悬浮颗粒物（TSP）和臭气浓度为重点，同时记录风速、风向、气压、气温、相对湿度等气象条件。应根据现行国家标准《环境空气质量标准》（GB 3095—2012）和《恶臭污染物排放标准》（GB 14554—93）中的有关规定，分析填埋场对场区大气环境质量的影响。

2.4.2.2 大气环境质量评估

我国对填埋气污染的评价主要依据《恶臭污染物排放标准》（GB 14554—93）、《大气污染物综合排放标准》（GB 16297—1996）、《生活垃圾填埋场污染控制标准》（GB 16889—2024）等标准。填埋作业面、覆盖面、渗滤液调节池等无组织排放源和渗滤液处理设施、填埋气导排口及填埋气处理与利用设施等有组织排放源的大气环境影响预测和评价是环境影响评价的重点工作内容。扩建和技术改造项目应对已建项目的填埋气产生量、排放量及物质组分进行监测，并以此为类比排放源强，对大气环境影响进行模拟预测与评价。大气环境影响评价采用的预测值未包括填埋场建设工程所在地的环境质量现状时，应叠加现状值后再进行评价。重点评价填埋场建设项目污染源对环境敏感区和环境保护目标的影响。按照《大气污染物综合排放标准》（GB 16297—1996）的要求，并参考《环境影响评价技术导则　大气环境》（HJ 2.2—2018），对评价范围内的大气环境质量现状进行分析与评价。

具体评价程序分为如下三个阶段。

（1）第一阶段

主要工作包括研究有关文件，项目污染源调查，环境空气保护目标调查，评价因子筛选与评价标准确定，区域气象与地表特征调查，收集区域地形参数，确定评价等级和评价范围等。

（2）第二阶段

主要工作依据评价等级要求开展，包括与项目评价相关的污染源调查与核实，选择适合的预测模型，环境质量现状调查或补充监测，收集建立模型所需气象、地表参数等基础数据，确定预测内容与预测方案，开展大气环境影响预测与评价工作等。

（3）第三阶段

主要工作包括制定环境监测计划，明确大气环境影响评价结论与建议，完成环境影响评价文件的编写等。

对于评价等级为一级的填埋场建设项目，应调查项目所在地近3年内至少1个完整的日历年的气象、地表参数等基础数据，按照大气环境影响预测所选取的预测模型，根据《环境影响评价技术导则　大气环境》（HJ 2.2—2018）选择调查的具体参数，填埋场典型气体组分大气环境质量标准限值见表2-18。

表 2-18 大气环境质量标准限值

项目	标准值	参考标准
甲烷/%	0.1	《生活垃圾填埋场污染控制标准》(GB 16889—2008)*
臭气浓度(无量纲)	20	《恶臭污染物排放标准》(GB 14554—93)中新扩改建二级标准
硫化氢/(mg/m³)	0.06	
甲硫醇/(mg/m³)	0.007	
甲硫醚/(mg/m³)	0.07	
二甲二硫/(mg/m³)	0.06	
氨/(mg/m³)	1.5	
二氧化硫/(mg/m³)	0.5	《大气污染物综合排放标准》(GB16297—1996)
氮氧化物/(mg/m³)	0.15	

注："*"表示建议按 GB 16889—2008 执行。

大气环境质量评估一般采用单因子污染指数法，计算公式为：

$$I_i = C_i / S_i$$

式中　I_i——某评价因子的污染系数；

C_i——某评价因子的实测浓度，mg/m³；

S_i——某评价因子的评价标准，mg/m³。

计算 I_i 值，若 $I_i > 1$，即超标，若 $I_i \leqslant 1$，即达标。

2.4.3 地表水环境调查与评估

2.4.3.1 地表水环境调查

垃圾填埋场周边地表水环境调查范围为填埋场场界外填埋场区域下游 1km 范围内的湖、河、鱼塘、常年有水的水坑等区域，必要时调查范围可适当外延。

采样点的布设应符合现行标准《地表水和污水监测技术规范》（HJ/T 91—2002）中的有关规定，采样方法、检测指标、分析方法及评价标准宜参照现行国家标准《生活垃圾卫生填埋场环境监测技术要求》（GB/T 18772—2017）中的有关规定。

常用采样器包括聚乙烯塑料桶、单层采水瓶、直立式采水器、自动采样器等。在地表水质监测中通常采集瞬时水样，所需水样量依据现行行业标准《地表水和污水监测技术规范》（HJ/T 91—2002）确定。采样量需要考虑重复分析和质量控制，并留有余地。在水样采入或装入容器中后，应立即按要求加入保存剂。油类采样前，先破坏可能存在的油膜，用直立式采水器把玻璃材质容器安装在采水器的支架中，将其放到 300mm 深度，边采水边向上提升，在到达水面时剩余适当空间。

主要注意事项：

① 采样时不可搅动水底的沉积物。

② 采样时应保证采样点的位置准确。必要时使用定位仪（GPS）定位。

③ 认真填写"水质采样记录表"，用签字笔或硬质铅笔在现场记录，字迹应端正、清晰，项目完整。

④ 采样结束前，应核对采样计划、记录与水样，如有错误或遗漏，应立即补采或重采。

⑤ 如采样现场水体很不均匀，无法采到有代表性的样品，则应详细记录不均匀的情况和实际采样情况，供使用该数据者参考，并将此现场情况向环境保护行政主管部门

反映。

⑥ 测定油类的水样，应在水面至 300mm 采集柱状水样，并单独采样，全部用于测定，并且采样瓶（容器）不能用采集的水样冲洗。

⑦ 测 DO、BOD 和有机污染物等项目时，水样必须注满容器，上部不留空间，并有水封口。

⑧ 如果水样中含沉降性固体（如泥沙等），则应分离除去。分离方法为：将所采水样摇匀后倒入筒形玻璃容器（如 1～2L 量筒），静置 30min，将不含沉降性固体但含有悬浮性固体的水样移入盛样容器并加入保存剂。测定水温、pH 值、DO、电导率、总悬浮物和油类的水样除外。

⑨ 测定湖库水的 COD、高锰酸盐指数、叶绿素 a、总氮、总磷时，水样静置 30min 后，用吸管一次或几次移取水样，吸管进水尖嘴应插至水样表层 50mm 以下位置，再加保存剂保存。

⑩ 测定油类、BOD_5、DO、硫化物、余氯、粪大肠菌群、悬浮物、放射性等项目要单独采样。

2.4.3.2 地表水环境评估

填埋场周边地表水环境现状调查与评价应遵循问题导向与管理目标导向统筹、流域（区域）与评价水域兼顾、水质水量协调、常规监测数据利用与补充监测互补、水环境现状与变化分析结合的原则，应满足建立污染源与受纳水体水质响应关系的需求，符合地表水环境影响预测的要求。按照现行国家相关标准《地表水环境质量标准》（GB 3838—2002）的要求，并参考《环境影响评价技术导则　地表水环境》（HJ 2.3—2018），对评价范围内的地表水环境质量现状进行分析与评价。

《地表水环境质量标准》（GB 3838—2002）中将标准项目分为：地表水环境质量标准基本项目、集中式生活饮用水地表水源地补充项目和集中式生活饮用水地表水源地特定项目。地表水环境质量标准基本项目适用于全国江河、湖泊、运河、渠道、水库等具有使用功能的地表水水域；集中式生活饮用水地表水源地补充项目和特定项目适用于集中式生活饮用水地表水源地一级保护区和二级保护区。依据地表水水域环境功能和保护目标，按功能高低依次划分为五类：

Ⅰ类主要适用于源头水、国家自然保护区；

Ⅱ类主要适用于集中式生活饮用水地表水源地一级保护区、珍稀水生生物栖息地、鱼虾类产卵场、仔稚幼鱼的索饵场等；

Ⅲ类主要适用于集中式生活饮用水地表水源地二级保护区、鱼虾类越冬场、洄游通道、水产养殖区等渔业水域及游泳区；

Ⅳ类主要适用于一般工业用水区及人体非直接接触的娱乐用水区；

Ⅴ类主要适用于农业用水区及一般景观要求水域。

对应地表水上述五类水域功能，将地表水环境质量标准基本项目标准值分为五类，不同功能类别分别执行相应类别的标准值。水域功能类别高的标准值严于水域功能类别低的标准值。同一水域兼有多类使用功能的，执行最高功能类别对应的标准值。因此，应根据垃圾填埋场的相关规划和背景资料等划分其水环境功能，基于对应类别的标准值进行评价。地表水环境质量标准基本项目标准限值如表 2-19 所列。

表 2-19 地表水环境质量标准基本项目标准限值

序号	标准值 分类 项目		Ⅰ类	Ⅱ类	Ⅲ类	Ⅳ类	Ⅴ类
1	水温/℃		人为造成的环境水温变化应限制在：周平均最大温升≤1；周平均最大温降≤2				
2	pH 值		6～9				
3	溶解氧/(mg/L)	≥	饱和率 90% (或 7.5)	6	5	3	2
4	高锰酸盐指数/(mg/L)	≤	2	4	6	10	15
5	化学需氧量(COD)/(mg/L)	≤	15	15	20	30	40
6	五日生化需氧量(BOD$_5$)/(mg/L)	≤	3	3	4	6	10
7	氨氮(NH$_3$-N)/(mg/L)	≤	0.15	0.5	1.0	1.5	2.0
8	总磷(以 P 计)/(mg/L)	≤	0.02 (湖、库 0.01)	0.1 (湖、库 0.025)	0.2 (湖、库 0.05)	0.3 (湖、库 0.1)	0.4 (湖、库 0.2)
9	总氮(湖、库,以 N 计)/(mg/L)	≤	0.2	0.5	1.0	1.5	2.0
10	铜/(mg/L)	≤	0.01	1.0	1.0	1.0	1.0
11	锌/(mg/L)	≤	0.05	1.0	1.0	2.0	2.0
12	氟化物(以 F$^-$计)/(mg/L)	≤	1.0	1.0	1.0	1.5	1.5
13	硒/(mg/L)	≤	0.01	0.01	0.01	0.02	0.02
14	砷/(mg/L)	≤	0.05	0.05	0.05	0.1	0.1
15	汞/(mg/L)	≤	0.00005	0.00005	0.0001	0.001	0.001
16	镉/(mg/L)	≤	0.001	0.005	0.005	0.005	0.01
17	铬(六价)/(mg/L)	≤	0.01	0.05	0.05	0.05	0.1
18	铅/(mg/L)	≤	0.01	0.01	0.05	0.05	0.1
19	氰化物/(mg/L)	≤	0.005	0.05	0.2	0.2	0.2
20	挥发酚/(mg/L)	≤	0.002	0.002	0.005	0.01	0.1
21	石油类/(mg/L)	≤	0.05	0.05	0.05	0.5	1.0
22	阴离子表面活性剂/(mg/L)	≤	0.2	0.2	0.2	0.3	0.3
23	硫化物/(mg/L)	≤	0.05	0.1	0.2	0.5	1.0
24	粪大肠菌群/(个/L)	≤	200	2000	10000	20000	40000

2.4.4 土壤环境调查与评估

2.4.4.1 土壤环境质量调查

填埋场周边土壤环境调查范围为填埋场场界外填埋场的上游、两侧及下游，采样点宜设置在周边地下水环境调查采样点附近。采样方法、检测指标、分析方法及评价标准宜参照场区土壤环境调查。

土壤采样主要依据《土壤环境监测技术规范》（HJ/T 166—2004）、《建设用地土壤污染状况调查技术导则》（HJ 25.1—2019）、《建设用地土壤污染风险管控和修复监测技术导则》（HJ 25.2—2019）、《地块土壤和地下水中挥发性有机物采样技术导则》（HJ 1019—2019）实施。土壤样品常采用钻机钻孔取样（图 2-8）。钻机取土时，当钻到预定采样深度后，取出管中的土样，用竹刀刮除岩芯表面，使用土壤专用非扰动取样器采集 VOCs 样品于吹扫捕集瓶中，再采集用于半挥发项目测试的样品，最后采集金属和常规测试项目样品。在每个样品容器外壁上贴上采样标签并拍照。同时在采样原始记录上注明样品编号、采样深度、采样地点、经纬度、土壤质地等相关信息。对所有收集的样品进行低温保存。土壤样品 VOCs 的取样，使用专用的土壤取样器（非扰动取样器）将对应深度且处于中心位置的土壤取出，直接推入 40mL 的棕色玻璃瓶（专用的 VOCs 样品保存瓶）中。

图 2-8　土壤取样钻机

现场采样工程师对采样过程中的土壤进行鉴定记录，记录土壤颜色、气味、湿度、土壤类型等指标，填写现场采样记录表。现场采样工程师对采样过程中的土壤进行鉴定记录，通过 XRF、PID 现场快速检测数据，判断是否有污染及污染程度，并填写"现场采样记录表"，记录结果。

土壤样品 PID 快速测定方法：用自封袋采集土样后密封，对土样进行揉捏以确保土样松散，使其稳定 5～10min 后，将 PID 检测器探头伸入自封袋内并读取样品的读数。

土壤样品 XRF 快速测定方法：用采样袋采集土样后，清理土壤表面石块、杂物；土壤表面应该尽量平坦，以保证 XRF 检测仪的检测端与土壤表面充分地接触，且土壤样品厚度至少达到 1cm，检测时间通常为 30～120s。

土壤样品筛样原则：

① 表层：表层采样点深度一般在 0.5m 以内。

② 地下水位线：地下水位线附近至少设置一个土壤采样点。

③ 含水层：当地下水可能受到污染时，应增加含水层采样点，针对土壤有异常气味的样品，加测有机物相关指标。

根据现行国家标准《建设用地土壤污染风险管控和修复监测技术导则》（HJ 25.2—2019），采样深度应扣除地表非土壤硬化层厚度，原则上应采集 0～0.5m 表层土壤样品，0.5m 以下下层土壤样品根据判断布点法采集，建议 0.5～6m 土壤采样间隔不超过 2m。不同性质土层至少采集一个土壤样品；同一性质土层厚度较大或出现明显污染痕迹时，根据实际情况在该层位增加采样点。

对于无特殊功能要求或土地利用规划的填埋场，土壤环境调查监测项目包括（但不限于）pH 值、有机质、砷、镉、铬、铜、铅、汞、镍、锌以及挥发性有机污染物和半挥发性有机污染物等。

2.4.4.2 土壤环境质量评估

目前我国主要采用《绿化种植土壤》（CJ/T 340—2016）和《土壤环境质量　建设用地土壤污染风险管控标准（试行）》（GB 36600—2018）对腐殖土和周边土壤进行评价。针对土壤环境质量的评估主要有单因子指数法、多因子指数法、内梅罗污染指数评价法等土壤评价方法，地下水污染风险评价方法主要有单因子指数法、叠置指数法、统计方法、过程模拟法、水流溶质运移模拟软件（HYDRUS-2D）污染风险评价方法等。其中单因子指数法需要结合垃圾填埋场周围环境和未来规划用途要求，选取适合场地环境的检测值筛选标准，通过对各项检测因子检测值的多种计算，得出超标检测因子种类和超标率等，该方法简单直接，适用于垃圾填埋场地下水污染风险评价。叠置指数法是选取各项评价指标参数叠加形成可反映脆弱程度的指数，该方法运用简单，可操作性强，应用频率较高。

《土壤环境质量　建设用地土壤污染风险管控标准（试行）》（GB 36600—2018）规定，建设用地中，城市建设用地根据保护对象暴露情况的不同，可划分为以下两类。

第一类用地：包括 GB 50137 规定的城市建设用地中的居住用地（R）、公共管理与公共服务用地中的中小学用地（A33）、医疗卫生用地（A5）和社会福利设施用地（A6），以及公园绿地（G1）中的社区公园或儿童公园用地等。

第二类用地：包括 GB 50137 规定的城市建设用地中的工业用地（M）、物流仓储用地（W）、商业服务业设施用地（B）、道路与交通设施用地（S）、公用设施用地（U）、公共管理与公共服务用地（A）（A33、A5、A6 除外），以及绿地与广场用地（G）（G1 中的社区公园或儿童公园用地除外）等。

同时，该标准还规定了建设用地土壤污染风险筛选值，即在特定土地利用方式下，建设用地土壤中污染物含量等于或者低于该值的，对人体健康的风险可以忽略；超过该值的，对人体健康可能存在风险，应当开展进一步的详细调查和风险评估，确定具体污染范围和风险水平。

通过前期基础资料收集，基于填埋场的用地规划类型，确定其土壤环境质量评价的标准类别。基于填埋场环境样品的检测结果，依据现行国家标准《土壤环境质量　建设用地土壤污染风险管控标准（试行）》（GB 36600—2018）及地方土壤环境质量标准，评估填埋场对场区土壤环境质量的影响，判断是否存在人体健康风险，如果存在风险，应当开展进一步的详细调查和风险评估，确定具体污染范围和风险水平。

若填埋场位于自然保护区、风景名胜区和其他需要特殊保护的地区，监测项目除满足以上规定指标外，还应符合区域环境功能区划相关标准的有关规定；若填埋场规划为建设用地，监测指标除满足以上规定指标外，还应符合现行国家标准《土壤环境质量　建设用地土壤污染风险管控标准（试行）》（GB 36600—2018）中规定的"建设用地土壤污染风险筛选值和管制值（基本项目）"（表 2-20），并参考其中规定的"建设用地土壤污染风险筛选值和管制值（其他项目）"；若填埋场规划为农用地，监测指标除满足以上规定指标外，还应参考《土壤环境质量　农用地土壤污染风险管控标准（试行）》（GB 15618—2018）中规定的"农用地土壤污染风险筛选值（其他项目）"。

表 2-20 建设用地土壤污染风险筛选值和管制值（基本项目）　　单位：mg/kg

序号	污染物项目	CAS 编号	筛选值 第一类用地	筛选值 第二类用地	管制值 第一类用地	管制值 第二类用地
重金属和无机物						
1	砷	7440-38-2	20[①]	60[①]	120	140
2	镉	7440-43-9	20	65	47	172
3	铬（六价）	18540-29-9	3.0	5.7	30	78
4	铜	7440-50-8	2000	18000	8000	36000
5	铅	7439-92-1	400	800	800	2500
6	汞	7439-97-6	8	38	33	82
7	镍	7440-02-0	150	900	600	2000
挥发性有机物						
8	四氯化碳	56-23-5	0.9	2.8	9	36
9	氯仿	67-66-3	0.3	0.9	5	10
10	氯甲烷	74-87-3	12	37	21	120
11	1,1-二氯乙烷	75-34-3	3	9	20	100
12	1,2-二氯乙烷	107-06-2	0.52	5	6	21
13	1,1-二氯乙烯	75-35-4	12	66	40	200
14	顺-1,2-二氯乙烯	156-59-2	66	596	200	2000
15	反-1,2-二氯乙烯	156-60-5	10	54	31	163
16	二氯甲烷	75-09-2	94	616	300	2000
17	1,2-二氯丙烷	78-87-5	1	5	5	47
18	1,1,1,2-四氯乙烷	630-20-6	2.6	10	26	100
19	1,1,2,2-四氯乙烷	79-34-5	1.6	6.8	14	50
20	四氯乙烯	127-18-4	11	53	34	183
21	1,1,1-三氯乙烷	71-55-6	701	840	840	840
22	1,1,2-三氯乙烷	79-00-5	0.6	2.8	5	15
23	三氯乙烯	79-01-6	0.7	2.8	7	20
24	1,2,3-三氯丙烷	96-18-4	0.05	0.5	0.5	5
25	氯乙烯	75-01-4	0.12	0.43	1.2	4.3
26	苯	71-43-2	1	4	10	40
27	氯苯	108-90-7	68	270	200	1000
28	1,2-二氯苯	95-50-1	560	560	560	560
29	1,4-二氯苯	106-46-7	5.6	20	56	200
30	乙苯	100-41-4	7.2	28	72	280
31	苯乙烯	100-42-5	1290	1290	1290	1290
32	甲苯	108-88-3	1200	1200	1200	1200
33	间二甲苯＋对二甲苯	108-38-30, 106-42-3	163	570	500	570
34	邻二甲苯	95-47-6	222	640	640	640
半挥发性有机物						
35	硝基苯	98-95-3	34	76	190	760
36	苯胺	62-53-3	92	260	211	663
37	2-氯酚	95-57-8	250	2256	500	4500
38	苯并[a]蒽	56-55-3	5.5	15	55	151
39	苯并[a]芘	50-32-8	0.55	1.5	5.5	15
40	苯并[b]荧蒽	205-99-2	5.5	15	55	151
41	苯并[k]荧蒽	207-08-9	55	151	550	1500
42	䓛	218-01-9	490	1293	4900	12900
43	二苯并[a,h]蒽	53-70-3	0.55	1.5	5.5	15
44	茚并[1,2,3-cd]芘	193-39-5	5.5	15	55	151
45	萘	91-20-3	25	70	255	700

① 具体地块土壤中污染物检测含量超过筛选值，但等于或者低于土壤环境背景值水平的，不纳入污染地块管理。

2.4.5 生态调查与评估

2.4.5.1 生态调查

根据《环境影响评价技术导则 生态影响》(HJ 19—2022)中的规定,结合填埋建设项目的生态影响评价范围,在充分收集、利用已有的有效数据和资料前提下,对调查范围内的生态系统及相关非生物因子特征等生态背景和主要生态问题进行调查,并进行生态现状评价。在有生态环境敏感区和生态环境保护目标时应做专题调查与评价。

(1) 评价范围

① 纵向范围与工程的设计范围相同。横向范围应综合考虑填埋场范围和线路两侧土地规划,取填埋场厂界外 50~300m,取(弃)土场、临时用地界外 50~100m。

② 当有特殊保护目标时,评价范围应根据现场环境调查和生态保护需要确定。

(2) 调查内容

填埋场生态现状调查的主要内容如下。

① 陆生生态现状调查内容主要包括:评价范围内的植物区系、植被类型,植物群落结构及演替规律,群落中的关键种、建群种、优势种;动物区系、物种组成及分布特征;生态系统的类型、面积及空间分布;重要物种的分布、生态学特征、种群现状,迁徙物种的主要迁徙路线、迁徙时间,重要生境的分布及现状。

② 水生生态现状调查内容主要包括:评价范围内的水生生物、水生生境和渔业现状;重要物种的分布、生态学特征、种群现状以及生境状况;鱼类等重要水生动物调查包括种类组成、种群结构、资源时空分布,产卵场、索饵场、越冬场等重要生境的分布、环境条件以及洄游路线、洄游时间等行为习性。

③ 收集生态敏感区的相关规划资料、图件、数据,调查评价范围内生态敏感区主要保护对象、功能区划、保护要求等。

④ 调查区域存在的主要生态问题,如水土流失、沙漠化、石漠化、盐渍化、生物入侵和污染危害等。调查已经存在的对生态保护目标产生不利影响的干扰因素。

⑤ 对于改扩建、分期实施的建设项目,调查既有工程、前期已实施工程的实际生态影响以及采取的生态保护措施。

2.4.5.2 生态评估

对填埋场建设工程影响范围内的生态特征和生态质量现状进行调查和评价,根据工程区域的生态敏感程度对生态环境影响进行预测评价。重点关注工程可能产生显著影响的局部敏感生态问题和典型因子,提出生态影响防护和恢复措施。

(1) 主要评价内容

① 生态敏感区域的环境影响分析,如自然保护区、生态功能保护区、风景名胜区、基本农田保护区、森林公园、文物保护单位、历史文化保护区及保护建筑等影响分析。

② 重点保护和珍稀濒危野生动、植物影响分析。

③ 工程设计拟采取的生态保护措施效果分析,以及为缓解不利影响、改善生态的补充措施。

(2) 填埋场生态影响预测内容

① 根据工程特点和区域生态基本特征,以及潜在的环境问题分析,针对可能产生重大

影响的工程行为及其生态敏感目标,识别关键问题。

② 采用列表法对评价因子进行筛选。在完成现状评价后进一步确认典型评价因子。

2.4.6 新污染物调查与评估

2.4.6.1 新污染物调查

新污染物是指排放到环境中的具有生物毒性、环境持久性、生物累积性等特征,对生态环境或者人体健康存在风险,且尚未纳入管理或者现有管理措施不足的化学物质,其主要来源于有毒有害化学物质的生产和使用,如抗生素类药物、个人护理用品、化学添加剂、内分泌干扰物等。据统计,仅在2015年,我国生产和消费的新污染物已达1600万吨,已成为世界上生产和使用新污染物最多的国家之一。为了防控突出的新污染物环境风险,切实保障生态环境安全和人民群众身体健康,我国根据《新污染物治理行动方案》和《中共中央 国务院关于深入打好污染防治攻坚战的意见》制定了具体实施文件,发布了《重点管控新污染物清单(2023年版)》,具体见表2-21。

表2-21 重点管控新污染物清单(2023年版)

序号	污染物
1	全氟辛基磺酸及其盐类和全氟辛基磺酰氟(PFOS类)
2	全氟辛酸及其盐类和相关化合物(PFOA类)
3	十溴二苯醚
4	短链氯化石蜡
5	六氯丁二烯
6	五氯苯酚及其盐类和酯类
7	三氯杀螨醇
8	全氟己基磺酸及其盐类和其相关化合物(PFHxS类)
9	得克隆及其顺式异构体和反式异构体
10	二氯甲烷
11	三氯甲烷
12	壬基酚
13	抗生素
14	已淘汰类(包括六溴环十二烷、氯丹、灭蚁灵、六氯苯、滴滴涕、α-六氯环己烷、β-六氯环己烷、林丹、硫丹原药及其相关异构体、多氯联苯)

含有新污染物的生活副产品,如公众丢弃的食品垃圾、塑料容器、产品包装材料等,在其寿命终结时大多以固废形式进入其最终储存库——垃圾填埋场。进入填埋场的新污染物,除一部分可在填埋过程中被降解或被垃圾堆体吸附滞留外,大部分会随着垃圾渗滤液迁移至环境中。新污染物在环境中的迁移示意如图2-9所示[37]。垃圾渗滤液中已鉴定出200多种化学组分,最常检测出的有机化合物有:烷烃、卤代烃、多环芳烃、酚类、邻苯二甲酸酯、酯、酮、醛、含氮化合物、全氟化合物、甾醇等[38-40]。目前已有大量研究表明,垃圾渗滤液也是环境中新污染物的重要源头之一,其中药物、工业化学品和农用化学品是渗滤液中最常检测到的新污染物[41]。Musson 等[42]在佛罗里达州填埋场的生活垃圾中检测到的新污染物高达22种,如氧氟沙星、布洛芬和尼古丁等(平均质量浓度约8.1mg/kg)。Propp 等[39]在历史堆填区渗滤液中同时发现了几种类型的新污染物存在,包括多氟烷基物质、全氟辛酸、有机磷酸酯、取代酚、双酚、高氯酸盐、药品和个人护理用品等,其中多氟烷基物质浓

度高达 12.7μg/L。Nika 等[43]在希腊的垃圾填埋场渗滤液样本中检测到了 58 种新污染物，其中双酚 A、缬沙坦和 2-OH-苯并噻唑的平均浓度最高。据 Qi 等[44]的研究，邻苯二甲酸酯以及药品和个人护理用品（PPCPs）是中国垃圾填埋场渗滤液中最常被检出的两类新污染物，不同类型新污染物浓度范围很广（0.03~4500μg/L）。我国济南市最大的垃圾填埋场渗滤液和周边地下水中检测到的新污染物高达 43 种，如磺胺嘧啶、磺胺二甲嘧啶、磺胺甲基异噁唑、阿奇霉素、壬基酚、双酚 A（平均质量浓度为 2.1~38.9ng/L），对地下水中的敏感生物构成了不同程度的威胁。

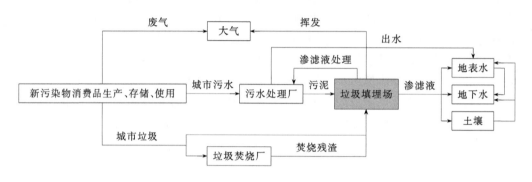

图 2-9　新污染物在环境中的迁移示意图[37]

一些新污染物虽然尚未纳入我国重点管控新污染物清单，但已有大量研究表明填埋场是这些污染物进入周边环境的重要污染源。全球每年都会产生大量塑料垃圾，其中数量最大的塑料垃圾通常被倾倒在世界各地的垃圾填埋场，在物理、化学和生物作用下，填埋在垃圾填埋场的塑料废物会逐渐分解成微塑料（microplastics，MPs）。垃圾填埋场渗滤液可能是环境中 MPs 的来源，更有甚者，这些 MPs 还会作为其他污染物的载体进入环境从而形成复合污染，对人类和环境健康造成更大的危害[45-47]。例如，有机磷酸酯作为一种新型的阻燃剂或增塑剂，广泛应用于塑料、家具、日化等行业，其全球消费量已超过传统溴系阻燃剂并逐年上升。当前有机磷酸酯在我国部分供试填埋场渗滤液中的检出率几乎为 100%，浓度高达 385ng/mL，而在垃圾回收站周边土壤中也检出典型氯代有机磷酸酯，其中磷酸三(2-氯乙基)酯（TCEP）浓度高达 548ng/g，已超过欧盟委员会规定的土壤环境风险值（386ng/g）。浙江省固体废物处理与资源化重点实验室研究团队针对浙江省部分垃圾填埋场渗滤液及其周边土壤中典型氯代有机磷酸酯的环境水平调查发现，其检出率也为 100%，且其在土壤中的浓度比渗滤液中高约 1 个数量级。朱敏等[48]围绕非卫生填埋场土壤中 TCEP 的环境行为研究发现，TCEP 的削减受到生物和非生物因素的共同影响，硫代谢相关功能类群与其降解过程显著正相关（$P<0.05$），并挖掘出填埋土壤中降解 TCEP 的潜在功能微生物类群。因此，新污染物在填埋场渗滤液污染羽覆盖的周边环境中的环境行为迫切需要提前关注，这对于实现水土一体情景下"源头减排、精准治污"具有重要科学和工程意义。

随着越来越多的新污染物在填埋场中被检出，龙於洋等[40]通过文献计量学的方法对近二十年填埋场污染物领域的相关文献进行量化分析发现，填埋场污染物研究的热点问题不仅包括城市固体废物及其处置过程、垃圾渗滤液或污废水中有机污染物的去除和降解、周边地表水和地下水中污染物的环境行为和无机污染物氮元素的去除等，新污染物在垃圾填埋场中的环境行为和去除研究也正成为环境污染与防治研究领域的新兴热点。特别是在新型冠状病毒肆虐全球的时期，各种含抗生素的闲置或过期药品、各类抗菌护理产品和人畜排泄物等的大量汇入，致使填埋场成为高抗生素残留的人工生境，促进了病原菌的耐药进化。作为复杂而多相的人工生境，垃圾填埋场不但是多种化学污染物的聚集地，同时也是携带各种病原菌的生活废弃物的处理场所[49]。有研究者研究发现，垃圾填埋场内氯喹诺酮类、大环内酯类、磺胺类和β-内酰胺类抗生素的最高浓度分别可达 1406.85μg/kg、127.61μg/kg、16.60μg/kg 和 3.48μg/kg，相应的 $tetM$、$tetx$、$ermB$、$qnrS$、$sul1$、$sul2$ 等抗性基因一直占据主导地位，且填埋初期比中后期高一个数量级[50]。而沈东升等[51-52]早在多年前的研究中就已发现，填埋龄逾十年的深层厌氧、高含水率、中温矿化垃圾中，大量存在病原菌。当前，遍布全国各地的数千座正规及简易填埋场已然成为继医院、制药厂、养殖业、污水处理厂等重点来源之外的又一潜在重要病原菌排放源。此外，随着垃圾填埋场整治改造及生态修复工作的逐渐铺开，已封场的垃圾填埋场再度面临大面积暴露的情景，为病原菌的传递次生了新的污染渠道。因此，调查和评估垃圾填埋场中病原菌的赋存状态与传播风险的重要性日益凸显。随着新污染物种类与产量的逐年增多，这些物质在环境中的赋存和迁移特性、毒性效应以及处理技术等值得高度关注。

然而，由于新污染物的浓度多处于痕量水平，其环境残留浓度难以用现有仪器或测试技术检出，填埋场不同环境介质中新污染物的调查工作很大程度上依赖于检测方法和仪器条件等。当前关于填埋场中新污染物的检测研究主要采用靶向分析和非靶向分析，两种分析方式具有互补性，非靶向分析适合与靶向分析并行，以确定复杂环境样品中更多物质的存在[53]。但总体上这方面的研究还处于起步阶段，尤其是垃圾填埋场中新污染物的定性定量数据不完善，迁移转化机制不明确，毒性效应研究缺乏，处理技术不完善，当前亦无相关法律法规和标准限制。

2.4.6.2 新污染物评估

在识别填埋场环境中的新污染物后，可利用欧盟委员会提出的风险熵值（RQ）法来评估新污染物对环境造成的风险[43]。通过将最大实测环境浓度（MEC）除以预测无影响浓度（PNEC），计算出原始和处理过的填埋场样本中各种新污染物的风险熵值（RQ）。

$$RQ = \frac{MEC}{PNEC} \tag{2-6}$$

对于缺乏慢性毒性数据的污染物，则使用急性毒性数据来计算 PNEC 值，进行风险评估。

$$PNEC = \frac{EC_{50}}{1000} \text{ 或 } \frac{LC_{50}}{1000} \tag{2-7}$$

式中，EC_{50} 为 50% 有效浓度，mg/L；LC_{50} 为 50% 致死浓度，mg/L。

根据欧盟委员会（2003 年）的规定，通过查阅文献或使用 ECOSAR 毒性分析软件（美国环保署）收集检出新污染物对不同水生生物（如鱼类、水蚤和藻类）的急性毒性数据（表2-22）。对于有一个以上文献毒性数据的物质，选择最低值（最坏情况）；对于文献中没有毒性数据的化合物，则可使用 ECOSAR 软件。但当前仍有很多污染物还无法通过 ECOSAR 软件进行分析获取毒性数据，因此，今后关于垃圾填埋场新污染物的调查与评估仍需要开展大量工作。

表 2-22 典型氯代有机磷酸酯对水生生物的毒性数据[54]

化合物	物种	$L(E)C_{50}$/(mg/L)	PNEC/(ng/L)	RQ
磷酸三(2-氯乙基)酯	藻类	51	$5.1×10^4$	$1.37×10^{-4}$~$3.14×10^{-2}$
	水蚤	330	$3.3×10^5$	$2.12×10^{-5}$~$4.85×10^{-3}$
	鱼类	90	$9.0×10^4$	$7.77×10^{-5}$~$1.78×10^{-2}$
磷酸三(2-氯丙基)酯	藻类	45	$4.5×10^4$	$4.09×10^{-5}$~$9.22×10^{-3}$
	水蚤	91	$9.1×10^4$	$2.02×10^{-5}$~$4.56×10^{-3}$
	鱼类	30	$3.0×10^4$	$6.13×10^{-5}$~$1.38×10^{-2}$
磷酸三(1,3-二氯-2-丙基)酯	藻类	39	$3.9×10^4$	$1.02×10^{-4}$~$5.09×10^{-2}$
	水蚤	4.2	$4.2×10^3$	$9.47×10^{-4}$~$4.73×10^{-1}$
	鱼类	5.1	$5.1×10^3$	$7.80×10^{-4}$~$3.90×10^{-1}$

2.5 垃圾填埋场风险判别与修复评估

垃圾填埋场污染成分非常复杂，且场地历史地类使用情况复杂，同时污染物分布受多种因素影响，因此垃圾填埋场的环境影响和评价是一个复杂、科学而系统的工程。当前针对垃圾填埋场风险判别尚未形成完整的评价体系，主要是基于健康风险评价理论及基本方法，在对垃圾填埋场及周边环境介质中的污染状况深入调查的基础上，通过关注污染物分布情况和监测浓度梯度，结合垃圾填埋场地质概况，对污染物在土壤、地下水中的分布规律进行研究与分析，结合污染场地健康风险评估结论，预测场地污染物对当地人们的身体健康可能造成危险的程度和概率，以此准确地对研究区域做出合理性风险评估，提出基于风险的修复活动，尽可能保障人们的身体健康和良好的生态环境。其中针对垃圾填埋场的人体健康风险评价方法主要有3个方面：

① 采用单个污染物的污染系数、潜在生态危害系数、多种污染物潜在生态危害指数，对每一距离的污染物进行统计，选取每一距离的最大值和平均值进行风险指数计算，以此对环境风险进行评估；

② 采用平均综合污染指数法等环境质量评价方法，对环境风险进行评估；

③ 通过对环境风险影响因子赋值，从污染源、迁移途径、污染受体三个方面进行定量评价，得出场地环境风险评估得分和风险等级。

2.5.1 风险评价技术指标体系

风险评价的总体技术路线主要是根据垃圾填埋场垃圾危害特性和所在场地水文地质条件特征，利用层次分析法对垃圾危害因子和地下水污染风险因子进行分层研究，最终得出综合评价指标体系，如图 2-10 所示。

2.5.1.1 垃圾危害性风险评价

垃圾填埋场对地下水环境的危害主要是垃圾渗滤液。韩华等[55]研究表明，渗滤液的影响因素主要来自垃圾自身，垃圾填埋规模、填埋时间和有机物含量对于垃圾渗滤液产生的数量及其浓度的大小起着决定性的作用。因此，通过给垃圾填埋规模、填埋时间和有机物含量3个主要影响因素赋值打分，并对其分别赋予不同的权重，然后进行垃圾危害性风险分级是合理可行的，根据危害程度可划分为高度危害、中度危害和低度危害3个级别。

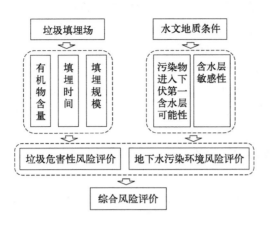

图 2-10 风险评价技术路线

2.5.1.2 地下水污染环境风险评价

根据相关研究及我国垃圾填埋场的实际情况,张可心等[56]认为垃圾填埋场地下水污染风险分级评价体系的核心是各项指标权重、污染指数的计算确定及目标风险等级的划分。其中影响垃圾填埋场污染风险的因素包括填埋区大小、覆盖介质、覆盖层厚度、填埋年限、包气带介质、包气带厚度、渗透系数、分配系数、降解系数、净补给量、污染物补给浓度等。

(1) 垃圾填埋场特性

参考《城市生活垃圾卫生填埋处理工程项目建设标准》(建标〔2001〕101号)、《生活垃圾卫生填埋处理技术规范》(GB 50869—2013)和《生活垃圾填埋场污染控制标准》(GB 16889—2024),并结合我国垃圾填埋场的实际情况,将垃圾填埋场的特性指标确定为场地规模、填埋场场龄、底侧部防渗情况、顶部覆盖情况、渗滤液收集情况和废物压实密度。为了有效且精确地量化填埋场自身的风险性,对填埋场的6个特性指标进行评分。将上述6种因素作为评价填埋场特性的因子 R_1,按照风险的大小,不同条件下取值为 1~10。填埋场特性指标的取值条件和因子 R_1 值可参考表 2-23。

表 2-23 垃圾填埋场特性指标的取值条件和 R_1 值

指标	取值条件	R_1	指标	取值条件	R_1
场地规模/m³	<5000	1	顶部覆盖情况	压实黏土加土壤	1
	5000~50000	2		压实黏土	2
	50000~500000	4		土壤	5
	≥500000	10		无	10
填埋场场龄/a	≥15	1	渗滤液收集情况	收集后送污水处理厂	1
	10~15	5		收集到渗滤液收集池	3
	5~10	8		季节回灌	5
	<5	10		无	10
底侧部防渗情况	双层复合防渗	1	废物压实密度/(t/m³)	≥0.8	1
	单层防渗	2		0.6~0.8	2
	天然粉土层	5		0.4~0.6	5
	天然砾石	10		无	10

(2) 含水层脆弱性

含水层的脆弱性即地下水易污性,表示地下水在自然条件下受到污染的难易程度。对研究区的含水层脆弱性进行量化打分，可以较全面地评价研究区地质条件对填埋场地下水污染风险的影响。不同地质条件下，地下水受到污染的难易状况、污染物扩散状况和污染修复的难易程度都有很大差异。目前应用最广且研究最成熟的含水层脆弱性评价模型为DRASTIC模型[57]，该模型中的指标包括地下水埋深（D）、含水层净补给量（R）、含水层介质类型（A）、土壤类型（S）、地形坡度（T）、包气带影响（I）和水力传导系数（C）7个参数，可作为含水层脆弱性评价指标R_2，其中，D、R、T、C属数值指标，可直接定量获得，A、S、I属类型指标，不可直接定量获得。由于DRASTIC模型的指标及各指标的详细分值在各研究的应用中相差不大，上述参数可选取常用的参考评分，DRASTIC模型中各评价参数的权重值如表2-24所列。

表2-24 DRASTIC模型中各评价参数的权重值

评价参数	权重值 a	权重值 b
地下水埋深(D)	5	5
含水层净补给量(R)	4	4
含水层介质类型(A)	3	3
土壤类型(S)	2	5
地形坡度(T)	1	3
包气带影响(I)	5	4
水力传导系数(C)	3	2

注：a栏为所有污染物权重值，b栏为农药类污染物权重值。

地下水脆弱性评价综合指数（DI）的表达式为：

$$DI = \sum_{j=1}^{7} W_j R_j \qquad (2-8)$$

式中 W_j——第j个参数的权重；

R_j——第j个参数的评分。

（3）受体暴露情况

污染受体的暴露是指污染源与受体之间的接触关系，即受体暴露于污染物的风险指数。对受体暴露指标的评价可以直接确定填埋场对敏感受体影响的大小，从而有助于量化垃圾填埋场的危险性。根据我国垃圾填埋场的污染现状，污染受体暴露指标有水源地、居民区、农业区、工业区、商业区、景观休闲区和自然保护区7个方面。将上述因素作为评价填埋场特性的因子R_3，按照风险的大小，结合专家对各指标的评分情况，根据不同条件对各因素赋值为1~10，污染受体暴露因子取值条件和因子R_3值可参考表2-25。

表2-25 受体暴露情况评价

指标		取值条件	R_3
水源地	有无大型水源地	有	10
		无	0
	与地表水距离/m	<150	10
		150~500	8
		500~1000	5
		>1000	0
	与饮用水源地关系	位于一级保护区内	10
		位于二级保护区内	8
		位于准保护区内	5
		不在保护区内	0

续表

指标		取值条件	R_3
水源地	下游是否有集中供水井	有	10
		无	0
	与地下含水层距离/m	<3	0
		3～8	5
		≥8	10
居民区	与居民区距离/m	<800	10
		≥800	0
农业区	与农业区距离/m	<800	8
		≥800	0
工业区	与工业区距离/m	<800	3
		≥800	0
商业区	与商业区距离/m	<800	5
		≥800	0
景观休闲区	与景观休闲区距离/m	<800	5
		≥800	0
自然保护区	与自然保护区距离/m	<800	6
		≥800	0

(4) 污染风险评价指标权重的确定

指标的权重是指该指标在整个评价体系中的重要性。目前确定指标权重的方法包括专家打分法（Delphi 法）、层次分析法、主成分分析法和熵权法等。层次分析法是一种系统性分析方法，其原理是将所研究的问题系统化，在金融分析和风险评价的研究中均有广泛应用。以层次分析法为例，将目标层（A）设置为垃圾填埋场地下水污染风险评价；将准则层（R）设置为垃圾填埋场地下水污染评价影响因素，影响因素包括垃圾填埋场特性（R_1）、含水层脆弱性（R_2）和受体暴露情况（R_3）；将指标层（W）设置为影响因素的元素。层次结构如图 2-11 所示。

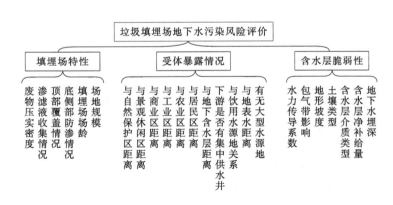

图 2-11　垃圾填埋场地下水污染评价指标层次结构

采用传统的 1～9 标度法，请地下水污染风险评价领域的专家，根据其专业背景描述每层指标的相对重要性，并使用 1～9 标度法对各指标的相对重要性打分，根据打分的结果构造判断矩阵，按照层次分析法的标准过程，进一步计算判断矩阵的特征值，挑选出最大特征值，最大特征值所对应的特征向量即为权重值，然后选定 95% 的置信区间为可接受的显著性水平，并进行一致性检验。

根据上述过程计算出各影响因素的权重值,具体权重值可参考表 2-26。

表 2-26　各指标权重值

准则层(R)	指标		权重
填埋场特性(R_1)		场地规模	0.063
		填埋场场龄	0.023
		底侧部防渗情况	0.118
		顶部覆盖情况	0.012
		渗滤液收集情况	0.150
		废物压实密度	0.011
受体暴露情况(R_2)	水源地	有无大型水源地	0.105
		与地表水距离	0.030
		与饮用水源地关系	0.040
		下游是否有集中供水井	0.058
		与地下含水层距离	0.092
	居民区	与居民区距离	0.115
	农业区	与农业区距离	0.005
	工业区	与工业区距离	0.002
	商业区	与商业区距离	0.022
	景观休闲区	与景观休闲区距离	0.030
	自然保护区	与自然保护区距离	0.020
含水层脆弱性(R_3)		地下水埋深	0.030
		含水层净补给量	0.012
		含水层介质类型	0.009
		土壤类型	0.009
		地形坡度	0.009
		包气带影响	0.026
		水力传导系数	0.011

(5) 不确定性分析

评价垃圾填埋场造成的地下水污染风险的过程中,不可避免地会做一些主观分析和假设。由于这些分析和假设具有较强的主观性,因此人为误差不可避免。

风险评价过程中的主要不确定性为指标选取和权重确定过程中的模糊不确定性。这是由于指标选取是由研究者基于自身经验和专业知识,依靠部分主观感受确定的,而在权重确定过程中请相关专家打分,也是依赖于专家的专业知识及其主观认识,所以整个风险评价体系的构建过程中存在一定的主观不确定性。

该风险评价体系在构建过程中借鉴了大量的国外研究成果和标准规范,而我国的地下水资源利用状况、人体生理特征参数和各地的地质状况均与国外有较大差异,因此在评价体系的制定过程中也存在一定的客观不确定性。

(6) 综合指数模型

采用加权求和法,对 24 个评价指标进行加权求和,计算垃圾填埋场地下水污染风险指数:

$$I = \sum_{i=1}^{n} W_i r_i \tag{2-9}$$

式中　I——风险指数；
　　　n——评价因子数；
　　　W_i——评价因子的权重；
　　　r_i——评价因子值。

(7) 风险等级划分

根据上述风险指数公式的计算，垃圾填埋场地下水污染风险指数的结果分布在 0~10 之间，数字越大表示风险越高，其等级划分见表 2-27。

表 2-27　垃圾填埋场地下水污染风险等级划分

等级划分	低	中	高
综合指数（I）	$0 \leqslant I < 3$	$3 \leqslant I < 7$	$7 \leqslant I < 10$

此外，根据各垃圾填埋场地下水污染风险分级和垃圾污染危害性分级结果的不同组合形式，韩华等[55]将垃圾填埋场风险等级分为 A、B、C 三级，具体见表 2-28。根据我国现行的《生活垃圾填埋场污染控制标准》（GB 16889—2024）和《生活垃圾卫生填埋处理技术规范》（GB 50869—2013）等相关标准，活动断裂带、地质灾害易发区、洪泛区和泄洪道、人口密集区、南水北调主干线两侧 100m 内区域等都属于环境敏感区。综合此类敏感因素，风险等级提高 1 个级别。

表 2-28　垃圾填埋场地下水风险评价分级

垃圾危害性分级	地下水污染环境风险		
	风险较大区	风险中等区	风险较小区
高毒危害型	A	A	B
中毒危害型	A	B	C
低毒危害型	B	C	C

(8) 修复阈值确定

基于对国内外地下水污染修复阈值制定方法的分析，可参考的填埋场地下水污染修复阈值制定流程如图 2-12 所示。

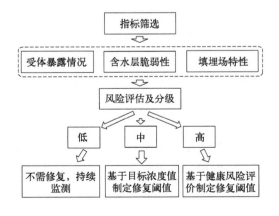

图 2-12　填埋场地下水污染修复阈值制定流程

对象浓度法的关键在于将地下水中的污染物浓度与修复目标相比较。在设置地下水的修复目标时，必须考虑修复至该程度是否技术可行或是否符合经济效益。对地下水污染进行修复的经验表明，将地下水恢复至背景质量并不总是可行的，因此对象浓度常设置为适用于含水层用途的环境标准而不是背景质量。

健康风险评价模型中的暴露剂量与污染物从污染场地迁移至受众的浓度密切相关，当根据健康风险确定了受众可接受的污染物最大浓度时，根据地下水流的方向、流速等，即可确定垃圾填埋场地下水污染物应修复达到的阈值。

2.5.2 生态修复技术评估

针对填埋场环境风险评估得分和风险等级，根据国家法律法规和地方环保部门的相关规定和要求，并结合填埋场环境质量现状，在综合考虑治理周期、治理成本及治理方式合理性等因素的基础上，按照从严把控、资源合理化利用的原则，严格依据相关技术规范操作，积极开展填埋场内垃圾清理处置及土壤、地下水修复治理工作。

2.5.2.1 生态修复方案比选

垃圾填埋场治理技术的选择，主要根据危害风险等级、控制垃圾污染源、阻断垃圾污染途径、填埋场土地利用、填埋场封场植被恢复等不同要求进行确定，其处置修复技术主要包括以下几种。

① 生态封场技术：是对简易垃圾填埋场辅助以垂直防渗处理后，通过堆体整形、采用不同功能材料覆盖，维持渗滤液和填埋气体导排处理，以厌氧状态缓慢使填埋堆体生态恢复的过程。

② 原位生物修复技术：是通过堆体整形、采用不同功能材料覆盖，维持渗滤液导排处理，通过向填埋堆体抽注空气和/或回灌渗滤液等方式，以快速使填埋堆体生态恢复的过程，主要以原位好氧状态修复为主。

③ 开挖修复技术：是指简易填埋场垃圾堆体在有环境保护（臭味控制、渗滤液导排处理、扬尘控制等）和安全措施（防止填埋气体燃烧爆炸等）的条件下，对填埋堆体进行开挖或开挖后筛分，并对开挖或筛分出的填埋物异地进行处理处置或利用的过程，常见的处置途径主要包括垃圾筛分及资源化、整体搬迁和水泥窑协同处置等。

基于"无害化、减量化、资源化"的基本原则，结合填埋场固体废物污染区域特征条件、目标污染物污染状况和迁移特性，并综合考虑目标污染物对于当地民众以及生态系统的影响，填埋场生态修复方案设计过程应充分考虑以下因素：

（1）技术有效性

针对填埋场水文地质条件、污染物特性和浓度分布以及地块未来规划等因素，选择适宜的固废处置技术，在能够在满足国家相关标准规范的前提下开展填埋场治理工作，清理积存垃圾并完成生态修复，全面去除或控制地块污染源及其迁移暴露途径，以达到有效防范化解生态环境风险的目的。

（2）技术成熟度

为保证填埋场固废处置工作的顺利完成，填埋场整治技术方案设计应尽可能采用成熟可靠的处置技术，避免采用处于研究初期或已淘汰的高能耗处置技术。

(3) 处置利用时间

为尽快完成填埋场的整治，实现土地开发利用价值，降低处置利用过程中的潜在环境风险，同等条件下需选择时间短的处置利用技术。

(4) 处置利用成本

结合地块中的污染物特性，选择经济可行的处置利用技术，既满足处置后的地块利用要求，又尽量降低处置利用成本。

(5) 对周边环境影响

工程实施过程中要严格控制对周围环境的影响，做好工程实施过程中的各项环境保护措施，如防尘、防噪声、防二次污染、防臭味等，将现场施工对周围居民的影响降到最低。

因此，应在分析前期垃圾填埋场污染状况调查和风险评估资料的基础上，根据填埋场特征条件、目标污染物、修复目标、修复范围、修复时间长短以及各修复技术工程应用的实用性等，选择确定填埋场生态修复总体思路。可以采用列表描述对修复技术原理、适用条件、主要技术指标、经济指标和技术应用的优缺点等方面进行比较分析，也可以采用权重打分的方法。通过比较分析，提出一种或多种修复技术，进行下一步可行性评估。垃圾填埋场生态修复治理方案比选示例如表 2-29 所列。

表 2-29 垃圾填埋场生态修复治理方案比选

技术名称		技术简介	主要应用参考因素				优点	缺点
			成熟性	工期	施工难度	环境影响	综合成本/(元/m³)		
生态封场技术		长期进行运行维护,同步监控周边环境污染问题	—	长	—	维持现状	—	—	(1)稳定化时间长,长期存在环境影响;(2)废物总量未减少,环境安全隐患未消除;(3)影响长期存在,土地价值无法提升
原位生物修复技术		向垃圾堆体内注入空气,将收集的渗滤液回灌至垃圾堆体,使堆体中有机物在适宜的含氧量、温度、湿度条件下,发生好氧微生物降解	发展中	较长	中	较小	100～300	(1)原位治理,二次污染小;(2)治理成本较低;(3)适用于前期填埋场建设规范,具有各类环保措施,且短期开发需求不迫切的填埋场	(1)处理周期较长;(2)处理后场地的使用受限,不完全符合场地开发要求
开挖修复技术	垃圾筛分及资源化	开挖后进行筛分,各项组分综合利用或无害化处置	发展中	短	难	堆体开挖及运输过程污染较大	400～600	(1)垃圾开挖,消除污染源;(2)筛分后分类进行资源化处置,符合相关政策规定且属于国家鼓励方向,投资费用适中;(3)现场具备开挖条件,二次污染可控;(4)适用于需要应急处置或需要迫切开发的场地	垃圾开挖过程存在二次污染风险

续表

技术名称		技术简介	主要应用参考因素				综合成本 /(元/m³)	优点	缺点
			成熟性	工期	施工难度	环境影响			
开挖修复技术	整体搬迁	开挖后运输至垃圾焚烧厂焚烧或异地新建填埋	发展中	中	中	堆体开挖及运输过程污染大	500~700	(1)垃圾开挖，消除污染源，符合场地二次开发要求； (2)无需后处置； (3)适用于需要应急处置或需要迫切开发的场地	(1)垃圾开挖过程存在二次污染风险； (2)现有的垃圾焚烧厂均不愿接收低热值老垃圾，且无多余的焚烧能力； (3)现有填埋场冗余不足，新建填埋场场地落实困难； (4)环保要求高，治理成本高
	水泥窑协同处置	开挖后外送至具有水泥窑协同处置资质的单位处理	成熟	中	中	堆体开挖及运输过程污染大	800~1000	(1)在高温下可以彻底将腐殖土中的各种污染物分解或固化； (2)实现腐殖土的二次利用； (3)适用于重污染土壤，在具备资质下适用于危险废物	(1)水泥窑协同处置运输成本高； (2)不适用于含有轻质物的介质； (3)能耗高，焚烧后垃圾进入水泥产品，需要较好地控制回转水泥窑的运行，避免对水泥产品质量产生影响

根据垃圾填埋场污染源的特征和污染特点，以及治理目标的不同，常见的垃圾填埋场及其污染的治理方案有维持现状方案、垃圾筛分及资源化治理方案、整体搬迁方案、好氧治理方案、水泥窑协同处置方案等。需要结合具体垃圾填埋场的现状，分析国内外现状垃圾填埋场治理的方案，对相应的方案进行比选。从保护环境、经济性、安全性和可行性等多个方面考虑，比选出最优的生态修复方案。

一般而言，对于风险等级较低的存量垃圾，应优先采用生态封场技术，对于填埋时间较短，垃圾未充分稳定的，可辅助以输氧曝气工艺。对于风险等级较高的存量垃圾，可采用筛分后分类处理，原则上筛分后的腐殖土应进行绿化、无机物回填、轻质垃圾送焚烧厂或热解气化等。

2.5.2.2 开挖修复可行性评估

根据《国务院办公厅关于转发国家发展改革委住房城乡建设部生活垃圾分类制度实施方案的通知》（国办发〔2017〕26号），为应对城镇发展过程中生活垃圾产生量迅速增长，环境隐患日益突出的问题，提出了遵循减量化、资源化、无害化的原则，对生活垃圾进行分类，促进资源回收利用。从国内外垃圾填埋场的治理情况来看，垃圾筛分及资源化治理对污染的治理最为彻底，不仅可以彻底消除污染源，有效控制垃圾产生的臭气和土壤、地下水污染，快速实现土地盘活，还能通过筛分分类处置模式实现垃圾的资源化利用，同时实现垃圾填埋场治理的无害化及资源化目标。填埋场垃圾筛分及资源化治理在国外有较多应用，近年来在国内也有类似工程项目在实施,具有较高的可行性。

我国填埋垃圾普遍具有高含水率、高有机质和高压缩性等理化特征,这会导致填埋垃圾在稳定化过程中产生较多的填埋气体和渗滤液,且垃圾堆体降解快,容易发生沉降,引起堆体失稳滑移。由于垃圾填埋场稳定化程度及其中垃圾堆体性质的不同,在对垃圾填埋场进行开挖时,需要结合填埋场及其中垃圾的特性,对填埋场开挖的关键影响因素进行综合考虑,评估填埋场开挖修复的可行性。

(1) 垃圾填埋场开挖修复可行性评估

在对垃圾填埋场开挖修复进行可行性评估时,首先需要从垃圾填埋场稳定化程度、环境风险等级和经济效益等级三个维度进行评估(图2-13)。垃圾填埋场的稳定化程度评估指标包括垃圾固相、渗滤液水质、填埋气体特性、堆体沉降和堆体稳定安全指标等。填埋场开挖的环境风险等级评估包括存量垃圾自身污染风险、存量垃圾对周边环境污染现状、开挖对周边环境的影响、开挖对工作人员健康的影响以及开挖的社会稳定风险。经济效益等级评估指标由填埋场开挖的建设投资(包括垃圾开挖费用、垃圾运输费用、垃圾处理费用、垃圾筛分费用、环保措施费用等工程费用以及其他基本建设费和工程预备费)、开挖物料回收利用效益(包括金属和骨料)、土地回用于城市发展、减少渗滤液和填埋气体收集处理费用等组成。

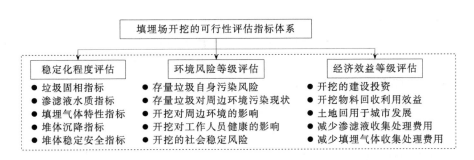

图 2-13　填埋场开挖的可行性评估指标体系

(2) 垃圾填埋场开挖修复可行性评估方法

1) 填埋场稳定化程度评估方法

垃圾填埋场稳定化程度评估方法主要有单因素法、指数法、层次分析法、模糊综合评价法、BP神经网络以及这些方法的组合。在垃圾填埋场开挖前,首先需要对填埋场稳定化程度进行评估。可采用层次分析法,采用填埋垃圾、渗滤液、填埋气体、堆体沉降和堆体稳定安全指标等进行填埋场稳定化评价。具体计算公式如下:

$$I_1 = \sum_{i=0}^{6} W_i r_i \tag{2-10}$$

式中　I_1——稳定化程度指数,无量纲;
　　　W_i——权重值,无量纲;
　　　r_i——因子值,无量纲。

各评价因子权重值 W_i 计算如表2-30所列,相应的因子值 r_i 采用百分制计取。

表 2-30 垃圾填埋场的稳定化因子及权重取值

序号	评价指标	稳定性评价因子	权重值(W_i)	稳定化因子(r_i) 分级	分值
1	垃圾固相指标	有机质含量	0.19	≤9%	90
				9%~20%	60
				≥20%	30
2		纤维素/木质素	0.22	≤0.5	90
				0.5~2.0	60
				≥2.0	30
3	渗滤液水质指标	BOD/COD 值	0.17	≤0.1	90
				0.1~0.4	60
				≥0.4	30
4	填埋气体特征指标	CH_4 含量	0.19	≤1%	90
				1%~5%	60
				≥5%	30
5	堆体沉降指标	堆体沉降率	0.08	≤5cm/a	90
				5~10cm/a	75
				10~35cm/a	60
				≥35cm/a	30
6	堆体稳定安全指标	抗滑稳定安全系数	0.14	<1.25	30
				1.25~1.30	50
				1.30~1.35	70
				≥1.35	90

通过上述公式计算出的填埋场的稳定化程度指数 I_1 为 30~90，采用 min-max 标准化，将计算的稳定化程度指数进行线性变换，将值映射到[0,1]，并以无量纲值 0.3 和 0.8 作为垃圾填埋场稳定化程度指数评级的临界值。

$$I_1 = \frac{I_i - \min_{1 \leq i \leq n} \{I_i\}}{\max_{1 \leq i \leq n} \{I_i\} - \min_{1 \leq i \leq n} \{I_i\}} \quad (2-11)$$

2) 开挖修复的环境风险等级评估方法

垃圾填埋场开挖修复的环境风险等级采用层次分析法（AHP）进行评价。开挖修复的环境风险等级可以采用确定的环境风险权重值和因子值计算。

$$I_2 = \sum_{j=0}^{n} W_j r_j \quad (2-12)$$

式中 I_2——环境风险指数，无量纲；

W_j——权重值，无量纲；

r_j——因子值，无量纲。

各评价因子权重值 W_j 计算如表 2-31 所列，相应的因子值 r_j 采用百分制计取。

表 2-31 垃圾填埋场开挖修复的环境风险因子和权重取值[58]

序号	评价指标/因子	权重值(W_j)	稳定化因子(r_j) 分级	分值
1	存量垃圾自身污染风险	0.192	高	−90
			中	−60
			低	−30
2	存量垃圾对周边环境污染现状	0.231	污染	−90
			清洁	−30

续表

序号	评价指标/因子	权重值(W_j)	稳定化因子(r_j) 分级	分值
3	开挖对周边环境的影响	0.265		
3.1	地表水敏感程度	0.105	低	30
			中	60
			高	90
3.2	地表水敏感程度	0.085	低	30
			中	60
			高	90
3.3	地下水敏感程度	0.075	低	30
			中	60
			高	90
4	开挖对工作人员健康的影响	0.154	低	30
			中	60
			高	90
5	开挖的社会稳定风险	0.146		
5.1	政策程度	0.048		
5.1.1	是否符合当前经济发展规律及相关法律法规	0.016	低	30
			中	60
			高	90
5.1.2	项目的确立是否满足当地居民的公共需求和公共利益	0.015	低	30
			中	60
			高	90
5.1.3	项目审批程序及批复是否合理	0.019	低	30
			中	60
			高	90
5.2	社会环境对项目的敏感性	0.058		
5.2.1	当地经济社会发展的满意度和认可度	0.012	低	30
			中	60
			高	90
5.2.2	对该项目的支持性	0.014	低	30
			中	60
			高	90
5.2.3	对项目区生活习惯的影响大小	0.009	低	30
			中	60
			高	90
5.2.4	项目区与项目有关的敏感话题	0.007	低	30
			中	60
			高	90
5.2.5	项目建设中的透明度	0.005	低	30
			中	60
			高	90
5.2.6	项目对群众生活安全性的影响	0.011	低	30
			中	60
			高	90
5.3	公众参与	0.038		
5.3.1	项目区居民对项目的接受程度	0.021	低	30
			中	60
			高	90
5.3.2	项目区调查中的居民参与程度	0.017	低	30
			中	60
			高	90

通过上述公式计算出垃圾填埋场开挖修复的环境风险指数 I_2 为 $-21\sim38$，采用 min-max 标准化，将计算的环境风险指数进行线性变换，具体公式见式(2-13)，将值映射到 $[0,1]$，并将填埋场的环境风险等级以无量纲值 0.3 和 0.8 作为填埋场开挖修复的环境风险指数评级的临界值。

$$I_2 = \frac{I_j - \lim\limits_{1\leqslant j\leqslant n}\{I_j\}}{\max\limits_{1\leqslant j\leqslant n}\{I_j\} - \min\limits_{1\leqslant j\leqslant n}\{I_j\}} \tag{2-13}$$

3) 经济效益等级评估方法

基于经济净现值和建设投资计算投资收益率（一般为 5%～20%），作为填埋场开挖修复的经济效益指数 I_3，具体公式见式(2-14)，并以无量纲值 0.05 和 0.2 作为填埋场开挖修复的经济效益指数评级的临界值。

$$I_3 = \frac{\sum\limits_{i=0}^{n}\dfrac{BT_i - CT_i}{(1+r)^i}}{\sum\limits_{i=0}^{n}\dfrac{CT_i}{(1+r)^i}} \tag{2-14}$$

式中　BT_i——发生在第 i 年的总效益，万元；
　　　CT_i——发生在第 i 年的总费用，万元；
　　　n——计算期，a；
　　　r——社会贴现率。

垃圾填埋场开挖修复的各指数评级如表 2-32 所列。

表 2-32　垃圾填埋场开挖修复的各指数评级

序号	低	中	高
稳定化程度指数(I_1)	$0\leqslant I_1<0.3$	$0.3\leqslant I_1<0.8$	$0.8\leqslant I_1\leqslant 1.0$
环境风险指数(I_2)	$0\leqslant I_2<0.3$	$0.3\leqslant I_2<0.8$	$0.8\leqslant I_2\leqslant 1.0$
经济效益指数(I_3)	$0\leqslant I_3<0.05$	$0.05\leqslant I_3<0.2$	$I_3\geqslant 0.2$

(3) 填埋场开挖修复可行性评估体系

根据垃圾填埋场稳定化程度、开挖修复的环境风险等级和经济效益等级三个维度的评价，可将其分为低、中、高三级。王英达等[58]按照风险矩阵法构建了填埋场开挖修复可行性评估的综合评价体系，如图 2-14 所示。针对稳定化程度高、环境风险等级低和经济效益等级高的垃圾填埋场，推荐进行开挖修复；针对环境风险等级高、经济效益等级低的垃圾填埋场，不推荐进行开挖修复；其他情况可根据填埋场实际情况考虑是否开挖。

构建垃圾填埋场开挖可行性评估的综合指数 I，具体公式见式(2-15)，通过确定综合指数 I，可进一步定量、科学地评估垃圾填埋场开挖的可行性。

$$I = I_1 + I_3 - I_2 \tag{2-15}$$

表 2-33 为垃圾填埋场开挖修复的可行性评估等级。从表中可以看出，随着 I 的增大，垃圾填埋场开挖修复的可行性评估等级提高。当 $I\geqslant 1$ 时，垃圾填埋场开挖具有高可行性，推荐垃圾填埋场进行开挖修复；当 $I<0$ 时，垃圾填埋场开挖不可行，不推荐垃圾填埋场进行开挖修复；当 $0\leqslant I<1$ 时，可根据实际情况考虑。

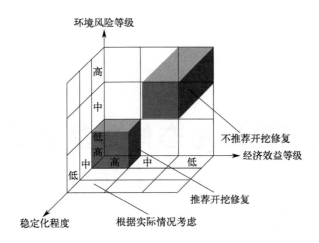

图 2-14　垃圾填埋场开挖修复的可行性评估体系

表 2-33　垃圾填埋场开挖的可行性评估等级

可行性评估指数 I	可行性评估等级级别	填埋场开挖修复建议
$I<0$	不可行	不推荐开挖修复
$0 \leqslant I<0.5$	低可行性	根据实际情况考虑
$0.5 \leqslant I<1$	中可行性	根据实际情况考虑
$I \geqslant 1$	高可行性	推荐开挖修复

第3章 垃圾填埋场生态修复基本原理

填埋场是一个独特的、动态的、复杂的垃圾-微生物-渗滤液-填埋气体微生态系统。在填埋场生态系统中，主要输入项为垃圾和水，主要输出项为渗滤液和填埋气体，两者的产生是填埋场内一系列生物、化学和物理过程共同作用的结果。由于先前简易垃圾填埋场和非正规填埋场的使用，以及填埋处置的控制不当等，渗滤液和填埋气体对填埋场地周边土壤、大气和地下水带来了严重的污染。同时，随着城市化进程的加快，许多填埋场逐渐靠近主城区，成为制约城市发展的新污染源，阻碍了城市周边区域的开发建设。因此，垃圾填埋场的污染控制及其生态恢复与再利用是当今环境保护和整治的重要任务。在填埋场中，垃圾的降解和稳定化实质上是一个复杂的微生物作用过程的演替，其中微生物的活性和种群结构受到温度、湿度、pH值和填埋操作方式等影响，进而影响填埋场的微生态系统和功能。因此，人们可以通过在填埋场中的物理、化学与生物等工程或技术来调控其中垃圾的降解，并控制垃圾与其降解产物的污染。垃圾填埋场生态修复技术主要包括原位生物修复技术、生态封场技术和开挖修复技术。本章主要介绍了垃圾填埋场微生态系统与功能、生态修复的原理，以及生态修复填埋场中垃圾的降解特性及其主要污染物转化，为垃圾填埋场生态修复提供理论基础。

3.1 垃圾填埋场微生态系统与功能

垃圾填埋场的稳定化过程实质上是一个复杂的微生物作用过程演替，由于填埋垃圾和渗滤液在时空上的异质性及其对微生物不同的定向作用，不同年龄和稳定化程度的填埋垃圾层有着不同的优势微生物菌群，填埋场不仅具有储留垃圾和隔断污染的功能，而且对其中的污染物具有处理功能。

3.1.1 垃圾填埋场微生态系统

填埋场稳定化主要是一个微生物作用的生态过程。在厌氧条件下，填埋垃圾在厌氧微生物的作用下主要转化为甲烷和 CO_2，其主要由三大类细菌协同作用，即水解发酵细菌、产氢产乙酸菌和产甲烷菌。首先填埋垃圾中的有机物在水解发酵细菌的作用下转化为挥发性脂肪酸（volatile fatty acids，VFAs）；然后产氢产乙酸菌将溶解性的脂肪酸转化为乙酸，同时释放出氢气；最后，产甲烷菌利用氢气和 CO_2 或乙酸，转化为甲烷。在好氧条件下，填埋垃圾在好氧微生物（包括好氧细菌、真菌和放线菌）的作用下氧化分解，生成简单的无机物，如 CO_2、SO_4^{2-}、PO_4^{3-} 等。在垃圾填埋场中，不同类型的微生物聚集在一起，形成分工协作的填埋场微生态系统。

填埋场微生态系统与其他生态系统一样，具有一定的稳定性和适应能力，即自我调节能力，微生态系统通过改变群体结构以适应新环境。微生态系统的这种适应是由环境因素和生物因素共同决定的。在一定条件下，环境因素或生物因素两者之一可能占主导作用。因此，一方面环境条件的改变会使一类微生物被另一类微生物所取代，另一方面，微生物的代谢活动又将影响填埋场的环境条件。在填埋场中微生态系统可简化为图 3-1。

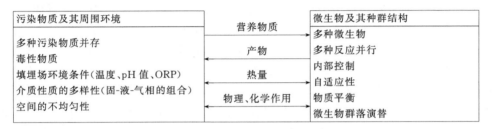

图 3-1　垃圾填埋场微生态系统的简化[59]
ORP—氧化还原电位

从图 3-1 中可以看出，填埋场微生态系统可以分为两部分，即污染物质及其周围环境和微生物及其种群结构。微生物通过降解污染物质进行生长繁殖，同时向周围排泄代谢产物和过剩的能量。影响微生物系统的环境因素主要包括温度、湿度、氧气浓度、pH 值以及产物等，填埋场中的介质常常是多相系统，一般是液-气-固相等的组合，空间分布不均匀，所有这些都会影响微生物的活性和种群结构，反过来再影响填埋场垃圾的生物降解与稳定化过程。因此，人们可以通过对填埋场物理、化学与生物因素的调控，来达到加速填埋垃圾降解的目的。

3.1.2　垃圾填埋场污染物的释放

在填埋场中，垃圾在一系列的物理、化学和生物的作用下将产生大量的填埋气体和渗滤液。虽然与废水和废气相比，垃圾中的污染物质具有一定的惰性和迟滞性，但是在长期的填埋过程中，由于其本身固有的特性和外界条件的变化，加上水分的进入，填埋垃圾会发生一系列的物理、化学和生物反应，导致这些污染物质不断地释放出来，进入环境。

（1）渗滤液

填埋场渗滤液是由垃圾降解，雨水的淋溶、冲刷，以及地表水和地下水的浸泡而产生的。渗滤液中污染物种类繁多，并且许多属于"三致"物质，被列入我国环境优先污染物黑名单。渗滤液中也含有大量的病原菌及致病微生物。此外，近年来在填埋场渗滤液中也检测到药物及个人护理品、抗生素、抗性基因、全氟辛酸、金属纳米氧化物等新污染物。虽然其浓度较低，但对环境和人体健康有着较大的危害。渗滤液的无控释放会导致填埋场附近的土壤、地表水和地下水的严重污染，并通过食物链和生态环境对人体健康产生危害。

(2) 填埋气体

填埋气体主要指填埋垃圾在稳定化过程中，有机垃圾生物降解所生成的气体。填埋气体是一种混合气体，包括 CH_4、CO_2、H_2S、NH_3、H_2 和一些微量浓度的 VOCs 等，其中 CO_2 和 CH_4 是填埋气体的主要成分，其浓度占厌氧填埋场气体总量的 95%~99%（体积分数）[60]。CO_2 和 CH_4 均是温室气体，但同时，填埋气体中的 CH_4 是一种极有利用价值的能源物质。一般填埋气体中的 CH_4 浓度占 45%~60%，沼气热值约为 $20MJ/m^3$，是一种利用价值较高的清洁燃料[61]。填埋气体中 VOCs 浓度虽然不高，但却是引发填埋场恶臭的主要污染物。此外，填埋气体中许多成分会对人体健康产生危害。例如，H_2S 是一种神经毒素，会刺激眼睛、鼻腔、喉咙和肺部等，导致咳嗽、喉咙疼痛、胸闷等不适症状，浓度高时，可对中枢神经系统产生毒性影响，甚至会导致昏迷和死亡；长时间接触低浓度的 H_2S 可能会导致慢性中毒，引起头痛、疲劳、记忆力减退、焦虑、抑郁和情绪不稳定等健康问题。苯、甲苯以及多种非甲烷类有机物毒性很强，对环境及人体的健康有严重的威胁。

因此，垃圾填埋场的渗滤液和填埋气体污染控制是垃圾无害化处理的重要组成部分。在填埋场稳定化过程中，渗滤液和填埋气体的释放是两个相互影响和制约的过程。在填埋场稳定化初期（初始调整阶段、过渡阶段和酸化阶段），填埋场污染物主要以渗滤液的形式释放进入环境中；随着填埋垃圾降解进入产甲烷阶段，渗滤液中的有机污染物浓度下降，填埋场产气速率和产气量增大，填埋气体的回收利用价值较高；但到稳定化阶段，填埋场产气量较少，此时填埋气体的回收利用价值不高。因此，促进垃圾的快速降解，缩短形成产甲烷阶段所需的时间，调控填埋场污染物渗滤液和填埋气体的释放，提高填埋气体产气速率和回收利用价值，对于提高填埋场垃圾的资源化以及减少填埋场的污染具有重要的意义。

3.1.3 垃圾填埋场的功能

垃圾填埋场是一种在地球表面的浅地层中处置废物的物理设施，在其设计、施工和运行管理上，应能保证减少所填埋废物对环境和周围人群健康的影响。垃圾填埋场的功能大致分为三类，即储留功能、隔断污染以及处理功能。

(1) 储留功能

垃圾填埋场是利用自然地形或人工修筑以形成一定的空间，将在一定年限内产生的垃圾暂时储留在内，待空间填满后封闭场地，以便恢复原貌。尽管储留垃圾是填埋场的基本功能，但并非其主要功能，随着技术的进步和环境保护要求的提高，这一功能在整个功能中所占的比例越来越小。

(2) 隔断污染

垃圾填埋场通常采用"多重屏障"的设计，尽可能隔断渗滤液和填埋气体中的污染物质，避免其释放到环境中，对周边地表水、地下水、土壤和大气等环境产生污染。填埋场多重屏障系统包括三道防护屏障，即废物屏障系统、密封屏障系统和地质屏障系统（图 3-2）。

1) 废物屏障系统

废物屏障系统是指根据填埋固体废物（如生活垃圾或危险废物）的性质，在填埋过程中进行预处理，包括固化或惰性化处理，以减轻废物的毒性或减小渗滤液中有害物质的浓度。

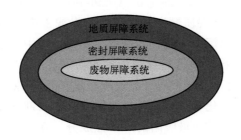

图 3-2　填埋场多重屏障系统[62]

我国现行的《生活垃圾卫生填埋处理技术规范》(GB 50869—2013)中规定,生活垃圾焚烧飞灰和医疗废物焚烧残渣经处理后,满足现行国家标准《生活垃圾填埋场污染控制标准》(GB 16889—2024)规定的条件,可进入生活垃圾填埋场填埋处置,处置时应设置与生活垃圾填埋库区有效分隔的独立填埋库区。城镇污水处理厂污泥进入生活垃圾填埋场混合填埋处置时,应经预处理改善污泥的高含水率、高黏度、易流变、高持水性和低渗透系数的特性,改性后的泥质应符合现行国家标准《城镇污水处理厂污泥处置　混合填埋用泥质》(GB/T 23485—2009)的规定。

2) 密封屏障系统

密封屏障系统是指利用人为的工程措施将废物封闭,使废物渗滤液尽量少地向外溢出。密封屏障系统分为水平屏障和垂直屏障系统两大类,其中水平屏障系统包括填埋场底部防渗系统和覆盖系统,垂直防渗系统包括垂直防渗墙等。密封屏障系统的密封效果取决于密封材料品质、设计水平和施工质量保证。

3) 地质屏障系统

地质屏障系统是指由场地的地质基础、外围和区域的综合地质技术条件组成的系统。地质屏障的防护性能取决于地质介质对污染物质的阻滞性能和污染物质在地质介质中的降解性能。对于一个良好的地质屏障系统,通常应满足以下要求:

① 土壤和岩层较厚、密度高、均质性好、渗透性低,含有对污染物吸附能力强的矿物成分;

② 地质屏障与地表水和地下水之间的水动力联系较少,以降低地下水入侵和渗滤液进入地下水的风险;

③ 地质屏障系统应能够避免或降低污染物的释放速度,具有长期的防护效果。

地质屏障系统决定着废物屏障系统和密封屏障系统的基本结构。如果经勘察地质屏障系统性质优良,对废物有足够强的防护能力,则可简化废物屏障系统和密封屏障系统的技术措施。所以地质屏障系统决定了垃圾填埋场的工程安全和投资强度。

(3) 处理功能

在填埋场中垃圾并不是呈惰性的,而是在一系列相互关联的物理、化学和生物作用下稳定化,即填埋场对垃圾的无害化、稳定化处理。垃圾和渗滤液在填埋场中的净化类似于生物滤池的处理过程。垃圾中易降解和中等易降解的有机组分在微生物作用下迅速发生降解反应,生成 CO_2、CH_4、H_2S、水和无机盐类等,从而使场内垃圾和渗滤液中的有机污染物得到有效去除。填埋场对有毒有害物质(如有机物和重金属)也有一定的去除能力,当填埋场处于产甲烷阶段时，填埋场的氧化还原电位（oxidation-reduction potential，ORP）迅速降低，处于还原条件下的低 ORP 促使微生物将垃圾和渗滤液中的 SO_4^{2-} 还原成 S^{2-}，使众多金属离子形成极难溶的硫化物沉淀。并且，垃圾在降解过程中生成的大分子类腐殖质也易与重金属离子形成稳定的螯合物，使得渗滤液中的重金属得以大量滞留，降低渗滤液中 Cd、Zn、Pb 等重金属的浓度。此外，在渗滤液通过垃圾堆体沿孔隙向下渗透的过程中，渗滤液中污染物会发生物理、生物、化学作用而得以去除。例如，部分污染物会转化成气体并扩散到气相中；有些会转化成为不被垃圾吸附的水溶性成分，在垃圾堆体中自由流动，从而得到连续降解；还有的产物吸着或附着在垃圾堆体上，形成垃圾"团粒"结构，从而完成对渗滤液中污染物的净化。

垃圾填埋场不仅具有储留垃圾、隔断污染的功能，而且还具有生物降解和污染处理等功能。目前，英国、美国等发达国家已有部分垃圾填埋场应用了生物反应器处理技术，进行了填埋场的设计和施工。近年来，随着我国对垃圾填埋场污染整治的要求越来越严格，垃圾填埋场生物反应器处理技术在填埋场生态修复中也有了广泛的应用。

3.2 垃圾填埋场生态修复的原理

垃圾填埋场生态修复技术主要有原位生物修复技术、生态封场技术和开挖修复技术，主要运用在垃圾填埋场通风曝气、气体抽取、渗滤液收集、填埋场密封系统及垃圾开挖转运等工程中，利用物理、化学和生物作用，对填埋垃圾及其污染物进行整治与生态修复。根据垃圾填埋场中的生态修复作用过程，可分为物理工程作用、物理化学作用和生物作用。

3.2.1 物理工程作用

3.2.1.1 密封系统

填埋场密封系统是为防止填埋气体和渗滤液污染环境并防止地下水和地表水进入填埋场中而建设的填埋场设施，由水平防渗系统、垂直防渗系统和封场覆盖系统组成（图 3-3）。

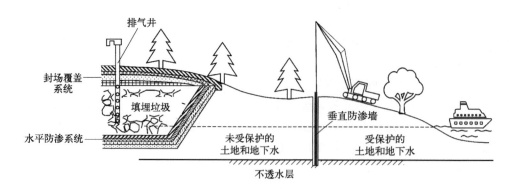

图 3-3 垃圾填埋场密封系统组成

（1）水平防渗系统

水平防渗系统是指垃圾填埋场底部和四周的衬垫系统，是一种水力隔离措施，用来将生活垃圾和周围环境隔开,以避免其污染周围的土壤和地下水。垃圾填埋场衬垫材料必须具有渗透性低、可与填埋垃圾长期兼容、吸附力强和传输系数低的特点。常用的垃圾填埋场有天然和人工合成防渗材料两类,其中天然防渗材料主要为黏土,人工合成防渗材料主要为HDPE 膜及 GCL 等与黏土的复合材料,防渗能力较强,但费用较高。

根据垃圾填埋场衬垫系统结构,可将其分为单层衬垫、复合衬垫、双层衬垫和多层衬垫系统。现代的生活垃圾卫生填埋场通常采用双层复合衬垫防渗系统,其结构如图 3-4 所示。双层复合衬垫防渗系统的防渗层采用的是复合防渗层。防渗层上方为渗滤液收集系统,下方为地下水收集系统,通过在两道防渗层之间设排水层,来控制和收集从填埋场中渗出的渗滤液。双层复合衬垫防渗系统综合了复合衬垫系统和双层衬垫系统,具有抗损坏能力强、坚固性好、防渗效果突出的优点。

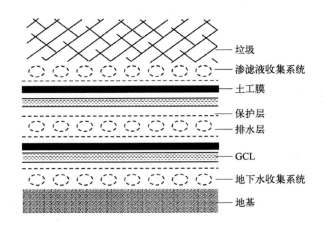

图 3-4 双层复合衬垫防渗系统结构示意

(2) 垂直防渗系统

垂直防渗系统是在填埋场一侧或四周设置具有一定深度和渗透系数的不透水结构,将污染物封闭,控制地下水的流动,以防止污染物迁移扩散。垂直防渗系统经常应用于坡地形或山谷形填埋场的防渗系统,如杭州市天子岭生活垃圾卫生填埋场和南昌市麦园生活垃圾填埋场,均采用了帷幕灌浆技术进行垂直防渗。

垂直防渗系统的作用是通过延长渗流途径来减少地下水或者渗滤液的渗漏量,以及污染物的扩散速度。垃圾填埋场常用的垂直防渗结构主要有:

① 三轴水泥(膨润土)搅拌桩防渗墙,可以是水泥、膨润土或水泥-膨润土混合料搅拌桩;

② 垂直开槽埋设防渗膜[HDPE 膜或聚乙烯(PE)膜];

③ 置换法垂直开槽现浇连续墙,可以是混凝土连续墙、膨润土连续墙或水泥-膨润土塑性混凝土连续墙;

④ 帷幕灌浆法。

在垃圾填埋场生态修复过程中,由于简易和非正规垃圾填埋场未设置有效的渗滤液收集系统,填埋场产生的渗滤液渗漏对场地土壤和地下水造成了不同程度的污染。当对垃圾填埋场进行污染整治工程时,由于基本无法对垃圾填埋场开挖重新设置水平防渗系统,因此,可以考虑在填埋场厂界设置垂直防渗系统,与场底相对不透水层形成相对封闭系统,将地下水与库区污水隔断开,避免渗滤液污染地下水(图3-5)。

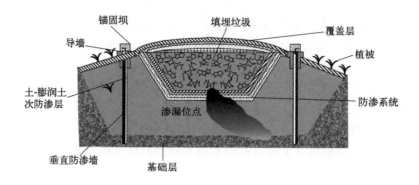

图 3-5　填埋场垂直防渗系统

(3) 封场覆盖系统

封场覆盖系统是卫生填埋场的重要组成部分,主要目的是防止或减小大气降水的入渗,从而减小垃圾渗滤液的产生量和气体的排放量,同时可以阻止填埋气体污染空气,保护垃圾堆体免受风雨侵蚀,减小对周围环境的不良影响。填埋场封场覆盖系统由多层组成,主要分为土地恢复层和密封工程系统两部分。其中密封工程系统由保护层、排水层(可选)、防渗层(包括底土层)和排气层组成(图3-6)。其中排水层只有当通过保护层入渗的水量(来自雨水、融化雪水、地表水、渗滤液回灌等)较大或者在防渗层的渗透能力较强时,才是必备的;而排气层只有当填埋废物降解产生较大量的填埋气体时,才需要考虑。

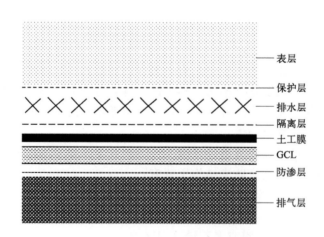

图 3-6　封场覆盖系统结构示意

我国现行的填埋场封场覆盖系统的相关规定主要有《生活垃圾卫生填埋场封场技术规范》(GB 51220—2017)、《生活垃圾卫生填埋场岩土工程技术规范》(CJJ 176—2012)和《生活垃圾卫生填埋处理岩土工程技术标准(征求意见稿)》,其对于覆盖层的结构和要求各不相同(图3-7)。在《生活垃圾卫生填埋场封场技术规范》(GB 51220—2017)中推荐的覆盖结构为传统阻断型覆盖层,其主要利用防渗层自身的低渗透性阻断雨水的下渗和填埋气体的排出，从而实现覆盖层的防渗减排密封目标。《生活垃圾卫生填埋场岩土工程技术规范》(CJJ 176—2012) 和《生活垃圾卫生填埋处理岩土工程技术标准（征求意见稿）》推荐了两种生态型土质覆盖结构，其主要是利用毛细阻滞效应提升覆盖层储水量，从而减少雨水的下渗和填埋气体的排放。

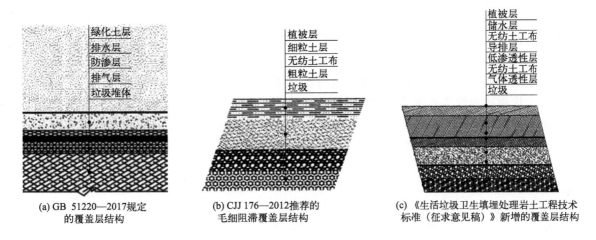

图 3-7　我国现行规范和标准中封场覆盖系统结构示意图

3.2.1.2　污染物控制系统

渗滤液和填埋气体是垃圾填埋场的两个重要输出项。渗滤液是一种含有高浓度有机物和氨氮等污染物的废水，填埋气体中不仅含有甲烷、CO_2 和 N_2O 等温室气体，而且还含 NH_3、H_2S、VOCs 等有毒有害气体。因此，在填埋场垃圾处理过程中，需要对渗滤液和填埋气体进行污染控制（图 3-8）。

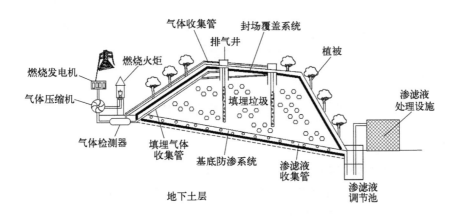

图 3-8　典型垃圾填埋场中渗滤液和填埋气体控制系统

(1) 渗滤液控制系统

我国早期填埋场中，渗滤液导排系统只是简单地在填埋场底部铺设一层砾石导排层。2004 年《生活垃圾卫生填埋技术规范》(CJJ 17—2004)（已废止，现行 GB 50869—2013）颁布后，才对渗滤液导排管的设计进行了规范要求。渗滤液收集系统通常由导流层、收集沟、多孔收集管、集水池、提升多孔管、潜水泵和调节池等组成。按照《生活垃圾卫生填埋处理工程项目建设标准》（建标124—2009）的要求，所有这些组成部分要按填埋场多年逐月平均降雨量（一般为20年）产生的渗滤液产生量设计，并保证该套系统能在初始运行期较大流量和长期水流作用的情况下运转而功能不受到损坏。

目前，我国垃圾填埋场库底渗滤液导排系统结构形式的发展历经了三代（图3-9）[63]。最早的垃圾填埋场没有专门的渗滤液收集系统，仅在填埋场周边设有水平盲沟，用于收集从填埋场覆盖层渗漏出来的渗滤液，并且只能极为有限地限制表面污染物的迁移。

第一代渗滤液收集系统位于填埋场底部四周的排水沟，主要是为了防止填埋场内渗滤液透过边墙而向四周的侧向迁移，对填埋场内部渗滤液的导排效果微弱。

第二代渗滤液收集系统又称"法式排水沟"或"指式排水沟"。这种渗滤液导排系统由颗粒排水层以及带孔的导排管（部分由无纺土工布包裹）组成，按50~200m的间隔分布在填埋场底部。这种渗滤液导排系统能有效地降低填埋场内渗滤液的水头，但是随着时间的增加，由于各种原因导致的淤堵会使其导排效率快速下降。

第三代渗滤液导排系统则是在第二代渗滤液导排系统的基础上进行改进，将颗粒导排层连续地布置在填埋场底部，在颗粒导排层与垃圾之间由无纺土工布进行隔离，同时导排管则按间隔布置。然而，从国内目前实践来看，即使采用最新一代渗滤液导排系统，填埋堆体内部渗滤液积累的问题仍然十分普遍。造成这一现象的主要原因是我国现有填埋场渗滤液导排系统的设计主要参考了美国环保署的设计标准，然而同发达国家相比，我国填埋垃圾中厨余垃圾占比较大，导致渗滤液产量大、渗滤液中悬浮颗粒物和有机质浓度高，导排系统淤堵较为严重，从而导致有效服役时间显著缩短[64]。

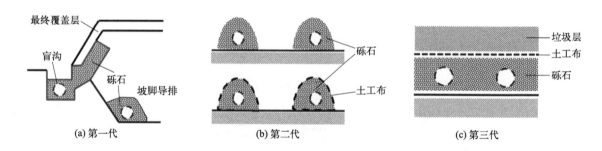

图3-9 填埋场库底渗滤液导排系统结构形式

（2）填埋气体控制系统

我国早期对小型填埋气体采用自然排气法，无设置填埋气体导排设施的要求，对于大型填埋场，则要求设置导气管道收集。2004年的《城市生活垃圾卫生填埋技术标准》（CJJ 17—2004）对填埋气体导排设施进行了初步设计规定，要求填埋场必须设置有效的填埋气体导排设施。填埋气体导排设施可以采用竖井（管），也可以采用横管（沟）或横竖相连的导排设施。此后，在《生活垃圾卫生填埋处理技术规范》（GB 50869—2013）中对填埋气体导排与利用进行了规范要求，垃圾填埋场中必须安装、设置相应的填埋气体收集系统，适时将填埋气体进行导排、集中燃烧或者净化处理后二次利用，达到有效控制填埋库区及堆体表面的甲烷浓度，保障填埋库区的运行安全的目的。

填埋气体中的甲烷气体是一种清洁能源，因此垃圾填埋场对填埋气体的合理利用是城市可持续发展的一项重要内容。通常当填埋气体导排井或膜下填埋气体的甲烷浓度达到45%以上，并具备一定的产气量时，可以考虑对其进行过滤除杂净化后，再进行燃烧发电和加压储存利用。而对于产气浓度不足的新生、老龄填埋场以及产气量不足的中、小型填埋场，则必须要做好填埋气体导排、燃放设施的安全保障工作，防止爆炸、燃烧等危险事故的发生。

3.2.1.3 稳定性防护系统

垃圾填埋场的稳定性主要可分为边坡稳定性、地基稳定性和垃圾堆体稳定性三类。在垃圾填埋场生态修复过程中，填埋场的稳定性防护主要为边坡稳定性和垃圾堆体稳定性。

（1）边坡稳定性

边坡稳定性对填埋场的安全运营和环境保护具有重要作用，稳定的边坡能够有效减小径流速度和冲刷力，阻止土壤和垃圾的溢出和流失，避免对周围环境和水体造成污染。常用的边坡加固措施有以下几种。

1）三维网加植草

在边坡表面铺设三维网格，并在网格中种植护坡草。三维网格可以增加边坡的抗拉强度和抗冲刷能力，而护坡草则可以进一步加固土壤、稳定边坡。

2）混凝土骨架护坡

混凝土骨架护坡是利用钢筋和预制混凝土构件组成的框架结构，通过将框架嵌入边坡内部来提高边坡的抗滑性和抗倾斜能力。混凝土骨架具有较高的刚度和强度，能够有效地支撑边坡土体。

3）混凝土喷浆护坡

混凝土喷浆护坡是将混凝土以喷浆形式喷涂在边坡表面，形成一个坚固的保护层。这种方法可以提供良好的防水性能和抗冲刷能力，保护边坡不受外部侵蚀和水分渗透。

边坡稳定性加固措施示意见图3-10。除上述方法外，常用的边坡加固措施还有浆砌块石护坡和挡土墙等。

(a) 三维网加植草　　(b) 混凝土骨架护坡　　(c) 混凝土喷浆护坡

图 3-10　边坡稳定性加固措施示意图

（2）垃圾堆体稳定性

垃圾堆体受沉降、水位升高等因素影响，易产生不稳定因素，需对堆体进行稳定性分析后确定防护措施。为了避免发生环境和安全问题，可以采取工程防护措施，如增加绿化、修建排水沟和削减高度等，以减弱降低堆体稳定性的因素，改善堆体力学强度或直接降低滑动力、提高抗滑力。

1) 增加绿化

在坡度比较陡的斜坡上进行植被覆盖，通过种植草、灌木等植物来增加土壤的黏聚力和抗剪强度。此外，植物的根系还能吸收和蓄水，减少地表水的积聚和下渗，进一步增强土壤的稳定性。

2) 修建排水沟

地表水或地下水的积聚会对堆体造成较大的压力，使堆体稳定性下降。因此，采取适当的排水措施，如修建排水沟、排水管道和防渗层等，可以防止堆体潜在滑动面的土体软化，维持堆体的稳定性。

3) 削减高度

削坡往往采取削减不稳定堆体或者已经处于变形破坏土体的高度，通过减轻堆体上方荷载降低坡高，提高堆体稳定性。

4) 堆体人工加固

堆体人工加固是指采用人工防护技术进行堆体加固，例如边坡柔性防护技术利用钢丝网结构覆盖在堆体表面，形成柔性的防护层，能够有效地提高堆体的稳定性。边坡柔性防护技术主要的使用材料为高强度的钢丝网和锚杆，其中钢丝网通常由多股钢丝编织而成，具有较高的抗拉强度和抗腐蚀性能，能够承受较大的荷载，锚杆则用于将钢丝网固定在堆体内部，增加整个系统的稳定性。

降雨会使填埋垃圾堆体中的水分增加，导致垃圾堆体体积膨胀和变形，对堆体的沉降变形及边坡的稳定性至关重要，降雨入渗及地表径流冲刷极易诱发堆体边坡失稳滑移。尤其是在南方地区，频繁的降雨导致垃圾填埋场渗滤液水位较高，给填埋堆体的稳定性和气体收集再利用带来不利影响，并增加地下水污染的风险。因此，对于填埋场内部水位过高引起的垃圾堆体稳定性下降现象，可以采取以下工程措施：

① 在堆体设置大口径降水竖井，抽排渗滤液，以降低主水位。为了确保渗滤液能够顺利排出，竖井应该与堆体底层的防渗层预留一定距离，一般建议距离为 3~5m。抽排的渗滤液导排入堆体原有渗滤液导排主管，输送到渗滤液处理厂进行处理。

② 对于堆体边坡高气压或者易滑移区域，可在边坡上利用顶管，直接打设小口径渗滤液导排管作为应急井，直接导排边坡滞水层，提高边坡稳定性，并兼作排气井，以降低边坡内部的气压，减小边坡发生滑移和失稳的风险。

③ 在老垃圾堆体层和边坡设置水平导排盲沟，拦截和收集新填埋垃圾堆体产生的渗滤液，避免其下渗到老垃圾堆体中，从而减小老垃圾堆体的渗滤液压力。

3.2.1.4 场地腾空工程

垃圾填埋场开挖修复技术是通过对在役或封场填埋场内的存量垃圾进行开挖并进行处置，以达到资源回收、库容释放以及降低环境风险等目的的技术。垃圾填埋场开挖可以腾空场地土壤，彻底去除垃圾填埋场对环境的污染。

在垃圾填埋场开挖修复之前，应对目标填埋场进行评估，包括垃圾堆积情况、可能的资源含量和环境风险等因素。根据评估结果制订开挖规划，确定挖掘的区域、方式和策略等。开挖前需铲除堆体表面的杂草、杂物，针对陡峭边坡应进行堆体整形，并进行压实处理，使其平整，确保堆体平整度及边坡坡度满足开挖施工的需要。开挖过程中应分区分单元开展，合理设计开挖工序，尽量控制作业面在 $1000m^2$ 以内，未作业区域采用 HDPE 膜进行覆盖。

同时，需注意渗滤液和雨水控制。挖掘出的垃圾需进行筛分分选、直接搬迁或处置。开挖垃圾可分为可回收物、有机废物、无机固体废物、腐殖土等不同类别。根据筛分结果，对不同类别的垃圾进行适当的处理和转运：可回收物可以进行再加工或直接出售；有机废物可以进行焚烧或其他处理；无机固体废物可以进行分类处理或资源化利用；腐殖土可作为绿化用土；等等。

3.2.2 物理化学作用

3.2.2.1 吸附作用

在填埋场中，垃圾和覆盖材料能够捕获和吸附填埋气体中的挥发性有机化合物和半挥发性有机化合物、渗滤液中的有机污染物和无机污染物，降低其在水相和气相中的浓度。吸附实质上是两相介质界面上的沉淀反应，包括吸持和吸收。吸持是指污染物从气相或液相介质迁移到固体表面的物理过程；吸收是指污染物到达固体表面后，由于静电、络合、化学键或沉淀等作用与固体表面发生相互作用，黏附在固体表面上的化学过程。

有机污染物在填埋场中的吸附行为对其迁移转化起着决定性作用。有机物在填埋垃圾和土壤中的吸附机理主要有表面吸附作用和分配作用。表面吸附理论认为，颗粒物表面存在许多吸附位点，污染物通过各种分子间作用力与吸附位点作用吸附于土壤颗粒物表面，由于强烈的表面吸附作用，某些土壤有机质对疏水有机物呈现非线性吸附。分配理论主要指有机化合物通过溶解作用分配到土壤有机质中，通过一定时间达到分配平衡。分配理论认为疏水有机物在水-土壤-沉积物体系中的吸附为线性分配。而非线性分配理论则认为有机质中存在大量吸附活性位点（如孔隙、微观孔道和表面官能团等），可以与有机物形成特殊作用力，并通过分配作用将有机物富集到有机质表面。在低相对平衡浓度下，因为特殊作用力的存在（例如氢键作用），有机物在有机质表面的吸附等温线呈非线性；随着有机物相对平衡浓度的增大，垃圾有机质上的特殊作用力位点趋于饱和，有机分子之间的竞争作用变得更为明显，且与活性位点的特殊作用力不再增加，导致在高相对平衡浓度范围内，吸附等温线逐渐趋于线性。

垃圾填埋场中污染物的吸附作用研究主要为建立吸附等温线和动力学两类模型，前者可揭示吸附剂-吸附质之间的相互作用；后者有助于评估吸附效率、了解限速步骤及确定吸附机理。常用的吸附等温线模型有线性模型和非线性的 Langmuir、Freundlich 等温模型等。常用的吸附动力学模型有拟一级模型、拟二级模型和 Elovich 模型等。例如，疏水性有机化合物在塑料聚合物上的吸附通常符合双模态聚合物吸附模型，主要包括吸附和分配两种机制[65]。

垃圾填埋场是塑料的主要贮存库，包括洗涤剂、护肤品、牙膏等产品中使用的微小塑料颗粒和由大塑料分解产生的小塑料碎片以及小于 5mm 的微塑料。这些小颗粒或纤维可以通过空气传播途径从垃圾填埋场传播到周围环境，如果管理不善，其潜在的风险会增加。此外，微塑料还可以通过吸附作用成为其他污染物的载体，加剧填埋场对周边环境的不利影响。目前有关新兴污染物微塑料对污染物的吸附研究，主要集中于与典型重金属、持久性有机物、抗生素等的吸附，主要包括互作机理、影响因素及产生的复合污染效应和风险的研究等（表 3-1）。

表 3-1 微塑料对填埋场中部分典型污染物的吸附作用[66]

吸附对象	主要互作机理	主要影响因素	复合污染效应和风险
重金属	主要与金属阳离子通过络合或共沉淀作用发生直接吸附	(1)微塑料种类及其老化程度等影响吸附速率； (2)土壤环境的异质化，如溶解性有机碳(DOC)增加，改变重金属的流动性和生物利用度，从而影响吸附量	(1)吸附的重金属成为土壤生物接触重金属的来源，并可能介导重金属进入食物链，增加重金属对土壤生物的生态毒理效应； (2)增加农田中重金属的解吸量和重金属有效态含量，加大微塑料渗入地下水及被作物吸收的风险，也可能降低土壤中重金属的生物利用率，影响作物产量和质量
持久性有机物	主要是受范德华力、比表面积所主导的分配作用和表面吸附，与污染物的亲水性和极性有关	(1)微塑料自身特性(如含氧官能团)不同，吸附的作用力不同，影响吸附值； (2)土壤环境因子会影响微塑料吸附有机污染物，如有机质与微塑料竞争吸附有机污染物	(1)影响持久性有机物在土壤环境中迁移及分配，或经食物链进入生物组织内，被富集及放大，危害土壤生态系统； (2)增加土壤溶液中可溶性有机物比例，影响土壤结构或改变土壤酶活性，破坏土壤的生态功能
抗生素	主要是微塑料的多孔结构和形成氢键	(1)微塑料自身特性(如比表面积等)影响吸附量； (2)土壤环境因子如土壤中无机颗粒物与微塑料竞争吸附抗生素，以及施用含有大量抗生素的有机肥，污染土壤	(1)抑制土壤中抗生素降解和加速部分抗生素迁移，可能引起耐药性微生物的不可控传播和耐药致病菌的大面积暴发，引发生态灾难； (2)影响抗生素的解吸，并可能经食物链的富集作用，威胁人类健康

在垃圾填埋场中，吸附反应过程的速率与程度取决于填埋垃圾、覆盖土和污染物的理化特性，影响污染物在填埋垃圾和覆盖土中吸附作用的因素主要有垃圾中矿物质和有机质的组成、污染物种类、溶解性有机物质（dissolved organic matter，DOM）、温度、pH 值等。随着覆盖土材料、填埋垃圾种类、稳定化阶段等的变迁，填埋场内环境条件也会发生变化，填埋气体和渗滤液中有机污染物和无机污染物的吸附量也会随之发生变化，并且经吸附固定在垃圾层和覆盖土壤中的污染物质还会发生解吸作用，使污染物释放出来，进入填埋气体或渗滤液中。

3.2.2.2 沉积作用

污染物质进入填埋场中会与填埋垃圾层和覆盖土层中的矿物质和有机质发生一系列的物理和化学反应，使污染物沉积于垃圾层中。填埋场中污染物的沉积作用主要为溶解性组分形成化学沉淀，包括与金属氧化物、氢氧化物、硫化物、碳酸盐等形成沉淀，胶体颗粒凝聚沉积和填埋垃圾层对大颗粒的截留三种。

(1) 化学沉淀

早期填埋场处于产酸阶段，渗滤液 pH 值一般较低，许多金属离子都能迁移，此时渗滤液具有较大危害性。到了产甲烷阶段，填埋场的氧化还原电位迅速降低，处于还原条件下的环境促使微生物将渗滤液中的 SO_4^{2-} 还原成 S^{2-}，使众多金属离子形成极难溶的硫化物沉淀。此时，填埋场垃圾堆体向中性或弱碱性转化，也有利于金属离子形成碳酸盐沉淀和氢氧化物沉淀，同时垃圾在降解过程中生成的大分子类腐殖质也易与重金属离子形成稳定的螯合物，导致重金属大量滞留于垃圾堆体中。

1) 氧化物和氢氧化物

金属氢氧化物为无定形沉淀或具有无序晶格的细小晶体，具有很高的活性。氧化物可看成由氢氧化物脱水而成。这类沉淀化合物涉及水解和羟基配合物的平衡过程，该过程往往复杂多变，这里用强电解质的最简单关系式表述（Me 表示金属）：

$$Me(OH)_n(s) \rightleftharpoons Me^{n+} + nOH^-$$

根据溶度积

$$K_{sp} = [Me^{n+}][OH^-]^n$$

$$K_w = [H^+][OH^-]$$

$$[Me^{n+}] = \frac{K_{sp}}{[OH^-]^n} = \frac{K_{sp}[H^+]^n}{K_w^n}$$

$$-\lg[Me^{n+}] = -\lg K_{sp} - n\lg[H^+] + n\lg K_w$$

将$-\lg$记作p，可得：

$$pC = pK_{sp} - npK_w + npH \tag{3-1}$$

式中 K_w——水的离子积；

C——金属离子饱和浓度。

根据式(3-1)可以看出，这类化合物直接与pH值有关，图3-11表示溶液中金属离子饱和浓度对数值与pH值的关系图，直线斜率等于n，即金属离子的化合价。直线横轴截距是$-\lg[Me^{n+}]=0$时的pH值：

$$pH = 14 - \frac{1}{n}pK_{sp} \tag{3-2}$$

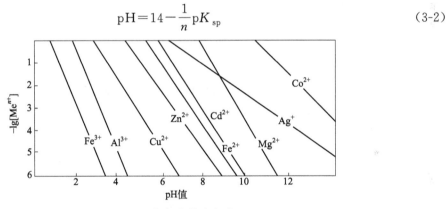

图 3-11 氢氧化物溶解度

各种金属氢氧化物的溶度积数值列于表3-2中，根据表3-2和图3-11可查出各种金属离子在不同pH值溶液中存在的最大饱和浓度。

由于固体还能与羟基金属离子配位化合物$[Me(OH)_n^{z-n}]$（z为金属离子Me^{z+}价态）处于平衡，因此，溶解度和溶度积所表征的关系并不能充分反映出氧化物或氢氧化物的溶解度。一般的固体氧化物和氢氧化物具有两性特征，它们与质子或氢氧根离子都能发生反应，存在一个pH值，在此pH值下溶解度为最小值，在碱性或酸性更强的pH值区域内，溶解度将增大。

表 3-2 金属氢氧化物溶度积

氢氧化物	K_{sp}	pK_{sp}	氢氧化物	K_{sp}	pK_{sp}
AgOH	1.6×10^{-8}	7.80	$Fe(OH)_3$	3.2×10^{-38}	37.50
$Ba(OH)_2$	5.0×10^{-3}	2.30	$Mg(OH)_2$	1.8×10^{-11}	10.74
$Ca(OH)_2$	5.5×10^{-6}	5.26	$Mn(OH)_2$	1.1×10^{-13}	12.96
$Al(OH)_3$	1.3×10^{-33}	32.90	$Hg(OH)_2$	4.8×10^{-26}	25.32
$Cd(OH)_2$	2.2×10^{-14}	13.66	$Ni(OH)_2$	2.0×10^{-15}	14.70
$Co(OH)_2$	1.6×10^{-15}	14.80	$Pb(OH)_2$	1.2×10^{-15}	14.93
$Cr(OH)_3$	6.3×10^{-31}	30.20	$Th(OH)_4$	4.0×10^{-45}	44.40
$Cu(OH)_2$	5.0×10^{-20}	19.30	$Ti(OH)_3$	1.0×10^{-40}	40.00
$Fe(OH)_2$	1.0×10^{-15}	15.00	$Zn(OH)_2$	7.1×10^{-18}	17.15

2) 硫化物

在填埋场中随着氧气的消耗、厌氧环境的形成，填埋场内 ORP 下降，在还原条件下，垃圾中含有的 SO_4^{2-} 被还原为 H_2S，当金属离子与 H_2S 相遇时会迅速结合成难溶的硫化物沉淀。

金属硫化物是比氢氧化物溶度积更小的一类难溶沉淀物，重金属硫化物在中性条件下实际上是不溶的，在盐酸中，Fe、Mn 和 Cd 的硫化物是可溶的，而 Ni 和 Co 的硫化物是难溶的，Cu、Hg、Pb 的硫化物只有在硝酸中才能溶解。表 3-3 中列出了重金属硫化物的溶度积，由表可知，只要填埋环境中存在 S^{2-}，绝大多数重金属可从渗滤液中除去。

表 3-3 重金属硫化物的溶度积

硫化物	K_{sp}	pK_{sp}	硫化物	K_{sp}	pK_{sp}
Ag_2S	6.3×10^{-50}	49.20	HgS	4.0×10^{-53}	52.40
CdS	7.9×10^{-27}	26.10	MnS	2.5×10^{-13}	12.60
CoS	4.0×10^{-21}	20.40	NiS	3.2×10^{-19}	18.50
Cu_2S	2.5×10^{-48}	47.60	PbS	8.0×10^{-28}	27.90
CuS	6.3×10^{-36}	35.20	SnS	1.0×10^{-25}	25.00
FeS	3.3×10^{-18}	17.50	ZnS	1.6×10^{-24}	23.80
Hg_2S	1.0×10^{-45}	45.00	Al_2S_3	2.0×10^{-7}	6.70

3) 碳酸盐

在填埋场垃圾稳定化过程中，随着垃圾中有机物的降解、CO_2 的释放，填埋场垃圾层-渗滤液-填埋气体系统将会形成 Me^{2+}-H_2O-CO_2 体系，一些重金属离子将会在此体系中产生沉淀，可概括如下：

$$CO_2(g) \overset{K}{\rightleftharpoons} CO_2(aq) + H_2O \overset{K_1}{\rightleftharpoons} H^+ + HCO_3^- \overset{K_2}{\rightleftharpoons} H^+ + CO_3^{2-} \rightleftharpoons MeCO_3(s)$$

已知 pK、pK_1 和 pK_2 分别为 1.46、6.35 和 10.33，则可以制作以 pH 值为主要变量的 $H_2CO_3^*$-HCO_3^--CO_3^{2-} 体系的形态分布图（图 3-12），其中 $H_2CO_3^*$ 包括 CO_2 和 H_2CO_3。可以看出，碳酸体系随 pH 值的改变而变化，当 pH<6 时，体系中主要是 $H_2CO_3^*$ 组分；当 pH 值在 6~10 之间时，体系中主要是 HCO_3^- 组分；当 pH>10.3 时，体系中主要是 CO_3^{2-} 组分。

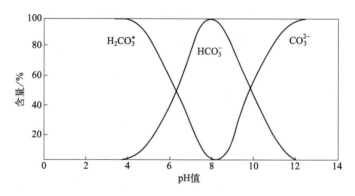

图 3-12 碳酸化合态分布图

在填埋场酸化阶段，pH值低，此时重金属的移动性大，随着垃圾的降解和稳定化，渗滤液pH值上升，在产甲烷阶段pH值在6.8~8.0，此时$H_2CO_3^*$-HCO_3^--CO_3^{2-}体系中以HCO_3^-和CO_3^{2-}组分为主，易形成金属碳酸盐沉淀。

当填埋环境条件发生变化时，形成的沉淀化合物又会发生溶解，进入渗滤液，增加渗滤液的污染程度。

(2) 凝聚沉积

填埋垃圾水相中存在大量悬浮颗粒物，如水合氧化物、腐殖质以及它们相互结合形成的有机-无机化合物等，它们是垃圾水相中的主要胶体物质。胶体是指分散在整个物质溶液中的微观颗粒（粒径范围为1~100nm）。在填埋垃圾中，高度分散的矿物和胶体颗粒会通过相互碰撞和表面作用力引发接触和聚集。当这些颗粒形成较大的聚集体时，由于重力作用，它们会沉淀下来，这种作用叫作胶体的凝聚作用。胶体颗粒在悬液中大都是带电的，带电胶体颗粒的凝聚与分散可用DLVO理论来描述。DLVO理论以悬液中胶体颗粒间的范德华力和双电层斥力为基础，当胶体颗粒相互靠近时，它们的相互作用决定着胶体体系的稳定性。当双电层斥力占优势时，胶体保持稳定状态；当范德华力大于双电层斥力时，胶体颗粒将发生凝聚。其中范德华力由永久性偶极和/或诱导偶极产生，在短距离内是非常显著的。双电层斥力是由于双电层、斯特恩层和扩散层的重叠而产生的（图3-13）。在填埋场中溶解在水中的污染物可被胶体颗粒吸附，这既可改变吸附物的性质又可改变胶体的性质，使吸附物胶粒形成大颗粒，沉积于填埋垃圾层中。

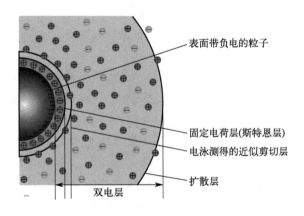

图3-13 胶体双电层示意[67]

(3) 截留作用

在填埋垃圾层中，由于水的重力迁移作用，泥沙、垃圾碎屑等悬浮物质在垃圾层向下迁移和传质的过程中，大颗粒悬浮物和难溶杂质易被填埋垃圾中的滤料所截留，从而沉积在垃圾层中。这些从水相中转移到垃圾层中的沉积物在一定条件下还可以被释放出来，重新变为有效态的污染物。

3.2.2.3 络合作用

填埋场是一个复杂的体系，含有多种有机和无机成分，其中有些能与金属离子发生络合作用，形成络合物。填埋场中常见的络合物可分为两类。一类是配位化合物，有单核配位化合物和多核配位化合物两种形式。当填埋垃圾层环境pH值发生变化时，金属离子，特别是重金属和高价金属离子,很容易在垃圾水相中生成各种氢氧化物,其中包括配位化合物(如氢氧化物沉淀)和各种羟基络合物。另一大类为螯合物,是由多基配位体和金属离子同时生成两个或更多的配位键,构成了环状螯合结构的产物。大多数螯合剂都为有机化合物。在垃圾填埋场有机垃圾腐化分解过程中,会产生的大量的有机酸(胡敏酸、富里酸、氨基酸等)、糖类及含硫和氮的杂环化合物,其具有一定的活性基团(COO—、—NH$_2$、—S—、=NH、—O—等),很容易与Fe、Mn等金属离子络合或螯合,形成螯合物。

填埋场中DOM,如腐殖酸、蛋白质和多糖等,可以通过氢键、范德华力、疏水作用等与金属离子和其他污染物发生相互作用,形成溶解度不同的络合物,从而影响重金属的积累、迁移转化和有效性。通常溶解性有机质表面的负电荷会与碱金属离子(Li^+、Na^+、K^+等)以及碱土金属离子(Be^{2+}、Mg^{2+}、Ca^{2+}等)形成离子键,与其他二价或多价金属则易形成配位化合物。重金属离子可与DOM固有的荧光组分发生荧光猝灭反应,利用荧光物质在加入重金属离子前后荧光强度的变化,通过常用的络合模型(非线性拟合Ryan-Weber模型或线性模型修正的Stern-Volmer模型)获得DOM与重金属离子的络合常数(K),从而得出DOM与金属离子的络合能力,如下式:

$$I = I_0 + (I_{ML} - I_0)\left(\frac{1}{2KC_L}\right)\left[1 + KC_L + KC_M - \sqrt{(1+KC_L+KC_M)^2 - 4K^2C_LC_M}\right]$$
$$f = (I_0 - I_{ML})/I_0 \tag{3-3}$$

式中　I——加入了某种浓度重金属时DOM的荧光强度;

　　I_0——未加入重金属时DOM的荧光强度;

　　C_L——DOM与重金属的最大络合容量浓度;

　　I_{ML}——重金属络合物饱和时的荧光强度,是不因金属离子的加入而降低的极限值;

　　C_M——重金属离子浓度;

　　f——配位荧光基团比例,f越大说明DOM被络合的基团比例越大;

　　K——DOM与重金属络合物的稳定性,K越低,说明络合物越不稳定,越容易析出。

填埋场络合作用不仅与金属种类有关,也与垃圾组成和成分有关,同时也受环境条件的影响。重金属离子的电子层分布情况不同,接受电子的能力也不同,因此在其他条件相同的情况下,同一配位体与不同重金属离子的络合能力也不同。垃圾的组成和含量也会对络合反应产生一定影响。来源不同的填埋垃圾,含有的组分和分子量也不一样,对络合作用具有较大影响,同时不同组分中的不同结构和官能团也能显著影响其对重金属的亲和力。环境因子,如pH值等能影响重金属的形态,从而影响DOM与重金属的络合和螯合等作用。当pH值在2~7时,随着pH值升高,络合能力逐渐增强;但当pH>8时,其络合能力又有所下降。这主要归因于pH值在2~7范围变化过程中质子与重金属离子竞争络合位点的能力下降,导致DOM对重金属离子的络合能力增强;在pH>8后,重金属离子在高pH值体系中形态发生变化,生成氢氧化物沉淀,导致重金属离子浓度下降,DOM对其络合能力下降。并且在强酸性条件下,酸性官能团质子化会引起DOM结构发生变化,从而改变其与重金属的络合能力。总体来说,在酸性条件下,DOM以促进络合为主;在碱性条件中,DOM则表现为抑制作用[68]。

3.2.2.4　氧化还原作用

氧化还原作用广泛存在于垃圾填埋场中,其对于微生物降解污染物、加快垃圾稳定化有重要意义。填埋场中的氧化剂主要为填埋过程中所携带的氧和高价的金属离子,还原剂为垃圾中的有机质以及在厌氧条件下形成的分解产物和低价的金属离子等。此外，填埋场中还存在大量的腐殖质，其中含有的酚、醌等官能团尤其是醌基官能团，为其提供了良好的氧化还原特性。在垃圾填埋场中，腐殖质可以作为微生物胞外呼吸的电子受体或电子穿梭体，将电子传递给重金属和有机污染物，促进其还原和降解。同时，填埋场中还存在一些特定的微生物，如反硝化脱硫菌及异化铁还原菌等，可通过氧化还原反应，利用填埋场丰富的硝酸盐及铁盐资源来去除填埋场中的硫化氢。填埋场中主要的氧化还原体系有重金属元素、无机氮化合物、无机硫化合物和有机物氧化还原体系等（表3-4）。

表 3-4 填埋场中主要的氧化还原体系

体 系	反 应	$p\varepsilon^0 \left(\dfrac{1}{n}\lg K\right)$
重金属元素	$MnO_2(s)+4H^++2e^- \rightleftharpoons Mn^{2+}+2H_2O$	+20.80
	$Fe(OH)_3(s)+3H^++e^- \rightleftharpoons Fe^{2+}+3H_2O$	+17.90
	$FeOOH(s)+HCO_3^-+2H^++e^- \rightleftharpoons FeCO_3(s)+2H_2O$	—
	$Cu^{2+}+e^- \rightleftharpoons Cu^+$	+2.70
无机氮化合物	$2NO_3^-+12H^++10e^- \rightleftharpoons N_2(g)+6H_2O$	+21.05
	$NO_3^-+2H^++2e^- \rightleftharpoons NO_2^-+H_2O$	+14.50
	$NO_3^-+10H^++8e^- \rightleftharpoons NH_4^++3H_2O$	+14.90
	$NO_2^-+8H^++6e^- \rightleftharpoons NH_4^++2H_2O$	+15.14
无机硫化合物	$SO_4^{2-}+8H^++6e^- \rightleftharpoons S(s)+4H_2O$	+6.03
	$SO_4^{2-}+10H^++8e^- \rightleftharpoons H_2S(g)+4H_2O$	+5.75
	$SO_4^{2-}+9H^++8e^- \rightleftharpoons HS^-+4H_2O$	+4.13
	$S(s)+2H^++2e^- \rightleftharpoons H_2S(g)$	+2.89
有机物氧化还原	$O_2(g)+4H^++4e^- \rightleftharpoons 2H_2O$	+20.75
	$CH_3OH+2H^++2e^- \rightleftharpoons CH_4(g)+H_2O$	+9.88
	$CH_2O+4H^++4e^- \rightleftharpoons CH_4(g)+H_2O$	+6.94
	$CH_2O+2H^++2e^- \rightleftharpoons CH_3OH$	+3.99
	$CO_2(g)+8H^++8e^- \rightleftharpoons CH_4(g)+2H_2O$	+2.87
	$2H^++2e^- \rightleftharpoons H_2(g)$	0.00
	$CO_2(g)+4H^++4e^- \rightleftharpoons CH_2O+H_2O$	−1.20

注：ε 为溶液中电子的活度，其负对数为 $p\varepsilon^0$，指示平衡状态下的电子活度，衡量溶液接受或迁移质子的相对趋势。

(1) 重金属的氧化还原

在好氧条件下以硫化物形态存在的重金属在短时间内被氧化为硫酸盐而释放。有机物结合态重金属会被好氧微生物氧化，转化为溶解态离子形式进入渗滤液中，而后很快被铁锰氧化物再吸附而沉降到堆体中，导致渗滤液中的重金属含量降低，垃圾堆体中的重金属含量增加。重金属有机物及硫化物结合态在接触到 O_2 后可随着有机质降解而释放，导致有机物和硫化物结合态的含量降低。降解的有机质可阻止氢氧化铁老化，抑制氧化铁晶核生长，促进了铁矿物溶解，生成的 Fe^{3+} 能够和有机物发生络合，通过配体（金属离子）直接电子转移作用还原 Fe^{3+}，生成的 Fe^{2+} 能够进一步催化铁矿化，引起铁锰氧化态含量降低。重金属的主要活性态在好氧环境中转化为残渣态，显著降低了重金属的生物风险性。

(2) 无机氮化合物的氧化还原

在垃圾填埋场中有机含氮化合物降解生成 NH_4^+，其是填埋场中无机氮的主要形态。在有氧条件下，NH_4^+ 在硝化微生物的作用下被氧化生成 NO_2^- 和 NO_3^-，当垃圾填埋场处于厌氧状态时，填埋场中开始发生反硝化反应生成 N_2，NO_3^- 浓度降低，并且在环境因素的影响下,硝化过程和反硝化过程会生成副产物或中间产物,导致 N_2O 的排放。此外,反硝化过程以甲醇等有机物为电子供体,消耗了大量的 H^+,络合反应的酸效应减弱,有机物与重金属络合反应增强。

(3) 无机硫化合物的氧化还原

硫元素的化学性质比较活泼,化合价从-2价到+6价不等,根据基团结合形态可分为无机硫和有机硫。无机硫主要包括硫化物(-2价)、单质硫(0价)、二氧化硫(+4价)和硫酸盐(+6价)等。在填埋场中,在有氧条件下微生物可将含硫化合物的硫元素由低价态氧化为更高的价态,同时在缺氧条件下也可将高价态硫还原为低价态的含硫化合物。无机硫氧化可细分为硫化物氧化、单质硫氧化、亚硫酸盐氧化和硫代硫酸盐氧化四个过程。硫酸盐还原则主要分为同化硫酸盐还原和异化硫酸盐还原两种类型。HS^-、H_2S 和 S^{2-} 等硫化物同时存在于填埋场环境中时,其分布主要受 pH 值影响。当 pH=7 时,约有 45%的硫化物以 $H_2S(aq)$ 的形态存在;在酸性条件下(pH 值低于 6 时),90%的硫化物以 H_2S 分子形式存在;而当 pH>8 时,则主要以 HS^- 和 S^{2-} 形式存在[69]。

(4) 有机物的氧化

垃圾中有机物可以通过微生物的作用,逐步降解转化为无机物。当填埋垃圾夹带氧气时会发生好氧生物降解,生成 CO_2 和水,其反应式可表示为:

$$CH_2O + O_2 \xrightarrow{\text{微生物}} CO_2 + H_2O$$

随着填埋场内氧气被消耗殆尽,填埋场内开始形成厌氧条件,垃圾降解由好氧降解过程过渡到厌氧降解过程,在兼性厌氧微生物和厌氧微生物的作用下,将有机物降解为 H_2S、CO_2 和甲烷等。

3.2.2.5 挥发作用

填埋场中的 VOCs(如卤代脂肪酸、卤代苯等)会从填埋垃圾中挥发出来,进入大气。污染物在填埋场中从液相向气相的挥发过程是相当复杂的,需要经过从垃圾液相到垃圾的挥发面,然后挥发到大气中。VOCs 在气液交界面的挥发传质过程与水体和空气中的污染物浓度有关,所以水体和空气中的污染物浓度是相互耦合的。双膜理论通常用来解释挥发作用的气液传质过程。该理论假设物质由液相向气相挥发过程中要通过气液界面上由一个薄"液膜"和一个薄"气膜"组成的界面,即克服气液膜两阻力,而物质在此界面上的变化是达到瞬时气液平衡,这一平衡遵循亨利定律,通常采用无量纲的亨利常数(通常也可称为气液分配系数)表示:

$$H_{aw} = \frac{c_\beta}{c_\alpha} \tag{3-4}$$

式中 H_{aw} ——无量纲亨利常数;

c_β ——污染物在气相中的浓度,mol/m^3;

c_α ——污染物在液相中的浓度,mol/m^3。

H_{aw} 是物质与其分子结构和环境温度有关的物性参数,可从相关化学手册查得。

污染物从填埋场中挥发速率的快慢受到其本身性质的影响,包括热力学状态和物理性质(蒸气密度、H_{aw} 和扩散系数等)。但在一定温度下,蒸气压与气相浓度之间成正比关系。也就是说蒸气压不是独立于 H_{aw} 的另一影响因素,蒸气压对挥发传质的影响可归为 H_{aw} 的影响。此外,环境温度也是通过影响 H_{aw} 影响挥发传质的,因此, H_{aw} 一般被认为是挥发作用的主要影响因素。此外,当化学物质在气-液相达到平衡时溶解于液相的浓度与分压力也有关,此时的亨利定律可表示为:

$$G_{aq}=K_H P \tag{3-5}$$

式中 G_{aq}——污染物溶解于液相的浓度,mol/m³;
  P——污染物在气相中的分压,Pa;
  K_H——亨利常数,mol/(m³·Pa)。

也可表示为:

$$P=K'_H c_w \tag{3-6}$$

式中 P——污染物在气-液相界面的平衡分压,Pa;
  c_w——污染物在液相中的平衡浓度,mol/m³;
  K'_H——亨利常数,Pa·m³/mol。

K_H 值为 $10^{-3} \sim 10^{-2}$ mol/(m³·Pa),表示化合物挥发性很高。一般情况下,新兴污染物的 $K_H < 10^5$ mol/(m³·Pa),化合物易于保留在液体环境中,通过挥发,去除量可以忽略不计。苯系物(苯、甲苯、二甲苯和乙基苯)的分子量小,水气分配系数大,挥发相对较快。表 3-5 为常见有机物的亨利常数 K'_H。

表 3-5 垃圾填埋场中一些常见有机物的亨利常数

名称	温度/℃	K'_H/(kPa·m³/mol)
二氯甲烷	25	0.3
1,1,2-三氯三氟乙烷	25	32
四氯乙烯	25	1.73
苯	25	0.557
萘	25	0.043
菲	25	0.00324
蒽	25	0.00396
二氯联苯	25	0.0701

挥发过程也会受到环境条件(如覆盖土层上部的空气流动、温度)、有机质含量和含水率等因素的影响。填埋场覆盖土层上部的空气流动对填埋场中污染物的挥发有着重要的影响,即填埋场表面上部空气流动越快、湍流越强,越有利于污染物的挥发。但研究发现,过大的空气流动速度并不会加快污染物的挥发。由双膜理论可知:污染物从液相挥发到气相属相际传质过程,此传质过程中主要受到液相和气相两个方面的阻力,由于液相污染物分子间吸引力远大于其气相分子间吸引力,故液相阻力大于气相阻力,可见气液相阻力属过程量。H_{aw} 是污染物气相浓度与液相浓度之比,属状态量。H_{aw} 越高,说明污染物气液动态平衡时的气相浓度越高,污染物越易挥发,也说明挥发传质过程中气相阻力越小。因此 H_{aw} 越高,液相阻力与气相阻力差别越大。加大空气流动,减小气相阻力,使得气液交界面的挥发传质总阻力降低,从而增加挥发量,这对低 H_{aw} 的污染物影响较大。而对于高 H_{aw} 的污染物,其液相阻力远大于气相阻力,也就是说液相阻力成为其挥发传质的主要影响因素,而气相阻力的作用小,可见通过加大空气流动来减小气相阻力并不能显著提高挥发量。因此随着 H_{aw} 的增加,空气流动对污染物的挥发作用影响减弱[70]。

3.2.2.6 扩散迁移

在填埋场中,污染物可以通过渗滤液和气体传输途径从堆体中向周围环境扩散和迁移,从而造成环境污染。这是填埋场环境管理中一个重要的问题，需要采取适当的措施来减小对周围环境和人类健康的影响。填埋场污染物的扩散迁移主要包括填埋气体和渗滤液的扩散迁移。

(1) 填埋气体

填埋气体在填埋场中的扩散迁移是一个复杂的过程，受物理、化学和生物反应的多重影响，填埋气体的运移主要包括对流运动、分子扩散和机械弥散等过程。

1) 对流运动

是指在填埋气体分子运动的过程中，由于压力梯度的存在，产生气体分子从高浓度运动至低浓度一侧的过程，可用达西定律描述：

$$v=\frac{Q}{A}=-k\frac{\partial h}{\partial x}=ki \tag{3-7}$$

式中　v——渗流速度，m/s；

　　　Q——体积流速，m³/s；

　　　A——横截面面积，m²；

　　　h——气体扩散的有效高度，m；

　　　x——渗流途径，即气体水平方向流动距离，m；

　　　i——压力梯度，无量纲；

　　　k——渗透系数（水力传导系数），m/s。

对流运动是气体运移的重要动力之一，若是在压力梯度较高、渗透性好、流速较快的覆盖层或堆体中运移时，对流运动对填埋气体运移过程的影响较大。同时对流运动对弥散也具有一定影响，在某些情况下也是不可忽略的。

2) 分子扩散

是指在气体浓度差或其他推动力的作用下，由分子、原子等的热运动引起的物质在空间的运移现象，是以浓度差为推动力的扩散，即物质组分从高浓度区向低浓度区的运移，是质量传递的一种基本方式。分子扩散满足Fick定律，该定律揭示了气体分子的扩散作用机理。在单位时间内通过单位面积的溶质质量与该溶质的浓度梯度成正比，即：

$$I_0=-D\frac{\partial c}{\partial s} \tag{3-8}$$

式中　I_0——单位时间内通过单位面积的气体分子质量，mg/(m²·s)；

　　　c——扩散物质（组元）的体积浓度，mg/m³；

　　　s——物质扩散距离，m；

　　　$\partial c/\partial s$——气体浓度c沿方向s变化的浓度梯度；

　　　D——气体运动的扩散系数，m²/s。

分子扩散使得在同一流束内的物质浓度趋于均一，但在相邻流束之间，在浓度梯度的作用下也会产生物质交换，导致横向浓度差减小。

3) 机械弥散

指由于填埋垃圾堆体中孔隙分布不均匀，导致各向气体运移速度不同，气体分子逐渐分散开来的作用。

此外，当填埋气体通过覆盖层时，由于和空气的接触产生物理、化学和生物反应，部分气体分子将滞留或在覆盖层中与氧气等物质发生反应，使得填埋气体的浓度和通量发生变化。

(2) 渗滤液

垃圾介质中渗滤液污染物迁移过程可以分为两个部分：一是按平均流速随着整个流体体系的迁移，称为对流；二是由污染物浓度梯度引起的相对于平均迁移的水动力弥散。溶质随着运动的孔隙水移动的过程称为对流。对流引起的溶质通量称为溶质对流通量（密度），它是指单位时间、单位面积的垃圾介质，由于对流作用所通过的污染物的质量或物质的量。水动力弥散实际上是由扩散和机械弥散两部分组成的。扩散是指由于离子或分子的热运动而引起的混合和分散作用，它是由污染物的浓度梯度引起的，只要浓度梯度存在，即使渗滤液静止不动，扩散作用也会存在。

垃圾渗滤液中污染物的释放传输过程是一个极其复杂的动力学过程。除了对流和水动力弥散作用外，垃圾固相溶出、渗滤液生物降解以及垃圾固体骨架的吸附作用等物理、化学和微生物过程对污染物浓度分布也有较大的影响。

3.2.3 生物作用

3.2.3.1 微生物降解

(1) 厌氧生物降解

厌氧生物降解是指在缺氧环境下，兼性微生物和厌氧微生物共同发挥作用，将复杂的有机物分解成无机物，最终生成甲烷、CO_2 和少量的 H_2S、NH_3、H_2 等，进而使有机垃圾得到降解或者转化为稳定腐殖质的过程。有机物厌氧生物降解是多种微生物协同作用的复杂过程，随着对其理论研究的不断深入，目前一般认为有机物厌氧降解过程可分为四个阶段，其过程如图 3-14 所示，主要微生物如图 3-15 所示。

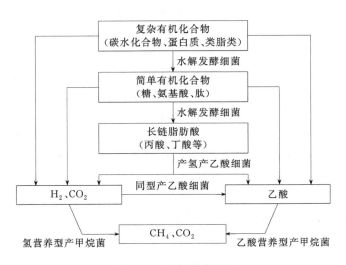

图 3-14 厌氧消化过程

1) 水解阶段

在此阶段，蛋白质、脂肪和碳水化合物等复杂的有机物在水解和发酵细菌的作用下转化为简单的有机物，如氨基酸、单糖和醇类。在水解阶段，有些生物降解性差的物质，如木质素、纤维素和半纤维素，由于其结构复杂，微生物难以降解，因此，经常需添加降解酶、高

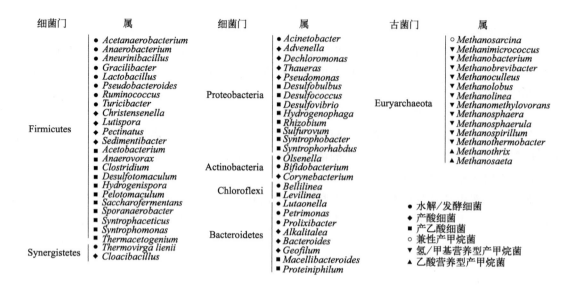

图 3-15　参与厌氧消化过程的主要细菌和古菌[71]

效降解菌株或采用预处理方法来改善这类物质的水解。水解过程通常比较缓慢,是复杂有机物厌氧降解的限速阶段。水解阶段开始于"纤维素体"的形成,纤维素体是水解细菌降解有机底物的多酶复合物形式,其中包括各种水解酶,如葡聚糖酶、半纤维素酶、几丁质酶和连接酶等。在纤维素体中,细菌、酶和底物之间形成的各种复杂的共价键,在 H_2O 存在下发生化学反应而断裂。通常情况下,溶于水中的 O_2 被兼性厌氧菌利用,从而提供厌氧水解细菌所需的氧化还原电位。不同有机物的降解性取决于有机物的类型、组成和复杂性,例如碳水化合物的水解在几个小时内发生,而蛋白质和脂类的水解可能需要几天,类似地木质纤维素和木质素的降解缓慢且不完全。

在垃圾填埋场中,纤维素类物质占垃圾组成的 40%～70%,是最为丰富的可生物降解有机质。因此,目前在研究填埋场的水解菌群时,主要关注的对象为纤维素水解菌群。除了早期发现的 *Butyrivibrio* 和 *Ruminococcus* 外,越来越多的纤维素水解菌群在填埋场中被发现,主要包括 *Clostridium*、*Acetivibrio*、*Fibrobacter*、*Microbacterium*、*Lactobacillus*、*Eubacterium*、*Lysobacter*、*Cellulomonas*、*Streptomyces* 等细菌,以及真菌中的 *Mucor* 和 *Neocallimastigales* 目。研究发现,垃圾填埋场中纤维素的厌氧降解过程可能主要由 *Clostridium* 和/或 *Fibrobacter* 控制。此外,水解阶段的功能微生物还包括脂肪分解菌(如 *Syntrophomonas*)和蛋白质分解菌(*Lutanonella*、*Alkalitalea* 和 *Proteiniphilum*)等,它们会与纤维素水解菌群一起产生多种胞外酶,如纤维素酶、脂肪酶和蛋白酶等,可将复杂有机物转化为简单的有机物。

2) 酸化阶段

溶解性小分子有机物进入发酵细菌(酸化细菌)细胞内,在胞内酶作用下分解为 VFAs(如乙酸、丙酸、丁酸以及乳酸)、醇类、二氧化碳、氨、硫化氢等,同时合成细胞物质。发酵可以定义为有机化合物既作为电子受体也作为电子供体的生物降解过程。在此过程中,DOM 被转化为以 VFAs 为主的末端产物,因此这一过程也称为酸化。酸化过程是由许多种类的发酵细菌完成的。填埋场中可能与产酸相关的细菌主要有 Firmicutes 门的 *Clostridium*、

Sedimentibacter、*Anaerobranca*、*Atopostipes*、*Eubacterium*、*Paenibacillus* 属，Bacteroidetes 门的 *Proteiniphilum*、*Prevotella*、*Petrimonas* 和 *Bacteriodes* 属，其中 *Clostridium* 和 *Bacteriodes* 是最重要的属。这些菌绝大多数是严格厌氧菌，但通常只有约 1% 的兼性厌氧菌生存于厌氧环境中，这些兼性厌氧菌能够起到保护严格厌氧菌（如产甲烷菌）免受氧的损害与抑制的作用。

3) 产氢产乙酸阶段

产氢产乙酸菌利用胞内酶将酸化阶段产生的中间产物（如 VFAs、醇类）等进一步分解成乙酸和 H_2。在此阶段，填埋气体主要组分为 CO_2，其中 H_2 含量逐渐升高并达最大值。该阶段由两种不同的微生物通过不同的机制形成乙酸。

第一种细菌通常被称为产氢产乙酸菌，是一种严格厌氧的细菌，与产甲烷菌相比，其世代周期短，仅需十几分钟到几个小时就可繁殖一代。然而，产氢产乙酸菌参与的反应难以自发进行，需要与其他菌群（产甲烷菌、同型产乙酸菌、反硝化菌和硫酸盐还原菌等）进行协同作用，才能完成厌氧消化过程，这种协同作用也被称为共生联合或互营联合作用。此外，产氢产乙酸菌群在整个厌氧消化的过程中处在中间位置，起到了承上启下的重要作用。在填埋场的研究中检测到的能够产氢产乙酸的细菌主要有 *Atopostipes*、*Syntrophomonas*、*Proteiniphilum*、*Petrimonas*、*Pelotomaculum* 和 *Gelria* 等。

第二种细菌通常被称为同型产乙酸细菌，它们不断地将 H_2 和 CO_2 还原成乙酸。同型产乙酸菌可消耗 H_2，进而减轻由于 H_2 积累造成的对产氢产乙酸阶段的抑制，同时还可互营协助产氢产乙酸菌产生酸类物质。当产甲烷菌被抑制后，同型产乙酸菌便会代替产甲烷菌进行耗氢作用。目前发现的同型产乙酸细菌主要包括 *Acetobacterium woodii*、*Acetobacterium wieringae*、*Clostridium aceticum* 等。

4) 产甲烷阶段

当填埋气体中的 H_2 含量下降至很低时，垃圾厌氧降解即进入产甲烷阶段。此时，产甲烷菌利用乙酸、H_2/CO_2 和 C_1 类化合物为基质，将其转化为甲烷。传统认为产甲烷过程包括 CO_2 还原途径、乙酰破碎途径、甲基营养途径和甲基还原途径 4 种主要途径（图 3-16）。

绝大多数产甲烷菌可以通过 CO_2 还原途径利用 H_2 氧化产生的电子将 CO_2 还原为甲烷。在一般的厌氧生物反应器中，约 70% 的甲烷由乙酸裂解而来，其余 30% 由 H_2 还原 CO_2 而来。具体反应如下：

利用乙酸： $CH_3COOH \longrightarrow CH_4 + CO_2$

利用 H_2 和 CO_2： $4H_2 + CO_2 \longrightarrow CH_4 + 2H_2O$

除了上述途径外，Methanosarcinales 目成员还可以利用其他 3 种产甲烷途径来代谢乙酸盐（乙酰破碎途径）或甲基化合物（甲基还原途径和甲基营养途径）。涉及甲基化合物的两种途径的不同之处在于用于将甲基还原为甲烷的电子源不同。甲基还原途径中由 H_2 氧化提供电子，但在甲基营养途径中，甲基化合物既充当氧化剂又充当还原剂。虽然只有 Methanosarcinales 目中的微生物能够利用乙酸裂解和甲基营养途径，但另外三类产甲烷菌也可以利用甲基还原途径，包括 Methanobacteriales 目的 *Methanosphaera* 属，以及 Methanomassiliicoccales 和 Methanonatronarchaeales 目的微生物。此外，基于宏基因组数据的研究表明，*Candidatus Methanofastidiosa*、*Candidatus Bathyarchaeota* 和 *Candidatus Verstraetearchaeota* 也可能依赖甲基还原途径来代谢甲基化合物，但目前没有任何非 Euryarchaeota 门的产甲烷菌在厌氧消化系统中被发现。

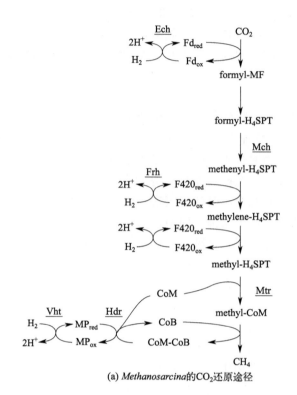

(a) *Methanosarcina*的CO_2还原途径

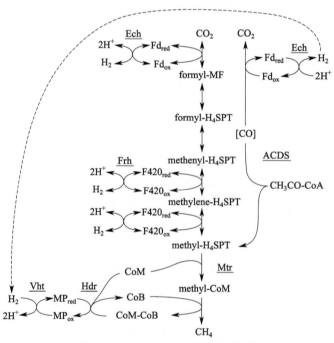

(b) *Methanosarcina barkeri*的乙酰碎屑途径

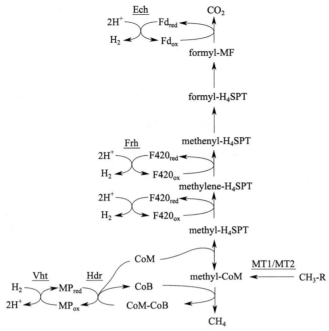

(c) *Methanosarcina barkeri*的甲基营养途径

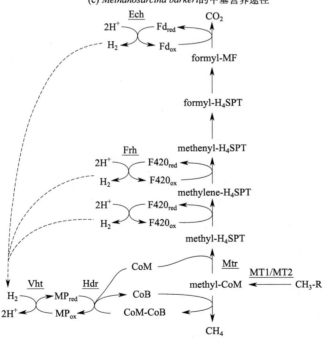

(d) *Methanosarcina*的甲基还原途径

图 3-16 产甲烷途径[72]

Ech—能量转化［NiFe］氢酶；Frh—辅酶 F_{420} 氢化酶；Vht—甲基吩嗪还原氢酶；Hdr—异二硫化合物还原酶；
Mch—亚甲基四氢甲烷蝶呤脱氢酶；Mtr—辅酶 M 甲基转移酶；MT1/MT2—甲基转移酶 MT1/MT2；
Fd_{red}—还原态铁氧化还原蛋白；Fd_{ox}—氧化态铁氧化还原蛋白；$F420_{red}$—还原态辅酶 F_{420}；
$F420_{ox}$—氧化态辅酶 F_{420}；CoM—辅酶 M；CoB—辅酶 B；CoM-CoB—甲烷和两种辅酶的二硫化合物；
MP_{red}—还原态甲基吩嗪；MP_{ox}—氧化态甲基吩嗪；ACDS——氧化碳脱氢酶/乙酰辅酶 A 合成酶复合体；
CH_3CO-CoA—乙酰辅酶 A；CH_3-R—甲基化合物；H_4SPT—四氢八叠甲烷蝶呤；
MF—甲烷呋喃；formyl—甲酰基；methenyl/methylene—亚甲基；methyl—甲基

我国学者在《Nature》发表研究中,发现了一种新型的产甲烷菌(*Candidatus Methanoliparum*),并证实其可以直接氧化长链烷基烃产生甲烷,并通过 β-氧化、伍德-永达尔(Wood-Ljungdahl)途径进入产甲烷代谢,而不需要通过互营代谢来完成,从而提出第 5 条甲烷产生途径[73]。这突破了产甲烷古菌只能利用简单化合物生长的传统认知,拓展了对产甲烷古菌碳代谢功能的认知。不同填埋场的优势产甲烷菌如表 3-6 所列。

表 3-6 不同填埋场的优势产甲烷菌[74]

优势产甲烷菌	营养类型	研究对象	填埋时间/a	备注
Methanosarcina 和 *Methanosaeta*	乙酸	渗滤液	0.33	Methanomicrobiales 与 Methanobacteriales 均有检出,但含量较少
Methanosarcina	乙酸	垃圾	2~15	*Methanosaeta* 和 Methanomicrobiales 相对较少,在微生物总量减少趋势下,产甲烷菌数量呈现先增后减的趋势
Methanomicrobiales 和 Methanobacteriales	氨	渗滤液	0.2~10	填埋场中均检测到 *Methanosarcina* 和 Methanosaetaceae,但含量很低
Methanomicrobiales 和 Methanosarcinales	乙酸和氨	渗滤液	<10(未注明)	老龄填埋场内产甲烷微生物所占比例会明显降低
Methanomicrobiales 和 Methanosarcinales	乙酸和氨	垃圾和土样	2~4	Methanomicrobiales 在 2 年和 4 年样品中均有检出;*Methanosaeta* 和 *Methanosarcina* 只在 2 年样品中检出
Methanosarcinales 和 Methanomicrobiales	乙酸和氨	垃圾	4~5	未发现 *Methanosaeta*

在产甲烷阶段前期,填埋气体中的甲烷浓度上升至 50% 左右。之后,甲烷浓度和 pH 值分别稳定在 55% 和 8.0 左右。在此阶段,专性厌氧细菌缓慢而有效地分解可降解垃圾,而后分解为稳定的矿物质和腐殖质。此外,在没有分子氧存在的条件下,一些特殊的微生物类群也可以利用含有化合态氧的物质,如硫酸盐、亚硝酸盐和硝酸盐等,作为电子受体,进行代谢活动过程,如厌氧甲烷氧化微生物可以利用硫酸盐、亚硝酸盐、硝酸盐、Mn^{4+}、Fe^{3+} 和腐殖质等在厌氧条件下氧化甲烷。目前在填埋垃圾中检测到了 Methanomicrobiaceae、Methanosarcineae 和硫酸盐还原菌(SRB)等厌氧甲烷氧化相关微生物。Jiang[75] 等对苏州市某好氧修复填埋场的调研中,在不同深度的填埋垃圾中也鉴别出隶属于厌氧甲烷氧化菌相关 NC10 门的微生物。

(2)好氧生物降解

垃圾填埋场通风曝气可营造填埋垃圾层好氧环境。在有氧条件下,垃圾中有机物在好氧微生物(主要是好氧细菌)的作用下氧化分解,其中可溶性有机物可以通过传输蛋白通道或扩散的方式透过细胞壁和细胞膜进入细胞内,被微生物直接吸收,而不溶性有机物则先被微生物吸附在其表面,在其分泌的胞外酶作用下逐步水解成小分子物质后再渗入细胞。在有机物好氧生物降解中,微生物通过其自身的生命代谢活动,进行分解代谢(异化作用)和合成代谢(同化作用),把一部分有机物氧化成简单的无机物,如 CO_2、SO_4^{2-}、PO_4^{3-} 等,并释放出生物生长活动所需的能量,把另一部分有机物转化合成新的细胞物质,使微生物生长繁殖产生更多的生物体(图 3-17)。

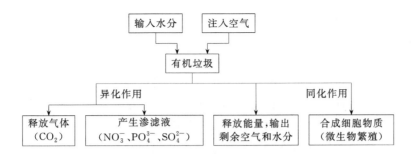

图 3-17 垃圾好氧降解过程

在好氧条件下，填埋场稳定化进程可以分为三个阶段，即中温降解、高温降解和降温降解阶段。填埋场内参与垃圾降解的微生物除细菌外，还包括真菌和放线菌。一般而言，在好氧垃圾填埋场中，细菌是最常见的微生物，远超过体积更大的真菌等微生物。其中隶属于中温和嗜温性的细菌，如 *Bacillus* 中的 *Bacillus subtilis*、*Bacillus licheniformis* 和 *Bacillus circulans*，是中温阶段的代表性细菌。它们利用酶将糖类等可溶性有机物质分解成较小的分子，如葡萄糖、乳酸等，从而实现了有机物的初步降解，并为自身的新陈代谢提供能量。在好氧垃圾填埋场运行的初始阶段，嗜温细菌最为活跃，其数量可以到达 $8.5 \times 10^8 \sim 5.8 \times 10^9$ 个/g（以干重计）。随着垃圾堆体温度的升高，细菌种群数量逐渐减少，至降温降解阶段时，嗜温细菌的数量有所回升。

随着填埋场垃圾堆体温度升高，好氧降解进入高温降解阶段，此时中温和嗜温性微生物受到了抑制甚至走向衰亡，嗜热性放线菌、真菌和细菌成为垃圾降解主体微生物。放线菌是一类广泛存在于自然环境中的微生物，它们在降解和分解有机物方面发挥着重要作用。放线菌具有许多特殊的代谢能力和酶系统，使其能够降解多种复杂的有机化合物（如纤维素和木质素）。与真菌相比，放线菌通常能够更好地适应高温和极端 pH 值条件。在好氧垃圾降解中占优势的嗜热性放线菌有 *Streptomyces*、*Thermoactinomyces* 和 *Micromonospora* 等。

真菌，尤其是白腐真菌，具有分解垃圾中木质素和纤维素的能力，因此真菌的存在对于垃圾堆体的稳定化具有重要的意义。嗜温性真菌 *Geotrichum* sp. 和嗜热性真菌 *Aspergillus fumigatus* 是好氧垃圾降解中的优势菌群。其他一些真菌，如 Basidiomycotina 亚门、Ascomycotina 亚门、*Thermoascus aurantiacus* 也具有较强的分解木质纤维素的能力。温度是影响真菌生长的一个关键因素，不同类型的真菌对温度的适应范围有所差异，绝大部分的真菌是嗜温性菌，可以在 5~37℃ 的环境中生存，其最适温度为 25~30℃。随着垃圾堆体温度升高，好氧降解到达高温降解阶段，真菌的数量开始减少，当堆体温度达到 64℃ 时，嗜热性真菌几乎全部消失。当垃圾堆体温度下降到 60℃ 以下时，嗜温性真菌和嗜热性真菌又都会重新出现。由于在垃圾好氧生物降解中，超过 60℃ 的温度并不普遍，因此嗜温性真菌和嗜热性真菌在有机垃圾好氧生物降解和稳定化中也起着重要作用。

3.2.3.2 植被作用

在垃圾填埋场中，植被不仅具有景观价值和维持生态系统稳定性的功能，还可以净化填埋场逸散的气体污染物，减少填埋场气体污染物的排放。此外，植被也可以保护填埋场封场覆盖系统不被动物和外界天气所破坏，防止温度变化和干湿交替导致材料破损。

(1) 景观与生态价值

垃圾填埋场的植被恢复是封场处理及景观提升的重要环节，有利于加快填埋场地土地转型、集约利用城市土地资源、完善城市绿色景观体系。植物本身具有极高的观赏价值，无论是树木还是草本植物，在填埋场中都能够为生态景观增添独特色彩，给人们带来一种生机勃勃的感觉。例如，在填埋场上合理地选择和种植灌木、草本植物等，既能改善填埋场的生态环境又能创造美感（图3-18）。标准的垃圾填埋场通常包括填埋区、生活保障区、填埋气体和渗滤液处理区等。由于场地条件存在差异，植被的选择和景观呈现可能会有所不同。在进行植物景观设计时，需要充分考虑各种植物的形态和四季色彩的变化。此外，在植物景观建设过程中，还需要考虑植物的种植成活率和年龄等因素。

图3-18 杭州市天子岭生活垃圾卫生填埋场植物景观

植物对维持垃圾填埋场的生态平衡也具有重要作用。植物通过根系中根瘤菌和根际微生物，能够固定空气中的氮气，将其转化为可供其他生物利用的形式。固定的氮元素被植物吸收后，通过食物链传递给其他动物，最终回归到填埋土壤中，成为下一轮生命的营养来源。植物还可以通过光合作用将阳光能量转化为有机物质，成为其他生物的食物来源。它们能够吸收土壤中的水和养分，通过食物链将这些营养物质传递给其他生物，包括动物和微生物。植物的生长和死亡以及它们的腐解产物，会将养分重新输入土壤，形成营养循环。这种循环维持了生态系统中养分的平衡和可持续性。对垃圾填埋场而言，降雨入渗及地表径流冲刷极易诱发堆体边坡失稳滑移。植物的根系能够固定土壤，减少水土流失和侵蚀，加固土壤和稳定边坡。

(2) 净化污染物

填埋场中的污染物可以多种形态存在，如固态、液态和气态。植物主要通过吸收、根滤和提取等作用吸收代谢污染物，如图3-19所示。植物可以通过吸收作用吸附污染物，然后利用植物根系分泌的一些特殊物质或微生物作用使土壤中污染物降解或转化为气态物质，挥发出土壤，离开植物表面，释放到大气中。植物根滤作用是指污染物被植物根系吸收后，通过体内代谢活动来过滤、降解污染物。对于不易迁移的物质，如重金属等，可通过利用特定植物的根或植物分泌物的稳定作用固定重金属，以降低其生物有效性。植物提取是指植物通过吸收土壤和水中的污染物，并将其转移到植物的其他部分，从而去除污染物。当植物提取和降解相结合时，有机污染物可以在植物体内被转移、吸收和降解，从而实现对土壤中有机污染物的去除。

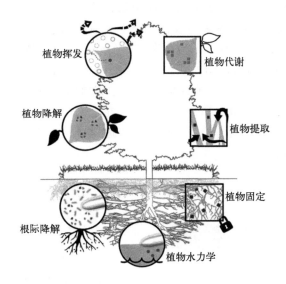

图 3-19　植物生态修复机制概要示意图[76]

由于填埋场是一个非常复杂的体系,不仅有植物,还包括高度复杂的微生物群落。研究表明植物根系及其分泌物可以提高根际土壤中微生物的数量(通常可增加 1~2 个数量级)和活性。因此,植物除了可以螯合吸收和代谢降解部分污染物以外,还可以通过与微生物的协同作用提高污染物的降解速率。例如,植物根系在生长过程中会释放出一些物质,如有机酸和酶等,这些物质能够溶解土壤中的一些黏土颗粒,使得土壤形成更多的微细孔隙和通道,即二次孔隙,以促进 O_2 向土壤深层扩散,从而改善覆盖土层的通气情况。同时,植被可通过根系的通气组织将光合作用产生的 O_2 输送到根际土壤中,并在压力和浓度梯度的驱动下向周围扩散,以提高好氧甲烷氧化菌的甲烷氧化能力。

(3) 保护覆盖土层

植物可以通过影响根系稳定性、覆盖土层透水性和保水性以及营养循环等多种方式对覆盖土层起到保持作用。这些作用相互协同,可降低土壤侵蚀和流失的风险,维护土壤的稳定性。首先,植物的根系会在土壤中扎根,形成复杂的根系网络。这些根系通过细小的根毛、侧根和根细胞与土壤微粒结合在一起,增加了土壤的稳定性。根系能够防止土壤侵蚀和风化,从而减小水土流失的风险。特别是在填埋场斜坡等易于发生侵蚀的地方,植物的根系能够有效地固定土壤,防止土壤被雨水或风力冲刷走。其次,植物的叶子、枝干和茎干构成了一个覆盖层,覆盖在土壤表面,能够减少土壤的直接暴露,防止土壤受到强烈日照和雨滴冲刷。植被会对填埋气体的蒸腾作用起到重要的作用,这有助于减缓土壤表面的风蚀和水蚀速度,保持填埋土壤的完整性和稳定性。植物的根系能够改善土壤的透水性和保水性,根系在土壤中形成了细小的通道,使得雨水能够更好地渗透进入土壤深层,防止水土流失。同时,植物的根系还能够吸收和存储大量的水分,减少土壤中过量的水分流失,并能够在干旱时期释放水分供植物利用。植物的落叶、死枝和腐殖质等有机物质能够降解并进入土壤中,这些有机物质富含营养元素,如氮、磷、钾等,可以提供植物生长所需的养分。同时,它们也能够增加土壤的有机质含量,改良土壤结构,增强土壤的肥力和保水能力。

3.2.3.3 动物作用

垃圾填埋场中动物作用主要是指覆盖土层中动物群落对物质循环的作用。土壤动物是指在其生命周期的某个阶段接触土壤表面或在土壤中生活的动物。按照体宽的大小,一般将土壤动物分为四类(图 3-20):小型(平均体宽<0.1mm),例如原生动物和线虫;中型(平均体宽介于 0.1~2.0mm 之间),例如跳虫和螨类;大型(平均体宽>2mm),例如蚯蚓和多足类;巨型(平均体宽>2cm),例如鼹鼠等[77]。它们通过在土壤中活动、生长和繁殖,直接或间接影响土壤中的物质组成和分布,特别是在土壤中有机物的机械破碎和分解方面发挥着重要作用。同时,土壤动物与土著微生物可以通过协同作用分解或转化污染物,从而能够有效地减少或清除污染物。

(a) 小型-线虫　　(b) 中型-跳虫

(c) 大型-蚯蚓　　(d) 巨型-鼹鼠

图 3-20　土壤动物

蚯蚓作为土壤中最为常见和分布极广的一种环节动物,在覆盖土层的生态系统结构和功能中扮演着至关重要的角色。蚯蚓对填埋场土壤污染的修复可以分为直接作用和间接作用。首先,蚯蚓具有特殊的生理适应机制,可以在一定程度上耐受土壤中的重金属和有机污染物,其可以通过被动扩散方式和摄食方式等直接作用,达到富集重金属或有机污染物的效果。其次,蚯蚓的取食、做穴以及代谢活动会对污染物的形态、迁移和生物有效性产生影响,从而通过间接作用促进植物和微生物对污染物的富集或降解。例如,蚯蚓可以通过增加土壤透气性促进有机污染物(如多氯联苯)降解微生物的分布,同时增加土壤中的碳、氮含量,改良土壤微生物群落结构[78]。

覆盖土中原生动物种类众多、功能多样,它们可以促进动植物残体分解,土壤有机物矿化以及碳、氮、磷等营养元素的释放,对提高土壤生物代谢活性、维持土壤生物多样性和生态系统稳定性等方面都有着积极的作用。Wang 等[79]发现原生动物四膜虫(*Tetrahymena*)可以通过表达相关蛋白质[如金属硫蛋白(MTs)、谷胱甘肽过氧化物酶(GPX)、谷胱甘肽(GSH)等]来响应 Cd 信号和解毒,这种解毒作用可以提高 *Tetrahymena* 中 Cd 的积累,对生境中 Cd 污染具有修复潜力。此外,原生动物也被认为是多环芳烃降解中主要的影响因素,共生原生动物分离物(*Paramecium* sp.、*Vorticella* sp.、*Epistylis* sp. 和 *Opercularia* sp.)能够降解约 70% 的多环芳烃,而单个分离株可以降解 65%[80]。王金凤等[81]在对上海市南汇老港生活垃圾填埋场不同复垦年代的样地研究中,捕获了隶属于 11 纲共 23 个类群的土壤动物,其中优势类群为线虫纲、蜱螨目和弹尾目,三者共占总数的 88.17%,常见类群为近孔寡毛目、涡虫纲和轮虫纲,占 9.03%;其余为稀有类群。垃圾填埋场覆盖土中动物是反映土壤环境变化的重要指示生物,在一定程度上,土壤动物能敏感反应土壤污染程度、时间变化和生物学效应。土壤动物若随着垃圾填埋场封场时间的增加而增加,可以间接说明填埋场生态环境质量的恢复效果较好。

3.3 生态修复填埋场中垃圾的降解特性

在填埋场中填埋垃圾在物理、化学和生物作用下,一部分垃圾发生降解转化,生成 CH_4、CO_2 和 H_2O 等,另一部分垃圾发生腐殖化,生成稳定的腐殖质。在生态修复填埋场中,为了加速填埋垃圾的降解与稳定化,减少垃圾填埋场后续维护成本与环境污染,垃圾填埋场通常会进行曝气通氧、渗滤液回灌或液体注入、pH值和营养物质调节、高效垃圾降解微生物接种等。与传统厌氧垃圾填埋场相比,生态修复填埋场中垃圾降解与稳定化具有其自身的特性。

3.3.1 填埋垃圾的降解特性

填埋场中垃圾的降解与稳定化可从微观和宏观两方面来定量描述。在微观方面,反映垃圾降解与稳定化的指标主要是渗滤液性质(如组分浓度和pH值等)、填埋场气体组成(甲烷浓度)和产量、填埋垃圾组成等随时间的变化。在宏观方面,主要包括填埋场表面沉降量、渗滤液和填埋气体产量等。

3.3.1.1 填埋垃圾的降解

垃圾在填埋场中并不是呈惰性的,而是在一系列相互关联的物理、化学和生物作用下降解和稳定化,其中填埋垃圾的微生物降解作用占主导地位。填埋垃圾组分不同,其降解速率也不同。一般厨余垃圾降解最快,然后依次为纸类、草木类、纤维类,对于有机成分,糖类降解最快,然后依次分别为淀粉、脂肪、蛋白质、纤维素、木质素等(表3-7)。分解最慢的木质素在填埋层中逐渐积累,与死亡微生物中的蛋白质等物质重新聚合,形成比较稳定的腐殖质。而对于微生物无法分解的惰性物质,如砂土、玻璃、塑料、金属、瓦砾、焚烧残渣、泥渣等,它们的稳定化过程主要是由于填埋层自重而产生的压缩、金属的腐蚀、塑料等物质的老化变形等造成填埋初期形成的孔隙减少,以及由于细微颗粒被渗滤液带走使填埋层内形成致密的结构,达到稳定。这一过程在整个稳定过程中所占的比例与可分解有机物的稳定过程相比要小得多[59]。在填埋垃圾降解与稳定化过程中,其产物一部分溶解到水中以液态形式排出(即渗滤液),一部分以气态形式逸出(即填埋气体),剩余部分则滞留在场内,从而实现垃圾填埋场的稳定化。

表 3-7 微生物降解有机物的相对速率排序

类型	种类	类型	种类
易被生物降解 (第一组)	糖类 淀粉、糖原、果胶 脂肪酸、甘油 酯类、脂肪 氨基酸	中等可被生物降解 (第二组)	半纤维素 纤维素 几丁质 低分子量有机物
	核酸 蛋白质	难被生物降解 (第三组)	木质素

填埋垃圾的降解与稳定化是一个复杂而又漫长的过程，一般要持续几十年甚至上百年。影响填埋垃圾降解的因素有很多，主要有垃圾的组成、氧气浓度、垃圾的压实密度、含水率、温度、垃圾的填埋年龄及填埋深度、填埋场的水文气象条件等。通常同一填埋场的填埋年龄越大、填埋深度越深，垃圾的稳定化程度越高。

垃圾降解速率是填埋场运营和管理中的重要参数，直接关系到填埋场地的利用率。在卫生填埋场设计中，需要根据垃圾的降解速率估算渗滤液中污染物的浓度、垃圾产气速率以及地表沉降的程度。在设计填埋场的容量和使用年限时，应注意降解速率也有一定的影响。在正常情况下，国外卫生填埋场中生活垃圾的降解周期为25～30年，而我国填埋场中主要是厨余垃圾，垃圾的降解速率比国外快，因而垃圾降解和稳定化周期相对较短。

3.3.1.2 填埋气体的组成与产量

填埋气体主要产生于填埋垃圾中有机组分的生化分解，既包括好氧状态下产生的气体，也包括厌氧状态下产生的气体。在好氧条件下，垃圾堆体中好氧微生物快速繁殖，对垃圾进行好氧分解，主要产物为CO_2、H_2O等简单的无机物。在厌氧条件下，有机垃圾在产酸细菌和产甲烷菌等微生物的作用下，主要转化为CH_4和CO_2，在产甲烷阶段，其CH_4和CO_2的浓度可达95%以上。然而，由于垃圾成分极为复杂，填埋气体的组成也复杂多变。

根据填埋气体各组分的特点，可将其分为以下3类。

① 主要成分：包括CH_4和CO_2。在厌氧条件下，其浓度总和为95%～99%，其中CH_4浓度为40%～60%，CO_2浓度为40%～50%；在好氧条件下，CO_2浓度可达到70%甚至更高。

② 常见成分：主要是指垃圾在生物降解过程中产生的除CH_4和CO_2以外的其他常见气体，包括H_2S、NH_3和H_2等气体，这些气体的浓度较小，占不到填埋气体总体积的5%。其中H_2S和NH_3分别是含硫和含氮有机物降解的主要产物，H_2则主要是有机物在厌氧产酸阶段产生的。

③ 微量成分：填埋气体中浓度低于1%的一些气体。这些气体虽然含量极低，但种类多、成分复杂，主要为包括烷烃、环烷烃、芳烃、卤代化合物等在内的VOCs。它们主要来源于垃圾中的涂料、洗涤剂、干洗剂、空气清新剂等化学物质及其残留物的挥发和生物降解。

此外，填埋气体中也含有N_2和O_2，特别是在好氧垃圾填埋场中，由于通风注气，N_2和O_2是填埋气体的主要成分。

在填埋场中，垃圾的产气量和产气速率受到很多因素的影响，包括垃圾的组成、含水率、营养组成（氮、磷、钾等）、填埋操作方式、温度及微生物群落等。垃圾填埋场的填埋气体产率变化很大，一般填埋垃圾（以干重计）产气速率为3.9～200L/(kg·a)[82]，因此很难准确预测填埋气体的产率。同时，填埋气体在填埋场内的迁移运动十分复杂，且填埋垃圾及其土壤覆盖层中的微生物对甲烷具有一定的氧化能力，无法定量收集填埋气体。因此，填埋气体产气量均采用估算的方法，主要可分为3类：a.质量平衡法，包括化学计量学方程式平衡法、物质的生物降解法和总有机碳法；b.动力学模型法；c.甲烷回收回归模型法。其中Scholl Canyon 一阶动力学模型是目前填埋场设计中使用最为广泛的填埋场产气速率动力学模型。该模型假设填埋场建立厌氧条件，微生物积累并稳定化造成的产气滞后阶段可以忽略，在整个计算过程中，产气速率随着填埋场垃圾中有机物的减少而递减，则填埋场的产

气速率 Q 为：

$$Q = \frac{dG}{dt} = kL = kL_0 e^{-kt} \tag{3-9}$$

式中　Q——填埋场产气速率，m^3/a；
　　　G——一定时间内填埋场气体产生量，m^3；
　　　k——产气速率常数，a^{-1}；
　　　L——产气潜能，m^3；
　　　L_0——潜在产气总量，m^3；
　　　t——垃圾填埋后的时间，a。

对于运行 n 年的垃圾填埋场，其产气速率可表示为：

$$Q = \sum_{i=1}^{n} R_i k_i L_{0_i} \exp(-k_i t_i) \tag{3-10}$$

式中　R_i——第 i 年填埋处置垃圾量，t；
　　　t_i——第 i 年填埋垃圾从填埋至计算时的时间，a；
　　　L_{0_i}——第 i 年填埋垃圾的潜在产气量，m^3；
　　　k_i——第 i 年填埋垃圾的产气速率常数，a^{-1}。

3.3.1.3　渗滤液产量和水质

垃圾渗滤液是指垃圾在填埋过程中经过一系列复杂的物理、化学和生物反应（发酵、有机物分解、雨水冲淋等）形成的一种高浓度有机废水。它具有水质成分复杂、污染物浓度高、水质和水量波动大、氨氮浓度高等特点。

在填埋场中，随着填埋操作方式、垃圾组成、含水率等的不同，渗滤液水质变化较大。在厌氧条件下，由于初始填埋垃圾降解较慢，渗滤液中有机物浓度较低，pH 值接近于 7.0；随着填埋垃圾的水解酸化，渗滤液中 COD 浓度迅速增大，VFAs 和金属离子浓度逐渐上升，同时 pH 值下降（达到 5.0 甚至更低），此后，随着有机物产甲烷作用的进行，渗滤液中 COD、VFAs 和金属离子浓度逐渐下降，同时 pH 值上升，最后基本稳定在 6.8～8.0；最后，在垃圾填埋场稳定化阶段时，渗滤液中的 COD、VFAs 和金属离子浓度均很低，且常常含有一定量的难以降解的腐殖酸和富里酸，同时 pH 值稳定在 6.8～8.0。在好氧条件下，填埋场中渗滤液 COD 和 VFAs 的浓度变化相对较小，也经历了一个"低—高—低"的变化过程。由于垃圾填埋场中的渗滤液水质波动较大，准确预测其水质十分困难。

垃圾填埋场渗滤液产生量的影响因素有很多，主要包括填埋场表面状况、垃圾性质、填埋场底部情况、填埋操作方式、气候条件等。目前国内外基于填埋场渗滤液产生量的影响因素，提出了多种渗滤液水量的估算方法，主要分为水量平衡法、经验公式法和经验统计法三类，详见 7.1.3.1 部分相关内容。

3.3.1.4　填埋场的沉降

填埋场的沉降包括填埋场地基沉降和填埋垃圾堆体沉降两部分。填埋场地基沉降对填埋场底部防渗系统有重要影响，而填埋垃圾堆体沉降对填埋场的封场覆盖系统设计和填埋场容量的估算都极为重要。填埋场地基的沉降可采用传统土力学的方法进行分析，我们一般所说的垃圾填埋场沉降通常指填埋垃圾堆体的沉降。

(1) 沉降机理

在填埋场中,垃圾与一般土体相似,都具有固、液、气状态。但是填埋垃圾具有复杂多变的成分、结构,并在其中发生物理、化学、生物过程。如图 3-21 所示,填埋垃圾在生物降解过程中发生相变,可降解组分从固相转化为气相和液相,这使得孔隙体积增加、固体骨架强度减弱,在上覆荷载的作用下,填埋堆体发生沉降变形;生物降解和压缩引起的孔隙体积的变化会影响垃圾堆体的水气渗流以及溶质迁移,进而改变填埋场中的孔隙水、气压力以及溶质浓度的分布;孔隙水、气压力的变化又反馈于固体骨架有效应力,从而影响填埋垃圾堆体的沉降变形,含水率以及溶质浓度等降解环境因素的变化会影响生化降解反应速率。

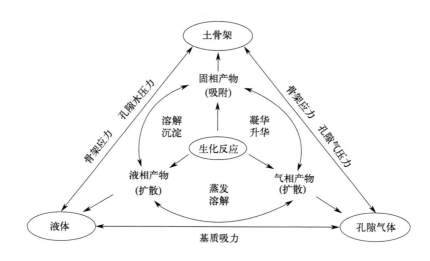

图 3-21 垃圾堆体中的物质变化和运动过程[83]

垃圾填埋场的沉降变形机理十分复杂,主要包括:

① 在外力和填埋垃圾逐层填埋的自重作用下,垃圾的骨架结构重新调整,细小的颗粒会被挤进较大的孔隙中,导致孔隙体积的压缩和减小;

② 填埋场内发生的物理、化学变化及生物分解作用,如腐蚀、发酵以及有机物的厌氧和好氧分解等,引起了填埋垃圾中固相物质体积的缩减。

(2) 沉降阶段

垃圾填埋场的沉降随着填埋年龄的增长而变化。一般填埋场场地沉降要持续 25 年以上,其总沉降量为填埋场初期填埋高度的 25%～50%,其中大部分发生在封场后的 2～3 年内。随着填埋时间的推移,沉降幅度越来越小、安全性也越来越大,在 22～25 年后年度沉降小于几毫米,可以认为此时填埋场已基本上稳定化[84]。根据垃圾堆体沉降的机理,填埋场的沉降一般可分为初始沉降、主压缩沉降和次压缩沉降三个阶段(图 3-22)。

1) 初始沉降

初始沉降主要是在填埋过程中垃圾在自重和施加的额外荷载的作用下发生的。这一阶段的沉降速度很快,也称为瞬时沉降。

2) 主压缩沉降

主压缩沉降一般在填埋后的 1～6 个月内发生,主要是填埋场内垃圾孔隙中的水分和气体由于上层垃圾的压实作用而散逸所引起的。在许多情况下,初始沉降和主压缩沉降往往难

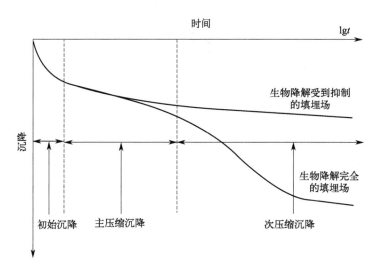

图 3-22 填埋场沉降阶段[85]

以区分。主压缩沉降量占总沉降量的比例较大。

3) 次压缩沉降

次压缩沉降主要是由填埋场内垃圾的降解引起的。这个阶段的沉降速度很慢,通常可持续多年,沉降量可达填埋垃圾高度的 25%。次压缩沉降量与时间成对数关系,沉降量与时间的关系曲线较为平缓。

(3) 沉降预测

填埋垃圾的成分复杂,结构不稳定,具有很高的压缩性,因此在运营期内和封场后都会产生大幅度的沉降,且在填埋场封场后,填埋垃圾堆体的沉降将持续 20～30 年,甚至更长时间。

① 填埋场地基沉降计算方法应按现行国家标准《建筑地基基础设计规范》(GB 50007—2011) 中的相关规定执行。当填埋场库区设施的沉降量过大时,应采取地基处理、提高堆体压实度等控制措施。垃圾堆体沉降可按式(3-11)计算:

$$S = \sum_{i=1}^{n_w} (S_{p_i} + S_{s_i}) \tag{3-11}$$

式中 S——垃圾堆体沉降,m;

n_w——垃圾分层总数,分层厚度宜为 2～5m,堆体内浸润面应作为分层界面;

S_{p_i}——第 i 层垃圾的主压缩量,m;

S_{s_i}——第 i 层垃圾的次压缩量,m。

② 垃圾主压缩量可按式(3-12)计算:

$$S_{p_i} = H_{i,w} \frac{C_c}{1+e_0} \lg \frac{\sigma_i}{\sigma_0} \tag{3-12}$$

$$C_c = \frac{e_0 - e_1}{\lg \frac{1000}{\sigma_0}} \tag{3-13}$$

式中 $H_{i,w}$——第 i 层垃圾填埋时的初始厚度,m;

σ_0——垃圾前期固结应力，kPa，可由试验确定，无试验数据时取 30kPa；

σ_i——第 i 层垃圾所受的上覆有效应力，kPa，即第 i 层及以上垃圾有效自重应力，当上覆有效应力小于前期固结应力时，可忽略该层垃圾主压缩；

e_0——初始孔隙比；

C_c——垃圾主压缩指数，可由室内大尺寸新鲜垃圾压缩试验测定，无试验数据时主压缩指数采用式（3-13）计算；

e_1——在 1000kPa 压力下的垃圾孔隙比，宜为 0.8～1.2，有机质含量高的垃圾取高值。

③ 垃圾次压缩量可采用应力-降解压缩模型计算：

$$S_{s_i} = H_{i,w} \varepsilon_{dc}(\sigma_i)(1-e^{-ct_i}) \tag{3-14}$$

$$\varepsilon_{dc}(\sigma_i) = \begin{cases} \varepsilon_{dc}(\sigma_0) & \sigma_i \leqslant \sigma_0 \\ \varepsilon_{dc}(\sigma_0) - \dfrac{C_c - C_{c\infty}}{1+e_0} \lg \dfrac{\sigma_i}{\sigma_0} & \sigma_i > \sigma_0 \end{cases} \tag{3-15}$$

式中 S_{s_i}——第 i 层垃圾的次压缩量，m；

$\varepsilon_{dc}(\sigma_i)$——上覆应力 σ_i 长期作用下的垃圾降解压缩应变与蠕变应变之和；

$\varepsilon_{dc}(\sigma_0)$——前期固结应力 σ_0 长期作用下的垃圾降解压缩应变与蠕变应变之和，宜采用室内压缩试验测定，无试验数据时宜取 20%～30%，有机质含量高的垃圾取高值；

$C_{c\infty}$——完全降解垃圾的主压缩指数，宜采用室内压缩试验确定，无试验数据时 $C_{c\infty}/(1+e_0)$ 宜取 0.15；

c——降解压缩速率，月$^{-1}$，宜取 0.005～0.015 月$^{-1}$，有机物含量高的垃圾及适宜降解环境取高值；

t_i——第 i 层垃圾的填埋龄期，月。

(4) 沉降影响因素

影响填埋垃圾沉降的因素有很多，包括垃圾的原始容重、压实程度、覆盖层的自重压力、垃圾的含水量和组成成分、填埋深度、pH 值、温度、气候条件和填埋方式等。因此，为了提高填埋场地的利用效率，避免封场后填埋场不均匀沉降而产生不利影响，在填埋场的设计和运营管理中可采取以下措施控制填埋垃圾堆体的沉降：

① 实行科学的分区填埋方式。根据每年的填埋量，将填埋场划分为多个填埋单元，以便更好地控制填埋垃圾的沉降，同时也方便对渗滤液进行控制和处理。

② 对填埋垃圾分层压实。应采用大吨位的压实机械对均匀铺设的垃圾进行碾压，尽量降低填埋垃圾的初始孔隙比，一般以垃圾的初始容重作为控制标准。

③ 采用加速有机物降解的方法，促进填埋场的沉降和稳定化，例如可结合渗滤液回灌处理法进行处理。

一般情况下，在垃圾填埋场稳定化过程中，垃圾降解速度与组分变化、渗滤液水量及水质、填埋气体产量及其甲烷浓度、填埋场的沉降速度等因素常常有相关性。但是，对于同一个填埋场，这 4 个方面具体是如何关联的，目前还没有规律可循，需要具体地分析和测定。

3.3.2 填埋垃圾降解动力学

3.3.2.1 基本动力学方程

垃圾生物降解实际上是一种复杂的酶促反应。根据中间产物学说,一般生物降解反应可表示为:

$$E+S \rightleftharpoons ES \longrightarrow E+P$$

式中　E——酶;
　　　S——底物;
　　　ES——中间产物;
　　　P——最终产物。

如果把底物看作是填埋垃圾中的可降解组分,由此可推导出垃圾生物降解的基本动力学方程:

$$v=\frac{v_{\max}}{K_{\mathrm{m}}+S} \tag{3-16}$$

式中　v——垃圾可降解成分的降解速度,kg/d;
　　　$v_{\max}$——垃圾可降解成分的最大降解速度,kg/d;
　　　S——垃圾可降解组分含量,kg/kg;
　　　K_{m}——米氏常数,kg/kg。

3.3.2.2 垃圾生物降解与微生物生长的关系

在填埋场中,垃圾的降解主要是一个微生物作用的过程。在填埋初始阶段,微生物要经历一个对基质化合物的适应过程,在此期间化合物浓度基本保持不变,微生物处于滞留适应期;而后,参与降解的微生物增殖,降解速度渐增,与微生物数量成正比,也与微生物适应化合物之后引起的降解率增加成正比;当微生物进入对数生长期时,化合物浓度迅速下降;随后,微生物增殖减慢,此时若不再补充化合物就会停止增殖,直至化合物被耗尽。化合物的降解速度会随剩余化合物浓度降低而近似恒定地降低(图 3-23)。若反应速率发生改变,反应级数将介于零级至一级之间,其值依化合物浓度而定。

在填埋场中微生物的生长与垃圾降解密切相关,两者之间的关系可用式(3-17)表示:

$$\frac{\mathrm{d}X}{\mathrm{d}t}=Y\frac{\mathrm{d}S}{\mathrm{d}t}-k_{\mathrm{d}}X \tag{3-17}$$

式中　$\frac{\mathrm{d}X}{\mathrm{d}t}$——微生物净生长速率,kg/(m³·d);
　　　$\frac{\mathrm{d}S}{\mathrm{d}t}$——底物降解或利用速率,kg/(m³·d);
　　　k_{d}——微生物内源呼吸或衰减系数,d^{-1};
　　　Y——微生物产率系数;
　　　X——填埋场内微生物浓度,kg/m³。

微生物在降解垃圾的同时,细胞物质也有一定自身代谢,即内源呼吸。它是微生物新陈代谢的重要组成部分,并贯穿于微生物生命活动的始终。由于填埋场内垃圾可生物降解组分对微生物来说在数量上经历了由过剩到不足,所以微生物在数量上也经历了由少到多再到少的变化过程。

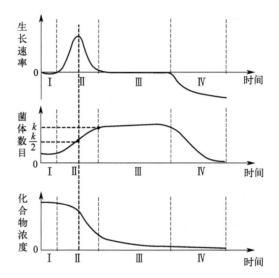

图 3-23 微生物适应基质化合物生长曲线与降解关系

Ⅰ—迟缓期；Ⅱ—对数生长期；Ⅲ—稳定期；Ⅳ—衰亡期

3.3.2.3 垃圾生物降解模型

在填埋场中垃圾生物降解包括了一系列的微生物活动和生化反应，主要为有机物经水解作用转移到液相中，在产酸微生物的作用下产生 CO_2 和有机酸，以乙酸盐为代表的有机酸在厌氧产甲烷菌的作用下产生 CH_4 和 CO_2，在好氧微生物的作用下主要生成 CO_2、水和无机盐类。在填埋场中，有机垃圾的生物降解过程主要可采用一级动力学和 Monod 方程进行模拟。

(1) 一级动力学

填埋垃圾的降解与稳定化主要是一个微生物的作用过程。微生物对污染物的降解、代谢可用一级动力学对其进行模拟：

$$\frac{dC}{dt} = -kt \tag{3-18}$$

$$C_t = C_0 e^{-kt} \tag{3-19}$$

式中　C——填埋垃圾中有机物含量，kg/kg；

　　　C_0——初始（$t=0$）填埋垃圾中的有机物含量，kg/kg；

　　　C_t——t 时刻填埋垃圾中的有机物含量，kg/kg；

　　　t——填埋垃圾进入完全厌氧（厌氧填埋场）或好氧阶段（好氧填埋场）后的时间，d；

　　　k——垃圾中有机物的厌氧降解速率常数，d^{-1}。

填埋垃圾的生物降解受到温度、含水率、孔隙率、氧气浓度、颗粒粒径、碳氮比和 pH 值等影响。因此，填埋垃圾一级动力学也可表示为：

$$S_S = \frac{dC_S}{dt} = -k'C_S = -kk_{temp}k_{mc}k_{O_2}k_{FAS}k_{pH}C_S \tag{3-20}$$

式中　S_S——填埋垃圾生化降解速率，kg/(kg·s)；

　　　C_S——可生物降解垃圾的含量，kg/kg；

k'——有效生物降解速率，s^{-1}；

k——最大生物降解速率，s^{-1}；

k_{temp}——温度校正函数，无量纲；

k_{mc}——含水量校正函数，无量纲；

k_{O_2}——氧气浓度校正函数，无量纲；

k_{FAS}——孔隙率校正函数，无量纲；

k_{pH}——pH 值校正函数，无量纲。

目前，填埋场中的有机物降解与稳定化多采用一级动力学进行模拟。例如，田宝虎[86]研究发现，在渗滤液及其浓缩液回灌的填埋场中，垃圾中有机质和可生物降解物（biologically degradable matter，BDM）的降解速率均可以采用一级动力学进行模拟，与传统厌氧填埋场相比，具有较大渗滤液和浓缩液回灌量的填埋场中，垃圾有机质和 BDM 的降解速率常数较大，表明渗滤液及其浓缩液回灌促进了填埋垃圾中有机物的降解。

（2）Monod 方程

生境中微生物的生长可用 Monod 方程表示：

$$U = \frac{\mu_{max} S}{K_s + S} \tag{3-21}$$

式中　U——微生物的生长率，d^{-1}；

μ_{max}——底物最大利用率，d^{-1}；

S——底物含量，kg/kg；

K_s——半饱和系数，kg/kg。

在填埋场中，微生物生长与基质间的关系可表示为：

$$S_S = \frac{dC_S}{dt} = \frac{S_B}{Y_S} = \frac{1}{Y_S} \times \frac{dC_B}{dt} \tag{3-22}$$

式中　S_S——垃圾生物降解速率，$kg/(m^3 \cdot d)$；

C_S——可生物降解垃圾的含量，kg/m^3；

t——时间，d；

S_B——微生物生长速率，$kg/(m^3 \cdot d)$；

C_B——垃圾中的生物量浓度，kg/m^3；

Y_S——微生物产率系数。

$$S_S = \frac{dC_S}{dt} = -k_m \frac{C_S}{K_S + C_S} C_B \tag{3-23}$$

式中　k_m——最大生物降解速率，d^{-1}；

K_S——半饱和常数，kg/m^3。

Monod 方程在填埋垃圾生物降解中也有着广泛应用。例如 Fytanidis 等[87]采用 Monod 方程模拟了好氧通风填埋场中有机垃圾降解，并应用计算流体动力学，进行填埋场中有机质的时空演变模拟和中试应用。

填埋垃圾中表征有机物的指标主要有挥发性固体（volatile solid，VS）、有机质、有机碳和 BDM 等，其中 BDM 能较好地反映填埋垃圾的生物降解性能，因此其广泛应用于填埋垃圾降解规律模拟中。

3.3.3 填埋垃圾降解调控因素

垃圾填埋场生态修复主要是调控填埋垃圾降解与稳定化速度，以减少垃圾填埋场后续维护成本与环境污染。填埋垃圾的降解实际上是填埋系统中多种微生物彼此合作又相互竞争的过程。在生态修复填埋场中，垃圾降解的调控因素主要包括修复方式、氧气浓度、垃圾含水率、温度、pH值、微生物群落和营养条件等。

(1) 修复方式

垃圾填埋场生态修复技术主要包括原位生物修复、生态封场和开挖修复技术。其中原位生物修复通过渗滤液或液体注入、气水抽排等操作，改变填埋场内的环境条件，建立适宜微生物生长的环境，以强化微生物对填埋垃圾及其中污染物的降解，缩短填埋场的稳定化时间。在填埋场原位生物修复过程中，由于修复方式的不同，其填埋垃圾降解与稳定化速度也不同。例如Aziz等[88]在对马来西亚的厌氧生物修复填埋场和准好氧生物修复填埋场渗滤液的调研中发现，与厌氧生物修复填埋场相比，准好氧生物修复填埋场中的渗滤液更稳定。我国首个北京黑石头填埋场经过原位好氧生物修复后，垃圾中的有机质含量降至6.62%（降幅为64.2%），可降解有机成分降至3.11%（降幅为74.5%），并且渗滤液污染程度大大降低，尤其是BOD_5和COD，降幅高达90%以上[89]。在垃圾填埋场厌氧、好氧和准好氧修复中，好氧生物修复填埋场由于垃圾降解和稳定化速度快、垃圾填埋场治理周期短等优点，在垃圾填埋场生态修复中有着广泛应用。

(2) 氧气浓度

氧气是填埋垃圾发生好氧生化降解的必备条件，是好氧微生物新陈代谢所必需的成分。当填埋垃圾中氧气供应不足时，好氧微生物的生长和活性将受到抑制，甚至可能大量死亡。因此，氧气浓度的高低直接决定着好氧降解能否顺利进行。Liu等[90]应用微曝气和渗滤液回灌相结合的方法，使垃圾填埋场中有机垃圾快速降解，在试验结束时有机质降解率达到50%。Omar等[91]发现向垃圾填埋场中注入空气可延缓厌氧微生物的生长，并可在7~10d内将甲烷浓度从最初的60%降至10%。通常在好氧修复填埋场中，生物降解最适宜的氧气浓度为16%~21%。但在实际操作过程中，供氧过量会导致填埋场治理成本的增加，因此在确保填埋垃圾能够好氧生化降解及降低甲烷产生的前提下，通常垃圾堆体孔隙间氧气浓度要求不小于5%，以节约项目治理成本。此外，氧气供应过多也会有发生火灾的风险。因此，在垃圾填埋场运行中维持适度的氧气供应是十分重要的。

(3) 垃圾含水率

微生物体内含水及自由水是微生物进行生化反应的介质。垃圾含水率直接影响到填埋垃圾的降解速度，若填埋垃圾含水率太低，会使微生物失活，延缓填埋垃圾的降解。垃圾高含水率有利于可溶性物质和营养物质的溶解，使其均匀分布于填埋场微生态环境中，有助于微生物生长繁殖，加快垃圾降解。垃圾填埋场中微生物的生长和活性与水分含量成正相关[92]。Rasapoor等[93]研究认为，垃圾含水率提高到45%可以加快产甲烷反应，提高产甲烷速率和产气量，减少渗滤液的产生。

由于垃圾组分的异质性和复杂性等，填埋场内各部位水分分布极不均匀，从而影响了填埋垃圾降解微生物的生长与繁殖。在生态修复填埋场中，渗滤液回灌或注入液体是调控其中垃圾含水率的主要方式。何若[94]等研究发现，渗滤液回灌可提高填埋垃圾含水率，加快垃圾降解,减轻渗滤液污染负荷。除了影响生物降解外,垃圾堆体水分含量还会影响其中液体和气体的传输。Ritzkowski 等[95]研究发现,过多的水分会占据垃圾堆体内大部分孔隙,阻碍气体在垃圾堆体中的迁移。此外,当垃圾填埋量较大且当地水压较高时,水分含量还会影响垃圾堆体的稳定性。因此,在进行填埋场生态修复时需要合理控制水分含量,保持适当的湿度条件,以促进垃圾降解和稳定化。

(4) 温度

在填埋垃圾生化降解过程中,垃圾堆体会释放出大量热量,从而使垃圾堆体温度不断发生变化并反馈影响其生化反应。Kumar 等[96]研究认为,垃圾填埋场内的适宜温度范围为 45～60℃。在填埋场中,温度对垃圾降解及产甲烷的影响主要是通过影响产酸菌和产甲烷菌等微生物的活性来实现的,主要体现在影响产酸菌和产甲烷菌的生长动力学特征常数。在一定温度范围内,微生物的最大比生长速率和死亡速率随温度的升高而增大,半饱和常数随温度的升高而减小。

温度对微生物的影响可用 Arrhenius 公式来描述:

$$P_B = \alpha_B \exp\left(-\frac{E_B}{RT}\right) \tag{3-24}$$

式中　P_B——微生物(如产酸菌或产甲烷菌)动力学常数;
　　　α_B——比例常数;
　　　E_B——活化能,J/mol;
　　　R——理想气体常数,J/(mol·K);
　　　T——反应温度,K。

垃圾填埋场中温度升高还会影响填埋气体成分、渗滤液水量和水质以及边坡稳定性等。van Groenigen 等[92]研究认为,甲烷氧化菌和产甲烷菌的相对活性取决于垃圾填埋场的湿度、温度和大气中的 CO_2 浓度。因此,全球气候变化可能会改变垃圾填埋场的甲烷排放率。如果温度升高 3.4℃,垃圾填埋场中的全球甲烷排放量可能会增加约 80%[96]。Benson 等[97]研究发现,垃圾填埋场温度大于 60℃时填埋气体中的 H_2 和 CO_2 浓度升高,甲烷产量出现显著下降。

在填埋场中,气温直接影响到垃圾层温度,从而影响其中垃圾的降解。填埋垃圾深度不同,其受填埋场气温的影响程度也不同。一般垃圾填埋越深,其受场地气温影响越小。当填埋深度大于 2.1m 时,其温度受场地气温影响已不明显;当填埋深度大于 4.7m 时,其温度基本不受场地气温影响[64]。因此,在填埋垃圾较深处垃圾降解速率相对较快。

(5) pH 值

pH 值是垃圾降解过程中一个非常重要的参数,特别是对产甲烷菌的活性影响很大。发酵细菌在不同的 pH 值范围内(5.0～9.0)都很活跃,但产甲烷菌对 pH 值非常敏感,适宜的 pH 值范围为 6.0～8.0[98]。在填埋场中,垃圾降解会产生大量的 VFAs,导致 pH 值下降。在产酸阶段,填埋场最低 pH 值通常小于 5.0[99]。由于在低 pH 值条件下参与生活垃圾降解的微生物(包括水解细菌、产氢产乙酸细菌和产甲烷菌)的活性会受到限制,因此垃圾填埋场酸化带来的低 pH 值会阻碍垃圾的降解。

为了解决填埋初期垃圾堆体酸化的问题,可直接向垃圾层加入缓冲溶液(碳酸氢钠、碳酸氢钾、石灰等配制的溶液)或在填埋场渗滤液回灌的同时向渗滤液中加入适当浓度的缓冲溶液,以调节渗滤液的 pH 值,促进产甲烷作用。Chen 等[100]研究发现,添加碱性物质(如生活垃圾焚烧炉底灰酸中和层)能够提高垃圾堆体的 pH 值,增强垃圾填埋场的稳定化过程，增加产气量。

（6）微生物群落

垃圾填埋场的稳定化过程实质上是一个复杂的微生物作用过程，由于填埋垃圾和渗滤液在时空上的异质性及其对微生物不同的定向作用，不同年龄和稳定化阶段的填埋垃圾层有着不同的优势微生物菌群。因此，填埋场是一个独特的、动态的、复杂的垃圾-微生物-渗滤液-填埋气体微生态系统。在填埋场不同的稳定化阶段，有着不同的优势和主导微生物。在厌氧填埋场稳定化过程中，不产甲烷菌和产甲烷菌是垃圾降解的重要微生物菌群，其中不产甲烷菌可为产甲烷菌提供生长和必需的基质和能量以及适宜的环境条件，同时产甲烷菌可为不产甲烷菌的生化反应解除产物抑制影响，共同维持适宜的环境 pH 值。因此，在填埋场中维持适宜的微生物群落对填埋垃圾降解至关重要。此外，优化填埋方式、控制有机负荷和添加微生物菌剂等方法[101]，也可以有针对性地改善微生物群落的结构和功能，提高垃圾的降解效率。

（7）营养条件

营养物质（如 C、N 和 P 等）会直接影响填埋场中微生物的生长代谢，进而影响垃圾的降解和稳定化进程。在垃圾填埋场厌氧降解过程中，绝大多数（>90%）无机氮以 NH_4^+ 形式存在，而有机氮通常以蛋白质的形式存在。氮是微生物生长代谢最需要的无机营养元素之一，可用于合成核酸、氨基酸、酰胺、蛋白质、核苷酸和辅酶等。适量的氮源可以促进微生物的生长和活性，加速有机物的分解过程。当氨氮浓度高于 2500mg/L 时，产甲烷菌活性就会受到抑制[102]。

碳是有机物的主要组成成分，也是微生物生长和代谢所需的主要能源。适量的碳源可以满足微生物的代谢需求，促进其活性，加速有机物的降解过程[103]。当 C/N 值过高时，微生物（如产甲烷菌）生长会缺乏氮素，导致微生物活性较低，甲烷产量少；当 C/N 值过低时会导致氨氮的积累，从而产生抑制作用。在垃圾填埋场中，磷通常是微生物生长的限制因素。在渗滤液回灌时，添加适量磷可以刺激微生物生长，加速填埋垃圾的稳定化，增强垃圾渗滤液中污染物的降解能力[104]。因此，在回灌渗滤液中加入适量营养物质，对加快填埋垃圾的降解和稳定化有积极作用。

3.4 生态修复填埋场中主要污染物的转化

在填埋场生态修复过程中，垃圾及其转化或降解产物会在填埋场内发生物理、化学和生物反应，从而影响其在场内的迁移。填埋垃圾中主要物质为含碳化合物、含氮化合物、含硫化合物和重金属等。因此，本节着重介绍了填埋场中甲烷、含氮化合物、含硫化合物和 VOCs 的转化及重金属的迁移转化。

3.4.1 甲烷的转化

甲烷是填埋场中有机物厌氧生物降解的主要产物，其排放与场内产甲烷菌利用有机物生成甲烷和甲烷氧化菌氧化甲烷有着重要关联。垃圾填埋场中有机垃圾厌氧生物降解产甲烷过程及其调控因素已在前述内容中介绍，这里主要对填埋场中的甲烷生物氧化作用进行介绍。根据是否需要 O_2，垃圾填埋场中的甲烷氧化可分为好氧甲烷氧化和厌氧甲烷氧化（anaerobic oxidation of methane，AOM）。

3.4.1.1 好氧甲烷氧化

好氧甲烷氧化是垃圾填埋场甲烷减排的主要方式。好氧甲烷氧化是指在有氧条件下，好氧甲烷氧化微生物将甲烷氧化为 CO_2 的过程。好氧甲烷氧化微生物是一类能以甲烷为唯一碳源和能源进行生长的甲基营养型微生物。根据细胞的内膜结构、形态特征、甲醛代谢途径、磷脂脂肪酸成分、(G+C)%、16S rRNA 基因序列等的不同，好氧甲烷氧化菌分为：γ-Proteobacteria 甲烷氧化细菌（也称为 I 型甲烷氧化菌）、α-Proteobacteria 甲烷氧化细菌（也称为 II 型甲烷氧化菌）和 Verrucomicrobia 门甲烷氧化细菌。

在好氧甲烷氧化过程中，甲烷在甲烷单加氧酶（methane monooxygenase，MMO）的催化作用下转化为甲醇是其重要环节。根据 MMO 的结构和生化特征，可分为颗粒性甲烷单加氧酶（particulate methane monooxygenase，pMMO）和可溶性甲烷单加氧酶（soluble methane monooxygenase，sMMO）。虽然大多数好氧甲烷氧化菌都具有 pMMO，但是 α-Proteobacteria 中的 *Methylocella* 和 Beijerinckiaceae 中的 *Methyloferula* 只含有 sMMO。生成的甲醇在甲醇脱氢酶（methanol dehydrogenase，MDH）的作用下氧化为甲醛。甲醛是好氧甲烷氧化代谢途径的关键中间体，在好氧甲烷氧化过程中，甲醛在甲醛脱氢酶（包括由细胞色素连接的甲醛脱氢酶、S-羟甲基谷胱甘肽脱氢酶、亚甲基四氢叶酸脱氢酶和亚甲基四氢甲蝶呤脱氢酶）的作用下氧化为甲酸（图 3-24）。最后，甲酸在甲酸脱氢酶（formate dehydrogenase，FDH）作用下氧化产生 CO_2。

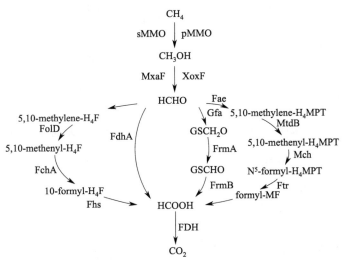

图 3-24 好氧甲烷氧化过程

sMMO—可溶性甲烷单加氧酶；pMMO—颗粒性甲烷单加氧酶；MxaF—甲醇脱氢酶；XoxF—镧/铈依赖型甲醇脱氢酶；FolD—亚甲基四氢叶酸脱氢酶；FchA—亚甲基四氢叶酸环水解酶；Fhs—甲酸四氢叶酸连接酶；FdhA—甲醛脱氢酶；Gfa—S-羟甲基谷胱甘肽合成酶；FrmA—S-羟甲基谷胱甘肽脱氢酶；FrmB—S-甲酰基谷胱甘肽水解酶；Fae—甲醛活化酶；MtdB—亚甲基四氢甲蝶呤脱氢酶；Mch—亚甲基四氢甲蝶呤环水解酶；Ftr—甲酰基甲呋喃-四氢甲蝶呤 N-甲酰基转移酶；FDH—甲酸脱氢酶；formyl—甲酰基；methenyl—次甲基；methylene—亚甲基；MF—甲呋喃

在垃圾填埋场中，好氧甲烷氧化作用主要发生在有氧的覆盖土层中。据报道，在填埋场中，有 10%~100% 的甲烷可通过覆盖土层中甲烷氧化菌的作用转化为 CO_2 和生物质，从而实现对甲烷的减排[105,106]。不同区域的填埋场，好氧甲烷氧化速率存在显著差异。Niemczyk 等[107]在加拿大垃圾填埋场的封闭单元中建造了一个试点"生物窗口"，发现其平均好氧甲烷氧化速率高达237g/(m^2·d)，其中甲烷主要在顶层被氧化。Scheutz等[108]通过稳定性同位素示踪法研究发现，丹麦某垃圾填埋场中好氧甲烷氧化速率最高可以达到124g/(m^2·d)。在垃圾填埋场好氧修复过程中，由于曝气，垃圾堆体中部分区域处于好氧环境，其中也存在好氧甲烷氧化作用。在填埋场中好氧稳定化技术不仅可以降低甲烷浓度，减少甲烷、NH_3和H_2S等气体的产生，而且可以加速垃圾的稳定化进程，降低对环境的污染。储意轩[109]在研究非正规垃圾填埋场好氧修复中发现，曝气能够增强填埋垃圾的好氧甲烷氧化活性［1.07～1.32μg/(g·h)］，与8h/d的曝气方式相比，4h/d的曝气方式可以较大程度地减少甲烷排放量。在垃圾填埋场中，好氧甲烷氧化速率的影响因素有很多，包括甲烷与O_2浓度、氮源种类与浓度、温度、pH值、覆盖材料与植被等。

3.4.1.2 厌氧甲烷氧化

根据甲烷氧化微生物利用电子受体的不同，AOM可以分为硫酸盐型厌氧甲烷氧化（Sulfate-AOM，S-AOM）、硝酸盐型厌氧甲烷氧化（Nitrate-AOM）、亚硝酸盐型厌氧甲烷氧化（Nitrite-AOM）、铁型和锰型厌氧甲烷氧化（M-AOM），其中Nitrate-AOM和Nitrite-AOM合称为反硝化型厌氧甲烷氧化（D-AOM）（图3-25）。甲烷与不同电子受体AOM反应及其标准自由能如表3-8所示。

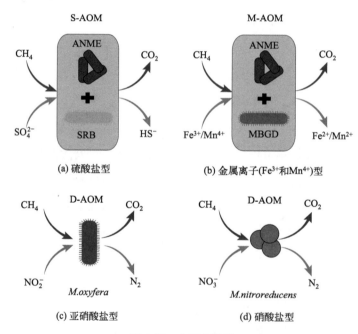

图3-25 AOM类型
ANME—厌氧甲烷氧化古菌；MBGD—深海古菌Group D类群

表3-8 甲烷与不同电子受体AOM反应及其标准自由能

反应方程式	标准自由能 $\Delta G^{\ominus}$/(kJ/mol)
$CH_4 + SO_4^{2-} \longrightarrow HCO_3^- + HS^- + H_2O$	−16.6
$5CH_4 + 8NO_3^- + 8H^+ \longrightarrow 5CO_2 + 4N_2 + 14H_2O$	−765.0
$3CH_4 + 8NO_2^- + 8H^+ \longrightarrow 3CO_2 + 4N_2 + 10H_2O$	−928.0
$CH_4 + 4MnO_2 + 7H^+ \longrightarrow HCO_3^- + 4Mn^{2+} + 5H_2O$	−556.0
$CH_4 + 8Fe(OH)_3 + 15H^+ \longrightarrow HCO_3^- + 8Fe^{2+} + 21H_2O$	−270.3

AOM 主要是由 ANME 和属于 NC10 门的细菌催化完成的。在系统发育树上，ANME 古菌与许多分离培养的产甲烷菌相近，已确认 ANME-1（包括 ANME-1a 和 ANME-1b 两个亚群）、ANME-2（包括 ANME-2a、ANME-2b、ANME-2c 和 ANME-2d 三个亚群）和 ANME-3 三个不同的进化枝。ANME 古菌与产甲烷菌密切相关，不仅在系统发育树上与产甲烷菌相近，而且 ANME 古菌可以通过反向和改良的产甲烷途径进行甲烷氧化，称为"反向产甲烷"途径。目前报道的 NC10 门中甲烷氧化细菌为 *Methylomirabilis* 属，代表菌有 *Candidatus Methylomirabilis oxyfera* 和 *Candidatus Methylomirabilis sinica*。NC10 细菌作为甲烷氧化细菌中的特殊存在，不需要外部 O_2 来进行甲烷氧化，因此是专性厌氧微生物。尽管如此，NC10 细菌与典型的好氧甲烷氧化菌具有相同的甲烷代谢模式，NC10 细菌和好氧甲烷氧化菌之间的关键区别是 NC10 细菌可利用自身产生的 O_2 进行甲烷氧化，因此，该途径被称为"内产氧途径"。富集培养物的基因组分析表明，NC10 细菌含有编码好氧甲烷氧化途径的所有基因。

在垃圾填埋场覆盖土层的较深处和垃圾层中，由于氧气供应量的减少，好氧甲烷氧化受到抑制。与好氧甲烷氧化相比，尽管 AOM 氧化速率约降低 1 个数量级，但在垃圾填埋场厌氧生境中，甲烷的迁移扩散有着重要影响。虽然目前关于垃圾填埋场中 AOM 的研究甚少，但已有相关报道证明填埋场中也会发生 AOM。Chi[110] 等以填埋垃圾为研究对象，建立了与 SO_4^{2-} 电子受体耦合的 AOM 双底物动力学模型，证实了填埋场中存在硫酸盐型 AOM。Jiang 等[75] 调研了苏州、北京和巢湖等地的不同垃圾填埋场，发现其垃圾的 AOM 速率为 3.7~23.9nmol/(g·h)，曝气可以增强填埋垃圾的 AOM 活性，填埋垃圾中含有丰富的甲烷氧化菌，其数量为 $1.8×10^6$ ~ $53.7×10^6$ copies/g（copies 为拷贝数），占细菌总量的 0.03%~0.1%。其中 Proteobacteria 门是填埋垃圾中最为活跃的 AOM 及其氧化碳的代谢微生物，在厌氧填埋垃圾中，甲烷氧化菌主要为 *Methylocaldum* 和 *Methylobacter*，而在好氧曝气填埋垃圾中主要为 *Methylocystis*，其群落结构受到总 Fe 含量的影响。这表明在垃圾填埋场中 AOM 可能也与 Proteobacteria 门的好氧甲烷菌有关。

3.4.2 含氮化合物的转化

氮是有机物的重要组成元素，约占 15%。在填埋场中随着有机垃圾的生物降解，其中的含氮化合物将主要转化为 NH_4^+-N，进入渗滤液中。在厌氧垃圾填埋场中，氨化作用是场内含氮化合物转化的主要形式。在好氧和准好氧垃圾填埋场中，由于堆体中 O_2 的存在，NH_4^+-N 在硝化和反硝化微生物作用下转化为 N_2 或 N_2O 释放到大气中。垃圾填埋场中含氮化合物转化的途径主要有氨化、硝化、反硝化、厌氧氨氧化和同化作用等（表 3-9）。

表 3-9 填埋场可能存在的氮循环反应

反应	名称	参与的微生物
NH_4^+-N、NO_3^-→有机物	同化作用	各种微生物
有机物→NH_4^+-N	氨化作用	各种微生物
NH_4^+-N→NO_2^-、NO_3^-	硝化作用	硝化细菌
NO_2^-、NO_3^-、NO、N_2O→N_2	反硝化作用	反硝化细菌
NH_4^+-N、NO_2^-→N_2	厌氧氨氧化作用	厌氧氨氧化细菌

3.4.2.1 氨化作用

垃圾填埋场中的氨化作用是垃圾中的有机含氮化合物（如蛋白质）被微生物利用转化成

氨的过程。异养细菌是填埋场中氨化反应的主要作用微生物。氨化过程一般包括两步：第一步是水解，有机物中的脂肪、蛋白质和多糖等不溶性有机物在胞外酶的作用下，分别水解为长链脂肪酸、氨基酸和可溶性糖类；第二步是水解得到的简单含氮化合物经过脱氨基或发酵（取决于好氧或厌氧条件）等过程，最终生成 CO_2、NH_4^+-N 和 VFAs。氨基酸分解生成的有机酸在细胞内像碳水化合物一样，在有氧条件下进入三羧酸循环，在无氧条件下则发生发酵分解。蛋白质的这种氨化作用产生的氨将会提高体系的 pH 值，促进甲烷发酵作用。在垃圾填埋场中，氨化作用主要发生在填埋垃圾降解的水解阶段，与填埋垃圾降解速率密切相关。

氨化作用可以在不同的条件下进行，包括好氧和厌氧条件，以及中性、碱性和酸性环境。然而，在不同条件下，参与氨化作用的微生物种类以及作用的强度可能会有所差异。有机物氨化反应速度极快，但当环境中存在一定浓度的酚或木质素-蛋白质复合物时会阻滞氨化作用的进行。在酸性或中性的水环境中，氨化作用生成的氨主要以 NH_4^+ 的形式存在。而在碱性环境中，氨化作用则更容易生成 NH_3，释放到大气中。

3.4.2.2 硝化作用

硝化作用是指氨氮在硝化细菌的作用下被氧化，生成亚硝酸盐或者硝酸盐的生物反应。硝化反应需要在有氧的条件下才能进行，分为两个阶段：第一阶段是氨氮在氨氧化细菌的作用下氧化为亚硝酸盐；第二阶段是亚硝酸盐在硝酸细菌的作用下氧化生成硝酸盐。

$$NH_4^+ + 1.5O_2 \longrightarrow NO_2^- + 2H^+ + H_2O$$

$$NO_2^- + 0.5O_2 \longrightarrow NO_3^-$$

根据参与的微生物不同，硝化作用分为自养型硝化作用和异养型硝化作用（图 3-26）。

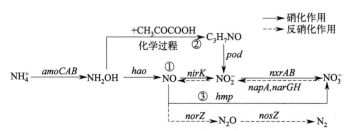

图 3-26 异养型硝化作用及其产物的代谢途径

①为 $NH_4^+ \rightarrow NH_2OH \rightarrow NO \rightarrow NO_2^- \rightarrow NO_3^-$；②为 $NH_4^+ \rightarrow NH_2OH \rightarrow C_3H_7NO \rightarrow NO_2^- \rightarrow NO_3^-$；

③为 $NH_4^+ \rightarrow NH_2OH \rightarrow NO \rightarrow NO_3^-$

通常硝化细菌主要为自养型细菌，但是当有机物浓度较高时，异养型细菌会大量繁殖并抑制自养型细菌的生长，从而使异养硝化过程占主导地位。因此，在垃圾填埋的初期，填埋场的兼氧区可能主要以异养硝化作用为主，但随着时间的推移，自养硝化将逐渐占主导地位[111]。在硝化过程中，中间产物 NO、N_2O 也会被释放出来。在填埋场的好氧区和兼氧区的硝化过程中，氨氮被转化成硝态氮和亚硝态氮，其脱氮主要反映在中间产物 N_2O 的排放。在填埋后期，C/N 值较低，导致 N_2O 排放量增加，这是因为较低的 C/N 值和含氧量抑制了硝化反应。许多因素可能会抑制硝化作用，导致中间产物（如 N_2O）的积累增加，包括低 C/N 值、低溶解氧含量、水力停留时间不足以及难降解有机物（如腐殖酸等）累积。

由于填埋垃圾的异质性特点，即使向填埋场供氧，填埋场内仍可能存在兼氧区和厌氧区域。渗滤液流经填埋垃圾堆体时，多种脱氮过程，如硝化-反硝化、短程硝化-反硝化和厌氧氨氧化等作用可能同步发生。此外，在同一好氧区域内，同步硝化-反硝化过程也会发生。目前，对垃圾填埋场中生物脱氮作用的研究较多，包括完全或部分反应的硝化-反硝化、厌氧氨氧化等。例如，Sun等[112]采用间歇曝气生物反应器处理老龄垃圾填埋场中的渗滤液，发现其硝化效率较高，渗滤液中NH_4^+-N去除率达到99%以上。Tallec等[113]联合异位渗滤液硝化与原位反硝化反应进行垃圾填埋场中生物脱氮，但此操作会导致较高的N_2O排放量。

3.4.2.3 反硝化作用

反硝化作用是指反硝化菌在厌氧或者缺氧的条件下，利用碳源作为电子供体通过硝酸盐还原酶（Nar）、亚硝酸盐还原酶（Nir）、一氧化氮还原酶（Nor）和一氧化二氮还原酶（Nos）的催化作用，将硝态氮和亚硝态氮还原为气态氮（N_2、N_xO）的过程。该过程不仅需要反硝化菌的参与，还需要有机碳源作为电子供体。根据参与微生物的不同，又分为自养型反硝化作用和异养型反硝化作用。在填埋场中，异养型和自养型反硝化反应可以同步发生，但是随着垃圾堆体内含氧量、有机物的变化，其主导地位也会随之变化，反硝化作用各产物所占比例也将有所不同。

在厌氧条件下，填埋场中的反硝化细菌主要利用有机物，将硝态氮还原为N_2。例如，Price等[114]研究发现，向垃圾中添加醋酸盐或新鲜垃圾时，渗滤液中的硝酸盐将迅速消耗，同时释放出N_2。Itokawa等[115]研究发现，当外源反硝化的COD/N值为5时，硝态氮几乎全部以N_2释放；而当外碳源受限（COD/N值≤3.5）时，N_2O释放量增加了20%。在填埋场中，当生物可利用有机物缺乏时，自养型反硝化细菌能够利用硫化物（S^{2-}、HS^-等）和无机碳源（CO_2、HCO_3^-等）作为电子供体进行自养反硝化，将硝态氮还原成N_2并产生硫酸盐（SO_4^{2-}）。Fang等[116]研究发现，矿化垃圾中反硝化脱硫菌等专性功能微生物在硝酸盐存在的情况下能将硫化物彻底氧化为硫酸盐，并使硝酸盐还原为N_2。其反应式如下：

$$2NO_3^- + 1.25HS^- + 0.75H^+ \longrightarrow N_2 + 1.25SO_4^{2-} + H_2O$$

在填埋后期，随着填埋垃圾中可利用碳源的减少，反硝化作用减弱，此时，硝态氮可异化还原为NH_4^+。在该过程中，微生物利用有机质作为电子供体，将硝态氮转化为NH_4^+保留在填埋垃圾系统中，其化学方程式可表示为：

$$2H^+ + NO_3^- + 2CH_2O \longrightarrow NH_4^+ + 2CO_2 + H_2O$$

在好氧条件下，好氧反硝化细菌（如 *Pseudomonas*、*Paracoccus*、*Terrimonas*、*Thauera*、*Acinetobacter* 和 *Comamonas* 等）可利用有机碳源对硝酸盐和亚硝酸盐进行好氧反硝化作用。目前已发现的好氧反硝化代谢途径有两种：第一种是典型的硝化反硝化通路，其中NH_4^+-N经羟胺氧化为NO_2^-，NO_2^-反硝化最终转化为N_2；第二种是NH_4^+-N在羟胺氧化酶的作用下直接转化成羟胺，然后产生N_2O或N_2。在有氧的条件下，异养反硝化菌可直接通过好氧反硝化作用将NO_3^--N还原成气态氮。Shi[117]等从污泥中分离得到一株具有异养硝化和好氧反硝化能力的菌株（隶属于 *Paracoccus*），可以在有氧的条件下将95%以上的NO_3^--N（约400 mg/L）转化为气态产物，其最大还原速率为33mg/(L·h)。

在填埋场中，通风曝气可以增强垃圾堆体的硝化作用，产生较多的反硝化底物（如NO_3^-和NO_2^-），从而提高其反硝化作用。例如，何若[60]研究发现，间歇曝气充氧可营造好氧-缺氧-厌氧的填埋场生物空间环境，促进填埋垃圾层硝化细菌和反硝化细菌的生长［垃圾（以干重计）中硝化细菌的数量可达到 10^9 个/g，反硝化细菌可比普通填埋垃圾中高 4～13 个数量级］，优化填埋场生物反应器的硝化、反硝化等脱氮作用；但其硝化性能的稳定性受到填埋垃圾中有机碳源的影响，过高的有机碳源将会抑制硝化细菌的生长，降低填埋场生物反应器的硝化性能。除无氧或缺氧环境外，反硝化反应必须要有有机物作为碳源，硝态氮作为氮源，pH 值一般是中性至微碱性，温度在 25℃左右。

在填埋垃圾中，氨氮和硝态氮也可以被微生物吸收利用成为生物体的有机组成部分，该过程称为微生物同化作用。该过程可以减少无机氮损失、增加填埋垃圾有效态氮含量。此外，在垃圾填埋场中也存在厌氧氨氧化细菌，这表明填埋场中也可能发生了厌氧氨氧化反应，其可能在垃圾填埋场脱氮中有着重要作用，但相关研究甚少。

3.4.3 含硫化合物的转化

垃圾填埋场中含硫化合物主要来自厨余垃圾中的肉制品和含有硫黄氨基酸的高蛋白物质。在厌氧条件下，填埋场中的含硫化合物在生物降解和 SRB 作用下主要转化为 H_2S、硫醇、硫醚类等；在有氧条件下，含硫化合物在硫氧化微生物作用下主要转为 SO_4^{2-}，SO_4^{2-} 在同化硫酸盐还原作用下可生成有机硫化合物（图 3-27）

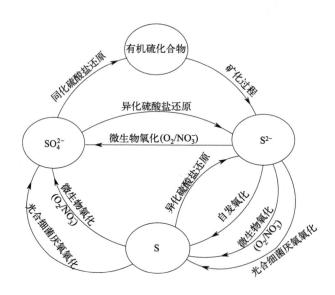

图 3-27 填埋场中主要含硫化合物的转化途径

3.4.3.1 有机硫化物降解

在填埋场中，有机硫化物分解通常会释放大量的甲硫氨酸和半胱氨酸等，其可在 L-甲硫氨酸 γ-裂解酶和 S-烷基半胱氨酸酶的作用下转化生成挥发性硫化物（volatile sulfur compounds，VSCs）。L-甲硫氨酸 γ-裂解酶是一种磷酸吡哆醛依赖性酶，可参与有机物残渣中甲硫氨酸的降解[118]。S-烷基半胱氨酸酶是一种来自 *Pseudomonas cruciviae* 的酶，可以包括半胱氨酸及其氧化产物在内的物质为基质，进行降解代谢[119]。L-甲硫氨酸 γ-裂解酶和 S-烷基半胱氨酸酶广泛分布于好氧细菌、厌氧细菌以及古菌中，有利于含硫氨基酸的降解[120]。El-Sayed[121]采用分子生物学的方法证明了 *Rhodopseudomonas palustris* 中存在 L-甲硫氨酸 γ-裂解酶,并表明该酶广泛分布在各种生境中。

在氨基酸的分解过程中,第一步是蛋白酶/肽酶激活裂解含硫氨基酸的肽键,随后通过 L-甲硫氨酸 γ-裂解酶和 S-烷基半胱氨酸酶的催化作用进行脱氨和脱硫,最后产生 VSCs 和 NH_3。在 L-甲硫氨酸 γ-裂解酶和 S-烷基半胱氨酸酶的催化作用下,甲硫氨酸降解为 α-酮丁酸盐、氨和 CH_3SH,半胱氨酸降解生成 H_2S,S-甲基半胱氨酸降解生成丙酮酸盐、氨和 CH_3SH,S-甲基甲硫氨酸则降解生成 $(CH_3)_2S$,生成的 CH_3SH 可在化学氧化作用下形成 $(CH_3)_2S_2$[119]。

$$甲硫氨酸 \longrightarrow \alpha\text{-酮丁酸盐} + NH_3 + CH_3SH$$
$$半胱氨酸 \longrightarrow \alpha\text{-酮丁酸盐} + NH_3 + H_2S$$
$$S\text{-甲基半胱氨酸} \longrightarrow 丙酮酸盐 + NH_3 + CH_3SH$$
$$S\text{-甲基甲硫氨酸} \longrightarrow 丙酮酸盐 + NH_3 + (CH_3)_2S$$
$$CH_3SH + O_2 \longrightarrow (CH_3)_2S_2$$

陈敏[122]研究发现,在鱼肉和猪肉垃圾厌氧降解过程中,硫元素主要以气体形式释放出来。鱼肉垃圾厌氧降解产气中的含硫气体主要为 CH_3SH、H_2S、$(CH_3)_2S$、$(CH_3)_2S_2$、CH_3CH_2SH、$C_2H_6S_3$ 和 CS_2 等;而猪肉垃圾厌氧降解产气中主要为 CH_3SH、H_2S、$(CH_3)_2S_2$ 和 $C_2H_6S_3$,其中 CH_3SH 是鱼肉和猪肉垃圾厌氧降解产气中主要的含硫化合物(图3-28)。鱼肉和猪肉垃圾厌氧降解中,CH_3SH 浓度呈现先增加后下降的趋势,两类垃圾厌氧产气中 CH_3SH 的浓度可达 4.96%~5.25%。与猪肉垃圾相比,鱼肉垃圾中蛋氨酸(Met)、半胱氨酸(Cys)和总氨酸降解较快。鱼肉垃圾的累积产气量和累积 CH_3SH 产生量分别为 28.12L/kg 和 0.26L/kg,均显著高于猪肉垃圾的累积产生量,是垃圾厌氧生物降解 CH_3SH 的主要来源。

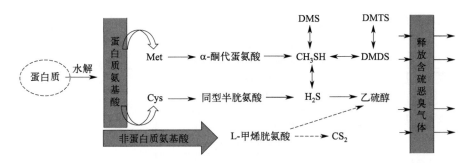

图 3-28 填埋场厌氧条件下蛋白质中含硫化合物的主要降解转化过程
DMDS—$(CH_3)_2S_2$;DMTS—$C_2H_6S_3$;DMS—甲硫醚

3.4.3.2 硫酸盐还原作用

硫酸盐还原是一个产生 VSCs 的重要过程。高价态的含硫化合物可在相关微生物的作用下还原为低价态的含硫化合物而进入大气环境中,参与该过程的电子供体主要有丙酸盐、丁酸盐、乳酸和乙酸盐等[123]。在垃圾填埋场中硫酸盐浓度通常较低。

硫酸盐还原速率不仅与硫酸盐浓度相关,而且其中有机质的含量对其也有重要影响。在硫酸盐和有机质的共同作用下,填埋场会产生大量 H_2S,其中的有机质会与硫酸盐反应生成大量 HS^-,在无氧条件下可形成 H_2S 释放到大气中,其反应如下:

$$4CH_3CH_2COO^- + 3SO_4^{2-} \longrightarrow 4CH_3COO^- + 4HCO_3^- + 3HS^- + H^+$$

$$2CH_3(CH_2)_2COO^- + 2SO_4^{2-} \longrightarrow 3CH_3COO^- + 2HCO_3^- + 2HS^- + H^+$$

$$2CH_3CHOHCOO^- + SO_4^{2-} \longrightarrow 2CH_3COO^- + 2HCO_3^- + HS^- + H^+$$

$$4COO^-CH_2COHCOO^-CH_2COO^- + SO_4^{2-} + 8H_2O \longrightarrow 8CH_3COO^- + 8HCO_3^- + HS^- + 3H^+$$

$$CH_3COO^- + SO_4^{2-} \longrightarrow 2HCO_3^- + HS^-$$

SRB 是一类代谢多样的、同时具有异养和自养微生物的类群，在缺氧环境中无处不在。具有腐蚀性的 H_2S 是硫酸盐还原的最终产物，所以引起了人们对 SRB 的关注。同时，SRB 也具有减少和沉淀有毒重金属的能力，所以其在重金属污染生物修复中具有重要作用。SRB 在生境中广泛存在，主要属于 Proteobacteria、Firmicutes、Nitrospirae、Thermodesulfobacteria 细菌门和 Euryarchaeota、Crenarchaeota 古菌门，总共约 220 种、60 个属。Fang[124]等在不同水气调节的模拟填埋垃圾中检测到了大量的硫代谢微生物，主要为 SRB 和 NR-SOB（反硝化脱硫菌）（表 3-10），并且氧气的引入和渗滤液回灌等水气调节能使 Desulfobulbus 等 SRB 的相对丰度提高近 30 倍。Jin 等[125]研究发现，填埋场渗滤液饱和带中 SRB 丰度随温度的变化而变化，在较低温度下发现了较高的 SRB 功能基因（dsrA 和 dsrB），渗滤液饱和带硫酸盐还原行为可能受特定 SRB（如 Dethiobacter）的控制。Yang 等[126]研究发现，温度和含水率会影响填埋场垃圾渗滤液过渡带的硫酸盐还原行为，在 25℃ 时，适合大多数 SRB（如 Desulfomicrobium 和 Desulfobulbus）生长，而在 50℃ 时，特定的 SRB（如 Dethiobacter 和 Anaerolinea）起主要作用。

表 3-10 填埋场硫代谢微生物分类[124]

门	属	分类
δ-紫色光合细菌门	脱硫球茎菌属(Desulfobulbus) 脱硫杆菌属(Desulfofustis) 脱硫微杆菌属(Desulfomicrobium) 脱硫弧菌属(Desulfovibrio)	SRB
厚壁菌门	脱硫肠状菌属(Desulfotomaculum)	
厚壁菌门	芽孢杆菌属(Bacillus)	
变形菌门	盐硫杆状菌属(Halothiobacillus) 苍白杆菌属(Ochrobactrum) 副球菌属(Paracoccus) 假单胞菌属(Pseudomonas)	NR-SOB
放线菌门	红球菌属(Rhodococcus)	

细菌对硫的还原存在两种不同的方式，该两种方式均基于种内硫循环的发生。以 Salmonella 属为代表，在第一种途径中，$S_2O_3^{2-}$ 被 PhsABC（硫代硫酸盐还原酶）还原，生成 HS^- 和 SO_3^{2-} [127]，随后 SO_3^{2-} 从细胞周质中扩散出来，与细胞外的零价硫（S^0）发生化学反应，生成 $S_2O_3^{2-}$，然后重新进入周质并被还原，从而维持种内硫循环。以 Wsuccinogenes 属为代表，在第二种途径中，由 S^0 在 pH>7 的碱性条件下，经化学相互作用形成的水溶性多硫化物，在周质中被 PsrABC（多硫化物还原酶）逐步还原为 S_{n-1}^{2-} 和 HS^-，紧接着与第一种途径还原方式类似的是，生成的 HS^- 从细胞中扩散出来并与胞外的 S^0 发生化学反应生成额外的 S_n^{2-}，重新进入周质并被还原，以维持种内硫循环过程。在厌氧条件下，填埋垃圾

中有机态和无机态的含硫化合物在 SRB 等微生物的作用下转化为硫化物。产生的硫化物可以与金属离子形成沉淀。

填埋垃圾和渗滤液的 pH 值对各种形式的硫化物有显著的影响。在酸性条件下，主要以 H_2S 的形式存在；当 pH>9 时，溶液中不存在 H_2S；当 pH>8 时，主要以 S^{2-} 和 HS^- 的形式存在；而当 pH<8 时，S^{2-} 不存在。HS^- 存在的 pH 值范围为 5.7～9.9。在填埋垃圾降解过程中 pH 值先降低，之后进一步酸化（pH≤4），接着再升高（pH 值在 7.0～8.0），而水解和发酵阶段良好的酸性和水溶性条件为 H_2S 和微量含硫气体（甲硫醇和甲硫醚等）的产生创造了条件，无机和有机含硫气体会从填埋场中排放出来进入大气中。

3.4.3.3 硫氧化作用

硫氧化细菌（SOB）是一种能氧化 H_2S、S^{2-}、S^0 和 $S_2O_3^{2-}$ 等硫化物并释放能量的细菌，可分为化能自养型和光能自养型两类。在好氧条件下，绝大部分硫化物被氧化成 SO_4^{2-}。并且 SOB 具有一系列系统发育多样化的谱系，它们使用广泛的基因介导硫化物、硫、亚硫酸盐和硫代硫酸盐的氧化，为细胞生长节省能量。微生物硫氧化过程是通过多种酶催化完成的。H_2S 在硫化脱氢酶（Fcc）或硫醌氧化-还原酶（Sqr）的催化作用下生成 S^0，或在胞质中通过反向异化亚硫酸盐还原作用转化为 SO_3^{2-}，随后通过亚硫酸盐脱氢酶（Soe 或 Sor）进一步氧化成 SO_4^{2-}，$S_2O_3^{2-}$ 可以通过硫氧化酶系统直接氧化成 SO_4^{2-}。

SOB 主要分为丝状硫细菌（如 *Beggiatoa*）、光合硫细菌（Chromatiaceae 科、Chlorobiaceae 科和 Rhodospirillaceae 科等）和无色硫细菌（*Thibacillus* 等）三类，大部分属于化能自养型。还有一些具有硫氧化作用的细菌以绿硫细菌和紫硫细菌为典型代表，这些光合硫细菌是厌氧的专性光能自养菌，能够利用 CO_2 作为碳源，以 H_2S 作为光合作用的供氢体，可把堆体和渗滤液中生成的 H_2S 氧化成 S^0。在填埋场中，含硫气体经过覆盖土层进入大气时，一部分含硫气体可在覆盖土层微生物的作用下被氧化。例如 He 等[128]研究发现，覆盖土层对垃圾填埋场稳定过程中 H_2S 的去除率高达 80%，其中 SOB 数量可达 $2.1×10^4$～$3.5×10^4$ 个/g（以干重计），并且在垃圾生物覆盖层中，下层中的 SOB 数量可比表层高一个数量级。Xia 等[129]进一步研究发现，暴露于含 H_2S 的填埋气体中后，垃圾生物覆盖土底层的硫氧化速率达到 82.5μmol/(g·d)（以干重计），是常规覆盖土的 4.3～5.4 倍，其主要的 SOB 为 *Ochrobactrum*。

3.4.4 VOCs 的转化

填埋气体中主要的 VOCs 为含氧化合物、烷烃、烯烃、芳香族化合物和卤代化合物[130]，这些组分虽然含量低，但具有较强的光化学活性，对环境空气中臭氧和二次有机气溶胶的生成会产生一定的影响，从而污染环境，并且其中很多是潜在的有毒或致癌污染物，会严重危害人类健康。

3.4.4.1 VOCs 的产生

在垃圾填埋过程中，VOCs 的产生需要经过一系列复杂的生物化学过程，主要包括大分子有机物水解和降解等。垃圾中有机物在微生物的胞外酶催化作用下水解成有机酸、脂肪酸、烯烃和醇类等小分子有机物。垃圾中有机质组分（碳数>10）经过水解和产酸阶段可以转化为小分子有机物（碳数<6），其主要产物为挥发性有机酸醇，同时还伴随产生一些小分子 VOCs，排放至气体中。因此，水解和产酸阶段是有机垃圾生物降解产生 VOCs 的重要阶段。在垃圾填埋场中，VOCs 主要产生于垃圾倾倒、破碎和填埋的早期阶段[131]。

在填埋场中，垃圾组成、填埋操作方式、填埋龄、氧气浓度等都会影响 VOCs 的组成及浓度。例如，徐亮等[132]研究发现，蛋白质类和糖类垃圾发酵产生的 VOCs 组成存在明显差异（表3-11）。与糖类垃圾相比，蛋白质类垃圾发酵产生的 VOCs 物质组成较多，共检测到35种 VOCs，分为醇类、烃类、酯类、含硫化合物、酸类、醛类、酚类7类，而糖类垃圾发酵主要产生醇类和酯类 VOCs。其原因可能是，与糖类降解产 VOCs 相比，蛋白质组成元素多、结构复杂，因而降解产生的 VOCs 种类多，且致臭性更加强烈。Komilis等[133]研究发现，在好氧处理过程中，厨余垃圾主要排放出含硫化合物、酸和醇类，而庭院垃圾主要产生酮类、萜烯和烷烃，若通风不足，还会产生具有恶臭的含硫化合物。Chiriac等[131]研究发现，酸性条件能够促进 VOCs 的排放，当甲烷开始产生时，烷烃含量会有所下降，而烯烃含量会有所上升。

表 3-11　蛋白类和糖类物料发酵产生的 VOCs 种类[132]

VOCs 类别	共有物质	蛋白质类垃圾特有	糖类垃圾特有
醇类(8种)	乙醇、异丙醇、丁醇	己醇、庚醇、辛醇、4-甲基-1-戊醇、3-甲基-1-己醇	异戊酸异戊酯、戊酸-2,2,4-三甲基-3-异丙酸-异丁基酯
烃类(6种)		3,5,5-三甲基环己烯、柠檬烯、乙苯、萘、环辛烷、十二烷	
酯类(6种)	己酸异戊酯、戊酸-3-甲基丁酯、2-甲基丙酸-1-(1,1-二甲基乙基)-2-甲基-1,3-丙二基酯	4-甲基戊酸乙酯	
含硫化合物(6种)		糠基硫醇、2-正戊基噻吩、二甲基三硫醚、二甲基四硫醚、二甲基五硫醚、硫8	
酸类(5种)	乙酸	丙酸、异丁酸、丁酸、戊酸	
醛类(2种)		壬醛、正庚醛	
酚类(1种)	双酚 A		

储意轩[134]采用实验室模拟试验，研究了曝气方式对垃圾填埋场 VOCs 释放的影响。发现垃圾填埋场稳定化过程中，释放出62种 VOCs，包括含氧化合物、烷烃和烯烃、芳香族化合物、卤代化合物（图3-29）。其中，卤代化合物的数量最多（29种），其次是芳香族化合物（16种）、含氧化合物（12种）、烷烃和烯烃（5种）。含氧化合物和卤代化合物是垃圾降解过程中典型的 VOCs[130-135]。大多数含氧化合物、烷烃和烯烃是易降解有机垃圾分解的副产品[128]，而大多数卤代化合物是由纺织品、塑料、涂料和清洁剂废物中的固有化合物直接挥发而产生的[136]。VOCs 浓度随着填埋时间的延长而逐渐降低，连续和间歇曝气都有利于填埋垃圾的降解和 VOCs 浓度的下降。与间歇曝气相比，连续曝气会加剧垃圾及其降解过程中 VOCs 的排放[134]。

3.4.4.2　VOCs 生物降解

在填埋场中，含氧化合物、烷烃、烯烃、酯类等 VOCs 物质在微生物作用下易进一步

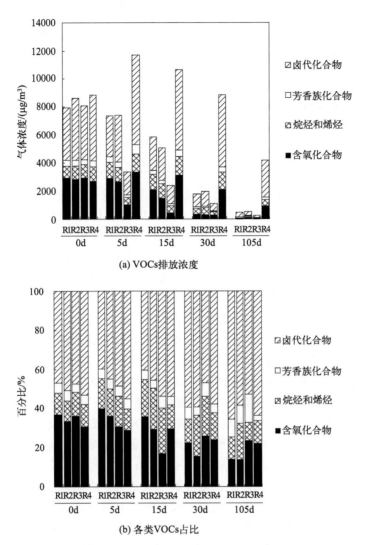

图 3-29 曝气方式对填埋场 VOCs 排放浓度和各类 VOCs 占比的影响
R1—单次间歇曝气填埋场；R2—多次间歇曝气填埋场；R3—连续曝气填埋场；R4—传统厌氧填埋场

分解转化，生成甲烷和 CO_2，因此，在填埋场排放的 VOCs 中主要含有难生物降解的卤代化合物和芳香族化合物[134]。填埋气体中的卤代化合物和芳香族化合物种类多、成分复杂、毒性强，未经处理排放到大气中会对周围环境及人体健康造成极大危害。此外，大气中的二氯甲烷等氯代烃的持续增加将延缓臭氧层修复。因此，了解填埋场中 VOCs 的生物转化过程对于控制 VOCs 的污染具有重要意义。

在填埋场中，覆盖土层是填埋气-大气体系的环境界面，在控制 VOCs 排放中起着重要作用。Scheutz 等[137]研究发现，覆盖土对填埋气中多种氯代烃均具有降解能力，其中对二氯甲烷的降解率可达 70%～80%。当温度、甲烷浓度和氧气浓度分别为 22℃、15% 和 35% 时，覆盖土对一氯乙烯的降解速率高达 $8.6\mu g/(g \cdot h)$[138]。根据环境因子、关键降解基因和代谢产物特征，填埋场中的 VOCs 降解途径可分为厌氧降解、好氧共代谢和异养氧化三大类。表 3-12 为氯代烃生物降解的主要途径及特点。

表 3-12　氯代烃生物降解的主要途径及特点

降解途径	厌氧脱氯	好氧共代谢	异养氧化
降解机理	$CCl_3 \rightarrow CHCl_2 \rightarrow CH_2Cl \rightarrow CH_3$ 　$\|$　　　$\|$　　　$\|$　　$\|$ 　R　　 R　　 R　　R	$CCl=CHCl \rightarrow \overset{R\quad Cl}{\underset{Cl\quad H}{\bigtriangleup O}} \rightarrow CO_2 + Cl^-$	$R-CH_2Cl \rightarrow CO_2 + H_2O + Cl^-$
主要影响因子	电子供体含量,氧含量	氧含量,生长底物类型、浓度	氧含量
关键降解酶	还原脱卤酶	单/双加氧酶	烃单加氧酶
中间产物	低氯取代物	环氧化合物	—
终产物	低氯取代物/烃和 Cl^-	CO_2 和 Cl^-	CO_2 和 Cl^-
发生区域	严格厌氧区	有氧区	有氧区

在填埋场中，VOCs 降解伴随着大量甲烷排放。在甲烷存在条件下，甲烷氧化菌能够共代谢降解氯代烃、甲苯、烷烃等有机污染物，使其最终转化为 CO_2、H_2O 和无机盐类等。甲烷单加氧酶分为 pMMO 和 sMMO，其中 sMMO 只存在于特定的甲烷氧化菌菌株中，具有广泛的底物特异性，且可氧化一系列烷烃、烯烃、卤代烃和芳香族化合物等[139]。Little 等[140]研究表明，甲烷氧化菌中的 MMO 在三氯乙烯的好氧降解中起着关键性作用。Im 等[141]研究表明，在甲烷存在条件下，*Methylocystis strain* SB2 和甲基营养型菌群能共代谢卤化物和芳香烃等化合物。He 等[142]调查垃圾填埋场覆盖土中三氯乙烯对群落结构和甲烷氧化菌活性的影响，发现垃圾生物覆盖土对三氯乙烯具有较高的降解效率，且高浓度三氯乙烯会抑制垃圾填埋场覆盖土中的甲烷氧化和改变群落结构。苏瑶[143]以 *Methylococcus capsulatus*（Bath）为模式生物，研究发现其中 sMMO 能够将甲苯催化氧化为甲苯酚，这可能是甲苯与 sMMO 中的双铁中心相结合，进行催化氧化。

在好氧条件下，有些微生物可直接利用某些 VOCs 为底物，进行生长代谢。Olaniran 等[144]研究发现，在非洲某氯代烃污染场地分离的土著微生物能在好氧条件下对 cis-1,2-二氯乙烯和 trans-1,2-二氯乙烯进行还原脱氯。Schmidt 等[145]研究发现，从污染的地下水中分离出的菌株在未添加生长基质条件下也能降解三氯乙烯。在填埋场填埋气体向上扩散过程中，由于厌氧条件下的还原脱氯作用，低氯取代烃种类和含量逐渐增多，在兼性厌氧区和有氧区可以被直接氧化降解。Tiehm 等[146]研究发现，*Pseudomonas* 和 *Bacillus* 属中一些菌种能利用氯甲烷、trans-1,2-二氯乙烯、1,2-二氯乙烯和二氯甲烷等作为微生物碳源进行生长，而在覆盖土层中相关微生物菌属的丰度很高，并且在三氯乙烯胁迫下覆盖土中这些菌属的相对丰度也发生了显著改变[147]。

在厌氧条件下，氯代烃易发生还原脱氯反应，降解速率随氯取代程度的增大而增大。研究发现，许多微生物都能够通过还原脱氯将四氯乙烯、氯苯等有机物脱氯转化为低氯代中间产物或矿化生成 CO_2 和甲烷[148]。一般来说，氯代脂肪烃主要是通过水解作用、亲核反应和二卤消去作用等方式脱去一个氯或多个氯原子；氯代芳香烃则只能在缺氧条件下进行逐一脱氯的过程，由氢取代氯进行厌氧还原脱氯反应，脱卤素酶是其重要的催化因子。填埋场覆盖层厚度一般在 75cm 左右，由于氧气扩散限制和甲烷好氧氧化作用，在深度大于 40cm 处一般为厌氧区。在该区域，氯代烃的转化主要以厌氧降解为主[149]。

在填埋场中，由于氧气扩散的限制，覆盖层出现了厌氧区、兼性厌氧区和好氧区特征层带，导致覆盖土层中的 VOCs 生物降解随着覆盖土层深度的变化而变化。图 3-30 为氯代烃类在覆盖土中的生物降解机制模型[149]。在氯代烃向上扩散的过程中，首先经过厌氧区，由于氯原子具有较强的电负性，多氯代有机物碳原子电子云较低，使其能够在酶的作用下与还原剂发生反应[150]，因此，可以推测在覆盖土厌氧区的还原脱氯作用是氯代烃进行生物降解的第一步。随着气体的扩散作用，厌氧降解产物和未转化的氯代烃进入覆盖土层的兼性厌氧区和有氧区，在该区域，低氯取代烃在多种微生物作用下发生共代谢降解或直接生物降解，氯代脂肪烃在MMO的作用下先转化为不稳定的环氧化物，破坏有机物结构，然后进一步自发降解为短链酸等中间产物，从而实现降解。

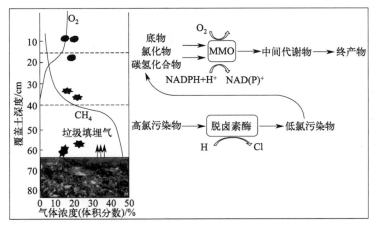

图 3-30　氯代烃在覆盖土中的生物降解机制模型[149]

NADPH—还原型烟酰胺腺嘌呤二核苷酸磷酸；NAD（P）$^+$—氧化型辅酶Ⅰ或辅酶Ⅱ

3.4.5　重金属的迁移转化

在填埋场堆体中，常见的重金属有铁、锰、铅、铬、砷、铜、镉、镍、汞、锌和铊等。在填埋场中重金属由于其迁移特性，易通过渗滤液的排放形成二次污染，导致地下水体和周边植物的重金属累积，从而产生严重生理危害。由于重金属在环境中具有相对稳定性、难降解性和累积性，不能被微生物降解，很难从环境中清除出来，所以重金属污染治理十分困难。

不同国家的城市生活水平存在差异，从而导致生活垃圾中重金属的含量变化较大。对于我国而言，由于生活垃圾分类收集贯彻实施力度不统一，生活垃圾中常混入部分建筑垃圾、工业垃圾及污泥等重金属含量相对较高的污染物，从而导致生活垃圾中的重金属含量高于其他国家。有研究者对新鲜垃圾进行采样分析，得出垃圾堆体中Zn含量最高，约342.3mg/kg，Cd含量最低，约5.5mg/kg[151]。在垃圾堆体中，重金属会发生吸附、络合或螯合、沉淀、氧化还原和生物转化等作用，从而影响其沉积和迁移转化。填埋场中重金属的迁移转化如图3-31所示。

3.4.5.1　沉积过程

吸附和沉淀被认为是影响重金属在垃圾填埋场中迁移的主要机理。重金属可以与垃圾中的胶体直接发生交换吸附作用，分散在垃圾水相中的胶体一般较为稳定，能够发生一定距离的运移，从而使其吸附的重金属离子也发生迁移。吸附作用是一种动态平衡过程，在特定环境条件下，如pH值的变化、有机物的存在、胶体与溶液中其他离子的竞争等，吸附在胶体表面的重金属离子也会发生解吸作用，重新进入垃圾堆体溶液中。在垃圾填埋场的产甲烷阶

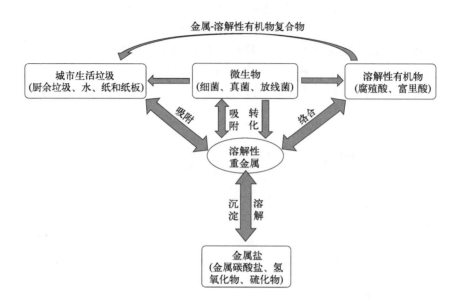

图 3-31 填埋场中重金属的迁移转化示意

段,生活垃圾中含有的土状有机质在中性偏碱性环境中具有巨大的吸附能力。另外,由于硫化物和碳酸盐能使得重金属(如 Ni、Zn、Cu 和 Pb 等)沉淀,使这些物质在垃圾填埋场中的含量较高,因此重金属沉淀也是渗滤液中重金属浓度低的主要原因。与碳酸盐沉淀相比,重金属的硫化物具有更低的溶解度。因此,硫化物沉淀又通常被认为是垃圾填埋场中重金属主导的固定因素。Flyhammar[152]也证实在还原条件下,如果有足够的硫存在,重金属就能够以硫化物沉淀的形式得以固定。此外,重金属还能以氢氧化物及磷酸盐的形式沉淀,尤其是在产甲烷阶段。

3.4.5.2 化学迁移过程

在填埋场中,虽然由于硫化物沉淀和吸附等作用能使重金属得以固定,但是重金属离子通常能与土壤中的有机组分相络合或螯合,这类有机质主要是大分子有机物(如腐殖质)。腐殖质中的 C、H、O、N 等元素占比较高,其结构中的含氧官能团种类多,这些官能团可提供孤对电子,从而与重金属离子配对成键,生成络合物或者螯合物,并能通过疏水作用、配位交换及形成氢键等吸附作用而产生影响[153]。通过络合或螯合的重金属可以在液相中迁移,尤其是在酸性或氧化性条件下。

在填埋场中,虽然由于有机或无机络合等原因能促进重金属的迁移,然而在厌氧填埋场的产甲烷阶段,重金属在碱性环境下易形成相对稳定的沉淀物而滞留于垃圾层中。当填埋场环境转向好氧(如复垦过程)或受某些外部因素(如酸雨)影响时,重金属的释放将发生"井喷"式迁移,如重金属的硫化物沉淀能被氧化为硫酸盐,由于硫酸盐具有比硫化物更大的溶解度,从而导致了重金属再次迁移[151]。垃圾中的有机物,特别是腐殖酸和富里酸,对包括重金属在内的许多污染物都具有很高的吸附能力。这可以固定渗滤液中的重金属,减少重金属向地下水的迁移。此外,重金属在垃圾填埋场渗滤液中的溶解度受 DOM 浓度的影响,构成 DOM 的低分子量有机化合物(如多酚、简单脂肪族酸、氨基酸和糖酸)可以与重金属形成可溶性络合物,从而减少重金属吸附或络合到垃圾的固相中。pH 值影响填埋场中各种元素的存在并决定它们的迁移,从而影响重金属的迁移、富集和转化。此外,重金属的迁移还易受 ORP、阳离子交换量和氧化性官能团等的影响。例如,羟酸是一种重金属螯合剂,其在垃圾降解过程中随着腐殖质的生成而逐渐增加。这些化合物非常活跃,能吸附大量重金属。由此可见,在垃圾降解稳定化过程中有诸多因素会影响重金属的迁移。

3.4.5.3 生物转化过程

微生物的参与对填埋场中金属的形态和迁移有重大影响。细菌和其他微生物可以通过生物矿化、细胞表面吸附、微生物氧化或还原以及金属离子的代谢吸收来影响重金属的迁移转化。

(1) 生物吸附

微生物主要通过胞外吸附、细胞表面吸附和胞内吸附来吸附重金属离子。胞外吸附主要通过微生物分泌的多聚糖、糖蛋白、脂多糖等胞外聚合物(extracellular polymeric substances,EPS)来络合或沉淀重金属离子。Suh 等[154]研究发现,*Aureobasidium pullulans* 分泌的 EPS 可与 Pb^{2+} 形成络合物,且随着 EPS 分泌的增多,Pb^{2+} 的溶解度下降。Zeng 等[155]研究发现,Sb(Ⅲ)、Cr(Ⅵ) 和 Cu(Ⅱ) 等重金属离子能刺激 *Bacillus* sp. S3 分泌 EPS,增强菌株对重金属的吸附和解毒能力。

表面吸附是指微生物通过带电荷的细胞表面来吸附重金属离子的过程,如革兰氏阳性菌细胞壁中的磷壁酸、肽聚糖、糖醛酸磷壁酸等成分含有大量阴离子官能团,因此能够有效地吸附重金属阳离子。而革兰氏阴性菌由于其细胞壁外层有较多的脂多糖,带较强负电荷,也能吸附重金属阳离子[156]。Rahman 等[157]研究发现,*Staphylococcus hominis* 可将 Pb^{2+} 和 Cd^{2+} 吸附在细胞表面,形成盐样沉积物。胞内吸附是指微生物体内主动吸收或吸附重金属离子,并将其沉淀或结合在细胞内的过程,可防止细胞内部组分的暴露。此外,微生物体内存在多种金属结合蛋白或肽,它们可以与重金属离子形成低毒或无毒的络合物,从而减小重金属离子对细胞内部的损害。目前研究较多的金属结合肽主要有金属硫蛋白和植物螯合肽,这两种金属结合肽均富含半胱氨酸,而半胱氨酸结构中的巯基能与重金属离子特异性结合,因此,金属硫蛋白和植物螯合肽在解除重金属毒性方面起着重要作用。

(2) 转化作用

重金属形态不同,其生物有效性和毒性也有较大差异,微生物则可通过氧化还原、甲基化、脱氢等生化反应将有毒的重金属离子转化为无毒或低毒的形态。甲基化分子往往是具有破坏性的,例如,Igiri 等[158]研究发现,Hg(Ⅱ) 可能会被 *Clostridium* sp.、*Pseudomonas* sp.、*Escherichia* sp. 和 *Bacillus* sp. 等细菌通过生物甲基化转化为气态甲基汞。微生物细胞可以将金属离子从一种氧化态转化为另一种氧化态,从而降低其毒性。SRB 可以通过硫酸盐还原来提高硫化物浓度,从而进一步生成不溶性金属硫化物,使渗滤液中的重金属离子失活。

综上所述,填埋场中的各类污染物,包括甲烷、含氮化合物、含硫化合物、VOCs 和重金属等,在物理、化学和生物作用下会发生迁移转化,若不加控制会严重污染周边土壤、地下水和大气环境。因此,在填埋场生态修复过程中,应针对各类污染物的特性做好污染物的处理与防控,以减小对生态环境的影响。

第 4 章 垃圾填埋场原位生物修复技术

垃圾填埋场是一个集垃圾-微生物-渗滤液-填埋气为一体的独特微生态系统,其具有储留垃圾、隔断污染、生物降解、污染物处理等功能。由于垃圾组成成分复杂,物理、化学和生物学的特性差异大,以及垃圾填埋场结构设计上存在问题——垃圾的"干墓穴"填埋、湿度低,无法为微生物生长提供一个适宜的条件。传统的垃圾填埋场通常是一个被动接受垃圾的系统,其中垃圾的生物降解是一个无任何控制的自然降解过程,从而导致填埋垃圾的稳定化时间长,通常需要持续几十年甚至上百年的时间。为了解决这些问题,在 20 世纪 70 年代,美国率先进行了渗滤液回灌技术的研究工作,发现与未经回灌处理的渗滤液相比,渗滤液循环回灌到填埋场后,其中的污染物浓度明显降低。此后,英国、加拿大、澳大利亚、德国和丹麦等也开始了垃圾填埋场生物反应器的研究与技术应用。近年来,随着垃圾填埋场污染治理的需求越来越大,以生物反应器技术为主的垃圾填埋场快速稳定化原位生物修复技术也有了广泛应用。本章从垃圾填埋场原位生物修复类型、原位生物修复组成系统、原位生物修复主要参数与设计、原位生物修复填埋场稳定化过程与评价及其数字化运维管理等方面,介绍了垃圾填埋场原位生物修复技术。

4.1 垃圾填埋场原位生物修复类型

垃圾填埋场原位生物修复技术主要指采用渗滤液回灌、营养物的添加、pH 值和氧气调控及微生物菌剂接种等方式来强化填埋场中的微生物作用过程,从而加速有机垃圾的降解和转化,促进填埋场快速稳定化,缩短后续维护期。根据垃圾填埋场的操作、渗滤液循环回灌方式、填埋气体渗透和空气注入系统的不同,垃圾填埋场原位生物修复方式可分为原位厌氧生物修复填埋场、原位好氧生物修复填埋场、原位准好氧生物修复填埋场、原位厌氧/好氧混合生物修复填埋场和联合原位生物修复填埋场[159]。

(1) 原位厌氧生物修复填埋场

原位厌氧生物修复填埋场主要采用回灌渗滤液和注入其他液体等方式,其他液体可包括地下水、雨水和渗透性降雨等。在原位厌氧生物修复填埋场中,将产生的渗滤液收集后重新注入垃圾堆体中,通过填埋垃圾重新分配营养物质和微生物,以促进垃圾原位厌氧生物降解。图 4-1 为原位厌氧生物修复填埋场的示意图,填埋场产生的渗滤液通过管道从填埋场底部排出,输送至渗滤液调节池或贮存池,然后渗滤液和/或其他液体被重新注入填埋场。与此同时,分解垃圾产生的填埋气体通过位于垃圾堆体内和填埋场顶部的管道收集后,可用于发电。此外,在垃圾填埋场周边设置监测井,定期进行地下水质监测。

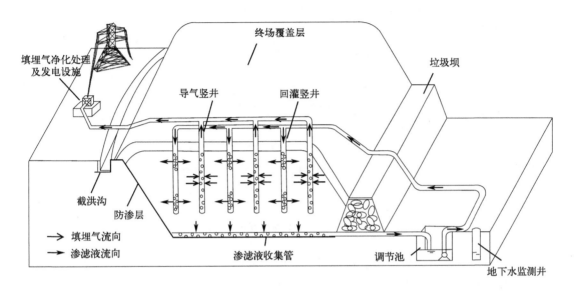

图 4-1　原位厌氧生物修复填埋场示意

与传统的垃圾填埋场相比,原位厌氧生物修复填埋场具有加速填埋垃圾降解和稳定化、降低渗滤液污染物浓度、增大填埋气体产量、提高甲烷气体回收利用效益、延长填埋场使用寿命等优势。原位厌氧生物修复填埋场是目前研究和应用最为广泛的一种填埋技术,最初,该技术主要宗旨为处理渗滤液并提高填埋气体产量,在随后的研究中发现其也可以加速填埋场的稳定化,在填埋场的生态修复方面也有应用前景。

(2) 原位好氧生物修复填埋场

原位好氧生物修复填埋场是通过强制通风设施(注气/抽气)和气体导排管道,将新鲜空气输送至垃圾堆体内部,使填埋垃圾堆体处于好氧状态;同时,监控填埋场内的温度、湿度和气体成分等的变化,以创造有利条件来促进垃圾的好氧生物降解,消除或降低有害物质危害,加快填埋场的循环速度,从而提高填埋场再开发利用的可能性。在原位好氧生物修复填埋场中,渗滤液从填埋场的底层排出,通过管道回灌入垃圾层;用鼓风机和抽风机将空气通过位于垃圾填埋场顶层的垂直或水平井,注入或抽出垃圾层;填埋场抽出废气经废气处理设施处理后排放(图 4-2)。同时,在垃圾填埋场周边设置监测井,定期进行地下水质监测。

原位好氧生物修复填埋场主要依靠填埋垃圾堆体中间隔均匀布设的注气井和抽气井进行强制通风,即通过注气风机将新鲜空气鼓入注气井,同时采用抽气风机在抽气井中形成负压,使空气流经整个填埋场,为填埋垃圾好氧生化降解提供充足的氧气,进而加速填埋垃圾的降解和稳定化过程。垃圾填埋场强制通风的主要作用可概括如下:

① 提供充足的氧气,确保填埋垃圾中好氧生物降解的发生。当氧气供应不足时,兼性和厌氧微生物将成为优势菌,垃圾降解将转化为厌氧发酵,垃圾降解速度变慢,垃圾堆体温

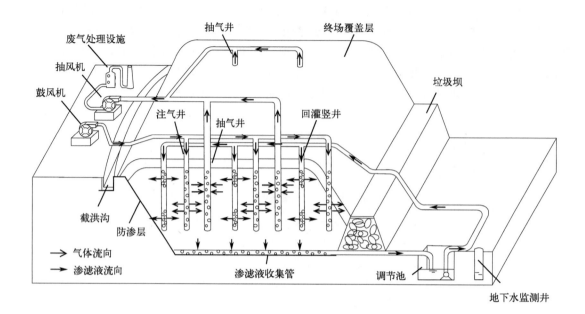

图 4-2 原位好氧生物修复填埋场示意

度降低。同时由于缺氧，垃圾中有机物质在发酵过程中只能部分氧化分解，会产生大量有毒的污染物和恶臭气体，如 H_2S 等。

② 控制填埋场内的温度。适宜的通风量可以保证氧气供应充足，促进垃圾好氧降解，提高填埋垃圾堆体温度（如 60℃ 左右的高温），消灭垃圾堆体中的有害病菌，改善填埋场无害化处理效果，同时可以降低填埋场污染物的排放量，从而降低环境风险。

③ 控制填埋垃圾堆体含水量。在保证填埋场垃圾降解最适宜温度的条件下，增加通风量可以促进垃圾堆体内水分的蒸发和排出，减少渗滤液的累积。这有助于降低渗滤液中污染物的浓度，减小对地下水的污染风险。

(3) 原位准好氧生物修复填埋场

原位准好氧生物修复填埋场是指在不提供额外供氧设施的情况下，利用渗滤液收集管的非满流设计，并在填埋场内部与外界环境的温差作用下，空气自然渗入垃圾堆体内部分区域，而使垃圾堆体同时形成好氧、缺氧和厌氧区域，促进有机物质的降解。原位准好氧生物修复技术不但可以加快填埋场的稳定化进程，有效降低垃圾渗滤液中污染物的浓度，同时还能减少甲烷的排放量。准好氧填埋场生物修复方式由于利用填埋场的特殊设计，无需额外通风曝气，经济性较强，目前，在日本一般废弃物的最终处置场中有着广泛应用。近年来，在一些垃圾填埋场治理工程中也采用了准好氧填埋技术的渗滤液收集管非满流设计，在安全导气的同时能够使填埋垃圾快速稳定化，其构造如图 4-3 所示。

(4) 原位厌氧/好氧混合生物修复填埋场

原位厌氧/好氧混合生物修复填埋场是一种新颖的填埋垃圾管理方法，具有好氧生物修复填埋场的优点且可降低连续注气的高成本，同时可解决厌氧生物修复填埋场中的渗滤液氨氮累积、垃圾降解稳定化速度慢等问题。在厌氧/好氧混合生物修复填埋场中，空气以一定比例、速率和时间间隔注入垃圾填埋场，以在垃圾填埋场内营造部分好氧的环境。通过这种方式，可在垃圾填埋场同时营造出好氧和厌氧区域，渗滤液在垃圾层中向下渗透时交替暴露

第4章 垃圾填埋场原位生物修复技术

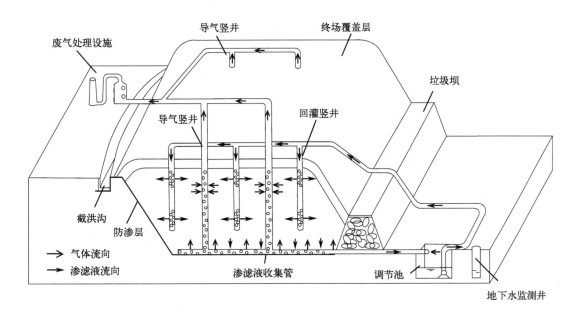

图 4-3 原位准好氧生物修复填埋场示意

于好氧和厌氧区域，有利于其中污染物的降解。在原位厌氧/好氧混合生物修复填埋场中，需要考虑空气注入位置、速度、周期以及垃圾分解阶段等因素，通过动态改变空气注入参数，实现垃圾的最佳分解，缩短垃圾填埋场的后期维护时间，并降低填埋场的环境负荷。

（5）联合原位生物修复填埋场

厌氧生物修复填埋场易出现酸积累和氨氮浓度长期居高不下的现象，不利于填埋垃圾好氧产甲烷阶段的快速启动，好氧原位生物修复填埋场和准好氧原位生物修复填埋场虽然能较快地降解垃圾，加快填埋垃圾的稳定化，但不能回收利用填埋气体。鉴于此，何若等[160]提出，可以将不同类型的生物反应器串联起来构成一个联合体，用以综合不同类型生物反应器的优点。由此，联合原位生物修复填埋场应运而生。常见的联合原位生物修复填埋场包括厌氧-厌氧和厌氧-好氧联合生物修复填埋场，也有学者提出多级厌氧和好氧联合生物修复填埋场，如厌氧-厌氧-好氧联合生物修复填埋场。

1）厌氧-厌氧联合生物修复填埋场

主要由填埋垃圾厌氧单元与厌氧矿化垃圾生物反应床、厌氧生物反应器，如上流式厌氧污泥床（up flow anaerobic sludge blanket，UASB）、厌氧流化床等反应器，串联而成（图4-4）。与单独的厌氧生物修复填埋场相比，厌氧-厌氧联合生物修复填埋场中有机物的降解效果更好、速度更快，能够加速填埋场的稳定化进程。该类填埋场的产气量也远远高于厌氧生物修复填埋场，甚至能达到单独厌氧生物修复填埋场产气量的10倍以上，并且填埋气体中的甲烷浓度高，可以达到70%以上，有利于填埋气体的回收利用[161]。但是，此类填埋场的两个单元均为厌氧环境，不利于系统中氨氮的去除，仍存在渗滤液中氨氮浓度高的问题。

2）厌氧-好氧联合生物修复填埋场

由填埋垃圾厌氧单元与好氧渗滤液处理反应器（如好氧矿化垃圾生物反应床等）串联形成。该类型的生物修复填埋场兼有厌氧和好氧生物反应器的优点。同时该类型生物修复填埋场有利于含氮化合物的降解，其中含氮化合物在好氧单元被氧化为硝酸盐和亚硝酸盐，之后

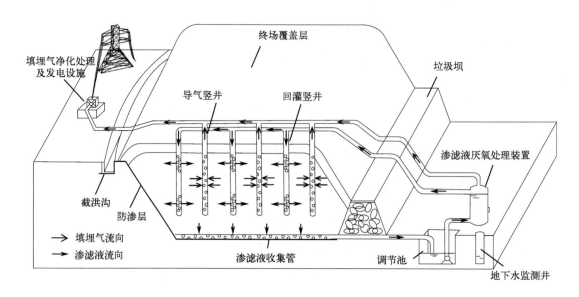

图 4-4 厌氧-厌氧联合生物修复填埋场示意

随渗滤液回灌至厌氧单元,在其中反硝化细菌的作用下生成氮气。然而,在渗滤液流经好氧单元时,部分氧气会被渗滤液携带至厌氧单元,对产甲烷菌产生毒害作用,降低填埋场甲烷的产量和产气率。与厌氧-厌氧联合生物修复填埋场相比,该类型的生物修复填埋场最大的优点是解决了渗滤液中的氨氮积累问题,但是好氧单元需要动力供氧,会在一定程度上增加基建成本和能耗,并且氧气会抑制产甲烷菌的活性,不利于能源的回收。

3) 厌氧-厌氧-好氧联合生物修复填埋场

是由三个单元串联而成的三级生物反应器:第一个厌氧单元通常为普通的垃圾填埋单元;第二个厌氧单元主要是厌氧型矿化垃圾生物反应床、UASB 反应器等;第三个好氧单元主要为普通的好氧生物反应器、好氧矿化垃圾生物反应床等。在该类型的生物修复填埋场中,含碳有机物在厌氧单元被降解转化为甲烷和 CO_2 等产物。含氮化合物的降解主要分为两个阶段:首先在好氧单元中,含氮化合物被氧化成硝酸盐或亚硝酸盐;然后在厌氧单元中,在反硝化细菌的作用下转化成氮气,从而被去除。厌氧-厌氧-好氧联合生物修复填埋场通过综合利用不同微生物菌群的功能,实现了高效去除污染物的目的,其中对 COD 去除率可以达到 90% 以上,氨氮去除率接近 100%。与厌氧-好氧联合生物修复填埋场相似,该类型的生物修复填埋场同样具有甲烷产量和产气速率低、基建和运行成本高的缺点。

综上,各类型原位生物修复填埋场的操作方式、优缺点与适用情况见表 4-1。

表 4-1 各类型原位生物修复填埋场的操作方式、优缺点与适用情况

类型	操作方式	优点	缺点	适用情况
原位厌氧生物修复填埋场	通过回灌渗滤液和注入其他液体(如地下水、雨水、渗透性降雨等)的方式,调节填埋场垃圾含水率、营养物质和微生物量	加速垃圾的降解与稳定化,提高填埋气体产气速率与产气量,增加填埋场库容,延长填埋场的使用寿命	厌氧环境会造成渗滤液中氨氮累积,增加后续处理难度;渗滤液回灌方式与回灌量控制不佳时,易影响渗滤液运移和累积,导致填埋场内部水位壅高	适用于正在运行的垃圾填埋场或封场前期填埋气体收集利用的垃圾填埋场

续表

类型	操作方式	优点	缺点	适用情况
原位好氧生物修复填埋场	通过强制通风设施和气体导排管路将空气输送到垃圾堆体内，并使用抽气风机将CO_2等气体从垃圾堆体中排出，同时回灌渗滤液和注入其他液体	快速垃圾降解与稳定化，消除或降低有害物质，减少甲烷的排放量，提高填埋场循环和再开发速度	工程投资大，技术要求高，气体污染物排放量大，需要进行气体污染物的收集与处理，填埋场污染防控难度大，管理复杂	适用于稳定化程度较高并进行开挖再利用的垃圾填埋场
原位准好氧生物修复填埋场	利用渗滤液收集管的非满流设计，使空气在填埋场内部与外界环境温差作用下渗入垃圾堆体内，同时回灌渗滤液和注入其他液体	垃圾降解与稳定化较快，减少甲烷排放，无需额外供氧设施，大幅度降低工程投资与运行成本	填埋场内水位较高或渗滤液淤堵时，空气扩散差，从而导致垃圾厌氧生物降解	适用于区域降雨量小的中小型垃圾填埋场
原位厌氧/好氧混合生物修复填埋场	空气以一定比例、速率和时间间隔注入垃圾堆体，同时回灌渗滤液和注入其他液体	垃圾降解与稳定化较快，具有好氧生物修复填埋场的优点，同时可降低连续注气的高成本	工程投资较大，垃圾填埋场污染防控难度较高	适用于封场后不再进行填埋气体收集利用的垃圾填埋场
联合原位生物修复填埋场	渗滤液经场外厌氧/好氧生物反应器处理后回灌到垃圾填埋场	加速垃圾降解与稳定化，减小渗滤液中污染物（包括氨氮）浓度，有利于填埋气体收集与利用	场外生物反应器操作控制需随渗滤液的水质、水量变化而变化，系统结构复杂，基建和运行成本较高	适用于正在运行的填埋场或封场前期填埋气体收集利用的垃圾填埋场

4.2 垃圾填埋场原位生物修复组成系统

垃圾填埋场原位生物修复的目的主要是营造填埋场中适宜生物降解的环境条件，加速填埋垃圾的生物降解和稳定化过程。垃圾填埋场的稳定过程是一个复杂的物理、化学和生物作用过程，受多种因素的综合影响，主要可以分为三大类：一是垃圾自身性质，包括有机物组成、营养比和微生物量等；二是环境因素，包括温度、pH值、氧气浓度和湿度等；三是填埋场的构造和运行方式。垃圾填埋场原位生物修复技术主要基于填埋场中的可控因素进行调控，主要有通风曝气、添加水分、添加营养物或调节剂、pH值调节和垃圾高效降解菌剂接种等方式。原位生物修复垃圾填埋场一般由气体系统、液体系统、污染隔离系统及数据监测与控制系统等组成。

4.2.1 气体系统

气体系统主要由注气、抽气和尾气处理系统等组成，其中注气和抽气系统是保障填埋垃圾堆体好氧环境的核心设施。该系统主要由正压的通风系统和负压的抽气系统组成，涉及的构筑物/设备主要有抽气井、抽风机、注气井、鼓风机和气体管道等（图4-5）。空气经通风系统注入填埋场内部，氧气在填埋场内被微生物利用后，剩余的尾气与产生的填埋气体依靠自身的压力或在抽气系统的作用下沿导排井和盲沟排向填埋场外。根据通风压力的不同，可将气体系统分为低压通风和高压通风系统两类。

4.2.1.1 低压通风系统

低压通风系统的正压差不超过0.3bar（1bar=10^5Pa），通常为20~80mbar。在大多数垃圾填埋场通风案例中，都采用了低压通风，旨在加速填埋垃圾的原位稳定化，主要有注气-抽气联合通风系统、主动通气系统、被动通风（排气）系统和能源自给自足的长期通气

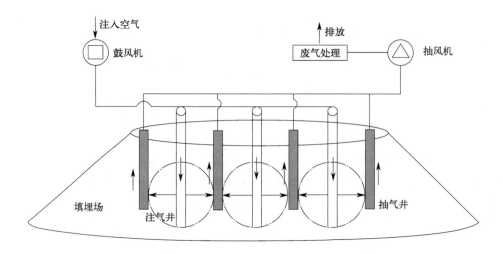

图 4-5 好氧生物修复填埋场中气体系统的主要组成

系统四大类。

(1) 注气-抽气联合通风系统

大多数低压通风系统采用注气-抽气联合通风系统，其主要操作是通过注气风机不断地将空气注入垂直注气井系统中，空气通过对流和扩散的方式分布于填埋垃圾层中，同时废气通过抽气风机进入抽气井和抽排系统，经废气净化设施处理达标后排放。注气-抽气联合通风系统可同时进行注气和抽气，其不仅可以有针对性地向垃圾堆体的缺氧区域中注入空气，而且布设在适当位置的注气和抽气井还可以控制垃圾内部的气流。

为了减少填埋场温室气体和气体污染物的排放量，必须对抽排的甲烷、臭气等污染物进行处理。例如，用生物法（如生物过滤器或生物洗涤器和生物过滤器的组合）处理抽排的废气，工艺简单、成本低，对低风量、小规模的废气具有较好的处理效果。

(2) 主动通气系统

主动通气系统是指向填埋垃圾层注气，但无同时运行的废气主动抽取系统。在这种情况下，填埋场覆盖层可在其原始条件下或在其强化甲烷生物氧化能力后起到生物过滤器的作用，对气体污染物进行净化。与注气-抽气联合通风系统相比，虽然前者可以较快地加速垃圾降解和显著地降低污染物排放量，但是垃圾填埋场主动通风系统只进行通风，未同时运行抽气系统和处理废气，操作工艺相对简单方便、成本低。

主动通风系统主要有两种形式：一种是在填埋垃圾层内建立垂直气井系统，进行注气；另一种是通过向填埋垃圾层下的非饱和土层注入空气。对于后者，土壤起到了空气分布层的作用，目的是使垃圾堆体自下而上均匀通风。

(3) 被动通风（排气）系统

被动通风是指通过垃圾填埋场表面或通过开放的抽气井将环境空气引入垃圾填埋场的过程。该方法由垃圾填埋场内产生的负压驱动，抽气井只在较深的垃圾层中穿孔，以增加受通风影响的填埋垃圾量，并避免填埋垃圾表层附近的短路。为了确保有效通风，通风系统可从表面开始运行，然后逐步转移到深层。通常抽气量应高于填埋垃圾的产气量，并且抽提的废气需要经过废气处理设施（如生物过滤器等）处理达标后排放。

在垃圾填埋场稳定化的不同阶段，抽提废气的组成相差较大。根据抽提废气中甲烷通量的不同,被动通风(排气)系统主要可分为初期和后期两个阶段。在初期阶段,由于填埋垃圾稳定化程度低,其产气速率较大,此时即使无填埋气体抽气系统的辅助,填埋气体也可以被动收集;当垃圾填埋场进行抽气时,由于抽气井穿孔尾部较短、气体抽提流量较大,抽提废气中的甲烷通量大于普通垃圾填埋气体中的抽提通量。在后期阶段,由于填埋垃圾的降解和稳定化,填埋气体中的甲烷浓度相对较低,同时由于填埋场中空气的渗入,填埋垃圾中发生好氧生物降解和甲烷氧化,抽提废气中的甲烷通量小于普通垃圾填埋气体中的抽提通量。

(4) 能源自给自足的长期通气系统

能源自给自足的长期通气系统包括直接安装在一些现有气井上的风力吸气器和由风轮驱动的气动空气泵,环境空气直接注入现有气井,从而为垃圾填埋场提供持续的氧气[95]。与上述主动和被动通风不同的是,能量自给自足的系统特别适合进行长期通风。该系统可在强制通风结束之后至适宜甲烷氧化的最终表面覆盖物安装前的过渡期间应用。从长远来看,通过持续的低空气供应可以避免填埋气体污染物的大量排放,可显著降低后续气体污染物处理负荷。

不同曝气方式示意见图 4-6。

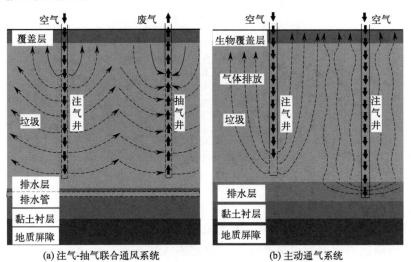

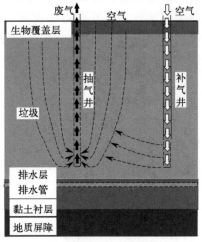

图 4-6　不同曝气方式示意[95]

4.2.1.2 高压通风系统

高压通风主要是通过喷枪释放冲击压力（高达 6bar）而实现的，使用的空气富含额外的氧气（高达 20%）和潜在的营养物。在压缩空气分配网中，每个喷枪都有一个快速释放阀，一旦达到规定的正压，该阀就会间歇打开，释放的气体能够穿透高度压实和弱压实的垃圾层。

为了最大限度地减少废气不受控制地释放，冲击压力概念还涉及一个由吸力喷枪组成的废气抽提系统。该系统与通风并列运行，抽气能力可提高 30%（与用于通风的气体量相比），收集废气经过废气处理设施（如生物滤池、活性炭等）处理达标后排放（图 4-7）。高压通风系统运行主要与垃圾填埋场开挖项目的实施有关，对于生物稳定、治理持续时间需要长达几年的填埋场，用这种操作系统处理废气还存在一些不足。

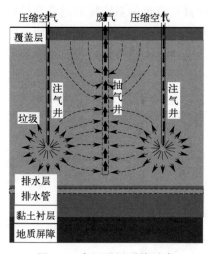

图 4-7 高压通风系统示意

4.2.1.3 准好氧注气系统

在原位准好氧生物修复填埋场中，渗滤液收集系统由一个中心穿孔管（主收集管）组成，在其两侧间隔适当距离铺设穿孔支管。管道嵌入级配砾石中（5～15cm），并以适当的坡度安装。主收集管末端为开放式渗滤液收集池，依照管道的设计，只有 1/3 的管道部分充满液体。在主收集管与支管的每个交叉点，以及在每个支管的末端，安装垂直气体通风井，井内填充级配砾石（最终填充在铁丝网中）。当渗滤液水头较低时，空气将通过这些管道流入垃圾层中。由于两个管道系统相连，环境空气和填埋气体会流经渗滤液收集管和气体通风井，从而促使空气扩散入填埋垃圾堆体中（图 4-8）。由于填埋垃圾中的温度比环境空气高，填埋垃圾层中的气体更倾向于上升并通过气井排出。因此，会产生负压虹吸效应，从而将更多空气吸入渗滤液收集管中[162]。近年来，准好氧的概念得到了略微扩展和调整。假设渗滤液水头增加，无法通过渗滤液管道引入环境空气，这时可以通过填埋场表面实现被动曝气。被动通风系统可以通过在适当间距安装额外的气体通风井来进行补充空气[163]。

4.2.2 液体系统

垃圾填埋场原位生物修复中的液体系统主要指渗滤液收集和回灌系统或液体注入系统。其中渗滤液收集和回灌系统是垃圾填埋场原位生物修复过程的重要系统之一，该系统一般由渗滤液收集、回灌及处理系统构成。

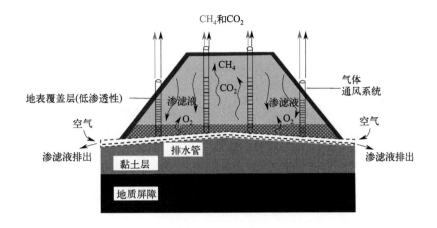

图 4-8 原位准好氧生物修复填埋场注气系统示意

4.2.2.1 渗滤液收集系统

渗滤液收集系统通常由导流层、收集盲沟、竖向收集井（导气石笼）、多孔收集管、集水池或集液井、提升多孔管、潜水泵、调节池及渗滤液水位监测井等组成，其主要功能是将填埋库区内产生的渗滤液收集起来，及时有效地导排出去，并通过调节池输送至渗滤液处理系统中。渗滤液累积在垃圾中会导致：

① 发生垃圾壅水的现象，使垃圾中有害物质大量释放出来，加重环境污染，增加后续渗滤液处理难度；

② 壅水会增加下部水平衬垫层荷载，增加了防渗衬垫的破坏风险，并影响垃圾堆体的安全稳定性，甚至会使渗滤液外渗，引发污染事故；

③ 渗滤液积存会导致填埋垃圾含水率过高，降低堆体的孔隙率，导致氧气无法顺利地在堆体内流通。

因此，有效收集和导排渗滤液是垃圾填埋场原位生物修复技术顺利开展的前提。在正常情况下，填埋场底部设置的渗滤液导排设施可以有效地排出渗滤液，以达到目标含水率。然而，随着填埋场运行时间的延长，由于物理、化学和生物等因素的影响，渗滤液收集系统会出现堵塞，导致底部导排层渗透系数下降，进而导致系统失效。在这种情况下，可以在垃圾堆体中设置抽水井，并采用压缩空气排水或直接使用潜水泵等进行排水。

4.2.2.2 渗滤液回灌系统

在垃圾填埋场原位生物修复过程中，收集到的渗滤液通常经暂存或初步水质调节后，部分或全部回灌至垃圾堆体内，经一次或多次循环后，再进入渗滤液处理设施进行处理。垃圾填埋场渗滤液回灌工艺流程如图 4-9 所示。

垃圾渗滤液回灌工艺可按时间、空间和回灌方式分类。根据回灌时间的不同，垃圾渗滤液回灌工艺可分为封场前回灌和封场后回灌。根据回灌空间的不同，垃圾渗滤液回灌工艺可分为地表回灌和地下回灌。根据回灌流程中回灌方式的不同，垃圾渗滤液回灌方式可以分为滴灌、喷灌、针注、水平井回灌和竖井回灌五种，其中滴灌和喷灌主要是利用地表水蒸发和填埋层内的生物降解作用来降低渗滤液中的污染物浓度，并促进水分蒸腾，减少渗滤液的水量；而针注、水平井回灌和竖井回灌则是将垃圾渗滤液引入填埋场的垃圾层中进行处理，以促进垃圾渗滤液中污染物的降解和稳定化，减小对环境的污染，其优缺点与应用范围

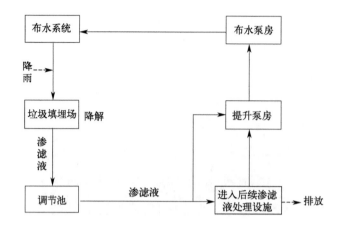

图 4-9 垃圾填埋场渗滤液回灌工艺流程

见表 4-2[164]。

表 4-2 不同回灌方式优缺点与应用范围

回灌方式		优点	缺点	应用范围
按时间划分	封场前回灌	能均匀地增加填埋垃圾的含水率,促进垃圾降解;增加库容;增加填埋场使用年限	增大垃圾的压实度,影响渗滤液的运移;造成更多填埋气体无组织排放,易引起大气污染	适用于对环境要求不高、降雨量小、蒸发量大的地区。常采用喷灌,也可采用滴灌、水平管回灌等
	封场后回灌	无臭气影响;能提高填埋气体收集率;最大限度地减少降雨入渗;自动化控制程度高	回灌不均,易造成不均匀沉降;渗滤液减量效果不明显;投资较大	适用于对环境要求较高、降雨量大、蒸发量小的地区,常采用竖井回灌,也可采用滴灌和水平管回灌等
按空间划分	地表回灌	运行管理简单;能均匀增加垃圾含水率,减少渗滤液含量	受气候影响较大;易形成地表径流而降低回灌效率;对深层垃圾回灌效果差;易引起大气污染	适用于对环境要求不高、降雨量小、蒸发量大的地区
	地下回灌	无臭气影响;能够最大限度地减少降雨入渗;对不同深度的垃圾均可回灌	投资大,技术要求高;易造成堵塞;设施运维难	适用于对环境要求较高的区域
按回灌方式划分	滴灌	运行管理简单;布水均匀	易堵塞;易受沉降影响;受气候冰冻影响	适用于对环境要求不高、降雨量小、蒸发量大的地区。可采用穿孔管回灌
	喷灌	设计简单;运行和建设成本低;覆盖面广;不易堵塞;操作灵活	易形成水雾造成恶臭污染;无法实施深层回灌;易受气候冰冻影响	适用于对环境要求不高、降雨量小、蒸发量大的地区。可采用喷头喷灌,也可以采用罐车喷洒
	针注	可根据需要移动;覆盖面大;设计和建造要求中等;易于修复或维护	易受气候冰冻影响;封场后应用受到限制;易堵塞	适用于对环境要求较高的区域
	水平井回灌	对地表和地下回灌均适用;基建和运行成本低;覆盖面广;维护检修简单	表面回灌时易形成径流	适用范围广,可分为浅层和深层回灌
	竖井回灌	设计简单;受气候影响小;易操作;劳动强度小;建设成本低	易造成不均匀沉降;不易维护,检修困难;可能形成断流现象,并存在气水混流的情况	适用范围广,尤其适用于回灌量大的情况,可分为单井和丛井两种回灌形式,也可分浅井和深井、大直径井和小直径井等回灌形式

4.2.2.3 渗滤液处理系统

在垃圾填埋场原位生物修复中，渗滤液循环回灌易引起厌氧填埋场中酸和氨氮等的累积问题，导致填埋场垃圾生物降解的"停滞"现象。同时，对于中小型垃圾填埋场，由于填埋气体产量小，难以回收利用。对此，研究者们采用了渗滤液处理后再回灌的方式进行再利用。例如，何若等[160]等研究了渗滤液经 UASB 处理后回灌到垃圾填埋场，发现该系统中的产甲烷作用主要集中在 UASB 生物反应器中，有利于填埋气的收集利用。同时渗滤液经过 UASB 生物反应器后，pH 值为中性或偏碱性，再回流到填埋场，可以避免渗滤液直接回流而形成的 pH 值梯度分布，保持填埋场垃圾层内微生物菌群的生态平衡，维持系统内高效、稳定的生物降解性能。同时，也大大节省了回灌型生物反应器填埋场所需的渗滤液 pH 值中和费用，从而降低了日常运行管理费用。马先芮[165]在瑞安东山垃圾填埋场中，采用以"预处理＋厌氧反应器＋A^2O＋MBR（膜生物反应器）＋芬顿氧化"为主体的工艺处理渗滤液后，将其排放到调理水池中，进行生物菌剂和药剂调配后回灌到垃圾堆体，以加速垃圾的稳定化。

此外，在垃圾填埋场生物修复过程中，对于不进行回灌的渗滤液，需要进入渗滤液处理系统进行处理，达到相关标准后排放。

4.2.3 污染隔离系统

为了提高生物修复效率，减小对周围环境的影响，垃圾填埋场原位生物修复过程中需要设置污染隔离系统，以建立一个相对封闭的环境，切断填埋场内渗滤液和填埋气体污染物向土壤和地下水迁移扩散的途径。垃圾填埋场污染隔离系统分为垂直防渗系统和水平防渗系统两类。由于垃圾填埋场原位生物修复通常是在垃圾填埋场的运行阶段，此时垃圾填埋场底部的水平防渗不宜再进行调整，因此原位生物修复垃圾填埋场污染隔离系统主要是指垂直防渗系统。

垃圾填埋场垂直防渗系统主要是利用在填埋场基础层下方存在的不透水或弱透水层，将垂直防渗墙建于其上，以便将填埋场气体和渗滤液封闭于填埋场之中。垂直防渗系统主要是防止渗滤液向周围渗透污染地下水和防止填埋场气体无控释放，同时也可阻止周围地下水进入填埋场。垂直防渗系统主要分为打入法施工防渗墙、开挖法施工防渗墙和土层改性法施工防渗墙三类。

（1）打入法施工防渗墙

打入法施工防渗墙是通过将预制好的防渗墙体构件以打夯或液压动力的方式将其打入土体中，形成一道连续的防渗屏障，主要有板桩墙、窄壁墙和挤压灌注防渗墙。

1）板桩墙

板桩墙采用木板、钢板或者塑料板制成的板桩作为防渗墙体构件，通过振动或打击的方式将其垂直夯入土体中。常用的板桩是外包铁皮的木板桩，由于钢板墙具有很高的密实性，目前应用较多。在夯入时，板桩间要用板桩锁连接，两板桩间要有重叠，间隙要保持闭合或进行密封，防止渗漏。此外，若长期暴露在某些化学物质中，板桩墙中的钢铁可能会被腐蚀，所以板桩墙要具有耐腐蚀性。板桩墙可采用单排或双排的方式，通常在较柔软土质或浅层地下水位较高的情况下使用。

2）窄壁墙

窄壁墙通常是通过挖掘沟槽，在挖掘的过程中采用振动或打夯等方式形成防渗墙中央空间，放入防渗板，然后用注浆管充填缝隙进行固结和加固。也可以使用液压动力将防渗墙体材料注入地下，形成连续的墙体。窄壁墙施工可以采用梯段夯入法和振动冲压法两种方法。梯段夯入法先夯入厚的夯入件，然后分梯段夯入，直至最薄的夯入件达到预设深度。当打夯结束后，把含有膨润土和水泥的浆液注入槽内，硬化后便形成了防渗墙体。振动冲压法是用振动器把板桩垂直打入土体中，直至进入填埋场基础层下方的黏土层里，然后采用注浆法充填板桩以外的空隙。在施工时振动板间需要排列和搭接闭合成一体，两板的间隙要保证闭合或封闭，否则会影响墙的防渗性能。板桩墙通常需要耐腐蚀。

3) 挤压灌注防渗墙

挤压灌注防渗墙施工是采用冲击锤或振动器将板桩夯入件打入目标深度，夯入件在土体中排挤出一个槽段空间，然后向其中灌注防渗浆材成墙。一般5~6个夯入件循环使用，在第3个和第4个夯入件打入后，前两个打入件可起出，向槽段灌注防渗浆材成墙。灌注浆材料可由膨润土、水泥、骨料（砂和粒径为0~8mm的砾石）和石灰粉加水混合而成。灌注浆材料各成分配比根据防渗墙体的渗透性、强度和可施工性等确定。防渗墙体材料应符合制成防渗墙体的渗透系数（$k \leqslant 10^{-7}$cm/s），并满足抗腐蚀性、可用泵抽吸、良好流动性、易于充填等要求。

(2) 开挖法施工防渗墙

开挖法施工防渗墙是通过开挖沟槽来构建防渗墙所需空间，在沟槽中注入浆液，然后灌注墙体材料，并将浆液排挤出而形成的防渗墙。防渗墙施工材料主要有水泥、骨料（砂、岩粉等）、塑性材料（钙、钠膨润土、黏土）、水和添加材料（稳定剂、挥发剂等）。当上述矿物防渗材料无法满足填埋场的防渗要求时，需要采取进一步的防渗措施。常用的方法是使用复合防渗系统，类似于基础衬层中的复合衬层系统，如使用柔性膜（如HDPE膜）和矿物材料复合组成复合垂直防渗系统。该方法防渗效果较好，但成槽成本较高，对施工设备和施工单位的要求也较高，故目前在国内应用较少。

(3) 土层改性法施工防渗墙

土层改性法施工防渗墙是通过充填、压密等方法使原土渗透性降低而形成防渗墙，主要有原土就地防渗墙、注浆防渗墙和喷射防渗墙。

1) 原土就地防渗墙

原土就地防渗墙是一种利用现场土壤材料构筑的防渗墙系统。通过筛选，挖出适合构建防渗墙的原状土，并加入水泥或其他充填材料，就地混合后重新回填到截槽中。为了确保连续施工，常采用膨润土浆液作为护壁。这种施工方法在美国得到广泛应用，适用于较浅的防渗墙。

2) 注浆防渗墙

注浆防渗墙是采用一定的注浆方法和压力把防渗材料通过钻孔注入土层，填充空隙并形成坚实的防渗体。注浆材料通常是由水泥、混凝土或化学材料等组成的浆液，例如黏土（或膨润土）、化学凝固剂、液化剂或以水玻璃为主的化学溶剂等。由于水玻璃耐久性差，一般只适用于临时防渗处理。

表4-3给出了部分注浆材料的成分与特点。例如，525号普通硅酸盐水泥与膨润土混合浆液能够有效地封堵裂缝和阻止水的渗漏，形成的垂直防渗墙渗透系数可达到10^{-6}~10^{-7}cm/s。为了进一步提高防渗效果，也可使用造价较高的超细水泥和添加剂浆液灌浆。为了提高注浆的防渗能力，可以在水泥注浆固化之后进行化学灌浆。化学灌浆材料有改性环

氧树脂、丙烯酸盐及木质素类材料等。水泥浆液不能注入砂层，特别不能应用于砾石层和带有大裂隙和孔隙的岩层，砂质黏土层只能注入化学溶剂。注浆防渗墙在我国的垃圾填埋场防渗中应用较广泛，对处理岩石裂隙的效果较好。但是，对于孔隙比较大的土体，特别是存在较大裂隙或孔隙的情况下，注浆防渗墙的施工则会面临一些挑战，如出现注浆压力难以控制、浆液乱窜、漏浆等现象。这可能会导致无法实现设计要求中 1L/min 的浆液注入率，从而影响到施工效果，在实践上适用性较差。

表 4-3　部分注浆材料的成分与特点

注浆材料	主要成分	特点
水泥浆液	水和水泥；水、水泥和添加剂；水、黏土和水泥	原材料来源广泛、成本低、无毒性、施工工艺简单方便；但水泥浆液稳定性较差、易沉淀析水、凝结时间长，并且由于水泥颗粒直径较大，注入能力在微细裂隙中往往受到限制
无机化学浆液	主要以水玻璃为主，水、水玻璃和非水溶性的固体物质混合	浆材来源广泛，造价低廉，注剂毒副作用小，不会污染环境，而且黏度低，可注性好；但其凝结时间不够稳定，可控范围较小，凝结体强度低，稳定性较差，主要用于临时或半永久性的工程中
有机高分子浆液	丙烯酰胺类、聚氨酯类、木质素类、环氧树脂类、不饱和聚酯类等	可注性好、凝结时间可调、充填密实度高；但材料制备工艺复杂，成本较高，部分高分子材料有毒，污染环境，不易于大量用于注浆施工中

3）喷射防渗墙

喷射防渗墙是指通过高压旋喷或摆喷方法使浆液与地基土搅拌混合，生成一个具有特殊结构、渗透性低、有一定固结强度的喷射柱或墙体。喷射防渗墙的注浆材料可以是水泥、膨润土和聚合物等，形成的防渗墙渗透系数可以达到 10^{-8} cm/s，固结强度达到 $10\sim20$ MPa。喷射防渗墙适用于处理淤泥、淤泥质土、砂土、人工填土、黏性土、黄土和碎石土等地基。

4.2.4　数据监测与控制系统

在垃圾填埋场原位生物修复过程中，为了避免造成安全隐患，保证垃圾填埋场稳定运行，需要对垃圾堆体温度和湿度、垃圾组分、填埋气体组成、渗滤液水位和水质、周围环境等参数进行监测和控制。垃圾填埋场原位生物修复中的数据监测与控制系统包括各种监测井、气体监测探头、温度传感器、湿度传感器及配套组件等，监测项目主要包括填埋场地环境质量、填埋场排放污染物和垃圾堆体的特性。

4.2.4.1　填埋场地环境质量监测

环境质量监测主要是对垃圾填埋场地周边地下水、地表水、声环境、大气环境和土壤等进行监测。

（1）地下水水质监测

参照《生活垃圾卫生填埋场环境监测技术要求》(GB/T 18772—2017)，基于填埋场地下水的水文地质条件，布设地下水监测系统。地下水监测项目为pH值、总硬度、溶解性总固体、氨氮、硝酸盐氮、亚硝酸盐氮、硫酸盐、氯化物、高锰酸盐指数、挥发性酚类、氰化物、砷、汞、六价铬、铅、氟、镉、铁、锰、铜、锌、粪大肠菌群。其中pH值、溶解性总固体、高锰酸盐指数、氨氮、硝酸盐氮和亚硝酸盐氮等项目污染监测井至少每2周测定1次，本底井的水质监测频率每个月至少1次，其他项目每季度测定1次。同时，地方环境保护行政主管部门应对地下水水质进行监督性监测，频率为每季度测定至少1次。

(2) 地表水水质监测

采样点设在填埋场厂界内地表水的排放口处。监测项目为pH值、色度、悬浮物、化学需氧量、总氮、挥发酚、硝酸盐氮、亚硝酸盐氮、硫化物、粪大肠菌群。每季度监测1次，雨季每次暴雨后应及时采样监测。

(3) 厂界环境噪声监测

按照《工业企业厂界噪声排放标准》（GB 12348—2008），根据填埋场声源、周围噪声敏感建筑物的布局及其毗邻的类别，在填埋场厂界布设多个监测点，其中包括距噪声敏感建筑物较近以及受被测声源影响大的位置。厂界环境噪声每月监测1次。

(4) 大气环境质量监测

按照《环境影响评价技术导则 大气环境》（HJ 2.2—2018），在填埋场区及主导风向下风向厂界100m范围内共布设3个监测点，其中填埋场区2个，厂界1个。监测指标为：H_2S（小时值）、NH_3（小时值）、CH_4（小时值）、TVOC（总挥发性有机物，8h平均值）和臭气浓度（小时值）。监测应在最不利季节进行，小时监测取8:00、12:00和16:00三个时段，日均值监测需20h以上，所有点位和所有因子连续监测7d。同步记录监测点位坐标、总云量、低云量、气温、风向及风速等。

(5) 填埋场地周边土壤质量监测

参照《土壤环境监测技术规范》（HJ/T 166—2004）、《建设用地土壤污染状况调查 技术导则》（HJ 25.1—2019）、《地块土壤和地下水中挥发性有机物采样技术导则》（HJ 1019—2019）和《建设用地土壤污染风险管控和修复监测技术导则》（HJ 25.2—2019）等，进行填埋场地周边土壤取样。监测项目包括（但不限于）pH值、有机质、氯化物、硫酸盐、氨氮、硝酸盐氮、亚硝酸盐氮、氨氮、总氮、砷、镉、铬、铜、铅、汞、镍、锌、邻苯二甲酸二（2-乙基己基）酯、邻苯二甲酸丁基苄酯、邻苯二甲酸二正辛酯等。其中pH值、有机质、氯化物、硫酸盐、氨氮、硝酸盐氮、亚硝酸盐氮、氨氮、总氮每6个月至少监测1次，其他项目每年监测1次。

4.2.4.2 填埋场污染物排放监测

(1) 无组织排放和固定污染源大气污染物监测

参照《大气污染物无组织排放监测技术导则》（HJ/T 55—2000）和《固定污染源排气中颗粒物测定与气态污染物采样方法》（GB/T 16157—1996），进行填埋场无组织排放大气污染物和固定污染源大气污染物采样点设置和采样，每月监测一次。测定指标包括臭气浓度、甲烷、总悬浮颗粒物、硫化氢、甲硫醇、甲硫醚和二甲基二硫醚、氨和二氧化硫。

(2) 填埋气体安全性和组分监测

填埋气体安全性监测在填埋工作面上2m以下高度范围内和填埋气体导气管排放口应每日1次；在场内填埋气体易于聚集的建（构）筑物内监测宜采用在线连续监测，监测指标主要包括甲烷、二氧化碳和氧气。填埋气体成分监测应每月1次，检测指标主要包括甲烷、二氧化碳、氧气、硫化氢和氨等。

(3) 渗滤液和外排水水质监测

渗滤液水质指标采样点应设在垃圾渗滤液处理设施入口，若无渗滤液处理设施，则采样点应设置在渗滤液集水井处。渗滤液处理设施外排水采样应设在处理设施排放口。渗滤液和外排水检测项目主要包括pH值、色度、化学需氧量、五日生化需氧量、悬浮物、总氮、氨氮、总磷、氟化物、氰化物、总有机碳、可吸附有机卤素、锌、粪大肠菌群、总汞、镉、总铬、六价铬、总砷、石油类和动植物油类。其中pH值、化学需氧量、总氮和氨氮应每天测定1次，而其他项目应每季度测定1次。

4.2.4.3 垃圾堆体监测

(1) 垃圾堆体渗滤液水位监测

依据渗滤液导流层和填埋气体导排管的分布情况，确定监测点数量和位置，一般每2000m^{2}可布设一个监测点。填埋库区工况较复杂时，可适当增加布设点数。每月监测1次，降雨季监测频率每月至少2次。

(2) 填埋垃圾特性监测

采用分区分点对填埋垃圾进行取样，在每个区点采用分层多点采样法，视情况具体分层，每层取样5～7个点。监测项目为pH值、含水率、挥发性固体、BDM、纤维素、半纤维素、木质素等。其中厌氧和联合生物修复填埋场为每年监测1次，原位准好氧和厌氧/好氧混合生物修复填埋场为每半年监测1次，原位好氧生物修复填埋场为每季度监测1次。

(3) 垃圾堆体温度监测

在原位生物修复填埋场中，特别是在原位好氧生物修复填埋场中，需要设置在线垃圾堆体温度监测系统。一旦监测到填埋垃圾堆体温度高于75℃，应减缓或停止注入空气，同时可向周边井回灌液体，以降低垃圾堆体温度[166]。

4.3 垃圾填埋场原位生物修复主要参数与设计

原位生物修复垃圾填埋场一般由气体系统、液体系统、污染隔离系统及数据监测与控制系统等组成，其中污染隔离系统及数据监测与控制系统在各类工程中有着广泛应用，在填埋场生物修复工程中鲜少出现争议或设计难点，但气、液两系统涉及相当多的工艺参数，本节着重从原位生物修复垃圾填埋场的气体、液体系统以及垂直防渗的关键参数设计进行介绍。

4.3.1 通风量与井位布置

4.3.1.1 通风量

通风量是影响垃圾填埋场原位生物修复效果的重要参数，其主要作用在于：a. 提供氧气，以促进垃圾生物降解；b. 通过控制通风量，调节至最适温度；c. 在维持最适温度的条件下，加大通风量可以去除水分。通风量是影响垃圾填埋场生物修复效果的重要参数。一般垃圾填埋场中，好氧生物修复的适宜氧气浓度为16%～21%，当氧气浓度低于10%时会严重抑制好氧生物降解[23]。由此可见，如果通风量不足，垃圾堆体会出现缺氧现象；如果通风量过大会带走堆体内的水分，导致堆体湿度降低，同时还会引起垃圾堆体温度下降，进而影响垃圾降解速率。因此，在垃圾填埋场原位生物修复中，需要根据实际情况设计合适的通风量，以平衡好氧环境、水分和温度等因素。

理想的通风控制应根据不同阶段的需氧量提供不同的通风量，但实际操作起来却难以实现。因此准确计算堆体的通风量就显得非常重要。目前，垃圾堆料的通风量通常采用孔隙率、可生物降解有机物量和最大耗氧速率进行计算。

(1) 孔隙率计算法

填埋垃圾孔隙率等于填埋垃圾孔隙体积与总体积之比。杨旭等[167]认为，在垃圾填埋场原位好氧生物修复过程中，需要在3d内完成垃圾堆体内气体的全部置换，则孔隙率计算法可表示为：

$$Q = \frac{V_G r_p}{3 \times 24 \times 60} \tag{4-1}$$

式中　Q——填埋场通风量，m^3/min；
　　　V_G——垃圾填埋场总堆体体积，m^3；
　　　r_p——垃圾堆体的孔隙率，%。

采用该方法时，需要先检测获得垃圾堆体的平均孔隙率。通常填埋垃圾的孔隙率为40%～52%，比一般压实黏土衬垫的孔隙率（约为40%）要高。假设填埋垃圾的孔隙率为45%，则$1.0 \times 10^6 m^3$的垃圾堆体需要设置一台$100m^3/min$的鼓风机。

(2) 可生物降解有机物量计算法

在垃圾填埋场生物修复过程中，通风主要有供氧、散热和去除水分3种作用，在不同的填埋过程中通风的作用不同。在填埋场好氧生物修复初期，通风的作用是提供氧气，促进垃圾进行好氧生物降解；在中期，通风起供氧、散热冷却的作用；在后期，通风的作用在于降低填埋垃圾的含水率，有利于后续填埋垃圾的开挖筛分。因此在垃圾填埋场原位生物修复的过程中，通风量可采用降解可生物降解有机垃圾所需的通风量进行计算。

填埋垃圾中可生物降解有机物所需的通风量计算公式如下：

$$Q = \frac{O_s m_G (1-r_s) Y_s k_s \times 22.4 \times (273+T)}{t \times 365 \times 24 \times 60 \times M_{O_2} \times 0.21 \times 1000 \times K_{O_2} \times 273} \tag{4-2}$$

式中　m_G——填埋垃圾湿重，kg；
　　　O_s——有机垃圾降解需氧量，g O_2/kg VS；
　　　r_s——垃圾的含水率，%；
　　　Y_s——垃圾中的挥发性有机物含量，%；
　　　k_s——挥发性有机垃圾的降解系数，%；
　　　T——环境温度，℃；
　　　t——治理年限，a，取值一般为2～3a；
　　　M_{O_2}——氧气的摩尔质量，32g/mol；
　　　K_{O_2}——氧气的利用率，%；
　　　0.21——指标准状况下空气中氧气浓度为21%。

实际上，垃圾填埋场中仅可生物降解有机垃圾可在生物修复过程中与氧气反应，而填埋垃圾中除可生物降解有机物外还有很多人工合成的有机物，这部分垃圾的存在会严重干扰通风量的计算。鉴于此，吕秀芬[168]提出了基于垃圾中BDM的通风量计算方法：

$$Q = \frac{m_G (1-r_s)(C_0 - C_e) K_r L_{BDM} \times 22.4 \times (273+T)}{t \times 365 \times 24 \times 60 \times M_{O_2} \times 0.21 \times 1000 \times K_{O_2} \times 273} \tag{4-3}$$

式中　C_0，C_e——修复前后垃圾中BDM的含量，%；
　　　K_r——治理达标率，%；
　　　L_{BDM}——BDM好氧降解潜力，即降解单位质量的BDM所需氧气的质量，g O_2/kg BDM。

相比挥发性有机垃圾含量，BDM 含量能更准确地表征垃圾填埋场原位好氧生物修复过程中的耗氧物质含量。对老龄垃圾填埋场而言，各类易降解垃圾已降解完全，而木质素在生物修复期间降解程度低，主要的可降解部分为纤维素和半纤维素，基于填埋垃圾中可生物降解有机垃圾降解的理论需氧量及含量加权平均计算 L_{BDM}，比基于有机垃圾概化分子式计算更为准确。

氧气利用率是垃圾填埋场原位好氧生物修复过程中的一个重要参数，其可以采用抽气井口气体中的氧气浓度（C_s,%）进行计算：

$$K_{\text{O}_2} = \frac{0.21 - C_s}{0.21} \tag{4-4}$$

在不同的垃圾填埋场中，由于填埋垃圾量、填埋深度、垃圾渗透率等特性的不同，氧气利用率存在很大差异。在国外好氧稳定化示范项目中，氧气利用率仅为 15%～22%；我国填埋场由于存在环境复杂、填埋深度大、通风控制系统不完善等问题，该值仅为 8%～15%[169]。由此可见，实际氧气利用率较低。因此，为保证垃圾堆体的好氧条件，填埋场在设计时需要根据填埋垃圾量、填埋深度等特性，留出一定的安全系数。

(3) 最大耗氧速率计算法

在填埋垃圾生物降解过程中，由于微生物的种类、繁殖速度和代谢快慢程度的不同，耗氧速率也不一样，为了满足填埋垃圾生物降解过程中的最大需氧量，可以根据填埋垃圾生物降解的最大耗氧速率（$R_{\text{O}_2 \max}$）计算通风量（Q）：

$$Q = \frac{m_G(1 - r_s) R_{\text{O}_2 \max}}{24 \times 60 \times 1000} \tag{4-5}$$

式中　$R_{\text{O}_2 \max}$——垃圾生物降解的最大耗氧速率，L/(kg·d)。

通风量随填埋场条件（如垃圾渗透性和各向异性）和运行参数（如通风压力）的变化而变化，一般在 0.02～0.3L/(kg·d) 之间。

从理论上讲，填埋过程中的需氧量取决于需氧化的碳量，但由于填埋垃圾的组成和特性各不相同，可能包含各种不同类型的有机物和其他化学物质。这些物质的分解速率和产生的代谢产物也存在一定的差异，因此无法简单地根据垃圾的含碳量来精准确定需氧量。目前，研究者往往通过测定堆层中的含氧量和耗氧速度来了解填埋垃圾层中的生物活动过程和需氧量，从而对填埋场的通风系统进行调整和控制，以维持合适的通风量。

4.3.1.2　井位布置

(1) 井位布置方式

注气井和抽气井是原位有氧生物修复填埋场的重要构筑物。若垃圾填埋场注气井和抽气井布置间距小、交叠区域多，则有助于布气均匀、避免死角。在原位好氧生物修复填埋场中，常用的井位布置有井字形和梅花形，其分别由 4 座和 6 座注气井组成正多边形，一个抽气井位于中心（图 4-10）。这两种布置方式都能够提供良好的通风效果，有效控制填埋场内的气体浓度，并且当遇到某个抽气井故障时，其余任意抽气井都可以抽取故障抽气井影响半径内的填埋气体，确保填埋场布气的均匀性、避免死角的产生，减小对好氧生物修复治理效果的影响。

(2) 井间距

垃圾填埋场中注气井和抽气井间距的设计是好氧生物修复的重要环节之一。由于填埋垃

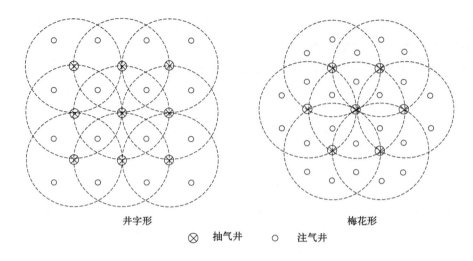

图 4-10 注气井和抽气井布置形式

圾深度、含水率、渗透系数等不同，垃圾填埋场的注气井和抽气井间距设置也不同。主要有井间距经验数值法和井压差-影响半径模型法两种。

1）井间距经验数值法

在缺乏测试条件的情况下，垃圾填埋场的注气井和抽气井间距设置也可以借鉴经验数据。一般注气和抽气单井影响半径只有 20～30m，在大多数工程中，注气井和抽气井间距一般布设为 10～30m。当填埋垃圾深度大、含水率高、渗透系数小，垃圾堆体中存在常年包气带时，不利于垃圾堆体中气体的迁移扩散，填埋场中注气井和抽气井间距可选较小的距离。

2）井压差-影响半径模型法

目前垃圾填埋场中注气井和抽气井间距没有统一的确定方法，现场影响半径测试是最准确的计算井间距的方法。在原位好氧生物修复填埋场中，由于注气井和抽气井中鼓风机和抽风机的作用，垃圾堆体不同井位间存在压力差，从而影响其中气体的迁移扩散。垃圾填埋场原位生物修复过程中，双井气体迁移模型原理示意见图 4-11。

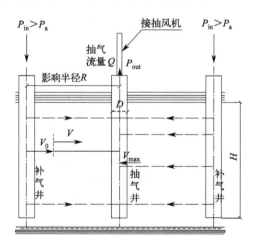

图 4-11 双井气体迁移模型原理示意

假设：a. 井间垃圾堆体仅存在横向压力梯度，不考虑竖向压力梯度；b. 堆体内部产气为稳定状态，产气量可设为零；c. 抽气井与补气井间气体迁移系统达到稳定状态；d. 抽气井周围的气体呈等流速分布，在进入抽气井时径向流速达到最大值；e. 井间气体迁移速度符合一级动力学衰减规律和达西定律。

在负压抽气条件下，气体在向抽气井迁移的过程中，于井周呈等流速分布，且随与抽气井中心距离的增加，气体迁移速度可近似符合一级动力学衰减规律：

$$v = v_{\max} e^{-k(r-\frac{D}{2})} \tag{4-6}$$

式中　v——气体向抽气井中的迁移速度，m/s；
　　　$v_{\max}$——气体进入抽气井时径向最大迁移速度，m/s；
　　　r——气体距抽气井中心的距离，m；
　　　k——气体的衰减系数；
　　　D——抽气井直径，m。

由多孔介质流体力学理论可知，气体迁移速度随 r 的增加亦符合达西定律：

$$v = K_h \frac{dP}{dr} \tag{4-7}$$

式中　K_h——垃圾堆体渗透系数，m²/(Pa·s)；
　　　dP/dr——抽气井周边沿水平方向的气体压力梯度，Pa/m。

由式(4-6)和式(4-7)可建立抽气井抽气条件下的气体压力分布简易模型：

$$v_{\max} e^{-k(r-\frac{D}{2})} = K_h \frac{dP}{dr} \tag{4-8}$$

设边界条件为：

$$\lim_{r \to R} P(r) = \Delta P + P_{in} \tag{4-9}$$

$$\lim_{r \to \frac{D}{2}} P(r) = -P_{out} \tag{4-10}$$

$$Q = \pi D H v_{\max} \tag{4-11}$$

式中　$P(r)$——气体距抽气井中心距离 r 处的压强，Pa；
　　　ΔP——填埋场内部影响半径处的相对压强，Pa；
　　　P_{in}——补气井压强，Pa；
　　　P_{out}——抽气井抽气负压，Pa；
　　　Q——抽气井抽气流量，m³/min；
　　　H——抽气井井深，m。

在此条件下对式(4-9)和式(4-10)求解，可得：

$$P_{in} - P_{out} = \int_{\frac{D}{2}}^{r} \frac{Q}{K_h \pi D H} e^{-k(R-\frac{D}{2})} dR \tag{4-12}$$

假设影响半径 R 定义为：在径向距离 R 处，外迁移气量（Q_R）与单井抽气量（Q）之比不超过10%，即：

$$\frac{Q_R}{Q} \approx 0.1 \tag{4-13}$$

则可得：

$$P_{in}-P_{out}=\frac{Q\left(\dfrac{D}{20R}-1\right)\left(R-\dfrac{D}{2}\right)}{\pi K_h DH\ln\dfrac{D}{20R}} \qquad (4-14)$$

模型中关键参数为垃圾堆体渗透系数 K_h，其值随着填埋垃圾含水率、垃圾堆体压力及新鲜和腐熟垃圾的变化而变化。在缺乏现场试验的情况下，可根据现场填埋垃圾密度和含水率，参考彭绪亚等[170-171]的经验数据，选择适合的 K_h（表4-4和表4-5）。

表4-4 K_h 随填埋垃圾密度的变化情况

垃圾密度/(t/m³)	0.6	0.7	0.8	0.9	1.0	1.1	1.2
新鲜垃圾 $K_h/[10^{-3} m^2/(Pa·s)]$	29.80	10.50	3.54	1.16	—	—	—
混合垃圾 $K_h/[10^{-3} m^2/(Pa·s)]$	19.90	8.32	3.98	1.61	—	—	—
腐熟垃圾 $K_h/[10^{-3} m^2/(Pa·s)]$	—	—	6.47	3.17	1.47	0.69	0.23

表4-5 填埋垃圾密度为 0.9t/m³ 时 K_h 随含水率的变化

新鲜垃圾	含水率/%	44.3	45.4	46.5	47.5	48.5	—
	$K_h/[10^{-3} m^2/(Pa·s)]$	5.49	4.93	4.36	3.99	3.65	—
腐熟垃圾	含水率/%	9.3	13.4	17.5	21.6	25.8	29.9
	$K_h/[10^{-3} m^2/(Pa·s)]$	0.59	0.55	0.48	0.46	0.44	0.30

若可以现场测定垃圾渗透系数 K_s(m/s)，则 K_h 可用式(4-15)进行拟合：

$$K_h=1.02\times 10^{-4} K_s \qquad (4-15)$$

式中 1.02×10^{-4}——拟合系数，m/Pa。

井间距可用单井影响半径进行计算，即：

$$x=2R\cos 30° \qquad (4-16)$$

式中 x——井间距，m；

R——单井的影响半径，m。

例如，在北京石景山垃圾填埋场好氧治理工程中，发现单井影响半径为15m时垃圾好氧降解反应需要的氧气浓度最佳。因此，在其井位布置时，采用式(4-16)计算得出 $x=25.98$m，在实际工程中井间距采用25m。

(3) 井结构

在垃圾填埋场有氧生物修复过程中，主要有抽气井、注气井和补气井三类。

1) 抽气井

抽气井直径一般为800mm，井深为自场底向上1m或自场底渗滤液液位以上1m至堆体顶部以上1m。抽气井内置DN100（De110）的HDPE管，自井底向上1m，每间隔2m设置1段穿孔管，共设置2~3段。管外至井筒之间下部填充级配碎石，避免管道堵塞，上部由膨润土压实，避免漏气[图4-12(a)]。

抽气井内同时设置温度和湿度传感器，传感器及导线设置于保护套管内。在井口处使用一段软管来连接抽气管，以减小井位沉降时对管道的应力和影响，提高系统的稳定性和耐久性。另外，在抽气井的出口处设置过滤装置，以防止主管内的悬浮物进入风机，避免堵塞和损坏风机。

2) 注气井

注气井与抽气井结构类似，在实际工程中注气井与抽气井也可以互换运行。

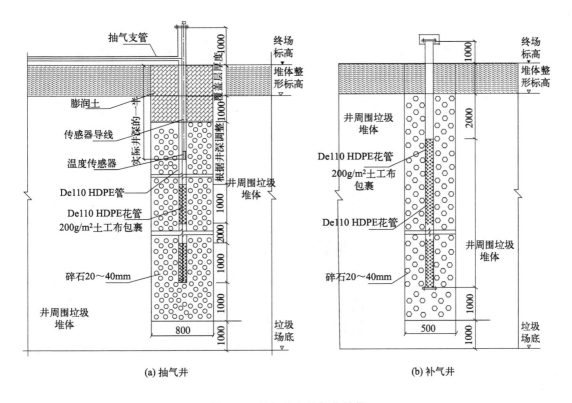

图 4-12 抽气井和补气井结构

3）补气井

与抽气井相比，补气井结构较简单，其直径一般为 500mm，井深为自场底向上 1m 或自场底渗滤液液位以上 1m 至堆体顶部以上 1m。井中心设置 DN100 的 HDPE 穿孔花管。花管一般距场顶 2~3m 开始穿孔，管外至井边缘填充适宜粒径的级配碎石。井头设置开闭装置，可根据堆体内含氧量的要求控制补气强度[图 4-12(b)]。

另外，某些平原形填埋场渗滤液导排难度较大，部分补气井可兼作抽水井。

4.3.1.3 注气和抽气压力

注气和抽气压力是原位好氧生物修复过程中风机选型的依据，与注气和抽气流量以及气井影响半径等密切相关。抽气压力与抽气管直径、影响半径、井深和渗透系数的关系可用式 (4-17) 简易模型表示[168]，其中抽气压力与单井抽气量和抽气影响半径成正比，与气体水平方向渗透系数和抽气井深成反比。

$$P_{out} = \frac{Q\left(\dfrac{D}{2} - R\right)}{\pi K_h DH \ln \dfrac{D}{20R}} \tag{4-17}$$

式中　P_{out}——抽气压力，Pa；

　　　Q——单井抽气量，m^3/s；

　　　D——抽气管直径，m；

　　　R——抽气井影响半径，m；

H——抽气井井深，m；
K_h——气体水平方向渗透系数，$m^2/(Pa \cdot s)$。

在实际垃圾填埋场生态修复过程中抽气管直径 D 的取值一般为 0.1m，抽气量为 0.001~0.03m^3/s，单井影响半径为 15~25m，垃圾堆体渗透系数为 10^{-7}~$10^{-5}$$m^2/(Pa \cdot s)$，井深为 3~25m。

曝气压力、影响半径与井深、水平渗透系数和单井曝气量的关系与抽气压力相似，可用图 4-13 表示[172]。

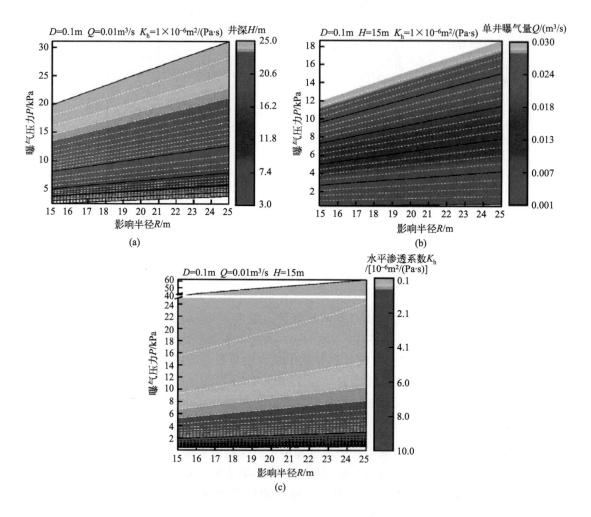

图 4-13　井深、单井曝气量及水平渗透系数与曝气井影响半径和曝气压力的关系

在曝气管直径 D 为 0.1m、曝气量 Q 为 0.01m^3/s 和渗透系数 K_h 为 $1 \times 10^{-6}$$m^2/(Pa \cdot s)$ 的条件下，随着曝气压力的增大，单井影响半径逐渐增大。井深为 3~7.4m 时，单井影响半径随曝气压力变化显著；曝气压力为 5kPa 时，单井影响半径超过了 25m；随着井深增大，曝气压力的增加使影响半径的增加逐渐减小；当井深为 25m、单井影响半径从 15m 增加至 25m 时，曝气压力需要从 20kPa 增至 30kPa 以上。因此，从技术经济合理性的角度考虑，井深一般不应超过 25m，最好控制在 20m 内。

在曝气管直径为0.1m、井深为15m和渗透系数为$1\times10^{-6}m^2/(Pa\cdot s)$条件下,当曝气量小于$0.007m^3/s$,曝气压力为4kPa时,单井影响半径达到25m以上;随着曝气量和影响半径的增大,曝气压力逐渐增大。

在曝气管直径为0.1m、曝气量为$0.01m^3/s$和井深为15m时,随着垃圾堆体渗透系数的增大,曝气压力逐渐减小;当垃圾堆体水平渗透系数为$3\times10^{-6}m^2/(Pa\cdot s)$、曝气压力为2kPa时,单井影响半径可达到25m以上;当垃圾堆体水平渗透系数下降为$1\times10^{-6}m^2/(Pa\cdot s)$时,单井影响半径要达到25m,需要的曝气压力为6~8kPa;当垃圾堆体水平渗透系数低于$1\times10^{-6}m^2/(Pa\cdot s)$时,曝气压力随水平渗透系数的下降,出现急剧增长。因此,从技术经济合理性的角度考虑,进行垃圾填埋场原位好氧生物修复时,垃圾堆体水平渗透系数最好控制在$1\times10^{-6}m^2/(Pa\cdot s)$以上。

4.3.1.4 管路系统布设

管路系统布设是否合理对垃圾填埋场原位好氧生物修复起着重要的作用,合理的管路布设可以有效地避免管路短路或管路损失过大,确保抽气和布气的均匀性。管路布设主要有集中、分区和切换模式。

(1) 集中模式

有些非正规垃圾填埋场由于填埋年代久远,且垃圾混合填埋、无分区,整个填埋场内垃圾的特征基本相同。垃圾填埋场在进行有氧生态修复中可采用统一布设管路,集中控制。图4-14为原位好氧生物修复填埋场集中模式布设管路图,沿垃圾堆体顶部分别设置抽气主管及注气主管,主管连接支管,每根支管连接10~20座抽气或注气井,通过强制通风使堆体内处于好氧状态,以进行生物反应。气体水平输送管路使用PP(聚丙烯)管,管径选择根据风量及流速等参数计算,一般有DN250、DN200和DN110等型号。该布置方式可使堆体内所有井位同时工作,由于支管较多,一般用于面积不大于$100000m^2$垃圾填埋场的好氧生物修复。若好氧生物修复面积较大时,则填埋场集中控制涉及的主支管路较多,控制难度较大。

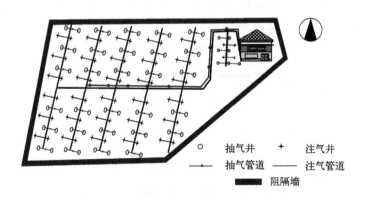

图4-14 抽气井与注气井集中模式布设管路图

(2) 分区模式

某些非正规垃圾填埋场填埋年限较长,填埋垃圾具有明显的区域特征,可以根据填埋垃圾年限、垃圾特性及场地特征等,将垃圾填埋场分区布设管路,每个区域设置一座工作站,

由设备区分别接出平行的主管,连接各工作站(图 4-15)。该布置模式的优点:

① 可根据填埋垃圾稳定化程度的不同,采用不同的抽气和注气量,以降低运行成本;

② 工作人员可在区域工作站对其井内温度、湿度、气体浓度等监测数据进行管控,调节操作参数,可节省人力,降低运行成本;

③ 该布置适用于原位好氧、厌氧/好氧混合生物修复填埋场。

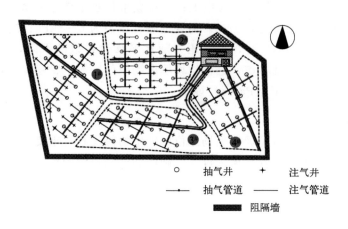

图 4-15 抽气井与注气井分区模式布设管路图

(3)切换模式

为了减少注气量、降低渗滤液和气体污染物的排放及节省运行成本,垃圾填埋场在有氧生态修复时,可进行垃圾堆体内通风量的注气井与抽气井间互换。图 4-16 为有氧生物修复填埋场切换模式布设管路图。在堆体顶部设置 2 根主管,若干根支管,其中 1 根主管接大风量风机,以确保堆体内有足够的氧气,促进有机垃圾的好氧降解;另 1 根主管接小风量风机,用于维持堆体内微负压状态,使得堆体呈现好氧、缺氧和厌氧区域共存的环境,以实现最佳的微生物降解效率、最低的能耗以及最好的污染物处理和成本控制效果。为了实现垃圾填埋场生物修复的高效、低能耗、低污染物排放和低成本,可将堆体内通风量大小进行切换。此外,垃圾填埋场的抽气井和注气井间的抽气系统和注气系统也可进行互换。

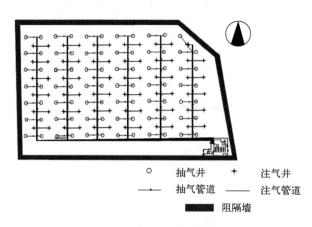

图 4-16 抽气井与注气井切换模式布设管路图

为了实现对垃圾堆体内两套管路系统进行实时切换,在风机进口处安装阀门转换器,通过调节不同分支的阀门状态,可以选择性地向特定区域供气。进一步地,可以通过传感器和控制装置,监测填埋场不同区域的氧气需求和垃圾降解情况,并相应地调整供应管线的状态,实现智能化的管路系统实时切换模式。对于不同类型的生物修复填埋场来说,管路切换的目的各不相同,例如在原位好氧生物修复填埋场中可以进行抽气井和注气井功能的互换,而在厌氧/好氧混合生物修复填埋场中则可进行大风量抽气和微负压实时切换。

原位生物修复填埋场的风量控制原理见图 4-17。

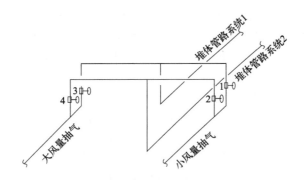

图 4-17 原位生物修复填埋场的风量控制原理示意

控制说明:

① 当堆体管路系统 1 需要大风量抽气和堆体管路系统 2 需要小风量抽气时,控制节点 1、4 关闭,堆体管路系统 1 经控制节点 3 由大风量抽气风机抽出,堆体管路系统 2 经控制节点 2 由小风量抽气风机抽出;

② 当堆体管路系统 1 需要小风量抽气和堆体管路系统 2 需要大风量抽气时,控制节点 2、3 关闭,堆体管路系统 1 经控制节点 1 由小风量抽气风机抽出,堆体管路系统 2 经控制节点 4 由大风量抽气风机抽出。

4.3.2 液体回灌量与回灌方式

4.3.2.1 需水量

填埋垃圾堆体中适宜的水分含量是保证垃圾填埋场原位生物修复运行的基本条件。在垃圾填埋场中,由于有机物好氧与厌氧降解的不同,其垃圾堆体的含水率变化也不同。

(1) 原位好氧生物修复填埋场

在原位好氧生物修复填埋场中,有机物好氧生物降解是一个产水反应,其反应式如下:

$$C_aH_bO_cN_d + \frac{4a+b-2c+5d}{4}O_2 \longrightarrow aCO_2 + \frac{b-d}{2}H_2O + dHNO_3$$

在原位好氧生物修复填埋场中,水量主要来自垃圾堆体持水、填埋场渗透进水、添加水、有机垃圾好氧降解产水及注气中含水,填埋场水量流出主要为渗滤液排水和排气中含水。因此,在 Δt 时段内好氧生物修复填埋场中的水量平衡式为:

$$Q_T = Q_w + Q_p + Q_a + Q_{aw} + Q_{iw} - Q_l - Q_{ew} \tag{4-18}$$

式中 Q_T——填埋场水量,m^3;

Q_w——垃圾堆体持水量，m^3；

Q_p——填埋场渗透进水量，m^3；

Q_a——添加水量，m^3；

Q_{aw}——有机垃圾好氧降解产生水量，m^3；

Q_{iw}——注气中含水量，m^3；

Q_l——渗滤液收集量，m^3；

Q_{ew}——排气中含水量，m^3。

根据研究，原位好氧生物修复填埋场中有机垃圾适宜生物降解的含水率为40%～60%。考虑好氧生物修复填埋场的建设和运行，一般垃圾水分含量应控制在45%，这既能保证填埋垃圾在适宜的含水率下进行生物降解和稳定化，同时还可节约用水和降低能耗，此外，也能确保气体在垃圾堆体中的迁移。

(2) 原位厌氧生物修复填埋场

在原位厌氧生物修复填埋场中，有机物厌氧生物降解是一个耗水反应，其反应式如下：

$$C_aH_bO_cN_d + \frac{4a-b-2c+3d}{4}H_2O \longrightarrow \frac{4a+b-2c-3d}{8}CH_4 + \frac{4a-b+2c+3d}{8}CO_2 + dNH_3$$

在厌氧生物修复填埋场中，水量主要来自垃圾堆体持水、填埋场渗透进水和添加水，填埋场水量流出主要为渗滤液排水和有机垃圾厌氧生物降解耗水。因此，在Δt时段内原位厌氧生物修复填埋场中的水量平衡式为：

$$Q_T = Q_w + Q_p + Q_a - Q_l - Q_{anw} \tag{4-19}$$

式中 Q_{anw}——有机垃圾厌氧生物降解耗水量，m^3。

在原位厌氧生物修复填埋场中的渗滤液回灌工艺设计时，主要以垃圾堆体的最大持水量为指导参数，以小于或者等于垃圾堆体最大持水量的回灌负荷为渗滤液的最佳回灌量，避免高负荷水流导致垃圾堆体内部水位壅高以及垃圾的各向异性引起的短流现象。

垃圾堆体最大持水量指饱和垃圾堆体中的部分水在自然重力的作用下流出后，仍滞留在垃圾堆体中的水重量与干垃圾重量的比值。垃圾堆体的实际含水率若超过了其最大持水量，则超过的水将成为渗滤液而被排出，继续留在垃圾中的水因毛细作用形成悬挂毛细水而滞留下来。

垃圾堆体最大持水量测定可采用环刀法和浸水法，主要操作如下：用已知重量的环刀采取原状垃圾堆体样，将环刀放入水中没过环刀底部浸泡数小时，然后将环刀取出，放置在干砂上8h后称重，此时环刀内垃圾中非毛管水已经全部流出，之后将环刀中的垃圾在105℃条件下烘干至恒重，则垃圾最大持水量可以采用式(4-20)进行计算：

$$R_w = \frac{m_1 - m_0}{m_0 - m_2} \tag{4-20}$$

式中 R_w——垃圾最大持水量；

m_1——饱和垃圾堆体中的部分水在自然重力的作用下流出后的重量，g；

m_0——垃圾和环刀的烘干重量，g；

m_2——环刀重量，g。

4.3.2.2 液体回灌量

液体回灌量分为初期回灌量和稳定期回灌量两种。

(1) 初期回灌量

初期回灌量可根据垃圾堆体初始平均含水率、生物修复工艺确定的最佳含水率及垃圾总质量确定，可按式(4-21)计算：

$$Q_{in} = \frac{m_G(1-w_0)}{1-w_a} - m_G \tag{4-21}$$

式中　Q_{in}——初期回灌量，t；

　　　m_G——垃圾堆体初始湿重，t；

　　　w_0——垃圾堆体平均含水率，%；

　　　w_a——填埋场生物修复过程中确定的垃圾最佳含水率，%。

垃圾填埋场原位生物修复初期回灌量计算较为简便，液体在运行前一次性加入堆体，以达到填埋场生物修复过程中的目标含水率。

(2) 稳定期回灌量

由于有机垃圾好氧生物降解是一个放热反应，填埋场内温度较高，排出的气体中将携带出大量的水分，导致填埋场垃圾中的水分含量下降。为了保持填埋垃圾堆体适当的水分状态，原位好氧生物修复填埋场需要补充液体量。其需水量可用式(4-22)表示：

$$Q_{iT} = Q_{iew} - Q_{ip} - Q_{iaw} - Q_{iiw} \tag{4-22}$$

式中　Q_{iT}——填埋场需水量，m^3；

　　　Q_{iew}——排气中含水量，m^3；

　　　Q_{iaw}——有机垃圾好氧降解产生水量，m^3；

　　　Q_{iiw}——注气中含水量，m^3；

　　　Q_{ip}——填埋场渗透进水量，m^3。

在采取封场覆盖的情况下和干旱区域，垃圾填埋场渗透进水量较小，可以忽略，则原位好氧生物修复填埋场需水量可简化为：

$$Q_{iT} = Q_{iew} - Q_{iaw} - Q_{iiw} \tag{4-23}$$

在原位好氧生物修复填埋场中，排气和进气中水量的差异主要由两者温度和饱和含水率不同所致。在原位厌氧生物修复填埋场中，垃圾厌氧生物降解主要是一个耗水反应，同时为了提高垃圾堆体中物质、微生物等流动速率，应采用液体回灌。由于在生物修复填埋场中有机物降解的需水及产水量需要结合反应方程式和垃圾降解量确定，因此该计算相对较复杂。鉴于此，很多工程案例在稳定运行期并不计算回灌量，而是直接定一个回灌比（25%左右），或者根据监测系统监控到的温度、湿度信息动态调整回灌量。

4.3.2.3　回灌泵参数

(1) 初期回灌泵流量

在初期回灌渗滤液量一定的情况下，回灌泵流量主要与初期回灌时间相关，其计算如下：

$$Q_{ir} = \frac{Q_{in}C}{24t_r} \tag{4-24}$$

式中　Q_{ir}——初期回灌泵流量，m^3/h；

Q_{in}——初期回灌渗滤液量，m^3；

t_r——初期回灌渗滤液的时间，d；

C——泵更换、检修、停止所取的安全系数，取值1.1~1.5。

(2) 稳定期回灌泵流量

在稳定期回灌渗滤液总量一定的情况下，回灌泵流量为：

$$Q_{sr} = \frac{Q_{iT} t_c}{t_s} \tag{4-25}$$

式中　Q_{sr}——稳定期回灌泵流量，m^3/h；

Q_{iT}——填埋场回灌渗滤液流量，m^3/d；

t_c——渗滤液回灌周期，d；

t_s——稳定期回灌时间，h。

渗滤液提升量要求高于回灌量。在初期，渗滤液提升泵与回灌泵的使用时间较短，可设计为移动式；而在稳定期，提升泵与回灌泵的使用时间较长，应设计为固定式。

4.3.2.4　回灌管设计

(1) 管径计算

根据《生活垃圾卫生填埋技术导则》(RISN-TG014-2012)，渗滤液导排管径可通过管道流量进行计算。

$$r_g = \sqrt{\frac{Q_g C_1}{\pi r_h^{\frac{2}{3}} I^{\frac{1}{2}}}} \tag{4-26}$$

$$r_h = \frac{S}{P_w} \tag{4-27}$$

式中　r_g——渗滤液导排管径，m；

Q_g——管道流量，m^3/s；

C_1——曼宁粗糙系数，HDPE管 $C_1 \approx 0.011$；

r_h——水力半径，m；

I——管道坡降；

S——管的内截面积，m^2；

P_w——管内湿周，m。

(2) 渗滤液导排管与开孔

参照《生活垃圾卫生填埋处理技术规范》(GB 50869—2013)，布设渗滤液回灌花管与开孔。渗滤液回灌花管布设在花管管沟中，宜采用卵（砾）石或碎石铺设，厚度一般为200mm，粒径宜为20~60mm。花管管沟与垃圾层之间应铺设反滤层，反滤层可采用土工滤网，单位面积质量宜大于200g，详见图4-18。

渗滤液回灌花管分为主管和支管，分别埋于花管管沟中，其公称直径应不小于100mm，最小坡度应不小于2％。HDPE花管应预先制孔，孔径通常为15~20mm，孔距为50~100mm，开孔率为2％~5％。为确保管道的纵向刚度和强度，在管道安装时开孔的管道部分需要朝下安装，并避免将孔口靠近起拱线。

(3) 回灌井（管）布设

在垃圾填埋场原位好氧生物修复过程中，通常需要进行渗滤液回灌和垃圾堆体注液，旨

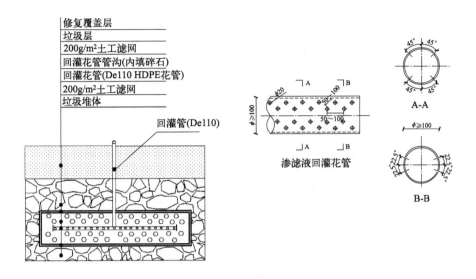

图 4-18　渗滤液回灌横井示意

在提供必要的水分和营养物质，以促进垃圾生物降解。渗滤液回灌井主要分为水平井和竖井两种。根据研究和现场运行经验，在连续注水条件下水平井横管注液在垃圾堆体水平方向的扩散半径约为 15m，在垃圾堆体垂直方向的影响距离为 12m，因此一般水平井间横距为 20~30m，纵距为 4~6m，井排宽 1m，深 2m。

回灌竖井（图 4-19）的影响半径可用下式表示：

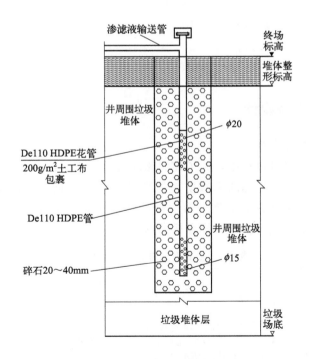

图 4-19　渗滤液回灌竖井

$$R_v = \frac{r_v k_f}{k_w} \quad (4-28)$$

式中 R_v——回灌竖井影响半径，m；

r_v——回灌竖井半径，m；

k_f——回灌竖井内填充物的渗透系数，cm/s；

k_w——垃圾的渗透系数，cm/s。

竖井布设为每60m×60m或每公顷一口井。由于竖井回灌渗滤液时可能会存在流动路径不定或系统设计不合理等因素，回灌水量可能会集中在井下部分，使得上部区域缺乏足够的回灌液体，造成垃圾堆体含水率的不均匀分布。此外，当无法将回灌液体有效抽出，特别是底部有大量渗滤液堆积时，可能会造成渗滤液的积聚和堆存。此时渗滤液回灌不仅不能达到调节垃圾堆体含水率的目标，还可能增加渗滤液的负荷和堆存风险，对环境造成潜在的污染风险。因此，在填埋场底部存在存量渗滤液且未进行抽提的情况下，一般应选择水平井横管回灌方式。没有存量渗滤液时可视实际情况选择回灌井布设方式。

垃圾填埋场渗滤液回灌或注液通常会在回灌主管下设置干管和支管，以确保回灌液体在填埋场内均匀分布，并实现灵活的控制和调节。回灌支管的铺设需要考虑配水均匀，当沿垃圾堆体设计标高时，可将各回灌支管铺设于该段管沟堆体的最高处，并下翻接至回灌井。单个回灌支管上回灌井设置数量可通过渗滤液量与回灌井的有效体积进行计算。

$$N_1 = \frac{Q_r t_L}{R_p L_1 W_1 H_1} \quad (4-29)$$

式中 N_1——单个支管上回灌井的数量；

Q_r——支管上回灌渗滤液量，m³/h；

t_L——1m³渗滤液渗透时间，h；

R_p——碎石空隙率，%；

L_1，W_1，H_1——渗滤液回灌井的长、宽和高，m。

4.3.3 垂直防渗帷幕设计

4.3.3.1 垂直防渗帷幕选型

在垃圾填埋场生物修复过程中，为了控制渗滤液的污染，需要进行垂直防渗，其渗透系数应在10^{-7}cm/s数量级。常见的垂直防渗帷幕类型包括竖向隔离墙、钢板桩墙、灌浆帷幕、高压喷射灌浆板墙和复合式隔离墙等。每种垂直隔离类型都有其优缺点，详见表4-6，在实际工程中应根据不同使用要求选择合适的形式。

表4-6 主要垂直隔离类型及优缺点

类型	竖向隔离墙		钢板桩墙	灌浆帷幕（水泥膨润土泥浆）	高压喷射灌浆板墙（定喷水泥膨润土泥浆）	复合式隔离墙
	混凝土（含塑性混凝土）	自凝灰浆				
优点	施工不受地下水位影响，强度较大	"一阶段法"施工，无须回填，成本低，材料柔性好，适应地基形变能力强，工期短	施工简便，速度较快，适用于临时性隔离场合，可回收利用，能较好地防止离子迁移	可灌性好，成本低，灌注时水泥不易分层离析	能人为控制墙体外形，不浪费灌浆	能较好地防止离子迁移，渗透系数较低，隔离效果很好

续表

类型	竖向隔离墙		钢板桩墙	灌浆帷幕 (水泥膨润土泥浆)	高压喷射 灌浆板墙(定喷 水泥膨润土泥浆)	复合式隔离墙
	混凝土 (含塑性混凝土)	自凝灰浆				
缺点	进度较慢,成本较高(水泥耗量大),须用专门施工机具	强度较低,须快速开挖,墙身通常较厚,不适用于腐殖土中	锁口处防渗效果差,在化学污染环境下必须做防腐处理,施工费用高	凝结时间长,工艺复杂,表层难灌,必须压重,强度低	施工设备复杂,成本较高	施工较复杂
渗透系数 /(cm/s)	$10^{-7} \sim 10^{-8}$	$10^{-6} \sim 10^{-7}$		$10^{-4} \sim 10^{-5}$	$10^{-5} \sim 10^{-8}$	约 10^{-8}
抗压强度 /MPa	8~15	0.2~0.5		0.1~0.5	10~20	6~15
组成材料	水泥、水、骨料混合物或膨润土、水泥浆	水泥与加入少量外加剂的膨润土混合液	钢材	水泥膨润土泥浆		水泥膨润土泥浆和土工膜HDPE混合

垂直防渗帷幕选型需要综合考虑,主要考虑的因素有:
① 垃圾填埋场地土层的性质、地形、水文地质特征及潜在的渗漏路径等。
② 渗滤液水量和水质特性。
③ 材料供应、施工技术与设备等。
④ 垂直防渗帷幕需要达到的渗透系数、深度及刚度。
⑤ 当垂直防渗帷幕顶部需承受上覆荷载时,宜采用水泥-膨润土墙或塑性混凝土墙;在特殊地质和对环境要求较高的场地,宜采用 HDPE 土工膜-膨润土复合墙。
⑥ 当垂直防渗帷幕底部岩石裂隙发育,或存在断层、破碎带等强透水性的地质条件时,宜采取帷幕灌浆等处理措施。

4.3.3.2 垂直防渗帷幕厚度与深度

根据《生活垃圾卫生填埋场岩土工程技术规范》(CJJ 176—2012),垂直防渗帷幕的最小厚度宜为 60cm,最厚不宜超过 150cm。当垂直防渗帷幕渗透系数不大于 1.0×10^{-7} cm/s 时,其厚度可按下式计算:

$$L_i = A_i H_i^{B_i} C_i \tag{4-30}$$

式中 L_i——垂直防渗帷幕的厚度,m;

A_i——与帷幕材料阻滞因子有关的系数;

B_i——与帷幕材料扩散系数有关的系数;

H_i——垂直防渗帷幕上下游水头差,上游水头取与帷幕上游面接触的渗滤液水位,下游水头取与帷幕下游面接触的多年平均地下水位,m;

C_i——安全系数,考虑施工因素、机械侵蚀、化学溶蚀和渗透破坏等因素,宜取 1.5。

在设计垂直防渗帷幕的厚度时,系数 A_i 和 B_i 分别与帷幕材料的阻滞因子和水动力弥散系数密切相关,可按图 4-20 进行取值[173]。若无经验设计数据时,可根据实际材料类型和污染物种类进行室内试验,获得参数。

(1) 阻滞因子

阻滞因子可由式(4-31) 计算:

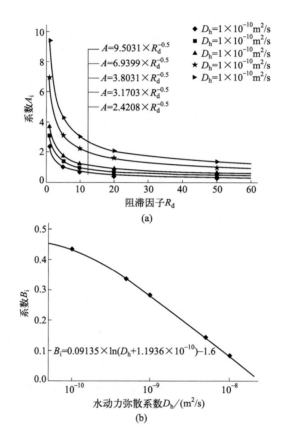

图 4-20 垂直防渗帷幕系数 A_i 与阻滞因子 R_d 以及系数 B_i 与水动力弥散系数 D_h 的关系[173]

$$R_d = 1 + \frac{\rho_d K_p}{n} \tag{4-31}$$

式中 R_d——阻滞因子;

ρ_d——防渗墙干密度,kg/L;

K_p——分配系数,L/kg,其中有机物的分配系数总体取值为 0.5~5L/kg;

n——空隙率,%。

在实际设计中,污染物阻滞因子的取值可采用式(4-31)计算,也可选用研究数据。如重金属在饱和黏土中的总体值可取 3~40,铅可取 30~300,钾可取 3~11[174]。塑性混凝土的性能与黏土相近,可参考取值。

(2) 水动力弥散系数

水动力弥散是机械弥散和分子扩散的合称,可表示为:

$$D_h = \alpha_L v_s + D^* \tag{4-32}$$

式中 D_h——水动力弥散系数,m²/s;

α_L——纵向弥散度,m,一般为 0.1~1.0m;

v_s——防渗墙内的渗流速度,m/s;

D^*——有效扩散系数,m²/s,其中有机物的有效扩散系数为 $0 \sim 9 \times 10^{-10}$ m²/s,一

般为 $1.5×10^{-10}$～$6×10^{-10}$ m^2/s，无机离子总体有效扩散系数为 $1×10^{-10}$～$15×10^{-10}$ m^2/s[174]。

上述计算方法是基于污染物扩散理论，并通过数值分析得出的结果，而非渗流理论的计算结果。因此，这种方法只适用于早期的、没有采取任何防渗措施的简易填埋场，需要实施垂直防渗以阻隔污染物的扩散。对于新建的垃圾填埋场，由于其按照国家相关规定配备了可靠的防渗措施，已无须再实施垂直防渗。对于新建的平原形填埋场，为了最大化库容，通常将库区基底面安置在地下水位以下。在这种情况下，垂直防渗主要是为了控制开挖过程中的基坑水，而非防止污染物的扩散。因此，在设计垂直防渗时应根据渗流理论确定其最小厚度。根据达西定律：

$$v_i = k_i I_i \tag{4-33}$$

式中　v_i——渗流速度，cm/s；
　　　k_i——渗透系数，cm/s；
　　　I_i——水力坡降。

根据图 4-21 所示的垂直防渗墙渗流示意，可简化得到防渗墙厚度（L_i）计算公式：

$$L_i = \frac{D_L H_i^2 k_i C_i}{2 Q_i} \tag{4-34}$$

式中　Q_i——渗流量，m^3/s；
　　　D_L——防渗墙沿水平方向的长度，m。

根据式(4-33) 和式(4-34)，当一个常规填埋场库区周长为 2km、水头差为 10m 时，若防渗墙厚度取 50cm，则可控制 20m^3/d 渗流量库区开挖的止水要求。与规范推荐的最小防渗墙厚度相比，该设计的防渗墙厚少了 10cm，大大提高了经济性，并且保证了库区开挖的安全性和污染物的扩散效率。

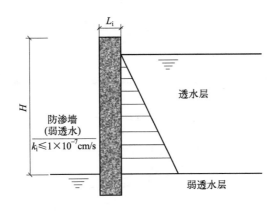

图 4-21　垂直防渗墙渗流示意

当垂直防渗帷幕嵌入渗透系数不大于 $1×10^{-7}$ cm/s 的隔水层中时，嵌入深度不宜小于 1m；当隔水层埋深很大而无法嵌入时，可采用悬挂式帷幕，其深度不应小于临界插入深度。垂直防渗帷幕进入隔水层的深度也可以用式(4-35) 进行计算[175]：

$$H_g = 0.2 \Delta h_w - 0.5 H_i \tag{4-35}$$

式中　H_g——垂直防渗帷幕进入隔水层的深度，m；

Δh_w——基坑内外的水头差值，m。

4.4 原位生物修复填埋场稳定化过程与评价

垃圾填埋场稳定化进程是一个多阶段且复杂漫长的物理、化学、生物反应过程（其中生物反应起主导作用）。在不同生物修复填埋场中，由于填埋操作方式的不同，填埋场具有不同的稳定化过程。当垃圾填埋场内可降解的有机组分达到一定矿化度、渗滤液水质基本保持不变、垃圾层中基本上无气体产生、场地表面沉降基本停止时，即认为填埋场达到稳定化状态。垃圾填埋场稳定化是填埋场生态恢复和再利用的重要前提，其可通过填埋垃圾、渗滤液、填埋气体和表面沉降等方面的一系列指标来进行表征和评价。

4.4.1 原位生物修复填埋场稳定化过程

4.4.1.1 原位厌氧生物修复填埋场

原位厌氧生物修复填埋场通过渗滤液回灌、微生物接种、pH值调节等措施，强化垃圾堆体中微生物的生物作用，从而加速填埋场中有机物的降解，缩短填埋场稳定化时间。在厌氧生物修复填埋场中，垃圾降解以及渗滤液和填埋气体产生过程总体上与传统厌氧填埋场相似，只是这些阶段历时较短而已。因此，根据渗滤液和填埋气体组成的变化，原位厌氧生物修复填埋场的稳定化过程可分为初始调整阶段、过渡阶段、酸化阶段、甲烷发酵阶段和成熟阶段（图4-22）。

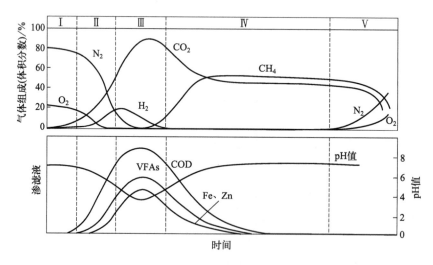

图4-22 原位厌氧生物修复填埋场稳定化进程
Ⅰ—初始调整阶段；Ⅱ—过渡阶段；Ⅲ—酸化阶段；Ⅳ—甲烷发酵阶段；Ⅴ—成熟阶段

（1）初始调整阶段（第Ⅰ阶段）

垃圾填入填埋场后，填埋场即开始进入初始调整阶段。此时垃圾中易降解组分迅速与填埋垃圾所携带的氧气发生好氧生物降解，生成CO_2和水，同时释放出热量，使垃圾堆层温度升高。本阶段的主要生化反应可表示如下：

碳水化合物

$$C_xH_yO_z + \left(x + \frac{1}{4}y - \frac{1}{2}z\right)O_2 \longrightarrow xCO_2 + \frac{1}{2}yH_2O$$

含氮化合物

$$C_xH_yO_zN_v \cdot aH_2O + bO_2 \longrightarrow C_sH_tO_u + eNH_3 + fCO_2$$

在填埋场的初始调整阶段，除了微生物的生化反应外，昆虫和无脊椎动物（如螨、倍足纲节肢动物等足类动物以及线虫等）可以通过摄取有机质或利用食物链、食物网等，实现对有机物的分解。

（2）过渡阶段（第Ⅱ阶段）

随着填埋时间的延长，填埋场内的氧气被耗尽，开始形成厌氧环境。此时，垃圾降解转变为厌氧降解，主要的功能微生物为兼性厌氧菌和真菌。同时还伴随垃圾中硝酸盐和硫酸盐的还原，释放出 N_2 和 H_2S 等，填埋场内氧化还原电位逐渐降低，渗滤液 pH 值开始下降。

（3）酸化阶段（第Ⅲ阶段）

填埋场稳定化进入酸化阶段的标志是填埋气体中的 H_2 含量达到最大。在该阶段，垃圾降解主要的功能微生物为兼性和专性厌氧细菌，填埋气体主要由 CO_2 组成。与此同时，渗滤液中 COD、VFAs 和重金属离子的浓度会持续上升，直至达到最大值后逐渐减小。相反，pH 值会不断下降，在中期达到最低点（约为 5.0 甚至更低）后逐渐上升。在此阶段，渗滤液中 BOD_5 和 COD_{Cr} 浓度持续升高，BOD_5/COD_{Cr} 值一般大于 0.4，生化性较好。

（4）甲烷发酵阶段（第Ⅳ阶段）

随着填埋气体中 H_2 含量逐渐降低，填埋场稳定化开始进入甲烷发酵阶段，此时产甲烷菌利用乙酸、H_2 等进行厌氧发酵，产生甲烷。在甲烷发酵阶段，专性厌氧细菌分解可降解垃圾并将其转化为稳定的矿化物或简单的无机物。这一过程的主要生化反应如下：

$$5n\underset{\text{(有机酸)}}{CH_3COOH} \xrightarrow{\text{厌氧}} 2\underset{\text{(菌细胞)}}{(CH_2O)_n} + 4nCH_4 + 4nCO_2$$

在此阶段前期，由于产甲烷菌开始进行厌氧发酵，填埋气体中的甲烷浓度会迅速增加至 50% 左右。同时，随着有机垃圾的分解和稳定化，渗滤液中 COD、BOD_5、金属离子浓度和电导率会迅速下降，渗滤液 pH 值上升至 6.8~8.0。此后，填埋气体中的甲烷浓度和渗滤液 pH 值分别稳定在 55% 左右和 6.8~8.0 范围内，渗滤液中 COD、BOD_5、金属离子浓度和电导率则缓慢下降。

（5）成熟阶段（第Ⅴ阶段）

当垃圾中生物易降解组分基本被分解完时，填埋场稳定化进入成熟阶段。此阶段，由于大量的营养物质已经随着渗滤液排出，只有少量微生物分解垃圾中的难生物降解物质，所以渗滤液中常常含有一定量的难以生物降解的腐殖酸和富里酸。填埋气体的主要组分依然是 CO_2 和甲烷，但是其产率显著降低。

4.4.1.2 原位好氧生物修复填埋场

原位好氧生物修复填埋场的核心技术是通过强制通风设施向填埋垃圾堆体内部输送空气来提供充足的氧气。此时，在好氧微生物的作用下填埋垃圾中有机物进行快速降解和彻底转化，生成 CO_2、H_2O 和 N_2 等无机物，从而加速填埋场稳定化进程。根据垃圾堆体内温度的变化状况，原位好氧生物修复填埋场的稳定化进程可分为初始阶段、高温阶段和成熟阶段

（图 4-23）。

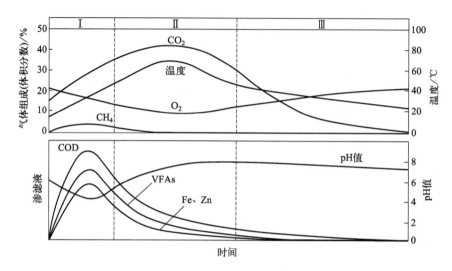

图 4-23　原位好氧生物修复填埋场稳定化进程
Ⅰ—初始阶段；Ⅱ—高温阶段；Ⅲ—成熟阶段

（1）初始阶段（第Ⅰ阶段）

在填埋场原位好氧生物修复的初始阶段，中温和嗜温性微生物（如细菌、真菌和放线菌等）较为活跃，它们可将垃圾中的易降解有机大分子物质转化为易被微生物利用的小分子物质，为自身的生长和繁殖提供能量和营养物质。由于填埋有机垃圾的好氧降解，填埋气体中的 CO_2 浓度逐步增加。同时，垃圾堆体的温度也会随着微生物的代谢活动而逐渐升高，达到 30~45℃。

（2）高温阶段（第Ⅱ阶段）

随着垃圾堆体中有机物的好氧生物降解和热量的释放，垃圾堆体温度持续上升。当垃圾堆体温度上升至 45℃ 以上时，垃圾堆体处于高温状态，此时嗜热菌成为主导微生物群落。嗜热菌在高温条件下进行好氧降解，垃圾中易降解有机物和较复杂的有机物，如纤维素、半纤维素等，也开始快速降解。此时渗滤液的 pH 呈现中性或弱碱性，填埋气体中 CO_2 浓度达到最大值，并且长时间保持在较高水平。在该阶段由于垃圾堆体中有机物得到了较为充分的降解，垃圾堆体的沉降量较大，填埋场稳定化进程最快。但是由于该阶段填埋垃圾堆体温度较高，通常需要通过强制通风或渗滤液回灌等操作进行调节。

（3）成熟阶段（第Ⅲ阶段）

随着填埋时间的延长，垃圾中易降解的有机物基本被降解完全，只剩下一些难以降解的纤维素、木质素等物质。由于营养物质减少，填埋场内的好氧降解速率下降，反应放热减少，导致垃圾堆体温度降低。此时，嗜温性微生物重新成为优势菌种，主要为降解纤维素、木质素等难降解物质的微生物。这些微生物通过降解难降解的有机物，使其逐渐转化为较为稳定的腐殖质。随着腐殖质不断积累，并且趋于稳定化，填埋垃圾进入成熟阶段。该阶段持续时间为 2~6 个月，此时垃圾堆体对氧气的需求量大大减少，堆体的含水率逐渐降低，孔隙率逐渐增大，氧气扩散能力逐渐增强，填埋气体中的 CO_2 浓度逐渐下降。

4.4.1.3 原位准好氧生物修复填埋场

原位准好氧生物修复填埋场是通过渗滤液收集管的非满流设计，利用垃圾堆体与外界环境的温差驱动空气自然渗入垃圾堆体内，从而形成一定的好氧区域，以促进填埋垃圾好氧生物降解。准好氧生物修复填埋场内部一般存在厌氧、缺氧和好氧环境，有利于微生物同时进行硝化和反硝化作用，从而进行生物脱氮。根据渗滤液和填埋气体的特性，准好氧生物修复填埋场稳定化进程可分为初始调整阶段、准好氧降解阶段和成熟阶段（图4-24）。

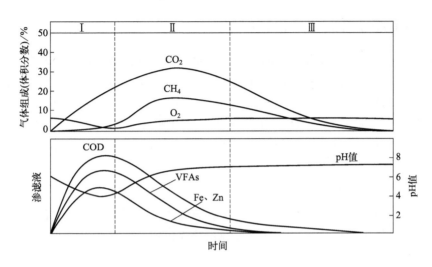

图 4-24　原位准好氧生物修复填埋场稳定化进程
Ⅰ—初始调整阶段；Ⅱ—准好氧降解阶段；Ⅲ—成熟阶段

（1）初始调整阶段（第Ⅰ阶段）

与厌氧生物修复填埋场一样，初始阶段填埋垃圾中携带的空气会促使垃圾进行好氧生物降解。随着填埋垃圾携带氧气的消耗，填埋堆体内部逐渐形成好氧、缺氧和厌氧的区域环境。由于每个区域中的微生物群落及其活性存在差异，以及填埋堆体内部的形态结构不断调整，渗滤液水质和填埋气体组分均出现波动。通常情况下，由于填埋有机垃圾的生物降解产生了更多的溶解性有机物和含氮化合物，渗滤液中COD和TN等污染物浓度总体呈现上升趋势。

（2）准好氧降解阶段（第Ⅱ阶段）

在准好氧降解阶段，填埋场内同时存在好氧、缺氧和厌氧区域。与厌氧发酵相比，好氧生物降解可以更彻底地分解有机物，因此在该阶段，好氧区域中有机物降解速率最快，而厌氧区域最慢。同时，通过渗滤液的回灌操作，可以为各个区域提供更多的有机物并增加堆体的湿度，从而加快填埋场产气速率和稳定化进程。由于每个区域的微生物群落和活性的差异以及垃圾堆体本身的非均质性，渗滤液水质会出现较大波动，但整体上渗滤液中污染物浓度呈下降趋势。

（3）成熟阶段（第Ⅲ阶段）

随着易降解和较易降解物质被完全降解，填埋场内的营养物质变得匮乏。此时，微生物的生长和繁殖会受到抑制，导致污染物的降解速率减慢，填埋场进入成熟阶段。在此阶段，渗滤液中常常含有一定量的难以降解的腐殖酸和富里酸。填埋气体的主要组分为 N_2、O_2 和

CO_2，此阶段 CO_2 浓度逐渐下降，到后期接近零，而 CH_4 则几乎检测不到。

综上所述，在准好氧生物修复填埋场中，填埋垃圾的分解会在不同条件下产生不同体积的气体。当填埋垃圾处于缺氧条件时，主要通过兼性厌氧菌来完成填埋垃圾的分解；在有氧区域，填埋垃圾发生好氧降解反应，产生 CO_2；而在厌氧区域，填埋垃圾发生厌氧发酵产甲烷反应。因此，理论上填埋垃圾缺氧分解产生的 CO_2 和 CH_4 体积分数居于厌氧和好氧分解之间，同时也会产生一定量的 N_2O。

4.4.2 垃圾填埋场稳定化评价指标

填埋场的稳定化可从微观和宏观两方面来定量描述。在微观方面，反映稳定化程度的指标主要有填埋垃圾表观与性质、填埋气体组成（如 CH_4、CO_2 和 O_2 浓度等）、渗滤液水质特性（如 COD、BOD_5、氨氮、VFAs 浓度等）等。在宏观方面，填埋场稳定化程度为渗滤液产量、填埋气体产量和垃圾堆体沉降量三个参数的函数。在填埋场中垃圾稳定化程度越高，则填埋场垃圾堆体沉降量、渗滤液和填埋气体产量越小，并且三者参数间也存在相互关联。

4.4.2.1 填埋垃圾的性质

填埋垃圾的性质是填埋场稳定化评价最为重要的指标。填埋场的稳定化主要是指填埋垃圾的稳定化，因此填埋垃圾的性质是填埋场稳定化评价中研究得最多的。

（1）表观指数

填埋场的稳定化程度可以通过填埋垃圾的表观指数来进行初步评估。评价填埋垃圾的表观指数是一种直观、简单的评价方法，包括以下几个指标。

① 臭味：稳定化的填埋垃圾通常不会散发明显的臭味；而未稳定化的填埋垃圾可能存在明显的异味。

② 外观：稳定化的填埋垃圾外观与土壤相似，含水率较低，呈疏松的团粒结构；而未稳定化的填埋垃圾外观可能与土壤有明显差异，如颜色、松散程度等。

③ 结块现象：稳定化的填埋垃圾通常呈现疏松的团粒结构，颗粒间有一定的空隙；而未稳定化的填埋垃圾可能存在明显的结块现象，结块严重可能会导致透气性降低和水分分布不均。

④ 昆虫存在：稳定化的填埋垃圾通常不容易滋生大量昆虫；而未稳定化的填埋垃圾可能存在昆虫的滋生现象。

（2）有机物质

在填埋场稳定化过程中，垃圾中的有机物质含量变化最大，有机物质也是判断垃圾是否稳定化最为重要的指标，因此可以从垃圾中有机物质的含量及其比值来表征垃圾的稳定化程度。

1）纤维素与木质素比值（$R_{C/L}$）

纤维素（C）是由葡萄糖组成的大分子多糖；半纤维素是由五碳糖、六碳糖构成的异质多聚体，二者均属生物降解速率较慢的基质。木质素（L）是含甲氧基（—OCH_3）芳香环的一类聚合有机物，是填埋有机垃圾中生物降解速率最慢的。纤维素的降解速率相对稳定，除木质素外，其降解持续时间较长；半纤维素是纤维素的半成品，在酸性条件下较纤维素易分解。纤维素与木质素含量的比值（$R_{C/L}$）代表垃圾中可降解有机物的相对含量。与半纤维素和木质素相比，纤维素作为主要可降解组分，能从垃圾组成层面较准确地反映有机物的降解情况。因而，纤维素含量和 $R_{C/L}$ 均可用于表征填埋垃圾稳定化进程。其中，$R_{C/L}$ 作为无量纲指标，在一定程度上可减小试验误差，抗外界干扰性较强，所以，$R_{C/L}$ 比纤维素含量更适于作为垃圾填埋场稳定化进程的表征指标。

当填埋垃圾龄<10年时，垃圾的 $R_{C/L}$ 会存在较大差异；当填埋垃圾龄>15年时，$R_{C/L}$ 通常<1.0；当填埋垃圾稳定化程度较高时，$R_{C/L}$ 较低，为 0.18~0.3[176]。王珊[177]研究发现，填埋垃圾的 $R_{C/L}$ 分别为 0.5、0.5~1、1~2 和>2 时，分别处于稳定化、较好稳定化、基本稳定化和未稳定化状态。但是，在实际填埋场中垃圾的 $R_{C/L}$ 随填埋深度（或龄期）的增加而衰减，并受垃圾组分、含水率等多种因素影响。

为了减小不同地区新鲜垃圾初始 $R_{C/L}$ 值存在的差异性，李鹤[178]提出垃圾固相降解稳定化归一指标 β：

$$\beta = 1 - \frac{R_{C/L}}{R_0} \quad (4-36)$$

式中　β——固相降解稳定化归一指标；

R_0——新鲜垃圾中纤维素与木质素的比值。

不同生物修复填埋场中同一填埋龄垃圾的 β 值具有一定的离散性。在准好氧和好氧环境下，垃圾的降解速率较快，其降解稳定化程度高，β 值较大。而在同一填埋深度的 β 值会随着填埋龄期的增加呈上升趋势。李鹤[178]按照 β 指标对垃圾稳定化过程进行阶段性划分：快速降解阶段（β 为 0~0.6）、慢速降解阶段（β 为 0.6~0.9）和后稳定化阶段（β 为 0.9~1.0）。在后稳定化阶段，填埋垃圾已达到稳定化，可以进行填埋场开挖，并可通过筛分等技术对开挖的垃圾进行"资源化、无害化、减量化"处理，实现填埋场库容恢复或土地再利用。

2）挥发性固体（VS）含量

填埋垃圾中 VS 是反映垃圾中有机物含量近似值的指标参数。随着填埋垃圾中有机物的降解，VS 含量呈现下降趋势。因此，有研究者认为 VS 与填埋垃圾稳定化程度具有相关性，可作为填埋场稳定化的表征指标。虽然填埋垃圾的 VS 测定具有简单、快速的特点，但是检测的专一性和灵敏度较差。由于垃圾中 VS 仅反映了物料中的挥发性有机固体，不能区分易降解、不易降解和不可降解的组分，而在填埋场稳定化过程中，稳定化程度只与易降解和不易降解的有机物相关，而与不可降解的有机物无关。这样，VS 的专一性就大为下降，并且其灵敏度也较低。由于填埋垃圾组分的不同，填埋垃圾中 VS 含量无法作为一项可靠的测定指标，需要结合其他稳定化指标一起使用。

3）BDM 含量

垃圾中 BDM 是指具有生物活性的有机质，在填埋垃圾稳定化过程中，BDM 含量变化整体呈指数形式衰减，可用式(4-37)表示：

$$C_t = C_0 e^{-kt} \quad (4-37)$$

式中　t——填埋垃圾进入完全厌氧阶段后的时间，d；

C_t——t 时刻垃圾中可生物降解成分的含量，kg/kg 或 %；

C_0——$t=0$ 时垃圾中可生物降解成分的含量，kg/kg 或 %；

k——垃圾中可生物降解成分的厌氧降解速率常数，d^{-1}。

BDM 作为垃圾降解程度及规律的一项重要指标，在表征填埋场稳定化进程方面广受国内研究者青睐。通常填埋垃圾 BDM 含量>16% 时，表示填埋场未达到稳定化；当填埋垃圾 BDM 含量<4% 时，表示填埋场处于稳定化[179]。在原位好氧生物修复填埋场中，填埋垃圾

降解快且其中可降解垃圾量较多,因此当填埋场处于稳定化时,垃圾中的 BDM 含量较低。

4) 生化产甲烷潜力

生化产甲烷潜力(biochemical methane potential,BMP)指每千克有机物在厌氧发酵条件下产生的甲烷气体累积量,是用于评价与有机物沼气生产潜力最相关的参数。在原位厌氧生物修复填埋场中,随着垃圾的降解和稳定化,垃圾的 BMP 呈现下降趋势,最后达到稳定几乎不产甲烷状态,因此,BMP 也可用于表征填埋垃圾的稳定化。一般厌氧填埋垃圾经 21d 培养测定 BMP(BMP_{21}),当 BMP_{21}<10mL/g(以干重计)时,认为填埋垃圾已达到稳定化。BMP 可反映垃圾的可生化降解性,能够很好地表征垃圾厌氧稳定化进程,可用于原位厌氧生物修复填埋场的稳定化评价,但不适用于原位准好氧或好氧生物修复填埋场。

5) 4 日呼吸强度(AT_4)

呼吸指数是表征垃圾好氧稳定性的指标。4 日呼吸强度(AT_4)为 4 日呼吸指数(RI_4),即 4 日累计消耗的氧气量,单位为 mg O_2/g(以干重计)。在德国,生活垃圾入场前需要进行预处理,其好氧稳定性指标要求 AT_4<5mg O_2/g(以干重计)时,才可以进入填埋场处理。在好氧生物修复填埋场中,当 AT_4<4mg O_2/g(以干重计)时,表示填埋垃圾已基本达到稳定化。

在填埋场中,由于取样量的限制会碰到样品代表性问题,需要对填埋垃圾采用四分法进行取样,从迟滞期结束后开始计算得到 AT_4。在填埋场稳定化过程中,垃圾的总有机碳(total organic carbon,TOC)和 AT_4 变化趋势具有同步响应规律,在此基础上,研究者提出了一种通过 TOC 的变化趋势和 AT_4 的数值综合评价存量垃圾好氧稳定化程度的新方法[180]。该方法不仅缩短了检测周期,而且也提高了好氧稳定化评价的客观性。Ritzkowski 等[181]认为好氧生物修复填埋场中,垃圾的 TOC 转化率>90%可生物降解碳量,则填埋垃圾达到稳定化状态。

6) 垃圾浸出液三维荧光光谱特性

垃圾浸出液是以水为溶剂,通过振荡的方法将垃圾中的可溶性物质溶解到水中,通过测定溶液中各类物质的含量来判断垃圾中有机物质的含量和性质。在填埋垃圾中,有机物只有溶于水中时才能被微生物有效利用。因此,通过分析垃圾浸出液的性质,特别是其中有机物的含量和性质,可以更直接地了解垃圾中可溶性有机物以及微生物利用的情况。

填埋垃圾中有机物质经过时间的推移会发生腐殖化,即从简单的有机物逐渐转变为更复杂的有机物,因此填埋垃圾的稳定化进程可以通过 DOM 中腐殖质的组分变化来表征。Baker 等[182]研究发现,紫外区类富里酸荧光主要是由一些低分子量、高荧光效率的有机物质所引起的,而可见区类富里酸荧光则是由相对稳定、高分子量的芳香性类物质所产生的。因此,通过测量紫外区和可见区类富里酸荧光强度的比值[$r_{(A,C)} = (I_A/I_C)$],可以获得有关有机质结构和腐熟度的指标。在垃圾填埋场稳定化初期,填埋垃圾中溶出的有机物质通常是低分子量的化合物。随着填埋年限的增加,填埋垃圾中低分子量的有机质逐渐向分子量高且稳定的芳香类物质转变,填埋垃圾中的物质趋于稳定化。

荧光指数(fluorescence index,$f_{450/500}$)的定义为:激发光波长为 370nm 时,荧光发射光谱强度在 450nm 与 500nm 处的比值。较高的 $f_{450/500}$ 值表明腐殖类物质芳香性比较弱,含有的苯环结构较少。苯环较少的溶解性有机物较容易被微生物降解利用。当填埋场趋于稳定后,腐殖化程度会加剧,难降解性腐殖质含量增多,含苯环结构物质增加,此时 $f_{450/500}$ 会呈现下降趋势。

SUVA 值为单位浓度的水溶性有机物（以水溶性碳表示）在 254nm 下的吸光度值，可在某种程度上反映物质的芳香性，与溶液中有机物的种类有关。Nishijima 等[183]认为，在 254nm 下的紫外吸收主要代表包括芳香族化合物在内的具有不饱和碳碳键的化合物，该波长吸光值的增加意味着非腐殖质向腐殖质的转化。随着填埋年限的增长，填埋垃圾中非腐殖质类物质逐步转化为腐殖质类物质，其中的 SUVA 值呈上升趋势。

7) 垃圾中腐殖质分子量与分散度

生活垃圾在填埋单元内的稳定化过程主要反映在可生物降解组分的无机化降解和腐殖化聚合两个过程，这两个过程都会通过填埋垃圾内有机质分子量大小和分子量分布指数得以体现。在有机组分的生物降解过程中，填埋垃圾的有机质分子量将会下降，分子量分布指数将会上升；与生物降解过程相反，在有机组分的腐殖化过程中，随着中间产物分子量上升，分子量分布指数呈现下降趋势。因此，填埋垃圾腐殖质的分子量和分布指数是填埋垃圾稳定化进程中最为直接的表征指标，可以真实地反映填埋场和填埋垃圾的稳定化程度。

填埋垃圾中的腐殖质分子量与分散度在填埋垃圾的不同稳定化阶段会有不同变化。在填埋初期（填埋龄 1~5 年），填埋垃圾腐殖质提取液的分子量变化缓和，而分散度快速下降。腐殖质的物质组成由复杂的多组分转变为简单的主组分。同时，填埋垃圾中腐殖质的成分逐渐趋同，分布逐渐集中化。然而，其并未发生明显的聚合过程，即腐殖质的分子量并没有显著增加[184]。而在填埋后期（填埋龄 10~14 年），填埋垃圾中的腐殖质会经历一个聚合的过程，使得其分子量快速增加并且分散度趋于稳定。从腐殖质分散度角度上判断，填埋龄大于 10 年的腐殖质提取液其分散度基本保持在 5 的水平，说明填埋垃圾的腐殖质组分已经趋于稳定化（图 4-25）。由此可见，填埋垃圾腐殖质的组成和分散度是表征填埋垃圾稳定化的有效指标。

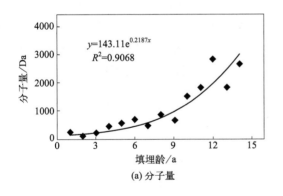 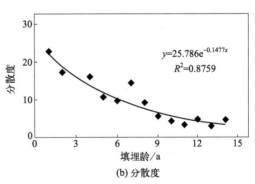

图 4-25 垃圾填埋龄与其腐殖质提取液的分子量和分散度的关系[184]

杨玉江等[184]根据腐殖质提取液分散度的变化规律和拟合结果，将填埋垃圾稳定化状态划分为不稳定、相对稳定和基本稳定，对应的填埋垃圾腐殖质分散度分别为 15 以上、10 左右和 5 左右。而对于填埋龄大于 10 年的填埋垃圾，只要分散度在 5 左右即可以认为已基本稳定。

综上所述，在填埋场中的有机物质是判断垃圾是否稳定化最为重要的指标，主要可从 $R_{C/L}$、VS、BDM、BMP、AT_4、垃圾浸出液三维荧光光谱特性和垃圾中腐殖质分子量与分散度来表征垃圾的稳定化程度，如表 4-7 所列。

表 4-7 填埋垃圾稳定化进程中有机物类指标

指标	科学涵义	表征性判别
$R_{C/L}$	代表填埋垃圾中可降解有机物的相对含量	填埋垃圾 $R_{CL}<0.5$ 时,表征填埋场达到稳定化,当填埋垃圾稳定化程度较高时,$R_{C/L}$ 较低。当垃圾固相降解稳定化归一指标 $\beta>0.9$ 时,厌氧填埋垃圾可认定为已基本稳定
VS	表示垃圾中有机物含量	检测的专一性和灵敏度较差,无法作为一项可靠测定指标,需要结合其他稳定化指标一起使用
BDM	代表垃圾中一系列能被生物降解利用的有机物含量	通常填埋垃圾 BDM 含量>16% 时,表示填埋场未达到稳定化;当填埋垃圾 BDM 含量<4% 时,表示填埋场达到稳定化
BMP	是表征厌氧发酵条件下有机物生物产甲烷潜能的一项指标	一般厌氧填埋垃圾培养 21d 测定 BMP,当 $BMP_{21}<10mL/g$(以干重计)时,认为填埋垃圾已达到稳定化。BMP 能够很好地表征垃圾厌氧填埋场稳定化进程,但不适用于准好氧或好氧生物修复填埋场
AT_4	表示填埋垃圾 4 日呼吸指数,即 4 日累计消耗的氧气量	当 $AT_4<4mg\ O_2/g$(以干重计)时,表示好氧生物修复填埋场中垃圾已基本达到稳定化
垃圾浸出液三维荧光光谱特性	表示填埋垃圾中 DOM 的腐殖化程度	当填埋场趋于稳定后,腐殖化程度增加,难降解性腐殖质含量增多,含苯环结构物质增加,此时,$r_{(A,C)}$ 和 $f_{450/500}$ 呈现下降趋势,而 SUVA 呈上升趋势,并趋于稳定
垃圾中腐殖质分子量与分散度	表示填埋垃圾中可生物降解组分的无机化降解和腐殖化聚合过程	填埋垃圾腐殖质分散度在 15 以上属于不稳定;分散度在 10 左右属于相对稳定;分散度在 5 左右属于基本稳定

4.4.2.2 产气量与产气速率

在填埋垃圾稳定化过程中,填埋气体的产量随着填埋龄的增加逐渐增大,而产气潜力随着填埋时间的延长逐渐降低,故而可以用来表征垃圾填埋场的稳定化程度。Morris 等[185]认为累积产气量超过理论最大产气量的 95%,以及当前产气速率低于最大产气速率的 5%,即可认为填埋场达到稳定化状态。Ritzkowski 等[181]认为好氧生物修复填埋场中填埋气体产量很低,21 天内垃圾产气潜力 $GP_{21}<10L/kg$(以干重计),可认为填埋垃圾已达到稳定化。

此外,填埋垃圾相对产气潜力比值(R)可以表示填埋场稳定化过程中产气潜力释放程度,可以作为填埋气体稳定化指标:

$$R=\frac{L_r}{L_0}=\frac{L_0-L_t}{L_0} \tag{4-38}$$

式中 L_0——城市生活垃圾总产气潜力,L/kg;

L_r——城市生活垃圾残余产气潜力,L/kg;

L_t——单位质量垃圾在龄期为 t 时的累积产气量,L/kg。

刘海龙等[186]在对江村沟填埋场产气速率变化的研究中发现,根据产气速率的变化,填埋场稳定化过程可分为 3 个阶段:填埋初期 2 年为快速产气阶段;2~15 年为慢速产气阶段;15 年后为填埋气体稳定化阶段。填埋龄在 2 年后,R 下降速率明显变慢,此时 R 为 0.38;填埋龄达 15 年后,R 下降为 0.16,此后降解速率趋于稳定。王珊[177]采用产气量指数(指垃圾最大理论产气量与新鲜垃圾最大理论产气量比值)来表示填埋垃圾的稳定化,认为当产气量指数<0.15 时,为稳定化状态;产气量指数为 0.15~0.25 时,为较好稳定化状态;产气量指数为 0.25~0.5 时,为基本稳定化状态;产气量指数>0.5 时,为未稳定化状态。

4.4.2.3 渗滤液水质特性

与填埋垃圾相比，渗滤液更容易进行指标测定，因此更多地被用作填埋场稳定化的评价指标。渗滤液的水质指标主要有 BOD_5、COD、可溶性有机碳、TOC、溶解固体总量（total dissolved solid，TDS）、pH 值、营养物质、氨氮、硝氮、总氮、碱度和重金属等。Rooker[187]汇总研究了在垃圾不同稳定化阶段的对应值，得出渗滤液达到稳定化状态的终点值为：BOD/COD 值 $<$ 0.1，$BOD_5 <$ 100mg/L，$COD_{Cr} <$ 1000mg/L。其中 B/C（BOD_5/COD_{Cr}）作为一项可生化性指标，反映了渗滤液的生物降解特性与规律，被普遍应用于表征填埋场稳定化进程中。蒋建国等[188]按照 BOD/COD 值将填埋场稳定化划分为 4 种状态，分别为稳定状态、中度稳定状态、基本稳定状态和不稳定状态，对应的渗滤液 BOD/COD 值分别为$<$0.1、0.1~0.15、0.15~0.3 和$>$0.3。

4.4.2.4 生活垃圾填埋龄

在填埋场中，填埋垃圾随着填埋时间的延长而不断降解。虽然气候条件、填埋作业方式等的不同会影响填埋垃圾的稳定化进程，但通常随着垃圾填埋龄的增长，垃圾稳定化程度升高。一般填埋垃圾的稳定化时间为 10~30 年，有些甚至更长。填埋场稳定化指标包括渗滤液水质和水量、气体的产率、场地沉降速率等，它们都是由填埋垃圾中可降解有机物的含量和降解速率决定的，因此，通过分析填埋垃圾中可生物降解有机物降解完成的时间与填埋龄的关系可以反映填埋场的稳定化进程。

把填埋垃圾中易生物降解有机物（厨余垃圾等成分）降解完成的时间 t_1 和可生物降解有机物（纺织纤维、木质杂草和毛骨等成分）基本降解完成的时间 t_2 作为划分垃圾填埋场稳定化进程的依据。假设垃圾填埋时间为 t，则可对垃圾填埋场的稳定化状态进行如下评价：

① $t<t_1$，垃圾填埋场处于不稳定状态；
② $t_1<t<t_2$，垃圾填埋场处于较稳定状态；
③ $t>t_2$，垃圾填埋场处于稳定状态。

在实际填埋场中，由于气候条件、填埋垃圾种类、填埋场的规模、操作方式等的不同，填埋垃圾的降解速度也不同，其稳定化所需的时间存在较大的差异，需要根据实际填埋垃圾的稳定化程度来确定。一般当垃圾填埋龄分别$>$15 年、10~15 年、5~10 年和$<$5 年时，垃圾可分别达到稳定化、较好稳定化、基本稳定化和未稳定化状态。

4.4.2.5 填埋场沉降量

填埋场的沉降包括填埋场地基沉降和填埋垃圾自身沉降两部分。通常所说的垃圾填埋场沉降是指垃圾填埋体自身的沉降。填埋场的沉降主要发生在填埋后的 2~3 年内，填埋场越稳定，场地沉降量越小。一般来说，当填埋场封场 10 年以上时，通常其沉降量$<$1cm/a，可以认为填埋场已经达到了相对稳定的状态。

综上，用于表征填埋场稳定化进程的指标主要涉及垃圾组分与特性、渗滤液、填埋气体和沉降 4 个方面的参数。其中，垃圾组分与特性主要包括 VS、纤维素、BDM、BMP、AT_4 及浸出液组分等；渗滤液包括产率及水质指标（BOD_5、COD_{Cr}、BOD/COD 值、TOC、NH_4^+-N）等；填埋气体包括产量、产率及组分（CH_4 和 CO_2 浓度）等；沉降则以沉降量和沉降速率表示。表征指标的确定主要基于其动态变化和相关性分析，代表性强，较为精简。基于研究结果，归纳填埋场稳定化指标见表 4-8。

表 4-8 垃圾填埋场稳定化评价各价指标值

指标		稳定化	较好稳定化	基本稳定化	未稳定化
垃圾组分	有机质含量/%	<9	9~16	16~20	>20
	$R_{C/L}$	0.5	0.5~1.0	1.0~2.0	>2.0
	BDM	<4	4~10	10~16	>16
	含水率/%	<25	25~30	30~50	>50
渗滤液	COD/(mg/L)	<100	100~1000	1000~3000	>3000
	BOD_5/(mg/L)	<30	30~300	300~1000	>1000
	B/C	<0.1	0.1~0.15	0.15~0.3	>0.3
	SS/(mg/L)	<40	40~200	200~400	>400
	NH_4^+-N/(mg/L)	<25	25~500	500~800	>800
	TN/(mg/L)	<40	40~800	800~2000	>2000
	TP/(mg/L)	<3	3~7	7~10	>10
气体	产气指数	0.15	0.15~0.25	0.25~0.5	>0.5
	甲烷浓度/%	<1	1~3	3~5	>5
堆体沉降/(cm/a)		<5	5~10	10~35	>35
填埋龄/a		≥15	10~15	5~10	<5
封场年限/a		≥10	5~10	3~5	<3

4.4.3 垃圾填埋场稳定化评价方法

填埋场稳定化评价的方法与环境质量现状评价方法相似，主要有指数法、层次分析法、模糊评价法、BP 神经网络法、单因素法以及这些方法的组合。

4.4.3.1 指数法

指数法以实测值（或预测值）与标准值的比值作为其数值。指数评价法比较简单，应用方便，因此易于在实际工作中推广。

（1）评价因子及评价参数的确定

填埋场渗滤液、填埋气体和场地沉降是表征填埋场稳定化的主要指标，故选择渗滤液、填埋气体和场地沉降作为填埋场稳定化的评价因子。其中，渗滤液包括水量和水质两方面，水质包括 SS（悬浮物）、COD_{Cr}、BOD_5 和氨氮浓度 4 个参数；填埋气体采用产气速率表征；场地沉降采用场地沉降速率表征（图 4-26）。

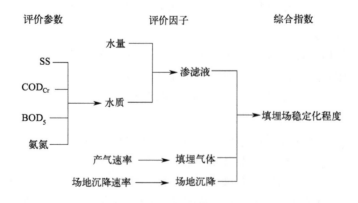

图 4-26 填埋场稳定化程度评价的评价因子及评价参数的构成

(2) 评价标准的确定

目前除渗滤液水质有排放标准外，渗滤液产生速率、产气速率、场地沉降速率均无可供参考的标准。所以在确定评价标准时，只能参考渗滤液的排放标准，对渗滤液产生速率、产气速率、场地沉降速率适当取值作为其评价标准。

《生活垃圾填埋场污染控制标准》（GB 16889—2008）规定：当渗滤液 SS、COD_{Cr}、BOD_5 和氨氮浓度分别达到 40mg/L、100mg/L、30mg/L 和 25mg/L 时，渗滤液达到一级排放标准，可直接排放，故可以将渗滤液满足一级排放标准作为填埋场达到稳定化状态的标志。

(3) 评价指数的设计

1) 评价指数的设计方法

在垃圾填埋场稳定化过程中，渗滤液产生速率及其水质（包括 SS、COD_{Cr}、BOD_5 和氨氮浓度）、产气速率、场地沉降速率均变化很大，所以对于评价指数，做如下设计。

① 指数单元。指数单元计算如下：

$$x_{ij} = \frac{C_{tij}}{C_{sij}} \tag{4-39}$$

式中 x_{ij}——评价因子 i 评价参数 j 的指数单元；

C_{tij}——封场后 t 时间评价因子 i 评价参数 j 的值；

C_{sij}——填埋场达到稳定状态时评价因子 i 评价参数 j 的值（当 $C_{tij} < C_{sij}$ 时，以 $C_{tij} = C_{sij}$ 计）。

② 分指数的函数形式。由于评价参数随时间呈指数形式衰减，故取分指数为对数形式，即：

$$I_{ij} = 100 \lg x_{ij} \tag{4-40}$$

式中 I_{ij}——评价因子 i 评价参数 j 的分指数。

③ 分指数的综合。采用等权平均型函数的形式进行分指数综合，即对于渗滤液有：

$$I_1 = \frac{1}{2} \times \left[\frac{C_{t产生速率}}{C_{s产生速率}} + \frac{1}{4} \times \left(\frac{C_{tSS}}{C_{sSS}} + \frac{C_{tCOD_{Cr}}}{C_{sCOD_{Cr}}} + \frac{C_{tBOD_5}}{C_{sBOD_5}} + \frac{C_{t氨氮}}{C_{s氨氮}} \right) \right] \tag{4-41}$$

对于气体有：

$$I_2 = \frac{C_{t产气速率}}{C_{s产气速率}} \tag{4-42}$$

对于场地沉降有：

$$I_3 = \frac{C_{t沉降速率}}{C_{s沉降速率}} \tag{4-43}$$

则综合评价指数 I 为：

$$I = \frac{1}{3}(I_1 + I_2 + I_3) \tag{4-44}$$

2) 数据处理

填埋场封场后，其稳定化程度随着填埋年龄的增长而增大，即渗滤液产生速率、COD_{Cr}、BOD_5、SS、氨氮浓度、产气速率、场地沉降速率 7 个评价参数值的变化趋势应是从最大值一直下降到稳定化标准值。

实际上，在填埋场封场后，7个评价参数值都经历一个先增长后下降，最后再缓慢降低至稳定化标准值的过程。

为了保证每个评价参数值均从最大值一直下降到稳定化标准值的变化趋势，需在填埋场稳定化评价时在一定时间内对7个评价参数进行连续监测，并对其做以下处理。

① 找出每个评价参数的最大值或较高范围内的平均值。

② 对每个评价参数最大值或较高范围出现以前所测得的值，做以下转换：

$$C'_{tij} = C_{maxij} + (C_{maxij} - C_{tij}) = 2C_{maxij} - C_{tij} \tag{4-45}$$

式中　C_{maxij}——评价参数的最大值或较高范围内的平均值；

　　　C'_{tij}——转换以后的C_{tij}。

③ 对每个评价参数最大值或较高范围出现以后所测得的值，则不做任何转换，即：

$$C'_{tij} = C_{tij} \tag{4-46}$$

(4) 指数分级系统

基于填埋场渗滤液的主要污染物COD、BOD_5、SS和氨氮浓度，一级指标（排放标准）要求SS 40mg/L、COD 100mg/L、BOD_5 30mg/L、氨氮25mg/L，二级指标要求SS 200mg/L、COD 1000mg/L、BOD_5 300mg/L、氨氮500mg/L，三级指标要求SS 400mg/L、COD 3000mg/L、BOD_5 1000mg/L、氨氮800mg/L，可将填埋场稳定化程度分为四个等级。只考虑渗滤液中COD、BOD_5、SS和氨氮浓度，可得出各个稳定化等级的综合指数范围：$I=0$为稳定化状态；$0<I\leqslant40$为较好稳定化状态；$40\leqslant I\leqslant120$为基本稳定化状态；$I>120$为未稳定化状态。

当填埋场稳定化等级为三级和四级时，渗滤液中的污染物浓度较高，同时场地沉降速率较快，此时，渗滤液需要处理达标后才可排放，填埋场地只能用于种植植被，不能考虑其再利用，同时应严禁非工作人员与畜禽进入填埋场。当填埋场稳定化等级为二级时，渗滤液中的污染物浓度已经基本达到二级排放标准，填埋场地的沉降速率较低，此时，渗滤液可以考虑稍做处理后直接排放。当填埋场稳定化等级为一级时，渗滤液中的污染物浓度已经达到《生活垃圾填埋场污染控制标准》（GB 16889—2024）直接排放要求，填埋场地的沉降速率很低，说明填埋场地已经相对稳定，此时，渗滤液可以直接排放。

4.4.3.2　层次分析法

层次分析法（analytic hierarchy process，AHP）将评价对象或问题视为一个多层次的系统，通过将问题分解为不同的组成要素，并按照要素之间的相互关联度和层次关系进行组合，形成一个层次化的分析结构系统。这个系统通常表示为一个层次结构图，包括目标、准则、子准则和方案等不同层次的要素。AHP具有高度的逻辑性、系统性、简洁性和实用性，特别适用于那些难以完全用定量方式进行分析的复杂问题。

AHP评价填埋场稳定化程度操作如下：

① 根据评价指标，确定评价因子，建立层次分析结构模型；

② 采用1～9标度法对评价因子进行两两比较，构造判断矩阵；

③ 利用求和法和归一化处理计算权重值（即判断矩阵的特征向量）及最大特征值λ_{max}，并进行一致性检验[189]。

(1) 构建递阶层次结构

参照《生活垃圾填埋场稳定化场地利用技术要求》(GB/T 25179—2010) 中填埋场地稳定化利用的判定要求，填埋场稳定性特征主要包括封场年限、填埋物有机质含量、地表水水质、堆体中填埋气体浓度、大气环境、堆体沉降和植被恢复等。以垃圾填埋场稳定化综合评价指标作为目标层，建立层次分析法目标层结构模型，如图 4-27 所示。

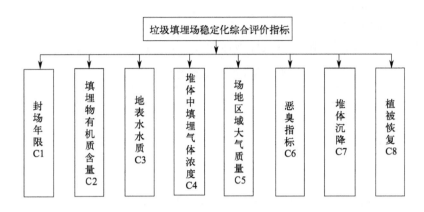

图 4-27　填埋场稳定化综合评价目标层结构模型

(2) 建立两两比较判断矩阵

根据填埋场各因素在实际运行与相关研究中的主次关系，采用 1~9 标度法（表 4-9），将各因素的相对重要性在同等重要和极端重要之间划分为 9 个区段，并分别赋值为 1~9。

表 4-9　两因素相对重要性判断标准

标度（相对重要评分）	重要性
1	A_i 与 A_j 同等重要
3	A_i 与 A_j 略等重要
5	A_i 与 A_j 明显重要
7	A_i 与 A_j 强烈重要
9	A_i 与 A_j 极端重要
2、4、6、8	介于两相邻判断之间
倒数	因素 i 与 j 比较的判定为 A_{ij}，则因素 j 与 i 比较的判定 $A_{ji}=1/A_{ij}$

根据表 4-9 的打分情况，建立表 4-10 的目标层 G 与制约因素层 C 之间的 G-C 判断矩阵。

表 4-10　两两比较判断矩阵

G	C1	C2	C3	C4	C5	C6	C7	C8
C1	1	1	1/7	1/3	1/3	1/4	1/5	1/3
C2	1	1	5	3	4	3	1	7
C3	1/7	5	1	2	6	3	3	5
C4	1/3	3	2	1	3	1/3	1	9
C5	1/3	4	6	3	1	1	1/7	3
C6	1/4	3	3	1/3	1	1	1/3	5
C7	1/5	1	3	1	1/7	1/3	1	7
C8	1/3	7	5	9	3	5	7	1

(3) 计算权重

根据上述垃圾填埋场稳定化综合评价目标层次结构模型，在充分讨论的基础上，按层次分析法的计算模型，计算出各指标的权重值[即判断矩阵表 4-10 的特征向量 $C=(C_1,C_2,\cdots,C_n)^T$ 及最大特征值 λ_{max}]，并进行一致性检验。

一致性指标（C_I）：

$$C_I = \frac{\lambda_{max}-n}{n-1} \tag{4-47}$$

式中　λ_{max}——最大特征值；

　　　n——维数个数。

为衡量 C_I 的大小，引入随机一致性指标 R_I，1~9 阶矩阵的取值如表 4-11 所列。

表 4-11　R_I 与维数的关系表

维数	1	2	3	4	5	6	7	8	9
R_I	0	0	0.58	0.90	1.12	1.24	1.32	1.41	1.45

一致性比率（C_R）：

$$C_R = \frac{C_I}{R_I} \tag{4-48}$$

一般当一致性比率 $C_R<0.1$ 时，认为判断矩阵的一致性可以接受，可通过一致性检验，否则必须重新进行两两比较判别。

填埋场稳定化评价指标对垃圾填埋场稳定化的重要性权值见表 4-12。经检验，总排序有满意的一致性。

表 4-12　稳定化评价指标对填埋场稳定化的重要性权值

评价因子	权值W_i	排序	评价因子	权值W_i	排序
C7	0.2035	1	C6	0.1336	5
C3	0.1891	2	C1	0.0673	6
C2	0.1666	3	C5	0.0536	7
C4	0.1347	4	C8	0.0517	8

参照《生活垃圾填埋场稳定化场地利用技术要求》（GB/T 25179—2010）中填埋场地稳定化利用的判定要求，制订了垃圾填埋场稳定化评价的权重等级量化表，见表 4-13。

表 4-13　垃圾填埋场稳定化评价的权重等级量化表

因素	状况	权重
封场年限/a	≥10	1.0
	5~10	0.8
	3~5	0.5
	<3	0
填埋物有机质含量/%	<9	1.0
	9~16	0.8
	16~20	0.5
	>20	0
地表水水质	符合 GB 3838	1.0
	不符合 GB 3838	0
堆体中填埋气/%	<1	1.0
	1~5	0.5
	>5	0

续表

因素	状况	权重
大气	GB 3095 三级标准	1.0
	达不到 GB 3095 三级标准	0
恶臭	GB 14554 三级标准	1.0
	达不到 GB 14554 三级标准	0
堆体沉降/(cm/a)	1~5	1.0
	10~30	0.8
	30~35	0.5
	>35	0
植被恢复	恢复后期	1.0
	恢复中期	0.8
	恢复前期	0.6
	无完整植被覆盖	0

(4) 综合评价

按照总分值将填埋场稳定化评价等级分为 4 个等级：分值＞90 为非常稳定，分值在 76~90 为较稳定，分值在 60~75 为基本稳定，分值＜60 为不稳定。

AHP 在填埋场稳定化的量化评价中发挥着重要作用。通过 AHP 进行权重分析，可以确定影响稳定化评价不同因素的相对重要性，从而有助于决策者明确优先考虑的制约因素。

4.4.3.3 AHP-指数法

指数评价法分为等权综合和非等权综合指数评价法，在国内垃圾填埋场稳定化评价中，均采用等权综合指数评价方法。但在实际中，每个评价因子在评价的过程中占据不同的权重，非等权因子评价方法显然更为客观和准确。

计算各评价因子的权重实际上是一个多层次多目标的决策过程。AHP 综合考虑研究区域的实际情况和相关专家的意见，结合定量计算和定性分析，给出各评价因子的权重。根据统筹学和环境影响评价学原理，研究者在等权综合评价的基础上，采用非等权综合评价，建立生活垃圾填埋场稳定化的评价方法——AHP-指数法。该方法先运用 AHP 求出各个评价因子的权重因子 W_{ijL}，再用指数评价法求得综合评价指数 I，从而得出稳定化程度。

按照以上对指数法及 AHP 的介绍，以填埋场稳定化作为目标层，分别以垃圾固相、渗滤液水质、填埋气体特征、堆体沉降、堆体稳定安全等指标作为准则层，运用指数法及 AHP 对稳定化程度进行评价。稳定化评价因子权重值 W_i 计算结果与评价见本书 2.5.2.2 部分开挖修复可行性评估。

4.4.3.4 模糊评价法

模糊数学是一种用于处理不确定性和模糊性问题的数学工具，它扩展了传统的逻辑和集合理论。模糊数学的隶属度理论可以有效处理不确定性问题，将模糊的、难以量化的问题转化为可计算的问题。通过设定隶属度函数来描述各个因素的隶属度，根据这些隶属度进行评价计算，得到清晰的评价结果。同时，模糊数学方法具有系统性强的特点，能够全面考虑各个因素之间的联系和相互作用关系，从而更客观地反映环境质量等综合评价指标。模糊综合评价方法较适合处理环境中相对评价标准边界模糊的问题。

可选用产气量指数、垃圾填埋龄、填埋垃圾有机质含量和渗滤液 COD 浓度 4 个评价指标，对填埋垃圾稳定化进行评价分级（表 4-14）。

表 4-14 生活垃圾简易堆场稳定化评价分级体系

稳定化程度	稳定化	较好稳定	基本稳定	未稳定
有机质/%	<9	9~16	16~20	>20
产气量指数	<0.15	0.15~0.25	0.25~0.5	>0.5
COD/(mg/L)	<100	100~1000	1000~3000	>3000
填埋龄/a	>15	10~15	5~10	<5

在填埋垃圾稳定化评价分级体系中，垃圾填埋场稳定化的因素集为 $V=\{$有机质含量，渗滤液 COD 浓度，产气量，填埋龄$\}$，评价集为 $A=\{$稳定，较好稳定，基本稳定，未稳定$\}$，经严格专家打分归一化后的权数分配为 $W=\{0.26,0.27,0.25,0.21\}$。该体系分别建立每种评价指标的隶属度函数：$f_1(x)$ 表示稳定的隶属度，$f_2(x)$ 表示较好稳定的隶属度，$f_3(x)$ 表示基本稳定的隶属度，$f_4(x)$ 表示未稳定的隶属度。

(1) 有机质含量隶属函数

$$f_1(x)=\begin{cases} 1 & x\leqslant 9 \\ (16-x)/7 & 9<x\leqslant 16 \\ 0 & x>16 \end{cases}$$

$$f_2(x)=\begin{cases} 0 & x\leqslant 9, x\geqslant 20 \\ (x-9)/7 & 9<x\leqslant 16 \\ (20-x)/4 & 16<x\leqslant 20 \end{cases}$$

$$f_3(x)=\begin{cases} 0 & x\leqslant 16 \\ (x-16)/4 & 16<x\leqslant 20 \\ 0 & x>20 \end{cases}$$

$$f_4(x)=\begin{cases} 0 & x\leqslant 20 \\ 1 & x>20 \end{cases}$$

(2) 渗滤液 COD 隶属函数

$$f_1(x)=\begin{cases} 1 & x\leqslant 100 \\ (1000-x)/900 & 100<x\leqslant 1000 \\ 0 & x>1000 \end{cases}$$

$$f_2(x)=\begin{cases} 0 & x\leqslant 100, x>3000 \\ (x-100)/900 & 100<x\leqslant 1000 \\ (3000-x)/2000 & 1000<x\leqslant 3000 \end{cases}$$

$$f_3(x)=\begin{cases} 0 & x\leqslant 1000 \\ (x-1000)/2000 & 1000<x\leqslant 3000 \\ 0 & x>3000 \end{cases}$$

$$f_4(x)=\begin{cases} 0 & x\leqslant 3000 \\ 1 & x>3000 \end{cases}$$

(3) 产气指标隶属函数

$$f_1(x)=\begin{cases} 1 & x\leqslant 0.15 \\ (0.25-x)/0.1 & 0.15<x\leqslant 0.25 \\ 0 & x>0.25 \end{cases}$$

$$f_2(x) = \begin{cases} 0 & x \leq 0.15, x > 0.5 \\ (x-0.15)/0.1 & 0.15 < x \leq 0.25 \\ (0.5-x)/0.25 & 0.25 < x \leq 0.5 \end{cases}$$

$$f_3(x) = \begin{cases} 0 & x \leq 0.25 \\ (x-0.25)/0.25 & 0.25 < x \leq 0.5 \\ 0 & x > 0.5 \end{cases}$$

$$f_4(x) = \begin{cases} 0 & x \leq 0.5 \\ 1 & x > 0.5 \end{cases}$$

(4) 垃圾填埋龄指标隶属函数

$$f_4(x) = \begin{cases} 1 & x \leq 5 \\ (10-x)/5 & 5 < x \leq 10 \\ 0 & x > 10 \end{cases}$$

$$f_3(x) = \begin{cases} 0 & x \leq 5, x > 15 \\ (x-5)/5 & 5 < x \leq 10 \\ (15-x)/5 & 10 < x \leq 15 \end{cases}$$

$$f_2(x) = \begin{cases} 0 & x \leq 10 \\ (x-10)/5 & 10 < x \leq 15 \\ 0 & x > 10 \end{cases}$$

$$f_1(x) = \begin{cases} 0 & x \leq 15 \\ 1 & x > 15 \end{cases}$$

在评价填埋垃圾是否稳定时,首先通过现场调查和样品分析,获取填埋垃圾有机质含量、渗滤液 COD 浓度、产气量和填埋龄 4 个指标的具体数值,然后根据不同指标隶属度函数计算填埋垃圾在 4 个稳定化程度上的隶属度。各个评价指标的隶属度依次排列成一个 4×4 的模糊矩阵,R 权重矩阵为 $\boldsymbol{A}$ =(0.26,0.27,0.25,0.21),两个矩阵进行混合运算即可得出填埋垃圾基于 4 个指标的综合稳定度。

4.4.3.5 BP 神经网络法

BP 神经网络是一种模拟生物神经系统行为和结构的数学模型,由输入层、隐藏层和输出层组成,每一层都由多个节点(也称为神经元)组成。每个节点将接收来自上一层节点的输出,并通过激活函数处理后输出。隐藏层和输出层的节点之间有连接权重,这些权重是网络学习的关键。BP 神经网络具有强大的非线性拟合能力和学习能力,广泛应用于模式识别、预测、分类等各种问题。

林建伟等[190]使用了 BP 神经网络法来分析垃圾填埋场的稳定化程度,并构建了一个基于 BP 神经网络的垃圾稳定化程度综合评价模型(图 4-28)。该模型的结构分为输入层、隐含层和输出层。其中输入层包括浸出液 COD 浓度、浸出液 TN 浓度、浸出液 TP 浓度、生活垃圾的有机质含量和含水率等,节点数为 5;隐含层采用单隐含层,节点数通过试验法确定;输出层包括垃圾稳定化程度的 4 个等级,即稳定、较稳定、基本稳定和未稳定,节点数为 4。采用 MATLAB 提供的神经网络工具箱的图形用户界面 GUI,可以实现网络的构建、训练、检测和应用。

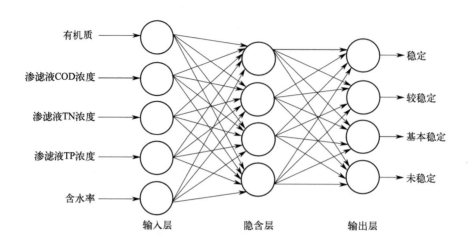

图 4-28 基于 BP 神经网络的垃圾稳定化程度综合评价模型

(1) 原始数据

综合评价模型的学习是通过按标准评价稳定化程度实现的，稳定化程度评价标准见表 4-15。

表 4-15 稳定化程度评价标准

稳定化程度	有机质/%	含水率/%	渗滤液/(mg/L)		
			COD	TN	TP
未稳定	>20	>50	>3000	>2000	>10
基本稳定	16~20	30~50	1000~3000	800~2000	7~10
较稳定	9~16	25~30	100~1000	40~800	3~7
稳定	<9	<25	<100	<40	<3

(2) 准备工作

① 学习样本的定义：输入矢量由 5 个判别指标各对应等级范围内产生的满足均匀分布的随机数组成，由 MATLAB 的 RAND 函数负责生成；输出矢量由 4 种类型的数据构成，分别为稳定 (1, 0, 0, 0)、较稳定 (0, 1, 0, 0)、基本稳定 (0, 0, 1, 0) 和未稳定 (0, 0, 0, 1)；共产生 2000 个训练样本和 400 个验证样本，通过验证样本以达到监控训练过程中的"过拟合"现象，从而使训练后的系统具备泛化能力和预测能力。

② 原始数据预处理：为了提高神经网络的学习效率，样本数据采用 PREMNMX 函数经过适当的预处理，归一化到 -1 和 1 之间。

(3) 网络构建

学习样本（训练样本和学习样本）导入 MATLAB 神经网络工具箱的图形用户界面 GUI，网络结构设为 3 层，输入层数目为 5，输出层为 4。训练函数采用 TRAINSCG（适合模式识别和提前停止），输入层到隐含层的激活函数为 TANSIG，隐含层到输出层的激活函数为 LOGSIG。

(4) 训练与检验

进入 GUI 的训练界面，适当设置网络参数和选择学习样本后，直接点击 "Train Network" 按钮后开始训练，通过学习样本进行仿真以检验网络的性能。

(5) 模型仿真

进入 GUI 的仿真界面，采用已经训练完成的 BP 神经网络模型，代入需要判别的生活垃圾稳定化判别指标数据，即可得到评价结果。根据最大隶属度的原则，判别各垃圾样品的稳定化程度，从而确定整个垃圾填埋场的稳定化程度。

例如，林建伟[191]采用神经网络判别三峡库区某小型垃圾填埋场，确定该填埋场停止使用约 4 年后，83％的垃圾已经稳定，17％的垃圾较稳定，即从总体上看已经达到稳定化状态。

4.4.3.6 单因素法

上述方法是多个指标的综合评价方法，考虑因素较多，还有一些学者使用较为简单易操作的单因素法评价垃圾填埋场的稳定化程度，如填埋垃圾组分、填埋龄、腐殖质分散度等。

上述填埋场稳定化评价方法的优缺点及实例见表 4-16。

表 4-16 填埋场稳定化评价方法优缺点及实例

评价方法	优点	缺点	实例
指数评价法	简单，应用方便	各因子权重要求专家或相关人员根据经验确定，导致误差较大	老港填埋场稳定化进程评价
层次分析法	权重的确定比专家评分法更具科学性、系统性、完整性和层次性。所需数据量少，评分花费时间短，计算量小，易于理解掌握	只能从备选方案中选择较优者，但不能为决策提供新方案。定量数据较少，定性成分多，指标过多时数据统计量大，且权重难以确定	武汉金口生活垃圾填埋场稳定化评价
模糊评价法	适合处理相对评价标准边界模糊的问题	简单的模糊综合评价法比较粗糙，往往受控于某个污染权重的项目，以至于有误判的现象	万州和尚桥垃圾填埋场稳定化程度评价
BP 神经网络法	通过自组织、自学习、自适应等，综合考虑全部指标的影响进行评价，使结果更加合理	需要对神经网络进行训练，由于常规的 BP 神经网络是基于梯度下降的误差反向传播算法进行学习的，所以存在收敛速度慢、易陷入局部极小点等缺陷	三峡库区小型垃圾堆放场
单因素法	简单，易操作	没有考虑多方面因素的影响	北洋桥垃圾填埋场

4.5 原位生物修复填埋场数字化运维管理

我国填埋场的运维管理在经历过长期的粗放式管理阶段后，也逐渐进入规范化管理阶段，对数字化管理技术的需求也日渐提高。数字化管理技术是指利用信息采集、传输设备对管理对象的特征信息进行采集、归纳、整理，结合高性能计算机系统的强大分析能力，对信息进行进一步分析、处理，形成具有可视化效果的直观图像，以期对整个数字化管理过程进行直观展示及综合考量，并有效提高管理效率、效果的现代化技术。早在 1999 年，我国便已经开展了对"物联网＋"等数字化管理办法的探究，以分析环境污染问题。之后陆续在江苏苏州、江苏无锡、湖南湘潭、重庆、江苏南通等多市开展了包含污染监测、城市保护、"智慧环保"等在内的多项数字化管理行动，积累了大量数字化管理技术经验。2014 年，上海老港五期综合填埋场数字化管理系统通过整体验收，成为我国首座填埋场数字化管理平台。之后，陆续建设有广州市增城区棠厦垃圾填埋场智慧监管平台、深圳下坪垃圾填埋场智能监控系统工程等多个填埋场数字化管理平台，我国填埋场数字化工程进入发展阶段。

4.5.1 数字化运维模式与技术

填埋场数字化运维管理为数字化管理技术与环境修复深度结合的环境数字化修复模式之一。与传统环境修复不同的是，环境数字化修复在使用常规的物理、化学与生物修复技术修复被污染环境的基础上，进一步与数字化管理技术有机结合，依托大数据技术和数字化集成平台，做到对空气、水、土壤等方面的生态环境指标实时动态监测，从而达成人类行为与自然现象的生态风险监测评估，最终实现"空、天、地、人"一体化的动态监测与调控。填埋场数字化运维管理实现方法主要包括以下几个方面。

① 数据传感，即利用气象传感器、水质传感器、土壤传感器等各类传感器，实时监测填埋场环境的各种参数，如气候条件、水质指标和垃圾堆体含水量等，为后续的修复工作提供数据基础。

② 数据采集与处理，即通过建立数据采集系统和数据库，如分布式计算平台 Hadoop、分布式数据库 HBase 和分布式搜索引擎 Elasticsearch 等，实现对传感器采集到的大量环境数据进行集中存储和处理，并应用数据挖掘和分析技术，提取有用信息、发现潜在问题，为环境修复决策提供科学依据。

③ 智能算法与模型，即通过聚类算法和时序预测算法（循环神经网络）等机器学习算法，基于大数据分析和模型建立，为环境修复提供精确的预测和优化方案。例如，通过建立预测模型预测污染程度的变化趋势，应用优化算法制订最优的修复策略等。

④ 信息化平台，即构建环境数字化修复的信息化平台，综合运用多种技术手段，如地理信息系统（GIS）、遥感技术、无人机监测等，集成数据采集、处理、模型、决策等功能，实现对环境修复工作的全面管理和监控，从而实现对环境问题的全面观测、诊断和治理。

填埋场数字化运维管理是将传感器、数据处理、智能算法和信息化平台等数字化技术方法有机结合，最终形成数字化系统性解决方案的管理方法。

4.5.2 数字化运维管理系统

原位生物修复填埋场的数字化运维管理系统主要包括稳定分析系统（垃圾计量测绘及特征分析系统）、环境监测（废气监测与控制系统、地下水及渗滤液监测与控制系统）和日常运营管理系统等。

4.5.2.1 稳定分析系统

稳定分析系统又称垃圾计量测绘及特征分析系统，主要包括堆体稳定安全、堤坝稳定安全、山体边坡稳定安全模块。通过填埋堆体和堤坝的表面位移和深层位移监测、堆体和基层沉降监测、堆体水位监测、山体裂缝和倾角监测等项目的数据记录与分析，发挥堆体稳定分析、紧急情况预警等功能。具体可根据渗滤液水位、强降雨情况、边坡坡度、填埋高度、抗剪强度对填埋场进行稳定性分析。

垃圾计量测绘是填埋场日常运维过程中的重要工作内容，更是修复工程实施的最基本信息来源。垃圾堆体测绘的整体流程包括现场踏勘、垃圾点地形图测绘、测算垃圾点总方量、现场密度试验、现场筛分中试试验等多个步骤（图4-29），以获得堆体形状、高度、体积，垃圾种类成分占比，垃圾密度及质量等重要信息[192]。

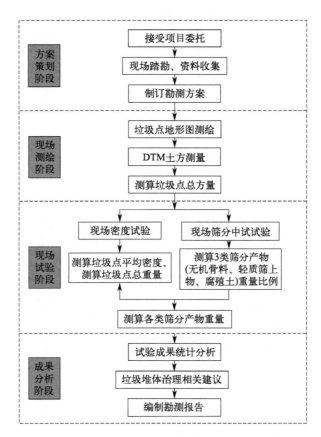

图4-29 垃圾堆体测绘分析工作流程
DTM—数字地形模型

由于处于填埋状态，垃圾量难以直接计量，必须借助堆体测绘相关技术以获取。堆体测绘技术可应用于快速测量体积庞大、形状不规整的大型散料堆，常以摄影测量法、激光扫描法和激光摄影结合法为主[193]。

（1）摄影测量法

利用相机直接拍摄垃圾堆体，之后结合数字化分析软件对拍摄图像进行特征提取、匹配及分析，建立包含长度、曲率、拓扑关系在内的三维坐标体系，并将垃圾堆体展示在三维坐标体系中，以实现整体测绘及结果可视化展示。该方法具有无需接触、采集简单、展示效果好等优势，但也易受到测量环境中光线、阴影、遮挡等因素的影响。

（2）激光扫描法

使用激光发射器发射激光脉冲到垃圾表面，并由激光接收器接收返回的激光信号，利用信号间的时差以实现测距（图4-30）。同样可以实现三维坐标体系建立及可视化展示，并且受到的环境干扰更少，但同时也存在测量精度受限、数据处理困难、处理费用成本高等缺点，应用范围较小。

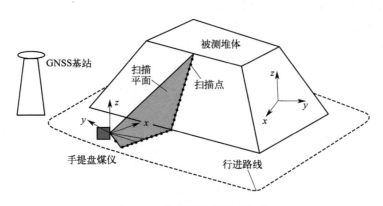

图 4-30 填埋场堆体激光扫描
GNSS—全球导航卫星系统

(3) 激光摄影结合法

将摄影测量法和激光扫描法的优势进行了兼并融合,测量更加精确,使用范围更大,但也存在着二者的一些主要缺陷,如何将二者高效结合仍是该类方法面临的首要问题。

随着测绘技术的发展,多种地理测绘技术被应用于填埋场环境的垃圾测绘中,例如电磁调查技术、诱导极化测量技术和电阻率层析成像技术等。其中,电阻率层析成像技术通过安插电极的方式,无需翻搅垃圾就可以获得垃圾的电导率、含水率等特征信息,具有操作便捷、信息效率高等优势,得到了较多应用(图 4-31)[194]。应用电阻率层析成像技术,并结合多因素分析等计算机算法进行分析,可以快速评估垃圾的填埋龄、热值潜力等信息,为垃圾堆体的特性分析及后续处理规划决策提供了重要基础信息。

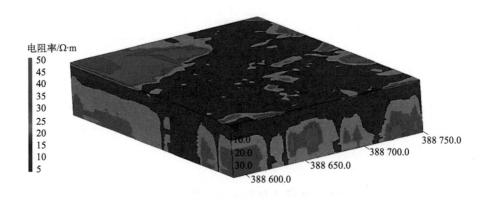

图 4-31 填埋场 3D 高密度电阻率法成果

综上所述,填埋场垃圾计量测绘及特征分析技术已经得到了长足的发展,与计算机分析方法的结合更是进一步拓展了其应用功能,这些技术对快速推进填埋场数字化、现代化发挥了重要作用。

4.5.2.2 环境监测

填埋场数字化运维管理系统的环境监测主要依托废气监测与控制系统、地下水及渗滤液监测与控制系统。

(1) 废气监测与控制系统

在垃圾填埋场原位生物修复过程中，应定期开展对填埋气体的监测工作，定期收集气体管道内的气体压力、流量、组分等数据。废气监测及控制是填埋场原位生物修复的主要工作内容之一。在填埋场数字化建设过程中，结合机器学习方法对填埋气体的产生及排放进行预测分析，以便实现后续气体排放估算及预警，是今后的发展方向之一。

填埋气体预测分析是填埋场运维管理中较早引入机器学习分析的领域。早在2011年，一种基于神经网络算法的模型就被应用于分析垃圾填埋场填埋气体的产生及排放情景中，该模型成功实现了快速预测分析填埋场集气管道内温度以及CH_4、CO_2、O_2的浓度分布情况，验证了引入机器学习方法预测分析填埋气体排放的可行性[195]。在之后的发展中，越来越多的机器学习算法被应用于填埋气体的排放预测。例如，了解填埋场填埋气体的历史产生情况将有助于对其后续的产生情况进行预测，因此，一种结合了历史时间序列的神经网络模型应运而生，用于预测加拿大里贾纳市一个填埋场中CH_4的产生情况，预测均差为3.03%，取得了良好的效果[196]。进一步地，填埋场的填埋气体产生量会随着季节变化而产生周期性变化，因而历史产生情况被更准确地描绘为一种周期性变化，在结合周期性变化参数后，神经网络预测模型的预测误差进一步下降了26.97%[197]。然而，填埋场填埋气体的产生仍存在诸多不确定性因素，而神经网络模型仅考虑到输入的参数数值，却无法理解由这些未输入的参数引起的结果变化，这将影响模型的准确性。因此在之后的发展中，一种结合了模糊逻辑与神经网络的混合模型诞生，用来应对可能存在的不确定性因素，该模型在对填埋场甲烷产生情况的预测中取得了良好的效果[198]。进一步地，该领域发展出了基于上述混合模型的自适应神经网络模糊推理系统模型，该模型在伊朗德黑兰东南方35km的一个填埋场中得到试用，用于预测填埋场中两个试点填埋区域的CH_4产生情况，分别可以准确描述80%及90%以上的填埋气体变化情况[199]。针对填埋场中填埋气体排放情况的分析预测，已经发展出了门类繁多的机器学习算法，可应对多种不同的具体应用情景。整体而言，填埋场数字化运维管理系统中废气监测及控制功能经过多年的发展已经逐步趋于成熟完善。目前，绝大多数填埋场数字化运维管理平台中均配备了填埋气体监测、预测及预警功能，该项技术得到了广泛的应用。

(2) 地下水及渗滤液监测与控制系统

在垃圾填埋场原位生物修复过程中，需要对填埋场周边地表水、地下水及渗滤液进行监测控制。地下水是易受垃圾填埋场污染的重要水文环境，地下水污染具有隐蔽性、滞后性以及不易修复逆转的特点。大量布设地下水监测点位是一种简单粗放的获取地下水污染信息的方法，但受地质水文条件及人力物力的限制，该方法不具备实际可应用性。因此，通过少量监测点位尽可能获取地下水污染源、污染程度、污染物扩散程度等信息是地下水监测控制的要点。因此，基于少数监测点位的信息对其余其他位置进行分析预测是一种有效可行的方法。Monte Carlo法是一种常用于分析存在不确定信息的有效分析方法，广泛应用于监测点位的设计，例如地下水的监测等。然而，该方法的应用需要对数学模型模拟计算数千次，这会制造巨大的计算负荷，占用大量的人力资源。因此，具有强大分析能力的机器学习方法被运用于地下水监测分析中（图4-32）。在吉林省白城市某生活垃圾填埋场中，一种结合机器学习及不确定信息分析方法的地下水监测分析及布点优化技术被应用其中，在缺乏污染源、污染程度、水层参数等信息的情况下，探明了填埋区域下方的地下水污染情况，取得了良好的成效[200]。

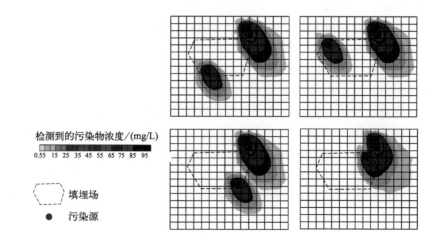

图 4-32　地下水监测分析结果

长期以来,渗滤液的产生及处理一直是填埋场中需要重点关注的问题,也是填埋场中最早引入机器学习算法的领域。早在 2010 年,反向传播神经网络就已被应用于分析填埋场的渗滤液产生量,在对成都市长安垃圾填埋场后续 3 个月的渗滤液产生量分析预测中取得了一定的效果[201]。之后,机器学习算法被应用于分析预测更多的渗滤液指标,例如,在孟加拉国的库尔纳垃圾填埋场中使用神经网络算法分析预测了渗滤液中 COD 的变化情况[202]。同时,渗滤液产生量及特征指标变化也存在诸多不确定性因素,因此结合模糊逻辑和神经网络的混合算法也常应用于渗滤液的分析预测过程中。此后的渗滤液分析预测朝着更加多元化的方向发展,以实现适用于多种情景、分析多种问题。例如,由于进入填埋场的垃圾特性往往随着季节更替产生周期性变化,因而填埋场渗滤液产生量及变化特征可能同样也存在着周期性,这促使后续研究将填埋场渗滤液的历史数据也纳入考量范围中,或许可以提高对渗滤液预测的准确性。基于上述考量,一种结合时间序列数据的神经网络算法应运而生。该技术应用于日本北海道山区某填埋场,基于 2003~2018 年共 16 年的数据,对后续多年的渗滤液产生情况进行分析预测。结果表明,对渗滤液产生量、COD、BOD、TN、Ca^{2+}、Cl^- 等多项指标的预测误差均在 11.8%~30.2%之间,整体预测效果良好[203]。综上所述,地下水及渗滤液监测与控制是填埋场中最早引入机器学习方法的领域,因而发展相对良好,与填埋气监测类似,已经发展出功能多样、应用各异的多种预测分析方法,为填埋场数字化建设提供了重要助力。

4.5.2.3　日常运营管理系统

填埋场的数字化日常运营管理系统是一种针对填埋场运营进行数字化监管和管理的软件系统,主要用于场区日常运营数据的数字化统计,对生活垃圾处理进行庞大的数据收集和分析,它通常具有以下功能模块。

(1) 运营数据录入与管理

系统可以对垃圾填埋场运营数据进行自动或手动采集、存储和管理,其中包括填埋场卫星遥感图片、现场监控画面、垃圾进场量数据、生态环保指标、设备运行状况等信息。

(2) 数据分析与报告生成

系统可以对填埋场运行数据进行分析、统计和处理，同时生成符合要求的日报、周报、月报等各种操作报告，有效提高填埋场运营效率以及监管能力。

(3) 警报管理和审核

系统可以自动或人工审核填埋场的运行数据，当监测值超出预设阈值时可以自动发出预警，引起管理人员的重视。

(4) 安全生产管理

系统可以进行人员信息管理、危险化学品使用的管理、设备运行的质量分析、作业安排的劳动相对均衡性检查等，有效保障填埋场的生产安全。

(5) 网络化管理

系统支持远程访问和多用户共享，不受时间和空间限制，从而提高了填埋场的信息化和管理水平。

4.5.3 数字化运行系统的监测布点与仪器

为确保填埋场运营的安全、环保和可持续，对填埋场进行监测布点设置和监测方案规划，填埋场监测布点包括填埋堆体、气体以及水环境等监测布点。

4.5.3.1 填埋堆体监测布点

填埋堆体监测布点主要是对堆体的表面位移和沉降、深层位移、水位、孔压、封场土饱和度和边坡等进行自动化监测，布点需要考虑填埋堆体的规模、类型、基础设施、环境质量等多方面因素。根据填埋堆体的分层概况，选择合适的堆体监测点布置位置，堆体监测点应该设置在每个填埋堆体的顶部和底部以及堆体的侧面，监测点之间的间距应尽量均匀。布点要求随监测点的不同而异。

(1) 顶部监测点

在填埋场堆体顶部，按照特定规划，布置一个或多个监测点，可以对填埋堆体高度、表面形态、浸润情况、坍塌、塌陷等情况进行监测。在顶部监测点上，可以安装荷载传感器、位移传感器等设备，用于测量填埋场堆体顶部的荷载、压实度、位移变化、表面平整度等。

(2) 侧面监测点

在填埋堆体侧面按照特定间距进行设置，可以监测填埋堆体侧面层位形态的变化、填埋堆体对周边地基的影响以及填埋场周围环境的变化。在设置监测点时，需要考虑到填埋堆体的侧面形状变化、侧面稳定性等因素，从而选择合适的监测手段，如张力计、压力计、位移计、测斜仪等。

(3) 底部监测点

在填埋场堆体下方设置数据传感器、位移传感器等，实时监测填埋堆体下方的沉降、变形、稳定性等因素，及时发现可能存在的安全隐患和环境风险。

此外，在填埋堆体周边和填埋场外围区域设置渗滤液监测井，同时考虑填埋场内部地下水的流动方向和路径，并确保监测井覆盖整个填埋区域。监测井的深度应根据填埋场地质和水文地质条件，考虑地下水水位、水流速度等因素，并覆盖各个地层的地下水情况。

4.5.3.2 气体监测布点

填埋场气体监测点的布设应根据填埋场的位置、面积、垃圾种类、堆体高度和周围环境等因素进行综合考虑。根据国家相关的法规、标准和行业规范，一般采用以下原则来确定布点方案。

① 根据气体扩散规律，确定监测点的布设方式，选择最不受干扰的位置，如距离主要气体产源近处、对流流域内、风向/风速合适的区域等。

② 设置充分的气体监测点，涉及主要气体指标（如 CH_4、CO_2、NH_3、H_2S、NO_x 等）时，应按垃圾覆盖厚度、垃圾类型和高度安排相应的监测井。

③ 监测点应按堆体高度及垃圾类型来确定监测层数，一般高度应参照规定，在基础、中间、表层三层考虑布置监测点。

④ 监测点之间的距离应根据填埋场的大小及堆体延伸距离来决定，一般在填埋场的四周以及内部均匀布置。距离应该尽量缩短，监测井的深度应根据垃圾填埋厚度进行调整，但不应小于垃圾顶层深度。

⑤ 监测点应覆盖堆体内部，且涵盖甲烷、氢硫化物等轻气体，并随时监测其变化情况。

在选择具体的布点方案时，需要充分考虑填埋场特点和环境情况，合理布置监测点及合适的监测设备，并按照计划开展监测工作，对不同时间段及不同地点的监测数据进行综合分析，及时采取相应措施。

4.5.3.3 水环境监测布点

填埋场周边水环境监测布点需要根据周边水环境的特点，识别主要影响因素，结合国家相关的法规、标准和行业规范来进行布点。

(1) 地表水监测点

填埋场应在周边、流域入口处等设置地表水监测点，监测地表水的水质、水量、流速、水位、温度、溶解氧、氨氮、总磷、总氮、铜、锌等指标。在设置监测点时，应考虑填埋场周边水体的主要来源以及流向、深度、水文条件等因素。

(2) 地下水监测点

根据距离填埋场的远近设置多口地下水监测井。要求在距离填埋场 1~3km 范围内安排井点，设置不同井深，分别为浅层（2~5m）、中层（5~10m）和深层（10~60m）三层观测点。可钻孔岩心，获取更翔实的样品数据。地下水监测点应覆盖填埋场及其周边的排放口、汇水排放口和饮用水源保护区等关键地点，确保监测数据具有代表性。

(3) 地表水自动监测站

根据实际情况，在填埋场下方设置监测孔，安装自动监测站，对水位、水温和水质等参数进行实时监测，最大限度地减少人工干预和采样误差。

(4) 污水排放口监测点

在填埋场渗滤液处理站出口等污水排放口设置监测点，对进出水的水质、水量、流速和 pH 值等参数进行持续的监测。

在进行填埋场水环境监测布点时，需要根据填埋场的规模、类型、基础设施等实际情况来制订填埋场自动化监测方案，并参考国家相关的法规、标准和行业规范，及时对所采集的监测数据进行记录分析、评价考核，并据此制订科学的环境管理、监管保护措施，以确保填埋堆体的运营安全、环保和可持续。

4.5.3.4 常见的监测仪器和设备

为保障填埋场稳定运行以及实现填埋场数字化运维管理,基于上述数字化运行系统的监测布点设置,填埋场数字化运行系统涵盖多项监测项目,并配备多种监测仪器。填埋场数字化运行系统的主要监测项目和使用仪器见表 4-17。

表 4-17　填埋场数字化运行系统的主要监测项目和使用仪器

监测项目	监测仪器
表面位移	表面位移监测站
	测量机器人
	GNSS 地表位移监测站
深层位移	一体化深部位移监测站
滞水位	地下水位计一体化监测站
主水位	振弦式渗压计一体化监测站
表面覆土含水率	土壤水分计一体化监测站
山体裂缝	拉线位移传感器一体化监测站
山体倾角	小型化多功能智能监测仪
臭气预测	臭气监测系统
视频监控	监控摄像头

4.5.4　数字化修复场景与应用

4.5.4.1　上海老港垃圾填埋场

上海老港垃圾填埋场第五期工程是国内首座搭配了填埋场数字化管理平台的填埋场,其搭配的数字化管理平台的功能内容涵盖了垃圾计量测绘及特征分析、填埋作业覆盖及辅助、废气监测与控制、地下水及渗滤液监测与控制四项主要功能,是我国填埋场数字化运维管理平台建设的重要里程碑。数字化运维管理平台包括 9 大管理模块(图 4-33),分别为车辆作业管理模块、作业油耗管理模块、违规预警模块、堆体体形与库容管理模块、成本管理模块、臭气控制模块、作业面控制模块、后台管理模块、手持端管理模块[204]。

堆体体形与库容管理模块用于实现垃圾计量测绘及特征内容分析。该部分内容主要包括填埋堆体的三维可视化展示、压实密度实时监控及管理、填埋库容智能分析。

车辆作业管理、作业油耗管理、违规预警和成本管理四个模块用于实现填埋作业辅助内容。该四个模块的功能内容包括了作业车辆任务配给、路线规划、油耗控制、违规操作预警、物料精细配给等功能内容,基本实现了填埋作业的日常管理需求,但在安全防控监测、提高作业的机械化程度等方面仍存在可提升空间。

臭气控制模块用于实现废气监测与控制的内容。该模块基于臭气监测数据、气象数据,建立了臭气影响扩散模型,以对臭气的影响范围、污染程度进行智能化评价,贯彻了废气监测的要求。此外,该模块同时还可实现臭气控制措施的确定,如源头削减、喷雾除臭等解决方案,在监测的同时真正实现了废气的控制。

作业面控制模块与地下水及渗滤液监测与控制的工作要求存在一定程度的重合。该模块主要聚焦于作业面、覆盖面的情况管理,同时也涵盖一部分苍蝇密度管理、渗滤液产量管理的内容。

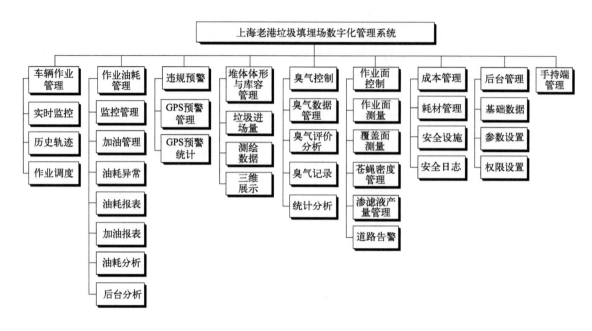

图 4-33　上海老港垃圾填埋场数字化运维管理平台系统框架

4.5.4.2　深圳下坪垃圾填埋场

深圳下坪垃圾填埋场是国内第一座现代化垃圾卫生填埋场，1997 年 10 月投入运营，占地面积 $1.49×10^6 m^2$，总库容量 $4.693×10^7 m^3$，主要负责处理原城区内产生的生活垃圾和市政污泥，同时承担全深圳市生活垃圾的应急处理任务，每天填埋垃圾约 8000t。2018 年，深圳下坪垃圾填埋场在国内类似工程中首次建立了智能化的综合监控管理指挥平台，首次成功运用光纤光栅位移监测技术，最终建设成为涵盖应急指挥会议系统、综合监控系统、视频监控系统等在内，集成了垃圾堆体表面及深部位移、气压、水位实时监测预警、应急指挥、信息发布、视频监控、应急抢险、车辆出入、人员定位等多项功能的，包含总计 9 大系统、14 项子系统的填埋场数字化运维智能管理平台。

随着填埋量的急剧增加，该填埋场中部分填埋区域所形成的堆体出现堆体失稳、水平表面位移、深层侧向位移滑动等安全隐患。为提高对堆体活动的监测精度，克服此前采用的滑轮式监测探头存在的无法实时在线监测及预警等缺陷，光纤光栅传感技术被首次应用于填埋堆体监测中（图 4-34），最终成功实现了堆体深度 30m、工作温度 $-30～80℃$、精度千分之二 F.S. 级的位移监测，极大提升了填埋区域的安全防控监测能力。

图 4-34　光纤光栅结构示意

在填埋气体、地下水及渗滤液的监测控制方面，整个填埋场区已建设有配备147处视频智能化监控、7处土壤含水率监测、978处堆体深部位移监测、41处堆体深部水位水压监测、20处坝体活动监测、30处大气监测和27处堆体内气体气压的综合实时在线监测体系，监测范围覆盖了整个填埋区域的绝大部分重要点位，实现了自动化监测及预警。

此外，该填埋场还建设有配备多元功能以应对多项突发情况的功能建筑单元，例如集成了包含机房工程、DLPS大屏显示、EMS（环境管理体系）应急指挥会议、供电及防雷等多个子系统在内的应急指挥中心等（图4-35）。

图4-35　数字化运维管理指挥平台

第 5 章 垃圾填埋场开挖修复技术

垃圾填埋场开挖修复技术主要通过开挖筛分系统，将填埋场中的陈腐垃圾按照粒径、密度和形状等特征差异进行分离，然后根据筛分得到的不同物料，分别进行资源化再利用处理，实现"变废为宝"。该技术应用广泛，主要适用于填埋龄较长，填埋垃圾基本已达到稳定化的填埋场。与垃圾填埋场原位生物修复技术和生态封场技术相比，垃圾填埋场开挖修复技术在彻底控制恶臭气体、土壤和地下水污染的同时，还能充分挖掘填埋垃圾的潜在价值，实现垃圾的资源化和减量化利用，从根源上消除了填埋场的污染问题。这不仅有利于加速填埋场周围生态环境的恢复，还可以快速释放土地资源，满足规划中的用地需求，最终带来了显著的社会效益和环境效益。垃圾填埋场开挖修复技术具有彻底消除环境污染与安全隐患的优势，但其成本较高，主要适用于周围环境较为敏感、土地再利用价值较高的填埋场生态修复。为了更好地了解垃圾填埋场开挖筛分工艺及其防护措施，本章主要从垃圾填埋场开挖前处理工程、开挖修复工程、开挖修复防护工程与措施以及典型垃圾填埋场开挖修复工程等方面介绍了垃圾填埋场的开挖修复技术。

5.1 垃圾填埋场开挖前处理工程

垃圾填埋场开挖修复技术是对已稳定化的填埋垃圾进行开挖、分选，资源化回收和利用其中有价值的物质，从而实现填埋场的再生或改变填埋场土地用途。该技术不仅能够有效地实现填埋垃圾的资源化利用，还可以将清空的垃圾填埋场地进行规划和利用。在垃圾填埋场进行开挖修复前，首先需要进行开挖前工程处理，主要包括垃圾填埋场稳定化处理、渗滤液降水与排水等工程。

5.1.1 垃圾填埋场稳定化处理

垃圾填埋场实施开挖的前提条件是填埋垃圾达到稳定化或者矿化，即填埋垃圾中可降解物质已被完全降解或接近完全降解，不再产生或很少产生异味和渗滤液。因此，在决定垃填埋场开挖修复前,要收集垃圾填埋场相关资料,并重点通过现场勘探与取样分析,对垃圾填埋场的垃圾特性、地质特征和地下水情况等进行全面诊断,明确垃圾的矿化度、粒度分布、含水率及理化组成(包括腐殖土、可回收物、石材类、可燃物等所占比例),为后续开挖筛分的安全、有效、经济运行提供依据。开挖修复时要注意确定合理的开挖深度,做好安全措施,避免填埋气体的泄漏。

如果垃圾填埋场没有达到稳定化和无害化状态,开挖修复前需要进行垃圾填埋场稳定化处理,例如采用通风曝气进行填埋垃圾有氧稳定化处理。若垃圾填埋场没有进行稳定化处理,在开挖修复时将产生较大的环境污染,导致填埋场开挖修复工程受阻。在世界各国垃圾填埋场的开挖修复受阻中止的案例中,很多是由于对开挖过程中臭气污染认识不够而导致的。例如在奥地利的一个混合填埋生活垃圾、建筑垃圾和下水管污泥等的填埋场开挖修复中,由于臭气的扩散,填埋垃圾开挖数周后被迫中止。

垃圾填埋场运行通常是几年到几十年,由于填埋场各区域填埋垃圾龄和稳定化程度的不同,需要根据实际垃圾填埋场的现场情况,对垃圾填埋场进行分析判断,划分垃圾填埋场开挖修复区,并明确各区域的处置方式(图 5-1)。

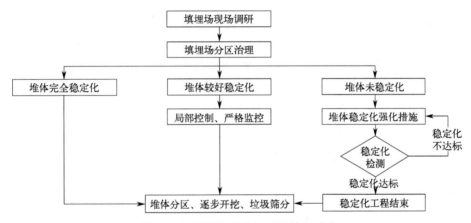

图 5-1 垃圾填埋场分区开挖修复路线

垃圾填埋场开挖修复方式主要分为 3 类:

① 针对完全稳定化的垃圾填埋场地,可采用直接开挖修复的方式;

② 针对较好稳定化的垃圾填埋场地,应采用局部控制和严格监控的方式,避免对人员产生伤害和造成环境污染,如果含有较多的渗滤液,则需要先对渗滤液和填埋气体进行导排,避免产生局部变形和填埋气体影响施工安全;

③ 对未稳定化的垃圾填埋场区域,这主要针对正在填埋或已经封场的未稳定化填埋区域,应采用多种方式促进垃圾稳定化,包括渗滤液回灌、强制通风等手段,将垃圾填埋场治理至较高稳定化程度后,再进行开挖修复。

5.1.2 渗滤液降水与排水

在垃圾填埋场的开挖修复工程中,渗滤液水位是一个关键的考虑因素,其对填埋垃圾开挖筛分的影响至关重要。在我国,由于填埋垃圾中厨余垃圾含量高,垃圾填埋场普遍存在堆体内渗滤液水位壅高的问题。填埋垃圾堆体中滞留水位可高达几米到几十米,部分垃圾填埋场会出现渗滤液从边坡和坡角处渗流的现象。垃圾填埋场堆体中的渗滤液通常存在滞水层、主水层以及导排层三种形式。垃圾填埋场堆体局部低渗透性易造成滞水，增加堆体局部的失稳风险；深层垃圾低渗透性易造成堆体主水位持续壅高，导致垃圾堆体整体稳定性和填埋气体收集率降低；导排层淤堵则会造成导排层水和堆体主水连通，增加了防渗层污染负荷及堆体沿防渗层界面的失稳风险。

垃圾填埋场堆体中高水位也会威胁堆体稳定性，其主要原因有两个方面：

① 在高渗滤液水位条件下，垃圾堆体的湿容重增加，将会增加衬垫层额外的下拽力，对填埋场堆体的整体稳定性有明显的影响；

② 当填埋场堆体渗滤液水位较高时，堆体要承受额外的静水压力，局部稳定性将受到影响，当在填埋场进行回灌作业时回灌作用会在局部产生超孔隙水压力，不利于其局部稳定性。

在国内外许多填埋场运营中，由于管理者未能及时采取有效的措施控制垃圾堆体内部的水位，导致垃圾堆体失稳破坏。填埋场底部渗滤液水位过高时，还会导致一部分渗滤液沿着垃圾堆体侧面覆盖层薄弱处发生侧向渗漏，对周边环境造成严重的污染，使填埋场区卫生条件恶化，从而给开挖作业带来不便。

为了有效控制填埋垃圾堆体中的渗滤液水位，加快后续摊铺晾晒的速度，在开挖前需要进行填埋场降水与排水。垃圾填埋场降水与排水通常需在填埋单元内开挖出渗滤液导排沟槽和抽水井，采用机械抽水降低渗滤液液位。同时对渗滤液水头进行定期监测和估测，根据渗滤液导排量的要求，选择适当的卧式污水泵或潜水泵，将渗滤液抽送至邻近渗滤液导排系统或渗滤液处理设施（详见 7.2.2 部分相关内容）。

5.2 垃圾填埋场开挖修复工程

5.2.1 开挖修复目的

垃圾填埋场开挖修复是一项综合性的工程，旨在降低填埋场对环境和人类健康带来的负面影响，恢复垃圾填埋场地土壤再利用。垃圾填埋场开挖修复的目的主要有减少环境污染、恢复生态环境、提高土地利用率和实现垃圾的可持续处理四类。

（1）减少环境污染

填埋场中垃圾会不断地降解和腐烂，产生大量的渗滤液和有害气体。这些污染物质会渗入周边土壤、大气、地表水和地下水中，对环境和人类健康造成威胁。在填埋场开挖修复过程中，对渗滤液和废气进行收集与处理，可以避免对周围水体和大气造成危害。同时，早期的填埋场防渗衬层材料老化，甚至有些填埋场未铺设防渗衬层，导致了垃圾渗滤液对地下水造成污染，需对这些垃圾填埋场进行开挖，修复防渗层或搬迁填埋垃圾。

（2）恢复生态环境

填埋场的存在会对周围的自然生态环境造成破坏和干扰，对土壤、水体和植被等生态要素产生负面影响。填埋场开挖修复可以恢复填埋场的自然生态环境，使其重新成为具有生态功能和生物多样性的地区。在填埋场开挖修复过程中，可以清理填埋垃圾，通过将可回收垃圾进行回收利用、有害垃圾进行安全处理、腐熟垃圾土用作绿化用土等处理，恢复填埋场周围的生态系统。

(3) 提高土地利用率

填埋场占用了大量土地资源，填埋垃圾开挖修复后可以将其变成可用土地，实现土地资源的再利用。这些土地可以用于城市建设、农业生产、生态恢复等。

(4) 实现垃圾的可持续处理

填埋场开挖修复是一种可持续的垃圾处理方法。通过对填埋场进行开挖和修复，可以清理和处置填埋垃圾，并将可回收物品进行回收利用，最大限度地减小垃圾对环境的影响。这有助于实现垃圾资源的循环利用，降低对自然资源的依赖。

虽然垃圾填埋场开挖修复工程在解决垃圾问题和保护环境方面有着巨大的潜力，但其实施也面临一些挑战和限制。例如，在开挖修复过程中可能会产生大量的污染物和渗滤液，需要采取严格的处理措施，以避免对周围环境造成污染。此外，开挖修复需要投入大量的人力、物力和财力，成本较高，需要政府和企业的共同合作和支持。

5.2.2 开挖工艺

5.2.2.1 开挖方式

在填埋垃圾开挖修复过程中，填埋场局部开挖作业可能会破坏周边堆体单元的结构完整性，引起垃圾堆体及周边土层的不均匀沉降或塌方，因此填埋场垃圾堆体的开挖需要有序进行。通常垃圾堆体开挖方式主要有分层开挖、中心开挖和边缘开挖3种。

(1) 分层开挖

按照一定的层次进行开挖，即从填埋堆体的表层开始逐层递进地进行开挖，层层剥离垃圾。这种开挖方式可以减小对周围堆体的影响，降低垃圾堆体失稳的风险。

(2) 中心开挖

从填埋场堆体的中央位置开始进行开挖。这种方式可以有效减少对周边堆体的干扰，降低因局部开挖引起的不均匀沉降或塌方的风险。中心开挖一般适用于填埋场堆体相对均匀、稳定性较好的情况。

(3) 边缘开挖

从填埋场堆体的边缘位置开始进行开挖。这种开挖方式适用于填埋场堆体边缘不太稳定，或者存在边坡问题的情况。通过边缘开挖，可以有针对性地处理边坡问题，减小对填埋场整体稳定性的影响。

潘磊等[205]采用几何模型模拟了某垃圾填埋场开挖工况，开挖的部分位于模型的左侧，共有7m厚，其中顶层3m为淤泥质粉质黏土层，中间2m为粉土夹粉砂层，下层2m为粉砂层。右侧上部为开挖后对土进行压实并填筑到库区周围的堤坝，高5m。开挖模拟分为三种工况：工况1，分层开挖；工况2，从库区边缘开挖；工况3，从库区中心开挖。垃圾填埋场开挖三种工况如图5-2所示。

利用有限元强度折减法对边坡的稳定系数进行评估。该方法的基本原理是利用一个安全系数F_s对所选垃圾或土的参数（如黏聚力c和摩擦角φ）进行不断的折减，反复分析垃圾堆体或土坡的情况，直到垃圾堆体或土坡达到破坏状态，得出的折减系数F_t即为该土坡的安全系数。

$$c_t = c/F_t \tag{5-1}$$

$$\varphi_t = \arctan(\tan\varphi/F_t) \tag{5-2}$$

式中　　c——黏聚力，kPa；
　　　　φ——摩擦角，°；
　　　　F_t——折减系数；
　　　　φ_t——折减后的内摩擦角，°。

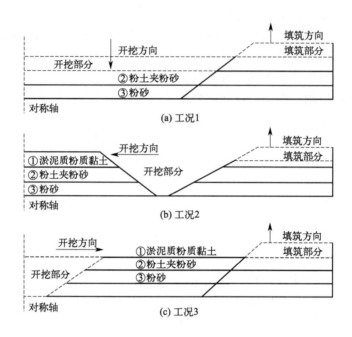

图 5-2　垃圾填埋场开挖工况示意图

参照岩土参数（表5-1），通过式(5-1)和式(5-2)对边坡进行安全性分析计算，可能的滑动区域如图5-3所示。从图5-3中可见，3种开挖方式在坡面位移分布和发展规律方面基本相同，但在坡面位移大小、安全系数和滑动面方面略有不同。表5-2中列出了分层开挖、边缘开挖和中心开挖的最大位移和安全系数[205]。由表5-2可知，分层开挖的安全系数最大，其位移比边缘开挖大，但比中心开挖小；边缘开挖位移最小，安全系数比中心开挖大，但比分层开挖小；中心开挖位移最大，且安全系数最小。

表 5-1　岩土参数表

名称	容重/(kN/m³)	饱和容重/(N/m³)	水平渗透系数/(cm/s)	垂直渗透系数/(cm/s)	压缩模量/MPa	泊松比	黏聚力/kPa	摩擦角/(°)
淤泥质粉质黏土	17.8	18.5	3.7×10⁻⁴	3.7×10⁻⁴	4.5	0.33	18.0	8
粉土夹粉砂	18.2	19.0	4.5×10⁻³	4.5×10⁻³	7.4	0.35	9.0	21
粉砂	18.3	19.0	8.0×10⁻³	8.0×10⁻³	9.0	0.35	3.5	30
填筑土	19.0	20.0	1.0×10⁻⁴	1.0×10⁻⁴	5.0	0.35	18.0	10

表 5-2　3种开挖方式坡面最大位移及安全系数

方式	最大总位移/mm	最大竖向位移/mm	最大水平位移/mm	安全系数
分层开挖	133	133	25	2.171
边缘开挖	127	127	25	2.123
中心开挖	159	159	30	1.793

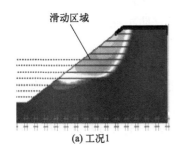 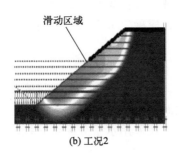 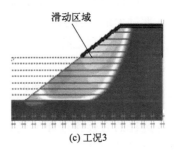

图 5-3 最易滑动区域

在开挖施工过程中，应尽量减小位移，提高安全系数，以确保工程的稳定和安全。分层开挖和边缘开挖相较于中心开挖，在坡面稳定性和安全性方面表现得更为优越。通过采用分层开挖的方式，可以获得较高的安全系数，从而减小发生滑动和塌方的风险。同时，边缘开挖对于降低位移有一定的效果，能够使得坡体的形变相对较小，对周边环境的影响较小。因此，推荐采用分层开挖或者边缘开挖的方式，不推荐中心开挖。

5.2.2.2 开挖工艺

填埋场开挖工艺是一个复杂而细致的过程，主要包括平整场地、施工放线、开挖支护施工、垃圾开挖、标高施工和土方收尾施工等（图 5-4）。在垃圾填埋场开挖修复时，需要严格按照规范和要求进行操作，以确保开挖过程的安全性和有效性。

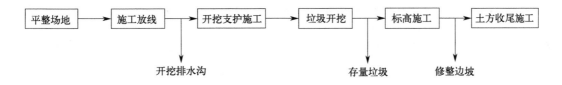

图 5-4 垃圾填埋场开挖施工流程

(1) 平整场地

在垃圾填埋场开挖前，工作人员首先需要对场地进行平整，确保填埋场地表面平坦，降低边坡滑坡和土体塌方的风险，以保障填埋场的稳定和安全。其次，清除不利于开挖的障碍物，如建筑物、管道和电缆等，必要时可进行拆除或搬迁，以确保开挖工作顺利进行，同时保障障碍物的安全处理，为后续开挖工作做好准备。此外，在开挖前，工作人员需要充分考虑环境保护因素。垃圾填埋场可能邻近敏感区域，如水源保护区、自然保护区等，应采取相应的措施，确保开挖过程不对周围环境造成污染和破坏。

(2) 施工放线

根据设计图纸和规划要求，工作人员需要基于开挖的范围、深度和形状等关键参数进行施工放线，精确定位开挖区域的边界和位置。

(3) 开挖支护施工

在开挖过程中，为保持坑壁的稳定，应进行开挖支护施工，使用支撑结构、钢筋混凝土墙或喷射混凝土等方式对坑壁进行支护，以防止发生坍塌和意外事故。同时，为了排除积水，应制订降水与排水措施，即现场开挖集水坑、排水沟，而后采用潜水泵降水、排水；开挖深度过大的，要制订加固方案；应确定地下管线走向位置，做好防护准备，确保工地的干燥和施工的顺利进行。

(4) 垃圾开挖

垃圾填埋场经过前期的勘测、稳定化处理、填埋场降水与排水等工作后，制订工程的开挖方案。通常当垃圾填埋场区域面积大、垃圾存量大时，宜分层、分单元进行开挖，以确保开挖过程的有效管理和垃圾处理。在采用水平分区域开挖时，应采用垂直分单元开挖，并需要遵守以下原则。

① 为了实现保持良好的填埋场结构稳定性和控制填埋坡度的目标，应合理划分填埋场的水平区域。同时，每个水平区域内部应采用垂直分单元的开挖方式。

② 在开挖过程中，相邻开挖单元的垂直高度不宜超过5m，以确保填埋场的结构稳定性，减小填埋场结构的变形和不稳定风险。

③ 每一分区的垃圾填埋场应从上部开始，逐渐向下进行分层分单元开挖，每个开挖单元作业面范围、开挖坡比和每层开挖厚度应该结合开挖方案和开挖后的实际情况来确定，确保填埋场开挖的有序进行。首先，对上部分区的垃圾进行清除，直至达到最终完成面的高程，并将相邻开挖分区的高程调整至与地表相平，再进行下一分区的开挖。

④ 垃圾开挖过程由上而下分层分段实施，一方面通过减小作业面，降低开挖的安全和环境风险，另一方面使开挖出来的填埋垃圾量与分类处理设施的能力相匹配，使填埋垃圾得到最大限度的资源化利用。

⑤ 在开挖过程中，每次开挖深度不超过2m，分段均匀开挖，分段长度不超过30m，每层开挖至相应深度后需进行锚杆支护施工，待完成锚杆和放坡支护施工且达到设计强度后，才能继续进行开挖施工，严禁超挖。

⑥ 在完成每一分区的开挖后，应及时对相邻分区进行高程调整，确保整个填埋场的地表高程平整一致。

⑦ 开挖时应确保垃圾堆体稳定性能够满足施工要求。在开挖过程中应控制坡度，以确保填埋场的结构安全和稳定，防止坡面坍塌和滑坡，通常坡度不宜大于1:3。

⑧ 在填埋场开挖过程中，在路基与边坡连接的位置要提前预留一定的土方，以保证边坡的稳定性。当开挖至距离设计深度30~50cm的位置时应停止机械开挖，采用人工开挖的方式挖至坑底，人工开挖时要做好基坑的支护工作，避免发生基坑坍塌、变形等安全事故。

此外，由于垃圾填埋场一般属政府运营及管理单位，填埋垃圾的开挖及分选处理建议以政府为主导，相应企业参与技术指导。同时，应建设满足开挖、运输要求的临时作业道路，以保证垃圾堆体开挖作业能顺利进行。

(5) 标高施工

在垃圾填埋场开挖过程中，根据规定的标高，进行垃圾填埋场标高施工。根据填埋场的规划，确定垃圾的存放高度和位置，开挖人员根据这些要求进行填埋垃圾的堆放和分类。随后，对填埋场的边坡进行修整，包括夯实、削坡或施加防护材料等工作，以增强边坡的稳定性和安全性。

(6) 土方收尾施工

在填埋场完成垃圾开挖和标高施工后，进行土方开挖工程的收尾工作，清理工地，处理废弃土方，确保施工现场的整洁，保护环境。

5.2.3 开挖垃圾脱水预处理技术

由于我国采用混合垃圾填埋模式，其中厨余垃圾含水量较高，所以填埋垃圾的含水率通常可以达到50%~60%。在稳定化的填埋场中，垃圾的含水率一般为16%~48%，其中在南方沿海一带，由于降水量大、湿度大，填埋垃圾的含水率可达49%[206]。由于填埋垃圾含水率较高，导致垃圾黏稠及不同垃圾成分之间相互缠绕，增加筛分的难度。因此，在填埋垃圾筛分前需要进行垃圾脱水预处理。

目前国内外垃圾脱水处理技术主要有物理技术、热干化技术和生物技术。物理技术分为机械挤压和堆放晾晒；热干化技术分为直接热干化技术、间接热干化技术和直接-间接联合热干化技术；生物技术分为好氧发酵和生物干化。

5.2.3.1 物理技术

（1）机械挤压

机械挤压技术的工作原理是垃圾经皮带输送机或抓斗运至机械的进料系统，在压滤仓内挤压油缸推动挤压活塞前移，初步压滤后复位，进行再进料、再压滤的循环往复，经过多次压滤、一次保压后，垃圾经闸门装置进入出料系统，挤出的水分排入污水沉淀池。生活垃圾机械挤压系统主要由进料系统、挤压系统、闸门及出料系统、电气控制系统和液压系统组成。陆效民[207]研究发现，将生活垃圾含水率从40%~80%降至35%以下时，挤压推头压力应大于2000kN，垃圾所受压强为1.5~2.5MPa，且要保证挤压系统在2000kN的压力下垃圾不会变形。由于稳定化填埋垃圾含水率一般在16%~48%，机械挤压技术水分去除率较低，且挤压脱除的水分比较黏稠，需要进一步处理才能达到排放要求[206]。

（2）堆放晾晒

当开挖垃圾含水率较高时，可将其堆放晾晒，并采用挖掘机定期翻倒，提高填埋垃圾的松散度，以加快开挖垃圾中水分的散失，便于后续垃圾分选。开挖垃圾堆放晾晒应在设置简易防渗系统和渗滤液收排系统的临时堆晒场上进行，以达到有效控制渗滤液迁移扩散的目的。填埋垃圾临时堆晒场主要包括简易围堰、底部渗滤液简易防渗衬层和收排系统及周边疏水沟（图5-5）。

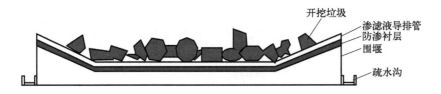

图 5-5 临时堆晒场示意

1）围堰

围堰是填埋垃圾临时堆晒场的重要组成部分。围堰结构形式由堆晒场位置、填埋垃圾和堆体高度等因素决定。同时，围堰设计还需考虑到结构的稳定性和防渗问题，防止渗滤液对环境产生二次污染。

2）渗滤液收排系统

渗滤液收排系统是防止渗滤液无组织排放的核心设施。填埋垃圾临时堆晒场应选择在地表沉降已经完全稳定且存在自然坡降的封场填埋单元，从而能够实现填埋垃圾中渗滤液流动的可控性。若无合适的填埋垃圾临时堆晒场的选择地点,可采用推土机对选择地点的地势进行适当的处理,形成符合填埋垃圾临时堆晒场设计要求的坡降,有利于渗滤液和降水自然汇流至渗滤液汇水口。

3) 周边疏水沟

周边疏水沟的断面可采用挖掘机开挖构建,应满足排水通畅、反冲性能好、结构牢固和易于维护等要求,能使填埋垃圾临时堆晒场区的渗滤液相联通,环绕整个临时堆晒场区,最终将渗滤液收集到填埋区渗滤液处理系统。

开挖垃圾堆放晾晒时间受垃圾含水率、区域气候条件、温度、晾晒厚度等因素的影响,一般经过 6~10d 的自然堆放晾晒后可显著降低垃圾含水率。开挖垃圾堆放晾晒脱水预处理技术具有时间长、占地面积大以及在晾晒期间会污染周围空气等缺点,因此一般适用于环境卫生要求不高、温度高、降水量少的开挖垃圾填埋场。

5.2.3.2 热干化技术

热干化技术又称热干燥技术,是一种利用热能将垃圾中水分快速蒸发的技术。热干化工艺主要包括进料系统、热干化系统、分离系统、冷凝系统、废水处理系统、废气处理系统和出料系统。其工作流程为物料在进料系统经破碎、过筛后,筛下物进入热干化系统,停留一段时间后,进行物料干化,干化过程中产生的废气和废水分别进入废气处理系统和废水处理系统,处理后达标排放。热干化技术分为直接热干化技术、间接热干化技术和直接-间接联合热干化技术。

(1) 直接热干化技术

直接热干化又称对流热干化,是通过经加热的热介质直接与垃圾接触来传递热量,使垃圾温度升高,从而使水分蒸发的过程(图 5-6)。该技术因物料与热介质直接接触,干化速率高且效果好,但热介质也因此受到污染,增加了废气处理量,运行成本较高。常用的直接热干化技术主要有转鼓干化和闪蒸干化等。

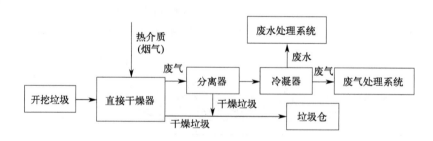

图 5-6 直接热干化工艺流程

(2) 间接热干化技术

间接热干化技术又称热传导干化技术,是热介质加热间接干燥器外壁,使干燥器内生活垃圾受热,导致水分蒸发的过程。与直接热干化工艺相比,间接热干化的干化效果较差、速率较低,但其废气处理量较小(图 5-7)。常用的间接热干化技术有桨叶式干化和多盘干化等。

(3) 直接-间接联合热干化技术

直接-间接联合热干化技术将上述两种热干化技术联合起来,间接热干化过程热介质可

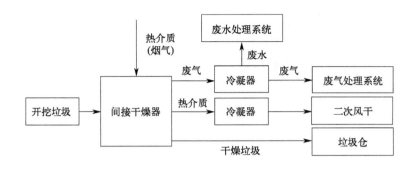

图 5-7　间接热干化工艺流程

采用直接热干化过程的废气,因此在处理过程中能耗较低(图 5-8)。常用的工艺有流化床热干化工艺、带式干燥工艺等。

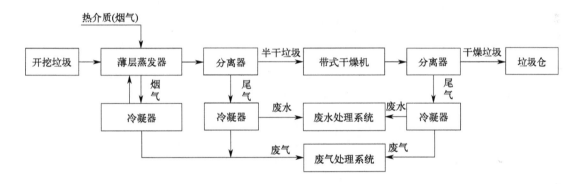

图 5-8　直接-间接联合热干化工艺流程

5.2.3.3　生物技术

(1) 好氧发酵

好氧发酵技术是利用好氧微生物将垃圾中的大分子有机物分解为小分子 CO_2 和 H_2O 等无机物和腐殖质。好氧发酵工艺主要由进料系统、反应系统、渗滤液收集装置、通风装置、回喷装置以及除臭装置组成,其工艺流程为:开挖垃圾经进料系统后,进入反应系统,反应系统一般有保温和加热装置、通风装置、渗滤液收集和回喷装置,可以为系统中微生物的生长代谢提供氧气和适宜水分;到后期,随着垃圾稳定化程度的增加,通过通风带走较多的水分,有利于开挖垃圾干燥。好氧发酵工艺流程见图 5-9。

(2) 生物干化

生物干化是一种利用微生物高温好氧发酵过程中有机物降解所产生的生物热能,通过过程调控手段促进水分蒸发,从而实现水分快速去除的干化处理工艺。生物干化中微生物活动能使垃圾中的束缚水活化,从而达到更好的干化效果。生物干化系统主要包括生物干化装置、冷凝设备、通风设备、污水处理装置和气体净化装置。开挖垃圾的生物干化工艺流程为:开挖垃圾先经机械破碎,随后进入干化仓进行生物干化,干化停留时间为 7~15d;垃圾生物干化过程好氧微生物生命活动所需氧气由通风系统提供,干化过程中产生的含有水蒸

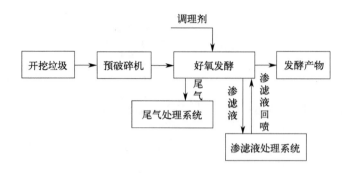

图 5-9　好氧发酵工艺流程

气的气体经冷凝设备后,产生含有害物质的渗滤液,渗滤液可进行回喷以调节干化仓内的湿度,也可直接送入污水处理装置;干化过程中产生的废气则通过气体净化装置处理后,达标排放。生物干化工艺流程见图 5-10。由于开挖垃圾中有机物已基本达到稳定化,有机物降解过程中释放出的热能较少,一般不适宜采用生物干化进行脱水处理。

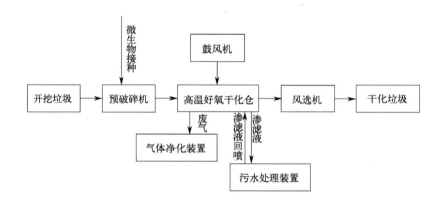

图 5-10　生物干化工艺流程

综上,各类开挖垃圾的脱水预处理技术均有利弊,其优缺点分析如表 5-3 所列。物理技术主要是通过压力作用来实现垃圾的干湿分离,其优点是可减小物料粒径,增大物料的比表面积,同时细胞内物质会因细胞壁被破坏而流出,从而加快物料的降解速度。热干化技术是通过外源加热物料,使物料温度升高从而使水分蒸发,实现物料脱水干化。热干化技术能耗较高,一般需要在 100℃ 以上的高温中进行。生物技术通过微生物作用将大分子有机物分解为小分子物质,好氧发酵的产物是 CO_2、H_2O 和腐殖质等,生物干化产物与好氧发酵产物相似。

表 5-3　开挖垃圾脱水预处理技术的优缺点

处理方式		优点	缺点
物理技术	机械挤压	技术成熟	水分去除率低
	高压挤压	干湿分离、减重减容、占地面积适中	投资大、压强大、产生噪声、运维费用高、运维难度大

续表

	处理方式	优点	缺点
热干化技术	直接热干化技术	操作简单、能耗低、处理效率高	产生大量的热能和废气,对环境造成污染
	间接热干化技术	能有效控制温度和处理过程,减少废气排放	设备成本和能耗较高
	直接-间接联合热干化技术	平衡能耗和处理效率,减少环境污染	系统复杂度较高,需要更精细的控制
生物技术	好氧发酵	技术成熟、成本低	周期长、产生臭气、占地面积大
	生物干化	成本低、工艺简单、快速脱水	技术设备不够完善

5.2.4 开挖垃圾分选工艺

5.2.4.1 开挖垃圾组成

填埋场开挖垃圾的组成和特性是垃圾分选预处理及设备选型的基础。在我国通常采用混合垃圾填埋模式,在有些简易填埋场和堆场中还混有一些工业垃圾、建筑垃圾、污泥,其稳定化垃圾组成和特性随开挖填埋场的不同而存在较大的差异。表5-4为部分地区开挖垃圾组分特性,其中厨余类和纺织类所占的比例较低。这可能是因为在开挖过程中,陈腐垃圾中的有机成分在填埋过程中被微生物逐步降解,并转化为类腐殖质的物质[208]。此外,由于垃圾填埋场内部长期处于厌氧和避光环境,使得橡胶和塑料类(橡塑类)垃圾未明显老化,因此陈腐垃圾中橡塑类的含量较高,其次是灰土类和混合类[184]。杨玉江等[184]的研究也表明,陈腐垃圾中塑料组分的变化保持逐年上升的趋势,预示着橡塑类将会取代灰土类成为填埋场中已稳定化垃圾的主要组分。根据开挖垃圾中各组分物理性质(如颗粒大小、密度、磁化率和光电性质等)间的差异,开挖垃圾可采用不同的分选技术与设备。

表5-4 开挖垃圾组分特性　　　　　　　　单位:%

地区	厨余类	橡塑类	纺织类	玻璃类	砖瓦陶瓷类	灰土类	木竹类	纸类	金属类	混合类	含水率	文献
广东	0.73	51.92	7.50	0.37	0.73	8.96	<0.01	1.46	2.01	26.33	30.17	[209]
深圳	0.54	24.76	17.78	1.54	8.82	35.30	6.03	4.88	0.35	0	—	[210]
湖北	0.50	42.80	17.00	2.00	7.00	26.50	2.30	1.30	0.40	0.20	43.90	[211]
上海	0	28.50	2.04	3.46	10.94	50.22	3.35	0.15	1.02	0.32	—	[184]
四川	0	43.21	14.49	1.52	0	0.93	1.72	0	1.27	39.94	40.84	[212]
北京	0	18.58	0.74	2.49	0	73.35	2.62	0	0	2.22	—	[213]
福州	0	41.50	1.30	0.80	0	4.30	2.20	0	0.30	49.50	35.00	[214]
福建	0.70	20.00	1.90	0	0	52.80	0	0	2.80	22.50	—	[215]

5.2.4.2 分选技术与设备

(1) 筛分

筛分就是利用筛子将填埋垃圾物料中小于筛孔的细粒物料透过筛面,而将大于筛孔的粗粒物料留在筛面上,进而完成粗、细物料筛分的过程。筛分技术主要分为固定筛分技术、滚筒筛分技术、振动筛分技术及圆盘筛分技术等,对应的筛分设备主要有固定筛、滚筒筛、振动筛和圆盘筛(表5-5)。筛分主要适用于颗粒较小、较湿或黏稠的垃圾,如湿垃圾、有机垃圾等,以及多种类型的垃圾,包括颗粒状、粉状或纤维状的垃圾。开挖垃圾分选主要采用的筛分技术是滚筒筛分和振动筛分,开挖垃圾经筛分后能够得到不同粒径大小的垃圾。

表 5-5 筛分技术与设备比较

方式	设备	分选的物料	优点	缺点
筛分	固定筛	建筑废料、石料、混凝土等大颗粒物质或固体垃圾	构造简单、设备费用低、无动力消耗、维修方便等	限制物料的形状和尺寸、需要人工清理、筛分效率较低、无法实现连续操作等
	滚筒筛	湿垃圾、有机垃圾等颗粒较小、较湿或黏稠的垃圾	筛分效率较高、处理能力强、能够适应多种物料的筛分需求	能耗较高、筛网易堵塞、维护费用较高
	振动筛	颗粒状、粉状或纤维状等多种类型垃圾	筛分效率和精度较高、适用性广、结构简单、易维护等	能耗较大、产生噪声和振动、清理和维护比较麻烦等
	圆盘筛	颗粒料或砂石等颗粒小、较均匀的垃圾	能高效筛分、结构简单、适用性比较广、成本较低	动力消耗较大、清理和维护较复杂、物料易堵塞、易造成粉尘污染以及筛分效果受物料性质影响

（2）重力分选

重力分选是按物料密度差异进行分选的，主要是在活动或流动的介质［包括空气、水、重液（即密度大于水的液体）、重悬浮液等］中，按物料颗粒密度大小分选混合物的过程。重力分选技术分为气体分选、惯性分选、重介质分选和跳汰分选技术，相应的设备分别为气流分选机和旋风分选机、惯性分选机、重介质分选机和浮选机以及跳汰机（表5-6）。开挖垃圾主要用的重力分选技术是气体分选、惯性分选和重介质分选。开挖垃圾通过气体分选技术，可以将轻质垃圾（如纸张、塑料薄膜、泡沫等）从开挖垃圾中分离出来；惯性分选技术可以将玻璃与其他垃圾分离；重介质分选技术可以将重质的垃圾（如金属、石块、玻璃等）与其他垃圾分开。

表 5-6 重力分选技术与设备比较

方式	设备	分选物料	优点	缺点
重力分选	气流分选机、旋风分选机	塑料、纸张、玻璃、金属等轻质垃圾和部分重质垃圾	构造简单、设备费用低、无动力消耗、维修方便，适用于处理轻质和重质物料等	对于黏性物料的处理效果较差，且对气流质量和湿度有较高要求等
	惯性分选机	颗粒较大、密度差异较大的垃圾	分选效果好、处理能力强、适用范围广	设备复杂、能耗较大、对物料湿度要求较高
	重介质分选机、浮选机	金属、矿石等密度较大的垃圾	可以有效地分离不同密度的物料，适用于具有组分密度差的物料	设备复杂、投资和运行成本较高等
	跳汰机	砂石、金属碎片等颗粒较大、密度差异较大的垃圾	分选效果好、适用范围广、环保节能等	设备复杂、对水质要求较高、可能会造成物料浪费等

（3）磁力分选

磁力分选技术发展较早，最早应用于矿山选矿，是通过磁选设备产生的磁场来分离铁磁性物质组分的一种方法。磁选设备主要有辊筒式、固定磁鼓式和悬挂带式磁选机三种。在开挖垃圾的分选系统中，磁选设备主要用于回收或富集黑色金属，或者是分选开挖垃圾中的铁质物质。将开挖垃圾送入磁选机后，开挖垃圾受到磁场吸引力，其中的非金属和金属物质分离开来，从中分离出的金属有回收再利用的价值，可以减少资源的浪费，非磁性垃圾物料和其他填埋垃圾一起排出（表5-7）。磁力分选技术可以将开挖垃圾中的磁性垃圾有效分离出来，主要包括铁质垃圾，如铁片、铁块等。通过磁选分离，可以实现对磁性垃圾的回收和再利用，减少对资源的浪费，并降低对环境的污染程度。目前，开挖垃圾主要采用的重力分选技术是辊筒式、固定磁鼓式和悬挂带式磁选。

表 5-7　磁力分选技术与设备比较

方式	分选的物料	设备	优点	缺点
磁力分选	磁性金属	辊筒式磁选机	具有较高的磁场强度、分选效果好、处理能力大、适用于湿式处理	需要较复杂的结构和控制系统、设备复杂、能耗较大、对物料湿度要求较高
		固定磁鼓式磁选机	简单结构、适用范围广、能耗低、分选效果稳定	处理能力较低、分选效果有限、磁鼓在使用过程中会磨损等
		悬挂带式磁选机	分选效率高、处理能力强、自动化程度高、无能量消耗	依赖物料磁性、受物料湿度和粒度影响、设备复杂

(4) 电力分选

电力分选是利用开挖垃圾中各种组分在高压电场中电性性质的差异而实现分选的一种方法。通常包括静电分选、高压电分选和涡电流分选技术（表 5-8）。目前该技术主要应用于部分发达国家，在国内不多见。开挖垃圾分选主要采用的电力分选技术是静电分选和高压电分选技术。高压电分选技术可以有效地将金属垃圾（如铁、铜、铝等）与其他垃圾分开，实现金属的回收利用，同时可以将塑料垃圾根据电性差异进行分离，从而实现不同类型的塑料分拣和回收。静电分选技术可以将纸张、木材等带有静电的轻质垃圾与其他垃圾分开。

表 5-8　电力分选技术与设备比较

方式	设备	分选物料	优点	缺点
电力分选	静电分选机	塑料、纸张、电子垃圾	高效分选、对物料要求较低、无需添加化学药剂、自动化程度高、应用前景比较广阔	结构较为复杂、需要对物料的湿度进行控制、容易受环境影响、能耗较大
	高压电分选机	矿物、煤炭、金属	高效分选、适用物料广泛、可实现多级分选、自动化程度高	对物料电性要求较高、对物料湿度敏感、设备复杂、能耗较大
	涡电流分选机	金属、非金属垃圾	高效分选、无需与物料直接接触、适用性广、环保节能	系统复杂、成本较高、对物料要求较高、对操作技术要求较高

(5) 其他分选方法

① 弹道分选　弹道分选是利用开挖垃圾中组分质量不同而形成不同的惯性，从而达到组分分离的一种方法。目前这种方法主要用于从开挖垃圾中分选金属、陶瓷和玻璃等密度较大的组分，中等密度的多为腐殖土，剩下密度较小的物质多属于纸类、木质和纤维等物料，可用于焚烧或回收处理等。弹道分选设备主要有抛物分选机、弹力分选机和密度分选机等（表 5-9）。

表 5-9　弹道分选技术与设备比较

方式	设备	分选的物料	优点	缺点
弹道分选	抛物分选机	石块、玻璃、砂石、建筑垃圾	适用于细小颗粒物料、分选效果好、操作简便	适用物料有限、能耗较大、分选量受限
	弹力分选机	橡胶、塑料、弹簧、钢丝等	高效分选、适用性广、操作简便	能耗较大、处理能力和分选量较低、物料受限
	密度分选机	纸张、塑料薄膜类、橡胶、塑料、金属和木片类	高效分选、适用性较广、不受物料湿度的影响	设备复杂、投资成本高、占地面积大、对物料湿度和粒度要求较高

② 摩擦与弹跳分选　摩擦与弹跳分选是利用开挖垃圾中各组分摩擦系数和碰撞系数的差异，在斜面上运动或与斜面碰撞弹跳时产生不同的运动速度和弹跳轨迹而实现垃圾组分分离的一种方法。在开挖垃圾中，各类垃圾组分（如塑料、纤维状或片状垃圾和球形垃圾物料）在斜面上运动或弹跳会产生不同的运动速度和运动轨迹，从而实现了开挖垃圾组分的分离。

③ 光电分选　光电分选技术又称颜色分选，是利用物质表面光反射特性的不同来鉴别

填埋垃圾物料种类的一种方法。该技术要求对开挖垃圾进行预分类，之后将分类垃圾输送到光检系统，通过光源照射显示出垃圾物料的颜色及色调，并根据垃圾物料的颜色与背景颜色的不同，将垃圾物料吹离原来的轨道，达到物料分离的目的。该方法目前在国内已有广泛应用，多用于不同种类塑料的分离，同时在分选玻璃的工艺中可将从开挖垃圾中分选出来的废玻璃按各种颜色分离开来。

5.2.4.3 分选工艺

垃圾填埋场开挖出的垃圾，在进行脱水预处理，达到分选垃圾的含水率＜30％后，将开挖垃圾运送至分选设备处。图 5-11 为典型开挖垃圾分选工艺流程[216]。开挖垃圾经过预处理后，通过匀料机进入预筛分机进行预筛分。预筛分的目的是将垃圾进行初步的分离，将较大的物体和杂质筛选出来，以减小后续处理的负担。预筛分后，筛下物进入传送皮带，通过人工分选进行进一步的分类拣选，将部分垃圾分类拣出。人工分选是在传送皮带上进行的，工作人员根据垃圾的特征和分类要求，对垃圾进行手工拣选，将可回收的金属、玻璃、塑料等材料分离出来，同时移除一些不适宜进入后续处理系统的物质。这个阶段的人工分选对于提高回收利用率和减小有害物质的含量具有重要意义。人工分选后的垃圾再经过磁选机、滚筒筛、风选机等六级高效综合分离系统，通过物理和机械的作用进一步分离垃圾。磁选机可用于分离磁性的金属物质，滚筒筛可根据物体的大小将垃圾进行分级，而风选机则可利用气流将轻质物与重质物分离。分离后筛上轻质物通常包括塑料薄膜、纸张、轻质泡沫等，金属部分包括铁、铝、铜等可回收金属，玻璃部分包括玻璃瓶、玻璃器皿等，腐殖土和大块的砂石则可以用于土地修复或其他建筑中。通过开挖垃圾的分选，可以实现对开挖垃圾的有效处理和资源回收利用。不仅可以减小对环境的污染，还可以回收有价值的物质，提高资源利用

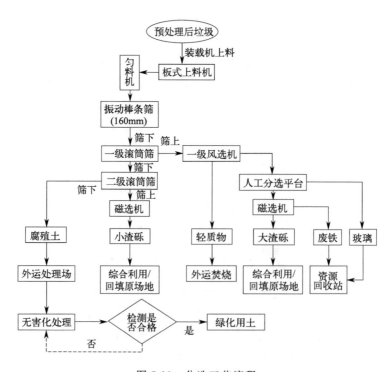

图 5-11 分选工艺流程

效率，减少资源的浪费。

开挖垃圾中腐殖土主要来自填埋垃圾中携带的小颗粒砂土以及有机垃圾在物理、化学和生物的作用下形成的腐殖土。腐殖土通常是开挖垃圾中含量最高的组分，含有砂石、金属、玻璃、塑料碎石等，需要对其进行多级筛分。例如，在对一级滚筒筛去大块无机骨料和大块轻质物等后的筛下物进行分选时，一级筛分的筛下物为粒径≤40mm的垃圾，进入圆盘筛后，筛下物为粒径小于圆盘筛筛孔的腐殖土、小石子和部分小块轻质物，筛上物主要由粒径≥20mm的无机骨料和轻质可燃物组成，是去除了腐殖土的小块物。圆盘筛的筛下物通过输送皮带机头部的风选环节后，去除了在圆盘筛筛分环节的腐殖土夹带下来的小块轻质物，剩余腐殖土和少部分的小石子进入料仓收集，从而得到含有轻质物较少的腐殖土[217]（图5-12）。

图 5-12　筛分腐殖土工艺流程

5.2.5　开挖垃圾的处置

根据Jones等[218]提出的强化填埋开挖理念，垃圾填埋场可作为垃圾的临时储存地，其侧重于最大限度地将垃圾填埋场转化为可再利用的土地，将垃圾转化为可利用的能源和二次材料。开挖后，对储存的填埋垃圾进行筛选和分离，建筑垃圾和金属可以再利用；土壤类物质可作为有机肥料施用到花园和绿地中；高热值的材料可通过垃圾转化能源技术（如焚烧、热解等）进行处理，实现材料和能源回收。开挖垃圾经分选后，废塑料、废纸、废玻璃、废金属和腐殖土是填埋垃圾中可回收利用的典型成分，利用技术成熟，回收量高，再生产品应用广泛；而对于无利用价值的部分，应搬运至当地符合无害化标准的卫生填埋场规范化填埋。目前开挖垃圾分选主要分为筛上轻质物、筛上重质物、金属废物和腐殖土四类。

（1）筛上轻质物

开挖垃圾轻质物整体属于筛上物，由滚筒筛最终分离出来。筛上轻质物主要包括塑料制品、麻绳、织物、纸类和磁带等，同时还会包裹、夹杂着部分未能筛出的细粒物质。若开挖垃圾要求更高的轻质物分离率，则需要风机进一步分选。塑料垃圾质量轻且体积庞大，其被填埋后不易腐烂，是开挖垃圾筛上轻质物的主体成分。纸类难以生物降解性，是筛上轻质物的重要组成部分。开挖垃圾分选出的塑料、纸质等轻质物由于含有大量的砂石、砂土等，会影响塑料、纸质等可回收物的再利用和处理效果。因此，可以采取多种技术和措施来处理这些含有杂质的轻质物。首先，可以通过筛分和气体分选等技术将轻质物中的砂石和砂土与塑料、纸质等可回收物分开，实现材料的有效分离。然后，对分选出的含有砂石、砂土的轻质物进行清洗和处理，彻底去除其中的杂质。清洗后的材料更适合进行再利用和回收，提高了资源的有效利用率。分选和清洗后的砂石、砂土具有一定的再利用价值。可以将这些砂石用于建筑材料的生产，例如作为混凝土配料、道路基层材料等，促进资源的循环利用。而经过清洗和处理后的塑料、纸质等可回收物则可以继续进行资源再利用，例如回收塑料制品再生产、纸张再生利用等，减少资源浪费和环境污染。对于一些无法再利用的砂石和砂土，可以将它们用于垃圾填埋场的覆盖层或填埋层。此外，部分清洗后的砂石和砂土还可以用于土壤改良，改善土壤结构和质量，促进土地的可持续利用。

对于筛上轻质物，其平均灰分含量<30%，平均水分<50%，平均湿基低位热值>5000kJ/kg，具有较高的热值，可外运至焚烧发电厂进行处理，回收热能。

(2) 筛上重质物

筛上物进入风选工艺进一步分选，重质物主要有砖石、瓦砾等惰性物质，经磁选系统选出铁质金属后进行回填，磁选出来的铁质金属可由下游回收企业再生利用。筛上重质物中也含有一定的腐殖土，因此可增加重力分选、风选等措施，提高筛上重质物的纯度，从而促进与腐殖土等黏附物的分离。重力分选的砖石、瓦砾等可作为建材骨料与辅料混合制砖，或作为土工填料进行回填[219]。

砖石、瓦砾等重质物用作土工填料进行回填时，为保证路基的压实度，国内《公路路基施工技术规范》(JTG/T 3610—2019) 和《公路路基设计规范》(JTG D30—2015) 中提出，路床填料中粗料的比例为75%~85%，最大粒径应<100mm；路堤填料中粗料的比例为15%~75%，最大粒径应<150mm。同时为了保证路基填料的稳定性，腐殖质的含量应≤5%，有机质含量≤5%。因此，通过60mm筛分和重力分选得到的砖瓦基本能够满足作为土工填料的回填要求，可直接作为回填路基的填料再利用。

废砖块可再生利用，主要利用途径有：

① 再生免烧砖瓦 使用55%~65%的废砖粉与石灰、石膏共同作用，可缩略烧、蒸等工序，制得强度符合《烧结普通砖》(GB/T 5101—2017) 要求的150#或175#砖。

② 作为水泥混合料 在普通水泥中加入3%~4%的废砖粉，制得水泥混合料。

③ 作为粗骨料拌制混凝土 利用碎砖块做低强度混凝土的骨料，其强度能够满足要求。

④ 再生免烧砌筑水泥及结构轻骨料混凝土构件 使用经过粉磨的45%~55%废砖粉，同时利用硅酸盐熟料的作用，可简化烧制工序，制得符合砌筑水泥国家标准规范 (GB/T 3183) 的175#、275#砌筑水泥。由于<2cm的青砖颗粒容重为650kg/m^3，红砖颗粒容重为800kg/m^3，再辅以密度较小的细骨料，可制成承重、保温功能都较好的结构轻骨料混凝土构件（如板和砌块等）以及透气性便道砖和花格等混凝土制品。将废弃的碎砖用于承重混凝土砌块生产，具有质量轻、价格低、保温性能好等特点，其强度可达到承重混凝土砌块MU15强度等级标准。该再生途径技术含量较高，经济效益较好。

(3) 金属废物

金属废物属于筛下物，经滚筒筛筛分、磁选等设备分选出来。金属废物是生活垃圾中常见的成分之一，主要包括废有色金属和废铁钢等。大部分分选的废金属经清洗，去除腐殖土、砂石等杂质后，可卖给废金属回收利用企业，进行后续再生金属循环利用。

金属再生物质循环利用可分为直接利用和间接利用。直接利用是指将废金属通过加工来改变其形状或外观，但不破坏金属物质的组成，包括破碎、压实、脱水等方法。如对大型铁桶，若锈蚀不严重，可以直接用来制造瓦楞铁板，或改制成尺寸较小的铁桶。间接利用是指将废金属直接冶炼，如在钢铁包装废弃物不能重复利用时，可作为废铁回收，送到钢铁厂进行重熔。虽然我国金属再生资源利用行业已经过了多年的发展，但随着市场竞争的加剧以及我国对环境保护要求的提高，我国金属再生资源利用仍存在再生金属利用率不高、行业缺乏专业和规范的管理回收体系以及再生金属冶炼过程污染较大等问题。

(4) 腐殖土

开挖垃圾中腐殖土主要来自填埋垃圾中携带的小颗粒砂土以及有机垃圾在物理、化学和生物的作用下形成的腐殖土。腐殖土主要为粒径<60mm的颗粒。腐殖土中含有一定量的砖

瓦和塑料，因此可增加重力分选、风选等措施来提高腐殖土的纯度，提高其后续利用潜力。其中，风选后的塑料可与筛上物一并作为燃料再利用，重力分选的砖瓦可作为建材骨料与辅料混合制砖，或作为土工填料进行回填。腐殖土中含有丰富的有机质，氮、磷、钾等营养元素和微生物，既可作为沃土用于城市绿化，也可用作性能优越的生物反应器填料或介质。目前国内填埋场开挖出的存余垃圾中，其筛下腐殖土主要用于城市绿化或矿坑回填。

腐殖土基本理化性质指标如表5-10所列，腐殖土的有机质含量在12%～20%之间，TP（以P_2O_5计）为0%～1.18%，TK（以K_2O计）为1.23%～1.52%，TN含量为0.15%～0.76%，普遍较低。针对腐殖土整体总氮含量低的情况，一方面，在将其用于农用时，可以采取联合堆肥的方法，与秸秆、园林废弃物、畜禽粪便一起进行堆肥，这样可以在实现无害化处理的同时提高养分含量，以达到农用标准；另一方面，可以考虑通过添加外部氮源的方式来提升腐殖土的养分含量，例如适量添加尿素等。此外，腐殖土的化学成分与黏土相似，也可以作为水泥窑的替代原料，但需要采用热脱附等技术来去除有机物和水分，以减小对水泥窑工艺的影响[48]。

表5-10 腐殖土基本理化性质指标

填埋场	pH值	有机质/%	TN/%	TP/%	TK/%	文献
北京市某垃圾填埋场	8.16	12.00	≤0.18	0.52	1.52	[220]
东莞市某非正规垃圾填埋场	7.87	19.27	0.48	0	0.72	[221]
上海市老港垃圾填埋场	7.42	10.47	0.76	1.18	—	[222]
江苏省某生活垃圾卫生填埋场	7.05	10.46	0.15	0.24	—	[223]
天津市某非正规垃圾填埋场	9.17	18.14	0.21	0.11	1.23	[224]

垃圾腐殖土中的重金属元素含量差异较大（表5-11），主要原因可能与垃圾来源复杂有关。一般填埋城市生活垃圾的腐殖土中重金属含量不高，重金属含量高的腐殖土可能与填埋工业垃圾有关。重金属含量超标的腐殖土垃圾不宜施用于农田土壤，否则会存在重金属积累超过土壤环境容量的风险，进而直接影响农产品的质量安全。对于重金属含量超标的腐殖土可考虑与秸秆、园林废物再次堆肥后，与无机化肥按照目标植物养分需要混配后施用，或者直接作为花卉、草坪和树木的营养基质，降低环境风险和控制重金属浓度至安全范围内。与非正规填埋场相比，正规填埋场腐殖土的重金属含量普遍较低[225]。

表5-11 腐殖土重金属元素含量　　　　　　　　　　单位：mg/kg

填埋场	As	Hg	Pb	Cd	Cr	文献
北京城区某待治理的正规垃圾填埋场	5.14	0.340	12.36	0.16	75.72	[220]
福建省某非正规垃圾填埋场	2.76	0.002	15.90	0.50	400.00	[215]
东莞市某非正规垃圾填埋场	6.38	0.280	79.40	5.40	714.80	[221]
德州市某非正规垃圾填埋场	7.77	0.617	63.90	0.59	50.00	[226]
武汉市某垃圾填埋场	21.02	0.161	78.75	—	198.75	[227]

腐殖土虽然在性能和资源化利用方面具有显著优势，但目前在其资源化再生利用过程中仍存在一些问题。例如，温州市某填埋场在对存余垃圾进行开挖和分析中发现，现场分选出的腐殖土表现出高有机物含量、高含盐量以及含重金属三个主要特点。若考虑将腐殖土用于城市绿化，就需要进行预处理，达到腐殖土用作绿化用土的标准（CJ/T 340—2016）。此外，腐殖土中含有较多颗粒较小的碎石和碎玻璃等无机物。例如，在南方地区（如贵阳、东莞等地），夏季降雨较多，大雨冲刷后会导致腐殖土中有机质的流失，留下许多碎石和碎玻

璃等残留物，这些无机物的存在可能会影响腐殖土作为绿化用土的外观和作用效果。腐殖土可经无害化处理后用作绿化种植土，其中腐殖土富含有机质和氮、磷、钾等营养元素，这些元素可以为土壤提供养分，同时增强植物的逆境抵抗能力，因此是一种优质的植物生长基质。因此，开发绿色且低成本的腐殖土无害化改良药剂和技术工艺，探索其在园林绿化、山体修复、草坪种植等领域中的基质化利用技术，实现草炭、土壤等自然资源替代是腐殖土资源化利用的重要方向。

若考虑将腐殖土用作矿坑回填材料，虽然可以降低外运成本，但是需要进行稳定化处理，并且回填的要求相对较为严格。若将开挖后的垃圾填埋场场地继续作为新鲜垃圾资源化利用场地，则需要将垃圾填埋场回填至利用场地标高。垃圾填埋场中垃圾筛分后的大颗粒重质物或小颗粒渣土和腐殖土可作为回填材料进行回填，并压实后平整。这样既节省了外购土的成本，又能有效地将不可燃烧物质进行回填利用。此外，垃圾腐殖土中含有丰富的微生物和营养物质，是一种优良的生物滤器介质材料，可用于气体污染物的去除。垃圾填埋场开挖过程中若发现危险废物，需要收集后委托相应处置单位进行处理。

此外，开挖垃圾也可以采用整体搬迁和水泥窑协同处置。

整体搬迁是指在垃圾填埋场开挖后，根据实际情况，将垃圾重新填埋于原场或运输至其他场地的方法，分为原地搬迁和异地搬迁。在完成搬迁后，对原填埋场地进行土壤污染检测，并根据检测结果进行生态恢复。整体搬迁的主要工程包括垃圾堆体的开挖和垃圾的运输等环节。该工艺对垃圾填埋场的污染治理较彻底，有助于减小环境风险和生态破坏。同时，该工艺实施较为简单，可在较短时间内完成，从中获得土地资源。然而，整体搬迁需要配置额外的处置场所，以容纳搬迁的垃圾。这意味着在工程规划中需要考虑到新的填埋场地。

水泥窑协同处置是一种高效、环保的垃圾处理方法，也适用于开挖垃圾的有效处置。在这一过程中，开挖垃圾会被运送至具有水泥窑协同处置资质的单位进行处理。该方法广泛适用于不同类型的垃圾，包括固体废物、危险废物（有害化学物质、重金属、有机污染物）等。水泥窑协同处置的核心思想是将垃圾与水泥生产过程结合起来，通过高温反应和物理化学变化，使垃圾在水泥窑内得到充分热解、焚烧和转化。在水泥窑协同处置过程中，垃圾会在高温环境下进行热解和燃烧，同时与水泥生产中的高温熟料反应。这种综合作用能够有效地分解垃圾中的有机物，降低其体积和毒性，同时将其转化为水泥生产的原材料。此外，由于水泥窑内的温度较高，危险废物也可以得到有效处理，从而降低其对环境和人体的危害。这种方式不仅能够实现垃圾的资源化利用，还能减少对自然资源的需求和对环境的负面影响。然而，在实际应用中需要严格控制操作，确保其能够充分发挥优势并避免潜在的环境风险。

5.3 垃圾填埋场开挖修复防护工程与措施

5.3.1 边坡稳定性防护

5.3.1.1 边坡破坏方式

填埋垃圾作为特殊土体，与一般土体一样，存在边坡稳定问题。根据垃圾填埋场边坡破坏模式和破坏机理，边坡破坏方式主要分为边坡及坡底破坏、衬垫系统从锚钩中脱出向下滑动破坏、垃圾内部发生的破坏、贯穿垃圾与地基发生的破坏和沿复合衬垫系统薄弱界面的滑动破坏。在垃圾填埋场开挖修复过程中，边坡破坏主要为边坡及坡底破坏和垃圾内部发生的破坏。

(1) 边坡及坡底破坏

边坡及坡底破坏类型可能是由于填埋场软弱层及裂缝形成了块体型或者楔体型，导致边坡失稳（图 5-13）。此类破坏形式可以使用边坡稳定性分析方法和常用的岩体勘测技术来评估。

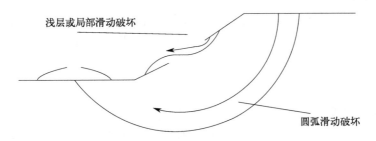

图 5-13　边坡及坡底破坏

边坡稳定性分析方法是通过考虑边坡土体的力学特性、坡面坡度、土体水分含量等因素，来评估边坡的稳定性。常见的分析方法包括极限平衡法、有限元法和数值模拟法等。通过对边坡的力学参数进行测定和采样，结合实地勘测和监测数据，可以得出边坡的稳定性评估结果，并采取相应的防护措施。岩体勘测技术是针对存在岩体的边坡而言的，通过对岩体进行勘测，包括岩体的裂隙分布、岩性、岩石强度等参数的测量和分析，可以评估岩体的稳定性。常见的岩体勘测技术包括岩质探槽、岩石钻探、探地雷达等，这些技术可以提供关于岩体结构和性质的详细信息，有助于判断边坡稳定性和制订相应的治理方案。通过合理分析边坡土体和岩体的力学特性，结合实地数据和监测结果，可以有效判断边坡的稳定性，并采取适当的防护措施，以确保填埋场的安全性和稳定性。

(2) 垃圾内部发生的破坏

垃圾内部发生的破坏最有可能发生在发展初期的无衬垫系统的垃圾填埋场中。由于地形等原因，填埋场都存在一定的极限高度。当垃圾填埋达到某一极限高度时，由于垃圾填埋场边坡的坡度过大、填埋场内部空隙气压力太大以及渗滤液的导排系统堵塞等引起了填埋场垃圾内部滑移破坏（图 5-14）。而填埋的极限高度与填埋坡角和填埋垃圾本身的抗剪强度有关，坡角越小，填埋的高度越高；垃圾的抗剪强度越大，填埋的极限高度越高。

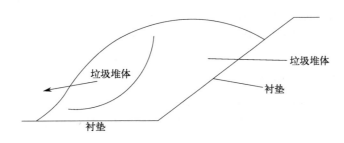

图 5-14　垃圾内部发生的破坏

填埋场中垃圾内部的滑移破坏可能会导致严重的安全事故和环境问题。滑移破坏会引发垃圾堆体失稳，导致边坡坍塌和垃圾的堆积不稳定。这不仅可能对填埋场周围的土地、水源和生态系统造成污染和破坏，还会对填埋场的稳定性和运营带来严重影响。为了预防垃圾内部滑移破坏，需要采取一系列措施来保持填埋场的稳定性，其中包括合理设计填埋场的坡度，确保填埋的高度在可控范围内。此外，应定期检查和维护填埋场内部的气压平衡和渗滤液导排系统，以确保内部压力的适当释放和排放。同时，在填埋过程中，可采取合理的技术手段对垃圾进行压实和固结，提高垃圾的稳定性和抗剪强度，减小滑移破坏的风险。填埋场中垃圾内部的滑移破坏是填埋过程中需要重点关注和防范的问题。通过制订合理的设计和施工方案，可以有效减小滑移破坏的风险，确保填埋场的安全稳定运营。这需要综合考虑填埋场的地形特点、垃圾的性质以及填埋过程中的监测和维护措施，以确保对垃圾填埋的有效控制。

5.3.1.2 边坡稳定性影响因素

（1）开挖垃圾的性质

开挖垃圾的性质根据类别可分为物理、化学与力学性质。其中物理性质包括垃圾组成成分、孔隙比、容重和含水率等；化学性质包括有机质、含氮化合物和重金属含量等；力学性质则包括内摩擦角、黏聚力等抗剪强度指标。这些性质之间相互影响，垃圾的组成成分会影响垃圾的容重、含水率、有机物含量、重金属含量以及力学性质，进而影响垃圾填埋场开挖修复的效果。刘晓成[228]研究发现，填埋垃圾的稳定化程度及其组分和污染物含量决定着填埋场开挖的可行性以及开挖物料的再利用途径，并发现随着填埋时间的延长，有机物逐渐分解，细组分的含量逐渐增加。

垃圾成分具有较大的离散性和不均一性，由于自重应力，不同垃圾成分还会随着填埋时间发生不同程度的迁移，将增加填埋场的不均匀沉降幅度，从而导致填埋场边坡的不稳定，进而造成边坡破坏。朱兵见等[229]进行了关于不同含水率垃圾土的室内实验，结果表明当含水率控制在40%~50%时，黏聚力随着含水率的增加而增大，而内摩擦角随着含水率的增加而减小，含水率会影响垃圾的抗剪强度。Quaghebeur等[230]对比利时某垃圾填埋场中不同填埋龄的垃圾进行了理化性质的分析，发现填埋垃圾的性质，包括垃圾之间的抗剪强度和有效应力，在填埋龄不同的情况下有所不同，进而影响了填埋堆体的稳定性。

（2）填埋场封场年限

填埋场的封场年限会对填埋垃圾的物理、化学与力学性质产生影响，从而对填埋堆体的稳定性（或边坡的最小稳定安全系数）造成影响。随着时间的推移，不同深度的垃圾显现出明显的成分差异[231]。随着填埋时间的增加，填埋垃圾中的有机物逐渐向稳定的无机物转化，矿化过程使得无机盐随渗滤液流失，填埋堆体逐渐发生沉降，当沉降速度逐渐变小到一定水平时填埋场达到稳定化状态[232]。

表5-12为不同封场年限填埋垃圾的物理与力学性质汇总。受不同地区填埋场的地理位置、气候环境、当地居民的生活方式以及垃圾成分、生物降解产水产气、自身重力作用下的压实沉降、塑料孔隙重新排列等因素的影响，不同填埋场垃圾的力学性质呈现出较大的离散性[233]。总体而言，随着埋深的增加，垃圾的含水率、内摩擦角、黏聚力和容重呈现出有规律的变化趋势。然而，垃圾的孔隙比随着埋深的变化却呈现出较大的离散性，很难观察到明显的规律性变化。

表5-12 国内几个主要填埋场的物理性质与力学性质汇总表

垃圾来源	封场年限或埋深	容重/(kN/m³)	内摩擦角/(°)	黏聚力/kPa	孔隙比	含水率/%	文献
苏州七子山垃圾填埋场	0~3.5a	7~13	9.6~14.2	21.6~29.8	—	—	[234]
	3.5~6a	13~16	21.4~32.2	16.5~20.8	—	—	
	6~9.5a	16~18	21.4~31.9	8.0~26.6	—	—	
	9.5~13a	18	29.5	0	—	—	

续表

垃圾来源	封场年限或埋深	容重/(kN/m³)	内摩擦角/(°)	黏聚力/kPa	孔隙比	含水率/%	文献
杭州天子岭生活垃圾填埋场	0~4.5m	7.0	17	6.0	3.65	42.6~188.0	[235]
	4.5~14m	7.6	17	11.5	3.25	—	
	14~24m	8.4	17.5	15.5	2.50	—	
湖北省某生活垃圾卫生填埋场	0~5m	10.4	17	8.01	—	57.3	[236]
	5~15m	10.4	17	15.31	—	57.3	
	15~25m	10.4	17	26.83	—	57.3	
武汉市金口垃圾填埋场	6a	7.28~9.18	—	—	1.833~2.131	18.1~34.3	[237]
河北省廊坊市杨税务填埋场	5~15m	9.1~12.4	15.6	29.8	—	24.5~98.7	—
成都长安垃圾填埋场	0~9m		16.1	9.2	2.79	43.5~68.3	[238]
	9~26m	5.88~14.02	13.2	10.5	2.91	70.5~75.7	
	26~46m		15.4	12.4	2.97	73.7~101.8	
呼和浩特市废弃垃圾填埋场	5~7m	18.52	21	4.6		5.36	[239]
台州市黄岩区生活垃圾填埋场	1~3m	22.65	8.19~28.85	3.67~62.39		30~80	[229]
重庆市长生桥填埋场	0~30d		14.41~27.84	0~3.54			[240]
	30~90d	6.47~11.96	27.84	3.54~11.57	1.0~4.0	53.59	
	90~240d		27.86~20.35	11.57~22.24			
根据绍兴地区实际组分配制的人工垃圾	1d		23.3	8.6	—	—	[241]
	4d	8.82	24.8	14.3	—	—	
	7d		25.0	8.5	—	—	

（3）渗滤液水位

渗滤液水位是影响填埋场垃圾堆体开挖过程中边坡稳定性的重要因素。由于降水或垃圾堆体内部的矿化反应，填埋垃圾的物理特性会在吸水后发生变化，导致内部的孔隙水压力上升，从而导致土体的抗剪强度降低。此外，产生的渗滤液中的离子会腐蚀构筑物，最终对垃圾堆体的稳定性造成影响。

基于极限平衡理论，对填埋场放坡开挖的坡度和渗滤液水位控制要求进行了分析。图 5-15 为使用 Geo-Studio 软件建立的填埋场放坡开挖边坡稳定性分析模型，图中 H 为单次开挖深度，h 为开挖底面以上渗滤液液位高度，将抗滑稳定最小安全系数对应的 h/H 定义为警戒水位[178]。

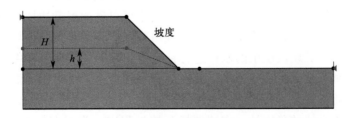

图 5-15 填埋场放坡开挖边坡稳定性分析模型

在剪切变形的过程中，垃圾中的细粒组分起到了增加摩擦力的作用，塑料和织物等纤维状成分则负责提供黏聚力[242]。因此，随着稳定化程度的提高，垃圾中细粒组分含量的增加将导致抗剪强度指标中的内摩擦角增加，而黏聚力则降低[231]。Gao 等[243]在对高厨余垃圾的抗剪强度研究结果进行综合分析时发现，填埋时间超过10年的垃圾黏聚力和内摩擦角变化的范围分别为 0~10kPa 和 21°~39°。对于放坡开挖，每层的开挖深度通常要求不超过 5m，在《生活垃圾卫生填埋场岩土工程技术规范》（CJJ 176—2012）中，边坡安全等级被规定为三级，在正常运用条件下，抗滑稳定的最小安全系数为 1.25。

① 垃圾填埋场开挖深度、警戒水位与抗滑稳定允许坡度之间的变化规律可以用线性公式进行拟合，如式(5-3)所示：

$$\frac{h}{H} = \frac{a_m - b}{a} \tag{5-3}$$

式中　h/H——警戒水位；
　　　a_m——抗滑稳定允许坡度；
　　　a，b——拟合参数（表 5-13）。

表 5-13　不同开挖深度情况下警戒水位控制线拟合参数

开挖深度/m	抗滑稳定最小安全系数($F_s=1.25$)		
	a	b	R^2
2.5	-2.30894	3.407296	0.984
3	-1.69405	2.409622	0.988
5	-0.85056	1.251935	0.968

② 参数 a、b 与对应的开挖深度之间的关系可以采用幂函数进行拟合，如式(5-4)所示：

$$a(\text{或 } b) = ch_m^d \tag{5-4}$$

式中　h_m——单层开挖深度；
　　　c，d——拟合参数（表 5-14）。

表 5-14　警戒水位控制线拟合参数与坡高

边坡稳定控制线拟合参数	抗滑稳定最小安全系数($F_s=1.25$)		
	c	d	R^2
a	-7.1697	-1.286	0.9919
b	10.1400	-1.260	0.9873

垃圾填埋场降水会降低堆体内部垃圾的含水率，提高边坡稳定性和安全系数。高武[244]研究发现，渗滤液的存在会引发填埋垃圾的容重提高，进而导致填埋堆体下部的滑移力提高，降低了填埋堆体的抗剪强度，同时也可能会导致衬层系统或填埋堆体内界面强度的降低。何海杰[245]通过 Geo-Studio 软件中的 Pressure Head Spatial Functions 分析了填埋边坡内部液相压力的分布情况，发现增加渗滤液抽排流量可以迅速提升边坡的稳定性，且在不同的降水措施，如分层降水、顶层降水和近边坡区域降水下，对垃圾填埋场边坡的稳定性影响也存在差异。张艳[246]对垃圾层中的水样进行钻孔取样检测，发现水样中存在的阴离子主要包括硫酸根和碳酸氢根等，这些离子对混凝土的腐蚀性较小，但对钢筋混凝土构筑物的腐蚀性则较为明显。因此，在垃圾填埋场开挖修复过程中，垃圾堆体水位控制是一个重要的指标，直接影响着土方开挖的稳定性。在填埋场开挖过程中，为了有效地控制垃圾堆体水位，需要采取防雨措施，主要有采用防渗材料对垃圾堆体进行覆盖，同时在堆体外设置排水沟，将覆盖层上的雨水排至垃圾堆体以外。这样可以有效地防止雨水进入垃圾堆体，减少渗滤液的产生，避免对环境造成污染。

5.3.1.3 填埋场稳定性分析方法及参数

(1) 填埋场稳定性分析

在进行垃圾填埋场开挖修复时，由于受上述描述的开挖垃圾性质、填埋场封场年限和渗滤液水位等因素的影响，常常存在失稳滑坡的安全风险和潜在危险，典型的滑坡模式包括填埋堆体内部的坍塌以及填埋衬垫层的滑移。这些问题可能是由于堆体内部的垃圾松散或未经适当压实而导致的滑塌，或是填埋衬垫层材料的不均匀分布和黏结力不足而引起的滑移。这些失稳现象会给开挖工作带来严重的安全隐患，也可能会造成环境污染和工程事故。确保施工过程的安全性和效率，对边坡内部结构和填埋垃圾的全面了解至关重要。如果对垃圾边坡的稳定性了解不足，开挖过程中可能会发生堆体滑坡和崩塌，从而引发工程事故。因此，在垃圾填埋场开挖工程中，需要进行不同边坡条件和垃圾特性对垃圾边坡稳定性影响的研究，以确保垃圾堆放场地的开挖修复工作能够安全可靠地进行。

在传统工程领域中，边坡稳定性分析方法主要分为强度折减法和极限平衡法两大类。极限平衡法又包括普遍条分法、摩根斯坦-普拉斯法（Morgenstern-Price 法）等。国外的一些公司以这些分析方法为基础，开发了专门的边坡稳定性分析软件，例如荷兰 PLAXIS B. V. 公司的有限元设计计算软件 PLAXIS 2D/3D、美国 ANSYS 公司的工程仿真软件 ANSYS，以及加拿大 Geo-Slope 公司的岩土环境模拟软件 Geo-Studio。近年来，研究人员也采用传统的极限平衡方法来分析填埋堆体的开挖稳定性，将安全系数 F_s 作为评估垃圾开挖对边坡稳定性影响的重要参数，运用 Geo-Studio 软件中的 Slope/W 模块，模拟不同条件下（如渗滤液水位、填埋年限、边坡比等）填埋堆体边坡的安全系数，来探究浅层垃圾和老龄垃圾在不同物理和力学条件下的最适开挖条件，为填埋场的开采可行性提供有价值的建议。

综上所述，垃圾填埋场开挖受诸多因素影响，包括垃圾性质、填埋年限、堆体边坡比和渗滤液水位等。在综合考虑这些相互关联的因素以及实际工程条件的前提下，可以选择关键因素（如边坡比、填土容重、内摩擦角、黏聚力以及渗滤液水位高度）进行建模分析。通过在不同影响因素下计算边坡的最小安全系数，分析不同影响因素下的填埋场开挖最佳工程参数，得出需开挖填埋场的开挖建议值。

在进行垃圾堆体的建模过程中，准确计算垃圾的物理参数和力学参数是至关重要的。例如，李鹤[178]采用了垃圾坝、边坡和填埋垃圾三个部分来构建垃圾堆体模型，同时结合了《生活垃圾卫生填埋处理技术规范》（GB 50869—2013）和《生活垃圾卫生填埋场岩土工程技术规范》（CJJ 176—2012）中的相关标准要求作为依据。

(2) 垃圾堆体土力学和模型参数

1) 垃圾堆体土力学参数

表 5-12 中汇集了国内主要的生活垃圾填埋场垃圾的物理性质与力学性质。从表中可以看出不同垃圾填埋场的物理性质和力学性质可能出现变化趋势完全相反的情况。例如，黏聚力，在苏州七子山垃圾填埋场中，其随填埋年限的增加而减小，而在重庆市长生桥填埋场中，黏聚力随着填埋年限的增加而增大，在根据绍兴地区实际组分配制的人工垃圾中，短期内则出现了黏聚力随填埋时间的延长先增大后减小的趋势。从总体来看，填埋垃圾的物理性质在不同深度或填埋年限下，呈现出一些规律性变化。容重、含水率和内摩擦角随着填埋深度的增加而增大，而黏聚力随着填埋深度的增加而减小，孔隙比则没有明显的规律性。在同一个填埋场中，下层垃圾受到上层垃圾的重力作用并逐渐被压实，从而导致下层垃圾的容重逐渐增大。同时，填埋场内的渗滤液也在重力作用下，向埋深较深的垃圾层流动，导致了下

层垃圾的含水率升高。基于文献资料可以将填埋垃圾按照埋深或填埋年限分为新鲜垃圾和老龄垃圾两类，其土力学参数建议范围如表 5-15 所列。

表 5-15 新鲜垃圾与老龄垃圾的土力学参数建议范围

垃圾类别	埋深/m	填埋年限/a	建议范围值		
			容重/(kN/m³)	内摩擦角/(°)	黏聚力/kPa
新鲜垃圾	0～5	<5	7～13	9.6～18.2	21.6～29.8
老龄垃圾	≥20	>15	16～22	21.4～31.9	8～23

2) 极限平衡算法选择

《生活垃圾卫生填埋处理技术规范》（GB 50869—2013）中明确提及了边坡稳定性计算方法，不同类型的边坡和不同的破坏模式需要采用不同的计算方法。如对于较大规模的岩质边坡，常宜采用圆弧滑动法进行计算；而对于结构复杂的岩质边坡，则应采用实体比例投影法进行计算。如果破坏机制不容易通过简单分析确定时，数值分析法是一种有力的辅助手段。在填埋场边坡的实际计算中，由于衬垫的影响，破坏主要以平移滑动为主，采用极限平衡法来模拟非圆弧滑动的计算有其一定的优势[247]。常用的极限平衡方法的适用条件大致如下：

① Fellenius 法、Bishop 法适用于圆弧滑坡的计算；
② 不平衡推力传递法、Janbu 法等适用于分析折线型的滑坡；
③ Janbu 法、摩根斯坦-普拉斯法适用于复合破坏面滑坡的计算；
④ Sarma 法适用于受岩体结构面控制而产生的滑坡的计算。

3) 边坡稳定安全系数

在进行填埋场边坡的稳定性计算时，应遵循《生活垃圾卫生填埋处理技术规范》（GB 50869—2013）中的规定，需要根据地质特征、场地形态和施工方案等选取具有代表性的剖面进行分析。在进行边坡稳定性验证时，为确保开挖工程的安全性，填埋堆体的稳定性系数 F_s 必须满足表 5-16 中规定的边坡稳定性安全系数限值。如果计算得到的稳定性系数 F_s 小于规定值，就必须暂停开挖施工，并对填埋场边坡进行稳定化处理后再进行开挖。

表 5-16 边坡稳定性安全系数限值

计算方法	一级边坡	二级边坡	三级边坡
平面滑动法	1.35	1.30	1.25
折现滑动法	1.35	1.30	1.25
圆弧滑动法	1.30	1.25	1.20

根据《生活垃圾卫生填埋场岩土工程技术规范》（CJJ 176—2012）（表 5-17），填埋场边坡的运用条件可以分为正常运用条件、非常运用条件Ⅰ和非常运用条件Ⅱ三种情况。其中第一种正常运用条件指填埋场工程投入运营后，经常发生或长时间持续的情况，包括填埋场填埋过程、填埋场封场后以及填埋场渗沥液水位处于正常水位；非常运用条件Ⅰ指遭遇强降雨等引起的渗沥液水位显著上升；非常运用条件Ⅱ指正常运用条件下遭遇地震。由于填埋场开挖修复工程通常是一个在填埋场封场后长时间持续进行的项目，因此属于正常运用条件。在填埋场开挖修复过程中，为了确保开挖工作的效率，选取正常运用条件下的三级标准，即采用最小安全系数 $F_s=1.25$ 作为填埋场边坡稳定性分析的安全系数指标。

表 5-17　垃圾堆体边坡抗滑稳定最小安全系数

运用条件	安全等级		
	一级	二级	三级
正常运用条件	1.35	1.30	1.25
非常运用条件Ⅰ	1.30	1.25	1.20
非常运用条件Ⅱ	1.15	1.10	1.05

4）垃圾堆体边坡参数

根据《生活垃圾卫生填埋处理技术规范》（GB 50869—2013），在填埋场进行封场工作时，堆体整形顶面坡度应不小于5%。同时，对于边坡比大于10%的垃圾堆体，宜采用多级台阶的设计方式，以提高边坡的稳定性。在多级台阶的设计中，各台阶之间的边坡坡度应不大于1/3。根据这些要求，在建立的填埋场开挖模型中，边坡比的变化范围应全部大于1:3，满足规范的要求。此外，根据《生活垃圾卫生填埋场岩土工程技术规范》（CJJ 176—2012）的要求（表 5-18），应将模型中生活垃圾堆体边坡高设计为安全等级二级的30m。

表 5-18　垃圾堆体边坡工程安全等级

安全等级	堆体边坡坡高/m
一级	$H \geqslant 60$
二级	$30 \leqslant H < 60$
三级	$H < 30$

5）垃圾坝参数

根据《生活垃圾卫生填埋处理技术规范》（GB 50869—2013）中的要求（表 5-19），生活垃圾填埋场的垃圾坝一般可选用浆砌石坝或土石坝作为选材。在填埋场开挖模型中，选择土石坝作为垃圾坝的选材。根据规范要求，土石坝的设计应按建筑级别Ⅲ进行，坝高为5m。坝体的放坡取常用的放坡比 2:3（即 1:1.5），以确保坝体的稳定性。此外，垃圾坝的力学参数设置为：容重 $\gamma = 23 kN/m^3$，内摩擦角 $\varphi = 30°$，黏聚力 $c = 10 kPa$[248]。

表 5-19　垃圾坝体建筑级别分类表

建筑级别	坝下游存在的建（构）筑物及自然条件	坝体类型	坝高	坝型（材料）	事故后果
Ⅰ	生产设备、生活管理区	C	$\geqslant 20m$	混凝土坝、浆砌石坝	对生产设备造成严重破坏，对生活管理区带来严重损失
			$\geqslant 15m$	土石坝、黏土坝	
Ⅱ	生产设备	A、B、C	$\geqslant 10m$	混凝土坝、浆砌石坝	仅对生产设备造成一定破坏或影响
			$\geqslant 5m$	土石坝、黏土坝	
Ⅲ	农田、水利或水环境	A、D	$< 10m$	混凝土坝、浆砌石坝	影响不大，破坏较小，易修复
			$< 5m$	土石坝、黏土坝	

5.3.1.4　边坡防护措施

因工程施工需求，填埋场的开挖会导致埋藏的垃圾暴露在外面，这使得其容易受到雨水的冲刷和浸泡。这种情况可能会引发冲沟的形成和水土的流失现象。在严重的情况下，可能还会导致地基的坍塌、结构的开裂以及整体稳定性的丧失，进而带来安全和质量方面的事故风险。为了应对这一问题，目前常用的边坡防护及治理技术主要分为坡面防护、边坡支挡和冲刷防护三大类。

（1）坡面防护

坡面防护主要是对边坡表面进行保护，防止坡面被冲刷、风化，减少雨水渗入和增强坡面的景观效果。若在施工过程中未进行适当的坡面防护，裸露的边坡面可能会因为风侵蚀、雨水侵蚀等因素而遭受损害，导致裂缝、剥落、风化等现象，进而使得边坡的稳定性受到威胁。这可能会引发边坡的倒塌，最终导致安全问题的产生。

坡面防护主要分为临时防护和永久防护两种形式。由于垃圾填埋场开挖修复一般需1~3年，因此其坡面防护通常采用临时防护，主要采用土工合成材料，如锚喷、绿网和苫盖土工布等（图5-16）。这些材料具有抗冲刷、抗风化和防渗透的特性，能够有效地保护坡面免受外界因素的侵蚀和破坏，确保边坡的稳定性和安全性。

图 5-16 坡面防护（锚喷支护、绿网防护和苫盖土工布防护）

（2）边坡支挡

边坡支挡防护的主要目的是增强边坡的稳定性，预防滑坡、坍塌等意外事故的发生。通常与坡度放置相结合，旨在通过结构化的支挡方法，确保填埋场边坡的安全稳定。目前边坡防护常用的支挡方法主要有挡土墙、土钉墙、抗滑桩、注浆锚杆、桩基承台挡土墙和锚索等，其中挡土墙边坡支挡防护是主要采用形式。根据不同的边坡条件，挡土墙可以进一步细分为重力式挡土墙（包括普通重力式和衡重式挡土墙）、薄壁式挡土墙（包括悬臂式和扶壁式挡土墙）、锚杆式和锚定板式挡土墙、土钉式与抗滑桩相结合的桩板式挡土墙、竖向预应力锚杆式挡土墙等（表5-20）。通过设置挡土墙来提供支撑，对于松散的土壤施加必要的阻力，并且调整裸露坡面的坡脚，以缓解土壤因自身重力而产生的滑坡现象。这些支挡结构能够通过锚固作用、土钉的预应力以及桩体的承载能力，有效地抵抗边坡土体的滑动和失稳，确保填埋场边坡的安全可靠。

表 5-20 挡土墙类型及特性

类型	特点	适用场景
重力式挡土墙	依靠自身重量提供抵抗力	较低边坡和较小高度差填埋场边坡
薄壁式挡土墙	结构化设计增加墙体刚度和稳定性	高边坡和大高度差填埋场边坡
锚杆式和锚定板式挡土墙	通过锚杆或锚定板与边坡土体相互作用,增加抗滑能力和稳定性	土体较松散,需要增强抗滑能力的填埋场边坡
土钉式与抗滑桩相结合的桩板式挡土墙	通过增加土钉预应力和桩体承载能力,有效抵抗土体滑动和失稳	需要强大支撑和较强抗滑能力的填埋场边坡
竖向预应力锚杆式挡土墙	通过竖向预应力锚杆增加土体稳定性,防止滑动和失稳	边坡高度较大且需要较强稳定性的填埋场边坡

通过采用不同的边坡支挡防护方法,可以在填埋场的边坡上形成结构化的支撑系统,增强土体的抗滑能力和整体稳定性。这些支挡措施能够改变边坡的形态和力学性质,减缓自身重力引起的滑坡风险,提高填埋场边坡的安全性和稳定性。在填埋场开挖修复工程中,应根据实际情况,选择合适的边坡支挡防护方法,并结合适当的设计和施工措施,有效地保护填埋场边坡。

（3）冲刷防护

冲刷防护是一项重要的措施,旨在保护填埋场边坡免受雨水冲刷的影响。填埋场边坡由于其坡度的存在,在遭受雨水冲刷时容易发生填埋垃圾或土壤失稳现象,可能会导致边坡滑坡或坍塌等安全事故的发生。为解决这一问题,施工单位采取了一系列措施来加强边坡的稳定性,最常见的方法是铺设土工格栅[249]。

土工格栅是一种具有较高抗拉强度和抗冲刷性能的土工材料,其结构类似于网格状,由合成纤维或金属材料制成。在冲刷防护中,土工格栅被铺设在边坡表面,形成了一层保护层,从而增加了边坡的稳定性。它可以有效地防止雨水对边坡土体的冲刷和侵蚀,减少边坡表面土壤的流失和降低侵蚀速度。土工格栅的铺设具有加固土体结构、分散冲击力、促进水分渗透和排泄的作用。

1）加固土体结构

土工格栅通过提供横向约束和增加土体的内摩擦力,能够有效地增强边坡土体的整体强度和稳定性。土工格栅将土体牢固地连结在一起,可防止土体因雨水冲刷而发生位移或失稳。

2）分散冲击力

土工格栅的网格结构能够有效地分散雨水冲击的力量,减少冲击力对边坡的直接作用,可以缓冲和吸收冲击力,减少对边坡土体的冲刷和侵蚀,从而保护边坡的稳定性。

3）促进水分渗透和排泄

土工格栅的开孔结构能够促进雨水的渗透和排泄,防止雨水在边坡表面积聚和形成局部渗流,减少因渗流而引起的土体液化和失稳的风险。

5.3.2 开挖工作人员的防护措施

在垃圾填埋场开挖过程中,填埋场会释放出各类污染物,特别是填埋气体污染物,同时开挖垃圾填埋场存在失稳和安全性降低的可能,并且各类机械的使用会对工作人员产生潜在健康和安全风险。由于垃圾填埋场开挖修复过程复杂,涉及的潜在风险随着填埋垃圾特性、年限、区域气候环境等的不同而不同,要确切了解垃圾填埋场内填埋垃圾的性质是比较困难的，开挖现场的工作人员有很大的概率会碰到某些危险废物，所以需要制订开挖人员的安全保障措施和应急处置措施，并在开挖工程施工前，进行工作人员事故应急反应培训，做好工作人员防护措施。

5.3.2.1 安全保障措施

① 在进行垃圾填埋场的开挖工作之前，必须确立一套全面的安全保障措施和突发事件应急预案，以确保作业人员的人身安全。所有的作业人员都必须接受安全和突发事件的应急反应培训，主要包括危险废物的知情权，事故预防和处理培训，工作空间的安全保障，污染物、粉尘和噪声的控制等。

② 在进行人工开挖时，前后工作人员之间的可见距离不得小于 3m。在与机械开挖、平底、清底、修坡等工作相配合时，工作人员不得在机械的回转范围内工作。填埋场周边应设安全防护栏，在集水坑周边应设立警示牌标志，避免不知情的人员掉入，产生危险。施工通道以及边坡应设专人监测，发生异常情况应立即停工。

③ 设备操作人员应该持证上岗，避免因操作失误等问题导致出现设备故障，尽可能消除安全隐患，开挖现场作业人员必须身穿工作服并佩戴口罩和手套。

④ 对于夏季高温的露天开挖作业，应采取措施以确保工作人员的防暑降温。在夏季到来之前，要进行职业性体检，对于患有心血管系统器质性疾病、高血压、肝肾疾病等疾病的人员，不得参与高温作业。此外，需制订合理的劳动休息计划，采用轮班工作制度，并提供含盐饮料等，以保障工作人员的健康。

⑤ 为确保工作场所的安全，有以下安全规程需遵循：在人员进入限制区域（如挖掘拱顶或深度超过 0.9m 的沟渠）之前，必须进行空气质量检测，包括爆炸性气体浓度、氧气含量、硫化氢水平等检测。

⑥ 开挖过程中，在挖方活动区域内安排专人定时检测 CH_4 气体及其他有害气体含量，定时监测堆体的稳定性，以便及时采取必要的防护措施，有效控制气体污染物的产生和消除安全隐患。对于作业面臭气，可采用喷洒除臭剂的方式进行异味控制，非作业区气体通过及时覆盖的方式，减少气体向外界扩散，以减少臭气污染，降低对工作人员身体健康的危害和环境风险。为避免操作人员直接接触到开挖出的有毒有害物质，应该使用机械设备将这些垃圾运输到指定的处理地点。此外，填埋场某个区域的开挖行为可能会影响到周围区域填埋单元的结构完整性，从而引发不均匀沉降或塌方等现象。因此，在开挖过程中需要注意评估和保护周围填埋单元的结构，以防止出现无法预测的地面沉降或塌方。

⑦ 开挖工作人员应佩戴防尘口罩等呼吸保护措施，同时应保持开挖分选现场的通风良好，尽量减少有害气体和粉尘的积聚。

⑧ 填埋场内的粉尘问题呈现为面源扩散，即作业区域空气中的粉尘浓度高于边缘区域。为控制粉尘污染，通常会在非雨天采取喷洒水的方法。喷洒水的次数和水量需要根据具体情况由操作和管理人员决定，要确保在不影响开挖作业的同时，实现最佳的粉尘控制效果。喷水的主要区域包括作业区、垃圾挖掘装运地点和场区道路。

⑨ 机械噪声是主要的噪声源，其影响范围可达 100m。为减轻噪声对环境的影响，可以选择使用低噪声的机械设备。另外，对于产生较高噪声的设备（如鼓风机）可以采用隔声罩等降噪措施，以减小噪声对周围环境的影响。

⑩ 对于工作场所标识，应明确标识危险区域、紧急出口和应急设备的位置，并确保工

作人员了解相关标识和指示。

⑪ 在进行开挖工程时，务必要确保工作人员穿戴必要的保护性装备，特别是在可能涉及危险废物挖掘的情况下。垃圾填埋场开挖工程中需要具备的 3 类安全装备如下：a. 标准安全装备，如安全帽、防护眼镜、防护鞋、耳塞、口罩、面罩和防护手套；b. 特殊安全装备，如化学防护服、呼吸保护装备和单人呼吸设备；c. 检测设备，如硫化氢检测仪、燃气检测仪和氧分析仪。

5.3.2.2 应急处置措施

① 填埋场土方发生坍塌时，需立即逐级报告给各个主管部门，并在保证不会再发生同类安全事故的前提下，开展伤员抢救工作，避免误伤到被埋人员。在核实获救人员时，需要对受伤人员的位置进行拍照和录像。

② 对渗滤液主水位进行实时监测，并严格控制填埋垃圾堆体内的水位，确保渗滤液水位始终低于警戒水位。一旦接近或超过警戒水位，应立即采取紧急应对措施，采用抽排竖井快速降低水位。

③ 建立垃圾填埋场开挖的应急预案，明确应急流程、责任分工和联系方式。考虑到紧急情况不同，例如火灾、气体泄漏、崩塌等，应为每种情况制订相应的应急方案，并定期评估和更新应急预案，确保其与实际情况相符，同时确保所有开挖人员了解和熟悉应急程序。

④ 定期进行应急演练，以检验应急预案的有效性，提高工作人员的应急响应能力。

⑤ 配备必要的紧急救援设备，如急救箱、应急通信设备、灭火器等，并确保其处于可用状态，以便工作人员能够在紧急情况下进行及时沟通和救援。

⑥ 在发生紧急情况时，工作人员应立即停止工作，并按照预先制订的应急预案采取行动。发生火灾情况下，立即触发火灾报警器，使用灭火器进行初期扑救，并通知相关消防部门。在气体泄漏或有害气体超标的情况下，工作人员应立即撤离到安全区域，并通知相关部门。

⑦ 建立与消防部门、医疗救援机构等相关部门的有效沟通渠道，确保紧急情况下的协调与合作。同时可以与附近的居民或其他相关单位进行沟通，确保能够及时通知并寻求支援。

⑧ 在发生紧急情况后，记录事故的详细情况，包括发生时间、地点、原因以及采取的措施等，进行事后分析，找出事故的根本原因，并采取措施避免类似事件再次发生。

以上措施旨在确保垃圾填埋场开挖过程中工作人员的安全，并在发生紧急情况时能够迅速采取适当的应急措施。在具体的垃圾填埋场开挖工作中，可能还需要根据实际情况采取其他特定的安全保障和应急措施。

5.3.3 污染防治措施

垃圾填埋场的开挖修复包括开挖场地建设、填埋场降水与排水、填埋物开挖、开挖垃圾筛分、固体废物暂存与外运、废水处理等环节，会产生污水、气体污染物、噪声、固体废物等，需要对其进行污染控制。

5.3.3.1 水污染控制

在垃圾填埋场开挖修复过程中，污水主要来自填埋垃圾产生的渗滤液及开挖垃圾筛分过程中产生的污水。因此，如何有效地减少渗滤液的产生量及其收集与处理，是垃圾填埋场开挖修复过程中的重要内容，主要措施有：

① 填埋垃圾及垃圾堆体内渗滤液降水与排水过程中产生的渗滤液，经渗滤液收集系统（主要包括导排层、盲沟、竖向收集井、输送管道和水泵等）收集后，进入渗滤液处理设施处理。

② 在垃圾填埋场进行筛分的过程中，产生的污水需要妥善处理。配置一定数量的支架水池，专门用来收集和临时存放污水。同时在筛分处置场地的四周建造围堰、排水沟和集水池，以便收集垃圾渗滤液以及在筛分过程中场地内积聚的污水。

③ 在填埋垃圾开挖过程中，非作业区需要覆盖塑料膜，在暴雨期间不作业时开挖区也需要覆盖塑料膜，以防止降雨进入垃圾堆体产生渗滤液。

④ 填埋垃圾开挖时，垃圾挖运作业区需建临时排水沟，实现对雨水的截留，当遇上大雨或暴雨天气时应及时启动备用水泵抽水，防止雨水进入垃圾堆体产生渗滤液。

若开挖垃圾填埋场配备有渗滤液处理设施，则将开挖过程中的渗滤液和污水收集后输送到调节池，然后进入渗滤液处理设施处理。如果填埋场没有配备渗滤液处理设施，当垃圾填埋场开挖修复时间较长，且开挖过程中的渗滤液产量较大时，开挖过程可设置临时渗滤液处理设施，处理达标后纳入污水干管或直接排放；当开挖垃圾过程中产生的渗滤液量较小时，则可参考《生活垃圾填埋场污染控制标准》（GB 16889—2024）中渗滤液间接排放控制要求，经收集后，可采用密闭运输送到城市污水处理厂处理或者自行处理等方式进行处理。

5.3.3.2 气体污染物控制

在垃圾填埋场开挖修复过程中，气体污染物主要来自垃圾堆体的降解以及渗滤液中有机物的生物分解产生的气体，主要包括 CH_4、CO_2、H_2S、NH_3、VOCs 等。填埋场开挖修复过程中，气体污染物无控制地排放会造成空气质量的恶化，对周围居民的健康产生危害。因此，气体污染物控制是垃圾填埋场开挖修复工程中的重要工作，主要措施有：

① 填埋场开挖工程宜采用密闭开挖，如采用小型充气式负压大棚或滑轨式移动负压大棚等设备，并对开挖与筛分过程中产生的气体污染物进行收集与处理，处理达标后排放。

② 在填埋垃圾的开挖过程中，采用分区分层的方法，减小垃圾开挖的暴露面积，缩短作业时间。在开挖后应立即进行覆盖，确保开挖和覆盖同步进行，有效地控制垃圾的暴露情况。

③ 填埋场开挖时，应定期检测各类气体污染物浓度，包括甲烷、恶臭气体、VOCs 浓度，若发现浓度超标，应立刻停止开挖作业，并采取措施，如加大雾炮机的喷洒量，并适当地朝垃圾开挖面进行增湿喷洒，以减少气体污染物的排放。

④ 渗滤液集坑、收集和处理系统裸露区是气体污染物的重要释放点，特别是恶臭气体，因此可对渗滤液收集与裸露区进行加盖，必要时可布设抽风机，收集外溢气体，并及时泵吸基坑中的渗滤液，减少气体污染物逸散。

⑤ 填埋场堆场内垃圾和土壤表面采用 HDPE 膜密闭苫盖，减少气体污染物向大气中的逸散，同时为防止雨布中有机气体浓度过高而引发爆炸，在垃圾堆存点上方设置了抽气管，可以根据需要对堆场进行气体抽取和收集，将气体输送至尾气处理设施中进行处理。

⑥ 在垃圾开挖和运输过程中，采用雾炮机不断地喷洒气味抑制剂和除臭剂，以抑制开

挖垃圾中有机成分的发酵，同时也能分解臭气中的主要成分。

此外在垃圾填埋场开挖、筛分和运输过程中，会产生粉尘。需要加强填埋场开挖修复过程中的机械操作管理，特别是垃圾开挖过程中的装载机、挖掘机操作，同时在向运输车中装卸垃圾时，应尽量使挖掘机铲斗贴着车身进行装卸，以减少垃圾溅落和扬尘。

5.3.3.3 固体废物污染控制

垃圾填埋场开挖修复过程中，固体废物污染主要由开挖垃圾或筛分后各类固体废物的运输和处置等过程产生，需要做好污染防治，主要措施有：

① 在进行垃圾开挖的同时，每天组织专业人员对开挖现场以及运输路线进行彻底清扫。为了避免在运输过程中产生扬尘，防止填埋物洒落以及避免恶臭气体扩散等，采用了密封式运输车，车厢可用帆布进行严密覆盖，确保了开挖出的垃圾能够及时而有效地进行处理。

② 做好不同垃圾组分物料的收集与区分工作，对于开挖出来的垃圾，需根据不同筛分垃圾组分进行分选，降低固体废物的生成量，并对筛分区域进行每日清扫，保持作业区和物料暂存区的清洁卫生，有效防止垃圾扩散和二次污染。

③ 对于开挖垃圾中药剂、农药包装等危险废物，要进行专门的收集和分类，并储存至专门的废弃物临时储存场地，确保废弃物的合理处置，减小对环境的影响。

④ 施工单位还需要负责对工程施工过程中产生的日常生活垃圾进行专门的分类收集，随后将这些垃圾定期移交给环卫部门，以便在附近的垃圾处理场进行妥善的处置，严禁乱堆乱扔，有效防止二次污染的产生。这需要加强对工人的环保意识培训，提高他们对垃圾分类和环境保护的认识程度。

5.3.3.4 噪声污染控制

在垃圾填埋场开挖修复过程中，各类机械作业、进出车辆会产生噪声污染，需采取一系列合理的措施进行控制。

① 合理安排垃圾开挖各类机械作业的位置，尽量远离周边居民区，同时减小车辆进出时带来的噪声影响，降低垃圾填埋场开挖修复时的噪声扰民程度，保障周边居民的生活质量。

② 合理安排作业时间，严禁在夜间进行高噪声作业，以确保周边居民正常生活和休息。特殊情况下，有需要连续作业或夜间作业的情况，应提前与当地居民沟通，并采取有效的降噪措施，确保施工活动对周边居民的影响最小化。

③ 尽量选择低噪声的填埋场开挖修复工具，并采用噪声较低的开挖修复方法，以降低填埋场开挖修复过程中产生的噪声。此外，建立良好的机械维修制度也是非常有必要的，定期检修和润滑设备，确保机械设备正常运转，避免因设备故障而导致噪声的增加。

5.3.3.5 水土流失控制

在垃圾填埋场开挖过程中，必须重视场地边坡稳定性，以确保垃圾开挖工程的安全。垃圾填埋场开挖过程中水土流失控制措施主要有：

① 采取分层开挖，并对坡面进行强夯，使其密实度达到90%以上，确保填埋场地边坡的稳定性。

② 为了防止基坑坑壁边坡垮塌，需要对基坑坑壁进行边坡支护，确保开挖过程中基坑的安全。

③ 应用截洪沟和排水沟，防止雨水无序下泄和冲刷，保持填埋场地的稳定性和坡面的

完整性，避免水土流失的发生。

④ 采取设置临时性边坡和开挖面覆盖塑料膜的方法，以防止雨水冲蚀坡体，避免或缓解地表径流所造成的水土流失。

此外，填埋场开挖修复过程可设立隔离墙、临时挡风墙和防飞散网，合理管理垃圾运输车辆，以及对垃圾堆体进行消毒防疫，最大限度地减少填埋场开挖过程中对环境的污染和对周边居民的干扰。

5.4 典型垃圾填埋场开挖修复工程

5.4.1 高水位垃圾填埋场

高水位垃圾填埋场开挖修复工程是指对填埋场中高水位区域内的垃圾进行开挖和修复的工程。渗滤液水位高是我国填埋场普遍存在的问题，其产生的原因主要有3个方面：a. 填埋堆体局部低渗透性可能造成水滞留，增加了堆体局部失稳的风险；b. 深层垃圾的低渗透性会导致堆体主水位持续升高，降低了堆体整体稳定性和填埋气体的收集效率；c. 由于导排层的淤堵，导排层水与堆体主水之间可能发生连通，这会显著增加防渗层的污染负荷，并增加堆体沿防渗层界面失稳的风险。此外，填埋场高水位还会导致堆体下方的垃圾含水量增加，从而导致堆体层的导气系数降低，制约了填埋气体的运移，形成了所谓的"水包气"现象。随着气体不断产生和积聚，气压逐渐增大，最终可能会突破阻碍向周围环境扩散，从而造成堆体滑坡的风险[250]。

我国的填埋场开挖修复工程主要集中在北方干旱和半干旱地区，由于这些地区的渗滤液液位较低，填埋垃圾的含水率较小，借鉴某些国外相关技术即可取得良好的工程效果。然而，对于我国南方湿润气候区来说，情况有所不同。这里的填埋场渗滤液液位较高，垃圾的含水率较大，而且细粒组分中的污染物含量超标，采用传统的开挖治理技术可能会引发边坡失稳、臭气扩散以及筛分分离效果不佳等环境安全问题。因此，高水位垃圾填埋场的开挖修复工程，主要需要对渗滤液进行收集和导排，即降水与排水。其开挖修复工程一般包括以下几个步骤。

(1) 填埋场及其水位区域勘察

对填埋场地理、地质、水文、气象等基本情况进行调查，收集垃圾填埋的历史数据和运营情况，了解填埋场的环境影响和填埋垃圾情况。同时对填埋场进行勘察，确定高水位区域内垃圾的分布情况、垃圾类型和性质、覆盖层结构和特征、渗滤液和填埋气体产生情况、收集与处理情况等信息。

(2) 开挖前降水与排水工程

高水位垃圾填埋场在进行开挖修复前，首先需要进行垃圾堆体降水与排水。垃圾堆体内渗滤液降水与排水的抽排设施，主要包括抽排竖井和水平导排盲沟（图5-17）。基于垃圾堆体高水位区域的分布、渗滤液产量等数据，设计抽排竖井的打设深度、间距、数量，并设计水平导排盲沟等，建立垃圾堆体降水与排水工程，以降低渗滤液的水位。同时监测渗滤液的产生和水位的变化，以确保渗滤液收集系统的有效性。此外，为了提高垃圾堆体中渗滤液的抽排效率，也可结合注气系统，建立液气立体抽注系统，通过充分利用垃圾的非饱和特性以及渗透系数的各向异性的特点，有效地消除液气在运移过程中的相互阻滞现象，从而降低渗滤液的液位。同时采用原位的好氧通风将垃圾堆体内的降解环境从厌氧状态转变为好氧状态，从而加速垃圾的稳定化进程。

(a) 联合抽排竖井和水平集气井

(b) 联合水平集气与导排盲沟

图 5-17 垃圾填埋场真空联合抽排竖井和水平集气井与联合水平集气与导排盲沟

例如李鹤[178]在深圳下坪填埋场建立了一种液气立体抽注系统，该系统由真空联合抽排竖井、注气竖井以及水平盲沟/水平井组成，通过这些结构的协同作用，有效地控制了渗滤液液位。图 5-18 为填埋场液气立体抽排技术典型剖面和工作原理示意图，具体执行步骤为：a. 在处于慢速降解阶段的垃圾层底部布置一排水平井，并通过这些水平井或预埋的水平盲沟来导排上层垃圾层的渗滤液，这一举措有效地降低了渗滤液的液位，同时增加了液位以上区域气体的气相渗透系数；b. 在相邻水平井或水平盲沟的中线位置布置真空联合抽排竖井，通过建立高负压环境，收集液面以下积聚的填埋气体，从而减轻液气阻滞现象，提高液相渗透系数，提升渗滤液的抽排效率，增强排水效果；c. 在水平井或水平盲沟的轴线方向打设注气竖井，确保注气段位于渗滤液液面之上。此外，注气竖井还需要与真空联合抽排竖井以"梅花状"间隔布置，通过调整抽排气流量和压力，在液位以上的垃圾堆体内形成稳定的空气渗流场，以最优化地加速稳定化。

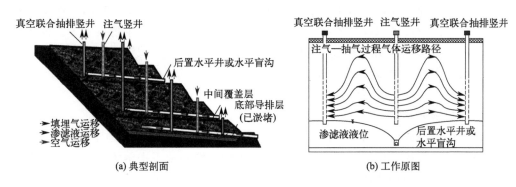

图 5-18 液气立体抽排技术典型剖面和工作原理示意图

（3）开挖工程

根据勘察结果和修复方案，对高水位区域内的垃圾进行开挖。在开挖过程中需要采用合适的机械设备，如挖掘机、装载机、运输车等，控制开挖速度和方向，以确保开挖的安全和有效。开挖过程中需要严格遵守操作规程，如加强工地安全管理、防止污染和环境破坏等，同时需要根据实际情况采用不同的开挖技术和策略，例如采用局部开挖、轮换开挖、横向开挖等，以最大程度地保护周边环境和人们的健康。开挖过程中还需要采取一些污染防治措施，如喷洒水雾降尘、覆盖防尘布等，以减小对周围环境的影响。

(4) 开挖过程垃圾堆体降水

当填埋场内垃圾堆体达到适宜水位时即可开始开挖工作。与传统基坑工程相似，填埋场开挖过程中需要确保边坡的稳定性。通常情况下，填埋场开挖采用分单元放坡开挖的施工方案，放坡开挖每层的开挖深度一般要求不大于 5m。在每层垃圾开挖后，随着上覆压力的减小和逸散面积的扩大，下伏浅层垃圾液面以下的气体会逐渐释放出来，导致垃圾液相渗透系数显著增大。在此阶段，可以考虑采用分层集水井明排的方式来控制开挖过程中堆体内水位的变化（图 5-19）。

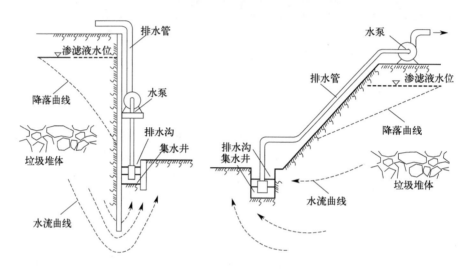

图 5-19　分层集水井明排

(5) 开挖垃圾筛分与分质利用

高水位垃圾填埋场开挖垃圾由于受到渗滤液浸泡，通常垃圾含水率较高，在筛分前需要进行脱水预处理。垃圾脱水预处理技术主要有晾晒、热干化技术和生物技术等。根据垃圾填埋场区域的气候特点，首先应考虑开挖垃圾晾晒的可行性。若区域温度低、降雨量大，则适宜选用热干化技术和生物技术进行脱水。在开挖垃圾达到适宜筛分含水率后，进行垃圾筛分，并基于筛分垃圾种类进行分质利用。

(6) 填埋场场地修复

高水位垃圾填埋场由于渗滤液的渗漏，存在污染周边场地土壤和地下水的风险。因此，在进行垃圾填埋场开挖工程后，还需要对开挖区域的土壤和地下水等污染情况进行详细调查和评估，并进行相应的场地地基处理，以确保填埋场地能够满足后续土地再利用的要求。

总之，高水位垃圾填埋场开挖修复工程是一项复杂的工程，需要综合考虑环保、经济、社会等方面的因素，并采取科学合理的措施和技术，以保障工程的顺利进行和良好的修复效果。

5.4.2　资源回收利用垃圾填埋场

资源回收利用垃圾填埋开挖修复工程是一项综合性的环境保护工程，旨在通过对开挖填埋场中有价值的资源进行回收利用，减少填埋场对环境的污染和资源的浪费。填埋垃圾中含有很多有价值的资源，如可回收的金属、玻璃、纸张、塑料等物品，可以被分拣出来回收利用，有机垃圾则可以进行发酵和厌氧消化，从而产生能源等。通过回收利用这些资源，可以实现资源的最大限度利用，减少资源的浪费。资源回收利用过程还有助于减少对原始材料的需求，降低生产成本，并推动循环经济的发展。同时增加对填埋垃圾中可回收物品和有机废弃物的利用，可以减少填埋垃圾的数量和填埋场的容积，减少填埋场有害物质对土壤和地下水的污染，有利于维护生态平衡和环境健康。

资源回收利用垃圾填埋场的开挖修复工程以垃圾筛分回收利用为主要目的，其开挖修复工程一般包括以下几个步骤。

(1) 场地勘察与规划

进行垃圾填埋场现状调查和勘察，了解填埋场的地质条件、填埋场概况、填埋垃圾量、填埋深度、垃圾特性与分布情况、土壤质量、地下水现状、渗滤液和填埋气体产生情况、收集与处理情况等信息。根据勘察结果规划开挖修复方案，确定开挖的范围和深度。

(2) 开挖工程

根据规划方案，进行填埋场的开挖，开挖工程包括机械开挖和人工清理。机械开挖主要使用挖掘机、装载机等设备进行大面积的垃圾开挖，人工清理则用于处理难以机械开挖的区域或细小的垃圾。开挖应分层分块进行，若开挖垃圾含水率较高，则需将垃圾运往晾晒区或进行设施脱水。开挖过程中需要做好废水、废气、噪声、固体废物等污染防治工作。

(3) 筛分工艺

在资源回收利用垃圾填埋场开挖工程中，对开挖垃圾进行分质分类筛分十分重要。将开挖垃圾根据其特性的不同，进行多级分选分类。例如武海军等[251]对吉水县填埋场进行了开挖垃圾多级分选（图5-20）。

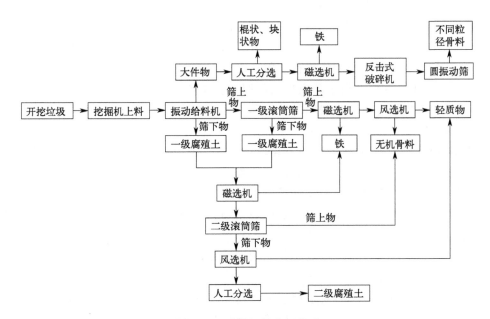

图 5-20　开挖垃圾多级分选

其中开挖垃圾达到适宜含水率后，将其送至分选系统进行处理，包括筛分、磁选、风选、人工分选等步骤。在筛分过程中，挖掘机将开挖垃圾装载至振动给料机，大件物垃圾（粒径≥200mm）首先被分离出来。同时这一过程还会产生一级腐殖土筛下物。然而，由于垃圾上料量较大，一部分腐殖土未能被完全分选出来。因此，需要将筛上物进一步送至一级滚筒筛进行再次筛分。经过一级滚筒筛的筛分后，再通过磁选机分离出铁，风选机分离出轻质物，剩余部分则为无机骨料。经过振动给料机和一级滚筒筛的筛选后，一级腐殖土中通常含有一些轻质组分，这时可以进行二次分选。首先，通过磁选机除去其中的铁质成分，然后再经过二级滚筒筛进行二次筛分。最后通过风选和人工除杂的方式，进一步减少轻质物的含量，从而得到最终产物二级腐殖土。对于振动给料机筛选出的大件物（粒径≥200mm），这些物体会进入破碎生产线。首先通过人工挑选，将棍状、块状的木材以及铁等杂质分选出来，然后，大件物经磁选机去除小块铁后，进入反击式破碎机，破碎成小颗粒进入圆振动筛，通过筛分，获得不同粒径的再生骨料。

(4) 垃圾分质分类资源化利用

在填埋场内开展垃圾的开挖与分选资源化利用，具有多重益处。一方面有助于减少温室气体的排放，另一方面也能显著地节约能源和填埋空间，从而减少城市土地资源的浪费。开挖垃圾在经过破碎和筛分工序后，从中可以获得多种有用的物质，包括腐殖土、再生骨料、废金属以及轻质材料（废塑料）。

1) 腐殖土利用　开挖垃圾筛分获得的腐殖土含有丰富的有机质、氮、磷等营养物质，是一种优良的绿化种植土壤。当腐殖土中组分达到《绿化种植土壤》（CJ/T 340—2016）的要求时，腐殖土可以应用于绿地、林地、道路绿化带等地。但由于腐殖土的成分较为复杂，其中可能存在一些重金属等污染物，因此，在将腐殖土应用于实际之前，有必要进行重金属浸出情况的检测和评估。若重金属超标，则可进行腐殖土稳定化等处理，以降低重金属的生物可利用性。腐殖土中含有丰富的微生物，也是一种良好的生物滤器介质材料，可用于废气和废水的处理。此外腐殖土也可用于回填坑、填埋场或用作填埋场覆盖材料。

2) 再生骨料利用　经过振动给料机筛选，分离出的较大的物件和无机骨料经过反击式破碎机的破碎作用后进一步筛选。通过这一处理过程，所得的骨料可以用于回填，也可外售至制砖厂进行免烧砖等制造或用作工程原料。

3) 废金属利用　开挖垃圾中分离出的废旧金属主要是废铁，这些废铁可以用化学溶剂或高温表面活性剂进行清洗，将表面的油污和铁锈等物质去除，然后外售至炼铁厂，也可直接外售至废品回收站。

4) 废塑料利用　随着时间的推移，垃圾填埋场中的废塑料会逐渐发生一定程度的降解。鉴于开挖垃圾填埋时间较长、塑料力学性能严重下降等因素，一般不再将其重新加工成新的制品。然而，轻质物垃圾中的可燃物含量较高，具有较大的热值，且塑料在填埋场中的降解对热值的影响不大，因此，可以考虑将这些轻质物制备成RDF或者直接将其送往发电厂进行焚烧发电。

综上所述，开挖垃圾典型垃圾资源化利用途径可用图5-21表示。

(5) 填埋场场地修复

开挖修复工程完成后，需要对填埋场地土壤和地下水等进行监测，同时进行场地地基处理，以确保实现较好的修复效果，满足后续土地再利用的条件。

资源回收利用垃圾填埋开挖修复工程，可以实现环境保护、资源利用和经济发展的有机结合。它不仅可减少土地资源的浪费，减少环境污染，还可为社会创造就业机会和经济效

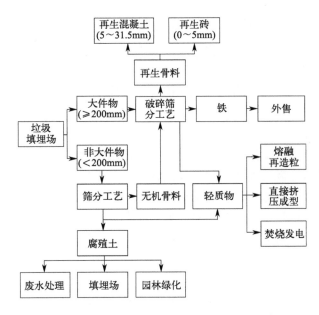

图 5-21 开挖垃圾典型资源化利用途径示意

益,促进环保和社会的可持续发展。

5.4.3 城市化类垃圾填埋场

随着城市规模和区域范围的不断扩张,原本处于城市远郊区的垃圾填埋场进入城市近郊区和主城区,使得周边地区的土地供应变得更加有限,严重限制了城市的发展。同时由于老垃圾填埋场、堆场无完善的渗滤液和填埋气体等污染物的导排系统,给周边水土、大气和地下水带来了严重的污染。为了提高城镇生活垃圾无害化处理水平,减轻垃圾堆场对环境的破坏和对公众健康的威胁,切实改善人居环境,治理城市周边的许多垃圾填埋场也被列为城市生态修复的重要工作。

垃圾填埋场开挖修复工程的目的是对填埋场进行再利用和修复,将填埋场转化为可持续利用的土地。通过这种方法,可以最大限度地减少填埋场所占用的土地,并可以满足城市用地的需求,如公园、运动场、住宅和商业用地等。因此,对城市化类垃圾填埋场进行开挖修复是十分必要的,这不仅可以治理垃圾填埋场的污染问题,而且可以提高土地利用率和城市的土地资源利用效率。

城市化类垃圾填埋场开挖修复工程的主要工作为开挖过程中的环境污染防治与风险管控及填埋场地土壤修复与再利用,一般包括以下几个步骤。

(1) 场地勘察与规划

对垃圾填埋场地周边土地利用现状以及大气、水体、地下水等周围环境的分类及规划等基本情况进行调查,收集垃圾填埋场的历史数据和运营情况,了解填埋场的环境影响和填埋垃圾情况。同时对垃圾填埋场进行勘察,了解填埋场的地质条件、填埋场概况、填埋垃圾量、填埋深度、垃圾特性与分布情况、土壤质量与地下水现状、渗滤液和填埋气体产生情况、收集与处理情况等信息。根据勘察结果制订开挖修复方案,确定开挖的范围和深度。

(2) 开挖工程

根据规划方案，进行填埋场的开挖，开挖工程包括机械开挖和人工清理。机械开挖主要使用挖掘机、装载机等设备进行大面积的垃圾开挖，人工清理则用于处理难以机械开挖的区域或细小的垃圾。开挖应分层分块进行，同时应及时做好开挖垃圾筛分和后续清运工作，减少开挖垃圾在填埋场中的堆滞，缩短垃圾开挖和筛分周期，以减小填埋场开挖修复工程对环境的影响。

(3) 开挖垃圾处置

在筛分前，开挖垃圾需要进行脱水预处理。垃圾脱水预处理技术主要有晾晒、热干化技术和生物技术等。根据垃圾填埋场区域的气候特点，首先应考虑开挖垃圾晾晒的可行性。若区域温度低、降雨量大，则适宜选用热干化技术和生物技术进行脱水。在开挖垃圾达到适宜筛分含水率后，进行垃圾筛分，并基于筛分垃圾种类进行分质利用。当填埋场地环境要求较高，不适宜进行原位筛分处理时，开挖垃圾可采用密封垃圾车或运输车，运输至异地进行筛分处理。

(4) 污染防治和风险管控

垃圾填埋场开挖过程中会产生气体污染物、废水、固体废物等。由于城市化类垃圾填埋场通常位于城市近郊区和主城区，因此需要做好垃圾开挖过程中的污染防治和风险管控，以减小对周围环境和人体健康的危害。

1) 气体污染防治

垃圾填埋场开挖过程中的气体污染物主要包括开挖垃圾中释放的VOCs、硫化氢、氨、甲烷等，开挖过程中产生的粉尘也会污染大气环境。气体污染物的不断逸散会对现场施工人员和周围居民的健康构成威胁，因此在开挖过程中需要采取有效的控制措施，主要包括：

① 使用环保除尘雾炮机，结合异味抑制剂，控制扬尘和VOCs；

② 缩短开挖垃圾裸露时间，包括提高开挖速率，采用平底斗等减少扰动，用防雨布或HDPE膜覆盖暂不开挖区域和已开挖区域，遵循"边开挖边覆盖"的原则，减少气体污染物的排放；

③ 分区开挖，尽量保持密闭开挖，同时采用增加移动风机抽气、补充新鲜空气等手段，提高废气收集率；

④ 筛分过程应在密闭的大棚内进行，大棚内配备尾气处理设备，以有效控制扬尘和有毒有害气体扩散，防止对大气环境产生污染。

2) 废水污染防治

垃圾填埋场开挖修复过程中，垃圾堆体中含有一定的渗滤液，且垃圾筛分期间会产生废水，需要采取相应的控制措施，主要有：

① 配备一定数量的支架水池，用于收集和暂存筛分废水；

② 在筛分处置区域的四周建设围堰、排水沟和集水池，以收集垃圾渗滤液和筛分期间积聚的废水，防止废水外溢；

③ 垃圾堆体中含有的游离水，在开挖或处理过程中会自动沥出，同时，在开挖时遇到降雨还会产生新的渗滤液，需要建立排水明沟来统一收集处理；

④ 开挖过程中各类废水经收集后泵送至废水处理系统，经过处理达到标准后才能进行排放。

3) 固体废弃物暂存区污染防治

筛分后的固体废弃物会被运送至暂存区进行存放，为了防止污染问题，固体废弃物暂存区需要做好污染防治措施：

① 暂存区底部需要做好防渗，可在底部铺设 1.5mm 厚的 HDPE 膜，在其上下层各铺一层土工布，以确保场地平整硬化并起到保护作用，四周设置排水沟以满足雨水排放要求，同时为了雨污分流，垃圾堆体应覆盖防雨布，防止雨水进入堆体；

② 固体废弃物和土壤表面全部采用 HDPE 膜进行密闭苫盖，以防止气体污染物向大气中挥发，同时也可避免雨水渗入，土堆的边角可用石块或砖块压实。

4）固体废弃物污染控制

开挖垃圾或筛分后，各类固体废弃物的运输和处置会产生粉尘、气体污染物等，需要做好污染防治措施：

① 开挖垃圾或筛分后，各类固体废弃物需要采用密封式运输车进行运输，车厢可用帆布进行覆盖，确保其密封性，以防止在运输过程中出现垃圾洒落而产生扬尘，从而避免恶臭气体扩散等污染环境；

② 运输车辆应配备应急包装袋、装卸清扫工具和隔离警示带等标识；

③ 为了降低固体废弃物外运对周围环境产生的影响，可以设立一个外运管理小组，同时明确责任，确保管理工作得到有效执行，以防止固体废弃物在外运过程中产生扬尘、洒漏等。

此外，在垃圾填埋场开挖修复工程中，需要做好噪声、水土流失和边坡失稳等的防护和风险管控工作。

（5）场地土壤修复与再利用

当城市化类垃圾填埋场开挖腾空场地后，根据城市发展规划，通常需要监测垃圾填埋场地环境质量，当发现重金属和有机质等污染物浓度超标时应先对土壤进行修复。并在修复完成后，进行土壤的合理利用评估以及取得相关部门的论证，以确保垃圾填埋场土地的安全再利用。

对于部分城市化类垃圾填埋场，在开挖修复后可以考虑将其改造成生态公园等公共用地，以便更好地服务社会和人民。生态公园是一种以生态系统服务为基础，以生态文化、自然景观和休闲娱乐为主题，集休闲、教育、科研等多种功能于一体的公共绿地。对于城市化类垃圾填埋场，建设生态公园可以恢复土地生态功能，改善土地的水文条件，提升土地利用效益，提高城市生态环境质量，促进城市可持续发展。

第6章 垃圾填埋场生态封场技术

封场工程是控制填埋场环境影响的有效途径，规范的封场工程有助于填埋场后续的生态恢复。现阶段，我国填埋场正处于封场治理高峰期，多数填埋场已陆续满场，具备封场治理条件。此外，填埋过程产生的填埋气体、渗滤液等污染物对周边环境也造成了一定的负面影响，封场治理不仅能够降低环境污染、减少土地占用，还可以创造社会效益、环境效益和经济效益，是促进城市绿色发展的良好举措。垃圾填埋场生态封场技术是通过对垃圾堆体整形、渗滤液和填埋气体导排与处理、表面覆盖与绿化等方式，使垃圾填埋场进行生态恢复的过程。垃圾填埋场生态封场具有技术简单、成本低等优点，主要适用于占用土地区位较差、垃圾存量大、挖运费用过高的垃圾填埋场的处置。由于生态封场的垃圾填埋场未完全稳定化，其中的填埋垃圾在物理、化学和生物作用下继续降解，释放填埋气体和渗滤液等污染物，因此垃圾填埋场封场需要系统的工程以满足封场后较长时期的防护。本章主要从垃圾填埋场垃圾堆体整形、覆盖工程、水气导排与防护、封场绿化和封场后维护等方面介绍了垃圾填埋场生态封场技术。

6.1 垃圾堆体整形

填埋场的稳定性至关重要，是填埋场设计必须考虑的安全因素。然而，受连续填埋作业的表面施工、垃圾稳定化过程的自然沉降以及地表径流的冲刷等各种因素的影响，垃圾填埋场堆体结构和外观往往较设计之初有极大改变，容易出现堆体边坡坡度不符合稳定性要求、堆体存在沟壑或裂隙、堆体表面低凹处易存积水、膜上渗滤液导排不畅等问题，为保证垃圾堆体的稳定性与安全性，降低垃圾堆体对后期地形塑造的直接影响，在填埋场封场工作实施前需对垃圾堆体进行整形。

根据《生活垃圾卫生填埋场岩土工程技术规范》（CJJ 176—2012），填埋场岩土工程安全等级应根据垃圾堆体高度及失稳后严重性程度等因素确定，具体如表6-1所列。为减少对现场环境及周边环境的污染，堆体整形除应满足相应的安全等级要求外，还应遵循开挖垃圾量最小并保证边坡稳定的原则。

表 6-1 垃圾堆体边坡工程安全等级

安全等级	堆体边坡坡高/m
一级	$H \geqslant 60$
二级	$30 \leqslant H < 60$
三级	$H < 30$

注：1. 山谷形填埋场的垃圾堆体边坡坡高是指以垃圾坝底部为基准的边坡高度，平原形填埋场的垃圾堆体边坡坡高是指以原始地面为基准的边坡高度。

2. 针对下列情况安全等级应提高一级：垃圾堆体失稳将使下游重要城镇、企业或交通干线遭受严重灾害；填埋场地基为软弱土或其他特殊土；山谷形填埋场库区顺坡向边坡坡度大于10°。

6.1.1 垃圾堆体整形流程

在进行堆体整形时，首先要对垃圾堆体进行测量放线，基于测量放线结果，有针对性地对垃圾堆体进行开挖及对边坡进行修坡，同时对堆体内部沉降造成的裂缝、沟坎、空洞等进行及时回填，最终对垃圾堆体的表面进行平整和压实，避免地表径流在场地中滞留而造成渗滤液的增加。垃圾堆体整形施工工艺流程如图 6-1 所示，在实际施工过程中，通常需要重复进行开挖、回填等操作，直至堆体整形完成。

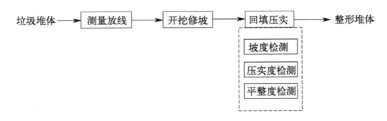

图 6-1 垃圾堆体整形施工工艺流程图

（1）测量放线

测量放线是指依据图纸的设计要求和现场实际情况，在堆体整形平台和边坡上进行有序、可控修整工作的过程。使用测量放线技术，可以对比设计高程和实际高程数据，为垃圾堆体的开挖、平整和回填提供数据支持。针对表面情况复杂的垃圾堆体测量，目前主要采用三维激光扫描技术进行堆体的扫描，该技术能快速高效地测量垃圾堆体表面的三维坐标，且分辨率较高[252]。在此基础上，通过大量采集空间点的位置坐标，建立填埋场堆体的实体三维影像模型，以实现对垃圾堆体的精准测量（图 6-2）。

(a) 填埋场堆体上可见的绿色植被   (b) 植被过滤   (c) 过滤后的填埋场堆体表面

图 6-2 堆体表面的实体三维影像

（2）开挖修坡

基于测量放线的结果，与设计要求进行对比后，通常需要对垃圾堆体进行相应的开挖和修坡施工。开挖堆体通常是为了解决垃圾不平整、渗滤液截留等问题而进行的。例如，为了处理挡坝内侧导排盲沟发生的渗滤液外溢问题，需重新开挖并完善渗滤液导排盲沟，盲沟应设在原主防渗层的上方，可使用碎石、导排花管、外包土工布等防渗材料。在修坡过程中，边坡的坡度应大于1∶3，边坡每隔5m的垂直高度修建一个3m宽的平台，以增强边坡的稳定性。

（3）回填压实

生活垃圾的成分非常复杂，主要包括纸张、纺织品、塑料袋及其他塑料制品、易腐烂的有机物（如厨余垃圾、树叶等）、金属、尘土以及其他一些可燃或不可燃的杂质，这些成分具有高度的离散性，并且会因地点、填埋时间、季节、居民的生活水平和生活方式等多种因素的不同而不同。填埋垃圾堆体是一项隐蔽工程，如果未能达到所需的压实度，将会对堆体的稳定性产生影响，并存在安全风险。通常情况下，垃圾的压实度与压实机械的荷载作用时间成正比。也就是说，荷载作用时间越长，垃圾的压实度就越高。因此，在进行垃圾压实时，为了确保良好的压实效果，需要降低压实机械的压实速度，并增加荷载作用时间，以确保堆体顶部的整体平整度和坡度。

6.1.2 垃圾堆体整形方法

垃圾堆体整形内容主要包括垃圾堆体顶部平台修整、堆体坡脚修整、堆体侧坡整体修整和锚固平台修建等，具体要求如表6-2所列。垃圾堆体边坡的坡度应小于1∶3，当垃圾堆体边坡坡度超过10%时应采用工程方法对边坡进行加固。通常，工程加固的方法有挡土墙法和削坡法。

表6-2 垃圾堆体整形具体要求

堆体整形位置	具体要求
垃圾堆体顶部平台	堆体顶部应平整并压实，顶坡坡度应大于5%，堆体的压实度应满足轻型压实度标准（不低于0.90）
堆体坡脚	堆体坡脚修整主要结合四周锚固沟和渗滤液导排盲沟修建，进行污水排水及建筑垃圾、自然土回填压实，要求压实度满足轻型压实度标准（不低于0.90），平台宽度不小于5m
堆体侧坡整体	对填埋单元陡坡处进行削坡处理，侧坡整体压实整平原则上坡度不大于1∶3，压实度满足轻型压实度标准（不低于0.90）
锚固平台	为增加堆体的稳定性，根据地形及堆体形状设置锚固平台。根据现有地形，边坡每10m高差设置一道中间锚固平台，锚固平台宽4m，主要用于锚固侧坡HDPE膜

6.1.2.1 挡土墙法

在自然山体、高差地形的空间中，为了营造良好的道路、建筑、景观环境等，保持边坡的稳定就需设置挡土墙。挡土墙是常见的用于防止土坡坍塌、截断土坡延伸、承受侧向压力的构筑物。在工程中，它是解决地形变化、地平高差的重要手段，并被广泛应用于土木建设工程中。在修筑垃圾堆体的边坡时，可以在堆体的坡脚周边修建挡土墙，该方法施工简单，还可与其他工程措施结合使用，既可避免影响填埋库区容积，又可防止渗滤液溢出和垃圾堆体的滑坡。

自然材料（如石块、砖材）和人工材料（如混凝土、钢筋混凝土）都可作为砌筑挡土墙的优良材料。毛石与砖材均有较大的自重和密度，可以承受土壤侧向压力、水分的侵蚀等，在自然环境中也有较强的耐受性，易与自然环境相协调。随着新材料、新工艺的不断推出，可用作挡土墙的材料日益丰富,例如木材、瓷砖、钢板、玻璃、塑料等[82],各相关材料的特性如表 6-3 所列。

表 6-3　挡土墙材料及其特点

挡土墙材料	特点
石块	有毛石或加工石,建造时可使用浆砌法和干砌法。石块坚固耐用,但成本昂贵
砖材	能形成平滑、光亮的表面,砖砌挡土墙需用浆砌法,不适用于高湿度的填埋场
混凝土和钢筋混凝土	混凝土既可现场浇筑,又可预制,有时为进一步加固,常在混凝土中加钢筋,形成钢筋混凝土挡土墙,其承重性能优异,表面亦可装饰
木材	易受土壤腐蚀和昆虫侵扰而腐烂,虽然木材挡土墙耐久性较差、使用年限较短、养护成本高,但其可以以较低的成本美化景观
钢板	通常采用耐候钢、波纹钢板、不锈钢等

挡土墙的类型多样,可以从墙体的结构、形状、承重方式和材料等方面进行划分,以结构为例,常见的挡土墙构造类型包括重力式挡土墙和悬臂式挡土墙。

(1) 重力式挡土墙

重力式挡土墙的工程原理是依靠墙身自重抵抗土体侧压力,主要是采用砖材、毛石和不加钢筋的混凝土建成。从经济的角度来看,重力墙适用于受侧向压力不太大的地方,墙体高度以不超过 6m 为宜,大多采用结构简单的梯形截面形式,如图 6-3 所示。

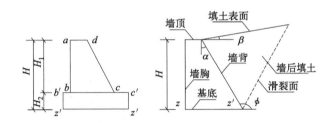

图 6-3　重力式挡土墙构造形式

H—挡土墙高度;H_1—挡土墙墙身高度;H_2—挡土墙基础高度;α—墙背与墙胸夹角;
β—填土表面与墙顶夹角;ϕ—墙背倾角

(2) 悬臂式挡土墙

悬臂式挡土墙断面通常呈"L"形或倒"T"形,墙体材料为混凝土。墙高不超过 9m 时都是经济的。根据设计要求,悬臂的脚可以伸向墙内一侧、墙外一侧或者墙的两侧,构成墙体下的底板,如图 6-4 所示。

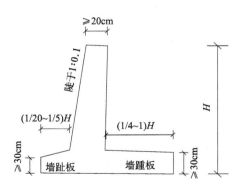

图 6-4　悬臂式挡土墙构造形式

此外，当垃圾堆体高度较高时可以采用分级式挡土墙。挡土墙的高度需要比承载力需求高度高1m左右，具体高度要配合封场覆盖的厚度。挡土墙建设完成后，排水对其稳固至关重要，未做排水处理或排水不良是造成挡土墙坍塌的主要原因。因挡土墙存在高差，故地势较高侧墙体后背处的排水处理需重点关注，通常分为地面排水和墙身排水两部分。

1) 地面排水

地面排水主要是通过导流和引流，快速将地表水排出，一般采用设置地面截水明沟、铺砌层等。通过在墙背面设置一定深度及坡度的截水明沟，利用明沟纵坡将汇集的雨水尽快排出，减少墙身渗水，防止破坏墙体结构。

2) 墙身排水

墙身排水的目的是迅速排除墙后积水，通过在挡土墙身上适当高度处设置泄水孔，与地面排水相结合。部分挡土墙可通过在背面刷防水砂浆或填埋一层不少于50cm厚的黏土隔水层来避免在墙体留孔，从而提升墙体美观度。另外还需设毛石盲沟，并设置平行于挡土墙的暗沟，引导墙后积水与暗管相接，将其引出墙外。

6.1.2.2 削坡法

当垃圾堆体边坡的坡度不小于1∶3时，需采用机械并辅以人工刨削、堆填修整坡面。而当边坡的坡度小于1∶3但大于1∶10时，应采用机械翻填结合的方式进行堆体平衡整形。不论堆体坡度的大小，修整过程都应尽量保证在小范围的工程尺度内达到挖填平衡。在进行削坡开挖时，需要遵循以下原则。

① 测量定位，根据设计图纸确定开挖范围、深度、坡度及分层情况。

② 削坡开挖须符合设计图纸、文件的要求。

③ 开挖时需预留施工道路，在下层开挖完成后，由反铲边退挖边清除。

④ 在局部坡面较长或地质条件较差的部位，主要采用反铲分层接力的方法，开挖挖掘次序从上到下，根据坡面长度不同用2~3台反铲在作业面上同时开挖，边挖土边将其向上传递，并将其装入推土机及装载机。

⑤ 堤身表层不合格土、杂物等必须清除，将削坡开挖、清除的弃土、杂物等运至指定弃渣场堆放，堆高不超过2m。

⑥ 开挖时应严格控制开挖深度，预留2cm的保护层，该层只能由人工开挖以保护堤身原状土不受扰动，以便控制边坡，避免起挖和欠挖。

⑦ 开挖中遇到坚硬填埋物时，要请示监理人员进行施工处理。

⑧ 开挖过程中随时注意土层的变化，挖掘机应距边坡保持一定安全距离，确定每次的挖掘深度，避免出现异常情况，保证设备安全。

此外，垃圾堆体边坡过长将导致径流集中，进而对表层覆土造成强烈侵蚀。为缓解地表径流，提高坡面稳定性，一般结合排水工程将坡面刨削成阶梯形，每级高度不得大于5m，平台宽度不得小于2m。

通过上述整形方法对填埋场垃圾堆体的形状和结构进行调整和优化，进一步提升填埋场垃圾堆体稳定性、减小环境污染风险并实现填埋垃圾减量化管理目标。

6.2 垃圾填埋场覆盖工程

填埋场覆盖工程是指在垃圾填埋场运营期间，采用多层覆盖材料，对填埋场表面或侧面的垃圾堆体进行覆盖和封闭的一种工程措施。其主要目的是：

① 通过设置覆盖层防止降水渗入堆体内部，减少渗滤液的生成和排放，以降低对地下水和周边环境的污染风险；

② 通过建立覆盖层减少氧气的进入，降低垃圾的分解速率，以减少有害气体（如甲烷）的产生并阻止其扩散；

③ 通过设置覆盖层对垃圾进行物理覆盖，以防止垃圾的外露，减少环境污染和恶臭气味的扩散；

④ 通过建立稳定的覆盖层，保持填埋场堆体的稳定性，防止堆体滑坡和坍塌。

此外，覆盖层还可起到保护垃圾堆体免受风蚀、侵蚀和物理损害的作用等。填埋场覆盖工程的实施是为了减小填埋场对周边环境的不良影响，确保填埋场的长期可持续运营。覆盖系统不仅能减少污染物的迁移扩散，而且具有去除污染物的能力，对有机污染物、重金属、放射性物质、腐蚀性物质等多种污染物都具有很好的控制作用[253]，若覆盖系统设计和维护得当，填埋场可实现长期隔离污染物与人类和环境。

覆盖系统可以单独使用，也可以与其他垃圾隔离技术（如各类垂直防渗墙设计和建造技术）、原位处理和修复技术（如地下水抽取和处理技术等）结合使用。通常覆盖系统包括临时覆盖系统和最终覆盖系统。临时覆盖系统供填埋场进行最终封场前的短期使用，以尽量减少渗滤液的产生量，直至找到最合适的修复措施。最终覆盖系统则是对填埋完成的填埋场进行覆盖处理，系统设计需要尽量考虑将水分从垃圾区域分流转移，同时使封场区域内的水土侵蚀最小化。针对正规的填埋场封场工程，均采用最终覆盖系统。

6.2.1 封场覆盖系统

垃圾填埋场封场覆盖系统分单层植被土壤系统和多层土壤和土工材料的复合系统。复合覆盖系统自上而下包括表土层、保护层、排水层、防渗层和基础层/排气层，主要结构分布见图 6-5。

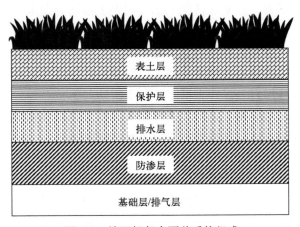

图 6-5　填埋场复合覆盖系统组成

基于不同地区的相关政策及要求不同，只有完善的填埋场才具备全部的 5 层，部分填埋场仅含有 2 层或 3 层，覆盖系统的结构设计应结合工程条件和周遭环境具体而定。覆盖系统各结构层的主要功能、常用材料和注意事项见表 6-4。

表 6-4 覆盖系统各结构层特性

性质	名称	主要功能	常用材料	注意事项
生态修复层	表土层	有助于填埋场封场后土地再利用，具有抗侵蚀能力	利于植物生长的土壤或天然土壤	应配套建设地表水控制措施
密封工程系统	保护层	防止植物根系侵入、动物抓挠对排水层或防渗层的破坏，降低因外界温度变化（干燥收缩、冻结解冻）对防渗层产生的影响	天然土壤等	采用同种材料时，保护层与表土层可视情况合并
密封工程系统	排水层	导排渗入的地下水，减缓入渗水对防渗层的压力	砂、砾石、土工网格、土木合成材料、土工布	在通过保护层入渗水量较多，对防渗层产生较大压力时采用
密封工程系统	防渗层	防止降水渗入垃圾堆体中，控制填埋气体的迁移扩散	压实黏土、柔性膜、人工改性防渗材料、复合材料等	常采用复合防渗结构
密封工程系统	基础层/排气层	支撑、稳定整个封场系统，疏导填埋气体	土壤、砂砾、建筑垃圾土工网格等	厚度可根据封场覆盖的厚度和材料做相应调整

(1) 表土层

表土层是填埋场的生态修复层，其利于降水收集与导排，且能美化环境，防止雨水冲蚀，为填埋场的场地回用提供了条件。表土层的作用是促进植物生长并保护防渗层，通常为当地肥沃的表土，这种带植被的表土能最大限度地避免土壤遭受侵蚀并且可以促进水分蒸发。表土层必须达到一定厚度（一般厚度为150～160mm）才能满足容纳植物根系、维系持水能力、削弱降雨侵入、避免侵蚀损失、防止干旱和冰冻等相关要求。

封场覆盖系统表土层种植的植物种类是重点考虑的问题。通常灌木和乔木不在表土层植物种植范围内，因其根部较为发达，可下伸至排水层和低透水层中。大部分的覆盖系统以种植草坪为主，其中以生长力比较旺盛且可适应多种气候的草本植物为首选植物。同时，适宜的种植时间也是构建植被层需考虑的重要因素。在干旱地带，常规的植被很难在表层土壤中种植和养护。稀疏的植被则会使土壤更易受到水和风的侵蚀。因此，通常选择卵石和碎石代替表层土作为侵蚀控制层。

(2) 保护层

保护层位于表土层下方，在某些情况下也可同表土层结合起来。封场覆盖系统中的保护层具有储存渗入水分、隔离垃圾和掘地动物以及植物根系、降低人与垃圾接触可能性、减缓冰冻穿透压实土层、保护覆盖材料等功能。因而其厚度与植被种类密切相关，保护层还可为植物的生长提供养分。若植被为浅根系植物，则保护层的厚度可相应减小；若植被为深根系植物，则其厚度应相应增加。为保持土壤水并利于植物的生长，保护层坡度一般<10%。在保护层中加入卵石进行生物隔离，可防止动物挖掘进入排水层或防渗层。卵石的尺寸大小与挖掘动物的挖掘能力有关，代表性尺寸范围为100～300mm。

(3) 排水层

排水层通过采用渗透性高的材料排出入渗的水分，可收集经保护层下渗的降水，阻止植物根系侵入破坏防渗层，对防渗层起保护作用，其厚度应满足排水层中收集管的尺寸要求。排水层的排水性能对边坡稳定安全系数起到重要作用。通常，封场覆盖系统中排水层的主要功能包括降低防渗层的水头、排掉保护层和表土层中的水分、降低覆盖材料中的孔隙水压力、提高边坡稳定性等，尤其是在一些降雨量充沛的地区，雨水渗入保护层的概率极高，为维护边坡稳定性，排水层必不可少。

当排水层以砂砾土材料为主时，其渗透系数应不低于10^{-2}cm/s，铺设最小厚度应为

300mm，底部最小坡度应不小于4%。封场覆盖系统排水层的设计不论是采用砂砾土材料或是土工合成材料，控制排水层的排水量极为重要。水分必须能够顺畅地从覆盖系统的坡底排水层通道排出，这一排水通道常被称为坡趾排水通道。若坡趾排水通道被严重堵塞、冻结或是排水容量不足，则易导致边坡失稳。

（4）防渗层

防渗层是复合最终覆盖系统的关键层，通常被视为封场覆盖系统中最重要的组成部分。通过直接阻挡水分渗透和间接提高上覆土层的排水或储水能力，以最大限度地防止地表水的渗入，使通过覆盖系统的水分量达到最少，并同时提高其上覆各层的储水和排水能力，通过径流、蒸腾或内部导排去除残留水分。防渗层还可控制填埋气体的向上迁移，而这些气体是导致大气污染和臭氧损耗的"元凶"之一。

由 HDPE 膜、膨润土、黏土等材料组成的单层、双层或多层防渗系统均可用作填埋场的防渗层，防渗层的关键作用是维护其完整性及功能的长久性。防渗层材料的选择需考虑对填埋场气体上逸的阻隔效果。大部分的土工膜具有良好的不透气性，而压实黏土的透气性则对土壤的含水量及干裂程度比较敏感。饱和无裂缝的压实黏土衬垫可以很好地阻隔气体，反之干燥、有裂缝的压实黏土衬垫阻隔气体的能力较弱。

（5）基础层/排气层

在填埋场的封场覆盖系统中，基础层的主要作用是提供一个稳定的工作面和支撑面，用于铺设防渗层，并收集填埋场内产生的填埋气体。在某些填埋场的封场覆盖系统中，排气层可以单独作为基础层。

通常情况下，基础层可采用受到污染的土壤、灰渣或其他具有工程属性的垃圾作为材料。排气层可以是含有土壤或土工布滤层的砂石或砂砾、土工布排水结构以及包含土工布排水滤层的土工网排水结构。

6.2.2 封场覆盖材料

某些发达国家在20世纪60~70年代就开始对填埋场封场覆盖问题进行研究，并制定了相关法规政策。1976年，美国国会通过的《资源保护与回收法》对垃圾填埋场的封场覆盖做出了严格的规定。此后，各国专家学者和政府环保机构在此基础上进行了更深入细致的研究，取得了大量有参考价值和值得推广的经验总结和技术成果。目前，常选用的封场覆盖材料包括压实黏土、土工薄膜、土工布、钠基膨润土防水毯（GCL）、土工复合排水网等。在实际工程应用中也常常将上述材料混合使用，这几种覆盖材料的性能比较见表6-5。

表6-5 常用覆盖材料的性能比较

覆盖材料	优点	缺点
压实黏土	(1)成本低,若土源可就地解决则可降低材料与运输成本； (2)施工难度低； (3)技术成熟,铺设30~60cm,硬度大,不易被石子、复垦植物的根系刺穿	(1)渗透系数较大,防渗性能偏低； (2)耗费材料较多,施工作业量大； (3)若压实不充分,现场施工防渗系数会与实验室数据出入较大； (4)易干燥、冻融收缩产生裂缝,严重影响防渗性能,且裂缝难以修复； (5)抗拉性能较差,最大抗拉伸形变比为0.1%~1%； (6)对填埋场抗沉降性能要求高

续表

覆盖材料	优点	缺点
土工薄膜	(1)防渗性能好,渗透系数低于 10^{-10} cm/s,施工厚度仅为 1～3mm,节约填埋空间; (2)抗剪性能优于黏土材料,最大抗拉伸形变比在 5%～10%,对填埋场不均匀沉降敏感性小	(1)易被尖锐石子刺穿,易受化学物质、微生物影响,存在材料老化问题; (2)施工要求高,焊合接缝处易出现接触张口; (3)抗剪性能差; (4)单独使用时安全性差,实际工程中需结合压实黏土,组成复合防渗层; (5)覆土压实时,薄膜易因不均匀受压而破损
土工布	(1)排水性能好,有利于土体内部水分及空气排出; (2)抗拉强度高,干燥和潮湿条件下均具较好的抗拉性能和延展性; (3)抗分解能力较强; (4)规格种类齐全,可满足不同建筑的需求	(1)易受损害,尤其是在其上层铺设保护层阶段; (2)耐久性相对较差; (3)纤维排列方向固定,易沿直角方向裂开
钠基膨润土防水毯(GCL)	(1)渗透系数介于压实黏土与土工薄膜之间; (2)抗拉能力强,最大抗拉伸形变比在 10%～15%,对填埋场差异性沉降敏感度低; (3)体积小于压实黏土,施工量小,施工速度快,易修复	(1)厚度小,易被尖锐的石子或复垦植物的根系刺穿; (2)GCL 吸水膨胀后,抗剪性能变差,斜坡稳定性降低; (3)含水率低时透气明显,干燥季节可能会发生气体泄漏
土工复合排水网	(1)排水能力强,能承受长期高压荷载,为 2000～3000kPa; (2)有极高的抗拉强度和抗剪强度; (3)减少土工织物嵌入网芯的概率,能保证长期稳定的导水率; (4)耐腐蚀、耐酸碱、使用寿命长; (5)施工方便、工期较短、成本低	(1)施工焊缝质量要求较高(双焊缝充气长度为 30～60mm,双焊缝间充气压力达到 0.15～0.2MPa,保持 1～5min,压力无明显下降为合格); (2)单焊缝和"T"形结点及修补点应采取 50cm×50cm 方格进行真空检测(真空压力不小于 0.005MPa,保持 30s,肥皂液不起泡为合格)

在填埋场封场覆盖工程中,选择适当的覆盖材料对于保持填埋场的长期稳定性和环境治理至关重要。总之,在选择填埋场封场覆盖材料时,应综合考虑填埋场的地质和水文条件,以及建设预算和环境管理要求,选择合适的材料,以提高填埋场的稳定性,增强环境治理和可持续发展能力。

6.2.3 封场覆盖技术

填埋场封场覆盖技术是在填埋场运营结束或达到设计容量后,对填埋场封闭和覆盖采取的一系列工艺和措施,旨在减少对环境产生的不良影响,主要分为简易单层覆盖技术、阻隔覆盖技术和植物覆盖技术三类。

(1) 简易单层覆盖技术

简易单层覆盖技术是一种简单的覆盖技术,即用当地的覆盖材料铺摊并压实。该技术适用于惰性填埋场,被广泛应用于一些经济不发达地区的城市生活垃圾填埋场中。简易单层覆盖技术操作简单,使用方便,成本低廉。在我国,许多城市即采用这种技术进行了早期的填埋场封场覆盖。

(2) 阻隔覆盖技术

阻隔覆盖技术旨在最大程度地阻止降水渗透,其封场覆盖系统设计包括以下几个方面:

雨水的收集和排放；地表径流的控制和雨水渗透的管理；填埋气体的安全控制、导排和迁移；垃圾堆体的沉降和稳定化；植被根系的侵入和动物的干扰；终场后土地恢复和再利用；等等。阻隔覆盖技术是由五个结构层构成的，自上而下分别为植被层、营养层、排水层、阻隔层和基础层。不同国家对填埋场封场覆盖系统的构成和技术要求也有所差别，具体见表 6-6～表 6-10。

表 6-6　丹麦对填埋场封场系统各结构层的技术要求[254]

名称	一类填埋场	二类填埋场	填埋场推荐标准
植被层	生态恢复	生态恢复	生态恢复
营养层	厚 0.2m，坡度<10%	厚 0.2m，坡度<10%	厚 0.8m
排水层	厚 0.2m，坡度<10%	厚 0.2m，坡度<10%	厚 0.3m
阻隔层	厚 0.8m	厚 0.8m	1.5mm HDPE 膜，下膜 0.3m，$K \leq 6 \times 10^{-10}$ m/s
基础层	厚 0.15m	厚 0.8m	厚 0.2m

注：K 表示渗透系数。

表 6-7　比利时、意大利对填埋场封场系统各结构层的技术要求[254]

名称	比利时 一类填埋场	比利时 二类填埋场	意大利
植被层	生态恢复	生态恢复	生态恢复
营养层	厚 0.7m	厚 0.7m	厚 1.0m，坡度<10%
排水层	厚 0.3m	厚 0.3m	厚 0.8m
阻隔层	1.5mm HDPE 膜，下覆 0.5m 黏土层，$K \leq 6 \times 10^{-9}$ m/s	厚 0.8m	厚 0.1m，$K \leq 6 \times 10^{-10}$ m/s
基础层	厚 0.15m	厚 0.15m	厚 0.5m

表 6-8　德国对填埋场封场系统各结构层的技术要求[254]

名称	一类填埋场	二类填埋场
植被层	生态恢复	生态恢复
营养层	厚 1.0m，坡度小于 10%	厚 1.0m，坡度<10%
排水层	厚 0.3m，$K \geq 10^{-3}$ m/s	厚 0.3m，$K \leq 10^{-3}$ m/s
阻隔层	2.5mm HDPE 膜，下覆 0.5m 黏土层，$K \leq 5 \times 10^{-10}$ m/s	0.5m 黏土层，$K \leq 5 \times 10^{-10}$ m/s
基础层	厚 0.5m	厚 0.5m

表 6-9　荷兰对填埋场封场系统各结构层的技术要求[254]

名称	终场覆盖要求
植被层	生态恢复
营养层	对草类植物厚 0.8m，对深根系植物厚 1.0m，$K \geq 5 \times 10^{-6}$ m/s，坡度<1:3
排水层	厚 0.3m，孔隙率<40%，干容重>1.6t/m³，$K \geq 3 \times 10^{-5}$ m/s
阻隔层	2mm HDPE 膜，下覆土壤衬层（一种由土和膨润土组成，厚 0.25m，土的非均匀系数约为 10，另一种由黏土组成，厚 0.4m），$K \leq 6 \times 10^{-10}$ m/s
基础层	厚 0.5m，砂砾粒径<0.15mm，坡度为（1:3）～（1:2.5）

表 6-10　美国、加拿大对填埋场封场系统各结构层的技术要求[254]

名称	一类填埋场	二类填埋场
植被层	生态恢复	生态恢复
营养层	厚 0.6m	厚 0.3m
排水层	厚 0.3m，$K \geq 10^{-4}$ m/s	厚 0.6m，$K \geq 3 \times 10^{-5}$ m/s
阻隔层	0.5m 厚黏土层或 1.5mm 厚 HDPE 膜，下覆 0.3m 黏土	1.5mm HDPE 膜，下覆 0.6m 黏土
基础层	—	厚 0.15m

(3) 植物覆盖技术

植物覆盖技术的主要目的是通过植物和覆盖层内的动态平衡机制来减少降水下渗。相较于其他两种覆盖技术，利用植物修复技术实施植物覆盖是覆盖技术的新型理念，且具有明显优势。根植在土壤中的植物可以建立天然的水分储存和输送系统，因而可以保持水土平衡。在植物生长过程中，在蒸发减少了土壤水分的同时，植物体内的水分储存和携带的传输系统限制了水向植物根部以下渗漏，并且可像传统覆盖技术一样，有效地保护地下水资源。

在设计将植物覆盖用于保护人类健康和环境时，需要考虑通过水力平衡计算来估算需要平衡的降雨量和用于补充失水的水分量。在植物覆盖系统中，需要选择适宜类型的土壤和植物，考虑坡度特征与径流情况，确保排水通畅。此外，需要监测和管理填埋气体的释放。

6.2.4 水土流失控制

水土流失主要指在水力、重力、风力等外营力作用下，水土资源和土地生产力的破坏与损失，广义上即指土的侵蚀，其过程包括颗粒分离和搬迁。侵蚀是表层土体单个颗粒在这些因素的作用下发生搬迁的过程，由作用于表层土体单个颗粒上的拖曳力、冲击力和牵引力所引起。风化、冰冻作用和干湿循环使得岩石破裂成小块并且使颗粒间作用力减弱，也为侵蚀创造了条件。雨水侵蚀是最普遍的水土流失侵蚀类型，对填埋场危害程度最高。雨水侵蚀的要素包括降雨强度、降雨量、降雨类型、降雨历时和雨滴大小等。

控制雨水侵蚀最重要的气候参数是降雨强度和降雨历时。雨水对裸露地区的冲击不仅会造成侵蚀，还能压实土壤使其透水能力下降。植被在控制雨水侵蚀中起着相当重要的作用。人为或自然（如野火）引起的植被消失或剥落，经常会导致侵蚀的加速。

6.2.5 封场沉降和护坡

填埋场沉降是填埋场设计、建造、运营、维护、扩建和重建的关键问题之一，在填埋场的运营管理中，沉降贯穿于整个填埋阶段。沉降可以增加垃圾填埋场的容量并延长其使用寿命，但过度沉降也会影响垃圾填埋场中气体和渗滤液收集系统的性能。

从封场角度来看，填埋场沉降会导致表层覆盖系统表面积水，使覆盖系统中的土体材料（如压实黏土）产生裂缝，撕裂土工膜，破坏土工复合排水层[255-256]，甚至导致填埋场边坡失稳，发生滑坡。此外，填埋场过大的后期差异沉降也可能会破坏填埋场中的一些辅助设备，如气体收集装置、渗滤液排水管及渗滤液回灌管网。垃圾土的非均质性和孔隙度不亚于土体甚至高于土体。因此，在填埋场的封场工程中，对垃圾沉降的合理预测及管控十分重要。影响填埋场沉降量的因素有很多，各因素之间又是相互作用、相互影响的。这些因素[257]包括垃圾的初始密度或孔隙比、垃圾的压实作用及填埋次序、可分解物质的含量、覆盖压力及应力历史、渗滤液的水位及涨落、填埋场的操作方式、环境因素等[258]。在土壤力学中，通常运用一些物理参数来研究填埋场的沉降。Cox 等[259]通过增加垃圾中的含水率发现，在特定含水率下沉降增加了34%。城市生活垃圾通常具有较高的孔隙率，孔隙率的变化对填埋场的沉降具有显著影响。随着孔隙率的提升，沉降也会增加[257,260-261]。Chen 等[262]对不同干密度条件下的城市生活垃圾进行沉降测试，发现干密度越大，样品在相同荷载下的压缩越小，而随着干密度的增加，压缩应变的大小和速率均显著降低。此外，沉降的发生很可能与大量填埋气体的产生和排放有关，填埋场的短期沉降随着气体渗透系数的增加而增加，而气体渗透系数对填埋场长期沉降的影响较小[263]。

填埋场沉降不仅仅在自重作用下产生，也会由于连续填埋、序批填埋等各种新的荷载而发生。填埋场沉降特点是它的无规律性，沉降最大阶段主要集中于填埋竣工的1~2个月内，随后较长时间内主要是次压缩沉降。随着填埋进程的推移，沉降量逐渐减小。通常，在自重作用下，填埋场沉降可以达到初始填埋厚度的5%~30%，大部分沉降发生在填埋竣工后的两年内[258]。为避免由于填埋场沉降所引发的边坡失稳与滑坡现象，在填埋场整形作业完成后，应及时对堆体边坡进行防护，确保填埋场场地安全。生活垃圾填埋场中常用的护坡方式有生态袋护坡、土工材料固土种植基护坡、液压喷播植草护坡、三维植被网护坡、植被毯护坡等。

(1) 生态袋护坡

生态袋护坡是一种利用高分子聚丙烯制成的新型土工合成材料袋，其内填充种植土和草籽，然后据坡体情况将袋平铺或堆砌至坡脚，堆砌方式如图6-6所示。这种方法的主要优点是能够有效地防止边坡土壤流失，保护土体边坡并预防土壤水土流失。生态袋护坡适用于土壤环境较差，需要快速复绿的坡体场地。

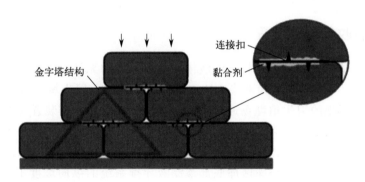

图6-6　生态袋护坡堆砌示意

(2) 土工材料固土种植基护坡

土工材料固土种植基护坡是将土工合成材料固定于坡面，填充植物所需的种植土壤并混播草籽，以实现对坡体的保护（图6-7）。该护坡方式适用于坡体稳定性较差、土壤环境恶劣且坡度不超过45°的环境。

(a) 固土种植护坡

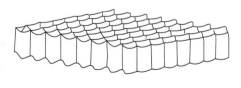
(b) 土工格室大样图

图6-7　土工材料固土种植基护坡示意

(3) 液压喷播植草护坡

液压喷播植草护坡是将草籽、种植土和土壤改良剂按一定比例混合，在机器的帮助下直接喷射到堆体表面的方法。该方式方便快捷，效率高，喷射出的草籽均匀，植物可以在其上快速生长，适用范围广泛。

(4) 三维植被网护坡

三维植被网护坡是通过在坡体上铺设三维网材料，以构建良好的土壤环境供植物生长。结合了植被护坡和土工网护坡的优势，适用于土壤环境较差、需要改善的坡体。该方式可以增强植物根系对雨水冲刷的抵抗能力，同时土工网可以加固土壤并减少土壤水分蒸发。

(5) 植被毯护坡

植被毯护坡根据具体情况在确保堆体稳定性的前提下铺设生态植被毯。毯子的原材料主要由稻草、麦秆等植物纤维制成，并添加草籽、营养土壤和保水剂等，用于边坡的保护。该方式施工方便、操作简单、成本低且适用范围广，非常适合需快速复绿的场地，但不适用于坡度超过45°的坡体。

6.3 垃圾填埋场水气导排与防护

6.3.1 渗滤液收集导排工程

填埋场渗滤液是一种污染程度较高的液体，含有大量的无机离子、有机化合物和其他有毒元素，如重金属[264]。一旦渗滤液渗入地表水、地下水或上层土壤，就会对其产生难以消除的污染。对此，正规的卫生填埋场通过设置防渗膜和渗滤液导排装置对渗滤液进行收集与导排，并在封场后持续运行。渗滤液收集后需导流至排污沟，由排污沟进入调节池，随即被泵入渗滤液处理站进行处理。处理后的渗滤液部分可用于场地内植被的灌溉，部分渗滤液处理达标后可排入自然水体。填埋库区库底部渗滤液导排系统的纵向坡度不宜小于2%。对于渗滤液导排不畅造成垃圾堆体水位过高的，可采用在垃圾堆体打井抽排或布设水平导排盲沟导排的方式降低渗滤液水位（图6-8）。堆体上的渗滤液抽排井与填埋气体收集井结构形式相同，两者可共用或可单独设置。渗滤液导排处理系统缺乏或出现故障时，在封场时应增设或修复。

封场前无渗滤液导排设施或导排设施被堵的垃圾堆体，封场工程应考虑设置渗滤液导排设施，渗滤液导排设施的设置应符合下列规定。

① 垃圾堆体上设置的渗滤液垂直导排井宜与填埋气体导排井共用，当填埋气体导排井不适于进行渗滤液导排时，可单独建设渗滤液垂直导排井（图6-9）。单独设置的垂直导排井直径不小于800mm，井内回填碎石；中心设HDPE集水管，直径不小于200mm，开孔率为2%。

② 新设置的垂直导排井底部距场底渗滤液导排层的距离应保证场底防渗层的安全，并应满足控制水位低于堆体警戒水位的要求，警戒水位的确定应符合现行行业标准《生活垃圾卫生填埋场岩土工程技术规范》（CJJ 176—2012）中的有关规定。

③ 堆体边坡出现渗滤液渗出现象时，还应在渗滤液渗出位置设置渗滤液导排盲沟。

垂直导排井在堆体表面钻孔建设，由穿孔井管、管外碎石层等部分组成。穿孔井管外围可以包裹钢丝网、复合土工排水网等，将其作为井壁过滤层[266]。垂直导排井的埋设深度应使其贯穿不同龄期、降解程度和水力导排特性的填埋层。由于渗滤液进入井管主要是水平向运移,所以对于水平向饱和渗透系数较大的垃圾堆体,其抽排竖井的集水和抽水效果好。渗滤液抽出后,空气易从井口灌入,与井内填埋气体混合形成爆炸性气体,因此在利用垂直导排井导排渗滤液时,排水设备应具有防爆性能。填埋场封场后仍利用原有渗滤液处理设施的,应根据封场后的渗滤液产生量及水质变化情况调整设施处理负荷和参数。封场前无渗滤液处理设施的,封场工程应考虑进行渗滤液处理。渗滤液处理方案可根据实际情况,选择就地处理后达标排放和预处理后送往城市污水处理厂处理。

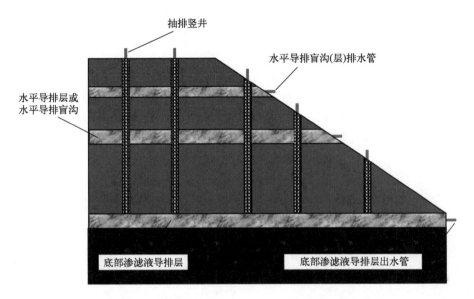

图 6-8 渗滤液导排系统设计[265]

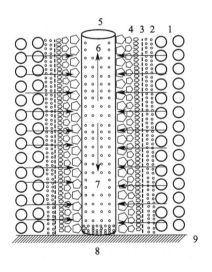

图 6-9 渗滤液垂直导排井设计

1—垃圾层;2—矿化垃圾层;3—土工网格或钢丝网;4—级配砾石层;5—开孔 HDPE 管;6—填埋气体;
7—渗滤液;8—垂直井底部的矿化垃圾层;9—填埋场底部的渗滤液导排层和防渗层

6.3.2 填埋气体收集导排工程

随着我国生活垃圾产量的增大,在建及在役填埋场数量众多,填埋气体导致的环境污染严重,安全事故隐患较多。由于填埋气体环境污染及爆炸事故时有发生,填埋气体污染控制与安全隐患预防是填埋场运营和管理急需解决的重大难题之一。然而,填埋气体也是一种新型的清洁能源,甲烷是其主要组分之一[267]。填埋气体的收集利用一方面可减少上述环境污染问题,另一方面可以"变废为宝",化害为利,创造可观的经济效益。目前垃圾填埋场可通过全密闭覆盖、及时封场等将填埋气体(异味)进行有序收集,其收集和导出通常有竖直收集井、横向收集井和膜下收集井三种形式。

(1) 竖直收集井

竖直收集井是应用时间最长且技术最为成熟的填埋气体收集工艺。其建设是利用工程钻探设备在垃圾堆体内部,从上到下垂直钻出一个孔腔,在孔腔中央垂直安装开孔的收集管。此管的长度与孔腔深度大致相等,并且用碎石填充收集管与垃圾堆体之间的空隙。随后,填充层外部包裹过滤层,地表处再铺设密封层(图6-10)。

(a) 现场图

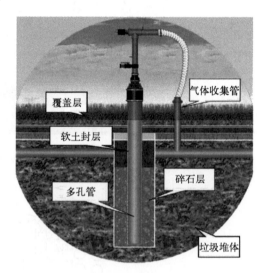
(b) 示意图

图 6-10 竖直收集井系统

利用填埋气体渗透扩散原理,在碎石层与垃圾堆体之间的接触面上形成空隙,从而可有序地将填埋气体导入收集管道。在实际应用中,主要采用主动抽气方式来收集填埋气体,即使用风机将井内抽成真空状态,并形成一个压差来使垃圾堆体内的填埋气体朝着特定的方向渗透入收集井中。收集井的真空度通常受井深、密封层厚度、垃圾表面覆盖情况以及渗滤液水位等因素的影响。

① 优点:密封性能好;产生的填埋气体甲烷含量高;生产过程相对稳定可靠;收集效率高;对垃圾堆体垂直沉降的响应性很小;对水平位移的影响较小;单井施工,占用的作业面积较小,对其他工程或作业的干扰较小;施工过程中开挖垃圾量较少,对环境污染影响小。适用于垃圾层较深、水位线较深、垃圾填埋周期较长的大型填埋场或填埋场封场后的填埋气体收集。

② 缺点:单个深层埋地填埋气体收集井覆盖面积相对较小,需要建造更多的收集井;

需要加装排水系统和监测系统等辅助设备，日常维护工作量较大；使用寿命较短，一般仅能使用1～2年，造价较高。

(2) 横向收集井

横向收集井的结构和原理与竖直收集井基本相同，区别之处在于竖直收集井的轴线垂直于水平线，而横向收集井的轴线几乎平行于水平线。二者建造方式也有所差异，横向收集井通过长臂挖机挖掘出水平沟槽形成孔腔，由碎石填充，铺设横向气管层，管端设置集气井头，垃圾填埋气体经过HDPE管抵达集气站。另外，两者的抽气影响范围也有所不同。竖直收集井通常深度为15～50m，主要用于收集深层填埋气体，而横向收集井深度较浅，但长度较长，一般可达300m。横向收集井主要用于收集垃圾表面的填埋气体，其覆盖面积较大，一般为2500～5000m²。

① 优点：从横向收集井的建造工艺来看，横向收集井仅露出垃圾堆体的两端接口，因此日常维护工作量小，填埋气体收集效率高。横向收集井的使用不受填埋作业的干扰，因此使用寿命较长，一般可连续使用3～5年。适用于垃圾堆体深度较浅、垃圾水位线较高、垃圾填埋周期较短的小型填埋场或大型填埋场的早期填埋气体收集。

② 缺点：横向收集井建设工作量大，造价较高，且存在臭气扩散现象，对环境污染较大；横向收集井深较浅，密封性能较差，难以实现大真空度环境下的生产，且对深层气体抽取的影响较小，导致深层气体收集效率较低；横向收集井受到垃圾不均匀沉降的影响较大，当不均匀沉降幅度大于横向收集井的设计坡度时，可能会造成局部堵塞，从而导致收集效率大大降低。

(3) 膜下收集井

膜下收集井是一种新型的收集井，近年来随着技术的发展和环保要求的日益提高而逐渐兴起。填埋场为解决雨污分流、臭气控制等问题，逐步采用以HDPE膜覆盖为主的工艺，用HDPE膜将生活垃圾与大气环境隔离开来，形成了一个独立且密闭的空间，在膜下填埋气体扩散出来后被集中收集。通过在膜下安装填埋气体收集管道，将密闭空间与填埋气体收集主管相连接，实现对膜下填埋气体的收集（图6-11）。膜下收集井的建设以单元格的形式进行，每个单元格的面积大约为2000m²，宜采用近似规则的长方形。收集管道为DN20～60的开孔HDPE管，在垃圾表面横向平行铺设，管长与单元格宽度相等，通常为100～300m，管间行距为50～100m。

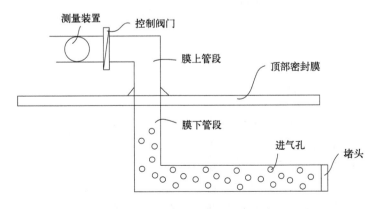

图6-11 膜下收集井系统

① 优点：综合利用价值高，既能实现雨污分流和防止臭气扩散又可达到填埋气体收集的目的；该系统的材料可以重复利用，因此建设成本较低，经济性好。适用于已封场或临时性封场的填埋场。

② 缺点：应用范围小，施工质量控制要求高，填埋气体收集效率低，收集的填埋气体中甲烷浓度低。

就收集效率而言，横向收集井集气效率约90%，竖直收集井集气效率约75%，但竖直收集井集气的建设及运行成本更低，因而国内目前多采用竖直收集井集气。而膜下收集井由于膜的密闭作用，收集效率会有显著提高，是未来的发展方向。

此外，虽然填埋场气体的释放可能会持续20~30年之久，但气体释放普遍集中于填埋初期[268]，填埋场运行后期不可避免地需要面对填埋气体甲烷浓度降低，气体流量减小等问题。此时可以采取填埋气体直接燃烧的方式（如焚烧火炬），来控制填埋气体的排放与臭气污染。

6.3.3 防洪与地表径流导排工程

填埋场封场后地表坡度较陡，需要采取有效措施防止垃圾堆体区域以外的雨水渗入垃圾堆体内部，并将垃圾堆体区域内接收到的雨水有序导排至场外规定区域。因此，填埋场封场后的地表水收集与导排工程设计显得尤为重要。

雨水的渗入和冲刷可能会破坏封场覆盖系统的完整性，增加渗滤液的产生量，从而导致渗滤液涌出。为此，需要外围导排系统与堆体地形相互配合，进行排水。在山谷形垃圾填埋场中，可以设立截洪沟于山体和填埋场交界处（图6-12），将由山体上冲刷下的降水引流到蓄水池中，避免对填埋场造成冲刷。

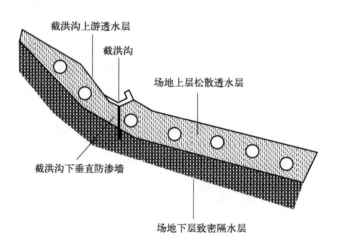

图6-12 某填埋场截洪沟设计示意图[269]

在堆体整形阶段，需要设置有利于排水的边坡和顶坡坡度。垃圾堆体的顶坡坡度应大于15%。同时，在处理堆体边坡时，边坡坡度应小于1∶3，并采用分级处理方式，避免降雨冲刷，从而破坏封场系统的完整性。若在垃圾堆体的坡脚设置挡墙，应在挡墙顶后侧设置暗沟导排雨水。为了实现场地雨水循环再生，应联合雨水排放设施和填埋场原场地的截洪系统进行治理，将雨水收集至地表水池供绿化灌溉。在后续工程中，还需要使用封场覆盖系统中的排水层、植物护坡、道路排水等措施进行填埋区的雨水控制。

防洪标准应根据不小于五十年一遇洪水水位进行设计，并依据百年一遇洪水水位进行校核。当防洪设施不能满足要求时，需要进行改造和修缮。如填埋区周围存在滑坡风险区域，应开展护坡工程。堆体顶部、边坡和平台应配置表面排水沟，采用防止不均匀沉降的结构或选择具有抗不均匀沉降性的材料，以防止沉降形成倒坡，并防止表面径流对覆土的冲刷。如降水量较大，则应考虑采用排水和护坡相结合的方案，并使用比较密集的网格状排水沟来处理。

6.3.4 地下水污染控制工程

填埋场因其长期操作和自然沉降等多种因素，底部防渗系统不可避免地出现破损等情况，从而导致地下水受到污染。通过现状调查确定地下水污染的原因、程度，继而有针对性地采取一种或多种控制措施对地下水实施截留，防止场内外地下水交互扩散是填埋场生态封场的重要环节。当前，地下水污染控制工程包括垂直防渗、场底防渗层修复、堆体内渗滤液抽排以及地下水收集处理等。

6.3.4.1 垂直防渗

填埋场的垂直防渗是根据工程、水文地质特征，利用填埋场基础下方存在的独立水文地质单元、不透水或弱透水层等，在填埋场一边或周围设置垂直的防渗工程（如防渗墙、防渗板、注浆帷幕等），将垃圾渗滤液封闭于填埋场中并进行有控制的导出，防止渗滤液向周围渗透污染地下水，防止填埋场气体无控释放，同时也有阻止周围地下水流入填埋场的功能[270]。柔性垂直防渗技术是一种采用HDPE膜作为防渗材料，基于将垃圾填埋场已经产生或可能产生的污染物控制在限制范围内的新型高效垂直防渗屏障系统，其最终目标是实现污染物的隔离与控制，实现生态环境的修复。

柔性垂直防渗技术是在传统的垂直阻隔技术基础上发展形成的，利用HDPE土工膜卓越的防渗性能（$K \leqslant 1.0 \times 10^{-12}$ cm/s）、抗化学腐蚀性能和较长的使用寿命等优势，与传统矿物防渗材料的高吸附性能和自愈合性能相结合，形成一种很好的垂直屏障，从而对地下污染源实现有效封堵，柔性垂直防渗系统结构示意如图6-13所示。用于生活垃圾填埋场渗滤液污染控制的垂直防渗帷幕的渗透系数宜在10^{-7} cm/s量级，其类型可选用水泥-膨润土墙、土-膨润土墙、塑性混凝土墙、HDPE土工膜-膨润土复合墙等。

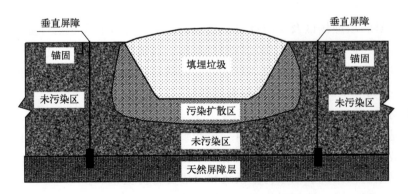

图6-13 柔性垂直防渗系统结构示意[271]

柔性垂直防渗技术充分利用了原有场区地下相对不透水层地质，在垂直防渗技术应用过程中，涉及开槽挖土作业，需掌握场地详细地层条件与物理力学参数，查明场地相对不透水层的深度、厚度及特性，依据相对不透水层得出柔性垂直防渗系统的设计深度，依据地层条件与物理力学参数，指导柔性垂直防渗工程的实施。场地污染调查，通过利用网格布点、钻孔，进一步细化场地污染边界和深度，精确柔性垂直防渗系统阻隔边界的阻隔范围[270]。

垂直防渗帷幕的施工包括沟槽开挖、泥浆护壁、回填防渗材料、盖帽等环节，施工过程中应采取有效的质量保证及控制措施。塑性混凝土防渗帷幕施工应符合现行标准《水利水电工程混凝土防渗墙施工技术规范》（SL 174—2014）的规定，帷幕底部注浆施工应符合现行标准《水工建筑物水泥灌浆施工技术规范》（DL/T 5148—2021）的规定。沟槽开挖应避免塌孔，开挖过程中护壁泥浆的密度宜保持在 $1.10 \sim 1.25 \text{g/cm}^3$ 之间，浆液顶面应至少高出地下水位面1m，施工过程中应避免浆液顶面发生明显下降，应尽量避免泥浆静置24h。开挖过程中应检测沟槽宽度、垂直度和深度，确保沟槽进入设定的地层。

6.3.4.2 场底防渗层修复

当检测到填埋场地下水（或膜下水）受到污染时，应对场底防渗层进行破损检测，条件允许时，还应进行防渗层渗漏位置探测。场底防渗是在填埋场的场底及侧边铺设人工防渗材料或天然防渗材料，在防止填埋场渗滤液污染地下水和填埋场气体无序排放的同时，也阻止了周围地下水流入填埋场内。场底防渗按照防渗材料的不同又分为自然防渗和人工防渗两种。

（1）自然防渗

自然防渗是指采用天然黏土或改性黏土作为防渗衬垫的防渗方法。

1）天然黏土衬垫

天然黏土通过压实，当其渗透系数 $< 10^{-7} \text{cm/s}$ 时，便可作为单独的防渗层，与渗滤液收集系统、保护层、过滤层等一起构成完整的防渗系统，但该系统只适用于防渗要求低、抗损性要求低的条件。天然黏土衬垫的设计应考虑黏土的渗透性、含水率、密实度、强度、塑性、粒径与级配、黏土层的厚度、坡度等因素对防渗效果的影响。

天然黏土衬垫系统常应用于早期的填埋场设计建造中，随着填埋场环境污染问题的日益突出以及人们对环境的日益重视，其已被以柔性膜为核心的复合或者双层防渗衬垫逐渐取代。即便如此，天然黏土在今天依然发挥着巨大的作用，以天然黏土和柔性膜复合而成的复合防渗衬垫是目前国内外填埋场防渗工程中采用最多的一种方式。

2）改性黏土衬垫

改性黏土就是当填埋场区及其附近没有合适的黏土资源或者黏土的性能无法达到防渗要求时，向粉质黏土、砂质粉土等天然材料中加入添加剂进行人工改性，使其达到防渗性能要求的黏土。改性黏土衬垫的选择和设计与天然黏土衬垫相似。改性黏土衬垫的渗透系数应小于 10^{-7}cm/s，且场底及四壁衬垫厚度应大于2m。

（2）人工防渗

人工防渗是指采用人工合成有机材料（柔性膜）与黏土结合作防渗衬垫的防渗方法。根据填埋场渗滤液收集系统中防渗层、保护层、过滤层的不同组合，一般可分为单层衬垫系统、单层复合衬垫防渗系统、双层衬垫系统和双层复合衬垫系统。

1）单层衬垫系统

单层衬垫系统仅有一层防渗层，其上是渗滤液收集系统和保护层，其下是地下水收集系统和一个保护层。该类衬垫系统构筑简单、防渗性能较差，一般用在防渗要求较低、抗损性低的场合，其示意见图6-14。

填埋区底部单层衬垫结构由下向上要求：a. 基础；b. 地下水导流层，厚度＞30cm；c. 膜下保护层，黏土厚度大于100cm，渗透系数＜10×10^{-5}cm/s；d. HDPE土工膜；e. 膜上保护层；f. 渗滤液导流与缓冲层，厚度应＞30cm；g. 土工织物层。

填埋区边坡单层衬垫结构要求：a. 基础层；b. 地下水导流层，厚度大于30cm；c. 膜下保护层，黏土厚度大于75cm，渗透系数＜10×10^{-5}cm/s；d. HDPE土工膜；e. 膜上保护层；f. 渗滤液导流与缓冲层。

2) 单层复合衬垫系统

单层复合衬垫系统是由两种防渗材料紧密铺贴在一起形成的防渗层。两种防渗材料可以相同或不同。通常，第一层使用由人工合成有机材料制成的柔性膜，如HDPE土工膜；第二层为天然黏土构筑的黏土层。单层复合衬垫系统具有两层防渗保护，防渗效果好，是较常用的防渗系统。与单层衬垫系统相似，单层复合防渗层的上方为渗滤液收集系统，下方为地下水收集系统。单层复合衬垫系统示意见图6-15。

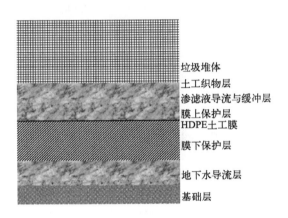

图6-14 单层衬垫系统　　　　图6-15 单层复合衬垫系统

单层复合衬垫系统综合了两种防渗材料的优点，具有很好的防渗效果。复合衬垫系统膜即便出现局部破损渗漏，由于膜与黏土连接紧密，具有一定的密封作用，渗滤液在黏土层上的分布面积很小，因此渗漏面积较小，继续渗漏量自然大大降低。复合衬垫的关键是使柔性膜与黏土矿物层紧密接触，以保证柔性膜的缺陷不会引起沿两者结合面的移动。

3) 双层衬垫系统

双层衬垫系统包含两层防渗层，但在两层防渗层之间设有排水层，如图6-16所示。因此，其中的两层防渗层是分开的，而非紧贴在一起的，这是其与复合衬垫的主要区别。排水层用于控制和收集防渗层之间的液体或气体。同样地，衬垫上方为渗滤液收集系统，下方为地下水收集系统。

双层衬垫系统有其独特的优点。透过上部防渗层的渗滤液或者气体受到下部防渗层的阻挡而在中间的排水层中得到控制和收集。在这一点上其优于单层衬垫系统，但从施工衬垫的坚固性等方面看，其一般逊于复合衬垫系统。

双层衬垫系统的主要使用情景包括：要求在安全设施特别严格的地区建设安全填埋场，基础天然土层很差（$K > 10^{-5}$cm/s）而地下水位又较高（距基础底＜2m）时，生活垃圾与危险垃圾共同处置的混合型填埋场等。

4) 双层复合衬垫系统

双层复合衬垫系统相对于双层衬垫系统而言，不同之处在于其上部防渗层采用的是复合防渗结构。防渗衬垫上方为渗滤液收集系统，下方为地下水收集系统，见图6-17。双层复合衬垫系统的底层为厚度>3m的天然黏土衬垫或厚度>0.9m的第二层压实黏土衬垫，依次向上为第二层合成材料衬垫、二次渗滤液收集系统、0.9m厚的第一层压实黏土衬垫、第一层合成材料衬垫、第一层渗滤液收集系统，顶部是0.6m的砂砾铺盖保护层。渗滤液收集系统由一层土工网和土工织物组成。合成材料的厚度应>1.5m，底层和压实黏土衬垫的渗透系数应<10^{-7}cm/s。双层复合衬垫系统综合了单层复合衬垫系统和双层衬垫系统的优点，具有抗损坏能力强、坚固性强、防渗效果好的特性，但其造价相对更高。

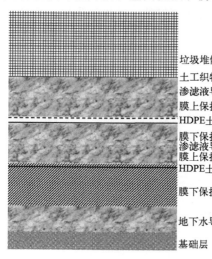

图6-16 双层衬垫系统　　　　　图6-17 双层复合衬垫系统

6.4 垃圾填埋场封场绿化

为降低填埋场对周边环境和公共卫生的负面影响，提高填埋场周边环境的质量，促进填埋场的可持续管理，需要进行填埋场封场绿化。填埋场封场绿化具有多种环境效应，首先植被可以有效降低堆体的风化速度，减少填埋场产生的扬尘和温室气体，缓解空气污染状况；其次，封场绿化可以增强土壤固结力，减少水土流失，延长土壤营养周期，通过增强土壤保水能力，达到降低地表径流的目的，保护周围水源区的水质；此外，可以美化填埋场环境，通过绿化花草的种植，改善填埋场平淡单调的环境，使得周边环境更加美观、宜人。

6.4.1 封场绿化原则

根据《生活垃圾卫生填埋处理技术规范》（GB 50869—2013），封场设计的目的是最大限度地降低后续维护工作的负担，同时有效地保护公共健康和周边环境，并最大限度地利用填埋场地的土地资源。针对填埋场地的固有特性，应遵循以下封场绿化设计原则：

① 服务于填埋场土地利用目标。在封场后，填埋场从垃圾受纳转变为新的土地利用方式。因此，在进行封场绿化设计时，必须结合填埋场地的特点，有针对性地制订不同的绿化方案。

② 以景观规划为先导。景观规划先行是国内外园林绿化设计的惯例。在确定土地利用目标的情况下，通过制订合理的景观规划设计方案，实现场地的土地资源最大化利用。以此调整场地的功能和美学，提高场地环境质量，避免临时绿化后产生的经济损失。在封场设计中，为确保覆盖系统完整，需要避免大范围地形调整。因此，需要根据景观规划设计方案进行垃圾堆体整形，等满足设计要求后再进行覆盖系统施工。

③ 有利于水土保持。水土保持是封场绿化设计的最重要的功能之一。需要选择性能良好的绿化材料，同时还要做出合理的排水设计和绿化施工，以防止绿化后出现水流侵蚀现象。

④ 安全便利原则。避免植物的种植对防渗层、排水层或沼气收集设施造成影响，并确保这些设施能够正常使用和维护。在绿化设计中需要重点考虑安全因素和便利因素。

⑤ 经济性原则。绿化工程的后续维护需要长期投入，如果设计不当，维护管理负担可能较重。由于填埋场地的土层薄、蓄水少、地势高，绿化维护费用中水费支出较高。因此，选择耐旱植物可以节约水费，选用低维护费用的绿化植被可以节约后续管理维护费用。

6.4.2 封场绿化工程设计程序

封场绿化工程设计程序如图 6-18 所示。在绿化设计前，需要搜集填埋场的基础资料，如气象、水文、土壤、周边植被和居住区等信息。按照土地利用规划，确定绿化形式，例如休闲绿地、林地或苗圃地等，并遵循生态、安全和经济三项原则，选择合适的植物品种进行配置。最后，按照场地不同的功能分区进行绿化设计，包括建筑物周边绿化、道路绿化、绿化隔离带以及其他小型绿化项目。

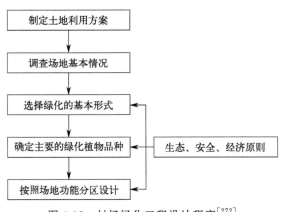

图 6-18 封场绿化工程设计程序[272]

6.4.3 土壤改良与植被恢复

6.4.3.1 土壤改良

部分垃圾填埋场由于场地条件不利，表层土壤可能无法为植被提供适宜的生存条件，并且往往会受到填埋场内污染物质的影响，尤其是其中填埋气体的扩散，会导致填埋场土壤存在干旱、缺氧、pH 值失调、土壤养分过低等问题。此外，在覆土施工作业时，由于表层土壤会受到持续碾压，导致密度过大，植物根系无法舒展生长。因此，必要时需要对表层土进行营养情况测定和改良，创造有利于植物生长的环境。改良范围最少需要包括覆土层表面以下150mm的范围。对污染更严重的土地，可以采用物理、化学或生物改良的方法来去除土壤中的盐分和有毒有害物质，并调整土壤的酸碱度。

(1) 物理改良

通常是人工翻耕，能够增加土壤内的含氧量，降低土壤的容重、密度及水分蒸发，使土壤形成团粒结构，或者增加有机物（如污泥、河泥、堆肥和泥炭类物质）以达到培肥改良的目的。

(2) 化学改良

一方面可以利用元素间的对抗作用来平衡土壤中的过量重金属。研究表明，添加钙离子可显著降低植物对金属的吸收，另外，添加含钙离子的化合物能够减缓重金属的毒性[273-274]。另一方面可以使用降碱改良剂增加植物的耐盐能力。常用的降碱改良剂有硫酸亚铁、硫酸铝和硫黄等物质。降碱改良剂的作用包括置换土壤中的钠离子、中和上层土壤中的碳酸和碳酸氢根离子，增强土壤对钙离子和镁离子的固定作用[275]。

(3) 生物改良

植物在改善土壤肥力方面展现出了卓越的能力，可通过吸收、挥发、降解等作用来进行改善。一些植物能够与微生物协同作用，进一步发挥其改良作用。例如，豆科植物可以与根瘤菌共生，通过固氮作用来增加土壤的含氮量。此外，植物还能够固定和吸收土壤中的重金属，并清除土壤中的有机污染物。经研究，发现超过400种植物能够富集重金属[276]。

最后，覆土应在干燥状态下铺设以避免过分压实，应保持良好的透气性能和持水能力，同时应适当翻松最终覆土层的表层土壤，以便植物根系更好地生长。

6.4.3.2 植被选择

填埋场的生物、物理、化学特性决定其植被生存环境的苛刻性，因而对植被的耐性及抗性有着极高的标准，并且要具备低成本、低养护和速生等特点。封闭的填埋场中垃圾厌氧分解产生的气体主要是CH_4和CO_2，而高浓度的CO_2对植物有直接毒性影响，会降低周围环境的氧含量，导致植物处于厌氧环境中而难以存活[277]。因此，必须选择能够适应填埋场所在地区环境的植物品种。封场后，垃圾堆体将产生大量有毒气体及渗滤液，尽管在卫生填埋场中均对其进行了导排处理，但是难免会有少量排放到周围环境中，因此对覆土层之上的植被种类有着严格的标准。另外，坡体植被对抗旱性有一定要求，因为以防备雨水渗入、增强排水性为目的设计的坡体很难留存住水分。不同植被类型所需的土壤厚度不同（图6-19），扎根较深的植株会破坏顶坡的防渗膜，因此在填埋场上种植的植物应选择浅根或平根植株。

在生态恢复过程中，为保存本地的种子库，需要采集邻近地区的植物种子和枝条扦插来种植。其不利环境因子包括土质贫瘠、低厚度、高热辐射、缺水、场内废气废液污染等，同时，还需要根据当地的土壤状况进行选择。

从长远角度来看，将封场后的填埋场恢复至本地的生态水平通常是较为经济的方案，并且可提供城市地区最需要的户外空地和绿化带。如果目标是生态恢复，那么就必须使用本地植物。非本地植物也可用于填埋场封场后的植被重建，尤其是在气候条件相似的情况下，生长的植物最适合用于填埋场植被重建。例如，桉树原产于澳大利亚，但在美国加利福尼亚州也广泛种植，因为两地都有地中海气候。选择用于填埋场植被重建的木本植物，需要考虑生长速度、树的大小、根的深度、耐荫能力和抗病能力等因素。在这些因素中，需要考虑以下几个方面。

① 生长较慢的树种比生长迅速的树种更容易适应填埋场的环境，因为其所需水分较少，而水分是填埋区表土的限制性因素。

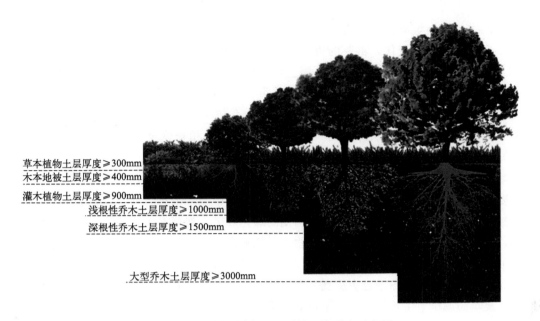

图 6-19 不同植被类型所需的土壤厚度示意图

② 较矮的树（1m 以下）能够在近地面的地方扎根生长，可以避免树木与深层的填埋气体接触。

③ 天生具有浅根系的树种更能适应填埋场的环境，但这些浅根树种需要更频繁地浇灌，同时易被风吹倒，需要更多维护工作。

④ 在充满填埋气体或积水的情况下，土壤中除含水率以外的变化比较相似。因此，耐涝植物比不耐涝植物更适合种植于填埋场中。

⑤ 菌根真菌和植物根系存在共生的关系，可以帮助植物摄取到更多的营养物质。

⑥ 易受病虫害攻击的植物不应当栽种在封场后的填埋场上。

除木本植物外，填埋场植被重建还需要种植草本植物。草的根系呈纤维状，并且很浅，这使得它们比木本植物更容易在填埋场的环境中生存。一些草本植物是一年生的，这意味着它们在一年或更短的时间内就完成了它们的生命周期。因此，一年生的草本植物要在一年中最适宜的时期播种和生长。同时，由于封场前五年会产生大量的填埋气体，堆体结构也不稳定。研究表明，填埋场植被恢复的先锋物种以草本类植物为宜，在垃圾填埋场恶劣的生态环境中，经由先锋物种改善，5 年后可以逐步种植浅根系灌木，继而种植兼具生态效益及观赏性的植株，以达到植物群落不断向高级演替的目的，最终恢复生态环境。

确定填埋场封场后的用途应该是填埋场整体设计的一部分。除修建高尔夫球场或者其他密集型建筑外，设计者应该尽可能地将封场后的填埋场与周围的自然环境融为一体，并使用本地植物进行种植。因此，需要进一步深入研究植物对填埋场环境的适应性以及有助于克服填埋场不利环境因素的园艺技术。目前，真正深入检验和研究的植物种类还非常有限。尽管每个地区的环境条件都不同，但研究工作应该从确认本地植物的适应性和开发填埋场环境下的特殊园艺技术方面进行。

6.4.3.3 植被恢复

植被恢复是重建任何环境系统生物群落的第一步，以人工手段促进植被在短时间内得以恢复。在非极端的自然条件下，植被可以在一个较长的时期内自然生长。其过程通常是：适应性物种的进入，土壤肥力的缓慢积累，结构的缓慢改善，毒性的缓慢下降，新适应性物种的进入，新的环境条件变化，群落的进入。对于填埋场而言，封场后的生态恢复需要经历以下步骤：封场覆盖系统形成适宜的植被层土壤条件，填埋场稳定化，植被恢复。填埋场植被恢复的步骤应当包括：项目协调，鉴别植物种类和来源，现场巡查，土壤特性鉴定，场地准备，土壤改良，种植，监测。植被恢复的过程应分不同的阶段进行，根据各个阶段需要培养的优势植物品种可分为植被恢复前期、植被恢复中期以及植被恢复后期和开发阶段。

(1) 植被恢复前期

在填埋场封场后的覆盖土上，会自然生长一些野生的先锋植物，包括灰绿藜、芦苇、稗子等，主要来自随风飘落的种子和当地滩涂的覆盖用泥土中原来带有的种子、块茎等。一些植物可以在封场后吹泥的覆盖土上生长，达到前期的绿化效果，如草本植物细叶结缕草、葱兰、马尼拉草、本特草、马蹄金等，其中部分植物不仅能够存活，而且生长非常旺盛，和杂草相比亦有一定的竞争力，例如：细叶结缕草生命力强，生长旺盛，在其整个生长季节中种植均可成活；常绿植物本特草，在冬季也会呈现一派生机勃勃的景象，而且在贫瘠的泥土上生长状况很好，但在夏季高温季节生长缓慢，若不及时除草，可能会被其他植物种类所掩盖；葱兰亦为常绿植物，由于有地下茎，一年四季均能生长得很好；马尼拉草从外观上极似结缕草，在其种子播撒后，能以较小的成本，达到先行绿化的效果。草本植物根系发达，对土壤有一定的改良作用，并且可为乔木和灌木类其他植物的生长创造条件，从而改变填埋场封场后整体的景观。

(2) 植被恢复中期

种植某些乔、灌木类植物可以提高填埋场的生态适应性和土壤质量，这些植物包括龙柏、石榴、桧柏、乌桕、丝兰、夹竹桃和木槿等。这些植物的种植可使填埋场的景观从单一的草本植物转变为多元且丰富的形态。此外，乔、灌木不仅可以改良土壤，还对改善封闭填埋场的整体生态环境和小气候有益。植物的吸收和蒸腾作用可以截留雨水、减少渗滤液和改善群落的微气候，为其他植物的整体生长创造有利条件。

(3) 植被恢复后期和开发阶段

在该阶段，应结合生态规划和开发规划，根据各个功能区和绿化带的设计，进行大规模的园林绿化种植，包括种植适应填埋场环境的各类草本、花卉、乔木和灌木等。其中，许多植物具有经济价值，如乔木类的构树、合欢和乌桕。但是，可能会被人类或动物直接食用而进入食物链的植物品种应避免种植。填埋场封场绿化效果如图 6-20 所示。

(a) 某填埋场航拍实景　　　　　　　　(b) 封场效果

图 6-20　填埋场封场绿化效果图[278]

6.5 垃圾填埋场封场后维护

为确保封场后填埋场对周围环境和公共健康无不良影响，减小填埋场环境污染和健康风险，需要对封场后的填埋场进行监测和后期维护，这对填埋场稳定运行和生态环境保护极为重要。

6.5.1 水环境影响控制

填埋场的水体环境主要包括地下水与附近河流、湖泊及海洋等地表水。在填埋场运行周期内，原生垃圾中含有的水分与降水、径流等渗透覆土层和垃圾层的入渗水分，在物理、化学和生物作用下产生高浓度有机废水，称为渗滤液[41]。当填埋场水环境质量受到降水、渗滤液、地表水和地下水的渗透侵袭时，可能会对填埋场及其周边环境产生影响。因此，在进行填埋场封场后的水环境影响控制时应综合考虑上述问题。

(1) 控制降水对水环境的影响

在垃圾填埋场中，垃圾堆体高度和土壤性质结构的改变会导致出现内涝现象或低洼区。当大量雨水从边坡流过时会引发雨水入渗，导致原本可以被合理排出的雨水和渗滤液相结合，进一步流动和渗透，从而扩大渗滤液的污染面积[279]。

当暴雨的强度和降雨时长增加时会导致地表径流。如果不能及时排出这部分雨水，会破坏地表土，增加水土流失风险，进而影响植物的生长，并破坏场地的景观格局。因此，在垃圾填埋场的封场规划和生态重建过程中，需要进行地形分析，改善场地的导排系统，并建设雨水调蓄系统，严格控制雨水的下渗量。如果排水不畅，有可能会在填埋场内形成地表径流，从而进一步影响整体景观格局。填埋场雨水导排系统结构如图 6-21 所示。

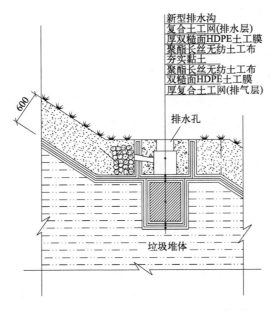

图 6-21 填埋场雨水导排系统结构图[280]

（2）控制渗滤液对水环境的影响

填埋场的渗滤液是影响填埋场水体环境的关键因素，它来源于垃圾中的水分、雨水、地表径流以及填埋垃圾的分解产物。渗滤液的组成和浓度会随时间和空间的变化而变化。控制渗滤液的污染应该优先减少渗滤液的产生量。尽管填埋场在早期运营阶段可以通过建立导排盲沟、防洪沟、排水沟等设施来降低渗滤液的土壤富集，但在数年后，填埋垃圾积累会显著降低排水系统的导排能力，有时可能会导致系统失效。因此，在生态修复策略中，需要考虑清理和修复原有的排水渠道，重新评估其排水能力。通过新建渠道和调蓄构筑物，平衡渗滤液的收集与排放系统，缩短渗滤液在场地内的流动和滞留时间。另外，还需要减少渗滤液向地下水的渗漏，以防止其渗透侵袭周边水体。

在垃圾填埋场的运行阶段和封场前，应选择使用土工布、HDPE膜或PVC（聚氯乙烯）膜来覆盖填埋区域。但在重建景观格局时，许多根系发达的植物有可能会穿透覆盖膜，从而导致局部发生渗漏。如果一个区域长时间发生渗漏，则会产生纵向污染，并对景观造成影响。因此，应设置监测井并分析浅层水和深层水的监测数据，检测指标包括pH值、总硬度、溶解性总固体、高锰酸盐指数、氨氮、硝酸盐、亚硝酸盐、硫酸盐、氯化物、挥发性酚类、氰化物、重金属、粪大肠菌群等。如果发现有污染物渗漏的现象，则需要根据具体情况，采取防渗修复处理措施，以减少其对邻近土壤和水体的污染。

6.5.2 大气环境影响控制

填埋场中的垃圾降解行为主要是有机物发生生化反应的结果，气态产物主要包括CO_2、CH_4、H_2S、NH_3等[281]。由于填埋场封场后的一段时间内垃圾仍在降解，这个过程会产生填埋气体。填埋气体产出最高点通常在封场后的3~5年内出现，5年后才会开始缓慢地下降。一般而言，此类降解过程的产气作用长达20年，在垃圾堆体逐渐稳定后气体的产生才会逐渐减少至消失[282]。由于填埋场垃圾降解产气周期较长，需要对封场后填埋气体对大气环境的影响予以评估和控制。填埋场封场后的大气环境质量监测主要包括大气污染物监测、填埋气体监测以及气象条件监测。

（1）大气污染物监测

对填埋场厂界和周边的大气污染物进行监测，包括VOCs、半挥发性有机物、甲烷、恶臭和氮氧化物等，以判断大气污染物浓度是否达标，并评估填埋场对大气环境的影响。

（2）填埋气体监测

对填埋场内部填埋气体的组分、产生量、浓度等进行监测，以评估填埋场内部的气体产生与生化反应情况，由此调整填埋气体处理策略。

（3）气象条件监测

监测填埋场周边的气象条件，包括温度、湿度、气压和风速等，以评估周围气象环境对填埋场扩散的影响情况。

对于填埋场封场后的大气环境影响控制，在对填埋气体收集导排工程进行维护并确保其稳定运行的基础上，需要特别注意的是对恶臭污染物的控制。根据《生活垃圾填埋场污染控制标准》（GB 16889—2008）中的规定，垃圾填埋场的管理机构应该根据实际情况，及时进行厂界恶臭污染物的监测。同时，地方环境保护行政主管部门应每3个月进行一次监督性监测，以确保厂界的恶臭污染物符合标准的规定。针对填埋场封场后可能存在的恶臭污染问题，可采用除臭剂喷洒除臭的方式进行控制。

综上所述，规范的填埋场封场工程能很好地改善和保护填埋场环境、降低填埋场环境污染风险、合理利用土地资源、保障社会和公众安全、推动废物资源化循环利用并实现生态环境恢复，从而促进人与环境和谐共生。

第7章 生态修复填埋场渗滤液收集与处理技术

渗滤液作为垃圾填埋场重要的污染汇，一直受到业内人士的重点关注。在过去较长一段时期，由于受社会经济发展水平和技术条件的限制，我国建设了一大批简易垃圾填埋设施，其防渗工艺标准低、环保设施不完善、运营管理水平不高，导致渗滤液蓄积并带来了严重的环境污染问题。2021年5月国家发展改革委联合住房城乡建设部组织编制了《"十四五"城镇生活垃圾分类和处理设施发展规划》，提出完善垃圾渗滤液处理设施等相关要求。2024年7月生态环境部发布了《生活垃圾填埋场污染控制标准》（GB 16889—2024），该标准在原有的基础上对包括垃圾填埋场渗滤液在内的多项内容进行了更为严格的规定，以期促进我国垃圾填埋场的规范化建设、运营及监管，降低填埋场的环境风险。渗滤液汇集了填埋垃圾中的各种可溶性物质，几乎含有填埋垃圾中所有的污染物，主要包括有机污染物、常量元素和离子、重金属和微生物等。近年来，在填埋场渗滤液中也检测到药物及个人护理品、抗生素、抗性基因、全氟辛酸、金属纳米氧化物等新污染物[43]。在填埋场运行过程中，由于填埋垃圾含水率高、垃圾堆体渗透系数小、导排层淤堵等原因，易造成垃圾堆体水位壅高，引起填埋场失稳和环境问题。因此，渗滤液有效收集和处理是生态修复填埋场的重要内容。

本章主要介绍了生态修复填埋场渗滤液的来源与特性、渗滤液收集与抽排系统及其处理技术，为垃圾填埋场生态修复过程中渗滤液污染控制提供理论知识。

7.1 渗滤液来源与特性

在垃圾填埋场生态修复过程中，渗滤液来源有很多，随着其来源的变化，渗滤液水质水量呈现出动态变化。渗滤液汇集了填埋垃圾中的各种可溶性物质，其中含有许多有毒有害污染物，成分复杂。

7.1.1 渗滤液来源

渗滤液是在垃圾填埋场运营过程中，由于雨水及地表水和地下水的渗入，再加上垃圾的生物降解和压缩作用，产生的一种含有高浓度有机和无机成分的液体。渗滤液是由水或其他液体通过垃圾和垃圾之间的挤压而产生的。在垃圾填埋场生态修复过程中，渗滤液主要来源于垃圾自身的有机物生物降解产水、垃圾压缩产水、降水和地表水及地下水渗入填埋垃圾堆体内、渗滤液回灌、液体注入、注入气体携带水等。同时在垃圾填埋场的运营过程中也会流失水分，主要有填埋场地表蒸发和植物蒸腾作用、地表径流流失、填埋场抽排气体携带水等（图7-1）。

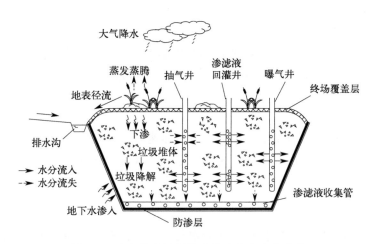

图 7-1 生态修复填埋场水分流入和流失途径

生态修复填埋场渗滤液的来源主要有以下几种。

(1) 大气降水

大气降水是渗滤液产生的主要来源之一，其中包括降雨和降雪。当降水发生时，一部分会形成地表径流，另一部分则会下渗至地下，渗入填埋垃圾堆体内部，从而形成渗滤液。影响降水地表径流和下渗的因素主要有降雨量、降雨强度、降雨持续时间、地表覆盖材料及植物生长状况等。在寒冷季节，降雪特性如降雪量、升华量和融雪量也会对渗滤液水量产生影响。对于积雪地区而言，融雪时间和融雪速度也是重要因素。

(2) 地表径流

地表径流是指来自填埋场地表面上坡方向的径流水，其受到填埋场地的植被覆盖情况、填埋场覆盖材料的种类及渗透性能、填埋场地周围的地势及排水设施的完善程度等影响。

(3) 渗滤液回灌和液体注入

在原位生物修复填埋场中，通常采用渗滤液回灌或液体注入的方式来强化填埋场中微生物作用过程，以加速有机垃圾的降解和稳定化。渗滤液回灌和液体注入的时间、频率、液体量、注入方式以及垃圾填埋密度等都会影响渗滤液的产生量。

(4) 地下水渗入

如果填埋场的底部在地下水位以下，地下水就可能渗入填埋场内。填埋场地下水入渗产生的渗滤液水量和性质受到地下水与垃圾的接触状况、接触时间及地下水流动方向的影响。如果在填埋场设计施工中采取防渗措施，就可以避免或减少地下水的渗入量。

(5) 垃圾中水分

垃圾中的水分主要包括两部分：垃圾本身所含的水分以及从大气和雨水中吸收的水分。

当垃圾被填入填埋场时，由于垃圾自身的重力和机械压实等作用，其中的部分自由水会被挤压出来，形成渗滤液。垃圾中水分对渗滤液产生量的影响与填埋作业时的机械压力、填埋密度等有关。

(6) 垃圾降解生成水

在填埋场中，有机垃圾在厌氧微生物作用下分解会生成水，然而在好氧条件下，有机垃圾生物降解需要消耗水。垃圾降解生成水与垃圾生物降解方式、垃圾组成、温度、pH值和微生物群落结构等因素有关。

(7) 覆盖材料中水分

随覆盖层材料进入填埋场中水分的量，与覆盖材料类型、来源和季节有关。覆盖材料最大含水率可以用田间持水率来表示。一般黏土田间持水率为23%～31%，砂土中为6%～12%。

(8) 气体携带水分

在原位好氧或有氧生物修复填埋场中，为了加速填埋垃圾降解和稳定，需要给填埋垃圾堆体注入气体。填埋场气体携带水分与注气方式、注气量、注气频率和注气时间等相关。

7.1.2 渗滤液组成

渗滤液汇集了填埋垃圾中的各种可溶性物质，几乎含有填埋垃圾中所有的污染物，主要可分为常规污染物、微生物和新污染物等。

7.1.2.1 常规污染物

(1) 有机污染物

垃圾填埋场渗滤液中绝大多数有机物为可溶性有机物，可分为低分子量的有机酸和醇、中等分子量的灰黄霉酸类物质和高分子量的腐殖质类物质三大类。填埋场渗滤液中有机物浓度常以TOC、COD和BOD_5表示。在垃圾填埋场原位生物修复和生态封场初期，渗滤液的组成同填埋龄较小的新鲜渗滤液和中期渗滤液相似（表7-1），渗滤液中COD和BOD_5浓度高，其中大多数为VFAs，主要成分为乙酸、丙酸和丁酸，其次是带多羧基和芳香族多羧基的灰黄霉酸。当垃圾填埋场进行到生态修复后期时，渗滤液组成类似于老龄渗滤液，其中VFAs组分减少，灰黄霉酸的比例增加。随着垃圾填埋场生态修复时间的延长，渗滤液的组成逐渐类似于稳定化填埋场中的渗滤液，BOD_5和COD的浓度较低，且BOD_5/COD值逐渐减小，到后期BOD_5/COD值<0.1，有机物成分主要是一些难降解的高分子量腐殖质类物质。

表7-1 不同填埋龄垃圾渗滤液中常规污染物的组成

组分	新鲜渗滤液(0～5a)	中期渗滤液(5～10a)	老龄渗滤液(10a以上)
pH值	6.5～7.0	6.5～7.5	>7.5
电导率/(μS/cm)	3000～28400	10600～15000	6300～12000
悬浮物/(mg/L)	700～1500	1100～1800	1800～2300
BOD_5/(mg/L)	3000～40000	1000～30000	100～1000
COD/(mg/L)	5000～80000	3000～50000	500～4500
TOC/(mg/L)	2000～30000	800～20000	50～1000
BOD_5/COD	≥0.3	0.1～0.5	<0.1
Cl^-/(mg/L)	100～4000	100～2000	100～1000

续表

组分	新鲜渗滤液(0~5a)	中期渗滤液(5~10a)	老龄渗滤液(10a 以上)
SO_4^{2-}/(mg/L)	50~1800	50~1200	50~800
NH_4^+-N/(mg/L)	500~1000	800~2000	1000~4000
NO_3^--N/(mg/L)	20~300	2~100	2~100
C/N 值	5~10	3~4	<3
TN/(mg/L)	500~5000	800~6000	1000~6000
TP/(mg/L)	5~200	5~100	5~20
$CaCO_3$ 碱度/(mg/L)	1000~15000	1000~5000	200~1000
Cr/(mg/L)	3~1400	30~300	1~3
Cu/(mg/L)	3~2400	10~200	2~200
Fe/(mg/L)	20~2500	10~1500	3~300
Pb/(mg/L)	0.6~1100	220~300	0.5~50
Ni/(mg/L)	10~700	20~200	10~50
Zn/(mg/L)	10~7800	10~1400	1~10

(2) 常量元素和离子

渗滤液中含有大量的常量元素和离子，包括 NH_4^+-N、硝态氮、Ca^{2+}、CO_3^{2-}、SO_4^{2-}、Cl^- 等。在原位厌氧生物修复和生态封场填埋场中，特别是在原位厌氧生物修复填埋场中，由于渗滤液的回灌，渗滤液中 NH_4^+-N 浓度很高，可达到 2000~4000mg/L，甚至可达 5000mg/L 以上[60]。高浓度 NH_4^+-N 是厌氧生物修复填埋场渗滤液的重要水质特征，也是导致其处理难度大的一个重要原因。在原位好氧生物修复填埋场和原位厌氧好氧混合修复填埋场中，由于垃圾堆体中好氧、兼氧和厌氧环境的存在，垃圾填埋场中具有很好的硝化和反硝化能力，可提高渗滤液的脱氮性能，降低渗滤液中的 NH_4^+-N 浓度。例如储意轩[109]采用模拟试验研究了不同通风方式对生物修复填埋场含氮化合物转化的影响，发现运行 105d 后，渗滤液中的 NH_4^+-N 浓度可由初始的 5217mg/L 降至 574~1515mg/L 范围内。

(3) 重金属

渗滤液中含有多种金属离子，其浓度与所填埋的垃圾类型、组分及时间密切相关。对仅填埋城市生活垃圾的填埋场渗滤液而言，其金属离子浓度通常比较低；但对工业垃圾和生活垃圾混合填埋的填埋场来说，金属离子的溶出量将会明显增加。填埋场渗滤液中含有 10 多种金属离子，在原位生物修复填埋场初期，当渗滤液 pH 值较低、有机物浓度较高时，渗滤液中溶出的金属离子浓度相对较高，主要有 Fe、Cu、Zn 和 Pb 等。在原位生物修复和生态封场填埋场后期，随着填埋垃圾的稳定化，渗滤液 pH 值升高，促进了重金属的吸附和沉淀，渗滤液中的重金属离子浓度降低。

7.1.2.2 微生物

垃圾中含有大量的微生物，它们在垃圾的降解中起着重要作用。这些微生物一部分是垃圾本身含有的，另一部分是由于条件适宜，后期得以大量繁殖生长的。在原位生物修复填埋场中，渗滤液回灌、垃圾高效降解菌的接种等，会将大量的微生物引入垃圾堆体中。渗滤液中微生物的种类与填埋场中垃圾所含的微生物种类基本相同，其细菌数量可达到 $10^{10} \sim 10^{11}$ 个/mL[60]。在厌氧生物修复填埋场渗滤液中，主要为 Firmicutes 和 Bacteroidetes 门微生物。在好氧生物修复填埋场中除了 Firmicutes 和 Bacteroidetes 外，还存在大量 Proteobacteria 门微生物。

此外，渗滤液中还含有大量的病原菌及致病微生物。Grisey 等[283]研究发现，渗滤液中大肠杆菌数量高达 237～308CFU/100mL。某些危险的细菌属可以从人类排泄物中转移到渗滤液中，如 *Pseudomonas*、*Enterococcus*、*Serratia*、*Proteus*、*Shigella*、*Escherichia* 和 *Acinetobacter* 等肠道病原体[284]。

7.1.2.3 新污染物

除含有常规的污染物外，近年来在填埋场渗滤液中也检测到药物及个人护理品、抗性基因、全氟化合物、金属纳米氧化物等新污染物。

(1) 药物及个人护理品

近年来药物及个人护理品产量与使用量都不断提高，导致过期或丢弃的药物及个人护理品大量进入填埋场。属于新污染物的药物及个人护理品包括抗生素（如大环内酯类、β-内酰胺类、磺胺类、氟喹诺酮类、四环素类等）、激素、抗癫痫药、消炎止痛药、血脂调节药、抗菌剂、驱虫剂等。目前，在填埋场渗滤液中检测出了各种抗生素、抗精神病药物、麻醉剂、杀虫剂等（表 7-2）。

表 7-2 渗滤液中检出的药物及个人护理品[43]

类别	浓度/(ng/L)	类别	浓度/(ng/L)
磺胺嘧啶	540～4690	麻黄素	327.4～456.0
磺胺索嘧啶	2460*	舒必利	1550～6000
磺胺甲氧嗪	2200*	卡马西平	2120～6270
磺胺二甲嘧啶	730～2390	扑米酮	65～1000
磺胺地索辛	51400*	美托洛尔	5390～14100
磺胺间甲氧嘧啶	2750*	吉非罗齐	2010～4480
甲氧苄氨嘧啶	8080*	苯扎贝特	660*
红霉素	2990*	双氯芬酸	4810～19300
氨苄西林	54.4～60.0	布洛芬	144～23200
四环素	7.51*	可替宁	51200*/2940**
林可霉素	278*	沙丁胺醇	604*
阿替洛尔	4910*	避蚊胺	31～254000
阿奇霉素	50.2	樟脑	205000*/97200**
克拉霉素	131	麝香	2.9～481906
诺氟沙星	449	苯甲酮	15300*
咖啡因	1700～349000	对羟基苯甲酸甲酯	1070～1750
甲基苯丙胺	155～874	对羟基苯甲酸乙酯	660～9380
利多卡因	147000*	对羟基苯甲酸丙酯	690～5900
卡立普多	3400*	对羟基苯甲酸丁酯	750～6670
安非他命	11900*/614**	奥克立林	21160*

注："*"表示最大值；"**"表示中位值。

(2) 抗性基因

近年来，滥用抗生素诱导了耐药菌和抗性基因的产生。垃圾填埋场中抗性基因主要来源于生物体排泄物、盛装抗生素的容器和废弃的抗生素类药物等。在我国填埋场垃圾堆体及渗滤液中检出了各类抗性基因，如磺胺类抗性基因、四环素类抗性基因和 β-内酰胺类抗性基因等（表 7-3）。

表 7-3　我国部分城市填埋场垃圾堆体和渗滤液中抗性基因含量[43]

类别	丰度	类别	丰度
磺胺类抗性基因 sul I	$2.5×10^3$～$1.3×10^7$ copies/mL $(9.33±0.06)×10^6$ copies/g	磺胺类抗性基因 sul II	$8.6×10^3$～$3.2×10^6$ copies/mL $(3.70±0.06)×10^8$ copies/g
β-内酰胺类抗性基因 $blaTEM$	$1.2×10^4$～$8.6×10^5$ copies/mL	四环素类抗性基因 $tetO$	$3.1×10^3$～$7.1×10^6$ copies/mL
β-内酰胺类抗性基因 $blaSHV$	$(3.68±0.09)×10^4$ copies/g	四环素类抗性基因 $tetW$	$2.6×10^3$～$9.0×10^6$ copies/mL $(2.27±0.08)×10^5$ copies/g
抗氯霉素类抗性基因 cat	$(1.39±0.10)×10^4$ copies/g		

（3）全氟化合物

全氟化合物是指由完全氟化的疏水性烷基链和亲水性末端基团 F$(CF_2)_n$—R 构成的一类有机化合物，具有表面活性、润滑性、渗透性和稳定性。在填埋场中，由于填埋垃圾组成和特性的差异，渗滤液中全氟化合物的浓度和种类差异较大，具有鲜明的区域性。渗滤液中全氟化合物主要为短链形态，其中，全氟辛酸铵和全氟辛烷磺酸作为全氟化合物在环境中的代谢终产物，在填埋场渗滤液中均有检出。例如上海某填埋场渗滤液中全氟辛酸铵和全氟辛烷磺酸浓度分别达到 2140μg/L 和 6.02μg/L，总全氟烷基酸和全氟烷基磺酸类浓度则分别高达 292μg/L 和 47.7μg/L，该浓度比中国其他地区渗滤液中全氟化合物的浓度高了 4～40 倍[285]。

（4）金属纳米氧化物

近年来，工程纳米材料广泛应用于医药、化妆品、电子产品、光学产品、涂料、油漆和颜料等产品中。然而，在其合成、储运、消费、废物处置与循环过程中，难免会以"三废"（废气、废水废液、废渣）形式进入环境，并通过食物链富集至生物体内，引发毒性。目前，有关填埋场中工程纳米材料的研究主要为进入垃圾填埋场量的预测。例如美国填埋场及其他环境中，接收的个人护理品中纳米 ZnO 和纳米 TiO_2 的量分别为 1800～2100t/a 和 870～1000t/a，占纳米材料消费总量的 94%[286]。Keller 等[287]研究发现，2010 年全球 63%～91% 的工程纳米材料进入填埋场。

（5）其他新污染物

除了药物及个人护理品外，渗滤液中还检测出一些有机新污染物，包括邻苯二甲酸酯类增塑剂、溴化阻燃剂和农药等（表 7-4）。其中邻苯二甲酸酯是一种无色无味的增塑剂，被广泛应用于塑料制品的生产中（如建材、医疗器械、儿童玩具、个人护理产品、食品包装等）。邻苯二甲酸酯具有致癌、致畸、致突变作用，是一种内分泌干扰物。目前，在渗滤液中检测出的邻苯二甲酸酯类增塑剂主要有邻苯二甲酸二异丁酯、邻苯二甲酸二丁酯、邻苯二甲酸二乙酯、邻苯二甲酸丁苄酯和邻苯二甲酸二正丁酯等。

表 7-4　渗滤液中检出的其他新污染物[43]

种类	物质	浓度/(ng/L)	种类	物质	浓度/(ng/L)
邻苯二甲酸酯类塑化剂	邻苯二甲酸二乙酯	1000～22000	邻苯二甲酸酯类塑化剂	邻苯二甲酸二异丁酯	7270～15430
	邻苯二甲酸二丁酯	3000～15000		邻苯二甲酸丁苄酯	700～7800
	邻苯二甲酸二正丁酯	15110*		邻苯二甲酸二乙基己酯	49000*
溴化阻燃剂	多溴联苯醚	0.03～1020	溴化阻燃剂	2,2',4,4'-四溴二苯醚	16**
	2,2',3,4,4',5',6-七溴二苯醚	110*		2,2',3,3',4,4',5,5',6,6'-十溴二苯醚	180*
	2,2',4,4',5-五溴二苯醚	33**		六溴环十二烷	9.3*
	2,2',4,4',6-五溴二苯醚	8**			

续表

种类	物质	浓度/(ng/L)	种类	物质	浓度/(ng/L)
农药	p,p'-滴滴涕	51.6	农药	氯苯胺灵	26000
	p,p'-滴滴伊	13.2		敌草腈	120~290
	林丹	138.7		异丙隆	1300
	胡椒基丁醚	120*/59**		残杀威	2600
	苯达松	270~4000		十三吗啉	2100
	氯草敏	1600			

注:"*"表示最大值;"**"表示中位值。

7.1.3 渗滤液产生量

7.1.3.1 估算方法

在垃圾填埋场稳定化过程中,渗滤液产生量随着填埋场表面状况、垃圾性质、填埋场底部情况、填埋场操作方式等因素的改变而改变。渗滤液产生量的估算是垃圾填埋场生态修复的重要内容,基于渗滤液产生量的各种影响因素,国内外提出了多种计算渗滤液产生量的方法,主要可分为三类,即水量平衡法、经验公式法和经验统计法。

(1) 水量平衡法

该方法假设垃圾填埋场中水量守恒,综合考虑填埋场的水分流入(如降雨、垃圾压缩产水、垃圾降解产水、填埋场地表水和地下水入渗等)和流出(如渗滤液导出、蒸发、地表径流、填埋气体携带流失等),通过建立水量平衡公式,计算得出在时间段 Δt 内渗滤液的产生量,如式(7-1)所示:

$$Q_l = Q_r + W + W_p + Q_s + Q_u - Q_e - Q_g - Q_n \tag{7-1}$$

式中 Q_l——在时间段 Δt 内渗滤液产生量,m^3;

Q_r——填埋场降雨入渗量,m^3;

W——填埋垃圾降解产水量,m^3;

W_p——垃圾压缩产水量,m^3;

Q_s——地表径流入渗量,m^3;

Q_u——地下水入渗量,m^3;

Q_e——填埋场蒸发和蒸腾量,m^3;

Q_g——填埋气体携带流失量,m^3;

Q_n——地表径流在接触垃圾前可排出填埋场外的水量,m^3。

对于符合卫生填埋场建设标准的填埋场,可以认为式(7-1)中的地表水和地下水都不会进入填埋场中,即 Q_s、Q_u 和 Q_n 都为 $0 m^3$,若填埋场蒸发和蒸腾量忽略不计,则渗滤液产生量可简化为:

$$Q_l = Q_r + W + W_p - Q_g \tag{7-2}$$

(2) 经验公式法

经验公式法是水量平衡法的一种简化形式,其以降水量作为渗滤液产生量的计算依据,用降水浸出系数表征降水形成渗滤液的比例,涵盖了所有影响渗滤液产生的因素。经验公式法的计算公式较为直观,应用方便,是目前我国主要的渗滤液产量估算方法。根据《生活垃圾卫生填埋处理技术规范》(GB 50869—2013),渗滤液产生量可按不同填埋阶段的降水浸出系数进行计算［式(7-3)］。

$$Q = \frac{I}{1000}(C_1 A_1 + C_2 A_2 + C_3 A_3) \tag{7-3}$$

式中　　Q——渗滤液产生量，m^3/d；

　　　　I——降水量，mm/d；

A_1、A_2、A_3——作业单元、中间覆盖单元、终场覆盖单元的汇水面积，m^2；

　　　　C_1——正在作业单元的浸出系数，宜取0.4～1.0，具体取值可参考表7-5；

　　　　C_2——中间覆盖单元的浸出系数，当采用膜覆盖时宜取（0.2～0.3）C_1，当采用土覆盖时宜取（0.4～0.6）C_1；

　　　　C_3——终场覆盖单元的浸出系数，宜取0.1～0.2。

表 7-5　正在填埋作业单元浸出系数 C_1 取值表

有机物含量	年降雨量≥800mm	400mm≤年降雨量＜800mm	年降雨量＜400mm
＞70%	0.85～1.00	0.75～0.95	0.50～0.75
≤70%	0.70～0.80	0.50～0.70	0.40～0.55

注：若填埋场所处地区气候干旱、进场生活垃圾中有机物含量低、生活垃圾降解程度低及埋深小时宜取高值；若填埋场所处地区气候湿润、进场生活垃圾中有机物含量高、生活垃圾降解程度高及埋深大时宜取低值。

(3) 经验统计法

根据相邻地区已建填埋场单位面积渗滤液产生量的实测或统计结果，推算出填埋场单位面积渗滤液产生量 q，然后计算填埋场渗滤液的产生量，计算公式如式（7-4）所示：

$$Q_1 = qA \tag{7-4}$$

式中　q——单位面积渗滤液产生量，m^3/m^2；

　　　A——填埋场面积，m^2。

7.1.3.2　渗滤液产生量的估算

(1) 原位生物修复填埋场

原位生物修复填埋场通常采用渗滤液回灌、液体添加、注气和抽气等方式来强化填埋场中微生物作用过程，加速有机垃圾的降解和稳定化。在原位生物修复填埋场中，水分流入主要有降雨、垃圾压缩产水、垃圾降解产水、渗滤液回灌或液体注入、注入气体携带水、填埋场地表水和地下水渗入等，水分流出主要有渗滤液导出、蒸发、地表径流、抽排气体携带水等。根据渗滤液水量平衡法，在时间段 Δt 内，原位生物修复填埋场渗滤液产生量可表示为：

$$Q_1 = Q_r + W + W_p + Q_s + Q_u + Q_a + Q_{ig} - Q_e - Q_{eg} - Q_n \tag{7-5}$$

式中　Q_a——渗滤液回灌量或液体注入量，m^3；

　　　Q_{ig}——注入气体中的含水量，m^3；

　　　Q_{eg}——抽排气体中的含水量，m^3。

若填埋场水平和垂直防渗系统良好，可以认为式(7-5)中地表水和地下水都不会进入填埋场中，即 Q_s、Q_u 和 Q_n 都为 $0 m^3$，若填埋场蒸发和蒸腾量忽略不计，则渗滤液产生量可简化为：

$$Q_1 = Q_r + W + W_p + Q_a + Q_{ig} - Q_{eg} \tag{7-6}$$

1) 填埋场降雨渗入水量

填埋场降雨渗入水量可根据填埋阶段分别给出不同的浸出系数推荐值进行计算。

$$Q_r = \frac{I}{1000}(C_1 A_1 + C_2 A_2 + C_3 A_3) \tag{7-7}$$

由于我国幅员辽阔,各地降水规律相差巨大,不同降水量下垃圾填埋场的浸出系数存在显著差异。同时,当土工膜达到使用寿命后,抗拉强度迅速衰减,膜上破损数量增加,可能会影响其渗透系数。对此,杨娜等[288]应用 HELP 模型,在综合考虑降雨、蒸发、径流等诸多因素的基础上,计算出了我国不同区域填埋场渗出系数的取值(表7-6)。

表7-6 31个省份代表城市在4种填埋覆盖层结构下的降水渗出系数[288]

地理分区	代表城市	日覆盖	中间覆盖	土工膜完好的终场覆盖	土工膜破损的终场覆盖
西北地区	银川(宁夏)	0.12	0.14	0.020	0.022
	乌鲁木齐(新疆)	0.12	0.13	0.068	0.074
	兰州(甘肃)	0.14	0.14	0.045	0.048
	西宁(青海)	0.11	0.11	0.041	0.043
	呼和浩特(内蒙古)	0.14	0.085	0.042	0.047
	拉萨(西藏)	0.28	0.28	0.087	0.180
	均值±标准偏差	0.15±0.06	0.14±0.07	0.051±0.024	0.069±0.057
北方地区	太原(山西)	0.23	0.18	0.080	0.14
	石家庄(河北)	0.28	0.24	0.074	0.19
	天津	0.37	0.30	0.078	0.30
	哈尔滨(黑龙江)	0.33	0.29	0.077	0.26
	西安(陕西)	0.25	0.22	0.070	0.17
	郑州(河南)	0.30	0.24	0.070	0.21
	青岛(山东)	0.22	0.17	0.066	0.19
	北京	0.41	0.34	0.072	0.33
	长春(吉林)	0.35	0.30	0.071	0.29
	沈阳(辽宁)	0.33	0.28	0.068	0.27
	均值±标准偏差	0.31±0.06	0.25±0.06	0.073±0.005	0.23±0.06
南方地区	成都(四川)	0.38	0.32	0.049	0.29
	昆明(云南)	0.40	0.36	0.049	0.34
	合肥(安徽)	0.37	0.29	0.046	0.30
	贵阳(贵州)	0.36	0.30	0.045	0.29
	上海	0.38	0.30	0.043	0.31
	重庆	0.33	0.28	0.043	0.28
	苏州(江苏)	0.38	0.33	0.041	0.34
	南宁(广西)	0.43	0.35	0.035	0.34
	武汉(湖北)	0.49	0.41	0.037	0.39
	福州(福建)	0.46	0.39	0.036	0.39
	长沙(湖南)	0.43	0.38	0.036	0.39
	杭州(浙江)	0.46	0.38	0.035	0.39
	南昌(江西)	0.53	0.48	0.033	0.47
	海口(海南)	0.49	0.41	0.032	0.40
	深圳(广东)	0.58	0.50	0.026	0.46
	均值±标准偏差	0.43±0.07	0.37±0.07	0.039±0.007	0.358±0.061

2) 垃圾降解产水量

在填埋场中生活垃圾被生物降解,损失了部分干物质和水分后,最终达到稳定状态。假设垃圾降解稳定后,其含水率达到田间持水率。根据填埋垃圾降解初始与结束两个时间点的田间持水率，以填埋垃圾的干物质为基准，估算垃圾填埋场降解产水量：

$$W_p = M_{ww}(1-\rho_w)(W_{pw} - D_{sw}W_{sw}) \tag{7-8}$$

式中　M_{ww}——填埋垃圾湿重，t；

　　　ρ_w——初始垃圾含水率，%；

　　　W_{pw}——垃圾经压缩后，以干基质量为基准的垃圾田间持水率，%；

　　　D_{sw}——在时间段 Δt 内填埋垃圾干基降解率，%；

　　　W_{sw}——在 t 时以干基质量为基准的垃圾田间持水率，%。

生活垃圾田间持水率与垃圾组成、填埋垃圾密度等密切相关。杨娜等[288]综合国内外研究成果，发现生活垃圾田间持水率可用填埋垃圾密度表示：

$$W_{FC} = a - bD_w \tag{7-9}$$

式中　W_{FC}——填埋场中垃圾田间持水率，%；

　　　D_w——填埋垃圾密度，t/m^3；

　　　a，b——系数，a 取值为 60 ± 2.5，b 取值为 13 ± 2.3。

根据《生活垃圾卫生填埋处理技术规范》（GB 50869—2013），填埋场封场前需保证生活垃圾密度达到 $0.8t/m^3$ 以上，据此推测我国填埋场内压缩后的垃圾田间持水率最高为 53.1%。垃圾组分根据其生物降解速率，可分为快速、慢速和不可降解组分。参考 Barlaz[289] 的研究，在原位厌氧生物修复填埋场中，快速、慢速和不可降解组分的最大降解率分别为 84%、39% 和 0。在原位好氧生物修复填埋场中，垃圾降解稳定化程度较高，其降解系数可取厌氧条件的 1.1~1.3。

3）垃圾压缩产水量

填埋场内垃圾的含水量变化主要为，生活垃圾在填埋作业阶段，由于自身重力及机械压实等作用，部分自由水从填埋垃圾固体中被挤压出来，而引起的垃圾含水量的变化。在原位生物修复填埋场中，垃圾的含水量变化主要来自垃圾压缩产水。根据《生活垃圾卫生填埋场岩土工程技术规范》（CJJ 176—2012），垃圾压缩产水量可采用垃圾含水率和田间持水率进行估算。

$$W_p = M_{ww}(1-\rho_w)(W_{iw} - W_{pw}) \tag{7-10}$$

式中　W_{iw}——以干基质量为基准的垃圾初始含水率，%。

4）填埋场注气和抽气携带水量

该部分水量可按下式计算。

$$Q_{ig} = V_{ig}W_{ig} \tag{7-11}$$

$$Q_{eg} = V_{eg}W_{eg} \tag{7-12}$$

式中　Q_{ig}，Q_{eg}——在时间段 Δt 内注入气体和抽出气体携带水量，m^3；

　　　V_{ig}，V_{eg}——在时间段 Δt 内注入气体量和抽出气体量，m^3；

　　　W_{ig}，W_{eg}——在时间段 Δt 内注入气体和抽出气体的绝对湿度，%。

（2）生态封场填埋场

在填埋场生态封场初期，渗滤液产生源类似于原位生物修复填埋场，其可用式（7-5）进行计算。由于生态封场填埋场水平和垂直防渗系统良好，可以认为式（7-5）中地表水和地下水都不会进入填埋场中，即 Q_s、Q_u 和 Q_n 都为 $0m^3$。此时，填埋垃圾基本无外加压缩，垃圾压缩产水量 W_p 为 $0m^3$。若填埋场无渗滤液回灌或液体注入，同时填埋场蒸发和蒸腾量忽略不计，则渗滤液产生量可简化为：

$$Q_1 = Q_r + W \tag{7-13}$$

在填埋场生态封场后期，由于填埋垃圾已基本稳定化，此时垃圾降解产水量很少，可忽略不计，则渗滤液产生量可近似为填埋场降水入渗量。

(3) 开挖修复填埋场

在垃圾填埋场开挖修复过程中，填埋场水分的流入主要为降雨、地表水和地下水入渗等，填埋场水分的流出主要为地表径流、蒸发、渗滤液导出等，通过建立水量平衡公式，得出渗滤液产生量为：

$$Q_1 = Q_r + Q_s + Q_u - Q_e - Q_n \tag{7-14}$$

若垃圾填埋场开挖修复过程中垂直防渗系统设置良好，则可以认为垂直防渗系统外围地下水都不会进入填埋场中，即式(7-14)中的 Q_u 为 $0m^3$，则渗滤液产生量可简化为：

$$Q_1 = Q_r + Q_s - Q_e - Q_n \tag{7-15}$$

由此可见，在垃圾填埋场开挖修复过程中，渗滤液主要来自降水直接入渗和降雨时地表径流入渗。因此，为了有效控制垃圾填埋场开挖修复过程中的雨水渗入填埋场，减少渗滤液的产生，可在填埋场开挖过程中采用以下措施：分区分层覆盖 HDPE 膜，减小开挖垃圾裸露面积；开挖过程实现雨污分流，减少开挖区域地表径流量；避开雨天开挖作业；等等。

7.1.4 渗滤液水位壅高

在垃圾填埋过程中，当渗滤液导排不畅时，就会在填埋场内不断积存，形成水位壅高。由于我国生活垃圾中厨余垃圾含量高，渗滤液产生量大，填埋场普遍存在积水严重、水位壅高的现象，渗滤液水位高达几米至几十米，远远超过《生活垃圾填埋场污染控制标准》(GB 16889—2008)中规定的 30cm 的渗滤液积深限值。影响垃圾填埋场渗滤液水位壅高的因素主要有填埋垃圾含水率、垃圾堆体渗透系数和导排层性能等。

7.1.4.1 渗滤液水位形式

在填埋场垃圾堆体中，渗滤液水位存在多种形式，包括渗滤液导排层水位、堆体主水位和堆体滞水位（图 7-2）。渗滤液导排层水位是指填埋场底部的渗滤液导排层内部存在的一定高度的渗滤液饱和区域，该区域的最大水头高度即为渗滤液导排层水位。堆体主水位是指在垃圾堆体中，存在于导排层之上的、连续且显著的饱和区，据其浸润线标高即可确定堆体的主水位。堆体滞水位是指在垃圾堆体中，低渗透性中间覆盖层之上的整体或局部水位壅高形成的一个连续饱和区，据其浸润线可确定该处垃圾堆体的滞水位。

填埋场高渗滤液水位不仅会影响生活垃圾的工程特性，也会导致环境和安全问题。填埋场渗滤液水位过高，可增加渗滤液渗漏速率和渗漏量，加剧对周围环境和地下水的污染。当垃圾堆体的孔隙完全被水占据时，会导致填埋气体的运移受阻，并影响填埋气体收集系统的效率。同时，在水位以下的垃圾堆体容易处于饱水状态，这会降低其抗剪强度，并增加堆体滑移和失稳的风险，从而形成巨大的安全隐患。因此，高效、合理地控制渗滤液水量和水位是垃圾填埋场运营管理的核心任务之一。

7.1.4.2 渗滤液水位测定方法

在填埋场中，随着垃圾堆体水位壅高的出现，其周边垃圾堆体的含水率增大，甚至达到

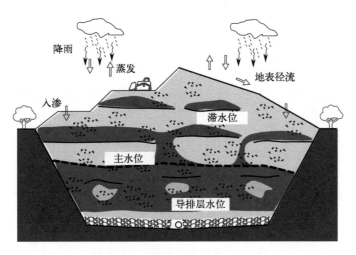

图 7-2 填埋场中存在的渗滤液水位形式[265]

饱和状态。因此,通过测定填埋场垃圾堆体含水率的分布,可计算出填埋场渗滤液水位。目前填埋场渗滤液水位的测定方法主要有高密度电阻率法、中子探测器法、气体示踪法、时域反射法、光纤温度传感法、孔压计法和钢尺水位计法等。

(1) 高密度电阻率法

高密度电阻率法是一种非侵入性的测试技术,通过主机向地下空间发射直流电,在电极阵列中测量电位差并获取地下断面的电学特性。在高密度电阻率法中,主机通过供电电极向地下发射稳定的人工地电场,然后测量多个测量电极之间的电位差。这些测量电极通常密度较高,即相对间距较短,以获得更详细的地下电阻率分布信息。岩土的电阻率是一个复杂的数学函数,与多个因素密切相关,包括岩土组成、结构(孔隙度、孔隙大小和分布等)、含水量、地下流体电阻率和温度等[290]。填埋垃圾堆体和基岩的视电阻率主要受到孔隙和含水量的影响。在雨季或其他水分输入增加的情况下,孔隙和含水量可能会发生显著变化,进而影响视电阻率的大小。若填埋垃圾堆体内部存在空洞、空区或直接接触基岩,这些区域的视电阻率通常会很高;若孔隙含水量大,则视电阻率就很低,在含水量相同的情况下,电阻率值随着含水量的增加而明显降低[233,291]。

用高密度电阻率法测定填埋垃圾堆体含水率时,一般都有四个电极,也即采用地面任意两个电极 A 与 B 向地下介质供电,测量任意两个电极 M 与 N 之间的电势,如图 7-3 所示,其中:采集的视电阻率的值显示在倒梯形里;n 表示隔离系数(或采集层数),即单位电极距的倍数;n 值越大,探测深度越深。通过在目标对象表面布设大量电极,由主机通过电极向地下发射电流,选取其中的 4 个电极进行参数分析,在电流电极对 (A 和 B) 读取相应电流 (I),在电位电极对 (M 和 N) 读取相应电位差 (ΔV),从而得到视电阻率值 ($\Delta V/I$),通过滚动测量方式得到视电阻率值分布,然后对视电阻率值进行正演和反演计算,获得电阻率的分布,并与材料的介电常数进行对比,进而判断出各区域含水量的分布情况[292]。例如,蒋小明等[293]利用高密度电阻率法对处于不同水位条件的填埋垃圾进行了测试,发现在重力水排空状态下,生活垃圾的视电阻率介于 $10^{-1} \sim 10^3 \Omega \cdot m$,主要分布在 $0 \sim 150 \Omega \cdot m$;在渗滤液水位以下,生活垃圾视电阻率较小且分布较为均匀,变化范围在 $20 \sim 37 \Omega \cdot m$ 之间;在渗滤液水位以上,生活垃圾视电阻率较大且具有一定的离散性,变化范围在 $48 \sim 121 \Omega \cdot m$ 之间。

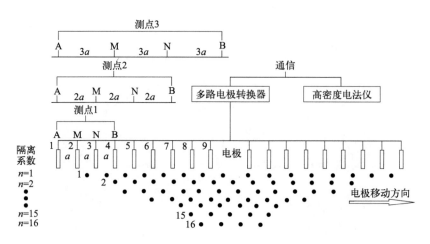

图 7-3　高密度电阻率法设置示意
A、B—供电电极；M、N—测量电极；a—电极间距离

高密度电阻率法测量的视电阻率剖面图通常呈倒梯形。这是由于深部测量受到测量电极间距的限制，电流注入点和电位测量点越远离地表，测量的深度就越大，因此剖面显示的信息会逐渐减少。随着测量深度的增加，高密度电阻率法的分辨率也会降低，探测的不确定性越来越大。同时受测量电极间距、隔离系数的限制，通常该方法适用于较浅层的探测任务，而对于深部地下情况的研究，需要结合其他地球物理方法或综合解释分析方法，以获得更全面的地下信息。

（2）中子探测器法

中子探测器法通过探测器释放中子，其与周围环境的其他原子核发生碰撞而速度下降，水中含有的氢原子对中子的碰撞影响最大，通过测试目标区域中子的相关参数，结合对应关系得到体积含水量。中子探测器法测定填埋场渗滤液水位时需要在填埋场中布置一个钻孔，把中子探测器的铝管安装在该钻孔中，如图 7-4 所示。Yuen 等[294]利用中子探测器开展室内和室外试验，测试了填埋场的含水量分布。Staub 等[295]在 6 个室内生化降解填埋场中，运用时域反射计和中子测井技术来测量含水量，结果表明这两种技术对垃圾中的水分有很好的敏感性，并且中子测井技术测得的结果更为准确。

中子探测器法通常以测量中子与水分子中的氢原子相互作用的方式来间接推断含水率，它对堆体内部含水率变化的测试结果相对准确，但对于填埋场内部的绝对含水率的测试精度有所欠缺。该方法具有测试操作简便、非破坏性、具有可重复性的优点。但是该方法主要有以下 3 点不足之处：a. 由于木

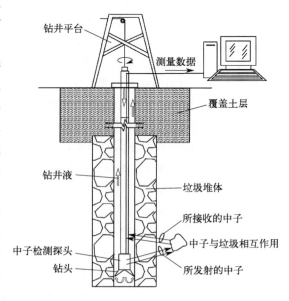

图 7-4　中子探测器测试示意

材和塑料中含有氢原子，它们与中子发生碰撞会产生干扰，从而影响测试结果；b. 填埋场中含有的金属材料（如铁、钾等）对中子具有吸收作用，从而阻止部分中子被探测器接收，这可能会导致中子探测器在填埋场环境中无法获取完整的中子计数率，从而对测试结果产生影响；c. 中子探测器法常常需要校准介质来校准测试设备，若测试介质和校准介质之间存在密度差异，则可能导致中子计数的误差[245]。

（3）气体示踪法

气体示踪法是指在固体废物中的稳定气流下注入气体：一种为惰性气体（氦气），另一种为亲水性气体（如二氟甲烷）。由于具有亲和力的气体在迁移时会进出水相，从而影响其迁移速度，所以可在气体收集井或可能的中间采样点测量这两种示踪剂的到达时间，然后利用气象色谱仪测试所取样品中示踪剂的浓度。由于水的影响，示踪剂在时间上被色谱分离，同时，平均到达时间的差异可作为水占据的孔隙空间比例的度量。Han 等[296]在美国 Sandtown 填埋场开展气体示踪法测试填埋堆体的渗滤液分布，现场测试过程见图 7-5。

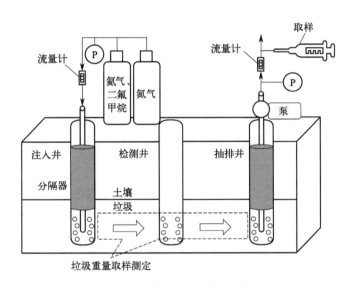

图 7-5　气体示踪法现场测试图

影响分配示踪剂对水亲和力的关键热力学参数是亨利常数 K_H。由于大多数示踪剂的 K_H 随温度变化很大，因此有必要在示踪剂取样的垃圾区域进行温度测量或估计。溶解的溶质，特别是盐，也可能会影响 K_H，但这些影响对二氟甲烷的影响较小，因此在早期的工作中二氟甲烷被认为是一种很有潜力的分配示踪剂[297]。

（4）时域反射法

时域反射法是一种地球物理勘探方法，用于测量介质中的电磁波在传输线上的传播和反射。通过分析反射波形，可以推断介质的电磁特性，如介电常数和电导率等。其基本原理是使用测试系统的信号发射器产生一个电磁脉冲，并将其注入传输线中。脉冲在传输线中以恒定速度传播，当遇到介质中的阻抗不连续（如介质界面改变、土壤含水量变化或其他介质特征改变）时，部分能量会发生反射。这些反射波沿着传输线返回，并由连接的示波器记录[298]。水的介电常数远大于干燥的岩土介质和空气，通过岩土介质介电常数与含水量的关系模型便可得到被测介质的含水量。

Masbruch 等[299]通过评估在美国亚利桑那州图森市垃圾填埋场收集的 19 个样品的介电

常数和介电常数之间的关系，开发了时域反射传感器，并在垃圾中使用。由于填埋场中垃圾特性差异很大，建议在一个地点收集多个样品并进行分析，以准确地建立垃圾介电常数与体积含水量之间的关系。陈仁朋等[300]利用时域反射法（TDR）原理设计了一种地下水位测试探头（图7-6），并成功测试了苏州市七子山卫生填埋场渗滤液水位。

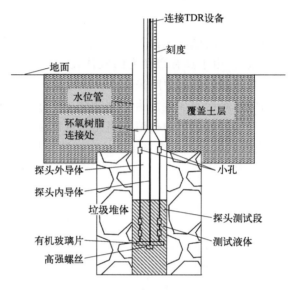

图 7-6 时域反射法测试示意[300]

(5) 光纤温度传感法

光纤温度传感法是一种用于测量填埋堆体内部渗滤液分布的方法，它通过在填埋垃圾堆体内布设光纤，并利用光纤上的温度分布变化来间接反映周围区域的渗滤液分布情况。光纤温度传感法适用于监测大面积、长时间的垃圾填埋过程。在填埋场中，光纤温度传感法可用于检测填埋垃圾堆体中的含水量或液体流量的变化，主要有两种方法：第一种方法是监测垃圾填埋场的温度和/或温度变化，通过温度分布的异常可以检测到密封材料泄漏、侧渗和异常液体流动；第二种方法是结合温度测量和热脉冲技术，将其集成到嵌入垃圾的单一系统中。通过测量响应于施加热脉冲的特定温度随时间的升高情况，根据周围垃圾的局部导热性和渗透流体（如水或气体）的流速，推断出垃圾中的含水量变化。当垃圾中的含水量增加时，其导热系数相应增加，导致光纤测量的升温速率降低。如果有大量的水或气体通过垃圾堆体迁移，则垃圾中的热传递强度会发生显著变化。若是该区域的渗滤液含量较高，则光纤在该区域的温度较低。例如，Imhoff 等[301]在填埋场开展了光纤测试，结果显示出了填埋场在不同时刻下的温度分布，并间接地反映了各时刻下的渗滤液分布。

(6) 孔压计法

孔压计法是指通过在堆体内部埋设孔压计，利用孔压传感器的输出频率变化来间接推断周围区域的孔隙水压力，进而得到渗滤液分布信息的方法。在孔压计法中，孔压计被放置在堆体内部的特定位置。当渗水压力增加时，孔压传感器会感知到压力变化，并相应地改变其输出频率。通常情况下，随着渗水压力的增大，孔压传感器的输出频率会降低，结合初始频率值进行反算，可以得到该区域周围的孔隙水压力和渗滤液分布。Chen 等[302]和 Zhan 等[303]利用钻孔测试不同埋深处的孔压值，得到苏州七子山卫生填埋场主水位高度最大为

15m，并推测滞水位位于中间覆盖层之上，最大高度为 5m。Beaven 等[304]在监测井内埋设孔压计测得英国 Rainham 填埋场的主水位高度为 8.8~10.9m。Dho 等[305]利用钻孔测试方法得到韩国 Kimpo 填埋场的主水位高度为 10~14m。然而，利用上述方法监测填埋场渗滤液水位时所需的费用较高，得到的数据点离散，且难以确定滞水位底面位置，一般需要通过数值模拟方法进一步确定。

(7) 钢尺水位计法

通过将水位计放置在已埋设的水位监测管中，利用水位计探头的断路开关原理来检测渗滤液的液位位置。在钢尺水位计法中，水位计的探头是一个断路开关。当探头接触到渗滤液时，水位计内部的电路会导通，这会触发水位计发出声音提示。因此，当水位计发出声音时，表示探头已经到达渗滤液的液位，同时提示该深度处存在渗滤液（图 7-7）。该测试方法数据较离散，难以确定滞水位底面位置。

图 7-7 钢尺水位计

表 7-7 为垃圾填埋场渗滤液水位测定方法汇总表，其中高密度电阻率法、中子探测器法、气体示踪法、时域反射法、光纤温度传感法和钢尺水位计法主要适用于无中间覆盖层填埋场的水位分布测试，孔压计法可满足含一层中间覆盖层填埋场的水位分布测试。但是当填埋场存在较多中间覆盖层时，孔压计法需要破坏多层中间覆盖层，埋设孔压计，然后修复中间覆盖层，使所有被破坏的中间覆盖层在原位置上产生止水效果，使主水位和各层滞水位恢复至初始水位分布状态。该方法操作难度大，失效概率高，采用该方法测试主水位和滞水位难度大。目前国内外还没有能有效测试含多层中间覆盖层填埋场中各层滞水位分布的方法。

表 7-7 垃圾填埋场渗滤液水位测定方法汇总

方法	工作原理	优点	缺点
高密度电阻率法	通过测定目标对象的视电阻率值分布，进行正演和反演推算电阻率的分布，并与材料的介电常数进行对比，判断出各区域含水量的分布	(1) 电极布设方便，可一次放样完成； (2) 可自动化、多次采集； (3) 可实时显示测试结果，提高应用和分析效率； (4) 数据采集密度大，能直接反映渗滤液渗漏点位、水流特征以及污染物的分布规律	(1) 仅适用于较浅层的探测，对地下 10m 以下离散细长的渗流路径无法区分； (2) 需要了解渗滤液电导率； (3) 需要额外测量现场温度； (4) 仪器昂贵，成本高
中子探测器法	基于探测器释放中子与周围环境的其他原子核发生碰撞导致速度下降的原理，通过测试目标区域中子的相关参数，推算体积含水量	(1) 对堆体内部含水率的变化，测试结果相对准确； (2) 测试操作简便、非破坏性、具有可重复性； (3) 有效采样大，可以实现宏观尺度的水分测量	(1) 垃圾组分含有的氢原子会与中子发生碰撞，吸收中子，影响测试结果； (2) 校准介质和测试介质之间的密度差异会导致中子计数的误差； (3) 由于生活垃圾的非均质性，对于垃圾绝对含水率的测试有所欠缺
气体示踪法	在垃圾堆体中注入惰性气体（氦气）和亲水性气体（如二氟甲烷），然后测试气体收集井中两种气体的到达时间，并分析其示踪剂浓度，进而得到垃圾的含水率	(1) 提供合理准确的水分含量评估； (2) 测量精度不受测量体积的影响； (3) 现场设置费用低； (4) 示踪气体可以通过注水井注入	(1) 气体样品采集和分析自动化难度大； (2) 需要额外测量现场温度； (3) 在较大范围内测定时，无法确定相对潮湿点

续表

方法	工作原理	优点	缺点
时域反射法	通过分析反射波形,得出介质的介电常数,然后通过岩土介质介电常数与含水量的关系,得到介质的含水量	(1)可靠、方便、经济; (2)传感器的价格相对较低; (3)结果可重复; (4)可实现自动化监测	(1)测试结果受电导率变化和材料的局部非均质性影响; (2)传感器必须使用区域垃圾样进行校准
光纤温度传感法	通过分析光纤上的温度分布,间接地反映出光纤周围区域的渗滤液分布情况	(1)提供高空间分辨率的数据测量; (2)易于安装和自动化; (3)可快速响应渗滤液变化	(1)光纤温度受气温影响较大; (2)测量中易受高气流干扰
孔压计法	通过孔压传感器输出频率的变化,推算点周边的孔隙水压力,进而得到区域渗滤液分布	(1)可满足有一层中间覆盖层填场的水位分布测试; (2)测试方便,适用于小区域水位测试	(1)监测费用较高; (2)测试结果数据点较离散,难以确定滞水位底面位置; (3)操作难度大,测试失效概率高
钢尺水位计法	在水位监测管中放入水位计,当水位计探头碰到渗滤液后,水位计内部电路便会导通,从而测定出渗滤液液位	(1)主要适用于无中间覆盖层填场的水分分布测试; (2)测试方便,适用于小区域水位测试	(1)监测费用较高; (2)测试结果数据点离散,难以确定滞水位底面位置

7.1.4.3 渗滤液水位影响因素

在填埋场中,影响渗滤液水位的因素有很多,主要有填埋垃圾含水率、垃圾饱和渗透系数、渗滤液导排层性能等。

(1) 填埋垃圾含水率

我国生活垃圾中厨余垃圾含量较高(约60%),并且水分含量也相对较高,一般超过50%。与发达国家以纸、塑料等低含水率垃圾为主的情况相比,我国的生活垃圾较"湿"。这种高含水率的垃圾进入填埋场后会导致较高的渗滤液产生量。据统计,我国北方地区垃圾自身含水对填埋场渗滤液产生量的贡献在22%~45%,南方地区甚至超过50%。发达国家填埋场垃圾渗滤液产生量约150L/t,而我国填埋场垃圾渗滤液产生量可达500~800L/t。然而,我国现行的《生活垃圾卫生填埋处理技术规范》(GB 50869—2013)中给出的渗滤液产生量计算公式,仅考虑了降雨入渗的贡献,而忽略了垃圾自身含水的贡献,导致填埋场渗滤液导排系统的设计排水能力先天不足,处理设施的设计规模普遍小于实际渗滤液产生量。兰吉武[265]采用Seep/W模型进行计算,当填埋垃圾含水率为27%时,运行10年后最高填埋堆体主水位为0m,填埋堆体和导排层内大部分区域处于非饱和状态;当填埋垃圾含水率为60%时,运行10年后最高堆体主水位可达9.3m,堆体后部填埋作业区域存在多处滞水饱和区域(图7-8)。由此可见,填埋垃圾高含水率是引起我国填埋场水位壅高的重要原因之一。

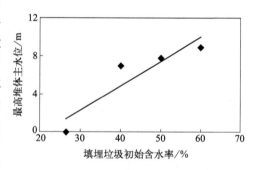

图7-8 填埋垃圾初始含水率与最高堆体主水位关系[265]

(2) 垃圾饱和渗透系数

我国生活垃圾填埋场填埋高度大多在40m以上。随着填埋高度的增加,堆体会经历一系列变化,包括压实和沉降。首先,填埋高度的增加会导致堆体不断受到自身重力的作用而压实，会增加堆体的稳定性，并降低渗透水的渗透速率。其次，垃圾的逐步降解也会使堆体发生沉降，孔隙度减小（图7-9）。垃圾渗透系数可以从新鲜垃圾的 $10^{-3} \sim 10^{-2}$ cm/s，下降至 10^{-6} cm/s，甚至可达 $10^{-8} \sim 10^{-7}$ cm/s，近似不透水层[306]。在这种情况下，上层垃圾及降雨入渗产生的渗滤液被阻隔在堆体高处，并沿水平方向运动，难以下渗进入渗滤液导排层。有的填埋场为作业方便，填埋上层垃圾时不揭去下层临时覆盖的膜，各层间的膜成为了相对不透水层，阻碍渗滤液下渗，形成多层上层滞水。当填埋场中的垃圾饱和渗透系数高于 2×10^{-4} cm/s 时，不易形成明显滞水，随垃圾饱和渗透系数的减小，渗滤液渗流速度减慢，表现为最高堆体主水位升高，当垃圾饱和渗透系数低于该阈值时，容易形成滞水，在底部形成主水位的水量反而减少，表现为堆体滞水区域增加，主水位降低[265]。

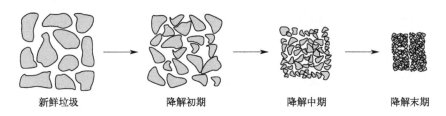

图 7-9　填埋场稳定化过程中垃圾孔隙度变化示意

（3）渗滤液导排层性能

我国生活垃圾填埋场普遍存在渗滤液导排系统淤堵，场内渗滤液难以排出的问题。渗滤液导排系统淤堵是填埋场内物理、化学和生物综合作用的结果。我国生活垃圾的组分复杂，渗滤液中颗粒悬浮物含量较高，导致了颗粒悬浮物在流经导排层时被拦截沉积，从而降低导排层的孔隙度，形成物理淤堵。特别是当导排层上部铺设有无纺布保护层时，颗粒悬浮物会被高效拦截，在无纺布结构孔隙上迅速沉积，数月之内就可能形成一层不透水层。同时，填埋堆体不均匀沉降可能会导致渗滤液排水管强烈变形扭曲，进一步降低导排效率。渗滤液中有机物浓度较高，含有丰富的营养元素，这为微生物的繁殖提供了良好的条件，使得微生物附着在导排层材料表面形成活性生物膜。然而，随着时间的推移，这些活性生物膜会逐渐发生变化，由活性生物膜转变为惰性生物膜。惰性生物膜相对不活跃，其在导排层材料表面沉积，会逐渐侵占导排层的孔隙空间，形成生物淤堵。有机物降解的主要产物 CO_2 溶于水中，产生 CO_3^{2-}，在渗滤液中可以与溶解的钙、镁等金属离子发生反应，形成 $CaCO_3$、$MgCO_3$、$CaMg(CO_3)_2$ 等沉淀，并沉积在导排层材料表面和生物膜内部，形成化学淤堵。在一些填埋场中采用回灌方式处理富集钙、镁离子的渗滤液膜处理的浓缩液，这会进一步增大化学淤堵的风险。当渗滤液发生淤堵时，垃圾堆体最高主水位呈增加趋势。

此外，填埋场覆盖和雨污分流效果对渗滤液水位也有重要的影响。提高填埋场雨污分流效果，从源头减少降雨入渗量，可有效控制填埋场堆体渗滤液水位壅高。

7.2　渗滤液收集与抽排系统

在垃圾填埋场中，由于雨水渗入以及填埋垃圾受到物理、化学和生物的作用，会产生大量的渗滤液。我国填埋垃圾中厨余垃圾含量高，垃圾含水率高，特别是在南方湿润地区，垃圾高含水率导致渗滤液产量大，加之填埋场渗滤液收集系统普遍容易淤堵等，从而造成我国填埋场极易出现水位壅高现象。为控制垃圾填埋场生态修复过程的环境污染问题，需要针对修复垃圾填埋场的特性，采用适宜的渗滤液收集和抽排系统对填埋场渗滤液进行收集和降水。

7.2.1 渗滤液收集系统

7.2.1.1 收集系统的组成

在填埋场中，填埋垃圾在稳定化过程中会产生大量的渗滤液，其在垃圾堆体中累积会降低填埋场的稳定性，增加填埋场底部防渗层水压，从而引起渗滤液渗漏和污染。因此，为保证填埋场在预设寿命期内正常运行，垃圾填埋场产生的渗滤液需要收集后排出库区，垃圾填埋场库区渗滤液收集系统主要由导流层、渗滤液收集盲沟、竖向收集井以及渗滤液收集泵和提升站等组成。

(1) 导流层

渗滤液导流层通常由卵（砾）石或碎石铺设30cm以上构成，其中卵（砾）石或碎石粒径为20~60mm，由下至上粒径逐渐减小。导流层渗透系数应＞0.1cm/s，考虑到在长期使用过程中渗透系数会降低，设计时渗透系数应比理论值大一个数量级，并在导流层与垃圾层之间铺设反滤层，以避免细小颗粒物质进入导流层造成淤堵。反滤层可采用土工滤网，单位面积质量宜＞200g。导流层内应设置渗滤液导排盲沟和收集导排管网。为强化渗滤液导流，导流层下方可增设土工复合排水网。边坡导流层宜采用土工复合排水网铺设。

(2) 渗滤液收集盲沟

图7-10为渗滤液收集盲沟结构图。

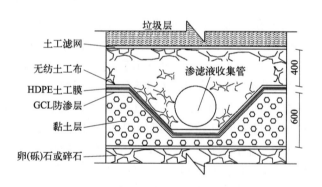

图7-10 渗滤液收集盲沟结构图

根据《生活垃圾卫生填埋处理技术规范》(GB 50869—2013)和《生活垃圾卫生填埋技术导则》，渗滤液收集盲沟设计应符合下列规定。

① 盲沟宜采用砾石、卵石或碎石（$CaCO_3$含量不应大于10%）铺设，石料的渗透系数不应小于$1.0×10^{-3}$cm/s，粒径从上到下依次为20~30mm、30~40mm、40~60mm。主盲沟石料厚度不宜小于40cm，纵、横向坡度不宜小于2%。

② 盲沟内应设置HDPE收集管，管径应根据所收集面积的渗沥液最大日流量、设计坡度等条件计算，如式(7-16)所示。HDPE收集干管公称外径不应小于315mm，支管外径不应小于200mm。

$$Q = \frac{A}{n} \times r_h^{2/3} \times S^{1/2} \quad (7\text{-}16)$$

水力半径 r_h 定义为过水断面面积与湿周之比，对于满流水管，则

$$r_h = \frac{D_{in}}{4} \quad (7\text{-}17)$$

式中　Q——管道净流量；
　　　n——曼宁粗糙系数，HDPE 材料约为 0.011；
　　　A——管道的内截面积；
　　　S——管道坡降，根据经验渗滤液收集管道坡降不应小于 2%，故取 $S=0.25$；
　　　r_h——水力半径；
　　　D_{in}——管的内直径。

③ HDPE 收集管的开孔率应保证环刚度要求。HDPE 收集管的布置宜呈直线。Ⅲ类以上填埋场 HDPE 收集管宜设置高压水射流疏通、端头井等反冲洗措施。

④ 盲沟系统宜采用鱼刺状和网状布置形式，也可根据不同地形采用特殊布置形式。盲沟断面形式可采用菱形断面或梯形断面，断面尺寸应根据渗沥液汇流面积、HDPE 管管径及数量确定。

(3) 竖向收集井

渗滤液竖向收集井结构与填埋气体导气井相似。在垃圾填埋场运行过程中，导气井可兼作渗滤液竖向收集井，形成立体导排系统，收集垃圾堆体产生的渗滤液。若填埋气体导气井不适用于渗滤液竖向收集井，可单独设置竖向收集井。竖向收集井间距设置受到填埋垃圾渗透系数、填埋垃圾深度、垃圾特性等影响。单独设置的渗滤液竖向收集井直径不小于 800mm，井内回填碎石，中心设 HDPE 集水管，直径不小于 200mm，开孔率为 2%。新增的渗滤液竖向收集井与场底的距离应保证场底防渗层安全，并满足控制水位低于堆体警戒水位的要求。可根据堆体稳定性要求确定警戒水位，进而确定竖向收集井深度。渗滤液抽排后，空气易从井口灌入，其与井内填埋气体混合易形成爆炸性气体，因此抽水需采用压缩空气泵、带防爆电机的潜水泵等具有防爆性能的设备。

(4) 渗滤液收集泵和提升站

渗滤液在低标高集液井（池）中收集后，需要通过渗滤液收集泵输送到调节池，渗滤液收集泵和提升站如图 7-11 所示。通常提升站中的渗滤液收集泵为潜水泵。如果提升站建在填埋场库区外，则必须用黏土或人工合成膜将其周围封闭，以减少渗滤液泄漏，污染地下水。提升站的内部必须采取防渗措施。

由于渗滤液产生量是动态变化的，所以在估算集液井容量和泵速时，应该使用一天内预计的最大渗滤液收集量。集液井中最高渗滤液收集水位（开启泵）应低于入口管口 15cm，集液井中最低渗滤液收集水位（泵停机）应距离井底 60～90cm，最大标高（启泵水位）与最小标高（停泵水位）之间的差值应维持在较小范围内（60～90cm），以使集液井的尺寸趋于合理。

7.2.1.2 收集系统淤堵的控制措施

我国目前现有的填埋场渗滤液收集系统的设计主要参考美国环保署的设计标准，但同发达国家相比，我国填埋垃圾中厨余垃圾占比较大，垃圾含水率高，渗滤液产量大，悬浮颗粒物含量和有机组分浓度高，导致渗滤液收集系统淤堵问题严重。

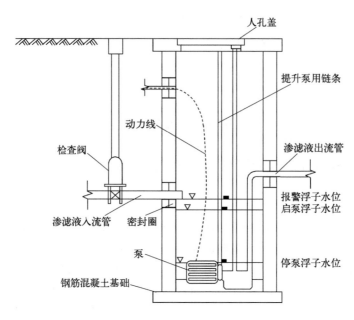

图 7-11　渗滤液收集泵和提升站

(1) 淤堵机理

渗滤液收集系统淤堵根据其形成机理不同，可分为物理淤堵、化学淤堵和生物淤堵。

1) 物理淤堵

物理淤堵是指垃圾堆体中的细小颗粒随渗滤液下渗，流经收集系统（包括渗滤液导排层、盲沟、收集管等）时，在截留、沉淀等物理作用下沉积于收集材料表面或内部，使得渗透能力降低。悬浮颗粒物是引起收集系统物理淤堵的主要原因，占渗滤液收集系统淤堵的 16%~21%[307]。

我国填埋场多直接用厚 30~50mm 的碎石或卵石作为过滤层，底部多布置树枝状的 HDPE 多孔管或直接不设导排管，将渗滤液沿过滤层→导排盲沟→支管→主管逐步收集并排出，若不设导排管，则由过滤层收集并排出。这种设计使得 HDPE 管容易淤堵，且淤堵后难以疏通。此外，我国垃圾填埋场渗滤液导排层的施工也不够规范，常使大孔隙过滤层材料中混入黏土等细粒土，同时垃圾中灰土含量较大，使得在渗滤液运移作用下，导排层内的物理淤堵更加严重[308]。为了减轻悬浮颗粒物对砾石导排层的物理淤堵，目前常规的措施是在砾石层和垃圾层之间设置由土工布构成的反滤层，以拦截随渗滤液下渗的颗粒物。

2) 化学淤堵

化学淤堵主要指渗滤液中的金属离子和碳酸根离子通过化学反应，形成难溶性化合物沉淀并造成的淤堵。在填埋场中，随着填埋垃圾的生物降解，碳酸类物质形成、pH 值升高，体系中氢氧化物的沉淀或与二氧化碳结合形成的不溶性碳酸盐等也逐渐增加。同时微生物在生长代谢过程中产生的胞外多糖类、蛋白质等有机胶体物质具有吸附作用，可通过吸附架桥方式使得金属离子沉积于表面，提高了金属离子形成碳酸盐沉淀的概率。因此在填埋场中，化学淤堵与生物淤堵间关系密切，通常也将两者合称为"生物-化学淤堵"。

3) 生物淤堵

生物淤堵是指渗滤液收集系统中的微生物利用有机物进行生长代谢时，分泌出胞外多糖、蛋白质等大分子物质，并与其中的无机组分钙离子等相互作用，形成生物膜而导致的淤堵。根据微生物的活性，生物膜可分为活性生物膜和惰性生物膜，后者是指微生物衰亡后的无活性生物质所形成的生物膜，约20%的衰亡后生物膜难以进一步分解，会滞留于渗滤液收集系统内部[309]。

(2) 淤堵控制措施

渗滤液收集系统主要由土工布、颗粒排水材料、渗滤液导排管等组成，其中土工布的作用是过滤、排水和防止垃圾层中的颗粒物进入导排管，土工布由于处于导排层外围，通常是最先淤堵以及发生淤堵最严重的部位。土工布淤堵主要是由垃圾层中的颗粒物淤堵或碳酸钙类物质淤堵所导致的。淤堵后的土工布渗透效率迅速下降，从而导致整个导排系统淤堵。颗粒物排水材料的淤堵主要与颗粒粒径分布、流速条件和材质等因素相关。导排管淤堵主要受导排管管径、垃圾填埋时长、渗滤液物化性质和管道材料的影响。

综合考虑，对于我国垃圾填埋场普遍发生堆体内水位壅高的现象，为保持垃圾堆体的稳定性，达到堆体内无持续性积水的要求，可对渗滤液导排系统进行优化，主要有以下几种措施。

1) 分区分层导排

对于大型填埋场和区域降雨量大的填埋场，可进行分区、分层设置渗滤液导排系统，如每填埋10~12m，即3~4层（单层高度3m）生活垃圾后，重新设置渗滤液导排系统。

2) 优化渗滤液收集系统

基于渗滤液收集系统淤堵的原因分析，优化渗滤液收集系统设计，如增加导排层厚度、增大导排管直径和减小导排距离等，以延迟砾石层淤堵时间。

3) 立体导排系统

填埋场渗滤液立体导排系统是指由填埋场库底渗滤液导排层、填埋堆体内渗滤液水平导排盲沟或导排层以及堆体渗滤液抽排竖井等导排设施组成的立体网状渗滤液导排系统，以提高渗滤液导排效率，降低填埋场水位壅高，提高填埋场的安全性能。

7.2.2 渗滤液抽排系统

我国生活垃圾中厨余垃圾含量高，渗滤液产生量大，同时随着导排系统淤堵，导致渗滤液排出不畅，容易造成填埋场内渗滤液水位壅高。而对于已经发生水位壅高的填埋场，底部导排层往往由于淤堵导致失效，因此需要在垃圾堆体内建设渗滤液抽排设施，主要包括抽排竖井和水平导排盲沟（图7-12）。

7.2.2.1 抽排竖井

抽排竖井可以改变渗滤液运移方向，从而将渗滤液侧向运移至井内，实现快速抽排，并有效降低影响范围内的渗滤液水头和孔隙水压力。

(1) 竖井渗流理论

抽排竖井为潜水井，目前潜水井竖井渗流理论分为稳定流理论和非稳定流理论两大类。

1) 稳定流理论

以Dupuit潜水井流理论为代表，该理论基于Dupuit假设，适用条件为：a.水平或近似水平潜水含水层均质、各向同性且等厚；b.不考虑降雨、地表径流等，无越流补给。完整井抽水，并要求抽水试验的持续时间足够长，抽水井及监测井达到稳定或近似稳定状态，降落漏斗达到不再下降或下降极为平缓的状态（图7-13）。

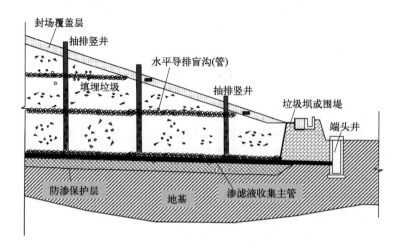

图 7-12　填埋场中渗滤液抽排系统示意

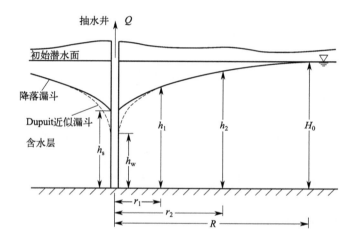

图 7-13　Dupuit 潜水井流理论原理图

根据 Dupuit 潜水井流理论，在单井抽水的情况下，渗透系数可按下式计算：

$$K = 0.732 \frac{Q}{(2H_0 - S_w)S_w} \lg \frac{R}{r_w} \quad (7-18)$$

在有一个监测孔的情况下，渗透系数可按下式计算：

$$K = \frac{Q}{\pi(h^2 - h_w^2)} \ln \frac{r}{r_w} \quad (7-19)$$

在有两个监测孔的情况下，渗透系数可按下式计算：

$$K = 0.732 \frac{Q}{(2H_0 - S_1 - S_2)(S_1 - S_2)} \lg \frac{r_2}{r_1} \quad (7-20)$$

式中　K——渗透系数，m/s；

　　　Q——抽水达到稳定状态时的流量，m³/s；

　　　H_0——初始饱和潜水含水层厚度，m；

　　　R——影响半径，m；

S_w——抽水稳定时扣除井损后的降深，即 H_0-h_s，m；

r_w——有效半径，m，有效半径未知时，可以近似以抽水井筒半径代替；

r——监测井到抽水井的水平距离，m；

h——监测井抽水后的饱和含水层厚度，m；

h_w——抽水井抽水后的饱和含水层厚度，m；

r_1，r_2——两个监测井到抽水井的距离，m；

S_1，S_2——两个监测井的降深，即 H_0-h_1 和 H_0-h_2，m。

2）非稳定流理论

与 Dupuit 潜水井流理论相比，非稳定流理论应用更广。基于 Theis（泰斯）非稳定流理论的 Jacob 直线图解法是求解渗透系数中最常用的解析方法。该方法的适用条件为：潜水含水层均质、各向同性、等厚，其边界可近似视为无限远；以恒定流量进行完整井抽水，抽水前水位水平或近似水平，抽水时潜水流近似水平。该分析方法的附加条件为：

$$t > 5.625 t_0 \tag{7-21}$$

式中　t——抽水时间，min；

　　　t_0——时间-降深曲线直线段线性拟合的截距，min。

当井中的最大观测降深大于初始饱和潜水含水层厚度的 5% 时，需要对观测降深进行修正，然后才可以应用该直线图解法进行计算。

降深修正依据 Jacob 潜水含水层降深修正公式来计算：

$$S' = S - \frac{S^2}{2H_0} \tag{7-22}$$

式中　S'——修正后的降深，m；

　　　S——观测到的降深，m；

　　　H_0——潜水含水层的初始饱和含水层厚度，m。

基于泰斯非稳定流理论，可采用试验计算渗透系数，包括定流量抽水试验、水位恢复试验及监测井距离-降深关系。

① 定流量抽水试验。首先应用 Jacob 降深修正公式[式(7-22)]对观测降深进行修正，然后绘制各井的降深-时间半对数曲线，用线性拟合该曲线上的直线段，求得该直线的斜率 ΔS 及其在时间坐标轴上的截距 t_0。然后验证该方法的适用性，如果满足要求，则将各参数代入式(7-23)中求得渗透系数 K。如果不满足要求，则应重新拟合，直至满足要求为止。

$$K = \frac{2.3Q}{4\pi H_0 \Delta S} \tag{7-23}$$

式中　ΔS——拟合直线上对应于一个对数时间周期的降深，m。

② 水位恢复试验。水位恢复在一定程度上是定流量抽水的逆过程，因而其分析理论相近。采用水位恢复数据计算潜水含水层渗透性的公式如下：

$$K = \frac{2.3Q}{4\pi \Delta S'}(\lg a + 1) \tag{7-24}$$

式中　$\Delta S'$——直线上每个对数坐标周期对应的降深值；

　　　a——拟合直线在横坐标上截距的倒数。

③ 监测井距离-降深关系。该方法可用于潜水含水层完整井抽水，要求至少两个监测井的水位达到稳定，或同步趋于稳定，即各监测井的降深曲线具有相同的形状，其优点在于可以综

合利用各监测井的观测数据。采用监测井距离-降深关系计算潜水含水层渗透性的公式如下：

$$K = \frac{2.3Q}{4\pi\Delta S} \tag{7-25}$$

式中　ΔS——直线上每个对数坐标周期对应的降深值，m。

稳定流和非稳定流的渗流理论提供的解析法都基本适用于垃圾填埋场，可用以求解渗透系数，或预测竖井抽水的渗滤液水位控制效果等[310]。其中，Dupuit潜水井流理论应用最为方便，但其计算结果相对粗略，适于初步确定渗透系数的量级，以及预测长时间抽水基本达到稳定状态后的大致水位控制效果。泰斯非稳定流理论的适用条件与现场条件更为吻合，并且可以根据相关数据求解不同深度处的渗透系数，从而得到渗透性随填埋深度的变化规律，为设计计算提供更为精确可靠的参考数据，并且可以根据其理论预测抽水不同时刻的水位降落情况和流量。

(2) 竖井降水设计

1) 影响半径

由于抽排竖井为潜水井，根据《水利水电工程钻孔抽水试验规程》(SL 320—2005)，单口抽水井的影响半径可采用库萨金公式进行计算。

$$R = 600S\sqrt{HK} \tag{7-26}$$

式中　R——抽水井的影响半径；

　　　S——水位降深；

　　　H——含水层厚度；

　　　K——渗透系数。

多口抽水井的影响半径可采用裘布依公式进行计算。

$$\lg R = \frac{S_1(2H-S_1)\lg r_2 - S_2(2H-S_2)\lg r_1}{(S_1-S_2)(2H-S_1-S_2)} \tag{7-27}$$

2) 竖井井径

在渗滤液抽排过程中，竖井井径对出水速度影响不大。例如，张文杰等[311]研究发现，半径在5~20cm的各井出水速度、降水后浸润线位置以及各井降低渗滤液水位的能力均接近，说明井径变化对填埋场降水效果影响较小。在实际工程中，由于竖井管多采用HDPE材质，当竖井井径较小时，易发生弯曲。对此，陈云敏等[312]设计了井外壁直径为1m的竖井工程，发现大口径抽排竖井可使用高压水反冲洗，抗淤堵能力强。此外，当垃圾堆体采用竖井进行抽排时，在初始阶段，竖井的抽水速度由水泵的最大抽水速度决定，而随着井中水位下降到最低后，竖井抽水速度由井的出水速度控制，出水速度随着渗滤液水位降低而逐渐减小。因此，在选用渗滤液水泵时可以考虑通过模拟或试验获得竖井的出水速度数据，并以此来确定水泵的规格。

3) 竖井间距

竖井间距对垃圾堆体的降水影响较大。当竖井间距较大时，垃圾堆体水位下降较小；当竖井间距较小时，垃圾堆体水位下降较大。根据《生活垃圾卫生填埋场岩土工程技术规范》(CJJ 176—2012)，填埋场抽水竖井的间距不宜大于2倍单井影响半径，单井影响半径可为20~25m，需强化降水效果时可适当加密布置；成井直径宜为800~1000mm，井管直径宜为200mm，管外应包反滤材料，井管与井壁间宜充填洗净碎石。在实际工程中应考虑工期和降水幅度要求，选取合理的抽水井间距。

4）竖井深度

在抽排竖井中，深度和排水流量之间存在一定的关系。通常情况下，随着抽排竖井的深度增加，排水流量也会增加。各深度抽排竖井流量均是先增加后下降，并随着垃圾堆体水位降低，抽排竖井的渗流面积会减小，同时渗流面的渗透系数也会下降，从而导致竖井的排水流量逐渐减小。在较深的垃圾层中，由于垃圾具有较高的压实和填埋密度，深部垃圾渗透系数较小，抽排竖井深部段出水效率较低。通常抽排竖井深度越大，填埋单元内压力水头降低得越多。例如，兰吉武[265]研究发现，深度为 15m 的抽排竖井，730d 后填埋单元内最大压力水头为 39.5m；而深度为 45m 的抽排竖井，最大压力水头为 31m。与抽排竖井出水流量变化趋势相对应，各模拟填埋单元最大压力水头降低速率也是先快后慢。由于不同深度填埋垃圾的渗透系数不同，不同深度抽排竖井的排水效果也不同。

因此，在设计垃圾填埋场竖井时，应根据其设计目的和应用条件，确定适宜的井深和间距。

(3) 竖井降水结构

1）真空降水竖井

真空降水竖井是在竖井管中抽真空，由于边界处孔隙水压力减小，垃圾堆体内部和边界处形成水力梯度，堆体内产生渗流，使得堆体内孔隙水压力不断降低，直到这种压力差达到平衡为止，整个过程伴随着水位线的下降和土体固结（图 7-14）。邹斌等[313]研究发现，真空降水井的抽水速率是普通降水井的 10 倍以上，数值分析表明，真空度在水位面以上的区域传递较快，但在水位面以下的区域传递受限。任伟等[314]通过现场试验和数值分析发现，真空降水井的抽水速率和水位降深明显优于普通降水井。真空竖井负压可采用真空泵抽提，也可以采用其他动力营造。例如，周海燕等[315]采用循环水动力系统提供动力，在文丘里管内产生真空，带动竖井内形成负压状态，从而促进垃圾堆体内水分的排出。

2）联合注气真空降水竖井

联合注气真空降水利用了气体在高压与低压负压状态之间的压力差，将水气混合物从竖井中冲出并导入排水管网，实现了对污水的有效排放和处理。因此，注气竖井的井头无需采用黄土密封，便可与井的结构保持一致。考虑到垃圾的不均匀沉降以及侧向位移明显，为了尽可能地延长注气竖井的工作寿命，防止较短时间内井管弯曲而失效，井管采用镀锌钢管（开孔）。由于生活垃圾组分复杂，为了防止细颗粒物质附着在注气竖井井壁上，影响竖井的工作性能，在镀锌钢管外侧包裹双层尼龙网，井管的底部设置 HDPE 堵头。在钢筋笼和井管之间填充 10～20mm 碎石，以增加排水井周边的渗透系数，使周边的渗滤液能够有效地渗流至井内（图 7-15）。

联合注气竖井管中高压注气能够增加垃圾堆体内的裂隙宽度，增强垃圾堆体的渗透性。韩文君等[316]研究发现，随着注气压力增大，土体产生的裂隙也增大，而增大的裂隙提供了更直接的排水通道，缩短了水气混合物的排水路径，提高了真空度在排水体中的传递效率，弥补了常规真空降水过程中，真空度沿深度衰减较快的缺陷。黄峰[317]研究发现，注气可以增大周围孔隙水压力和渗流水力梯度，并可增大土体孔隙直径，增大孔隙水排出通道直径，提高降水效率。与真空降水相比，真空注气降水效果更好，当注气压力为 20m H_2O （$1mH_2O=9.80665\times10^{-3}Pa$）时，排水效率可提高 138% 以上[318]。联合注气竖井通常口径较小，具有施工方便、降水效率稳定、使用安全等优点。

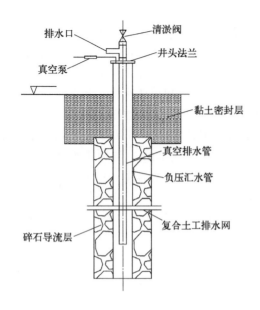
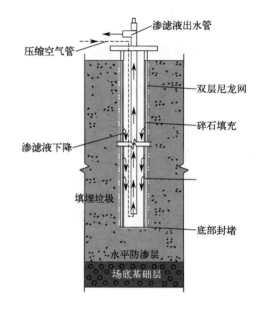

图 7-14 真空降水竖井结构示意　　图 7-15 联合注气真空降水竖井结构示意

3）集气井降水

填埋场内的集气井多采用竖井方式，其结构与渗滤液抽提竖井相似。一般填埋场集气井内不单独设置排水装置，短时降雨量增加、有机或易腐垃圾含量过大、渗滤液或雨水导排系统工作不畅等原因，都会导致填埋堆体内渗滤液的累积，致使集气井内的渗滤液水位升高，降低气体汇流效率及收集效率。

当填埋场渗滤液水位较高且产气量较大时，集气竖井可进行间接排水，如填埋气体导排系统产生的渗滤液通过导流管导入密封井内。密封井内设置自动排水泵，以压缩空气或电为动力，定期开启排水泵排水，或在密封井内设置液位计，待达到一定液位后开启排水泵排水，排水通过导流管进入渗滤液收集井或污水处理设施。该间接型排水井具有自动化程度高、排水量稳定的特点，但该套装置结构较复杂，对于中型或大型填埋场而言需配备数十台甚至上百台的排水泵及相应的自动控制系统，且密封井加工困难，工程造价较高，而且运行维护强度大。当填埋场产气量较小时，集气竖井可用于渗滤液抽排。例如，屈志云等[319]发明了一种用于垃圾填埋场集气井的渗滤液导排装置（图7-16）。该装置能够通过设置导排机构，根据集水管内水位的高低来关闭和开启下底板上的孔，以及开启和关闭进气阀和排气阀，能够利用水的浮力，以机械方式将填埋堆体的渗滤液导排出去，从而有效地提高填埋气体的收集和渗滤液的导排效率，提高自动化程度，降低工艺复杂程度，降低成本。

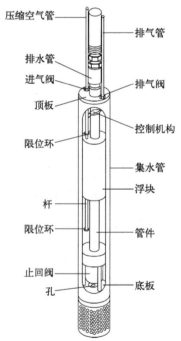

图 7-16 用于垃圾填埋场集气井的渗滤液导排装置[319]

7.2.2.2 水平导排盲沟

水平导排盲沟是垃圾填埋场中一种重要的堆体内渗滤液导排设施。水平导排盲沟主要沿水平横向或纵向布置于填埋堆体内，收集堆体内盲沟之上的渗滤液，并在重力作用下将渗滤液导排出堆体。在国外，水平导排盲沟也常用于渗滤液的回灌。

在垃圾填埋场生态修复过程中，当填埋场底部渗滤液导排系统淤堵失效时，可在堆体中间建设中间渗滤液导排系统。对于填埋高度达到几十米甚至上百米的垃圾填埋场，即使其底部导排系统正常运行，也可能存在垃圾堆体渗透系数减小的问题，导致上层渗滤液难以顺畅渗流并有效导排，在这种情况下，建设中间渗滤液导排系统也是有必要的。

根据《生活垃圾卫生填埋场岩土工程技术规范》（CJJ 176—2012）中的规定，垃圾填埋场中间渗滤液导排盲沟应符合下列要求：宜随填埋堆高分层建设，竖向间距宜为10～15m，横向间距宜为50～60m；靠近堆体边坡50m范围内宜适当减少导排盲沟以加强渗滤液导排；断面面积不宜小于1m×1m，沟周边宜设置反滤层，内宜铺设净颗粒材料，沟中宜设导排管，管径不宜小于250mm；应验算中间渗滤液导排盲沟沉降后排水坡度，避免产生倒坡；宜设置端头井等反冲洗维护通道。

有研究者在加高垃圾填埋场降水中采用包裹式导排盲沟施工，其操作为：首先进行盲沟起点终点定位，然后自上而下进行开挖，上端按坡度8%进行开挖，提高渗滤液抽排效率，下端按坡度2%进行开挖，平缓进行渗滤液集中收集，盲沟开挖后，沟内铺设土工膜、土工格栅，然后进行底层石子回填，放中心导排管，然后继续回填上层石子，完成后采用双向反折土工格栅进行包裹。为了长期控制堆体水位，兰吉武[265]在深圳下坪填埋场采用了大口径抽排竖井、边坡水平导排盲沟等填埋堆体水位控制措施。图7-17为工程填埋场长期水位控制措施平面布置和水平导排盲沟图。盲沟设置建议采用如下施工：每填高一层垃圾，在近边坡150m范围建设高效的水平导排盲沟，分为横向和纵向两种盲沟。纵向盲沟设置间距15～20m，长度100～150m（或根据现场边坡实情控制），主要用于该层垃圾堆体内渗滤液的长期快速导排，降低边坡渗滤液压力水头；横向盲沟设置间距40～50m，长度与现场边坡平台长度接近，除用于该层垃圾堆体内渗滤液导排外，还可连通纵向盲沟，加快纵向盲沟内的渗滤液外排，减少因盲沟淤堵而造成的渗滤液压力上升。盲沟下游设端头井，作为渗滤液转接井和反冲洗维护通道，以确保其在使用寿命内有效发挥作用。

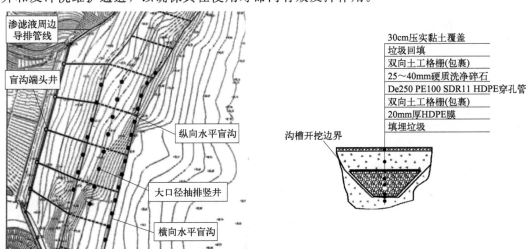

图7-17 深圳下坪填埋场长期水位控制措施平面布置和水平导排盲沟图[265]

兰吉武[265]研究发现,水平导排盲沟可有效降低模拟单元内的渗滤液水位和压力水头。在不设置水平导排盲沟时,考虑到底部导排层未淤堵,虽然导排层内渗滤液水头几乎为0m,但由于底层垃圾饱和渗透系数较小,模拟单元渗滤液水位和压力水头都很高。渗滤液水位浸润线高程为46.5m,最大压力水头达到21.9m。设置水平导排盲沟后,渗滤液水位(浸润线高程)降至32～40m,最大压力水头降至11.7m,水位和压力水头控制效果显著。

在设计上,水平导排盲沟之下不宜设置中间覆盖层,使水平导排盲沟上下贯通。虽然与设置中间覆盖层相比,在某些工况下对填埋场整体水位控制效果相对较差一些,但对整个填埋场而言,与不设置水平导排盲沟相比,仍可起到良好的控制作用。在不设置中间覆盖层时,水平导排盲沟、竖井和底部渗滤液导排层之间形成了一个连通的立体系统,能够更好地适应填埋场的复杂情况。此外,为维持渗滤液导排系统的正常运行,可定期冲洗淤堵最严重的渗滤液收集管,在淤堵物最终形成之前,利用高压水流冲散淤堵物,保持收集管道的畅通。例如,设置渗滤液导排系统的反冲洗维护通道,通常在渗滤液收集管的末端设置端头井(图7-18),端头井内安装渗滤液排放泵,并兼作反冲洗通道。在填埋作业过程中,可定期(如0.5年1次)自端头井对渗滤液收集管道进行反冲洗。

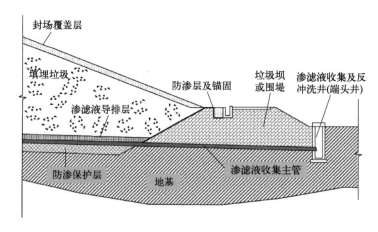

图7-18 渗滤液收集管与端头井

7.3 渗滤液处理技术

垃圾填埋场渗滤液的处理是水处理领域和环境卫生工程领域的热点。渗滤液中含有相当多的有毒物质,且浓度很高,若不经处理排入江河湖泊,其中的有机和无机污染物会使水生生物和农作物受到污染,从而对人体健康产生危害。因此,根据国家标准要求,经济有效地处理渗滤液是垃圾填埋场生态修复过程中的重要工作。

7.3.1 渗滤液排放标准

垃圾填埋场渗滤液的处理一般根据受纳水体的水域功能和环境容量,由当地环保主管部门确定不同排放标准。根据《生活垃圾填埋场污染控制标准》(GB 16889—2024)中的规定,现有和新建垃圾填埋场污水经处理并符合直接排放要求(表7-8)后方可直接排放。

表 7-8　生活垃圾填埋场水污染物排放限值和特别排放限值

序号	控制污染物	直接排放限值	特别排放限值	间接排放限值
1	色度(稀释倍数)	40	30	64
2	COD_{Cr}/(mg/L)	100	60	500
3	BOD_5/(mg/L)	30	20	350
4	悬浮物/(mg/L)	30	30	400
5	总氮/(mg/L)	40	20	70
6	氨氮/(mg/L)	25	8	45
7	总磷/(mg/L)	3	1.5	8
8	粪大肠菌群数/(个/L)	10000	10000	—
9	总汞/(mg/L)	0.001	0.001	0.001
10	总镉/(mg/L)	0.01	0.01	0.01
11	总铬/(mg/L)	0.1	0.1	0.1
12	六价铬/(mg/L)	0.05	0.05	0.05
13	总砷/(mg/L)	0.1	0.1	0.1
14	总铅/(mg/L)	0.1	0.1	0.1
15	总铜/(mg/L)*	0.5	0.5	2
16	总锌/(mg/L)*	1	1	5
17	总铍/(mg/L)*	0.002	0.002	0.002
18	总镍/(mg/L)*	0.05	0.05	0.05

注：* 表示填埋生活垃圾焚烧飞灰时需要增加控制的污染物。

根据环境保护工作的要求，在国土开发密度已经较高、环境承载能力开始减弱，或环境容量较小、生态环境脆弱，容易发生严重环境污染问题而需要采取特别保护措施的地区，如地下水污染防治重点区等，应严格控制填埋场的污染物排放行为，在上述地区的填埋场直接排放的水污染物执行表 7-8 规定的水污染物特别排放限值。

填埋场产生的渗滤液经收集后，可采用密闭运输送到污水集中处理设施处理、排入污水干管进入污水处理设施处理或者自行处理等方式进行处理。排入污水集中处理设施，应满足以下要求：a. 渗滤液应通过污水干管排入城镇污水处理厂；不能直接排至污水干管的，需通过单独排水管道排至污水干管；不具备排入污水干管条件，并无法铺设单独排水管道的，遵从国家有关规定；b. 渗滤液应通过单独排水管道排入工业污水厂；无法铺设单独排水管道的，遵从国家有关规定；c. 水污染物应执行表 7-8 规定的间接排放限值。

7.3.2　渗滤液处理方法

渗滤液处理方法有很多，根据处理目的的不同，渗滤液处理方法可分为预处理方法、生物处理法和深度处理方法。其中预处理方法主要采用物化法，主要目的是去除氨氮或无机杂质，或改善渗滤液的可生化性；生物处理法可采用厌氧生物处理法和好氧生物处理法，处理对象主要是渗滤液中的有机污染物和氮磷等；深度处理方法可采用纳滤、反渗透、吸附过滤等方法，处理对象主要是渗滤液中的悬浮物、溶解物和胶体等。

7.3.2.1　预处理方法

（1）吹脱法

吹脱法是将气体（载气）通入渗滤液中，使气体与渗滤液相互充分接触，让液相中的溶解气体和挥发性溶质穿过气液界面，向气相转移，从而达到脱除污染物的目的。常用载气为空气或水蒸气，前者称为吹脱，后者称为汽提，两者均属于气-液相转移分离法。空气吹脱可用于去除渗滤液中的氨和VOCs。作为生化处理前的有效预处理技术，吹脱法多用于处理中高浓度、大流量的氨氮废水，以减小NH_4^+-N对微生物的抑制作用，降低负荷，为其后续的生物处理工艺创造良好的条件，并节省后续处理的费用。

Bonmatí 等[320]研究发现，在NH_4^+-N初始浓度为220～3260mg/L的条件下，吹脱可以达到85%～95%的NH_4^+-N去除率。Marttinen 等[321]研究发现，在pH值为11、温度为20℃和吹脱时间为24h的条件下，NH_4^+-N的去除率可以达到89%。吴方同等[322]采用常用的吹脱填料塔，研究垃圾渗滤液中氨氮的去除，发现对于氨氮浓度在1500～2500mg/L的渗滤液具有较好的处理效果，在温度为25℃、pH值为10.15～11.10、气液比为2900～3600时，氨氮吹脱效率可达95%以上。另外，采用石灰粉和Na_2CO_3组合投加或吹脱采用密闭循环系统，都可较好地解决吹脱塔结垢的问题。图7-19为垃圾渗滤液处理中氨氮吹脱塔示意图。

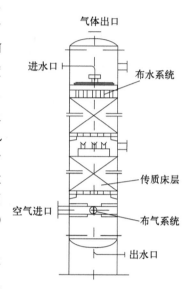

图7-19 垃圾渗滤液处理中氨氮吹脱塔示意图

吹脱法除氨氮的主要问题是NH_3会释放到大气中，其对环境影响很大，需要事先采用吸收剂（如H_2SO_4等）吸收，形成铵盐肥料，如硫酸铵[$(NH_4)_2SO_4$]。该肥料以氮和硫的形式为植物提供必需的养分，与其他氮基肥料相比具有多种优势。当使用石灰调节pH值时，在吹脱塔中会形成碳酸钙沉淀。此外，吹脱法也存在COD去除效率低，并需要大型吹脱塔以避免起泡等问题。

（2）混凝沉淀法

混凝沉淀是一种简单的物理化学技术，可以使悬浮液中的小颗粒变得不稳定，从而使它们聚集并形成絮凝物，随后通过沉降、浮选或过滤技术将其去除（图7-20）。混凝沉淀技术可将污染物以污泥的形式从液相转移到固相中，常用于垃圾渗滤液预处理或最终处理中。混凝沉淀可以有效去除有机污染物和重金属，但对NH_4^+-N的去除效果不明显。

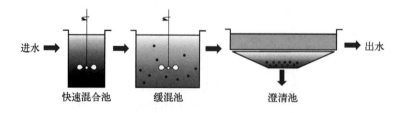

图7-20 混凝沉淀工艺[323]

$Al_2(SO_4)_3$、$FeSO_4$、$FeCl_3$和$Fe_2(SO_4)_3$是常用的混凝剂。一般来说，铁盐具有更广泛的pH值适用范围，使用铁盐比铝盐更有效[324]。通过混凝沉淀评估渗滤液处理的研究也表明，铁盐比铝盐更能有效地降低COD，去除效率分别为接近50%和10%～40%[325-327]。混凝剂种类有很多，除了常用的铁盐和铝盐等无机混凝剂以外，还包括有机混凝剂、高分子混凝剂和复合混凝剂（表7-9）。

表 7-9 常见的无机、有机、高分子及复合混凝剂

分类	混凝剂
无机混凝剂	硫酸铝、硫酸铁、硫酸亚铁、铝酸钠、氯化铁、氯化铝、碳酸钠、氢氧化钠、氧化钙、硫酸、盐酸、氢氧化铝、氢氧化铁
有机混凝剂	月桂酸钠、硬脂酸钠、油酸钠、松香酸钠、十二烷基苯磺酸钠、十二烷胺乙酸、十八烷胺乙酸、松香胺乙酸、烷基二甲基氯化铵、十八烷基二甲基二苯乙二酮
高分子混凝剂	聚合硫酸铝、聚合氯化铝、活性硅酸、藻朊酸钠、羟甲基纤维素钠盐、聚乙烯亚胺、淀粉、水溶性酚醛树脂、动物胶、蛋白质、聚丙烯酸钠、马来酸共聚物、聚乙烯吡啶盐、乙烯吡啶共聚物、聚丙烯酰胺、聚氯乙烯
复合混凝剂	聚合硫酸铝铁、聚合氯化铝铁、聚合硫酸氯化铁、聚合硫酸氯化铝、聚合铝硅、聚合铁硅、聚合硅酸铝、聚合硅酸铁、聚合铝/铁-聚丙烯酰胺、聚合铝/铁-甲壳素、聚合铝/铁-天然有机高分子、聚合铝/铁-其他合成有机高分子

尽管混凝沉淀因其操作简单而受到广泛认可，但单独使用混凝沉淀法无法有效地将渗滤液处理至规定的排放标准，因此，它们经常被用作预处理。例如，当与膜分离过程相结合时混凝沉淀的实施可以最大限度地减少膜污染，从而实现稳定运行并减少通量下降[325]。此外，根据使用混凝剂的不同（如氧化钙），混凝沉淀还能够降低渗滤液的碱度并产生具有化学惰性且易于处置的污泥[328]。

(3) 高级氧化技术

高级氧化技术（advanced oxidation process，AOPs）是 20 世纪 80 年代发展起来的一种难降解有机污染物氧化去除新技术，其特点是利用反应中产生的具有强氧化性的羟基自由基（·OH）作为主要氧化剂，将废水中难降解的有机污染物氧化降解成无毒或低毒的小分子物质，甚至直接矿化为 CO_2、水以及其他小分子羧酸，达到无害化目的。AOPs 的效率主要取决于高氧化电位（E_0）的氧化剂产生的自由基（图 7-21）。AOPs 可分为 Fenton 氧化法、类 Fenton 氧化法、臭氧氧化法、光催化氧化法等。

1）Fenton 氧化法

Fenton 氧化法是利用 Fe^{2+} 的均相催化作用，使强氧化剂 H_2O_2 催化分解产生·OH，氧化有机物分子，从而使其降解为小分子有机物或矿化为 CO_2 和 H_2O 等无机物（图 7-22），反应式如下：

$$Fe^{2+} + H_2O_2 \longrightarrow Fe^{3+} + \cdot OH + OH^-$$

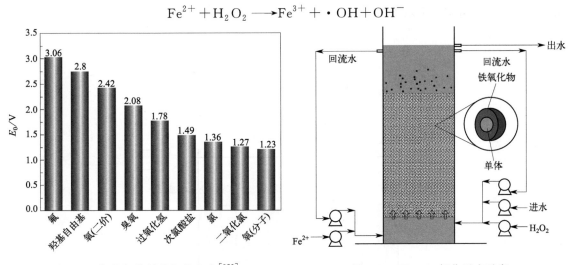

图 7-21 各种氧化剂的氧化电位[329]　　图 7-22 Fenton 氧化反应示意

Fenton 氧化反应去除有机污染物主要分为氧化作用和混凝作用两种途径。在较低的 pH

值下，氧化作用将大分子有机物完全矿化或降解为小分子，经中和操作后，铁以 Fe(OH)$_n$ 的形式存在，从而使 Fenton 试剂具有一定的絮凝效果，可进一步实现有机物的沉降分离。Fenton 试剂的氧化和絮凝作用是相互联系的，并且氧化作用是 Fenton 氧化处理的控制和主导步骤，对絮凝沉降有着间接的影响。pH 值和 Fenton 试剂投加量是影响渗滤液中有机物去除效果的关键因素。Jung 等[330]研究发现，Fenton 工艺中 COD 的去除率为 35%～90%。Fenton 氧化反应具有无额外能量输入、操作简单、系统维护费用低、反应速度快、均相反应、不损失能量等优点。但也有一些缺点限制了该技术的应用，如该技术需要大量的化学试剂，增加了操作成本，操作 pH 值范围窄（pH 值在 2～3 之间），以及产生的含铁污泥易造成二次污染。为了克服这些缺点，人们研究了类 Fenton 氧化工艺处理垃圾渗滤液，包括均相和非均相，同时也引入了能量增强的 Fenton 氧化工艺，如电 Fenton 氧化法和 UV（紫外线）-Fenton 氧化法，来处理垃圾渗滤液，以提高处理效率。

2) 类 Fenton 氧化法

近年来，为提高 H_2O_2 催化分解产生·OH 的效率，改进传统 Fenton 法带来的 pH 值适用范围窄、降解过程有副产物产生、药剂投加量大等缺点，将光能、电能和超声等能量源引入 Fenton 法中，形成了与 Fenton 法反应机理相近的类 Fenton 法，如非均相类 Fenton 法、电 Fenton 法和 UV-Fenton 法等。非均相 Fenton 法是将均相 Fenton 法中的催化剂固定化，实现催化剂的循环利用，从而避免二次污染和节约能源。非均相类 Fenton 过程可以将有效 pH 值范围扩大到近中性条件，并且固体催化剂易于分离。催化剂可分为铁基催化剂和非铁催化剂。Chen 等[331]研究发现，以零价铁为催化剂，结合微波辐射处理垃圾渗滤液时，在 H_2O_2 用量为 20mL/L、初始 pH 值为 2.0、催化剂投加量为 500mg/L 的最佳条件下，COD 的去除率可以达到 58.7%。此外，多金属催化剂也在逐步开发中。Sruthi 等[332]采用负载铁锰复合氧化物的沸石处理稳定化的垃圾渗滤液，研究发现在 H_2O_2 浓度为 0.033mol/L、pH 值为 3、催化剂用量为 700mg/L 的最佳条件下，COD 去除率高达 88.6%。

电 Fenton 法是利用溶解氧分子在阴极表面发生还原反应连续生成的 H_2O_2 与 Fe^{2+} 发生 Fenton 反应，生成的 Fe^{3+} 在阴极又被还原成 Fe^{2+}，继续与 H_2O_2 发生 Fenton 反应（图 7-23），其基本反应机理可简单表示为：

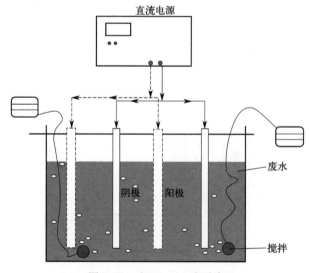

图 7-23 电 Fenton 法示意

$$O_2 + 2H^+ + 2e^- \longrightarrow H_2O_2$$
$$Fe^{2+} + H_2O_2 \longrightarrow Fe^{3+} + \cdot OH + OH^-$$
$$\cdot OH + RH(有机物) \longrightarrow P(降解产物)$$

根据 H_2O_2、Fe^{2+} 的添加和生成情况，电 Fenton 法分为 4 种类型：a. 外部添加 Fe^{2+}，原位生成 H_2O_2；b. 外部添加 H_2O_2，牺牲阳极产生 Fe^{2+}；c. H_2O_2 和 Fe^{2+} 均外加；d. H_2O_2 和 Fe^{2+} 都通过添加 Fe^{3+} 和 O_2 就地生成。影响电 Fenton 法的因素有很多，包括电极性能、pH 值、曝气量和电流密度等。Wang 等[333]采用电 Fenton 法处理垃圾渗滤液，结果发现，在 H_2O_2 浓度为 0.187mol/L、pH 值为 2.0、Fe^0 用量为 1.745g/L、电流密度为 20.6mA/cm^2、电极间隙为 1.8cm 的最佳条件下，COD 去除率可达 70%。

在 Fenton 体系中引入紫外光可以增强 Fe^{2+}/H_2O_2 体系中的化学反应，即 UV-Fenton 法。在紫外光的照射下，Fe^{3+} 与 H_2O_2 可以直接反应生成·OH 和 Fe^{2+}，H_2O_2 也可以自行分解产生·OH，提高了 H_2O_2 的利用率，羧酸铁也会发生光脱羧反应。Zazouli 等[334]研究发现，在最佳条件下，采用 Fenton、类 Fenton 和 UV-Fenton 工艺处理垃圾渗滤液，COD 的去除率分别为 69.6%、65.9% 和 83.2%。类 Fenton 过程是对 Fenton 过程的改进，可以在一定程度上解决 Fenton 过程的一些缺陷。然而，大多数催化剂的 H_2O_2 利用率相对较低。催化剂的稳定性也是一个挑战，高昂的催化剂合成成本和复杂的合成过程限制了这些工艺的广泛应用。此外，能量消耗对于电 Fenton 和 UV-Fenton 工艺都极为关键。

3）臭氧氧化法

臭氧具有很强的氧化性，其氧化还原电位高达 2.08V，仅次于氟，可以将难降解的大分子物质转化为可生物降解的化合物，从而提高其生物降解性，使得臭氧在水处理和废物处理等领域中应用广泛。臭氧氧化降解有机物的机理有两种（图 7-24）。第一种是臭氧分子的反应，臭氧分子的结构呈三角形，中心氧原子与其他两个氧原子间的距离相等，在分子中有一个离域 π 键，臭氧分子的特殊结构使得它可以作为偶极试剂、亲电试剂及亲核试剂与有机物反应。第二种是臭氧分解产生·OH，通过·OH 的间接攻击发生反应，反应方程式如下：

$$3O_3 + H_2O \longrightarrow 2 \cdot OH + 4O_2$$

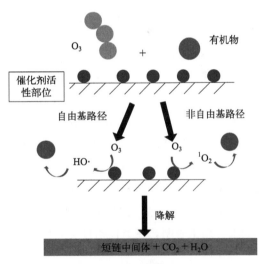

图 7-24　臭氧氧化法降解有机物的机理示意
$^1O_2$—单线态氧

与 Fenton 氧化法相比，臭氧氧化技术产生的污泥较少，处理垃圾渗滤液的氧化还原电位较高（$E_0 = 2.08V$）。臭氧氧化时间和臭氧投加量是影响垃圾渗滤液处理效果的主要因素。一般情况下，臭氧投加量越大，臭氧氧化过程中有机物的去除效率就越高。Chen 等[335]研究发现，臭氧氧化可降解垃圾渗滤液中有机物的主要成分富里酸和腐殖酸，经臭氧氧化后，膜生物反应器（MBR）对垃圾渗滤液中腐殖酸的去除率为 88%，对富里酸的去除率为 83.3%。Staehelin 等[336]通过试验证明，共轭基能诱发 O_3 分解成·OH，极大地提高了降解反应速率，当 H_2O_2 浓度为 600mg/L 时有机物去除率最大，可生物降解性也得到最大改善，此时COD去除率为63%，TOC去除率为53%，BOD/COD值从0.01提高到0.17。O_3/H体系对去除难降解物质有一定效果，是生化反应前良好的预处理手段。单独使用臭氧处理垃圾渗滤液时，存在处理费用高，氧化能力不足，在低剂量和短时间内不能完全氧化污染物，且分解生成的中间产物会阻止臭氧的进一步氧化等问题，因此，提高臭氧利用率和氧化能力成为臭氧氧化法处理垃圾渗滤液的研究方向，国内外学者也广泛探索了多项催化臭氧氧化技术以提高氧化效率，改善渗滤液的可生化性。

催化臭氧氧化技术是一种有效的去除垃圾渗滤液中有机物的方法，即臭氧与催化剂相结合，通过控制自由基的产生来提高有机物的去除效率。根据所用催化剂的形式，催化臭氧氧化可以分为两类，在催化臭氧氧化处理过程中，加入溶解性催化剂称为均相催化氧化，加入固体催化剂则称为非均相催化氧化。均相催化氧化会造成二次污染，在处置前需要进一步分离。使用金属氧化物可以增强非均相催化氧化，但非均相催化氧化的传质效率低，限制了其实际应用。张昕[337]以天津市双口垃圾填埋场生化处理后的出水为研究对象，采用活性Al_2O_3作为催化剂，催化臭氧氧化垃圾渗滤液，结果发现，处理180min后出水COD及TOC去除率分别为70%和68%，而在相同反应条件下单纯臭氧氧化180min后COD及TOC去除率只达到40%和38%。此外，为了提高垃圾渗滤液处理性能，臭氧氧化技术通常与其他AOPs技术相结合，例如电化学/O_3、O_3/H_2O_2、O_3/UV和$O_3/S_2O_8^{2-}$。Wang等[338]采用Fe^0-O_3/H_2O_2一体化工艺处理经准好氧垃圾生物滤池预处理的垃圾渗滤液，在Fe^0投加量为0.6g/L、O_3产生量为26.80mg/min、H_2O_2投加量为1mL/L的条件下，COD去除率达到43%。因此，在采取措施提高臭氧氧化效率后臭氧氧化仍然是处理垃圾渗滤液的较好选择。

4）光催化氧化法

紫外光照射被认为是一种对环境影响较小的有效方法，可以激活H_2O_2，生成活性氧化物。UV-AOPs越来越多地被应用于垃圾渗滤液的处理中，通过产生高活性的自由基（如·OH等）来消除污染物和改善水质（图7-25）。在实验室和中试研究中，UV-H_2O_2工艺是最广泛使用的UV-AOPs，其氧化速率高，操作程序简单，不会产生污泥[339]。然而，由于H_2O_2的紫外吸光度较低，水和有机物的·OH清除率较高，UV-H_2O_2工艺需要较高的能量输入才能产生足够的·OH。为了克服这一缺点，可以使用UV-H_2O_2与Fe^{2+}耦合的方法。Zhao等[340]比较了Fenton、UV-H_2O_2和UV-Fenton工艺对经过生物处理的垃圾渗滤液浓缩液的处理效果，结果表明，在最佳条件下，UV-Fenton的处理效果最好，COD的去除率可达93%。

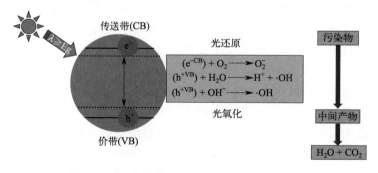

图7-25 光催化氧化法降解污染物过程的机理

AOPs已成为处理垃圾渗滤液的重要技术。然而，AOPs也存在一些固有的局限性，如污泥产生量大、药剂投加量大、操作pH值范围窄等。虽然外加能源可以提高AOPs的去除效率，但其能耗也相应增加，从而提高了整体运行成本。这些问题使得AOPs工艺尽管出水水质相对较好，但大部分仍处于小试规模。在能耗和处理效率之间找到最佳方案，对于以最低成本实现环境效益最大化至关重要。

7.3.2.2 生物处理法

污水生物处理技术主要是利用微生物的新陈代谢，氧化分解有机物并将其转化为CO_2、H_2O和小分子物质等的过程。根据是否需要氧气，生物处理技术可分为好氧生物处理和厌氧生物处理。

(1) 好氧生物处理

好氧生物处理是利用微生物在好氧条件下的代谢作用，以废水中的有机物作为原料进行新陈代谢，合成生物质，同时降解污染物，以达到无害化要求。在好氧生物处理中，有机物一方面被分解、稳定，并提供给微生物生命活动所需的能量，另一方面被微生物转化、合成细胞质。由于好氧反应速率较快，所需反应时间较短，因而好氧反应器容积可以减小，而且在处理过程中，基本没有臭气产生，出水也可以达到比较好的水质。好氧生物处理操作较简单，微生物驯化适应时间短，一般仅需几周即可完成，并具有良好的抗冲击能力。好氧生物处理技术可有效地降低废水的BOD、COD和氨氮，同时可除去铁、锰等金属。常见的好氧处理工艺主要有活性污泥法、序批式反应器（sequencing batch reactor，SBR）工艺和好氧生物滤池等。

1) 活性污泥法

活性污泥法是在曝气池中将废水与活性污泥进行混合曝气，利用微生物的代谢作用去除废水中污染物的一种方法（图7-26）。在垃圾渗滤液处理上，活性污泥法具有处理费用低、结构简单等优点，得到了广泛的应用。虽然活性污泥法处理渗滤液在实验室阶段能达到较高的去除效率，但在实际的操作运行过程中，由于水质、水量的剧烈变化以及管理上的一些问题，较难长期达到预期设计目标。徐瑨等[341]在光大环保常州能源渗滤液处理站进行为期3个月的中试研究，发现当进水COD和NH_4^+-N浓度分别为10g/L和2g/L时，纯氧曝气活性污泥工艺可以去除82%以上的COD和98%以上的NH_4^+-N。但是，活性污泥法曝气能耗高、污泥产量大、污泥处理成本高、渗滤液中NH_4^+-N会抑制微生物活性等缺点，仍然是其应用中的重大问题。为了提高活性污泥系统性能，研究者也尝试了一些方法，例如添加吸附剂和向系统中施加电场等，以提高COD、氨氮、TP和色度等的去除效率。

2) SBR工艺

SBR工艺是一种间歇运行的污水处理方法。SBR的一个运行周期一般包括进水、反应、沉淀、排水和闲置五个阶段（图7-27）。SBR反应器由于充分利用了生物反应过程和单元操作过程，具有较强的抗冲击负荷能力，同时可根据渗滤液水质复杂多变的特点，灵活地调整工艺参数，并且可实现厌氧与好氧交替进行，可以达到较好的脱氮除磷效果。例如，Laitinen等[342]采用SBR工艺进行渗滤液处理，结果发现，该系统对总悬浮固体（TSS）、BOD_5、NH_4^+-N和P的去除率分别为89%、94%、99.5%和82%。Yong等[343]采用两级SBR与混凝[混凝剂分别为$Al(OH)_3$和Al_2O_3]工艺处理渗滤液，研究发现COD、NH_4^+-N和TSS的去除率分别可达85%、94%和92%，并且这两种处理方法还可以有效地去除重金属，如镉（去除率为95%）、铅（95%）、镍（41.2%）和砷（34.8%）等。

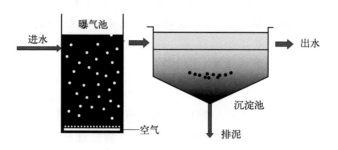

图 7-26　活性污泥法示意图

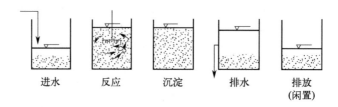

图 7-27　SBR 运行周期示意

3) 好氧生物滤池

好氧生物滤池是微生物附着在固定床反应器的介质颗粒材料上生长代谢，以去除废水中污染物的一种设备。生物滤池介质材料有高炉矿渣或岩屑，也有设计成高表面积的特殊塑料单元（介质），介质本身不参与处理，只是作为生物膜有效附着的表面。在生物滤池中，渗滤液在系统的顶部均匀进水，在流经生物滤池介质材料时，可以被其中的微生物代谢，从而达到去除污染物目的。Matthews 等[344]研究表明，曝气生物滤池可有效去除渗滤液中的高浓度氨氮（883~1150mg/L），去除率可以达到68%~88%，并且氨氮去除率通常随着温度的升高而升高。Mondal 等[345]使用轮胎碎屑和碎片作为填料的生物滤池来处理渗滤液，处理后 COD、BOD_5 和氨氮的去除率分别为 76%~90%、81%~96% 和 15%~68%。生物滤池对于渗滤液处理具有较好的效益，尤其是处理来自老龄垃圾填埋场的渗滤液。

(2) 厌氧生物处理

厌氧生物处理是在无氧条件下，厌氧微生物对有机物进行降解代谢的处理方法。由于年轻垃圾填埋场渗滤液的 COD 浓度和 BOD/COD 值较高，厌氧处理往往优于好氧处理。渗滤液厌氧生物处理工艺主要有厌氧生物滤池、UASB 和厌氧折流板反应器（ABR）等。

1) 厌氧生物滤池

厌氧生物滤池的工作原理与好氧生物滤池相似，当有机废水通过挂有厌氧生物膜的滤料时，废水中的有机物扩散到生物膜表面，并被生物膜中的厌氧微生物降解产生气体。厌氧生物滤池按水流的方向可分为升流式厌氧滤池和降流式厌氧滤池，废水向上流动通过反应器的为升流式厌氧生物滤池，反之为降流式厌氧生物滤池（图 7-28）。由于厌氧生物滤池的种类不同，其内部的流态也不同。降流式厌氧生物滤池通常采用较大的回流比，即将一部分废水从滤池底部抽回到反应器的顶部，因此其流态接近于完全混合。升流式厌氧生物滤池的流态接近于平推流，即废水从滤池底部向上流动，纵向混合不明显。厌氧生物滤池中存在着大量兼性厌氧菌和专性厌氧菌，此外还会出现不少厌氧原生动物。在厌氧生物滤池中，厌氧微生物和原生动物等相互作用不仅可以提高出水水质，而且能够减少污泥量。例如，Kaetzl 等[346]研究发现，以生物炭和木屑作为过滤介质可以降低污染物浓度，其中 COD 降低了 95%，TOC 降低了 80%。Henry 等[347]研究发现，厌氧生物滤池可有效处理填埋龄为 1.5 年和 8 年的填埋场渗滤液，当其 COD 为 14000mg/L 和 4000mg/L、BOD/COD 值为 0.7 和 0.5、负荷率为 $1.26 \sim 1.45$kg COD/$(m^3 \cdot d)$、水力停留时间为 $24 \sim 96$h 时，COD 去除率均可达 90% 以上，但当负荷再增加时，其去除率急剧下降。由此可见，虽然厌氧生物滤池处理高浓度有机污水时，负荷率可达 $5 \sim 20$kg COD/$(m^3 \cdot d)$，但对于渗滤液，其负荷必须保持在较低水平才能达到理想的处理效果。

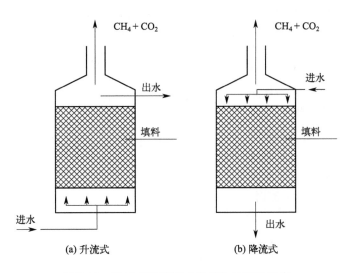

图 7-28　升流式和降流式厌氧生物滤池示意

2) UASB

UASB 的最大特点是在上部设置了一个专用的气-液-固三相分离器，分离器下部是反应区，上部是沉淀区，在反应区中根据污泥的分布情况可分为污泥层和悬浮区，图 7-29 为 UASB 示意图。UASB 在渗滤液处理方面展现出了显著的有效性。例如，Kettunen 等[348]采用 UASB 工艺对芬兰的 Ammassuo 填埋场渗滤液进行了研究，发现在温度为 $13 \sim 14$℃、有机负荷为 $1.4 \sim 2.0$kg COD/$(m^3 \cdot d)$ 的条件下，COD 和 BOD_5 的去除率分别为 $50\% \sim 55\%$ 和 72%；当温度升高到 $18 \sim 23$℃、有机负荷相应提高到 $2.0 \sim 4.0$kg COD/$(m^3 \cdot d)$ 时，COD 和 BOD_5 的去除率分别达到 $65\% \sim 75\%$

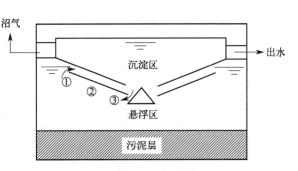

图 7-29　UASB 示意

和 95%，甲烷的平均产率为 320mL/g COD；同时在试验过程中，渗滤液中无机物易在反应器污泥中发生积累，试验末期分析显示主要为 Ca 和 Fe 等无机物，分别占到反应器内总固体的 24% 和 7%。水力停留时间（HRT）是影响 UASB 性能的重要因素之一。Baâti 等[349]

研究发现，随着HRT的增加，沼气产生量也增加，当HRT分别为12h、24h、36h和48h时，沼气量可分别达到0.11L/L、0.16L/L、0.21L/L和0.24L/L，并且在HRT为48h时有着最高的COD去除率（93.8%）。

3) ABR

ABR是一个多格室的高效新型厌氧反应器，它具有水利条件好、生物固体截留能力强、微生物群落分布均匀、结构简单、启动较快和运行稳定等优点。在运行中，ABR是一个整体推流系统，而各个格室内部为完全混合状态，因而可以获得稳定的处理效果。ABR内设置若干竖向导流板将反应器分隔成几个串联的反应室，其中每个都可以看作一个相对独立的上流式污泥床系统（图7-30）。从生物相分离的角度看，其中的微生物群落可沿长度方向的不同格室实现产酸和产甲烷的分离，在单个反应器中进行两相或多相运行，因此反应器具有较高的污染物去除性能。沈耀良等[350]用ABR处理苏州七子山垃圾填埋场渗滤液和城市污水的混合液，结果表明，ABR可有效地改善混合废水的可生化性，在进水BOD_5/COD_{Cr}值为0.2~0.3时，

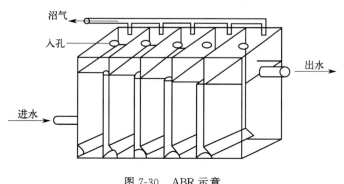

图7-30 ABR示意

出水BOD_5/COD_{Cr}值可提高至0.4~0.6，当容积负荷为4.71kg COD/($m^3 \cdot d$)时，可形成沉降性能良好、粒径为1~5mm的颗粒污泥，各格室中的污泥浓度为20~38g/L，混合废水经ABR的预处理，大大提高了该废水后续好氧处理设施的运行稳定性。

(3) MBR

MBR是一种集生物处理和膜分离于一体的新型高效生物处理技术，因此它本质上由两个主要部分组成：负责污染物生物降解的生物单元或生物反应器以及用于将处理后的水与生物固体或微生物分离的膜模块。根据孔径，MBR中使用的膜可分为微滤（MF）、超滤（UF）、纳滤（NF）、反渗透（RO）膜。与其他生物处理工艺相比，MBR具有多种优势：

① 通过膜的应用，将生物反应区和分离区完全分开，使得运行控制更加灵活、稳定，同时能够获得优质的出水水质；

② 反应器内部的膜组件能够有效截留微生物，使得生物反应器内的微生物浓度较高；

③ 膜组件的截留作用有利于增殖速度较慢的微生物（如硝化细菌）的截留和生长，提高系统的硝化效率，有利于处理氨氮浓度较高的渗滤液等废水；

④ MBR的污泥龄长，污泥产率低，易于实现自动控制，操作管理方便。

根据膜单元的位置，MBR分两种类型，即浸没式（内部）和再循环（外部）反应器（图7-31）[351]。在浸没式MBR中，膜浸入生物反应器内部，出水利用膜组件内部的真空压力通过膜进行过滤。在再循环MBR中，膜位于生物反应器外部，通过混合液沿膜表面高压循环来过滤出水，浓缩的混合液再循环至生物反应器中。浸没式MBR不需要高流量再循环泵，因此其更加节能。Ahmed等[352]认为，无论渗滤液龄期如何，MBR都可以实现较高的BOD和NH_4^+-N去除率（90%）。尽管进水渗滤液的浓度和成分变化很大，但出水水质都相对较好。

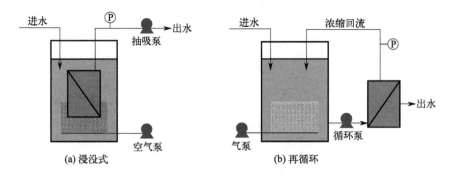

图 7-31 浸没式和再循环反应器

目前 MBR 研究主要集中在中空纤维浸没式 MBR，其次是平板浸没式 MBR、使用横流管式膜的循环式 MBR 以及浸没式动态 MBR。Xue 等[353]研究了浸没式和再循环 MBR 处理生活垃圾渗滤液的性能，结果发现，两者对于 COD 和 NH_4^+-N 去除效率并无显著的差别。然而，浸没式 MBR 中的膜污染比再循环 MBR 中的更严重。再循环 MBR 中的再循环操作减少了悬浮物（SS）的沉积，从而减小了膜污染。浸没式 MBR 中使用的膜类型[平板膜（FS）和中空纤维膜（HF）]也会影响污染物的去除性能。Hashisho 等[354]研究发现，FS-MBR 和 HF-MBR 对 BOD、COD 和 TP 的去除效果相当，然而，FS-MBR 对 TN 和 NH_4^+-N 的去除效率高于 HF-MBR。Saleem 等[355]采用浸没式动态 MBR 处理老龄渗滤液，结果显示，有机物去除率为 50%～60%，NH_4^+-N 的去除率高达 80%～90%。MBR 在垃圾渗滤液处理中的性能受 HRT、固体停留时间（SRT）、混合液 pH 值和微生物组成等影响。MBR 处理垃圾渗滤液一般采用的 HRT 为 0.5～4d，SRT 为 20～60d[356]。在 pH 值为 5.5 和 8.5 时，MBR 对有机物的去除效果没有显著差异，但是两者间的微生物群落不同，影响了 DOM 的转化及其去除效果，并且在 pH 值为 5.5 和 8.5 的条件下，微生物 EPS 分泌增加，会影响系统的性能，因此，MBR 反应器的最适 pH 值为 6～7[357]。

对于含有大量难降解物质和高浓度 NH_4^+-N 的垃圾渗滤液，考虑到严格的排放标准，单独运用 MBR 很难达到排放要求，因此需要结合前处理或后处理工艺，以提高 MBR 处理性能。例如，采用纳滤的膜生物反应器或反渗透，以捕获 MBR 出水中残留的不可生物降解的有机物和 DOM。

7.3.2.3 深度处理方法

(1) 膜分离技术

膜分离技术是在压力的作用下，利用特殊的半透膜将废水分开，进而使某些溶质或溶剂渗透出来的方法。按照膜对物质的分离范围和分离过程应用的推动力来分类，膜分离主要可以分为 MF、UF、NF 和 RO 等。膜分离技术具有占地面积小、处理量大、出水水质好、消毒能力强等突出优点，因此，膜分离技术被认为是近几十年来处理垃圾渗滤液的一种有前途的方法。图 7-32 为不同膜技术的过滤谱和适用范围。

MF 通常用作垃圾渗滤液处理的预处理装置，以消除孔径为 0.1～1μm 的胶体和悬浮物。UF 可有效截留孔径为 2～100nm 的大分子和颗粒物。Renou 等[327]研究认为，UF 可以去除渗滤液中 10%～75%的 COD。目前，UF 通常作为 RO 工艺的预处理环节，去除垃圾渗滤液中的大分子成分，以减轻在 RO 过程中造成的膜污染现象。尽管渗滤液处理采用不同的膜分离技术，但效率更高的是 NF 和 RO 膜，特别是在与 MBR 等其他工艺结合使用时，其去除效率更高。NF 提供了一种多功能方法，可以满足不同的水质要求，例如截留有机污染物、无机污染物和微生物污染物。NF 膜通常由截留分子量在 200~2000Da 之间的聚合物薄膜制成。除了溶解的有机物外，这些膜对硫酸盐和多价离子具有高通量和高截留率，但对单价离子（例如钠和氯）的截留率较低。其中，对阴离子的截留顺序为 $NO_3^- < Cl^- < OH^- < SO_4^{2-} < CO_3^{2-}$，对阳离子的截留顺序为 $H^+ < Na^+ < Ca^{2+} < Mg^{2+}$[358]。Marttinen 等[321]研究发现，在 25℃下，NF 膜能够去除渗滤液中 52%~66% 的 COD 和 27%~50% 的氨。

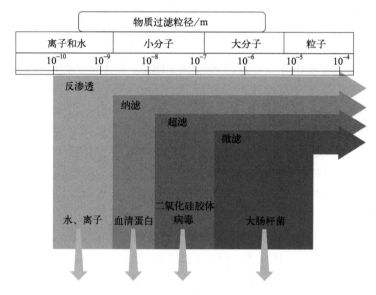

图 7-32　不同膜技术的过滤谱和适用范围[12]

RO 工艺因其强大的截留能力而成为应用最广泛的渗滤液处理方法。由于 RO 只允许水分子通过膜，从而可以有效去除渗滤液中的重金属、悬浮物和溶解固体、有机物和溶解的无机物等污染物。在膜工艺处置垃圾渗滤液的工程中，一般采用两级反渗透工艺（图 7-33）。

Chen 等[359]研究发现，RO 系统不仅大大减少了 MBR 处理后渗滤液中 DOM 的种类，而且在去除杂原子 DOM 的方面表现出了更好的性能。高性能的膜材料是制造各种优质反渗透膜的基础和发展膜技术的关键，包括各种高分子材料和无机材料。膜的性能与材料的性质密切相关，所以要想获得理想的脱盐率和水通量，达到分离要求，膜材料必须具备良好的成膜性、热稳定性、化学稳定性、耐酸碱性、耐微生物侵蚀性和耐氧化性等性能。目前常用的反渗透膜主要有醋酸纤维素膜、芳香聚酰胺膜、聚苯并咪唑酮膜、聚酰亚胺膜、壳聚糖膜以及复合膜等。

在国内目前采用膜工艺处置垃圾渗滤液的工程实例中，采用的深度处置设备大部分是碟管式 RO 系统，其中处理规模最大的是重庆长生桥垃圾填埋场，处理规模为 500t/d。表 7-10 中列出了我国现有的采用膜工艺处理垃圾填埋场渗滤液的工程项目及处理情况。从表中可以看出，处理工艺主要以 RO 为主。碟管式 RO 系统的水回收率一般在 70%~80%，膜寿命为 3 年左右，水的投资为 4 万~7 万元/t。

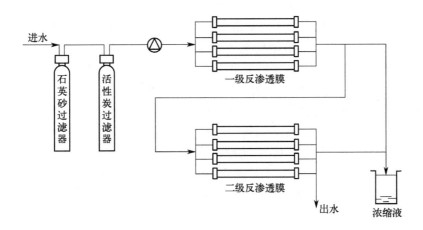

图 7-33　两级反渗透工艺示意

表 7-10　我国现有的采用膜工艺处理垃圾填埋场渗滤液的工程项目及处理情况

项目名称	处理规模/(t/d)	采用工艺	水回收率/%	排放标准 (GB 16889—1997)
北京北神树垃圾填埋场渗滤液处理	80	两级+高压	80	一级
重庆长生桥垃圾填埋场渗滤液处理	500	两级反渗透	80	一级
北京安定垃圾渗滤液处理	200	高压+两级	80	一级
北京阿苏卫垃圾填埋场渗滤液处理	300	两级反渗透	78	一级
北京南宫堆肥场渗滤液处理	68	两级反渗透	80	一级
上海黎明垃圾填埋场渗滤液处理	400	两套单级反渗透	77	一级（远期）、三级
沈阳大辛垃圾填埋场渗滤液处理	230	两级反渗透	75	一级
沈阳老虎冲垃圾填埋场渗滤液处理	230	两级反渗透	75	一级

注：GB 16889—1997 已废止，现行 GB 16889—2008。

尽管膜分离技术已被证明可以产生高质量的废水，但两个固有的缺点限制了其广泛应用。首先，垃圾渗滤液中含有各种有机物、无机物、微生物和胶体颗粒，这些物质容易附着在膜表面造成膜污染，导致膜通量下降和分离效率降低，膜污染和堵塞问题严重影响了膜组件的寿命，需要定期进行清洗和维护，增加了运行成本和操作复杂性[360]。其次，膜分离技术不能降解污染物，只是将垃圾渗滤液中的水分浓缩出来，得到体积较小、浓度较高的渗滤液（为初始体积的 20%～30%），其中含有大量难降解的有机化合物和无机盐，与原始渗滤液相比，经膜浓缩后的垃圾渗滤液更为复杂且难以处理。预处理技术，如去除悬浮物、抑制不溶盐沉淀、抑制结垢、去除有机物、去除细菌和其他微生物等，可以减少膜污染。

(2) 吸附法

吸附法是利用多孔性的固体物质，将废水中的一种或多种物质吸附在固体表面而达到去除目的的方法。常用的吸附剂有活性炭、沸石、活性白土、硅藻土、木炭、粉煤灰及城市垃圾焚烧炉底渣等。实践证明，活性炭是最常用的吸附剂之一，对大部分污染物具有较强的吸附性能。活性炭吸附工艺适用于处理填埋时间长或经过生物预处理后的渗滤液，主要用于去除水中难降解、具有中等分子量的有机物（酚、苯、胺类化合物等），金属离子（汞、铅、铬）和色度。

Gotvajn 等[361]研究认为，活性炭吸附可以提高垃圾渗滤液的可生物降解性，但总体 COD 去除率较低，10g/L 的活性炭仅能实现 40% 的有机物去除，而 BOD_5/COD 值从 0.18

提高到了 0.56。活性炭吸附优先去除荧光 DOM 中具有疏水性的 DOM 和微生物副产物[362]。吸附通常与其他物化方法（例如混凝、臭氧氧化和 Fenton）相结合，作为预处理或后处理步骤。Kurniawan 等[363]采用臭氧-活性炭联合吸附处理渗滤液，结果显示 COD 和 NH_4^+-N 的最高去除率分别可以达到 86% 和 92%。Papastavrou 等[364]采用混凝-吸附相结合的方法来处理垃圾渗滤液生物处理后的尾水，在最佳条件下实现了 80% 的 COD 去除率。

活性炭吸附的主要缺点是活性炭需要再生和吸附剂消耗量大。因此，寻找成本低、效率高的吸附剂引起了人们的广泛关注。Zeng 等[365]以污泥和甘蓝为原料，采用 $ZnCl_2$ 为活化剂，通过高温炭化制备出活性炭后处理垃圾渗滤液，结果显示，在最佳条件下实现了 85.61% 的 COD 去除率。Poblete 等[366]研究发现，沸石可以应用于垃圾填埋场渗滤液的后处理过程，COD 去除率可以达到 30%。近年来，生物炭已成为活性炭的良好替代品。Luo 等[367]将由稻壳制备的磷酸活化生物炭成功应用于垃圾渗滤液的处理中，COD 去除率约为 80%。

7.3.2.4 其他处理方法

(1) 渗滤液回灌法

渗滤液回灌法是利用填埋场生物反应器来处理渗滤液中污染物的方法，其基本原理就是将产生的渗滤液回流至垃圾填埋场中，渗滤液在流经覆土层和垃圾层时，会发生一系列生物、化学和物理作用而被降解和截留。填埋场垃圾堆体净化作用的实质是，把填埋场作为一个以垃圾为填料的巨大生物滤池，回灌渗滤液在自上而下流经垃圾填埋层的过程中，其中的有机污染物被垃圾中的微生物所降解。此时，垃圾中易降解和中等易降解的有机组分以及回灌渗滤液中的有机组分，在微生物的作用下迅速发生水解、酸化和甲烷发酵等反应，从而使有机物得到有效去除。王传英[368]采用回灌技术处理城市生活垃圾填埋场渗滤液，结果表明，渗滤液的回灌对其中 COD 和氨氮均有一定的去除效果，同时在垃圾填埋层及覆盖层的作用下，回灌对色度有较好的去除效果。Liu 等[369]通过渗滤液回灌，使 COD 和氨氮的去除率分别达到 33.7% 和 30.3%，并且有些有毒物质也可以被去除，这为后续的生物处理提供了便利。此外，渗滤液回灌还可以为填埋场提供丰富的营养物质和微生物，调节填埋垃圾的湿度，加速填埋垃圾的降解和稳定化，是原位生物修复填埋场中经常采用的操作手段。

(2) 蒸发结晶法

传统的蒸发结晶法是一个将挥发性组分与非挥发性组分分离的物理过程，通过加热溶液，使水沸腾汽化和不断去除汽化的水蒸气，实现可结晶无机盐与易发泡结垢有机质的分离。渗滤液蒸发结晶法是在传统废水蒸发处理技术基础上的改良和发展。在渗滤液蒸发处理时，氨、VFAs 和部分挥发性小分子烃等物质随蒸汽沸出而转移到冷凝液中，重金属、无机盐以及大分子有机物因挥发性比水弱而滞留在浓缩液中，降低了后续处理的难度。根据蒸发工艺的不同，可以分为机械蒸发压缩（mechanical vapor compression，MVC）和机械蒸发再压缩（mechanical vapor recompression，MVR）两种模式。

MVC 蒸发技术应用于处理垃圾渗滤液的时间不长，但发展得非常迅速。例如 MVC 蒸发＋离子交换（DI）处理工艺，利用蒸汽压缩蒸发分离的原理，将渗滤液中的污染物与水分离，蒸馏水中含有较多的氨，可经过特种树脂去除，使水质达标排放。同时，MVC 排出的具有挥发性的氨等气体，可采用 DI 系统再生液中剩余的盐酸进行吸收。MVC 蒸发技术具有适应性强、工艺流程简单、构筑物少、占地面积小和浓缩液较少等优点，已成功应用在广州从化垃圾渗滤液处理场，潮州锡岗生活垃圾卫生填埋场，兴宁、鹤山等多个垃圾卫生填埋场中。

MVR利用蒸发系统自身产生的二次蒸汽及其能量，经蒸汽压缩机压缩做功，提升二次蒸汽的热能，目前已在国内得到工程化应用（图7-34）。采用混凝剂（如聚合氯化铝）对渗滤液进行预处理，可以去除渗滤液中的离子和大分子有机质，有效缓解了蒸发器结垢问题，降低了电量消耗。另外，填埋气体富含甲烷，是一种清洁能源，也可提供给蒸发装置所需的能量，此时采用蒸发结晶法可同时处理浓缩液和填埋气体，实现"以废治废"，环境效益和经济效益显著。目前，国内已有多个渗滤液处理项目采用蒸发器工艺处理浓缩液，并且该方法也在不断改进中，如蓝德环保采用改进的MVR工艺，在国内首次实现了直接把浓缩液全部蒸发结晶成固体的技术，填补了浓缩液处理"零排放"的空白。

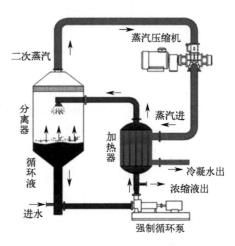

图7-34　MVR系统示意图

（3）人工湿地

人工湿地主要是利用自然生态系统的生物成分（植物、动物、微生物），通过系统中物理、化学和生物作用，达到对污水净化和处理的目的（图7-35）。Variga等[370]研究用人工湿地处理渗滤液，结果表明，在温度为30℃和水力停留时间为8d时，渗滤液中BOD_5、总氮、大肠埃希菌和Cd的去除率分别为91%、96%、99%和99.7%。刘倩等[371]研究发现，在进水负荷为$0.1m^3/(m^2·d)$的条件下，陈垃圾反应床＋芦苇人工湿地处理工艺对垃圾渗滤液中COD、NH_4^+-N、TN及TP的最大去除率分别达到90.3%、95.0%、79.3%和99.8%。近年来，研究也发现人工湿地对药物及个人护理品、抗性基因和全氟化合物等新污染物也有很好的处理效果。Yi等[372]和Yin等[373]发现，在经过调节池和曝气池处理后接入芦苇湿地，整个系统对渗滤液中的乙酰氨基酚、吉非贝齐、咖啡因、双氯芬酸、氯贝酸等药物及个人护理品都有很好的去除作用，药物及个人护理品的总去除率达77.2%，抗性基因的去除率高达98.9%，同时对于全氟化合物，如全氟辛酸和全氟辛烷磺酸，其吸附量分别达到1.26ng/g和1.54ng/g。综上所述，人工湿地不仅对渗滤液的水质有较强的适应能力，运行和维护成本低廉，而且具有美化环境等作用。在可投入资金有限但是土地资源宽松的城镇地区，人工湿地处理技术在渗滤液深度处理上有较好的应用前景。

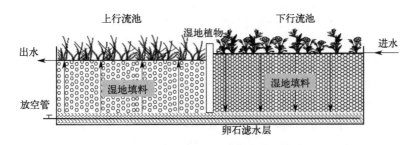

图7-35　复合垂直流人工湿地系统结构示意

(4) 微藻生物技术

微藻作为生物能源生产的"可持续微生物细胞工厂",具有生长速度较快、不侵占耕地等优势特征。近年来,微藻以其光合作用强、生长周期短、适应能力强、油脂产率高和生物柴油可降解等与"碳中和"目标相关的竞争优势,在垃圾渗滤液处理中也开始有所应用。例如,Hernández-García等[374]研究了衣藻(*Chlamydomonas* sp.)菌株SW15aRL在各种渗滤液中的生长情况,结果表明,SW15aRL菌株能在多种渗滤液中生长,其基质中的氨氮去除率达到70%~100%。Chang等[375]利用膜生物反应器中的小球藻对垃圾渗滤液进行营养物质的回收,研究发现产物具有良好的微藻脂质燃烧性能。El Ouaer等[376]采用小球藻处理填埋场渗滤液,结果表明,在渗滤液浓度为10%时,氨氮的去除率高达90%,最大COD去除率达到60%,脂质生产效率最大为4.74mg/(L·d),表明微藻团对垃圾渗滤液中的有机污染物具有良好的处理性能。

近年来,研究者对垃圾渗滤液的处理研究也开始转变到资源回收再利用中。渗滤液中可回收的资源包括氨氮、腐殖酸、VFAs和沼气等。资源回收为渗滤液的处理提供了新思路,同时对资源回收技术也提出了挑战。

7.3.3 渗滤液联合处理工艺

由于垃圾填埋场渗滤液水质复杂,污染物含量高,目前常采用《生活垃圾渗沥液处理技术标准》(CJJ/T 150—2023)中推荐的几种联合处理工艺进行渗滤液的全量化处理,包括:a. 预处理+生物处理+深度处理;b. 预处理+深度处理;c. 生物处理+深度处理。其中,预处理+生物处理+深度处理,是我国垃圾渗滤液处理的常规工艺路线,其发展较为成熟且成本较低,已被广泛应用于垃圾渗滤液的处理工程中(图7-36)。

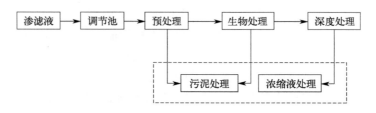

图7-36 常规渗滤液联合处理工艺

例如,陆飞鹏等[377]对江西某垃圾填埋场渗滤液处理系统进行了改扩建,为了降低脱氮运行成本,实现减污降碳目标,采用精馏脱氮技术取代传统A/O(厌氧好氧)+MBR工艺作为主要脱氮单元,同时通过沼气锅炉燃烧产生蒸汽的方式为精馏脱氮单元提供热源,实现填埋气体资源循环利用(图7-37)。该精馏脱氮工艺实施后,N_2O碳排放量减少95.7%,碳排放总量由28562kg/d降至4330kg/d,同时,通过耦合二氧化碳还可实现将氨氮资源化为碳酸氢铵肥料,固碳后总碳减排比例达到95.3%。龚阳[378]对南方山区某老旧简易垃圾填埋场的封场工程渗滤液进行处理,建设期对渗滤液和存量渗滤液采用"一体化设备(曝气池+内置UF+RO)"和"一体化单级DTRO(蝶管式反渗透)设备"同时处理,封场后垃圾渗滤液处理采用"一体化设备(曝气池+内置UF+RO)"的处理工艺处理,达到《生活垃圾填埋场污染控制标准》(GB 16889—2008)的要求后排放。

在垃圾填埋场生态修复过程中,若场内有渗滤液处理设施,则渗滤液经收集和抽排系统收集后，直接进入渗滤液处理设施处理；若填埋场内无有效渗滤液处理设施，且垃圾填埋场生态修复过程中产生的渗滤液量较大，则需要在场内建立渗滤液处理设施，处理达标后排放；若垃圾填埋场生态修复过程中产生的渗滤液量不大，则可参考《生活垃圾填埋场污染控制标准》（GB 16889—2024）中生活垃圾转运站产生的渗滤液处理方案，经收集后，可采用密闭运输送到污水集中处理设施处理、排入污水干管进入城镇污水处理厂处理或者自行处理等方式进行处理。

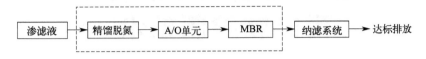

图 7-37　填埋场渗滤液处理工艺流程

第 8 章
生态修复填埋场气体污染物控制技术

垃圾填埋场在生态修复过程中由于物理、化学和生物作用会产生多种气体污染物，主要包括填埋垃圾及其降解产气、覆盖材料挥发气体、填埋场作业释放的气体等。由于垃圾填埋场生态修复方式不同，其产生的气体污染物也各不相同。在生态封场填埋场中，填埋垃圾中的气体主要为厌氧分解和发酵产生的大量气体，其主要组成为 CH_4、CO_2、H_2S、NH_3、VOCs 等，这些气体会通过填埋场表面覆盖系统或封闭层的裂隙、孔隙等逸散至大气中。在垃圾填埋场原位生物修复过程中，常常会进行注气和水气抽排操作，这会导致垃圾中的气体被抽排出来，主要为 CH_4 和 CO_2 等。在垃圾填埋场开挖修复过程中，会扰动垃圾堆体，使其中的气体逸散到空气中。这些气体污染物的成分与生态封场填埋场逸散的气体类似。此外，垃圾填埋场生态修复过程中还会产生渗滤液，其收集和处理过程也会产生气体污染物。若生态修复填埋场的气体污染物无控制排放，将会危害环境和人体健康，因此需要采取有效的控制技术和措施对其进行处理。鉴于此，本章介绍了生态修复填埋场气体污染物的组成与影响、气体污染物的迁移扩散、气体污染物的控制及处理技术，为有效控制和减少填埋场生态修复过程中气体污染物的排放提供理论知识。

8.1 垃圾填埋场气体污染物的组成与影响

在垃圾填埋场生态修复过程中，注气、抽气、渗滤液回灌和垃圾开挖等操作会产生大量的气体污染物。垃圾填埋场中气体污染物来源多样，主要是填埋垃圾的降解产物，在厌氧条件下主要组分为 CH_4、CO_2、N_2O、H_2S、NH_3 和 VOCs 等，在好氧条件下主要为 CO_2 等。这些气体中含有许多有毒有害的物质，其排放会对环境产生严重的影响，如温室效应、恶臭污染、健康风险等。

8.1.1 气体污染物的来源

垃圾填埋场气体污染物按其来源不同，可分为直接源和间接源。直接源是指垃圾中的挥发性物质在填埋操作时释放入大气中，如纸张、木材、织物、皮革等表面挥发性物质的释放；间接源是指填埋垃圾及其渗滤液中的物质在物理、化学和生物作用下，转化为气态物质，释放入大气中。垃圾填埋场气体污染物来源主要为填埋垃圾降解产气、填埋垃圾中挥发性气体、覆盖材料中挥发性气体、填埋场作业中释放气体以及渗滤液收集与处置中释放气体。

(1) 填埋垃圾降解产气

填埋垃圾生物降解是垃圾填埋场气体污染物的主要来源。根据填埋垃圾中是否存在氧气，填埋垃圾生物降解分为有氧生物降解与厌氧生物降解。在厌氧生物修复填埋场中，填埋垃圾降解主要生成 CH_4、CO_2、H_2S、NH_3、VOCs 等，其气体组成与浓度随着填埋场稳定化阶段的不同而异。在好氧生物修复填埋场中，填埋垃圾降解主要生成 CO_2 和 H_2O。在生态修复填埋场中，填埋垃圾降解和稳定化过程中的气体组成与变化详见本书 4.4 部分相关内容。

(2) 填埋垃圾中挥发性气体

填埋垃圾及其空隙中含有大量的 VOCs，例如纸张、织物、皮革、塑料袋等表面会含有一些 VOCs（如苯、甲苯等），在进行垃圾填埋操作时，会进入大气中。

(3) 覆盖材料中挥发性气体

根据现行的《生活垃圾卫生填埋场岩土工程技术规范》(CJJ 176—2012)，垃圾填埋场应进行日覆盖、中间覆盖和最终覆盖。填埋场的覆盖材料通常是土壤、黏土或合成的覆盖材料，这些材料中都含有一定量的有机物。当这些覆盖材料暴露在空气中时，其中的挥发性物质及其降解会产生 CO_2 和 VOCs 等气体。这些气体在覆盖层内逐渐积聚，并逐渐向上渗透。但由于覆盖层的压实和密封作用，其散发量通常较低。覆盖材料中的微生物活动也会导致一些气体的产生。例如，土壤中的微生物在分解有机物时会产生 CO_2 和其他气体。此外，一些昆虫和土壤动物的活动也可能会产生气体。

虽然垃圾填埋场覆盖过程中会产生一些气体，但与填埋垃圾中有机物分解所产生的气体相比，这些覆盖材料的气体释放量通常较小，并且在有效的管理下可以控制。此外，覆盖材料层是一种减少填埋场气体逸散的有效手段，可以减少填埋场气体污染物的排放。

(4) 填埋场作业中释放气体

在垃圾填埋场生态修复过程中，填埋场作业，如垃圾开挖、垃圾分选、渗滤液回灌、注气和抽气、垃圾填埋等均会释放出气体污染物。例如，在垃圾填埋场开挖修复过程中，开挖区是最主要的气体污染物释放源。在填埋场开挖过程中，垃圾堆体中累积的气体污染物会被释放出来，同时大量垃圾被破碎和挖掘，导致有机物和其他化合物暴露于空气中，当与氧气接触时会发生氧化反应，释放出气体污染物。在原位生物修复填埋场中，通常会有渗滤液回灌、注气和抽气、水抽排等操作，在这些过程中会产生气体污染物，其组成在好氧条件下主要为 CO_2、NH_3 等，在厌氧条件下主要为 CH_4 和 CO_2 等。因此，在垃圾填埋场生态修复过程中，应加强填埋场作业区的环境监测，以便了解气体污染物的产生和排放情况，及时采取相应的控制措施，保障周围环境和居民的健康与安全。

(5) 渗滤液收集与处置中释放气体

在垃圾填埋场生态修复过程中会产生大量渗滤液，其中含有有机污染物、重金属、无机污染物、病原微生物和新污染物等，这些污染物质在垃圾层中发生复杂的物理、化学和生物反应，会产生有害气体，如 NH_3、H_2S 等，这些气体易于挥发并易在填埋场周围环境中扩散。此外，垃圾填埋场渗滤液处理厂往往建在填埋场旁边，渗滤液调节池以及生化池若未完全密闭，渗滤液厌氧发酵和好氧处理过程产生的大量气体污染物会逸散到周围大气中，成为填埋场气体污染物的重要释放源[379]。

此外，垃圾车辆在收集垃圾并运输到填埋场的过程中会产生尾气和废气，这些废气中含有 CO_2、NO_x、VOCs 等气体。垃圾填埋场在车辆运输、填埋和开挖作业过程中也会产生粉尘，其中包含垃圾碎片、土壤、灰尘等，这些粉尘中可能含有有害物质，如重金属和有机化合物，会对周围环境和人体健康产生危害。

8.1.2 气体污染物的组成与影响

垃圾填埋场气体污染物主要是填埋垃圾中可生物降解有机物在微生物作用下的产物，其组分随着垃圾组成、填埋方式、填埋场水文地质条件、垃圾的稳定化进程等因素的不同而存在差异。在厌氧生态修复填埋场中，气体污染物由主要气体和微量气体组成。其中主要气体为 CH_4 和 CO_2，微量气体包括 N_2O、H_2S、NH_3 和 VOCs 等[380-381]。在好氧生态修复填埋场中，气体污染物主要是垃圾好氧降解产生的 CO_2、N_2O、H_2S、NH_3 和 VOCs 等。在生态修复填埋场中，气体污染物的组成与浓度随着填埋垃圾降解与稳定化进程而变化。表 8-1 为厌氧和好氧生态修复填埋场中典型气体组分和性质。

表 8-1 厌氧和好氧生态修复填埋场中典型气体组分和性质

厌氧生态修复填埋场		好氧生态修复填埋场	
组分	干基体积百分比/%	组分	干基体积百分比/%
CH_4	45~60	CH_4	1~2
CO_2	40~60	CO_2	5~10
N_2	2~5	H_2S	5×10^{-6}~12×10^{-6}
H_2S	0~1.0	O_2	15~20
O_2	0.1~1.0	N_2	55~79
NH_3	0.1~1.0	NH_3	0.008~0.039
H_2	0~0.2	CO	4×10^{-6}~7×10^{-6}
CO	0~0.2		
VOCs	0.01~0.6		
性质	特征值	性质	特征值
密度/(kg/m^3)	1.02~1.06	密度/(kg/m^3)	0.8~1.3
温度/℃	37.8~48.9	温度/℃	25~68
含水率	饱和	含水率/%	38~39
高位热值/$[kJ/(m^3\cdot℃)]$	14.9×10^3~20.5×10^3		

(1) CH_4 和 CO_2

CH_4 是一种易燃易爆的气体，在空气中的浓度达到 5%~15% 就可能发生燃烧爆炸[382]。由于 CH_4 比空气轻，在垃圾填埋场中会向上移动，并积聚在封闭空间内，若不及时导排出去，就会越积越多，受到填埋堆体压力作用以及自身浓度梯度的影响，极易造成爆炸事故，致使垃圾堆体崩塌，危害周边居民的生命安全[383]。此外，CH_4 还会从垃圾堆体中扩散出来，当其在空气中的浓度达到爆炸极限 5%~15% 时，遇到明火便会发生爆炸。垃圾填埋场中的填埋气体被称为垃圾填埋场的"不定时炸弹"，当空气中 CH_4 浓度达到 25%~30% 时则会引起头晕、头痛、心跳加速和共济失调等问题，甚至危害生命。

垃圾填埋场是温室气体 CH_4 和 CO_2 排放的重要人为源。由于 CH_4 内部的辐射特性，其温室效应是 CO_2 的 20 倍以上，并对臭氧层有破坏作用。因此，垃圾填埋场中 CH_4 和 CO_2 的无控制排放会造成大气污染[384]。据估算，填埋气体对全球变暖的贡献率为 3%，仅次于稻田的贡献[385]。CH_4 和 CO_2 除了会进入大气环境中以外，也可能会通过垃圾堆体，经土壤渗透至地下水中[386]。气体污染物中的CO_2易溶于水，导致地下水的pH值下降，将打破地下水中碳酸根的平衡，促使原来存在的$CaCO_3$溶解，导致地下水的硬度升高。对于全封闭型的垃圾填埋场，气体污染物无组织地逸出则会造成填埋场防渗覆盖体系的渗漏，增加了渗滤液的溢出途径，从而增加了渗滤液对水环境的污染风险。

在厌氧生态修复填埋场中，由于缺乏O_2，垃圾中有机质主要通过厌氧发酵和分解产生气体污染物。CH_4和CO_2是厌氧条件下有机物分解的主要产物。在好氧垃圾填埋场中，垃圾填埋环境相对较为通风，使得O_2可以充分渗透到垃圾堆体中，有机物与O_2可发生较为完全的氧化反应，产生的主要气体是CO_2。由于有足够的O_2，所以CH_4的产生量较少。在开挖修复填埋场中，填埋垃圾已基本稳定化，可降解有机物质已经大部分分解为CO_2和H_2O，几乎不产生CH_4和CO_2，在此过程中气体污染物的主要组成是CO_2。在渗滤液处理设施中，渗滤液中有机物经生物降解产生CH_4和CO_2。由于有机物质在厌氧条件下进行分解，CH_4的产生量相对较高。然而，在渗滤液处理过程中，通常会采取一些措施来减少CH_4的产生，一般会提供充足的O_2，以促进有机物氧化分解生成CO_2，从而减少CH_4排放。

（2）NH_3与N_2O

除CH_4和CO_2外，垃圾填埋场也是N_2O的重要排放源。N_2O是仅次于CO_2和CH_4的第三大温室气体，其温室效应潜力约为CO_2的298倍，且N_2O可以长期在大气中存在，对臭氧层具有较强的破坏作用。垃圾填埋场是温室气体N_2O的重要排放源。据统计，填埋场排放N_2O造成的温室效应约占总温室效应的3%。垃圾填埋场作为一个特殊的生态系统，其微生物的硝化与反硝化是该系统中氮素循环过程重要的组成部分，填埋场N_2O主要形成于覆盖土中的微生物硝化和反硝化作用，是硝化过程的副产物和反硝化过程的中间产物[387]。美国和欧盟垃圾填埋场每年排放的N_2O分别高达5.7×10^3t和4.5×10^3t[388]。张后虎等[389]的测定发现，杭州市天子岭废弃物处理总场的N_2O释放通量要略高于内蒙古草原。贾明升等[390]研究发现，填埋场可以贡献相当数量的N_2O，其N_2O排放量可达到CH_3排放量的1.6%~42.3%，尤其是在简易填埋仍广泛应用的发展中国家。

NH_3是生活垃圾填埋场产生的主要恶臭物质之一，其具有释放量大、影响面广、持续时间长等特点，属于典型的无组织排放面源污染[391]。NH_3是$PM_{2.5}$的重要前体物，环境空气中的NH_3与其他一次前体物经过复杂反应可形成硫酸铵和硝酸铵等铵盐[392]。由于NH_3具有毒性、腐蚀性和刺激性等特性，它的存在对环境问题和人类健康影响较大。Clemens等[393]在分析德国某填埋场的臭气组分后发现，填埋场NH_3排放量为18~1150g/t。赵超等[394]研究发现，广州某填埋场作业面的NH_3年排放量为$1.75\times10^7 m^2$。杭州市和西安市等地垃圾填埋场作业面的NH_3浓度为1.27~5.95mg/m^3，渗滤液调节池的NH_3浓度为4.02~7.8mg/m^3，厂界处的NH_3浓度为0.512~2.02mg/m^3，均超过人体可感知NH_3浓度[395]。

在不同类型的填埋场和渗滤液处理设施中，NH_3与N_2O的组成会有所不同。在厌氧垃圾填埋场中，由于缺氧的环境，N_2O的产生量相对较少，而NH_3主要来自垃圾的厌氧降解过程，则可能以较高浓度存在。相反，在好氧垃圾填埋场中，充足的氧气条件会促进N_2O的生成，尤其是在垃圾的有氧分解阶段，而NH_3则可能由于氨氧化作用生产量相对较少。在开挖修复填埋场中，因为垃圾暴露于空气中，NH_3的释放速率会增加，场地NH_3浓度一般较高，而N_2O则可能以较低浓度存在，作为NH_3氧化的中间产物。在渗滤液处理设施中，由于垃圾的分解以及发生生物化学反应，NH_3通常是垃圾渗滤液中的主要氮源，N_2O的产生量通常较低。

(3) 含硫气体

在垃圾填埋场中，含硫气体主要有 H_2S、硫醇类、硫醚类等，其大多来自厨余垃圾中的肉制品和含有较多硫黄氨基酸的高蛋白物质的降解[396-397]。含硫气体的嗅阈值（引起人嗅觉最小刺激的物质浓度）很低，是导致垃圾填埋场恶臭污染的主要物质（表 8-2）。我国《恶臭污染物排放标准》（GB 14554—93）中规定了 8 种恶臭气体，其中 5 种属于含硫气体，包括 H_2S、甲硫醇、二硫化碳、甲硫醚和二甲二硫（表 2-14）。

表 8-2 主要硫化物的嗅阈值（体积分数）　　　　　　　　　单位：10^{-6}

化学名称	嗅阈值	化学名称	嗅阈值
H_2S	0.00041	乙硫醇	0.0000087
甲硫醇	0.00007	二乙基硫醚	0.000033
二硫化碳	0.21	丙硫醇	0.000013
甲硫醚	0.003	二甲基二硫醚	0.0022
二甲基硫醚	0.003		

H_2S 是垃圾填埋场中最为典型和普遍检测到的含硫气体，其具有令人反感的臭鸡蛋气味，无色易燃，且嗅阈值很低，为 0.00041×10^{-6}，易聚集在贴近地面的通风不良、封闭和低洼区域[398-400]。Ding 等[401]监测了杭州天子岭垃圾填埋场运行 2 年期间不同位置的气体浓度变化，发现 H_2S 是主要的恶臭气体，对恶臭的贡献率达到 10.9%。纪华[402]也调查了北京市阿苏卫生活垃圾卫生填埋场的 H_2S 恶臭污染状况，其浓度峰值可达 179.1mg/m^3。在填埋场中，H_2S 不仅会腐蚀金属材质设备，同时吸入人体内还会抑制人的中枢神经系统，使人出现虚脱、呼吸道发炎、休克、胸痛、头痛和呼吸困难等症状，对工人和周围居民的身体健康危害较大[403-405]。长期接触低浓度 H_2S 会出现头痛、记忆力减退、疲倦无力、咳嗽、胸痛、恶心和失眠等症状。此外，大气中 H_2S 的存在还可能会导致酸雨的形成，酸雨会对地表水造成严重的污染，并造成农作物的大面积减产和水生生物的大量死亡。

在生态修复填埋场中，在厌氧条件下有机硫化合物降解会产生 H_2S、硫醇类、硫醚类等含硫化合物，其中 H_2S 是厌氧条件下产生的主要含硫气体；在好氧条件下，垃圾中的有机物会被 O_2 较为完全地氧化，含硫化合物也会发生氧化反应，其主要产物是 SO_4^{2-}，而 H_2S 的产生量较少。在开挖修复填埋场中，由于垃圾已经被压实并较为稳定，含硫化合物的产生量相对较少，主要产物可能是 SO_4^{2-}。在渗滤液处理过程中，由于渗滤液中有机硫化合物会进行分解和氧化，所以产生了 SO_4^{2-} 和 H_2S。渗滤液中的 SO_4^{2-} 主要来自有机硫化合物的氧化分解，而 H_2S 则主要来自含硫化合物的还原反应。

(4) VOCs

垃圾填埋场中主要的 VOCs 为含氧化合物、烷烃、烯烃、芳香族化合物和卤代化合物[130,406-407]。其中，芳香族化合物、烷烃和卤代化合物通常占 VOCs 的 70%[408]。尽管垃圾填埋气体中 VOCs 的浓度相对较低（约 1%），但其中有很多是潜在的有毒或致癌污染物[409]，对环境和人类健康有较大的负面影响。VOCs 中的甲硫醇、二甲硫醚、苯乙烯、间二甲苯和 4-乙基甲苯等也是引起垃圾填埋场恶臭污染和"邻避效应"的主要原因[410-411]。

垃圾填埋场中的 VOCs 是 $PM_{2.5}$ 和臭氧的前体物，可导致光化学烟雾形成，对人体健康有潜在的危害[412-413]。VOCs 的嗅阈值普遍较低（表 8-3），人体感官对其较为敏感，是导致填埋场恶臭的原因之一。在大气中，这些微量气体的浓度一般小于 1×10^3，在正常嗅阈值以下，不会对人体产生危害。而垃圾填埋场中释放出来的VOCs，则需要在大气中稀释扩散到10^6倍以上才能降低到嗅阈值以下。这些恶臭气体虽然浓度较低，但对人体健康和环境都存在很大的危险性，会刺激人的嗅觉器官，对人体的肝和肾等器官造成毒害作用，其中还存在很多"三致"有机物[414]，长期接触VOCs的垃圾填埋场工作人员和周围居民的健康也会受到严重的威胁。在环境和健康风险评估中，常常使用非致癌参考浓度（RfC）和致癌斜率因子（SF）来衡量其潜在的风险（表8-4）。

表8-3 VOCs的嗅阈值 单位：10^{-6}

化合物	嗅阈值	化合物	嗅阈值
2-己酮	0.0068	三氯乙烯	3.9
4-乙基甲苯	0.0083	四氯化碳	4.6
苯乙烯	0.035	氯乙烯	5
丙烯醛	0.0036	四氯乙烷	5
间二甲苯	0.041	乙酸乙烯酯	10
1,2,4-三甲苯	0.12	丙烯	13
乙苯	0.17	1,4-二噁烷	25
1,3,5-三甲苯	0.17	异丙醇	26
萘	0.2	丙酮	42
丁二烯	0.23	邻二氯苯	50
甲苯	0.33	对二氯苯	70
邻二甲苯	0.38	氯苯	75
三溴甲烷	0.5	甲基丙烯酸甲酯	100
正庚烷	0.67	二氯甲烷	160
四氯乙烯	0.77	2-丁酮	172
乙酸乙酯	0.87	1,2-二氯乙烯	200
氯代甲苯	1	四氢呋喃	200
正己烷	1.5	氯乙烷	200
环己烷	2.5	1,2-二氯乙烷	1968
苯	2.7	1,2,2-三氟-1,1,2-三氯乙烷	339
氯仿	3.8		

表8-4 VOCs非致癌参考浓度和致癌斜率因子

化合物	RfC/(mg/m³)	化合物	RfC/(mg/m³)
一氯甲烷	0.09	邻二甲苯	0.1
氯乙烯	0.1	苯乙烯	1
1,1-二氯乙烯	0.2	1,3,5-三甲苯	0.06
二氯甲烷	0.6	1,2,4-三甲苯	0.07
1,1,1-三氯乙烷	5	对二氯苯	0.8
四氯化碳	0.1	邻二氯苯	0.8
三氯乙烯	0.002	萘	0.003
1,2-二氯丙烷	0.004	正己烷	0.7
顺式-1,3-二氯-1-丙烯	0.002	环己烷	6
反式-1,3-二氯-1-丙烯	0.002	氯乙烷	1
四氯乙烯	0.04	二硫化碳	0.7
1,2-二溴乙烷	0.009	1,4-二噁烷	0.03
丙烯醛	5	4-甲基-2-戊酮	3
2-甲氧基-甲基丙烷	3	2-己酮	0.03
乙酸乙烯酯	0.2	苯	0.03

续表

化合物	RfC/(mg/m³)	化合物	RfC/(mg/m³)
2-丁酮	5	甲苯	5
四氢呋喃	2	乙苯	1
甲基丙烯酸甲酯	0.7	间二甲苯	0.1
化合物	SF/[mg/(kg·d)]	化合物	SF/[mg/(kg·d)]
苯	0.0077	三氯乙烯	0.0144
氯乙烯	0.0154	顺式-1,3-二氯-1-丙烯	0.014
二氯甲烷	0.000035	反式-1,3-二氯-1-丙烯	0.014
氯仿	0.0805	1,1,2-三氯乙烷	0.056
四氯化碳	0.021	四氯乙烯	0.091
1,2-二氯乙烷	0.091	三溴甲烷	0.00385

在生态修复填埋场中，在厌氧条件下，垃圾中的有机物会在微生物的作用下发生厌氧分解，产生一系列 VOCs，包括烷烃类、烯烃类、芳香烃类、醇类和醛类等；在好氧条件下，垃圾中的有机物会与氧气进行较为完全的氧化，减少了 VOCs 的产生，主要产物是 CO_2 和 H_2O。在开挖修复填埋场中，由于垃圾已经被压实且较为稳定，VOCs 的产生量相对较少，主要产物可能是 CO_2 和 H_2O。在渗滤液处理过程中，一些有机物质会进行分解和氧化，产生 CO_2。同时，如果渗滤液中含有有机溶解物，可能会释放少量 VOCs。因此，需对渗滤液处理设施采取一系列的处理方法，如生物降解和氧化等，以减少 VOCs 的排放。

8.2 垃圾填埋场气体污染物的迁移扩散

气体污染物的迁移扩散主要是指填埋垃圾中产生的 CH_4、CO_2 等气体在填埋场中及其周围土壤、地下水、地表水和大气中的活动过程。这些气体通过填埋垃圾与土壤孔隙和裂隙以及气体渗透途径进入土壤和地下水，并通过扩散和对流等机制进入大气中。填埋场气体迁移扩散的速率和范围受到气体性质、土壤特性和气象条件等因素的影响。

8.2.1 气体污染物的迁移扩散

垃圾填埋场的气体污染物主要来自填埋垃圾及其降解产物。在填埋场中，气体充斥在填埋垃圾堆体中的组分多样、形态各异的固体颗粒孔隙中。除气体外，在这些固体颗粒的孔隙中还充斥着渗滤液，因此，垃圾填埋场内部实质上是一个复杂的固、液、气共存体系。气体污染物在填埋垃圾堆体内的迁移扩散是一个涉及多种组分的渗流过程。随着填埋场内垃圾的降解，气体污染物和垃圾渗滤液不断产生，外部水分持续渗入，气、液、固之间不断发生着质量和能量传递。

通常气体污染物主要的迁移路径是扩散到外界空气中、存在于垃圾填埋堆体内部以及渗透到地下水中。填埋场气体污染物的主要组分为 CH_4 和 CO_2。其中 CH_4 密度小于空气，在填埋堆体内部易向上迁移，容易排出到大气中，因此，垃圾填埋场表面的覆盖层十分重要，若覆盖不严密，则易导致填埋气体污染物自燃甚至引起爆炸。CO_2 易溶于水且密度大于空气，在垃圾填埋场内部向下朝底部迁移时，易溶于垃圾渗滤液和进入垃圾表层外部的渗入水等液体中，最终可能会穿透隔离层进入地下水中，增加地下水中的矿物质浓度和硬度。

在填埋场中，气体污染物在填埋堆体中的运移是一个复杂的问题。压力差和浓度梯度是气体污染物迁移扩散的推动力。一般情况下，填埋场中的气体污染物会沿着阻力最小的路径在垃圾堆体中穿行，并可能越过填埋场边界进入周边土壤、地下水和大气中。在垃圾填埋场稳定化过程中，气体污染物的产生会使填埋场内气压增大，一旦填埋场内压力大于大气压气体污染物就会通过对流或向上迁移扩散进入大气或周边地质环境中。气体污染物迁移渗流与填埋场构造及地质环境条件有关。填埋场中的气体除向上迁移扩散外，还有由于孔隙横向连通、两侧压力以及浓度差导致的横向迁移，以及由于摩尔质量大、填埋气体的密度大于空气而向地下迁移[415]。填埋场中气体的迁移机理主要有弥散、扩散和对流3种类型（图8-1）。

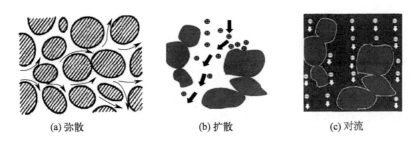

图 8-1　气体弥散、扩散和对流迁移示意图

（1）气体弥散

气体分子不需要借助外力，通过分子热运动会产生一个与运动方向垂直流动的现象，称为弥散，这会扩大气体污染物的分布范围。在垃圾填埋场中，固、液和气体都存在弥散现象。气体分子间距离大且分子力小，分子运动速度快，因此气体的弥散作用最明显。相比之下，固体和液体的分子间距离较小且分子之间相互作用力较大，因此它们的运动速度较慢，弥散现象不如气体明显。在固体和液体中扩散通常需要外部力量的帮助，如搅拌、对流等。由于气体的弥散作用明显，因此在处理气体污染物时需要特别关注其扩散性。选择适当的控制措施和处理技术，如设置气体负压收集系统、布设适宜的抽气管等，可以有效地控制气体污染物的扩散范围，减小气体污染物的影响。

（2）气体扩散

气体扩散是由浓度差引起的。当气体污染物存在浓度差时，气体分子会向低浓度方向扩散。在垃圾填埋场内部，填埋垃圾的降解会持续不断地产生气体，导致场内的 CH_4、CO_2 和 H_2S 等气体的浓度比外界环境高，从而导致气体污染物通过扩散作用顺着浓度梯度的方向往外界环境迁移。同时，在填埋垃圾堆体的内部也会发生气体污染物的扩散作用。由于垃圾的组分复杂且分布不均匀，导致垃圾堆体内部的气体浓度存在差异。这些差异会引起气体分子的扩散，使得气体污染物在堆体内部的分布不均匀，并且沿着浓度梯度的方向进行迁移。因此，在控制垃圾填埋场气体污染物时需要考虑气体扩散的影响。采取相应的控制措施，如气体收集系统和防护措施，可以有效地减小气体污染物的扩散范围，控制其对周围环境和人体健康的影响。

（3）气体对流

气体对流是由压力差引起的，气体会自发地从压力高的地点向压力低的地点进行迁移运动。当填埋垃圾堆体内部陆续产生气体时，场内气压增大，使得气体自发沿着压力减小的方向移动,直到场内外压力达到平衡。压力差的产生除了受到气体污染物生成的影响外,也会受到渗滤液产生的影响。外界大气压力、填埋场的覆盖层密封性等因素都会对填埋堆体内的气体对流产生影响。外界大气压力的变化会直接影响填埋场内的气体压力差,从而影响气体的对流运动。此外,填埋场的覆盖层密封性对气体对流也具有重要作用。如果填埋场无覆盖系统,外界空气可能会进入填埋堆体内,导致气体压力差减小,进而影响气体的对流运动。

综上所述,填埋垃圾堆体内部的气体对流受到多种因素的影响。通过合理管理填埋场的处理和控制气体压力差的生成,可以减小气体对流的影响,控制气体污染物的迁移和扩散。此外,加强填埋场的覆盖层密封性,确保与外界空气的有效隔离,也是控制气体对流的重要措施。

8.2.2 气体污染物的迁移规律

在垃圾填埋场中,气体污染物在压力差和浓度梯度等的影响下在垃圾堆体中迁移,其运动也与填埋场的构造及地质条件有关。在垃圾填埋场中,气体污染物的迁移除向上迁移扩散外,还有可能向下或向周边环境横向迁移(图 8-2)。

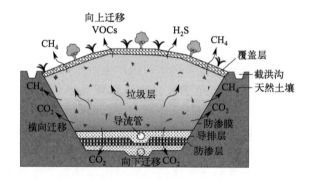

图 8-2 垃圾填埋场气体迁移示意

(1) 气体污染物向上迁移

垃圾填埋场中的甲烷等密度比空气小的气体污染物,易于通过对流和扩散的方式排放到大气中。甲烷的密度约为空气的 0.55 倍,在垃圾填埋场中会向上运动,在封闭空间内积聚到一定浓度会向上迁移,通过覆盖层进入大气中。气体污染物通过覆盖层进行扩散时可按以下公式计算:

$$N_A = -\frac{D\eta_t^{4/3}(C_{Aatm} - C_{Afill})}{L} \tag{8-1}$$

式中　N_A——A 气体的通量,$g/(m^2 \cdot s)$;

　　　　D——扩散系数,m^2/s,甲烷和 CO_2 的扩散系数分别为 $2.0 \times 10^{-2} m^2/s$ 和 $1.3 \times 10^{-2} m^2/s$;

　　　　η_t——总孔隙度,m^3/m^3;

C_{Aatm},C_{Afill}——A 气体分别在覆盖层表面和底部的浓度,g/m^3;

　　　　L——覆盖层厚度,m。

当微量气体迁移到覆盖层表面后，由于空气流动等原因向空气中扩散，其浓度迅速降低，因此可假设 C_{Aatm} 为 0，则式(8-1)变为：

$$N_A = \frac{D\eta_t^{4/3}C_{Afill}}{L} \tag{8-2}$$

(2) 气体污染物向下迁移

在垃圾填埋场中，CO_2 等密度比空气大的气体污染物会向填埋场底部迁移，最终可能会聚集在填埋场底部。CO_2 的密度是空气的 1.5 倍，在采用天然土壤衬层的垃圾填埋场中，CO_2 可能会通过扩散作用从填埋场底部经过衬层向下运动，最终扩散进入地下水并溶于水中，与水反应生成碳酸，使 pH 值降低，增加地下水的硬度和矿化度。因此，在设计和管理填埋场时需要采取防渗漏措施，如使用人工防渗膜和排水系统等，以减小气体污染物向下迁移的风险。

若土壤中含有钙、镁碳酸盐岩，CO_2 与碳酸将发生反应生成可溶性的重碳酸钙和重碳酸镁。随着 CO_2 的增加，上述反应将继续进行，直到反应达到平衡状态。地下水中 CO_2 的增加将引起钙碳酸盐的溶解，因此水中的 CO_2 是造成水硬度增加的主要原因。在垃圾填埋场中，气体污染物在水中的溶解度可以采用 Henry 定律进行计算，如式(8-3)和式(8-4)所示：

$$f_i = H_i c_i \tag{8-3}$$

$$c_i = \frac{f_i}{H_i} = \frac{\varphi_i p}{H_i} = \frac{\varphi_i(T_r, p_r)p}{H_i} \tag{8-4}$$

式中 f_i——气体的气相逸度；

H_i——气体的亨利常数；

c_i——气体的摩尔分数；

φ_i——气体的逸度因子；

p——系统的压力；

T_r——气体的对比温度；

p_r——气体的对比压力。

(3) 气体污染物横向迁移

在垃圾填埋场堆体周边的气体污染物，可通过可渗透地质介质横向迁移相当远的距离，随后释放排入到大气或封闭空间中。这种迁移通常受到地下水流动和土壤渗透性等因素的影响。如果填埋场周围存在地下水流动或具有土壤渗透性较高的条件，气体污染物可能会沿着地下水流动路径或土层孔隙进行迁移。地下水的流动可以通过水的渗透性和地下水流动速度等因素，影响气体污染物的迁移范围。同样，土壤的渗透性和孔隙结构也会影响气体污染物的扩散和迁移。较高的渗透性和孔隙度可使气体更容易在地下介质中迁移，从而导致污染物扩散的范围扩大。有研究发现，在距无衬层的垃圾填埋场 400m 处，仍能检测到 CH_4 和 CO_2，浓度高达 40%[62]。姜建生等[416]在测定深圳市玉龙坑垃圾填埋场填埋气体中发现，填埋气体会向填埋场边界挡土墙以外迁移，其迁移距离>50m。

为了控制垃圾填埋场周边气体污染物的迁移，需要综合考虑地下水流动、土壤渗透性以及填埋场的设计和管理。采取适当的措施，如建立有效的地下水保护措施、合理布置地下渗透防控设施、布设气体收集和处理系统等，可以减少气体污染物的扩散和迁移，保护周边环境。此外，定期监测填埋场周边地下水和大气中的气体浓度，并进行必要的控制措施，对于减少气体污染物的迁移具有重要意义。

8.2.3 气体污染物迁移的影响因素

在垃圾填埋场中,气体污染物主要是指垃圾中的挥发性气体及垃圾降解产生的一种混合气体,影响气体迁移的主要因素有气体污染物产生量、填埋垃圾堆体的渗透性、大气压力、气体收集系统及填埋场衬垫和终场覆盖系统等。在进行垃圾填埋场生态修复时,应考虑这些因素,并采取适当的措施来控制气体的迁移,减小对周围环境的影响。

(1) 气体污染物产生量

气体污染物产生量是影响垃圾填埋场气体迁移的重要因素。随着填埋垃圾中有机物的生物降解,产生的气体污染物数量会逐渐增加。垃圾填埋场内部的压力会因气体产生而增大,通常会超过大气压。当填埋场内部压力超过大气压时,气体污染物就会在压力梯度的作用下发生迁移。气体污染物产生量的大小直接影响到垃圾填埋场内的气体压力和浓度。气体污染物产生量的增加会导致填埋场内部气体压力的升高,进而促使气体向外部环境迁移。较高的气体产生量也会导致填埋场内气体污染物浓度的增加,使得污染物扩散范围增大。

(2) 填埋垃圾堆体的渗透性

气体污染物在填埋垃圾堆体中的迁移可以看作是多孔介质中流体的渗流运动,其运动速度受多孔介质渗透能力的影响。填埋垃圾堆体渗透性越好(即渗透系数越大)对于气体迁移的阻力越小,越有利于气体快速通过。影响填埋堆体渗透性的因素有很多,主要包括垃圾堆体的组分、含水率和孔隙率等。垃圾堆体的组分会影响其渗透性,不同类型的垃圾具有不同的渗透性特征。例如,有机垃圾的降解会导致孔隙率的增加和堆体结构的松散化,从而提高了其渗透性。随着垃圾体压实密度的增加,垃圾堆体内孔隙率逐渐减小,渗透系数亦发生相应变化。图 8-3 为垃圾堆体在水平方向的渗透系数(K_h)和在垂直方向的渗透系数(K_v)随压实密度(ρ)和含水率(φ)的变化情况。由图可知,垃圾堆体渗透系数随压实密度的增加而呈指数规律衰减[417]。填埋堆体的含水率也是影响渗透性的重要因素。彭绪亚等[417]研究发现,新鲜垃圾和腐熟垃圾的水平和垂直渗透系数均随含水率的增加而呈线性规律递减。此外,填埋垃圾堆体的孔隙率和颗粒分布也会对渗透性产生影响,孔隙率较高且颗粒分布较均匀的堆体通常具有较好的渗透性。一般而言,填埋垃圾堆体的横向渗透性优于竖向渗透性。这意味着大量的气体污染物会沿着横向渗透性较好的方向进行迁移,而在竖向上的迁移则相对较慢。这是由于填埋垃圾堆体的堆放方式和压实过程导致堆体在横向上形成了较为连续的通道,使气体能够较容易地沿着这些通道进行迁移。

综上所述,填埋垃圾堆体的渗透性是影响气体污染物迁移的关键因素。渗透性较好的填埋垃圾堆体有利于气体污染物的快速传输和扩散。在填埋场管理中,可以通过运用合理的填埋方式以及进行堆体压实和渗滤液的控制来调控填埋堆体的渗透性,以降低气体迁移对周围环境的影响。

(3) 大气压力

填埋垃圾堆体内气体污染物迁移的主要原因是压力梯度的变化,而填埋场内气压与大气压之间的压差大小会直接影响气体的迁移速率。填埋场内气压和大气压的压差越大,气体迁移速率越快。较大的压差将促使气体以更快的速率从高压区域向低压区域迁移。Poulsen 等[418]研究发现,垃圾填埋场中气体的迁移速率与大气压力呈线性关系,气体迁移速率随大

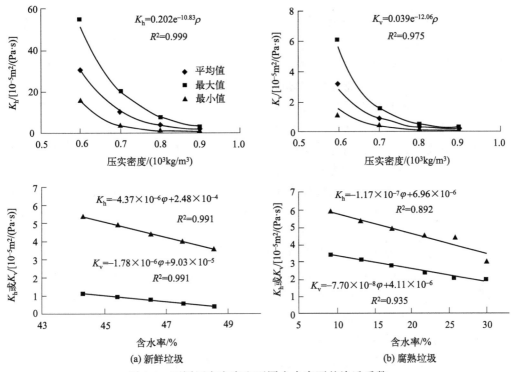

图 8-3　不同压实密度和不同含水率下的渗透系数

K_h、K_v 为垃圾堆体水平及垂直方向的气体渗透系数

气压力的增加呈线性规律递减（图 8-4）。因此，大气压力的变化可为填埋垃圾堆体内部的气体迁移提供动力。填埋场所处的地理位置、海拔高度和季节变化等因素都可能会导致大气压力的变化。此外，填埋场覆盖层的严密性也会影响填埋垃圾堆堆体内气压与大气压力之间的差异。合理管理填埋场覆盖层的厚度和密封性，能够减小气压差，从而降低气体的迁移速率。综上，大气压力的变化对填埋垃圾堆体内气体污染物的迁移具有重要影响。合理控制和监测大气压力的变化以及采取有效的覆盖层管理措施，有助于降低气体迁移对周围环境的影响，并确保填埋场的环境质量。

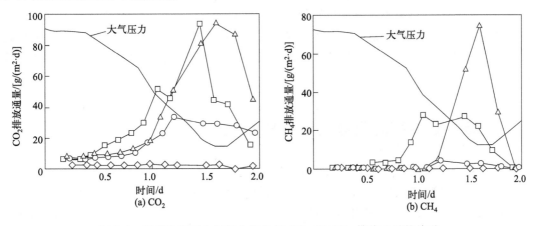

图 8-4　填埋场表面大气压力变化与 CO_2 和 CH_4 排放通量的关系

△、□、◇、○分别为垃圾填埋场上的不同测量点[418]

(4) 气体收集系统

气体收集系统对于控制垃圾填埋场中气体污染物的迁移和利用具有重要意义。在垃圾填埋场中，会设置主动或被动控制系统来收集和利用气体污染物，减小气体对环境造成的污染，提高垃圾填埋场的经济效益。气体收集系统主要由场内的管道系统、竖井装置和横管收集装置组成。管道系统是一种常用的气体收集方式，其通过在填埋场内设置管道网络，将产生的气体引导到集中的收集点或处理设施中。这种系统可以根据填埋场的布局和气体生成的特点进行灵活设计，以确保有效的气体收集和利用。竖井装置是在填埋场内部设置垂直的井管，通过井管收集气体并将其引导到集中的处理设施中。横管收集装置则是通过设置横向管道来收集气体，通常与填埋场的覆土层或顶部覆盖系统相结合，以便更好地收集气体。气体收集系统的设置需要考虑填埋场的气体产生量、气体生成速率、气体迁移路径和气体迁移量等因素。合理科学的气体收集系统可以有效地控制气体的迁移，减小对周围环境的影响，并实现对气体污染物的有效利用。气体收集系统的设计和布置应根据具体的填埋场条件和气体特性进行优化，以提高气体收集效率和经济性。

综上，合理设置气体收集系统是垃圾填埋场管理中的重要环节，可以有效控制气体污染物的迁移和扩散，并实现对气体的有效收集和利用。这对于减少气体污染物排放、提高填埋场的可持续性和经济效益具有重要意义。

(5) 填埋场衬垫和终场覆盖系统

垃圾填埋场的衬垫作为一种隔离系统，可以使垃圾填埋场与填埋场地底部、周边土壤、地下水隔离开，从而使气体污染物和渗滤液不能自由流动和通过。在填埋技术不发达的地区，垃圾填埋场一般采用黏土作为衬垫，衬垫材料是可渗透的，填埋气体仍然会产生横向迁移[419]。目前，常用的衬垫系统采用复合材料，如 GCL、长丝土工布和 HDPE 土工膜等，这些材料具有较强的防渗能力，能够有效控制气体污染物和渗滤液向衬垫底部和周围迁移。复合材料衬垫系统的防渗性能较强，能够有效隔离填埋场内的气体污染物，从而减小对周围环境的影响。在垃圾填埋场达到了使用年限或填埋垃圾达到了设计高度后，通常需进行终场覆盖，使填埋场的顶部与外界环境完全阻隔开来，目前常用 HDPE 土工膜材料作为终场覆盖系统的材料，其防渗效果较好。防渗性能越好的终场覆盖系统越能够增加填埋场内部的压力，越有利于气体污染物的收集和处理。

综上，衬垫和终场覆盖系统在垃圾填埋场中起着关键的作用，通过选择合适的材料和构建有效的隔离层，能够有效地控制气体污染物的迁移和扩散，保护周围环境。衬垫和终场覆盖系统的设计和实施应符合相关的技术标准和规范，以确保其较好的防渗性能和长期的可持续性。

8.3 生态修复填埋场气体污染物的控制

在填埋场生态修复过程中，随着垃圾的填埋及降解释放出了大量有毒有害的气体污染物，其不仅会对环境造成潜在的影响，还会对周边地区的大气质量和居民健康产生负面影响。填埋场气体污染物主要来自垃圾的降解，在厌氧填埋场中，主要组分为甲烷和 CO_2。甲烷是一种清洁能源，在填埋场产甲烷阶段，填埋气体中的甲烷浓度平均可达 50%～60%，标准状况下热值约为 $20MJ/m^3$，是一种利用价值较高的清洁燃料。因此，科学有效地控制填埋场中气体污染物的排放对于实现填埋场的生态修复和可持续发展具有重要意义。

8.3.1 原位生物修复填埋场气体污染物的控制

垃圾填埋场原位生物修复技术主要是指采用渗滤液回灌、营养物的添加、pH值和氧气调控及微生物菌剂接种等方式，来强化填埋场中微生物作用过程，从而加速有机垃圾的降解和转化，促进填埋场快速稳定化的技术。在原位厌氧生物修复填埋场中，主要通过气体收集控制系统来控制气体污染物，气体收集控制系统包括导气井、气体收集管路系统和处置设施。

填埋气体收集系统是填埋气体控制系统的重要组成部分。根据我国现行的《生活垃圾卫生填埋处理技术规范》（GB 50869—2013），垃圾填埋场必须设置有效的填埋气体导排设施，严防填埋气体自然聚集、迁移引起的火灾和爆炸。当老龄垃圾填埋场无填埋气体导排设施时，根据《生活垃圾卫生填埋场封场技术规范》（GB 51220—2017）中的要求，需要对垃圾填埋场设置填埋气体导排设施，以减少气体污染物的无组织排放，同时也能降低堆体因内外压力差过大而造成堆体不稳定的风险。填埋场气体收集系统主要是控制气体污染物的无序迁移以及将气体导排出垃圾堆体外，并为填埋气体的回收利用做准备。在实际工作中，通常采用主动和被动两种方法对垃圾填埋场内的气体污染物进行收集和导排。两种收集系统的实施效果与适用类型见表8-5。

表8-5 填埋气体收集系统实施效果与适用类型

系统	实施效果	适用类型
主动收集系统	利用负压，通过抽气井对堆体内的气体进行抽排	堆体需要有一定的气密性；对于产气量少的老旧填埋场效果不好
被动收集系统	利用收集管，通过竖井排放至堆体外	只适用于填埋量小于100t的垃圾填埋场；部分密度大于空气的气体无法排出

8.3.1.1 被动收集系统

填埋气体被动收集系统主要是指在不借助各类机械设备（如风机、泵等）的情况下，填埋垃圾经各种物理、化学和生物反应产生的气体，依靠自身压力和浓度差通过导气石笼进行导排，排入大气或气体收集系统中。由于不需要设置机械设施，故收集成本低，但会造成气体排放速度慢。填埋气体被动收集系统可以根据气体导排的设置方向分为竖向收集和水平收集两种方式。其中竖向收集是在堆体内设置一定数量的竖井，每一口竖井直接与大气联通；水平收集在堆体内部设有横向管网，类似于主动收集系统，最后通过集中竖井排放至堆体外。水平收集系统在有必要时，可以加装真空源，转变为主动收集系统。

填埋气体被动收集系统一般是由透气性较好的砾石等材料构筑的，半径一般不超过20m，并随着半径的增加，相应的气体收集水平将会下降，气体被动收集效率降低，因此该方式仅可降低气体排放到大气的总量以及减小填埋堆体内因气压过高而导致的爆炸可能性，防止气体无组织排放而损坏防渗层等问题的出现，并不能实现对气体污染物充分地回收和利用。被动收集系统适用于小型垃圾填埋场或对气体迁移扩散要求不高的垃圾填埋场[62]。

8.3.1.2 主动收集系统

填埋气体主动收集系统主要是指在垃圾填埋场内安装各类导气井、泵和风机等设施，并利用管道把导气设施与末端的抽气泵进行连接，启动抽气泵形成负压环境来主动收集气体，收集到的气体可通过燃烧或二次利用的方式进行处理。主动收集系统的关键是根据导气井和导气盲沟的影响范围，布设垃圾填埋场内气体收集系统，以尽可能较为完全地回收填埋气体[415]。

与被动收集系统相比，填埋气体主动收集系统能更有效地控制和收集气体，其对产气效率的变化能做出相应的反应，排放速度快，不但可以降低气体排放总量，降低环境污染，而且能提高填埋气体的回收效率。填埋气体主动收集系统多应用于大、中型垃圾填埋场或对周围环境要求较高的垃圾填埋场，以及设有气体回收利用装置的垃圾填埋场[420]。目前常用的主动收集系统包括竖向收集和横向水平收集。

(1) 竖向收集

竖向收集是气体污染物收集中应用最为广泛的方式，已被广泛运用在封场垃圾填埋场中，同时也少量应用于运营中的垃圾填埋场。垂直收集井即导气井，是填埋场最普遍采用的气体收集设施，井体由收集管、碎石和过滤层组成，可采用随着填埋作业层升高分段设置和连接的石笼导气井，也可采用钻井法，在填埋场中可打孔设置导气井。对于无气体导排设施的在用或停用填埋场，应采用钻孔法设置导气井，主要通过主动抽气方式对气体进行收集。主动收集系统导气井和被动收集系统导气井的典型结构如图 8-5 所示。

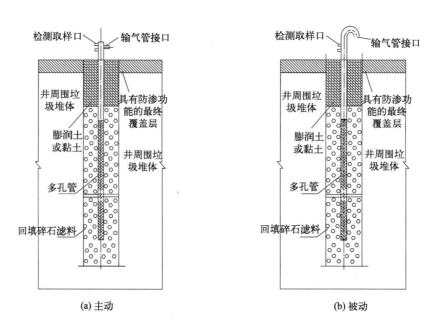

图 8-5　主动和被动收集系统导气井典型结构

1) 导气井设计

垂直收集井深需根据垃圾填埋场的实际情况来确定。美国环保署已明确规定标准井深应为垃圾填埋场深度的 3/4，且必须高于垃圾填埋场的积水高度。对于收集气体的垂直收集井，其井深可设置为垃圾填埋深度的 4/5，同时需保证抽气井的作用半径能覆盖整个垃圾填埋场的底部。

用钻孔法设置导气井时，为防止钻孔时场底防渗层被破坏，钻孔深度不应小于垃圾填埋深度的 2/3，但井底距场底间距不宜小于 5m，且应有保护场底防渗层的措施。打孔后，在井或槽中放置部分有孔的管子，然后用砾石回填，在井口表面套管的顶部应装上气流控制阀，也可以装上气流测量设备和气体取样口。通过测量气体排放量及气压，准确地了解填埋场气体的产生、分布以及随季节变化和长期变化的情况，并做适当调整。导气井可设于填埋场内部或周边，导气井相互连接形成了填埋场抽气系统。

根据《生活垃圾卫生填埋场填埋气体收集处理及利用工程技术标准》（CJJ/T 133—2024），导气井直径不应小于 600mm，垂直度偏差不应大于 1%；导气井井口应采用膨润土或黏土等低渗透性材料密封，密封厚度宜为 3~5m；导气井中心多孔管应采用高密度聚乙烯等高强度耐腐蚀的管材，管内径不应小于 100mm，需要排水的导气井管内径不应小于 200mm；穿孔宜用长条形孔，在保证多孔管强度的前提下，多孔管开孔率不宜小于 2%。回填碎石粒径宜为 10~50mm，不应使用石灰石，因为石灰石在垃圾堆体中会与酸性物质发生反应而逐渐溶解。被动导排的导气井，其排放管的排放口应高于垃圾堆体表面 2m 以上，以防排气口直接对着人的呼吸区。

由于建造填埋场的年代和抽气井的位置不同，可能会产生不均匀沉降而导致抽气井受到损坏，因此宜把抽气系统接头设计成软接头和应用抗变形的材料，以保持系统的整体完整性。导气井与垃圾堆体覆盖层交叉处，应采取封闭措施，减少雨水的渗入。当导气井内水位较高时，填埋气体难以从导气井内排出，为了有效导出气体，需要将导气井内的水导出。由于导气井内充满甲烷气体，难以避免空气进入，如果采用电动抽水设备，会存在电火花引爆井内甲烷气体的隐患，因此禁止采用电动设备抽取导气井内的积水。

2）导气井布置

导气井应尽量布置于填埋库区底部主、次盲沟交汇点及主、次盲沟之上，方便于导气井兼作渗滤液竖向收集井。填埋气导排垂直收集井的设置间距为 20~50m，导排竖井之间的相互位置呈等边三角形。

导气井的间距选择直接影响着抽气效率，导气井应根据垃圾填埋堆体形状、导气井作用半径等因素合理布置，应使全场导气井作用范围完全覆盖垃圾填埋区域。导气井作用半径也叫影响半径，是指气体能被抽吸到导气井的距离。根据导气井的影响半径（R）按相互重叠原则设计，即其间距要使各竖井的影响区相互交叠。如图 8-6 所示，如果导气井建在边长为 $3R$ 的正三角形的角上，可以获得 27% 的重叠区，导气井按正方形布置就可有 60% 的重叠区。垃圾堆体中部的主动导排导气井间距宜为井深的 1.5~2.5 倍，且不应大于 50m，沿堆体边缘布置的导气井间距不宜大于 25m，被动导排导气井间距不应大于 30m。由于垃圾堆体边缘导气井在抽气时，空气较容易从堆体边缘吸入，因此对边缘导气井宜采用小流量抽

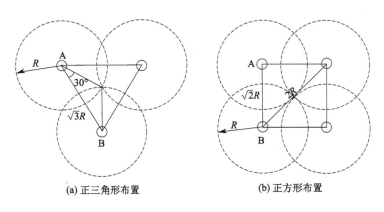

(a) 正三角形布置　　　　(b) 正方形布置

图 8-6　导气井的布置形式

气，导气井的作用范围小，井间距也要小些。另外，在垃圾堆体边缘，填埋气体较易向外扩散，边缘导气井布置较密也容易控制气体从边缘向外扩散。导气井与 HDPE 横向输气管相连，在连接管上设置调节阀，将输气管敷设在植被土层。输气支管的位置在填埋气导排竖井形成的等边三角形的中心平行线上，确保气体进入输气支管的距离相等。最后输气支管接入输气主管，输气主管上布设有氧含量监测报警仪，确保填埋气体中的氧含量达到安全限值，将填埋气体抽入燃烧装置中进行燃烧。

3）导气井影响半径

① 经验公式法。P_{fa} 达到 P_{ia} 时的测试距离（与井口的水平距离）即为影响半径，如式(8-5)所示：

$$P_{fa} \leqslant P_{ia} \tag{8-5}$$

式中 P_{ia}——关掉气井控制阀测得的不同深度的气体压力平均值（8h 测 1 次，连续测试 3d，计算得到平均值），Pa；

P_{fa}——气井抽气条件下，距离井口一定距离处测得的气体压力平均值（8h 测 1 次，连续测试 3d，计算得到不同深度气体压力的平均值），Pa。

② 数值计算法。导气井间距计算见式(8-6)。

$$L = \left(2 - \frac{O}{100}\right)R \tag{8-6}$$

$$R = \frac{D}{2\cos 30°} \tag{8-7}$$

式中 L——导气井间距，m；

R——导气井的影响半径，m；

O——要求的交叠度；

D——等边三角形布置的井间距，m。

4）气体收集和输送管道

不论采用竖井收集还是水平管线收集，最终均需要将填埋气体汇集到总干管进行输送。抽气需要的真空压力和气流均通过输送管网输送至抽气井，主要的气体收集管应设计成环状网格，这样可以调节气流的分配和降低整个系统的压差。输送系统也有支路和干路，干路互相联系或形成一个"闭合回路"。如图 8-7 所示，这种闭合回路和支路间的相互联系，有助于实现较均匀的真空分布和剩余真空分布，使系统运行更加容易、灵活。

① 气体收集管规格计算

管道规格确定是一个反复的过程，一般需要经过估算单井最高流量，确定干路和支路管道的设计流量，用当量管道长度法计算阀门阻力，用标准公式计算管道压差，根据每个干路和支路的需要重复上述过程。气体收集管道压差和管道尺寸的设计计算可按如下步骤进行。

Ⅰ. 假设气体在管道中的流动为完全紊流，主动抽气一般是紊流。假设一个合适的尺寸，通常为 100~200mm。

Ⅱ. 用连续方程估算气流速度：

$$Q = Av \tag{8-8}$$

式中 Q——气体流量，m³/s；

A——截面积，m²；

v——气流速度，m/s。

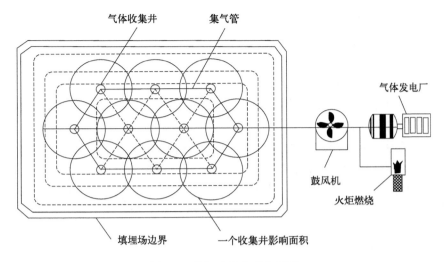

图 8-7 导气井的布置与网格

若知道管道的内径和气体释放估计量，就可以由上式计算出气流速度。假设气体的产生速率为 18.7m³/(t·a)，每一抽气井的气体流量 Q 可通过该井覆盖范围内的垃圾总量和气体产生速率估算，即：

$$Q = \frac{dQ_{LDG}}{dt} m \tag{8-9}$$

式中　Q——气体流量，m³/a；
　　dQ_{LDG}/dt——气体的产生速率，m³/(t·a)；
　　m——填埋垃圾总量，t。

Ⅲ. 计算雷诺数。

$$Re = \frac{D v \rho_g}{\mu_g} \tag{8-10}$$

式中　Re——雷诺数；
　　D——管道内径，m；
　　v——气流速度，m/s；
　　ρ_g——填埋场气体的密度，0.00136t/m³；
　　μ_g——填埋场气体的黏滞系数，12.1×10⁻⁹ t/(m·s)。

Ⅳ. 用经验公式计算达西摩擦系数。

$$f \approx 0.0055 + \frac{0.00055}{3} \times \frac{20000\varepsilon}{D} \times \frac{1000000}{Re} \tag{8-11}$$

式中　f——达西摩擦系数；
　　ε——绝对粗糙度，m，PVC 管取 1.68×10⁻⁶ m；
　　D——管道内径，m；
　　Re——雷诺数。

Ⅴ. 用 Darcy-Weisbach 压差方程计算压差。

$$\Delta P = \frac{0.102 f \gamma_g L v^2}{2gD} \tag{8-12}$$

式中　ΔP——压差，mmH_2O；

　　　f——达西摩擦系数；

　　　γ_g——填埋场气体容重，$9.62N/m^3$；

　　　L——管长，m；

　　　v——气体的当量速度，m/s；

　　　g——重力加速度，取$9.81m/s^2$；

　　　D——管道内径，m；

0.102——压力差由N/m^2转换为$mm\ H_2O$的转换系数，即$1N/m^2=0.102mm\ H_2O$。

每个导气井都有一定的作用范围，在作用范围内，垃圾的产气速率即是本导气井的气体流量。某管段的计算流量即是其所负担导气井的流量总和。输气管道内气体流速宜取5~10m/s。流速过高，管网压损大，风机耗电大；流速过低，管网投资大。因此在设计时应选择一个比较合适的管内流速，使管网投资和风机耗电费用总和最小。

② 输气管道压降计算

Ⅰ．输气管道摩擦阻力损失。输气管道单位长度摩擦阻力损失可根据《生活垃圾卫生填埋场填埋气体收集处理及利用工程技术标准》（CJJ/T 133—2024）计算，见式(8-13)：

$$\frac{\Delta P_{摩擦}}{l}=6.26\times 10^7\lambda\rho\frac{Q^2}{d^5}\times\frac{T}{T_0} \qquad (8-13)$$

式中　$\Delta P_{摩擦}$——输气管道摩擦阻力损失，Pa；

　　　λ——输气管道的摩擦阻力系数；

　　　l——输气管道的计算长度，m；

　　　Q——燃气管道的计算流量，m^3/h；

　　　d——管道内径，mm；

　　　ρ——填埋气体的密度，kg/m^3；

　　　T——填埋气体温度，K；

　　　T_0——标准状态下的温度，273.16K。

Ⅱ．输气管道局部阻力。输气管道中阀及配件的压力差计算见式(8-14)：

$$\Delta P_{局部}=\left(\frac{6.895\gamma_g}{\gamma_w}\right)\times\left(\frac{264.2Q}{C_\gamma}\right)^2 \qquad (8-14)$$

式中　$\Delta P_{局部}$——阀及配件的压差；

　　　γ_g——填埋场气体的重力密度，$0.00962kN/m^3$；

　　　γ_w——水的重力密度，$9.81kN/m^3$；

　　　Q——通过阀及配件的气流量；

　　　C_γ——阀及配件的流动系数。

Ⅲ．阀及配件的流动和阻力系数。阀及配件的流动系数C_γ的计算见式(8-15)：

$$C_\gamma=\frac{0.0463d^2}{K^{0.5}} \qquad (8-15)$$

式中　C_γ——阀及配件的流动系数；

　　　d——管道内径；

　　　K——阀及配件的阻力系数。

阀及配件的阻力系数取值见表8-6。若缺少计算数据，输气管道的局部阻力损失也可按管道摩擦阻力的 50%～100%进行估算。

表 8-6　阀及配件的阻力系数取值表

名称	K 值	名称	K 值
45°弯管	0.35	"T"形管	1.0
90°弯管	0.75	门阀(1/2 开启)	4.5

Ⅳ．输气管道总压降。输气管道总压降计算见式(8-16)：

$$\Delta P_{总}=\Delta P_{摩擦}+\Delta P_{局部} \tag{8-16}$$

式中　$\Delta P_{总}$——输气管道总压降，Pa；

$\Delta P_{摩擦}$——输气管道摩擦阻力损失，Pa；

$\Delta P_{局部}$——阀及配件的压差，Pa。

③ 风机选择

Ⅰ．额定风量。在实际运用中，风机的额定风量通常由下式确定：

$$Q_{额}=K_1 Q_{冷} \tag{8-17}$$

式中　$Q_{额}$——风机的额定风量，m³/min；

K_1——通风系数，通常取 1.1～1.2；

$Q_{冷}$——所选风机型号的单台风量，m³/min。

Ⅱ．风机轴功率及电机功率。风机轴功率和电机功率可由下面各式计算：

$$N=\frac{Q_{实}\Delta P_{实}}{1000\eta} \tag{8-18}$$

$$N'=\frac{Q_{实}\Delta P_{实}k}{1000\eta\eta_1}=\frac{Nk}{\eta_1} \tag{8-19}$$

$$\Delta P_{实}=k_p\Delta P \tag{8-20}$$

$$Q_{实}=k_p Q \tag{8-21}$$

式中　N,N'——实际所需的风机轴功率和电机功率，kW；

η,η_1——风机的机械效率和不同传动方式电机的机械效率，%，通常 $\eta=70\%$；

k——不同传动方式的电机容量储备系数；

k_p, k_q——送、排风系统常数，$k_p=1.1～1.15, k_q=1.1$；

$\Delta P, \Delta P_{实}$——计算和实际情况下的风机全压，Pa；

$Q, Q_{实}$——计算和实际情况下的空气流量，m³/s。

(2) 横向水平收集

横向水平气体抽排井与垂直收集井的结构原理基本相同，区别在于垂直收集井的轴线方向与水平线垂直，而横向水平气体抽排井的轴线与水平线平行。设置横向水平气体抽排井是横向收集系统中常用的方式。横向收集系统通常先开挖水平盲沟，盲沟宽度一般设置为 0.6～1.0m，深度为 1.0～1.5m，管径为 DN100～200。

横向收集系统通常应用在处于填埋作业运行中的垃圾填埋场。在垃圾填埋开始时实施安装工作，当垃圾填埋到预定高度时，将第一层收集管安装在渗滤液的液面之上，能够有效避免管道堵塞，继而按垃圾填埋分层高度安装下一层收集管。横向收集系统的优点在于抽气效果受堆体不均衡沉降的影响较小，抽气管堵塞或破裂时联通的碎石盲沟仍能起到作用。

横向水平收集系统的收集效率高于竖向收集系统，横向水平收集系统的收集效率高达

90%左右,而竖向收集系统的收集效率只有75%。从收集效率方面考虑,横向水平收集系统比竖向收集系统更有优势。但是横向水平气体抽排井操作复杂,施工暴露面大,渗滤液外溢风险高,臭气控制难度较高,冷凝液含量高,且必须和填埋作业相配合。填埋气导排垂直收集井导排效果较好,续接操作简单,施工不受填埋作业限制,但是填埋气收集范围小,效率低,在终场填埋气收集操作时需根据需要补打竖井以提高填埋气的收集效率。此外,竖向收集系统主要适合已完成封场的填埋场,以及面积小但埋深较大的山谷形填埋场,而横向水平收集系统则主要用于正处于运行阶段的大型填埋场,特别是埋深不大的填埋场[421]。垃圾填埋场中竖向和横向水平收集方式的优缺点见表8-7。

表8-7 竖向收集与横向水平收集系统的优缺点

类型	优点	缺点
竖向收集系统	(1)应用最为广泛; (2)受垃圾不均匀沉降影响较小; (3)运行成本和建设费用不高; (4)冷凝液可在重力作用下沿竖井落至库底	(1)收集井的有效长度有限,导致浅层垃圾难以实现对气体高质量的获取; (2)难以完全隔绝空气,增加起火爆炸的危险性; (3)井间抽气量变化大,经常需要调节; (4)建设费用较高; (5)一般不适用于垃圾填埋场作业面
横向水平收集系统	(1)填埋运行与气体收集同步进行,可减少填埋气体逸出; (2)有利于在填埋早期收集; (3)气体收集效率高且质量好; (4)无需专门的钻井设备; (5)能够收集到较深填埋堆体中的气体	(1)受垃圾不均匀沉降影响较大; (2)管道中易出现冷凝液,导致压力不均衡,造成管道阻塞,气体难以顺利排放; (3)建设费用及运行成本较高; (4)抽气效率较低

在厌氧生物修复填埋场中,填埋气体经收集井收集后,进入导气支管连接成网状,并进入导气主管路,最终与填埋气体燃烧火炬或者发电机组连接。

在好氧生物修复填埋场中,由于气体污染物中的甲烷浓度相对较低,气体污染物经抽气井抽提后,应采用生物过滤器、活性炭等处理达标后排放。

8.3.2 生态封场填埋场气体污染物的控制

在生态封场填埋场中,典型气体污染物主要为厌氧条件下的填埋垃圾生物降解产物,其主要成分为 CH_4 和 CO_2,具有较强的可燃性。根据我国《生活垃圾填埋场污染控制标准》(GB 16889—2024)中的规定,填埋场上方甲烷气体含量应小于5%,填埋场建(构)筑物内甲烷气体含量应小于1.25%。

垃圾填埋场内的气体通过收集设施导出后的应用,根据国内外现有的处理和利用技术分为直接燃烧和综合利用两种。当所收集到的填埋气体没有达到可利用的浓度(20%<甲烷浓度<45%)和流量时,不考虑收集利用,但需要采用导气装置加设密封套管,集中至垃圾填埋气体进行火炬燃烧;当从导气装置导排出的垃圾填埋气体达到燃烧浓度(甲烷浓度>45%)和流量时,将收集到的气体,经过抽送机送往净化处理设施,进行净化、储存,再经过加压、冷凝后,可用于内燃发电或锅炉生产蒸汽,发出的电并入电网,蒸汽则送至用户[422]。

对于填埋规模较大的垃圾填埋场(设计总填埋容量>$2.5 \times 10^6 m^3$),建议实行填埋气的净化回收和发电,避免造成能源浪费。由于填埋气净化回收和发电设备的投入成本较高,所以对中小型垃圾填埋场（设计总填埋容量<$1\times10^6 m^3$），建议以火炬燃放的形式直接处置，将甲烷和其他微量气体转变成 CO_2、SO_2 等气体。

在实际中，对于填埋气体燃烧发电系统，也常设置火炬燃烧系统，以便当产能系统停止运行或出现故障时用于焚烧气体，防止气体无组织释放[423]。

8.3.2.1 火炬燃烧

根据《生活垃圾卫生填埋处理技术规范》（GB 50869—2013）中的规定，填埋气体利用和燃烧系统应统筹设计，应优先满足利用系统的用气，剩余填埋气体应能自动分配到火炬系统进行燃烧。填埋气火炬具有提高场所安全性、增加社会认同性、减少恶臭污染和温室效应、改善周边环境等作用。

火炬就是垃圾填埋场的一个点燃装置，在垃圾填埋场建成运行初期，基本上会设置 1 台填埋气体燃放火炬系统主动抽排燃放填埋气来保障场区运行的安全性，同时减少因有害气体排放而产生的温室效应，减小恶臭影响，提高垃圾填埋场周边的环境质量。火炬的主要组成构件分为燃烧器本体（进气分配管、阻火器等）、点火系统（电子点火器、测温探头等）、火炬体（固定座、燃烧筒、防护顶等）和安全保障及控制系统（图 8-8）。在火炬燃烧器型号选择的过程中，应结合垃圾填埋场中长期填埋气体的产生速率进行选择，这样才能够保证较好的应用效果。

(a) 现场图

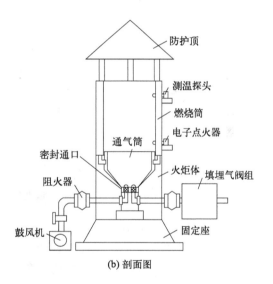

(b) 剖面图

图 8-8 填埋气火炬示意图[424]

在填埋场中，采用鼓风机将导排竖井及其周围填埋垃圾产生的填埋气体排出，送入燃烧器进行燃烧，其处理流程为"填埋气—预处理—火炬燃烧"。预处理主要是过滤填埋气体中的泥巴、渣土等。气体经火炬燃烧后，其周围环境基本没有什么臭味。火炬燃烧可大大地减轻填埋场除臭工作的压力。目前用于填埋气体氧化燃烧的通用设备为火炬，其类型主要包括两种：一种是封闭式火炬，填埋气体在温度控制仓中进行燃烧，其对甲烷的去除率较高，也可用来去除填埋气体中的有害污染物气体；另一种是烛台式火炬，这种火炬属于开放式燃烧，结构较为简单，价格便宜，但是燃烧效率较低。根据《生活垃圾卫生填埋场填埋气体收集处理及利用工程技术标准》（CJJ/T 133—2024）中的规定：填埋气体收集量大于

100m³/h 的填埋场，应设置封闭式火炬。垃圾填埋场采用甲烷报警器监测填埋气体中甲烷的浓度，当甲烷浓度超过 5% 时，通过自动点火或人工点火装置做燃烧处理并排空；甲烷浓度 <5% 不能点火燃烧时，采用辅助燃料液化气助燃。

8.3.2.2 填埋气体发电

在填埋场中，将收集系统所收集的填埋气体通过输送管道抽排至燃机厂房，经过冷凝、脱硫等设备去除填埋气体中的水分和杂物，并利用热交换器和过滤器对填埋气体进行降温除尘，然后送至沼气发电机进行发电（图 8-9）。填埋气体发电工程实现了资源的有效利用，经过处理的填埋气体中的有害成分得到了去除，燃烧后大幅度地减少了温室气体排放，降低了无组织大气污染物排放，同时也创造了一定的经济效益。采用填埋气体发电会产生一定的尾气，其中含有一定量的 NO_x。NO_x 会刺激人的呼吸系统，降低人体免疫力。另外，NO_x 也是酸雨的重要成分。因此，发电产生的尾气必须进行处理。可采用选择性催化还原脱硝处理，具体流程为"发电尾气—预处理—脱硝塔"。其工作原理是利用一定量的氨水溶液生成所需要的还原性氨气。氨氮在催化剂的作用下，有选择性地将 NO_x 还原为 N_2 和 H_2O，从而降低烟气中的 NO_x 浓度。

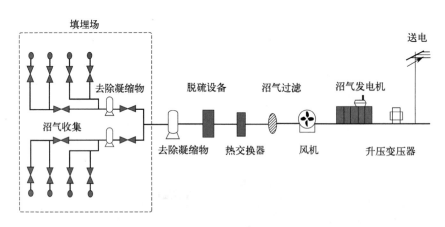

图 8-9 填埋气体发电工程工艺

8.3.2.3 填埋场覆盖土层

垃圾填埋场覆盖土层是"填埋气体-大气"体系的环境界面。当填埋气体经过覆盖土层进入大气时，其中一部分气体污染物会在覆盖土层中被去除。填埋场覆盖土层对气体污染物的净化作用类似于一个"生物滤器"，主要包括物理、化学和生物作用（图 8-10）。其中，物理作用包括气体的吸附、扩散和降温等过程，化学作用包括气体的氧化、还原、沉淀、螯合等作用，而生物作用则包括微生物的降解、植物和动物的代谢等过程。

(1) 物理作用

填埋场覆盖材料对气体污染物的去除作用首先来自其对气体的物理屏障作用，覆盖层可以降低填埋垃圾和覆盖层顶部之间的压力差和气体浓度梯度，起到良好的屏障作用，降低气体平流及扩散，从而减少气体污染物的排放。当气体污染物经过填埋场覆盖层时，一些气态分子首先会被覆盖材料的表面所吸附，或者溶解在孔隙水中，再进一步被氧化、中和或者生物降解[110]。Xu 等[425]研究表明，在非碱性条件下黏质土和砂土对 H_2S 有显著的去除效果，这主要是物理吸附在发挥作用。吴传东等[426]研究了北京某生活垃圾填埋场作业面覆膜

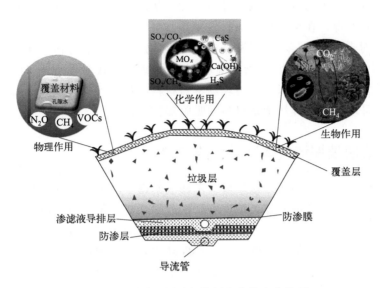

图 8-10 覆盖土层对气体污染物的净化作用

MO_x——金属化合物

的效果,发现相比于裸露的作业区域,覆膜区在夏、秋和冬季的气体污染物含量分别降低了 12.4%、30.7% 和 43.6%。此外,覆盖土层的厚度、质地、湿度等参数都会影响其净化作用。一般来说,覆盖土层越厚,净化效果越好。覆盖土层的厚度和质地可以影响垃圾填埋场内气体温度的变化,从而影响气体的扩散速度和分布情况,进而影响气体的净化效果。朱海生等[427]研究了不同厚度的锯末作为覆盖材料对氨和温室气体(N_2O、CH_4 和 CO_2)排放量的影响,发现随着覆盖厚度的增加,总温室气体排放量有所下降。

(2) 化学作用

填埋场覆盖材料通过氧化、还原、沉淀、螯合等多种化学作用,可以减少气体污染物的释放和扩散,从而有助于改善填埋场周围的环境质量。氧化法是指气体污染物与氧化剂发生化学反应,生成较为稳定的化合物,这些化合物通常比原来的污染物更容易处理或排放。例如,SO_2 可以氧化为三氧化硫(SO_3),其更容易在空气中被捕捉和转化为硫酸(H_2SO_4),从而被固定下来[428]。粉煤灰作为覆盖土层,其中含有金属化合物(MO_x,主要是铁、铝和铜等的氧化物),可作为氧化剂去除 H_2S 等恶臭气体[429]。H_2S 可以与覆盖材料中的氢氧化钙发生反应,形成硫化钙(CaS)沉淀,CaS 和 H_2O 都是相对稳定的化合物,对环境的影响也较小,其反应式如下:

$$H_2S + Ca(OH)_2 \longrightarrow CaS + 2H_2O \tag{8-22}$$

此外,覆盖材料中的一些金属氧化物,如铁氧化物、锰氧化物等,可以与苯等 VOCs 发生氧化反应。这些反应产物通常是相对稳定的酚类化合物,如苯酚(C_6H_5OH)等。

(3) 生物作用

填埋场覆盖材料中存在着丰富的微生物群落,包括细菌、真菌、放线菌等。这些微生物可以利用有机污染物作为碳源和能源,代谢有机污染物,转化为 CO_2 和 H_2O 等物质。覆盖土层的生物作用受到多种因素的影响,如填埋场覆盖材料、微生物群落结构和数量以及微生物代谢活性等。因此,可以通过添加外源菌株、优化覆盖材料、调节氧气和湿度等方式来改善填埋场覆盖材料的微生物群落结构和环境条件，从而提高填埋场覆盖材料的净化效率。例如，有研究者研究发现，在填埋场覆盖材料中添加外源微生物（*Paracoccus* 和 *Tuberibacillus*），覆盖材料对苯、二甲苯和甲苯等有机污染物的去除率可以达到85%以上。胡斌等[430]采用竹炭污泥堆肥作为填埋场覆盖材料进行试验，其对填埋场 H_2S 的去除率可达85%。此外，微生物的生长可以改善填埋场覆盖材料的物理性质，例如提高覆盖材料的孔隙度和比表面积，可以增强填埋场覆盖材料的吸附和扩散作用[431]。

8.3.3 开挖修复填埋场气体污染物的控制

在垃圾填埋场开挖过程中，存量垃圾或渗滤液暴露于环境中会导致其中的气体污染物无组织排放，从而引起各类环境问题。填埋场开挖过程会对存量垃圾造成较大的扰动，导致大量气体污染物无组织逸散，从而对周围空气、水体、土壤环境造成污染，特别是其中的恶臭问题，严重影响了人们的生活。因此，为了实现高效开挖填埋场气体污染物的控制，首先需要从源头上降低气体污染物的产生量，再减少开挖及处置过程中气体污染物的无组织排放。

8.3.3.1 垃圾开挖作业

(1) 减小暴露作业面

由于垃圾堆体长期处于厌氧状态，所以会产生诸多气体污染物，从而形成垃圾堆体恶臭污染。在开挖过程中，垃圾暴露面的扩大会导致堆体内部气体污染物大面积扩散，对周边环境产生较大的臭气影响。应根据存量垃圾开挖总量、场地条件、工期限制、机具资源配置等合理进行开挖区域和作业单元规划，尽可能缩小作业单元，减小每日作业面，降低气体污染物的无组织排放量。根据达西定律，作业面气体污染物的释放源强与作业面的面积成正比[432]。由于垃圾填埋场开挖作业面的面积大、机械作业运程远等，会导致气体污染物释放源强增大，其排放量可采用式(8-23)计算：

$$Q = \frac{K}{\mu} \times A \nabla P \tag{8-23}$$

式中 Q——气体污染物的无组织排放量，m^3/s；
 A——存量垃圾暴露面积，m^2；
 ∇P——动力梯度，Pa/m；
 K——垃圾堆体绝对渗透率，m^2；
 μ——流体黏度，$Pa \cdot s$。

由于垃圾填埋场开挖作业面积直接影响气体污染物的排放，因此对于垃圾填埋场开挖暴露的作业面，应及时进行覆盖处理。例如某垃圾填埋场原有开挖区的裸露面积为 $4000m^2$，通过加强垃圾的压实度等资源整合，在满足开挖作业条件的基础上，将暴露面积缩减到 $3000m^2$，以减少气体污染物的排放。同时在每天作业完成后，在作业区临时铺盖 HDPE 膜，周边采用土方回填的方式密封，以有效地防止臭气扩散。在开挖填埋场作业面覆盖材料的选择上，应综合考虑现场条件和覆盖需求，选取抗渗性能好、抗老化性能强以及便于施工的人工合成覆盖材料进行覆盖。常用的人工合成材料包括 PE（聚乙烯）、HDPE、PVC、LDPE（低密度聚乙烯）和 EVA（乙烯-乙酸乙酯共聚物）膜等。

(2) 控制开挖时间

在垃圾填埋场的开挖过程中缩短作业时间也是控制气体污染物逸散的有效手段。

一方面，集中开挖施工可以帮助缩短开挖作业的时长。开挖过程涉及挖掘、装载、清理等多个作业环节，需要耗费大量的时间和精力。通过集中施工，一次性完成大部分的开挖作业，可以有效缩短开挖时间，缩短污染物逸散的时间和缩小逸散范围。为了实现集中施工，可以增加开挖设备的数量，优化作业流程和管理方法，确保较快的开挖进度。

另一方面，选择适宜的天气条件进行开挖作业也是重要的措施之一。垃圾填埋场应该避免在强风天气和高温时段进行开挖作业，这样可以有效控制气体污染物的无组织异味逸散。强风天气会加速污染物的扩散和传播，而高温则会促使垃圾中的有机物质分解产生更多的VOCs。因此，在选择开挖时间时，应结合当地的气象条件，避开不利于污染物控制的天气情况，以保护周边环境和人类健康。

(3) 密闭开挖

为了减少填埋场开挖修复过程中的气体污染物逸散，可以根据填埋场地环境条件，选择适宜的密闭开挖方式。垃圾填埋场密闭开挖可以采用配备尾气处理系统的小型充气式负压大棚或滑轨式移动负压大棚等设备（图8-11）。这些设备通过物理隔离的方式，在开挖过程中可彻底控制产生的气体污染物异味，将其限制在一定范围内，并集中收集后进行末端处置。小型充气式负压大棚是一种以充气的方式搭建起来的密闭空间，其尾气处理系统能够将开挖过程中产生的气体进行处理，避免其外散。滑轨式移动负压大棚则是一种可以在开挖面上移动的设备，它能够根据开挖的进程进行调整，确保开挖面的密闭性。通过采用密闭开挖的方式，能够有效控制垃圾填埋场开挖过程中产生的气体污染物异味的扩散。这种方式不仅能减小对周边环境的影响，还能确保施工人员的健康和安全。在选择和使用密闭开挖设备时，需要根据填埋场的具体情况和要求进行评估和调整，以确保设备的适用性和效果。综合考虑填埋场的尺寸、地形、气候条件以及与周围居民的距离等因素，选择合适的设备类型和配置。

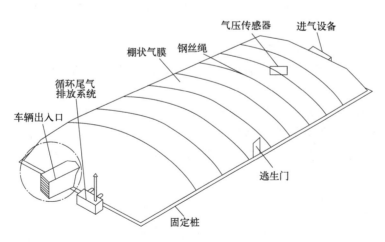

图8-11　负压大棚示意图

(4) 气味抑制及掩蔽

在采取适当的施工控制措施后，垃圾填埋场中的存量垃圾开挖时仍存在适量气体污染物向外逸散的情况，此时可采取气味抑制及掩蔽措施来进行气体污染物的异味控制。

根据气体污染物成分及特点选择不同的气味抑制剂和掩蔽剂进行异味控制（表8-8）。气味抑制剂包含生物和化学成分，可通过纳米材料吸附、酸碱中和、生物菌群降解等作用来降低开挖施工过程中产生气体污染物的臭味浓度，抑制异味的扩散[433]。气味掩蔽剂包含植物或化学成分，与气体污染物混合后可改变臭味气体的成分，提高气体的嗅阈值，最终实现气体污染物中异味的掩蔽。气味抑制剂和掩蔽剂具有高效、环保等优点，在生物药剂中应用最为广泛。

表 8-8 气味抑制剂和掩蔽剂的种类及特性

种类	代表物质	特性
气味抑制剂	生物酶剂、植物提取物	通过化学反应或物理吸附来减少或中和气味分子，以达到消除气味的效果
掩蔽剂	香精、气味遮盖剂	通过释放具有愉悦气味的化学物质来掩盖异味和有害气体的气味，从而改善空气质量

气味抑制剂和掩蔽剂的喷洒区域主要包括暴露作业面、填埋场内转运道路以及场区边界。在垃圾填埋场作业过程中，对于暴露作业面，宜采用人工或雾炮设备持续进行喷洒，以保持喷洒效果；对于填埋场内转运道路，应定期使用移动式喷洒车辆进行喷洒，以控制气味的扩散；对于场区边界，应设置立体除臭幕墙或自动喷洒设备，将气体污染物中的异味控制在垃圾填埋场区内，减少异味向外界的扩散。合理地选择气味抑制剂和掩蔽剂，并在适当的区域进行喷洒，可以有效地控制垃圾填埋场开挖过程中产生的气体污染物异味。这些措施不仅能改善填埋场的环境气味，减小对周边社区的影响，还能美化填埋场的形象和提高其可持续发展能力。因此，在垃圾填埋场开挖修复中应加强对气味抑制剂和掩蔽剂的应用和管理，提高填埋场的环境质量和社会接受度。

8.3.3.2 开挖垃圾脱水预处理

在垃圾脱水预处理过程中会产生一些气体污染物，如 VOCs、NH_3 等。为了防止这些气体污染物对环境和工作人员造成不良影响，需要采取一系列措施来加以控制。

（1）脱水预处理

对于开挖垃圾进行脱水预处理过程中的气体污染物排放，可采用以下措施进行控制。

① 在垃圾脱水预处理区域安装通风换气系统，及时将产生的气体排出室外，使车间内的空气保持新鲜。

② 使用除臭剂进行掩蔽和中和，以改善空气质量，减小异味对环境和工作人员的影响。

③ 封闭处理脱水预处理设施，确保气体污染物不会外泄。同时适当控制设施内部的温度，避免温度过高导致气体挥发加剧。定期检查和维护设施，及时发现并修复泄漏问题，避免气体污染物泄漏。

④ 在脱水预处理过程中，选择符合环保标准的设备，如低排放、高效的脱水机，以降低气体污染物的产生。

⑤ 为从事垃圾脱水预处理工作的人员提供必要的防护设备，保障其健康和安全。

（2）晾晒脱水

在开挖垃圾晾晒脱水过程中，也会产生一些气体污染物，可以采取多种措施来有效地减少这些气体的扩散和影响。首先，采用覆盖材料可以有效降低垃圾表面的暴露，减少气体的挥发。其次，通过设置气体收集系统，可将产生的气体污染物有序地进行收集和处理，以防止其扩散和对周边环境产生影响。同时，引入生物除臭剂和化学吸收剂也可以帮助降低恶臭气体的浓度，从而改善周围空气质量。此外，合理的风向控制和通风系统设计也可有效减小气体的扩散范围。

总之，在开挖垃圾脱水预处理过程中，需要采用综合措施，有效控制垃圾脱水预处理过程中产生的气体污染物，确保环境和工作人员的安全与健康，并提高整体的环保水平。

8.3.3.3 开挖垃圾分选处理

在开挖垃圾分选处理过程中会产生一些气体污染物，需要采取适当的措施来控制气体污染物。筛分现场及临时堆料（垃圾、筛下物等）会产生临时性轻微异味及扬尘，因此对筛分车间采取了密闭处理措施。为了确保车间内的工作环境符合要求，筛分车间需要进行适当的通风和换气，可以通过喷雾杀菌除臭系统、化学洗涤除臭系统进行降尘除臭。除臭区域的臭气通过管道系统进行集中收集，而后送至室外化学洗涤除臭车间进行除臭处理。筛分时，气体污染物的控制措施如下：建设密闭的垃圾处理车间，车间内设有除臭和尾气收集装置，以减少筛分过程对周边环境的影响；筛分工序采用机械化施工，减少人工作业，从而降低异/臭味对施工人员的潜在危害；采用气体污染物收集处理系统加固定式除臭风炮；对暂存垃圾及筛分产物进行覆盖处理，使用专用皮带管廊输送垃圾，对皮带管廊进行封闭处理，确保垃圾在运输过程中不会外泄；定期排查皮带管廊连接处，防止气体污染物泄漏；皮带管廊使用前做气密性试验，确保密闭后方可使用。

8.3.3.4 开挖垃圾转运与处置过程

开挖垃圾转运过程应采用箱式环保密闭运输车，确保转运过程中垃圾与大气隔绝，无异味逸散。这种运输车较为封闭，能够有效阻止垃圾中的异味物质向外散发，保持垃圾与环境间的隔离。在进行运输前，应对筛分物采用打包机进行压缩，同时应仔细检查运输车的完整性和密闭性，并确定运输路线。筛分物装车后，对筛分物所装载的车辆，应全面喷洒除臭药剂，近距离确认无异味后方可开始运输。在整个运输过程中，必须始终遵循确定好的路线，并严格遵守交通规则，以确保运输的安全顺畅。到达目的地后，应对运输车辆进行彻底冲洗，然后再次喷洒除臭药剂，确保无异味后方可返程。

开挖垃圾的处置过程通常包括破碎、筛分和暂存等环节，这些环节的进行可能会对垃圾造成较大的扰动，进而引发异味物质的逸散。因此，垃圾的处置过程必须在装备有尾气处理系统的钢结构负压大棚内进行。钢结构负压大棚的优点在于其能够有效隔离异味，阻止异味扩散到外界，从而能够控制异味的扩散范围。钢结构负压大棚通过建立负压环境，使大棚内的气压低于外界，从而防止异味气体逸出。在大棚内部设置尾气处理系统，对产生的异味气体进行收集和处理。之后异味气体经过处理后再进行末端处置，保证了环境的清洁和健康。

通过采用环保密闭运输车和钢结构负压大棚等，可以有效控制开挖垃圾转运和处置过程中的异味逸散问题。在选择和使用环保密闭运输车和钢结构负压大棚时，需要根据具体的垃圾转运和处置情况进行评估和调整，确保设备的适用性和使用效果。同时，需要定期维护和清洁设备，确保其正常运行和处理效果。

8.3.4 渗滤液收集与处置中气体污染物的控制

在生活垃圾填埋过程中，填埋场库区气体的无组织排放和垃圾渗滤液是臭气的主要来源。为了减少臭气的产生，在填埋垃圾处置场所，应设立渗滤液收集系统，修建盲沟和水平井等，把垃圾堆体中的渗滤液导排入调节池中，以减少填埋场内渗滤液的积累。对于存储渗滤液的调节池，应进行封闭式管理，并及时对渗滤液调节池中的沼气加以处理，这样可以有效地控制存储渗滤液调节池中的臭气扩散。

对于垃圾填埋场覆膜区产生的渗滤液，应采用 HDPE 收集花管将渗滤液从覆膜区收集到渗滤液调节池中，然后由渗滤液处理厂统一处理。渗滤液收集系统应采用防腐材料，防止腐蚀发生而产生泄漏的风险。采用密闭真空系统抽出渗滤液，减少其暴露在外的时间。渗滤液收集池、调节池及处理设施均采用密闭式设计，进行部分池体的加盖，并设置专用气体收集处理装置，防止渗滤液散发异味。图 8-12 为垃圾渗滤液处理工艺流程图，采用"气浮设备＋一体化污水处理设备"来进行处理。渗滤液首先通过格栅井拦截污水中的漂浮物和悬浮物，然后进入调节池调节进出水的流量，然后进入气浮池。絮凝体在浮力的作用下浮向水面形成浮渣，下层的清水经集水器流至清水池后，一部分回流用作溶气，另一部分清水通过溢流口流出，进入一体化污水处理设备中。气浮池水面上的浮渣积聚到一定厚度以后，由刮沫机刮入气浮机污泥池后排出，渗滤液处理产生的污泥进入污泥池，然后由带式压滤机脱水压缩成泥饼外运。另外，还需优化雨污分流系统，加大作业面的覆盖，尽量减少雨水和地表径流进入存量垃圾堆体中，导致渗滤液水量增加。同时，需要定期检查和维护渗滤液收集系统与渗滤液处理厂的进出水水质，确保其正常和有效运行。

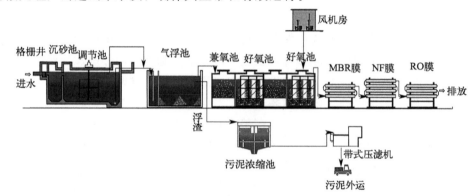

图 8-12　垃圾渗滤液处理工艺流程

8.4　生态修复填埋场气体污染物处理技术

垃圾填埋场生态修复过程中释放的气体污染物主要为 CH_4、CO_2、NH_3、VOCs 和 H_2S 等，其中，CH_4 和 CO_2 均是温室气体，NH_3、VOCs 和 H_2S 的排放会引发恶臭和环境污染。因此，在垃圾填埋场管理中，务必采取有效措施以控制和处理这些气体污染物，使其达到排放标准，以减小对环境和公众健康的负面影响。

8.4.1　气体污染物排放标准

（1）恶臭气体排放标准

目前我国涉及气体污染控制的法律法规主要是 2018 年修订的《中华人民共和国大气污染防治法》，以及 1993 年颁布的《恶臭污染物排放标准》（GB 14554—93）、1996 年颁布的《大气污染物综合排放标准》（GB 16297—1996）和 2024 年颁布的《生活垃圾填埋场污染控制标准》（GB 16889—2024）3项国家标准。其中，作为恶臭污染物质监测和排放主要依据的《恶臭污染物排放标准》（GB 14554—93）中仅规定了氨、三甲胺、硫化氢、甲硫醇、甲硫醚、二甲二硫、二硫化碳和苯乙烯等8种恶臭物质的排放限值（表2-14）。随着人们对环境质量要求的不断提高，其已不能完全适应中国当前和今后生态环境保护的需要。2018年，生态环境部发布《恶臭污染物排放标准（征求意见稿）》，加严了恶臭污染物的排放限值和周界浓度限值，完善了污染物排放控制要求和监测要求，并强化了恶臭污染物排放单位的主体责任。恶臭污染源责任主体应主动识别其排放的恶臭污染物，采取有效控制措施，确保臭气浓度达到现行的《恶臭污染物排放标准》（GB 14554—93）中规定的限值要求；若区域环境质量要求较高，地方环保部门可能要求执行表8-9和表8-10中规定的限值要求。恶臭污染源责任主体应在密闭空间或者设备中进行生产或服务活动，废气经收集系统和（或）处理设施处理后达标排放。若不能密闭，则应采取局部气体收集处理措施或其他有效污染控制措施，达标排放。在任何情况下，各单位均应遵守本标准的排放控制要求，采取必要措施保证污染防治设施正常运行。各级生态环境部门在对设施进行监督性检查时，可以现场即时采样或监测，其结果作为判定排污行为是否符合排放标准以及实施相关环境保护管理措施的依据。

表8-9 恶臭污染物排放限值

控制项目	排气筒高度/m	最高允许排放速率/(kg/h)	污染物排放监控位置
氨	15	0.6	
	20	1.0	
	≥30	3.5	
三甲胺	15	0.15	
	20	0.25	
	≥30	0.90	
硫化氢	15	0.06	
	20	0.10	
	≥30	0.35	
甲硫醇	15	0.006	
	20	0.01	
	≥30	0.03	
甲硫醚	15	0.06	车间或生产设施排气筒
	20	0.10	
	≥30	0.35	
二甲二硫	15	0.15	
	20	0.25	
	≥30	0.90	
二硫化碳	15	1.5	
	20	2.5	
	≥30	6.0	
苯乙烯	15	3.0	
	20	5.0	
	≥30	17	
臭气浓度	排气筒高度/m	标准值（无量纲）	
	≥15	1000	

数据来源：《恶臭污染物排放标准（征求意见稿）》。

表 8-10　周界恶臭污染物浓度限值

控制项目	浓度限值	污染物排放监控位置
氨/(mg/m^3)	0.2	
三甲胺/(mg/m^3)	0.05	
硫化氢/(mg/m^3)	0.02	
甲硫醇/(mg/m^3)	0.002	
甲硫醚/(mg/m^3)	0.02	周界
二甲二硫/(mg/m^3)	0.05	
二硫化碳/(mg/m^3)	0.5	
苯乙烯/(mg/m^3)	1.0	
臭气强度	20	

数据来源:《恶臭污染物排放标准(征求意见稿)》。

(2) 甲烷排放标准

《生活垃圾填埋场污染控制标准》(GB 16889—2024) 中规定了甲烷排放控制要求:填埋场上方甲烷含量应小于 5%,填埋场建(构)筑物内甲烷气体含量应小于 1.25%。随着气体污染物监测和控制技术的不断增强,按照新修订的标准限值要求,生活垃圾填埋场运营和管理单位需实施"源头削减、过程控制、末端治理"措施,以有效控制填埋场气体污染物的排放。

根据《生活垃圾填埋场稳定化场地利用技术要求》(GB/T 25179—2010),随着甲烷浓度的不同,垃圾填埋场可进行不同程度的利用:甲烷浓度<1%的垃圾填埋场可以进行高度利用;1%≤甲烷浓度<5%的垃圾填埋场可以进行中度利用;甲烷浓度≥5%的垃圾填埋场可以进行低度利用。甲烷在空气中的爆炸极限是 5%~15%。在垃圾降解的甲烷发酵阶段,甲烷浓度稳定在 55% 左右[434]。填埋气中甲烷浓度分级垃圾填埋场地稳定化和再利用技术如表 8-11 所示。

表 8-11　垃圾填埋场地稳定化和利用技术中甲烷浓度

组分	甲烷分级标准			
	稳定化	较好稳定化	基本稳定化	未稳定
CH_4/%	<1	1~3	3~5	>5

8.4.2　气体污染物处理技术

生态修复填埋场中的气体污染物组成在填埋场的稳定化过程中会发生动态变化,主要为 CH_4、CO_2、H_2S、NH_3、VOCs 等。若垃圾填埋场生态修复过程中气体污染物无控制释放,不仅会引发恶臭,而且会增加大气温室气体排放,对环境和人体健康有着不利影响。因此,经济有效地处理垃圾填埋场生态修复过程中的气体污染物是填埋场治理工作的重要内容。气体污染物处理技术主要有物理法、化学法、生物法和联合处理法。

8.4.2.1　物理法

物理法是一种常用的气体污染物处理方法,主要包括掩蔽法、冷凝法、吸附法和吸收法等,其共同点是通过在固、液、气三相之间的转化来消除气体污染物。

(1) 掩蔽法

掩蔽法是通过加入掩蔽剂掩盖恶臭气味的方法。这种方法主要应用于恶臭气体处理,通过改变恶臭气体的浓度,降低其嗅阈值,从而减小嗅觉感知。掩蔽剂主要是植物提取物、香精等。然而,由于掩蔽剂含有的物质组分较多,一些成分可能也会与具有恶臭气味的化合物发生反应产生新的化合物，改变其化学结构或掩盖其气味特征，从而降低其嗅觉感知。掩蔽法具有治理快、操作简单、成本较低等优点。

掩蔽法可以在恶臭气味源附近直接使用，或者通过向空气中喷洒或喷雾的方式来实现（图 8-13）。此外，掩蔽法不会产生二次污染，不会对环境造成负面影响。然而，掩蔽法也存在一些限制，它主要适用于处理低浓度、局部范围的恶臭气味，对于高浓度或大范围的气味污染可能效果有限。此外，选择掩蔽剂需要考虑其反应性、稳定性和安全性等因素。因此，在使用掩蔽法时，需要根据具体的恶臭气味特征和治理需求选择合适的掩蔽剂，并选择合理的剂量和施用方式，以达到最佳的治理效果。此外，还需要定期监测和评估掩蔽效果，根据实际情况进行调整和改进。

(a) 雾炮向空气中喷射除臭剂

(b) 喷淋设备喷洒除臭剂

图 8-13　雾炮向空气中喷射除臭剂和喷淋设备喷洒除臭剂

(2) 冷凝法

冷凝法是利用气体污染物在不同温度及压力下具有不同的饱和蒸气压，在降低温度或加大压力下，使某些污染物凝结下来，以达到去除目的的方法。冷凝法主要应用于 VOCs 气体污染物的处理。在冷凝法中，气体污染物经过冷凝器或冷凝装置，通过降低温度，使气体中的 VOCs 达到饱和浓度，从而使其凝结成液体或固体。这些凝结物可以被收集、处置或进一步处理，以达到去除目的（图 8-14）。冷凝法的实施通常需要考虑气体的温度、压力和湿度等因素，通过降低气体温度，VOCs 的浓度超过饱和点，从而导致凝结。冷凝器或冷凝装置的设计通常包括冷却元件、冷却介质和冷却系统，以确保冷凝过程有效进行。冷凝后的液体或固体物质应进行处理，如收集、运输、贮存或进一步处理，以确保不会引起二次污染。

冷凝法的优点主要为治理效果显著，能够将气体污染物从气相转变为液相或固相，从而有效去除。然而冷凝法也存在一些限制，其对气体的温度和湿度要求较高，因此需要根据待处理气体的成分、温度、湿度以及冷凝设备的设计和性能，选择合适的冷凝器或冷凝装置。此外，冷凝法可能会产生大量的冷凝液或固体废物，需要进行合理的处理和处置，以避免对环境造成负面影响。因此，在使用冷凝法时需要综合考虑气体特性、温湿度条件、设备选择和废物处理等因素，以确保冷凝法的有效实施和治理效果。在气体污染物处理过程中，需要定期监测和评估冷凝法的效果，以便对其进行调整和改进，提高气体污染物治理的效率和可持续性。

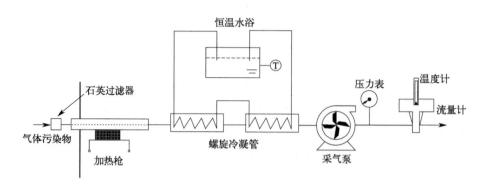

图 8-14　冷凝法回收气体工艺流程

(3) 吸附法

吸附法是利用吸附材料吸附气体污染物，从而减少其在空气中浓度的方法。常用的吸附材料主要有活性炭、分子筛和气凝胶等（图 8-15）。这些吸附材料具有高比表面积和孔隙率，能够吸附填埋场中的气体污染物，并将其固定在吸附剂表面。通过吸附作用，气体污染物被有效地捕获和去除，从而减小了其在空气中的浓度。吸附法的实施通常通过设置吸附剂层或吸附装置来进行。气体污染物通过吸附剂层时会被吸附剂表面的孔隙吸附，从而减小其在气相中的浓度。一旦吸附剂饱和或达到一定吸附容量，就需要对吸附剂进行再生或更换。

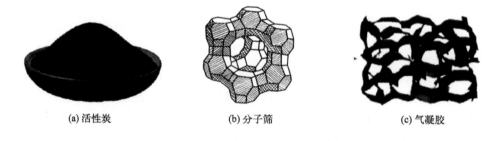

图 8-15　活性炭、分子筛和气凝胶示意

吸附法的优点主要为高效、可再生、操作简单等。吸附剂可以多次使用，并通过热解、脱附等方法对其进行再生，从而延长吸附剂的使用寿命和降低治理成本。此外，吸附法也适用于处理各种气体污染物。然而，吸附法也存在一些限制和注意事项。吸附剂的选择应根据气体污染物的特性、组分和浓度等来确定。此外，吸附剂的容量和吸附效率会受到温度、湿度、空气流速等环境因素的影响，因此需要合理设计和操作吸附系统。在使用吸附法时，需要对吸附剂进行定期检查和维护，及时更换或再生饱和的吸附剂。同时，吸附剂的后处理也需要考虑，以确保吸附剂中吸附的污染物不会重新释放到环境中。因此，在使用吸附法处理填埋场气体污染物时应综合考虑吸附剂的选择、容量等因素，以达到有效处理气体污染物的目的；同时，应注意监测和评估吸附法的吸附效果，并根据需要进行调整和改进。

(4) 吸收法

吸收法是将气体污染物溶解于吸收剂中，从而降低其在空气中浓度的方法。在吸收法中，常用的吸收剂包括水和化学溶液。吸收剂能够与气体污染物发生化学反应或进行物理溶解，使气体污染物从气相转移到液相中，从而达到去除气体污染物的目的。水是一种常用的吸收剂，它可以吸收气体中的水溶性物质，并将其稀释或溶解于水中。化学溶液（如氢氧化钠溶液、次氯酸钠溶液等）也常用作吸收剂，通过与气体污染物发生化学反应或吸附作用，从而降低其在空气中的浓度。当气体污染物通过吸收剂层时，其会与吸收剂发生反应或溶解，从而减少其在气相中的存在。当吸收剂饱和或达到一定吸收容量时，需要对吸收剂进行再生或更换。图 8-16 为吸收法工艺流程图。

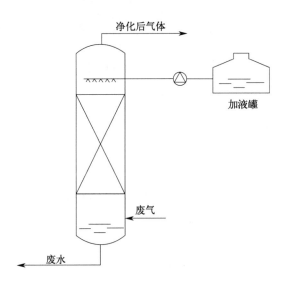

图 8-16　吸收法工艺流程

吸收法具有处理效果显著、适用性强、操作简单等优点。吸收剂可以在液相中将气体污染物捕获和转化，从而有效降低气体污染物的浓度和强度。吸收法对各种气味源都具有较好的适应性。此外，吸收法操作简单，不需要复杂的设备和工艺。然而，吸收法也存在一些限制和注意事项。吸收剂的选择应根据气味源的特性、气味组分和浓度来确定。吸收剂的容量和吸收效率会受到温度、湿度、溶液浓度等因素的影响，因此需要合理设计和操作吸收系统。在使用吸收法时，需要对吸收剂进行定期检查和维护，及时更换或再生饱和的吸收剂。同时，吸收剂的后处理也需要考虑，以确保吸收剂中吸收的气体污染物不会重新释放到环境中。

用物理方法处理气体污染物，主要是降低其浓度，并没有改变其化学性质，因此并未从根本上彻底消除气体污染物。物理方法具有技术简单、产生效果迅速、操作方便等优势，但仅适用于处理浓度较低、范围较小的气体污染物，存在处理费用高、处理不当容易引起二次污染以及后续的再生和后处理过程相当复杂等问题。

8.4.2.2　化学法

化学法主要包括化学洗涤法、光催化氧化法、臭氧氧化法、催化燃烧法、等离子体分解法、热力燃烧法等。这些方法的共同特性是添加化学试剂与气体污染物发生化学反应，通过改变其化学结构来破坏其中的基团，将其转变为无污染或低污染的物质。

（1）化学洗涤法

化学洗涤法是一种常见的气体污染物处理技术，其原理是通过添加氧化剂（如 NaClO

或 Cl_2 等）来氧化气体污染物，将其转化为无污染、低污染或溶解度较高的化合物，然后通过酸和碱的吸收来去除气体污染物（图 8-17）。

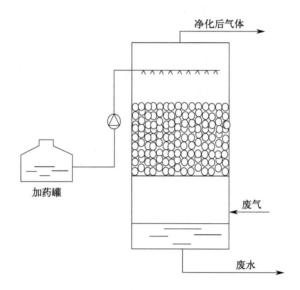

图 8-17　化学洗涤法工艺流程

在化学洗涤法中，氧化剂会与气体污染物发生化学反应，常见的氧化剂（如 NaClO 和 Cl_2）具有较强的氧化能力，能有效地将有机物氧化成无污染、低污染或溶解度较高的物质。随后，利用酸和碱进行吸收。酸和碱作为吸收剂，可以与化学洗涤后的化合物发生化学反应，进一步降低污染物浓度。酸可用于中和碱性化合物，而碱可用于中和酸性化合物。通过这种方式，气体污染物可以被吸收并转化为无污染或低污染的化合物，从而实现气体的净化。彭明江等[435]研究发现，在生物洗涤法中采用 10% 的氢氧化钠复配 10% 的次氯酸钠吸收液进行二级处理，对 H_2S 的去除率可从 69.2% 提高到 95% 以上，处理后 H_2S 排放浓度为 $0.04\sim0.11mg/m^3$。需要注意的是，化学洗涤法应用时需要仔细选择合适的氧化剂、酸和碱，以及控制好反应条件和浓度，以达到理想的处理效果。此外，对于处理后产生的废液还需要进行适当的处理，以确保环境的安全。

（2）光催化氧化法

光催化氧化法是一种利用光催化剂在光照条件下促使气体污染物发生氧化反应，将其转化为无污染或低污染物质的处理技术。在光催化氧化法中，常用的光催化剂包括二氧化钛、二氧化锌等。这些光催化剂具有特殊的能带结构，在光照作用下会产生激发态电子和空穴，从而引发一系列氧化还原反应（图 8-18）。

光催化氧化法的原理是当恶臭物质与光催化剂（TiO_2 等）接触并受到光照时，光激发的电子和空穴会发生氧化还原反应。光激发的电子能够与氧分子或水分子发生反应，产生活性氧物种（如羟基自由基和超氧自由基等），这些物种具有较强的氧化能力，能够将气体污染物氧化成无污染或低污染的物质。同时，空穴能够与水分子反应生成氢氧根离子（OH^-），具有较强的氧化性。朱桂华等[436]研究发现，TiO_2/GO（氧化石墨烯）复合材料对于光催化降解 NH_3 和 H_2S 气体具有较好的效果，去除率可达到 93% 以上。光催化氧化法具有高效、无二次污染、操作简便等优点。此外，光催化氧化法在光照条件下进行，不需

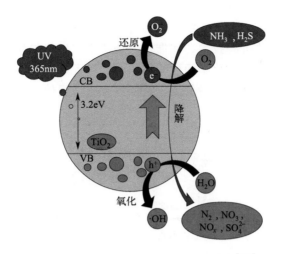

图 8-18　TiO_2 光催化氧化反应机理示意[436]

要添加额外的化学试剂,因此对环境较为友好。但是光催化氧化法也存在一些条件限制,包括光照强度和催化剂的选择与优化、反应速率的提高、光催化剂的稳定性等方面。

(3) 臭氧氧化法

臭氧氧化法是一种利用臭氧的强氧化作用,将气体污染物氧化为无污染或低污染物质的处理技术。在臭氧氧化法中,臭氧作为氧化剂,具有很强的氧化能力和高度的活性。当气体污染物与臭氧接触时会发生氧化反应,将其转化为无污染或低污染的化合物。这是因为臭氧分子中的额外氧原子能与气体污染物发生反应,破坏其化学结构,从而降低其污染强度。

臭氧氧化法的处理过程通常是将臭氧与气体污染物进行接触和反应,使气体污染物发生氧化降解。此过程可通过将臭氧直接注入反应器中或通过 O_2 和紫外光作用产生臭氧,进而与气体污染物反应(图 8-19)。臭氧氧化法具有高效、快速、氧化彻底、无二次污染等优点。此外,臭氧是一种自然生成的氧化剂,在反应完成后会自行分解为 O_2,不会对环境造成负面影响。然而,臭氧氧化法也面临着一些挑战,包括臭氧的生成和供应、设施的操作控制、处理效率的提高等方面的问题。

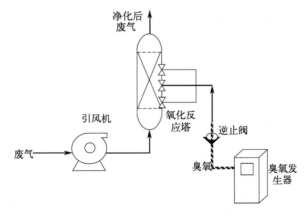

图 8-19　臭氧氧化法处理装置与工艺流程

(4) 催化燃烧法

催化燃烧法是一种将燃气与气体污染物混合，在催化剂的作用下，在适宜的温度范围内进行氧化反应的气体污染物处理技术。在催化燃烧法中，燃气与气体污染物混合后，进入催化剂层。催化剂是一种具有特定化学活性的物质，能够促进气体的氧化反应。催化剂可以通过提供反应表面、提高反应速率、降低反应温度等方式，促使气体污染物发生氧化反应（图8-20）。

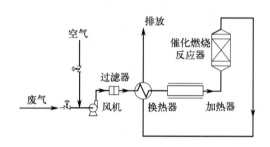

图8-20 催化燃烧技术工艺流程

催化燃烧法通常在较高的温度范围内进行，一般在300～500℃之间。这个温度范围是为了能够给反应提供足够的活化能，同时避免温度过高而导致催化剂失活或其他不良反应发生。催化燃烧法具有高效、氧化彻底、无需额外的化学试剂等优点。通过催化剂的作用，气体污染物可以被完全氧化为无害物质，从而被彻底去除。此外，催化燃烧法还具有处理效率较高和低能耗的特点。但催化燃烧法也存在着催化剂的选择和寿命、反应器的设计和操作控制、热管理等方面的问题。

催化燃烧法可以通过将混合燃气和气体污染物混合，并在适宜的温度下经过催化剂层的作用，使气体污染物被高效、彻底地氧化降解。这种方法在填埋场收集气体中CH_4浓度较高且无火炬燃烧时较为适用，可较好地处理其中的CH_4及VOCs气体。

催化燃烧法工艺流程主要参考中石化武汉石化及洛阳石化的相关工艺：有机废气首先从封闭的隔油池、浮选池等设施中引出，经由管路输送，并经阻火器进入预脱水罐进行脱水；随后，废气进入脱硫及均化罐，利用脱硫罐及总烃浓度均化剂（改性活性炭）去除气体中的硫化物和有机硫，同时实现废气浓度的均化，以维持稳定的污染物浓度，避免影响后续的系统运行；处理过的废气经过催化风机和过滤器，除去尘粒后进入"换热-加热-催化燃烧"反应单元；在高效热管式换热器中与反应器出口气体进行热交换后，废气进入电加热器，升温至适宜温度后，进入催化燃烧反应器；在反应器中，废气与空气中的氧气在催化剂的作用下，发生氧化反应，转化为H_2O和CO_2，并释放出大量热能；处理后的废气通过排气筒排放到大气中。经过上述工艺处理，废气中的挥发性有机化合物、硫化氢和有机硫化物等污染物可达到《大气污染物综合排放标准》（GB 16297—1996）中规定的排放标准[437]。

(5) 等离子体分解法

等离子体分解法是利用气体在高压电场中放电，产生的高能电子与气体分子发生碰撞，使得气体中的分子激发、电离和自由基化，产生O_3、O·、·OH和N·等活性基团，这些活性基团再与污染物分子发生碰撞及氧化分解反应，可使污染物分子降解为CO_2、H_2O及小分子有机物（图8-21）。等离子体分解法由两个系统组成：一个系统利用高频等离子体急速加热等离子体装置，使其温度升到3000～10000℃，然后与水蒸气接触进行分解；另一个系统用来把排气冷却到80℃[438]。刘文辉[439]发现,利用低温等离子联合吸附技术处理甲苯废气的净化效率可达99%,可以达标排放。等离子体处理法一般适用于处理低浓度的恶臭气体,具有效率高、能耗低、成本低、处理时间短及不易产生二次污染等优点。

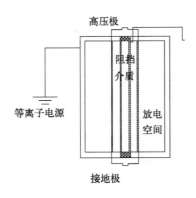

图8-21 等离子体处理装置

(6) 热力燃烧法

热力燃烧法是一种将气体污染物在高温条件下进行净化的气体处理技术。该方法通过将气体污染物暴露在高温环境中,使其发生燃烧反应,从而将有机气体污染物完全氧化为无害物质。在热力燃烧法中,气体污染物被引导到燃烧装置中,在高温(通常高于760℃)的条件下,与O_2(或氧化剂)充分接触发生燃烧反应。通过提供足够的燃料和O_2,气体污染物中的有机化合物在高温下可以迅速被氧化为H_2O和CO_2等无害的气体,从而达到净化的目的(图8-22)。

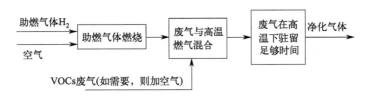

图8-22 热力燃烧法流程[440]

热力燃烧法具有高度的破坏性和氧化彻底等优点。由于高温环境的存在,气体污染物可以被完全转化为无害物质。因此,热力燃烧法被广泛应用于处理高浓度、难降解的气体污染物中。然而,热力燃烧法也存在一些缺点。首先,高温条件下的燃烧需要耗费大量的能量,因此热力燃烧法通常需要大量的燃料供应。此外,燃烧过程中产生的高温和高压也需要采用适当的设备和安全措施来处理。同时,热力燃烧法应对设备的材料和耐受能力有一定要求,以确保其能够承受高温环境的冲击。

热力燃烧法通过在高温条件下将气体污染物进行燃烧反应,可以将有机物质完全氧化为无害物质,同时释放出热能。这些释放的热能可以用来发电、加热或用作其他能源。然而,在实际应用中,需要充分考虑能源消耗、设备要求以及安全等因素,以确保热力燃烧法的可行性和有效性。

化学法去除气体污染物工艺较成熟,效率高且安全可靠,可以将气体污染物进行彻底的氧化分解,但是处理工艺复杂,所需设备较多,能耗大,涉及多个化学试剂的使用和控制,成本高,持续时间短。化学法主要应用于处理高浓度的气体污染物,对于低浓度或组分复杂的气体污染物可能效果有限。此外,一些化学试剂可能会对环境造成二次污染,因此需要严格控制副产物的排放,并对其进行合理处置。

8.4.2.3 生物法

生物法是利用微生物的生长代谢对气体污染物进行降解转化,从而达到净化气体污染物的目的的方法。生物法具有处理效率高、操作方便、安全性好、无二次污染、所需要的设备简单、费用低和管理维护方便等优点,目前已被广泛应用于垃圾填埋场气体污染物的净化处理中。

生物法去除气体污染物主要分为3个阶段:a. 气体污染物溶于水中,即从气相转移到液相中,此过程遵循亨利定律;b. 微生物通过吸附和吸收的方式,将水中的气体污染物转移到微生物细胞内;c. 进入微生物细胞的气体污染物会被视为营养物质,在微生物的新陈代谢过程中被分解和利用,从而实现气体污染物的完全去除。由于气体污染物的组成成分不同,其最终分解产物也不相同:含硫的气体污染物被氧化分解为 S、SO_4^{2-} 和 SO_3^{2-};含氮的气体污染物(如胺类)被氧化分解为 NO_2^-、NO_3^- 和 NH_4^+;不含氮、硫的气体污染物则被分解成 CO_2 和 H_2O 等。

根据在气体污染物净化中微生物存在的形式可将生物法分为生物过滤法(附着生长系统)、生物洗涤法(生物吸收法)、生物滴滤法(填充塔型脱臭法)和生物制剂法等。

(1) 生物过滤法

生物过滤法是将收集的气体污染物在适宜条件下吸附在附着有微生物的填料上,然后通过微生物的氧化分解作用来去除气体污染物的方法(图 8-23)。生物过滤法是最早用来处理 VOCs 和除臭的生物技术。微生物保持高活性状态是生物滤池高效稳定运行的基础,因此在生物滤池内需创造适宜微生物生长的环境条件,如适宜的温度、氧气浓度、pH 值、湿度和营养物质等。例如,王建爱[441]以腐熟堆肥为填料并添加聚苯乙烯和活性炭,试验发现,生物过滤反应器对垃圾堆肥释放的恶臭气体中 NH_3 的去除率>97%,H_2S 的去除率为 100%,可以达到良好的处理效果。

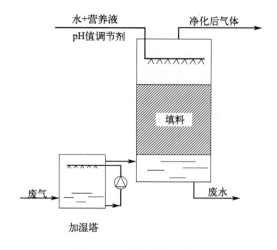

图 8-23 生物过滤法流程

（2）生物洗涤法

生物洗涤法又称为生物吸收法，是一个悬浮活性污泥处理系统。生物洗涤法流程如图 8-24 所示。首先将气体污染物与含有活性污泥的生物悬浮液逆流通过生物反应器，气体污染物被悬浮液中的活性污泥吸附和吸收，进行氧化降解，其中有一部分气体污染物被降解转化，剩余大部分液相中未被降解的气体污染物则进入生物反应器，被悬浮活性污泥通过代谢活动降解，最终净化后的气体从吸收器的顶端排出。

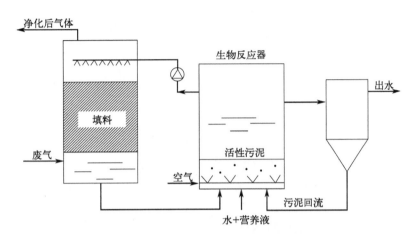

图 8-24　生物洗涤法流程

生物洗涤法对气体污染物具有较高的去除率，但该处理过程需要控制微生物的增殖来减少污泥的产量，而且依赖于气体污染物的水溶性，只对溶解性好的气体污染物有较高的去除率。该生物法能够较好地去除含氨、酚和乙醛等的气体污染物，对含硫的恶臭气体处理效果也很明显[442]。Hansen 等[443]采用生物洗涤法对污水处理厂产生的恶臭气体进行净化，发现其在一定程度上降低了污水产生的臭味，对 H_2S 的净化率超过了 99%，经过洗涤塔处理的有机硫化合物的排放量也非常低（<0.1mg/m³）。

（3）生物滴滤法

生物滴滤法又称填充塔型脱臭法，是介于生物过滤法和生物洗涤法之间的处理方式[444]。生物滴滤法流程如图 8-25 所示。气体污染物经过或不经过预处理，进入生物滴滤池，湿润的气体污染物经过填料层，被循环液和填料表面附着的微生物所吸附和吸收并降解，从而达到去除气体污染物的目的。生物滴滤器的结构与生物过滤器相似，其差别主要在于生物滴滤器顶部设有喷淋装置，水从顶部喷淋流过滴滤塔填料。填料在气体处理中常常采用惰性材料，如聚丙烯小球、陶瓷、木炭、塑料等，这些材料不会与气体污染物发生化学反应，一般不需要更换。生物滴滤法具有设计简单、缓冲能力强、处理负荷较大、运行成本低以及能够高效净化气体污染物等优点。例如，Yang 等[445]制作了小试规模及中试规模的废水处理厂活性污泥接种的生物滴滤池来处理 VOCs，研究发现，当停留时间为 59s 时两种装置对 VOCs 的降解效率均高于 90%。

（4）生物制剂法

气体污染物生物制剂法主要是采用高效微生物菌种、酶等生物制品来去除气体污染物。目前生物制剂净化气体污染物的研究与应用主要为生物除臭剂。生物除臭剂法主要利用高效微生物除臭剂和酶制品除臭剂等药剂中的活性成分能够与恶臭物质发生化学反应或生物降解

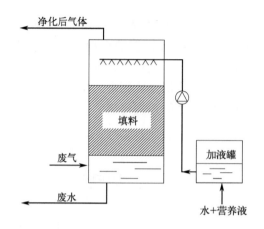

图 8-25 生物滴滤法流程

作用的特性,将恶臭物质转化为无臭或低臭的物质。

高效微生物除臭剂是通过引入优质微生物菌种来降解恶臭气体中的有机物质。目前报道的微生物除臭剂主要有 *Bacillus*、*Caryophanon*、*Pasteurella*、*Lactobacillus*、*Streptococcus*、*Rhodospirillum* 和 *Acetobacter* 等[446-448]。*Lactobacillus*、*Streptomyces* 和 *Penicillium* 组合制备的微生物菌剂能很好地抑制 NH_3 和 H_2S 的释放[449]。吴义诚等[450]从垃圾填埋场渗滤液中分离获得 3 株脱臭菌株,分别命名为 JX2、JX4 和 JX6,并将其制成复合微生物除臭剂,用该制剂对新鲜垃圾处理 10min,NH_3 和 H_2S 的去除率分别达 91.4% 和 90.3%。酶制品除臭剂,如过氧化物酶、尿素酶和氨基酸酶等,则是利用酶的催化作用,加速恶臭气体中有机物质的降解和转化。Ye 等[451]研究发现,添加 H_2O_2 和 CaO_2 的辣根过氧化物酶可以有效去除挥发性脂肪酸、酚类化合物和吲哚化合物等多种恶臭气体,除臭效果可维持 48h 以上。

与传统的物理和化学方法相比,生物法具有无二次污染、无毒性、安全可靠等优点,并且在处理气体污染物时,一般不会产生有害物质。因此,生物法在气体污染物的治理,特别是无组织、低浓度的气体污染物治理中得到了广泛的应用。

8.4.2.4 联合处理法

填埋场气体污染物种类多,包括有机污染物和无机污染物,通常单一处理方法难以实现对填埋场气体污染物的有效控制,一般需根据填埋场气体污染物的特性、强度和除臭要求等,选择多种物理、化学、生物处理法组成联合工艺,以最大程度地降低气体污染物浓度,减小污染,主要有化学氧化-化学吸收、化学氧化-物理吸附、化学氧化-生物处理和生物处理-化学吸收联合技术等。

(1) 化学氧化-化学吸收联合技术

在垃圾填埋场气体污染物处理中,化学氧化技术虽然能够有效地去除气体污染物,但其产生的反应产物复杂,存在引发二次污染的风险;而化学吸收技术在处理高负荷有机废气以及水溶性较差的难降解气体污染物时很难发挥其高效作用。因此,将这两种技术联合,采用化学氧化作为化学吸收法的预处理手段,可以在降低高污染气体负荷的基础上,将难溶性有机物部分转化、分解为水溶性较好的有机物,这有利于后续的化学吸收法处理,可使气体污染物在经过两阶段处理后,达到最佳的去除效率。例如,林积圳[452]采用二氧化氯氧化-化学吸收联合工艺处理气体污染物,首先气体污染物在反应器内与被压缩空气雾化的二氧化氯液体充分混合并发生反应,然后进入碱吸收塔,其中未反应的气体污染物和二氧化氯气体在碱吸收塔中得以处理。方美青[453]将臭氧氧化法与化学吸收法相结合,使气体污染物在臭氧氧化作用下转变为简单的小分子物质,如 SO_2、HCl 等(图 8-26),改善了气体污染物的可溶性;尾气再经碱液吸收处理后,符合《恶臭污染物排放标准》(GB 14554—93)中的二级标准。与单独吸收法和臭氧氧化法相比,臭氧氧化-化学吸收联合法可提高气体污染物的去除率,总去除率可达 99% 以上(表 8-12)。

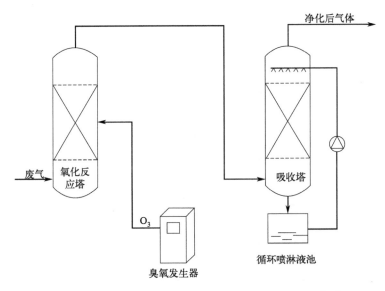

图 8-26 臭氧氧化-化学吸收联合处理装置工艺流程[453]

表 8-12 气体污染物处理方法对比

处理方法	应用	费用	优点	缺点	总去除率/%
化学吸收法	中-重度污染,中、大型设施	中等投资和运行成本	有效、可靠、使用年限长	需要处理废气吸收饱和液,消耗化学品	89
臭氧氧化法	低-中度污染,小、中型设施	中等投资和运行成本	操作稳定、效率高、占地面积小	需要设立化学反应塔	>91
臭氧氧化-化学吸收联合法	中-重度污染,中、大型设施	中等投资和运行成本	可靠、操作稳定、处理效率高	需处理废气吸收饱和液,一次性投资较大	>99

(2) 化学氧化-物理吸附联合技术

气体污染物经化学氧化的产物成分复杂,容易产生二次污染物,因此需要对其进一步处理。例如,等离子体处理气体污染物过程中的高能电子和 O·、·OH 等活性粒子轰击气体分子,可对气体污染物进行降解、氧化反应,从而将污染物转化为无害物,达到净化气体污染物的目的[454]。但当有机物含氯、溴等元素时,在放电等离子体处理气体污染物的过程中,会产生有害的副产物,造成二次污染。这时需与吸收或吸附相结合,可以分成两个单元分别处理,也可以合并在单个单元内处理。王鑫[455]采用等离子体-活性炭纤维(ACF)联合处理技术结合的模式,形成多级处理系统,联合对气体污染物进行处理(图 8-27)。由于活性炭纤维表面含有丰富的基团，经过等离子体处理后，其表面化学基团和物理结构都会发生相应变化，从而有效提高活性炭的吸附性能[456]。等离子体技术产生的副产物 O_3 能被吸附在活性炭纤维层，并可与同样被吸附的 H_2S 发生反应，产生 H_2SO_4，从而有效地去除气体污染物。

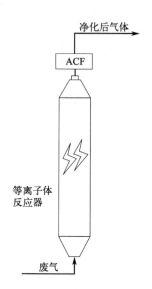

图 8-27　等离子体-活性炭纤维联合处理装置工艺流程

(3) 化学氧化-生物处理联合技术

一些气体污染物经化学氧化后生成的小分子物质可被生物降解，因此，可结合生物处理对其进一步净化。例如，光催化氧化技术虽然可以实现较高的转化率，但其产生的光解产物成分复杂，不易完全氧化为小分子无机物，存在一定的生态毒性，容易引起二次污染问题。而单独的生物处理技术对于易生物降解的污染物质处理效果较好，但对水溶性较差、毒性较大以及难以生物降解的污染物质的处理则受到明显的限制。光催化氧化-生物处理联合工艺可通过紫外线处理技术，将难溶、难生物降解的气体污染物转化成更易溶解和可生物降解的小分子物质，不仅能够降低后续生物处理单元的负荷，还能显著提升系统内污染物的传质速率和生物净化效率。张强[457]采用光催化氧化-生物滴滤联合工艺处理硫醇类（甲硫醇、乙硫醇、丙硫醇）、硫化氢、氨气等恶臭气体（图 8-28），发现气体污染物中 NH_3、H_2S 和 C_2H_5SH 的去除率分别达到 96.6%、97.1% 和 88.7%，净化后气体可满足《恶臭污染物排放标准》(GB 14554—93) 中的排放标准。

(4) 生物处理-化学吸收联合技术

生物处理法具有操作方便、成本低等优点。化学吸收对污染物的吸收速率快，处理效率高，但成本较高且具有二次污染的问题，可作为生物处理法的补充。例如，彭明江等[435]采用生物洗涤-化学吸收联合处理技术对气体污染物进行净化，该工程前端的生物洗涤塔，采用活性污泥进行处理，后端的化学吸收塔采用10%氢氧化钠＋10%次氯酸钠溶液作为吸收液，在化学吸收塔上部设置吸收液雾化层，去除低阈值的臭气分子（图 8-29）。经生物洗涤-化学吸收联合处理后，H_2S 和 NH_3 的平均去除率分别为 97.1% 和 93.4%，处理后尾气中的 H_2S 和氨浓度较低，可达到厂界标准要求。

表 8-13 为气体污染物的物理、化学、生物和联合处理法的汇总。在实际应用中，需要

第 8 章 生态修复填埋场气体污染物控制技术

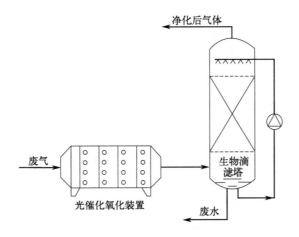

图 8-28 光催化氧化-生物滴滤联合处理工艺流程

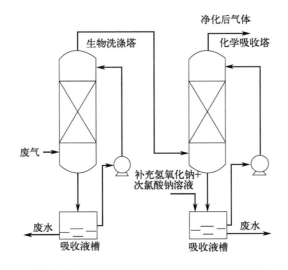

图 8-29 生物洗涤-化学吸收联合处理系统

综合考虑填埋场气体污染物的特性、浓度、排放方式、处理量的大小以及当地的卫生要求和经济条件等因素，选择适当的气体污染物处理技术，并在气体污染物处理方案设计时，进行系统的评估和研究，以确保选择的技术能够达到预期的效果，并符合环境保护和卫生要求。

表 8-13 气体污染物的处理方法汇总表

	方法	原理	应用范围	优点	缺点
物理法	掩蔽法	加入掩蔽剂，使其掩盖或稀释气体污染物浓度，从而影响感官	适用于处理低浓度、局部范围的恶臭气体	治理快、操作简单、成本较低	对于高浓度或大范围的气味污染处理效果有限
	冷凝法	利用气体污染物在不同温度及压力下具有不同的饱和蒸气压，在降低温度或加大压力下，使某些污染物冷凝并去除	主要应用于 VOCs 处理	处理效率高	成本高、需要大量冷却设备、能耗较高、处理过程产生大量废液或固体废物

续表

	方法	原理	应用范围	优点	缺点
物理法	吸附法	利用吸附材料（如活性炭、分子筛等）吸附气体污染物	适用于处理各种气体污染物	高效、可再生、操作简单	吸附容量小、存在二次污染问题
	吸收法	采用吸收剂（如水等）吸收气体污染物	适用于处理水溶性气体污染物	处理效果显著、适用性强、操作简单	对不溶于水的气体污染物净化效果不好、产生废液等会造成二次污染问题
化学法	化学洗涤法	利用酸、碱溶液与气体污染物发生化学反应	适用于处理水溶性、酸或碱溶性气体污染物	工艺简单、占地面积小、污染物去除效率高	需消耗酸碱、存在废液处理问题
	光催化氧化法	在光照下，催化剂将气体污染物氧化为无污染或低污染物质	适用于有机或还原性气体污染物	高效、无二次污染、操作简便	预处理要求较高、能耗较大、受催化剂影响、光催化剂使用寿命有限
	臭氧氧化法	利用臭氧的强氧化作用，将气体污染物氧化为无污染或低污染物质	适用于处理有机气体污染物	高效、快速、氧化彻底、无二次污染	对氨处理没有效果、运行费用高
	催化燃烧法	将燃气与气体污染物混合，在300~500℃下通过催化剂层氧化反应去除气体污染物	适用于有机气体污染物	高效、氧化彻底、无需额外的化学试剂添加	对催化剂的选择和管理要求较高、催化剂易中毒
	等离子体分解法	利用电场或电磁场将气体分子离解为带电粒子和自由基，从而通过电离转化气体污染物	适用于处理高浓度有机气体、异味气体、挥发性有机化合物等	高效、无需添加剂	能耗高、对设备要求高
	热力燃烧法	在高温（≥760℃）下将气体污染物氧化	适用于处理高浓度有机气体污染物	高度的破坏性、氧化彻底	费用昂贵，仅适合小气量、高浓度场合
生物法	生物过滤法	利用微生物作用去除气体污染物	适用于处理低浓度气体、易于微生物降解或转化的气体污染物	操作简便、运行成本较低	填料易堵塞和污染、需要定期更换或清洗
	生物洗涤法	气体污染物被悬浮液体中的活性污泥吸附和吸收，并进行转化和降解	适用于易微生物降解或转化的气体污染物	操作简便、运行成本较低	洗涤液需要处理、占地面积大
	生物滴滤法	通过微生物在填料层上生长，将气体污染物吸附、吸收和降解	适用于易微生物降解或转化的气体污染物	操作简便、运行成本较低	填料易受污染和堵塞、需要定期维护和更换
	生物制剂法	采用生物制剂（如高效微生物菌种、酶等）去除气体污染物	适用于特定的气体污染物	处理效率高、速度快	需选用合适的微生物或酶、需要定期添加和维护、对于复杂气体污染物的处理效果较差
联合处理法	化学氧化-化学吸收联合技术	利用氧化剂氧化气体污染物，然后通过化学吸收剂将污染物吸收处理	适用于处理含有有机气体污染物和还原性气体污染物等的气体污染物	处理效率高，操作稳定、可靠	运行费用高、必须处理废气吸收液

续表

	方法	原理	应用范围	优点	缺点
联合处理法	化学氧化-物理吸附联合技术	采用化学氧化方式将气体污染物进行氧化,同时对尾气采用活性炭等吸附剂处理	适用于处理含有有机气体污染物和还原性气体污染物等的气体污染物	处理效率高,操作稳定、可靠	运行费用高、吸附后材料需要处理
	化学氧化-生物处理联合技术	采用化学氧化方式将气体污染物进行氧化,同时对尾气采用生物法处理	适用于处理含有有机气体污染物和还原性气体污染物等的气体污染物	处理效率高,操作方便、可靠	运行费用较高
	生物处理-化学吸收联合技术	采用生物降解和化学吸收相结合,对气体污染物进行处理	主要适用于可生物降解的气体污染物	运行费较低、使用范围广	生物处理受 pH 值、温度等环境因素的影响较大

第9章

生态修复填埋场地土壤污染治理与恢复

在填埋场稳定化过程中会释放出大量有毒有害的物质（如氨氮、重金属、有机物等），它们会渗入渗滤液中，若填埋场无完备的渗滤液防渗设施、运作不规范或 HDPE 膜被破坏等，填埋场渗滤液则会直接渗入附近水体和土壤中，对生态环境造成严重污染。同时，垃圾生物降解过程中释放的有害气体，如 VOCs、H_2S、NH_3 等，在气体的迁移扩散中也会滞留于填埋场地土壤的表面或空隙中，成为填埋场地土壤的污染源。虽然土壤具有一定的自净能力，但随着时间延长，垃圾填埋场地的土体净化能力日趋饱和，污染物不断积累，土壤质量明显下降。近年来，土壤污染问题频发，国家也越来越重视环保督察工作，国务院于 2016 年发布了《土壤污染防治行动计划》，将治理非正规垃圾填埋场也纳入了防治范围，各省也相继发布了各自的工作方案。垃圾填埋场地污染土壤的治理与生态恢复工作是填埋场生态修复的重要内容，特别是垃圾填埋场开挖分选处置填埋垃圾后，需要对腾空的填埋场地土壤进行污染治理和生态恢复。本章介绍了生态修复垃圾填埋场地土壤污染识别、土壤污染状况调查与风险评估、土壤污染修复技术以及土壤污染修复效果评估等，可为生态修复填埋场地土壤的治理与生态恢复工作提供参考。

9.1 垃圾填埋场地土壤污染识别

垃圾填埋场地的土壤主要分为三个部分，即填埋场覆土、填埋场库区土壤和填埋场周边土壤（图 9-1）。填埋场覆土是指覆盖在垃圾表层的土，包括日覆盖、中间覆盖和终场覆盖，可起到一定的封闭垃圾堆体、防止垃圾异味扩散、改善填埋场景观等作用。其中日覆盖和中间覆盖的覆土由于是在垃圾填埋过程中使用的，会随着后续垃圾的填埋而被压在垃圾堆体中，因此填埋场覆土不仅仅是指垃圾填埋场封场后填埋场表面的土壤，也包括垃圾堆体中积压的覆土。填埋场库区土壤指填埋场底部的天然基础层，即垃圾堆体腾空后填埋库区防渗层下部的土壤。填埋场周边土壤则为填埋场厂界外的土壤，包括填埋场的上游、两侧及下游一定范围的土壤。如无特殊说明，本章所述垃圾填埋场的土壤主要针对填埋场库区和周边土壤，填埋场覆土不在本章讨论范围之内。

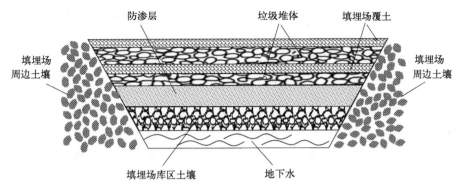

图 9-1　垃圾填埋场土壤类型

9.1.1　土壤污染特征

垃圾填埋场土壤中的污染物主要来自渗漏的渗滤液，现有的垃圾填埋场防渗措施无法完全保证渗滤液不会渗漏。渗滤液从垃圾填埋场迁移至地下水的过程中通常需要经过包气带土壤。在土壤的吸附、过滤截留和生物降解等作用下，垃圾渗滤液中的污染物会富集在包气带的土壤中，或随着土壤中的孔隙水不断迁移，造成土壤和地下水的污染。垃圾填埋场土壤中的污染物主要可分为无机污染物、有机污染物、重金属、微生物和新污染物等。

9.1.1.1　无机污染物

垃圾填埋场地土壤中主要的无机污染物有 Cl^-、NH_4^+、NO_3^-、TN、SO_4^{2-}、Ca^{2+} 和 Mg^{2+} 等，它们通过垃圾填埋场渗滤液的泄漏而渗入土壤中，其中一部分会进入土壤微生物的代谢循环中，一部分会迁移到地下水中污染地下水，还有一部分则会残留在土壤中，当有雨水冲刷或新的渗滤液流过时会进一步迁移扩散，对环境造成危害。

He 等[458]对两个垃圾填埋场（BJ 和 WZ）土壤样品中的无机污染物进行检测，其中，Cl^- 含量为 87~860mg/kg、SO_4^{2-} 含量为 10~646mg/kg，然而，对照组（BJ5）土壤样品中 SO_4^{2-} 含量也较高（12~210mg/kg），说明填埋场所在区域土壤的 SO_4^{2-} 背景含量较高；总氮含量随垂直深度的增加而降低，最高为 WZ3 的 0~0.2m 处土壤，为 2724mg/kg；NH_4^+-N 含量为 10~1039mg/kg；NO_3^--N 含量由表层的 42.5mg/kg 逐渐降为深层的 2mg/kg 左右；而各采样点的 NO_2^--N 含量均不超过对照样品的 0.21~0.83mg/kg，表明渗滤液渗漏并未显著影响土壤的 NO_2^--N 含量。除 SO_4^{2-} 外，Cl^-、NH_4^+、NO_3^-、TN 等浓度均随深度增加而降低，具有明显的向下迁移规律。由于 WZ 填埋场土壤为粉砂质黏土，而 BJ 填埋场土壤为砂质壤土，黏粒含量更多的土壤具有更强的吸附性和更低的渗透性，因此 WZ 土壤中的 NH_4^+-N、NO_3^--N、Cl^- 和 TN 含量均高于 BJ 土壤。

9.1.1.2　有机污染物

垃圾填埋场渗滤液中的有机污染物以小分子有机物为主，高浓度的 COD 会造成土壤中有机物含量增多。马骅等[459]检测到贵阳市某填埋场周围土壤浸出液中COD_{Mn}浓度为0.05~1.49mg/L，且随着与填埋场距离的增加而减少。根据《地下水质量标准》（GB/T 14848—2017）判断，其达到Ⅱ类地下水环境质量标准；按照单因子污染指数分级，该填埋场周围土壤属COD_{Mn}严重污染。He等[458]分析了垃圾填埋场周边和底部土壤中有机质的含量，发现不同填埋场的差异较大，BJ填埋场土壤样品有机质含量为0.2%~2.4%，而WZ填埋场土壤的有机质含量为1.4%~3.2%。

9.1.1.3 重金属

垃圾中含有一定量的重金属，特别是在混合收集的垃圾中含有大量有毒有害重金属的电子垃圾、废灯管、废电池及废弃的温度计等，其渗滤液渗漏会导致垃圾填埋场地周边的土壤以及地下水受到重金属污染，影响区域环境质量，危害当地居民健康。垃圾填埋场土壤中的重金属主要有Cr、As、Cu、Pb、Cd、Zn、Ni、Mn、Hg、Fe等。Hussein等[460]研究发现，垃圾填埋场地土壤中的As、Cd、Cr、Zn、Pb和Fe均明显高出背景值。Adamcová等[461]对填埋场周边土壤进行检测，其中Cu含量为34.07~58.62mg/kg，有3个检测点高出标准值（50mg/kg）；Ni含量为33.11~140.03mg/kg，8个检测点均超标（25mg/kg）；Cr含量为65.92~190.73mg/kg，所有检测点均超标（40mg/kg）。Wang等[17]对比了各国垃圾填埋场周边土壤中重金属含量（表9-1），垃圾填埋场土壤样本的Cr含量为0.09~545.00mg/kg，平均为55.30~81.74mg/kg，超标率在90%以上；填埋场土壤中Zn含量为2.30~2756.60mg/kg，平均为64.04~339.25mg/kg，超标率在6.45%~44.30%；土壤中Pb、Ni、Hg、Cd和As样品也存在一些超标。与发达国家和其他发展中国家相比，我国垃圾填埋场土壤中Cr、Hg、Cd和As超标率更高，污染较为严重。

表9-1 各国垃圾填埋场及附近土壤重金属污染[17]

重金属	国家类型	填埋场类型	样本量	浓度/(mg/kg)				标准/(mg/kg)	超标率/%
				最小值	最大值	中间值	平均值		
Cr	中国		157	0.09	338.10	62.10	68.22	5.7	94.90
	发达国家		92	1.70	368.30	75.80	81.74		90.22
	其他发展中国家		20	1.06	171.20	58.51	64.41		90.00
		卫生	85	0.70	545.00	112.59	76.40		95.29
		非卫生	87	0.09	798.70	88.93	55.30		95.40
Hg	中国		136	0.01	53.64	0.08	1.93	38	0.74
	发达国家		28	0.005	0.20	0.03	0.036		0.00
	其他发展中国家		3	0.05	0.05	0.05	0.05		0.00
		卫生	71	0.01	66.37	4.49	0.08		2.86
		非卫生	72	0.01	1.15	0.19	0.09		0.00
Pb	中国		178	0.45	629.48	41.00	91.31	800	0.00
	发达国家		92	2.30	1053.30	19.00	102.13		1.09
	其他发展中国家		28	0.09	800.17	9.29	21.82		3.57
		卫生	114	1.10	777.00	139.95	63.10		0.00
		非卫生	79	0.45	300.00	55.31	41.00		0.00
As	中国		114	2.10	517.80	18.85	57.66	60	10.53
	发达国家		35	2.00	8.90	6.30	6.18		0.00
	其他发展中国家		6	0.07	2.46	1.33	1.31		0.00
		卫生	76	2.10	517.80	78.55	24.10		15.79
		非卫生	45	4.27	55.68	16.06	10.49		0.00

续表

重金属	国家类型	填埋场类型	样本量	浓度/(mg/kg) 最小值	最大值	中间值	平均值	标准/(mg/kg)	超标率/%
Zn	中国		101	4.64	2393.80	107.00	314.28	200	27.72
	发达国家		92	2.30	2756.60	89.80	339.25		31.52
	其他发展中国家		22	1.57	205.54	47.48	64.04		31.82
		卫生	79	10.30	2393.80	426.10	173.45		44.30
		非卫生	31	4.64	455.52	102.82	98.90		6.45
Cd	中国		184	0.01	199.00	0.51	3.69	65	1.09
	发达国家		90	0.035	32.70	0.28	1.64		0.00
	其他发展中国家		22	0.21	51.80	4.29	10.61		0.00
		卫生	114	0.02	199.00	3.53	0.51		0.88
		非卫生	85	0.01	65.60	4.25	1.02		1.18
Cu	中国		121	1.30	374.00	39.00	58.55	18000	0.00
	发达国家		92	0.86	1318.50	37.15	160.19		0.00
	其他发展中国家		22	0.28	2562.00	29.43	390.17		0.00
		卫生	88	1.30	320.00	67.85	52.35		0.00
		非卫生	42	5.84	374.00	59.65	28.61		0.00
Ni	中国		114	0.60	88.50	31.45	34.57	900	0.00
	发达国家		92	0.90	4412.10	53.80	163.59		2.17
	其他发展中国家		38	0.82	924.59	19.20	67.94		5.26
		卫生	80	0.60	101.00	35.99	33.71		0.00
		非卫生	42	3.07	63.30	30.90	31.49		0.00

9.1.1.4 微生物

垃圾填埋场是微生物生长、聚集的最佳场所，填埋场土壤和填埋垃圾中的微生物会黏附在地表土壤颗粒物上、附着在尘埃和飘尘等颗粒物上以气溶胶的形式存在，危害填埋场工作人员和填埋场周边人员的身体健康。He 等[458]调研了 WZ 和 BJ 两垃圾填埋场土壤和填埋垃圾中的微生物群落结构，发现渗滤液泄漏表层土壤中的微生物群落与填埋垃圾样品的微生物群落较为相似，而在轻微渗滤液泄漏处，土壤样品的微生物群落与空白样品（未被污染的土壤）更接近，这表明渗滤液泄漏可显著影响场地土壤中的微生物群落。除了垃圾填埋场污染土壤中微生物群落结构发生变化外，被污染土壤中通常还含有病原菌。Flores-Tena 等[462]在墨西哥某垃圾填埋场土壤中检测出 20 种病原菌，大多数为肠道病原菌，包括 *Acinetobacter baumanii*、*Bordetella* sp.、*Brucella* sp. 和 *Escherichia coli* var Ⅱ 等。

9.1.1.5 新污染物

生活垃圾中常见的新污染物包括药品及个人护理品、抗性基因、全氟化合物、工程纳米材料等[463]，它们通过填埋场渗滤液渗漏而流入填埋场底部或周边土壤中，对土壤造成污染。例如，Harrad 等[464]报道了爱尔兰 10 个垃圾填埋场下风向土壤中全氟辛酸和全氟辛烷磺酸的含量分别为 150～5800ng/kg 和 2.4～140ng/kg，而上风向土壤中分别为 130～7800ng/kg 和 3.7～2000ng/kg。Wan 等[465]在我国南方某非正规垃圾填埋场底部土壤中，检测到的微塑料含量为 570～14200 个/kg，而空白样品中微塑料的含量仅为 0～4 个/kg，土壤中含量远远超标，其主要成分为聚丙烯、聚乙烯和聚对苯二甲酸乙二醇酯。微生物抗性基因和抗生素抗性基因（antibiotic resistance genes，ARGs）的产生是由于填埋场中的抗生素迁移到土壤中，在土壤中长时间残留而导致的。Borquaye 等[466]在加纳 4 个废弃填埋场土壤中检测到抗生素，其中阿莫西林、甲硝唑和青霉素的浓度均在 3.44～120.52μg/g 之间。

Zhang 等[467]检测了广州某填埋场周边土壤中的 ARGs，发现其浓度比对照土壤高 1.59～4.98 个数量级，其中浓度最高的基因为 $int\,I\,1$，进一步对比该填埋场渗滤液中的 ARGs，推测垃圾渗滤液灌溉增加了填埋场周边土壤 ARGs 的富集和迁移风险。

9.1.2 土壤污染识别方法

垃圾填埋场地土壤污染识别主要分为直接识别和间接识别。直接识别即为对污染土壤采样或对土壤渗滤液污染进行识别分析，间接识别可以从渗滤液渗漏或生物生长状态进行分析。另外，通过建立污染物在垃圾填埋场土壤中的迁移模型进行污染识别也是一种较为方便的方法。

9.1.2.1 土壤采样分析方法

土壤采样分析是垃圾填埋场地土壤污染识别中最直接准确的方法。垃圾填埋场地土壤污染采样识别方法一般是通过对垃圾填埋场地土壤进行布点采样与监测分析，然后对比相应指标的标准值或背景值，从而确定垃圾填埋场地的土壤污染状况。

通常情况下 Cl^- 非常稳定，不易在土壤中发生生物转化或降解，或被土壤吸附，其在土壤中具有很强的迁移性，适合作为天然指示剂[468]，可以用来判断垃圾填埋场渗滤液是否有渗漏，并可以在一定程度上判断渗漏带来的污染严重性。当填埋场某处土壤样品中 Cl^- 含量高于空白样品时，则说明该处附近的填埋场渗滤液有所渗漏，且其含量越高，渗漏量越大或渗漏时间越长。He 等[458]检测了 WZ 和 BJ 两个填埋场底部土壤中的 Cl^- 含量，其中空白样品（BJ5）的 Cl^- 含量为 0～100mg/kg，而 WZ 中所有样品和 BJ1、BJ2、BJ4 土壤样品中的 Cl^- 含量却远远高于空白样品，最高含量为 780mg/kg。另外，Cl^- 含量随着土壤样品深度的增加而逐渐降低，例如 BJ2 采样点在 0.2～0.4m 处的 Cl^- 含量为 771mg/kg，而在 1.6～2m 处却只有约 550mg/kg，其呈现出明显的从填埋场底部防渗层向地下深处土壤迁移的迹象。除此之外，He 等还发现土壤样品中的含氮化合物（包括 NO_3^--N、NH_4^+-N、TN）和有机质（OM），与除 SO_4^{2-} 以外的所有其他变量均呈显著相关性（$P<0.05$）（图 9-2）。NO_2^--N 与 NO_3^--N、NH_4^+-N、OM、pH 值和 Cl^- 呈负相关（$P<0.05$），除 NO_2^--N 和

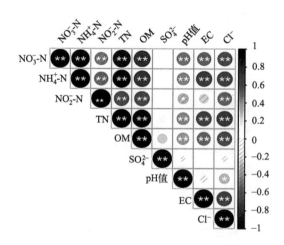

图 9-2　垃圾填埋场底部土壤中理化性质之间的相关性
颜色深度和圆圈大小与相关系数成正比；＊表示 $P<0.05$，＊＊表示 $P<0.01$

SO_4^{2-}外，所有污染物的含量均与Cl^-含量呈正相关（$P<0.05$）。因此，填埋场地土壤中的TN、NH_4^+-N、OM、NO_3^--N和电导率（electric conductivity，EC）等也可作为评价指标，评价垃圾填埋场渗滤液的泄漏问题。

9.1.2.2 渗滤液渗漏识别方法

填埋场地土壤污染主要是由渗滤液渗漏所引起的。垃圾渗滤液穿越防渗层发生渗漏时，其中的污染物也一同迁移到填埋场地土壤中，造成土壤的污染。因此，可通过识别填埋场是否发生渗漏来判断填埋场地土壤是否受到污染。目前填埋场防渗层渗漏检测方法主要有地下水检测法、扩散管法、电容传感器法、示踪剂法、电化学感应电缆法和电学法等（表9-2）。

表9-2 填埋场渗漏检测方法对比[469]

方法		任何时候都可安装	确定渗漏位置	确定漏洞大小	能否广泛应用	能否重复使用	能否自动化运行
地下水检测法		不可以	不能	不能	能	能	不能
扩散管法		不可以	能	能	不能	能	能
电容传感器法		不可以	能	不能	能	不能	能
示踪剂法		可以	不能	不能	能	能	不能
电化学感应电缆法		不可以	部分	不能	能	部分	能
电学法	双电极法	可以	不能	不能	不能	能	不能
	电极格栅法	不可以	能	能	能	能	能
高密度电阻率法		可以	能	能	能	能	能

(1) 地下水检测法

垃圾填埋场地的集水井中一般为干净的地下水，通过检测集水井中的水是否存在污染，可以间接了解填埋场防渗层是否有漏洞。该方法可以利用填埋场自身的设施进行检测，一旦发现集水井中水的污染物浓度超标，则可发现填埋场防渗层发生泄漏并流到了地下水中。但该方法具有一定的延迟性，往往在集水井中检测到污染物时，防渗层的渗漏已经发生了一段时间，渗滤液中的污染物通过扩散迁移才到达集水井。另外，填埋场的集水井数量一般较少，所以该方法不能确定渗漏的准确位置。而且，并不是所有泄漏点的渗滤液都能流入集水井，故该方法并不能完全检测出防渗层的泄漏。

(2) 扩散管法

扩散管法是利用气体扩散的原理，将污染物从土壤中转移到气相后抽出，以便检测。在衬层下的土壤中埋入气体透过性管路网络，当防渗层发生破损时，渗滤液泄漏到土壤中，其蒸汽会进入管路，因此可以定期抽出管内的气体进行检测，通过监测气体中污染物的浓度判断防渗层是否发生泄漏。由于渗滤液蒸汽在土壤中按照一定体积比例进入管内，从防渗层漏洞扩散出的渗滤液蒸汽所占比例与防渗层漏洞大小呈正相关，因此该方法可通过分析管内污染物的浓度，近似判断防渗层漏洞的大小。该系统可以自动运行，操作费用较低。但扩散管法有很大的局限性，即只有在渗滤液可以产生蒸汽且能够接触到管路时才能够检测到防渗层的漏洞，否则管路内的气体会显示无污染。

(3) 电容传感器法

土壤湿度不同，其绝缘常数也不同，电容传感器法则是利用这一点，通过检测填埋场土壤的绝缘常数来判断防渗层是否有泄漏。当渗滤液穿过防渗层进入填埋场土壤时，土壤会变得潮湿，绝缘常数会由干土的5左右增大（水的绝缘常数约为80），且其湿度越大，绝缘常数越大，通过土壤湿度与绝缘常数的标准曲线可确定其湿度。采用电容传感器法可确定防渗层漏洞的具体位置。目前市面上已经有电容传感器成品，可以直接使用。但由该法得到的湿度并非渗滤液的湿度，无法直接关联防渗层漏洞大小。

（4）示踪剂法

示踪剂法是首先向垃圾填埋坑中注入具有挥发性的化学示踪剂，当防渗层发生破裂时示踪剂会穿过防渗层进入土壤中，并挥发迁移至土壤表层（图9-3）。因此，通过监测填埋场周边表层土壤中的示踪剂含量，可以判断防渗层是否有漏洞。该方法适用于任何填埋场和填埋的任何阶段，但无法确定防渗层的漏洞位置，且系统的自动化程度不够高，需要人工收集、分析示踪剂。

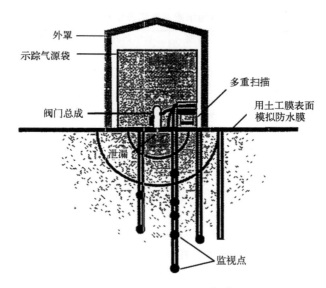

图 9-3 示踪剂法示意[470]

（5）电化学感应电缆法

电化学感应电缆法是在填埋场地土壤中安装特殊的感应电缆，该电缆在接触到目标污染物时会发生反应，从而引起电压降，通过监测电缆的电信号即可检测到防渗层的泄漏。感应电缆与目标污染物之间的反应通常为可逆反应，当防渗层被修补后污染物浓度降低或消失，感应电缆可通过可逆反应再生而反复利用。但感应电缆具有特异性，它只能检测到某些特定的污染物。对于不同填埋场，由于其填埋垃圾组分的不同导致渗滤液污染物成分不同，因此也需要安装特殊感应电缆来检测不同的污染物成分。

（6）电学法

电学法是利用防渗层泄漏时渗滤液可以导电的原理，将填埋场地土壤和电极构成一个回路并给电极加电压。由于防渗层和土壤不导电，当防渗层泄漏时，渗滤液或地下水则可作为导电介质让电流形成完整的回路，通过监测回路电流值可判断防渗层的泄漏。电学法又分为双电极法和电极格栅法。双电极法的两个电极，一个设于填埋场的防渗层上，对电极放在填埋坑周边近地面土壤中，无需安装任何传感器就可以检测防渗层的破损。将双电极法进行改良，在填埋场内加一个移动监测电极对（即偶极子），形成电极-偶极子系统（图9-4），则可以绘制电压分配图，从而判断漏洞的位置和数量。电极-偶极子法可以用来检测验收新建的垃圾填埋场。电极格栅法则是直接在防渗层下安装用导线做的格栅，每根导线上都安装若干个电极。当防渗层泄漏时，该处的电极被渗滤液浸湿，从而显示出更高的电压，且电压的大小与渗滤液多少呈正比。因此，电极格栅法可根据电压分配图判断防渗层漏洞的位置、大小和数量。电学法原理易懂、组件简单耐用，因此使用范围较广。

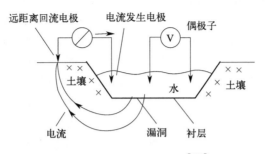

图 9-4　电极-偶极子系统[469]

(7) 高密度电阻率法

当防渗层发生泄漏时，污染物随渗滤液扩散流入地下水中，由于无机污染物在水中多以带电离子的形式存在，使地下水的导电性发生改变，因此可通过监测地下水的电阻率来推测垃圾填埋场防渗层是否有漏洞。一般而言，未被污染的水体电阻率为 20~100Ω·m；水体中有无机污染物时则<10Ω·m，且无机污染物浓度越高，电阻率越小；而水体中含有机污染物时电阻率为 10~100Ω·m[471]，这是因为有机物大多以大分子化合物形式存在，水体电导率虽增加，但没有无机污染物的导电性强。高密度电阻率法则是基于直流电阻率法，在垃圾填埋场拦护坝下游设置横剖面，将高密度电阻率法测量系统的电极按一定间距排列，结合微机程控技术，直观地监测剖面下方电断面的分布信息（图 9-5）。温纳装置和偶极装置是高密度电阻率法测量系统常见的电极装置，前者对较深地带垂直方向的电性变化反应较为灵敏，后者则对较浅区域的水平分析更为灵敏，因此在实际应用中常常将这两种装置组合使用。高密度电阻率法是信息密度大、信息量丰富、分辨率高、反演方法较为成熟的一种方法。

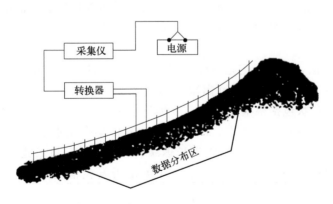

图 9-5　高密度电阻率法示意

9.1.2.3　生物监测法

生物监测法是依靠测定直接或间接与环境暴露相关的生物体，在生理生化、细胞行为、能量代谢及分子水平等上的变化，来判断填埋场地有无污染的方法[472]。该方法利用生物标记物进行研究,主要包括土壤无脊椎动物、土壤微生物和植物。

(1) 土壤无脊椎动物标记

蚯蚓结构简单、容易采集,对污染物具有一定的耐性和敏感性,因此常被用作土壤污染状况评价物。蚯蚓是陆地食物链的底层,可通过被动扩散和摄食作用吸收土壤中的重金属并将其富集于体内。重金属可以影响或阻断呼吸链、电子传递链和酶促反应等生理代谢活动,导致活性氧自由基增加,提高抗氧化酶的活性[473]。因此,可通过检测抗氧化酶活性从分子水平上判断土壤是否被污染,防渗层有无泄漏。抗氧化酶主要包括超氧化物歧化酶、过氧化物酶和谷胱甘肽-S-转移酶等。王晓蓉等[474]将蚯蚓标记物应用于Pb污染土壤,发现低浓度Pb可以促进超氧化物歧化酶的活性,而高浓度Pb会抑制超氧化物歧化酶的活性。另外,重金属还会引起蚯蚓蛋白水平的变化,金属硫蛋白则为典型的诱导型非酶蛋白,其转录水平与环境中的重金属含量具有相关性。检测蚯蚓体内的金属硫蛋白则可以反映出土壤中重金属的污染情况。除此之外,也可通过分析蚯蚓的DNA损伤、基因表达、mRNA翻译水平,从遗传毒性方面反映重金属产生的生态风险。Zheng等[475]发现,蚯蚓细胞mRNA翻译水平的响应对PAHs更为敏感,证明了污染物对动植物的影响可能最先体现在分子水平上的变化。

(2) 土壤微生物标记

微生物的生长依靠填埋场土壤中的有机物和营养物质,因此可以利用微生物作为填埋场土壤污染的生物指示剂[476]。例如,Firmicutes和Bacteroidetes的生长与土壤中的盐度梯度呈正相关,常被用作盐土生物指示剂[477]。氨氧化细菌对Hg较为敏感,可作为土壤重金属污染的生物指示剂[478]。Bradyrhizobium、Mycobacterium和Anaeromyxobacter在多环芳烃污染严重时的丰度较高,可定性分析土壤多环芳烃的污染[479]。

He等[458]研究了垃圾填埋场土壤中主要微生物属与环境因子的相关性(图9-6),研究发现,Pseudomonas的相对丰度与SO_4^{2-}的含量呈显著正相关,Hydrogenispora和Caldicoprobacter的相对丰度与TN、NH_4^+-N和NO_3^--N的含量呈显著正相关,Bacillus和Psychrobacter的相对丰度与NO_2^--N的含量呈显著正相关,而Paracoccus与NO_2^--N的含量呈显著负相关,Pseudoalteromonas、Sporosarcina和Arthrobacter的相对丰度与Cl^-的含量呈显著负相关,而Caldicoprobacter的相对丰度与Cl^-的含量呈显著正相关。由此可见,一些微生物可以作为特征微生物来评估填埋场中的土壤污染问题。

(3) 植物标记

相较于其他生物法,植物标记是一种又快又可行的方法。当土壤受到的污染超过一定浓度时,植物的生长会受到影响,通过肉眼即可观察到植物体受污染影响后发生的形态变化[480]。植物受害的症状包括根茎叶色泽、形状等方面发生变化,例如过多的Mn会使植物老叶边缘和叶尖出现焦枯褐色的斑点;Cu、Pb和Zn污染会使水稻植株矮小、分蘖数减少、稻谷产量降低、叶片失绿;Cr会使植物生长迟缓、植株矮小、叶片退绿等。由于植物根系一般不会太长,所以采用植物标记法判断填埋场是否发生泄漏只适用于表层土壤污染的识别。

植物标记法判断场地污染具有一定的局限性,这是由于植物一般对污染物具有耐受性,当污染物超过一定阈值后,植物才会表现出受害现象。例如,小麦发芽率在土壤中Pb含量为2000mg/kg时,依然没有受到影响[481],此时小麦发芽率指标已无法对Pb污染土壤进行识别。而同一植物的不同部位对污染物的耐受性也不同。An等[482]发现,当土壤中的Cu、Cd和Pb含量分别为77mg/kg、88mg/kg和643mg/kg时,有50%的黄瓜茎会被明显抑制,

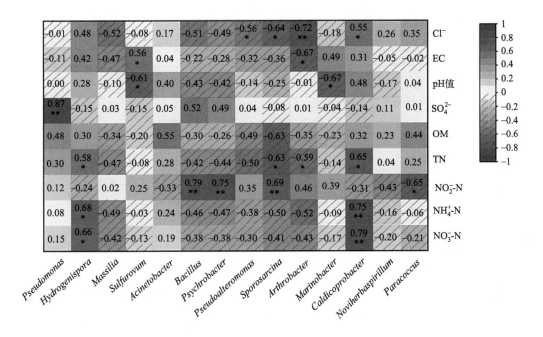

图 9-6 垃圾填埋场地土壤中主要微生物属与环境因子间的相关性[458]

其含量分别为 72mg/kg、102mg/kg 和 403mg/kg 时，有 50% 的黄瓜根会被明显抑制，证明根部比茎部对某些污染物的敏感程度更高。因此，根伸长抑制率是识别污染土壤最敏感、最为常用的指标之一。在修复后的垃圾填埋场土壤中，污染物含量可能较低，无法从植物地上部分直接判断植物的受害程度，此时即可通过测定根伸长抑制率或直接分析植物体内污染物的含量进行识别。

9.1.2.4 土壤渗滤液污染识别法

土壤渗滤液污染识别法是指采用模拟土柱或淋溶试验，来测定分析土壤中污染物浓度及其变化规律，对比相应指标标准值或背景土壤值，以识别土壤污染状况的方法（图 9-7）。例如，冯亚松[483]通过柔性壁渗透试验测试 Ni-Zn 复合污染土和固化土的渗透系数，并进一步分析渗滤液中重金属浓度和 pH 值随渗滤液体积的变化规律，以评估污染土壤修复的有效性和重金属运移特征。若填埋场地域有酸雨，土壤中的重金属与酸雨的复合污染会使重金属污染扩散和控制的不可预测性大大增加。张丽华等[484]研究发现，模拟酸雨作用于土壤时，土壤中不同的重金属呈现不同的溶出规律；淋滤液中 Zn、Ni、Cu、Cr 和 Pb 的含量均随模拟酸雨 pH 值的降低而增加，土壤中重金属累积释放量由大到小的顺序为 Zn＞Cu＞Cr＞Ni＞Pb。与土壤采样分析方法相比，土壤渗滤液污染识别法可以更好地了解土壤中污染物的生物毒性和有效性，能够较好地反映实际过程中土壤污染物的环境影响和风险。

此外，在无法直接对垃圾填埋场土壤进行取样时可以收集土壤渗滤液，通过测定渗滤液中的污染物浓度，对填埋场土壤污染进行识别。其原理是雨水渗入土壤，土壤中的污染物会被释放出来，产生的渗滤液中污染物浓度越高，则代表土壤受污染的程度越严重。

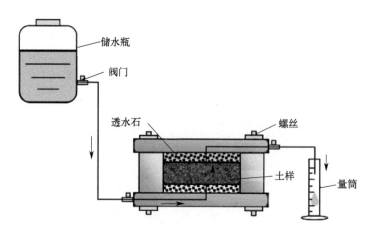

图 9-7　土壤渗透淋溶试验装置

9.1.2.5　智能模拟估算法

在垃圾填埋场地土壤中，渗滤液渗漏或溢流会使渗滤液中的污染物在土壤中迁移。一系列形状不规则、散碎且错综排列的固体颗粒构成了多孔的土壤介质，其中充满了大小、形状、连通性各不相同的孔隙，可以在很大程度上影响污染物在土壤中的迁移特征[485]。在土壤中，污染物的迁移受到土壤水分运动、溶质扩散过程等多种因素的影响和制约。伴随着土壤溶液的水分运动，土壤中的溶质会产生对流迁移；另外，溶质也会由于自身浓度梯度和土壤孔隙系统的作用而产生水动力弥散，这两者的共同作用决定了溶质在土壤中的迁移。因此，通过建立污染物在垃圾填埋场土壤中的迁移模型，如对流-弥散模型，来预测污染物在土壤中的迁移情况和所经历的地球化学过程，通过反演可推算出场地土壤污染。土壤污染智能模拟估算法的关键点是需要建立污染物在土壤中的迁移模型。污染物在土壤中的迁移会受到物理、化学和生物等作用的影响，目前，土壤的确定性模型和随机性模型都对污染物的迁移进行了过分的简化和近似，因此在精准模拟土壤中污染物的迁移方面还有所欠缺，需进一步研究。

9.2　垃圾填埋场地土壤污染状况调查与风险评估

为了了解土壤污染状况，许多发达国家已经建立了较为完整的污染场地调查体系。欧盟于 1994 年发布了污染场地风险评价协定行动，明确了场地的环境调查与分析方法。美国于 20 世纪 80 和 90 年代制定了《健康风险评价手册》(1988) 和《土壤污染筛选导则》(1996) 等风险评估导则[486]。我国的污染场地调查研究起步较晚，现行的土壤污染调查、监测与风险评估相关技术导则包括《建设用地土壤污染状况调查技术导则》（HJ 25.1—2019）、《建设用地土壤污染风险管控和修复监测技术导则》（HJ 25.2—2019）和《建设用地土壤污染风险评估技术导则》（HJ 25.3—2019）。

9.2.1　土壤污染状况调查

根据《建设用地土壤污染状况调查技术导则》（HJ 25.1—2019）(图 9-8)，垃圾填埋场地土壤和周围土壤的调查主要分为三个阶段：第一阶段对填埋场土壤进行初步调查和污染识别；第二阶段对土壤污染状况进行调查，分为初步采样分析和详细采样分析；第三阶段对环境特征参数和受体暴露参数进行深入调查，最后编制土壤污染状况调查报告。

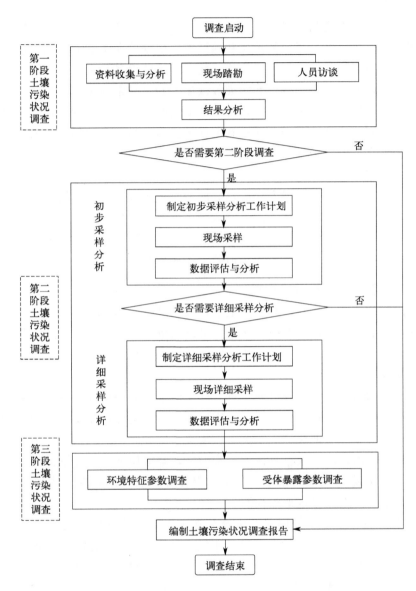

图 9-8　垃圾填埋场地土壤污染状况调查的工作内容与程序

9.2.1.1　第一阶段土壤污染状况调查

第一阶段土壤污染调查的目的是确认填埋场地及其周边土壤可能存在的污染源，主要方法包括资料收集与分析、现场踏勘和人员访谈等。分析收集到的资料，初步了解垃圾填埋场地状况。

（1）资料收集与分析

在进行现场实地调查之前，首先应收集垃圾填埋场地资料，包括场地相关记录、场地环境信息、场地利用变迁记载、有关政府文件以及填埋场所在区域的自然、社会信息等资料的搜集整理。明确填埋场地块变迁、填埋场使用信息及周边可能存在的污染源，了解填埋场用地历史上有无污染记载、可能存在的污染源潜在风险。调查填埋垃圾的主要成分和潜在污染物。对收集到的资料进行统一整理，确保其有效性和正确性。

（2）现场踏勘

对垃圾填埋场进行现场踏勘时，应包括垃圾填埋场地、相邻场地及其周围区域，了解的内容应涵盖现状与历史情况、区域的地质和地形等。根据前期了解的填埋场情况，排查填埋场的防渗层、渗滤液导排系统、场区内设施、输送管线等设备和工艺有无泄漏情况，场区内和周边土壤是否存在明显异味、变色和污染等现象，并对异常现象进行拍照、记录。对填埋场地的地质、水文地质和地形进行观察，可以辅助判断填埋场污染物是否会迁移到地下水和场地外，或填埋场周围污染物是否会迁移到填埋场区内。另外，现场踏勘人员在现场踏勘前必须掌握相应的安全卫生防护知识，并装备必要的防护用品。

（3）人员访谈

访谈的目的是直接与相关知情人交流，对前期收集的资料和现场踏勘记载内容中存在的疑问和不完善之处进行核实和补充。人员访谈有多种形式，如当面交流、电话交流、电子或书面调查问卷等。被访谈对象包括了解当地填埋场现状或历史情况的管理机构、地方政府官员、填埋场管理人员和工作人员、相邻场地的工作人员和附近居民等。

9.2.1.2 第二阶段土壤污染状况调查

通过第一阶段的调查，若当前和历史上该垃圾填埋场地及周围区域均无可能的污染源，则判定该填埋场地的土壤环境没有受到污染，可以结束调查。若对资料进行分析后认为需要进一步调查，则需要进行样品采集和分析测定，从而进入第二阶段的土壤污染状况调查。

（1）初步采样分析

初步采样分析的第一步为核查已有信息、确定污染物的种类和来源。同时，需了解垃圾填埋场的地形和污染物的迁移转化规律，核实污染范围，确保初步调查所收集的资料具有真实性和适用性。根据填埋场地块的土壤类型、水文水力条件、气候条件、污染物迁移转化规律等信息确定污染范围，然后根据分析的初步结果，制定如下工作方案：

① 采样方案　包括对土壤的采集、运输和保存等方法，以确保土壤样品的布点合理性以及样品顺利采集，并带回指定地点检测。

② 样品分析方案　包括重金属、有机物等常规污染物的分析检测方法，而对于土壤明显异常而常规检测项目无法识别时，可进一步结合色谱-质谱定性分析等手段对污染物进行分析；对于非常规的特征污染物，必要时可采用生物毒性测试方法进行筛选判断。

③ 健康和安全防护计划　包括工作标语、设置围墙等。工作人员应受过专业训练，在整个过程中应注意安全，必要时应使用防护服等防护用具，以防工作人员或周围人员在采样过程中受到伤害。

此外，由于水文情况与土壤污染迁移密切相关，地下水、地表水等水文地质条件和气候等相关情况也应纳入土壤污染调查分析范围之内，以便更加全面地进行土壤污染分析。

（2）详细采样分析

根据初步采样分析的结果，可初步确定污染程度、明确污染物种类及其空间分布，对初步采样分析的质量和控制过程做出评估。对于需要进一步做详细采样分析的区块或填埋场，将填埋场库区底部和周边划分成不同的区块，采用系统随机布点法加密布设采样点，以已经确定的填埋场关注污染物为主要目标，制定详细采样分析方案。采集的样品送至有资质的实验室进行分析检测，将得到的检测结果与前期调查信息共同整理，判断污染程度，明确主要污染物的种类、含量和空间分布等信息。

9.2.1.3 第三阶段土壤污染状况调查

第三阶段土壤污染状况调查主要是针对填埋场地块特征参数和受体暴露参数的调查。地块特征参数包括：土壤 pH 值、容重、有机碳含量、含水率和质地等不同代表位置和土层或选定土层的土壤样品的理化性质，填埋场区气候、水文、地质特征信息和数据等。受体暴露参数包括：垃圾填埋场使用情况、填埋场周边地区土地利用方式、人群及建筑物等相关信息。可根据风险评估和填埋场修复实际需要选取适当参数进行资料查询、现场实测和实验室分析测试等。

最后汇总调查分析结果，编制填埋场土壤污染状况调查报告。具体报告格式可参考现行的《建设用地土壤污染状况调查技术导则》（HJ 25.1—2019）。

9.2.2 土壤环境监测

根据《建设用地土壤污染风险管控和修复监测技术导则》（HJ 25.2—2019），垃圾填埋场地监测工作主要是采用监测手段识别垃圾填埋场的土壤、地下水、地表水、环境空气和残余垃圾中的污染物等，确定填埋场的污染程度、污染物种类和空间分布，并全面分析土壤环境质量现状和今后可能的发展趋势，为垃圾填埋场地及其周边环境管理、污染源控制和环境规划等提供科学依据。

9.2.2.1 土壤环境监测原则

垃圾填埋场地土壤环境监测直接影响到其中污染物的污染风险、处理工艺参数和处理量，因此必须遵循以下 3 个原则。

（1）针对性原则

各阶段环境管理的目的和要求均不同，因此垃圾填埋场地土壤监测应具有针对性。对于填埋场地土壤污染状况调查与风险评估、填埋场污染土壤的治理修复、填埋场修复效果评估及填埋场回顾性评估等，均有不同的侧重点，需确保监测结果的协调性、一致性和时效性。

（2）规范性原则

垃圾填埋场地环境监测应具有规范性，采用程序化和系统化的方式对整个流程和方法进行约束，以保证地块环境监测的科学性和客观性。在有地方性场地监测规范或政策时，地块环境监测应参照地方性文件，没有地方性规定时可参照现行的《建设用地土壤污染风险管控和修复监测技术导则》（HJ 25.2—2019）。

（3）可行性原则

垃圾填埋场地监测应综合考虑监测成本、技术应用水平等，在保证满足各阶段监测要求的条件下，切实可行地开展监测工作。

此处仅介绍土壤相关监测方法，与之关联的地下水、地表水和空气监测方法可参照本书其他章节或《建设用地土壤污染风险管控和修复监测技术导则》（HJ 25.2—2019）。

9.2.2.2 土壤监测点位布设

垃圾填埋场地土壤采样点的设置应根据场地调查结论，监测位点的布设应根据各阶段工作要求，充分考虑污染物迁移方向、构筑物及管线破损情况、土壤特征等因素。在地图或规划图中，准确标注出填埋场的位置和边界，并对填埋场场界角点进行准确定位。系统布点法、系统随机布点法和分区布点法等是土壤环境监测常用的监测点位布设方法（图9-9）。

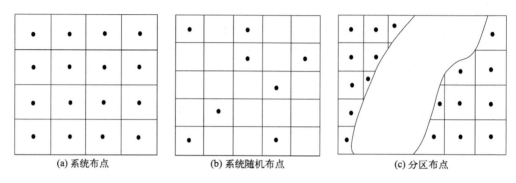

图 9-9 监测点位布设方法示意

（1）系统布点法

系统布点法可以在垃圾填埋场开挖后原始状况被严重破坏或填埋场土壤污染特征不明确时采用。将监测区域分成面积相等的若干工作单元，在每个工作单元内布设一个监测点位。

（2）系统随机布点法

系统随机布点法适用于土地使用功能相同或地块内土壤特征相近的区域。该方法与系统布点法类似，从面积相等的若干工作单元中随机抽取一定数量的工作单元，在每个工作单元内布设一个监测点。随机数可以利用掷骰子、抽签、查随机数表的方法获得。

（3）分区布点法

分区布点法主要用于填埋场内或周边土地使用功能不同且污染特征有明显差异的地块。将填埋场地块划分成不同的小区，再根据小区的面积或污染特征确定布点。当几个单元的使用功能相近、面积较小时也可将它们合并成一个工作单元。

另外，还应在填埋场外部区域的四个垂直轴向上设置对照监测点位，可在每个方向上等间距布设3个采样点，分别进行采样分析。对照监测点位一般为表层土壤，采样深度应尽可能与地块表层土壤采样深度保持一致，必要时也可采集下层土壤样品。对照点的土壤应在一定时间内未经外界扰动。

9.2.2.3 土壤样品的采集

垃圾填埋场地土壤污染监测时，应对填埋场库区和周围的表层和深层土壤分别进行取样分析。对于土壤污染深度的分析，应按土壤剖面层次分层采样，在垂直切面上可以观察到与地面大致平行的若干层具有不同颜色、形状的涂层。一般情况下，不应将地表非土壤硬化层的厚度计入采样深度，采样时建议3m以内的深层土壤使用0.5m采样间隔，3～6m深度使用1m间隔，6m至地下水区域使用2m间隔，根据实际情况略微进行调整[487]。土壤样品最大深度应直至未受污染的深度。

可采用挖掘或钻孔取样对表层土壤样品进行采集，采用钻孔或槽探的方式对下层土壤进行采样。手工钻探可采用管钻、螺纹钻、管式采样器等，机械钻探有实心螺旋钻、中空螺旋钻、套管钻等[488]。槽探可通过人工或机械挖掘长条形断面的采样槽（图9-10），断面宽度可根据地块类型和采样数量设置。可通过锤击敞口取土器取样，或使用采样铲、采样刀进行人工刻切块状土取样。为保证检测结果的准确性，土壤样品在采样过程中应尽量减小土壤扰动，以防止样品被二次污染。尤其是当土壤被VOCs、易分解有机物和恶臭物质污染时，应采用无扰动式的方法和工具。钻孔取样可采用土壤原状取土器和回转取土器进行快速击入、快速压入或回转取样，槽探可采用人工刻切块状土取样。得到样品后应立即装入密封的容器中，在减少污染物挥发而导致含量变化的同时，也可减小对工作人员生命健康的危害。

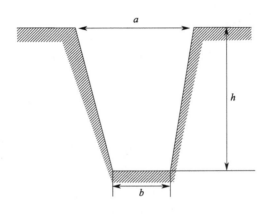

图9-10　槽探断面示意
a—槽探上口宽度；b—槽探底部宽度；h—槽探深度

由于土壤污染分布不均匀、土壤性质复杂，土壤样品一般为混合样。将一个采样点的土样按照测定要求磨细，过筛后混合，平铺成圆形，分成四等份，取相对的两份混合，然后再平分，最后留取1~2kg装袋，即四分法。这样可以避免采集的样品由于混合而使样品量过大。当土壤中含有易挥发、易分解和恶臭污染物时，不得对样品进行均质化处理以及采集混合样，必须进行单独采样。另外，平行样品需在相同位点单独收集封装，不能取混合样品作为平行样。每种采样介质需设置一个或多个平行样[489]。

样品应在低温条件（4℃以下）下进行运输、保存，减少运输和保存过程中污染物的挥发损失，样品在实验室中不宜长时间保存，应尽快分析测试。应采用密封性的采样瓶来封装含有VOCs和恶臭污染物的土壤样品，并将其密封在塑料袋中，避免交叉污染。采样瓶中不应留有空间，应用样品充满整个容器，以减少样品中污染物的挥发。对于含有易分解有机物的待测定样品，可以采用甲醇或水液密封等方式防止有机物被空气氧化分解。应在运输过程中设置空白样来保证运输和保存过程中样品状态完好，没有交叉污染的情况发生。具体土壤样品的保存与流转应按照现行的《土壤环境监测技术规范》（HJ/T 166—2004）中的要求进行。

9.2.2.4　土壤样品的分析

土壤样品的一些指标，如pH值、电导率等可以在现场进行分析测试，也可带回实验室分析。而土壤氧化还原电位、土壤的温度必须在现场进行分析测试，可采用便携式分析仪器设备进行定性和半定量分析，而VOCs可采用便携式仪器设备进行定性分析。实验室土壤污染物的分析测试应参照《土壤环境质量　建设用地土壤污染风险管控标准（试行）》（GB

36600)和《土壤环境监测技术规范》(HJ/T 166)执行。污染土壤的危险废物特征鉴别分析应按照《危险废物鉴别标准 通则》(GB 5085.7)和《危险废物鉴别技术规范》(HJ 298)执行。土壤常规理化特征分析测试应按照《岩土工程勘察规范》(GB 50021)执行。地下水、地表水、环境空气、残余垃圾样品的分析应分别按照《地下水环境监测技术规范》(HJ 164)、《地表水和污水监测技术规范》(HJ/T 91)、《环境空气质量标准》(GB 3095)和《恶臭污染物排放标准》(GB 14554)、《危险废物鉴别标准 通则》(GB 5085.7)和《危险废物鉴别技术规范》(HJ 298)执行[488]。

9.2.3 土壤污染风险评估

土壤污染风险评估分为生态风险评估和健康风险评估两个方面。通过对填埋场地土壤污染进行风险评估,可较为直观地反应土壤污染状况,以便后续进行修复处理。

9.2.3.1 生态风险评估

(1) 单因子污染指数

污染因子是指对人类生存环境造成有害影响的污染物。在垃圾填埋场地中,土壤污染因子包括重金属、有机污染物和无机污染物等。单因子污染指数(pollution index, PI)是样本与标准之比,可简单判断反应区域的主要污染因子和污染状况[490]。根据《环境影响评价技术导则 地表水环境》(HJ 2.3—2018),可用式(9-1)表示:

$$PI_i = \frac{C_x^i}{C_b^i} \tag{9-1}$$

式中 PI_i——土壤中污染因子 i 的单因子污染指数;

C_x^i——调查位点土壤中污染因子 i 的测量含量,mg/kg;

C_b^i——污染因子 i 在该地区的含量平均值,mg/kg。

表 9-3 为土壤因子污染指数级别分类,其中 PI_i 值越大表明土壤中特征因子富集程度越高。

表 9-3 土壤因子污染指数级别分类[491]

未污染	轻度污染	中度污染	重度污染
PI≤1	1<PI≤2	2<PI≤3	PI>3

(2) 综合污染指数

综合污染指数(integrated indices of pollution)采用一种最简单的、可以进行统计的数值来评价土壤污染状况。它在空间上可以对比不同区域土壤的污染程度,便于分级分类,在时间上可以表示同一区域土壤污染的总变化趋势。综合污染指数改善了单项指标表征土壤污染不够全面的缺点,解决了用多项指标描述土壤污染时不便于计算、对比和综合评价的困难,并且克服了用生物指标评价土壤污染时不易给出简明的定量数值的缺点。综合污染指数的计算公式如下:

$$P = \frac{1}{N}\sum_{i=1}^{N} P_i \tag{9-2}$$

式中 P——综合污染指数;

P_i——污染物 i 的单因子污染指数;

N——污染物种类数。

采用综合污染指数评价土壤污染时可分为四个不同的级别,其具体分级如表9-4所列。

表9-4 综合污染指数评价土壤污染级别分类[492]

未污染	轻度污染	中度污染	重度污染
$P \leqslant 1$	$1 < P \leqslant 2$	$2 < P \leqslant 5$	$P > 5$

(3) 污染负荷指数

污染负荷又称为污染总量。污染负荷指数(pollution load index,PLI)可衡量区域内所有污染因子的整体污染程度,它可以表征污染物的空间趋势。

$$PLI = (PI_1 \times PI_2 \times \cdots \times PI_n)^{\frac{1}{n}} \tag{9-3}$$

式中 $PI_1, PI_2, \cdots, PI_n$——各污染因子的单因子污染指数;
n——污染因子的个数。

污染负荷指数评价土壤污染级别分类见表9-5。

表9-5 污染负荷指数评价土壤污染级别分类[493]

未污染	轻度污染	中度污染	重度污染
$PLI \leqslant 1$	$1 < PLI \leqslant 2$	$2 < PLI \leqslant 3$	$PLI > 3$

(4) 地质累积指数

地质累积指数(geoaccumulation index,I_{geo})通常也称为Muller指数,反映了自然地质过程造成的背景值影响,同时也反映了人为活动对土壤污染的影响。地质累积指数在一定程度上描述了污染物分布的自然变化特征,通过该方法可以区分人为活动的影响[494]。计算公式如下:

$$I_{geo} = \log_2 \frac{PI_i}{1.5} \tag{9-4}$$

式中 PI_i——污染因子i的单因子污染指数;
1.5——修正指数,表征沉积特征、岩石地质及其他影响。

采用地质累积指数评价土壤污染时可分为七个不同的级别,其具体分级如表9-6所列。

表9-6 地质累积指数评价土壤污染级别分类[495]

未污染	未污染-轻度污染	轻度污染	轻度-中度污染	中度污染	中度-重度污染	重度污染
$I_{geo} \leqslant 0$	$0 < I_{geo} \leqslant 1$	$1 < I_{geo} \leqslant 2$	$2 < I_{geo} \leqslant 3$	$3 < I_{geo} \leqslant 4$	$4 < I_{geo} \leqslant 5$	$I_{geo} > 5$

(5) 内梅罗污染指数

内梅罗污染指数(Nemerow pollution index,NWPI)是当前国内外进行综合污染指数计算最常用的方法之一。它反映了土壤中各污染物的作用,将高浓度污染物对土壤环境的影响进行突出处理,弥补了平均值法各个污染物分担的缺陷。但其没有考虑土壤中各污染物对作物毒害的差别,由于最大值对结果的影响很大,可能会人为夸大一些因子的影响作用。另外,内梅罗污染指数只能反映污染的程度,难以反映污染的质变特征。内梅罗污染指数的计算公式为:

$$NWPI = \sqrt{\frac{(PI_i)_{max}^2 + (PI_i)_{ave}^2}{2}} \tag{9-5}$$

式中　$(PI_i)_{max}$——污染因子 i 的污染指数最大值；
　　　$(PI_i)_{ave}$——污染因子 i 的污染指数算术平均值。

内梅罗污染指数评价土壤污染时可分为五个级别，具体见表 9-7。

表 9-7　内梅罗污染指数评价土壤污染级别分类[496]

清洁(安全)	尚清洁(警戒限)	轻度污染	中度污染	重度污染
NWPI≤0.7	0.7<NWPI≤1.0	1.0<NWPI≤2.0	2.0<NWPI≤3.0	NWPI>3.0

叶舒帆等[497]采用单因子污染指数法、内梅罗污染指数法和地积累指数法综合评价某垃圾填埋场腐殖土中的重金属污染状况。以《土壤环境质量　建设用地土壤污染风险管控标准（试行）》（GB 36600—2018）第一类用地风险筛选值为标准，单因子污染指数及地积累指数评价结果表明：部分位点腐殖土中存在 Ni 和 Pb 轻微或轻度污染。内梅罗污染指数法评价结果进一步表明场地中部分点位腐殖土的重金属综合污染水平为轻度。总体上该垃圾填埋场存在较大安全隐患，应引起重视。

(6) 潜在生态风险指数

潜在生态风险指数（potential ecological risk index，PERI）反映了各土壤污染因子的单一含量和多元素协同作用、毒性水平、污染浓度及环境对污染因子的敏感性等因素，在环境风险评价中得到了广泛应用。潜在生态风险指数的计算公式如下：

$$E_i = T_i \times \frac{C_i}{C_0} \tag{9-6}$$

$$PERI = \sum_{i=1}^{N} E_i \tag{9-7}$$

式中　E_i——污染因子 i 的潜在生态风险单项系数；
　　　T_i——污染因子 i 的毒性响应系数；
　　　C_i——表层土壤中污染因子 i 的实测浓度，mg/kg；
　　　C_0——区域土壤背景值，mg/kg。

潜在生态风险指数评价标准如表 9-8 所列。

表 9-8　潜在生态风险单项系数和潜在生态风险指数[498]

潜在生态风险单项系数		潜在生态风险指数	
参数范围	单因子污染的生态风险	参数范围	潜在生态风险
E_i<40	轻微	PERI<150	轻微
40≤E_i<80	中等	150≤PERI<300	中等
80≤E_i<160	强	300≤PERI<600	强
160≤E_i<320	很强	PERI≥600	很强
E_i≥320	极强	—	—

9.2.3.2　健康风险评估

健康风险评估包括致癌风险（carcinogenic risk，CR）和非致癌风险（non-carcinogenic risk，NCR）评估。对一定水平以上的致癌污染物，应优先考虑其致癌风险值，忽略其非致癌危害效应，而对低于一定水平的物质则应优先考虑其非致癌风险值。土壤污染物主要通过 3 种途径对人体的健康造成威胁，即经口摄入、吸入颗粒物和皮肤接触[499]。

(1) 经口摄入

垃圾填埋场工作人员可能会经口摄入黏附有土壤的食物。土壤经口摄入致癌风险系数计算如下：

$$\text{OISER}_{ca} = \frac{\text{OSIR} \times \text{ED} \times \text{EF} \times \text{ABS}_o}{\text{BW} \times \text{AT}_{ca}} \times 10^{-6} \qquad (9\text{-}8)$$

$$\text{CR}_{\text{OIS}} = \text{OISER}_{ca} \times C_{\text{sur}} \times \text{SF}_o \qquad (9\text{-}9)$$

式中 OISER_{ca}——致癌效应，即经口摄入土壤暴露量，kg 土壤/(kg 体重·d)；
CR_{OIS}——污染土壤经口摄入致癌风险系数，无量纲；
OSIR——每日摄入土壤量，mg/d；
ED——暴露周期，a；
EF——暴露频率，d/a；
ABS_o——经口摄入吸收效率因子，无量纲；
BW——人的体重，kg；
AT_{ca}——致癌效应的平均时间，d；
C_{sur}——表层土壤中污染物浓度，mg/kg；
SF_o——经口摄入致癌斜率因子，kg 土壤/(kg 体重·d)。

(2) 吸入颗粒物

垃圾填埋场工作人员会通过呼吸吸入空气中来自土壤的颗粒物，土壤中的污染物随之进入体内，这就成为另一种暴露于土壤污染物的途径。其致癌风险计算如下：

$$\text{PISER}_{ca} = \frac{\text{TSP} \times \text{DAIR} \times \text{ED} \times \text{PIAF} \times (f_{\text{spo}} \times \text{EFO} + f_{\text{spi}} \times \text{EFI})}{\text{BW} \times \text{AT}_{ca}} \times 10^{-6} \qquad (9\text{-}10)$$

$$\text{CR}_{\text{PIS}} = \text{PISER}_{ca} \times C_{\text{sur}} \times \text{SF}_p \qquad (9\text{-}11)$$

式中 PISER_{ca}——吸入土壤颗粒物暴露量（致癌效应），kg 土壤/(kg 体重·d)；
TSP——空气中总悬浮颗粒物的含量，mg/m³；
DAIR——每日吸入空气量，m³/d；
PIAF——吸入土壤颗粒物在体内的滞留比例，无量纲；
f_{spi}——室内空气中来自土壤的颗粒物所占比例，无量纲；
f_{spo}——室外空气中来自土壤的颗粒物所占比例，无量纲；
EFI——人的室内暴露频率，d/a；
EFO——人的室外暴露频率，d/a；
CR_{PIS}——吸入土壤颗粒物的致癌风险，无量纲；
SF_p——吸入颗粒物致癌斜率因子，kg 土壤/(kg 体重·d)。

(3) 皮肤接触

皮肤直接接触、尘土附着等是垃圾填埋场的工作人员暴露于土壤污染物的另一种途径，会对工作人员产生致癌或非致癌效应。其致癌风险计算如下：

$$\text{DCSER}_{ca} = \frac{\text{SAE} \times \text{SSAR} \times \text{EF} \times \text{ED} \times \text{EV} \times \text{ABS}_d}{\text{BW} \times \text{AT}_{ca}} \times 10^{-6} \qquad (9\text{-}12)$$

$$\text{CR}_{\text{DCS}} = \text{DCSER}_{ca} \times C_{\text{sur}} \times \text{SF}_d \qquad (9\text{-}13)$$

式中 DCSER_{ca}——皮肤接触土壤暴露量（致癌效应），kg 土壤/(kg 体重·d)；
SAE——暴露皮肤表面积，cm²；
SSAR——皮肤表面土壤黏附系数，mg/cm²；

EV——每日皮肤接触事件频率,次/d;

ABS_d——皮肤接触吸收效率因子,%（挥发性有机污染物为10%,其他化合物为1%）;

CR_{DCS}——皮肤接触污染土壤的致癌风险,无量纲;

SF_d——皮肤接触致癌斜率因子,kg 土壤/(kg 体重·d)。

(4) 非致癌物风险

对于非致癌污染物,土壤污染物的暴露风险计算如下:

$$HQ = \frac{ADD_{nc} \times C_{sur}}{RfD_d} \tag{9-14}$$

式中 HQ——污染土壤非致癌风险;

ADD_{nc}——日平均土壤暴露量（非致癌效应）,计算同致癌效应土壤暴露量,kg 土壤/(kg 体重·d);

C_{sur}——表层土壤中污染物浓度,mg/kg;

RfD_d——参考剂量,mg 污染物/(kg 体重·d)。

将上述3种暴露途径下的致癌与非致癌风险值相加,则可以得到单一污染物的暴露风险值。

9.3 垃圾填埋场地土壤污染修复技术

在垃圾填埋场地土壤被污染后,需要进行污染修复。常见的土壤污染修复技术包括物理法、化学法和生物法。由于垃圾填埋场地土壤污染一般为多种污染物（如有机污染物、无机污染物等）的复合污染,所以一般在进行土壤修复时会采取多种修复联合的方法。

9.3.1 土壤污染修复技术

9.3.1.1 物理法

(1) 物理工程修复

物理工程修复可以对含有高浓度污染物的土壤进行处理,使土壤功能迅速恢复,包括翻土法、覆土法、客土法和换土法[500]。翻土法是将表层污染的土壤通过深翻转换到地下深处,使污染物自行稀释,而没被污染的土壤翻到上层,能够继续使用。覆土法是在污染土壤上面覆盖一层没有被污染的土壤[501]。对于一些污染严重的土壤,修复时宜采用客土法和换土法。客土法是向污染严重的土壤中加入干净的土壤,以改善土壤的情况。换土法是直接将污染土壤挖出,采用干净土壤进行替换,以确保土地的正常利用。换土和覆土的厚度一般都比耕层土壤的厚度大,以保证处理后满足继续使用的要求。物理工程修复能够有效地降低土壤中的重金属和有机物含量,是一种较为有效可行的方法。但该方法不够经济,仅适用于污染严重的小面积土壤的治理工作。实际上,物理工程修复并没有将污染物真正去除,只是将污染物稀释、覆盖或转移,没有从根本上解决土壤被污染的问题,因此不推荐采用该方法来治理污染土壤。

(2) 气相抽提法

土壤气相抽提也称为土壤真空抽取或土壤通风,是一种原位修复技术,可有效去除土壤不饱和区的 VOCs。早期土壤气相抽提主要用于非水相液体污染物 (non-aqueous phase liquid, NAPL) 的去除，也陆续将其应用于挥发性农药污染的土壤体系，近年来主要应用于苯系物和汽油类污染的土壤修复[502]。土壤气相抽提主要是基于污染物的原位物理脱除，在污染土壤中设置气相抽提井，采用真空泵从污染土层中抽取气体，使污染土层产生气流流动，使有机污染物通过抽提井排出，并对其进行处理（图 9-11）。随着技术的发展，相继出现了气相抽提增强技术，例如空气喷射技术、双相抽提技术、直接钻井技术、风力和水力压裂技术和热强化技术等（表 9-9）。土壤气相抽提的主要优点是体系设计相对简单，无需特殊的设备就能拥有较好的去除效果。但该方法仅适用于去除挥发性或半挥发性有机物，蒸气压不低于 0.5Torr(1Torr＝133.3224Pa)，且污染物具有较低的水溶性，土壤湿度也不能太高，对于容重大、含水量大、孔隙率低的土壤，其蒸气迁移会受到很大的限制。

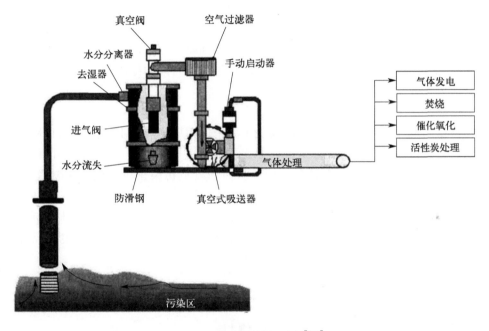

图 9-11　土壤气相抽提示意[503]

表 9-9　气相抽提增强技术对比

气相抽提增强技术	原理	特点
空气喷射技术	开挖地下井，将新鲜空气压缩到污染土壤中，加快污染物的生物降解	(1)适用于受污染的低渗透性黏土地质； (2)适用于湿度较低的土壤； (3)复杂度高
双相抽提技术	在抽提井中同时设真空泵和水泵，对地下水和气体进行抽提，并通过不同管路抽出，对污染地区进行整体修复	(1)适用于任何质地的土壤； (2)技术最复杂； (3)修复效果最好； (4)成本最高
直接钻井技术	通过取污井和注入井直接钻孔，抽取土壤中的污染物	(1)钻井工具安装困难； (2)垂直钻入井造价低，易短路回流，水平钻入井造价高，修复效果有待提高； (3)适用于长而窄的区域；

续表

气相抽提增强技术	原理	特点
风力和水力压裂技术	利用地面高压泵组将气体或高黏性液体注入井中,使井底附近地层因高压产生裂缝;而后注入带有支撑剂的携砂液,在井底附近底层形成填砂裂缝,再注入修复药剂进行污染修复	(1)适用于低渗透性土壤; (2)可改善土壤通透性; (3)要求土壤地质条件较为单一; (4)成本高; (5)修复技术成熟
热强化技术	利用微波、热空气、电波加热或蒸汽注入加热等方法,加快土壤中VOCs的挥发	(1)适用于处理重油类和轻油类有机物; (2)适用于中、高渗透性土壤; (3)会加快污染物在土壤中的扩散

气相抽提效率的影响因素包括土壤渗透性、蒸气压与环境温度、地下水深度及土壤湿度、土壤结构和分层、气相抽提流量和达西流速等。殷甫祥等[504]发现,不同土壤粒径下气相抽提的效率不同,土壤粒径越大,通风效率越高,污染物去除难度越低;且苯环上碳原子数量越多,其饱和蒸气压越低,挥发性越弱,气相抽提去除率越低。贺晓珍等[505]发现,污染物浓度会在气相抽提通风初期迅速降低,之后进入长时间的拖尾阶段,在拖尾阶段可以采用间歇性通风来降低能耗。

(3) 电修复法

电修复法是通过直流电压产生的电场使土壤中的污染物质在土壤孔隙水和带电离子中进行迁移,而后将污染物在电极附近由溶液导出的方法(图9-12)。一般情况下需要将电修复法与生物降解、离子交换等方法联合使用,从而修复被污染土壤。电修复法又分为电迁移(electromigration)、电泳(electrophoresis)和电渗析(electroosmosis)[506]。电修复的过程中,阳极电解产生氢离子和氧气,阴极电解产生氢气和氢氧根离子。电极材料有石墨、铁、铂、钛铱合金等,需要具有良好的导电性能且便宜易得。由于阳极发生失电子反应,且一直处于酸性环境中,所以阳极材料还需要耐腐蚀。

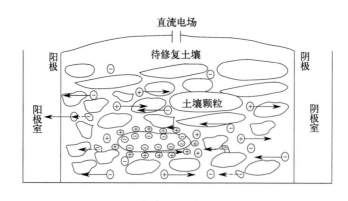

图9-12 土壤电修复法示意[487]

电修复技术具有化学试剂用量少、能耗低、修复彻底等优点。吴昕达[507]发现,当对重金属污染黏土进行修复时,电修复的处理效率高于淋洗技术和植物修复技术,且外加电场对重金属离子的解析过程具有一定的影响。但电修复法修复大面积污染土壤，仍需进一步完善。而与传统的电修复方法相比，非均匀电动力学修复技术具有很大优势。该技术采用非均匀电压，其电能消耗比均匀电修复更低，系统稳定性大大增加，且对土壤中水分和 pH 值的影响都不大，但切换非均匀电动力学极性时会增加系统电能消耗。Azhar 等[508]将电修复技术与微生物修复技术结合，采用 50V/m 的电梯度和 *Lysinibacillus fusiformis* 修复垃圾填埋场土壤中的 Hg，修复 7d 可达到 78% 的去除率，大大缩短了微生物修复的处理时间。

9.3.1.2 化学法

（1）化学淋洗法

土壤淋洗修复技术具有高效、经济、环保等优点，在污染场地修复中具有广泛的应用。淋洗技术不仅可以处理重金属污染土壤，还可以处理有机物污染土壤，只需更换相应的溶液即可[509]。淋洗剂可以是清水、化学溶剂，甚至是气体，能把污染物从土壤中淋洗出来即可。常用的淋洗剂包括无机淋洗剂、络合剂、表面活性剂等。无机淋洗剂主要通过酸解或离子交换等作用来破坏土壤表面官能团与重金属形成的络合物，从而将重金属从土壤中洗脱出来。表面活性剂浓度较低时，以单体形式存在于水-土非均质体系中，并吸附到土壤颗粒表面上，通过增加土壤与疏水污染物之间的接触角，使污染物与土壤颗粒分离，形成污染物的解吸。当表面活性剂浓度高于临界胶束浓度时，其单体就会在溶剂中形成胶束，把有机污染物包裹在胶束中间，而胶束表面的亲水基团则会将有机污染物分散到水相中，提高了污染物的溶解度，从而促进了污染物的分离[510]（图 9-13）。对重金属污染而言，表面活性剂可与重金属离子进行离子交换或配合，将其从土壤颗粒上解吸下来。而络合剂则主要是针对重金属修复，重金属离子可以与络合剂结合成为稳定的水溶性络合物，从而从土壤颗粒表面解吸下来，提高淋洗效率。常见的人工合成络合剂有二乙三胺五三乙酸、乙二胺二乙酸、羟乙基替乙二胺三乙酸、乙二胺四乙酸（EDTA）、乙二胺二琥珀酸、乙二醇双四乙酸、环己烷二胺四乙酸等；常见的天然有机酸有柠檬酸、酒石酸、苹果酸、草酸、丙二酸等[511]。金属络合剂通常可以螯合任何金属，对环境 pH 要求也不高，对重金属污染土壤修复效果较好。虽然络合剂对环境的影响一般较小，但有些络合剂（如 EDTA 及其同系物）的生物降解性较低，在环境中的持久性相对较高，应慎重使用。

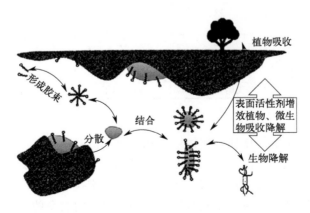

图 9-13 表面活性剂修复污染土壤示意图[511]

常规土壤淋洗修复技术主要针对单一的污染物（有机物或重金属），对垃圾填埋场土壤的有机物、重金属和无机盐复合污染问题，需要采用合适的复合淋洗剂。不同的淋洗剂组合使用，可对污染物去除效果产生协同或拮抗作用。由于非离子表面活性剂可以分散离子表面活性剂并降低静电，因此将离子与非离子表面活性剂混合使用可显著降低活性剂体系的临界胶束浓度，使混合表面活性剂的增溶作用比单一表面活性剂更强。另外，表面活性剂混合后，单一表面活性剂在土壤上的吸附作用也随之降低，因吸附在土壤颗粒上而引起的表面活性剂损失即可降低[512]。将表面活性剂与螯合剂混合使用，可以同时去除土壤中的有机物和重金属。Cao 等[513]发现，将 10mmol/L 的乙二胺二琥珀酸（EDDS）和 3000mg/L 的皂苷混合，对重金属和多氯联苯的去除效果最好，分别为 99.8%（Pb）、85.7%（Cu）和 45.7%（多氯联苯）。钟金魁等[514]发现先加十二烷基硫酸钠（SDS）后加 EDTA，或二者同时加入时，均可以高效去除 Cu 和菲，但先加 EDTA 后加 SDS 时，污染物的去除效果较差。由此可见，淋洗剂添加的顺序对污染物去除效果也有着显著影响。

张锦鹏[511]采用土柱试验模拟垃圾填埋场污染土壤淋洗修复过程，发现皂素对总铬、六价铬、氨氮和总氮均有较好的去除效果，其次是 SDS、十二烷基苯磺酸钠（SDBS）、鼠李糖脂、Tween 80、EDTA 和 EDDS（表 9-10）。由于淋洗剂的加入会引入 COD，故选择鼠李糖脂、Tween 80 和皂素这三种 COD 较低的单一淋洗剂进行后续试验。复合淋洗试验发现 Tween 80 和皂素混合对总铬和六价铬的去除具有协同作用，对总氮的去除没有明显变化，而对氨氮的去除有着拮抗作用。进一步研究表明，淋洗模式对污染物的去除也起着重要作用，连续注入具有最好的去除效果，其次是阶梯式注入，而脉冲式注入和单脉冲式注入效果略差。

表 9-10　淋洗剂在垃圾填埋场污染土壤淋洗修复土柱试验中的污染物去除率[511]　单位：%

	淋洗剂类型	总铬	六价铬	氨氮	总氮
单一淋洗剂	去离子水	14	7.7	6.5	15
	SDS	61	63.1	83	28
	SDBS	68	58	82	25
	Tween 80	61	56	82	36
	鼠李糖脂	61	67.8	92	31
	皂素	90	90	93	40
	EDTA	64	69	55	40
	EDDS	50	95	62	33
	柠檬酸	20	22	61	13
复合淋洗剂	Tween 80-鼠李糖脂	无明显变化	协同作用	拮抗作用	无明显变化
	Tween 80-皂素	协同作用	协同作用	拮抗作用	无明显变化
	鼠李糖脂-皂素	无明显变化	协同作用	协同作用	无明显变化

(2) 溶剂浸提法

溶剂浸提技术是利用溶解原理，将污染物从土壤中溶解出来，从而达到提取或去除污染物、实现污染土壤无害化的目的[515]（图 9-14）。其主要操作是将污染土壤挖出放置于提取箱中，加入适当的溶剂，使污染物和溶剂之间发生离子交换等化学反应。当土壤中的污染物全部溶于浸提剂中后，利用泵将浸出液从提取箱中排出，向剩余的土壤中加入富营养介质和活性微生物群落，从而促进浸提后的残留污染物快速降解等，成为清洁土壤。排出的浸出液可在溶剂恢复系统中进行再生。若污染物浓度较高，无法通过一次性处理达到要求，则可重复上述操作，直到污染土壤达到修复目标。由于土壤中污染物的特性不同，采用的溶剂和土壤的浸泡时间通常也不同。该技术适用于修复受到杀虫剂、除草剂等农药污染的土壤。利用溶剂浸提技术可以实现对材料的完全回收，能够快速清除土壤中污染物，确保土壤恢复正常性能。

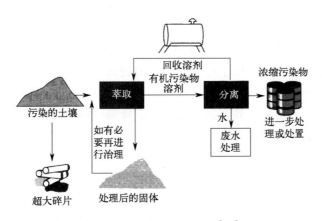

图 9-14　溶剂浸提法示意[487]

（3）化学氧化还原修复法

原位化学氧化还原修复利用化学氧化剂与土壤中的污染物进行氧化反应，或利用还原剂将污染物转化为难溶态，成为移动性较低、毒性较低的产物，从而降低土壤的污染程度。氧化剂或还原剂通过深度不同的钻井进入土壤中，与污染物进行混合、反应，最终将土壤中的污染物去除，其工艺流程如图 9-15 所示。常见的化学氧化剂有过氧化氢-芬顿试剂、高锰酸

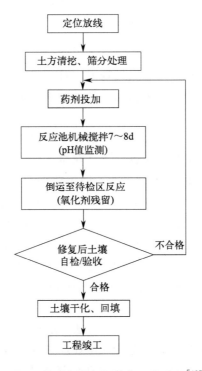

图 9-15　化学氧化还原修复工艺流程[487]

盐、臭氧和过硫酸盐[516]，常见的还原剂有液态 SO_2、气态 H_2S 和零价铁胶体[509]。虞敏达等[517]研究了高锰酸钾、过硫酸钠、过氧化氢以及 Fenton 试剂对土壤中氯苯类污染物的去除效果，发现过硫酸钠对氯苯的氧化去除效果最好，其次为高锰酸钾，去除率可达 94% 以上，但在高锰酸钾处理过程中会产生二次污染，不宜广泛推广应用。Su 等[518]采用生物炭负载的零价铁纳米颗粒去除土壤中的 $Cr(VI)$ 和总 Cr，在 15d 内去除效率分别可达 100% 和 91.94%；同时，该还原剂还可以有效提高土壤肥力并抑制零价铁中 Fe 的溶出。

化学氧化还原修复法主要适用于污染土壤区域较大、深度较深、呈斑块状向外扩散且常规技术无法修复的污染，通常情况下还伴随着地下水污染。化学活性反应墙或反应区是化学氧化还原修复治理污染土壤的有效方法，它们可以降解或固定污染物，从而减少污染物向外扩散，该技术主要适用于治理地下水污染问题。

（4）化学改良法

化学改良法是通过向污染土壤中添加化学吸附剂和改良剂，对污染土壤中的有机物和重金属进行修复的方法，该技术适用于污染不严重的土壤。常见的化学改良剂有堆肥、黏土矿物、磷酸盐、铁盐、高炉渣、石灰、硫黄等。石灰性物质对于提升土壤的 pH 值，促使 Cu、Cd、Zn 等重金属转化为氢氧化物沉淀有着显著的效果。另外，酸性土壤有机质中的羧基官能团或黏粒中的交换性 Al^{3+} 能和石灰互相作用，中和其中的酸。同时，在中和反应过程中，土壤黏粒上的非活动性 Ca^{2+} 能通过交换反应被土壤中的 Al^{3+} 或 H^+ 转化成有效 Ca^{2+}，从而提高土壤胶体凝聚性、改善土壤结构。因此，可通过石灰性物质对酸性土壤进行改良。孙晓铧等[519]研究了海泡石、骨炭、油菜秸秆和生石灰对土壤中 Pb、Zn 的去除影响，发现这 4 种改良剂均可显著提高酸性土壤的 pH 值，添加油菜秸秆和生石灰可在 2 个月后将土壤中的可提取态 Zn 含量分别降低 17.4% 和 34.6%，添加油菜秸秆和骨炭可在 2 个月后将土壤中的可交换态 Pb 降低 93.7% 和 73.3%。

9.3.1.3 生物法

生物修复技术通常情况下具有较低的处理成本且无二次污染问题，在污染面积较大的土壤修复中更具适用性。微生物修复、植物修复和动物修复是生物修复的主要类型。

（1）微生物修复法

微生物修复法是利用天然存在或筛选培养的微生物的氧化、还原、水解、基团转移和矿化等作用，进行污染土壤修复工作的方法[520]。在微生物作用下，土壤中污染物进行转化，生成水、CO_2 等无害物质。在对污染土壤进行微生物修复时，除接种微生物菌种外，还需向污染土壤提供养分，增强土壤中空气的流通，以保证微生物的良好生长。与物理修复法、化学修复法相比，土壤微生物修复法具有技术简单、成本低等优点。然而，微生物修复受污染土壤时，需要有特定污染物降解微生物，一般不能作用于某些重金属及其化合物。因此，详细检查污染区域情况和污染物类型是采用微生物修复技术的首要环节。Bharath 等[521]用 *Pleurotus ostreatus* 对垃圾填埋场污染土壤进行微生物修复，在 22d 内可去除 81.25% 的 Pb 和 68.86% 的 Ni。

生物通气修复是一种强化好氧生物降解的方法，通过对污染土壤进行强制通气，将容易挥发的有机物抽走，直接排入大气中或排入气体处理装置中进行后续处理[522]。生物通气修复法一般适用于土壤透气性良好或结构疏松多孔的污染土壤，主要作用于土壤中的 VOCs。在污染土壤上打 2 口以上的井，利用鼓风机和真空泵将新鲜空气强行注入土壤中再抽出。为提高处理效果，可以先通入适量氨气作为降解菌生长的氮源，然后再通入空气进行生物降解。对易挥发、易好氧降解的有机物，生物通气修复法具有较好的效果。如表 9-11 所列，氯乙烯虽然容易被好氧降解，但它具有较高的蒸气压，其挥发性强于生物降解，因此采用生物通气修复法处理氯乙烯为中等适宜性。

表 9-11　生物通气修复对有机污染物的适宜性评价[523]

化合物	适宜性	化合物	适宜性	化合物	适宜性
三氯乙烯	中	乙苯	好	1,1,1-三氯乙烯	中
甲苯	好	二甲苯	好	反-1,2-二氯乙烯	中
苯	好	二氯甲苯	中	1,2-二氯乙烯	中
多氯联苯	差	氯乙烯	中	四氯乙烯	差
三氯甲烷	中	氯苯	中	酚	好

(2) 植物修复法

植物修复法是通过植物来吸收土壤中污染物的方法（图 9-16），通过植物自身的天然特性发挥出差异性的作用，例如利用植物的根系吸收特点，吸收和修复不同污染土壤中的污染物。植物修复通常可分为植物提取、根际过滤、植物挥发、植物降解、根际生物降解、水力抽吸、植物吸附和植物遮蔽等几种[524]。植物修复技术的修复技术要求低、投入成本低，但其应用范围有限，需要投入大量的时间等待植物生长，并且小面积的种植很难满足修复的目标。在具体应用植物修复技术时，要选择能够满足修复目的的植物，同时还要考虑其长期优势，结合污染土壤的特性，通常选择耐瘠薄、抗逆性强、抗干旱的优良乡土灌木植物。

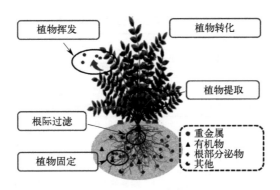

图 9-16　植物修复机制示意[525]

应用植物修复技术之前，工作人员需要对污染土壤的主要污染物、污染范围和该区域的土壤特性、气候条件等进行全面的分析和了解，而后才能够选择具体的技术、应用方案和植物种类。Dwyer 等[526]发现多年生牧草和一年生杂草在垃圾填埋场覆盖土层中生长较为茂盛，是优势植物。一些植物对某些特定污染物具有较为显著的去除作用，例如：水芹的根部可以吸收 Au，并且其富集量会随污染物浓度的增加而增加；蜈蚣草具有较强的 As 富集能力，其羽片里的 As 含量可高达 5070mg/kg。表 9-12 中列出了一些重金属超累积植物。

表 9-12 部分重金属超累积植物及其重金属积累量[527]

植物名	重金属	重金属积累量/(mg/kg)	植物名	重金属	重金属积累量/(mg/kg)
Alyssum bertolonii	Ni	10900	*Pteris quadriaurita*	As	约 2900
Alyssum caricum	Ni	12500	*Pteris ryukyuensis*	As	3647
Alyssum corsicum	Ni	18100	*Eleocharis acicularis*	Cu	20200
Alyssum heldreichii	Ni	11800		Zn	11200
Alyssummarkgrafii	Ni	19100		Cd	239
Alyssum murale	Ni	4730~20100		As	1470
		15 000	*Pteris cretica*	As	约 1800
Alyssum pterocarpum	Ni	13500		As	2200~3030
Alyssum serpyllifolium	Ni	10000	*Pteris vittata*	As	8331
Azolla pinnata	Cd	740		As	约 1000
Berkheya coddii	Ni	18000		Cr	20657
Corrigiola telephiifolia	As	2110	*Rorippa globosa*	Cd	>100
Euphorbia cheiradenia	Pb	1138	*Schima superba*	Mn	62412.3
Isatis pinnatiloba	Ni	1441	*Solanum photeinocarpum*	Cd	158
Pteris biaurita	As	约 2000	*Thlaspi caerulescens*	Cd	263

(3) 动物修复法

动物修复法是通过生物界中的低等生物对土壤中的重金属元素进行吸收，从而对污染土壤进行修复的方法[528]。蚯蚓常被用于土壤修复中，土壤中的重金属元素可以通过蚯蚓进食而进入其体内，或通过被动扩散等行为进行转移，从而降低土壤污染程度。

填埋场场地土壤修复技术的筛选需要考虑技术适用性、修复时间、修复成本、修复过程中的二次污染等因素。综上所述，目前污染土壤修复技术对此如表 9-13 所列。

表 9-13 不同土壤修复技术对比

修复方法		应用范围	优点	缺点
物理修复	物理工程修复	仅适用于污染严重的小面积土壤的治理工作	可有效降低重金属含量	无法从根本上解决土壤被污染的问题
	气相抽提法	主要应用于苯系物和汽油类污染的土壤修复	设备简单，修复成本低，修复时间短，对现场环境破坏小	仅适用于挥发性和半挥发性污染物，污染物去除率不高
	电修复法	适用于小面积污染土壤	能耗低，化学试剂用量少，修复彻底等	技术还不完善，硫化物和有机结合态及残渣态重金属较难去除
化学修复	化学淋洗法	对有机污染物和重金属污染物都有较好的去除效果，适用于修复附近有水源的场地，适用于沙地或砂砾土壤和沉积土等渗透系数较大的土壤	修复效率高，可处理较深层次的重金属污染	用水较多，需处理产生的废水，会破坏土壤理化性质，易造成污染物扩散而导致二次污染
	溶剂浸提法	适用于修复土壤中的五氯苯酚、石油烃、氯代烃、多环芳烃等有机污染物	可完全回收材料，清除速度快，设备组件运输方便	不适于处理黏粒含量高于15%的土壤
	化学氧化还原修复法	适用于大部分含有机物、重金属等的多种污染场地，适用于污染土壤区域较大、深度较深、呈斑块状向外扩散的污染	去污效率高	氧化剂会对动植物产生毒性
	化学改良法	适用于污染不严重的土壤	在去除污染物的同时可改善土壤	加入过多的改良剂会对土壤造成影响，抑制植物生长

续表

修复方法		应用范围	优点	缺点
生物修复	微生物修复法	对重金属污染和有机物污染土壤较为有效	技术简单,修复成本低,对土壤环境影响小,能给土壤提供养分	具有特异性,污染物难以全部去除,对重金属去除效果有限
	植物修复法	对重金属污染和有机物污染土壤较为有效	环境友好,成本低,二次污染小	修复效果见效慢,耗时长,对于污染深度较深的填埋场地不适用
	动物修复法	适用于重金属污染土壤	修复成本低,技术简单	修复效果有一定局限性,修复见效慢

9.3.2 土壤污染联合修复技术

与一般场地相比,垃圾填埋场具有一定的特殊性。其土壤污染物种类复杂,一般为复合污染,具有有机物浓度高、含氮量高、重金属含量高等特点。对于已有填埋垃圾或已封场的垃圾填埋场,填埋场底部土壤无法采用异位修复。另外,我国的垃圾填埋场大多分布在中东部地区,以细粒土层为主,土壤具有较强的吸附性,透水性弱,为填埋场地污染土壤修复工作增加了难度[511]。因此,对于垃圾填埋场地污染土壤的修复,通常需要在常规性修复技术的基础上结合填埋场地土壤污染物种类和填埋场的特点进行联合修复。

9.3.2.1 多相抽提技术

多相抽提技术是一种原位修复技术,采用真空提取等手段将地下污染区域的土壤气体和浮油层同时抽提到地面上进行相分离和处理,主要针对土壤中的有机物污染物进行修复。多相抽提技术对地面环境的扰动较小,对于存在NAPL情形的污染土壤修复尤为适用[529]。多相抽提综合了土壤气相抽提和地下水抽提,能够同时处理地下水、包气带及含水层土壤中的污染物,是土壤气相抽提的升级。多相抽提系统的主要工艺为多相抽提、多相分离和污染物处理,其工艺流程如图9-17所示。

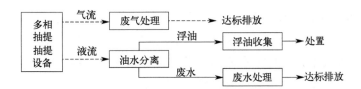

图9-17 多相抽提技术处理系统工艺流程[503]

采用真空或真空辅助的方式是多相抽提的特点,它不仅实现了污染物从地下环境向地上的迁移,而且比传统抽提具有更大的修复范围,同时降低了含水层的土壤被地下水再次污染的风险。与双抽提和全抽提技术相比,多相抽提可使污染物在场地中的残留量和地下水的抽提量大大减少,同时还降低了乳化作用,兼具修复包气带污染土壤的作用。为了保证抽出物的处理效率,应采用气-液及液-液分离的多相分离方法,分离后的气体进入气体处理罐通过催化氧化法、热氧化法、生物过滤吸附法、浓缩法或膜过滤法等进行处理,液体则通过其他方法进行处理,对于可回收再生的有机相可进行回收[529]。多相抽提技术与传统抽提技术的分类及特点如表9-14所列。在进行方法选择时应同时考虑工艺可行性和成本,包括设备的资本成本、运行成本等。

表 9-14 多相抽提技术与传统抽提技术的比较[529]

技术分类	名称	特点	优点	缺点
传统抽提	双抽提	在单口井中,对油相和水相分别进行抽提	回收率较高和分离效果较好	对抽提井的口径要求较高,增加了油相和含水层的接触面污染
	全抽提	单井抽提,同时抽取油相和水相	操作容易,适用于较低潜水位地下水的处理	乳化作用会降低处理效率,成本较高,会造成较大的接触面污染
	气相抽提	真空抽提土壤包气带中的挥发性有机污染物	体系设计简单,无特殊设备,去除效率高	对土壤性质有特殊要求,只针对包气带中的污染物,滞水位上升时易对土壤造成二次污染
多相抽提	双相抽提	双泵抽提,抽提井中同时有真空泵和水泵,对地下水和气体进行抽提,并通过不同管路抽出	修复效果好,适用于任何质地的土壤	技术复杂,成本较高
	二相抽提	单泵系统,也叫生物抽吸,在抽提井中,利用真空泵从同一管路对地下水和气体进行抽提	只需一个泵,成本较低	用于石油污染土壤修复时,需添加油-水分离器

由于工艺特点的限制,多相抽提技术适用于中等至高等渗透性场地的修复,对挥发性较强的污染物及 NAPL 具有较好的处理效果。多相抽提技术实施的同时可以激发土壤包气带污染物的好氧生物降解。

多相抽提技术的影响因素有很多[530],如土壤渗透性、土壤孔隙率、有机质含量、土壤气压等,另外,地下水水位、O_2、CO_2、CH_4 浓度,污染物在固、液、气相中的浓度,氮磷浓度,微生物种类等也会影响多相抽提的效率。同时,地下水的氧化还原电位、pH 值、电导率、溶解氧、无机离子浓度也是多相抽提技术的影响因素。在操作过程中,还应注意调整好多相抽提技术的关键参数,如 NAPL 厚度和污染面积、NAPL 回收量、污染物回收量、气/液抽提流量、井头真空度、真空影响半径等。

9.3.2.2 淋洗-抽提修复技术

淋洗-抽提修复技术是将土壤中污染物先用淋洗液或化学助剂淋洗下来,并迁移到地下水中,然后结合抽提技术,在地下水流动的下游铺设抽提井,将污染物提取到地面,被污染的地下水经处理后可以重复利用或排放。图 9-18 为土壤淋洗-抽提修复技术原理图。由于土壤污染物的不同,其淋洗液或化学助剂也不同。对于 NAPL 污染土壤,可利用表面活性剂溶液对 NAPL 的增溶和增流作用来促使吸附于土壤粒子上的有机污染物解吸溶解并迁移,从而达到修复的目的。例如,在美国 Hill AFB 军事基地的含氯污染土壤修复中,将约 2.5 孔隙体积的表面活性剂溶液(含有 8% 表面活性剂、4% 异丙醇和氯化钠)泵入被三氯乙烯污染的土壤中进行土壤淋洗,99% 的高密度 NAPL 成功被去除,这是美国成功应用表面活性剂增溶修复技术的一个典范[531]。Virginia 大学使用了非离子表面活性剂(Triton X-100),将传统的抽提处理法无法成功去除的三氯乙烯成功去除[532]。

除了 NAPL 污染土壤外,重金属污染土壤也可采用土壤淋洗-抽提修复技术进行修复。王兴润等[533]发明了一种 Cr 污染土壤原位淋洗-抽提方法,在污染土壤周边设置多个地下水抽提井,井外围设置观测井,观察并防止地下水被污染,也可作备用抽提井。土壤修复时只需在地表均匀喷洒清水,即可使 Cr(Ⅵ) 溶于水中并迁移到地下水中。将含 Cr 废水抽提出

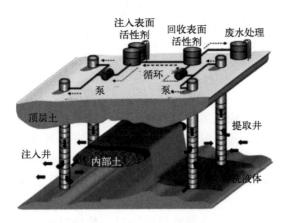

图 9-18　土壤淋洗-抽提修复技术原理[511]

来进入含 Cr 废水处理设施进行处理,达到地表水Ⅲ类水质标准要求[Cr(Ⅵ)≤0.05mg/L]后可用于地表漫灌洒水。经过该原位淋洗-抽提处理后,土壤中的 Cr(Ⅵ) 浓度可由原来的 1000mg/kg 降至 100mg/kg 以下。

由于垃圾填埋场地污染土壤一般为复合污染,所以在淋洗-抽提技术应用时,首先应识别土壤污染物并对其进行分类,对不同类型的污染物应采用不同的溶剂和淋洗操作过程。淋洗过程中由于使用了人为添加的化学物质,土壤质量会受到一定影响,在淋洗-抽提修复后一般需采用适当的农艺措施加快土壤质量的恢复。淋洗-抽提技术应注意对地下水的处理工作,防止地下水污染,还应提高对污染土壤修复的有效性,加强对环境的保护力度。因此,应用土壤淋洗-抽提修复技术时,一般会结合水处理技术建立水土污染协同修复工程。

9.3.2.3　植物-微生物联合修复技术

对于污染程度较轻的垃圾填埋场周边土壤,可以采用植物-微生物联合修复的方式,利用植物生长对土壤中的重金属和有机物进行吸收或降解,同时联合微生物提高植物对污染物的耐受性并促进植物的生长,从而达到促进植物修复污染土壤的目的。该方法的关键是选择合适的植物,该植物首先应适应填埋场的土壤环境、气候等生长条件,还应具有高产和高去污能力的特点。例如山荆子、茶条槭、楝、女贞、雪松对 Cd 具有较好的去除效果,雅榕、银杏、女贞、香樟对 As 具有较好的去除效果。另外,植物也可以通过分泌生长激素、营养物质等反过来促进微生物的生长,微生物也对污染物的去除具有一定贡献,如多氯联苯的降解与苜蓿、柳枝稷、芦苇等植物根际微生物的作用有关。

Wei 等[534]研究了植物、微生物及其联合技术修复高分子量多环芳烃污染土壤,当采用 *Fusarium* sp. 进行微生物修复时,可在 90d 内分别去除 19.01%、34.25% 和 29.26% 的 4 环、5 环和 6 环芳烃;当采用 *Bromus inermis* Leyss. 进行植物修复时,可在 5 个月内分别去除 12.66%、36.26% 和 36.24% 的 4 环、5 环和 6 环芳烃;而采用植物-微生物联合修复时,多环芳烃的去除效率较植物修复时提高了 4.24 倍。夏洵[535]采用植物-微生物联合修复被垃圾渗滤液污染的填埋场周边农田土壤,采用的植物为广东万年青,微生物为驯化活性污泥,发现活性污泥的添加会降低植物地上部 Cd 的含量,但可提高其根部含量,然而,微生物会抑制植物吸收 Pb,导致植物地上、地下部分 Pb 含量均降低;与此同时,活性污泥促进了植物生长,使植物对 Pb 和 Cd 的总富集量整体升高,土壤中 Pb 和 Cd 的去除率分别比对照组提高了51.7%和25.5%（活性污泥添加量为480mg/kg）；另外，微生物的添加降解了土壤中土著微生物无法降解的有机物，土壤中有机物的降解率比对照组提高了40.21%（活性污泥添加量为480mg/kg）。

9.3.2.4 生产建筑材料

(1) 制水泥

水泥窑协同处置可以将污染土壤经过预处理后制成水泥熟料，同时实现对土壤的无害化处理。该技术的焚烧温度高、停留时间长、焚烧状态稳定，具有良好的湍流、碱性的环境气氛，且无废渣排放、焚烧处置点多[536]。水泥窑协同处置技术具有受污染土壤和污染物性质影响较小，焚毁去除率高和无废渣排放等特点[537]，在国内外已有广泛的研究和应用，其处理技术已经非常成熟。

水泥窑协同处置技术可在生产水泥熟料的同时，焚烧固化处理污染土壤。窑内气相温度最高可达1800℃，物料温度约为1450℃，污染土壤在水泥窑的高温条件下将有机污染物转化为无机化合物。窑内放有高细度、高浓度、高吸附性、高均匀性分布的碱性物料，如CaO、$CaCO_3$等，高温气流与碱性物料充分接触，可抑制酸性物质的排放，使得Cl、S等转化成无机盐类固定下来，而重金属则被固定在水泥熟料中。水泥窑协同处置工艺流程如图9-19所示。然而，具有严重Hg、As、Pb等重金属污染的土壤不适用于水泥窑协同处置。由于水泥生产过程中需限制进料中Cl、S等元素的含量，因此需控制污染土壤的添加量，以免限制元素含量过高。

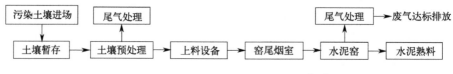

图 9-19　水泥窑协同处置工艺流程[503]

发达国家焚烧处理工业危险废物时常用到水泥窑处理技术，它可将难降解的有机废物焚毁，其去除率可达99.99%～99.9999%。由于水泥窑处理污染土壤需要一定成本，在采用水泥窑处理时，需综合社会、环境、经济等因素。表9-15列出了目前国外应用水泥窑处理土壤修复的例子。

表 9-15　国外应用水泥窑处理土壤修复情况[503]

场地名称	目标污染物
美国得克萨斯州拉雷多市土壤修复工程	多环芳烃
澳大利亚酸化土壤修复	多种有机污染物及重金属等
美国挖掘操作及环境研究工程	多环芳烃、多氯联苯
德国海德尔堡某场地修复	氯二苯并二噁英/多氯二苯并呋喃
斯里兰卡锡兰电力局土壤修复工程	多氯联苯

(2) 制陶粒

陶粒窑协同处置技术是利用污染土壤制备陶粒的一种技术。陶粒窑不仅可以实现污染土壤的无害化，同时能满足污染土壤资源化综合利用的需要，它兼具了水泥窑协同处置技术的优点。同时，烧结制陶粒对原料中氯离子含量、氟离子含量、含水率等要求更低，因此成本更低、适用范围更广。按照《水泥窑协同处置固体废物污染控制标准》（GB 30485—2013）

的要求，污染土壤制水泥时的添加量为4%，而陶粒窑协同处置污染土壤的掺量更大，根据土壤质地及污染物含量差异，掺入量为20%~60%，更大限度地利用了污染土壤。尤其是当污染土壤的类型为黏土时，较接近制备陶粒的主要原料，污染土壤利用率更高。

根据Riley三元相图（图9-20）得出，SiO_2（53%~79%），Al_2O_3（10%~25%），Fe_2O_3、CaO、Na_2O、K_2O和MgO等熔剂之和为13%~26%，只要原材料化学组成满足以上范围，就具有膨胀功能，基本可以用来烧制陶粒[538]。因此，纯的污染土壤在满足Riley相图组成要求时，可直接用来烧制陶粒，组分略有差别时可通过添加相应成分进行配比。而异位淋洗修复后的污染土壤的塑性过差，干燥度过低，用来烧制陶粒可能会因造粒形态不佳、强度不足而导致生球炸裂，因此异位淋洗修复土壤制陶粒时可加入适量的高塑性材料[539]。

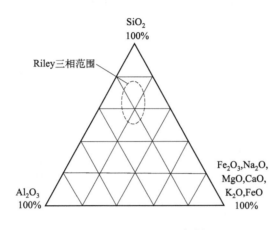

图9-20　Riley三元相图

（3）烧砖

对垃圾填埋场中重度污染的土壤，可以采取挖掘收集后烧砖回用的方法。在高温烧结的过程中，土壤中的重金属与黏土发生热反应，以尖晶石的形式被固定在砖里，不但结构稳定还具有耐酸碱性，不会产生二次污染[540]。土壤中的挥发性有机物也会在高温烧制的条件下挥发而被去除，不会残留在成品砖中。但需要注意的是，污染土壤烧砖过程中需要严格检测并控制制砖尾气，使其达到国家质量要求标准，不能对环境和人体构成危害。

张帆等[541]发明了一种污染土壤无害化烧砖方法，即在烧制之前，将柠檬酸溶液加入污染土壤中进行混合，再加入零价铁、硫酸钠和硫酸亚铁，可有效地去除土壤中的硝基苯、氯苯、1,2-二氯苯、1,4-二氯苯和苯胺，去除率均高于90%，反应后，对上述混合物加热到300℃以上并进行保温处理，可以进一步去除土壤中的有机污染物和水，然后采用抽气方式，将气化的有机污染物分离出来，加强对有机物的去除效果，从而达到污染土壤的无害化处理，制出污染物含量较低的砖。

研究表明[542]，用垃圾填埋场土壤制砖可以获得更高的制砖抗压强度和更强的吸水能力。Goel等[543]研究了添加不同比例填埋场土壤对制砖性能的影响，发现添加20%填埋场土壤时，在900℃下制作的砖的密度、线性收缩率、灼烧损失率、吸水性和抗压性都是最好的，且在此条件下可以节省8%的能源。

9.3.2.5 固化/稳定化-热脱附联合修复技术

在实际垃圾填埋场土壤修复过程中，通常原位修复技术的时间较长，异位修复技术的时间相对较短。对含有重金属污染物和有机物污染物的垃圾填埋场，可采用固化/稳定化-热脱附联合修复技术（图9-21）。固化/稳定化技术对重金属污染具有较好的修复作用，而热脱附技术可以去除土壤中的有机物。固化/稳定化技术工艺流程主要分为土壤预处理、土壤搅拌稳定化和土壤稳定化验收。首先将受污染的土壤挖掘出来运输到处理场，对其进行初筛和破碎，将无法破碎的石块分离出来。用皮带将细小的颗粒输送到双轴搅拌器后，加入一定量的水和药剂，一定时间后由皮带输送到结晶土壤暂存地，进行稳定化和养护。最后，按照《固体废物 浸出毒性浸出方法 硫酸硝酸法》（HJ/T 299—2007）对稳定化的土壤进行验收，重金属浸出浓度低于《地下水质量标准》（GB/T 14848—2017）中地下水Ⅲ类水质指标限值即为合格。验收不合格时可掺入筛分的污染土壤再次进行稳定化，验收合格的土壤可以作为路基材料使用。

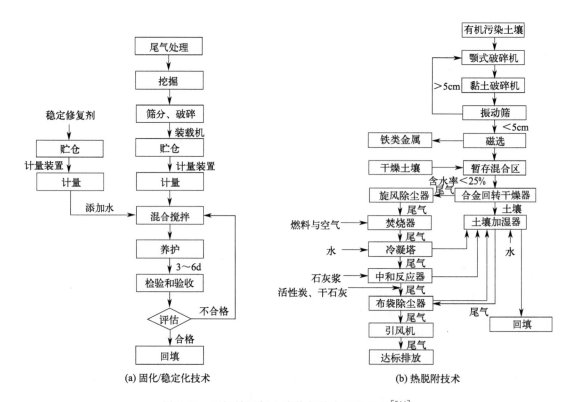

图 9-21 垃圾填埋场土壤修复技术工艺流程[544]

热脱附技术的工艺流程为：挖出污染土壤后，经破碎筛分，调节粒径＜5cm 的土壤颗粒的含水率至小于 25% 后，送入合金回转干燥器，处理后用土壤加湿器降温。最终可将处理后的土壤回填或作为土壤水分调理剂与污染土壤混合。产生的有机废气经旋风除尘器处理后通过焚烧器，最终转化为 CO_2、H_2O 和 HCl，经处理达标后排放。

黄海等[545]针对重金属和有机污染土壤同时修复，发明了热脱附-固化稳定化一体处理系统（图9-22）。该系统的主体是横向布置的回转窑和外筒，进料口和出料口分别设置在回转窑两侧。在尾端设置窑尾罩，并连接内窑尾气处理通道，可对窑内产生的污染气体进行净化处理，在外筒连接尾气处理抽离管，将尾气导入除尘器进行处理。在处理过程中，污染土壤通过进料口进入回转窑，在燃烧器产生的高温气流下完成热脱附工作后，土壤从出料口进入隔离舱的处理空间中。从外筒的固体药剂加料口用药剂喷洒器向隔离舱处理空间中添加药剂，进行固化稳定化处理，处理后从外出料口排出。固化稳定化处理过程中产生的灰尘、水蒸气等经尾气处理抽离管排到除尘器中，进行净化处理。采用该装置可以一起处理有机物与重金属复合污染土壤，且可以减小占地面积，避免污染土壤的二次污染问题。

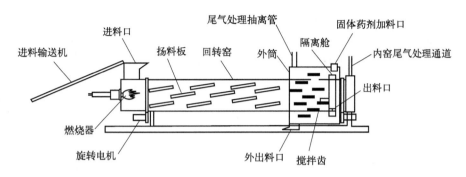

图 9-22　热脱附-固化稳定化一体处理系统示意[545]

9.4　垃圾填埋场地土壤污染修复效果评估

在垃圾填埋场地污染土壤被修复后，需要对其修复效果进行评估，确定该地块是否达到环境和健康安全的标准或准则。若修复达到目标，则可以进行后续的再利用或其他处理；若修复不达标，则需要再次进行修复，直到达到目标为止。

9.4.1　效果评估的验收标准

根据修复方式的不同，场地验收时段也不同。原位生物修复垃圾填埋场地应在修复完成后进行验收，开挖修复垃圾填埋场地应在污染土壤外运之后、回填土回填之前进行验收。验收范围应与场地环境评价确定的修复范围一致。若修复工程发生变更，则验收范围应根据实际情况进行调整，验收标准为修复目标值。根据《土壤环境质量　建设用地土壤污染风险管控标准（试行）》（GB 36600—2018），建设用地土壤污染风险筛选值和管制值如表 9-16 和表 9-17 所列。

表 9-16　建设用地土壤污染风险筛选值和管制值（基本项目）　　单位：mg/kg

污染物项目	CAS 编号	筛选值		管制值	
		第一类用地	第二类用地	第一类用地	第二类用地
砷	7440-38-2	20	60	120	140
镉	7440-43-9	20	65	47	172
铬（六价）	18540-29-9	3.0	5.7	30	78
铜	7440-50-8	2000	18000	8000	36000
铅	7439-92-1	400	800	800	2500
汞	7439-97-6	8	38	33	82

续表

污染物项目	CAS 编号	筛选值		管制值	
		第一类用地	第二类用地	第一类用地	第二类用地
镍	7440-02-0	150	900	600	2000
四氯化碳	56-23-5	0.9	2.8	9	36
氯仿	67-66-3	0.3	0.9	5	10
氯甲烷	74-87-3	12	37	21	120
1,1-二氯乙烷	75-34-3	3	9	20	100
1,2-二氯乙烷	107-06-2	0.52	5	6	21
1,1-二氯乙烯	75-35-4	12	66	40	200
顺-1,2-二氯乙烯	156-59-2	66	596	200	2000
反-1,2-二氯乙烯	156-60-5	10	54	31	163
二氯甲烷	75-09-2	94	616	300	2000
1,2-二氯丙烷	78-87-5	1	5	5	47
1,1,1,2-四氯乙烷	630-20-6	2.6	10	26	100
1,1,2,2-四氯乙烷	79-34-5	1.6	6.8	14	50
四氯乙烯	127-18-4	11	53	34	183
1,1,1-三氯乙烷	71-55-6	701	840	840	840
1,1,2-三氯乙烷	79-00-5	0.6	2.8	5	15
三氯乙烯	79-01-6	0.7	2.8	7	20
1,2,3-三氯丙烷	96-18-4	0.05	0.5	0.5	5
氯乙烯	75-01-4	0.12	0.43	1.2	4.3
苯	71-43-2	1	4	10	40
氯苯	108-90-7	68	270	200	1000
1,2-二氯苯	95-50-1	560	560	560	560
1,4-二氯苯	106-46-7	5.6	20	56	200
乙苯	100-41-4	7.2	28	72	280
苯乙烯	100-42-5	1290	1290	1290	1290
甲苯	108-88-3	1200	1200	1200	1200
间二甲苯+对二甲苯	108-38-3, 106-42-3	163	570	500	570
邻二甲苯	95-47-6	222	640	640	640
硝基苯	98-95-3	34	76	190	760
苯胺	62-53-3	92	260	211	663
2-氯酚	95-57-8	250	2256	500	4500
苯并[a]蒽	56-55-3	5.5	15	55	151
苯并[a]芘	50-32-8	0.55	1.5	5.5	15
苯并[b]荧蒽	205-99-2	5.5	15	55	151
苯并[k]荧蒽	207-08-9	55	151	550	1500
䓛	218-01-9	490	1293	4900	12900
二苯并[a,h]蒽	53-70-3	0.55	1.5	5.5	15
茚并[1,2,3-cd]芘	193-39-5	5.5	15	55	151
萘	91-20-3	25	70	255	700

表 9-17 建设用地土壤污染风险筛选值和管制值（其他项目）　　单位：mg/kg

污染物项目	CAS 编号	筛选值		管制值	
		第一类用地	第二类用地	第一类用地	第二类用地
锑	7440-36-0	20	180	40	360
铍	7440-41-7	15	29	98	290
钴	7440-48-4	20	70	190	350
甲基汞	22967-92-6	5.0	45	10	120
钒	7440-62-2	165	752	330	1500
氰化物	57-12-5	22	135	44	270
一溴二氯甲烷	75-27-4	0.29	1.2	2.9	12
溴仿	75-25-2	32	103	320	1030
二溴氯甲烷	124-48-1	9.3	33	93	330
1,2-二溴乙烷	106-93-4	0.07	0.24	0.7	2.4
六氟环戊二烯	77-47-4	1.1	5.2	2.3	10
2,4-二硝基甲苯	121-14-2	1.8	5.2	18	52
2,4-二氯酚	120-83-2	117	843	234	1690
2,4,6-三氯酚	88-06-2	39	137	78	560
2,4-二硝基酚	51-28-5	78	562	156	1130
五氯酚	87-86-5	1.1	2.7	12	27
邻苯二甲酸二(2-乙基己基)酯	117-81-7	42	121	420	1210
邻苯二甲酸丁基苄酯	85-68-7	312	900	3120	9000
邻苯二甲酸二正辛酯	117-84-0	390	2812	800	5700
3,3′-二氯联苯胺	91-94-1	1.3	3.6	13	36
阿特拉津	1912-24-9	2.6	7.4	26	74
氯丹	12789-03-6	2.0	6.2	20	62
p,p'-滴滴滴	72-54-8	2.5	7.1	25	71
p,p'-滴滴伊	72-55-9	2.0	7.0	20	70
滴滴涕	50-29-3	2.0	6.7	21	67
敌敌畏	62-73-7	1.8	5.0	18	50
乐果	60-51-5	86	619	170	1240
硫丹	115-29-7	234	1687	470	3400
七氯	76-44-8	0.13	0.37	1.3	3.7
α-六六六	319-84-6	0.09	0.3	0.9	3
β-六六六	319-85-7	0.32	0.92	3.2	9.2
γ-六六六	58-89-9	0.62	1.9	6.2	19
六氯苯	118-74-1	0.33	1	3.3	10
灭蚁灵	2385-85-5	0.03	0.09	0.3	0.9
多氯联苯(总量)	—	0.14	0.38	1.4	3.8
3,3′,4,4′,5-五氯联苯(PCB 126)	57465-28-8	4×10^{-5}	1×10^{-4}	4×10^{-4}	1×10^{-3}
3,3′,4,4′,5,5′-六氯联苯(PCB 169)	32774-16-6	1×10^{-4}	4×10^{-4}	1×10^{-3}	4×10^{-3}
二噁英类(总毒性当量)	—	1×10^{-5}	4×10^{-5}	1×10^{-4}	4×10^{-4}
多溴联苯(总量)	—	0.02	0.06	0.2	0.6
石油烃($C_{10}\sim C_{40}$)	—	826	4500	5000	9000

9.4.2 效果评估的工作程序

根据《污染地块风险管控与土壤修复效果评估技术导则（试行）》（HJ 25.5—2018），垃圾填埋场地污染土壤修复效果评估有 5 项工作内容，包括更新地块概念模型、布点采样与实验室检测、风险管控与土壤修复效果评估、提出后期环境监管建议和编制效果评估报告（图 9-23）。

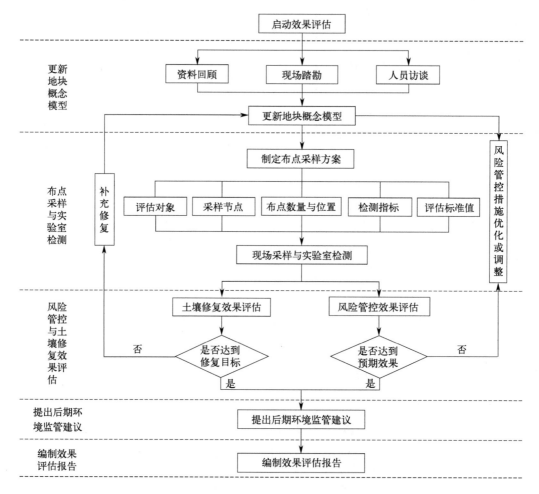

图 9-23 垃圾填埋场地风险管控与土壤修复效果评估工作程序

9.4.2.1 更新地块概念模型

（1）资料收集

收集与垃圾填埋场污染土壤和填埋场修复的相关资料，这些资料包括：

① 场地环境评价报告书及审批意见、经备案的修复方案和有关行政文件；

② 场地修复实施过程的记录文件（如污染土壤清挖和运输记录）、回填土的运输记录、修复设施运行记录、二次污染排放监测记录、修复工程竣工报告等；

③ 工程或环境监理记录和监理报告等工程监理文件；

④ 与修复过程相关的其他文件，例如土壤修复过程的原始记录、相关合同协议等；

⑤ 垃圾填埋场地理位置示意图、总平面布置图、修复范围图、污染修复工艺流程图、修复过程照片、影像记录等。

(2) 资料整理和分析

整理和分析所有收集到的资料、信息、文件等，同时还应与现场负责人、修复实施人员、监理人员等相关人员明确以下内容：

① 确定验收依据，即垃圾填埋场地土壤的目标污染物、填埋场地污染土壤的修复范围及其修复目标；

② 核实修复过程是否严格按照修复方案进行，过程中有无环保措施等，若实施过程与修复方案有出入，详细记录有哪些改动，并评估这些改动对修复结果的影响；

③ 核实污染土壤的数量和去向；

④ 核实开挖修复完成后的回填土的质量是否达到修复目标值，确认回填土的数量。

(3) 现场踏勘

了解垃圾填埋场污染土壤修复基本情况后，进行现场踏勘，确定场地修复范围和深度，钉桩资料或地理坐标是否与修复方案相符。同时应观察和判断填埋场地表层土壤及侧面裸露土壤的状况，可借助便携式测试仪器进行现场测试，辅以目视等方法，识别现场污染痕迹。

(4) 人员访谈

通过人员访谈工作，及时了解资料未曾记载的一些信息，更进一步地了解场地风险管控与修复工程情况、环境保护措施落实情况。访谈的对象包括地块责任单位、地块调查单位、地块修复方案编制单位、监理单位、修复施工单位等单位的参与人员。

(5) 更新地块概念模型

在掌握上述资料的基础上，掌握地块风险管控与修复工程情况，结合地块的特点、修复技术特点和修复设施布局等，更新地块概念模型。详细记录垃圾填埋场污染土壤修复的修复起始时间、修复范围、修复目标、修复设施设计参数、修复过程运行监测数据、药剂添加量等信息，修复过程中若有技术调整和运行优化，也应明确、详尽地进行记录。对于关注污染物，应记录其初始浓度、过程中浓度变化、潜在二次污染物和中间产物产生等情况，计算修复技术去除率、描述污染物空间分布特征的变化等。对采用土壤异位修复的，应记录污染源清挖和运输情况以及潜在二次污染区域等情况。另外，为防止或追踪修复过程可能造成的其他环境影响，还应记录地质与水文地质情况、修复前后的变化、土壤理化性质变化等，修复过程中废水和废气的排放数据也十分重要。最后，分析修复工程结束后污染介质与受体的相对位置关系、受体的关键暴露途径等。

9.4.2.2 布点采样与实验室检测

土壤采样应首先明确采样介质和采样区域，根据目标污染物、修复目标值的不同情况进行具体分析，采取分区采样的形式，制定采样方案，确定采样深度、采样点位、采样数量以及检测内容等。根据场地修复范围及其边缘确定采样点的位置、数量和深度。对于污染最严重的区域必须进行采样，必要时应进行加密布点。

根据修复方式的不同，土壤采样布点要求也不同。

(1) 基坑清理修复

采样应针对污染土壤清理后遗留的基坑底部与侧壁，若基坑侧壁有基础围护，则宜在基坑清理的同时进行基坑侧壁采样，否则可在围护设施外边缘采样。基坑底部和侧壁采样点数量应不少于表 9-18 中的数量。

表 9-18 基坑底部和侧壁最少土壤采样点数量

基坑面积/m²	坑底采样点数量/个	侧壁采样点数量/个
$x<100$	2	4
$100 \leqslant x<1000$	3	5
$1000 \leqslant x<1500$	4	6
$1500 \leqslant x<2500$	5	7
$2500 \leqslant x<5000$	6	8
$5000 \leqslant x<7500$	7	9
$7500 \leqslant x<12500$	8	10
$x>12500$	网格大小不超过 40m×40m	采样点间隔不超过 40m

采用网格布点的方法在坑底表层设置布点，随机布置第一个采样点后构建通过此点的网格，在每个网格交叉点采样[546][图 9-24(a)]。网格大小根据采样面积和采样数量，按式(9-15)确定：

$$L=\sqrt{\frac{A}{n}} \tag{9-15}$$

式中 L——网格大小，即两采样点之间的距离，m；
A——采样区域面积，m²；
n——采样点数量。

修复范围侧壁可采用等距离布点的方法根据边长确定采样点数量。当修复深度≤1m 时，侧壁无需垂向分层采样，横向采样点数量应不少于表 9-18 中规定的数量。当修复深度>1m 时，侧壁垂向分层采样的第一层为 0~0.2m 的表层土，0.2m 以下每 1~3m 分一层，不足 1m 时与上一层合并。各层采样点之间垂向距离不小于 1m[图 9-24(b)]，可根据土壤异常气味和颜色并结合场地污染状况确定采样点位置。

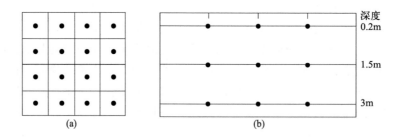

图 9-24 基坑底部（a）与侧壁（b）布点示意图

(2) 异位修复场地

可对修复后的土壤堆体进行采样，原则上每个采样单元不应超过 500m³，也可根据修复后土壤中污染物浓度分布特征参数计算修复差变系数[式(9-16)]，并按表 9-19 确定采样点数量。

$$\tau=\frac{C_s-\mu}{\sigma} \tag{9-16}$$

式中 τ——差变系数，差变系数越大，所需样本量越小；
C_s——修复目标值；
μ——估计总体均值，常用已有样品均值估算；

σ——估计标准差，从修复中试试验或其他试验数据中选择简单随机样本，样本量不少于20个，确定20个样本的浓度，若不是简单随机样本，则样本点应覆盖整个区域，能够代表采样区，若样本量少于20个，应补充样本量或采用其他的统计分析方法进行计算，计算20个样本的标准差，作为估计标准差。

表9-19 修复后土壤采样单元大小

差变系数	采样单元大小/m³
0.05~0.20	100
0.20~0.40	300
0.40~0.60	500
0.60~0.80	800
0.80~1.00	1000

批次修复时，在符合上述要求的同时每批次应至少采集1个样品。

(3) 原位修复场地

采样对象为修复范围内的污染土壤，修复范围内水平方向上采用系统布点法，采样点数量参考表9-18。垂直方向上采样深度应大于或等于调查评估确定的污染深度及修复可能造成的污染物迁移深度，原则上垂向采样点之间的距离不大于3m，在高浓度污染物聚集区、修复效果薄弱区和修复范围边界处等位置应增设采样点。

(4) 土壤修复二次污染区域

采样点包括污染土壤暂存区、修复设施所在区、固体废物或危险废物堆存区、运输车辆临时道路、土壤或地下水待检区、废水暂存处理区、修复过程中污染物迁移涉及的区域、其他可能的二次污染区域。可以采用系统布点法设置采样点数量（参考表9-18），也可以根据修复实施设置、潜在二次污染来源等资料来确定布点方案。

另外，对地下水的监测也是土壤修复评估的重要环节，可采用地下水监测井进行地下水采样布点，修复范围的上游采样点≥1个，修复范围内采样点≥3个，下游采样点≥2个。场地环境评价和修复过程建设的监测井可以直接进行利用，但原监测井数量不应超过验收时监测井总数的60%。所有地下水监测井应保持完好，直至场地修复通过验收。

风险管控即固化/稳定化、封顶、阻隔填埋、地下水阻隔墙、可渗透反应墙等管控措施，一般应采集4个批次的数据，建议每个季度采样一次。可结合风险管控具体措施的布置，设置地下水监测井，监测管控范围上游、内部、下游以及可能涉及的潜在二次污染区域均应设置地下水监测井，若现有的监测井符合修复效果评估采样条件也可直接使用。

现场采样、样品检测具体步骤与注意事项参看9.2.2.3和9.2.2.4部分相关内容。

9.4.2.3 风险管控与土壤修复效果评估

(1) 土壤修复效果评估

对于原位修复，应按实施修复前制定的修复方案或实施方案中确定的目标污染物的修复目标值进行评估。对于异位修复，若修复后土壤回填到原基坑，评估标准值即为已经确定的目标污染物的修复目标值；若修复后土壤外运到其他地块，应根据接收地土壤暴露情景进行风险评估确定评估标准值，或采用接收地土壤背景浓度与GB 36600中接收地用地性质对应筛选值的较高者作为评估标准值，并确保接收地的地下水和环境安全。

修复效果判断方法包括逐个对比方法和t检验方法等。对于面积≤10000m²的区域，应采用逐个对比方法进行评价。对于面积>10000m²的区域分两种情况区别对待：

① 当低于检测限的样本数占比＜25％时，应采用 t 检验方法进行评价。一般采用样品均值的95％置信上限，样品浓度最大值不超过修复效果评估标准值的2倍。

② 当低于检测限的样本数占比＞25％时，应采用逐个对比方法进行评价。同一污染物平行样≥4组时也可结合 t 检验分析采样和检测过程中的误差，确定修复效果评估标准值与检测值之间的差异。

判断的依据[546]如下：

① 逐个对比方法：a. 检测值≤修复目标值，验收合格；b. 检测值＞修复目标值，验收不合格。

② t 检验方法：a. 各样本点的检测值显著低于修复目标值或与修复目标值差异不显著，验收合格；b. 某样本点的检测值显著高于修复目标值，验收不合格。

(2) 风险管控效果评估

风险管控措施下游地下水中污染物浓度应持续下降，固化/稳定化后土壤中污染物的浸出浓度应达到接收地地下水用途对应的标准值，或不会对地下水造成危害。当工程性能指标和污染物指标均达到评估标准时，可以继续开展运行与维护风险管控措施；当未达到评估标准时，应提出相应解决方案或对风险管控措施进行优化。

9.4.2.4 提出后期环境监管建议

当修复后土壤中污染物浓度未达到 GB 36600 第一类用地筛选值的要求，或该地块实施了风险管控时，应提出后期环境监管建议，直到地块中污染物浓度达到 GB 36600 第一类用地筛选值、地下水中污染物浓度达到 GB/T 14848 中地下水使用功能对应标准值为止。长期环境监测或制度控制均为后期环境监管的方式，两种方式也可以结合使用。长期环境监测可以对地下水（通过地下水监测井）或土壤气样品（通过土壤气监测井）进行周期性采集并检测。监测井位置应根据污染物浓度高的区域、敏感点所处位置等进行设置，一般1~2年开展一次。制度控制包括限制地块使用方式、限制地下水利用方式、通知和公告地块潜在风险、制定限制进入或使用条例等方式，多种制度控制方式可同时使用。

9.4.2.5 编制效果评估报告

根据上述流程分析收集到的资料和信息、样品数据，撰写效果评估报告，详细地描述垃圾填埋场地风险管控与修复工程概况和环境保护措施的落实情况，记录效果评估布点与采样、检测分析结果，得出结论并对后期环境监管提出建议等。具体格式可参考《污染地块风险管控与土壤修复效果评估技术导则（试行）》（HJ 25.5—2018）中的附录 D。

9.4.3 修复后的中长期监测

为确保场地修复活动的长期有效性，以及场地对周边环境和人体健康不再产生危害，对垃圾填埋场污染土壤进行修复时，若没有彻底消除污染，或在消除污染的同时需要限制土壤、地下水等的使用，又或需采用物理和工程控制措施方法的，需要对修复场地进行中长期监测和后期管理。另外，当修复工程时间较长时，如原位监测自然衰减或采取限制用地方式等控制措施的场地，也应实施中长期监测或后期管理措施。

中长期监测的目标是对场地修复活动的长期有效性进行评估，确保场地对周边环境和人体健康不再产生危害。根据垃圾填埋场地的实际情况，按照科学合理的后期管理计划，对设备和工程进行长期运行与维护、长期监测，对所有信息资料进行长期存档、定期报告，还应进行定期和不定期的回顾性检查等工作。在中长期管理实施的过程中，需要建立一套长期监测、跟踪、回顾性检查与评估及后期风险管理制度，只有制度与建设相结合才能发挥出实效[547]。

中长期监测的核心内容即为回顾性检查与评估。在进行回顾性检查时需对场地进行资料回顾与现场踏勘，识别诊断场地潜在的风险，对中长期监测提出阶段性的优化措施及建议，同时还应编写回顾性报告。回顾性检查与评估的具体主要工作内容有：

① 收集场地基本资料和相关数据，对所有内容进行回顾与分析，同时进行现场踏勘、人员访谈等工作；

② 对现有修复方式或措施进行识别判断，分析现有制度控制措施是否完善、修复目标是否准确、修复目标是否可以达到、场地修复行动是否严格按照设计运行，在修复过程中，污染物的暴露途径是否发生变化、场地使用方式是否发生变化等可能存在的问题也应及时察觉[523]，从而判断场地修复行动是否能按计划达到保护人体和环境的目的。

根据以上分析，若发现场地修复行动无法达到预设的保护目的，则应优化修复实施方案、改进操作与维护、实施制度控制、制定长期响应行动等，必要时可进行补充调查。回顾性检查可能会由于填埋场地情况的复杂程度而具有较大的时间跨度，给场地监管带来困难，因此可同时采取制度控制等方式进行中长期监测及后期管理。

最后，通过全面调查与诊断，给出回顾性结论，提出建议，并按要求编制回顾性报告。一般情况下，垃圾填埋场场地修复责任方可委托具有相应能力的机构开展场地回顾性检查与评估。在回顾性检查与评估实施过程中，环境保护部门应进行监督指导。形成场地回顾性报告后应向当地环境保护部门备案。

第10章 生态修复填埋场地下水污染控制技术

在垃圾填埋场中,受到尖锐物品刺破、防渗膜老化等因素的影响,垃圾渗滤液会在局部渗透进入下方土壤中,并最终污染地下水。有关垃圾渗滤液对地下水以及取水水源地造成污染的事故,在国内外屡有发生。在加拿大蒙克顿,依据近些年的调查研究发现,城市河畔所建的垃圾填埋场中的渗滤液会由于降水入渗到四周地下水和河流中,其中含有大量的有机和无机污染物,导致河水遭受到严重污染,并且其中多种污染物的含量更是远高于饮用水标准的设定值[548]。在我国,垃圾填埋场污染周边地下水的案例也时有发生。朱薇[549]调查了石嘴山市大武口区生活垃圾填埋场周边地下水,发现3口监测井内地下水水质均为极差水,表明存在显著的由渗滤液泄漏导致的地下水污染。许多调查和研究表明,垃圾填埋场产生的渗滤液对地下水的污染会持续很长一段时间,即使是封场多年后的垃圾填埋场仍然会对地下水造成影响,如封场几年后的广州老虎窿填埋场依然会有褐色的垃圾渗滤液渗入附近的水体中,并且监测数据显示地下水中的 COD_{Mn}、氮和磷等污染物含量仍旧超标[548,550]。因此,本章针对垃圾填埋场渗滤液对区域地下水造成的污染问题,介绍了垃圾填埋场生态修复过程中地下水污染识别技术、地下水污染风险管控与修复技术及其修复效果评估。

10.1 垃圾填埋场地下水污染识别技术

我国生活垃圾产生量大且范围广,由于填埋场中的渗滤液从防渗膜破损处渗出,导致其周边含水层中的地下水产生了不同程度的污染。生态修复填埋场周边地下水中的污染物主要包括有机污染物、无机污染物、重金属、微生物、新污染物等。垃圾填埋场地下水污染识别主要依靠在填埋场周边建设地下水监测井,通过分析监测井中的各项污染物浓度,确定垃圾填埋场污染羽中的主要污染物。由于地下水中污染物类别繁多,为了科学评价地下水的环境质量,研究者可采用主成分分析法、单因子评价法、多项参数综合评价法等多种手段对其进行评价。

10.1.1 地下水污染特征

我国生活垃圾产生量大、范围广，填埋是其主要处置方式，截至2018年，我国累计填埋垃圾270多亿吨，年产含有毒有害物的渗滤液5000多万吨。由于垃圾填埋场的不规范操作，导致了大量非正规垃圾填埋场的存在及卫生填埋场防渗层破损等问题，80%以上填埋场存在不同程度渗漏，致使大量有毒有害渗滤液渗入地下水，从而造成重大地下水污染事件频发，"三氮"（氨氮、亚硝酸盐氮、硝酸盐氮）、重金属、有毒有机物等渗入土壤和地下水，会严重威胁生态环境安全和人体健康。韩智勇等[551]基于现场调研和1991~2014年的相关报道，通过累计污染负荷比法对我国生活垃圾填埋场地下水的主要污染指标进行了识别，通过内梅罗指数法和地下水质量评分法对地下水质量进行了评价。结果显示，普遍性污染指标主要包括氨氮、硝酸盐、亚硝酸盐、COD、氯化物、铁、锰、总大肠菌群和挥发酚等；局部性污染指标主要包括总磷、溶解性总固体、氟化物、硫酸盐、细菌总数和铬（六价）等；点源性污染指标主要包括三氯苯、镉、铅、汞和碘化物等。我国生活垃圾填埋场附近的地下水质量综合评分 F 值为7.85，属于极差级别，已受到填埋场的严重污染。总体而言，填埋场地下水的污染程度在填埋活动开始后的5年后趋于严重，然后到达峰值，并在随后的时间内逐渐减轻。经过25年后填埋场的污染已经变得非常轻微。

生活垃圾填埋场周边地下水中含有多种类型的污染物，总体上可以分为有机物、无机盐、重金属、微生物和新污染物5大类，各类污染物的主要污染指标如表10-1所列。

表10-1 生活垃圾填埋场地下水的主要污染指标

类别		主要污染指标
有机物		COD、高锰酸盐指数
无机盐	一般性	溶解性总固体、总硬度、硫酸盐、氯化物、氟化物、碘化物
	营养性	氨氮、亚硝酸盐、硝酸盐、总磷
重金属		铁、锰、汞、铬（六价）、镉、铅
微生物		总大肠菌群、细菌总数
新污染物		药品和个人护理品、抗生素、全氟烷基化合物、微塑料等

地下水中各类污染物的概况如下。

（1）有机物

填埋场周边的地下水普遍受到有机物的污染，表现出高COD、高有机氮的特征。例如，杨贵芳[552]研究发现，南京东郊轿子山垃圾填埋场地下水中存在严重的污染物超标现象，其中以"三氮"超标最为严重，超标率达到70%，同时检出了卤代烃、多环芳烃和苯系物等有机物。Baun等[553]从丹麦的某填埋场周边地下水中检出了大量有机污染物，包括苯系物、多环芳烃等，且发现部分有机污染物在低渗透地层也发生了富集累积。Bjerg等[554]调研了丹麦的某3个垃圾填埋场，发现填埋场周边地下水中含有氯代烃，多氯取代的物质在厌氧区容易被降解，而少氯取代的物质则在好氧区容易被降解。因此，填埋场周边地下水受到了较为严重的有机污染，虽然大部分有机污染物的浓度随着与填埋场距离的增加而出现衰减的趋势，但仍不能忽视有机污染物给地下水安全带来的影响。

（2）无机盐

受填埋场内部渗滤液渗漏扩散的影响，填埋场周边地下水中的无机离子浓度较高，常见的无机离子包括 Cl^-、SO_4^{2-}、NO_3^-、NH_4^+、Ca^{2+}、Na^+ 和 K^+ 等。Zeng等[555]调研了青藏高原上的 6 个填埋场，发现其周边地下水受到了严重的硝酸盐污染，其次是亚硝酸盐。Abiriga 等[556]测定了挪威某具有 21 年填埋龄的填埋场周边地下水中的无机离子浓度，发现其中的 Na^+、Ca^{2+}、Mg^{2+}、NH_4^+（以 N 计）、Fe、Mn、Cl^-、HCO_3^-、SO_4^{2-} 和 NO_3^-（以 N 计）的最高浓度分别达到了 116mg/L、86mg/L、37mg/L、40mg/L、99mg/L、16mg/L、137mg/L、616mg/L、28mg/L 和 16mg/L，表明地下水受到了较为严重的无机离子污染，但在部分地下水区域的无机离子浓度则接近背景值，表明随着填埋龄的增加，无机离子受到扩散作用的影响，其浓度逐渐下降。因此，填埋场周边地下水中的无机离子浓度相对较高，需要采取适当的方式来降低无机离子的浓度。

（3）重金属

填埋场周边地下水常常会受到重金属的污染，常见的重金属包括镉、镍、铜、铅等。Gworek 等[557]调研了波兰某填埋场周边的地下水，发现在未做垂直阻隔前，填埋场周边的地下水中铅、铬、铜和锌的浓度分别高达 35μg/L、156μg/L、141μg/L 和 408μg/L。Bakis 等[558]调研了土耳其某填埋场周边的地下水，在其中检出了 Fe、Cu、Zn、Mn、Pb、Cr 和 Ni 等多种重金属，浓度均在 10~80μg/L 的范围内。类似地，Boateng 等[559]调研了加纳某填埋场周边的地下水，发现其中的 Pb、Cd、Zn、Cr 和 Cu 的最大浓度分别为 94μg/L、20μg/L、607μg/L、82μg/L 和 40 μg/L。众多研究表明，填埋场周边地下水中的重金属浓度多在微克每升的数量级内，对居民的健康安全造成了一定的影响。

（4）微生物

填埋场周边地下水中通常含有较高浓度的微生物。Grisey 等[283]调研了法国东北部的一座填埋场，发现其中总大肠菌群、大肠杆菌和肠球菌数量分别为 200CFU/mL、152CFU/mL 和 32.9CFU/mL。Abiriga 等[560]调研了挪威的某填埋场，发现距填埋场越近的地下水井中的微生物多样性越高，表明填埋场渗漏可能是地下水中微生物的来源。此外，填埋场同样是抗生素抗性基因传播源。Huang 等[561]研究发现，填埋场地下水中抗生素抗性基因的丰度随着与填埋场距离的缩短而增加，且其中至多有 96% 的抗性基因来自填埋场的释放。Chen 等[562]在填埋场地下水中发现了 171 种独有的抗生素抗性基因和 8 种可移动的遗传因子，且其中多耐药性、β-内酰胺和四环素抗性基因的丰度最高。因此，填埋场会释放出多种新污染物进入地下水，这些新污染物又会随着地下水的流动进入下游，从而给周边的环境带来更大的健康风险。

（5）新污染物

除了常规的污染物以外，受填埋场污染的地下水中还含有微塑料、抗生素、持久性有机污染物、内分泌干扰物等新污染物。目前关于垃圾填埋场地下水中的微塑料污染已有少量报道。例如，Wan 等[465]调研了一个位于中国南部的非正规垃圾填埋场，发现填埋场下方地下水中含有的微塑料浓度达到 11~17 个/L，且其中的微塑料粒径比周边土壤中的要小，且成分更为复杂。Bharath 等[563]则发现，印度南部的某填埋场地下水中的微塑料浓度达到 2~80 个/L，且其中的微塑料组分以尼龙为主（占比达 70%）。除微塑料以外，部分研究也发现填埋场周边地下水受到了持久性有机物的污染。Han 等[564]调查了一个中国南部城市的垃圾填埋场，并在渗滤液中检出了 37 种新污染物，其浓度在 272~1780μg/L；在地下水中检出了 27 种新污染物，浓度范围在 0.10~53.7 μg/L，且其中乙酰舒泛、双酚 F 和酮基布洛芬是浓度较高的几种新污染物。Yu 等[565]调查了中国的一个大型垃圾填埋场，发现填埋场周边地下水中药品和个人护理品的浓度在 53.6ng/L 以下，且药品和个人护理品的浓度随着距填埋场距离的增加而降低。此外，地下水中药品和个人护理品的组分和渗滤液中的比较相似，表明填埋场的渗滤液泄漏导致了地下水的药品和个人护理品污染。Liu 等[566]通过调研 3 个位于广州市的填埋场，发现填埋场地下水中的全氟烷基化合物比渗滤液中的浓度削减了 62%～99%，但仍可检出，表明填埋场仍会持续向周边环境中释放全氟烷基化合物。Hepburn 等[567]通过调研位于澳大利亚的一个遗留垃圾填埋场周边的 13 个地下水监测井，发现其中检出了 1～14 种全氟烷基化合物，且全部检出了全氟辛烷磺酸、全氟辛烷磺酸盐、全氟辛酸和全氟丁烷磺酸盐，这些全氟烷基化合物的总浓度可达 26～5200 ng/L。

10.1.2 地下水监测井布设

为了解填埋场对地下水的污染程度和趋势，需要科学地布设地下水监测井和准确地测试污染物水平。从目前我国垃圾填埋场地下水监测井数量和分布来看，仍有 1/2 以上的垃圾填埋场未满足最低 6 口地下水监测井的要求，无法有效检测填埋场地下水环境质量。因此，在填埋场生态修复过程中需要进一步明确周边地下水监测井的布设要求，实现对地下水的实时、动态、全面监测。

10.1.2.1 布点原则

① 填埋场地下水监测井至少为 6 口，其中地下水背景监测井 1 口，污染物扩散监测井 5 口。

② 充分考虑监测井的代表性、布点的科学性，监测点样品应能反映调查与评估范围内地下水的总体水质状况，并充分利用现有监测井，若不能满足数量与质量要求，应增加监测井。

③ 地下水监测井以浅层地下水为主，钻孔深度不应穿透浅层地下水隔水底板。

④ 监测点与填埋场距离可根据场地自然环境、地形特点、水文地质特征等因素适当延长或缩短；要兼顾场区周边的土地利用情况，当点位落在居民区、农业耕作区和企业厂区时，应积极与对方沟通协商，提出双方均可接受的可行性方案，尽可能地在预期范围内完成布井要求；当遇到不可抗外力导致无法实施的情况下，可适当延长或缩短距离。

⑤ 填埋场附近如有地下水出露的泉口点，处于地下水水流上游方向的，可作为场地背景监测点，处于地下水水流下游方向的，可作为污染扩散监测点[568]。

10.1.2.2 监测井布设方法

填埋场监测井布设应结合水文地质条件，首先通过研究近 3 年内收集的水文地质资料或开展水文地质勘察，明确地下水流向，根据不同的水文地质条件，沿地下水流向进行布设。根据不同的生态修复填埋场类型和不同的水文地质条件，形成了不同的布设方式。根据生态修复填埋场的正规与否，监测井的布设可分为正规垃圾填埋场（即卫生填埋场）与非正规垃圾填埋场两大类。

(1) 正规垃圾填埋场

对于正规垃圾填埋场而言，可以根据填埋场的位置、地下水类型进一步划分为平原/平缓高原填埋场及山地/丘陵型填埋场。

1) 平原/平缓高原填埋场

对于平原/平缓高原填埋场而言，当填埋场某一边界与地下水流向垂直或最小夹角<10°

时，设置场地背景监测井1口，该监测井应设置在填埋场地下水流向上游30~50m处。此外，设置污染扩散监测井5口，在垂直填埋场地下水流向距填埋场边界两侧30~50m处各设1口监测井，在地下水流向下游距填埋场下边界30m处设置监测井2口，两者之间距离为30~50m，在地下水流向下游距填埋场下边界50m处设置监测井1口[569]，如图10-1所示。

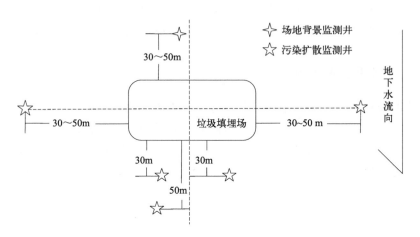

图10-1 正规垃圾填埋场监测井布置图（地下水类型为平原和平缓高原孔隙水）[570]

当填埋场某一边界与地下水流向的最小夹角大于10°并小于45°时，设置场地背景监测井1口，设在填埋场地下水流向上游，距上顶点边界30~50m处。此外，设置污染扩散监测井5~6口，沿地下水下游垂直于填埋场边界30~50m处等距布设，间距为30~50m，于填埋场地下水流向下游，距下顶点边界80m处设置监测井1口，如图10-2所示。

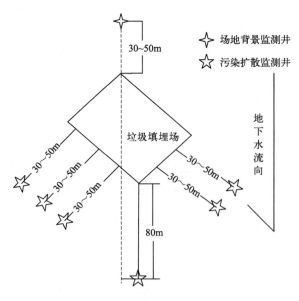

图10-2 正规垃圾填埋场监测井布置图（地下水类型为山地、丘陵型岩溶水与裂隙水）[570]

2）山地/丘陵型填埋场

对于山地/丘陵型填埋场而言，可设置场地背景监测井1口，布设于填埋场地下水流向上游，距其边界 30~50m 处。如场地地下水流向上游有与场地水力联系密切的泉口点，可作为场地背景监测点。此外，设置污染扩散监测井 5~6 口，可选择线形、"T"字形、"十"字形等布点方式[569]，线形监测点可沿填埋场排泄山区地下水流向等距布设，两两间距 50~80m，下游污染扩散监测井如有地下水出露的泉口点，则可作为污染扩散监测点。

（2）非正规垃圾填埋场

对于非正规垃圾填埋场而言，若填埋场位于平原或平缓高原上，则可设置场地背景监测井 1 口，设在填埋场地下水流向上游 30~50m 处。此外，设置污染扩散监测井 6 口，设在垂直填埋场地下水流向的两侧 30~50m 处各 1 口[569]，在填埋场地下水流向下游设置监测井 4 口，按"菱形"布设，在填埋场地下水流向下游 5~10m 处设置监测井 1 口，对于填埋龄小于 10 年的垃圾填埋场，在 30~50m 处设置监测井 1 口，对于填埋龄大于 10 年的垃圾填埋场，在 50~80m 处设 1 口，垂直水流方向"菱形"对角线长度为 50~100m，如图 10-3 所示。对于布设在山地和丘陵地区的非正规垃圾填埋场，参考正规垃圾填埋场中的布设即可。

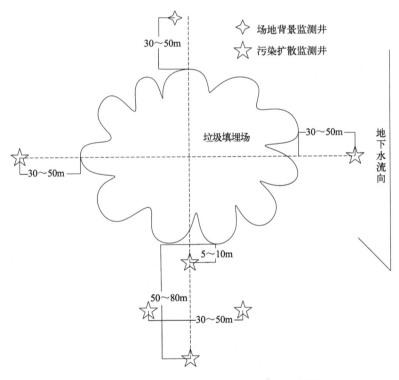

图 10-3 非正规垃圾填埋场监测井布置图[570]

垃圾填埋场地下水基础环境状况主要通过对地下水样品的采集分析而获得污染数据，因此除了对污染场地进行监测井的布设选点外，建井深度也是制约样品采集有效性和准确性的重要因素，影响建井深度的主要因素有调查区的地下水埋深和填埋场垃圾堆体的实际填埋深度。当垃圾堆体填埋深度在浅层含水层水位以上时，监测井底部设置于浅层含水层内即可；当垃圾堆体填埋深度达到浅层含水层水位以下时，监测井底部应设置于垃圾堆体所处深度以下 3~5m 处。

10.1.3 地下水分析指标

在生态修复填埋场地下水污染状况调查中，检测指标的确定至关重要。基于全国范围内垃圾填埋场地下水监测指标数据，采用构建检测指标体系筛选方法，并考虑部分水质指标的重要性，最终确定生态修复填埋场地下水监测指标体系，共计 75 项检测指标，其中天然背景离子（必测）8 项，常规指标（必测）31 项，特征指标 36 项。对于天然背景离子和常规指标，要求对所有地下水监测样品进行采样分析；对于特征指标，要求在场地背景监测井和距离垃圾填埋场下游最近的一口污染扩散监测井进行采样分析[571]。通过检测报告，将所有检出的指标定为该生态修复填埋场的特征污染指标，再对其他地下水监测井样品进行检测分析。典型生态修复填埋场地下水监测指标如表 10-2 所列。

表 10-2　典型生态修复填埋场地下水监测指标体系[571]

指标类型	指标名称	指标数量
天然背景离子	钾、钙、钠、镁、硫酸盐、氯离子、碳酸根、碳酸氢根	8
常规指标	pH 值、溶解氧、氧化还原电位、电导率、色度、嗅和味、浑浊度、肉眼可见物、总硬度、溶解性总固体、铁、锰、铜、锌、挥发性酚类、总磷、TOC、阴离子合成洗涤剂、高锰酸盐指数、硝酸盐氮、亚硝酸盐氮、氨氮、氟化物、氰化物、汞、砷、硒、镉、六价铬、铅、总大肠菌群	31
特征指标	镍、钡、钼、溴化物、碘化物、硫化物、二氯乙烯、苯、甲苯、乙苯、三氯乙烯、四氯乙烯、三氯甲烷、三氯乙烷、二甲苯、苯乙烯、多氯联苯（总量）、邻苯二甲酸二甲酯、六六六、滴滴涕、甲基对硫磷、苯并[a]芘、萘、氯苯、三溴甲烷、二氯丙烷、二氯甲烷、氯乙烯、四氯化碳、荧蒽、蒽、苯并[b]荧蒽、二硝基甲苯、氯酚、总 α 放射性、总 β 放射性	36

10.1.4 地下水环境质量评价

生态修复填埋场在长期运行和稳定化过程中会产生大量的渗滤液，由于未按规范操作或填埋场底部防渗层的破坏等问题，导致渗滤液渗漏，引起了地下水不同程度的污染。因此，需要针对填埋场生态修复过程中的地下水水质进行评价，掌握生态修复填埋场地下水的污染现状，分析其污染特点，为填埋场地下水污染修复和治理提供科学依据。

作为地下水环境质量评价的工具和手段，选取的评价方法是否合理是地下水环境质量评价结果客观与否的关键。20 世纪 80 年代后期，随着计算机技术的快速发展，世界各国的专家学者对地下水环境质量评价方法进行了深入的探索，提出了很多评价方法和模型。目前，单因子评价法和综合评价法较为常用，综合评价法主要包括模糊综合评价法、模糊聚类分析法、系统聚类法和灰色聚类法等。现代数学概率统计理论应用于水环境评价的设想成为现实，模糊数学、灰色系统和人工智能等理论与计算机技术相结合应用于水环境评价研究也逐渐成为水环境质量研究的主要思路。以下选择几个有代表性的评价方法进行介绍。

10.1.4.1 主成分分析法

主成分分析法是一种将多维因子纳入同一系统中进行定量化研究，利用降维的思想，在损失很少信息的前提下把多个指标转化为几个综合指标的多元统计方法。通常把转化生成的综合指标称为主成分，其中每个主成分都是原始变量的线性组合，且各个主成分之间互不相关。这样在研究复杂问题时就可以只考虑少数几个主成分而不至于损失太多信息，从而更容易抓住主要矛盾，揭示事物内部变量之间的规律性，同时使问题得到简化[572]。

主成分分析法在水环境质量评价中的优点是可以选取合适的单项污染因子，这些污染因子值能够体现主要的污染物信息，这些信息既彼此独立，又能够反映主要问题，能有效排除不相关污染因子的影响，具有较好的客观性。在计算机飞速发展的背景下，主成分分析法应用于水环境质量评价具有一定的优越性。

主成分分析法可以消除地下水评价指标之间的相关性影响，因为主成分分析在对原指标变量进行变换后形成了彼此相互独立的主成分。各评价指标之间的相关性越强，主成分分析的效果越好，同时相关性的消除也使得指标的选取变得相对容易[573]。

10.1.4.2 单因子评价法

单因子评价法就是用水质最差的单项指标依照参考的相关国家水体质量标准所属类别来确定水体综合水质的方法，即用水体各监测指标的监测结果对照该指标的相应水体分类标准，确定水质类别，在所有指标中选取水质最差的类别作为水体的水质类别，以污染指数大小表示地下水污染程度，计算公式如下[574]：

$$P_i = \frac{C_i}{C_0} \tag{10-1}$$

式中　P_i——地下水中某项指标的单因子污染指数；

　　　C_i——地下水中某项指标的实测浓度，mg/L；

　　　C_0——地下水中某项指标的背景值或参照值，mg/L。

当 $P_i \leqslant 1$ 时，该水质因子未超出相关标准规定的水质标准；当 $P_i > 1$ 时，该水质因子超出了相关标准规定的水质标准。

当某项污染物的背景值或参照值为含量区间时，污染指数的计算根据《区域地下水污染调查评价规范》(DZ/T 0288—2015) 中的规定，按照下式计算：

$$P_i = \frac{|C_i - C_m|}{C_{max} - C_m} \tag{10-2}$$

式中　C_m——背景值或参照值区间的中值，mg/L；

　　　C_{max}——背景值或参照值区间的最大值，mg/L。

对于 pH 值单因子指数，采用下式计算[574]：

$$P_{pH} = \frac{pH_j - 7.0}{pH_{su} - 7.0} (pH > 7.0) \tag{10-3}$$

$$P_{pH} = \frac{7.0 - pH_j}{7.0 - pH_{sd}} (pH \leqslant 7.0) \tag{10-4}$$

式中　pH_j——水样 pH 值实测值；

　　　pH_{su}——参考标准 pH 值上限；

　　　pH_{sd}——参考标准 pH 值下限。

单因子评价法计算简单，并且评价结果能够直观地反映出水质超标指标。但也有明显的缺点，单因子评价法是对单个指标进行评价，对水体综合水质评价效果不佳，评价结果不能反映水体的整体水质状况。

10.1.4.3 多项参数综合评价法

多项参数综合评价法是把一个评价对象的多个环境指标（物理、化学、生物）的各种参数进行综合统计分析，运用数学方法得出一个指数来描述水体的水质状况，又称指数评价法。多项参数综合评价法在20世纪60～70年代研究较多，有豪顿水质评价指数法、布朗水质指数法、内梅罗污染指数法和综合污染指数法等。它们都是用水体各监测指标的监测结果与相对应的相关评价标准等价参考值之比作为该项目的污染分指数，然后通过各种数学方法综合污染分指数得到该水体的污染指数，作为水质评定尺度。

1) 综合污染指数

计算公式如下：

$$P = \frac{1}{n}\sum_{i=1}^{n} P_i \tag{10-5}$$

式中　P——地下水综合污染指数；

　　　P_i——地下水中某项指标的单因子污染指数；

　　　n——检测指标数量。

2) 内梅罗污染指数

计算公式如下：

$$P_I = \sqrt{\frac{(\frac{C}{C_0})^2_{ave} + (\frac{C}{C_0})^2_{max}}{2}} \tag{10-6}$$

式中　P_I——内梅罗污染指数；

　　　$(C/C_0)_{ave}$——地下水污染指数平均值；

　　　$(C/C_0)_{max}$——地下水污染指数最大值。

多项参数综合评价法与单因子评价法相比同样具有计算简单、结果直观的特点。用多项参数综合评价法对各项指标做等权处理，叠加后得出综合污染指数描述水体水质状况，这种方法无法反映出各项指标对水体水质的影响程度。因此，对于多项参数综合评价法最关键的工作是合理确定各评价指标的权重，以合理地反映出不同指标对水体污染的贡献。

10.1.4.4　模糊综合评价法

水质综合评价中，水质标准的划分、水体受污染的程度和具体的分类界限都具有不确定性，存在客观的模糊现象，因此模糊数学便被引入水质综合评价的工作中。模糊综合评价法是根据模糊数学的隶属度理论，把定性评价转化为对水体水质的定量评价，即用模糊数学对受到多种因素制约的事物或对象做出一个总体的评价。评价结果清晰、评价方法系统性强是模糊综合评价法的特点，其能较好地应用于模糊的、难以量化的问题，如水体水质评价。模糊综合评价方法是按照相关水质标准的所有等级，采用"多极值"求隶属度，其权重分配只与指标相关，而与等级无关[574]。

建立传统模糊综合评价模型的步骤如下[575]：

① 建立评价因素集：根据水样的实际检测值，选定若干个地下水环境因子构成质量综合评价的因素集合 $X = \{x_1, x_2, \cdots, x_n\}$。

② 建立评价标准集合：$V = \{v_1, v_2, \cdots, v_m\}$，$v_1, v_2, \cdots, v_m$ 为与 x_i 对应的评价标准的集合。

③ 构建隶属函数 y，构建评价指标与评价标准集合的模糊矩阵。隶属函数表示某因子的实测浓度与某一级环境质量标准相比所具有的程度。各因子隶属函数建立的方法如下所述。

当 $j = 1$ 时，对应模糊矩阵第1级环境质量的隶属函数为：

$$y_{ij}=\begin{cases}1, x_i \geqslant S_{i2}\\ \dfrac{x_i-S_{i(j+1)}}{S_{ij}-S_{i(j+1)}}, S_{i1}<x_i<S_{i2}\\ 0, x_i \geqslant S_{i2}\end{cases} \quad (10\text{-}7)$$

当 $j=2,3,\cdots,(m-1)$ 时，对应模糊矩阵第 2 级至第 $(m-1)$ 级环境质量的隶属函数为：

$$y_{ij}=\begin{cases}1, S_{i(j+1)} \leqslant x_i \leqslant S_{i(j-1)}\\ \dfrac{x_i-S_{i(j+1)}}{S_{ij}-S_{i(j+1)}}, S_{i(j-1)}<x_i<S_{ij}\\ \dfrac{S_{i(j+1)}-x_i}{S_{i(j+1)}-S_{ij}}, S_{ij} \leqslant x_i \leqslant S_{i(j+1)}\end{cases} \quad (10\text{-}8)$$

当 $j=m$ 时，对应模糊矩阵第 m 级环境质量的隶属函数为：

$$y_{ij}=\begin{cases}1, x_i \geqslant S_{ij}\\ \dfrac{x_i-S_{i(j-1)}}{S_{ij}-S_{i(j-1)}}, S_{i(j-1)}<x_i<S_{ij}\\ 0, x_i \leqslant S_{i(j-1)}\end{cases} \quad (10\text{-}9)$$

式中　　x_i——第 i 种环境因子的实际检测浓度值，mg/L；

S_{ij}——该因子第 j 级水的标准值，mg/L；

$S_{i(j-1)}$，$S_{i(j+1)}$——该因子第 $(j-1)$、$(j+1)$ 级的水质标准值，mg/L。

然后根据地下水水样的实际检测结果，由隶属函数求得模糊矩阵 $\boldsymbol{R}$：

$$\boldsymbol{R}=\begin{bmatrix} y_{11}, y_{12}, \cdots, y_{1m}\\ y_{21}, y_{22}, \cdots, y_{2m}\\ \cdots\\ y_{n1}, y_{n2}, \cdots, y_{nm}\end{bmatrix} \quad (10\text{-}10)$$

① 确定评价因子的权重。由于各个因子在地下水环境质量评价中所起的作用大小不同，因此对各个因子分别赋予不同的权重，并进行归一化处理，从而得到权重矩阵。权重系数计算公式如下：

$$A_i=\dfrac{\dfrac{C_i}{S_i}}{\sum_{i=1}^{m}\dfrac{C_i}{S_i}} \quad (10\text{-}11)$$

式中　A_i——归一化后第 i 种因子的权重系数；

C_i——该因子的实际检测浓度值，mg/L；

S_i——该因子的环境质量基准值，mg/L。

② 确定综合评价模型 $\boldsymbol{D}$。对模糊矩阵 $\boldsymbol{R}$ 和权重矩阵 $\boldsymbol{A}$ 进行模糊变换，即 $\boldsymbol{D}=\boldsymbol{A}\cdot\boldsymbol{R}$，得到综合评价矩阵。根据隶属度最大原则，取 $d_j=\max[d_1,d_2,\cdots,d_m]$ 为评价因子的水质级别。

10.1.4.5　灰色评价法

对于一定的水环境而言，存在完全不同的水质指标分属不同的环境质量标准。在水质评价中得到的数据总是不完全和不确定的,信息不够充分,因此可以认为水环境是一个灰色系统,即信息不明确的系统,可以应用灰色系统进行水质评价。其基本思想是依据相关的水质标准,确定分级标准,通过计算评价水体的各指标浓度与水质标准之间的关联度确定水质级别。其中最常用的方法为灰色关联分析法。

灰色关联分析的基本思想是根据序列曲线的相似度来判断其关系的紧密程度,曲线几何形状越相似,序列之间的关联度就越大,反之则越小。灰色关联分析在水体水质评价中的理论是,分别求监测水样指标的实测浓度和相关国家标准等级的关联度,来判断水体水质类别。运用灰色关联分析对数列的趋势做比较,关联度越大,则对数列的贡献越大。

假设监测地下水水样的数量为 m,则可以建立样本矩阵($P_{m \times n}$):

$$P_{m \times n} = \{X_i(a)\} \tag{10-12}$$

式中　$\{X_i(a)\}$——建立的样本矩阵;
　　　a——监测指标;
　　　i——监测地下水编号,$i=1,2,\cdots,m$。

参考矩阵(S)为:

$$S = \{S_j(a)\} \tag{10-13}$$

式中　$\{S_j(a)\}$——建立的参考矩阵。

在此基础上,将各级指标实测数据和各级标准归一化到[0,1]范围内,针对监测指标值越大,污染越严重的相关监测指标,可采用下列变化方法:

$$w_i(a) = \begin{cases} 1, X_i(a) \leqslant S_1(a) \\ \dfrac{S_n(a) - X_i(a)}{S_n(a) - S_1(a)}, S_n(a) \geqslant X_i(a) \geqslant S_1(a) \\ 0, X_i(a) \geqslant S_n(a) \end{cases} \tag{10-14}$$

式中　$w_i(a)$——环境质量隶属函数;
　　　n——分类类别数。

参考矩阵各元素归一化公式:

$$q_j(a) = \dfrac{S_n(a) - S_j(a)}{S_n(a) - S_1(a)}, j=1,2,\cdots,n \tag{10-15}$$

式中　$q_j(a)$——归一化后的隶属函数。

无量纲处理后的样本矩阵与参考矩阵的关联系数[$\xi_i(a)$]可以通过如下公式计算:

$$\xi_i(a) = \dfrac{\min\limits_{i}\min\limits_{k}\Delta_i(a) + \max\limits_{i}\max\limits_{k}\Delta_i(a)}{\Delta_i(a) + \rho\max\limits_{i}\max\limits_{k}\Delta_i(a)} \tag{10-16}$$

式中　$\Delta_i(a)$——样本矩阵与参考矩阵的绝对差;
　　　i,k——矩阵中每个元素的行和列编号;
　　　ρ——分辨系数,一般取 0.5。

进一步地,可以根据下式计算各个指标的权重值[$w_i(k)$]:

$$M_i(k) = \begin{cases} 1, C(k) < L_i(k) \\ C(k)/L_i(k), C(k) \geqslant L_i(k) \end{cases} \tag{10-17}$$

$$w_i(k) = \dfrac{M_i(k)}{\sum\limits_{k=1}^{n} M_i(k)} \tag{10-18}$$

式中　$C(k)$——地下水中各监测项目的浓度值，mg/L；

　　　$L_i(k)$——各监测项目对应的各级水质类别限值的上限，mg/L；

　　　$M_i(k)$——无量纲数。

确定权重值后，关联度 R_i 的计算公式为：

$$R_i = \sum_{k=1}^{n} w_i(k)\xi_i(a) \tag{10-19}$$

最后按照关联度最大原则，最大 R_i 对应的水质类别即为地下水的最终水环境质量级别。

10.1.4.6　人工神经网络法

水质评价过程所需要的水质信息具有不确定性和非线性的特点，人工神经网络具有的自适应和自学习能力适合处理不确定性信息，因此，人工神经网络应用于水质评价时，其评价结果具有客观性。人工神经网络以评价对象的水质指标所对应的相关国家水质标准为学习对象进行学习，输入评价对象评价指标的实测值，通过回想过程进行水质评价。人工神经网络具有较强的计算能力、记忆能力、学习能力和容错能力。

目前用于水质评价的人工神经网络多为 BP 神经网络。BP 神经网络的基本原理是利用最陡坡降法将函数误差最小化，把网络输出的误差通过网络向输入层分摊到各层单元，以获得各单元的参考误差，最后调整响应的连接权重，使网络误差最小化。在实际应用中，由于实际布设的水质监测点的数量有限，导致用来训练神经网络的样本偏少，所以在学习过程中易出现"过学习"和"局部极小"的现象，从而降低了泛化能力和水质评价结果的可靠性，对于协同性较差的样品易造成评价结果均化[574]。

10.2　垃圾填埋场地下水污染风险管控与修复技术

为了修复受到污染的填埋场周边地下水，或对其造成的环境风险进行管控，研究者开发出了一系列的风险管控与修复方法。其中，常见的地下水污染风险管控技术包括防渗膜漏点检测与修补技术、垂直防渗墙阻隔技术、可渗透反应墙技术等，常见的地下水污染修复技术包括抽出处理技术、原位化学氧化/还原技术、地下水曝气技术和原位生物修复技术等。随着技术的发展，也逐渐出现了若干技术的集成技术，例如垂直阻隔-抽提技术，可渗透反应墙-原位化学氧化/还原技术等。不同技术各有优劣，最终选择的依据主要取决于地下水的污染特征，应结合场地的未来规划、技术可行性与经济可行性等多个方面选择综合效益最大的技术对填埋场周边受到污染的地下水进行修复。

10.2.1　地下水污染风险管控与修复模式选择

垃圾填埋场的污染物种类繁多，主要包括 COD、氨氮、硝酸盐氮、总磷和重金属等。垃圾填埋场的主要环境问题是渗滤液的产生和渗漏以及地下水污染。许多垃圾填埋场在历史上存在不规范的填埋，或者在填埋场底部出现了防渗膜的破裂或者老化等，这些因素导致填埋场成为地下水主要的污染源。由于垃圾的降解、微生物的新陈代谢、雨水和地下水浸泡垃圾产生了渗滤液，但产生的渗滤液往往不能够及时有效地收集或处理，从而导致了垃圾填埋场地周围的土壤、地下水、空气和包气带受到污染。因此，有必要采用合适的技术手段对受到填埋场渗滤液污染的地下水进行修复或者风险管控[574]。

10.2.1.1 模式选择原则

生态修复填埋场地下水污染风险管控、修复及其集成模式的选择原则包括安全利用原则、全面考虑原则和可持续性原则[576]。

(1) 安全利用原则

生态修复填埋场地下水污染风险管控、修复及其集成模式的最终目标均是达到填埋场所处地块安全利用的目的，因此，地下水污染风险管控与修复模式的选择应以生态修复填埋场地块和周边地下水安全利用为基本出发点。

(2) 全面考虑原则

应从管理、技术、经济等方面全面考虑各种模式的可行性，因地制宜地选择地下水污染风险管控与修复模式，确保模式切实可行。

(3) 可持续性原则

当不同的模式均具有可行性时，应从全生命周期角度分析各种模式的环境和社会经济成本与效益，优选综合效益最大的模式。

10.2.1.2 模式选择思路

生态修复填埋场地下水污染风险管控与修复模式的选择思路如图10-4所示，依次从规划与功能可行性、技术可行性、经济可行性3个方面考虑实现填埋场地块安全利用的可行性。

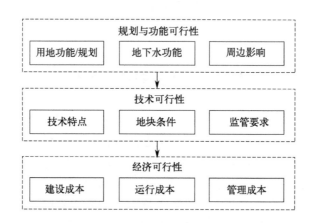

图10-4 地下水污染风险管控与修复模式的选择思路[576]

(1) 规划与功能可行性

规划与功能可行性考虑因素主要包括用地功能/规划、地下水功能和周边影响3个方面。在用地功能/规划方面，当生态修复填埋场地块未来拟规划为医院、学校等敏感用地时，若地下水污染存在明显的暴露途径（如蒸汽入侵），应尽量采取修复模式。在地下水功能方面，若所在区域将地下水作为功能用水水源（如饮用水、灌溉用水），且没有替代水源时，应尽量采取修复模式。在周边影响方面，采取的模式应不影响周边地块的使用或再开发，如修复期间难以避免污染羽向周边敏感目标迁移，则应采取修复和风险管控集成模式。

(2) 技术可行性

技术可行性考虑因素主要包括技术特点、地块条件和监管要求3个方面。风险管控与修复技术本身的特点决定了处理地下水目标污染物的有效性，可根据相关要求初步筛选可行的修复或风险管控技术。生态修复填埋场的地块条件决定了地下水修复的难度，如地层非均质性强、污染情况复杂的填埋场周边地块，地下水污染修复容易存在拖尾、反弹等问题，存在修复失败的风险，对修复实施单位的技术水平要求高，因此对风险管控的技术可行性要求也更高。风险管控模式并不以污染物去除为主要目标，存在长期监测、制度控制等后期环境监管需求，且该需求一般在生态修复填埋场地块后期使用阶段继续存在，因此选择模式时需要考虑这类需求在不同地块使用阶段的可实施性。此外，采取风险管控模式还需要考虑在生态修复填埋场地块使用阶段污染发生扩散时的可行性应急措施。

（3）经济可行性

经济可行性考虑因素主要包括建设成本、运行成本和管理成本3个方面。建设成本是指风险管控与修复系统（如地下水井、地面处理系统、水平或垂直阻隔系统等）的施工建设成本。运行成本是指地下水污染风险管控与修复实施过程中系统运行的能耗、药剂消耗等成本。管理成本是指地下水污染风险管控与修复实施过程中环境监管、效果评估等管理环节产生的成本。一般而言，修复模式的建设成本更高，风险管控模式的管理成本更高，运行成本的高低取决于持续运行的需求。

10.2.1.3 模式与技术选择

（1）风险管控技术

地下水污染常见的风险管控技术有防渗膜漏点检测与修补技术、阻隔技术和可渗透反应墙技术等。其中，防渗膜漏点检测与修补技术主要是从源头上防止填埋场内部的渗滤液进入地下水，属于源头管控的范畴。阻隔技术包括水平阻隔和垂直阻隔，水力截获技术分为抽水井式、注水井式、抽注结合式和排水沟式等。可渗透反应墙技术包括连续型、漏斗-导水门型和注水式反应带等类型。在生态修复填埋场中，所适用的风险管控技术（主要指污染羽控制技术）需要进行初步筛选，然后进一步通过实验室小试、现场中试和模拟分析等手段，评估技术的风险管控效果和环境社会风险。

（2）修复技术

地下水污染常见的修复技术包括抽出处理、地下水曝气、原位生物修复和原位化学氧化/还原等。其中，抽出处理技术属于异位修复技术，相较于原位修复技术而言，应用范围相对较大，且针对的地下水污染位置较深，但是异位修复技术存在较大的局限性，如修复不彻底，地下水中的污染物会存在反弹和拖尾现象。在生态修复填埋场地下水污染修复模式选择前，首先要确定修复目标，地下水修复目标是地下水特征污染物的浓度限值。修复技术是地下水污染修复模式达到修复目标的手段，不同的修复技术可以单独运用，也可以作为修复模式整体过程中的一个环节。

（3）风险管控与修复集成技术

当生态修复填埋场所处地块的地下水污染风险较高、修复难度较大时，可采取地下水污染风险管控与修复集成技术。地下水污染风险管控与修复集成模式分为基于时间序列的集成和基于空间分布的集成两类。基于时间序列的集成是指采取修复措施将地下水污染物浓度削减至一定目标后，继续采取风险管控措施，基于空间分布的集成是指根据填埋场所处地块污染物的分布情况或规划用途，对其中部分区域分别采取修复模式和风险管控模式，如图10-5所示。由于生态修复填埋场周边地块具有复杂性，在实施时可能会同时采用基于时间序列和基于空间分布的两种地下水污染风险管控与修复集成模式，其总体思路可概括为"分区分级"。

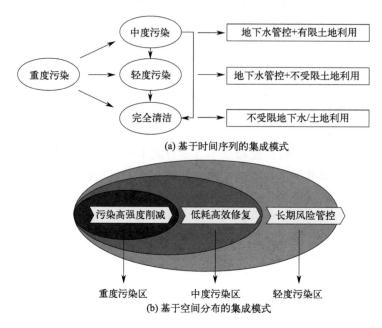

图 10-5　地下水污染风险管控与修复集成模式示意[576]

生态修复填埋场地下水污染风险管控与修复模式选择的总体性判断如表 10-3 所列。总体而言，对于修复难度低的敏感用地宜采取修复模式；对于修复难度高的非敏感用地宜采取风险管控模式；对于修复难度高的敏感用地宜采取风险管控与修复集成模式。在实际应用中，可根据生态修复填埋场所处地块的地下水利用需求、污染物浓度分布、经济成本等因素考虑修复模式和风险管控模式的可行性，分别设置修复和风险管控目标，并进行地下水污染风险管控与修复。

表 10-3　地下水修复和风险管控模式选择的总体性判断[576]

模式	规划可行性	技术可行性	经济可行性
修复模式	无限制	主要依赖污染物特性和填埋场所处地块的条件	成本较高
风险管控模式	用地受限较强	适用于低风险修复/修复难度高的填埋场地块	成本较低
集成模式	受限土地利用	适用于高风险/修复难度高的填埋场地块	成本适中

10.2.2　地下水污染风险管控技术

10.2.2.1　防渗膜漏点检测与修补技术

填埋场污染地下水的直接原因是下方铺设的防渗膜发生破裂，从而使得填埋场底部的垃圾渗滤液通过渗流作用进入地下水环境中，造成地下水污染。因此，需要对生态修复填埋场防渗膜的漏点进行精准检测和修补。目前较为常见的填埋场防渗膜漏点检测技术主要是依靠电化学的方法，也有少部分研究采用应力波法等力学手段进行检测；此外，也有研究者采用模型法推测防渗膜漏点。

（1）电化学法

电化学法指采用电流、电压等电化学指标判断填埋场底部防渗膜的结构，从而精准判断防渗膜破损位置的方法。常见的电化学技术包括双电极法、高密度电阻率法、探地雷达法、电磁法和地震波法等。

1）双电极法

双电极法主要利用 HDPE 膜绝缘性的特点，对 HDPE 膜的完整性进行漏点探测（图10-6）。首先在 HDPE 复合土工膜上充分洒水湿润，然后将其中一个电极放置在 HDPE 复合土工膜上，另一个电极放置在 HDPE 膜下，通以高压直流电。当 HDPE 防渗膜未发生破损时，由于其具有绝缘性，理论上电流不能形成有效回路或回路电流非常小。当 HDPE 防渗膜出现漏点时，由于水的导电性，回路电流相对增大[577]。理论上，若 HDPE 复合土工膜与外围绝缘，通过观测分析回路电流的有无，即可判断漏点的位置。然而，在实际应用中，由于 HDPE 复合土工膜与外围不绝缘，会产生扩散电流，无漏点区域还会有一定的背景回路电流，该电流一般很小（<0.1mA）。有漏点区域回路电流较大，一般大于 3 倍的背景电流，局部回路电流的最大值点一般对应漏点的位置。

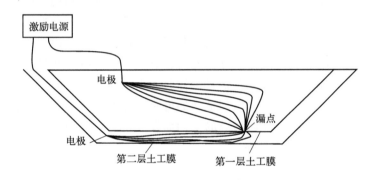

图 10-6 双电极法测定防渗膜漏点示意[578]

2）高密度电阻率法

高密度电阻率法是在直流电阻率法的基础上发展起来的一种高效地球物理方法，其特点是在地表一次性布置多个电极，然后采用电极程控开关自动进行视电阻率数据的采集[579]，其测定地层电阻率分布的原理如图 10-7 所示。通过视电阻率切片与视电阻率剖面，建立场地三维污染模型，可以实现在三维上的污染范围与程度的识别。视电阻率切片可以清晰地展现出当前深度土层的视电阻率分布情况，方便了解每层污染扩散的情况，大致圈定污染羽在特定地层深度上的水平污染范围。而视电阻率剖面可判断污染扩散的具体深度与程度，即垂向污染扩散的范围和程度。高密度电阻率法的特点是：电极布设是一次完成的，野外获取数据简单快捷；可以设置多种电极排列方式的扫描测量，因而可以获得丰富的、关于地电断面结构特征的地质信息；野外数据采集实现了自动化或半自动化，采集速度快（每个测点需 2~5s），避免了由于手工操作所出现的错误；与传统的电阻率法相比，成本低、效率高、信息丰富、解释方便，且勘探能力显著提高[580]。总之，利用高密度电阻率法能够探测污染深度和范围，但是使用时要考虑场地条件，除了要求场地开阔外还要求场地地形起伏小。

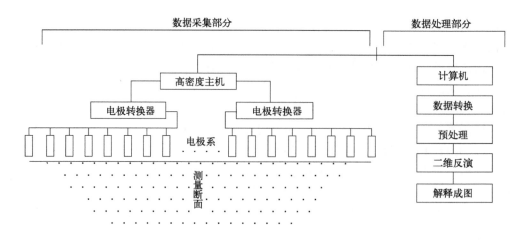

图 10-7　高密度电阻率法测定地层电阻率分布的原理[581]

3) 探地雷达法

探地雷达法是一种非破坏性的原位探测技术,其工作原理是利用天线来发射和接收高频率的电磁波,进而将地下的信息呈现出来。电磁波在介质中传播时,当遇到存在电性差异的介质或目标时其会发生反射,返回地面后由接收天线所接收。由于地下介质往往具有不同的物理特性,如介质的介电性、导电性及导磁性的差异,所以对电磁波具有不同的波阻抗。进入地下的电磁波在穿过地下各地层或其他目标体时,由于界面两侧的波阻抗不同,电磁波在介质的界面上会发生反射和折射。反射回地面的电磁波脉冲,其传播路径、电磁波强度与波形将随所通过介质的电极性质及几何形态的不同而发生变化。典型的探地雷达在不同性质地层中的反射波波形堆积如图 10-8 所示。

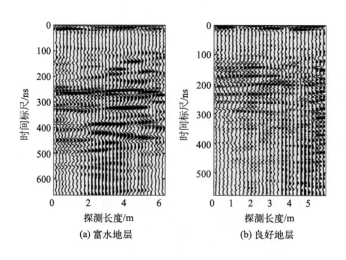

图 10-8　典型探地雷达反射波波形堆积图[582]

在生态修复填埋场中,污染源的扩散伴随着介质离子浓度的升高和电阻率的降低,在探地雷达记录上则表现为反射信号的强烈衰减。因此,根据探地雷达信号的衰减程度及范围可以对垃圾填埋场中污染源的扩散情况进行估计。探地雷达的抗电磁干扰能力强,其可以在各种噪声环境下工作,具有一定的探测深度和较高的分辨率,可以直接现场提供实时剖面记录,图像清晰直观、工作效率高、重复性好[582]。探地雷达法的局限性主要体现在探测深度方面。探地雷达发射的电磁波频率越高,电磁波在地下介质中衰减得越厉害,探测距离越小,同时分辨率越低,因此探地雷达对于垃圾填埋场的低阻污染体只能探测其范围,而不能测量污染在纵向深度上的范围。此外,探地雷达受地面金属体、电线等干扰较大,这也限制了探地雷达技术的使用。

4) 电磁法

电磁法是基于测量大地产生的二次电磁场来测量电阻率的一种勘测方法。该法利用一个回线装置发射 1000~10000Hz 的电磁信号,产生波长很长的低频电磁波,在大地中产生诱发电流。当地下存在不均匀地质体时,诱发电流产生的二次电磁场返回地面,由接收线圈接收,此时测量该磁场的强度并与发射的信号进行比对。通过对异常场的解析,将测量结果转换为视电阻率参数,并进行推断解释,从而达到解决地质问题的目的。电磁信号的穿透深度与发射频率有关,低频的信号穿透得更深,但是高频的信号衰减得更快。这种由频率决定穿透深度的探测方法导致了数据的多解性,加大了评估目标深度和尺寸的难度。

目前常见和使用最广泛的电磁法是瞬变电磁法。瞬变电磁法根据激励场源的不同而分为垂直磁偶源方法(使用不接地回线)和电偶源方法(使用接地电极)两种,其中使用较多的是垂直磁偶源中的回线场源方法。与其他电磁法相比,瞬变电磁法具有以下特点: a. 横向分辨率较高,对探测产状较陡的局部异常地质体较为敏感; b. 受地形影响小,观测精度较高; c. 采用不接地回线工作,特别适用于接地条件困难的地区施工; d. 野外施工方法技术简单,工效高; e. 通过选择不同的参数组合,可以灵活地改变探测深度,从而可探测不同深度的目标物[583]。一个由常见的瞬变电磁法得到的电阻率分布如图 10-9 所示,其中 S1$^{\#}$、S2$^{\#}$ 是布设的瞬变电磁法的测线。

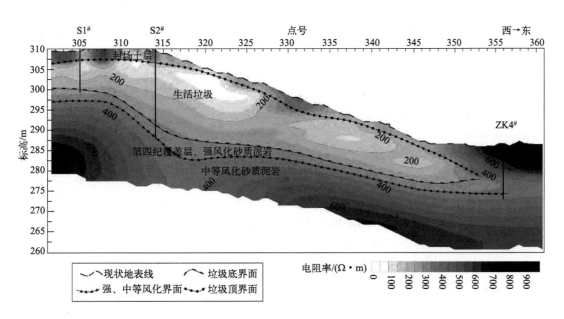

图 10-9 某填埋场测线 S3 瞬变电磁法得到的电阻率分布[584]

5) 地震波法

地震波法利用人工震源直接产生地震波,当地震波在地下介质中传播时,遇到波阻抗界面将产生反射、折射和透射现象，同时产生可以返回地面的反射波和折射波。通过测量反射波穿过地层的时间或折射波行进最后返回检波器所用的时间，反映出地下的地层结构（图10-10）[585]。地震波能够透入地下较深处，震源为人工产生，对地下勘探对象的多解性较小，分辨率和精度相对较高。尽管地下地质情况十分复杂，各种地球物理技术一般仅能揭示地下轮廓性和多解性的结构或物质组成，且地震勘探实际效果仍受到许多限制，但在许多情况下地震勘探却能提供比较单一的定量结果。但其不能单独用于污染土壤的检测，只有结合高密度电阻率法勘探才能充分发挥地震波法的作用，从而更精确地获得地下污染物的分布情况。

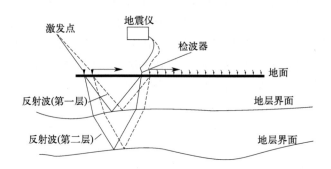

图 10-10 地震波法检测地层结构原理

（2）力学法

力学法也被应用在生态修复填埋场防渗膜渗漏的检测过程中，其中，应力波法是一种能实时检测防渗膜破裂情况的技术，应用范围较广。应力波法主要原理为：HDPE 膜在受到自然环境或人为因素的作用下发生破裂时，其所受的冲击压力会以波动形式向四周传播，即应力波。通过在 HDPE 膜下的土壤层中布设应力波传感器，可以获取应力波信号的初至时刻和信号强度等信息，将这些信息调制、储存后送入数据处理终端进行分析运算，利用此应力波的初至时刻与波速的空间立体关系，最终获得 HDPE 膜破损的时间和空间信息[586]。典型的应力波法检测填埋场防渗膜漏点的原理如图 10-11 所示。应力波检测技术具有检测范围广、可实时在线检测、可预测材料破裂趋势、检测无损等优点。

（3）模型法

生态修复填埋场的防渗膜渗漏也可以采用模型模拟的方法找出，并可计算得出污染物的迁移规律，确定污染范围及污染物浓度。垃圾渗滤液污染物的运移受水动力弥散、吸附解吸和生物降解等多种因素的控制。因此，地下水流动模型与溶质运移模型耦合的污染物运移模型，应同时考虑污染物在地下水环境中的降解、吸附、稀释、弥散等多种物理化学生物过程。选定特定场地的特征污染物并拟合前期观测数据，通过少量的监测点，插值模拟出当前污染羽的大致范围，实现对污染范围的识别。模型也可以模拟预测污染羽未来可能会到达的位置。

地下水污染运移模型的建立和参数的率定是确定地下水污染范围的关键步骤。污染物的运移涉及多种过程。在大部分的非黏土地下水系统中，对流、扩散和放射性衰变作用相对不重要，主要的衰减过程是吸附、降解和稀释[587]。很多研究者将生态修复填埋场污染源视为恒定浓度，而且很少有人会考虑固体颗粒对溶质运移的影响。而有研究表明，垃圾填埋场污染物浓度是随时间延长而衰减的，同时流体在多孔介质中的运移是一个流固耦合的动态过程[588]。因此，考虑运用流固耦合的模型对地下水进行模拟可能更为精确。另外，污染羽范

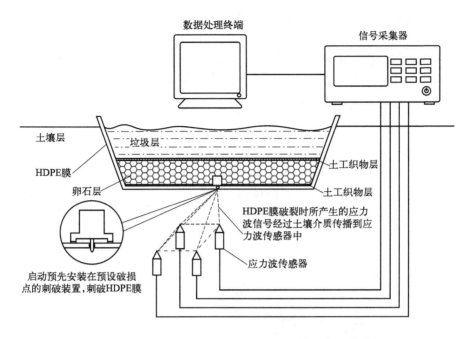

图 10-11　应力波法检测填埋场防渗膜漏点原理[586]

围的准确性还取决于物理化学过程的参数拟合程度以及监测井的数量，如果监测井数量有限则确定污染羽的范围应更多地依靠插值方法。

综上所述，目前关于垃圾填埋场的渗漏点检测技术主要是依靠物理探测的方法，在定位到防渗膜破裂的具体位置后，再对破损处进行精准修补，即可切断渗滤液污染地下水的途径，从而在一定程度上减轻填埋场对地下水的污染。常见的填埋场渗漏点检测技术的相关情况如表 10-4 所列。

表 10-4　填埋场渗漏点检测技术一览表

技术名称	原理	适用范围	优点	缺点
双电极法	通过电流大小判断是否有通路	定性判断防渗膜是否有渗漏	设备简单，投资低	背景干扰较大，且填埋后难以改变测定位置
高密度电阻率法	通过多个电阻率数据构建电阻率三维空间分布模型	精准刻画填埋场地层不同位置的电阻率	一次性投资，精度高	初期投资大，要求场地开阔及地形起伏小
探地雷达法	通过电磁波反射信号的差异来判断地层结构	定性判断地层结构及受污染程度	抗电磁干扰能力强，可实时提供剖面信息	探测深度较浅
电磁法	通过低频电磁波诱发电流，接收二次电磁场	地层电阻率精准刻画	横向分辨率较高，适用于接地条件困难的地区施工	高频信号纵向衰减速度快，探测深度有限
地震波法	通过反射地震波的信号判断地层结构	地层结构判断	能够透入地下较深处，判断精度较高	无法反映土壤污染的特性
力学法	通过传感器观测HDPE膜下层土壤中的应力	防渗膜漏点检测，土壤结构检测	检测范围广，可实时在线检测，检测无损	传感器需要事先布设，初期投资大
模型法	通过模型刻画污染物的迁移规律	污染羽的识别，污染范围的估算	无需安装检测装置，节约成本	需要获得监测井数据，无法精准捕捉漏点位置

在防渗膜发生破裂后，需要采取措施对破裂处进行修补。常用的修补方法为：a. 点焊，对材料上小于 5mm 的孔洞及局部焊缝的修补完善，可用挤压熔焊机进行点焊；b. 加盖，对厚度不够或严密性不够的挤出焊缝，可用挤压熔焊机补焊一层；c. 补丁，对大的孔洞、刺破处、膜面严重损伤处、取样处、十字缝交叉处以及其他各种因素造成的缺损部位，均可用加盖补丁的方法来修补。通过精准修补，可以及时地防止渗滤液对地下水造成进一步污染。

10.2.2.2 垂直防渗墙阻隔技术

自 1945 年以来，由土壤-膨润土泥浆组成的防渗墙一直被用于岩土工程中的地下水控制。自 20 世纪 90 年代以来，垂直防渗墙作为一种典型的控制场地污染的技术，通过隔离污染源达到了减小污染范围的目的，已广泛应用于污染场地的治理中，以防止污染物在含水层中发生运移和扩散。图 10-12 为典型的垂直防渗墙结构图。

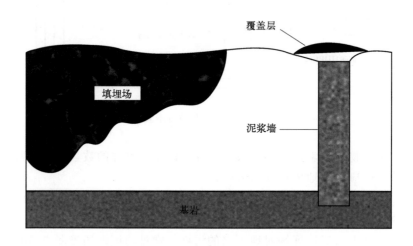

图 10-12 垂直防渗墙结构图

垂直防渗墙在平面上的布置大致有直线形、折线形和弧形三种类型。其中，直线形较多，而折线形则常常用于某些特殊地形。从各加固方案在国内的运行上看，冲抓套井形成防渗体后，由于新防渗体与坝体沉降不同而形成"拱效应"，使新防渗体易形成细微裂缝从而影响防渗效果，近年来运用不多。劈裂灌浆造价低，但形成的防渗墙太薄，且深入强风化层有难度，防渗效果有限。混凝土防渗墙根据墙体深度，成槽工艺较多，各种墙体深度均有其适宜的成槽工艺，在国内运用普遍。高压喷射灌浆也有较好的防渗效果。

垂直防渗墙修复技术适用于各种污染物质的扩散阻隔，其材料应具有良好的稳定性，使土壤/地下水中的污染物不会显著劣化阻隔材料的性能。在保证阻隔材料长期低渗透性的条件下，可通过提高其对污染物的吸附性来增强阻隔效果。该技术适用于各种介质类型的生态修复填埋场周边地下水污染风险管控，但在具体施工工艺和阻隔材料结构选择上应充分考虑场地水文地质条件。

常见的阻隔材料包括钠基膨润土、天然黏土、水泥、HDPE 膜和钠基膨润土防水毯等。其中，钠基膨润土具有易于制浆和注入、防渗性能好、可形成柔性墙抵抗变形破坏、与各类土体和水泥的相容性好、抵抗各种污染物侵蚀性能好等优点，但钠基膨润土对一定浓度以上金属阳离子的侵蚀抵抗力较弱，防渗性能会出现显著降低的情况。天然黏土与钠基膨润土的性能相似，但其均一性差，难以大量获得，防渗性能不如膨润土，所以使用较少。水泥也是常用的阻隔材料，其防渗性能略低于膨润土，可以与膨润土、天然土或砂石料混合，形成具有较高强度的垂直阻隔墙，如水泥-膨润土、塑性混凝土垂直阻隔墙。但加入水泥形成的防渗墙刚性相对较大，抗变形能力差，因此使用时应注意控制其周边地层地形。

除了以上材料外，HDPE 膜和钠基膨润土防水毯（GCL）是最常用的防渗膜材料。HDPE 膜渗透系数可低至 10^{-12} cm/s，只要焊接良好，在不破损的情况下可认为是不透水的。钠基膨润土防水毯是将高膨胀性的钠基膨润土填充在特制的复合土工布和无纺布之间，用针刺法制成的膨润土防渗垫可形成许多小的纤维空间，使膨润土颗粒不能向一个方向流动，遇水时在垫内形成均匀高密度的胶状防水层，可有效防止水的渗漏。与其他防水材料相比，钠基膨润土防水毯具有施工简单、施工期短、容易维修等优点[589]。此外，钢板桩、包裹铁皮的木板桩也可用于防渗墙的构建，但这类桩墙一般用在支护中，当其用于污染阻隔时缺点较为明显，如造价高、易渗漏、抗腐蚀性差、施工深度浅等。

上述几种阻隔材料的优缺点如表 10-5 所列。

表 10-5　常见防渗墙阻隔材料的优缺点一览表

材料名称	优点	缺点
钠基膨润土	易于制浆和注入，防渗性能好，与各类土体和水泥的相容性好	对一定浓度以上金属阳离子的侵蚀抵抗力较弱
天然黏土	易于制浆和注入，防渗性能好，与各类土体和水泥的相容性好	均一性差，难以大量获得，防渗性能不如膨润土
水泥	价格较低，强度较高	刚性相对较大，抗变形能力差
HDPE 膜	渗透系数极低，在焊接良好的情况下可以认为是不透水的	一旦破损便会显著透水，施工要求相对较高
钠基膨润土防水毯	永不老化，可有效对抗生物破坏，适应不均匀沉降，不易破损，施工简单	自身较重，运费较高

地下水污染修复阻隔技术的处理周期一般为几个月，对阻隔系统的监测主要是沿着阻隔区域地下水水流方向设置地下水监测井，监测井应分别设置在阻隔区域的上游、下游和阻隔区域内部。通过比较分析流经该阻隔区域内地下水中目标污染物的含量变化，可以及时了解阻隔区域对周围环境的影响，并适时做出响应，从而防止二次污染[590]。

总之，垂直阻隔技术就是在污染羽的流速垂向上构建垂直防渗墙，并在其中填充多种阻隔材料。这些材料普遍具有较低的渗透系数，使得地下水不容易流过防渗墙，从而最大程度地将污染范围控制在填埋场附近，防止其对下游地下水造成进一步的污染。然而，该技术并没有真正消除地下水的污染，且在长时间尺度下，防渗墙会存在老化等问题，有可能导致其性能进一步下降，因此通常需要耦合其他技术对地下水进行协同处理，例如将阻隔的地下水进行抽提净化等。

10.2.2.3 可渗透反应墙技术

可渗透反应墙技术（permeable reactive barrier，PRB）是一种将反应介质安装在受污染的地下水羽流的路径上，以拦截地下水污染羽为设计目的的技术。当污染羽通过装置时，由于污染物与反应介质之间的物理、化学、生物作用或综合相互作用，地下水中的污染物通过降解、沉淀和吸附过程被去除，并将污染物转化为环境可接受的形式，使得污染物沿着地下水水力梯度逐渐达到修复浓度目标。自 PRB 修复技术发明以来，就在地下水修复中得到了广泛的研究和应用。迄今为止，PRB 已经在实验室中进行了研究，并在中试或全规模的现场投入使用。图 10-13 为典型的 PRB 技术修复受填埋场污染的地下水工程示意。

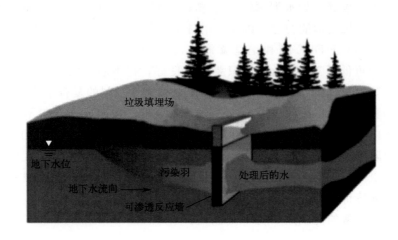

图 10-13　PRB 技术修复受填埋场污染的地下水工程示意

PRB 反应介质的选择是 PRB 施工的重要环节。PRB 反应介质的选择通常受到以下因素的影响：需去除污染物的类型（有机或无机）、浓度及其去除机制（生物降解、吸附或沉淀）；含水层的水文地质和生物地球化学条件、环境/健康影响、材料的机械稳定性（随时间的推移保持水力传导和反应活性的能力）及可用性和成本。PRB 中常用的反应介质有零价铁、活性炭和沸石等。根据 PRB 中反应介质的种类，PRB 可分为单介质 PRB 和多介质组合 PRB。

(1) 单介质 PRB

很多学者在 PRB 反应介质对 COD、氨氮、硝态氮、总磷和重金属等地下水中污染物去除效率的影响方面进行了大量研究。大多数现有的 PRB 只含有一种反应介质，它的目标是去除单一组分的污染物。宋永会等[591]研究了以钙型天然斜发沸石作为反应介质，对 COD、磷和氨氮的去除效果，试验结果表明，在适当的水力、pH 值和反应时间的条件下，钙型天然斜发沸石对 COD、磷和氨氮的去除率分别为 84％、97％和 96％。

(2) 多介质组合 PRB

多介质组合 PRB 指用多种填料共同填充 PRB，通过功能的相互耦合提高 PRB 对地下水的修复效率，已成为垃圾填埋场等污染场地复合污染修复的研究热点，其主要组合形式有生物组合、非生物组合、生物-非生物组合等。多介质组合 PRB 可以提高渗透性、降低成本、增加可用于单一或多污染物清除的机制数目、提高去除效率，从而大大改善 PRB 的长期性能。Ma 等[592]使用了两种非生物材料（零价锌和零价铁）对三氯乙烯进行降解，结果发现这种混合物的降解速率比单独使用零价铁的快 3 倍。Dong 等[593]在实验室内研究了 PRB 修复处理垃圾渗滤液污染地下水的可行性，针对填埋场渗滤液污染地下水中氨氮、重金属和有机污染物浓度较高的问题，发现以沸石与零价铁的混合物作为 PRB 的反应介质对于氨氮的去除率最高，为 97.4％，其中沸石吸附氨氮，零价铁通过与氨氮发生氧化还原反应对其进行去除。Zhou 等[594]基于柱试验对 PRB 修复技术进行优化，发现 PRB 反应介质（零价铁、沸石和活性炭）的最佳组合可以去除 89.2％的氨氮。

针对填埋场区域地下水的主要污染物以及当地的水文地质特征，许多学者设计了不同的PRB方案。例如，Wang等[595]针对填埋场附近地下水中的土壤矿物中还原性溶解的高浓度Fe^{2+}和Mn^{2+}污染，在美国佛罗里达州一个封闭、无防渗措施的垃圾填埋场下坡处，安装了两个分别由石灰石和碾碎的混凝土组成的现场渗透反应墙，以修复含有高浓度Fe^{2+}和Mn^{2+}的地下水，将PRB分成两等长段，填充不同的反应介质去除Fe^{2+}和Mn^{2+}，其中一种反应介质是石灰石，第一年的平均去除率为91%，另一种反应介质是碾碎的混凝土，第一年的平均去除率为95%。反应物料的去除率在第三年分别下降到平均的64%和61%。Liu等[596]采用多种材料组合填充构成厌氧-好氧连续式PRB，发现运行时间超过10天后，该PRB对四氯乙烯、三氯乙烯、二氯乙烯和氯乙烯的去除率分别高达99%、98%、90%和92%。然而，目前我国在地下水污染防治的研究工作中主要以室内试验为主，现场修复研究工作与发达国家仍有较大差距，在具体污染场地修复研究方面还需要进一步探索与实践，逐步形成修复技术理论与工程实践有效结合的污染防治技术体系。

10.2.3 地下水污染修复技术

10.2.3.1 抽出处理技术

地下水抽出处理技术是利用一系列的抽水井将含水层中受到污染的地下水抽取到地面，然后进行净化处理从而降低含水层污染物浓度，处理后的水重新注入地下或排放到当地的公共供水系统中，其处理系统如图10-14所示。在地下水污染修复的方法中，抽出处理技术是最常用的修复技术之一。通过不断地抽取污染地下水，使污染羽的范围和污染程度逐渐减小，并使含水层介质中的污染物通过向水中转化而得到清除。其中，水处理方法可以是物理法（包括吸附法、重力分离法、过滤法、反渗透法、吹脱法等）、化学法（包括混凝沉淀法、氧化还原法、离子交换法、中和法等），也可以是生物法（包括活性污泥法、生物膜法、厌氧消化法和土壤处置法等）。

地下水抽出处理技术的工艺流程为：在污染区域范围内设置地下水抽出井等集水设施，采用潜水泵、真空抽提等方式对目标污染区域的地下水进行抽出，利用输送管路将抽出的污染地下水输送至调节池，再对抽出的受污染地下水及过程中可能产生的污染气体进行无害化处理，最后达标排放。地下水抽提井的位置需要布设在污染羽的源区内，或在其扩散路径上进行垂向布置，从而形成水力截获，最大限度地抽提受污染的地下水。抽出处理技术是一种可行的深层控制/修复技术，能够控制地下水污染以及污染羽的扩散，它不仅适用于地下水中污染物的去除，而且也适用于地下水污染羽的水力控制。抽出处理修复技术经济性好、效率高。自20世纪80年代以来，在国外逐步被推广应用于污染场地修复中。

然而，过去几十年的实践和研究表明，地下水抽出处理后，污染场地出现了不同程度的拖尾和反弹现象。其中，拖尾现象是指污染物在抽水作业的过程中，污染物的抽取速率逐渐降低，抽水作业一段时间后，抽水井的污染物浓度仍高于地下水质量标准。此外，在许多修复过的地方，一旦抽出处理停止，地下水中的污染物浓度就会显著反弹。尽管有各种化学和物理因素（如含水层吸附解吸、NAPL的缓慢溶解）可能会导致抽出处理效率降低，但其主要的原因是污染场地特有的水文地质特征。

很多学者对地下水修复过程中的拖尾现象也进行了大量研究。Rivett等[597]开展了某氯代烃污染场地的地下水抽提修复，并在地下水污染羽中布设了多个抽提井，发现在抽提过程

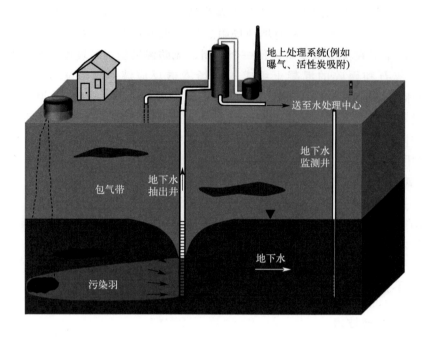

图 10-14 填埋场周边地下水抽出处理系统示意

中,氯代烃下降的速度较为缓慢,这可能是由于 DNAPL(致密非水相液体)持续释放溶解态氯代烃、存在局部富集氯代烃的低渗透地层等多种因素导致的。Voudrias[598]通过试验和数学模型证明,如果抽出处理操作的设计忽略了非均质性,那么抽出处理用于非均质含水层的地下水修复将是非常昂贵的。同样,Güngör-Demirci 等[599]采用随机分析的方法研究了渗透系数的对比和分层对抽出处理修复周期的影响,分析发现低渗透区和渗透性较好的区域分布可以显著影响抽出处理的修复效率以及时间,并且发现使用较多的小流量抽水井进行抽出处理修复比使用较少的大流量抽水井更有效。

地下水抽出处理修复技术应用首先需要控制或去除地下水污染源,该技术要求含水层介质的渗透系数大于 5×10^{-4} cm/s,可以是粉砂或卵砾石等不同的介质类型。地下水抽出处理修复技术修复的目标可设定为对污染羽实现水力控制和水力恢复,地下水抽出处理修复技术的关键参数包括渗透系数、含水层厚度、井间距、井群数量、井群布置和抽出速率等。地下水抽出处理修复技术运行为动态过程,应参照地下水污染羽的变化,动态调整技术各方面的运行。地下水抽出处理修复技术修复周期较长,必要时可以组合其他修复技术,其工作程序如图 10-15 所示。

10.2.3.2 原位化学氧化/还原技术

地下水的原位化学氧化/还原技术是通过设备向地下水的污染区域注入氧化剂/还原剂等化学药剂,使化学药剂在地下扩散,与地下水中的污染物接触,通过氧化或还原反应,使地下水中的污染物转化为毒性较低或无毒的物质[600],从而有效降低土壤和地下水污染的风险。根据注入方式的不同,原位化学氧化/还原技术可分为注入井注入、直推式注入、高压旋喷注入和原位搅拌等,如图 10-16~图 10-19 所示。

原位化学氧化/还原技术可以去除多种污染物,具有修复周期短、效率高的特点,可以转化水相、吸附相和非水相的污染物,且能促进污染物解吸和 NAPL 溶解等[603]。然而,

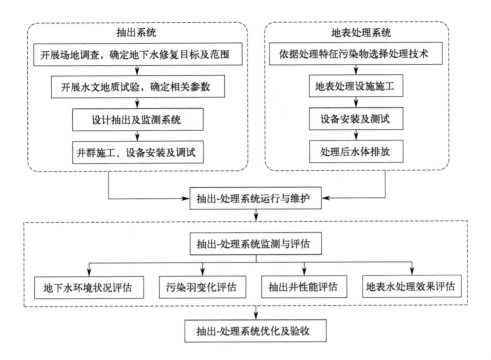

图 10-15 污染地下水抽出处理技术工作程序[576]

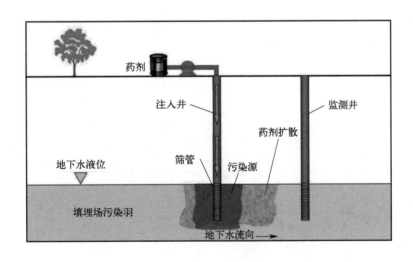

图 10-16 注入井注入耦合氧化还原修复地下水示意

该技术也存在一些缺点,主要为:a. 一些氧化剂的稳定性较差或反应速率过快,可能会出现氧化剂传输困难和传输不均的问题;b. 土壤中存在有机质、还原性金属等物质,会消耗大量氧化剂,影响修复效率;c. 存在产生降解副产物的问题,可能会造成二次污染。

常用的氧化剂包括过氧化氢/芬顿试剂、高锰酸盐、过硫酸盐和臭氧等,这些氧化剂的特性如表 10-6 所列。常用的还原药剂包括连二亚硫酸钠、亚硫酸氢钠、多硫化物、硫酸亚铁和零价铁等。

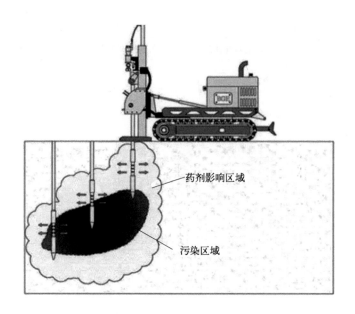

图 10-17 直推式注入耦合氧化还原修复地下水示意

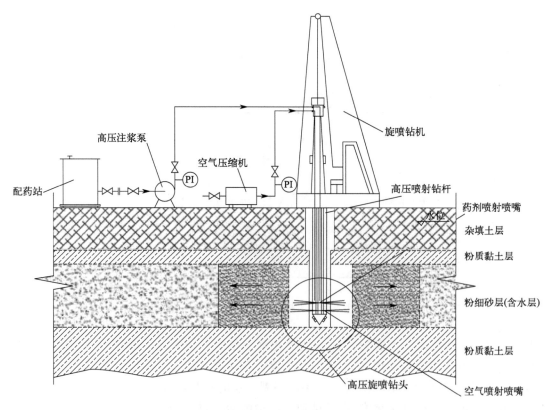

图 10-18 高压旋喷注入耦合氧化还原修复地下水示意[601]

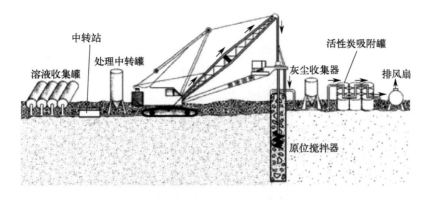

图 10-19 原位搅拌耦合氧化还原修复地下水示意[602]

表 10-6 地下水原位化学氧化常用试剂特性[576]

<table>
<tr><th colspan="2">试剂</th><th>过氧化氢/芬顿试剂</th><th>高锰酸盐</th><th>过硫酸盐</th><th>臭氧</th></tr>
<tr><td colspan="2">物理性质</td><td>液体</td><td>高锰酸钠,液体(900g/L,20℃);
高锰酸钾,固体(65g/L,20℃)</td><td>过硫酸钠,固体(550g/L,20℃)</td><td>气体</td></tr>
<tr><td rowspan="4">化学性质</td><td>标准氧化电位</td><td>1.8V</td><td>1.7V</td><td>2.0V</td><td>2.1V</td></tr>
<tr><td>药剂稳定性</td><td>数分钟至数小时</td><td>>3个月</td><td>数小时至数周</td><td>数分钟至数小时</td></tr>
<tr><td>活化剂和活化方式</td><td>过渡金属(Fe^{2+})天然矿物</td><td>—</td><td>碱活化、热活化,过渡金属(Fe^{2+})、螯合剂-过渡金属</td><td>双氧水活化</td></tr>
<tr><td>作用自由基</td><td>羟基自由基(2.8V)</td><td>—</td><td>硫酸根自由基(2.5V)</td><td>羟基自由基(2.8V)</td></tr>
<tr><td colspan="2">应用局限性</td><td>反应较剧烈,需要考虑安全性问题,对pH值要求较高(pH值应为5左右)</td><td>生成二氧化锰会造成含水层孔隙堵塞,造成地下水色度增加,应用时需要考虑其可行性</td><td>碱活化对pH值要求较高(pH值应为10~12),会产生硫酸盐,造成二次污染</td><td>需现场制成</td></tr>
</table>

应用原位化学氧化/还原技术修复地下水时,需要进行背景监测、系统运行分段监测以及修复效果评估监测。在原位化学氧化/还原系统运行期间,需要对注入药剂的浓度以及注入药剂引起的二次污染指标进行监测,从而确定药剂是否到达修复目标层、药剂是否扩散到修复范围内以及修复过程是否会造成二次污染等。

原位化学氧化/还原技术对填埋场污染羽中的苯系物、氯代烃、多环芳烃、甲基叔丁基醚、酚类和农药等有机污染物具有较好的去除效果,适用于填埋场污染羽中氯代有机物、六价铬、硝基化合物和高氯酸盐等的处理。该技术用于地下水污染的修复,主要适用于地下水残余污染源区,当成本合适时也适用于修复中等浓度污染的地下水。

10.2.3.3 地下水曝气技术

地下水曝气技术是一种常见的地下水修复技术,其主要通过两个途径去除地下水中的污染物:a. 对于挥发性污染物而言,通过曝气的吹脱作用可以去除污染物;b. 对于在好氧条件下易被生物降解的污染物而言,可以利用曝气的方式提高地下水中的溶解氧浓度,从而促进污染物的好氧分解。在工程应用中,一般采用预埋曝气管的方式提高饱和带或包气带中的溶解氧含量,强化受污染水体中微生物的好氧生物降解,从而使其净化。

地下水曝气-气相抽提联用系统布置如图 10-20 所示。

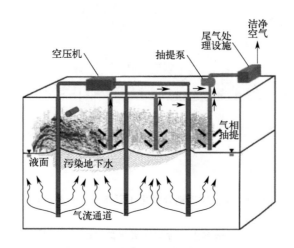

图 10-20　地下水曝气-气相抽提联用系统布置示意

地下水曝气系统一般由注气单元、抽提单元、处理单元和监测单元组成。注气单元包括曝气井、管线、注气设备、气体流量计、压力计、流量控制阀和调节阀等，抽提单元包括抽气井、抽气设备，处理单元包括尾气处理设备等，监测单元包括监测井、监测设备等。在选择空气压缩设备时，要充分考虑地下水曝气操作过程中需要的注入气流量和空气注入压力，同时要串联颗粒过滤器，避免将污染气体注入饱和区。

地下水曝气技术会受到水文地质条件（包括渗透性、含水层结构和地下水中的铁离子浓度）的影响。一般情况下，当含水层的渗透率大于 10^{-9}cm^2 时地下水曝气技术有效。在较细颗粒的含水层介质中，气体注入所需压力偏大且气体有横向迁移趋势。在含水层分层或高度非均质介质中使用地下水曝气技术时，气体会进入优势通道中，可能会导致修复效果下降。地下水曝气技术不能用于承压含水层的地下水污染修复，这是因为注入的空气会被承压含水层阻断，不能返回包气带。地下水中的 Fe^{2+} 能与空气中的氧气发生反应产生沉淀，进而阻塞土壤中的微孔隙，造成含水层的渗透率下降，影响其修复效果。因此，在使用地下水曝气技术时地下水中的 Fe^{2+} 浓度应小于 10mg/L。

在含水层介质中往往存在非均质地层，其中的低渗透地层土壤颗粒粒径小，当采用普通的原位曝气技术时，由于气泡粒径大于介质的孔隙，从而导致气泡无法进入低渗透地层中，因此会出现显著的绕流现象，降低了对于低渗透地层的修复效率。为了解决气泡无法进入低渗透地层的问题，可以尝试引入微纳米气泡曝气技术。微纳米气泡一般是指直径介于 $0.1\sim10\mu\text{m}$ 之间的气泡，它可以通过加压溶气气浮、文丘里管射流等方式产生。由于微纳米气泡的粒径比传统气泡小 1~3 个数量级，因此有望进入低渗透地层中，从而可携带臭氧、过硫酸盐等氧化剂，实现低渗透地层中有机污染物的高效氧化。目前有研究表明，微纳米气泡在碱性条件下较为稳定，可以较容易地穿透多孔介质，但在酸性环境下却容易被多孔介质截留[604]。Hu 等[605]研究了臭氧微纳米气泡水去除含水层中甲基橙的效果，发现臭氧微纳米气泡水对甲基橙的去除率高于去离子水冲洗，且在添加双氧水后进一步提升了去除率。Choi 等[606]通过往沙箱中注入微纳米气泡水，结合影像拍摄技术，发现微纳米气泡和水在多孔介质中的迁移是彼此分离的，且微纳米气泡对于低渗透地层具有较好的渗透性。Zhang 等[607]

发现，在臭氧微纳米气泡水中添加 Tween-20（非离子表面活性剂）后，对土壤中的多环芳烃（菲）的去除率可达 84.9%，且该去除效果好于直接采用臭氧微纳米气泡曝气的效果。因此，臭氧微纳米气泡及其改性技术有望修复填埋场污染羽中的低渗透地层，但其修复效果受到污染羽中污染物组分、低渗透介质的渗透率等多种因素的影响，尚需进行进一步研究。

地下水曝气技术虽然理论上对有机质浓度较高的渗滤液污染地下水的处理效果较好，但该方法实施起来比较困难。首先，在地下安装曝气管的难度很大，当地下水污染的范围较广时曝气的范围还需相应增大。其次，土壤颗粒对曝气产生的气泡迁移起到了阻滞作用，限制了氧气的扩散范围。此外，地下水曝气技术投资较大，一般适合小范围的重要地区地下水的处理[608]。

10.2.3.4 原位生物修复技术

原位生物修复技术是通过人为措施（包括添加氧和营养物等）刺激原位微生物的生长，从而强化污染物的生物降解，将污染物就地降解为 CO_2 和 H_2O 或转化成无害物质的过程。受填埋场污染的地下水中，污染物种类复杂，污染物的化学性质不同，微生物的降解转化机理也不相同。"三氮"污染是填埋场地下水中常见的污染物。针对无机氮污染，微生物作用的关键过程是反硝化作用，反硝化细菌利用硝酸盐和亚硝酸盐作为呼吸过程的电子受体，最终把硝酸盐还原成氮气[609]。地下水中的有机物种类远比其他污染物多，但其浓度往往较低，微生物通常将地下水中的有机物作为能量和营养物质，通过生长代谢、共代谢过程，直接或间接地对其进行利用，经开环、脱氯、脱氮、氧化、还原等作用，最终被降解为 CO_2 和 H_2O[610]。铬、镉、汞、砷、铅、锰是地下水中较为常见的重金属元素。地下水中的重金属浓度通常较低，但毒性较大。微生物一般不能直接利用重金属物质，但可以通过氧化、还原、甲基化和去甲基化等作用改变重金属的价态，或者对其进行固定，实现低毒或无毒转化。微生物修复技术的经济性相对较好，对环境扰动小，是具有潜力的地下水污染修复的方法之一。

原位生物修复通常应从两方面入手，一方面向污染地下水中添加特定的营养物，通过环境调控来提高土著微生物降解污染物的能力，这一条途径又叫作生物刺激（biostimulation），另一方面向污染地下水中添加高效降解菌群来降解污染物，这一条途径又叫作生物强化（bioaugmentation），如图 10-21 所示。相对于土壤而言，向地下水中添加功能菌群的应用较少。地下水环境具有无光、低温、低氧、承压等特点，是一个近似极端的环境，在外源菌群在污染地下水中的存活难度、降解污染物的效率和时效性等方面都具有较大的不确定性。相比较而言，土著微生物本身已具有较强的适应能力，温度、pH 值等环境因子并不需要进行过多的人工调控。因此，大部分研究聚焦于如何刺激土著微生物降解目标污染物[609]。

采用原位生物修复填埋场修复受污染的地下水时，可以采用加入添加剂等方式。其中添加剂一般为微生物代谢所必需的营养物质、能量和代谢过程所需的电子受/供体等物质，通过强化微生物代谢能力和提高菌群丰度，加速污染物的降解、转化作用。添加剂的选取需符合一定要求，不应对生命体和环境产生毒害作用，尽可能不改变地下水环境，且能够为微生物功能菌群提供较多的营养物质、能量和电子等。目前常用的添加剂包括甲醇、乙醇、乳化植物油、甘油聚乳酸、乙酸、植物油、蔗糖、表面活性剂和高锰酸钠等。其中，多数添加剂相对环保，为对生命体无毒害作用的有机物，同时在地下水中具有良好的迁移性。但针对高

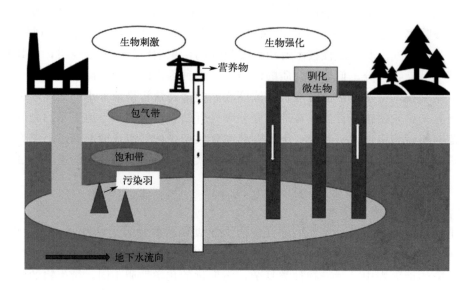

图 10-21 强化微生物修复填埋场周边污染地下水原理

锰酸钠这类具有强氧化性的添加剂，其本身具有一定的杀菌作用，使用时应结合地下水污染的具体情况综合考虑[609]。地下水生物修复受到含水层渗透系数、pH值、温度、微生物的种类和数量、营养物质、氧化还原电位（ORP）和盐度等影响。

(1) 含水层渗透系数

含水层渗透系数是影响微生物修复效果的重要参数，对电子受体和营养物质的传输速率和分布有着重要影响。当含水层的渗透系数大于10^{-4}cm/s时，采用循环井的修复工艺能够产生较好的效果；当含水层的渗透系数在$10^{-6}\sim10^{-4}$cm/s之间时，需要做详细评估、设计和控制才可保证修复效果，例如采用加压直接注射的修复工艺。Wu等[610]对渗透率不同的沉积物含水层中的NO_3^-自然衰减进行研究，发现在低渗透含水层中，无机化能自养型反硝化细菌更有利于降解NO_3^-。

(2) pH值和温度

大多数微生物适宜生长的pH值为6~8，但不同填埋场污染羽中pH值的范围会有所差异。由于难以人为持续地调控地下水环境的pH值，所以在生物修复时应当优先选用适应所在地下水环境pH值的微生物。地下水环境温度也是生物修复的重要影响因素。填埋场周边地下水环境温度总体比较稳定，主要受填埋场渗漏液体、水位埋深和地表水体交互情况的影响。大部分微生物属于中温菌，其最适的生长温度为20~30℃。温度低于5℃时，一般微生物的活动停止；温度低于10℃时，微生物的活性极大地下降；温度在10~45℃时，温度每升高10℃，微生物的活动速率增加1倍；温度大于45℃时微生物的活性又会下降。

(3) 微生物的种类和数量

在地下水系统中，对污染物起主要降解修复作用的微生物以细菌为主。当地下水中降解细菌数量达到10^4CFU/mL时，才会有明显的修复效果；当地下水中细菌的数量小于10^4CFU/mL时，需要通过生物强化或者生物刺激等手段来提升微生物的数量。Patel等[611]采用培养的DAK11菌对水溶液中的多环芳烃进行降解，发现5d后DAK11对萘、菲、荧蒽和芘的降解率分别为 27.0%、51.1%、16.5% 和 19.4%，且与光降解等技术组合使用能进一步提高多环芳烃的降解率。

(4) 营养物质

一般微生物生长环境的三大营养元素包括碳、氮、磷，其中好氧微生物对三种营养元素的需求比例为 100:5:1，而厌氧微生物的需求比例则为 200:5:1。若缺乏其中任何一种，都可能会减缓或限制微生物对化合物的降解。其中，氮源是强化生物修复中的关键添加物。填埋场污染羽中硝酸根污染较为严重[555]，必要时可采取相应的修复措施降低地下水中的硝酸根浓度。Park 等[612]针对地下水中硝酸盐点源污染严重的地下水实施单井注抽试验，以富马酸盐作为碳源来刺激土著微生物，提高其反硝化速率，加速降解地下水中的硝酸盐。通过对富马酸、示踪剂和硝态氮浓度的监测和比较，确定富马酸盐可加速土著微生物的反硝化作用，且地下水中的硝酸盐主要是通过异化作用得以降解的[609]。部分有机物本身即是微生物所必需的营养物质，这为地下水有机污染的微生物修复提供了可能。Anneser 等[613]研究发现，高度专一的降解菌不仅可自然降解地下水中的苯系物，同时还能调控低浓度有机污染羽的边界范围。

(5) ORP

好氧氧化的 ORP 一般大于 50mV，而厌氧还原脱卤的氧化还原电位一般小于 -200mV。填埋场污染羽中随着氧化还原电位的不同而呈现出不同的分区，显著影响着电子受体，因此在微生物修复时需要考虑氧化还原电位的不同带来的电子受体的差异性。

(6) 盐度

当地下水中氯化物的浓度低于 5000mg/L 时，通常不会对大多数细菌活性造成影响；当氯化物浓度高于 10000mg/L 时，会对细菌活性有明显的抑制作用。有研究发现，盐度梯度在形成群落结构和代谢功能活动中起着重要作用。盐度的变化对 *Marivita*、*Parvibaculum* 和 *Desulfurivibrio* 等有很大的影响，显著影响了这些微生物的氨基酸代谢、碳水化合物代谢、能量代谢和核苷酸代谢等途径[614]。填埋场周边的污染羽通常为高盐环境，因此盐度对微生物修复的影响非常显著。然而，嗜盐菌一般能耐受的氯化物浓度在 30000mg/L 以上，因此其能够在高盐的环境下正常生长。

综上，地下水的原位生物修复受到地下环境条件、污染物特性等多种因素的影响，需要给微生物创造良好的生长条件才能最大程度地提升微生物降解污染物的效率。地下水的原位生物修复已有了一些应用。例如，Kao 等[615]在某受苯系物污染的场地构建了 6 口原位曝气井，通过曝气供氧促进苯系物的好氧生物降解，发现在修复持续 10 个月后地下水中苯系物浓度的下降幅度超过 70%，且存在 *Candidauts magnetobacterium*、*Flavobacteriales* bacterium 和 *Bacteroidetes* bacterium 这三种苯系物的降解菌。

需要指出的是，通常情况下地下水中有机污染物的降解菌浓度较低，且地下水的缺氧条件不利于有机污染物的好氧降解，因此污染物的自然衰减速率较慢。采取人工干预的措施可以显著提升污染物的削减速率，但需防止出现生物堵塞等负面效应。

10.2.4 地下水污染风险管控与修复集成技术

许多情况下，单一的技术无法完全、快速地消除生态修复填埋场地下水中的污染物，需要两种或多种技术互相取长补短、综合使用才能达到较好的修复效果。

常见的地下水污染修复与风险管控的集成技术如下。

(1) 垂直阻隔-抽提技术

对于填埋场下方地下水污染较为严重的区域，设置垂直阻隔防渗墙，防止污染羽中的污染物进一步随地下水扩散。在此基础上，在污染源区设置地下水抽提井，从而将污染源中的污染物进行抽提去除。韩昱等[616]针对首钢地下水的VOCs污染，在事故井周边进行帷幕注浆形成阻隔墙，成功阻止了有机污染物进一步扩散到上游及下游，在此基础上，通过大量的地下水抽提，成功将事故井周边地下水的COD浓度降低至100mg/L以下，高风险COD分布区域面积缩减率约86.7%。

(2) 可渗透反应墙-原位化学氧化/还原技术

在可渗透反应墙内填充氧化/还原材料，当污染地下水流经可渗透反应墙时，其中的污染物会发生氧化/还原反应而被降解，从而实现对地下水的净化。例如，陈磊磊等[617]研究发现，在铬铁质量比为5.43时可渗透反应墙内零价铁对地下水中Cr(Ⅵ)的去除率可达76%，均质性高且粒径适宜的零价铁和活性炭可以缓解沉积物堵塞的问题，提高Fe^0的利用率，保持系统的长效运行。

(3) 可渗透反应墙-原位生物修复技术

在可渗透反应墙内填充特异性微生物菌剂，或填充释氧化合物（如MgO_2和CaO_2等），从而促进微生物在好氧环境下降解有机污染物，或促进微生物固定重金属及脱除部分无机离子，最终实现地下水的绿色、高效净化。例如，Öztürk等[618]采用商业堆肥和桉树覆盖物制作PRB填料，发现在PRB附近形成了一个强烈的厌氧区，从而有效降解了地下水中的三氯乙烯。

各项地下水污染风险管控及修复技术的优点与缺点如表10-7所列。

表10-7 地下水污染常用的风险管控及修复技术[576]

技术分类	技术名称	优点	缺点
风险管控技术	防渗膜漏点检测与修补技术	从源头上切断地下水的污染途径，高效精准，无二次污染	前期投入成本高，精准修补需要的技术含量高
	垂直防渗墙阻隔技术	适用于各种污染物质的扩散阻隔，长效性较好	没有真正消除地下水的污染物，需配合抽提等其他技术联合使用
	可渗透反应墙技术	削减了地下水的污染物，不影响地下水的流场	材料长期使用容易老化，需要及时更换
修复技术	抽出处理技术	对含水层破坏性低，可直接移除地下水环境中的污染物并同时控制污染物的扩散，可灵活与其他技术联用	修复时间长，不适用于渗透性较差以及含有NAPL的含水层，对吸附能力较强的污染物处理效果较差
	原位化学氧化/还原技术	适用于处理大部分有机污染物，修复成本低，修复效率高	在渗透性差的地区，药剂传输速率慢，受pH值影响较大，反应过程可能会出现产热、产气等不利影响
	地下水曝气技术	适用于挥发性有机物的去除，也适用于烃类化合物的好氧降解	对不易挥发、难以好氧降解的有机污染物及重金属的去除效率低，去除挥发性有机物时容易产生二次污染
	原位生物修复技术	对地下水环境扰动小，无二次污染，成本低	修复速度较慢，对某些难降解污染物的修复效果差，易造成生物堵塞

续表

技术分类	技术名称	优点	缺点
风险管控与修复集成技术	垂直阻隔-抽提技术	能较好地防止污染物扩散,并可通过抽提实现污染源削减	修复效果受阻隔效率的影响,且容易造成填埋场周边地下水聚积
	可渗透反应墙-原位化学氧化/还原技术	对污染羽的净化效率高,且不改变地下水的流场	氧化/还原材料存在老化问题,需要定期更换
	可渗透反应墙-原位生物修复技术	利用微生物降解污染羽中的有机污染物,无二次污染	修复速度较慢,降解菌的生长需要驯化

10.3 垃圾填埋场地下水污染修复效果评估

当完成对填埋场周边地下水的修复工作后,就需要采用科学合理的方式对填埋场污染地下水的修复工作进行效果评估。效果评估相关流程主要参考《污染地块风险管控与土壤修复效果评估技术导则(试行)》(HJ 25.5—2018)中的有关要求进行。首先,通过资料回顾、现场踏勘和人员访谈等手段,了解填埋场周边污染地下水的现状,更新填埋场所在地块的概念模型。在此基础上,通过地下水样品的定期采集和分析,判断填埋场周边地下水中污染物是否已达到修复目标和修复极限。最后,根据测定的地下水中污染物浓度数据,更新地块概念模型,对地下水中的残留污染物进行风险评估,对残余的地下水污染情况进行长期监测或采取必要的限制措施。

10.3.1 效果评估的工作程序

当垃圾填埋场地下水修复工程完成后,需要进行地下水污染修复效果评估。垃圾填埋场地下水修复效果评估工作通常在地下水修复工程完成后进行。根据风险管控、修复的措施和技术选择的不同,效果评估工作有时需要在风险管控、修复活动期间同步开展。图10-22为垃圾填埋场地下水修复效果评估的工作程序。通常垃圾填埋场地下水修复效果评估的工作内容包括更新地块概念模型、现场采样与实验室检测、修复效果评估、提出后期环境监管建议和编制效果评估报告。

10.3.2 更新填埋场地块概念模型

10.3.2.1 地下水中污染物衰减作用

当垃圾填埋场内部的渗滤液由防渗膜破损处经渗漏进入地下水环境后,其中的污染物便会在地下水环境中发生物化和生物作用,从而出现衰减。

(1) 物化作用

1) 稀释作用

渗滤液中的污染物进入含水层后和地下水发生混合,即为稀释作用。稀释作用会使污染物浓度降低,但是总量并不减少。氯离子基本上不参与任何化学或物理化学反应,因此人们常常用氯离子来定义稀释因子(F),用于描述污染物在地下水中的稀释作用。F的计算公式如下:

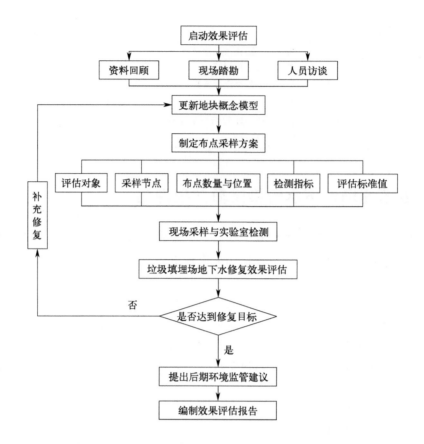

图10-22 垃圾填埋场地下水修复效果评估工作程序

$$F=\frac{C_0-C_b}{C-C_b} \quad (10-20)$$

式中 C——地下水样中的氯离子浓度，mg/L；

C_0——污染羽中初始的氯离子浓度，mg/L；

C_b——氯离子的背景值，mg/L。

2) 吸附作用

吸附在有机物和重金属的衰减过程中均起着重要的作用。金属阳离子容易被带负电的黏土矿物、有机质、方解石，铁、锰、铝、硅等的氧化物以及$CaCO_3$吸附。被吸附的重金属和溶液中的重金属可以用分配系数（K_d）来描述，它和重金属的平均迁移速度（v_m）以及地下水的流速（v_w）有如下关系：

$$v_m/v_w=(5K_d)^{-1} \quad (10-21)$$

3) 络合作用

渗滤液中的重金属容易与土壤中的溶解态有机质发生络合反应，从而影响该金属离子在土壤中的形态、迁移以及生物有效性和毒性。随着络合反应的发生，重金属的迁移性显著下降，其在地下水中迁移扩散的风险也随之下降。

4) 氧化还原

部分具有变价元素的离子在地下水中迁移的过程中会在微生物、土壤矿物等因素的作用下发生显著的氧化还原反应，从而降低其自身浓度。例如，SO_4^{2-} 容易在厌氧且含有机质作为底物的情况下被微生物还原为 S^{2-}，NH_4^+ 在含有溶解氧的环境下容易被硝化细菌氧化为 NO_2^- 和 NO_3^-，从而实现氮元素存在形态的转变。

5）离子交换

土壤均具有一定的离子交换能力，其交换阳离子的能力可以用阳离子交换容量（cation exchange capacity，CEC）进行表示。土壤中重要的可交换阳离子有 Ca^{2+}、Mg^{2+}、Na^+、K^+、H^+ 和 Al^{3+}。当含有其他离子的地下水（例如重金属）流过含水层时，其中的重金属会通过离子交换作用被土壤颗粒截留，从而降低其迁移能力。

6）沉淀/溶解

部分离子容易形成沉淀化合物，例如氢氧化物、硫化物等。常见的 Ca^{2+}、Mg^{2+}、Fe^{2+} 和 Mn^{2+} 等均可以在碱性环境下形成氢氧化物沉淀，从而降低离子在地下水中的迁移性。此外，部分重金属容易形成硫化物沉淀，例如 Fe^{2+}、Cd^{2+} 和 Zn^{2+} 等均易在厌氧环境下与 S^{2-} 形成硫化物沉淀，从而降低其在地下水中的浓度。

渗滤液中不同种类离子在污染羽中的衰减作用如表 10-8 所列。

表 10-8 渗滤液中不同污染物的衰减作用[619]

离子类型	离子	稀释	络合①	氧化还原	离子交换	沉淀/溶解
阴离子	Cl^-	+	−②	−	−	+
	HCO_3^-/CO_3^{2-}	+	+	−	−	+
	SO_4^{2-}	+	(+)	+	(+)⑤	−⑥
阳离子	Ca^{2+}	+	+	−	+	+
	Mg^{2+}	+	+	−	+	+
	Na^+	+	−③	−	+	−
	K^+	+	−③	−	+	−
	NH_4^+	+	+	(+)④	+	−
	$Fe(Fe^{2+}、Fe^{3+})$	+	(+)	+	+	+
	$Mn(Mn^{2+}、Mn^{4+})$	+	(+)	+	+	+
重金属	Cd	+	+	−	+	+
	Cr	+	+	−⑦	+	+
	Cu	+	++	−	+	+⑧
	Pb	+	++	−	+	+
	Ni	+	+	−	+	+
	Zn	+	+	−	+	+

① 络合并不是衰减过程，其会导致溶解和运移。
② Cl^- 能形成溶解性络合物（主要是与重金属、Ca^{2+} 和 Mg^{2+}），但只是占 Cl^- 总量的很少部分。
③ K^+、Na^+ 络合一般不重要，但是在渗滤液中还是会出现。
④ NH_4^+ 可以在好氧及厌氧情况下被氧化。
⑤ 阴离子交换作用一般是不太重要的。
⑥ 通常情况下不可能发生。
⑦ 废弃物中 Cr 有三价和六价，但是在填埋场中厌氧条件下很快就会被还原为三价 Cr。
⑧ 以碳酸盐的形式沉淀较少，主要以硫化物的形式沉淀。
注："++"表示很重要；"+"表示重要；"（+）"表示次重要；"−"表示不重要。

（2）生物作用

在地下水环境中，渗滤液中的污染物会在生物作用下发生转化，导致污染物浓度下降。在无外在电子受体存在时，微生物氧化有机物（电子供体），通常仅部分发生氧化，其余的能量保存在最终产物中，这一过程称为发酵。在污染羽的不同位置，由于其中氧化还原电位的不同，导致出现了电子受体的不同，也即形成了污染羽的分区。

早在1969年，Golwer等在研究德国的垃圾填埋场时，发现了垃圾渗滤液污染羽中存在氧化还原环境的变化，并将其分成了厌氧区、过渡区和好氧区，进一步对整个垃圾渗滤液污染羽进行了分析。Champ等[620]在研究垃圾渗滤液污染羽时提出了氧化还原带的概念。当垃圾渗滤液连续渗漏进入地下水中时，在垃圾填埋场附近就会形成产甲烷带，接下来会在其下游出现硫酸盐还原带，随后是铁还原带，地下水的还原性逐渐减弱。锰还原带和硝酸盐还原带时有出现，有时会叠加到一起。氧化还原带中的最后一个带是好氧带，这个带在垃圾渗滤液污染羽的边缘，属于氧化环境，地下水中溶解氧的浓度大于1mg/L。

沿着地下水的流向，地下水中还原性物质（有机物和氨氮）的含量逐渐降低，含水层的氧化性逐渐增强。靠近填埋场附近，溶解性的电子受体（如O_2、NO_3^-和SO_4^{2-}）会被消耗，或是浓度降低。在SO_4^{2-}的还原过程中可能会出现单质硫。在一定距离处，由于氧化还原作用，S^{2-}、$Fe(II)$和$Mn(II)$出现峰值，固相矿物的组成也随着距离发生变化。总的来说，从填埋场泄漏的污染物将会经过一系列的氧化还原环境，并随着时间的推移，向氧化性增强的环境中迁移。在实际的含水层条件下，氧化还原带可能会受水文和地球化学作用的影响，例如地下水位线的波动可能会使氧化还原带在垂直方向上的界限变得模糊，地下水流向的变化可能会使氧化还原带扩大或是缩小，含水层沉积物的空间变化也会导致相应的氧化还原条件变化，等等。

目前地下水中氧化还原带还没有统一的划分方法和标准。最常见的污染羽氧化还原带划分是根据污染羽中微生物的代谢过程和电子受体的不同，将污染羽划分为产甲烷带、硫酸盐还原带、铁锰还原带、硝酸盐还原带和氧还原带，污染羽的空间分区如图10-23所示。

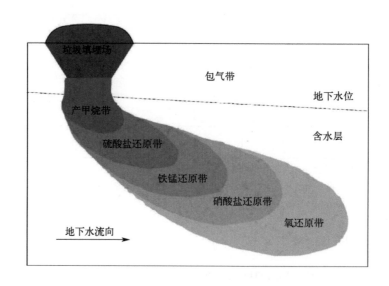

图10-23　填埋场污染羽空间分区

微生物降解有机物的途径取决于产能的多少以及有机物和最终电子受体利用的有效性。表10-9中列出了垃圾填埋场污染羽中发生的主要氧化还原反应及其产能情况。吉布斯自由能越小，反应就越容易发生，由此可推断微生物在地下环境中利用最终电子受体的顺序为：

$O_2 > NO_3^- > Mn(IV) > Fe(III) > SO_4^{2-} > CO_2$。

表10-9 填埋场污染羽中发生的主要氧化还原反应及其产能情况[619]

反应	过程	$\Delta G_0/(kcal/mol)$
好氧代谢	$CH_2O + O_2 \longrightarrow CO_2 + H_2O$	−120
反硝化	$5CH_2O + 4NO_3^- + 4H^+ \longrightarrow 2N_2 + 5CO_2 + 7H_2O$	−114
Mn(IV)还原	$CH_2O + 2MnO_2 + 4H^+ \longrightarrow 2Mn^{2+} + CO_2 + 3H_2O$	−81
Fe(III)还原	$CH_2O + 4FeOOH(s) + 8H^+ \longrightarrow 4Fe^{2+} + CO_2 + 7H_2O$	−28
硫酸盐还原	$2CH_2O + SO_4^{2-} + H^+ \longrightarrow HS^- + 2CO_2 + 2H_2O$	−25
产甲烷反应	$2CH_2O \longrightarrow CH_4 + CO_2$	−22
CO_2还原	$HCO_3^- + H^+ + 4H_2 \longrightarrow CH_4 + 3H_2O$	−55
NH_4^+氧化	$NH_4^+ + 2O_2 \longrightarrow NO_3^- + 2H^+ + H_2O$	−72
CH_4氧化	$CH_4 + 2O_2 \longrightarrow HCO_3^- + H^+ + H_2O$	−196

注：1kcal=4186.8J。

当地下水中同时存在多种电子受体时，从理论上推断，微生物降解有机物利用最终电子受体的顺序为：先利用O_2，在O_2消耗完时接下来依次利用NO_3^-、Mn(IV)、Fe(III)、SO_4^{2-}和CO_2，由此在垃圾渗滤液漏点的下游，距离泄漏点由近及远将会产生顺序氧化还原带：产甲烷带、硫酸盐还原带、铁还原带、锰还原带、硝酸盐还原带和氧还原带[621]。有机物和最终电子受体的有效性同样也会影响微生物的降解途径。对于产酸阶段的渗滤液（VFAs占渗滤液总溶解性有机碳含量的95%以上，分子量大于1000的高分子有机物仅占1.3%），在厌氧条件下降解相对容易，在20℃下的半生命周期为5~10d，在10℃下的半生命周期为30~100d；而产甲烷阶段的渗滤液（VFAs、胺或乙醇均未检出，高分子有机物占溶解性有机物的相当一大部分），降解量则很少，甚至是没有。铁和锰的氧化物在地下环境中存在形态多种多样，归纳起来分为结晶态和无定形态。铁锰矿物的晶体结构和表面积都会影响铁锰的活性。一般而言，无定形铁锰比结晶态铁锰更容易被微生物代谢所利用。因此，地下水中污染物的衰减是由物理、化学和生物共同作用所造成的。

10.3.2.2 地下水中污染物的迁移扩散

当垃圾填埋场渗滤液中污染物进入地下水环境后，便会随着地下水发生迁移扩散，同时污染物在物理、化学和生物作用下发生衰减，形成污染羽。有研究者统计了全国20多个填埋场下方含水层的地层特性，发现70%的填埋场地下水含水层的渗透系数<1cm/s，最大可达十几甚至几十厘米每秒[570]。然而，即使含水层的渗透系数为1cm/s，该渗透性仍然较好，可以使得经过防渗膜破损处渗漏的渗滤液快速到达地下水液面，形成地下水污染羽。

在地下水环境中存在污染物的扩散、对流及土壤颗粒对污染物的吸附作用，污染物随地下水迁移的控制方程如下[622]：

$$\frac{\partial(\theta_w C_w)}{\partial t} = \frac{\partial}{\partial z}\left(D_w \frac{\partial C_w}{\partial z}\right) - \frac{\partial(q_w C_w)}{\partial z} - \gamma_{ws}\left(C_w - \frac{X_s}{K_d}\right) \quad (10\text{-}22)$$

式中 θ_w——含水层孔隙度，无量纲；
C_w——污染物在地下水中的浓度，mg/L；
D_w——污染物在土壤孔隙水中的扩散系数，m^2/s；
q_w——地下水的达西流速，m/s；

γ_{ws}——污染物在液-固两相之间的传质速率系数，s^{-1}；

X_s——吸附在土壤颗粒表面的污染物浓度，mg/kg；

K_d——污染物在液-固两相之间的分配系数，L/kg；

t——时间，s；

z——水平方向的距离，m。

式(10-22)中，污染物在土壤孔隙水中的扩散系数 D_w 可以通过下式进行计算[622]：

$$D_w = D_{w_0} \frac{\theta_w^{\frac{10}{3}}}{\phi^2} + \xi|q_w| \tag{10-23}$$

式中　D_{w_0}——污染物在水中的分子扩散系数，m^2/s；

ϕ——土壤孔隙度，无量纲；

ξ——污染物在水中的弥散度，m。

此外，地下水的达西流速 q_w 可以根据下式进行计算：

$$q_w = K_w J = K_w \frac{\Delta h}{\Delta L} \tag{10-24}$$

式中　K_w——地下水含水层的渗透系数，m/s；

J——水力梯度，无量纲；

Δh——一段距离内地下水水头的下降值，m；

ΔL——水平方向上的距离，m。

受填埋场污染的地下水中污染物的迁移规律与传统污染场地的相同，即随着水流发生扩散、对流和相间传质等多个运动。随着计算机性能的提高，数值模拟技术应用更为广泛，目前比较完善和成熟的数值模拟软件包括 MT3D、RT3D、SEEP2D、FEELOW 等，已广泛应用于垃圾填埋场地下水污染范围和程度识别中[623-624]。

垃圾填埋场地下水污染指标主要包括氯离子、钠离子、"三氮"、总硬度、溶解性总固体、有机物、重金属（如铁、锰、汞、镉、铬、铅等）、细菌污染物（大肠埃希菌、细菌总数等）和磷酸盐[625]。目前垃圾填埋场地下水水质模拟技术最常采用氯离子、氨氮和硝酸盐作为特征污染物来预测地下水的污染范围和污染程度[626]。由于有机污染物在包气带和含水层中的迁移转化过程十分复杂，且反应参数的准确获取存在困难，所以 COD 通常作为垃圾填埋场地下水中溶解性有机物的综合表征组分，来预测地下水有机污染物的污染范围和程度[627]。由于填埋场场地特征复杂、渗滤液组分多样，以及渗滤液污染羽的生物地球化学作用复杂，准确识别垃圾填埋场渗滤液污染羽具有较大难度[628]。

垃圾渗滤液进入地下水环境后，其污染物在络合、吸附-解吸、溶解-沉淀、氧化-还原、离子交换、酸碱反应和生物降解等生物地球化学作用下发生自然衰减，削弱了垃圾渗滤液对地下水的危害[629]。氨氮、硝酸盐和 COD 等常用的地下水污染指标主要考虑了在地下水系统中的对流弥散作用，忽略或简化了污染羽的生物地球化学作用，因此会导致识别出的地下水污染范围和污染程度偏大。垃圾填埋场的地下水污染程度与场龄密切相关，新鲜垃圾渗滤液由于其中可降解有机物占比较高，所以其较老龄垃圾渗滤液更易污染地下水[630]，地下水污染程度会随场龄时间的增加而越加严重，一般在场龄 5~20 年时出现最严重的地下水污染，但在场龄大于 25 年后地下水污染程度会逐渐降低至最小值[327]。因此，在使用地下水水质模型模拟识别地下水污染程度和范围时，模拟期一般设置在 20~30 年。

地下水水质模型模拟多用于识别地下水中单一特征组分的污染过程、范围和程度，但垃圾填埋场地下水污染属于多组分复合污染，因此随着人们对垃圾填埋场地下水污染机理认识的增强和反应溶质运移模拟技术的发展，国内外学者开始将能同时处理溶质运移和生物地球化学耦合问题的多组分反应溶质运移模拟方法，用于识别模拟垃圾填埋场地下水多组分系统的迁移转化过程中[631]，常用的软件包括 PHREEQC、The geochemist's workbench^{TM} 和 TOUGHREACT 等[632]。但由于缺乏有机物与金属离子络合物的热力学数据，地球化学模拟在填埋场环境问题的解决上受到了限制。

地下水水质迁移扩散模拟技术非常适用于场地尺度的地下水污染的精准化动态识别，但是目前精度不高，尤其是针对重金属、有机物以及多组分系统的污染识别，还处于研究初期[633]，主要有3个方面的原因：

① 现有模型过分理想化，在应用中没有全面深入地考虑垃圾渗滤液特征污染物在土壤和含水层中各种物理、化学和生物作用的影响；

② 现有模型缺少对垃圾渗滤液污染物在地下环境中迁移转化的整体研究，以及缺少非饱和带和饱和带地下水溶质的联合迁移模拟；

③ 一般忽略了非饱和带气相污染物的迁移转化规律对地下水污染分布特征的影响。

10.3.2.3 填埋场地块概念模型更新步骤

(1) 资料收集

在对填埋场地下水开展效果评估之前，应收集填埋场地下水修复的相关资料，包括填埋场地周边环境调查报告、风险评估报告、风险管控与修复方案、工程实施方案、工程设计资料、施工组织设计资料、工程环境影响评价及其批复、施工与运行过程中监测数据、监理报告和相关资料、工程竣工报告、实施方案变更协议、运输与接收的协议和记录、施工管理文件等。

填埋场地下水修复工程概况回顾主要通过修复方案、实施方案以及修复过程中的其他文件，了解修复范围、修复目标、修复工程设计、修复工程施工、修复起始时间、运输记录、运行监测数据等，了解修复工程实施的具体情况。

环保措施落实情况回顾主要通过对风险管控与修复过程中二次污染防治相关数据、资料和报告的梳理，分析风险管控与修复工程可能造成的土壤和地下水二次污染情况等。

(2) 现场踏勘

应开展现场踏勘工作，了解填埋场所处地块风险管控与修复工程情况、环境保护措施落实情况，包括修复设施运行情况、修复工程施工进度、修复施工管理情况等。

(3) 人员访谈

根据《污染地块风险管控与土壤修复效果评估技术导则（试行）》（HJ 25.5—2018）中的有关要求，在进行填埋场地下水效果评估前，应开展人员访谈工作，对填埋场地下水的修复工程情况、环境保护措施落实情况进行全面了解。访谈对象包括填埋场责任单位、填埋场调查单位、填埋场修复方案编制单位、监理单位、修复施工单位等单位的参与人员。

(4) 更新地块概念模型

在资料回顾、现场踏勘、人员访谈的基础上，掌握填埋场地下水修复工程情况，结合填埋场地质与水文地质条件、污染物空间分布、修复技术特点、修复设施布局等，对填埋场地块概念模型进行更新，完善地下水修复实施后的概念模型。根据《污染地块风险管控与土壤修复效果评估技术导则（试行）》（HJ 25.5—2018）中的有关要求，填埋场地下水概念模型一般包括下列信息。

1) 填埋场地下水修复概况

填埋场地下水修复起始时间、修复范围、修复目标、修复设施设计参数、修复过程运行监测数据、技术调整和运行优化、修复过程中废水和废气排放数据、药剂添加量等情况。

2) 关注污染物情况

填埋场污染羽中的特征污染物在修复前和修复过程中的浓度变化、潜在二次污染物和中间产物产生情况、修复技术去除率、污染物空间分布特征的变化以及潜在二次污染区域等情况。

3) 地质与水文地质情况

关注填埋场地块地质与水文地质条件，以及修复设施运行前后地质和水文地质条件的变化、含水层理化性质变化等，运行过程是否存在优先路径等。

4) 潜在受体与周边环境情况

结合填埋场地块规划用途和建筑结构设计资料，分析修复工程结束后污染介质与受体的相对位置关系、受体的关键暴露途径等。

10.3.3 地下水样品采集与监测

垃圾填埋场地下水修复效果评估范围应包括地下水修复范围的上游、内部和下游，以及修复可能涉及的二次污染区域。根据《污染地块地下水修复和风险管控技术导则》（HJ 25.6—2019）中的有关要求，在采样前，只有当认为垃圾填埋场地下水中污染物浓度稳定达标且地下水流场达到稳定状态时方可进入地下水修复效果评估阶段。

垃圾填埋场地下水修复效果评估采样节点如图 10-24 所示。

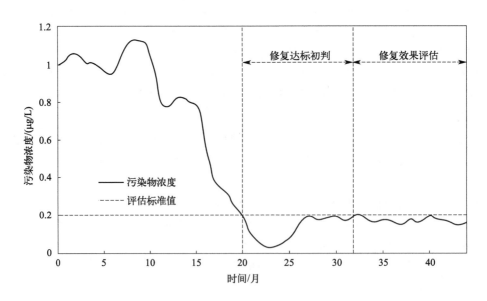

图 10-24 地下水修复效果评估采样节点示意

根据《污染地块地下水修复和风险管控技术导则》(HJ 25.6—2019) 中的有关内容，在地下水样品采集过程中有如下布点采样及监测要求。

(1) 采样点布设

垃圾填埋场地下水修复效果评估，原则上至少设置 6 个监测点，其中地下水上游应至少设置 1 个监测点，内部应至少设置 3 个监测点，下游应至少设置 2 个监测点。此外，原则上修复效果评估范围内的采样网格不宜大于 80m×80m，存在非水溶性有机物或污染物浓度高的区域时，采样网格不宜大于 40m×40m。

地下水采样点应优先设置在修复设施运行薄弱区、地质与水文地质条件不利区域等。此外，可充分利用环境调查、工程运行阶段设置的监测井，现有监测井应符合填埋场地下水修复效果评估采样条件。

(2) 采样频次

根据《污染地块地下水修复和风险管控技术导则》(HJ 25.6—2019) 中的相关内容，地下水修复效果评估采样频次应根据填埋场地块地质与水文地质条件、地下水修复方式确定，如水力梯度、渗透系数、季节变化和其他因素等。

地下水修复工程运行阶段根据目标污染物浓度变化特征分为修复工程运行初期、运行稳定期和运行后期。目标污染物浓度在修复工程运行初期呈变化剧烈或波动情形，在运行稳定期持续下降，在运行后期持续达到或低于修复目标值，或达到修复极限。

在地下水修复工程的运行初期，宜采用较高的监测频次，运行稳定期及运行后期可适当降低监测频次。工程运行初期原则上监测频次为每半个月一次；运行稳定期原则上监测频次为每月一次；运行后期原则上监测频次为每季度一次，两个批次之间间隔不得少于 1 个月。

填埋场风险管控工程运行监测频次取决于风险管控措施的类型。采用可渗透反应墙技术时，运行监测频次与采用地下水修复时一致；采用阻隔技术时，原则上监测频次为每季度一次，两个批次之间的间隔不得少于 1 个月。

当出现修复或风险管控效果低于预期、局部区域修复和风险管控失效、污染扩散等不利情况时，应适当提高监测频次。

(3) 检测指标

填埋场地下水修复效果评估的检测指标应为修复技术方案中确定的目标污染物，也即填埋场的特征污染物。化学氧化、化学还原、微生物修复后地下水的检测指标应包括产生的二次污染物，原则上二次污染物指标应根据修复技术方案中的可行性分析结果和地下水修复工程运行监测结果确定。必要时可增加地下水常规指标、修复设施运行参数等作为修复效果评估的依据。也可参照 GB/T 14848 中地下水使用功能对应标准值执行，或根据暴露情景进行风险评估确定。

10.3.4 地下水修复效果达标判断

填埋场污染地下水进行修复后，地下水的评估标准值为填埋场所处地块环境调查或修复技术方案中目标污染物的修复目标值。若修复目标值有变，应结合修复工程实际情况与管理要求调整修复效果评估标准值。

根据《污染地块地下水修复和风险管控技术导则》(HJ 25.6—2019) 中的有关要求，填埋场地下水修复效果评估原则上至少需要连续4个批次的季度监测数据。若地下水中污染物浓度均未检出或低于修复目标值，则初步判断达到修复目标；若部分浓度高于修复目标值，可采用均值检验或趋势检验方法进行修复达标判断。当均值的置信上限低于修复目标值、浓度稳定或持续降低时，则初步判断达到修复目标。若修复过程未改变地下水流场，则地下水水位、流量、季节变化等与修复开展前应基本相同；若修复过程改变了地下水流场，则需要达到新的稳定状态，地下水流场受周边影响较大等情况除外。

对于填埋场地下水修复效果达标的判断，原则上每口监测井中的检测指标均持续稳定达标，方可认为地下水达到修复效果。若未达到修复效果，应对未达标区域开展补充修复。在这个过程中，可采用趋势分析进行持续稳定达标判断：若地下水中的污染物浓度呈现稳态或者下降趋势，则可判断地下水达到修复效果；若地下水中的污染物浓度呈现上升趋势，则可判断地下水未达到修复效果。

根据《污染地块地下水修复和风险管控技术导则》（HJ 25.6—2019）中的有关要求，同时满足下列条件的情况下，可判断地下水修复达到极限：

① 填埋场所处地块概念模型清晰，污染羽及其周边监测井可充分反映地下水修复实施情况和客观评估修复效果。

② 至少有1年的月度监测数据显示地下水中污染物浓度超过修复目标且保持稳定或无下降趋势。

③ 通过概念模型和监测数据可说明现有修复技术继续实施不能达到预期目标的主要原因。

④ 现有修复工程设计合理，并在实施过程中得到有效的操作和足够的维护。

⑤ 进一步可行性研究表明不存在适用于本场地的其他修复技术。

10.3.5 残留污染物风险评估

对于填埋场地下水修复，若目标污染物浓度未达到评估标准，但判断填埋场所处地块地下水已达到修复极限，可在实施风险管控措施的前提下对残留污染物进行风险评估。

根据《污染地块地下水修复和风险管控技术导则》（HJ 25.6—2019）中的有关要求，残留污染物风险评估包括以下工作内容：

① 更新地块概念模型　掌握修复和风险管控后地块的地质与水文地质条件、污染物空间分布、潜在暴露途径、受体等，考虑风险管控措施设置情况，更新填埋场地块概念模型。

② 分析残留污染物环境风险　填埋场内非水溶性污染物等已最大限度地被清除，修复停止后至少1年且有8个批次的监测数据表明污染羽浓度降低或趋于稳定，污染羽范围逐渐缩减，或地下水中污染物存在自然衰减。

③ 开展人体健康风险评估　残留污染物人体健康风险评估可参照 HJ 25.3 执行，相关参数根据填埋场地块概念模型取值。对于存在挥发性有机污染物的填埋场地块，可设置土壤气监测井采集土壤气样品，辅助开展残留污染物风险评估。

若残留污染物对环境和受体产生的风险可接受，则认为达到修复效果；若残留污染物对受体和环境产生的风险不可接受，则需对现有风险管控措施进行优化或提出新的风险管控措施。

根据《污染地块地下水修复和风险管控技术导则》（HJ 25.6—2019）中的有关要求，基于修复和风险管控效果评估结论，实施风险管控的填埋场，原则上应开展后期环境监管，包括长期环境监测与制度控制。长期环境监测一般通过设置地下水监测井进行周期性地下水样品采集和检测，也可设置土壤气监测井进行土壤气样品的采集和检测，监测井位置应优先考虑污染物浓度高的区域、受体所处位置等，也应充分利用填埋场地块内符合采样条件的监测井。此外，长期监测宜每1~2年开展一次，也可根据实际情况进行调整。制度控制包括限制填埋场地块使用方式、限制地下水利用方式、通知和公告填埋场所处地块潜在风险、制定限制进入或使用条例等方式，多种制度控制方式可同时使用。

第11章 生态修复填埋场碳排放的核算与控制技术

在填埋场中,填埋垃圾在微生物的作用下分解会产生大量的填埋气体,其主要成分CH_4和CO_2均为温室气体,此外还含有氧化亚氮和少量氢氟碳化合物(如三氯氟甲烷等)温室气体,特别是CH_4,其温室潜力(global warming potential,GWP)是CO_2的20~30倍,是大气甲烷重要排放源。在美国垃圾填埋场中,CH_4排放量占人为源CH_4排放量的15%,是第二大人为排放源。欧盟生活垃圾填埋场排放的温室气体占其总温室气体排放量的2.8%,是第四大温室气体排放源。在我国生活垃圾处理和处置过程中,CH_4的排放量超过216Mt CO_2当量/年,居世界第一位。垃圾填埋场中碳排放控制一直是国内外的研究热点,了解垃圾填埋场中CH_4及其他温室气体的排放情况,寻求填埋场碳排放的控制技术,有利于引导绿色技术革新,提高资源化利用,推动"双碳"目标实现。本章主要介绍了垃圾填埋场中主要温室气体与排放现状、甲烷排放模型与碳排放核算、生态修复填埋场中的碳减排技术及其碳减排策略。

11.1 垃圾填埋场中主要温室气体与排放现状

11.1.1 主要温室气体

(1) 二氧化碳(CO_2)

CO_2是大气中第一大温室气体,在大气中浓度较高,约为$400×10^{-6}$(体积分数)。近几十年来,由于人口急剧增加和工业迅猛发展,破坏了大气中CO_2生成与转化的动态平衡,造成大气中CO_2浓度增加。经预测,大气中CO_2浓度每增加1倍,全球平均气温将上升1.5~4.5℃[634],而两极地区的气温升幅比平均值高3倍左右。因此,CO_2的排放关系到全人类的命运,控制其排放量刻不容缓。

垃圾填埋场中有机物经过物理、化学和微生物的作用,在好氧条件下可完全分解生成CO_2,排放到空气中。当填埋场垃圾中O_2被消耗完后,垃圾堆体厌氧环境形成,此时蛋白质、多糖等复杂的不溶性有机物在兼性厌氧微生物的作用下水解、发酵，生成 VFAs（挥发性脂肪酸）、CO_2 和少量的 H_2。此阶段的填埋气体以 CO_2 为主，占填埋气体总量的 50% 左右。产生的可溶性物质在微生物的作用下转化为有机酸（以乙酸为主）、醇、CO_2 和 H_2，为产甲烷菌提供了可利用的能源和碳源，即为产酸阶段，产酸阶段的填埋气体也以 CO_2 为主。在产甲烷阶段，填埋气体中的 CH_4 和 CO_2 同时产生，此时填埋气体中 CH_4 和 CO_2 含量分别为 45%~60% 和 40%~50%。在填埋场封场后，填埋气体中 CH_4 和 CO_2 含量仍较高。例如，Chai 等[635]报道封场 2 年的填埋气体中，CO_2 和 CH_4 含量分别为 27.9%±3.96% 和 41.8%±2.77%。随着封场年限的增加，填埋气体中 CO_2 和 CH_4 含量显著降低，其中有植被覆盖土区域的 CO_2 排放量比无植被覆盖土区域的高。这可能是由于 CO_2 可以沿植物的根系渗透到土壤表面，或被降解的植物根部所在位置保留着较大的空隙，导致 CO_2 更容易释放到空气中。

（2）甲烷（CH_4）

甲烷是一种重要的温室气体，其在大气中被紫外线照射时，分子内的氢原子和碳原子所形成的单键会被打破，释放出大量的热量，从而导致温度升高。在厌氧条件下的垃圾填埋场，有机物质会在微生物作用下分解产生甲烷，随着填埋场稳定化阶段的不同，填埋气体中甲烷浓度呈动态变化。在产甲烷阶段，填埋气体中的甲烷含量一般为 45%~60%。因此，控制填埋气体中甲烷排放对减少固体废物处置中温室气体的排放具有重要意义。

在填埋场中，不同垃圾成分经过微生物的分解所产生的甲烷量也有很大区别，如表 11-1 所列，纸板的产甲烷量最大，每克干纸板完全降解之后可产生 0.537mL 甲烷，厨余垃圾次之，产甲烷量为 0.335mL/g。因此，若能将垃圾进行分类，回收其中的纸类，并将厨余垃圾进行发酵处理，那么填埋场的温室气体排放量将大大减少。

表 11-1　各种垃圾成分的产甲烷量[636]

单位：mL/g（未氧化率除外）

项目	报纸	纸板	厨余垃圾	草	树叶	树枝	混合物
产甲烷量	0.290	0.537	0.335	0.214	0.166	0.170	0.273
未氧化率/%	90	90	90	90	90	90	90
净甲烷量	0.26	0.48	0.30	0.19	0.15	0.15	0.25

注：表中各种垃圾成分均以干重计。

垃圾填埋分为运行和封场两个阶段。在通常情况下，大部分的有机物会在进入填埋场的前几年内被微生物分解掉，因此，在垃圾填埋场运行阶段的甲烷排放量比在封场阶段的排放量大得多。如图 11-1 所示，假设垃圾填埋场的运行阶段为 25 年左右，其间甲烷的排放量（CO_2 当量）几乎呈直线状态不断上升，至封场之后缓慢下降，直到数百年之后才会趋近于甲烷零排放。即便是将该垃圾填埋场开采、清除，仍有数年时间会从填埋场地上排放甲烷，这给垃圾填埋场的治理工作带来了很大的挑战。

（3）氧化亚氮（N_2O）

氧化亚氮是一种高效的痕量温室气体，其 GWP 约为 CO_2 的 298 倍，对温室效应的贡献率约为 5%[638]。氧化亚氮在大气中的平均寿命为 118~131 年，会破坏臭氧层，进而引起臭氧空洞，使紫外线直接辐射到地球表面，损害人体皮肤、眼睛和免疫系统[639]。氧化亚氮的产生主要是因为生境中硝化细菌和反硝化细菌的作用，在硝化和反硝化阶段均会排放。人类活动是氧化亚氮的重要排放源，其中 40% 的氧化亚氮来自人类活动，而生活垃圾填埋场的氧化亚氮排放量约占总排放量的 3%。

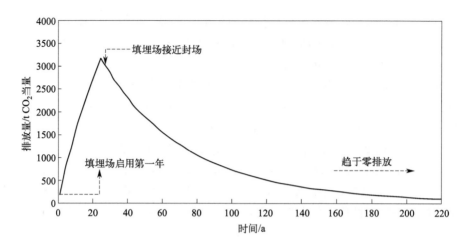

图 11-1 垃圾填埋场甲烷排放量随时间变化图[637]

生活垃圾填埋场氧化亚氮的排放很大程度上与覆盖土有关，覆盖土的性质是影响填埋场氧化亚氮排放量的重要因素。何品晶等[640]研究发现，砂土覆盖层填埋场春季和夏季氧化亚氮的排放量分别为 $(74.4\pm314)\mu g/(m^2 \cdot h)$ 和 $(242\pm576)\mu g/(m^2 \cdot h)$，分别为黏土覆盖层填埋场的 1/3 和 1/2。这说明氧化亚氮的排放除了受温度和季节的影响之外，覆盖层的材质也起着决定性的作用，选择低 C、N 含量的砂性覆盖土可有效控制垃圾填埋场覆盖层的氧化亚氮排放量。在原位生物修复填埋场中，渗滤液回灌和通风曝气等方式虽然能够加速垃圾稳定化过程，降低渗滤液中氨氮浓度，但也会强化填埋场内的硝化和反硝化作用，导致填埋场中大量氧化亚氮的排放。Li 等[641]研究发现，生物可降解碳底物的可用性是影响氧化亚氮排放的重要因素，在原位生物修复填埋场中，若回灌液中 COD/NH_4^+-N 值较低（如老龄填埋场渗滤液），则填埋场氧化亚氮排放量会有所增加。

(4) 氢氟碳化合物

在垃圾填埋场中，氢氟碳化合物主要为氯氟碳化合物。虽然在对流层中氯氟碳化合物呈化学惰性，但可在同温层中通过太阳辐射光解掉或与活性氧原子反应。在垃圾填埋场中虽然氯氟碳化合物的排放量较小，但其 GWP 却约为 CO_2 的 10200 倍，被称为"超级温室气体"[642]。在 2016 年，三氯氟甲烷被列入《〈蒙特利尔议定书〉基加利修正案》中，应严格控制其生产和排放。三氯氟甲烷是生产制冷剂和发泡剂的副产品，是我国排放量最大的氢氟碳化合物，其排放量可达到 $33.78\mu g/(m^2 \cdot h)$。此外，在垃圾填埋场排放的填埋气体中，三氟甲烷浓度可达 $(48.69\pm64.00)\mu g/m^3$ [643]。由此可见，填埋场也是大气中氢氟碳化合物的重要排放源。

11.1.2 温室气体排放现状

垃圾在填埋处置过程中，在物化和生物作用下会排放出大量的填埋气体，其主要成分甲烷和 CO_2 均属于温室气体，此外填埋气体还含有痕量的氧化亚氮和氢氟碳化合物等温室气体。若填埋气体未经处理就排放到大气中，则会造成空气污染，威胁居民的生存空间和身体健康。温室气体对温室效应的贡献与其衰减时间和相互之间的作用有关。不同温室气体对温室效应的贡献也有所不同。目前，世界上统一以 CO_2 为基础当量来衡量其他温室气体，如表 11-2 所列。CO_2 在大气中的停留时间可达 120 年，将其 GWP 认定为 1，则甲烷和氧化亚氮 100 年的 GWP 分别约为 CO_2 的 25 倍和 298 倍。可见两者在大气中的浓度虽然小于 CO_2，但其对全球变暖的贡献却不可忽视。而相比 CO_2 的捕集和储存，将甲烷氧化为 CO_2 是一个热力学有利反应。Jackson 等[644]研究发现，若将大气中 32 亿吨的甲烷转化为 CO_2，则可使大气中的甲烷浓度回到工业革命前的 750×10^{-9}（体积分数），能减少 1/6 的辐射效应，而该过程产生的 82 亿吨 CO_2 仅相当于当今工业领域几个月内排放的 CO_2。因此，目前国际上关于垃圾填埋场碳排放的研究大多集中在甲烷上，而有关氧化亚氮和氢氟碳化合物的数据和研究较少。

表 11-2 大气中温室气体的影响时间与 GWP[645]

温室气体	生命期/a	GWP 的评估时间		
		20a	100a	500a
CO_2	120	1	1	1
甲烷	12	72	25	7.6
氧化亚氮	114	289	298	153
HFC-23(三氟甲烷)	270	12000	14800	12200
HFC-134a(四氟乙烷)	14	3830	1430	435
六氟化硫	3200	16300	22800	32600
全氟三丁胺(PFTBA)			7100	

垃圾填埋是生活垃圾的主要处理技术，在美国约有 53% 的生活垃圾进行填埋处理。近年来，虽然我国的生活垃圾焚烧处理量有了大幅度的增长，但垃圾填埋仍然是我国生活垃圾的主要处理方式，且在 2019 年前，我国生活垃圾填埋处理量均占垃圾清运量的 50% 以上。很多卫生填埋场和非正规填埋场在稳定化过程中排放了大量温室气体。据统计，2016 年全世界温室气体总排放量为 49.4 亿吨 CO_2 当量，其中由废弃物产生的温室气体占 3.2%，而垃圾填埋场的排放量为 1.9%[646]。全世界每年由垃圾填埋场排入大气的甲烷为 10~70Tg，占总甲烷排放量的 8%，且随着垃圾填埋量的增加而逐年增加[647]。截至 2020 年，全球垃圾填埋场排放的甲烷总量为 1.3 亿吨 CO_2 当量，而我国排放量最多，为 0.22 亿吨，占全球的 16.9%（图 11-2）。此外，美国、俄罗斯、印度尼西亚和巴西垃圾填埋场的碳排放量居于前 5 位。根据 2020 年的《欧盟甲烷战略》，欧盟甲烷排放量中，53% 来自农业，26% 来自废弃物，还有 19% 来自能源行业，占其总甲烷排放量的 98% 以上。在美国，2022 年垃圾填埋场

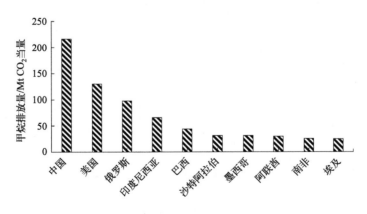

图 11-2 2020 年各国填埋场甲烷排放量[648]

甲烷排放量占总温室气体排放量的15%，是美国第三大甲烷排放源。据估计，全球垃圾填埋场甲烷排放量将会在2050年翻倍，达到60Tg/a[649]。Maasakkers等[650]从卫星探测器获得的数据图中发现，印度的德里和孟买、巴基斯坦的拉合尔和阿根廷的布宜诺斯艾利斯4地的垃圾填埋场，以3~29t/h的速率排放填埋气体，比预计排放量高1.4~2.6倍。这说明垃圾填埋场管理不规范的现象仍然存在，致使垃圾填埋场温室气体的实际排放量可能比估算的量还要高，填埋气体的管控与治理刻不容缓。

我国各行业甲烷排放总量为5529万吨，约折合11.61亿吨CO_2当量，占全世界甲烷排放量的23.5%，是世界上甲烷排放最多的国家。我国固体废物处理过程中甲烷排放量约为383万吨，占我国甲烷排放总量的6.9%，高于世界平均水平[651]。我国城市生活垃圾处理主要方式为无害化填埋。据统计，我国2018年有52%的城市生活垃圾进行了填埋处理，45%为焚烧处理，还有3%进行了堆肥处理[3]。从空间分布来看，我国垃圾填埋场甲烷排放具有高度的空间聚集性，由北京—天津、上海—绍兴—宁波、广州—东莞—深圳—清远构成了中国垃圾填埋场甲烷排放的三大核心区域。从垃圾填埋场规模角度来看，大型填埋场甲烷排放量占45.88%、中型填埋场甲烷排放量占25.77%、小型填埋场甲烷排放量占28.35%[652]。老龄垃圾填埋场中的大量填埋垃圾难以降解和稳定化，因此在今后很长的一段时间内，控制甲烷排放是垃圾填埋场生态修复的重要内容。

此外，垃圾填埋场也是大气中氧化亚氮的重要排放源，特别是在原位好氧生物修复填埋场、原位厌氧/好氧混合生物修复填埋场和联合生物修复填埋场中，由于渗滤液的回灌和通风曝气，强化了填埋场中的硝化和反硝化作用。在填埋场中，氧化亚氮排放通量高达142~5000μg/(m^2·h)，远高于农田、草地、湿地及森林等生态系统[−7.35~435.31μg/(m^2·h)][653]。Zhang等[654]研究发现，国内填埋场的氧化亚氮排放通量为142~1600μg/(m^2·h)，而国外填埋场氧化亚氮排放通量为500~5000μg/(m^2·h)[388]，其均值远高于国内填埋场。Manheim等[655]研究发现，芬兰、喀麦隆和印度的垃圾填埋场氧化亚氮排放通量较高，中国是第4位，美国、日本和泰国的垃圾填埋场氧化亚氮排放通量变化较大（图11-3），这可能与各个地区的填埋场操作方式和垃圾组成等有关。

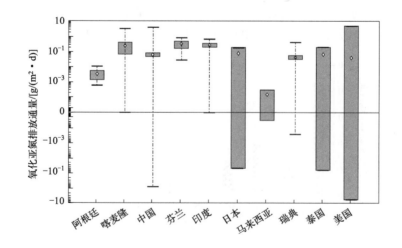

图11-3 不同国家垃圾填埋场氧化亚氮排放通量[655]

11.2 垃圾填埋场甲烷排放模型与碳排放核算

垃圾填埋场稳定化过程中排放的温室气体主要有 CH_4、CO_2、N_2O 和氢氟碳化合物等，其中甲烷的 GWP 是 CO_2 的 25~37 倍，是填埋场中重要的温室气体，因此控制其排放是垃圾填埋场生态修复的重要内容。垃圾填埋场甲烷排放量估算是控制垃圾填埋场甲烷排放的关键要素。目前垃圾填埋场甲烷排放模型主要有 IPCC（政府间气候变化专门委员会）的质量模型和 FOD（一阶衰减）模型以及基于填埋场中有机垃圾降解的各类计算模型。

11.2.1 甲烷排放模型

11.2.1.1 质量平衡模型

质量平衡模型假设所有潜在的甲烷均在填埋当年就全部排放完，该法利用填埋垃圾质量平衡方程计算填埋垃圾甲烷产量。在不同地区，用不同的可降解有机碳参数评价填埋垃圾的产甲烷潜力，然后结合甲烷回收和氧化因子，计算某一特定地区中的甲烷排放。

$$Q_{CH_4 排放} = (MSW_T \times MSW_F \times L_0) \times (1-R) \times (1-OX) \quad (11\text{-}1)$$

$$L_0 = MCF \times DOC \times DOC_f \times F \times (16/12) \quad (11\text{-}2)$$

式中　$Q_{CH_4 排放}$——填埋垃圾甲烷排放量，t/a；
　　　MSW_T——城市生活垃圾产生量，t/a；
　　　MSW_F——垃圾填埋比例；
　　　L_0——垃圾产甲烷潜力，t/t；
　　　R——甲烷回收率；
　　　OX——甲烷氧化因子；
　　　MCF——甲烷修正因子；
　　　DOC——垃圾中可降解有机碳的质量比；
　　　DOC_f——DOC 的降解率；
　　　F——填埋气体中甲烷的体积分数；
　　　$16/12$——甲烷分子量与碳分子量之比。

采用质量平衡法计算垃圾填埋场甲烷排放所需的数据较少，同时也可使用当地可用数据对其进行增加或修订来进一步修改和完善计算方法。但由于该模型假设所有填埋垃圾潜在的甲烷均在当年全部排放，没有考虑填埋垃圾产气量和时间的关系，因而不能预测逐年产气量，对甲烷的碳排放估计值也偏高。质量平衡法缺省活动数据和缺省参数较多，没有考虑填埋场情况和垃圾的差异，其估算结果与实际情况有较大差异。

11.2.1.2 一阶衰减模型

假设在 CH_4 和 CO_2 形成的几十年里，垃圾中可降解有机碳衰减很慢，在恒定条件下 CH_4 产生率完全取决于垃圾的含碳量。因此，在垃圾填埋之后的前几年里，填埋场产生的 CH_4 排放量最高，随着垃圾中可降解有机碳被微生物消耗（有机碳含量衰减），CH_4 排放量逐渐下降。因此，填埋场 CH_4 排放量可用一阶衰减动力学模型 ［式(11-3)］ 计算，该模型也称为 FOD 模型。

$$Q_{CH_4 排放} = \sum_x Q_{CH_4 产生, x, T} \times (1-R_T) \times (1-OX_T) \quad (11\text{-}3)$$

式中 $Q_{CH_4排放}$——T 年份填埋垃圾的 CH_4 排放量，t；

T——单个年份，如 2020 年；

x——垃圾类别或类型/材料，如纸张、厨余、织物等；

$Q_{CH_4产生,x,T}$——x 类型垃圾在 T 年份的甲烷排放量，t；

R_T——T 年份填埋气体 CH_4 回收率；

OX_T——T 年份的 CH_4 氧化因子。

对于某一类型（x）的垃圾，其 CH_4 产生量与该填埋垃圾中可降解有机碳的质量呈正相关，即

$$Q_{CH_4产生,x,T}=DDOC_m \times F \times (16/12) \quad (11-4)$$

$$DDOC_m = W \times DOC \times DOC_f \times MCF \quad (11-5)$$

式中 $DDOC_m$——厌氧条件下填埋垃圾中可降解有机碳量，t；

W——填埋垃圾量，t。

由式(11-3)~式(11-5)可知，CH_4 产生量与可降解垃圾质量成比例，而与垃圾填埋年份和每年产生的甲烷量无关。因此，若已知任意一年填埋场中初始的可降解垃圾量，则该年可以被认为是碳排放估算的第一年，假设衰减反应从垃圾填埋次年的 1 月 1 日开始，则 T 年年末，垃圾填埋场累积的 $DDOC_m$ 如下：

$$DDOC_{m\ aT} = DDOC_{m\ dT} + (DDOC_{m\ aT-1} \times e^{-k}) \quad (11-6)$$

$$DDOC_{m\ decomp\ T} = DDOC_{m\ aT-1} \times (1-e^{-k}) \quad (11-7)$$

式中 $DDOC_{m\ aT}$——T 年末填埋场中累计的可降解有机碳量，t；

$DDOC_{m\ aT-1}$——（$T-1$）年末填埋场中累计的可降解有机碳量，t；

$DDOC_{m\ dT}$——T 年初填埋场中累积的可降解有机碳量，t；

$DDOC_{m\ decomp\ T}$——T 年降解的有机碳量，t；

k——反应常量，$k=(\ln 2)/t_{1/2}$；

$t_{1/2}$——半衰期时间，a。

该方法考虑了垃圾组分的降解速率、CH_4 回收量和氧化量（对应氧化因子 OX），即为垃圾填埋场中的 CH_4 产生量、填埋气体甲烷收集利用（如焚烧用于发电或火炬燃烧）的 CH_4 量及其在填埋场生境中的 CH_4 氧化量，这更真实地反映了垃圾填埋场中 CH_4 的排放量。

11.2.1.3 其他模型

（1）化学方程式模型

根据经验化学方程式可以估算垃圾填埋场中填埋气体的产生。该方法假设在垃圾填埋场中所有的有机物都能生物降解，最终转化为填埋气体。可以用 $C_aH_bO_cN_d$ 来表示可生物降解有机物的经验分子式，其发酵降解过程可用以下化学方程式表示：

$$C_aH_bO_cN_d + \left(a - \frac{b}{4} - \frac{c}{2} + \frac{3}{4}d\right)H_2O \longrightarrow \left(\frac{a}{2} + \frac{b}{8} - \frac{c}{4} - \frac{3}{8}d\right)CH_4 + \left(\frac{a}{2} - \frac{b}{8} + \frac{c}{4} + \frac{3}{8}d\right)CO_2 + dNH_3$$

(11-8)

该式表明在标准状况下，1mol 有机碳可生物降解产生 1mol（即 22.4L）填埋气体。通过对城市生活垃圾成分的分析，归纳出该城市生活垃圾的典型化学分子式中 a、b、c 和 d 的值，则可以估算出该垃圾填埋场的产甲烷潜力。假设填埋场生活垃圾中含有 i 种化合物，其化学分子式为 $C_{a_i}H_{b_i}O_{c_i}N_{d_i}$，每种化合物的质量百分比为 m_i，则该填埋场生活垃圾的典

型化学分子式为 $C_{\Sigma a_i m_i} H_{\Sigma b_i m_i} O_{\Sigma c_i m_i} N_{\Sigma d_i m_i}$，因此，可估算出该垃圾填埋场的产甲烷潜力为 $\left(\dfrac{\Sigma a_i m_i}{2}+\dfrac{\Sigma b_i m_i}{8}-\dfrac{\Sigma c_i m_i}{4}-\dfrac{3\Sigma d_i m_i}{8}\right)$，产 CO_2 潜力为 $\left(\dfrac{\Sigma a_i m_i}{2}-\dfrac{\Sigma b_i m_i}{8}+\dfrac{\Sigma c_i m_i}{4}+\dfrac{3\Sigma d_i m_i}{8}\right)$。由于一部分甲烷将进行回收利用或氧化，则垃圾填埋场的甲烷排放量可表示为：

$$Q_{CH_4 排放}=W_i \times DOC_f \times \left(\dfrac{\Sigma a_i m_i}{2}+\dfrac{\Sigma b_i m_i}{8}-\dfrac{\Sigma c_i m_i}{4}-\dfrac{3\Sigma d_i m_i}{8}\right) \times MCF \times (1-R) \times (1-OX) \tag{11-9}$$

式中 W_i——厌氧条件下填埋垃圾中可降解有机物的物质的量，mol。

通过该模型计算可达到甲烷产量的最大理想值。然而，由于垃圾中大量难降解物质不能被纳入该式计算，并且垃圾有机物的厌氧降解过程较为复杂，实际过程中往往降解效率不能达到100%，因此该方法计算结果一般高于实际产量，计算的甲烷排放量偏差也较大。

(2) COD 模型

根据能量守恒定律，城市生活垃圾中有机垃圾的能量与其完全厌氧分解生成甲烷的能量相等，即垃圾的 COD 值等于垃圾填埋场中生成的甲烷燃烧消耗的能量。由于理论上 1kg COD 的甲烷产量为 $0.35m^3$，所以 COD 模型可表达为：

$$Q_{CH_4 排放}=0.35 \times W \times (1-\omega) \times V \times COD' \times MCF \times (1-R) \times (1-OX) \tag{11-10}$$

式中 W——填埋垃圾总量，t；

ω——填埋垃圾的含水率；

V——垃圾中有机物含量；

COD'——1t 有机物的 COD 值，kg/t。

一些典型城市垃圾的概化化学分子式及其组分单位质量理论所含 COD 产气量如表 11-3 所列。

表 11-3 垃圾中有机组分化学式及 COD 产气量参数[62]

废物成分	化学式	理论 COD 当量/(kg/kg 干重)	C_d/%	P_{COD}/(m^3/kg)
厨余	$C_{26.6}H_{3.7}O_{2.3}N_{1.6}S_{0.4}$	0.617	80	0.346
纸	$C_{41}H_{4.4}O_{39.3}N_{0.7}S_{0.4}$	0.661	50	0.231
塑料	$C_{61.6}H_8O_{11.6}Cl_{7.5}$	1.96	0	0
布	$C_{41.8}H_{4.7}O_{43.3}N_{0.8}S_{0.4}$	0.597	20	0.084
果皮	$C_{38}H_{3.7}O_{35.6}N_{1.9}S_{0.4}$	0.716	80	0.401

注：气体状态为 0℃，1atm（1atm=101325Pa）；C_d 为废物组分降解率；P_{COD} 为利用 COD 法、TOC 法得到的单位质量干垃圾产气量。

该模型假设垃圾填埋气体排放过程中无能量损失，有机物均能降解并全部转化为填埋气体，因此采用 COD 模型对垃圾填埋场甲烷排放量的估算结果偏高。

(3) 可生物降解模型

垃圾填埋场中只有可生物降解的有机物才能被微生物分解产生甲烷，采用垃圾中可生物降解有机碳含量来估算垃圾填埋场的甲烷排放量比理论最大甲烷排放量更精准些。该模型公式可表示为：

$$Q_{CH_4 排放}=\Sigma W_i \times C_i \times m_i \times (1-d_i) \times MCF \times (1-R) \times (1-OX) \tag{11-11}$$

式中 C_i——垃圾中第 i 种成分干基有机碳的含量，t/t；

m_i——C_i 的可生物降解率，%；

d_i——第 i 种成分的含水率，%；

W_i——第 i 种成分的湿重，t。

在实际情况下，可生物降解的碳含量不容易确定，因此工程上常采用 VS 的可生物降解率进行垃圾填埋场甲烷排放量的推算，推算公式如下：

$$Q_{CH_4 排放} = K \times \sum P_i \times (1-d_i) \times VS_i \times B_i \times MCF \times (1-R) \times (1-OX) \quad (11-12)$$

式中 K——经验系数，即单位质量的可生物降解 VS 在标准状态下的甲烷产生量，m^3/t，取值 $526.5 m^3/t$；

P_i——有机组分 i 在垃圾中所占的比例，%；

d_i——有机组分 i 的含水率，%；

VS_i——有机组分 i 的 VS 含量比例，%；

B_i——有机组分 i 的 VS 可生物降解率，%。

该模型是目前工程上应用非常广泛的垃圾填埋场甲烷排放量估算模型。

(4) LandGME 模型

LandGME 模型是美国环保署基于一阶衰减模型开发的，在垃圾填埋场的甲烷产生量方面应用广泛。该模型假设填埋垃圾的产甲烷速率与填埋时间有关，垃圾在填埋一年后产气速率最大，而后随时间的增加而衰减。模型参数可以根据填埋场的类型，选择其推荐值或采用实际测试值，计算公式为：

$$Q_{CH_4 排放} = \sum_{i=1}^{n} \sum_{j=0.1}^{1} k \times L_0 \times \frac{W_{MSi}}{10} \times e^{-kt_{ij}} \times MCF \times (1-R) \times (1-OX) \quad (11-13)$$

式中 k——垃圾降解速率常数；

W_{MSi}——第 i 年的填埋垃圾量，t；

t——垃圾填埋龄，a；

n——填埋场的运行年限，a；

i, j——i 以 1 年递增，j 以 0.1 年递增。

(5) Marticorena 动力学模型

Marticorena 动力学模型是有机垃圾降解一级动力学模型，该模型假设垃圾是按年份分层填埋的，则有：

$$D(t) = -\frac{dMP}{dt} = \frac{MP_0}{d} \exp\left(-\frac{t}{d}\right)$$

$$F(t) = \sum_{i=1}^{t} T_i \times D \times (t-i) \times MCF \times (1-R) \times (1-OX)$$

$$= \sum_{i=1}^{t} T_i \times \left[\frac{MP_0}{d} \exp\left(-\frac{t-i}{d}\right)\right] \times MCF \times (1-R) \times (1-OX) \quad (11-14)$$

$$D(t) = -\frac{dMP}{dt} = \frac{MP_0}{d} \exp\left(-\frac{t}{d}\right) \quad (11-15)$$

式中 $F(t)$——填埋场甲烷排放量，m^3；

t——时间，a；

MP——t 时间的垃圾产甲烷量，m^3/t；

D 和 $D(t)$——垃圾产甲烷速率，$m^3/(t \cdot a)$；

MP_0——新鲜垃圾产甲烷潜能，m^3/t；

d——垃圾产甲烷持续时间，a；

T_i——第 i 年填埋垃圾量，t。

该模型可应用到各地的填埋场，其参数可取平均值。式中的新鲜垃圾产甲烷潜能 MP_0 值随垃圾的性质和填埋方式的不同而变化，为 $20\sim200m^3/t$。调查发现，MP_0 值与城市的大小具有一定的相关性，大城市生活垃圾填埋场 MP_0 值为 $85m^3/t$，而中小城市为 $65m^3/t$（标准状况下）。

(6) Monad 改进模型

Monad 改进模型是基于 Monad 模型修改并通过现场试验验证的模型。该模型假设垃圾填埋场中甲烷产气率的变化分为两个阶段，其中第一阶段产气率随时间延长而线性增加，第二阶段为反应的后期，产气率在达到峰值之后，与剩余的可产气量呈指数性减小的关系[656]。假设当已产生的甲烷量达到全部可产甲烷量的 2/5 时产气率达到最大，则 Monad 改进模型可表达为：

当 $t < t_{mi}$ 时，
$$Q_t = \sum_{i=1}^{n} G_i \times MCF \times (1-R) \times (1-OX)$$
$$= \sum_{i=1}^{n} \frac{0.4 L_{0i}}{t_{mi}^2} t_i^2 \times MCF \times (1-R) \times (1-OX) \tag{11-16}$$

当 $t > t_{mi}$ 时，
$$Q_t = \sum_{i=1}^{n} G_i \times MCF \times (1-R) \times (1-OX)$$
$$= \sum_{i=1}^{n} \{L_{0i} - 0.6 L_{0i} \exp[-k_{2i}(t_i - t_{mi})]\} \times MCF \times (1-R) \times (1-OX) \tag{11-17}$$

式中 Q_t——t 时甲烷排放总量，m^3；

G_i——t 时第 i 单元垃圾的产气量，m^3；

L_{0i}——第 i 单元垃圾的总可产气量，m^3；

t_{mi}——第 i 单元垃圾达到最大可产气速率的时间，a；

k_{2i}——第 i 单元垃圾第二阶段的产气率常数；

n——填埋单元的数量；

t_i——第 i 单元垃圾的填埋时间，a。

该模型综合考虑了垃圾填埋场的垃圾分解过程，计算更为准确，但需要了解的资料和参数较多。

11.2.2 碳排放核算因子

垃圾填埋场碳排放核算受很多因素影响，在核算模型中以排放因子形式出现，其取值对模型计算结果的准确性有很大影响。IPCC 的质量模型和 FOD 模型为世界通用模型，应用也最为广泛，本小节只讨论 IPCC 的质量模型排放因子。

11.2.2.1 甲烷修正因子

垃圾填埋场中可降解有机碳仅有一部分会被分解为甲烷和 CO_2，而在氧气存在的环境下，垃圾将被完全氧化为 CO_2 而非甲烷，因此，在垃圾填埋场的碳排放核算中，可用 MCF 表示垃圾有氧分解的部分，以比例形式呈现。不同垃圾填埋场的操作方式对甲烷排放有不同的影响，例如厌氧垃圾填埋场中主要进行厌氧分解，产生的甲烷较多，而未管理垃圾填埋场和准好氧垃圾填埋场中有更多有机物可以进行有氧分解,产生的甲烷较少,CO_2 比例较高。同样地,浅填埋的垃圾进行好氧降解的比例会高于深填埋。《2006 年 IPCC 国家温室气体清单指南》中将垃圾填埋场厌氧管理分为管理、未管理和未分类的填埋场,并区分了厌氧和准好氧填埋场。《IPCC 2006 年国家温室气体清单指南》(2019 修订版)中对填埋场分类进行了细化,增加了管理良好和管理较差两种管理类型,同时增加了主动曝气厌氧/好氧混合型填埋场。如表 11-4 所列,设定具有一般管理的厌氧填埋场的可降解有机碳分解产物中,CO_2 的比例可以忽略,则其 MCF 缺省值为 1.0;良好管理的准好氧填埋场的 MCF 缺省值为 0.5。堆体中氧气越多,则 MCF 缺省值越低。MCF 因时而异,反映了填埋场的管理方式,以及填埋场的结构和管理方法对甲烷产生的影响。

表 11-4 不同垃圾填埋场的 MCF[657]

填埋场类型	MCF 缺省值	管理状况	填埋场结构与运行情况
厌氧填埋场	1.0	一般管理	垃圾放置位置受控(将垃圾放置到特定处置区域,具有一定程度的净化和火灾控制能力),至少包括以下条件之一: (1)具有覆盖材料; (2)机械压实; (3)垃圾平整
准好氧填埋场	0.5	良好管理	具有以下条件之一: (1)可渗透覆盖材料; (2)渗滤液导排系统无下沉; (3)可控制贮水量; (4)无盖气体通风系统; (5)渗滤液排水与气体通风系统之间有连接
准好氧填埋场	0.7	较差管理	具有以下条件之一: (1)渗滤液导排系统有一定下沉; (2)导排阀门关闭或导排出口不与空气连通; (3)气体通风出口关闭
主动曝气填埋场	0.4	良好管理	包括原位低压曝气技术、曝气技术、生物通风技术、抽吸被动通风技术。垃圾放置位置必须受控,需有渗滤液导排系统以防空气渗透阻塞,并且具有覆盖材料和空气注入或气体抽提系统
主动曝气填埋场	0.7	较差管理	具有主动曝气有氧管理的设备,并具有以下条件之一: (1)导排系统的问题导致曝气系统的阻塞; (2)高压曝气导致微生物缺乏可利用的水分
垃圾深埋(≥5m)和/或高地下水位	0.8	未管理	不符合管理填埋场标准,其填埋深度≥5m 和/或高地下水位(近似地平面)
垃圾浅埋(<5m)	0.4	未管理	不符合管理填埋场标准,其填埋深度<5m
未归类的填埋场	0.6	未归类	不符合上述所有填埋场标准的垃圾填埋场

11.2.2.2 可降解有机碳

生活垃圾中碳可分为可降解有机碳和不可生物降解有机碳。生活垃圾中的有机碳主要来源于厨余、纸张、木材和纺织品,其中可降解有机碳的比例差别较大。IPCC 给出了不同生活垃圾成分的干物质和各类有机碳的含量(表 11-5),其中竹木类可降解有机碳(DOC)占湿重的比例最大,为 43%,其次为纸类(40%)、橡胶和皮革(39%)、织物(24%)及尿布(24%),而厨余 DOC 占湿重的比例为 15%。塑料的有机碳在填埋场填埋条件下不易被降解,可全部视为不可生物降解有机碳。由此可见,准确获得填埋场中各个组分有机碳比例可大大提高填埋场碳排放核算结果的准确性。

表 11-5 生活垃圾成分的干物质和各类有机碳的含量[658]   单位:%

成分	干物质占湿重的比例	DOC占湿重的比例		DOC占干重的比例		总碳占干重的比例		不可降解DOC占总碳的比例	
	缺省	缺省	范围	缺省	范围	缺省	范围	缺省	范围
纸类	90	40	36~45	44	40~50	46	42~50	1	0~5
织物	80	24	20~40	30	25~50	50	25~50	20	0~50
厨余	40	15	8~20	38	20~50	38	20~50	—	—
竹木	85	43	39~46	50	46~54	50	46~54	—	—
庭院和公园垃圾	40	20	18~22	49	45~55	49	45~55	0	0
尿布	40	24	18~32	60	44~80	70	54~90	10	10
橡胶和皮革	84	39	39	47	47	67	67	20	20
塑料	100	—	—	—	—	75	67~85	100	95~100
金属	100	—	—	—	—	—	—	—	—
玻璃	100	—	—	—	—	—	—	—	—
惰性垃圾及其他	90	—	—	—	—	3	0~5	100	50~100

与国外生活垃圾相比,我国城市生活垃圾中厨余垃圾占比较大,其中所携带的水分为生活垃圾中水分的主要来源。而厨余垃圾中的蔬菜、果皮占主要部分,肉类食物较少。我国厨余垃圾 DOC 占湿重的比例为 11%,小于 IPCC 缺省值。同样地,我国垃圾中纸类、竹木类 DOC 占湿重的比例分别为 24% 和 33%,也小于 IPCC 缺省值,这也是由我国生活垃圾含水率高、单位质量垃圾中有机物比例偏低所造成的。我国织物类垃圾 DOC 占湿重的比例比 IPCC 缺省值高 3%,这可能是由于国外织物类垃圾中含有大量化纤等不可生物降解的成分,棉质的可降解织物含量较少[652]。

11.2.2.3 DOC 降解比例

DOC 降解比例(DOC_f)表示垃圾填埋场厌氧填埋条件下降解并排放出来的碳比例估值,一般小于1。DOC 降解比例的影响因素包括温度、pH 值和垃圾组成等。垃圾填埋场中一些可降解有机碳,如木质素,在厌氧条件下无法分解或分解很慢,此时 DOC_f 则会降低。不同类型生活垃圾的降解是相互独立的,这导致了不同垃圾种类的 DOC_f 值也不同,尤其是木材,其降解率变化范围很大,甚至会因不同树种而异。一般混合垃圾的 DOC_f 缺省值为 0.5,只有当对生活垃圾组成进行有代表性的取样和分析得到数据时才会采用特定垃圾类型的 DOC_f 值。IPCC 将垃圾种类分为 3 类,即可高度降解的垃圾(厨余垃圾和草)、可适度降解的垃圾(纸制品,包括铜版纸、旧新闻纸、旧瓦楞容器和办公用纸)和可少量降解的垃圾(包括树枝和木材,如锯木和工程木材材料),其 DOC_f 缺省值随垃圾可降解性的降低而降低(表 11-6)。另外,《2006 年 IPCC 国家温室气体清单指南》中指出,填埋场中随渗滤液流失的 DOC 量通常小于 1%,在计算中可忽略不计。但在极其潮湿的环境下,渗滤液中 DOC 含量非常大,因此,《IPCC 2006 年国家温室气体清单指南》(2019 修订版)中特别提出,更精确的填埋场可降解 DOC 的计算应纳入渗滤液中流失的 DOC 的量。

表 11-6 不同种类垃圾的 DOC_f 缺省值[657]

垃圾种类	DOC_f 缺省值
可少量降解的垃圾,例如木材、工程木制品、树枝(木材)等	0.1
可适度降解的垃圾,例如纸张、纺织品、纸尿裤等	0.5
可高度降解的垃圾,例如厨余垃圾、草(花园及公园垃圾,不包括树枝)	0.7
混合垃圾	0.5

在厌氧条件下，垃圾的生物可降解性因组分不同而有很大差异，如木材和木制品的可降解性只有1%，而厨余垃圾和办公用纸的可降解性为60%~80%[659]。纸制品的生物可降解率因纸张类型的不同而有很大差异（21%~96%）[660]。垃圾中有机物的组织结构，特别是存在的类似木质素的残余部分，是影响其生物可降解性的主要因素。一般来说，由机械纸浆制成的纸张比由化学纸浆制成的纸张更不容易被降解，这是因为在化学纸浆中绝大部分木质素通过化学作用被去除了。

11.2.2.4 甲烷氧化因子

垃圾填埋场产生的甲烷通过覆盖层排放到大气的过程中，部分甲烷会与氧气接触或被覆盖层氧化，可采用氧化因子来表示被氧化消耗掉的甲烷量，其范围为0~1。因此，覆盖层本身的通透性和其对甲烷的氧化作用直接影响到垃圾填埋场的甲烷排放。覆盖层厚实、通透性差，或填埋场通风良好，其氧化因子与没有覆盖或覆盖层破裂导致甲烷逃逸的填埋场的氧化因子完全不同。IPCC推荐：管理良好且覆盖有土壤、堆肥等强甲烷氧化活性材料的填埋场的甲烷氧化因子为0.1，其余填埋场的甲烷氧化因子为0[661]。另外，IPCC指出实验室或实地测得的甲烷和CO_2排放浓度不能用来确定氧化因子，这是因为只有部分甲烷会通过覆盖层进行扩散，有一部分会从裂缝处逃逸，或者通过填埋场侧面扩散而逃逸，此部分甲烷则未被氧化。

我国大型填埋场一般都使用土工膜覆盖层来降低甲烷排放浓度，中小型填埋场一般采用土质覆盖层。根据填埋场规模大小可将填埋场分为Ⅰ、Ⅱ和Ⅲ类填埋场。Ⅰ类填埋场（规模$>5.0 \times 10^6 m^3$）无覆盖层，其甲烷氧化因子为0；对于有覆盖层的Ⅱ类[规模在$(2.0~5.0) \times 10^6 m^3$]和Ⅲ类填埋场（规模$<2.0 \times 10^6 m^3$），由于南方湿润多雨，温度也适宜甲烷氧化，因此南方填埋场中的甲烷氧化因子均高于温度较低且干旱少雨的西北地区垃圾填埋场；西南、华南地区的Ⅲ类垃圾填埋场的甲烷氧化因子可达0.30，是IPCC推荐缺省值的3倍（表11-7）。

表11-7 我国各区域不同规模垃圾填埋场甲烷氧化因子[652]

区域	Ⅰ类	Ⅱ类	Ⅲ类
西北	0	0.08	0.15
华北、东北、华中、华东	0	0.10	0.20
西南、华南	0	0.15	0.30

11.2.2.5 半衰期和甲烷产生率

半衰期（$t_{1/2}$）是填埋垃圾中可降解有机物衰减至其初始质量的1/2所消耗的时间，也可用甲烷产生率k表示，$k=(\ln 2)/t_{1/2}$。$t_{1/2}$（或k值）可以用以下两种方法计算：a. 假设不同种类垃圾的降解完全相互依赖，由于厨余垃圾的存在，木材的衰减会增加，而由于木材的存在，厨余垃圾的衰减会减慢，则可以计算混合垃圾$t_{1/2}$的加权平均值；b. 假设不同种类垃圾的降解是相互独立的，根据其降解速度，可将垃圾物流分成不同类别，分别进行计算。而实际情况很可能是某种中间状况，较为复杂。IPCC根据不同气候带推荐了不同垃圾分解的k缺省值（表11-8），可以得出，潮湿高温的环境k值较高，其半衰期缩短。

表 11-8　IPCC 推荐的不同垃圾分解的 k 缺省值[661]

垃圾类型		气候带							
		北温带(MAT≤20℃)				热带(MAT>20℃)			
		干(MAP/PET<1)		湿(MAP/PET≥1)		干(MAP<1000mm)		湿润和湿(MAP≥1000mm)	
		缺省	范围	缺省	范围	缺省	范围	缺省	范围
快速降解的垃圾	厨余垃圾	0.06	0.05～0.08	0.185	0.1～0.2	0.085	0.07～0.1	0.4	0.17～0.7
较快降解的垃圾	其他(非厨余)有机易腐/庭院垃圾	0.05	0.04～0.06	0.1	0.06～0.1	0.065	0.05～0.08	0.17	0.15～0.2
缓慢降解的垃圾	纸张/纺织品	0.04	0.03～0.05	0.06	0.05～0.07	0.045	0.04～0.06	0.07	0.06～0.085
	木材/秸秆	0.02	0.01～0.03	0.03	0.02～0.04	0.025	0.02～0.04	0.035	0.03～0.05
混合垃圾		0.05	0.04～0.06	0.09	0.08～0.1	0.065	0.05～0.08	0.17	0.15～0.2

注：MAT 为年均温度；MAP 为年降水量；PET 为可能蒸发量。

根据我国所处气候带及生活垃圾处理方法，由表 11-8 查得缺省 k 值为 0.09，则半衰期为 7.7 年。经过专家判定，我国城市生活垃圾半衰期比《2006 年 IPCC 国家温室气体清单指南》区域缺省值小很多，主要有以下 2 个方面的原因：

① 我国垃圾填埋场填埋时间较短，一般只有几年，填埋厚度比国外小，而在相同条件下，垃圾层厚度小的填埋场含水率较高，较高的含水率会加速垃圾降解，使填埋场稳定过程加快，从而缩短半衰期；

② 我国多数垃圾填埋场无覆盖土层或覆盖土层较薄，空气容易进入垃圾层，靠近地表的垃圾层则易处于好氧状态，好氧生物降解过程比厌氧生物降解过程要快得多，从而缩短填埋垃圾的半衰期。

11.2.2.6　甲烷浓度

在垃圾填埋场稳定化过程中，填埋气体中甲烷浓度处于动态变化状态，在甲烷发酵阶段，填埋气体中甲烷浓度一般为 40%～60%，平均值为 50%，只有含大量脂或油的垃圾才会产生甲烷含量超过 50% 的填埋气体。因此，建议甲烷浓度选用 IPCC 缺省值（0.5）。需要指出的是，此处的甲烷浓度与填埋场排放气体中的浓度比例不同，因为产生的气体中，CO_2 会被渗滤液吸收，在中性条件下会被转换成重碳酸盐，从而使填埋场排放气体中的甲烷浓度偏高。而填埋场收集的填埋气体中，可能会混入空气，进而将填埋气体稀释，降低甲烷浓度，因此也不能作为参考。

11.2.2.7　甲烷回收率

垃圾填埋场产生的甲烷可用来发电或供热，既可产生经济效益又可以减少甲烷排放，这部分甲烷可通过火焰燃烧或被能源回收装置回收。若回收的气体用作能源，则这部分甲烷排放应当计入能源部门。由于 CO_2 排放是生物成因，而甲烷和氧化亚氮排放量又非常小，所以火焰燃烧产生的排放量并不大，生活垃圾处置部门不需要得到其估算值。因此，IPCC 推荐甲烷回收率的缺省值为 0，只有具有填埋气体甲烷回收参考资料时才应纳入计算。我国大型垃圾填埋场（Ⅰ类）都有较为完善的甲烷收集系统和燃烧利用设施。调查显示，我国Ⅰ类填埋场甲烷回收率约为 40%，Ⅱ类和Ⅲ类分别为 24% 和 5%[652]。

11.2.2.8 CO_2 和氧化亚氮（N_2O）排放核算因子

目前垃圾填埋场碳排放模型中绝大多数不考虑 CO_2 和 N_2O，但前者无论在好氧还是厌氧管理场景下，其产生量都不容忽视，而后者的产生量虽远远小于 CH_4 和 CO_2，但其 GWP 约为 CH_4 的 10 倍，因此，两者的核算对垃圾填埋场温室气体排放量的估算和对温室效应的影响预测起着很重要的作用。对于垃圾填埋场温室气体排放量的简单预测，可以通过 CH_4、CO_2 和 N_2O 在填埋气体中的占比，将 CO_2 和 N_2O 排放量转化为 CH_4 排放量进行估算，可采用以下公式计算：

$$Q_{gas}=Q_{CH_4}+Q_{CO_2}+Q_{N_2O}=\left(1+\frac{y+z}{x}\right)\times Q_{CH_4} \tag{11-18}$$

式中 Q_{gas}——填埋场中主要温室气体的排放量总和，Gg；

Q_{CH_4}，Q_{CO_2} 和 Q_{N_2O}——填埋场中 CH_4、CO_2 和 N_2O 的排放量，Gg；

x，y 和 z——填埋气体中 CH_4、CO_2 和 N_2O 的浓度。

CH_4 的排放量可通过本章中 CH_4 排放模型计算得到。由于填埋气体中以 CH_4 和 CO_2 为主要成分，因此 CO_2 浓度（y）可近似看作（$100\%-x$）。N_2O 在填埋气体中占比一般小于 0.1%，因此，当填埋垃圾中含氮量高的可降解有机物较多时，N_2O 比例因子 z 可取 0.1%，否则可取 0。考虑填埋场各温室气体的 GWP，填埋场碳排放 GWP 可估算为：

$$Q_{TC}=\alpha Q_{CH_4}+Q_{CO_2}+\beta Q_{N_2O}=\left(\alpha+\frac{y+\beta z}{x}\right)\times Q_{CH_4} \tag{11-19}$$

式中 Q_{TC}——CO_2 当量下的填埋场总碳排放量，Gg CO_2 当量；

α，β——CH_4 和 N_2O 的 GWP。

11.2.3 碳排放模型的选择

根据 IPCC 指南，垃圾填埋场碳排放核算模型可分为三大类，即质量平衡法（方法 1）、一阶衰减法（FOD 法，方法 2）和基于优质特定国家活动数据的一阶衰减法（方法 3）。不同种类生活垃圾的半衰期是不同的，从几年至几十年不等，甚至更长。为了保证核算结果的精确度，在半衰期为 3~5 年的时期内，FOD 方法需要收集或估算生活垃圾历史处置的数据，优良做法是采用至少 50 年的处置数据。如果选择了更短的时限，则应当证明该计算没有明显低估排放量。

填埋场碳排放核算模型方法可根据 IPCC 优良做法指南决策树进行选择（图 11-4），很多国家垃圾填埋场的历史数据并无完整记载，此时可以利用 IPCC 缺省值、人均和其他方法确定缺省活动数据和缺省参数，选择方法 1 进行碳排放的计算。若已有 10 年或更长时间的填埋场历史数据，则采用方法 2。对于有优质特定国家活动数据或通过测量得出的特定关键参数的，例如半衰期、甲烷生产潜力或 DOC 含量以及分解的 DOC 比例等，可以采用方法 3。由于发达国家相关的统计数据记录比较详细，所以基本上都采取方法 2 或者方法 3 进行计算；发展中国家在第一次国家温室气体清单编制中大多数采用方法 1，在第二次国家温室气体清单编制中部分处理方式选择方法 2 进行计算。我国国家发展改革委气候司 2011 年编写的《省级温室气体清单编制指南（试行）》中对生活垃圾处置中甲烷排放量的计算模型也采用的是方法 2。近年来，大量学者对生活垃圾处置温室气体排放计算方法进行了改进和探索，衍生出很多计算模型，如 COD 模型、Marticorena 动力学模型等。这些模型从不同角度对填埋场产气和排放规律进行核算，其碳排放结果的准确性关键在于模型参数的取值。

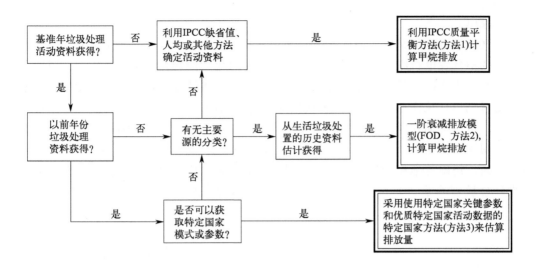

图 11-4　IPCC 优良做法指南决策树

11.3　生态修复填埋场中的碳减排技术

垃圾填埋场碳减排技术包括填埋气体收集与利用、火炬燃烧、覆盖材料碳减排、好氧生物修复、快速稳定化预处理等。根据填埋场的类型不同,碳减排技术的选择也不同。本节从生态封场、原位生物修复和开挖修复填埋场三个角度介绍了碳减排的相关技术。

11.3.1　生态封场填埋场中的碳减排技术

11.3.1.1　填埋气体收集与利用技术

垃圾填埋气体资源化利用技术是将垃圾填埋场中产生的填埋气体回收,用于供热、并网发电或用作管道气、动力燃料、化工原料等。在垃圾填埋场生态封场前期阶段,填埋气体产生量大且甲烷浓度较高,可达 40%~60%,此时未经处理的填埋气体的平均热值为 4.6MJ/m^3,具有较高的回收利用价值。垃圾填埋气体资源化利用不仅可以减少填埋场中的碳排放,还具有良好的经济效益和社会效益。目前填埋气体回收利用后主要可用于供热、发电或用作汽车燃料、液化天然气和化工原料。

(1) 供热

填埋气体具有高热值,可用于工业锅炉燃烧等。表 11-9 为纯甲烷、填埋气体与几种能源的热值。从表中可见,虽然填埋气体中仅含有约 45% 的 CO_2,但填埋气体的热值高达 4633.2kJ/m^3,与城市煤气的热值接近。甲烷可用于工业锅炉燃烧产生热能,能源输出量的转换效率为 85%。如果超过 10000MJ/h 就具有利用价值,则甲烷用于工业锅炉燃烧 5 年间回收利用的热能总量约为 58924MJ/h[662]。

表 11-9　几种能源热值比较[663]

燃料种类	纯甲烷	填埋气体	煤气	汽油	柴油
热值/(kJ/m^3)	8580.0	4633.2	4000.0	7300.0	9500.0

注:该填埋气体中甲烷浓度为 54%、CO_2 为 45%、其余成分为 1%。

（2）发电

填埋气体发电利用是应用最广泛的资源化方式。填埋气体发电技术是指通过燃气发电机组或专用的沼气发电机组，将填埋气体中有效组分的化学能转化为电能的技术。填埋气体发电的优势在于成本低、技术成熟、对电网要求不高等。将填埋气体产生的电能储存起来，在电力不足时利用，从而在一定程度上缓解电网压力。填埋气体发电是我国新能源产业的重要组成部分，可以推动我国新能源产业的发展，其具有一定的商业竞争力。填埋气体发电的典型流程见图11-5。杭州天子岭垃圾填埋场是我国首个垃圾填埋气体发电厂，此后，广州、上海、苏州、济南等地相继建立并运行填埋场发电设施。通常对于填埋规模较大的垃圾填埋场（设计总填埋容量$>2.5\times10^6 m^3$），建议实行填埋气体的净化回收和发电，以减少碳排放。

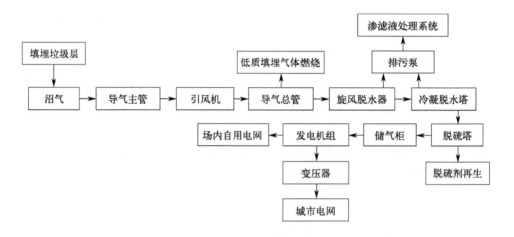

图11-5 填埋气体发电典型流程

填埋气体的主要成分是CH_4和CO_2，同时还含有少量的H_2S、H_2和O_2等成分，其热值相较于天然气低很多，且具有火焰传播速度慢、点火温度高等缺点。一般来说，填埋气体中的CH_4浓度超过45%才可用于内燃机燃烧发电，同时还应采取其他措施来助燃，例如提高压缩比、增设预燃室等。然而，填埋气体具有腐蚀性，会对内燃机的金属材料和密封材料产生极大的腐蚀作用；同时，内燃机尾气中的NO_x含量较高，直接排放会对环境产生一定的影响。

当填埋气体中影响电池性能的有害微量成分被去除后，也可作为燃料电池的燃料，可通过电化学反应发电。Staniforth等[664]在英国坎诺克垃圾填埋场的填埋气体固体氧化物燃料电池发电的研究中发现，增设脱硫和燃料重整装置之后，脱硫装置可以有效地去除硫化物，而燃料重整装置可通过重整气化反应，将产生的有机气体转化为H_2和CO_2，大大减少了硫化物引起的催化剂中毒问题，燃料电池的发电效率可达18.5%。

对比采用垃圾填埋气体发电的几种发电机，往复式内燃机虽然在使用时会产生大量的有害气体，但其综合性能最好（表11-10）。与往复式内燃机发电机组相比，燃料电池系统发电效率更高，然而，燃料电池系统的投资费用较高，运行维护成本也较高，目前在实际应用中较少见到。虽然燃料电池系统发电效率较高，但是由于其投资费用过高，与传统发电方式相比没有竞争力。此外，在利用垃圾填埋气体发电时，还需综合考虑安装维修费用、污染物排放情况,以及垃圾填埋场的规模、地点和产气量等因素。

表 11-10 填埋气体发电方式及其参数[665]

	往复式内燃机	燃气轮机	有机朗肯循环	斯特林发动机	熔融碳酸盐燃料电池
发电效率/%	33	28	18	35.58	50
油耗/[kJ/(kW·h)]	10972	12872	19202	9390	7174
NO_x 排放/($\mu g/kJ$)	56.6	15	16	3.11	痕量
CO_2 排放/($\mu g/kJ$)	56.6	19	18.9	15	1.4

(3) 汽车燃料

垃圾填埋气体在去除痕量有害成分后,可进行压缩,而后用作汽车燃料,燃气车与燃汽油车的速度和性能基本相同。如图 11-6 所示,制取车用燃料气的基本流程为:填埋气体经集气系统进入储气室后,加压到 1.0~1.5MPa,在水洗塔中去除 H_2S 和部分 CO_2,后再加压经过分子筛干燥器,最后储存于气体钢瓶内,制成车载天然气。车载天然气储气瓶应安全可靠,同时由于天然气比空气轻,一旦有泄漏事件发生,更容易排散到空气中,减小对人体的危害。目前压缩天然气用作汽车燃料正逐步为市场所接受,主要用于专用垃圾运输车辆。

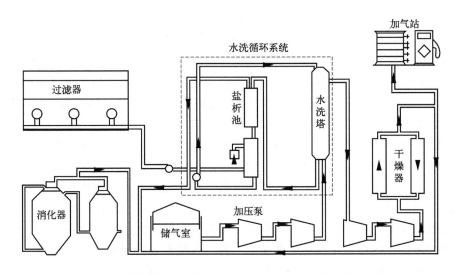

图 11-6 制取车用燃料气基本流程[666]

(4) 液化天然气和化工原料

垃圾填埋气体经过一系列的提纯处理得到高纯度的甲烷,将其冷却到 -162℃ 左右,即为液化天然气。该法将垃圾填埋气体中的 CO_2 分离出来,既可作为化工原料,又减排了 CO_2,同时还可回收利用甲烷。北京东方绿达科技发展有限责任公司推出了一种垃圾填埋气体制液化天然气系统,该系统主要由物理分离、脱硫、脱水、压缩增压、深冷液化等环节组成。据报道,在北京市的某个垃圾填埋场中,采用该系统可以每天获得 $10000 m^3$ 的液化天然气,其中甲烷浓度高达 97.09%[667]。

填埋气体中甲烷和 CO_2 的分离方法一般有物理化学法、吸附分离法、膜分离法等[668]。膜分离法是一种利用薄膜分离气体混合物成分的技术。该技术具有快速、分离效果好、操作简单、成本相对较低的优点,但同时也存在膜阻力大、容易受污染的问题。甲基二乙醇胺法可以利用甲基二乙醇胺吸收酸性气体,该技术具有设备成本低、操作简便、净化效果好的优点。变压吸附技术是一种新型高效的气体分离技术，在加压的吸附塔中 CO_2 被选择性吸附而与甲烷分离，随后在减压塔中解吸再生，CO_2 脱除率超过95%[663]。

11.3.1.2 火炬燃烧技术

在生态封场填埋场中，随着填埋垃圾的降解和稳定化，填埋气体产气量逐渐下降，且甲烷浓度也逐渐下降。当填埋气体中甲烷浓度<10%（如垃圾填埋场初期和后期阶段）时，其直接燃烧受限。当填埋气体不具备工业利用规模时，火炬燃烧可以减少填埋气体的无组织排放。火炬燃烧是一种常见的填埋气体处理方式，通过垃圾填埋场的主动或者被动收集模式，尽可能地收集填埋气体，并采用火炬燃烧，以消耗填埋气体中的甲烷，减少甲烷排放。

在过去，填埋气体的燃烧采用简单的露天堆积燃烧，在没有隔离的情况下能看到很大的火焰，操作十分不规范并且具有很大的安全隐患。随着全球环保意识的提高，各国对污染物质的排放要求日益严格，开放式火炬已逐渐被各国禁止，统一要求使用封闭式火炬，只有在一些特殊情况下才会允许使用开放式火炬燃烧。封闭式填埋气体火炬燃烧不仅温度可控，而且可以提供较高的火焰温度及较长的停留时间，燃烧排放有害成分浓度较低，除了可以将填埋气体中的甲烷转化成 CO_2 外，也可以有效去除填埋气体中的其他组分，如氧化亚氮和臭气等。封闭式火炬一般采用多路进气模式，在保证气流分配均匀的前提下，可以实现分级燃烧，处理能力强，在各种排放量下都可以燃烧完全，燃烧效率可以得到保证。

在填埋气体火炬燃烧时，火焰温度及气体停留时间是主要的控制因素。为使填埋气体能够充分燃烧，减小对环境的污染，各国都对燃烧温度提出了一系列的标准。法国要求燃烧火焰温度不低于900℃；荷兰要求燃烧气体出口温度必须达到900℃，且燃烧停留时间不少于0.3s；英国要求火焰温度不低于1000℃，气体停留时间不低于0.3s；美国要求火炬的燃烧温度介于1000～1200℃之间[669]。我国《生活垃圾卫生填埋场填埋气体收集处理及利用工程技术标准》（CJJ/T 133—2024）中规定，填埋气体收集量大于100m³/h的填埋场，应设置封闭式火炬。在选用火炬时，其处理能力应满足低负荷燃烧要求，并兼顾设备事故停机时短期过负荷燃烧能力。对于目前的清洁发展机制（clean development mechanism，CDM）项目，火炬燃烧尾气温度不宜低于500℃，以保证气体成分的充分燃烧。

常见的封闭式火炬都存在火炬处理能力不高，火焰易冒出筒体以及燃尽率低的问题，张杰东等[670]发明了一种封闭式地面火炬系统（图11-7）。该系统包括火炬气管道、控制阀门、燃烧器等装置，火炬气管道出口设有地面火炬燃烧器，地面火炬筒体内为燃烧室，燃烧室内设有扰流网，燃烧室上部设有烟道，烟道内设有耐火支撑体，烟道与高温烟气出口之间设有多孔耐火填料，多孔耐火填料顶部、底部分别设有上固定板、下固定板。与一般封闭式地面火炬相比，在大流量排放时该系统可将火焰控制在地面火炬筒体内，实现火炬气安全燃烧。该系统火焰高度低，火炬气燃尽率高，且能够确保火炬气环保燃烧。其热辐射>1.58kW/m²，范围较小，可以更加节约用地面积，取得了较好的燃烧效果。

11.3.1.3 覆盖材料碳减排技术

在生态封场填埋场中，当填埋气体从填埋场内部向大气中扩散时，具有较好密封性的覆盖系统可有效减少填埋气体的迁移扩散，同时覆盖材料中的微生物还能氧化甲烷、代谢氧化亚氮等，从而减少填埋场碳排放。填埋场覆盖土层中的甲烷氧化主要发生在覆盖土0~40cm的表层。一般而言，距表层15~20cm处的覆盖土具有较高的甲烷氧化活性，但随所在填埋区域、季节变化以及是否安装填埋气体收集装置等的不同，覆盖土甲烷氧化活性也存在较大

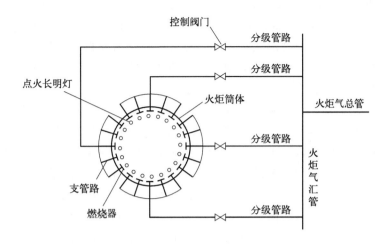

图 11-7 封闭式地面火炬系统示意[670]

差异,变化范围在 $0.65\sim128\mu g/(g\cdot h)^{[143]}$。

填埋场覆盖材料的选择直接影响着覆盖层的甲烷减排效果。近年来,黏土因价格低廉、来源广泛、无毒无害、容易施工等特点,被广泛应用于填埋场覆盖层中。黏土的甲烷氧化能力相对较低,约为 $45g/(m^2\cdot d)$,对甲烷的平均去除率仅可达到 35% 左右。黏土容易形成裂缝,这会影响甲烷和氧气在覆盖层中的扩散。另外,黏土中缺乏营养物质,也会影响甲烷氧化菌的生长活动,从而影响甲烷减排效果,这在一定程度上限制了黏土的应用。目前研究者多采用生物覆盖材料,如堆肥、污泥、垃圾腐殖土等,通过优化覆盖层环境条件,强化微生物甲烷氧化作用,实现甲烷减排。有研究发现[671],向填埋场覆盖土层中添加炭基材料(如生物炭)可改变其中微生物的分布,促进覆盖层中甲烷氧化菌的生长,增强甲烷氧化活性。

温度和含水率都会对甲烷氧化性能产生一定的影响,在实际的工程应用中,不同季节的温度、降水和干旱程度等都会影响填埋场覆盖层中的温度和含水率,进而影响其甲烷氧化性能。覆盖层中起关键作用的嗜温甲烷氧化菌生长的最适温度约为 30℃,随着温度的升高,微生物活性逐步降低,直至达到临界值 55℃。覆盖土含水率是影响微生物甲烷氧化的决定性因素之一,含水率在 10%～20% 时最佳。主要原因是,当覆盖层含水率很高时,会阻碍氧气扩散,当含水率大于 5% 时,氧气扩散会大大减小,从而导致氧化效率下降。相反地,如果覆盖层处于干燥条件下,其周围水膜厚度会变薄,减弱微生物的活性。当含水率低于 10% 时,甲烷氧化效率会变得很低,而当含水率低于 4% 时,甲烷氧化效率会急剧下降,几乎降为 0[672]。因此,在垃圾填埋场生态封场时应选择适当的覆盖材料,并调节适当因子(如含水率、有机质等),从而提高甲烷氧化速率,减少填埋场碳排放。

11.3.1.4 产甲烷菌抑制技术

产甲烷菌是垃圾填埋场有机物降解转化成甲烷的主要作用微生物。产甲烷菌抑制技术是以产甲烷菌为作用目标,采用甲烷抑制剂,在不影响垃圾填埋场内其他微生物生长代谢的条件下,抑制产甲烷菌产生甲烷,将有机碳直接转入液相中,从而达到填埋场碳减排的目的。有机碳经转化后溶解于渗滤液中,经收集后进行集中处理即可。符合填埋场应用的产甲烷菌抑制剂应具备以下特点：a. 有效抑制浓度低，易扩散（扩散系数较高的液体或气体与易溶于渗滤液的固体）；b. 对其他菌群没有抑制作用或抑制作用很小；c. 成本低。产甲烷菌抑制剂在垃圾填埋场中一般具有两种形式：一种是可溶性较好的抑制剂，其容易扩散到垃圾堆体中产甲烷菌群集中的固相中；另一种抑制剂呈固体颗粒状，可作为覆盖土，完成一层垃圾填埋后直接铺在垃圾填埋层表面。

表11-11中列出了常见产甲烷菌抑制剂及其在填埋场中的应用，其中多卤化物抑制剂施用浓度低、抑制效果好，具有良好的应用前景。研究证明，氯代甲烷抑制剂，包括二氯甲烷、三氯甲烷和四氯甲烷，可以100%抑制垃圾填埋场中的甲烷产生[673]，该抑制剂具有与甲基类似的结构及活性较强的碳氢键，可通过对竞争性底物的抑制，阻断有机物中甲基与四氢八叠球菌嘌呤辅因子和辅酶M的结合，从而抑制甲烷的生成。另外，氯代甲烷对产酸菌群没有副作用，反而提高了产酸菌群代谢的丙酸/乙酸比例，由于丙酸很难转化为甲烷而阻断了厌氧消化过程的甲烷产生，使其维持在厌氧消化产酸阶段，保证了填埋场稳定化的持续进行。但二氯甲烷和三氯甲烷在水环境中难以降解且具有致畸、致癌性，对生物具有很大的危害，而四氯甲烷高度易燃、易于挥发，逸散到空气中会对臭氧层造成破坏，在填埋场中使用时，应注意其用量和可能带来的二次污染问题。

表11-11 常见产甲烷菌抑制剂与填埋场应用评价[674]

抑制剂类型	代表抑制剂	抑制效果	填埋场应用评价
多卤化物	氯仿、三氯乙烷、溴氯甲烷等	最低抑制浓度低，抑制效果好，抑制率可达90%以上	配合渗滤液回灌技术，具有良好的应用前景
抗生素类	莫能菌素、拉沙里菌素	用量小（2mg/kg），抑制率约44%	抑制率低，不适合
有机酸	富马酸	主要是影响pH值	有效抑制浓度过高，不适合
微生物制剂	酵母菌	抑制率约50%	抑制率低，不适合
植物提取物	茶皂素、丝兰皂苷	抑制率较低（10%~55%）	抑制率低，成本高，不适合
蒽醌类	蒽醌	最低抑制浓度低（5mg/L），氢气的存在会影响抑制效果	可以应用，但必须解决溶解和扩散过慢的问题
抑制气	一氧化碳、乙炔	最低抑制浓度低	可以应用，但必须解决气体的缓释问题
染料	盐染料、龙胆紫等	最低抑制浓度低，抑制效果较好	成本较高，有二次污染，不适合
辅酶M类似物	2-溴乙烷磺酸盐	最低抑制浓度低，抑制效果好	成本高，不适合

蒽醌类产甲烷菌抑制剂虽具有较好的抑制效果，但其溶解性极低，不易扩散。产甲烷菌抑制剂需要具有专一性，即只针对产甲烷的路径有抑制作用。莫能菌素和拉沙里菌素在抑制产甲烷菌的同时也会强烈抑制填埋场中的其他菌群，从而不利于填埋场的稳定化。另外，从经济、可持续性发展的角度来说，产甲烷菌抑制剂的有效浓度越低越好。以表面活性剂和碳化钙为主的产甲烷菌抑制剂具有高效、经济的特点，在每公斤生活垃圾中加入5mg抑制剂，就可以抑制95%以上的甲烷产生。结合长效缓释技术后，可以在半年甚至更长的时间内保证较好的抑制效果，且该缓释抑制剂不会对环境造成新的污染[675]。陈天虎等[676]制备了一种含硫酸盐和三价铁氧化物或氢氧化物的产甲烷菌抑制复合材料。该材料呈固态小颗粒状（富含硫酸钙的废渣和富含铁的红色黏土，质量比1∶2），使用时将其破碎成<100目的粉体，按每层3~10cm的厚度作为垃圾填埋场覆盖土铺设，可有效抑制甲烷的排放。其原理为硫酸盐和铁氧化合物可抑制产甲烷菌的活性，从而抑制甲烷的产生；同时硫酸盐的还原和

铁氢氧化物的分解也会提高体系的 pH 值，导致较多的 CO_2 溶于水生成方解石，硫化氢被转化为铁硫化物。因此，该产甲烷菌抑制剂不仅可以抑制甲烷和 CO_2 的排放，而且也可以抑制硫化氢的产生，对垃圾填埋场的碳减排和除臭都具有较好的效果。

11.3.2 原位生物修复填埋场中的碳减排技术

11.3.2.1 强化填埋场产气技术

垃圾填埋场碳减排除了减少甲烷等温室气体的产生、降低其排放通量外，还可以增强填埋气体的回收利用，使之"变废为宝"。目前由于填埋场普遍产气周期长、产气量小，且填埋气体中因含有大量 CO_2 而热值降低等原因，导致了填埋气体的资源化利用价值较低。提高填埋产气效率，增加填埋气体的收集利用率，对缓解环境问题和能源危机具有很大帮助。填埋场强化产气技术可促进填埋场甲烷产生，提高填埋气体中的甲烷浓度，从而提高填埋气体的经济利用价值，减少垃圾填埋场的碳排放。目前强化填埋场产气技术主要为渗滤液回灌技术。

由于填埋场渗滤液中含有大量有机物和营养物质，将填埋场底部收集的渗滤液回灌到填埋场中，可为填埋场中的微生物提供营养物质，同时可减少渗滤液中的有机物浓度[677]。渗滤液回灌到垃圾填埋场后，填埋场可以作为一个大生物反应器，垃圾填埋场地表的植物和填埋场覆盖层的土壤可以起到对渗滤液的吸收、净化作用，去除渗滤液中的污染物和恶臭气味。另外，渗滤液的回灌还可通过促进微生物的生长，提高垃圾中有机物的分解，缩短填埋场稳定化时间（图 11-8）。通过控制渗滤液回灌后填埋场内部的温度和水分状况，可以使堆体内部的氧化还原电位降低、湿度增大，且重金属离子减少，有利于产生甲烷，从而改善填埋气体的组成，提高填埋气体的经济利用价值，减少垃圾填埋场碳排放。

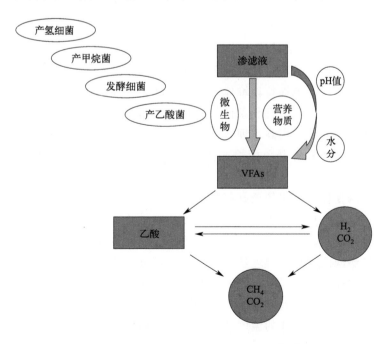

图 11-8 渗滤液回灌促进产甲烷机理[678]

渗滤液回灌技术在填埋场的治理中起着重要的作用，而渗滤液回灌负荷和回灌频率是影响回灌效果的关键参数。过低的回灌负荷会限制填埋垃圾与微生物和渗滤液的接触，使有机物降解速率受到抑制，从而影响甲烷化反应的进程，最终会影响填埋垃圾的降解速率和甲烷产量。但是过高的渗滤液回灌负荷也会带来诸多问题，例如会导致填埋堆体内水分过度饱和，形成酸性环境和填埋层内部短流回灌等，使微生物难以附着在微生物膜上，从而导致微生物大量流失，对填埋垃圾的降解速率和甲烷产量都有明显影响。当渗滤液回灌负荷达到饱和状态时，即使增大回灌负荷也不会明显提高产气量，这是因为填埋垃圾的总产气量与垃圾成分和总干重有关，而回灌不会改变垃圾的成分和干重。因此，应选择合适的回灌液成分和 pH 值，以及控制回灌液的温度和氧化还原电位等参数，以最大限度地促进微生物的生长和降解有机物的进程，从而提高甲烷产量和填埋场的稳定化水平。

当渗滤液回灌速率大于在垃圾堆体中的渗透速率时，会产生较大的作用力，在该作用力下，垃圾堆体会被压实，使其密度增加，加速垃圾填埋场的沉降。随着渗滤液回灌速率的下降，渗滤液在下渗的过程中可以充分地与填埋垃圾中的非饱和孔隙接触，从而让渗滤液能够均匀地流入垃圾堆体中的孔隙。采用较小的渗滤液回灌速率会提高垃圾堆体的有效储水率，从而减少渗滤液的流失，降低填埋场对环境的污染。此外，较小的回灌速率还可以使渗滤液中的微生物在垃圾堆体表面有良好的吸附和络合平衡，从而建立起良好的产甲烷环境，有利于产甲烷菌的生长。在实际的垃圾填埋场进行渗滤液循环操作中，可以采用滴灌等方式，以保持较适宜的回灌速率来促进甲烷产生。

近年来，渗滤液回灌技术已经得到广泛应用，但长期采用渗滤液回灌会导致渗滤液中一些无法被生物降解的污染物浓度极高，仍需定期对其进行单独处理。另外，渗滤液表面回灌工程的操作环境比较恶劣，垃圾填埋覆盖层表面湿度较大，容易形成厌氧环境，正常的垃圾填埋操作（如日覆盖、压实等工作）会因表层的高含水量而受到影响。渗滤液排放的恶臭物质也会影响垃圾填埋场的周边环境，危害居民身体健康。

11.3.2.2 原位好氧生物修复技术

原位好氧生物修复技术是通过强制通风设施（注气/抽气）和气体导排管道，将新鲜空气输送至垃圾堆体内部，使填埋垃圾堆体处于好氧状态，同时，监控填埋场内的温度、湿度和气体成分等变化情况，以创造有利条件促进垃圾的好氧生物降解，消除或降低有害物质，提高填埋场的循环速度，从而提高填埋场再开发利用程度。该技术可以大大缩短填埋场中垃圾稳定化所需的时间，还具有避免甲烷产生、减少垃圾渗滤液并减少其中的污染物含量等优势。

原位好氧生物修复技术是将垃圾好氧降解生成 CO_2 和 H_2O 等，而不是厌氧反应的产物氨气、甲烷、硫化氢等，从而减少了垃圾填埋场的碳排放，减缓了温室效应。其次，好氧反应是放热反应，其通过升高堆体温度而杀死垃圾中的病原菌等，进一步减轻填埋场对环境的副作用。另外，将渗滤液回灌到填埋场中，这种处理方式既能保持垃圾的含水率，又能保证垃圾中有机物的降解速率，这是由于回灌渗滤液可以提供充足的水分和营养物质来促进生物发酵分解的进行。同时，由于垃圾的吸附作用，再循环的渗滤液中污染物浓度会大幅度降低。随着反应的进行，垃圾堆体的温度会逐渐升高，填埋场中的水分将大量蒸发，渗滤液量也将减少 85%~90%。

武汉市金口垃圾填埋场关闭时只是简单覆盖了一层黏土，并没有进行规范封场，因此填埋场在关停期间仍然长期产生着填埋气体和渗滤液等，威胁着周边环境。武汉市对该填埋场使用了原位好氧生物修复技术进行处理，陈娜[679]参照该场的填埋概况，将该场分为Ⅰ区、Ⅱ区、Ⅲ区、Ⅳ区，根据场地调查结果，采用了不同的治理措施。Ⅲ区和Ⅳ区采用原位封场修复的方式进行治理，而Ⅰ区和Ⅱ区则采用原位好氧修复治理技术进行重点治理，这样可以根据不同区域的稳定化程度，有针对性地采取措施，进一步减少碳排放量。在治理过程中，采用了在线监测的方式进行数据采集，通过记录注气时的速率、注气量、抽气量和填埋气体中甲烷及 CO_2 浓度等参数，计算总的碳排放量。同时，参考 IPCC 推荐的 FOD 模型，对厌氧过程的碳排放量进行估算。其中，垃圾量 W 为 2982913t，有机质降解率为 3.15%，估算厌氧碳排放时，MCF 取 1，甲烷在填埋气体中的含量实测值 F 为 32.7%。计算结果如图 11-9 所示，在实际通气治理时，碳排放量高达 25099t。Ⅰ区和Ⅱ区碳排放量分别为 10328t 和 14771t，平均 1kg 垃圾碳排放量分别为 14.04g 和 10.26g。假设在自然厌氧情况下，在此期间，Ⅰ区和Ⅱ区的碳排放量分别是 454.2t 和 1011.8t。根据上述计算，Ⅰ区和Ⅱ区通气时的生物降解速率分别是自然状况下的 22.7 倍和 14.6 倍。

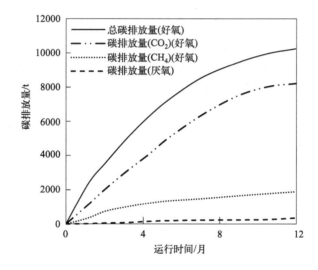

图 11-9　Ⅰ区不同情况下的碳排放量计算[679]

将金口填埋场的结果与其他类似工程进行对比，包括 C 填埋场、Kuhstedt 填埋场、澳大利亚 A 填埋场等，结果见表 11-12。从表中可以看出，金口填埋场的垃圾治理量远远大于其他几个填埋场，每年的治理量可达到 2175569t。不仅如此，金口填埋场的碳排放量是其他填埋场的 20～96 倍，其碳排放速率是其他几个填埋场的 3～20 倍。在这几个填埋场当中，金口填埋场的注气井密度最小，其注气速率是其他填埋场的 3～11 倍。在通气开始时，较高的注气速率有效提高了垃圾的氧化速率，所以金口填埋场的碳排放速率最高。但是，随着时间推移，可降解的有机物降解完毕后，高注气速率并不能显著影响氧化速率。根据表 11-12，4 个填埋场的注气井密度差别较大，在氧化速率较高的金口填埋场和 C 填埋场，注气井密度为 400～600m²/口。但是在 Kuhstedt 填埋场和澳大利亚的填埋场，每口井的影响面积分别是 1280m²、702.7m²。注气速率影响着氧化速率，在一定的范围内，填埋场中的注气井密度越小，越有利于氧气的传输，进而提高氧气的利用率，但当注气井密度过小时，会加大填埋场成本。所以合理地提高注气速率和优化注气井的布置可以加速填埋场的稳定化。

表 11-12　不同工程对比[679]

参数	C 填埋场（意大利）	Kuhstedt 填埋场（德国）	A 填埋场（澳大利亚）	金口填埋场Ⅰ区（中国）	金口填埋场Ⅱ区（中国）
垃圾治理量/t	60000	156000	145000	735866	1439703
占地面积/m²	1000	3200	2600	64000	149300
注气井/口	22	25	37	109	255
运行时间/a	1	3.8	3	1	1
注气井密度/(m²/个)	454.55	1280	702.7	587.16	585.49
碳排放量/t	275	1225	260	10328	14771
碳排放速率/[g/(kg·a)]	4.6	2.1	0.6	14.04	10.26
甲烷排放量(碳)/t	127	343	56	1951	3819
甲烷排放速率(碳)/[g/(kg·a)]	2.1	0.57	0.13	2.65	2.65
碳排放(甲烷)/%	46	28	21.5	19.9	25.9
CO_2 排放(碳)/t	148	882	204	8377	10952
CO_2 排放(碳)/[g/(kg·a)]	2.5	1.47	0.47	11.38	7.61
碳排放(CO_2)/%	54	72	78.5	81.1	74.1
注气量/Mm³	6.2	40	13.2	840	1680
单位垃圾注气速率/[m³/(kg·a)]	0.103	0.068	0.031	1.142	1.167
空气利用量/(m³/kg 垃圾)	0.103	0.26	0.091	1.141	1.167
空气利用率/%	23.87	22.05	15.54	9.97	6.52

不同措施下金口填埋场的碳减排量如表 11-13 所列。考虑甲烷的 GWP（21），金口填埋场Ⅰ区和Ⅱ区的实际温室效应可分别折算为 37869t CO_2 当量和 54160t CO_2 当量，假设填埋气体直接排放到空气中，温室效应可分别折算为 85340t CO_2 当量和 132378t CO_2 当量。而金口填埋场注气和抽气过程中的能量消耗所产生的温室效应等价于 5135t CO_2 当量，若不进行通气治理，厌氧分解后达到该碳排放量时，温室效应分别等价于 18.58×10^4 t CO_2 当量和 2.64×10^7 t CO_2 当量。根据 IPCC 推荐的公式，低碳化程度 D_{LC} 可用式(11-20) 计算。

$$D_{LC} = \frac{E_{无通气} - E_{通气}}{E_{无通气}} \tag{11-20}$$

式中　$E_{无通气}$——填埋场不通气时的碳排放量，t；
　　　$E_{通气}$——填埋场通气时的碳排放量，t。

金口填埋场的低碳化程度为 76%~78%，总减排量相当于 34.75t CO_2 当量。在无气体处理设施的情况下，温室效应将增加 125.4%~144.4%，D_{LC} 为 33.25%~38.20%。因此，气体处理设施在好氧治理过程中非常重要。将该场的碳减排量按碳交易价 30 元/t CO_2 进行折算，相当于 1043 万元，数目非常可观，为填埋场总投资的 7.73%。从另一方面来看，大型填埋场采用好氧生物修复技术治理时，碳交易或许是减小总投资的一个可行的方法。

表 11-13　不同措施下金口填埋场的碳减排量[679]

区域	参数	温室效应/t CO_2 当量	碳减排量/t CO_2 当量	低碳化程度/%
Ⅰ区	好氧	43004.0	142774.5	76.85
	好氧(无气体处理设施)	90475.0	95303.5	51.30
	厌氧	185778.5	—	—
Ⅱ区	好氧	59295.0	204745.4	77.54
	好氧(无气体处理设施)	137513.0	126527.4	47.92
	厌氧	264040.4	—	—

11.3.2.3 准好氧填埋技术

准好氧填埋技术是利用渗滤液收集管的非满流设计，并在填埋场内部与外界环境的温差作用下，空气自然渗入垃圾堆体内部分区域，从而使垃圾堆体同时形成好氧、缺氧和厌氧区域，促进有机物质的降解。准好氧填埋场的渗滤液收集管，设计得比普通填埋场的渗滤液收集管粗，这样就可保证渗滤液全部进入收集管的同时又不会把收集管灌满，这种非满流设计可使外部空气顺利地由排气管进入渗滤液收集管，并在垃圾堆体内外温差作用下形成自动力空气传输系统。该技术采用自然通风供氧，无需动力，能够在保证填埋场渗滤液不会渗漏到地基的同时，促进空气的循环，提高好氧微生物对垃圾的降解和温室气体的分解作用，加快填埋场稳定化进程，同时还能减少甲烷排放。另外，准好氧填埋技术充分考虑了垃圾填埋场地区的气候条件，适用面广，对机械和设备的技术水平要求较低，操作、管理和维护简便易行，运行成本较低。

11.3.3 开挖修复填埋场中的碳减排技术

11.3.3.1 开挖前快速稳定化预处理

填埋场开挖时，由于垃圾层和覆盖土层的翻动，堆体内部的填埋气体直接排放到大气中会加剧温室效应。因此，在开挖前对填埋场进行快速稳定化预处理，使有机物快速降解，从而基本不再产生填埋气体，即可达到填埋场开挖时"零碳排"的目的。目前垃圾填埋场开挖修复前的快速稳定措施一般采用注气通氧法，屈志红等[680]采用多个氧气注入管和抽气管及控制装置，构成快速降解垃圾填埋场的装置。氧气的注入和抽气分别通过输气和抽气管线与控制装置相连接，并可监控垃圾填埋场的温度、湿度和气体浓度等；同时，可保证输氧均匀，使填埋垃圾堆体进入没有死角的好氧反应状态，促使有机物迅速降解。该方法可以有效地提高降解速率，有利于微生物的再生，甲烷氧化速率可提高 100 倍。通过好氧反应生成的 CO_2 等气体通过抽气管从垃圾深层中抽出。抽气输氧曝气法可在垃圾堆体原地进行，经 6 个月左右的处理后垃圾基本能够达到稳定状态。另外，抽气输氧曝气法是利用高效氧化进程来产生高温，从而对垃圾进行长达数月的高温消毒，而后将有机物转化为最终产物——CO_2 和 H_2O。经过长时间的高温消毒，垃圾内部的致病细菌、病毒等基本全部被清除，对后续开挖的环境影响较小。

对于一些非正规垃圾填埋场，在填埋时没有经过合理的填埋规划，也没有采取有效的抽排气措施。开挖前进行快速稳定化预处理可以有效地降低开挖时的碳排放，但传统输氧曝气法运行维护费用高，对输入空气有较苛刻的要求，且对抽出的气体不能有效收集，极易造成二次污染。张文涛等[681]设计了一种用于非正规垃圾填埋场开挖前的快速稳定处理系统，该系统采用三角网状抽气井，并配有堆体覆膜、监控系统和填埋气体处理系统。整套系统运行时，先通过薄膜覆盖控制外部空气进入垃圾堆体中（覆膜上设有进气孔），同时通过抽气管路抽出降解产生的填埋气体，已生成的填埋气体被抽出后堆体内部呈负压状态，新鲜空气则通过进气孔进入堆体内部，加速堆体内部的好氧反应，加快垃圾降解速度，产生新的填埋气体通过抽气管路抽出，由此形成循环。通过检测系统数据和现场实际需求控制抽气速率，以使堆体内部反应时氧气可以加速供给，且可以及时抽出填埋气体，达到平衡，由此消除堆体内的网状空洞，最终达到填埋场开挖前稳定的效果。抽出的填埋气体经过预处理后导入沼气发电机发电，所产生的电能可作为系统用电，维持系统的正常运行。该设备在北京市某非正规填埋场开挖前进行了测试，运行之前勘测口测得的甲烷浓度为 47.6%，运行 5d 之后填埋气体中甲烷浓度提高至 70.8%，且有毒有害气体也大幅度减少，有效地减少了后续开挖过程中的碳排放。

11.3.3.2 开挖密闭覆盖工艺

对于没有达到稳定化的垃圾填埋场或开挖前没有进行稳定化预处理的填埋场，开挖过程可以采用密闭覆盖工艺。例如，杨槟赫等[682]发明了一种专门用于生活垃圾填埋场开挖过程的密闭覆盖工艺（图 11-10），采用"密闭大棚＋填埋气体收集处理"的形式，达到开挖过程碳减排的效果。该工艺将垃圾填埋场划分为不同的覆盖单元，对其进行一定基础建设之后，在覆盖单元上建立 HDPE 膜密闭大棚。大棚采用充气式膜结构，在内部安装排气风机，使内部与外界环境形成一定压力差（内部压力控制在 200～300Pa），开挖作业即在密闭大棚内完成。大棚内装有气体收集装置和处理设备（如活性炭纤维吸附处理设备等），开挖过程中排放的填埋气体将会直接被吸收处理掉，经处理达标后再通过烟囱排放到大气中去，"全封闭＋处理设备"的设计可使开挖过程中的碳排放降到最低。另外，密闭大棚的结构是可拆卸组装的预制混凝土块，大棚跨度不变但长度可调，可实现覆盖单元的快速转换，增强了施工的灵活性。虽然该发明原来主要是为了对开挖过程中产生的臭气进行处理，但可利用该装置，同时在大棚内设置甲烷处理系统，将甲烷氧化或吸收，以达到垃圾填埋场开挖过程中碳减排的目的。

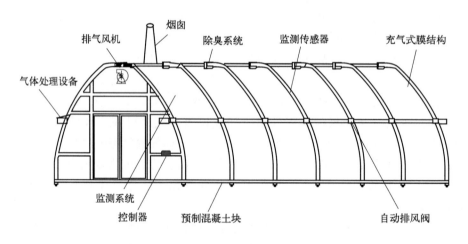

图 11-10 开挖密闭覆盖系统概念

11.3.4 碳减排技术对比

基于 2012 年全国 2125 个垃圾填埋场的基础数据，结合文献研究、专家研讨评估和现场调研等方法，蔡博峰等[683]甄选出中国垃圾填埋场中使用的几种甲烷减排关键技术，并评估了其各自的减排成本（表 11-14）。其中填埋气体收集与其他处理技术联用的方式最为普遍，适用面广且成本为 10～100 元/t，生物活性覆盖的成本最低，仅 2～3 元/t，但其氧化效率受多种因素的影响，包括温度、含水率、大气状况、营养元素和覆盖层材料等，氧化效率的范围为 20%～100%。

表 11-14 中国垃圾填埋场甲烷减排关键技术成本和 2012 年技术应用情况[683]

技术名称	适用类型	成本/(元/t)	2012 年应用状况
临时膜覆盖-膜下抽气-火炬	所有	19~22	卫生填埋场:20%~30%；简易填埋场:0
填埋气竖井收集-火炬	所有	10~13	卫生填埋场:100%；简易填埋场:0
填埋气竖井收集-发电	大型	14~22	截至 2012 年年底,中国建成并投入使用的填埋气体发电厂约有 50 座
填埋气竖井收集-填埋气提纯净化利用	大型	60~94	填埋规模大于 2.5×10^6 t 的卫生填埋场使用率<5%,其余填埋场不适合使用
填埋气水平收集-火炬	大型	18~23	卫生填埋场:<5%；简易填埋场:0
填埋气水平收集-发电	大型	17~32	中国建成并投入使用的填埋气体发电厂约有 50 座
填埋气水平收集-填埋气提纯净化利用	大型	68~104	大型填埋场使用率<5%
渗滤液立体导排＋渗滤液处理（MBR＋NF/RO）	卫生	46~56	卫生填埋场:5%；简易填埋场:0
生物活性覆盖层	中小型	2~3	IPCC 推荐技术

采用 IPCC 推荐的 FOD 模型对垃圾填埋场的甲烷排放量进行计算,根据减排成本和减排潜力,构建中国垃圾填埋场 2020 年甲烷减排成本曲线,如图 11-11 所示。在各项减排技术中,生物活性覆盖层技术具有较高的减排潜力（3.94×10^4 t）,且其成本（以甲烷计）在 1000 元/t 以下,因而该项技术具有较强的推广应用价值,该技术也是 IPCC 推荐用于减少垃圾填埋场甲烷排放的低成本技术。

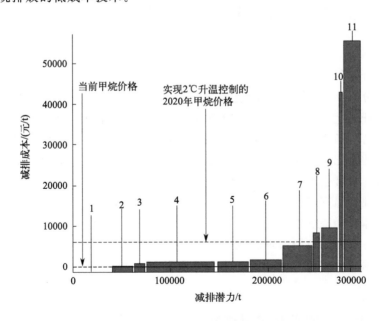

图 11-11 中国垃圾填埋场 2020 年甲烷减排成本曲线[683]
1—生物活性覆盖层；2—填埋气竖井收集-火炬；3—填埋气竖井收集-发电；4—临时膜覆盖-膜下抽气-火炬；
5—填埋气水平收集-火炬；6—填埋气水平收集-发电；7—渗滤液立体导排＋渗滤液处理（MBR＋NF/RO）；
8—填埋气竖井收集-填埋气提纯净化利用；9—填埋气水平收集-填埋气提纯净化利用；
10—好氧-厌氧-好氧三段式反应器；11—机械生物预处理

目前生物活性覆盖层技术的难题是覆盖层材料的选择仍然不稳定，在选料、设计和操作方面需积累更多的经验。垃圾填埋场无法做到将填埋气体完全收集，有很大一部分甲烷会从堆体中无组织排放。生物活性覆盖层技术则可以解决这一问题，是我国垃圾填埋场控制甲烷排放的重要技术。临时膜覆盖-膜下抽气-火炬的减排潜力最高，为 $7.16×10^4$ t，其减排成本（以甲烷计）为 2595 元/t，该技术推广应用的门槛较低，可以广泛应用于简易填埋场和小型填埋场中。填埋气竖井收集-火炬、填埋气竖井收集-发电、临时膜覆盖-膜下抽气-火炬、填埋气水平收集-火炬、填埋气水平收集-发电的成本（以甲烷计）在 1000~3000 元/t，其减排潜力较为可观，是大型填埋场的优先选择。渗滤液立体导排＋渗滤液处理（MBR＋NF/RO）、填埋气竖井收集-填埋气提纯净化利用、填埋气水平收集-填埋气提纯净化利用相对成本较高，在 6000~10000 元/t（以甲烷计），且减排潜力并没有较大提高，但其污染物协同减排效果显著，适用于经济发达的地区。

在低碳背景下，根据 IPCC 第五次评估报告第三工作组的研究结论，要在 21 世纪末实现全球温室气体浓度控制在 $(430~480)×10^{-6}$（体积分数）（实现 2℃升温控制的条件）。通过模型计算可知，2020 年 CO_2 的价格（模型情景中值）需要达到 60 美元/t 左右，即相当于甲烷价格达到 1260 美元/t（7812 元/t）[683]。在这种情况下，生物活性覆盖层、填埋气竖井收集-火炬、填埋气竖井收集-发电、临时膜覆盖-膜下抽气-火炬、填埋气水平收集-火炬、填埋气水平收集-发电、渗滤液立体导排＋渗滤液处理（MBR＋NF/RO）技术都具有市场竞争力。通过政府的加强鼓励政策措施，有效引导市场，则可以实现 $2.463×10^5$ t 的减排量。由此可见，垃圾填埋场碳排放的控制对"双碳"目标具有重要意义。

11.4 生态修复填埋场覆盖土层碳减排技术

垃圾填埋场覆盖土层是"填埋气-大气"体系的环境界面，是控制填埋气体中甲烷、N_2O、氢氟碳化合物等温室气体进入大气的最后屏障。填埋气体从填埋场内部向大气的排放过程中，一部分温室气体会在填埋场覆盖土层中被去除（图 11-12）。覆盖土层类似于一个被动通风的敞开式生物滤器，在去除填埋气体中的温室气体时，其结构、土壤颗粒大小、含水率、温度、营养条件等都会影响温室气体的净化速率。不同垃圾填埋场覆盖土层对填埋气体中温室气体的净化能力相差很大。在特定的条件下，垃圾填埋场覆盖土不仅可以氧化填埋场排放的甲烷，而且也可消耗大气中的甲烷，作为大气甲烷的"汇"。覆盖土层的生物滤器系统是垃圾填埋场温室气体减排的关键技术，特别是当填埋气回收利用在技术和经济上不可行，但填埋气体还会持续生成几十年时，尤其适用，被 IPCC 列为缓解废物行业温室气体排放的重要策略。甲烷是垃圾填埋场碳减排的主要研究对象，而有关 CO_2、氧化亚氮和氢氟碳化合物的数据和研究较少。因此，本节主要从甲烷角度介绍了填埋场覆盖土层碳减排技术。

11.4.1 覆盖土层中的碳减排微生物

覆盖土层中的微生物代谢活动是控制垃圾填埋场中温室气体排放的重要途径。填埋场覆盖土层中参与温室气体代谢活动的微生物有很多，主要有甲烷氧化菌、反硝化细菌等，其中甲烷氧化菌在减少垃圾填埋场甲烷排放方面发挥着极其重要的作用。甲烷氧化菌是一类以甲

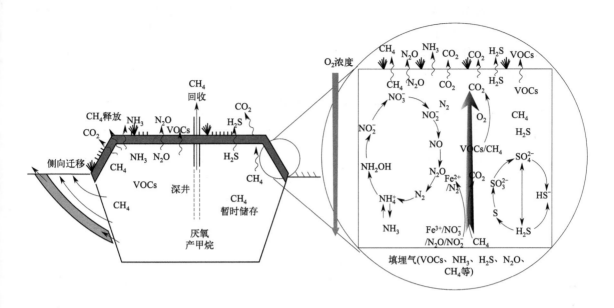

图 11-12 填埋场覆盖土层中典型污染物（包括温室气体）的转化过程

烷为能源和碳源，进行同化和异化代谢的微生物。根据对氧需求的不同，甲烷氧化菌分为好氧甲烷氧化菌和厌氧甲烷氧化菌（表 11-15）。在日覆盖土、中间覆盖土和封场覆盖土的表层（0~30cm），好氧甲烷氧化菌是填埋场覆盖土层中甲烷氧化菌的主要类型，而经过若干年的生物降解后，达到稳定化的垃圾是厌氧甲烷氧化菌的重要活动场所。根据细胞的内膜结构、形态特征、甲醛代谢途径、磷脂脂肪酸成分、(G+C)%、16S rRNA 基因序列等的不同，可以将好氧甲烷氧化菌分成Ⅰ型甲烷氧化菌和Ⅱ型甲烷氧化菌。Ⅰ型又进一步分为Ⅰa型和Ⅰb型，其胞内膜结构以堆叠的方式存在于细胞壁的周围，均属于 γ-proteobacteria 亚纲中的 Methylococcaceae 科。Ⅰa 型甲烷氧化菌包括 *Methylobacter*、*Methylohalobius*、*Methylosoma*、*Methylovulum*、*Methylosphaera*、*Methylomicrobium*、*Methylomonas*、*Methylosarcina*、*Methylothermus*、*Methylomagnum*、*Methylomarinum*、*Methylomarinovum*、*Methyloprofundus* 和 *Methyloglobulus*；Ⅰb 型甲烷氧化菌包括 *Methylocaldum*、*Methylococcus*、*Methylogaea* 和 *Methyloparacoccus*。Ⅱ型甲烷氧化菌胞内膜结构平行成束存在，属于 α-proteobacteria 亚纲中的 Methylocystaceae 和 Beijerinckiaceaehe 科，包括 *Methylocystis*、*Methylosinus*、*Methylocapsa*、*Methylocella* 和 *Methyloferula*[142,684]。近年来，研究也发现了 Verucomicrobia 门中的 *Methylokorus* 和 *Acidimethylosilex* 等好氧甲烷氧化菌，它们被统一归为 *Methylacidiphilum* 属。此外，*Crenothrix polyspora* 和 *Clonothrix fusca* 也具有甲烷氧化活性。

在有氧条件下，好氧甲烷氧化菌在甲烷单加氧酶、甲醇脱氢酶、甲醛脱氢酶和甲酸脱氢酶的作用下氧化甲烷，依次生成甲醇、甲醛和甲酸等中间产物，最后生成 CO_2 和 H_2O（图 11-13）。在甲烷氧化过程中，Ⅰ型甲烷氧化菌利用单磷酸核糖途径（RuMP pathway）同化甲醛，Ⅱ型甲烷氧化菌则通过丝氨酸途径（serine pathway）同化甲醛。不同甲烷氧化菌适宜的生长环境不同。Ⅰ型好氧甲烷氧化菌在高养分、高氧环境中占主导地位，而Ⅱ型好氧甲烷氧化菌喜好低氧和寡营养条件，通常存在于覆盖土壤较深处。当环境条件为高氧、高养分时，Ⅱ型好氧甲烷氧化菌可能会进入休眠，直到形成养分限制条件[685-687]，系统被扰动[688-689]。实际上，Ⅰ型和Ⅱ型好氧甲烷氧化菌的联合体可能会在填埋覆盖土层中呈现功能冗余，即每种代谢功能可以由多种共存的、分类学上不同的生物体来完成，从而适应不断变化的环境条件[690-691]。

表 11-15 甲烷氧化菌的分类

分类	类型	纲、科	属		特征
好氧甲烷氧化菌	Ⅰ型甲烷氧化菌	γ-proteobacteria 亚纲中的 Methylococcaceae 科	Ⅰa型	Methylobacter	胞内膜结构以堆叠的方式存在于细胞壁周围
				Methylohalobius	
				Methylosoma	
				Methylovulum	
				Methylosphaera	
				Methylomicrobium	
				Methylomonas	
				Methylosarcina	
				Methylothermus	
				Methylomagnum	
				Methylomarinum	
				Methylomarinovum	
				Methyloprofundus	
				Methyloglobulus	
			Ⅰb型	Methylocaldum	
				Methylococcus	
				Methylogaea	
				Methyloparacoccus	
	Ⅱ型甲烷氧化菌	α-proteobacteria 亚纲中的 Methylocystaceae 和 Beijerinckiaceaehe 科		Methylocystis	胞内膜结构平行成束存在，在细胞内膜及周质空间利用丝氨酸途径同化甲醛，主要含有 C_{18} 脂肪酸
				Methylosinus	
				Methylocapsa	
				Methylocella	
				Methyloferula	
	Verucomicrobia		Methylacidiphilum	Methylokorus	
				Acidimethylosilex	
	其他		Crenothrix		
厌氧甲烷氧化菌	古菌	ANME	ANME-1、ANME-3、ANME-2a、ANME-2b、ANME-2c		与硫酸盐还原菌共同完成硫酸盐型厌氧甲烷氧化
			ANME-2d		硝酸盐型厌氧甲烷氧化过程的主要微生物
	细菌	NC10	Methylomirabilota		亚硝酸盐型厌氧甲烷氧化过程的主要微生物

目前发现的甲烷氧化形式主要有高亲和性氧化和低亲和性氧化两种形式。当甲烷浓度与大气中甲烷浓度接近时（<0.0012%），主要发生高亲和性氧化，该甲烷氧化量占总甲烷氧化量的10%；当甲烷浓度高于0.004%时，主要发生低亲和性氧化，主要由甲烷氧化菌完成。填埋场覆盖土层中的甲烷氧化主要为低亲和性氧化。

在垃圾填埋场覆盖土层的较深部分和垃圾层中，由于氧气供应量的减少，好氧甲烷氧化受到抑制。与好氧甲烷氧化相比，尽管厌氧甲烷氧化速率约比其低1个数量级，但对垃圾填埋场厌氧生境中甲烷的迁移扩散和削减有着重要影响。AOM 是指甲烷氧化微生物利用氧气替代电子受体（如 SO_4^{2-}、NO_2^-、NO_3^-、Mn^{4+}、Fe^{3+} 和腐殖质等）在厌氧条件下氧化甲烷的过程，其中主要的功能微生物为厌氧甲烷氧化菌。垃圾填埋场中含有丰富的有机质、

第11章 生态修复填埋场碳排放的核算与控制技术

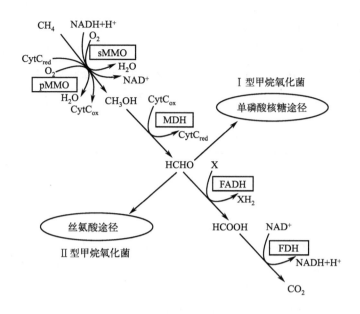

图 11-13 单磷酸核糖途径和丝氨酸途径[139]

NADH—还原型烟酰胺腺嘌呤二核苷酸；NAD⁺—烟酰胺腺嘌呤二核苷酸；CytC$_{red}$—细胞色素 C 还原酶；
CytC$_{ox}$—细胞色素 C 氧化酶；MDH—甲醇脱氢酶；FADH—甲醛脱氢酶；X—参与甲醛脱氢反应的物质；
FDH—甲酸脱氢酶

NO_x^-、铁氧化物等多种电子受体，有机质分解后会产生大量的甲烷，为 AOM 提供了良好基质。虽然目前有关垃圾填埋场中 AOM 的研究甚少，但已有相关报道证明填埋场中也会发生 AOM。Parsaeifard 等[692]采用五种替代电子受体（Fe^{3+}、NO_3^-、NO_2^-、SO_4^{2-} 和 Mn^{4+}）对填埋场覆盖土层较深部分（氧气不可用）土壤进行了改良，发现与对照组相比，在厌氧条件下用 NO_3^-、SO_4^{2-} 和 SO_4^{2-}-赤铁矿组合改良的填埋覆盖土具有更高的甲烷氧化活性。由此可见，在填埋场覆盖土层深层缺氧区域也存在各类厌氧甲烷氧化作用，但有关覆盖土层的主要 AOM 机制仍不清楚，还需要进一步研究。

11.4.2 覆盖材料对碳减排的作用

垃圾填埋场覆盖土层类似于一个生物滤器，对填埋场温室气体的排放有着重要的影响。覆盖土层中温室气体代谢微生物（如甲烷氧化菌）的数量和活性直接决定了其温室气体代谢能力，覆盖土层基质性能对其温室气体代谢能力的影响较大。因此，营造温室气体代谢微生物的最佳生存环境，选择和优化填埋场覆盖材料，均可增强垃圾填埋场覆盖系统对温室气体的削减效能。

11.4.2.1 黏土

黏土因价格低、来源广泛、无毒无害以及易施工等优点，被广泛用于填埋场覆盖层中，其对甲烷的氧化能力约为 $45g/(m^2 \cdot d)$[693]，对甲烷的平均去除率约为 35%[694]。然而，黏土易形成裂缝、甲烷和氧气的扩散受限、缺乏营养物质等因素使其应用受到限制，影响了甲烷减排效果。当以黏土为覆盖材料时，每 2~4m 的填埋单元需覆盖黏土 20~25cm，而中间覆盖和封场覆盖则需要添加更多的黏土（表11-16），降低了填埋场的有效库容。另外，当遇到降雨时，黏土的抗压强度随含水率的升高而下降，随后在阳光的暴晒下易产生裂缝，影响防渗效果。因此，黏土不是一种十分理想的控制填埋场碳排放的覆盖材料。

表 11-16 黏土用作垃圾填埋场覆盖材料的具体要求[695]

覆盖种类	压实密度/(kg/m³)	渗透系数/(cm/s)	厚度/cm
日覆盖	>600	≤1×10⁻⁷	20~25
中间覆盖	>600	≤1×10⁻⁷	>30
封场覆盖	>600	≤1×10⁻⁷	90

11.4.2.2 生物覆盖材料

(1) 污泥

污泥与黏土具有较大的相似性，国内外对污泥制作的填埋场覆盖材料进行了广泛的研究。赵玲等[696]在模拟柱上测定了消化污泥对甲烷的氧化能力，发现消化污泥日氧化率在12d的试验中出现了2次高峰，分别在第4天和第9天达到14.33%和14.07%，日氧化率平均值最高为10.27%，消化污泥的甲烷总氧化率达到75.82%，氧化速率为1.76mmol/(kg·d)。但由于污泥本身具有一定的臭味，且有机质含量和含水率较高，易分解，会提高填埋场的不稳定性，不适合直接用于填埋场覆盖。污泥的承载力低，主要是因为污泥在微观上呈絮状结构，且污泥脱水时的收缩率>30%，干裂的污泥容易使渗透系数增大。因此，降低污泥的收缩性，改善其抗压强度和抗剪强度，是对污泥进行改性处理的必要步骤。

污泥改性剂包括炉渣、石灰、水泥等，它们可以降低污泥的含水率，使污泥的抗压、抗剪强度增大，以达到填埋场覆盖材料的要求。马培东等[697]使用炉渣和石灰对生污泥和熟污泥进行改性处理，发现在添加剂与污泥的配比为1:1.5时，2种污泥的含水率均降至40%以下，改性后污泥的渗透系数和强度均可达到日覆盖材料的标准要求。王丹[698]以1:1的比例将消化污泥和粉煤灰混合，添加0.05mL/g的NMS（无脂乳干物质）营养液，调节材料的含水率为40%。制作的混合材料降低了消化污泥含水率，改变了污泥粒径且提高了其疏松性，促进了材料内气体交换，提高了甲烷氧化活性，甲烷体积分数从43.9%降低为5.0%。

(2) 垃圾腐殖土

在填埋垃圾中易降解成分几乎完全被降解后，此时填埋垃圾基本达到稳定化的状态，可进行开挖利用。在筛分去除稳定化垃圾中的大颗粒物后，剩余的细小、类似于土壤的物质称为腐殖土。由于垃圾腐殖土中含有丰富的微生物，尤其是含有丰富的甲烷氧化菌，且有机质含量高、吸附和交换能力强，具有强降解能力，同时还具有容重较小、孔隙率高、比表面积大等优点，是一种优良的填埋场替代覆盖材料[699]。王静[700]报道了粒径<4mm的垃圾腐殖土具有较高的甲烷氧化活性，粒径过大或过小都不利于甲烷氧化。与普通砂土相比，垃圾腐殖土对渗滤液和填埋气体污染物具有较强的净化能力，并且垃圾腐殖土的厚度会影响其中好氧微生物的生命活动和生物量，从而影响其性能。

(3) 堆肥

堆肥中含有丰富的微生物，其有机质含量高，具有多孔性且持水力强，是一种很好的生物覆盖材料。Pedersen等[701]对比了不同堆肥覆盖材料对甲烷氧化的影响，发现花园废弃物堆肥、污泥堆肥和熟化4年的花园废弃物堆肥的平均甲烷氧化速率分别为120g/(m²·d)、

112g/(m²·d) 和 108g/(m²·d)，而对照组仅为 2g/(m²·d)，远远低于堆肥的甲烷氧化能力。Al-Heetimi 等[702]发现，采用堆肥作为生物覆盖材料时，甲烷氧化速率会随温度的降低而减小，由 22℃时的 5.8×10^{-7} mol/(kg·s) 降为 8℃时的 7.8×10^{-8} mol/(kg·s)，而在温度由低温回升至原来的温度后，甲烷氧化速率也会提高到原来的水平。在不同 CH_4 浓度的填埋气体中，以堆肥为主要基质材料的生物覆盖层均能较好地适应，其甲烷氧化能力在低甲烷浓度条件下仍能维持在较高水平，显著高于传统的土壤填埋场覆盖层。甲烷氧化活性会随堆肥物种类（如庭院修剪物、生活垃圾、污泥等）的变化而变化，为强化甲烷氧化活性，可以对填埋场覆盖材料进行改性。

11.4.2.3 生物炭改性覆盖材料

在无氧或缺氧时，通过高温热解所形成的富含碳元素的有机质即为生物炭，与堆肥等有机物相比，生物炭自身的芳香碳结构更加稳定。由于生物炭具有多孔性，它的添加可以提高土壤的持水能力和通气能力，为土壤微生物的生长及酶的活性提供良好的水分状况和通气环境。生物炭可以作为甲烷氧化菌的载体，增加覆盖土中甲烷氧化菌菌群，提高甲烷氧化菌的氧化能力[703]。而甲烷氧化菌在氧化甲烷的过程中会产生弱酸性环境，从而改变生物炭的 pH 值和表面官能团，提高生物炭对甲烷的削减能力。因此，生物炭在垃圾填埋场上具有良好的应用前景。秦永丽[704]将一定比例的生物炭添加至填埋场覆盖土层中，发现生物炭改性覆盖土层的上、中、下层甲烷减排量分别为 15.72%、0.67% 和 8.59%，总甲烷减排量为 24.98%，高于传统土壤覆盖层。其原因是生物炭的添加改变了覆盖层的细菌群落分布，促进了覆盖层中甲烷氧化菌的生长（图 11-14）。在生物炭改性的填埋场覆盖层中，检测出了与厌氧甲烷氧化有关的古菌 Methanosarcinales 和 Methanomicrobiales，以及产甲烷菌 Methanobacterium 等，且存在完整的好氧甲烷氧化路径、厌氧甲烷氧化路径和产甲烷路径等。

生物炭表面负电荷和吸附电位较高，因此添加生物炭后土体的吸附性能会提高，并促进甲烷氧化菌的生长，减少甲烷的排放量。江超等[706]发现，生物炭添加量为 20% 时改性土的最大气体吸附量可提高 10 倍左右。但生物炭对甲烷的吸附有一定局限性，达到饱和电位后，则无法继续吸附甲烷。另外，干生物炭改性材料具有较高的甲烷吸附性，其吸附能力随含水率的增加而降低。

生物炭的添加会影响覆盖土的孔隙率和渗透系数。在生物炭-砂土混合土中，由于生物炭的多孔结构和表面含氧官能团对土体团聚具有促进作用，生物炭周边的土壤颗粒微团聚体会结合形成稳定的大团聚体，从而形成更大的孔隙。例如在砂土中添加 5%、10% 和 15% 的生物炭后，孔隙度分别提高了 13.28%、13.47% 和 33.65%[707]。然而，生物炭-黏土混合土具有截然不同的效果。当干密度较小时，黏土土体中存在的团聚体被生物炭颗粒填充，导致土体更为紧密，且随着生物炭加入量的增加，混合土的渗透系数呈较大幅度降低的趋势；当干密度较大时，土壤的致密程度较高，黏土团聚体的孔隙相对较少，此时生物炭的填充效果不明显。甲烷在生物炭-黏土混合土中的流动可由土体渗气特性来反映（表 11-17）。随着生物炭掺量的增大，混合土的气体渗透系数降低幅度相对较小，此时生物炭的填充效果不明显，混合土的渗气特性主要受黏土团聚体内部孔隙的影响。因此，随着生物炭掺量的增大，混合土的气体渗透系数降低幅度相对较小。当压实度不小于黏土最大干密度的 90% 时，1.56g/cm³ 和 1.65g/cm³ 两个干密度的混合土土样气体渗透系数在生物炭掺量大于 15% 时基本一致[708]。说明当生物炭掺量大于 15% 时，生物炭-黏土混合土的气体渗透系数主要由

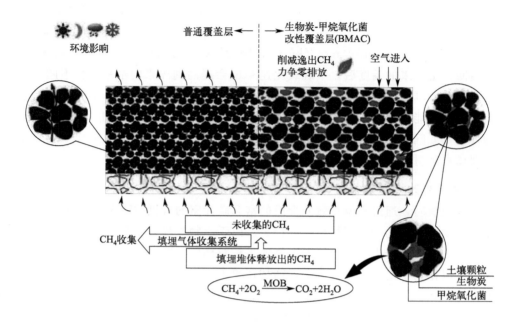

图 11-14 生物炭层在土壤填埋中的作用[705]

MOB—甲烷氧化菌

生物炭孔隙起作用，干密度对气体渗透系数的影响较小。其原因可能是随着生物炭掺入比例的增加，部分生物炭填充了黏土颗粒间的孔隙，部分分散于黏土团聚体外，而疏松多孔的生物炭会使气体渗透系数增大。

表 11-17 渗气特性测试试样的气体渗透系数[708]

干密度/(g/cm³)	生物炭掺量/%	气体渗透系数/m²	干密度/(g/cm³)	生物炭掺量/%	气体渗透系数/m²
1.56	0	1.26×10^{-14}	1.65	0	5.10×10^{-15}
	5	1.04×10^{-14}		5	4.48×10^{-15}
	10	7.83×10^{-15}		10	4.35×10^{-15}
	15	4.23×10^{-15}		15	3.72×10^{-15}
	20	6.34×10^{-15}		20	6.68×10^{-15}

11.4.2.4 土工膜

土工膜通常指聚乙烯土工膜，是一种不透水的高分子材料，其主要原材料有聚乙烯树脂、炭黑和抗氧化剂等。土工膜一般有 LDPE 和 HDPE 两种，两者价格相差不大，而 HDPE 土工膜应用更广泛、容易购买，所以作为垃圾填埋场的覆盖材料时，HDPE 膜比 LDPE 膜更为常见。HDPE 膜的化学稳定性强，可以抗紫外线，耐酸碱且强度高，防渗性好，防渗系数可低于 1×10^{-12} cm/s，因此，HDPE 可以替代黏土作为填埋场覆盖材料。采用土工膜作为覆盖材料时，由于可以有效控制甲烷渗透，因此可利用其控制填埋气体有组织地从填埋场上部排放并收集，达到控制污染和综合利用的目的。

土工膜用作日覆盖和中间覆盖，可有效降低甲烷无组织排放。在填埋场生态封场时，土工膜可作为填埋场覆盖系统的一部分。一般情况下，封场覆盖系统结构由垃圾堆体表面至顶部应依次分为排气层、防渗层、排水层、植被层。土工膜作为防渗材料，能够保证整个垃圾填埋场的密封性，可以既高效又快速地收集到产生的垃圾填埋气体。排气层必须要保证设置得非常合理,排气层的压强不得大于 0.75Pa,排气层必须要采用粗粒且多孔的材料来做,厚度不能小于 30cm。

11.4.2.5 无土覆盖材料

无土覆盖是一种新型的垃圾填埋场覆盖方式,是由美国新概念公司(New Waste Concept Inc., NWCI)国际首创的垃圾处理领域的创新应用技术(图 11-15)。这种覆盖方式以木纤维和纸纤维为原料,与增稠剂、防水剂、灭蝇剂及阻燃剂等化工材料和水混合,采用专业喷涂设备将材料喷至平整好的垃圾表面,等浆体干化后就能形成覆盖层。通常在覆盖材料中加入微生物菌群,以填埋场有机物为作为营养源,菌群的快速生长繁殖加速了有机物分解,从而加速了填埋场稳定化。无土喷涂覆盖材料在干化收缩过程中能实现有效导气,从而降低填埋场碳排放。贵州欧瑞欣合环保股份有限公司开发了一种 GWC 无土喷涂覆盖材料,由细纸浆、纸屑、植物纤维、大量阻燃剂和少量的增稠剂及其他试剂组成。相较于传统具有 20~30cm 厚度的黏土覆盖层,这种无土覆盖材料在节约库容、减少摊铺压实工作量的同时,还可以吸水膨胀,从而进行导水,还能减少填埋场碳排放。

(a) 喷洒无土覆盖膜

(b) 填埋场上已经喷洒好的无土覆盖材料

图 11-15 无土覆盖膜

表 11-18 为不同覆盖材料的特性及其甲烷氧化的性能的对比。可以看出,相比于黏土、壤土、粗砂等常规性填埋场覆盖土,腐殖土和堆肥等生物覆盖材料具有较大的甲烷氧化速率,是优良的填埋场碳减排替代材料。

表 11-18 不同覆盖材料的特性及其甲烷氧化性能的对比

覆盖材料	有机质含量/%	最大甲烷氧化速率	初始甲烷浓度	检测温度/℃	最佳温度/℃	检测土壤湿度/%	最佳土壤湿度/%	参考文献
黏土	2.4	9.6μg/(g·h)	—		35	—	20(不施肥),30(施肥)	[709]
壤土	—	16μg/(g·h)	2.5%	4~40	30	0~27	15	[710]
砂质黏土	—	28μg/(g·h)	177.8g/(m²·d)	—	—	—	—	[711]
砂壤土(95%压实度)	—	26.1g/(m²·d)	35.3g/(m²·d)	19~20	—	—	—	[712]
生物炭改性覆盖土	—	45.8μg/(g·h)	13%	室温	—	21.43	—	[703]

续表

覆盖材料	有机质含量/%	最大甲烷氧化速率	初始甲烷浓度	检测温度/℃	最佳温度/℃	检测土壤湿度/%	最佳土壤湿度/%	参考文献
5年的堆肥	7.3	2.5μg/(g·h)	8%~9%	1~19	19	7~34	21~28	[713]
4年的花园垃圾堆肥	29±3	161μg/(g·h)	—	室温	—	72±3	—	[701]
垃圾腐殖土	—	114.8μg/(g·h)	—	35	—	—	45	[714]

11.4.3 覆盖土层生物碳减排系统

填埋场覆盖土层的生物碳减排系统通过分布在填埋场顶层的生物活性层对温室气体进行代谢，从而达到碳减排的目的。生物碳减排系统适用于老龄填埋场、小型填埋场和已经封场的垃圾填埋场，对其甲烷减排具有较好的效果。覆盖土层生物碳减排系统包括生物过滤器、生物窗口、生物覆盖层和生物防水布四大类[656]。

11.4.3.1 生物过滤器

生物过滤器包括机械通风、空气处理系统、空气静压室和静压室上方的介质支撑结构，可以在开放或全密封模式下运行。而生物过滤器的主要组成部分是滤料，滤料可根据其物理化学和生物特性直接影响甲烷氧化效率。滤料为甲烷氧化菌提供了适宜的生长条件，同时也具有吸附甲烷气体的能力。生物过滤床材料通常来自生物，包括生物废弃物、泥炭、树皮、石楠和锯末等材料的堆肥。生物过滤材料可以通过储存较高的水分或养分来改善生物活性，促进甲烷氧化。另外，在生物滤池中加入聚苯乙烯、熔岩、活性炭、膨胀黏土等材料，也可以从结构和净化方面提高生物滤池的性能。

填埋气体可通过向上或向下流动的方式进入生物过滤介质（图11-16）[715]，上流式生物过滤器是逆流开放系统，空气和填埋气体分别从生物过滤器的顶部和底部进入，而下流式生物过滤器则为共流封闭系统，空气和填埋气体都从生物过滤器的顶部进入。生物过滤器也可以按照从垃圾填埋场到大气的压力梯度被动排放。生物过滤器中的甲烷氧化电位与填埋气体在反应器中的停留时间（填埋气体流速）高度相关。Figueroa等[716]研究发现，当表面速度为5m/h时甲烷氧化速率为50g CH_4/(m^3·h)，而在表面速度为0.5m/h时才能实现甲烷的完全氧化。其他一些环境参数，如过滤器阻力、孔隙体积、温度和含水量，也会影响过滤器的效能。因此，有效控制这些环境因素对于提高过滤性能和微生物活性至关重要。

生物过滤器运行时甲烷氧化速率会逐渐增大，经过一段时间达到最大值后则会由于甲烷氧化菌分泌EPS而缓慢下降。EPS会堵塞过滤介质中可用的孔隙空间，阻碍氧气渗透和甲烷在垃圾填埋场覆盖土壤中的运输，从而导致甲烷氧化菌活性下降。有研究表明[717-718]，主动供气系统的持续供气可能是形成EPS的主要原因。反之，由于被动生物过滤器以间歇模式接收气体，所以EPS的形成较少。因此，可以通过监测进口气体通量来避免EPS的形成，也可以加装一个额外的气体分布层来优化气体组分的传质分布。

11.4.3.2 生物窗口

生物窗口是垃圾填埋场的最佳设计，具有广泛的应用前景。与生物覆盖不同，生物窗口是在垃圾填埋场或露天垃圾场上相对较小区域的覆盖。在垃圾填埋场中检测到较高甲烷排放

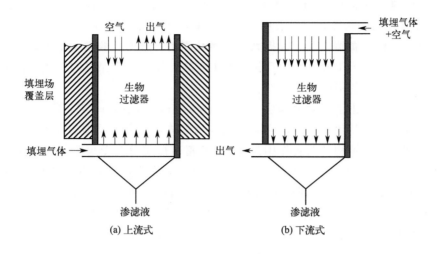

图 11-16 生物过滤器

量的区域（即热点区域）处可设置生物窗口，通常采用生物活性材料（如堆肥、垃圾腐殖土等）作为介质，与填埋场覆盖土混合以此来增强甲烷氧化菌的活性，从而提高甲烷氧化电位。生物窗口一般是一个单独的系统，将其整合到垃圾填埋场覆盖系统中（图 11-17），通常不含有支撑系统。生物窗口的渗透性比覆盖土层好，填埋气可以自然地直接从生物窗口下方的垃圾层进入生物窗口，从而进一步氧化甲烷。生物窗口不需要气体抽取系统来给生物过滤器供气，因而普遍存在于垃圾填埋场中。当整个垃圾填埋场无法全面实施生物覆盖时，生物窗口提供了一种经济可行的方案。在德国，生物窗口与膨润土矿物衬垫被联合用于修复许多老龄垃圾填埋场。

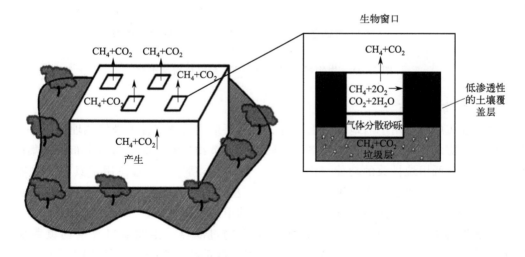

图 11-17 垃圾填埋场生物窗口示意[711]

11.4.3.3 生物覆盖层

生物覆盖层在实验室中和实际应用上都较为成熟，具有较好的温室气体净化效果。生物覆盖层一般由生物活性覆盖层和气体扩散层两部分组成［图 11-18(a)］。生物覆盖层的最底层可以为上部的覆盖层提供均匀的填埋气体通量，从而提高生物活性。气体扩散层一般为10~30cm，具有较大的孔径，由碎玻璃和砂砾组成。其上有一层大于100cm厚的生物活性覆盖层，如堆肥、垃圾腐殖土层，以提高甲烷氧化潜力。具有生物覆盖层的垃圾填埋场，其甲烷氧化效率可达50%~100%，由于生物活性覆盖层具有自我保温的功能，在温度较低时生物覆盖层也具有较好的甲烷氧化活性。

近年来，人们也提出了腾发覆盖层（evapotranspiration cover，ET覆盖层），其是一种基于水平衡原理的典型替代覆盖层，它可以减少水的渗透并在雨季囤积雨水，而在植物生长的季节，水分则可通过植物的蒸腾作用减少。ET覆盖层可分为单层阻碍覆盖层和毛细管阻碍覆盖层两类。图11-18(b)即为单一ET覆盖层，也称为植被覆盖层或植被覆盖物[719]。ET覆盖层可利用水平衡原理，通过植物的生长代谢储存渗透水和蒸腾过多的水。Barnswell等[720]研究表明，相对于植物幼苗，在ET覆盖层上种植成熟的植物具有更低的渗透率。Kim等[721]在填埋场封场时先铺了一层底灰，然后铺设ET覆盖层，发现底灰的添加为甲烷氧化菌提供了有机质，大大提高了ET覆盖层的甲烷氧化能力。

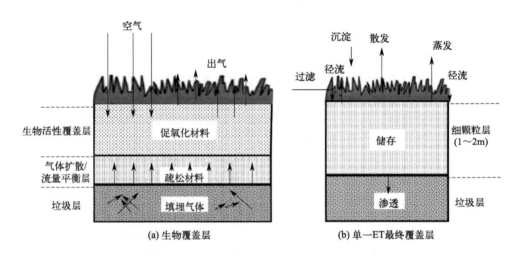

图11-18　生物覆盖层和单一ET最终覆盖层示意

11.4.3.4　生物防水布

生物防水布广泛应用于当地可用土壤量少、需要适当的透气性的垃圾填埋场，一般用作日覆盖材料。防水布可以提高所需的空气区域，可以节约空间，而生物防水布中富集的甲烷氧化菌则具有降低甲烷排放的功能（图11-19）。Adams等[722]一起使用了具有生物吸附功能的土工布和多层生物防水布，甲烷氧化效率可达16%。若将生物防水布与堆肥、页岩改性剂或填埋场覆盖土一起使用，将会提高近1倍的甲烷氧化效率。

垃圾填埋场覆盖土层生物碳减排系统包括生物过滤器、生物窗口、生物覆盖层和生物防水布等，如表11-19所列。覆盖土层生物碳减排系统大多数不能被移除，但生物防水布可以活化再生。生物过滤器主要应用于有气体抽排系统运行的垃圾填埋场；生物窗口则主要适用于填埋气产生量较低且具有集中性产气热点的填埋场；生物覆盖层的优势有植被具有合适的储水能力、可以覆盖整个填埋场、具有最大的甲烷氧化表面积等；生物防水布适用于当地土壤较少的填埋场或正在运行的填埋场。每种生物碳减排系统都有其

第 11 章 生态修复填埋场碳排放的核算与控制技术

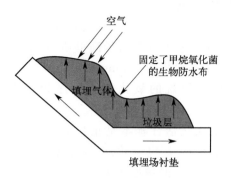

图 11-19 生物防水布覆盖系统示意[716]

自身的特点和优缺点，在设计填埋场时应根据其特点和周围环境因素、经济效益以及填埋场类型进行选择。

表 11-19 不同生物碳减排系统的应用及优缺点[656]

生物覆盖类型	优点	缺点	实际应用	所用介质
生物过滤器（被动通风）	(1)操作条件易控；(2)比主动通风的操作费用低，无需电费和维护费用	(1)比主动通风生物代谢速率低；(2)存在与周围气体交换现象	(1)置于填埋场上方或气体收集点；(2)无气体抽提系统，主要应用于小型或老龄填埋场	城市污泥、垃圾腐殖土、堆肥、木屑、泥炭、石楠、颗粒物、工程黏土和砂土混合物等
生物过滤器（主动通风）	(1)操作因素容易控制；(2)处理污染负荷大	(1)EPS形成速度快；(2)需要更多的维护和控制；(3)运营成本高	(1)置于填埋场上方或气体收集点；(2)有气体抽提系统可用，主要应用于小型或老龄填埋场	城市污泥、垃圾腐殖土、堆肥、木屑、泥炭、石楠、颗粒物、工程黏土和砂土混合物等
生物窗口	(1)无需气体抽提系统；(2)系统经济有效；(3)安装简单方便	(1)可能会出现甲烷过载或形成过多的EPS；(2)不适用于填埋场的善后及封场后的阶段	主要用于甲烷生成量较大的热点区域和填埋气收集点的气体污染物控制	城市污泥、垃圾腐殖土、堆肥、木屑、泥炭、石楠、颗粒物、工程黏土和砂土混合物等
生物覆盖层	(1)甲烷氧化活性较高；(2)EPS形成较少；(3)支持植被生长，有利于增强微生物活性	(1)材料特殊；(2)操作参数较难控制	(1)可以作为日覆盖或封场覆盖材料；(2)适用于各类填埋场运行阶段	城市污泥、垃圾腐殖土、木屑、泥炭、堆肥等生物活性材料
生物防水布	(1)大幅度降低甲烷排放；(2)增大填埋场容量；(3)操作方便	(1)费用高；(2)不适合作填埋场封场或填埋场善后材料	(1)用于日覆盖；(2)主要应用在填埋场运行阶段（填埋阶段）	主要由不同种类的聚乙烯、聚丙烯土工布组成

11.4.4 覆盖土层中碳减排的影响因素

在垃圾填埋场中，不同覆盖土层的温室气体代谢活性存在显著差异，其中甲烷氧化去除率为 10%~100%。在特定条件下，填埋场覆盖土层也可以氧化大气中的甲烷。覆盖土层温室气体的代谢活性会受到土壤结构、有机质含量、pH 值、土壤含水率（湿度）、孔隙率、无机氮浓度（养分）、甲烷和氧气浓度、温度等影响。

11.4.4.1 土壤结构和有机质含量

垃圾填埋场覆盖土结构可以影响氧气在土层中的渗透和甲烷的迁移，从而调节填埋场中甲烷氧化和排放。其中，粗砂的甲烷氧化能力最高可达 $10.4mol/(m^2 \cdot d)$，氧化率为 61%；黏土和细土的甲烷氧化能力较低，分别为 $6.8mol/(m^2 \cdot d)$ 和 $6.9mol/(m^2 \cdot d)$，氧化率分别为 40% 和 41%。不同土壤对甲烷的氧化能力顺序为：砂土＞砂砾土＞黏质粉土＞黏土[723]。

土壤中有机质含量与甲烷氧化活性基本呈正相关。在相同进气量下，有机质含量为 1.7% 的填埋场覆盖土中，甲烷的平均氧化速率为 $15mol/(m^2 \cdot d)$，最大氧化速率为 $18mol/(m^2 \cdot d)$；有机质含量为 1% 的填埋场覆盖土中，甲烷的最大氧化速率仅为 $12mol/(m^2 \cdot d)$[724]。目前，在垃圾填埋场覆盖土壤中已经开始使用富含有机物的材料（例如堆肥、垃圾腐殖土等），以提高覆盖系统的甲烷氧化速率。表 11-20 为不同有机质含量覆盖土壤的甲烷氧化能力。

表 11-20　不同有机质含量覆盖土壤的甲烷氧化能力[656]

覆盖土壤	CH_4 氧化能力		CH_4 通入量 /[g CH_4/($m^2 \cdot d$)]
	氧化率/%	氧化速率 /[g CH_4/($m^2 \cdot d$)]	
填埋区覆盖土	20~100	—	35.3~84.7
四种含高有机质的地球矿物土壤沉积物	—	—	25~100
对照组(不含堆肥)	63	19.5	29.4
堆肥	100	2.69	2.69
花园垃圾堆肥(废物活性污泥堆肥)	23~56	45~112	179~201
土壤和蚯蚓的混合物	99~100	232	233.6
土壤和活性炭粉末的混合物	99~100	232	233.6
生物机械处理的城市生活垃圾	—	22~82	30~78

11.4.4.2　pH 值

pH 值对甲烷氧化菌的活性影响很大，甲烷氧化菌多为嗜中性微生物，只有少数甲烷氧化菌嗜酸。土壤中甲烷氧化菌的生长和代谢的最佳 pH 值一般在 $5.5 \sim 8.5$ 之间，而甲烷氧化菌纯培养的 pH 值一般在 $6.6 \sim 6.8$ 之间。填埋层的 pH 值取决于所用土壤材料的特性，如果使用脱钙的或以砂子为主的天然基质，pH 值则远低于 7（低至 4.5），由于这种天然基质的阳离子交换能力较强，土壤基质一般具有较高的缓冲能力，因此不容易酸化。然而，由于甲烷氧化菌适宜的 pH 值范围非常宽，且其微生物群落适应环境条件的能力较强，在天然土壤基质中一般不会发生甲烷氧化菌的 pH 值限制。而在通入甲烷的土柱中，土壤 pH 值则会发生改变，在靠近柱顶的地方 pH 值偏酸性，这可能是由甲烷氧化过程中产生的 CO_2 在水相中溶解所致。向填埋场覆盖土中加入石灰，可提高 pH 值，促进甲烷的氧化[725]。

兼性甲烷氧化菌的生长特性与发源地的环境 pH 值有一定关联，如图 11-20 所示，*Methylocella silvestris*（BL2）的生长 pH 值范围为 $4.2 \sim 7.0$（最适 pH 值为 5.5），*Methylocella tundrae* 的生长 pH 值范围为 $4.2 \sim 7.5$（最适 pH 值为 $5.5 \sim 6.0$）；*Methylocapsa aurea* KYGT 的生长 pH 值范围为 $5.2 \sim 7.2$；*Methylocystis* H2s 是一株温和的嗜酸菌，最佳生长 pH 值范围为 $6.0 \sim 6.5$。由以上结论可以基本推断出兼性甲烷氧化菌易在酸性环境中富集，最适 pH 值范围为 $5.5 \sim 6.5$[723]。

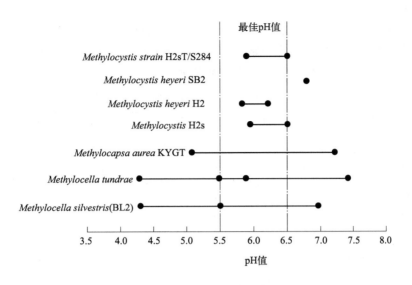

图 11-20 特征甲烷氧化菌最佳生长 pH 值[723]

11.4.4.3 湿度

水分含量是控制垃圾填埋场覆盖土层甲烷氧化能力的一个重要环境因素。覆盖土层中的水可能有多种来源,包括降水、地表水渗透、渗滤液再循环等人造水源以及覆盖土层中填埋垃圾的厌氧分解产水等。水分是维持微生物活动的必要因素,其不仅是营养供应的运输媒介,而且也是去除代谢残留物的媒介。分子在水中的扩散比在空气中的扩散慢 100 多倍[726],过高的湿度会限制甲烷和氧气在土壤中的传递速度,导致甲烷氧化作用降低。当土壤的饱和度(水的体积/孔隙的体积)达到 85% 左右时,孔隙中的空气不再相互连接,气体必须在液相中扩散,这大大降低了甲烷和氧气的可用性,从而限制了甲烷的氧化。相反,由于干燥引起的微生物缺水也会显著降低甲烷氧化速率。在干旱地区或降水非常少的时期,水分含量可能是限制垃圾填埋场土壤覆盖层氧化能力的关键因素。理想的土壤湿度为 13%~15.5%(质量分数,干重)。而一般填埋场覆盖土的最佳湿度为 25%~30%(质量分数,干重),当湿度低于 15% 时,甲烷氧化效率至少会降低 50%。覆盖材料不同,其最佳湿度也不同,这也与温度及其他环境因素有关。Gebert 等[727]发现,在多孔黏土颗粒组成的生物过滤材料中,水分含量对甲烷氧化活性的影响很小。这主要是因为该材料具有非常有利的孔径分布,具有 78% 的极高空气容量,最大限度地减小了扩散传质限制,从而使甲烷氧化活性不受实际含水量的限制。

土壤的水饱和会导致气体的横向传输增加,进而导致填埋气体向垃圾填埋场附近排放或填埋场内部压力积聚,从而促使填埋气体向土壤流动阻力较小的区域流动。在丹麦 Skellingsted 填埋场则发生过这样的例子,暴雨加上大气压力下降导致了填埋气体的横向迁移,最终使附近房屋发生了致命爆炸[726]。

11.4.4.4 孔隙率

孔隙率也称为空气容量,主要影响着进入土壤的氧气和土壤含水率。在一般情况下,理想的孔径应>50μm。空气容量是指在材料排干后可用于气体输送的孔隙份额,剩余的水仅受毛细管力的约束。如果土壤被压实,空气容量可能会大大减小。填埋场覆盖土壤的最佳土壤含水率在 10%～20%。

不同孔隙率的覆盖层对甲烷氧化动力学参数的影响见表 11-21，黏土、颗粒粗大的砂土或砂石土的孔隙率小，其甲烷半饱和常数较大，而壤质砂土的甲烷半饱和常数较小。由此得出，适宜的孔隙率能够提高覆盖层对甲烷的氧化能力。

表 11-21　不同条件下甲烷氧化动力学参数[723]

覆盖土类型	甲烷浓度(体积分数)/%	甲烷半饱和常数/(g/L)
填埋场覆盖层复合土壤	1.7×10^{-4}～1.0	0.13
覆盖层粗砂土	0.05～5.0	1.68
填埋场表层黏土	0.016～8.0	1.81
壤质覆盖砂土	<2.0	0.057～0.36
壤质覆盖黏土	<10.0	0.54
覆盖土	0.0～23.0	1.43
砂石土	1.0～16.0	0.43～2.07

11.4.4.5　无机氮浓度

甲烷氧化菌除了通过同化甲烷获取碳源外，还需要其他营养物质，如 NH_4^+-N 等。因此，NH_4^+-N 对甲烷氧化过程的影响比较复杂，同时具备正面和负面作用。Zhang 等[728]研究发现，低浓度 NH_4^+-N 可以刺激覆盖土的甲烷氧化速率，然而，添加 600mg/kg 的 NH_4^+-N 会对甲烷氧化速率产生抑制作用。氨氮可通过与甲烷竞争 MMO 上的活性位点抑制甲烷的氧化作用。但也有研究表明，氨氮浓度的升高并不总是直接抑制甲烷氧化，而可能是由于硝化速率的提高或氮素的转化，进而抑制了甲烷氧化[729]。

通常甲烷氧化细菌对氮的需求量相对较高，每吸收 1mol 碳需要 0.25mol 氮。因此，特别是在甲烷与氮的摩尔比高于 10 的环境中（假设消耗的甲烷有 40% 被同化），如垃圾填埋场覆盖土壤中，可能会发生无机氮的限制。长期的氮消耗抑制了细菌生长和蛋白质合成，导致甲烷消耗减少或停止。然而，这一限制可以通过直接从大气中固定氮气来克服，如Ⅱ型甲烷氧化菌，但这一过程在能量上略逊于无机氮消耗。Visscher 等[730]研究发现，在高 N/CH_4 值（>1%）下，甲烷氧化菌的活性分为三个阶段：第一阶段是甲烷氧化菌（可能是Ⅰ型细菌）的快速生长，依赖无机氮生长；第二阶段是甲烷氧化菌活性下降，可能是由于Ⅰ型甲烷氧化菌被氮所限制；经过几周的稳态行为后，观察到一个新的生长阶段，该阶段可能由Ⅱ型甲烷氧化菌的固氮过程主导，因而进入了不依赖无机氮的阶段。

甲烷氧化菌需要一定的营养物质（特别是铵）来提高垃圾填埋场的甲烷氧化速率。然而，覆盖土层中的高铵含量可能会对微生物产生抑制作用。因此，应考虑铵浓度的最佳范围，以改善覆盖土壤中的微生物活性，提高甲烷氧化速率。

11.4.4.6　甲烷和氧气浓度

甲烷氧化菌生长繁殖的碳源是甲烷，高浓度的甲烷可以促进甲烷氧化菌的生长繁殖，并诱导甲烷氧化酶处于较高的氧化活性。供试土壤中，甲烷氧化菌种群数量会因为加入外源甲烷而出现增长，其甲烷氧化速率也会大幅提升。因此，可以通过控制甲烷的供应来控制甲烷氧化速率。甲烷氧化菌数量越多，甲烷氧化速率则越大，但二者的具体数值变化并不同步。这说明甲烷氧化活性除了与甲烷氧化菌的数量有关外，还与甲烷氧化酶的活性有关。在垃圾填埋场中，随着封场时间的延长，甲烷通量、甲烷氧化菌数量和甲烷氧化速率都会明显下降。其原因是垃圾层中的有机底物随着垃圾的降解逐渐减少，产生的甲烷也随之减少，甲烷通量降低，甲烷氧化菌的碳源减少，因此其繁殖与氧化活性均受到了影响。

甲烷氧化受氧气浓度的制约。在氧气充足时，甲烷主要被甲烷氧化菌氧化为CO_2，同时合成生物质。多数甲烷氧化细菌是专性需氧菌，需要在有氧条件下才能生长代谢，即使在极低的氧浓度下也能达到较高的甲烷转化率。在甲烷培养中，氧气浓度在0.45%～20%之间就可以使Ⅰ型和Ⅱ型甲烷氧化菌的甲烷氧化速率达到最大。王静[700]研究发现，当覆盖土层中的氧气浓度为5%时甲烷氧化活性不会受到限制。

11.4.4.7 温度

温度对甲烷氧化也非常重要，一方面可以影响甲烷氧化菌的代谢活动，另一方面，温度升高可能会导致覆盖土层蒸发率增加，影响填埋场覆盖土壤中的含水率。甲烷氧化是一个放热反应，理论上每产生1mol的甲烷会释放出880kJ的热量。甲烷氧化量随土壤温度的增加而明显增加，在夏季高于冬季，因而甲烷氧化呈现出季节性变化。25～30℃是甲烷氧化的最佳温度，当温度低于4℃或高于50℃时，甲烷氧化几乎完全受到抑制，而在10℃和40℃时，甲烷氧化率分别为30℃时的51%～62%和10%～12%[731]。然而，甲烷氧化反应在1～2℃时也可以发生。Omel'chenko等[732]在北极沼泽的酸性土壤中分离出了甲烷氧化菌，该菌株在10℃或更低的温度下生长最佳，这表明一些甲烷氧化菌的种群可以适应较低的自然界温度。在低温环境中发现的所有甲烷氧化菌都属于Ⅰ型甲烷氧化菌，说明温度可能会表现出一种选择效应，决定了两种主要甲烷氧化菌在特定环境系统中的主导地位。在垃圾填埋场覆盖土中，Ⅰ型甲烷氧化菌的最佳温度略低于Ⅱ型甲烷氧化菌。因此，Ⅰ型甲烷氧化菌在10℃时比在20℃时更占优势[733]。

温度系数（Q_{10}）是指在低于最佳温度的情况下，当温度升高10℃时，氧化速率增加的倍数。在10～30℃时，温度响应近似呈指数型，Q_{10}值范围为1.7～4.1。甲烷氧化对温度的依赖性很强，在甲烷的体积分数为1%～3%时的Q_{10}值比在0.01%～0.025%时的更高[726]。这可能是由于当初始甲烷浓度较低时，液相和气相之间的传质可能会限制氧化反应，导致温度响应不明显。相反，在高初始甲烷浓度下甲烷氧化不受相转移的限制，而更可能受酶活性的限制。

11.4.4.8 添加物

为提高甲烷氧化菌的生物活性，加快甲烷氧化速率，可以将垃圾腐殖土、活性污泥、堆肥等添加到填埋场覆盖土层中。垃圾腐殖土可在填埋场的已稳定化垃圾中经开挖筛分获得，其表面附着着数量庞大、种类繁多、代谢能力极强的微生物群落。稳定化垃圾腐殖土富含甲烷氧化菌（1.25×10^8～1.25×10^9CFU/g），且成本低、氧化效果明显，并可增加填埋场库容，使填埋场空间得到循环利用，因此是一种很好的强化甲烷氧化活性的覆盖材料。向覆盖土中添加垃圾腐殖土和活性污泥后，甲烷去除率分别可达78.7%和66.9%，使用14年以上的垃圾腐殖土时，其效果最好[734]。Zhang等[735]研究发现，将垃圾腐殖土和活性污泥（6∶4）添加到覆盖土中，可最大化地提高甲烷氧化效率。而腐殖土中的硫酸盐还原菌进行的甲烷共氧化，也可以达到甲烷自然减排的目的。此外，粉煤灰、陶粒等材料也可添加到垃圾腐殖土和活性污泥中，其含水率低、孔隙丰富、比表面积较大，也可增强甲烷氧化效果。

11.4.4.9 覆盖层植被

垃圾填埋场中覆盖土层的植被覆盖率和根系发展情况也会影响甲烷氧化菌的活性。植物根部提高了土壤中空气的扩散率，促进了氧气从大气渗透到覆盖土层中。此外，植物根部还会释放一些营养物质,从而增加微生物的甲烷氧化速率。在同一填埋区的相同情况下,甲烷氧化菌在有植被覆盖的覆盖土层中更容易富集,且其氧化速率也高于裸土。甲烷通量、甲烷氧化菌数量和氧化速率与垃圾填埋场的植被覆盖率有一定的相关性。植被覆盖率随封场时间的增加逐渐提高,甲烷通量随之降低。然而,植物可能只是间接地影响了甲烷氧化菌的生长繁殖与氧化活性,并非对其产生显著的直接影响。此外,植被和甲烷氧化菌之间也可能存在对营养和水消耗的竞争,这可能会对甲烷氧化速率产生不利影响。Bohn 等[736]发现,50%的植被覆盖率对甲烷氧化速率的促进作用最强。

由于植物对氮的吸收,垃圾填埋场上的植被甚至可能会加剧氮的限制。为了促进植物生长,一般会对垃圾填埋场覆盖层进行施肥。而过度施肥可能会抑制甲烷氧化菌,从而增加向大气排放甲烷的风险,因此,垃圾填埋场覆盖土层需要制订适当的施肥策略,以确保其最佳的甲烷减排性能。

11.4.5 覆盖土层碳减排模型

填埋场覆盖土层是温室气体微生物代谢活动的重要场所。甲烷是垃圾填埋场碳减排的主要研究对象,本部分主要从甲烷角度介绍了覆盖土层碳减排模型。

11.4.5.1 模型介绍与推导

垃圾填埋场甲烷排放除了与填埋场甲烷产生量和气体收集系统的效率有关外,还取决于覆盖土层的甲烷氧化、扩散和水平达西渗流。垃圾填埋场甲烷排放影响因素主要有 3 个方面:

① 土壤孔隙,尤其是土壤湿度的时空变化影响了甲烷和氧气的扩散;

② 原位甲烷氧化活性,其主要与甲烷和氧气浓度、土壤湿度、pH 值、温度、营养物以及其他微生物因素有关;

③ 填埋场是否配备填埋气体回收利用系统。

通常认为扩散是垃圾填埋场覆盖土壤气体排放的主要机制,但是由于垃圾填埋场内部气体的产生、填埋垃圾与外部的隔离程度、覆盖层的材料以及甲烷氧化活性的时空变化,在实际环境中,垃圾填埋场覆盖土层的气体排放较为复杂(图 11-21)。进一步地了解甲烷在覆盖土层中的传输机制对于设计填埋场覆盖系统以及甲烷减排至关重要。

垃圾填埋场覆盖层甲烷减排过程与石油泄漏后的石油废气入侵(petroleum vapor intrusion,PVI)过程非常相似,两者都是从地下排放污染气体,并穿过土壤到达表面,且整个过程中有氧气的传输和用于好氧生物降解的氧气消耗。不同的是,PVI 过程是将废气排放到地表的建筑物中,且只考虑气体的扩散,而填埋场中的甲烷则排放到了空气中,且由于填埋气体不断产生会导致覆盖层中出现气体压力,所以也需要考虑填埋场甲烷的水平运动。由此可见,填埋场覆盖层中的甲烷减排模型(methane reduction in landfill covers,MRL)可由 PVI 模型进行推导。在填埋场覆盖层中,土壤气体传输过程始于填埋场中的填埋垃圾排放甲烷,终于甲烷到达覆盖层表面。土壤气体传输控制方程可写为:

$$\phi_{g,w,s} \frac{\partial c_{i,g}}{\partial t} = -\nabla \cdot (q_g c_{i,g}) - \nabla \cdot \left(\frac{c_{i,g}}{H_i} q_w\right) + \nabla \cdot (D_i \nabla c_{i,g}) - R_i \quad (11\text{-}21)$$

$$\phi_{g,w,s} = \phi_g + \frac{\phi_w}{H_i} + \frac{k_{oc,i} f_{oc} \rho_b}{H_i} \quad (11\text{-}22)$$

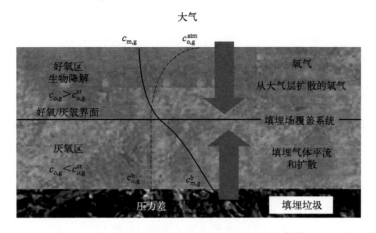

图 11-21 填埋场覆盖土层甲烷迁移过程[737]

$c_{o,g}$—覆盖层中的氧气浓度；$c_{m,g}$—土壤中的甲烷浓度；$c_{o,g}^{atm}$—空气中的氧气浓度；
$c_{o,g}^{b}$—覆盖土层底部的氧气浓度；$c_{o,g}^{cr}$—好氧反应临界值的氧气浓度；$c_{m,g}^{b}$—覆盖层底部的甲烷浓度

式中　　　$\phi_{g,w,s}\dfrac{\partial c_{i,g}}{\partial t}$——土壤所含物质 i 的质量随时间的变化；

q_g——每个单元的土壤气体通量，$m^3/(m^2 \cdot d)$；

q_w——每个单元的地下水通量，$m^3/(m^2 \cdot d)$；

$c_{i,g}$——物质 i 在气相中的浓度，mg/m^3；

H_i——物质 i 的亨利系数，（mg/m^3 气）或（mg/m^3 水）；

D_i——物质 i 的有效扩散率，m^2/d；

R_i——物质 i 生物降解的损失率，$mg/(m^3 \text{水} \cdot d)$；

$-\nabla \cdot (q_g c_{i,g}) - \nabla \cdot \left(\dfrac{c_{i,g}}{H_i} q_w\right)$——物质 i 在覆盖土层中运动的平流项；

$\nabla \cdot (D_i \nabla c_{i,g})$——物质 i 在土壤中的扩散项（其中物质 i 在水中的扩散可以忽略）；

$\phi_{g,w,s}$——有效运输孔隙率，m^3 气/m^3 土；

ϕ_g——充气孔隙率，m^3 气/m^3 土；

ϕ_w——含水孔隙率，m^3 水/m^3 水；

$k_{oc,i}$——土壤有机碳对物质 i 的吸附系数，（mg/mg oc）或（mg/m^3 水）；

f_{oc}——覆盖土的有机碳质量比，mg oc/mg 土；

ρ_b——覆盖土层容重，mg 土/m^3 土。

有效扩散率（D_i）采用 Millington-Quirk 方程来计算：

$$D_i \approx D_i^{air} \dfrac{\phi_g^{\frac{10}{3}}}{\phi_t^2} \tag{11-23}$$

式中　D_i^{air}——物质 i 在空气中的扩散率，m^2/d；

ϕ_g——充气孔隙率，m^3/m^3 土；

ϕ_t——总孔隙率，m^3/m^3 土。

在稳定状态下，式(11-21) 可写为：

$$\nabla \cdot (D_i \nabla c_{i,g}) = \nabla \cdot (q_g c_{i,g}) + \nabla \cdot \left(\frac{c_{i,g}}{H_i} q_w\right) + R_i \tag{11-24}$$

在覆盖层中，土壤中的水流可以忽略，则 $q_w=0$，式(11-24) 可写为：

$$\nabla \cdot (D_i \nabla c_{i,g}) = \nabla \cdot (q_g c_{i,g}) + R_i \tag{11-25}$$

覆盖层可视为一维系统（one-dimensional system，1D 系统），则式(11-25) 可写为：

$$D_i \frac{d^2 c_{i,g}}{dz^2} = \mu \frac{d c_{i,g}}{dz} + R_i \tag{11-26}$$

式中　z——垂直方向上的坐标（即为深度），m；

　　　μ——稳定状态下气体在土壤中向上传输的速率常数，m/d。

在生物降解环节，R_i 可被定义为以下 3 种不同的情况：

$$R_i = \begin{cases} R_{i,\max} \phi_w \dfrac{c_{i,w}}{c_{i,w}+k_i} & \text{（莫纳德动力学）} \\ \phi_w \lambda_{i,0} & \text{（零级反应动力学）} \\ \phi_w \lambda_i c_{i,w} & \text{（一级反应动力学）} \end{cases} \tag{11-27}$$

式中　$R_{i,\max}$——污染物 i 的最大吸收速率，$mg/(m^3\ 水 \cdot d)$；

　　　$c_{i,w}$——物质 i 在液相中的浓度 $\left(c_{i,w}=\dfrac{c_{i,g}}{H_i}\right)$，$mg/m^3$ 水；

　　　k_i——半饱和常数，mg/m^3 水；

　　　$\lambda_{i,0}$——零级反应动力学常数，$mg/(m^3\ 水 \cdot d)$；

　　　λ_i——一级反应动力学常数，d^{-1}。

MRL 模型需要做出如下假设：

① 由于填埋气体的主要成分为甲烷和 CO_2，其中 CO_2 在覆盖层中几乎不参与生化反应，所以覆盖层中主要的生物降解目标物为甲烷。假设覆盖土层无其他污染物影响，只有甲烷污染物。

② 由于填埋场覆盖土层中好氧甲烷氧化速率远远大于厌氧甲烷氧化速率，覆盖土层中厌氧甲烷氧化作用较小，可忽略不计；同时，好氧区域中的氧气浓度大于好氧甲烷氧化所需的氧气浓度。

③ 一级反应动力学好氧甲烷氧化反应为分段反应，在厌氧区域，氧气浓度小于甲烷氧化反应所需的临界值，此时反应不会发生；在氧气浓度达到临界值后，开始发生一级反应动力学好氧甲烷氧化反应。

④ 在填埋场覆盖层的土壤气体传输模拟中，氧气主要被甲烷氧化所消耗，土壤呼吸作用在此不进行考虑。填埋场覆盖层中，氧气消耗的唯一途径为好氧甲烷氧化。

⑤ 在填埋场覆盖层中氧气和甲烷的有效扩散率相同。

⑥ 在填埋场覆盖层中，甲烷氧化受到多种因素的影响，如含水率、环境压力、温度等。这些因素的影响常常较为短暂，并且受氧化反应本身的影响，在该模型中可忽略这些空间和时间的变化。

基于上述假设，填埋场覆盖层中的 1-D 场景如图 11-22 所示。氧气可能会到达填埋场覆盖层底部［图 11-22(a)］，或无法到达填埋场覆盖层底部［图 11-22(b)］，因此，将填埋场覆盖层分为两种区域：覆盖层中的氧气浓度大于甲烷氧化反应所需浓度的临界值的区域（$c_{o,g} > c_{o,g}^{cr}$）即为好氧区域，否则视为厌氧区域。

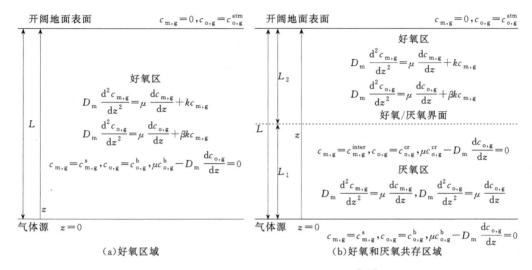

图 11-22 甲烷和氧气土壤传输概念图[737]

L、L_1 和 L_2—整个填埋场、厌氧区域和好氧区域覆盖土层的厚度；$c_{m,g}$—土壤中的甲烷浓度；

$c_{m,g}^s$，$c_{m,g}^{inter}$—覆盖层底部、好氧/厌氧区域交界处的甲烷气体浓度；

$c_{o,g}^{atm}$，$c_{o,g}^{cr}$ 和 $c_{o,g}^b$—空气、好氧反应临界值和覆盖土层底部的氧气浓度；

k——一级反应动力学常数；β—化学计量转换因子（g O_2/g CH_4）；D_m—甲烷有效扩散率

在填埋场覆盖土层微生物甲烷氧化过程中，常常用甲烷氧化速率来代替一级反应动力学常数 k，其转化方程如下：

$$k = \frac{R_m \rho_b}{\phi_g c_{m,g}} \tag{11-28}$$

式中 R_m——覆盖土层的甲烷氧化速率，mg/(m³·d)。

(1) 厌氧区域存在的临界条件

根据式(11-26)，好氧区域的甲烷传输控制方程可写为：

$$D_m \frac{d^2 c_{m,g}}{dz^2} = \mu \frac{dc_{m,g}}{dz} + kc_{m,g} \tag{11-29}$$

当覆盖土层中氧气浓度充足时，式(11-27) 的临界条件［图 11-22(a)］为：

$$c_{m,g} = \begin{cases} c_{m,g}^s, z=0 \\ 0, z=L \end{cases} \tag{11-30}$$

联立式(11-29) 和式(11-30)，得到富氧条件下覆盖土层中的甲烷浓度如下：

$$c_{m,g} = c_{m,g}^s \frac{\exp(A)\exp\left[\frac{(B-A)z}{2L}\right] - \exp\left[\frac{(B+A)z}{2L}\right]}{\exp(A) - 1} \tag{11-31}$$

式中，$A = L\sqrt{\left(\frac{\mu}{D_m}\right)^2 + \frac{4k}{D_m}}$，$B = \frac{\mu L}{D_m}$。

同样地，好氧区域的氧气传输控制方程可写为：

$$\frac{\mathrm{d}^2 c_{\mathrm{o,g}}}{\mathrm{d}z^2} = \frac{\mu}{D_{\mathrm{o}}} \times \frac{\mathrm{d}c_{\mathrm{o,g}}}{\mathrm{d}z} + \beta \frac{k}{D_{\mathrm{o}}} c_{\mathrm{m,g}} \tag{11-32}$$

式中 β——化学计量转换因子。

其边界情况为：

$$c_{\mathrm{o,g}} = \begin{cases} c_{\mathrm{o,g}}^{\mathrm{b}}, z=0 \\ c_{\mathrm{o,g}}^{\mathrm{atm}}, z=L \end{cases} \tag{11-33}$$

由于甲烷和氧气的扩散速率相近，假设 $D_{\mathrm{m}} \approx D_{\mathrm{o}}$，联立式(11-32)和式(11-33)可得：

$$c_{\mathrm{o,g}} = \beta c_{\mathrm{m,g}}^{\mathrm{s}} \frac{\exp(A)\exp\left[\frac{(B-A)z}{2L}\right] - \exp\left[\frac{(B+A)z}{2L}\right]}{\exp(A)-1} + \beta c_{\mathrm{m,g}}^{\mathrm{s}} \frac{\exp\left(\frac{Bz}{L}\right) - \exp(B)}{\exp(B)-1}$$

$$+ c_{\mathrm{o,g}}^{\mathrm{atm}} \frac{\exp\left(\frac{Bz}{L}\right)-1}{\exp(B)-1} + c_{\mathrm{o,g}}^{\mathrm{b}} \frac{\exp(B) - \exp\left(\frac{Bz}{L}\right)}{\exp(B)-1} \tag{11-34}$$

在覆盖土层底部，氧气通量为0，则：

$$\mu c_{\mathrm{o,g}}^{\mathrm{b}} - D_{\mathrm{o}} \frac{\mathrm{d}c_{\mathrm{o,g}}}{\mathrm{d}z}\bigg|_{z=0} = \mu c_{\mathrm{o,g}}^{\mathrm{b}} - \frac{\beta c_{\mathrm{m,g}}^{\mathrm{s}} D_{\mathrm{m}}}{[\exp(A)-1]2L} [\exp(A)(B-A) - (B+A)]$$

$$- \mu [\beta c_{\mathrm{m,g}}^{\mathrm{s}} + (c_{\mathrm{o,g}}^{\mathrm{atm}} - c_{\mathrm{o,g}}^{\mathrm{b}})] \frac{1}{\exp(B)-1} = 0 \tag{11-35}$$

因此，覆盖层底部的氧气浓度为：

$$c_{\mathrm{o,g}}^{\mathrm{b}} = \frac{\beta c_{\mathrm{m,g}}^{\mathrm{s}}}{2B} \times \frac{1-\exp(-B)}{\exp(A)-1} [\exp(A)(B-A) - (B+A)] + (\beta c_{\mathrm{m,g}}^{\mathrm{s}} + c_{\mathrm{o,g}}^{\mathrm{atm}})\exp(-B) \tag{11-36}$$

由于假设了整个覆盖土层中氧气是充足的，所以式(11-36)中 $c_{\mathrm{o,g}}^{\mathrm{b}} > c_{\mathrm{o,g}}^{\mathrm{cr}}$。当 $c_{\mathrm{o,g}}^{\mathrm{b}} < c_{\mathrm{o,g}}^{\mathrm{cr}}$ 时，则好氧和厌氧区域共存。

(2) 好氧区域覆盖层的甲烷排放

当 $c_{\mathrm{o,g}}^{\mathrm{inter}} \geqslant c_{\mathrm{o,g}}^{\mathrm{cr}}$ 时，氧气在整个覆盖土层中都十分充足，根据式(11-31)可得，甲烷产生速率 $N_{\mathrm{m,p}}$（mg/m² · d）为：

$$N_{\mathrm{m,p}} = \mu c_{\mathrm{m,g}}^{\mathrm{s}} - D_{\mathrm{m}} \frac{\mathrm{d}c_{\mathrm{m,g}}}{\mathrm{d}z}\bigg|_{z=0} = \frac{D_{\mathrm{m}} c_{\mathrm{m,g}}^{\mathrm{s}}}{2L}\left[B + A \times \frac{\exp(A)+1}{\exp(A)-1}\right] \tag{11-37}$$

甲烷的排放速率 $N_{\mathrm{m,e}}$（mg/m² · d）为：

$$N_{\mathrm{m,e}} = 0 - D_{\mathrm{m}} \frac{\mathrm{d}c_{\mathrm{m,g}}}{\mathrm{d}z}\bigg|_{z=L} = \frac{D_{\mathrm{m}} c_{\mathrm{m,g}}^{\mathrm{s}}}{L} \times A \times \frac{\exp\left(\frac{B+A}{2}\right)}{\exp(A)-1} \tag{11-38}$$

因此，覆盖土层中的甲烷氧化速率 $N_{\mathrm{m,o}}$（mg/m² · d）为：

$$N_{\mathrm{m,o}} = N_{\mathrm{m,p}} - N_{\mathrm{m,e}} = \frac{D_{\mathrm{m}} c_{\mathrm{m,g}}^{\mathrm{s}}}{2L}\left[B + A \times \frac{\exp(A)+1-2\exp\left(\frac{B+A}{2}\right)}{\exp(A)-1}\right] \tag{11-39}$$

(3) 厌氧区域覆盖层的甲烷排放

当式(11-34)中 $c_{\mathrm{o,g}}^{\mathrm{b}} < c_{\mathrm{o,g}}^{\mathrm{cr}}$ 时，厌氧区域也存在于覆盖土层中 [图 11-22(b)]，则厌氧区域甲烷传输控制方程可写为：

$$D_m \frac{d^2 c_{m,g}}{dz^2} = \mu \frac{dc_{m,g}}{dz} \tag{11-40}$$

其临界条件为：

$$c_{m,g} = \begin{cases} c_{m,g}^s, z=0 \\ c_{m,g}^{inter}, z=L_1 \end{cases} \tag{11-41}$$

联立式(11-40)和式(11-41)可得：

$$c_{m,g} = \left[\frac{\exp(B_1) - \frac{c_{m,g}^{inter}}{c_{m,g}^s}}{\exp(B_1) - 1} - \frac{1 - \frac{c_{m,g}^{inter}}{c_{m,g}^s}}{\exp(B_1) - 1} \exp\left(B_1 \frac{z}{L_1}\right)\right] c_{m,g}^s, 0 < z < L_1 \tag{11-42}$$

式中，$A_1 = L_1 \sqrt{\left(\frac{\mu}{D_m}\right)^2 + \frac{4k}{D_m}}$，$B_1 = \frac{\mu L_1}{D_m}$

结合式(11-31)，得到甲烷浓度如下：

$$c_{m,g} = \begin{cases} c_{m,g}^{inter} \dfrac{\exp(A_2)\exp\left[\dfrac{B_2 - A_2}{2} \times \dfrac{(z-L_1)}{L_2}\right] - \exp\left[\dfrac{B_2 + A_2}{2} \times \dfrac{(z-L_1)}{L_2}\right]}{\exp(A_2) - 1}, L_1 < z < L \\ \left[\dfrac{\exp(B_1) - \dfrac{c_{m,g}^{inter}}{c_{m,g}^s}}{\exp(B_1) - 1} - \dfrac{1 - \dfrac{c_{m,g}^{inter}}{c_{m,g}^s}}{\exp(B_1) - 1} \exp\left(B_1 \times \dfrac{z}{L_1}\right)\right] c_{m,g}^s, 0 < z < L_1 \end{cases} \tag{11-43}$$

式中，$A_2 = L_2 \sqrt{\left(\frac{\mu}{D_m}\right)^2 + \frac{4k}{D_m}}$，$B_2 = \frac{\mu L_2}{D_m}$

厌氧区域的氧气传输控制方程为：

$$D_m \frac{d^2 c_{o,g}}{dz^2} = \mu \frac{dc_{o,g}}{dz} \tag{11-44}$$

其临界条件为：

$$c_{o,g} = \begin{cases} c_{o,g}^b, z=0 \\ c_{o,g}^{cr}, z=L_1 \end{cases} \tag{11-45}$$

值得注意的是，图 11-22(a) 和图 11-22(b) 中，两种填埋场覆盖土层中的 $c_{o,g}^b$ 值是不同的。

联立式(11-44)和式(11-45)可得：

$$c_{o,g} = \frac{\exp(B_1) c_{o,g}^b - c_{o,g}^{cr}}{\exp(B_1) - 1} - \frac{c_{o,g}^b - c_{o,g}^{cr}}{\exp(B_1) - 1} \exp\left(B_1 \times \frac{z}{L_1}\right), 0 < z < L_1 \tag{11-46}$$

由于厌氧区域的氧气通量为 0，所以有：

$$\mu c_{o,g}^b - D_m \frac{dc_{o,g}}{dz}\bigg|_{z=0} = 0$$

$$c_{o,g}^b = c_{o,g}^{cr} \exp\left(-B_1 \times \frac{z}{L_1}\right) \tag{11-47}$$

联立式(11-34)、式(11-46)和式(11-47)可以得到覆盖土层中的氧气浓度如下：

$$c_{o,g} = \begin{cases} \beta c_{m,g}^{\text{inter}} \dfrac{\exp(A_2)\exp\left[\dfrac{B_2-A_2}{2}\times\dfrac{(z-L_1)}{L_2}\right] - \exp\dfrac{B_2+A_2}{2}\times\dfrac{(z-L_1)}{L_2}}{\exp(A_2)-1} \\ +\beta c_{m,g}^{\text{inter}} \dfrac{\exp\left[\dfrac{B_2(z-L_1)}{L_2}\right] - \exp(B_2)}{\exp(B_2)-1} + c_{o,g}^{\text{atm}} \dfrac{\exp\left[\dfrac{B_2(z-L_1)}{L_2}\right]-1}{\exp(B_2)-1} \\ +c_{o,g}^{\text{cr}} \dfrac{\exp(B_2)-\exp\left[\dfrac{B_2(z-L_1)}{L_2}\right]}{\exp(B_2)-1}, L_1<z<L \\ c_{o,g}^{\text{cr}} \exp\left[\dfrac{\mu(z-L_1)}{D_m}\right], 0<z<L_1 \end{cases} \quad (11\text{-}48)$$

由于甲烷和氧气在好氧和厌氧区域中是连续运输的，则有：

$$\left.\dfrac{dc_{m,g}}{dz}\right|_{z=L_1} = c_{m,g}^{\text{inter}}\left[\dfrac{B}{2L}+\dfrac{A}{2L}\times\dfrac{1+\exp(A_2)}{1-\exp(A_2)}\right] = -c_{m,g}^{s}\dfrac{\mu}{D_m}\left(1-\dfrac{c_{m,g}^{\text{inter}}}{c_{m,g}^{s}}\right)\dfrac{\exp(B_1)}{\exp(B_1)-1}$$

$$\dfrac{\beta c_{m,g}^{s} D_m}{[\exp(A)-1]2L}[\exp(A)(B-A)-(B+A)] \quad (11\text{-}49)$$

$$\left.\dfrac{dc_{o,g}}{dz}\right|_{z=L_1} = c_{o,g}^{\text{cr}}\dfrac{\mu}{D_m} = \dfrac{\beta c_{m,g}^{s}}{[\exp(A_2)-1]2L}[\exp(A_2)(B-A)-(B+A)]$$

$$+\dfrac{\mu}{D_m}[\beta c_{m,g}^{\text{inter}}+(c_{o,g}^{\text{atm}}-c_{o,g}^{\text{cr}})]\dfrac{1}{\exp(B_2)-1} \quad (11\text{-}50)$$

将式(11-49)代入式(11-50)中，假设 $D_m \approx D_o$，则：

$$\dfrac{A}{\dfrac{\mu L}{D_m}}\times\dfrac{\exp(A_2)+1}{\exp(A_2)-1} = \dfrac{\exp(B_2)+1}{\exp(B_2)-1} + \dfrac{c_{o,g}^{\text{atm}}-c_{o,g}^{\text{cr}}\exp(B_2)}{\beta c_{m,g}^{s}[\exp(B_2)-1]}$$

$$\times\left\{1+\dfrac{\exp(B_2)}{\exp(B)}+\dfrac{A[\exp(B)-\exp(B_2)]}{B\exp(B)}\times\dfrac{\exp(A_2)+1}{\exp(A_2)-1}\right\} \quad (11\text{-}51)$$

为了求式(11-49) 的解析解，需要做一些近似处理。在通常情况下，只有当氧气浓度接近 0 时才会发生甲烷的好氧氧化，故假设 $c_{o,g}^{\text{cr}} \approx 0$。另外，大多数厌氧区域都有较高的氧化速率和/或较厚的覆盖层，因此假设 $A_2 = \dfrac{kL_2}{D_m} \gg 1$，且 $\dfrac{\exp(A_2)+1}{\exp(A_2)-1} \approx 1$。则式(11-51) 可写为：

$$\begin{cases} L_2 \approx \dfrac{D_m}{\mu}\ln\left\{\dfrac{\left(\dfrac{c_{o,g}^{\text{atm}}}{\beta c_{m,g}^{s}}+1\right)(A+B)}{(A-B)\left[\dfrac{c_{o,g}^{\text{atm}}}{\beta c_{m,g}^{s}}\exp(-B)+1\right]}\right\} \\ c_{m,g}^{\text{inter}} \approx \dfrac{2c_{m,g}^{s}\left[\dfrac{\exp(B_1)}{\exp(B_1)-1}\right]}{\dfrac{\exp(B_1)+1}{\exp(B_1)-1}+\dfrac{A}{B}} \end{cases} \quad (11\text{-}52)$$

建议将式(11-52)计算的 L_2 代入 $\dfrac{\exp(A_2)+1}{\exp(A_2)-1}$ 中来检验先前的假设 $\dfrac{\exp(A_2)+1}{\exp(A_2)-1} \approx 1$ 是否正确。在极少数情况下，若 $\dfrac{\exp(A_2)+1}{\exp(A_2)-1} \gg 1$ 或计算的 $L_2 \geqslant L$，此时建议将实际参数值代入式(11-51)中直接解方程进行计算。

基于式(11-52)，甲烷的产生速率为：

$$N_{m,p} = \mu c_{m,g}^{inter} - D_m \left.\dfrac{dc_{m,g}}{dz}\right|_{z=L_1} = \dfrac{D_m c_{m,g}^{inter}}{2L}\left[B + A \times \dfrac{\exp(A_2)+1}{\exp(A_2)-1}\right] \tag{11-53}$$

甲烷的排放速率为：

$$N_{m,e} = 0 - D_m \left.\dfrac{dc_{m,g}}{dz}\right|_{z=L} = \dfrac{D_m c_{m,g}^{inter}}{L} \times A \times \dfrac{\exp\left(\dfrac{B_2+A_2}{2}\right)}{\exp(A_2)-1} \tag{11-54}$$

因此，填埋场覆盖土层甲烷氧化速率为：

$$N_{m,o} = N_{m,p} - N_{m,e} = \dfrac{D_m c_{m,g}^{inter}}{2L}\left[B + A \times \dfrac{\exp(A_2)+1 - 2\exp\left(\dfrac{B_2+A_2}{2}\right)}{\exp(A_2)-1}\right] \tag{11-55}$$

11.4.5.2 模型应用

(1) 模型预测和实际试验数据对比

将该模型应用于 Visscher 等[738]的实验室数据中，对模型进行部分验证。假设 $L=0.4m$，采用不受氧气影响的覆盖土表面以下 0.2m 处的甲烷氧化速率计算一级反应动力学常数 k，预测和检测的土壤气体浓度如图 11-23 所示，与原文中报道的稳定状态下的数据接近。表 11-22 中列出了该模型应用的一些例子和与文献值的对比，表明用该模型预测的甲烷和 O_2 浓度均与实际检测值相近。

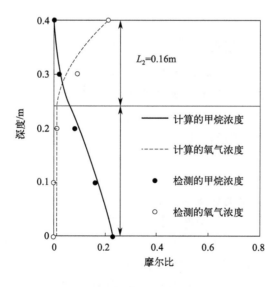

图 11-23 土柱试验得到的甲烷和氧气浓度原始数据和计算预测结果对比[737]

表 11-22　覆盖土层甲烷氧化模型在试验和实际填埋场的应用[737]

L/m	μ/(m/s)	D_m/(m²/s)	k/s^{-1}	$c_{m,g}^s$（摩尔分数）	$c_{o,g}^{min}$（摩尔分数）	L_1/m	参考文献
0.40	6.95×10^{-6}	3.55×10^{-6}	9.12×10^{-4}	0.23	−1.62	0.24	[738]
0.80	5.15×10^{-6}	6.27×10^{-6}	2.32×10^{-5}	0.38	−0.27	0.15	[739]
0.80	3.01×10^{-6}	6.27×10^{-6}	2.32×10^{-5}	0.25	−0.14	0.08	[739]
0.80	4.72×10^{-6}	2.20×10^{-6}	1.02×10^{-3}	0.63	−9.57	0.70	[740]
0.75	0.35	4.27×10^{-6}	1.58×10^{-5}	0.55	−0.35	0.16	[710]
WBS#1		2.84×10^{-6}	3.18×10^{-5}	2.48×10^{-3}	0.04	−0.33	[741]
WBS#2		2.13×10^{-6}			0.03	−0.19	[741]
LCS#1		2.84×10^{-6}		3.69×10^{-5}	0.10	0.10	[741]
LCS#2		2.13×10^{-6}			0.14	0.08	[741]

L_2/m	$c_{m,g}^{inter}$（摩尔分数）	产生速率/[mol/(m²·d)]	氧化速率/[mol/(m²·d)]	排放速率/[mol/(m²·d)]	氧化去除速率/[mol/(m²·d)]	氧化去除效率/%	参考文献
0.16	0.06	13.74/13.40	11.35/10.70	2.39/2.70		82.60/79.85	[738]
0.65	0.30	19.65/19.94	8.40/6.94	11.25/13.00		42.73/34.80	[739]
0.72	0.22	12.82/11.63	6.46/5.81	6.37/5.81		50.36/50.00	[739]
0.10	0.07	14.34/17.00	11.18/10.40	3.16/6.60		77.97/61.18	[740]
0.59	0.44	21.72/19.70	7.98/5.06	13.74/14.64		36.74/25.70	[710]
0.06	0.29	0.01	5.53/(6.17~8.02)	5.52/(2.55~8.00)	0.01/(0.00~0.27)	99.87/(96.00~100.00)	[741]
0.03	0.32	0.01	5.15/(2.74~7.71)	5.15/(2.46~7.56)	0.00/(0.15~0.29)	99.93/(89.86~98.06)	[741]
0.00	0.35	N/A	6.19/(5.12~8.62)	2.32/(1.61~3.65)	3.87/(3.52~4.97)	62.51/(57.67~68.68)	[741]
0.00	0.35	N/A	8.33/(6.10~8.53)	3.17/(1.22~1.90)	5.17/(4.55~6.63)	62.00/(74.46~82.68)	[741]

注：$\beta=2\text{mol O}_2/\text{mol CH}_4$，$c_{o,g}^{atm}=0.21$，$c_{o,g}^{cr}=0$；$c_{o,g}^{min}$ 为最小氧气浓度；k 是基于 He 等[741]研究中的平均甲烷氧化速率，由土壤样品批次试验计算而得；表中"/"前面的数字代表计算数据，后面的数字代表测量数据；N/A 为未相关数据。

(2) 甲烷排放的主要影响因素

覆盖土中的甲烷氧化速率一般为 0.0024~173μg CH$_4$/(g·h)[726]。假设 $\rho_b=1$kg/L，$\phi_g=0.3$，$c_{m,g}^s=0.5$，由式(11-28)计算所得的反应速率常数范围为 6.2×10^{-8}~4.5×10^{-4}s^{-1}。选择 $k=10^{-3}$s^{-1}、10^{-4}s^{-1} 和 10^{-5}s^{-1} 来验证生物降解对甲烷排放的影响。所得参数如图 11-24~图 11-26 所示，其中 $D_m=D_o=3.81\times10^{-6}$ m²/s，$c_{o,g}^{atm}=0.21$，$c_{o,g}^{cr}=0.01$，$\beta=2\text{mol O}_2/\text{mol CH}_4$。

1) 甲烷产生速率

在适当浓度范围内，甲烷氧化速率会随着甲烷产生速率的增大而增大，但甲烷去除效率也不相同。甲烷去除效率的曲线由两部分组成：第一部分中甲烷去除效率不受甲烷产生速率的影响，基本保持不变；而第二部分中的甲烷去除效率会随甲烷产生速率的增加而降低。当覆盖层厚度较小（$L=0.15$m）时，甲烷去除效率在甲烷产生速率为 1~20mol/(m²·d) 的范围内始终保持不变，这可能是因为此时整个覆盖层中的氧气充足。

根据 MRL 模型，甲烷去除速率在好氧区可表示为：

$$\frac{N_{m,o}}{N_{m,p}} = 1 - \frac{2L\sqrt{\left(\frac{\mu}{D_m}\right)^2 + \frac{4k}{D_m}} \exp\left[\frac{L\sqrt{\left(\frac{\mu}{D_m}\right)^2 + \frac{4k}{D_m}}}{2}\right]}{\frac{\mu L}{D_m}\left\{\exp\left[L\sqrt{\left(\frac{\mu}{D_m}\right)^2 + \frac{4k}{D_m}}\right] - 1\right\} + L\sqrt{\left(\frac{\mu}{D_m}\right)^2 + \frac{4k}{D_m}}\left\{\exp\left[L\sqrt{\left(\frac{\mu}{D_m}\right)^2 + \frac{4k}{D_m}}\right] + 1\right\}}$$
(11-56)

为满足氧气可以到达覆盖土层最底端的要求，需要覆盖土层非常薄（即 $L \leqslant 0.15\mathrm{m}$），当覆盖土层较厚时，甲烷生成速率非常低。在以上两种情况下，气体水平迁移都可以忽略，则 $\mu \approx 0$，代入式(11-56)可得：

$$\frac{N_{m,o}}{N_{m,p}} = 1 - \frac{2\exp\left(L\sqrt{\frac{k}{D_m}}\right)}{\exp\left(2L\sqrt{\frac{k}{D_m}}\right) + 1} \tag{11-57}$$

式(11-58)表明，当氧气充足时，甲烷氧化速率只由覆盖土层的厚度和反应速率常数决定。这与图 11-24 中的现象相符。

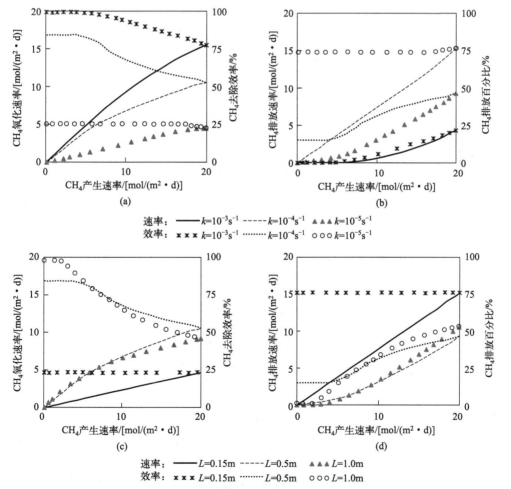

图 11-24 垃圾填埋场覆盖层中甲烷产生速率对甲烷氧化的影响（a 和 c）和对甲烷排放的影响（b 和 d）[737]
(a) 和 (b) 中 $L=0.5\mathrm{m}$；(c) 和 (d) 中 $k=10^{-4}\mathrm{s}^{-1}$

2) 反应速率常数

当覆盖土层中的甲烷氧化活性提高时，甲烷氧化速率和甲烷去除效率都显著增加。在反应速率常数较高（$k=10^{-3}\,\mathrm{s}^{-1}$）时，覆盖土层厚度为 0.15m 的甲烷去除效率与 1m 时接近 [图 11-25(a) 和 (b)]，即当甲烷消耗量很大时，覆盖土层厚度的适当减少并不会影响甲烷去除效率。图 11-25(c) 和 (d) 则表明，当反应速率常数较低时，甲烷去除效率主要依赖于覆盖土层的厚度和反应速率常数，而与甲烷产生速率无关。

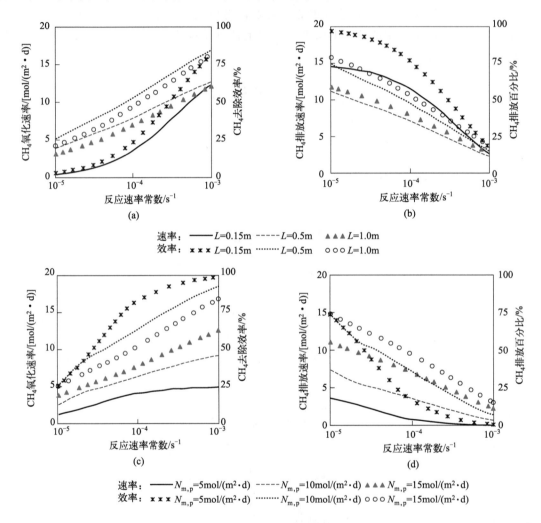

图 11-25 垃圾填埋场覆盖层中反应速率常数对甲烷氧化的影响（a 和 c）和对甲烷排放的影响（b 和 d）[737]

(a) 和 (b) 中 $N_{m,p}=15\,\mathrm{mol/(m^2 \cdot d)}$；(c) 和 (d) 中 $L=0.5\mathrm{m}$

3) 覆盖土层厚度

如图 11-26(a) 和 (b) 所示，在不同的甲烷产生速率下，甲烷氧化速率和甲烷去除效率曲线可分为两部分：当覆盖土层的厚度较薄时，氧气供应量充足，此时甲烷去除效率随覆盖土层厚度的增加而增大；当覆盖土层的厚度增大到一定程度，出现厌氧区时，甲烷去除效率仍随覆盖土层厚度的增加而增大，直到达到一定阈值，且该阈值随甲烷产生速率的增加而降低。甲烷去除效率达到阈值后就不会再随覆盖土层厚度的增加而改变，这是因为，此时甲烷氧化主要依赖于可接触到的氧气量。由此可见，厌氧深度（L_2）基本上是一个常数，不依赖于覆盖土层的厚度。因此，增加垃圾填埋场覆盖土层的厚度无论在经济方面还是碳减排方面都没有益处。而甲烷去除效率的阈值会随反应速率常数的增加而降低［图 11-26(c) 和（d）］，说明在垃圾填埋场甲烷减排过程中，存在最佳覆盖土层厚度，因此，在垃圾填埋场覆盖土层设计时，可根据覆盖土层的甲烷氧化活性、填埋场甲烷产生量、覆盖土特性等参数，合理设计覆盖土层厚度。

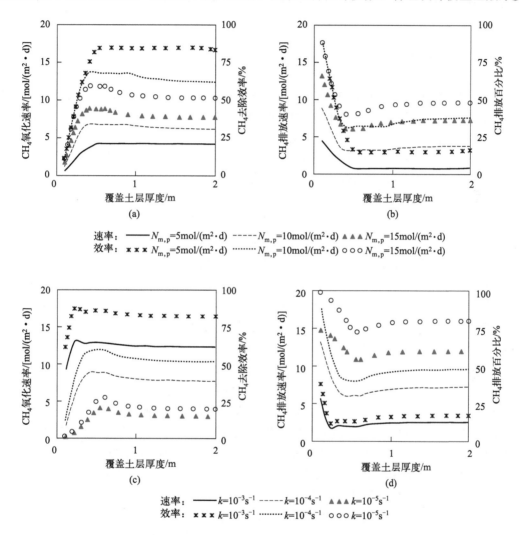

图 11-26　垃圾填埋场覆盖土层厚度对甲烷氧化的影响（a 和 c）和对甲烷排放的影响（b 和 d）
（a）和（b）中 $k=10^{-4}\text{s}^{-1}$；（c）和（d）中 $N_{m,p}=15\text{mol}/(\text{m}^2 \cdot \text{d})$

11.5　垃圾填埋场碳减排策略

随着社会经济的发展和人民生活水平的提高，生活垃圾产量越来越大。大量的垃圾带来了一系列的管理、处置和环境问题，由垃圾填埋场产生的土地资源紧张和温室气体排放问题已经不容忽视。在解决垃圾填埋场的碳排放问题时，除了对已有填埋场的填埋技术进行改进，减少填埋气体的产生和排放或提高甲烷的回收利用效率之外，政策管理方面的完善也十分重要。自 1998 年《京都议定书》开放签字，到 2009 年全球共有 183 个国家签署，致力于共同努力减少温室气体排放。目前，全球已经有 54 个国家实现"碳达峰"，占全球碳排放总量的 40%。经预测，我国若想实现 2030 年的"碳达峰"目标，2030 年的总温室气体排放量应为 13.5~14.0Gt CO_2，但现行政策下，我国 2030 年碳排放预计为 14.7~15.4Gt CO_2，显然无法达到目标[742]。因此，实施一系列碳减排相关政策与措施对有效控制我国碳排放具有重要意义。

11.5.1 碳减排政策

自温室效应受到全球的广泛关注以来，各国都在制定相关法律法规来限制温室气体的排放量。《京都议定书》是人类历史上首次以法规的形式限制 CO_2、甲烷、氧化亚氮、氢氟碳化物、全氟碳化物和六氟化硫六种温室气体的排放，其中规定了发达国家和经济转型国家在 2008~2012 年间，应将温室气体排放量相较于 1990 年减少 5.2%，并提出 CDM（清洁发展机制）、联合履约和排放贸易三种灵活机制来帮助缔约方有效降低温室气体的排放。我国于 1998 年 5 月签署，并于 2002 年 8 月核准了该议定书，该议定书于 2005 年 2 月 16 日正式生效。2015 年 12 月 12 日，《巴黎协定》在第 21 届联合国气候变化大会上通过，在《巴黎协定》开放签署首日，共有包括中国在内的 175 个国家签署了这一协定。《巴黎协定》指出各方需加强应对气候变化威胁，把全球平均气温较工业化前水平升高控制在 2℃ 之内，并努力做到控制在 1.5℃ 以内。

从 2009 年 11 月 25 日国务院常务会议提出 2020 年中国单位国内生产总值 CO_2 排放比 2005 年下降 40%~45%，到 2020 年 9 月中国在第 75 届联合国大会上提出了"双碳"目标，我国力求采取强有力的政策措施与行动，加快转变发展方式，积极努力控制温室气体排放，建设资源节约型和环境友好型社会。截至 2018 年，我国碳排放强度相较 2005 年降低约 46%，提前完成到 2020 年下降 40%~45% 的国际承诺。在实现"碳达峰"的过程中，碳排放强度控制考核执行情况存在很大的局限性，很多地区的 GDP 增速较快，其作为分母使该地区的碳强度看似下降，其实作为分子的碳排放量并没有下降。这说明，与碳排放强度相关的产业结构和能源消费结构均无显著变化，构建碳排放总量控制制度尚处于探索阶段。

垃圾填埋场作为温室气体排放的重要贡献途径，在碳减排方面也备受关注。为了实现 2030 年"碳达峰"和 2060 年"碳中和"目标，重点任务之一就是提升负碳及非 CO_2 温室气体减排技术，对甲烷、氧化亚氮等非 CO_2 温室气体的监测和减量替代技术进行针对性部署。在垃圾填埋场行业，仅 2016~2021 年间就发布了包括《"十三五"全国城镇生活垃圾无害化处理设施建设规划》在内的 14 项政策。2020 年 7 月 31 日，国家发展改革委、住房城乡建设部、生态环境部联合印发了《城镇生活垃圾分类和处理设施补短板强弱项实施方案》，要求在生活垃圾日清运量超过 300t 的地区，要加快发展以焚烧为主的垃圾处理方式，到 2023 年要实现原生生活垃圾"零填埋"。同时要求调查垃圾填埋场的库容，在此基础上合理规划建设生活垃圾填埋场，原则上地级以上城市以及具备焚烧处理能力的县（市、区），不再新建原生生活垃圾填埋场，现有生活垃圾填埋场主要作为垃圾无害化处理的应急保障设施使用。后续发布的《"十四五"城镇生活垃圾分类和处理设施发展规划》《"十四五"时期"无废城市"建设工作方案》《"十四五"全国城市基础设施建设规划》等文件提出，到 2025 年底，全国城市生活垃圾资源化利用率达到 60% 左右，原则上地级及以上城市和具备焚烧处理能力或建设条件的县城，不再规划和新建原生垃圾填埋设施，现有生活垃圾填埋场剩余库容转为兜底保障填埋设施备用，或统筹规划建设应急填埋处理设施。解决垃圾处理碳减排问题，需要从多方面考虑，针对不同城市的不同情况有针对性地制订方案，以达到垃圾处理行业碳减排的最大效益。

为了适应国家"零填埋"要求和存量垃圾整治新形势，近年来主管部门也相应出台了一些标准规范。例如，2022年2月，生态环境部对外公布修编版《生活垃圾填埋场污染控制标准（征求意见稿）》，该标准在2008版的基础上进行了二次修订，取消了填埋场至少十年库容的选址要求，并细化了生活垃圾填埋场运行、封场及后期维护与管理期间的污染控制要求。近年来主管部门在标准规范制订上，更倾向于存量垃圾填埋场生态封场，包括填埋气体收集利用、垃圾渗滤液处理、防渗系统技术规范等。《生活垃圾填埋场稳定化场地利用技术要求》（GB/T 25179—2010）对于生活垃圾填埋场的再生利用进行了规定。随着城市的发展，部分填埋场也从原先较偏远的位置变为了城市内开发位置，加之土地资源紧张，越来越多的填埋场也开始选择"开挖—筛分—焚烧—土地修复再利用"的方式，在腾出更多土地加以利用的同时，可实现部分存量垃圾的资源化，也大大减少了原生垃圾的温室气体排放。

早期受经济发展及利用技术的限制，在2005年时我国约92%的垃圾填埋场尚无填埋气体回收和利用设施，多数采用收集后火炬燃烧的方式进行处理，2008年国家出台了《生活垃圾填埋场污染控制标准》（GB 16889—2008），同时CDM的兴起也极大地推动了国内填埋气体的收集利用资源化工作。2012年CDM中止，同年出台了《生活垃圾卫生填埋处理技术规范》（GB 50869—2013），对填埋气体提出了气体利用率不宜小于70%的要求，填埋气体的收集利用得到了进一步提升。2022年6月，生态环境部、国家发展改革委、工业和信息化部、住房城乡建设部、交通运输部、农业农村部、能源局联合印发的《减污降碳协同增效实施方案》中提出，到2025年，减污降碳协同推进的工作格局基本形成，到2030年减污降碳协同能力显著提升，助力实现碳达峰目标。方案中还指出应推进固体废物污染防治协同控制，减少有机垃圾填埋，推动垃圾填埋场填埋气体收集和利用设施建设，提出研究利用已封场垃圾填埋场等因地制宜规划建设光伏发电、风力发电等新能源项目，为垃圾填埋场的再利用、降低碳排放提供了新方向。

11.5.2 加强源头管理

源头管理是垃圾填埋场碳减排计划的重要环节之一。2022年6月16日，"零废弃"论坛第二期线上沙龙如期举办，会上磐之石联合主任及创始人赵昂发布了报告《在气候政策下看中国市政固体废弃物的可持续管理机遇——来自欧盟和更多地区的启示》，并建议我国生活垃圾管理规划应当设定"源头减量"目标，要求填埋场必须安装和使用甲烷收集和利用设施。源头减量可以体现在很多方面，例如提倡人们在日常生活中尽量使用天然气代替煤炭，以此减少燃烧后的煤炭垃圾。煤炭燃烧后留下的固体物质为煤灰，其中含有硅、铝、铁、钛、钙、镁、硫、钾、钠等元素的氧化物与盐类。由于煤灰中不含碳，与其他垃圾混合后即降低了垃圾的含碳量，不利于可降解有机物的分解。提倡绿色出行，尽量减少蔬菜的再包装，减少使用一次性生活用品和塑料包装产品，对需要包装物品的企业收取包装处理费。鼓励生活水平较高的家庭安装厨房下水道粉碎机，将厨余垃圾粉碎后排入下水道等。

实施垃圾分类回收，对减少填埋垃圾量具有重要意义。目前，我国垃圾源头分类具有很多困难和阻力，尤其是我国居民的环境意识比较差，对于生活垃圾收集和分类处置知识非常有限。虽然国家开始积极普及垃圾分类知识，提倡、指导垃圾分类回收，但由于人民的分类意识薄弱，且垃圾分类对其自身较不方便，这种倡导作用非常有限。自上海市率先实施垃圾强制分类政策以来，4个月时间垃圾分类达标率从之前的15%上升到80%，干垃圾处置量减少了33%，取得了良好的效果。不仅如此，政府相关文件的出台，也推动了配套设施和管理的完善，例如小区垃圾房均设有垃圾监督员和垃圾分类员，监督和帮助大家做好垃圾分类工作。另外，"上海发布"公众号中还推出了日常生活垃圾分类查询功能，对不知道应该属于哪一类的垃圾，居民一查便一目了然。这些推广、宣传等一系列措施，使居民的垃圾分类积极性也大大提高，从之前的负担变成了一件有意思的事。由此可见，加强政府法律法规的执行，形成一种约束机制，对提高居民环境意识和垃圾分类有积极的促进作用。很大一部分可回收物被再利用起来，湿垃圾可用于厌氧发酵、堆肥等生物处理，从而产生沼气等，获取更高的价值，有害垃圾也可以集中处理，避免对环境产生二次污染。研究发现[743]，如果2011年深圳市厨余垃圾全部进行"压榨预处理＋干组分焚烧＋湿组分厌氧发酵"，全年可实现上网发电4.5×10^8 kW·h，同时减少CO_2排放量2.014×10^6 t。垃圾分类回收处理之后，剩余填埋处置的垃圾量大大减少，从而减少了填埋场和可回收物品源头再生产的碳排放。

11.5.3　扩大碳信用权交易

碳信用，又称碳权，是经过联合国或者联合国认可的减排组织的认证之后，以减少碳排放为主要目的，通过增加能源使用效率、减少污染或减少开发等方式，国家和企业得到可以进入碳交易市场的碳排放计量单位。以国际排放贸易机制（international emissions trading，IET）、CDM和联合履行机制（joint implementation，JI）为基础，国际上逐渐形成了基于配额的市场和基于项目的市场。其中CDM和JI为基于项目的市场，当项目低于基准排放水平或碳吸收项目在经过认证后可以获得碳减排单位时，通过购买碳减排单位，可以调整受排放配额限制的国家或企业面临的排放约束。而IET为基于配额的市场，购买者所购买的排放配额是在限额与贸易机制下由管理者确定和分配的。这些机制为碳排放权交易提供了基本框架，使碳交易市场、碳排放权及其衍生产品交易逐渐发展起来。

碳排放权交易是引导国家和企业降低温室气体排放量的一种措施。由《京都议定书》引入的CDM机制可以让发达国家和发展中国家之间进行项目级的碳减排量抵消额的转让与获得，从而可在发展中国家实施温室气体减排项目。该机制满足了全球温室气体排放量减少10%~50%的需求。我国强制要求CO_2排放量大的企业参与碳交易，国家发放的碳配额为排放量的70%。在规定时间内，排放的CO_2若超过配额量，即产生碳配额缺口，该企业就必须去国家指定的碳交易市场购买节余排放配额企业的碳配额，通过碳交易实现碳排放履约。因此，企业为了减少购买碳配额、降低发展成本，就会发展低碳技术，努力节能减排，从而达到碳减排的目的。

垃圾填埋行业在碳交易市场上具有很大的经济利润。垃圾填埋场的碳排放问题虽然比较严重，但近年来推出的许多碳减排技术，如好氧填埋、可持续性填埋、生物覆盖材料等，对填埋场甲烷排放的减少有很大贡献，有望节余碳配额。深圳能源环保股份有限公司宝安垃圾焚烧发电厂将其渗滤液回收产沼，于2015年申报了自愿碳减排指标（CCER）碳配额，是国内同行中唯一一个提交渗滤液碳配额的项目，但目前还未获审批。东江环保申请了垃圾填埋气体的 CCER 配额和 CDM 配额。对填埋气体进行收集净化，得到的具有较高甲烷含量的气体可用来发电，所发电量除自用外还可以网上销售。例如成都市长安垃圾处理场 2019 年直排大气的填埋气体减少了 $1\times10^8 m^3$，年发电量为 $2.08\times10^8 kW\cdot h$，年上网电量为 $1.76\times10^8 kW\cdot h$，若用此部分电量来获取国家签发的 CCER 进行碳交易，则可获取相当的利润。以目前已审定的 16 个填埋气体资源化碳减排项目为例，其温室气体减排量均值为 $5.78 t\ CO_2$ 当量$/(MW\cdot h)$。按 CCER 碳价 60 元$/t\ CO_2$ 计，CCER 电收入可达 0.35 元$/(kW\cdot h)$，填埋气体资源化项目收入端的弹性增至 54.36%，净利率提升为 39.39%（表 11-23）。由此可见，垃圾填埋场碳减排及其碳交易具有很好的应用前景和效益。

表 11-23　垃圾填埋场资源化碳减排项目经济效益测算

CCER 碳价	不参加碳交易	20 元$/t\ CO_2$	30 元$/t\ CO_2$	60 元$/t\ CO_2$	100 元$/t\ CO_2$
CCER 对收入端的弹性/%	—	18.12	27.18	54.36	90.59
经营成本/万元	250	250	250	250	250
折旧年限/a	19	19	19	19	19
固定资产残值率/%	5	5	5	5	5
折旧/万元	75	75	75	75	75
毛利/万元	262.76	369.25	422.49	582.23	795.22
毛利率/%	44.70	53.19	56.52	64.18	70.99
其间费用率/%	18	15	14	12	9
其间费用/万元	105.8	105.8	105.8	105.8	105.8
税前利润/万元	156.96	263.45	316.70	476.44	689.42
企业所得税率/%	25	25	25	25	25
净利润/万元	117.72	197.59	237.52	357.33	517.07
净利润率/%	20.03	28.46	31.78	39.39	46.16
CCER 对利润端的弹性/%	—	67.85	101.77	203.54	339.23

第12章 垃圾填埋场生态修复工程实例

非正规垃圾填埋场会通过产生恶臭气体及渗滤液等对周边的水体、土壤和大气造成污染，危害人体健康。传统卫生填埋场虽然解决了垃圾露天堆放产生恶臭气体及渗滤液随意排放等环境问题，但是填埋场封场后，由于垃圾降解速度慢，需要较长维护时间，同时由于运行管理不善和设计施工不合理等原因，易造成环境的二次污染。因此，需要对填埋场进行规范化整治和改造，加强对填埋场渗滤液和存量垃圾的处置。常见的垃圾填埋场生态修复技术主要包括生态封场、开挖修复和原位生物修复技术。第11章分别对这几类垃圾填埋场修复技术及其原理，渗滤液、气体污染物、土壤污染、地下水污染和碳排放控制技术等进行了详细介绍，本章将从工程实例角度出发，介绍垃圾填埋场生态修复前的现状调查过程及主要的生态修复技术与相关治理方案。

本章涉及的4个填埋场中，填埋场A～C位于浙江省，填埋场D位于江苏省。

12.1 垃圾填埋场现状调查案例

12.1.1 工程概况

垃圾填埋场现状调查案例A垃圾填埋场位于浙江省，于1995年9月建成并投入使用。该填埋场占地面积约为120亩（1亩=666.67m^2），设计库容为1.5×10^6 m^3。2014年和2018年，对该填埋场应急启用，分别填埋生活垃圾约5.3×10^4 t和6.7×10^4 t。2019年发现该填埋场存在雨污分流不彻底、渗滤液处理能力与生活垃圾填埋扩容不匹配等问题，便于9月对A填埋场启动生态修复工程，对土覆盖区域采用膜覆盖，并组织场区内雨污分流。为保障填埋场安全稳定运行，有效防范化解生态环境风险，根据《浙江省生活垃圾填埋场综合治理行动计划》等文件要求，2021年12月对A垃圾填埋场开展了现状调查工作，调查内容可为后续风险评估及治理方案的制订提供依据。

(1) 调查范围

采用现场踏勘、资料收集及采样检测分析的方式对A填埋场基础、环境和安全等方面开展现状调查评估，完成填埋场现状调查及评估报告，并提出初步治理建议。调查范围为 A 垃圾填埋场区域，整个填埋场面积约 120 亩，填埋场周边均为山地，根据业主单位提供的资料，A 垃圾填埋场调查范围为原填埋场征地白线范围，如图 12-1 所示。

图 12-1　A 垃圾填埋场调查范围与平面布置图

（2）垃圾填埋场现状调查方法及程序

根据《生活垃圾填埋场现状调查指南》（浙江省住房和城乡建设厅），生活垃圾填埋场现状调查工作程序分两阶段进行：第一阶段为初步调查；第二阶段为详细调查。

第一阶段初步调查以资料收集、现场踏勘、抽样检测、人员访谈为主，通过文件核查、现场巡查、抽样检查、重点筛选及综合审查等方法进行调查。调查内容包括填埋场基础调查、填埋场建设与运行管理调查。

第二阶段详细调查以现场勘察和采样检测分析为主。调查内容包括水文地质与工程地质勘察、填埋场区安全与环境调查以及填埋场周边环境调查。最后，编制填埋场现状调查报告，提出填埋场综合治理方案建议。

12.1.2　第一阶段初步调查

12.1.2.1　区域概况

A 垃圾填埋场所在区域现有基础设施包括生活垃圾焚烧发电厂一座，建设规模为 1500t/d，具有生活垃圾焚烧处置生产线；易腐垃圾处置厂一座，每月可处理易腐垃圾 9000t，废弃油脂 300t，发电 $3.0×10^5$ kW·h；城市污水处理厂一座，污水处理规模为 $1.4×10^5$ t/d。根据该区域的"远景用地规划引导图"，填埋场所处区域为生态保护区，无详细规划。对填埋场周边 500m 范围进行搜索和筛选后，发现环境敏感目标主要为农田、居民点及水库。

12.1.2.2　垃圾填埋场现状

（1）垃圾填埋量

A 垃圾填埋场于 1995 年 8 月建成，并于同年 9 月投入使用，该填埋场服务范围主要为生活垃圾。目前，该填埋场累计填埋垃圾量约为 $1.35\times10^6\mathrm{m}^3$，填埋造纸废渣 13662.52t，填埋飞灰 $3.75\times10^4\mathrm{t}$。

(2) 填埋场总平面布置

该填埋场总平面布置由填埋库区、垃圾坝、调节池、场内道路、渗滤液处理站等组成，具体总平面布置见图 12-1。

(3) 填埋场库区

该填埋场库区分为垃圾填埋库区和飞灰固化物填埋库区两部分，下面是两个库区的详细介绍。

1) 垃圾填埋库区

垃圾填埋库区占地面积约 $5.3\times10^4\mathrm{m}^2$，库容 $1.5\times10^6\mathrm{m}^3$，库区内中部约 $18025.5\mathrm{m}^2$ 的区域已覆土整形，并采用 1mm HDPE 膜进行临时覆盖，库区西南侧约 $5879.5\mathrm{m}^2$ 的区域被飞灰固化物填埋库区占用，其他区域已覆土并长有植被。至调研阶段，填埋库区累计填埋垃圾约 $1.35\times10^6\mathrm{m}^3$。

2) 飞灰固化物填埋库区

飞灰固化物填埋库区位于垃圾填埋库区内西北侧，占地面积为 $5879.5\mathrm{m}^2$，库容量为 $5.0\times10^4\mathrm{m}^3$，库底标高为 72.8~75.5m，边坡坡度为 1:2。2018 年初，飞灰填埋库区建设完成并投入使用，至 2018 年底，飞灰库区已累计填埋飞灰 43960.68t，之后对该库区进行了临时覆盖。

(4) 垃圾坝

A 垃圾填埋场由南大坝和北大坝组成。北大坝于 1995 年建成，为渗透坝，属于砌石重力坝，坝顶长度约 46.5m，坝高 5.0m，坝顶高程 64.6m。南大坝于 2003 年建成，为截污坝，属均质土坝，坝高 5.0m，坝顶长度约 102.43m，坝体两侧约按 1:2.2 堆筑放坡，坡脚局部段设置了干砌块石挡墙。由于填埋场南侧坝基渗漏严重，2010 年 10 月对南侧垃圾坝采用"高压旋喷灌浆+帷幕灌浆"的方式进行了加固处理。

(5) 雨污截排系统

A 垃圾填埋场周边目前无完善的雨污截排系统，仅部分垃圾覆土临时覆盖区域、场区西侧道路两侧、飞灰库区周边、南侧垃圾坝坝顶及坝脚、北侧垃圾坝下游建设有排水沟。

(6) 渗滤液收集系统

A 垃圾填埋场库区底部设有渗滤液收集系统，由收集盲沟和外排管等组成，收集后渗滤液排入下游调节池。

(7) 渗滤液处理设施

A 垃圾填埋场目前无渗滤液处理设施。根据 A 垃圾填埋场所在地的日降雨量、填埋库区汇水面积、库区清污分流情况、雨水导排系统的效率等因素，估算填埋场渗滤液产生量为 $72\mathrm{m}^3/\mathrm{d}$。焚烧厂检修期间，填埋垃圾产生的渗滤液量为 $15\mathrm{m}^3/\mathrm{d}$，则渗滤液总产生量为 $87\mathrm{m}^3/\mathrm{d}$，考虑一定安全系数及场区内生活、生产废水排放量，工程需建设一座处理能力为 $100\mathrm{m}^3/\mathrm{d}$ 的渗滤液处理设施。

(8) 填埋气导排系统

2019 年之前，填埋区未设置导气井，2019 年 9 月，随着填埋场生态修复项目启动，在填埋场部分垃圾填埋区埋设了 30 口导气（回灌）井。根据现场踏勘情况，填埋场内导气井主要作为浓缩液回灌井使用。

（9）防渗系统

本填埋场垃圾填埋库区底部未设置防渗系统，飞灰库区于2018年建设，采用双层复合衬垫防渗系统，主防渗层为2.0mm厚的HDPE膜，次级防渗层为1.5mm厚的HDPE膜。

（10）地下水监测井

2013年之前，填埋场区未建设地下水监测井，直至A垃圾填埋场渗滤液提标处理工程（设备、安装）建设阶段，在场区调节池下游新建了2口地下水监测井（DN600的混凝土管），井深约为3m（图12-2）。

图12-2 填埋场现有监测井

（11）道路

本填埋场内约有415m的沥青道路，道路宽约7m，另有550m的混凝土道路，道路宽3～7m。

12.1.2.3 垃圾填埋场环境检测情况

2021年，环境卫生保障中心委托某检测科技有限公司对本填埋场渗滤液处理站的排放口废水、大气环境质量、地下水环境质量和厂界噪声进行了定期检测，检测结果如下：

① 厂界四周无组织废气中，H_2S符合《恶臭污染物排放标准》（GB 14554—93）中二级新扩改建的标准限值。

② 渗滤液处理站总排口废水参数均符合《生活垃圾填埋场污染控制标准》（GB 16889—2008）中现有和新建生活垃圾填埋场水污染物排放浓度限值要求。

③ 2021年1月12日，2口监测井采集的地下水中的氨氮浓度超过了《地下水质量标准》（GB/T 14848—2017）中的Ⅳ类标准，其他检测指标均合格。2021年9月1日，2口监测井采集的地下水中，各项检测指标均符合《地下水质量标准》（GB/T 14848—2017）中的Ⅳ类标准。

④ 填埋场厂界噪声各测点测值均符合《工业企业厂界环境噪声排放标准》（GB 12348—2008）中工业企业厂界环境噪声2类声环境功能区昼间、夜间的排放限值要求。

检测结果表明，除地下水中氨氮浓度超标外，废气、废水及噪声等均低于标准限值。

12.1.2.4 污染物分析

根据历史资料，填埋场填埋垃圾主要为生活垃圾，还含有部分建筑垃圾、污水处理厂污泥和造纸废渣。

(1) 生活垃圾组分分析

根据生活垃圾来源和组成成分分析，早年间填埋的生活垃圾成分主要以厨余垃圾和灰土类为主，占比最高，其次为纸类和橡塑类垃圾，其余垃圾成分占比较低。因此，生活垃圾中的污染因子主要有甲烷、硫化物、氨氮和有机物等。橡塑类垃圾主要来源于日常生活中的塑料包装材料，对土壤的影响因子包括邻苯二甲酸二（2-乙基己基）酯等。生活垃圾中存在一定量的金属类、废电池、荧光灯管和水银温度计等成分，因此污染因子中含有重金属成分，包括砷、汞、镍和铅等。综合垃圾来源及成分分析，垃圾渗滤液中的主要污染因子包括重金属、氨氮、COD_{Mn} 和氯化物等。

(2) 建筑垃圾来源及污染分析

在堆放和填埋过程中，建筑垃圾由于发酵和雨水的淋溶、冲刷，以及地表水和地下水的浸泡而渗出渗滤液，会造成周围地表水和地下水的严重污染。对填埋场建筑垃圾中的主要成分进行分析可知，在填埋过程中，建筑垃圾的主要污染因子包括重金属、甲苯、二甲苯、苯、邻苯二甲酸二（2-乙基己基）酯、COD_{Mn} 和氨氮等。

(3) 污水处理厂污泥污染因子分析

本填埋场填埋的污泥主要来源于当地某污水处理厂和填埋场渗滤液处理污泥，生活污水处理污泥中的主要污染因子为重金属、VOCs 和 SVOCs 等。

(4) 造纸废渣污染因子分析

本填埋场填埋有来自某公司的造纸废渣，根据造纸企业生产工艺分析，废渣疑似特征污染物包括镉、汞、砷、铅、苯乙烯、苯并[a]芘和邻苯二甲酸二（2-乙基己基）酯等。

综上分析，由于 A 垃圾填埋场除了填埋生活垃圾外，还混有部分建筑垃圾、污水处理厂污泥和造纸废渣，基于各类垃圾中污染因子的分析，可知垃圾填埋场中的主要污染因子包括重金属、氨氮、COD_{Mn}、氯化物、甲苯、苯乙烯、苯并[a]芘、二甲苯、苯和邻苯二甲酸二（2-乙基己基）酯等。

12.1.2.5 第一阶段初步调查总结

根据资料查询、人员访谈及现场踏勘，初步得出 A 垃圾填埋场的主要问题如下：

① 填埋库区北侧垃圾有边坡失稳迹象；

② 无地下水导排系统；

③ 无防渗系统；

④ 渗滤液收集设施不完善，无渗滤液产量、渗滤液水位检测、污染物指标检测设施；

⑤ 填埋库区仅部分垃圾填埋区域建有导气井，但主要用于浓缩液回灌，基本不能实现填埋气体导排作用，无填埋气体利用系统；

⑥ 填埋库区大部分区域无覆盖设施，雨污分流系统和防洪系统不完善，地下水监测井缺失；

⑦ 各污染物监测数据与制度不齐全，运行记录资料不齐全；

⑧ 未按照《生活垃圾卫生填埋场环境监测技术要求》（GB/T 18772—2017）等规范要求进行环境监测。

由此可见，A 垃圾填埋场库区存在一定的安全及环境风险，需开展详细调查工作，对填埋场库区安全与环境及填埋场周边环境进行调查，以查明填埋堆体特性、污染防控设施服役状况、填埋场周边环境质量状况，并对填埋场安全与污染风险进行分析与评价。

12.1.3 第二阶段详细调查

12.1.3.1 填埋堆体调查

(1) 填埋堆体外形调查

A 垃圾填埋场填埋堆体外形调查内容包括垃圾堆体范围、面积、库底标高、顶部标高、中间平台分布、边坡比、顶部坡度及形状等。

该填埋场部分填埋库区顶部已采用 1mm HDPE 膜进行临时覆盖，垃圾堆体面积约为 57000 m²。同时对垃圾填埋库区进行地形图测绘（1∶500），并形成无人机倾斜摄影三维图，以查明垃圾堆体实际范围、面积、顶部标高、中间平台分布、边坡比、顶部坡度及形状等。

调查结果表明，填埋场垃圾堆体区域面积约为 52544m²，库底标高在 55.0～65.0m，填埋堆体现状顶部标高在 68.3～94.81m，整个填埋堆体呈现出东高西低、中间高南北低的情况，填埋库区临时覆盖区域边坡坡度在(1∶7.0)～(1∶1.7)，北侧坝体前堆体边坡坡度在(1∶2.0)～(1∶0.9)飞灰堆体顶部标高在 85.0～86.0m，边坡坡度在(1∶5.0)～(1∶2.3)。

(2) 填埋垃圾调查

1) 调查点位布设

根据现场踏勘情况，垃圾填埋库区西北侧建设有 6000m² 的飞灰填埋区域，飞灰填埋库区底部铺设有双层防渗膜，因此本次调查为飞灰填埋区以外的填埋场库区，面积约 51000m²，按照 60m×60m 网格进行填埋垃圾钻探采样，综合考虑在垃圾填埋区域底部、东西侧边坡布设垃圾填埋点，共布设 18 个填埋垃圾采样点（LJ1～LJ18），填埋垃圾调查具体点位布设见图 12-3。

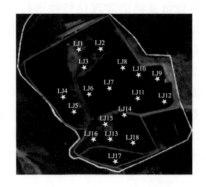

图 12-3 填埋垃圾采样点

2) 采样深度

由前期分析可知，A 垃圾填埋库区底部未建设防渗系统，结合当前无具体垃圾填埋深度资料，填埋物采样深度设定为 25 m。由于填埋库区地形起伏较大，结合现场钻探实际情况调整采样深度。使用 XY-1A 钻机进行钻孔取样，每个采样点分 3 层（上层、中层和下层）取垃圾样，选取部分点位样品进行送检。

3) 检测指标

填埋垃圾检测指标包括垃圾组分、有机质含量、含水率、容重、热值、纤维素与木质素比值（C/L）、垃圾强度及孔隙比。

4）调查结果

垃圾填埋场共送样检测 25 个垃圾样本，其湿基和干基的组成如表 12-1 所列。由表可知，填埋垃圾成分以橡塑类、灰土类、纺织类和混合类为主，含少量纸类、木竹类、砖瓦陶瓷类、玻璃类和金属类垃圾，纸类、橡塑类、纺织类、木竹类、灰土类、砖瓦陶瓷类及金属类的湿基平均含量分别为 0.32%、15.49%、7.42%、1.47%、32.35%、5.10%和 2.60%，干基平均含量分别为 0.29%、19.22%、6.32%、1.83%、31.42%、6.91%和 3.49%。填埋场内厨余垃圾基本已降解完成，无厨余垃圾残留，纸类垃圾除个别点位上层有 8.02%外，其他点位未发现纸类垃圾。填埋场目前垃圾以橡塑类、灰土类和混合类为主，其湿基平均值占总含量的 82.54%。

表 12-1 填埋垃圾组成成分统计表   单位：%

种类	湿基			干基		
	最小值	最大值	平均值	最小值	最大值	平均值
厨余类	0	0	0	0	0	0
纸类	0	8.02	0.32	0	7.31	0.29
橡塑类	2.84	38.13	15.49	3.06	43.81	19.22
纺织类	0	26.35	7.42	0	22.51	6.32
木竹类	0	5.31	1.47	0	5.44	1.83
灰土类	7.49	55.89	32.35	6.66	53.85	31.42
砖瓦陶瓷类	0	30.56	5.10	0	32.81	6.91
玻璃类	0	2.58	0.55	0	4.71	0.89
金属类	0	16.10	2.60	0	22.01	3.49
其他	0	0	0	0	0	0
混合类	17.25	47.76	34.70	17.24	41.02	29.64

对填埋垃圾的容重、有机质含量及热值等理化特性进行分析，得出填埋场中填埋垃圾的最小含水率为 10.12%，最大含水率为 54.29%，平均含水率为 36.25%；有机质最小含量为 10.05%，最大含量为 27.47%，平均含量为 17.23%；最小容重为 473kg/m³，最大容重为 1150kg/m³，平均容重为 722kg/m³。

综上所述，该填埋场中垃圾的腐殖化程度较高，其中的有机质含量可达 17.23%，符合老龄垃圾填埋场中有机质含量相对较高的特征。此外本填埋场垃圾的湿基低位热值范围为 547.63~7.648×10³kJ/kg，均值为 3.773×10³ kJ/kg，垃圾湿基低位热值较低，低于《城市生活垃圾处理及污染防治技术政策》中的垃圾适宜焚烧处理平均低位热值（5000 kJ/kg）。

(3) 渗滤液调查

1）调查点位布设

渗滤液水位监测需依据渗滤液导流层和填埋气体导排管的分布情况，确定监测点数量和位置，根据《生活垃圾卫生填埋场岩土工程技术规范》(CJJ 176—2012) 和《生活垃圾卫生填埋场环境监测技术要求》(GB/T 18772—2017) 对垃圾堆体渗滤液水位监测点进行布设。根据规范及项目招标文件要求，在填埋库区内建设 18 口监测井（SW1~SW18）进行渗滤液水位监测。

根据《生活垃圾卫生填埋场环境监测技术要求》(GB/T 18772—2017)，渗滤液水质监测布点应设在进入渗滤液处理设施入口，无渗滤液处理设施时，采样点应设在渗滤液集液井（池）。因此，本调查在 1# 调节池进入渗滤液处理设施入口处取样（SLY1），为了解渗滤液处理站目前运行状况，在清水池出口（SLY2）处采样进行水质检测。此外，为了解垃圾填埋库区渗滤液水质情况，在填埋区域内选取布设5个渗滤液采样点（SLY3~SLY7）进行渗滤液水质检测，渗滤液采样具体点位布设见图12-4。

图12-4 渗滤液及地下水位采样监测点

2）采样深度

本调查堆体内渗滤液采样点深度设置为25m，1.5~24.5m为盲管，井底0.5m为沉淀管，其他为筛管，具体根据现场采样点地层情况进行调整。

3）渗滤液水质检测指标

渗滤液水质检测指标包括pH值、色度、COD_{Mn}、BOD_5、悬浮物、总氮、氨氮、总磷、氯化物、粪大肠菌群、总汞、总镉、总铬、六价铬、总砷、总铅、总铜、总镍和总锌。

4）调查结果

渗滤液检测结果表明（表12-2），垃圾填埋库区堆体内渗滤液pH值整体偏弱碱性，堆体内渗滤液的色度、悬浮物、COD_{Mn}、BOD_5、氨氮、总磷、总氮和铬均有点位超标。垃圾堆体内渗滤液BOD/COD为0.17~0.38，平均值为0.22，较难生物降解。BOD_5∶N∶P=38.4∶13.7∶1，表现出渗滤液营养元素失调，在渗滤液处理时需要调整渗滤液营养元素比例，使之达到好氧微生物的最适环境。

表12-2 渗滤液检测结果

项目	点位							标准值[①]
	SLY1	SLY2	SLY3	SLY4	SLY5	SLY6	SLY7	
	褐色微浊	微黄透明	棕色浑浊	浅黄透明	棕色浑浊	黑色浑浊	黄色浑浊	
pH值	7.2	6.9	7.3	7.0	7.6	7.8	7.2	—
色度/倍	600	20	$6×10^3$	20	$7×10^3$	$9×10^3$	600	40
悬浮物/(mg/L)	98	26	28	40	60	284	38	30
COD_{Mn}/(mg/L)	190	10	1720	69	1520	3980	167	100
BOD_5/(mg/L)	28	2.1	292	12	576	722	35.8	30
氨氮/(mg/L)	106	0.33	106	5.01	118	157	32.2	25
总磷（以P计）/(mg/L)	0.08	0.14	7.56	0.08	14.3	19.8	0.88	3
总氮/(mg/L)	215	2.88	158	7.95	153	207	58.7	40
氯化物/(mg/L)	1310	81.3	3100	42.5	2480	3710	3810	—
六价铬/(mg/L)	<0.004	<0.004	<0.004	<0.004	<0.004	<0.004	<0.004	0.05
锌/(mg/L)	0.011	0.038	0.606	0.352	0.771	1.36	0.806	—

续表

项目	点位							标准值[①]
	SLY1 褐色 微浊	SLY2 微黄 透明	SLY3 棕色 浑浊	SLY4 浅黄 透明	SLY5 棕色 浑浊	SLY6 黑色 浑浊	SLY7 黄色 浑浊	
铅/(mg/L)	0.00044	0.00029	0.0450	0.0277	0.0512	0.0731	0.0231	0.1
镉/(mg/L)	0.00013	<0.00005	0.00085	0.00042	0.00101	0.00352	0.00037	0.01
铜/(mg/L)	0.0142	0.00293	0.581	0.305	0.633	0.859	0.349	—
镍/(mg/L)	0.0248	0.00357	0.226	0.0245	0.202	0.299	0.0496	—
铬/(mg/L)	0.0172	0.00126	0.489	0.0170	0.317	0.754	0.0398	0.1
砷/(mg/L)	0.0043	<0.0003	0.0115	0.0022	0.0055	0.0042	0.0011	0.1
汞/(mg/L)	<0.00004	<0.00004	0.00005	<0.00004	0.00005	0.00006	0.00011	0.001
粪大肠菌群/(MPN/100mL)	130	<2	9.2×10^4	17	1.6×10^5	1.6×10^5	2.4×10^4	10000

① 该项目期间，生活垃圾填埋场污染控制执行《生活垃圾填埋场污染控制标准》(GB 16889—2008)。

注："—"表示标准中未规定该指标的标准值。

结合填埋库区堆体顶部地形，渗滤液水位监测分析表明，监测井区域垃圾堆体内有可能存在上层滞水，在不考虑滞水的情况下，计算可得垃圾填埋库区约有245732 m³填埋垃圾位于渗滤液液位之下。根据调研25个垃圾样品的平均垃圾孔隙比（2.37），折算成孔隙率70%计，垃圾填埋库区存量渗滤液约有172012.4m³。

（4）填埋气体调查

1）调查点位布设

根据《生活垃圾填埋场现状调查指南》（浙江省住房和城乡建设厅）要求，填埋气体调查内容包括填埋气体产量、组分及产气潜力。

本垃圾填埋区填埋气体产量根据《生活垃圾填埋场现状调查指南》（浙江省住房和城乡建设厅）中的"附录B 填埋气体产气量计算过程及参数确定"，综合计算填埋气体产量，垃圾产气速率常数采用建议值。

针对填埋气体组分，需根据《生活垃圾卫生填埋场环境监测技术要求》（GB/T 18772—2017）中的要求进行测定。根据《生活垃圾卫生填埋场环境监测技术要求》（GB/T 18772—2017）的要求，填埋气体采样点应设置在以下地点：

① 填埋工作面上2 m以下高度范围内，根据工作面大小设置1~3点，点间距宜为25~30m；

② 填埋气体导气管排放口；

③ 场内填埋气体易于聚集的建（构）筑物内顶部。

本调查在临时覆盖区域选取前期建设的3口导气井（DQ1~DQ3）进行填埋气体采样，在临时覆盖区域以外布设7个填埋气体采样点（DQ4~DQ10），共布设10个填埋气体采样点（图12-5）。

2）检测指标和频率

填埋气体检测指标包括甲烷、CO_2、氧气、硫化氢（H_2S）、氨和一氧化碳。每个采样点位采样监测5~6次。

3）调查结果

如表12-3所列，调查监测点位填埋气体中甲烷浓度都低于标准5%；点位DQ1、DQ2和DQ7中的一氧化碳浓度超过4mg/m³；点位DQ2、DQ3、DQ4和DQ8中的氨浓度高于标

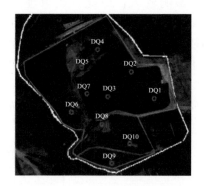

图 12-5 填埋气采样点

准值 1.5 mg/m³；DQ1～DQ10 填埋气体中硫化氢浓度均低于标准值 0.06mg/m³。

表 12-3 填埋气体检测结果统计表（平均值）

编号	氧气 /%	一氧化碳 /(mg/m³)	二氧化碳 /%	甲烷 /%	硫化氢 /(mg/m³)	氨 /(mg/m³)
DQ1	16.0	5.1	20.1	0.0073	0.033	1.26
DQ2	16.7	10.0	15.1	0.0080	0.041	1.56
DQ3	15.7	3.6	5.9	0.0076	0.031	1.53
DQ4	16.6	2.4	9.6	0.0073	0.033	1.50
DQ5	16.1	3.8	10.1	0.0073	0.033	1.45
DQ6	16.6	0.3	0.8	0.0073	0.034	1.30
DQ7	16.1	7.1	14.5	0.0071	0.035	1.44
DQ8	16.4	0.2	0.8	0.0071	0.038	1.50
DQ9	20.5	3.6	0.7	0.0064	0.035	1.45
DQ10	20.6	3.0	0.3	0.0067	0.030	1.28
评价标准	—	4①	—	≤5②	0.06③	1.5③

①《环境空气质量标准》(GB 3095—2012) 24 小时平均值。
②《生活垃圾填埋场污染控制标准》(GB 16889—2008)。
③《恶臭污染物排放标准》(GB 14554—93)。
注："—"表示标准中未规定该指标的标准值。

根据《生活垃圾填埋场污染控制标准》(GB 16889—2008) 中的要求和《恶臭污染物排放标准》(GB 14554—93) 中的规定，得出本填埋场虽未建设完善的导气收集及处理系统，但填埋场填埋龄较大，目前填埋场内的填埋气体甲烷浓度远远低于标准值 5%，故本填埋场的填埋气体处于安全的范围内。

12.1.3.2 场区环境质量调查

(1) 土壤环境质量调查

根据《生活垃圾填埋场现状调查指南》（浙江省住房和城乡建设厅），场区内土壤环境调查范围为库底及厂界内原状土壤所在区域。

1) 土壤采样点位布设方案

① 库区周边土壤采样点位布设 根据工程文件及规范要求，在垃圾填埋库区周边及地下水流下游方向布设土壤采样点，其中设置 2 个对照点（TR1、TR8）。为调查填埋垃圾对库区两侧的土壤环境影响，在垃圾填埋库区西侧布设 1 个土壤采样点（TR2），东侧布设 2 个土壤采样点（TR3、TR9）。由于本填埋场底部未建设渗滤液防渗系统，根据分析，填埋

场地下水流下游方向受渗滤液影响较大，因此，在填埋库区下游布设 4 个土壤采样点（TR4～TR6、TR11）。此外，调节池与渗滤液处理站之间往东方向的区域地势相对较低，现状为荒废水田（已被填埋场征用），为分析填埋场对这部分区域的土壤环境质量影响，本次调查拟在此处布设 4 个表层土壤采样点（TR7、TR10、TR12、TR13）。

② 库区底部土壤采样点位布设　本填埋场垃圾填埋库区底部未铺设防渗膜，为分析垃圾填埋对填埋场底部土壤环境质量的影响，在填埋库区底部布设 11 个土壤采样点，如表 12-4 和图 12-6 所示。

表 12-4　填埋库区底部及周边土壤采样点位布设表

布点区域	点位	布点依据
库区周边	TR1、TR8	对照点
	TR2	垃圾填埋对填埋库区西侧土壤环境的影响
	TR3、TR9	垃圾填埋对填埋库区东侧土壤环境的影响
	TR4、TR5、TR6、TR7、TR10、TR11、TR12、TR13	垃圾填埋对下游土壤环境的影响
库区底部	LJ1、LJ3、LJ5、LJ6、LJ7、LJ10、LJ12、LJ14、LJ15、LJ17、LJ18（同填埋垃圾采样点位坐标）	垃圾填埋场对库区底部土壤环境的影响

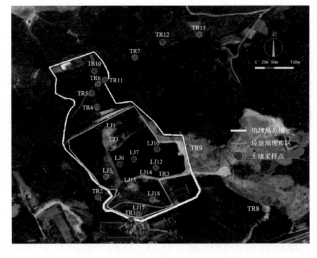

图 12-6　土壤采样点位布设图

2）采样深度

① 库区周边土壤采样深度　本调查土壤采样深度定为 10m，实际钻探采样深度至风化岩为准。柱状土壤样品按照规范要求分层采集，3m 以上按照每 0.5m 分层、3～6m 按照每 1m 分层、6～10m 按照每 2m 分层，进行土壤样品采集，表层土壤样品采样深度为 0.5m。

② 库区底部土壤采样深度　填埋库区底部为黏土层和岩石层，本次调查的填埋场底部土壤采样深度为 2m，按照每 1m 分层，每个点位送检 2 个土壤样品。

3）检测指标

本填埋场无特殊功能要求或土地利用规划，为保证调查分析的全面性，填埋场厂界内土壤环境调查监测项目应包括 pH 值、有机质、砷、镉、铬、铜、铅、汞、镍、锌、六价铬、VOCs 和 SVOCs。

4）调查结果

本填埋场土壤环境质量采用《土壤环境质量 建设用地土壤污染风险管控标准（试行）》（GB 36600—2018）第二类用地标准进行评价。

① 厂界内土壤环境质量 在垃圾填埋场厂界内周边共布设13个点位，共送检土壤样品43个（不含平行样）。本次调查土壤各指标检出结果统计见表12-5。

表12-5 周边土壤各指标检出结果统计

污染物	最小值	最大值	平均值	筛选值[①]
pH值	4.43	9.03	6.57	—
有机质/(g/kg)	2.30	52.90	10.84	—
镉/(mg/kg)	0.01	0.38	0.07	65
铅/(mg/kg)	22.20	50.90	37.80	800
铜/(mg/kg)	15.66	91.44	28.65	18000
镍/(mg/kg)	18.67	50.92	30.85	900
锌/(mg/kg)	38.63	259.59	76.02	—
铬/(mg/kg)	32.44	135.03	67.86	—
砷/(mg/kg)	2.54	43.66	13.95	60
汞/(mg/kg)	0.04	0.28	0.11	38
邻苯二甲酸二(2-乙基己基)酯/(mg/kg)	0.10	0.80	0.31	121
氯苯/(mg/kg)	0.0012	0.0012	0.0012	270

① 《土壤环境质量 建设用地土壤污染风险管控标准(试行)》(GB 36600—2018)。
注："—"表示标准中未规定该指标的筛选值。

根据现状监测结果得出，填埋场库区及周边的13个土壤采样点各土层监测指标均满足《土壤环境质量 建设用地土壤污染风险管控标准（试行）》（GB 36600—2018）中第二类用地筛选值要求。周边土壤中重金属、VOCs和SVOCs含量均处于较低水平。

本垃圾填埋场进场垃圾绝大部分是环卫部门收集转运过来的生活垃圾。生活垃圾中主要含有木屑、塑料、玻璃、金属、纸屑、布料、食品残渣、动植物残渣等，成分主要是无机矿物质、氮、磷等，因此对周边土壤质量影响较小。

② 库底土壤环境质量 本次调查填埋场库区共布设11个土壤点位，共送检土壤样品20个。本次调查库区土壤各指标检出结果统计见表12-6。根据现状监测结果，填埋场库区的11个土壤采样点各土层监测指标均满足《土壤环境质量 建设用地土壤污染风险管控标准（试行)》（GB 36600—2018）中第二类用地筛选值要求。周边土壤中重金属、VOCs和SVOCs含量均处于较低水平。

表12-6 库区土壤各指标检出结果统计

污染物	最小值	最大值	平均值	筛选值[①]
pH值	3.50	8.60	6.82	—
有机质/(g/kg)	2.11	13.92	4.58	—
镉/(mg/kg)	0.01	2.14	0.17	65
铅/(mg/kg)	17.17	57.19	36.35	800
铜/(mg/kg)	19.80	129.27	43.48	18000
镍/(mg/kg)	23.96	122.71	41.31	900
锌/(mg/kg)	44.15	376.46	108.78	—
铬/(mg/kg)	48.54	203.72	84.65	—
砷/(mg/kg)	3.96	18.21	9.61	60
汞/(mg/kg)	0.031	0.171	0.081	38

续表

污染物	最小值	最大值	平均值	筛选值[①]
苯胺/(mg/kg)	0.29	0.62	0.45	260
邻苯二甲酸二(2-乙基己基)酯/(mg/kg)	0.10	2.70	0.85	121
氯甲烷/(mg/kg)	0.001	0.0024	0.0018	37
甲苯/(mg/kg)	0.0055	0.0096	0.0072	1200
氯苯/(mg/kg)	0.0073	0.0073	0.0073	270
乙苯/(mg/kg)	0.0016	0.0038	0.0026	28
间-二甲苯+对-二甲苯/(mg/kg)	0.0016	0.0064	0.0034	570
邻-二甲苯/(mg/kg)	0.0013	0.0028	0.0019	640
萘/(mg/kg)	0.0016	0.0103	0.0040	70

①《土壤环境质量 建设用地土壤污染风险管控标准（试行）》(GB 36600—2018)。

注："—"表示标准中未规定该指标的筛选值。

(2) 地下水环境质量调查

1) 采样点位布设

本填埋场地下水环境质量调查为填埋场厂界内建设地下水监测井，监测分析地下水中污染物浓度。根据《生活垃圾卫生填埋场环境监测技术要求》(GB/T 18772—2017)中的有关规定布设监测井。

① 本底井1口，布设在填埋场地下水流向上游，距填埋堆体边界30~50m处；

② 排水井1口，布设在填埋场地下水主管出口处；

③ 污染扩散井2口，分别设在垂直填埋场地下水走向的两侧，距填埋堆体边界30~50m处；

④ 污染监视井2口，分别设在填埋场地下水流向下游，距填埋堆体边界30m和50m处各1口。

本填埋场底部未建设地下水导排系统，库区底部整体上东高西低，中间低两边高。按规范要求，本调查在填埋库区西侧布设1口污染扩散井（GW2），东侧布设2口污染扩散井（GW3、GW9），地下水流上游方向布设2口本底井（GW1、GW8）。本填埋场底部未铺设防渗膜，垃圾渗滤液向下游方向渗漏的可能性较高。此外，本填埋场渗滤液处理站建成之前，废水可能存在外排情况，所以本次调查在填埋场下游布设4口地下水井（GW4~GW6、GW11），并在前期现有的地下水监测井（GW7、GW10）采样。

因此，本次调查共拟布设11个地下水采样点（GW1~GW11），其分布情况见表12-7和图12-7。

表12-7 地下水采样点位布置表

点位	布点区域	布点依据	点位	布点区域	布点依据
GW1	垃圾填埋库区西侧(地下水流上游方向)	本底井	GW7	垃圾填埋库区北侧(地下水流下游方向)	污染监视井[①]
GW2	垃圾填埋库区西侧	污染扩散井	GW8	垃圾填埋库区西侧(地下水流上游方向)	本底井
GW3	垃圾填埋库区东侧	污染扩散井	GW9	垃圾填埋库区东侧	污染扩散井
GW4	垃圾填埋库区北侧(地下水流下游方向)	污染监视井	GW10	垃圾填埋库区北侧(地下水流下游方向)	污染监视井
GW5	垃圾填埋库区北侧(地下水流下游方向)	污染监视井	GW11	垃圾填埋库区北侧(地下水流下游方向)	污染监视井[①]
GW6	垃圾填埋库区北侧(地下水流下游方向)	污染监视井			

① 现有监测井。

图 12-7 填埋场区地下水、地表水、大气和噪声采样点布设图

2) 采样深度

根据填埋场污染源分析，特征污染物无重水相污染，因此主要调查浅层地下水的污染情况。水井深度设置为 15m，1.5～14.5m 为盲管，井底 0.5m 为沉淀管，其他为筛管，具体根据现场采样点地层情况进行调整。

3) 检测指标

地下水检测指标包括特征污染因子和其他常规检测指标，具体为 pH 值、总硬度、总大肠菌群、溶解性总固体、高锰酸盐指数、氨氮、氯化物、总汞、总镉、总铬、六价铬、总砷、总铅、总锌、总镍、总铜、VOCs 和 SVOCs。

4) 调查结果

地下水检出结果如表 12-8 所列，在 11 个地下水样品中六价铬和汞均未检出，锌、铜、砷、镉、铅、镍、铬指标均有检出。所有地下水样品中重金属含量均满足Ⅳ类水标准。GW3 点位地下水中氨氮含量为 2.69mg/L，高于《地下水质量标准》（GB/T 14848—2017）中氨氮Ⅳ类水标准值 1.5mg/L，填埋场下游部分采样点地下水中存在 COD_{Mn}、氨氮、氯化物、总大肠菌群超标情况，其中，GW4 点位地下水中氨氮和氯化物超标，GW6 点位地下水中氨氮和总大肠菌群超标，GW9 点位地下水中 COD_{Mn} 和总大肠菌群超标，GW10 点位地下水中氨氮超标，GW11 点位地下水中氨氮和总大肠菌群超标。地下水中的 VOCs 指标，仅部分点位中苯胺、苯、氯仿、甲苯和氯苯有检出，检出值均低于Ⅳ类水标准值，地下水中的 SVOCs 指标均未检出。

表 12-8 填埋场地下水各指标检出结果

污染物	最小值	最大值	Ⅳ类标准[①]
pH 值	7	8.9	5.5≤pH≤6.5 8.5＜pH≤9.0
溶解性 总固体/(mg/L)	214.2	1860	≤2000
总硬度 (以 $CaCO_3$ 计)/(mg/L)	102.6023	568.336	≤650
COD_{Mn}/(mg/L)	1.12	12.1	≤10.0

续表

污染物	最小值	最大值	Ⅳ类标准[①]
氨氮/(mg/L)	0.05	6.29	≤1.50
氯化物/(mg/L)	15.8	729	≤350
锌/(mg/L)	0.016	0.098	≤5.00
铅/(mg/L)	0.00011	0.00049	≤0.10
镉/(mg/L)	0.00008	0.00038	≤0.01
铜/(mg/L)	0.00079	0.0911	≤1.50
镍/(mg/L)	0.00073	0.0198	≤0.10
铬(六价)/(mg/L)	0.00014	0.00342	≤0.10
砷/(mg/L)	0.0004	0.0019	≤0.05
苯胺/(mg/L)	0.000111	0.00028	—
苯/(mg/L)	0.0006	0.0006	≤120
三氯甲烷/(mg/L)	0.0016	0.0016	≤300
甲苯/(mg/L)	0.0008	0.0008	≤1400
氯苯/(mg/L)	0.0003	0.0003	≤600
总大肠菌群/(MPN/100mL)	5	1600	≤100

① 《地下水质量标准》(GB/T 14848—2017)。

综上可知，本填埋场区域地下水已受到不同程度的污染。调查填埋场区地下水超标点位主要分布在填埋场填埋库区下游，主要超标指标为总大肠菌群、氯化物、高锰酸盐指数、氨氮及氯离子，这些超标指标均为填埋场渗滤液中的特征污染物。结合区域地下水流向分布，推测导致超标的原因可能与早期简易垃圾填埋场渗滤液渗漏、当前垃圾填埋库区防渗层防渗材料破损或者调节池中的渗滤液泄漏有关。

（3）地表水环境质量调查

1）采样点布设

根据《生活垃圾填埋场现状调查指南》（浙江省住房和城乡建设厅）和《生活垃圾卫生填埋场环境监测技术要求》（GB/T 18772—2017）中的有关规定，地表水调查位置为截洪沟外排水口（W5）和填埋场内池塘（W1~W3），采样布设点如图12-7所示。

2）检测指标

检测指标为pH值、色度、溶解氧、COD_{Mn}、BOD_5、总氮、氨氮、总磷、重金属（总汞、总镉、总铬、六价铬、总砷、总铅、总锌、总镍、总铜）和氯化物。

3）调查结果

本次调查填埋场区共设置4个地表水采样点（W1~W3、W5），共采集4个地表水样品（包含1个现场平行样）。地表水检测结果见表12-9。

表12-9　场区内地表水检测结果

检测项目	W1	W2	W3	W5	限值[①]
pH值	8.0	7.6	7.5	8.4	6~9
色度/度	25	15	15	15	—
溶解氧/(mg/L)	8.62	7.54	9.06	9.11	≥3
COD_{Mn}/(mg/L)	36	9	11	20	≤30
BOD_5/(mg/L)	6.5	2.0	2.4	6.6	≤6
氨氮/(mg/L)	1.070	0.402	0.211	0.473	≤1.5
总磷(以P计)/(mg/L)	0.05	0.04	0.04	<0.01	≤0.3
总氮/(mg/L)	1.87	0.68	1.00	1.87	≤1.5

续表

检测项目	W1	W2	W3	W5	限值[①]
氯化物/(mg/L)	56.20	32.60	9.63	31.10	250
铬(六价)/(mg/L)	<0.004	<0.004	<0.004	<0.004	≤0.05
锌/(mg/L)	<0.009	<0.009	<0.009	<0.009	≤2.0
铅/(mg/L)	0.00100	0.00043	0.00035	0.00033	≤0.05
镉/(mg/L)	0.00014	0.00014	0.00014	0.00028	≤0.005
铜/(mg/L)	0.0598	0.0361	0.0422	0.0613	≤1.0
镍/(mg/L)	0.00513	0.00290	0.00641	0.00566	0.02
铬/(mg/L)	0.00058	0.00046	0.00022	0.00053	—
砷/(mg/L)	0.0008	0.0006	0.0006	0.0006	≤0.1
汞/(mg/L)	<0.00004	<0.00004	<0.00004	<0.00004	≤0.001

① 《地表水环境质量标准》(GB 3838—2002) Ⅳ类标准。
注："—"表示标准中未规定该指标的限值。

本填埋场区域地表水质量指标执行《地表水环境质量标准》(GB 3838—2002)中的Ⅳ类标准。由调查结果可知，场内W1采样点地表水中BOD_5和总氮含量均超出《地表水环境质量标准》(GB 3838—2002)中的Ⅳ类标准。这可能是W1地表水点位位于填埋库区东南侧地势较低处的池塘，垃圾堆体部分区域覆盖不完全，导致降水过程冲刷垃圾堆体，产生的渗滤液借助地势作用造成地表水部分指标超标。另外，该池塘中放养了许多鸭、鹅等家禽，也可能会对该池塘的水质产生影响。

W5地表水点位位于截洪沟外的排水口，检测结果显示W5点位的BOD_5和总氮均超出《地表水环境质量标准》(GB 3838—2002)中的Ⅳ类标准。其原因可能是W5地表水点位位于北侧调节池两侧区域，主要用于地表水径流，由于垃圾堆体部分区域覆盖不完全，导致降水过程冲刷垃圾堆体，产生的渗滤液汇流进地表水从而造成地表水部分指标超标。

(4) 大气环境质量调查

1) 监测点位布设

根据规范要求，大气环境调查范围为填埋堆体上及厂界内填埋堆体常年或夏季主导风向的下风向50~100m处。本填埋场区域常年主要风向为东南风，所以在填埋堆体西北侧50~100m处布设1个监测点(G6)，在填埋堆体上布设1个监测点(G1)，厂界四周各布设4个监测点(G2~G5)，共布设6个大气监测点，点位布设如图12-7所示。

2) 检测指标

大气检测指标为甲烷、臭气浓度、总悬浮颗粒物(TSP)、硫化氢、甲硫醇、甲硫醚、二甲二硫、氨、氮氧化物和二氧化硫，同时记录风速、风向、气压、气温和相对湿度等气象条件。

3) 调查结果

本填埋场TSP执行《大气污染物综合排放标准》(GB 16297—1996)中新扩改建二级标准，H_2S、NH_3、恶臭厂界浓度执行《恶臭污染物排放标准》(GB 14554—93)中新扩改建二级标准。大气污染物现状监测评价结果如表12-10所列。环境空气检测结果如下：大气压为101.2kPa，气温为18.6℃，相对湿度为79.0%，风速为2.8m/s，东风。根据表12-10可知，填埋场厂界四周、堆体上方及填埋区下风向大气中颗粒物、甲烷、臭气浓度、H_2S、甲硫醇、甲硫醚、二甲二硫、氨、氮氧化物和二氧化硫浓度均可满足标准要求，二氧化硫在填埋区下风向G6处超过标准要求。总体来看，填埋场对周边环境空气质量影响较小。

表 12-10　大气污染物现状监测评价结果表

检测项目	填埋区 G1	填埋区东侧 G2	填埋区南侧 G3	填埋区北侧 G4	填埋区西侧 G5	填埋区下风向 G6	标准值[①]
颗粒物/(mg/m³)	0.797	0.523	0.603	0.663	0.557	0.727	1.0
二氧化硫/(mg/m³)	0.340	0.380	0.360	0.313	0.393	0.427	0.4
氮氧化物/(mg/m³)	0.090	0.126	0.086	0.102	0.146	0.094	0.12
氨/(mg/m³)	0.087	0.035	0.077	0.045	0.041	0.067	1.5[②]
二甲二硫/(mg/m³)	—	—	—	—	—	—	0.06[②]
甲硫醚/(mg/m³)	—	—	—	—	—	—	0.07[②]
甲硫醇/(mg/m³)	—	—	—	—	—	—	0.007[②]
硫化氢/(mg/m³)	0.217	0.300	0.317	0.350	0.233	0.400	0.06[②]
臭气浓度	1.15	0.75	0.60	0.70	0.65	0.70	20[②]
甲烷/%	0.00196	0.00209	0.00204	0.00201	0.00194	0.00204	1[③]

① 《大气污染物综合排放标准》(GB 16297—1996)二级标准。
② 《恶臭污染物排放标准》(GB 14554—93)新扩改建二级标准。
③ 《城镇污水处理厂污染物排放标准》(GB 18918—2002)。
注:"—"表示未检出。

(5) 噪声检测

1) 监测点布设

本次调查在填埋场厂界四周各设 1 个噪声监测点 (N1～N4),在距离填埋场边界外 1m 处,填埋场东南侧约 200m 林地布设 1 个监测点 (N5),共设置 5 个噪声监测点,监测点距地面高度 1.2m,布点情况如图 12-7 所示。

2) 监测方法

噪声监测采用积分声级计采样,测量时间间隔不大于 1s。本填埋场当时已封场,仅作为备用填埋场,填埋场内噪声源仅为渗滤液处理区风机及水泵等设备设施,因此本项目仅对昼间噪声进行监测。白天以 20min 的等效 A 声级表征该点的昼间噪声值。测量选在 8:00～12:00 或 14:00～18:00。监测频率为每天监测 6 次,每个监测点监测 2d。

3) 调查结果

本填埋场四周及东南侧林地噪声环境满足《工业企业厂界环境噪声排放标准》中 2 类昼间 60 dB (A) 的标准 (表 12-11)。

表 12-11　各监测点昼间噪声监测平均值统计表　　单位:dB (A)

检测点位	监测日期	
	2022 年 1 月 12 日	2022 年 1 月 13 日
N1	51.7	52.1
N2	52.3	52.2
N3	53.2	52.6
N4	54.0	53.8
N5	50.8	51.6

12.1.3.3　填埋场周边环境质量调查

本填埋场底部未建设防渗系统,且在渗滤液处理站建成之前,填埋场内渗滤液仅经过氧化塘等工序简单处理即排放,对周边环境影响较大,因此本次调查需对填埋场周边地表水、地下水和土壤环境进行调查。

本填埋场下游主要为农田区域,地下水和地表水环境参考场区地下水和地表水环境评价方法和指标,对于填埋场周边土壤环境选用《土壤环境质量　农用地土壤污染风险管控标准

（试行）》（GB 15618—2018）对调查区域土壤质量进行评价。

(1) 周边地表水环境质量调查

1) 采样点布设

根据《生活垃圾填埋场现状调查指南》（浙江省住房和城乡建设厅），周边地表水环境调查范围为填埋场厂界外，填埋场区域下游 1 km 范围内的湖、河、鱼塘、常年有水的水坑等区域，必要时调查范围可适当外延。

根据现场踏勘情况，本填埋场下游农田边存在一条溪流，拟布设 1 个采样点（W4，图 12-8）采集分析地表水。

图 12-8　填埋场周边地表水、地下水及土壤采样点布设图

2) 检测指标

检测指标为 pH 值、色度、溶解氧、COD_{Mn}、BOD_5、总氮、氨氮、总磷、重金属（总汞、总镉、总铬、六价铬、总砷、总铅、总锌、总镍、总铜）和氯化物。

3) 调查结果

本次调查在填埋场下游出水口设置 1 个地表水采样点（W4），共采集 1 个地表水样品。水质检测结果见表 12-12。

表 12-12　填埋场周边地表水检测结果

检测项目	采样点（W4）	Ⅳ类标准[①]	检测项目	采样点（W4）	Ⅳ类标准[①]
色度	15	—	总氮/(mg/L)	2.97	≤1.5
pH 值	7.9	6～9	氨氮/(mg/L)	0.168	≤1.5
溶解氧/(mg/L)	8.47	≥3	总磷/(mg/L)	0.02	≤0.3
COD_{Mn}/(mg/L)	9	≤30	汞/(mg/L)	<0.0004	≤0.001
BOD_5/(mg/L)	2.8	≤6	砷/(mg/L)	0.0005	≤0.1
氯离子/(mg/L)	37.9	≤250	镉/(mg/L)	0.00021	≤0.005
铜/(mg/L)	0.0525	≤1.0	铬/(mg/L)	0.0003	—
锌/(mg/L)	<0.009	≤2.0	铬（六价）/(mg/L)	<0.004	≤0.05
镍/(mg/L)	0.00856	≤0.02	铅/(mg/L)	0.00053	≤0.05

① 《地表水环境质量标准》（GB 3838—2002）。
注："—"表示标准中未规定该指标的标准值。

本次调查地表水为填埋场下游农田边沟渠内地表水，地表水中总氮含量为 2.97mg/L，均超出《地表水环境质量标准》(GB 3838—2002) 中的Ⅳ类标准 (1.5mg/L)。本填埋场周边区域多为山体，除渗滤液处理站旁的小型养殖场和农田外，无其他工业企业。此外，本填埋场调节池下游地表水外排口的地表水中，总氮含量为 1.87mg/L，小于地表水中总氮浓度，因此推测填埋场周边地表水中总氮超标的原因可能是受到养殖场排污、农田氮肥流失和垃圾渗滤液或受污染的径流雨水污染影响。

(2) 周边地下水环境调查

1) 采样点位布设

本填埋场位于山谷中，东西两侧及东南侧为山体，西南侧为工业厂房，垃圾坝北侧山谷往东大片区域为已经征收的属于填埋场区域的荒废水田，前期填埋场收集的地表水和排放的废水均通过水田两侧的土沟继续往下游（东侧）流动，为调查填埋场对填埋场外东侧地下水的影响，在填埋场外东侧区域布设 2 个地下水采样点（GW12 和 GW13，图 12-8）。

2) 采样深度

根据填埋场污染源分析，特征污染物无重水相污染，因此主要调查浅层地下水的污染情况。此外，根据现场踏勘可知，填埋场外东侧为农田区域，土层较薄，下层为岩层，所以将水井深度设置为 15m，1.5～14.5m 为盲管，井底 0.5m 为沉淀管，其他为筛管，具体根据现场采样点地层情况进行调整。监测井采用 XY-1A 钻机进行建井，地下水采样深度在监测井水面附近，水井保留至调查验收完成。

3) 检测指标

地下水检测指标包括特征污染因子和其他常规检测指标，具体为 pH 值、总硬度、总大肠菌群、溶解性总固体、COD_{Mn}、氨氮、氯化物、总汞、总镉、总铬、六价铬、总砷、总铅、总锌、总镍、总铜、VOCs 和 SVOCs。

4) 调查结果

本次调查填埋场外共设置 2 个地下水监测点（GW12 和 GW13），共采集 2 个地下水样品。水质检测结果见表 12-13。

表 12-13 填埋场周边地下水检测结果

项目	GW12	GW13	Ⅳ类标准[①]	项目	GW12	GW13	Ⅳ类标准[①]
性状	微黄透明	微黄透明	—	氯离子/(mg/L)	26.9	2.45	≤350
pH 值	7.8	7.7	5.5≤pH<6.5 8.5<pH≤9.0	锌/(mg/L)	0.095	0.015	≤5.00
总硬度/(mg/L)	161	151	≤650	砷/(mg/L)	0.0010	0.0011	≤0.05
总大肠菌群/(MPN/100mL)	<2	8	≤100	铅/(mg/L)	<0.00009	0.00010	≤0.10
溶解性总固体/(mg/L)	304	293	≤2000	镍/(mg/L)	0.00308	0.00100	≤0.10
COD_{Mn}/(mg/L)	3.98	0.40	≤10.0	铜/(mg/L)	0.00118	0.00129	≤1.50
氨氮/(mg/L)	0.949	0.228	≤1.50	铬/(mg/L)	0.00020	0.00018	—

① 《地下水质量标准》(GB/T 14848—2017)。
注："—"表示标准中未规定该指标的标准值。

由检测结果可知，重金属 9 项指标中，六价铬、镉和汞均未检出，锌、砷、铅、镍、铜和铬指标均有检出，但各重金属检出指标浓度均未超过《地下水质量标准》(GB/T 14848—

2017）中的Ⅳ类水质标准；地下水中总硬度、总大肠菌群、溶解性总固体、COD_{Mn}、氨氮、氯离子均有检出，检出指标浓度均未超过《地下水质量标准》（GB/T 14848—2017）中的Ⅳ类水质标准；地下水中VOCs和SVOCs指标均未检出。综上可知，本填埋场周边地下水受填埋场影响较小。

（3）周边土壤环境调查

1）采样点位布设

填埋场渗滤液中污染物可能会通过地表径流和地下水流动进入周边土壤，从而造成土壤环境污染。因此，在填埋场外东侧区域布设2个土壤采样点（TR14和TR15，图12-8）。

2）采样深度

采样深度同场区土壤采样点采样深度，土壤采样深度定为15m，现场实际钻探，采样深度以至中风化凝灰岩为准。土壤样品按照规范要求分层采集，按照3m以上每0.5m分层、3～6m每1m分层、6～15m每2m分层，进行土壤样品采集。

3）检测指标

土壤检测指标包括pH值、有机质、砷、镉、铬、铜、铅、汞、镍、锌、六价铬、VOCs和SVOCs。

4）调查结果

本次调查填埋场外下游山谷，从中布设2个土壤采样点（TR14和TR15）采集柱状土壤样品，共送检8个土壤样品（不含平行样）。检测指标包括pH值、有机质、重金属9项、VOCs 27项、SVOCs 14项，总计52项。填埋场周边土壤未检出的重金属、VOCs、SVOCs指标未统一列出，各点位具体检出值见表12-14。

表12-14 填埋场周边土壤指标检测值

项目	TR14				TR15				限值[①]
深度/m	0～0.5	0.5～1.0	1.0～1.5	2.0～2.5	0～0.5	1.0～1.5	2.0～2.5	2.5～3.0	
性状	灰黄色固态	灰黄色固态	灰黄色固态	灰黄色固态	灰黄色固态	黄色固态	黄色固态	黄色固态	—
pH值	6.64	5.60	6.87	6.98	4.94	5.25	5.44	5.23	—
有机质/%	52.9	37.9	13.1	13.1	24.7	38.1	7.2	6.9	—
镉/(mg/kg)	0.07	0.04	<0.01	<0.01	<0.01	<0.01	<0.01	0.02	0.3
铅/(mg/kg)	44	46	31	50	37	39	31	41	80
铜/(mg/kg)	30	20	20	27	21	23	24	21	50
镍/(mg/kg)	37	29	25	36	29	25	28	27	60
锌/(mg/kg)	105	60	48	60	56	49	54	48	200
铬/(mg/kg)	74	63	63	95	102	62	62	63	250
砷/(mg/kg)	9.6	10.4	10.8	23.2	12.4	12.2	21.9	23.8	30
汞/(mg/kg)	0.084	0.083	0.067	0.074	0.075	0.094	0.086	0.141	0.5

①《土壤环境质量 农用地土壤污染风险管控标准（试行）》（GB 15618—2018）风险筛选值。
注："—"表示标准中未规定该指标的限值。

由表可知，本填埋场周边采集的土壤样品中，VOCs、SVOCs及六价铬均未检出，检出指标为pH值、有机质、镍、铜、锌、铬、铅、汞、砷和镉，各检测指标均满足《土壤环境质量 农用地土壤污染风险管控标准（试行）》（GB 15618—2018）风险筛选值的要求。填埋场外下游土壤中重金属、VOCs和SVOCs含量均处于较低水平，填埋场对周边土壤环境质量影响较小。

综上调查，A 垃圾填埋场已停止接纳垃圾并对部分库区进行了临时覆盖，渗滤液处理站运行状况良好，填埋堆体内部区域填埋气体中甲烷浓度均＜5%，安全风险较小。但根据现状环境调查结果发现，堆体内渗滤液大量积存，填埋库区周边部分点位地下水和地表水存在超标情况，填埋库区下游坝体或调节池可能存在渗漏，库区北侧垃圾堆体边坡坡度较大，存在一定的安全隐患。该填埋场生活垃圾填埋库区需尽快采取治理措施，降低环境风险，减小安全隐患。

根据《浙江省生活垃圾填埋场综合治理行动计划》要求，结合填埋场现状调查及评估结果，本填埋场生活垃圾填埋库区主要可采取封场并实施生态修复和开挖筛分处置两种治理方案。根据《生活垃圾卫生填埋场封场技术规范》(GB 51220—2017) 中的要求，结合该填埋场现状，得出填埋场渗滤液处理站运行效果较好，已建设有部分防洪与地表径流导排系统，生活垃圾填埋库区已具备一定的封场条件；A 生活垃圾填埋库区垃圾湿基低位热值较低，小于《城市生活垃圾处理及污染防治技术政策》中垃圾适宜焚烧处理平均低位热值 (5000kJ/kg)，如采用开挖筛分处置治理方案，需综合考虑生活垃圾填埋库区的开发经济价值、区域焚烧厂生活垃圾富余消纳处置能力等影响因素。此外，该填埋场还需按照《生活垃圾卫生填埋场环境监测技术要求》(GB/T 18772—2017) 加强定期环境监测。

12.2 垃圾填埋场生态封场工程案例

12.2.1 工程概况

垃圾填埋场生态封场工程案例 B 垃圾填埋场位于浙江省某村庄山谷内，始建于 2003 年，2004 年建设完成并投入使用，2021 年停止接收垃圾且全面关闭。B 垃圾填埋场填埋库区占地面积约为 $4.8 \times 10^4 m^2$，设计处理量约为 120t/d，使用年限为 15 年，设计填埋量为 $9.614 \times 10^5 m^3$，主要处理所在县域的生活垃圾。由于该县后来建设了生活垃圾焚烧厂并投入运营处理生活垃圾，B 垃圾填埋场自 2021 年 3 月底起已不再填埋生活垃圾。

根据 B 垃圾填埋场生态修复工程现状调查报告，该填埋场为早期简易填埋场，场内主要由填埋库区、垃圾坝、渗滤液调节池、渗滤液处理厂、管理区和进场道路组成（图 12-9），填埋垃圾组分主要为生活垃圾、污泥和建筑垃圾等。

经现状调查，该填埋场存在的安全与污染风险主要有：

① 库区未建设防渗系统，渗滤液很可能下渗并迁移至周边或下游，从而导致土壤和地下水受到影响；

② 地表水导排系统不完善，存在雨污混流情况，增大渗滤液产量；

③ 较大面积的在填垃圾区域未铺设临时覆盖膜，引起大气污染和蚊蝇聚集，流经该区域的雨水汇集至下游，造成地表水污染；

④ 坝前堆体边坡较陡，暴雨天容易引起堆体局部或整体滑移；

⑤ 填埋气体导排方式为被动导排，导排井分布不均匀，且气体放空排放，无气体利用设施，会导致臭气溢散。

综上，现状地下水环境质量受填埋场渗滤液影响，出现了部分监测因子超标现象，为了有效降低填埋场的污染威胁和改善其周边地区环境状态，急需结合《生活垃圾卫生填埋场封场技术规范》(GB 51220—2017) 的规定，对填埋场进行生态修复整治。为此，环境卫生部

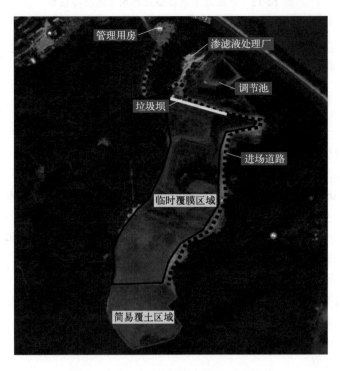

图 12-9 B 生活垃圾填埋场库区现状图

门开展了 B 生活垃圾填埋场生态修复工程，该工程针对现状调查存在的问题，得出的主要建设工程内容为垃圾堆体整形与处理、封场覆盖结构层处理、填埋气体收集与处理、地表水导排、渗滤液收集与导排、浓缩液回灌、垂直防渗、边坡治理、封场绿化、管理用房装修、进场道路硬化和封场工程后续检测运营管理等。本工程按照相关标准和设计规范要求对填埋场进行综合治理，实行场地生态修复和封场。

12.2.2 现状调查分析

12.2.2.1 水文地质调查

（1）区域地貌

根据成因类型和岩性，得出 B 生活垃圾填埋场勘察区及周边地貌类型主要为低山丘陵区，地势起伏较大，地表黄海标高一般为 45.10~160.00m。场区范围内呈三面环山、一面开口的"V"字形冲沟地貌，地势南高北低，整体标高在 45.00~140.00m 之间。其中，垃圾堆体现状标高在 71.00~138.00m 之间；调节池位于场区北侧，地势最低，标高在 52.00~55.00m 之间。

（2）水文地质概况

B 生活垃圾填埋场所在场界内地下水分为 3 种类型，分别为松散岩类孔隙潜水、红层孔隙裂隙水和基岩裂隙水。本工程区域水文地质条件受地质构造、气候、岩性、地貌的影响，从而使该地区的水文地质条件呈现多样化的特点。根据地下水理化性质、含水介质、赋存条件和水力特征，本区域含水层划分为松散岩类孔隙潜水和基岩裂隙水 2 个含水岩组，具体特征见表 12-15。

表 12-15 区域地下水类型及其水文地质特征表

地下水类型	含水层(组)	水文地质特征
Ⅰ类松散岩类孔隙潜水	填土层	含水层主要为填土和垃圾,为强透水层
	残坡积层(Ⅰ₁)	含水层主要由含砾砂粉质黏土组成,为弱透水层,单井涌水量一般小于50 t/d,矿化度大多小于 0.3 g/L,水化学类型为 $HCO_3 \cdot Cl-Na \cdot Ca$ 水
Ⅱ类基岩裂隙水	基岩构造裂隙水(Ⅱ)	赋存于基岩风化裂隙及节理裂隙中,富水性不均一,其总体水量贫乏,含水介质为白垩系下统西山头组凝灰岩。主要接受大气降水补给,水质以低矿化度软水为主,水质淡,对混凝土无侵蚀性

12.2.2.2 填埋堆体调查与分析

(1) 填埋堆体

填埋场填埋堆体目前最大高程约138m,最低约71m,堆体坡度总体较缓,但坝前部分堆体坡度较陡,超过 1:3。库区南端已实施简易覆土封场,库区中部及北部(近垃圾坝端)铺设了临时覆盖膜。在调查期间发现,库区中部有较大面积的在填垃圾裸露区,填埋过程较为无序,该区域有显著臭气散发,并有大量蚊蝇聚集。

(2) 垃圾填埋量

填埋场由2004年开始投入运行,于2021年3月底关闭,现状填埋场已填埋垃圾量共计 1.247×10^6 t,填埋垃圾密度按 $0.77 t/m^3$ 计算,则垃圾填埋量为 $1.619 \times 10^6 m^3$,平均每年垃圾填埋量为 $4437 m^3$。

(3) 填埋垃圾类型

生活垃圾填埋场主要负责处理全县每日所产生的生活垃圾,并掺入少量污泥、建筑垃圾等。填埋物质主要组分及占比为:渣砾灰土(47.7%)、塑料橡胶(31.2%)、纺织物(14.0%)、金属(2.2%)、竹木(1.8%)、纸(1.7%)和玻璃(1.4%)等。

(4) 填埋场废水分析

填埋场的废水主要为填埋区渗滤液和员工产生的生活污水。

1) 渗滤液产生量

填埋场现状渗滤液导排系统破损或不完善,且不具备完善的雨水导排系统,部分垃圾堆体存在裸露现象,这使得渗滤液混入了雨水,造成渗滤液产生量有所增加。经统计,目前渗滤液处理站2019~2021年的渗滤液处理量为 100.5~209.2 t/d。本工程现有填埋场渗滤液产生量取2020年全年统计数据,即为64392 t/a。现有填埋场渗滤液经渗滤液处理系统处理达标后排放,渗滤液处理站出水口水质检测表明,所有测定指标均能满足《生活垃圾填埋场污染控制标准》(GB 16889—2008)(该项目期间生活垃圾填埋场污染物控制执行标准)中现有和新建生活垃圾填埋场渗滤液污染物排放浓度限值。

2) 生活污水产生量

B垃圾填埋场在封场前,整个填埋场劳动定员为33人,生活污水预计50L/(人·d),污水产生系数按0.85计,年工作300d,生活污水量为421t/a,污水经现有化粪池处理后,进入渗滤液处理系统处理达标后排放。

(5) 填埋场废气分析

B垃圾填埋场废气主要包括填埋气体、粉尘和渗滤液处理系统废气等。

1) 填埋气体

填埋气体主要为填埋垃圾在稳定化过程中产生的 CH_4、NH_3、H_2S 等气体。在填埋场运营前期,填埋气体主要通过填埋场中的垂直导气管导出后直接排入大气中,属于无组织排放。随着垃圾填埋的逐渐停止以及已填埋垃圾的逐年降解，垃圾填埋气体产生量逐渐变小。本工程填埋气体产生量按 2021 年进行估算，则填埋气体产生量为 12774897m^3/a（1458.32m^3/h）。

采用 GA5000 便携式气体组分分析仪，对 10 个堆体勘探孔进行填埋气体组分测试。结果表明，填埋气体中 CH_4、NH_3 和 H_2S 浓度分别 32.1%、0.0007% 和 0.0006%，排放量分别为 334.372kg/h、0.008kg/h 和 0.013kg/h。

2）渗滤液处理系统废气

渗滤液处理系统废气主要来自调节池、一级和二级反硝化池、污泥浓缩罐、脱水机房等处理单元。废气污染物主要为各池内挥发出来的部分有机物，如 H_2S、NH_3 及其他恶臭气体等。为了减少恶臭废气对环境的影响，本工程对主要处理单元产生的恶臭气体进行收集处理。对调节池进行加盖密封后，恶臭废气通过收集管道收集，而后通过沼气燃烧器燃烧处理后排放。在 MBR 系统（反硝化池、硝化池）、浓缩液贮罐、污泥储罐、污泥脱水车间中进行密闭处理，臭气收集后经生物除臭系统处理后，经 15m 排气筒排放。渗滤液处理设施和调节池现阶段运行良好，可沿用原有设施，故现有渗滤液处理设施废气污染源强保持不变。

12.2.2.3 填埋场环境质量调查与分析

（1）空气质量现状

本工程收集了 2020 年 B 县环境质量公报中的常规监测数据，并根据《环境影响评价技术导则 大气环境》（HJ 2.2—2018）中的有关要求，按照《环境空气质量评价技术规范（试行）》（HJ 663—2013）中规定的方法进行了统计。结果表明，本填埋场所在区域 6 项大气基本污染物（包括 SO_2、NO_2、PM_{10}、$PM_{2.5}$、CO 和 O_3）的年均值和百分位数日平均值均达到相应环境质量标准。

同时，本工程在填埋场区域附近也设置了 6 个监测点，监测了填埋场气体特征污染物 NH_3、H_2S 和臭气浓度。结果表明，除填埋场某一监测点特征污染物 H_2S 超出《环境影响评价技术导则 大气环境》（HJ 2.2—2018）中的要求外，其他各监测点位监测值均能够达到相应质量标准要求。填埋场监测点 H_2S 超标的原因与填埋库区中部有较大面积的在填垃圾裸露区、填埋过程较为无序以及该区域有臭气散发有关；此外，监测期间填埋库区填埋气体导排方式为被动导排，导排井分布不均匀，且气体放空排放，无气体利用设施，会导致臭气逸散。

（2）水环境质量现状

本工程对所在区域地表水、纳污水体、地下水和包气带环境质量现状进行了监测。地表水监测指标包括 pH 值、水温、DO、COD_{Mn}、BOD_5、氨氮、总磷（以 P 计）、石油类、六价铬、粪大肠菌群、砷、汞、铜、铅、镉、锌和镍。结果表明，在监测期间，地表水 DO 超标，其余水质因子均满足标准要求。

受纳水体监测项目包括水温、pH 值、COD_{Mn}、氨氮、总磷、DO、BOD_5、石油类、汞、锌、铜、铅、砷、镉、六价铬、挥发酚、氰化物、硫化物和线性烷基苯磺酸钠。结果表明，监测期间受纳水体各监测项目均可达到《地表水环境质量标准》（GB 3838—2002）中Ⅲ类标准限值要求。

地下水监测项目包括基本水质指标，分别为色度、嗅和味、浑浊度、肉眼可见物、pH 值、总硬度、溶解性总固体、硫酸盐、氯化物、氨氮、硝酸盐（以 N 计）、阴离子表面活性剂、亚硝酸盐（以 N 计）、COD_{Mn}、挥发酚、氰化物、硫化物、砷、铁、锰、氟化物、铬

（六价）、镉、镍、铜、锌、铝、铅、汞、总大肠菌群、菌落总数和八大离子（包括K^+、Na^+、Ca^{2+}、Mg^{2+}、CO_3^{2-}、HCO_3^-、Cl^-、SO_4^{2-}）。结果表明，监测点位中超过《地下水质量标准》（GB/T 14848—2017）中Ⅲ类标准值的项目有浑浊度、铁、锰、铝、硫化物、COD_{Mn}、氨氮、砷、总大肠菌群和菌落总数10种。由此可见，堆体内污染物的迁移对库区周边地下水已产生较大的影响，尤其是总大肠菌群和菌落总数这两项指标，与《地下水质量标准》（GB/T 14848—2017）中的Ⅲ类标准值相比，超标逾百倍。分析可能的原因是库区未设置有效的地表水导排和防渗系统，降雨量较大时，堆体内水位较高，导致渗滤液向四周渗流。通过本工程的实施，按照相关规范实施封场修复工程，可有效降低渗滤液对周边地下水环境的影响。

包气带检测项目包括pH值、砷、镉、铬（六价）、铜、铅、汞、镍、总硬度、溶解性总固体、硫酸盐、氯化物，表明项目场地包气带现状良好，无明显污染特征。

（3）土壤

为了解填埋场所在地区域土壤环境质量现状，本工程对填埋场所在地内土壤进行了采样监测。监测项目包括pH值、砷、镉、铬（六价）、铜、铅、汞、镍、VOCs和SVOCs。其中，VOCs包括四氯化碳、氯仿、氯甲烷、1,1-二氯乙烷、1,2-二氯乙烷、1,1-二氯乙烯、顺-1,2-二氯乙烯、反-1,2-二氯乙烯、二氯甲烷、1,2-二氯丙烷、1,1,1,2-四氯乙烷、1,1,2,2-四氯乙烷、四氯乙烯、1,1,1-三氯乙烷、1,1,2-三氯乙烷、三氯乙烯、1,2,3-三氯丙烷、氯乙烯、苯、氯苯、1,2-二氯苯、1,4-二氯苯、乙苯、苯乙烯、甲苯、间-二甲苯＋对-二甲苯、邻二甲苯，SVOCs包括硝基苯、苯胺、2-氯酚、苯并[a]蒽、苯并[a]芘、苯并[b]荧蒽、苯并[k]荧蒽、䓛、二苯并[a,h]蒽、茚并[1,2,3-cd]芘、萘。

监测结果表明，填埋场区内各监测点位土壤各项监测指标的含量均满足《土壤环境质量 建设用地土壤污染风险管控标准（试行）》（GB 36600—2018）中第二类用地筛选值标准，周边村落土壤各项监测指标的含量均满足《土壤环境质量 建设用地土壤污染风险管控标准（试行）》（GB 36600—2018）中第一类用地筛选值标准，周边农田土壤各项监测指标的含量均满足《土壤环境质量 农用地土壤污染风险管控标准（试行）》（GB 15618—2018）中的农用地土壤污染风险筛选值。

（4）噪声

为了解填埋场地的声环境质量现状，对B垃圾填埋场所在厂界和周边敏感点进行了噪声监测。结果表明，填埋场地四周厂界及周边敏感点昼间、夜间噪声均可满足《声环境质量标准》（GB 3096—2008）中1类声环境功能区标准要求。

12.2.3 生态封场工程

12.2.3.1 垃圾堆体整形

（1）填埋场堆体现状

B填埋场南侧简易覆土封场区域的垃圾堆体坡度较缓，标高为128.00～138.00 m，堆体坡度基本不陡于1:3；中部和北侧临时覆膜区域的垃圾堆体坡度较陡，标高为71.00～131.00m，局部垃圾堆体坡度大于1:2。由于垃圾堆体局部陡坡稳定性较差，所以需要进行维护处理，避免坡体滑动。

(2) 设计规范及标准要求

根据《生活垃圾卫生填埋场封场技术规范》(GB 51220—2017),修整后垃圾堆体边坡坡度不宜大于 1∶3,并根据当地降雨强度和边坡长度确定边坡台阶及排水设施的设计方案,边坡两台阶之间的高差宜为 5~10m,台阶宽度不宜小于 3m。堆体的垃圾压实密度不宜小于 $0.8t/m^3$。根据《生活垃圾卫生填埋处理技术规范》(GB 50869—2013),堆体整形顶面坡度不宜大于 5%。边坡大于 10% 时宜采用多级台阶,台阶间边坡坡度不宜大于 1∶3,台阶宽度不宜小于 2m。

(3) 垃圾堆体修整作业

垃圾堆体整形工程施工必须保证堆体稳定和安全作业,整形全过程必须有人旁站指挥。具体堆体整形处理的施工为:

① 对坡度缓于 1∶3 的坡面和场顶区域,以少量削、填结合方式进行整形,尽量做到小范围平衡,并平整压实。

首先按一定高度分层平整坡面,坡面坡度控制在 1∶3,分层高度结合坡面道路和坡面平台确定。每分层垃圾坡面削、填后,应连续数遍碾压,压实后堆体压实密度应大于 $800kg/m^3$。垃圾堆体碾压按先上后下的次序反复进行,一般进行 3~4 次。整形后坡面不得形成凹面,坡面平整度宜控制在 60mm 以内。

② 对坡度陡于 1∶3 的坡面,按 1∶3 坡度进行刨削和放坡,坡脚位置堆填应结合环场道路和用地边界进行确定,必要时应在边界位置修建一定高度、厚度的加筋或浆砌块石挡墙。

分层对垃圾堆体进行刨削,尽量避免推移修坡。刨削应从上往下、从里往外,并逐层进行,每次刨削厚度不大于 0.8m,刨削垃圾应及时运往场顶部区域或坡脚分层堆填。挡墙外立面在满足稳定条件下应尽量陡峭。堆填垃圾必须控制不散落在环场道路范围,并及时结合堆体坡面整体压实平整。分层堆填厚度不宜大于 1m,压实后堆体压实密度应大于 $800kg/m^3$。刨削垃圾必须确保堆体稳定和作业安全,刨削全过程必须有人旁站指挥。

12.2.3.2 封场覆盖系统

根据现有工程概况可知,现有垃圾填埋场存在垃圾裸露现象,部分区域无覆盖层,轻质垃圾遇风会四处飘散,且裸露处在雨天汇水会使得雨水进入垃圾堆体,增大渗滤液产生量。为此,工程应严格按《生活垃圾卫生填埋场封场技术规范》(GB 51220—2017) 和《生活垃圾卫生填埋处理技术规范》(GB 50869—2013) 中的相关要求进行库区终场覆盖,在避免垃圾裸露的同时,最大限度地减少渗滤液产生量,减少填埋场污染物的排放。

(1) 覆盖系统组成

填埋场封场覆盖系统具有防止雨水进入垃圾堆体和防止填埋气体逸散的双重功能,直接影响到填埋场的雨污分流、渗滤液处理和填埋气体利用。本工程封场覆盖系统由排气层、防渗层、排水层和绿化土层等组成(图 12-10)。

1) 排气层

排气层的设置主要是疏导填埋气体。国内外常用的排气材料有砂砾石和三肋土工复合排水网,国内常使用砂砾石作为封场排气层。综合本填埋库区实际情况、排气材料的排气效果、材料来源与成本及施工质量控制难易程度,本次封场选用网芯厚 8mm 的三肋土工复合排水网作为排气层,所需三肋土工复合排水网的量为 $5.17 \times 10^4 m^2$。

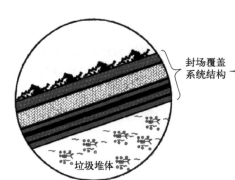

图 12-10 封场覆盖系统结构示意
LLDPE—线性低密度聚乙烯；CDM—加筋土工垫

2) 防渗层

国外常选用的防渗材料有压实黏性土、土工膜和土工聚合黏土衬垫三种。根据实际需要，可以将其搭配形成复合结构层。由于垃圾填埋场附近难以找到能满足渗透系数 $K \leqslant 1.0 \times 10^{-7}$ cm/s 的黏土作防渗黏土层，故采用土工膜作为防渗材料。根据本填埋库区垃圾填埋厚度，考虑垃圾不均匀沉降对防渗材料的影响，此外，考虑封场后顶面坡度不小于5%，中间平台边坡坡度为 1:3，为了满足覆盖层的稳定性要求，本工程选用 1.5mm 厚的双糙面 LLDPE 膜作为防渗材料，并选用 $600g/m^2$ 无纺土工布作为膜下保护层。本工程使用封场防渗层 LLDPE 膜和 $600g/m^2$ 无纺土工布的工程量均为 $5.17 \times 10^4 m^2$。由于防渗层是封场结构层的核心材料，其材料性能及施工质量会直接影响本工程实施后的效果，故 LLDPE 膜采用了进口品牌。

3) 排水层

排水层可以采用碎石或复合土工排水网。对于采用人工防渗材料进行覆盖的填埋单元，用碎石层作为膜上排水层，易对膜造成损坏，另外本填埋场需要的碎石量较大，碎石材料获取及施工难度都较大，而排水网既可作为膜上保护层，又可在排水的同时对膜进行保护，所以本工程封场排水层选用了网芯厚 8mm 的三肋土工复合排水网，所需三肋土工复合排水网量为 $5.17 \times 10^4 m^2$。

4) 绿化土层

为了恢复填埋场的生态环境，促进植物生长，并考虑填埋场封场后期土地复垦利用，本工程绿化土层厚 600mm。根据《生活垃圾卫生填埋场岩土工程技术规范》的规定，填埋场一级安全等级边坡抗滑稳定最小安全系数不应小于 1.35。本工程两平台间的坡度均为 1:3，平台间垂直距离为 5~6m，为了保证绿化土层无滑坡危险，在绿化土层下加设一层厚度为 8mm 的加筋土工垫。本工程总绿化土方量为 $2.97 \times 10^4 m^3$，8mm 加筋土工垫量为 $5.17 \times 10^4 m^2$。

(2) 施工要点

1) 场地准备工作

铺设土工材料前应对基础表面进行检查，确保没有松散体，并且清除尖锐棱角、杂草虚土，剔除粒径 $d \geqslant 30mm$ 的小石子、树根等可能会破坏土工合成材料的异物。在铺设土工膜前几天，将场顶及边坡精确平整到位，确定场顶和边坡稳定、平整和无滑塌可能后方可进行防渗材料的铺设施工。防渗材料下面的支撑材料铺设应自然松弛地与基础层贴实，确保没有褶皱、悬空。防渗结构下面经堆体整形、压实后的垃圾，其压实密度应大于 $800kg/m^3$。

2）防渗材料的铺设

防渗材料按由低位向高位延伸的原则铺设，在垃圾圩堤上设置锚固沟锚固，防止其在重力作用下向坡脚滑落。

LLDPE膜作为防渗结构层中起主要防渗作用的材料，在铺设过程中应加倍注意搭接宽度和焊缝质量控制。防渗层连接应遵循的原则：接缝数量最少，并且主缝应平行于拉应力大的方向（即垂直于等高线），接缝应避开棱角，设在平面处，避免"＋"形接缝，宜采用错缝搭接。

(3) 操作顺序

垃圾填埋场封场覆盖工程应分区域逐层施工、逐层验收，下层未验收合格的不得进行上层的施工。

12.2.3.3 填埋气体收集与处理系统

垃圾填埋场目前无有效的填埋气体收集和治理措施，填埋气体全部无组织排放，给周围环境和居民带来了严重的污染和健康问题。为此，本工程内容之一是建设填埋气体导排收集及处理系统，旨在收集并处理填埋气体，减少污染物排入大气环境。

(1) 填埋气体导排系统

该垃圾填埋场填埋容量大于 $1.0×10^6$ t，因此应采用主动填埋气体导排系统。根据《生活垃圾卫生填埋处理技术规范》（GB 50869—2013）和《生活垃圾卫生填埋场填埋气体收集处理及利用工程技术标准》（CJJ 133—2024），本填埋场采用梅花状布置导气井，分布在填埋堆体中。同时结合填埋场实际情况，采用钻孔法新建导气石笼，气体经管道收集至库区边界后，最终接至新增火炬装置进行处理。

1）导气石笼井

由于该垃圾填埋场在建设时未按规范布置导气石笼，所以需要补建导气石笼。目前该填埋场内仅设有少量导气石笼，间距不满足规范要求，且填埋气体无组织排放。按照规范要求间距，本工程库区边界处导气石笼纵横间距≤25m，中部导气石笼纵横间距≤50m，新建导气石笼共42座。

采用主动导气石笼井，导气管采用 DN 160 的 HDPE 管，管长由垃圾深度而定，每根导气管一头密封，另一头敞开。密封一头朝下，埋入至距场底1.0m处，敞开一头向上，露出场顶1.0m，埋入部分的管壁上打有均匀分布的孔眼，圆孔在壁上呈等腰三角形分布，当采用多孔管时，在保证中心管强度的前提下，开孔率不宜小于2%，导气石笼井垂直度偏差不应大于1%。排气管外包 $250g/m^2$ 的无纺土工布防止管道堵塞，用钻孔法设置导气石笼井，其结构见图12-11。

2）气体收集管道

填埋气体收集管网连接各个导气石笼井后，集中收集至火炬系统，在管网低点设置排水井。最常见的填埋气体收集管为PVC和HDPE管，由于填埋气体收集管需根据垃圾堆体标高而拆卸安装，所以设计采用拆卸安装方便快捷的HDPE管，根据《生活垃圾处理与资源化技术手册》，输气管直径为100～450mm，故本填埋场支管选用DN110管，主干管采用DN225管。集气主管为DN225的HDPE实壁管，长度约1310 m，集气支管为DN110的

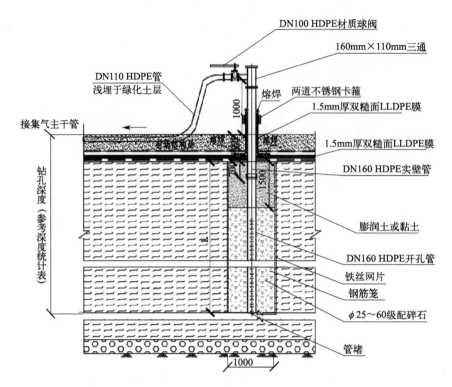

图12-11 主动导气石笼井结构示意

HDPE实壁管，长度约210m。

3）冷凝水收集井

为防止填埋气体中水分含量过高而影响气体的燃烧，垃圾堆体填埋气体气流应每隔150m设置在堆体内的冷凝水收集井中，冷凝水排入垃圾堆体内部，随渗滤液导排系统排入调节池，而后进入废水处理系统。本工程在气体收集管道最低处，设置冷凝液收集井（图12-12）。

（2）施工要点

① 采用钻孔法设置导气石笼井，推荐用旋挖式钻井方式成井。在填埋气体收集系统的钻井、安装、管道铺设及维护等作业中应采取防爆措施。

② 在垃圾堆体上进行填埋气体导排井和导排盲沟施工，应采取防止气体爆炸的措施。在填埋气体导排井钻井施工时，一般采用低速钻井法。在气体导排盲沟的挖沟施工时，要轻挖、浅挖，不要猛挖、深挖，必要时现场可采用风机对开挖点进行空气吹扫。

③ 导气石笼井深距填埋场底部的距离应不小于2m，钻井深度不应小于垃圾填埋深度的2/3。导气石笼井施工时必须在井周围埋设碎石，以增加填埋气体的抽取效率，导气石笼井埋设完成时，以膨润土或黏土层再填埋，层高1.5m，以防止填埋气体泄漏及氧气回渗进入填埋气井中，增加操作的危险性。同时，施工时应携带便携式沼气监测设备，以及时监测垃圾堆体内的甲烷浓度。

④ 填埋气体抽气设备应选用耐腐蚀和防爆型设备，并设有变频调速装置。其进气管上应设置甲烷和氧含量监测报警设施。填埋气体输气管应设不小于1%的坡度，管段最低点处应设凝结水排水装置，装置应采取防止空气吸入的措施，并设抽水装置。

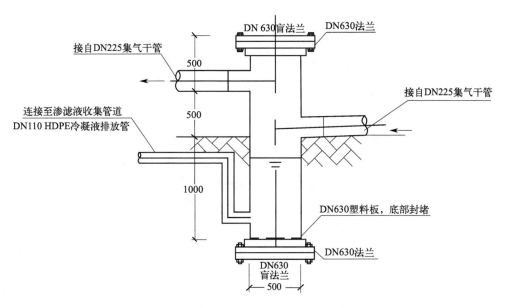

图 12-12　冷凝液收集井

⑤ 填埋气体主动导排系统启动前应对抽气管网所有管段进行气密性试验，气密性试验应符合《城镇燃气输配工程施工及验收标准》（GB/T 51455—2023）的有关规定。

(3) 填埋气体处理系统

本工程采用火炬燃烧的方式处理填埋气体。根据填埋气体中甲烷的浓度，采用自动燃烧装置现场燃烧处理后排空。工程采用的火炬燃烧系统的处理能力为 300~1500 m^3/h，采用地面封闭式火炬，并考虑防雷及防火设施，避免引起雷击和火灾。

12.2.3.4　地表水导排系统

填埋场库区地表水主要为降雨聚集产生的地表径流。为了防止填埋场周围山体的雨水进入填埋库区，并及时将填埋库区内的雨水导排出去，本工程需要建设地表水导排系统。其建设按照《生活垃圾卫生填埋场封场技术规范》（GB 51220—2017）、《生活垃圾填埋场封场工程项目建设标准》（建标 140—2010）、《生活垃圾卫生填埋处理工程项目建设标准》（建标 124—2009）和《生活垃圾卫生填埋处理技术规范》（GB 50869—2013）中的规定和要求进行。

(1) 环库排水沟

本工程沿填埋库区外侧新建环库排水沟（图 12-13）。库区东侧排水沟采用 B（宽度）×H（深度）=1.0m×1.0m 的钢筋混凝土排水沟，沿进场道路最终接至库区北侧的现状地表水出口。库区西侧排水沟采用 $B×H$=1.0m×1.0m 的钢筋混凝土排水沟和 DN1000 钢管沟结合的模式，并在库区西北侧设置一 L（长度）×$B×H$=3.0m×2.0m×3.0m 的消力池，池体南侧接入钢筋混凝土排水沟，北侧接出钢管沟（明敷），最终穿过进场道路（埋地）接至库区北侧的现状地表水出口。本工程 $B×H$=1.0m×1.0m 的钢筋混凝土排水沟总长约 1130m，DN1000 钢管总长约 130m，其中明敷钢管沟总长约 120m，埋地钢管沟总长约 10m。

(2) 中间平台排水沟

本工程在坝前的锚固平台前设计一 $B×H$=0.5m×0.5m 的钢筋混凝土排水沟（图 12-

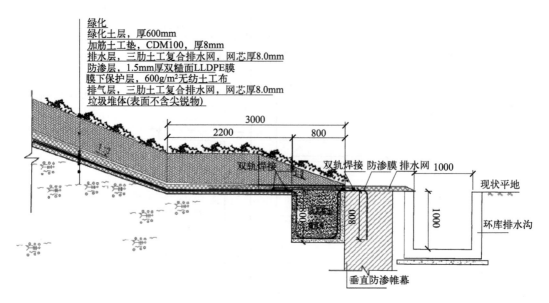

图 12-13 环库排水沟

14),并在靠近库区西侧处设置一 $L×B×H=1.0\mathrm{m}×1.0\mathrm{m}×1.0\mathrm{m}$ 的消力池,池体东侧接入钢筋混凝土排水沟,西侧接出 DN500 钢管沟,最终接入环库 DN1000 钢管沟。本设计在各级中间平台新建钢筋混凝土排水沟,尺寸为 $B×H=0.5\mathrm{m}×0.5\mathrm{m}$,最终接入东、西侧的环库排水沟内。本工程中 $B×H=0.5\mathrm{m}×0.5\mathrm{m}$ 的钢筋混凝土排水沟总长约 1230m,DN500 钢管总长约 20m。

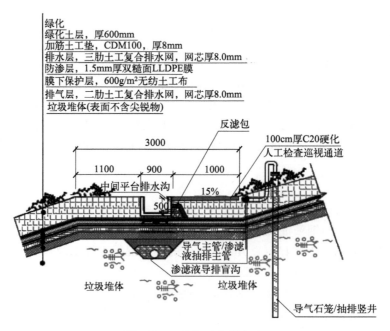

图 12-14 中间平台排水沟
C20—表面抗压强度为 20MPa

12.2.3.5 渗滤液收集导排系统

垃圾填埋场存在渗滤液导排设施导排不畅的问题，因此本工程使用导排盲沟和渗滤液抽排竖井等进行渗滤液收集导排。

(1) 渗滤液导排盲沟

填埋场封场堆体标高南高北低，为了防止堆体内的渗滤液无组织外溢，扩散至封场堆体边缘，本工程对渗滤液采取合理的收集、导排。由于已填埋垃圾堆体无法实行大规模开挖施工，本工程在 73.00m 坝前平台、83.00m 中间平台和 93.00m 中间平台下方设置了渗滤液导排盲沟，长度约 201m，盲沟由碎石堆砌而成，内设 DN315 的 HDPE 开孔管，盲沟与渗滤液抽排竖井采用支管连接。导排盲沟为深 800mm、上顶宽 2000mm、下底宽 600mm 的梯形沟，盲沟内先铺一层细砂作为垫层，垫层厚度 100mm，其上铺设 DN315 的 HDPE 开孔管，沟内用直径 25~60mm 的级配碎石填充。在 HDPE 开孔管周围的卵石铺设原则为：大粒径在贴近管壁处，小粒径在外填充，形成反滤结构形式。沟外包 1.5mm 厚的双糙面 LLDPE 膜，作为防渗层。

渗滤液导排系统的施工在现有垃圾层中进行，需要进行垃圾开挖、渗滤液抽排、垃圾回填等。渗滤液导排盲沟的结构大样图详见图 12-15。

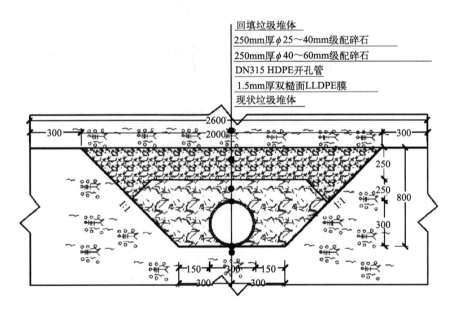

图 12-15 渗滤液导排盲沟结构大样图

(2) 渗滤液抽排竖井

为确保该生活垃圾填埋场堆体稳定，避免滑坡隐患，需对堆体内部渗滤液采取降水位措施，水平导排已不能满足渗滤液导排需求，本工程在水平铺设导排盲沟的基础上增设堆体中间竖向渗滤液抽排竖井，两种方式结合以达到降低堆体内部渗滤液水位的目的。渗滤液抽排竖井横向间距为 30m，在 73.00m 坝前平台、83.00m 中间平台和 93.00m 中间平台前各设置两口渗滤液抽排竖井，平均井深为 10m。每口渗滤液抽排竖井内设置 1 台潜污泵，潜污泵参数为：流量 $Q=20m^3/h$，扬程 $H=25m$，功率 $P=2.0kW$，防爆型，1 用 1 备（冷备）。渗滤液抽排竖井直径为 1000mm，井管直径为 200mm，管外应包裹反滤材料，井管与井壁间填充洗净碎石。井壁内设置钢筋，采用刚性立管，以减少堆体侧向位移和沉降的影响。

本工程抽排竖井可在封场工程前首先实施，作为应急降水工程进行堆体内渗滤液抽排，降低堆体水位。后期堆体整形至设计标高后，将抽排竖井相应接高或者截短，作为封场后的渗滤液抽排系统。渗滤液抽排竖井大样图详见图12-16。

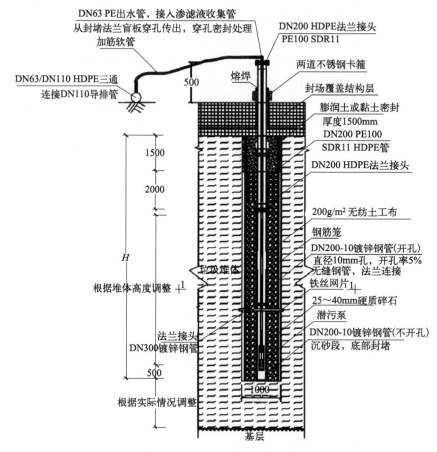

图 12-16　渗滤液抽排竖井大样图

PE100—聚乙烯100级的管道；SDR11—管道外径和壁厚的比值为11；
DN200-10—管道直径为200mm，长度为10m

（3）渗滤液排水管网设计

排水管网由井口弹性软管和导排主管组成。井口弹性软管采用DN63管，长度约24m，导排主管采用DN110的HDPE管，长度约291m，用于将抽排竖井中抽排出的渗滤液排至场外的渗滤液调节池中。排水管材特性指标应满足设计和相关国标要求。

12.2.3.6　浓缩液回灌系统

（1）主要技术参数

填埋场浓缩液回灌主要技术参数为水力负荷、有机负荷和配水次数。通常回灌所需的垃圾堆体厚度不宜小于10m；回灌点距离渗滤液收集管出口至少宜有100m的距离；设计回灌水力负荷宜控制在20～40L/(m²·d)；配水宜采用连续配水或间歇配水，间歇配水时宜根据浓缩液水质及试验数据，确定具体的配水次数。浓缩液的水质特点决定了其只能采用较小的回灌率。

（2）回灌面积

填埋场渗滤液处理设施处理量为200t/d，按照25%的浓缩液产生量计，则工程浓缩液总量为50m³/d。按30L/(m²·d)的回灌水力负荷计算，需要的回灌面积 $A=50\times1000\div30$ m² $=1667$ m²。考虑到填埋场的封场面积较充裕，封场后渗滤液属老龄渗滤液，生化性差，浓缩液逐年累计现象随年份的增加而加重，所以工程适当扩大浓缩液回灌面积至1800m²，回灌区域设为60m×30m（长×宽）的矩形回灌区域，回灌时间为7~10d。

（3）回灌系统

在填埋场回灌区域内铺设宽3m，厚0.4m的碎石层，铺设从渗滤液处理厂的浓缩液贮存罐至回灌区域的管道，主管采用DN110的HDPE管，支管采用DN75的HDPE管。在矩形回灌区域中线处安装回灌井，共设置浓缩液回灌井2口；浓缩液提升泵选用的型号为KQL 65/283-18.5/2，流量 $Q=15$ m³/h，扬程 $H=105$ m，功率 $P=18.5$ kW，共2台（1用1备）。工程中DN110的HDPE回灌主管总长约530m，DN75的HDPE回灌支管总长约30m，DN110手动闸阀1个，DN110排泥阀1个。浓缩液回灌井结构示意如图12-17所示。

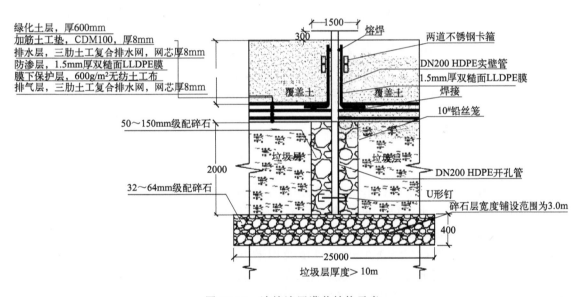

图12-17　浓缩液回灌井结构示意

12.2.3.7　垂直防渗系统

本工程采用垂直防渗以控制地下水污染，利用库区底部的天然相对不透水层作为底部防渗层，垂直防渗结构底部深入天然相对不透水层一定深度，以此控制库区内地下水的自然排泄和流入，从而使库区形成一个完整的、相对独立的水文地质单元。通过这种方式，既可以防止垃圾渗滤液从库区内向库区外渗漏，同时又可以有效地阻隔库区外的地下水渗入库区。

（1）垂直防渗系统组成

本工程新建垂直防渗范围内地层起伏较大，主要土层为杂填土（1-0）、垃圾土（1-1）、强风化凝灰岩（10-2）和中等风化凝灰岩（10-3）。其中浅层覆盖土杂填土（1-0）和垃圾土（1-1）的渗透性较高，中等风化凝灰岩（10-3）的渗透性较低，且中等风化凝灰岩（10-3）的厚度为21~34.1m，是较为理想的垂直防渗工程隔水层（图12-18）。

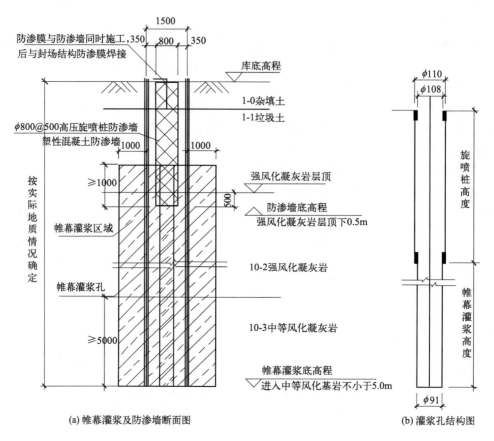

图 12-18 垂直防渗帷幕断面图

综合相关因素分析，本工程采用垂直防渗帷幕作为防渗处理工程，垂直防渗主要围合现状垃圾堆体，防止地下水污染，总长约1249m。垂直防渗帷幕结构为塑性混凝土防渗墙＋帷幕灌浆、高压旋喷桩防渗墙＋帷幕灌浆，分为上下两部分结构，上部防渗主要针对地表土层范围，根据地质情况，A0+000～A0+140范围采用高压旋喷桩防渗墙，其余范围上部机械挖掘成槽，采用膨润土泥浆护壁，浇筑塑性混凝土防渗墙，下部防渗针对强风化、中等风化凝灰岩层，采用帷幕灌浆防渗，要求防渗墙渗透系数小于10^{-7}cm/s。

1）塑性混凝土防渗墙结构

塑性混凝土防渗墙的墙身厚度为0.8m，平均深度约1.72m，最大深度约3.75m，深入强风化、中等风化岩不小于0.5m。

2）高压旋喷桩防渗墙

本工程部分防渗墙采用高压旋喷桩防渗帷幕，旋喷桩直径为800mm，间距为500mm，根据场地地基条件，桩底嵌入强风化岩≥0.5m，平均桩长约7.5m，最大桩长约15m。

3）帷幕灌浆

帷幕灌浆针对全风化、强风化、中等风化凝灰岩以及中等风化泥岩层，采用两排灌浆孔，分布于防渗墙两侧，交错布置，排距为1.5m。灌浆采用自下而上灌浆法，单排孔距1.5m，平均灌浆深度5.75m，平均钻孔深度7.32m，底部深入中等风化岩不小于5.0m。

（2）施工要点

防渗工程是防止垃圾渗滤液外泄的关键工序，是填埋场的核心部分。防渗系统工程的施工、验收及维护应严格按照《生活垃圾卫生填埋场防渗系统工程技术规范》(CJJ 113—2007) 执行。

1) 塑性混凝土防渗墙的施工要点

塑性混凝土防渗墙一般采用板块分段的形式建造，按照主板块和次板块的程序进行施工。防渗墙的塑性混凝土通常使用导管法进行浇筑，导管直径通常在 150~250mm，推荐采用钢管作为混凝土的浇筑导管，一个混凝土浇筑导管所能浇筑的最大板块长度为 4.5m。因此，为了避免在混凝土凝固后出现不良接缝，混凝土必须在两个浇筑导管中同时进行浇筑。

2) 高压旋喷桩防渗墙的施工要点

高压旋喷桩的施工工序为机具就位、贯入喷射管、喷射灌浆、拔管和冲洗等。喷射注浆管插入预定深度后，由下至上同时喷射高压水及低压空气，利用高压水喷射流和气流同轴喷射冲切土体，形成较大空隙，另注入水泥浆液填充空隙。注浆时应随时检查浆液初凝时间、浆液流量、浆液压力、旋转提升速度、水压力、水流量、空气压力、空气流量等参数。为防止浆液回缩影响桩顶高程，可在原孔位采用冒浆回灌或二次灌浆等措施，直至地面。采用两序施工（间隔一个），防止串孔。施工过程中，为保证桩体之间的连续性和接头的施工质量，间隔时间不应超过 24h。

3) 帷幕灌浆的施工要点

本工程灌浆施工方法按分序加密的原则，采用"小口径、孔口封闭、自下而上、孔内循环、高压灌浆"的方法。帷幕灌浆钻孔壁应平直完整，孔深可根据现场地质情况和压水试验成果确定，终孔段应满足透水率≤1Lu、单耗≤20kg/m，否则自动加深。灌浆段长第一段 2m，第二段 1m，第三段 2m，以下各段 5m。结束标准：在设计压力下，一到三段注入率小于 0.4L/min，以下各段小于 1.0L/min，持续灌注时间不少于 30min，特殊土条件下持续灌注的时间应适当延长。

12.2.3.8 边坡治理

为了解决进场道路旁边坡的安全隐患，保证填埋场的正常运行和车辆行人的通行安全，需要对该区域边坡进行治理。结合进场道路旁边坡的特征以及边坡治理的稳定性要求，对进场道路旁边坡采用挂网喷浆方案和 SNS（柔性网系统）柔性防护网（图 12-19），库区边坡平均高度为 8m，对坡度比小于 1:0.75 的边坡，拟采用挂网喷浆支护，边坡表层喷射 100mm 厚的 C20 混凝土面层，内配单层双向 $\phi 8@200$ 钢筋网片，钢筋保护层厚度为 30mm，挂网喷浆总面积约 3597m^2。对坡度比大于 1:0.75 的边坡，拟采用 SNS 柔性防护网，钢筋网型号 D0/08/300，格栅网型号 S0/2.2/50。锚杆间距 4.5m，长度为 3m，SNS 柔性防护网总面积约 17374m^2。后续结合场地平整再进行深化设计。

12.2.3.9 封场绿化

垃圾填埋场景观绿化不仅可以美化环境、陶冶情操，还是场区文明的体现和环境改善的标志。填埋场封场绿植以乡土植物为主，以满足封场绿化的复绿要求为前提。在进行填埋场封场绿化和植被恢复时，应选择耐污染能力强、抗逆性强、抗寒、抗旱、抗盐、抗病虫害、生长能力强、维护费用低、适宜在垃圾填埋场环境下生存的植物。封场绿化应与周围的景观相协调，并根据土层厚度、土壤性质、气候条件等进行植物搭配。

生态恢复所用的植物类型应选择浅根系的灌木和草本植物，以保证封场防渗膜不受损

(a) 挂网喷锚　　　　　　　　　　(b) SNS柔性防护网

图 12-19　挂网喷锚和 SNS 柔性防护网图

害。植物类型应适合填埋场环境，并与填埋场周边的植物类型相似。根据填埋场地的特殊环境及经济生态要求，需要选择抗性强、耐盐碱、能吸收有害气体、截留水流能力强、具有一定观赏价值和经济价值的植物。

封场初期绿化宜选择根浅并对 NH_3、SO_2、HCl、H_2S 等有抗性的植物，考虑其经济合理性，采用了绿化植物百慕大＋黑麦草草籽混播，以保证堆体草坪四季常绿。

12.2.3.10　地下水监测

（1）监测井的布置

地下水监测井应根据填埋场地水文地质条件，以及时反映地下水水质变化为原则，布设地下水监测系统。现状填埋场地下水监测井布置不能满足《生活垃圾填埋场污染控制标准》（GB 16889—2008）中的要求，本工程按照标准共设计地下水监测井 6 口。

① 本底井 1 口，设在填埋场地下水流向上游，距填埋堆体边界 30～50m 处，以取得水源数据；

② 排水井 1 口，设在填埋场地下水主管出口处；

③ 污染扩散井 2 口，分别设在垂直填埋场地下水走向的两侧，距填埋堆体边界 30～50m 处。

④ 污染监视井 2 口，分别设在填埋场地下水流向下游，距填埋堆体边界 30m 和 50m 处各一口。

（2）地下水监测要求

按照《地下水环境监测技术规范》，进行工程地下水采样。按照《生活垃圾卫生填埋场环境监测技术要求》（GB/T 18772—2017）进行工程地下水监测项目及分析。

生活垃圾填埋场管理机构对排水井的水质监测频率应不少于每周一次，对污染扩散井和污染监视井的水质监测频率应不少于每 2 周一次，对本底井的水质监测频率应不少于每个月一次。地方环境保护行政主管部门应对地下水水质进行监督性监测，频率应不少于每 3 个月一次。封场后，监测频率不应小于每年 4 次，直到渗滤液中水污染物的质量浓度连续两年低于《生活垃圾填埋场污染控制标准》（GB 16889—2008）中的限值为止。

12.2.3.11　污染防治措施

本工程主要污染防治措施如表 12-16 所列。

第12章　垃圾填埋场生态修复工程实例

表 12-16　本工程主要污染防治措施汇总

类别	污染防治措施	预期效果
废气	(1) 设置填埋气体导排系统,新建导气石笼共42座,设置集气管网及冷凝液收集井。 (2) 新增填埋气体处理系统——火炬,封场后填埋气体经收集与导排系统集中收集后,采取火炬燃烧的方式进行处理,拟设置 $300\sim1500m^3/h$ 的火炬燃烧器,满足产气量要求。 (3) 为减少渗滤液处理设施排放的臭气,建设单位已对现有调节池进行加盖密封,恶臭废气通过收集管道收集后,通过沼气燃烧器燃烧处理后排放;渗滤液处理系统已进行密闭处理,臭气收集后经生物除臭系统处理,而后经15 m排气筒排放。 (4) 定期对库区及渗滤液收集、处理设施等喷洒药物,采用喷洒消臭、脱臭剂的方式,可以起到掩蔽、中和和消除恶臭的作用。 (5) 加强填埋场周边绿化,在填埋场四周设置一定宽度的绿化隔离带,组成一道绿色防护屏障	符合《恶臭污染物排放标准》(GB 14554—93)中的相关标准限值
废水	(1) 场区雨水、渗滤液(污水)分流。 (2) 本工程在堆体平台及坡脚设置渗滤液导排盲沟,并在水平铺设导排盲沟的基础上增设堆体中间竖向渗滤液抽排竖井,实现渗滤液的导排。将填埋库区的渗滤液收集后,经渗滤液导排管流至渗滤液收集井,采用潜污泵输送至调节池,再经管道输送至现有渗滤液处理设施。 (3) 本工程在每一级中间平台设置排水沟,填埋场区雨水通过中间平台排水沟就近接入环库截水沟,最终接至现状地表水出口。填埋区设置环场截洪沟,在垃圾填埋封场以后,截洪沟能拦截汇水流域坡面及填埋堆体坡面降雨的表面径流。 (4) 在填埋场北侧设有一座容积为 $10000m^3$ 的渗滤液调节池,用于暂存生活垃圾渗滤液。 (5) 封场后渗滤液依托现有渗滤液处理设施,采用"MBR(两级反硝化硝化)+NF/RO"工艺,设计规模为 200 t/d,渗滤液经现有渗滤液处理设施处理达标后排放	达到《生活垃圾填埋场污染控制标准》(GB 16889—2008)中的要求后排放
地下水	(1) 本填埋场现状未采取有效防渗措施,则封场工程必须严格按照规范要求设计,工程封场覆盖系统结构由垃圾堆体表面至顶部表面依次分为排气层、防渗层、排水层、植被层。 (2) 填埋场防渗措施包括水平防渗和垂直防渗。本工程建设初期未采取有效防渗措施。建设垂直防渗,在库区周边形成一道竖向防渗阻隔,与场底存在的低渗透性层相连,可以大大提升地下水的污染防控能力。 (3) 加强地下水污染监控措施。场区内外按规范设置6口地下水监测井,要求监测井设计具备抽排功能,以备在发现水位或水质异常时抽排地下水。 (4) 风险事故应急响应措施。制订地下水风险事故应急预案,明确风险事故状态下应采取的封闭、截留等措施,提出防止受污染的地下水扩散和对受污染的地下水进行治理的具体方案	不对地下水造成污染影响
噪声	(1) 优先选用低噪声设备,如低噪声的水泵、风机、空压机等,从声源上降低设备噪声。 (2) 合理布置本工程声源位置,将高噪声设备(如空压机、水泵等)置于专用机房内,安装时设置基础减震垫,对机房四壁作吸声处理,并安装隔声门等。 (3) 在场内种植植物,亦有利于减少噪声污染。 (4) 加强设备维护,确保设备处于良好的运转状态	厂界符合《工业企业厂界环境噪声排放标准》(GB 12348—2008)中的1类标准
固体废物	(1) 污泥、过滤残渣、员工生活垃圾由区域生活垃圾综合处理厂处置。 (2) 浓缩液通过输送管道输送至填埋场回灌。 (3) 废膜件由供应厂商回收。 (4) 废包装材料统一收集后,外售给物资回收公司回收	
生态恢复	(1) 封场初期绿化宜选择根浅并对 NH_3、SO_2、HCl、H_2S 等有抗性的植物。 (2) 封场后仍需加强水土保持措施,避免积水或受到雨水冲刷;对死亡的草皮应及时补种,避免长时间出现裸地。 (3) 在植被恢复的中后期和开发阶段,应当结合生态规划和开发规划,按照功能区划和绿化带设计,有计划地进行大规模园林绿化种植,包括各类草木、花卉、乔木、灌木等。 (4) 在绿化管理上,应实施长期的护理及灌溉计划,及时浇灌,及时更换坏死苗,重视病虫害并及时处理	

综上，B垃圾填埋场的生态封场设计方案基本符合相关标准及设计规范，修复项目符合区域环境功能区划、总体规划、环卫专项规划，且符合国家、浙江省和市级产业政策。工程严格按规范建设运行，落实各项污染防治措施，各类污染物均能做到达标排放，填埋场生态封场后，区域环境质量等级维持不变，符合"三线一单"（生态保护红线、环境质量底线、资源利用上线和生态环境准入清单）管控要求。企业在采取必要的风险防范对策和应急措施后，工程环境风险在可控、可防范的范围内。

12.3 垃圾填埋场开挖修复工程案例

12.3.1 工程概况

垃圾填埋场开挖修复工程案例C垃圾填埋场为简易垃圾填埋场，始建于1983年，在1984～2002年投入使用，填埋垃圾主要为生活垃圾和建筑垃圾，少量为工业垃圾（皮革制品边角料等）。C垃圾填埋场于2002年停止使用后进行了简易覆盖，占地面积约110亩，垃圾填埋量超过$9\times10^5 m^3$。在2003～2016年又陆续处理超过$3\times10^5 m^3$垃圾，剩余填埋垃圾占地面积约64.8亩，之后对垃圾填埋场进行了简单覆盖和绿化。经实地调研发现，C垃圾填埋场无污染防治措施，填埋气体带来的安全风险极大，垃圾渗滤液和腐殖土污染严重，填埋场地下水中存在多种污染物。为改善区域环境质量，消除安全隐患，对该填埋场开展填埋垃圾开挖修复工程。该工程包括填埋垃圾开挖及运输工程、垃圾筛分工程、垃圾各组分处理处置工程、渗滤液收集处理工程、雨污收集处理工程及临时垃圾处理站建设工程等。

12.3.2 现状调查分析

12.3.2.1 水文地质调查

根据钻探取芯，场区地层分为4个工程地质层，自上而下主要为杂填土、垃圾、粉质黏土及粉砂。场地内地下水埋深为7.20～30.00 m（高程为-0.68～5.02m），流向总体为自西向东。

12.3.2.2 填埋堆体调查与分析

（1）空间分布特征

C垃圾填埋场填埋厚度为12.2～35.3m，其中生活垃圾的填埋厚度为5.8～34.1m，勘察深度内垃圾主要为杂填土、生活垃圾和工业垃圾（以皮革边角料为主）。

（2）垃圾特性分析

通过现场测绘及类比折算，垃圾填埋场的填埋垃圾量约为760962m^3，垃圾容重为730kg/m^3。通过对垃圾理化性质的测定分析，发现C填埋场的垃圾含水率为27.59%～47.87%，均值为36.51%；pH值为6.25～7.83，均值为7.06；有机质含量为30.50%～70.70%，均值为57.70%；BDM为7.10%～19.40%，均值为12.56%；孔隙比为4.10%～48.20%，均值为25.13%。

填埋垃圾各项组分中，占比最大的是腐殖土，平均值为66.54%（质量分数，下同）；其次是塑料，平均值为12.62%；再次是渣砾，平均值为9.90%。含量较少的组分是纸张、金属和玻璃，其占比分别为0.01%、0.93%和0.99%，具体组分见表12-17。

表 12-17　C 垃圾填埋场垃圾组分分析

项目	腐殖土	渣砾	塑料	橡胶	纺织物	竹木	玻璃	金属	纸张
范围/%	49.78~86.44	3.14~25.94	5.65~18.12	1.09~6.78	0.99~10.47	0.70~3.80	0.47~3.66	0.28~2.76	0~0.12
平均值/%	66.54	9.90	12.62	3.52	4.39	2.09	0.99	0.93	0.01

填埋垃圾各粒级中,占比最大的是不超过 15mm,平均值为 68.49%;其次是 25~60mm 和 15~25mm,平均值分别为 12.96% 和 12.43%;含量较少的是不低于 60 mm,平均值为 8.12%。腐殖土的粒径绝大部分不超过 15mm;渣砾、橡胶、纺织物、竹木和金属的粒径主要在 25~60mm,塑料、玻璃和纸张的粒径主要在 15~25mm。

(3) 填埋气体组分分析

垃圾填埋场的填埋气体中,甲烷浓度为 2.41%~44.94%,均值为 25.64%,各个钻探点间的甲烷浓度差异较大(最大可达 18.67 倍)。有 3 个点位的填埋气体甲烷浓度小于 5%,占全部监测点位的 13.0%。NH_3、臭气和非甲烷总烃浓度均高倍数超标,其中臭气和非甲烷总烃浓度在所有样品中均超标,最大超标倍数分别达到 207.5 倍和 505.0 倍(表 12-18)。

表 12-18　C 垃圾填埋场填埋气体质量评估

检测项目	浓度范围	标准值	最大超标倍数
CH_4/%	2.41~44.94	—	—
H_2S/(mg/m^3)	ND~0.01	0.06	—
NH_3/(mg/m^3)	ND~23.0	1.5	15.3
臭气浓度(无量纲)	98~4170	20	207.5
非甲烷总烃/(mg/m^3)	250~60600	120	505.0
SO_2/(mg/m^3)	0.30~3.70	550	—
O_2/%	0.31~18.47	—	—

注:ND 表示物质浓度低于检出限。

(4) 渗滤液水质

垃圾填埋场渗滤液 pH 值为 7.04~8.49,均值为 7.91;COD_{Mn} 为 710~66600mg/L,均值为 19784mg/L;总氮浓度为 242~12300mg/L,均值为 4772mg/L;氨氮浓度为 191~12000mg/L,均值为 4359mg/L;硝氮浓度为 0.22~1350mg/L,均值为 104mg/L;亚硝氮浓度为 0.01~17.90mg/L,均值为 2.36mg/L;垃圾渗滤液 BOD/COD 值为 0.20~0.29,均值为 0.24,难生物降解。BOD_5:N:P=151:147:1,表示渗滤液营养元素失调,若后期工程采用生物法处理垃圾渗滤液,则需要调整渗滤液营养元素比例,使之达到微生物的最佳生境。

(5) 轻质物分析

轻质物含水率为 25.93%~41.38%,均值为 35.39%;湿基低位热值为 975~8862kJ/kg,均值为 3542kJ/kg。参考《城市生活垃圾处理及污染防治技术政策》及相关资料,低位发热量小于 3300 kJ/kg 的垃圾不宜采用焚烧处理,介于 3300~5000kJ/kg 的垃圾可以采用焚烧处理,大于 5000 kJ/kg 的垃圾适宜采用焚烧处理,故本填埋场的轻质物可以采用焚烧处理。

(6) 腐殖土

垃圾填埋场腐殖土 pH 值为 7.76~8.84,偏碱性,含水率为 10.80%~51.60%,波动较大。根据"全国土壤养分含量分级标准表",对填埋场腐殖土营养元素特征进行分析:本场地腐殖土全氮含量属于1级、全磷属于1~3级、全钾属于4~5级,其中氮比较丰富,而磷和钾含量比较缺乏。总体来看,本填埋场腐殖土营养丰富,但总铬等重金属污染较为严重。

12.3.3 开挖修复工程

12.3.3.1 临时垃圾处理站建设

本工程在填埋场附近区域建设临时垃圾处理站以供垃圾筛分处理、临时堆放,临时垃圾处理站为门式钢架轻型房屋结构,基础采用桩基础及承台地梁加固,总占地面积约$5000m^2$。1.2m以下采用实砌砖墙,水泥标准砖、M7.5水泥砂浆实砌;1.2m以上为0.376mm的单层彩钢板,主车间地面为细石混凝土地面。车间至少预留2个运输出口,宽度>7.0 m,人车分流,厂房四周均设单独人员通道,配套消防、给排水及监控设施。

12.3.3.2 开挖及运输

垃圾填埋场填埋垃圾堆体量约为$760962m^3$,重量约为$4.946\times10^5 t$。根据垃圾填埋场各项工程体量及治理时间要求,确定垃圾日处理量为$2500m^3$。根据工程进展及实际情况,开展基坑内外降水及基坑支护等工作,利用挖掘机对地块范围内的垃圾进行开挖。本开挖工程较为复杂,在开挖过程中采取"分区、分层、自上而下"的开挖方式,开挖过程中,边坡开挖线、开挖坡度、高程、长度应控制严格,保证开挖工作的安全运行。

垃圾挖取主要采用反铲挖掘机将待处理垃圾装入装载车,运到临时垃圾处理站的场地临时堆场,采用筛分系统对垃圾进行筛分处理。垃圾开挖工程工序为:设备进场→场地平整→施工放线→开挖支护施工工作面→垃圾开挖→开挖原状土(30~50cm改用人工开挖,避免击穿原状土,造成渗滤液泄漏)→土方平整→工程验收。在整个开挖过程中,应做好渗滤液和雨污导排工作。

开挖垃圾层时,应在现场设置临时行车道及筛分生产线运输道路。垃圾运输流程为:挖掘机装车→车辆运输至临时垃圾处理站→筛分区。挖方现场设专人指挥,挖掘机与运输车依据倒运土距离,合理配置运输车辆,运输车辆装车时,挖掘机司机要做到"稳、准",准确装载到位,大团垃圾要先打散再装车,出场前要防止垃圾扬撒以及垃圾乱挂现象。

12.3.3.3 开挖垃圾筛分

本工程在地块周边区域设置了一个筛分能力为$2500m^3/d$的筛分系统(占地面积约为$2000m^2$)。筛分设备采用六级高效垃圾综合分选设备,筛分系统包括上料系统、输送系统、两级筛分系统、两级滚筒筛系统、人工分选系统、风选系统、磁选系统和跳汰系统。筛选车间为全封闭形式,由于工作时间较长,为保证操作人员的身体健康,对粉尘及空气质量的控制要求也较高,车间内的带式输送机采用密闭形式(人工分选区除外),以避免垃圾的裸露。分选车间采取局部隔离措施,生活垃圾裸露区域及机械扰动产生扬尘部位均设置吸风口,将臭气抽出,经处理后达标排放。对于无法采取密闭形式的人工分选区,操作人员应做好相应的防护措施,如配备具有过滤颗粒物与VOCs等有毒有害气体的防护面罩以及防护手套等。可以整理出一块与筛分设备平行的场地,暂时存放筛分物料,面积约$800m^2$。场地整理干净、压实后,铺一层1.5mm厚的HDPE膜,筛分后的轻质物料应每天外运,在剩余物料暂时存放期间,应覆盖HDPE膜防雨。垃圾分选工艺流程如图12-20所示。

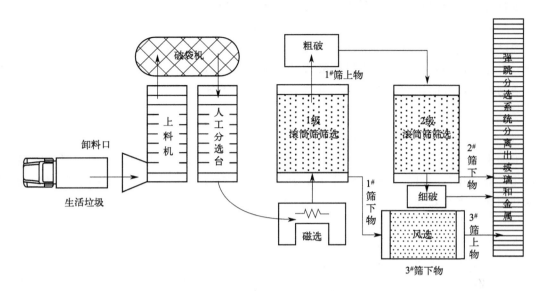

图 12-20　垃圾分选工艺路线

具体工艺流程如下：

(1) 挖掘和运输

利用挖掘机对地块范围内的 760962 m^3 垃圾进行开挖，采取"分区、分层、自上而下"的开挖方式，挖出后的垃圾装入自卸卡车并覆膜后，运输至垃圾处理站进行处理。

(2) 上料和预筛分

将挖掘的垃圾运输到垃圾处理站筛分设备处，倒入进料斗，将大体积建筑垃圾及其他不能直接筛分处理的垃圾通过预筛分机进行预筛分，大的渣砾直接通过预筛分机出料，大尺寸轻质物通过皮带传送至出料口。

(3) 人工分选台

预筛分后的筛下物经皮带传送至人工分选台，将输送带上的电子产品、废灯管、废日用化学品等分类拣出。

(4) 磁选机和分料器

物料通过输送机，均匀送入分选带面后，在均匀带速的拖动下进入磁选系统。非磁性颗粒（玻璃等）由于不受磁力的作用，在离心力和重力的作用下做抛物运动，落入非磁性产品接料槽中；而磁性颗粒则由于受到较大磁力的吸引，吸于分选系统的带面上，由分选带带离后落入磁性产品接料槽中，从而实现了磁性与非磁性物料的分离。

(5) 滚筒式筛分

滚筒筛筛选分为 2 级，1 级滚筒筛产生的粗颗粒筛上物送入粗破单元，对粗颗粒进行破碎后送入 2 级滚筒筛筛选，1 级滚筒筛产生的细颗粒筛下物送入风选系统，去除腐殖土中夹杂的轻质物。2 级滚筒筛产生的筛上物经进一步细破后送入弹跳分选系统，筛下物则直接送入弹跳分选系统，分离出玻璃和金属。

(6) 风选系统

筛下物通过输送带进入风选仓，在可调风量、风速的风机作用下，将轻物质吹落到带风罩的输送链上，落下堆放，用抓斗送入打包机，重物落到缓冲装置的输送带上。轻质物料传输的皮带机均为密闭状态，可防止扬尘、飘洒所形成的二次污染。

（7）弹跳分选系统

弹跳分选是针对无机颗粒分选而设计的、带有分离功能的输送设备。输送皮带设有弹跳功能，可在输送物料的同时把无机颗粒或其他硬性颗粒物弹跳分离出来，被分离出的颗粒物与输送物料呈反方向运动，从而达到分选的目的。弹跳分选主要用于分选电池、陶瓷、玻璃等成分。

12.3.3.4 筛分垃圾处置

根据土地性质及区域开发利用规划，为解决筛分物料的消纳出路，达到垃圾"减量化、无害化、资源化"的目的，需对筛分产生的腐殖土、渣砾、筛上轻质物、金属和玻璃进行资源化利用和无害化处理。

（1）腐殖土

本筛分工程中共产生腐殖土约329128 t，数量巨大，需外运至附近石料矿区进行综合处理。腐殖土在矿区场地经资源化处理后达到《绿化种植土壤》（CJ/T 340—2016）中的一般要求（有一定疏松度、无明显可视杂物、常规土色和无明显异味）、主控指标要求（pH值、含盐量、有机质、质地和入渗率5项指标）和重金属含量Ⅲ级标准时，可用作矿区覆土。

腐殖土资源化处理技术的原理是通过微生物好氧高温发酵去除腐殖土中的有机质，然后进一步通过土壤改良剂处理，使腐殖土中的盐分及重金属等指标达到标准要求，最后通过土壤调理，使土壤pH值及质地等指标达到处理要求。本工程采用生活垃圾多阶段接种生物强化堆肥处理技术，加快垃圾腐殖化进程，并钝化重金属等污染物，随后通过添加天然有机酸等土壤改良剂，对土壤中的盐分和重金属进行处理。

资源化处理后，重金属含量仍然超过《绿化种植土壤》（CJ/T 340—2016）中Ⅲ级标准的腐殖土要求，因此本工程采用了稳定化处理技术对腐殖土进行进一步处理。腐殖土稳定化处理技术的原理是向污染腐殖土中添加稳定剂，经充分混合后，与污染介质、污染物发生物理、化学作用，将污染物转化成化学性质不活泼的形态，降低污染物在环境中的迁移和扩散。腐殖土处理工艺流程如图12-21所示。

（2）渣砾

本工程产生的渣砾约48975t。渣砾通过高压冲洗去除表面附着的腐殖土及污染物后，按规定掺入适应的骨料，使之符合级配，再加上凝合料，用成型机制成各种混凝土建筑块件，经蒸汽窑室养护，达到强度后出售，或用作路基填石直接回填。

渣砾漂洗过程中产生的废水采用在现场挖掘导流沟的方式收集，统一收集至临时集水坑中，积累一定量后，用泵输送至渗滤液调节池与渗滤液一同处理。

（3）筛上轻质物

本工程中共产生塑料等筛上轻质物107034t，打包整理后密闭外运，进行综合处置。外运单位包括附近的某垃圾焚烧发电厂、某垃圾发电厂和某热电股份有限公司。考虑到本工程筛上轻质物数量较多，区域内现有的垃圾焚烧厂处理能力已接近饱和，建议不限定一家垃圾焚烧厂作为处置单位，可根据区域内所有垃圾焚烧厂当日的动态处理能力，机动地选择具体的处置单位。同时，在垃圾处理站设置日常和应急处置场所，存放暂时无法处置的筛上轻质物。

（4）金属和玻璃

本工程中玻璃和金属的产生量分别约为4875t和4613t，由资源回收公司进行回收。

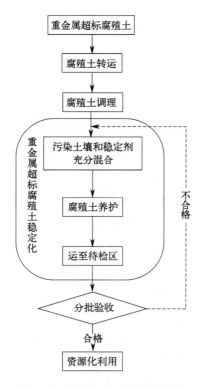

图 12-21 腐殖土处理工艺流程图

开挖垃圾中，电池作为危险废物应交由有资质的专业单位处置。若实施过程中发现其他危险废物，需委托相应处置单位进行处理。

12.3.3.5 污水收集与处理

（1）垃圾渗滤液

1）收集工程

在填埋垃圾分区开挖中，利用挖掘机设置渗滤液临时集水沟、临时集水坑，垃圾堆体中未能下渗至库底的渗滤液通过临时集水沟汇集到临时集水坑内，然后利用管道（或泵提升）输送至渗滤液调节池，汇流开挖过程中的垃圾渗滤液，同时，对垃圾筛分和腐殖土资源化、稳定化处置及暂存过程中产生的渗滤液进行收集，并排入调节池。渗滤液的收集采用在施工现场挖掘导流沟的方式，在导流沟上部用格栅式盖板封盖，收集的渗滤液用泵输送至调节池中。

2）处理工程

项目采用两级碟管式反渗透一体化处理设备（DTRO）对渗滤液进行处理（图 12-22），出水水质满足《生活垃圾填埋场污染控制标准》（GB 16889—2008）（该项目期间，生活垃圾填埋场污染物控制执行标准）中的要求后排放。两级 DTRO 工艺产生的浓缩液通过多效薄膜蒸发器进一步蒸发浓缩，清水达标排放，浓缩结晶体送至特定的综合处置中心处置。

（2）雨污废水

现场雨水通过场地周边的截洪沟进行导排收集。在垃圾开挖过程中，对落入基坑的雨水设置集水井，对其进行收集，初期雨水泵送至雨污废水处理系统进行处理。雨污废水经混凝

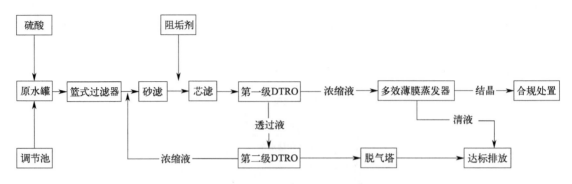

图 12-22 渗滤液处理工艺流程

沉淀等工艺处理后,各项指标达到《污水综合排放标准》(GB 8978—1996)中的三级标准后,纳入市政污水管网。

12.3.3.6 填埋气体收集与处理

经前期调查发现,垃圾填埋场填埋气体中的甲烷浓度为 2.41%～44.94%,均值为 25.64%,仅 3 个点位的填埋气体甲烷含量<5%,占全部监测点位的 13.0%。由此可知,填埋场存在发生火灾、爆炸或人员中毒的风险。甲烷在空气中的爆炸浓度范围为 5%～15%,当垃圾堆体内甲烷浓度达到爆炸范围时,如遇火种、高温或雷击,则极易发生爆炸。因此,在进行垃圾开挖施工前必须先开展甲烷收集及处理工程。

(1) 填埋气体收集工程

为了收集填埋场内的填埋气体,必须安装一套气体收集系统。填埋场气体将通过一些竖井或水平井收集,初步按照每隔 50m 设置一口气体收集井(实际密度根据生活垃圾生物可降解度、区域分布等因素进行调整),每 5 口集气井串联汇总至集气管组成一组输送系统的原则进行布置。本工程导气井数量较多,为了方便操作,每组集气管应设置一个调压站,对同一区域的多个导气井进行调节和控制,其详细布置和管道埋设情况如图 12-23 所示。

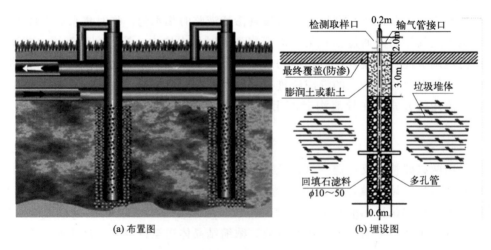

图 12-23 导气井和输气管的布置与埋设图

导气井按图 12-24 的结构要求和尺寸进行施工,导气井中心多孔管应采用 HDPE 等高强度耐腐蚀的管材，穿孔宜用长条形孔，在保证多孔管强度的前提下，多孔管开孔率不宜小于2%。将水平管道逐渐向竖井方向倾斜1‰的坡度，使水蒸气冷凝液返回竖井。为有效抽出井内的填埋气体，井内应保持约20kPa的负压，本工程在垃圾堆体外设置了2台（1用1备）KRF250型带变频调速的罗茨鼓风机，对导气井内的气体进行抽取。

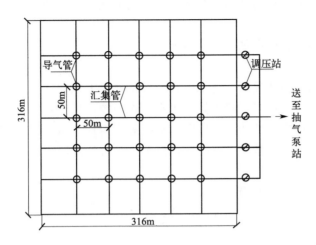

图12-24 导气井的结构

（2）填埋气体收集及处理工艺

抽取出的填埋气体用现场配备的小型火炬进行焚烧处理。填埋气体燃烧系统工艺流程为：填埋气体→过滤器→脱硫塔→冷却器→罗茨鼓风机→阻火器→火炬/其他利用方式（图12-25）。

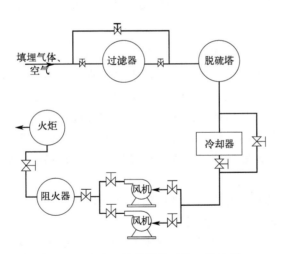

图12-25 填埋气体燃烧系统工艺流程

12.3.3.7 除尘、除臭、防爆工程

（1）开挖过程除尘、除臭、防爆措施

根据调查结果，本填埋场甲烷浓度较高（最高可达44.94%），NH_3和臭气污染比较严重。在垃圾开挖和装车过程中，这些恶臭气体会随风进入周围空气中，使施工环境大大恶化。施工人员在这种环境中长期工作，轻则使人不愉快、恶心，重则会发生中毒。因此，为了确保现场施工的安全顺利进行，需要对现场采取防爆、除尘、除臭措施。

1) 防爆措施

① 在垃圾开挖的过程中，必须做好对甲烷气体的实时监测，当发现有甲烷气体涌出或甲烷气体浓度超过1%时，应立即用防爆风机进行强制通风，直至低于1%时方可施工；

② 作业设备应定期检查，施工现场严禁明火/火花产生；

③ 在填埋区内设置醒目的消防、禁火标志，并做好员工和外来人员的安全教育，施工现场严禁吸烟；

④ 储备一定量的干粉灭火剂、灭火砂土等。

2) 除尘措施

① 在现场条件允许的情况下，施工位置应尽量处于上风向；

② 在现场配置2台洒水车，晴天做好洒水工作，控制扬尘；

③ 施工机械或车辆应定期清洗，厂区内道路等应定期洒水，抑制扬尘；

④ 施工过程中应对呼吸系统做好防护，佩戴自吸过滤式防毒面具（半面罩）。

3) 除臭措施

① 做好洒药工作，控制蚊蝇的产生；

② 喷洒植物液除臭剂，控制臭气的扩散。

(2) 筛分车间的废气处理

结合废气处理技术特点，本工程废气经管道收集后送入生物过滤系统中进行净化处理。筛分现场的废气处理采用生物滴滤工艺，在垃圾筛分车间共设 32 个吸风口对筛分现场的废气进行收集，特别在筛分区进行集中设置。垃圾处理站出入口均设置大功率风机，控制废气不向外扩散，每小时换气 3 次，废气处理设备风量为 120000m^3/h。处理后的臭气浓度达到《恶臭污染物排放标准》（GB 14554—93）中规定的新、改、扩建设项目厂界二级标准（15m高空排放）排放值后排放。

12.3.3.8 污染防治措施

在工程实施过程中，认真落实各项工程的二次污染防控和环境保护工作的具体要求，树立全员环保意识，制订周密有效的措施，控制大气、水、噪声、生态环境及景观污染，并合理使用自然资源，最大限度地减少对环境的污染和影响。成立二次污染防控管理体系，制订相关管理制度，做好二次污染防控管理人员配置。本工程污染物为陈腐垃圾和渗滤液等，筛分组分腐殖土存在不同程度的总铬、锌等重金属污染，需根据垃圾开挖处理工程特点进行合乎场地条件的施工，依据设置的施工流程制订环境安全管理措施，防止二次污染，并保证施工人员的健康安全。

本工程二次污染防控工作主要为垃圾挖运、筛分处理工期内的二次污染防控，其二次防控要点及对应防控措施如表 12-19 所列。

表 12-19 工程实施阶段环境二次污染防控要点和措施

要点	防范措施
垃圾飞扬物与粉尘污染控制	(1)在施工场地周围建临时挡风墙(隔声墙)，采用七合板材料，同时设置防飞散网； (2)使用密闭式运输车，控制装载量为90%，同时在装车完毕后严格检查运输车辆，确保不存在遗洒隐患； (3)垃圾/土运车辆在填埋场内按照规定路线行驶，场内运输道路每天按照规定时间清扫并洒水，保证现场干净，不起灰，清扫的遗漏垃圾经收集后送至垃圾处理区域进行统一处理； (4)配备洒水车，在土石路面洒水抑尘； (5)在主要扬尘点(如板式给料机受料斗、滚筒筛等)设集气罩，由引风机将废气送至处理设施，废气经处理后排放； (6)加强机械操作管理，在垃圾开挖过程中，装载机、挖掘机铲斗平稳操作，向运输车上装卸垃圾时，尽量使挖掘机铲斗贴着车身进行装卸；

续表

要点	防范措施
垃圾飞扬物与粉尘污染控制	(7)大风天气及时对垃圾/土方进行覆盖,防止产生扬尘及二次污染; (8)HDPE膜覆盖和双层密目安全网覆盖,垃圾填埋区应用HDPE膜覆盖开挖面和未开挖区域,暂存组分应用双层密目安全网覆盖
机械尾气污染控制	本工程全部使用满足国家第三阶段排放标准要求的施工机械;机械尾气对周边环境影响相对较小,工程结束后其影响即会消失
恶臭气体控制	(1)对垃圾填埋区进行分区开挖,减小开挖暴露面,降低臭气排放; (2)对垃圾填埋区进行分层开挖,使表层垃圾处于好氧状态,减少恶臭气体的产生量; (3)开挖时喷洒气味抑制剂,根据现场监测数据和现场情况,调整气味抑制剂的喷洒频率; (4)在恶臭爆发范围较大时,可以通过在开挖区周围增设抽风机,收集外溢气体,并进行后续尾气处理后外排; (5)本工程中开挖垃圾筛分预处理等工序,可在密闭大棚内开展,防止VOCs和粉尘飞扬对周边环境造成不良影响,必要时可在密闭大棚中设置废气处理系统(图12-26); (6)密闭大棚内部产生的废气经"袋式除尘+活性炭吸附"工艺处理后达标排放
水污染控制	(1)本工程的污水来源主要分为生活污水和生产污水,生产污水主要来源于垃圾渗滤液,挖掘、运输机械洗车水,降雨冲刷渗透造成的溢流废水和基坑废水; (2)本工程生活污水排放量小,处理达标后可纳入市政管网; (3)应尽量减少垃圾渗滤液的产生量,在垃圾挖运作业区建临时排水沟,实现对雨水的截留; (4)在大雨或暴雨时,应及时启动备用水泵抽水,防止雨水进入垃圾堆体; (5)垃圾分区开挖时,在非作业区上覆盖塑料膜,在暴雨期间不作业时,开挖区也应覆盖塑料膜,防止降雨进入垃圾堆体产生渗滤液,收集覆盖塑料膜上的雨水外排; (6)全面控制垃圾渗滤液,将开挖过程中产生的渗滤液引至收集系统,对运输车辆清洗、道路冲洗、设备清洗产生的废水,亦用明沟引至收集系统,之后送至处理系统
噪声污染控制	(1)合理安排各工艺实施地点及相关设备应用地点,将垃圾处理站建设在场地内,减少车辆出入带给周边居民的噪声污染; (2)加强管理力度,合理安排作业时间,严禁夜间进行高噪声作业,以保证周边居民的正常生活和休息,特殊情况需连续作业(或夜间作业)的,应采取有效的降噪措施,并事先做好当地居民的工作; (3)控制施工工具和施工方法,尽量采用低噪声的施工工具,同时尽量采用低噪声的施工方法; (4)建立良好的机械维修制度,对设备定期进行检修、润滑,使机械正常运转,降低噪声; (5)当声级计检测结果显示现场施工噪声过大或接到噪声过大的投诉时,应立即停止噪声污染源区域的施工,对器械进行整修,并对施工方式进行调节安排
固废污染控制	(1)在每一区域垃圾开挖的同时,每天组织人员对开挖现场、转运路线进行清扫,确保对遗撒的垃圾全部进行处理; (2)对不同筛分垃圾组分进行区分,每天对筛分区域进行清扫,保持作业区和物料暂存区的清洁卫生; (3)清扫收集废物根据其物理特性归入不同的筛分区域; (4)做好不同组分物料的收集与区分工作,降低固体废物生成量; (5)对垃圾处理药剂的包装进行收集和分类,储存至专门的废弃物临时储存场地; (6)车辆运输散体物料和废弃物时,必须密封、包扎、覆盖,不得沿途撒漏; (7)固体废物的运输应尽量避开暴雨期; (8)施工单位负责对工程建设过程中产生的日常生活垃圾进行专门分类收集,并交由环卫部门定期将其送往较近的垃圾场进行合理处置,严禁乱堆乱扔,防止产生二次污染
水土流失控制	(1)保持场地边坡稳定,分层开挖,对坡面进行强夯,密实度达90%以上,对基坑坑壁进行边坡支护,防止基坑壁边坡垮塌; (2)应用截洪沟和排水沟导排雨水,防止雨水无序下泄冲刷,从而避免水土流失; (3)对临时性边坡和开挖面采取覆盖塑料膜的方法防止雨水冲蚀坡体,避免或缓解地表径流所造成的水土流失
景观污染控制	(1)设立隔离墙,在施工场地周围建临时挡风墙(隔声墙),采用七合板材料,避免从外界直视作业区,从而避免视觉污染; (2)在施工场地周围设置防飞散网,防飞散网随机布置在作业区的下风向,可拦截作业区飞扬的塑料袋和纸张等,避免垃圾随处飞扬; (3)合理管理物料运输车辆,在施工场地出口建洗车池,保持外运车辆的清洁; (4)使用密封式运输车,防止物料洒落,尽量避免在交通高峰期运输,降低对环境和居民的干扰; (5)对垃圾堆体进行消毒防疫以及灭蚊、灭蝇、杀菌,以保护填埋区,使其符合卫生要求

图 12-26　密闭大棚构造示意

综上，C 垃圾填埋场开挖修复工程采用"混合垃圾开挖+筛分+腐殖土资源化/稳定化处理+渣砾消纳+塑料和金属等综合利用"的处理工艺，对填埋垃圾进行处理可实现垃圾的资源化，彻底消除了存量垃圾对土壤和地下水的潜在污染。

本工程符合政策要求、技术先进、经济合理、风险程度低，但在工程施工阶段需做好二次污染防治、安全防护措施和应急预案等各项工作，提前规划和落实好筛分后的腐殖土、筛上轻质物等各项组分的处置去向，提高腐殖土和筛上轻质物的筛选标准，以保证筛分出的各项垃圾成分的处置工程顺利开展。

12.4　垃圾填埋场原位好氧生物修复工程案例

12.4.1　工程概况

垃圾填埋场原位好氧生物修复工程案例 D 垃圾填埋场位于江苏省，面积约为 $103904m^2$，主要用于所在镇区域内的建筑垃圾、秸秆、生活垃圾和一般工业固废的填埋。根据环境调查报告，该区域于近几年开始堆放垃圾并覆土封盖，服务周期仅 1.5 年。经现场踏勘，该填埋点较为平整，表面有覆土，部分区域表面有建筑和生活垃圾。进一步调查发现，场地内土壤及地下水的部分指标超出相关质量标准，周边 500m 范围内主要为未利用地。为加速垃圾堆体内的有机物分解，降低垃圾堆体内的恶臭气体和甲烷爆炸风险，使垃圾堆体达到国家相关规范中后期最终生态修复条件，本工程对该地填埋场开展了原位好氧生物修复工程。垃圾填埋场原位好氧生物修复区域如图 12-27 所示。垃圾填埋场原位好氧生物修复系统主要包括注气/抽气设备、远程控制系统、监测仪表、气体处理系统、动力系统和控制系统、注气与抽气井、监测井和渗滤液抽排井等。

12.4.2　原位好氧生物修复工程

12.4.2.1　通风系统

（1）通风系统组成

垃圾填埋场原位好氧生物修复系统由注气风机、气体换热器、抽气风机、气水分离器、空气管道、注气井、抽气井、冷凝水收集器、气体过滤器、配套阀口和配套仪表等组成。用注气风机将空气压缩，经过气体换热器换热降温，通过空气管道和注气井注入垃圾填埋场中。垃圾中的可

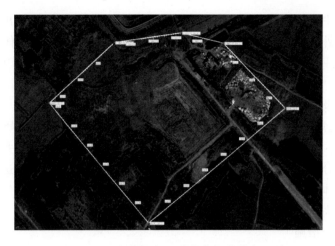

图 12-27　垃圾填埋场原位好氧生物修复区域

降解有机物在有氧条件下发生好氧降解，生成以 CO_2 为主要成分的垃圾填埋气体，该气体被抽气风机从抽气井中抽出，经气水分离器分离后进入气体过滤器，最后排放到大气中。管道中的冷凝水进入冷凝水收集器。垃圾填埋场原位好氧生物修复技术中的通风系统见图 12-28。

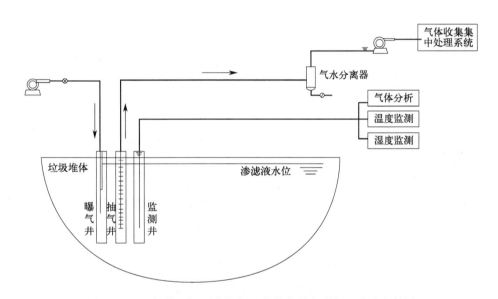

图 12-28　垃圾填埋场原位好氧生物修复输氧曝气工艺流程简图

鉴于 D 垃圾填埋场所处地块地下水位较浅，堆体密实度高，氧气输送难度大，常规输氧曝气难以实现高效氧化稳定化，因此本工程采用曝气系统，并与填埋气体导排系统联合，构成曝气-抽气联动系统，从而提高输氧曝气效率。在填埋地块布置曝气井，井间距为 20m，与填埋气体导气井间距约为 15m，形成曝气-抽气一体化联动，提高原位输氧曝气效率。

(2) 注气与抽气井

在垃圾填埋场原位好氧生物修复的过程中，需要向垃圾堆体中供给氧气，因此需要在填埋场中设置抽气井及注气井。两种井的结构形式差别不大，但作用不同。对于垃圾填埋场原位好氧生物修复工艺来说，工程内容为利用注气风机将新鲜空气注入堆体内，同时利用抽气风机将堆体内的气体抽出，并在井内形成负压，使堆体内产生的气体自行流向抽气井，将堆体内生物反应过程中生成的垃圾填埋气体和未参与反应或过量的空气抽出,同时在堆体内形成微负压,使堆体外空气能利用气压差自补气井流入堆体中,形成气体循环。按每 $1.0×10^6 m^3$ 的垃圾设置一台 $50m^3/min$、$75kPa$ 的多级离心鼓风机计,本工程应设置鼓风机 1 台（套）。

(3) 气水分离及气体换热器

当填埋气/空气混合物被抽出时,水同时也会被抽出,并在管道中凝结,此时会出现液体堵塞管道的问题。因此应将管道稍向井管倾斜一定角度,使水滴流入井管中,并且在主管道结尾处安装气水分离器,用于分离气体中的水分,以保证抽风机正常运行。注气时,由于气体流速较高,气体会与管道壁高速摩擦生热,所以应在曝气口处安装气体换热器,以保证注入气体的温度不高于 60℃。

(4) 控制与安全措施

在鼓风机之前需安装保护网,此外,应设置温度测量仪器来降低燃烧的危险。为了避免爆炸,在温度超过 60~70℃时,整套处理装置会自动停止。注入/抽取管道内部的压力是可控的,如果出现任何超过限值而引发的警报,处理装置会在一个设定的安全位置自动停止。

12.4.2.2 注气与抽气管施工

在注气抽气系统施工前,需对风量和井间距进行计算,然后对井位和管道进行设计和工程作业。本次施工中,注气抽气井布设主要包括注气井 192 口、抽气井 158 口,同时因垃圾堆体中微生物进行生化反应会产生大量蒸发水,为控制堆体湿度,布设抽排井 12 口。

(1) 注气井管施工

本原位好氧生物修复工程中,注气系统共设置注气井 192 口,水平管路长度为 4365m。其中,注气井井深分别设置为 6m,井间距约为 20m,注气井采用 DN90 的 PP 管,井管中部以下设置花管,以使注入的高压空气能顺利地通过周围的砾石向垃圾中迁移。井管缝隙外填充透气性良好的砂砾,要求粒度比较均匀,最小粒径大于花管的圆孔或条孔孔径,上部由混凝土灌筑,以保证良好的密封效果。气体输送通道的水平管路使用 PP 管,管径选择根据风量及流速等参数计算,选定为 DN200 和 DN110。注气井管施工总图如图 12-29 所示。

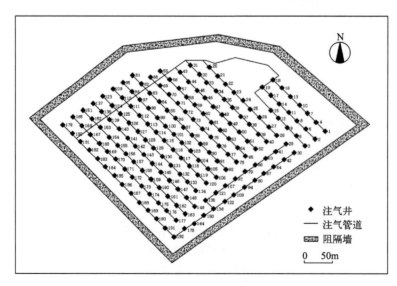

图 12-29　注气井及水平管路分布示意

(2) 抽气井管施工

本工程抽气系统共设置抽气井 158 口，水平管路长度为 4270m。其中，抽气井井深为 6m，井间距约为 20m，井管材质采用 DN90 的 PP 管，井管中部以下设置花管，抽气井管施工总图如图 12-30 所示。

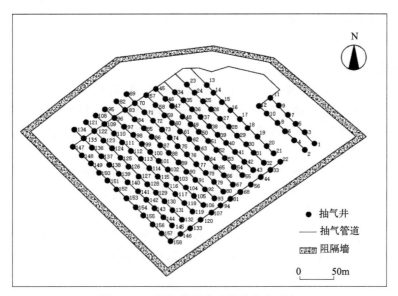

图 12-30　抽气井及水平管路分布示意

(3) 抽排井施工

本垃圾填埋场原位生物修复工程中，共设置抽排井 12 口。其中，抽排井井深为 6m，井管材质采用 DN90 的 PP 管，井管中部以下设置花管。抽排井布设如图 12-31 所示。

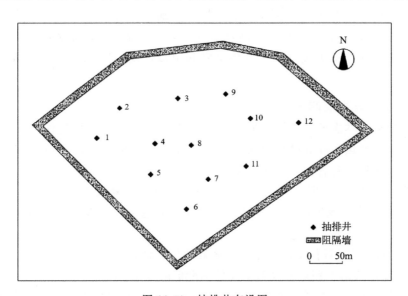

图 12-31　抽排井布设图

12.4.2.3　尾气处理系统安装

为避免治理过程中对环境造成二次污染，本工程采用"喷淋塔洗涤＋活性炭吸附"工艺，对抽取的废气进行净化处理后达标排放。本工程的废气处理系统由定制喷淋塔、活性炭除臭系统、加药装置、高压离心风机及排放烟囱等组成。

12.4.2.4 监测系统施工

本次工程的监测系统主要由温度、湿度、压力、CO_2、O_2、H_2S 监测仪表，数据采集器，数据分析软件系统组成。此外，还安装了控制系统，包括中控系统、现场控制系统和闭环自动控制系统。

12.4.2.5 污染控制措施

本工程存在的二次污染主要是施工噪声对周围环境的影响，现场采取的措施如下：

① 提倡文明施工，建立健全控制人为噪声的管理制度，尽量减少大声喧哗，特别要杜绝人为敲打、叫嚷、野蛮装卸等现象，最大限度地减少噪声扰民，增强全体施工人员防噪声扰民的自觉意识。

② 施工现场应切实采取措施，控制噪声的产生。如对进场使用的机械设备进行定期维护保养、检修、润滑，施工过程中严禁机械设备超负荷运转，禁止夜间（20：00以后）使用噪声比较大的机械。

③ 现场应加强对运输车辆的管理，制订的车辆行驶路线应选择在距离居民点较远的地段，另外在保证工期的前提下，尽量压缩施工区运行车辆和行车的密度，并严格控制汽车鸣笛。

12.4.3 生态修复效果评估

垃圾填埋场的修复和治理应与其后续利用相结合。根据《生活垃圾填埋场稳定化场地利用技术要求》（GB/T 25179—2010），稳定化填埋场地的利用可分为低度利用、中度利用和高度利用三类。由于 D 填埋场周围是未利用地，土地为低度利用，因此该修复工程只需要达到低度利用的要求（表1-7）即可。结合本地块实际情况，稳定化利用的要求指标包括填埋场有机质含量、堆体中填埋气体、堆体沉降和植被恢复，因此本工程分别对其进行分析测定。

12.4.3.1 有机质含量监测分析

根据标准要求，本次监测按照蛇形法共设置采样点16个，按填埋深度每2m取一个样，样品制备按《生活垃圾采样和分析方法》（CJ/T 313—2009）执行，共制备样品32个。

根据《污染地块风险管控与土壤修复效果评估技术导则（试行）》（HJ 25.5—2018）中的要求，当样品数量≥8个时，可采用统计分析方法进行修复效果评估。一般采用样品均值的95%置信上限与修复效果评估标准值进行比较，下述条件全部符合方可认为地块达到修复效果：

① 样品均值的95%置信上限小于等于修复效果评估标准值；

② 样品浓度最大值不超过修复效果评估标准值的2倍。

本次有机质含量监测共送检样品32个，其中31个样品的检出值低于《生活垃圾填埋场稳定化场地利用技术要求》（GB/T 25179—2010）中的低度利用要求，1个样品的检出值（25.74%）超过低度利用要求，但样品检出均值的95%置信上限（19.95%）均小于低度利用要求，检出最大值超过效果评估标准值的1.287倍，未超过修复效果评估标准值的2倍，达到了目标治理效果。

12.4.3.2 填埋气体甲烷浓度监测分析

根据标准要求，本次填埋气体甲烷浓度监测按照《生活垃圾卫生填埋场环境监测技术要求》（GB/T 18772—2017）执行，共设置8个填埋气体监测点。按照《固定污染源排气中颗粒物测定与气态污染物采样方法》（GB/T 16157—1996）中的要求进行采样，检测指标包括固定污染源废气中的总烃、甲烷和非甲烷总烃，测定方法参照 HJ 38—2017。本次填埋气体中甲烷浓度监测按照 GB/T 18772—2017 执行，检测的填埋气体中甲烷浓度均小于5%，符合《生活垃圾填埋场稳定化场地利用技术要求》（GB/T 25179—2010）中的填埋场地块稳定化低度利用要求（表12-20）。

表12-20 填埋气体中甲烷浓度检出数据

检测项目	低度利用要求 （GB/T 25179—2010）	最大值	最小值	是否符合低度利用要求
有机质	<20%	25.74%	1.04%	符合#
甲烷	≤5%	0.655%	0.015%	符合
堆体沉降	>35 cm/a	45cm/a*	36cm/a*	符合

注：* 表示年平均沉降量的最大值和最小值；# 表示样品检出均值的95%置信上限（19.95%）小于低度利用要求。

12.4.3.3 堆体沉降监测分析

本工程好氧稳定化系统从2019年12月开始试运行，运行前高程参考"D垃圾填埋场详勘阶段岩土工程勘察报告"中的勘探点高程，与2020年8月复测标高比对沉降幅度，得出本工程堆体年平均沉降量监测值均符合《生活垃圾填埋场稳定化场地利用技术要求》（GB/T 25179—2010）中的填埋场地块稳定化低度利用要求。

12.4.3.4 植被恢复监测分析

根据《生活垃圾填埋场稳定化场地利用技术要求》（GB/T 25179—2010）中的要求，生物修复后，该地块植被应达到恢复初期。通过50cm×50cm样方框的方法进行植被调查，重复10组，记录了样方框内的植被覆盖度、高度及种类。该填埋场原位好氧生物修复后，植被覆盖度由2018年9月的15%～70%增长为2020年8月的72%～97%（图12-32），大大提高了区域的生物多样性。

(a) 2018年9月

(b) 2020年8月

图12-32 填埋场地植被恢复前后对比图

综上，D垃圾填埋场原位好氧生物修复面积约为103904m²，好氧生物修复系统主要包括注气/抽气设备、远程控制系统、监测仪表、气体处理系统、动力系统和控制系统、注气与抽气井、监测井和渗滤液抽排井等。根据《生活垃圾填埋场稳定化场地利用技术要求》(GB/T 25179—2010)中的要求，填埋场地块稳定化利用的各项判定要求应为填埋场封场后的监测指标，因该填埋场封场工程暂未实施，所以本次工程评估与《生活垃圾填埋场稳定化场地利用技术要求》(GB/T 25179—2010)中的低度利用判定要求进行比对。

经监测与比对，本工程修复后填埋场中有机质含量、堆体中填埋气体、堆体沉降、植被恢复情况等全部达到《生活垃圾填埋场稳定化场地利用技术要求》(GB/T 25179—2010)中的填埋场地块稳定化低度利用要求，说明本工程效果好，可达到生物修复要求。在本项目实施期间，环境管理及安全管理措施得当，应急预案完善，生物修复过程质量控制符合相关要求，周边地下水水质稳定，并有所改善。

参考文献

[1] Kaza S, Yao L, Bhada-Tata P, et al. What a waste 2.0: A global snapshot of solid waste management to 2050 [M]. World Bank Publications, 2018.

[2] 付凌晖, 刘爱华. 中国统计年鉴2022 [M]. 北京: 中国统计出版社, 2022.

[3] Ding Y, Zhao J, Liu J W, et al. A review of China's municipal solid waste (MSW) and comparison with international regions: Management and technologies in treatment and resource utilization [J]. Journal of Cleaner Production, 2021, 293: 126144.

[4] Wang H, Wang C. Municipal solid waste management in Beijing: Characteristics and challenges [J]. Waste Management & Research, 2013, 31 (1): 67-72.

[5] Wang L, Pei T, Huang C, et al. Management of municipal solid waste in the Three Gorges region [J]. Waste Management, 2009, 29 (7): 2203-2208.

[6] Duan N, Li D, Wang P, et al. Comparative study of municipal solid waste disposal in three Chinese representative cities [J]. Journal of Cleaner Production, 2019, 254: 120134.

[7] Chen H, Yang Y, Jiang W, et al. Source separation of municipal solid waste: the effects of different separation methods and citizens' inclination—case study of Changsha, China [J]. Journal of the Air & Waste Management Association, 2017, 67 (2): 182-195.

[8] Yang N, Zhang H, Chen M, et al. Greenhouse gas emissions from MSW incineration in China: Impacts of waste characteristics and energy recovery [J]. Waste Management 2012, 32 (12): 2552-2560.

[9] Ji L, Lu S, Yang J, et al. Municipal solid waste incineration in China and the issue of acidification: A review [J]. Waste Management & Research, 2016, 34 (4): 280-297.

[10] 孙雨清, 钱寅飞, 储思琴. 苏州市垃圾分类对焚烧过程碳排放的影响 [J]. 环境卫生工程, 2023, 31 (1): 104-111.

[11] 贾悦, 李晓勇, 杨小云. 上海市1986—2019年生活垃圾理化特性变化规律研究 [J]. 环境卫生工程, 2021, 29 (3): 20-25.

[12] 石恺柘. 大型城市垃圾填埋场不同运行时期环境问题分析及管理对策探讨——以上海老港垃圾填埋场为例 [D]. 上海: 华东师范大学, 2016.

[13] Saunois M, Stavert A R, Poulter B, et al. The global methane budget 2000—2017 [J]. Earth System Science Data, 2020, 12 (3): 1561-1623.

[14] Xu Y, Xue X, Dong L, et al. Long-term dynamics of leachate production, leakage from hazardous waste landfill sites and the impact on groundwater quality and human health [J]. Waste Management, 2018, 82: 156-166.

[15] Wu C, Chen W, Gu Z, et al. A review of the characteristics of Fenton and ozonation systems in landfill leachate treatment [J]. Science of the Total Environment. 2021, 762: 143131.

[16] Zhang X, Zhang Y, Shi P, et al. The deep challenge of nitrate pollution in river water of China [J]. Science of the Total Environment, 2021, 770: 144674.

[17] Wang S, Han Z, Wang J, et al. Environmental risk assessment and factors influencing heavy metal concentrations in the soil of municipal solid waste landfills [J]. Waste Management, 2022, 139: 330-340.

[18] Graiver D A, Topliff C L, Kelling C L, et al. Survival of the avian influenza virus (H6N2) after land disposal [J]. Environmental Science & Technology, 2009, 43 (11): 4063-4067.

[19] Zhang D Y, Yang Y F, Li M, et al. Ecological barrier deterioration driven by human activities poses fatal threats to public health due to emerging infectious diseases [J]. Engineering, 2022, 10: 155-166.

[20] Carducci A, Federigi I, Verani M. Virus occupational exposure in solid waste processing facilities [J]. Annals of Oc-

cupational Hygiene, 2013, 57 (9): 1115-1127.

[21] 占松林, 高磊, 周克斌. 存量生活垃圾填埋场治理方式及商业模式的探讨 [J]. 环境卫生工程, 2023, 30 (6): 11-15.

[22] 戴小松, 邵靖邦, 叶亦盛, 等. 垃圾填埋场好氧生态修复技术在武汉金口垃圾填埋场治理工程中的应用 [J]. 施工技术, 2016, 45 (S2): 699-703.

[23] 谢文刚, 龙思杰, 罗继武, 等. 城市高强度开发区大型垃圾填埋场生态修复方案探讨——以武汉市某填埋场为例 [J]. 环境卫生工程, 2021, 29 (4): 86-92.

[24] 申志云. 山西一简易生活垃圾填埋场生态治理 [J]. 能源与节能, 2022, (11): 165-169.

[25] Sohoo I, Ritzkowski M, Kuchta K, et al. Environmental sustainability enhancement of waste disposal sites in developing countries through controlling greenhouse gas emissions [J]. Sustainability, 2020, 13 (1): 151.

[26] Heijo S. Landfill sustainability and aftercare completion criteria [J]. Waste Management & Research, 2011, 29 (1): 30-40.

[27] Márquez A J C, Cassettari Filho P C, Rutkowski E W, et al. Landfill mining as a strategic tool towards global sustainable development [J]. Journal of Cleaner Production, 2019, 226: 1102-1115.

[28] 沈光明, 陈威文. 浅谈垃圾填埋场的岩土工程勘察 [J]. 浙江建筑, 2007 (7): 42-43, 56.

[29] Koda E, Osiński P, Podlasek A, et al. Geoenvironmental investigation methods used for landfills and contaminated sites management [C] //Sustainable Environmental Geotechnics: Proceedings of EGRWSE 2019. Springer International Publishing, 2020: 55-67.

[30] Koda E, Tkaczyk A, Lech M, et al. Application of electrical resistivity data sets for the evaluation of the pollution concentration level within landfill subsoil [J]. Applied Sciences, 2017, 7 (3): 262.

[31] Juarez M B, Mondelli G, Giacheti H L. An overview of in situ testing and geophysical methods to investigate municipal solid waste landfills [J]. Environmental Science and Pollution Research, 2023, 30 (9): 24779-24789.

[32] 杜耀, 方圆, 沈东升, 等. 填埋场中硫化氢恶臭污染防治技术研究进展 [J]. 农业工程学报, 2015, 31 (S1): 269-275.

[33] Mønster J, Kjeldsen P, Scheutz C. Methodologies for measuring fugitive methane emissions from landfills—A review [J]. Waste Management, 2019, 87: 835-859.

[34] Duan Z, Scheutz C, Kjeldsen P. Trace gas emissions from municipal solid waste landfills: A review [J]. Waste Management, 2021, 119: 39-62.

[35] Ci M, Yang W, Jin H, et al. Evolution of sulfate reduction behavior in leachate saturated zones in landfills [J]. Waste Management, 2022, 141: 52-62.

[36] 沈东升, 董静杰, 庞梦媛, 等. 填埋场内渗滤液竖向迁移过程中硫酸盐还原过程的动态演变 [J]. 环境科学学报, 2023, 43 (5): 293-300.

[37] 丁文川, 姚瑜佳, 曾晓岚, 等. 垃圾填埋场中新型污染物的研究进展 [J]. 环境化学, 2018, 37 (10): 2267-2282.

[38] 方程冉, 龙於洋, 沈东升. 生物反应器填埋场中邻苯二甲酸二丁酯的迁移转化 [J]. 环境科学, 2012, 33 (4): 1397-1403.

[39] Propp V R, De Silva A O, Spencer C, et al. Organic contaminants of emerging concern in leachate of historic municipal landfills [J]. Environmental Pollution, 2021, 276: 116474.

[40] 龙於洋, 范丽娇, 沈东升, 等. 基于文献计量的垃圾填埋场污染物研究现状与趋势分析 [J]. 环境污染与防治, 2023, 45 (1): 97-104.

[41] Wijekoon P, Koliyabandara P A, Cooray A T, et al. Progress and prospects in mitigation of landfill leachate pollution: Risk, pollution potential, treatment and challenges [J]. Journal of Hazardous Materials, 2022, 421: 126627.

[42] Musson S E. Detection of selected pharmaceutical compounds and determination of their fate in modern lined landfills [D]. Gainsville: University of Florida, 2008.

[43] Nika M C, Ntaiou K, Elytis K, et al. Wide-scope target analysis of emerging contaminants in landfill leachates and risk assessment using Risk Quotient methodology [J]. Journal of Hazardous Materials, 2020, 394: 122493.

[44] Qi C, Huang J, Wang B, et al. Contaminants of emerging concern in landfill leachate in China: A review [J]. Emerging Contaminants, 2018, 4 (1): 1-10.

[45] Rahman M M, Sultan M B, Alam M. Microplastics and adsorbed micropollutants as emerging contaminants in landfill: A mini-review [J]. Current Opinion in Environmental Science & Health, 2022, 31: 100420.

[46] GodvinSharmila V, Shanmugavel S P, Tyagi V K, et al. Microplastics as emergent contaminants in landfill leachate: Source, potential impact and remediation technologies [J]. Journal of Environmental Management, 2023, 343: 118240.

[47] Qi S, Song J, Shentu J, et al. Attachment and detachment of large microplastics in saturated porous media and its influencing factors [J]. Chemosphere, 2022, 305: 135322.

[48] Zhu M, He L, Liu J, et al. Dynamic processes in conjunction with microbial response to unveil the attenuation mechanisms of tris (2-chloroethyl) phosphate (TCEP) in non-sanitary landfill soils [J]. Environmental Pollution, 2023, 316 (P1): 120666.

[49] 孙佛芹, 李文祥, 谭昊, 等. 疫情防控期村镇垃圾应急管理探讨 [J]. 环境卫生工程, 2020, 28 (2): 12-16.

[50] Yao L, Li Y, Li Z, et al. Prevalence of fluoroquinolone, macrolide and sulfonamide-related resistance genes in landfills from East China, mainly driven by MGEs [J]. Ecotoxicology and Environmental Safety, 2020, 190: 110131.

[51] Shen D, He R, Ren G, et al. Effect of leachate recycle and inoculation on microbial characteristics of municipal refuse in landfill bioreactors [J]. Journal of Environmental Sciences, 2001, 13 (4): 508-513.

[52] Shen D, He R, Ren G, et al. Effect of leachate recycling and inoculation on the biochemical characteristics of municipal refuse in landfill bioreactors [J]. Journal of Environmental Sciences, 2002, 14 (3): 406-412.

[53] 张茜, 许航, 苏良湖, 等. 垃圾渗滤液中新污染物分析方法的研究进展 [J]. 环境科学与管理, 2021, 46 (12): 104-109.

[54] Luo Q, Gu L, Wu Z, et al. Distribution, source apportionment and ecological risks of organophosphate esters in surface sediments from the Liao River, Northeast China [J]. Chemosphere, 2020, 250: 126297.

[55] 韩华, 李胜勇, 于岩. 非正规垃圾填埋场初步勘查与评价方法探讨 [J]. 工程地质学报, 2011, 19 (5): 771-777.

[56] 张可心. 基于健康风险评价的垃圾填埋场地下水污染修复阈值研究 [D]. 重庆: 重庆交通大学, 2018.

[57] 乔萌萌, 杨洁, 周芮, 等. 基于DRASTIC模型的地下水脆弱性研究综述 [J]. 苏州科技大学学报 (工程技术版), 2017, 30 (2): 37-44.

[58] 王英达, 李洵, 吴小雯, 等. 城镇生活垃圾填埋场开采的可行性评估体系 [J]. 环境工程, 2022, 40 (3): 181-187, 202.

[59] 沈东升, 何若, 刘宏远. 生活垃圾填埋生物处理技术 [M]. 北京: 化学工业出版社, 2003.

[60] 何若. 生物反应器填埋场中生活垃圾快速降解及其生物脱氮的机理研究 [D]. 杭州: 浙江大学, 2004.

[61] Chai X L, Tonjes D J, Mahajan D. Methane emissions as energy reservoir: context, scope, causes and mitigation strategies [J]. Progress in Energy and Combustion Science, 2016, 56: 33-70.

[62] 聂永丰. 三废处理工程技术手册: 固体废物卷 [M]. 北京: 化学工业出版社, 2000.

[63] 刘意立. 生活垃圾填埋场渗滤液导排系统堵塞机理及控制方法研究 [D]. 北京: 清华大学, 2018.

[64] Ma S, Zhou C, Pan J, et al. Leachate from municipal solid waste landfills in a global perspective: Characteristics, influential factors and environmental risks [J]. Journal of Cleaner Production, 2022, 333: 130234.

[65] Wang F, Wong C S, Chen D, et al. Interaction of toxic chemicals with microplastics: a critical review [J]. Water Research, 2018, 139: 208-219.

[66] 谢洁芬, 章家恩, 危晖, 等. 土壤中微塑料复合污染研究进展与展望 [J]. 生态环境学报, 2022, 31 (12): 2431-2440.

[67] Naje A S, Chelliapan S, Zakaria Z, et al. A review of electrocoagulation technology for the treatment of textile wastewater [J]. Reviews in Chemical Engineering, 2017, 33 (3): 263-292.

[68] Shi Z Q, Di Toro D M, Allen H E, et al. A general model for kinetics of heavy metal adsorption and desorption on soils [J]. Environmental Science & Technology, 2013, 47 (8): 3761-3767.

[69] 夏芳芳. 垃圾生物覆盖土对填埋气中H_2S的净化作用及机理研究 [D]. 杭州: 浙江大学, 2014.

[70] 陈丽萍, 蒋军成. 挥发性污染物水气耦合扩散数值模拟 [J]. 土木建筑与环境工程, 2010, 32 (5): 102-108.

[71] Xu R Z, Fang S, Zhang L, et al. Distribution patterns of functional microbial community in anaerobic digesters under different operational circumstances: A review [J]. Bioresource Technology, 2021, 341: 125823.

[72] Mand T D, Metcalf W W. Energy conservation and hydrogenase function in methanogenic archaea, in particular the genus *Methanosarcina* [J]. Microbiology and Molecular Biology Reviews, 2019, 83 (4): e00020-19.

[73] Zhou Z, Zhang C J, Liu P F, et al. Non-syntrophic methanogenic hydrocarbon degradation by an archaeal species [J]. Nature, 2022, 601 (7892): 257-262.

[74] 刘洪杰，徐晶，赵由才，等．生活垃圾填埋场微生物群落结构与功能［J］．环境卫生工程，2017，25（02）：5-9，14.

[75] Jiang L, Chu Y X, Zhang X, et al. Characterization of anaerobic oxidation of methane and microbial community in landfills with aeration［J］. Environmental Research, 2022, 214: 114102.

[76] Kennen K, Kirkwood N. Phyto: principles and resources for site remediation and landscape design［M］. London: Routledge, 2015.

[77] 徐艳，邓富玲．土壤动物在土壤污染修复中的应用［J］．现代农业科技，2018，23：192-197.

[78] Hoeffner K, Santonja M, Cluzeau D, et al. Epi-anecic rather than strict-anecic earthworms enhance soil enzymatic activities［J］. Soil Biology & Biochemistry, 2019, 132: 93-100.

[79] Wang R R, Zhu Z Q, Cheng W H, et al. Cadmium accumulation and isotope fractionation in typical protozoa Tetrahymena: A new perspective on remediation of Cd pollution in wastewater［J］. Journal of Hazardous Materials, 2023, 454: 131517.

[80] Kachieng'a L, Momba M N B. The synergistic effect of a consortium of protozoan isolates (*Paramecium* sp., *Vorticella* sp., *Epistylis* sp. and *Opercularia* sp.) on the biodegradation of petroleum hydrocarbons in wastewater［J］. Journal of Environmental Chemical Engineering, 2018, 6 (4): 4820-4827.

[81] 王金凤，由文辉，赵文彬，等．填埋场复垦土壤动物群落及环境相关性研究［J］．环境科学研究，2010，23（1）：80-84.

[82] 彭绪亚．垃圾填埋气产生及迁移过程模拟研究［D］．重庆：重庆大学，2004.

[83] 陈云敏．环境土工基本理论及工程应用［J］．岩土工程学报，2014，36（1）：1-46.

[84] 刘宏远．生物反应器填埋场系统的仿真研究［D］．杭州：浙江大学，2003.

[85] Bareither C A, Kwak S. Assessment of municipal solid waste settlement models based on field-scale data analysis［J］. Waste Management, 2015, 42: 101-117.

[86] 田宝虎．渗滤液膜滤浓缩液回灌对填埋场稳定化的影响研究［D］．杭州：浙江大学，2015.

[87] Fytanidis D K, Voudrias A. Numerical simulation of landfill aeration using computational fluid dynamics［J］. Waste Management, 2014, 34 (4): 804-816.

[88] Aziz S Q, Aziz H A, Yusoff M S, et al. Leachate characterization in semi-aerobic and anaerobic sanitary landfills: A comparative study［J］. Journal of environmental management, 2010, 91 (12): 2608-2614.

[89] 范晓平，夏宇，邢丽娜，等．垃圾填埋场好氧稳定化技术研究进展：修复机理及影响因素分析［C］//中国环境科学学会2022年科学技术年会——环境工程技术创新与应用分会场论文集（二）．南昌：中国环境科学学会环境工程分会，2022.

[90] Liu K, Lv L, Li W, et al. Micro-aeration and leachate recirculation for the acceleration of landfill stabilization: Enhanced hydrolytic acidification by facultative bacteria［J］. Bioresource Technology, 2023: 129615.

[91] Omar H, Rohani S. Treatment of landfill waste, leachate and landfill gas: A review［J］. Frontiers of Chemical Science and Engineering, 2015, 9: 15-32.

[92] van Groenigen K J, Osenberg C W, Hungate B A. Increased soil emissions of potent greenhouse gases under increased atmospheric CO_2［J］. Nature, 2011, 475 (7355): 214-216.

[93] Rasapoor M, Young B, Brar R, et al. Improving biogas generation from aged landfill waste using moisture adjustment and neutral red additive-Case study: Hampton Downs's landfill site［J］. Energy Conversion and Management, 2020, 216: 112947.

[94] 何若，沈东升，方程冉．生物反应器填埋场系统的特性研究［J］．环境科学学报，2001（6）：763-767.

[95] Ritzkowski M, Stegmann R. Landfill aeration worldwide: Concepts, indications and findings［J］. Waste Management, 2012, 32 (7): 1411-1419.

[96] Kumar S, Chiemchaisri C, Mudhoo A. Bioreactor landfill technology in municipal solid waste treatment: An overview［J］. Critical reviews in biotechnology, 2011, 31 (1): 77-97.

[97] Benson C H. Characteristics of gas and leachate at an elevated temperature landfill［J］. Geotechnical Frontiers, 2017, 276: 313-322.

[98] Sandip T M, Kanchan C K, Ashok H B. Enhancement of methane production and bio-stabilisation of municipal solid waste in anaerobic bioreactor landfill［J］. Bioresource Technology, 2012, 110: 10-17.

[99] Yao J, Qiu Z, Kong Q, et al. Migration of Cu, Zn and Cr through municipal solid waste incinerator bottom ash layer in the simulated landfill［J］. Ecological Engineering, 2017, 102: 577-582.

[100] Chen H, He J, Zhou D D, et al. Introduction of acid-neutralizing layer to facilitate the stabilization of municipal solid waste landfill [J]. Waste Management, 2022, 154: 245-251.

[101] Voberkova S, Vaverkova M D, Buresova A, et al. Effect of inoculation with white-rot fungi and fungal consortium on the composting efficiency of municipal solid waste [J]. Waste Management, 2017, 61: 157-164.

[102] Chamem O, Fellner J, Zairi M. Ammonia inhibition of waste degradation in landfills-A possible consequence of leachate recirculation in arid climates [J]. Waste Management & Research, 2020, 38 (10): 1078-1086.

[103] Solé-Bundó M, Eskicioglu C, Garfí M, et al. Anaerobic co-digestion of microalgal biomass and wheat straw with and without thermo-alkaline pretreatment [J]. Bioresource Technology, 2017, 237: 89-98.

[104] Dong J, Sheng H, Wen C Y, et al. Effects of phosphorous on the stabilization of solid waste in anaerobic landfill [J]. Process Safety and Environmental Protection, 2013, 91 (6): 483-488.

[105] Barlaz M, Green R, Chanton J, et al. Evaluation of a biologically active cover for mitigation of landfill gas emissions [J]. Environmental Science & Technology, 2004, 38 (18): 4891-4899.

[106] Scheutz C, Dote Y, Fredenslund A M, et al. Attenuation of fluorocarbons released from foam insulation in landfills [J]. Environmental Science & Technology, 2007, 41 (22): 7714-7722.

[107] Berenjkar P, Sparling R, Lozecznick S, et al. Methane oxidation in a landfill biowindow under wide seasonally fluctuating climatic conditions [J]. Environmental Science and Pollution Research, 2022, 29: 24623-24638.

[108] Scheutz C, Cassini F, De Schoenmaeker J, et al. Mitigation of methane emissions in a pilot-scale biocover system at the AV Miljø Landfill, Denmark: 2. Methane oxidation [J]. Waste Management, 2017, 63: 203-212.

[109] 储意轩. 曝气方式对垃圾填埋场气态污染物排放的影响及微生物学机理 [D]. 杭州: 浙江大学, 2022.

[110] Chi Z F, Zhu Y H, Yin Y. Insight into $SO_4(-II)$-dependent anaerobic methane oxidation in landfill: Dual-substrates dynamics model, microbial community, function and metabolic pathway [J]. Waste Management, 2022, 141: 115-124.

[111] 龙焰. 生活垃圾快速降解并原位脱氮的生物反应器填埋技术及机理研究 [D]. 杭州: 浙江大学, 2008.

[112] Sun X, Zhang H, Cheng Z. Use of bioreactor landfill for nitrogen removal to enhance methane production through ex situ simultaneous nitrification-denitrification and in situ denitrification [J]. Waste Management, 2017, 66: 97-102.

[113] Tallec G, Bureau C, Peu P, et al. Proceedings Sardinia 2007, Eleventh International Waste Management and Landfill Symposium S [C] //Italy, Cagliari, 2007.

[114] Price G A, Barlaz M A, Hater G R. Nitrogen management in bioreactor landfills [J]. Waste Management, 2003, 23 (7): 675-688.

[115] Itokawa H, Hanaki K, Matsuo T. Nitrous oxide production in high-loading biological nitrogen removal process under low COD/N ratio condition [J]. Water Research, 2001, 35 (3): 657-664.

[116] Fang Y, Du Y, Feng H, et al. Sulfide oxidation and nitrate reduction for potential mitigation of H_2S in landfills [J]. Biodegradation, 2015, 26: 115-126.

[117] Shi Z, Zhang Y, Zhou J T, et al. Biological removal of nitrate and ammonium under aerobic atmosphere by *Paracoccus versutus* LYM [J]. Bioresource Technology, 2013, 148: 144-148.

[118] Watson S B, Jüttner F. Malodorous volatile organic sulfur compounds: Sources, sinks and significance in inland waters [J]. Critical Reviews in Microbiology, 2017, 43 (2): 210-237.

[119] Lomans B P, Pol A, Op den Camp H J M. Microbial cycling of volatile organic sulfur compounds in anoxic environments [J]. Water Science and Technology, 2002, 45 (10): 55-60.

[120] Sato D, Nozaki T. Methionine gamma-lyase: the unique reaction mechanism, physiological roles, and therapeutic applications against infectious diseases and cancers [J]. IUBMB Life, 2009, 61 (11): 1019-1028.

[121] El-Sayed A S. Microbial l-methioninase: production, molecular characterization, and therapeutic applications [J]. Applied Microbiology and Biotechnology, 2010, 86 (2): 445-467.

[122] 陈敏. 填埋垃圾厌氧降解过程中含硫化合物的转化和 CH_3SH 产生潜能研究 [D]. 杭州: 浙江大学, 2017.

[123] Kleikemper J, Schroth M H, Sigler W V, et al. Activity and diversity of sulfate-reducing bacteria in a petroleum hydrocarbon-contaminated aquifer [J]. Applied and environmental microbiology, 2002, 68 (4): 1516-1523.

[124] Fang Y, Du Y, Hu L F, et al. Effects of sulfur-metabolizing bacterial community diversity on H_2S emission behavior in landfills with different operation modes [J]. Biodegradation, 2016, 27: 237-246.

[125] Jin Z, Ci M, Yang W, et al. Sulfate reduction behavior in the leachate saturated zone of landfill sites [J]. Science of

the Total Environment, 2020, 730: 138946.

[126] Yang W, Ci M, Hu L, et al. Sulfate-reduction behavior in waste-leachate transition zones of landfill sites [J]. Journal of Hazardous Materials, 2022, 428: 128199.

[127] Hinsley A P, Berks B C. Specificity of respiratory pathways involved in the reduction of sulfur compounds by *Salmonella enterica* [J]. Microbiology, 2002, 148 (11): 3631-3638.

[128] He R, Xia F F, Bai Y, et al. Mechanism of H_2S removal during landfill stabilization in waste biocover soil, an alterative landfill cover [J]. Journal of Hazardous Materials, 2012, 217: 67-75.

[129] Xia F F, Zhang H T, Wei X M, et al. Characterization of H_2S removal and microbial community in landfill cover soils [J]. Environmental Science and Pollution Research, 2015, 22: 18906-18917.

[130] Yao X Z, Ma R C, Li H J, et al. Assessment of the major odor contributors and health risks of volatile compounds in three disposal technologies for municipal solid waste [J]. Waste Management, 2019, 91: 128-138.

[131] Chiriac R, Morais J D, Carre J, et al. Study of the VOC emissions from a municipal solid waste storage pilot-scale cell: Comparison with biogases from municipal waste landfill site [J]. Waste Management, 2011, 31 (11): 2294-2301.

[132] 徐亮, 邵岩, 李振山. 单组分垃圾厌氧降解初期的产气规律及恶臭特征 [J]. 环境污染与防治, 2020, 42 (5): 523-527, 538.

[133] Komilis D P, Ham R K, Park J K. Emission of volatile organic compounds during composting of municipal solid wastes [J]. Water Research, 2004, 38 (7): 1707-1714.

[134] Chu Y X, Wang J, Tian G M, et al. Reduction in VOC emissions by intermittent aeration in bioreactor landfills with gas-water joint regulation [J]. Environmental Pollution, 2021, 290: 118059.

[135] Tan H, Zhao Y, Ling Y, et al. Emission characteristics and variation of volatile odorous compounds in the initial decomposition stage of municipal solid waste [J]. Waste Management, 2017, 68: 677-687.

[136] Statheropoulos M, Agapiou A, Pallis G. A study of volatile organic compounds evolved in urban waste disposal bins [J]. Atmospheric Environment, 2005, 39 (26): 4639-4645.

[137] Scheutz C, Kjeldsen P. Biodegradation of trace gases in simulated landfill soil [J]. Journal of the Air & Waste Management Association, 2005, 55 (7): 878-885.

[138] Scheutz C, Bogner J, Chanton J P, et al. Atmospheric emissions and attenuation of non-methane organic compounds in cover soils at a French landfill [J]. Waste Management, 2008, 28 (10): 1892-1908.

[139] Hanson R S, Hanson T E. Methanotrophic bacteria [J]. Microbiological Reviews, 1996, 60 (2): 439-471.

[140] Little C D, Palumbo A V, Herbes S E, et al. Trichloroethylene biodegradation by a methane-oxidizing bacterium [J]. Applied and Environmental Microbiology, 1988, 54 (4): 951-956.

[141] Im J, Semrau J D. Pollutant degradation by a *Methylocystis* strain SB2 grown on ethanol: bioremediation via facultative methanotrophy [J]. FEMS Microbiology Letters, 2011, 318 (2): 137-142.

[142] He R, Su Y, Ma R C, et al. Characterization of toluene metabolism by methanotroph and its effect on methane oxidation [J]. Environmental Science and Pollution Research, 2018, 25 (17): 16816-16824.

[143] 苏瑶. 甲苯胁迫对填埋场覆盖土中CH_4氧化的影响及机理研究 [D]. 杭州: 浙江大学, 2016.

[144] Olaniran A, Bhola V, Pillay B. Aerobic biodegradation of a mixture of chlorinated organics in contaminated water [J]. African Journal of Biotechnology, 2008, 7 (13): 2217-2220.

[145] Schmidt K R, Gaza S, Voropaev A, et al. Aerobic biodegradation of trichloroethene without auxiliary substrates [J]. Water Research, 2014, 59: 112-118.

[146] 何芝, 赵天涛, 邢志林, 等. 典型生活垃圾填埋场覆盖土微生物群落分析 [J]. 中国环境科学, 2015, 35 (12): 3744-3753.

[147] 孔娇艳. 三氯乙烯胁迫下垃圾生物覆盖土的甲烷氧化活性及其微生物种群结构研究 [D]. 杭州: 浙江大学, 2014.

[148] Kaya D, Imamoglu I, Sanin F D, et al. A comparative evaluation of anaerobic dechlorination of PCB-118 and Aroclor 1254 in sediment microcosms from three PCB-impacted environments [J]. Journal of Hazardous Materials, 2018, 341: 328-335.

[149] 邢志林. 填埋场覆盖层氯代烯烃沿程生物降解机制及微生物群落结构研究 [D]. 重庆: 重庆大学, 2018.

[150] 鲁莉萍, 肖文丰, 刘嘉裕, 等. 功能微生物对持久性氯代有机污染物的降解作用及机理 [J]. 杭州师范大学学报

（自然科学版），2014，13（3）：298-303.
- [151] 龙於洋. 生物反应器填埋场中重金属 Cu 和 Zn 的迁移转化机理研究 [D]. 杭州：浙江大学，2009.
- [152] Flyhammar P. Estimation of heavy metal transformations in municipal solid waste [J]. Science of the Total Environment，1997，198（2）：123-133.
- [153] 楼涛，陈国华，谢会祥，等. 腐植质与有机污染物作用研究进展 [J]. 海洋环境科学，2004（3）：71-76.
- [154] Suh J H, Yun J W, Kim D S, et al. A comparative study on Pb^{2+} accumulation between *Saccharomyces cerevisiae* and *Aureobasidium pullulans* by SEM (Scanning Electron Microscopy) and EDX (Energy Dispersive X-Ray) analyses [J]. Journal of Bioscience and Bioengineering，1999，87（1）：112-115.
- [155] Zeng W M, Li F, Wu C H, et al. Role of extracellular polymeric substance (EPS) in toxicity response of soil bacteria *Bacillus* sp. S3 to multiple heavy metals [J]. Bioprocess and Biosystems Engineering，2020，43（1）：153-167.
- [156] Nanda S S, Kim B J, Kim K W, et al. A new device concept for bacterial sensing by Raman spectroscopy and voltage-gated monolayer graphene [J]. Nanoscale，2019，11（17）：8528-8537.
- [157] Rahman Z, Thomas L, Singh V P. Biosorption of heavy metals by a lead (Pb) resistant bacterium, Staphylococcus hominis strain AMB-2 [J]. Journal of Basic Microbiology，2019，59（5）：477-486.
- [158] Igiri B E, Okoduwa S I, Idoko G O, et al. Toxicity and bioremediation of heavy metals contaminated ecosystem from tannery wastewater: A review [J]. Journal of Toxicology，2018，2018：2568038.
- [159] Berge N D, Reinhart D R, Batarseh E S. An assessment of bioreactor landfill costs and benefits [J]. Waste Management，2009，29（5）：1558-1567.
- [160] 何若，沈东升. 生物反应器-填埋场处理渗滤液的试验 [J]. 环境科学，2001（6）：99-102.
- [161] Sethi S, Kothiyal N C, Nema A K. Stabilisation of municipal solid waste in bioreactor landfills-an overview [J]. International Journal of Environment and Pollution，2013，51（1-2）：57-78.
- [162] Chong T L, Matsufuji Y, Hassan M N. Implementation of the semi-aerobic landfill system (Fukuoka method) in developing countries: A Malaysia cost analysis [J]. Waste Management，2005，25（7）：702-711.
- [163] Kim H-J, Yoshida H, Matsuto T, et al. Air and landfill gas movement through passive gas vents installed in closed landfills [J]. Waste Management，2009，30（3）：465-472.
- [164] 张小余. 天水市垃圾填埋场渗滤液减量控制及处理方案设计 [D]. 兰州：兰州大学，2012.
- [165] 马先芮. 原位好氧稳定化技术治理垃圾填埋场施工要点分析 [J]. 绿色科技，2019（18）：141-142，145.
- [166] Ko J H, Powell J, Jain P, et al. Case study of controlled air addition into landfilled municipal solid waste: design, operation, and control [J]. Journal of Hazardous, Toxic, and Radioactive Waste，2013，17（4）：351-359.
- [167] 杨旭，曹占强，葛亚军，等. 填埋场好氧稳定化通风系统设计研究及实践 [J]. 绿色科技，2021，23（20）：164-167，171.
- [168] 吕秀芬. 原位微生物稳定化技术治理非正规垃圾场的通风系统关键点设计 [J]. 绿色科技，2018（14）：160-163，166.
- [169] 刘军，潘天骐. 填埋场好氧修复技术研究进展 [J]. 广东化工，2019，46（20）：85-86，98.
- [170] 彭绪亚，余毅，刘国涛. 不同降解阶段填埋垃圾体的气体渗透特性研究 [J]. 中国沼气，2003（1）：8-11.
- [171] 彭绪亚，余毅. 填埋垃圾体气体渗透特性的实验研究 [J]. 环境科学学报，2003（4）：530-534.
- [172] 李蕾，彭垚，谭涵月，等. 填埋场原位好氧稳定化技术的应用现状及研究进展 [J]. 中国环境科学，2021，41（6）：2725-2736.
- [173] 叶盛华，但汉波，陶如钧，等. 垂直防渗在现代卫生填埋场中的应用 [J]. 环境工程，2013，31（S1）：510-512，584.
- [174] 谢海建. 成层介质污染物的运移机理及衬垫系统防污性能研究 [D]. 杭州：浙江大学，2008.
- [175] 王志高，谢金亮，郝建青，等. 隔水帷幕技术在非正规垃圾填埋场治理中的工程应用 [J]. 有色冶金节能，2019，35（2）：40-44.
- [176] Barlaz M A. Forest products decomposition in municipal solid waste landfills [J]. Waste Management，2006，26（4）：321-333.
- [177] 王珊. 云南省城镇生活垃圾填埋场稳定化评价的研究 [M]. 昆明：昆明理工大学，2016.
- [178] 李鹤. 高厨余垃圾填埋场降解固结性状及液气诱发灾害治理方法 [D]. 杭州：浙江大学，2021.
- [179] 刘娟. 垃圾填埋场稳定化进程核心表征指标研究 [D]. 北京：清华大学，2011.
- [180] Jędrczak A, Suchowska-Kisielewicz M. A comparison of waste stability indices for mechanical-biological waste

[181] Ritzkowski M, Heyer K U, Stegmann R. Fundamental processes and implications during in situ aeration of old landfills [J]. Waste Management, 2006, 26 (4): 356-372.

[182] Baker A, Curry M. Fluorescence of leachates from three contrasting landfills [J]. Water Research, 2004, 38 (10): 2605-2613.

[183] Nishijima W, Fahmi, Mukaidani T, et al. DOC removal by multi-stage ozonation-biological treatment [J]. Water Research, 2003, 37 (1): 150-154.

[184] 杨玉江, 赵由才. 老港生活垃圾填埋场垃圾组成和资源化价值研究 [J]. 环境工程学报, 2007 (2): 116-118.

[185] Morris J W F, Vasuki N C, Baker J A, et al. Findings from long-term monitoring studies at MSW landfill facilities with leachate recirculation [J]. Waste Management, 2003, 23 (7): 653-666.

[186] 刘海龙, 周家伟, 陈云敏, 等. 城市生活垃圾填埋场稳定化评估 [J]. 浙江大学学报 (工学版), 2016, 50 (12): 2336-2342.

[187] Rooker A P. A critical evaluation of factors required to terminate the post-closure monitoring period at solid waste landfills [D]. Raleigh: North Carolina State University, 2000.

[188] 蒋建国, 张唱, 黄云峰, 等. 垃圾填埋场稳定化评价参数的中试实验研究 [J]. 中国环境科学, 2008 (1): 58-62.

[189] 周文武, 陈冠益, 且增, 等. 垃圾填埋场区域地下水铅的修复方案比选: 以拉萨市为例 [J]. 环境工程, 2020, 38 (6): 88-93.

[190] 林建伟, 王里奥, 陈玲, 等. 三峡库区小型垃圾堆放场生活垃圾的稳定化分析 [J]. 环境科学与技术, 2005 (3): 46-47, 52, 118.

[191] 林建伟, 王里奥, 刘莉, 等. 基于 BP 神经网络的垃圾堆放场稳定化程度的综合判别 [J]. 新疆环境保护, 2004 (1): 30-34.

[192] 韩华, 康敏娟, 申康, 等. 非正规地上垃圾堆放点精准勘测技术应用研究 [J]. 工程勘察, 2021, 49 (1): 31-35.

[193] 杨德山. 大中型散料堆体积测量关键技术研究 [D]. 大连: 大连海事大学, 2017.

[194] 周玉强. 高密度电阻率法在非正规垃圾填埋场调查中的应用研究 [J]. 环境卫生工程, 2020, 28 (3): 60-65.

[195] Li H, Sanchez R, Qin S J, et al. Computer simulation of gas generation and transport in landfills. V: Use of artificial neural network and the genetic algorithm for short-and long-term forecasting and planning [J]. Chemical Engineering Science, 2011, 66 (12): 2646-2659.

[196] Fallah B, Ng K T W, Vu H L, et al. Application of a multi-stage neural network approach for time-series landfill gas modeling with missing data imputation [J]. Waste Management, 2020, 116: 66-78.

[197] Fallah B, Torabi F. Application of periodic parameters and their effects on the ANN landfill gas modeling [J]. Environmental Science and Pollution Research, 2021, 28 (22): 28490-28506.

[198] Maria J, Vincenzo C A, Milagrosa A, et al. A methodology to characterize a sanitary landfill combining, through a numerical approach, a geoelectrical survey with methane point-source concentrations [J]. Environmental Technology & Innovation, 2021, 21: 101225.

[199] Mostafa M S, Maryam A, Bijan Y, et al. Prediction of methane emission from landfills using machine learning models [J]. Environmental Progress & Sustainable Energy, 2021, 40 (4): 13629.

[200] Yu X, Jiannan L, Xuan L, et al. Machine learning-based optimal design of groundwater pollution monitoring network [J]. Environmental Research, 2022, 211: 113022.

[201] 刘思彤. 生活垃圾填埋场渗滤液产量预测研究 [D]. 成都: 西南交通大学, 2010.

[202] Azadi S, Amiri H, Rakhshandehroo G R. Evaluating the ability of artificial neural network and PCA-M5P models in predicting leachate COD load in landfills [J]. Waste Management, 2016, 55: 220-230.

[203] Kazuei I, Masahiro S, Satoru O. Prediction of leachate quantity and quality from a landfill site by the long short-term memory model [J]. Journal of Environmental Management, 2022, 310: 114733.

[204] 兰吉武, 黄仁华, 高康, 等. 填埋场数字化管理系统概述 [J]. 环境卫生工程, 2015, 23 (6): 52-55.

[205] 潘磊, 徐飞. 某垃圾场开挖实例模拟分析 [J]. 山西建筑, 2012, 387 (27): 86-87.

[206] Yu W, Wang X B, Liu L J, et al. Characterizing moisture occurrence state in coal gasification fine slag filter cake using low field nuclear magnetic resonance technology [J]. Energy Sources, Part A: Recovery, Utilization, and Environmental Effects, 2023, 45 (3): 8004-8014.

[207] 陆效民. 垃圾挤压除水装置电液控制系统 [J]. 煤矿机电, 2000 (2): 16-17.

[208] Liang Y, Yin Q, Jiang Z J, et al. Pollution characteristics and microbial community succession of a rural informal landfill in an arid climate [J]. Ecotoxicology and Environmental Safety, 2023, 262: 115295.

[209] 张焕亨. 陈腐垃圾成分特性及其与原生垃圾掺烧研究 [J]. 广东化工, 2021, 48 (9): 193-195.

[210] 李敏, 廖利, 张璐. 西海堤垃圾场和西田垃圾场陈腐垃圾特性研究 [J]. 再生资源研究, 2006 (6): 19-22.

[211] 吴莉鑫, 薛映, 虞文波, 等. 南方多雨地区村镇垃圾理化特性分析及对比研究 [J]. 环境卫生工程, 2021, 29 (6): 59-66.

[212] 汪洋, 胡峻, 余春江, 等. 西南地区某垃圾填埋场矿化型陈腐垃圾性质及资源化利用方法 [J]. 环境卫生工程, 2023, 31 (2): 36-40.

[213] 温智玄, 王艳秋. 非正规垃圾填埋场矿化垃圾的综合利用分析 [J]. 环境与可持续发展, 2013, 41 (3): 81-83.

[214] 张良, 罗成明, 张龙, 等. 非正规垃圾堆放点陈腐垃圾分选与无害化处理——以福州市某垃圾场为例 [J]. 绿色科技, 2021, 23 (18): 153-158.

[215] 林文琪, 郭子成. 非正规填埋场陈腐垃圾分选与资源化利用 [J]. 四川环境, 2020, 39 (3): 115-119.

[216] 葛恩燕, 胡超. 生活垃圾填埋场开采筛分处置技术研究——以卧旗山垃圾填埋场为例 [J]. 环境卫生工程, 2022, 30 (5): 88-93.

[217] 刘明达, 葛亚军, 曹占强, 等. 垃圾腐殖土筛分工艺和筛分单元 [J]. 广东化工, 2022, 49 (5): 143-145.

[218] Jones P T, Geysen D, Tielemans Y, et al. Enhanced Landfill Mining in view of multiple resource recovery: a critical review [J]. Journal of Cleaner Production, 2013, 55 (15): 45-55.

[219] Kamura K, Makita R, Uchiyama R, et al. Examination of metal sorting and concentration technology in landfill mining -with focus on gravity and magnetic force sorting [J]. Waste Management, 2022, 141: 147-153.

[220] 白秀佳, 张红玉, 顾军, 等. 填埋场陈腐垃圾理化特性与资源化利用研究 [J]. 环境工程, 2021, 39 (2): 116-120.

[221] 袁京, 杨帆, 李国学, 等. 非正规填埋场矿化垃圾理化性质与资源化利用研究 [J]. 中国环境科学, 2014, 34 (7): 1811-1817.

[222] Zhang H, Huang H Q, Sun X J, et al. Comprehensive reuse of aged refuse in MSW landfills [J]. Energy Education Science & Technology, 2012, 29 (1): 175-184.

[223] 彭帅, 陈晓国, 李晓光, 等. 不同填埋龄垃圾腐殖土中细菌群落结构特征 [J]. 环境工程技术学报, 2021, 11 (5): 879-887.

[224] 于淼. 矿化垃圾治理技术的应用 [J]. 矿化垃圾治理技术的应用, 2017, 10 (6): 34-36.

[225] Myszura M, Zukowska G, Wojcikowska K, A. The properties of soils on a reclaimed ash landfill [J]. Przemysl Chemiczny, 2019, 98 (12): 2015-2020.

[226] 宋亮. 德州市非正规垃圾填埋场治理工程实例 [J]. 环境卫生工程, 2019, 27 (3): 48-50.

[227] 龚庆. EDTA与柠檬酸联合腐植酸去除存余垃圾腐殖土中重金属污染研究 [D]. 武汉: 华中科技大学, 2021.

[228] 刘晓成. 填埋生活垃圾稳定化特征及开挖可行性研究 [D]. 杭州: 浙江大学, 2018.

[229] 朱兵见, 邱战洪, 何冬冬. 城市生活垃圾的力学性能测试与分析 [J]. 济南大学学报（自然科学版）, 2012, 26 (04): 403-406.

[230] Quaghebeur M, Laenen B, Geysen D, et al. Characterization of landfilled materials: screening of the enhanced landfill mining potential [J]. Journal of Cleaner Production, 2013, 55: 72-83.

[231] Able C, Rellergert D, Mazzoni V, et al. Assessment of combustion residual leachate volume, composition, and treatment costs [J]. Journal of Hazardous Materials, 2023, 457: 131731.

[232] Qiu Z P, Li M X, Zhang L Z P, et al. Effect of waste compaction density on stabilization of aerobic bioreactor landfills [J]. Environmental Science and Pollution Research, 2020, 27 (4): 4528-4535.

[233] Feng S J, Shi J L, Shen Y, et al. Experimental study on the monotonic shear strength of GM/CCL composite liner interface [J]. Environmental Geotechnics, 2023, 10 (1): 19-31.

[234] 管仁秋. 城市固体废弃物填埋体边坡稳定分析及工程控制措施 [D]. 杭州: 浙江大学, 2010.

[235] 陈云敏, 刘晓成, 徐文杰, 等. 填埋生活垃圾稳定化特征与可开采性分析:以我国第一代卫生填埋场为例 [J]. 中国科学: 技术科学, 2019, 49 (2): 199-211.

[236] 席本强. 废弃矿山垃圾填埋场边坡稳定性及加固防渗研究 [D]. 阜新: 辽宁工程技术大学, 2010.

[237] 骆行文, 杨明亮, 姚海林, 等. 陈垃圾土的工程力学特性试验研究 [J]. 岩土工程学报, 2006 (5): 622-625.

[238] 魏于航. 成都市生活垃圾土力学特性及本构模型研究 [D]. 成都：西华大学, 2016.
[239] 沈淼, 曹岩, 刘霖. 基于三轴剪切试验的改良垃圾土抗剪特性研究 [J]. 内蒙古工业大学学报（自然科学版），2018, 37 (2)：136-141.
[240] 赵燕茹. 城市生活垃圾填埋体的力学特性及降解沉降研究 [D]. 重庆：重庆大学, 2014.
[241] 王伟, 金鹏, 张芳. 短龄期城市固体垃圾直剪试验及应力位移模型 [J]. 岩土力学, 2011, 32 (S1)：166-170.
[242] Brnic J, Turkalj G, Canadija M, et al. Experimental determination and prediction of the mechanical properties of steel 1.7225 [J]. Materials Science and Engineering A, 2014, 600：47-52.
[243] Gao W, Chen Y, Zhan L T, et al. Engineering properties for high kitchen waste content municipal solid waste [J]. Journal of Rock Mechanics and Geotechnical Engineering, 2015, 7 (6)：646-658.
[244] 高武. 城市生活垃圾时间相关本构模型及填埋场服役性能研究 [D]. 杭州：浙江大学, 2018.
[245] 何海杰. 生活垃圾填埋场液气产生、运移及诱发边坡失稳研究 [D]. 杭州：浙江大学, 2018.
[246] 张艳. 垃圾土环境中深基坑工程开挖难点与措施研究 [D]. 青岛：中国海洋大学, 2013.
[247] Annapareddy V S R, Pain A, Sufian A, et al. Influence of heterogeneity and elevated temperatures on the seismic translational stability of engineered landfills [J]. Waste Management, 2023, 158：11-12.
[248] 沈磊. 城市固体废弃物填埋场渗滤液水位及边坡稳定分析 [D]. 杭州：浙江大学, 2011.
[249] Liu J, Song Z Z, Bai Y X, et al. Laboratory tests on effectiveness of environment-friendly organic polymer on physical properties of sand [J]. International Journal of Polymer Science, 2018, 2018：1-11.
[250] Merry S M, Kavazanjian E, Fritz W U. Reconnaissance of the July 10, 2000, Payatas landfill failure [J]. Journal of Performance of Constructed Facilities, 2005, 19 (2)：100-107.
[251] 武海军, 沈峰, 郭胜英, 等. 吉水县填埋场生活垃圾开挖筛分及资源化利用分析 [J]. 环境保护与循环经济，2023, 43 (5)：11-15.
[252] Pasternak G, Zaczek-Peplinska J, Pasternak K, et al. Surface monitoring of an MSW landfill based on linear and angular measurements, TLS, and LIDAR UAV [J]. Sensors, 2023, 23 (4)：1847.
[253] Chetri J K, Reddy K R. Advancements in municipal solid waste landfill cover system: A review [J]. Journal of the Indian Institute of Science, 2021, 101 (4)：557-588.
[254] 李颖. 城市生活垃圾卫生填埋场设计指南 [M]. 北京：中国环境科学出版社, 2005.
[255] Reddy K R, Kumar G, Giri R K. Influence of dynamic coupled hydro-bio-mechanical processes on response of municipal solid waste and liner system in bioreactor landfills [J]. Waste Management, 2017, 63：143-160.
[256] Gao W, Bian X C, Xu W J, et al. Storage Capacity and slope stability analysis of municipal solid waste landfills [J]. Journal of Performance of Constructed Facilities, 2018, 32 (4).
[257] Chen Y M, Zhan L T, Wei H Y, et al. Aging and compressibility of municipal solid wastes [J]. Waste Management, 2009, 29 (1)：86-95.
[258] Ren Y, Zhang Z, Huang M. A review on settlement models of municipal solid waste landfills [J]. Waste Management, 2022, 149：79-95.
[259] Cox J T, Yesiller N, Hanson J L. Implications of variable waste placement conditions for MSW landfills [J]. Waste Management, 2015, 46：338-351.
[260] Reddy K R, Kumar G, Giri R K. Modeling coupled processes in municipal solid waste landfills: An overview with key engineering challenges [J]. International Journal of Geosynthetics and Ground Engineering, 2017, 3 (1)：6.
[261] Feng S J, Fu W D, Zhou A N, et al. A coupled hydro-mechanical-biodegradation model for municipal solid waste in leachate recirculation [J]. Waste Management, 2019, 98：81-91.
[262] Chen R H, Chen K S, Liu C N. Study of the mechanical compression behavior of municipal solid waste by temperature-controlled compression tests [J]. Environmental Earth Sciences, 2010, 61 (8)：1677-1690.
[263] Chen K S, Chen R H, Liu C N. Modeling municipal solid waste landfill settlement [J]. Environmental Earth Sciences, 2012, 66 (8)：2301-2309.
[264] Baun D L, Christensen T H. Speciation of heavy metals in landfill leachate: a review [J]. Waste Management and Research, 2004, 22 (1)：3-23.
[265] 兰吉武. 填埋场渗滤液产生、运移及水位壅高机理和控制 [D]. 杭州：浙江大学, 2012.
[266] 张杰, 司冉. 北京市垃圾卫生填埋场全密闭工艺水气导排系统研究 [J]. 环境卫生工程，2014, 22 (6)：19-20.
[267] Wu G X, Yin Q D. Microbial niche nexus sustaining biological wastewater treatment [J]. NPJ Clean Water, 2020,

3 (1)：33.

[268] Xi Y, Xiong H. Numerical simulation of landfill gas pressure distribution in landfills [J]. Waste Management & Research, 2013, 31 (11)：1140-1147.

[269] 何晟, 兰吉武, 詹良通. 南方山谷型填埋场渗滤液产量及水位控制措施 [J]. 中国给水排水, 2010, 26 (08)：1-5.

[270] 赵由才, 龙燕, 张华. 生活垃圾卫生填埋技术 [M]. 北京：化学工业出版社, 2004.

[271] 郭智, 齐长青, 郑中华. 柔性垂直防渗技术在简易垃圾填埋场封场治理中的应用 [J]. 环境卫生工程, 2018, 26 (6)：90-92, 96.

[272] 王辉, 黄建东, 郑尧. 填埋场封场绿化工程设计与应用 [J]. 环境卫生工程, 2006, 14 (1)：3.

[273] Huang D L, Gong X M, Liu Y G, et al. Effects of calcium at toxic concentrations of cadmium in plants [J]. Planta, 2017, 245 (5)：863-873.

[274] Jalmi S K, Bhagat P K, Verma D, et al. Traversing the links between heavy metal stress and plant signaling [J]. Frontiers in Plant Science, 2018, 9：12.

[275] Ruiz F, Rumpel C, Silva B M, et al. Soil organic matter stabilization during early stages of Technosol development from Ca, Mg and pyrite-rich parent material [J]. Catena, 2023, 232.

[276] 赵方莹, 孙保平. 矿山生态植被恢复技术 [M]. 北京：中国林业出版社, 2009.

[277] Dong J L, Hunt J, Delhaize E, et al. Impacts of elevated CO_2 on plant resistance to nutrient deficiency and toxic ions via root exudates：A review [J]. Science of the Total Environment, 2021, 754：142434.

[278] 范晓平, 夏宇, 刘峰, 等. 海口市颜春岭垃圾填埋场应急整治及生态修复工程 [J]. 环境卫生工程, 2023, 31 (3)：123-125.

[279] Schiopu A M, Gavrilescu M. Options for the treatment and management of municipal landfill leachate：common and specific issues [J]. Clean-Soil, Air, Water, 2010, 38 (12)：1101-1110.

[280] 周小娟, 谢文刚, 杨禹. 飞灰填埋场全生命周期雨水收集导排系统设计 [J]. 中国市政工程, 2021 (1)：43-45, 87.

[281] Huang D D, Du Y, Xu Q Y, et al. Quantification and control of gaseous emissions from solid waste landfill surfaces [J]. Journal of Environmental Management, 2022, 302：114001.

[282] Yaashikaa P R, Kumar P S, Nhung T C, et at. A review on landfill system for municipal solid wastes：Insight into leachate, gas emissions, environmental and economic analysis [J]. Chemosphere, 2022, 309 (P1)：136627.

[283] Grisey E, Belle E, Dat J, et al. Survival of pathogenic and indicator organisms in groundwater and landfill leachate through coupling bacterial enumeration with tracer tests [J]. Desalination, 2010, 261 (1-2)：162-168.

[284] Mhammedsharif R M, Kolo K Y. A case study of environmental pollution by pathogenic bacteria and metal (oid) s at Soran Landfill Site, Erbil, Iraqi Kurdistan Region [J]. Environmental Monitoring and Assessment, 2023, 195 (7)：811.

[285] Yan H, Cousins I T, Zhang C, et al. Perfluoroalkyl acids in municipal landfill leachates from China：Occurrence, fate during leachate treatment and potential impact on groundwater [J]. Science of the Total Environment, 2015, 524：23-31.

[286] Keller A A, Lazareva A. Predicted releases of engineered nanomaterials：from global to regional to local [J]. Environmental Science & Technology Letters, 2014, 1 (1)：65-70.

[287] Keller A A, McFerran S, Lazareva A, et al. Global life cycle releases of engineered nanomaterials [J]. Journal of Nanoparticle Research, 2013, 15：1-17.

[288] 杨娜, 何品晶, 吕凡, 等. 我国填埋渗滤液产量影响因素分析及估算方法构建 [J]. 中国环境科学, 2015, 35 (8)：2452-2459.

[289] Barlaz M A. Carbon storage during biodegradation of municipal solid waste components in laboratory-scale landfills [J]. Global Biogeochemical Cycles, 1998, 12 (2)：373-380.

[290] Jian G J, Zhang Y X, Xiao L. An application of the high-density electrical resistivity method for detecting slide zones in deep-seated landslides in limestone areas [J]. Journal of Applied Geophysics, 2020, 177：104013.

[291] Calamita G, Brocca L, Perrone A, et al. Electrical resistivity and TDR methods for soil moisture estimation in central Italy test-sites [J]. Journal of Hydrology, 2012, 454：101-112.

[292] 付士根, 杜文利, 胡家国. 垃圾填埋场渗滤液水位地球物理探测技术初探 [J]. 工程地球物理学报, 2018, 15

(06): 749-754.

[293] 蒋小明. 高密度电阻率法用于垃圾填埋体液气分布探测的试验研究 [D]. 杭州: 浙江大学, 2016.

[294] Yuen S T S, McMahon T A, Styles J R. Monitoring in situ moisture content of municipal solid waste landfills [J]. Journal of Environmental Engineering, 2000, 126 (12): 1088-1095.

[295] Staub M J, Gourc J P, Laurent J P, et al. Long-term moisture measurements in large-scale bioreactor cells using TDR and neutron probes [J]. Journal of Hazardous Materials, 2010, 180 (1-3): 165-172.

[296] Han B, Imhoff P T, Yazdani R. Field application of partitioning gas tracer test for measuring water in a bioreactor landfill [J]. Environmental Science & Technology, 2007, 41 (1): 277-283.

[297] Imhoff P T, Jakubowitch A, Briening M L, et al. Partitioning gas tracer tests for measurement of water in municipal solid waste [J]. Journal of the Air & Waste Management Association, 2003, 53 (11): 1391-1400.

[298] 詹良通, 穆青翼, 陈云敏, 等. 利用时域反射法探测砂土中LNAPLs的适用性室内试验研究 [J]. 中国科学: 技术科学, 2013, 43 (8): 885-894.

[299] Masbruch K, Ferré T P A. A time domain transmission method for determining the dependence of the dielectric permittivity on volumetric water content: An application to municipal landfills [J]. Vadose Zone Journal, 2003, 2 (2): 186-192.

[300] 陈仁朋, 许伟, 汤旅军, 等. 地下水位及电导率TDR测试探头研制与应用 [J]. 岩土工程学报, 2009, 31 (1): 77-82.

[301] Imhoff P T, Reinhart D R, Englund M, et al. Review of state of the art methods for measuring water in landfills [J]. Waste Management, 2007, 27 (6): 729-745.

[302] Chen Y, Ke H, Fredlund D G, et al. Secondary compression of municipal solid wastes and a compression model for predicting settlement of municipal solid waste landfills [J]. Journal of Geotechnical and Geoenvironmental Engineering, 2010, 136 (5): 706-717.

[303] Zhan T L T, Xu X B, Chen Y M, et al. Dependence of gas collection efficiency on leachate level at wet municipal solid waste landfills and its improvement methods in China [J]. Journal of Geotechnical and Geoenvironmental Engineering, 2015, 141 (4): 04015002.

[304] Beaven R P, Cox S E, Powrie W. Operation and performance of horizontal wells for leachate control in a waste landfill [J]. Journal of Geotechnical and Geoenvironmental Engineering, 2007, 133 (8): 1040-1047.

[305] Dho N Y, Koo J K, Lee S R. Prediction of leachate level in Kimpo metropolitan landfill site by total water balance [J]. Environmental Monitoring and Assessment, 2002, 73: 207-219.

[306] 李明英, Jae Hac Ko, 徐期勇. 填埋垃圾渗透系数的研究进展 [J]. 环境工程, 2014, 32 (8): 80-84, 88.

[307] Bian X L, Liu J G. Influence factors in clogging of landfill leachate collection system [J]. Advanced Materials Research, 2014, 878: 631-637.

[308] 万晓丽. 垃圾填埋场导排层渗滤液水位研究 [D]. 杭州: 浙江大学, 2008.

[309] Li Z Z. Modeling precipitate-dominant clogging for landfill leachate with NICA-Donnan theory [J]. Journal of hazardous materials, 2014, 274: 413-419.

[310] 刘钊. 填埋垃圾渗透特性测试及抽排竖井渗流分析 [D]. 杭州: 浙江大学, 2010.

[311] 张文杰, 陈云敏. 垃圾填埋场抽水试验及降水方案设计 [J]. 岩土力学, 2010, 31 (1): 211-215.

[312] 陈云敏, 兰吉武, 李育超, 等. 垃圾填埋场渗沥液水位壅高及工程控制 [J]. 岩石力学与工程学报, 2014, 33 (1): 154-163.

[313] 邹斌, 宋春雨, 张冬冬, 等. 低渗透性土层高真空疏干井降水数值模拟 [J]. 哈尔滨工业大学学报, 2018, 50 (6): 78-83.

[314] 任伟, 王松, 王龙. 弱透水地层条件下基坑降水试验研究分析 [J]. 现代隧道技术, 2019, 56 (4): 188-193.

[315] 周海燕, 王明超, 严光亮, 等. 一种垃圾填埋场文丘里自循环负压排水系统: CN103374965A [P]. 2013-10-30.

[316] 韩文君, 刘松玉, 章定文. 劈裂真空法加固软土室内模型试验研究 [J]. 土木工程学报, 2013, 46 (10): 108-118.

[317] 黄峰. 真空管井降水机理研究 [D]. 北京: 中国地质大学 (北京), 2014.

[318] 谢立全, 牛永昌, 刘芳, 等. 真空联合注气降水机理的数值分析 [J]. 地下空间与工程学报, 2009, 5 (S2): 1590-1593, 1623.

[319] 屈志云, 梁前芳, 郭强, 等. 一种用于垃圾填埋场集气井的渗沥液导排装置: CN102235028A [P]. 2011-11-09.

[320] Bonmatí A, Flotats X. Air stripping of ammonia from pig slurry: characterisation and feasibility as a pre-or post-treatment to mesophilic anaerobic digestion [J]. Waste Management, 2003, 23 (3): 261-272.

[321] Marttinen S K, Kettunen R H, Sormunen K M, et al. Screening of physical-chemical methods for removal of organic material, nitrogen and toxicity from low strength landfill leachates [J]. Chemosphere, 2002, 46 (6): 851-858.

[322] 吴方同, 苏秋霞, 孟了, 等. 吹脱法去除城市垃圾填埋场渗滤液中的氨氮 [J]. 给水排水, 2001, 6: 20-24, 1.

[323] Lebron Y A R, Moreira V R, Brasil Y L, et al. A survey on experiences in leachate treatment: Common practices, differences worldwide and future perspectives [J]. Journal of Environmental Management, 2021, 288: 112475.

[324] Moradi M, Ghanbari F. Application of response surface method for coagulation process in leachate treatment as pretreatment for Fenton process: Biodegradability improvement [J]. Journal of Water Process Engineering, 2014, 4: 67-73.

[325] Alfaia R, Nascimento M M P, Bila D M, et al. Coagulation/flocculation as a pretreatment of landfill leachate for minimizing fouling in membrane processes [J]. Desalination and Water Treatment, 2019, 159: 53-59.

[326] Amokrane A, Comel C, Veron J. Landfill leachates pretreatment by coagulation-flocculation [J]. Water Research, 1997, 31 (11): 2775-2782.

[327] Renou S, Givaudan J G, Poulain S, et al. Landfill leachate treatment: Review and opportunity [J]. Journal of Hazardous Materials, 2008, 150 (3): 468-493.

[328] De Almeida R, Moraes Costa A, De Almeida Oroski F, et al. Evaluation of coagulation-flocculation and nanofiltration processes in landfill leachate treatment [J]. Journal of Environmental Science and Health, Part A, 2019, 54 (11): 1091-1098.

[329] Gautam P, Kumar S, Lokhandwala S. Advanced oxidation processes for treatment of leachate from hazardous waste landfill: A critical review [J]. Journal of Cleaner Production, 2019, 237: 117639.

[330] Jung C, Deng Y, Zhao R, et al. Chemical oxidation for mitigation of UV-quenching substances (UVQS) from municipal landfill leachate: Fenton process versus ozonation [J]. Water Research, 2017, 108: 260-270.

[331] Chen W, Zhang A, Gu Z, et al. Enhanced degradation of refractory organics in concentrated landfill leachate by Fe^0/H_2O_2 coupled with microwave irradiation [J]. Chemical Engineering Journal, 2018, 354: 680-691.

[332] Sruthi T, Gandhimathi R, Ramesh S T, et al. Stabilized landfill leachate treatment using heterogeneous Fenton and electro-Fenton processes [J]. Chemosphere, 2018, 210: 38-43.

[333] Wang Z, Li J, Tan W, et al. Removal of COD from landfill leachate by advanced Fenton process combined with electrolysis [J]. Separation and Purification Technology, 2019, 208: 3-11.

[334] Zazouli M A, Yousefi Z, Eslami A, et al. Municipal solid waste landfill leachate treatment by Fenton, photo-Fenton and Fenton-like processes: Effect of some variables [J]. Iranian Journal of Environmental Health Science & Engineering, 2012, 9: 1-9.

[335] Chen W, Li Q. Elimination of UV-quenching substances from MBR-and SAARB-treated mature landfill leachates in an ozonation process: A comparative study [J]. Chemosphere, 2020, 242: 125256.

[336] Staehelin J, Hoigne J. Decomposition of ozone in water: rate of initiation by hydroxide ions and hydrogen peroxide [J]. Environmental Science & Technology, 1982, 16 (10): 676-681.

[337] 张昕. 非均相催化臭氧氧化深度处理垃圾渗滤液的研究 [D]. 天津: 天津大学, 2007.

[338] Wang F, Luo Y, Ran G, et al. Sequential coagulation and Fe^0-O_3/H_2O_2 process for removing recalcitrant organics from semi-aerobic aged refuse biofilter leachate: Treatment efficiency and degradation mechanism [J]. Science of the Total Environment, 2020, 699: 134371.

[339] Rehman F, Sayed M, Khan J A, et al. Oxidative removal of brilliant green by $UV/S_2O_8^{2-}$, UV/HSO_5^- and UV/H_2O_2 processes in aqueous media: a comparative study [J]. Journal of Hazardous Materials, 2018, 357: 506-514.

[340] Zhao J, Ouyang F, Yang Y, et al. Degradation of recalcitrant organics in nanofiltration concentrate from biologically pretreated landfill leachate by ultraviolet-Fenton method [J]. Separation and Purification Technology, 2020, 235: 116076.

[341] 徐璜, 高用贵, 孔芹, 等. 纯氧曝气在垃圾焚烧厂渗滤液处理中的工程应用 [J]. 水处理技术, 2018, 44 (03): 132-135.

[342] Laitinen N, Luonsi A, Vilen J. Landfill leachate treatment with sequencing batch reactor and membrane bioreactor [J]. Desalination, 2005, 191 (1): 86-91.

[343] Yong Z J, Bashir M J K, Ng C A, et al. A sequential treatment of intermediate tropical landfill leachate using a sequencing batch reactor (SBR) and coagulation [J]. Journal of Environmental Management, 2018, 205: 244-252.

[344] Matthews R, Winson M, Scullion J. Treating landfill leachate using passive aeration trickling filters: effects of leachate characteristics and temperature on rates and process dynamics [J]. Science of the Total Environment, 2009, 407 (8): 2557-2564.

[345] Mondal B, Warith M. Use of shredded tire chips and tire crumbs as packing media in trickling filter systems for landfill leachate treatment [J]. Environmental Technology, 2008, 29 (8): 827-836.

[346] Kaetzl K, Lübken M, Gehring T, et al. Efficient low-cost anaerobic treatment of wastewater using biochar and woodchip filters [J]. Water, 2018, 10 (7): 818.

[347] Henry J G, Prasad D, Young H. Removal of organics from leachates by anaerobic filter [J]. Water Research, 1987, 21 (11): 1395-1399.

[348] Kettunen R H, Hoilijoki T H, Rintala J A. Anaerobic and sequential anaerobic-aerobic treatments of municipal landfill leachate at low temperatures [J]. Bioresource Technology, 1996, 58 (1): 31-40.

[349] Baâti S, Benyoucef F, Makan A, et al. Influence of hydraulic retention time on biogas production during leachate treatment [J]. Environmental Engineering Research, 2018, 23 (3): 288-293.

[350] 沈耀良, 张建平, 王惠民. 苏州七子山垃圾填埋场渗滤液水质变化及处理工艺方案研究 [J]. 给水排水, 2000 (5): 22-26.

[351] Bohdziewicz J, Neczaj E, Kwarciak A. Landfill leachate treatment by means of anaerobic membrane bioreactor [J]. Desalination, 2008, 221 (1-3): 559-565.

[352] Ahmed F N, Lan C Q. Treatment of landfill leachate using membrane bioreactors: A review [J]. Desalination, 2012, 287: 41-54.

[353] Xue Y, Zhao H, Ge L, et al. Comparison of the performance of waste leachate treatment in submerged and recirculated membrane bioreactors [J]. International Biodeterioration & Biodegradation, 2015, 102: 73-80.

[354] Hashisho J, El-Fadel M, Al-Hindi M, et al. Hollow fiber vs. flat sheet MBR for the treatment of high strength stabilized landfill leachate [J]. Waste Management, 2016, 55: 249-256.

[355] Saleem M, Spagni A, Alibardi L, et al. Assessment of dynamic membrane filtration for biological treatment of old landfill leachate [J]. Journal of Environmental Management, 2018, 213: 27-35.

[356] Sanguanpak S, Chiemchaisri W, Chiemchaisri C. Membrane fouling and micro-pollutant removal of membrane bioreactor treating landfill leachate [J]. Reviews in Environmental Science and Biotechnology, 2019, 18 (4): 715-740.

[357] Sanguanpak S, Chiemchaisri C, Chiemchaisri W, et al. Influence of operating pH on biodegradation performance and fouling propensity in membrane bioreactors for landfill leachate treatment [J]. International Biodeterioration & Biodegradation, 2015, 102: 64-72.

[358] Lin Y, Wu H C, Shen Q, et al. Custom-tailoring metal-organic framework in thin-film nanocomposite nanofiltration membrane with enhanced internal polarity and amplified surface crosslinking for elevated separation property [J]. Desalination, 2020, 493: 114649.

[359] Chen W, Zhuo X, He C, et al. Molecular investigation into the transformation of dissolved organic matter in mature landfill leachate during treatment in a combined membrane bioreactor-reverse osmosis process [J]. Journal of Hazardous Materials, 2020, 397: 122759.

[360] Chen J, Zhang M, Li F, et al. Membrane fouling in a membrane bioreactor: high filtration resistance of gel layer and its underlying mechanism [J]. Water Research, 2016, 102: 82-89.

[361] Gotvajn A Ž, Tišler T, Zagorc-Končan J. Comparison of different treatment strategies for industrial landfill leachate [J]. Journal of Hazardous Materials, 2008, 162 (2): 1446-1456.

[362] Deng Y, Jung C, Zhao R, et al. Adsorption of UV-quenching substances (UVQS) from landfill leachate with activated carbon [J]. Chemical Engineering Journal, 2018, 350: 739-746.

[363] Kurniawan T A, Lo W H, Chan G Y S. Degradation of recalcitrant compounds from stabilized landfill leachate using a combination of ozone-GAC adsorption treatment [J]. Journal of Hazardous Materials, 2006, 137 (1): 443-455.

[364] Papastavrou C, Mantzavinos D, Diamadopoulos E. A comparative treatment of stabilized landfill leachate: Coagulation and activated carbon adsorption vs. electrochemical oxidation [J]. Environmental Technology, 2009, 30 (14): 1547-1553.

[365] Zeng F, Liao X, Pan D, et al. Adsorption of dissolved organic matter from landfill leachate using activated carbon prepared from sewage sludge and cabbage by $ZnCl_2$ [J]. Environmental Science and Pollution Research, 2020, 27 (5): 4891-4904.

[366] Poblete R, Oller I, Maldonado M I, et al. Improved landfill leachate quality using ozone, UV solar radiation, hydrogen peroxide, persulfate and adsorption processes [J]. Journal of Environmental Management, 2019, 232: 45-51.

[367] Luo Y, Li R, Sun X, et al. The roles of phosphorus species formed in activated biochar from rice husk in the treatment of landfill leachate [J]. Bioresource Technology, 2019, 288: 121533.

[368] 王传英. 城市生活垃圾填埋场渗滤液回灌处理技术实验研究 [D]. 西安: 长安大学, 2011.

[369] Liu S, Zhang Z B, Li Y, et al. Study on the treatment effect of ammonia in landfill leachate by recirculation [J]. Advanced Materials Research, 2012, 365 (365): 396-402.

[370] Sawaittayothin V, Polprasert C. Nitrogen mass balance and microbial analysis of constructed wetlands treating municipal landfill leachate [J]. Bioresource Technology, 2007, 98 (3): 565-570.

[371] 刘倩, 谢冰, 胡冲, 等. 陈垃圾反应床+芦苇人工湿地处理垃圾渗滤液 [J]. 环境工程学报, 2012, 6 (4): 1108-1112.

[372] Yi X, Tran N H, Yin T, et al. Removal of selected PPCPs, EDCs, and antibiotic resistance genes in landfill leachate by a full-scale constructed wetlands system [J]. Water Research, 2017, 121: 46-60.

[373] Yin T, Chen H, Reinhard M, et al. Perfluoroalkyl and polyfluoroalkyl substances removal in a full-scale tropical constructed wetland system treating landfill leachate [J]. Water Research, 2017, 125: 418-426.

[374] Hernández-García A, Velásquez-Orta S B, Novelo E, et al. Wastewater-leachate treatment by microalgae: Biomass, carbohydrate and lipid production [J]. Ecotoxicology and Environmental Safety, 2019, 174: 435-444.

[375] Chang H X, Huang Y, Fu Q, et al. Kinetic characteristics and modeling of microalgae *Chlorella vulgaris* growth and CO_2 biofixation considering the coupled effects of light intensity and dissolved inorganic carbon [J]. Bioresource Technology, 2016, 206: 231-238.

[376] El Ouaer M, Kallel A, Kasmi M, et al. Tunisian landfill leachate treatment using *Chlorella* sp.: effective factors and microalgae strain performance [J]. Arabian Journal of Geosciences, 2017, 10: 1-9.

[377] 陆飞鹏, 孔芹, 古创, 等. 老龄填埋场渗滤液精馏脱氮处理过程碳排放分析 [J]. 工业水处理, 2023, 43 (12): 181-187.

[378] 龚阳. 南方山区某老旧简易垃圾填埋场封场工程设计探讨 [J]. 山东化工, 2022, 51 (14): 213-215.

[379] Scheutz C, Duan Z, Moller J, et al. Environmental assessment of landfill gas mitigation using biocover and gas collection with energy utilisation at aging landfills [J]. Waste Management, 2023, 165: 40-50.

[380] Al-Saffar A A, Al-Sarawi M. Geo-visualization of the distribution and properties of landfill gases at Al-Qurain Landfill, Kuwait [J]. Kuwait Journal of Science, 2018, 45 (3): 93-104.

[381] Shu S, Li Y, Sun Z, et al. Effect of gas pressure on municipal solid waste landfill slope stability [J]. Waste Management & Research, 2021, 40 (3): 323-330.

[382] Onargan T, Kucuk K, Polat M. An investigation of the presence of methane and other gases at the Uzundere-Izmir solid waste disposal site, Izmir, Turkey [J]. Waste Management, 2003, 23 (8): 741-747.

[383] Liu Y S, Paris J D, Vrekoussis M, et al. Reconciling a national methane emission inventory with in-situ measurements [J]. Science of the Total Environment, 2023, 901: 165896.

[384] Jeane E B, Kurt A S, Elezabet A B. Kinetics of methane oxidation in landfill cover soil: Temporal variations, a whole landfill oxidation experiment and modeling of net CH_4 emissions [J]. Environmental Science & Technology, 1997, 31: 2504-2514.

[385] Wang Y, Li L, Qiu Z, et al. Trace volatile compounds in the air of domestic waste landfill site: Identification, olfactory effect and cancer risk [J]. Chemosphere, 2021, 272: 129582.

[386] Kim K, Choi W, Jo H, et al. Hollow fiber membrane process for the pretreatment of methane hydrate from landfill gas [J]. Fuel Processing Technology, 2014, 121: 96-103.

[387] Lee N H, Song S H, Jung J, et al. Dynamic emissions of N_2O from solid waste landfills: A review [J]. Environmental Engineering Research, 2023, 28 (6): 220630.

[388] Rinne J, Pihlatie M, Lohila A, et al. Nitrous oxide emissions from a municipal landfill [J]. Environmental Science and Technology, 2005, 39: 7790-7793.

[389] 张后虎,何品晶,瞿贤,等. 卫生和生物反应器填埋场夏季 N_2O 释放的研究 [J]. 环境科学研究, 2007, 20 (3): 108-112.

[390] 贾明升,王晓君,陈少华. 垃圾填埋场 N_2O 排放通量及测定方法研究进展 [J]. 应用生态学报, 2014, 25 (6): 1815-1824.

[391] Liu Y J, Lu W J, Wang H T, et al. Odor impact assessment of trace sulfur compounds from working faces of landfills in Beijing, China [J]. Journal of Environmental Management, 2018, 220: 136-141.

[392] Mehralian M, Ehrampoush M H M, Ebrahimi A A, et al. Development of electrocoagulation-based continuous-flow reactor for leachate treatment: Performance evaluation, energy consumption, modeling, and optimization [J]. Applied Water Science, 2023, 13 (8): 162.

[393] Clemens J, Cuhls C. Greenhouse gas emissions from mechanical and biological waste treatment of municipal waste [J]. Environmental Technology, 2003, 24 (6): 745-754.

[394] 赵超,赵玲,陈晓梅,等. 城市生活垃圾填埋场甲烷收集效率研究 [J]. 环境科学学报, 2012, 32 (4): 954-959.

[395] 王帼雅. 垃圾填埋场填埋气体排放的研究进展 [J]. 广东化工, 2017, 44 (2): 94-95.

[396] Drennan M F, Distefano T D. Characterization of the curing process from high-solids anaerobic digestion [J]. Bioresource Technology, 2010, 101 (2): 537-544.

[397] Galili G, Avin-Wittenberg T, Angelovici R, et al. The role of photosynthesis and amino acid metabolism in the energy status during seed development [J]. Frontiers in Plant Science, 2014, 5: 447.

[398] Kimura H. Hydrogen sulfide as a neuromodulator [J]. Molecular Neurobiology, 2002, 26 (1): 13-19.

[399] Blunden J, Aneja V P, Overton J H, et al. Modeling hydrogen sulfide emissions across the gas-liquid interface of an anaerobic swine waste treatment storage system [J]. Atmospheric Environment, 2008, 42 (22): 5602-5611.

[400] Perna A F, Lanza D, Sepe I, et al. Hydrogen sulfide, a toxic gas with cardiovascular properties in uremia: how harmful is it? [J]. Blood Purification, 2011, 31 (1-3): 102-106.

[401] Ding Y, Cai C, Hu B, et al. Characterization and control of odorous gases at a landfill site: A case study in Hangzhou, China [J]. Waste Management, 2012, 32 (2): 317-326.

[402] 纪华. 生活垃圾填埋场含硫恶臭气体分析与评价 [J]. 环境卫生工程, 2011, 19 (1): 4-6.

[403] Olson K R. The therapeutic potential of hydrogen sulfide: separating hype from hope [J]. American Journal of Physiology-Regulatory, Integrative and Comparative Physiology, 2011, 301 (2): R297-R312.

[404] Olson K R, Deleon E R, Liu F, et al. Controversies and conundrums in hydrogen sulfide biology [J]. Nitric oxide: Biology and Chemistry, 2014, 41: 11-26.

[405] Bos E M, van Goor H, Joles J A, et al. Hydrogen sulfide: physiological properties and therapeutic potential in ischaemia [J]. British Journal of Pharmacology, 2015, 172 (6): 1479-1493.

[406] Duan Z H, Lu W J, Li D, et al. Temporal variation of trace compound emission on the working surface of a landfill in Beijing, China [J]. Atmospheric Environment, 2014, 88: 230-238.

[407] Ni Z, Liu J G, Song M Y, et al. Characterization of odorous charge and photochemical reactivity of VOC emissions from a full-scale food waste treatment plant in China [J]. Journal of Environmental Sciences, 2015, 29: 34-44.

[408] Tassi F, Montegrossi G, Vaselli O, et al. Degradation of C_2—C_{15} volatile organic compounds in a landfill cover soil [J]. Science of the Total Environment, 2009, 407 (15): 4513-4525.

[409] Moreno A I, Arnaiz N, Font R, et al. Chemical characterization of emissions from a municipal solid waste treatment plant [J]. Waste Management, 2014, 34 (11): 2393-2399.

[410] Badach J, Kolasinska P, Paciorek M, et al. A case study of odour nuisance evaluation in the context of integrated urban planning [J]. Journal of Environmental Management, 2018, 213: 417-424.

[411] Capelli L, Sironi S, Rosso R D, et al. Odour impact assessment in urban areas: Case study of the city of Terni [J]. Urban Environmental Pollution, 2011, 4: 151-157.

[412] Kim S C, Shim W G. Catalytic combustion of VOCs over a series of manganese oxide catalysts [J]. Applied Catalysis B: Environmental, 2010, 98 (3): 180-185.

[413] Ko J H, Xu Q, Jang Y C. Emissions and control of hydrogen sulfide at landfills: a review [J]. Critical Reviews in Environmental Science and Technology, 2015, 45 (19): 2043-2083.

[414] Nair A T, Senthilnathan J, Nagendra S M S. Emerging perspectives on VOC emission from landfill sites: Impact on

tropospheric chemistry and local air quality [J]. Process Safety and Environmental Protection, 2018, 121: 143-154.

[415] 余毅. 填埋垃圾体气体渗透特性及填埋气迁移过程模拟研究 [D]. 重庆：重庆大学, 2002.

[416] 姜建生, 蒋建国, 梁顺文, 等. 深圳玉龙坑垃圾填埋场填埋气体产生量预测研究 [J]. 新疆环境保护, 2004, 26 (2): 27-30.

[417] 彭绪亚, 刘国涛, 余毅. 垃圾填埋场填埋气竖井收集系统设计优化 [J]. 环境污染治理技术与设备, 2003, 4 (3): 7-8.

[418] Poulsen T G, Christophersen M, Moldrup P, et al. Relating landfill gas emissions to soil properties and temporal atmospheric pressure gradients using numerical modeling and state-space analysis [J]. Waste Management & Research, 2003, 21 (4): 356-366.

[419] Avinash L S, Mishra A, Kami V B, et al. A critical appraisal of leachate recirculation systems in bioreactor landfills [J]. Journal of Hazardous Toxic and Radioactive Waste, 2023, 27 (3): 03123002.

[420] Duan Z H, Kjeldsen P, Scheutz C. Efficiency of gas collection systems at Danish landfills and implications for regulations [J]. Waste Management, 2022, 139: 269-278.

[421] 朱燕, 李田. 垂直气井和横向气管收集填埋气的特性比较 [J]. 环境工程, 2005, 23 (5): 53-55.

[422] Ayodele T R, Ogunjuyigbe A S O, Alao M A. Economic and environmental assessment of electricity generation using biogas from organic fraction of municipal solid waste for the city of Ibadan, Nigeria [J]. Journal of Cleaner Production, 2018, 203: 718-735.

[423] Soltanian S, Kalogirou S A, Ranjbari M, et al. Exergetic sustainability analysis of municipal solid waste treatment systems: A systematic critical review [J]. Renewable and Sustainable Energy Reviews, 2022, 156: 111975.

[424] 张荣奎. 封闭式沼气火炬: CN201922275627.9 [P]. 2020-07-28.

[425] Xu Q, Townsend T, Reinhart D. Attenuation of hydrogen sulfide at construction and demolition debris landfills using alternative cover materials [J]. Waste Management, 2010, 30 (4): 660-666.

[426] 吴传东, 刘杰民, 周鹏, 等. 垃圾填埋场覆膜与暴露作业区异味污染特征 [J]. 环境化学, 2015, 34 (10): 1955-1957.

[427] 朱海生, 左福元, 董红敏, 等. 覆盖材料和厚度对堆存牛粪氨气和温室气体排放的影响 [J]. 农业工程学报, 2015, 31 (6): 223-229.

[428] Duan Z, Scheutz C, Kjeldsen P. Trace gas emissions from municipal solid waste landfills: A review [J]. Waste Management, 2020, 119: 39-62.

[429] Kastner J R, Das K C, Melear N D. Catalytic oxidation of gaseous reduced sulfur compounds using coal fly ash [J]. Journal of Hazardous Materials, 2002, 95 (1): 81-90.

[430] 胡斌. 垃圾填埋场恶臭污染解析与控制技术研究 [D]. 杭州：浙江大学, 2010.

[431] Wang W L, He R, Yang T L. Three-dimensional mesoporous calcium carbonate-silica frameworks thermally activated from porous fossil bryophyte: adsorption studies for heavy metal uptake [J]. RSC Advances, 2018, 8 (45): 25754-25766.

[432] Jiang J, Li J H, Rtimi S. Investigation and modeling of odors release from membrane holes on daily overlay in a landfill and its impact on landfill odor control [J]. Environmental Science and Pollution Research, 2021, 28 (4): 4443-4451.

[433] Xu Q Y, Townsend T, Bitton G, et al. Inhibition of hydrogen sulfide generation from disposed gypsum drywall using chemical inhibitors [J]. Journal of Hazardous Materials, 2011, 191: 204-211.

[434] 李启斌, 刘丹. 生物反应器填埋场理论与技术 [M]. 北京：中国环境出版社, 2010.

[435] 彭明江, 吴菊珍, 何小春. 生物洗涤和化学吸收组合工艺处理污水厂臭气工程试验研究 [J]. 环境工程, 2016, 34 (12): 88-92.

[436] 朱桂华, 张玲, 李君, 等. TiO_2/GO 复合材料对氨气和硫化氢的光催化降解 [J]. 精细化工中间体, 2022 (3): 46-52.

[437] 黄晓星. 吸附冷凝-生物氧化联合工艺对炼油污水废气的处理 [D]. 兰州：兰州大学, 2018.

[438] Liu B, Ji J, Zhang B, et al. Catalytic ozonation of VOCs at low temperature: A comprehensive review [J]. Journal of Hazardous Materials, 2021, 422: 126847.

[439] 刘文辉. 低温等离子体联合吸附技术处理甲苯的实验研究 [D]. 青岛：中国石油大学（华东）, 2019.

[440] 李春生. 热力燃烧法处理电子元件厂 VOCs 研究 [J]. 广州化工, 2015, 43 (3): 141-142.

[441] 王建爱. 生物过滤法处理恶臭气体的试验研究 [D]. 重庆: 重庆大学, 2014.

[442] Dhingra G, Bansal P, Dhingra N, et al. Development of a microextraction by packed sorbent with gas chromatography-mass spectrometry method for quantification of nitroexplosives in aqueous and fluidic biological samples [J]. Journal of Separation Science, 2018, 41 (3): 639-647.

[443] Hansen N G, Rindel K. Bioscrubbing: An effective and economic solution to odour control at sewage-treatment plants [J]. Water & Environment Journal, 2010, 15 (2): 141-146.

[444] Almenglo F, Gonzalez-Cortes J J, Ramirez M, et al. Recent advances in biological technologies for anoxic biogas desulfurization [J]. Chemosphere, 2023, 321: 138084.

[445] Yang Z, Li J, Liu J, et al. Evaluation of pilot-scale biotrickling filter as a VOCs control technology for the chemical fibre wastewater treatment plant [J]. Journal of Environmental Management, 2019, 246: 71-76.

[446] 裴廷权, 梅峰. EM 菌处理垃圾渗滤液的微生物生态学及机理分析研究 [J]. 环境科学与管理, 2014, 39 (8): 65-70.

[447] Yan Z, Li J, Liu X, et al. Deodorization of swine manure using a lactobacillus strain [J]. Environmental Engineering and Management Journal, 2017, 16 (10): 2191-2198.

[448] 何致建, 周海霞. EM 菌在垃圾填埋场中的应用研究进展 [C]. 环境工程 2018 年全国学术年会, 2018.

[449] 高颖, 褚维伟, 张霞, 等. 猪粪生物除臭剂的制备及其除臭效果的测定 [J]. 黑龙江畜牧兽医, 2011, 15: 80-81.

[450] 吴义诚, 杜闫彬, 傅海燕, 等. 除臭微生物的复配及其性能评价 [J]. 厦门理工学院学报, 2016, 24 (5): 109-112.

[451] Ye F X, Zhu R F, Li Y. Deodorization of swine manure slurry using horseradish peroxidase and peroxides [J]. Journal of Hazardous Materials, 2009, 167 (1-3): 148-153.

[452] 林积圳. 二氧化氯在硫酸盐法制浆废气除臭中的应用研究 [D]. 南宁: 广西大学, 2012.

[453] 方美青. O_3 氧化—化学吸收联合处理再生胶恶臭气体的研究及应用 [D]. 杭州: 浙江工业大学, 2010.

[454] Zhang S, Gao Y, Sun H, et al. Dry reforming of methane by microsecond pulsed dielectric barrier discharge plasma: Optimizing the reactor structures [J]. High Voltage, 2022, 7 (4): 718-729.

[455] 王鑫. 活性炭纤维协同等离子体治理恶臭废气技术研究 [D]. 杭州: 浙江工业大学, 2006.

[456] Lee D, Hong S H, Paek K H, et al. Adsorbability enhancement of activated carbon by dielectric barrier discharge plasma treatment [J]. Surface and Coatings Technology, 2005, 200 (7): 2277-2282.

[457] 张强. 光催化氧化耦合生物滴滤净化恶臭气体的试验研究 [D]. 扬州: 扬州大学, 2019.

[458] He R, Peng C, Jiang L, et al. Characteristic pollutants and microbial community in underlying soils for evaluating landfill leakage [J]. Waste Management, 2023, 155: 269-280.

[459] 马骅, 于晓红, 任明强. 贵阳市城市垃圾卫生填埋场土壤污染特征及评价 [J]. 环境卫生工程, 2013, 21 (5): 29-31.

[460] Hussein M, Yoneda K, Mohd-Zaki Z, et al. Heavy metals in leachate, impacted soils and natural soils of different landfills in Malaysia: An alarming threat [J]. Chemosphere, 2021, 267: 128874.

[461] Adamcová D, Vaverková M, Baroň S, et al. Soil contamination in landfills: a case study of a landfill in Czech Republic [J]. Solid Earth, 2016, 7 (1): 239-247.

[462] Flores-Tena F J, Guerrero-Barrera A L, Avelar-González F J, et al. Pathogenic and opportunistic gram-negative bacteria in soil, leachate and air in San Nicolás landfill at Aguascalientes, Mexico [J]. Revista Latinoamericana de Microbiologia, 2007, 49 (1-2): 25-30.

[463] Ramakrishnan A, Blaney L, Kao J, et al. Emerging contaminants in landfill leachate and their sustainable management [J]. Environmental Earth Sciences, 2015, 73: 1357-1368.

[464] Harrad S, Drage D S, Sharkey M, et al. Perfluoroalkyl substances and brominated flame retardants in landfill-related air, soil, and groundwater from Ireland [J]. Science of the Total Environment, 2020, 705: 135834.

[465] Wan Y, Chen X, Liu Q, et al. Informal landfill contributes to the pollution of microplastics in the surrounding environment [J]. Environmental Pollution, 2022, 293: 118586.

[466] Borquaye L S, Ekuadzi E, Darko G, et al. Occurrence of antibiotics and antibiotic-resistant bacteria in landfill sites in Kumasi, Ghana [J]. Journal of Chemistry, 2019, 2019: 1-10.

[467] Zhang X, Xu Y, He X, et al. Occurrence of antibiotic resistance genes in landfill leachate treatment plant and its ef-

fluent-receiving soil and surface water [J]. Environmental Pollution, 2016, 218: 1255-1261.

[468] Kirchner J W, Tetzlaff D, Soulsby C. Comparing chloride and water isotopes as hydrological tracers in two Scottish catchments [J]. Hydrological Processes, 2010, 24: 1631-1645.

[469] 王斌, 王琪, 董路. 垃圾填埋场防渗层渗漏检测方法的比较 [J]. 环境科学研究, 2002, 15 (5): 47-48.

[470] Williams C V, Dunn S D, Lowry W E. Tracer verification and monitoring of containment systems (Ⅱ) [C] //International Containment Technology Conference and Exhibition, St. Petersburg, Florida, USA, 1997.

[471] Lee K H, Kim H J, Uchida T. Electromagnetic fields in a steel-cased borehole [J]. Geophysical Prospecting, 2010, 53 (1): 13-21.

[472] Paz-Ferreiro J, Fu S. Biological indices for soil quality evaluation: perspectives and limitations [J]. Land Degradation & Development, 2016, 27 (1): 14-25.

[473] Zeb A, Li S, Wu J, et al. Insights into the mechanisms underlying the remediation potential of earthworms in contaminated soil: a critical review of research progress and prospects [J]. Science of the Total Environment, 2020, 740: 140145.

[474] 王晓蓉, 罗义, 施华宏, 等. 分子生物标志物在污染环境早期诊断和生态风险评价中的应用 [J]. 环境化学, 2006, 25 (3): 320-325.

[475] Zheng S, Song Y, Qiu X, et al. Annetocin and TCTP expressions in the earthworm Eisenia fetida exposed to PAHs in artificial soil [J]. Ecotoxicology and Environmental Safety, 2008, 71 (2): 566-573.

[476] Solis-Hernández A P, Chávez-Vergara B, Rodríguez-Tovar A V, et al. Effect of the natural establishment of two plant species on microbial activity, on the composition of the fungal community, and on the mitigation of potentially toxic elements in an abandoned mine tailing [J]. Science of the Total Environment, 2021, 802: 149788.

[477] Hou Y, Zeng W, Hou M, et al. Responses of the soil microbial community to salinity stress in maize fields [J]. Biology, 2021, 10 (11): 1114.

[478] Zhou Z, Liu Y, Sun G, et al. Responses of soil ammonia oxidizers to a short-term severe mercury stress [J]. Journal of Environmental Sciences, 2015, 38: 8-13.

[479] Liu J, Liu Y, Dong W, et al. Shifts in microbial community structure and function in polycyclic aromatic hydrocarbon contaminated soils at petrochemical landfill sites revealed by metagenomics [J]. Chemosphere, 2022, 293: 133509.

[480] Sarwar N, Imran M, Shaheen M R, et al. Phytoremediation strategies for soils contaminated with heavy metals: modifications and future perspectives [J]. Chemosphere, 2017, 171: 710-721.

[481] 晁雷, 周启星, 陈苏. 污染土壤修复效果评定方法的研究 [J]. 环境污染治理技术与设备, 2006, 7 (4): 7-11.

[482] An Y J, Kim Y M, Kwon T I, et al. Combined effect of copper, cadmium, and lead upon Cucumis sativus growth and bioaccumulation [J]. Science of the Total Environment, 2004, 326: 85-93.

[483] 冯亚松. 镍锌复合重金属污染黏土固化稳定化研究 [D]. 南京: 东南大学, 2021.

[484] 张丽华, 朱志良, 郑承松, 等. 模拟酸雨对三明地区受重金属污染土壤的淋滤过程研究 [J]. 农业环境科学学报, 2008, 27 (1): 151-155.

[485] Mojid M, Hossain A, Ashraf M. Artificial neural network model to predict transport parameters of reactive solutes from basic soil properties [J]. Environmental Pollution, 2019, 255: 113355.

[486] 章蔷. 污染场地调查及健康风险评估的研究——以南京某化工污染场地为例 [D]. 南京: 南京师范大学, 2013.

[487] 崔龙哲. 污染土壤修复技术与应用 [M]. 北京: 化学工业出版社, 2016.

[488] 周鑫. 基于环境风险评估的垃圾堆填场污染物监测方案研究 [J]. 环境保护与循环经济, 2019, 39 (8): 57-61.

[489] 钱建英. 退役化工企业潜在污染场地第一、二阶段环境调查 [J]. 能源环境保护, 2015, 29 (6): 44-47.

[490] Khan S, Naushad M, Lima E C, et al. Global soil pollution by toxic elements: Current status and future perspectives on the risk assessment and remediation strategies - A review [J]. Journal of Hazardous Materials, 2021, 417: 126039.

[491] Kowalska J B, Mazurek R, Gąsiorek M, et al. Pollution indices as useful tools for the comprehensive evaluation of the degree of soil contamination - A review [J]. Environmental Geochemistry and Health, 2018, 40: 2395-2420.

[492] He J, Yang Y, Christakos G, et al. Assessment of soil heavy metal pollution using stochastic site indicators [J]. Geoderma, 2019, 337: 359-367.

[493] Obiri-Nyarko F, Duah A A, Karikari A Y, et al. Assessment of heavy metal contamination in soils at the Kpone landfill site, Ghana: Implication for ecological and health risk assessment [J]. Chemosphere, 2021, 282: 131007.

[494] 李朝奎, 王利东, 李吟, 等. 土壤重金属污染评价方法研究进展 [J]. 矿产与地质, 2011, 25 (2): 172-176.

[495] Wang X, Dan Z, Cui X, et al. Contamination, ecological and health risks of trace elements in soil of landfill and geothermal sites in Tibet [J]. Science of the Total Environment, 2020, 715: 136639.

[496] Yari A A, Varvani J, Zare R. Assessment and zoning of environmental hazard of heavy metals using the Nemerow integrated pollution index in the vineyards of Malayer city [J]. Acta Geophysica, 2021, 69: 149-159.

[497] 叶舒帆, 郭永生, 潘霞, 等. 某非正规垃圾填埋场场地调查与污染评价 [J]. 环境工程, 2021, 39 (3): 214-219.

[498] Liu X, Chen S, Yan X, et al. Evaluation of potential ecological risks in potential toxic elements contaminated agricultural soils: Correlations between soil contamination and polymetallic mining activity [J]. Journal of Environmental Management, 2021, 300: 113679.

[499] Yang Q, Li Z, Lu X, et al. A review of soil heavy metal pollution from industrial and agricultural regions in China: Pollution and risk assessment [J]. Science of the Total Environment, 2018, 642: 690-700.

[500] Li C, Zhou K, Qin W, et al. A review on heavy metals contamination in soil: effects, sources, and remediation techniques [J]. Soil and Sediment Contamination, 2019, 28 (4): 380-394.

[501] Liu L, Li W, Song W, et al. Remediation techniques for heavy metal-contaminated soils: Principles and applicability [J]. Science of the Total Environment, 2018, 633: 206-219.

[502] Hoag G E, Marley M C, Cliff B L, et al. Soil vapor extraction research developments [M]. London: Routledge, 2023.

[503] 熊敏超, 宋自新, 崔龙哲, 等. 污染土壤修复技术与应用 [M]. 2版. 北京: 化学工业出版社, 2021.

[504] 殷甫祥, 张胜田, 赵欣, 等. 气相抽提法 (SVE) 去除土壤中挥发性有机污染物的实验研究 [J]. 环境科学, 2011, 32 (5): 1454-1461.

[505] 贺晓珍, 周友亚, 汪莉, 等. 土壤气相抽提法去除红壤中挥发性有机污染物的影响因素研究 [J]. 环境工程学报, 2008, 2 (5): 679-683.

[506] Han D, Wu X, Li R, et al. Critical review of electro-kinetic remediation of contaminated soils and sediments: mechanisms, performances and technologies [J]. Water, Air, & Soil Pollution, 2021, 232 (8): 335.

[507] 吴昕达. 铬污染土壤电动修复中铬 (Ⅵ) 的解吸动力学研究 [D]. 重庆: 重庆大学, 2015.

[508] Azhar A, Nabila A, Nurshuhaila M, et al. Assessment and comparison of electrokinetic and electrokinetic-bioremediation techniques for mercury contaminated soil [C] //IOP Conference Series: Materials Science and Engineering, 2016.

[509] Song P, Xu D, Yue J, et al. Recent advances in soil remediation technology for heavy metal contaminated sites: A critical review [J]. Science of the Total Environment, 2022, 838: 156417.

[510] Bolan S, Padhye L P, Mulligan C N, et al. Surfactant-enhanced mobilization of persistent organic pollutants: potential for soil and sediment remediation and unintended consequences [J]. Journal of Hazardous Materials, 2023, 443: 130189.

[511] 张锦鹏. 生活填埋场复合污染土淋洗修复机理与高效淋洗剂筛选室内试验研究 [D]. 南京: 东南大学, 2021.

[512] Mao X, Jiang R, Xiao W, et al. Use of surfactants for the remediation of contaminated soils: a review [J]. Journal of Hazardous Materials, 2015, 285: 419-435.

[513] Cao M, Hu Y, Sun Q, et al. Enhanced desorption of PCB and trace metal elements (Pb and Cu) from contaminated soils by saponin and EDDS mixed solution [J]. Environmental Pollution, 2013, 174: 93-99.

[514] 钟金魁, 赵保卫, 朱琨, 等. 化学强化洗脱修复铜、菲及其复合污染黄土 [J]. 环境科学, 2011, 32 (10): 3106-3112.

[515] Lim M W, Von Lau E, Poh P E. A comprehensive guide of remediation technologies for oil contaminated soil—Present works and future directions [J]. Marine Pollution Bulletin, 2016, 109 (1): 14-45.

[516] Liao X, Wu Z, Li Y, et al. Effect of various chemical oxidation reagents on soil indigenous microbial diversity in remediation of soil contaminated by PAHs [J]. Chemosphere, 2019, 226: 483-491.

[517] 虞敏达, 李定龙, 王继鹏, 等. 不同化学氧化剂对氯苯类污染土壤修复效果比较 [J]. 环境工程学报, 2015, 9 (8): 4075-4082.

[518] Su H, Fang Z, Tsang P E, et al. Remediation of hexavalent chromium contaminated soil by biochar-supported zero-valent iron nanoparticles [J]. Journal of Hazardous Materials, 2016, 318: 533-540.

[519] 孙晓铧，黄益宗，伍文，等．改良剂对土壤 Pb、Zn 赋存形态的影响［J］．环境化学，2013，32（5）：881-885．

[520] Das M, Adholeya A. Role of microorganisms in remediation of contaminated soil [M]. Berlin：Springer, 2012.

[521] Bharath Y, Singh S N, Keerthiga G, et al. Mycoremediation of contaminated soil in MSW Sites [C] //Waste Management and Resource Efficiency, Springer, Singapore, 2018.

[522] Tzovolou D N, Tsakiroglou C D. Experimental study of in situ remediation of low permeability soils by bioventing [J]. Environmental Engineering & Management Journal, 2018, 17 (11)：2645-2656.

[523] 施维林．场地土壤修复管理与实践［M］．北京：科学出版社，2017．

[524] Muthusaravanan S, Sivarajasekar N, Vivek J, et al. Phytoremediation of heavy metals：mechanisms, methods and enhancements [J]. Environmental Chemistry Letters, 2018, 16：1339-1359.

[525] Shen X, Dai M, Yang J, et al. A critical review on the phytoremediation of heavy metals from environment：Performance and challenges [J]. Chemosphere, 2022, 291：132979.

[526] Dwyer S, Wolters G, Newman G. Sandia report：SAND2000-2900 [R]. Sandia National Laboratories, 2000.

[527] Ali H, Khan E, Sajad M A. Phytoremediation of heavy metals—Concepts and applications [J]. Chemosphere, 2013, 91 (7)：869-881.

[528] Wu G, Kang H, Zhang X, et al. A critical review on the bio-removal of hazardous heavy metals from contaminated soils：issues, progress, eco-environmental concerns and opportunities [J]. Journal of Hazardous Materials, 2010, 174 (1-3)：1-8.

[529] 王磊，龙涛，张峰，等．用于土壤及地下水修复的多相抽提技术研究进展［J］．生态与农村环境学报，2014，30（2）：137-145．

[530] Hao G, Yong Q, Yuan G X, et al. Research progress on the soil vapor extraction [J]. Journal of Groundwater Science and Engineering, 2020, 8 (1)：57-66.

[531] Fountain J C. Technologies for dense nonaqueous phase liquid source zone remediation：Technology evaluation report [R]. Ground-Water Remediation Technologies Analysis Center (GWRTAC), 1998.

[532] 程军蕊，任茶仙．表面活性剂现场清洗土壤有机污染研究［J］．化工时刊，2003，17（10）：13-15．

[533] 王兴润，颜湘华，王琪．一种铬污染土壤原位淋洗处理方法：CN102652956B［P］．2016-06-22．

[534] Wei S, Zhang X, Jia H, et al. Effective remediation of aged HMW-PAHs polluted agricultural soil by the combination of *Fusarium* sp. and smooth bromegrass (*Bromus inermis* Leyss.) [J]. Journal of integrative agriculture, 2017, 16 (1)：199-209.

[535] 夏洵．植物与微生物联合修复垃圾渗滤液污染土壤［D］．重庆：重庆大学，2015．

[536] De Korte A, Brouwers H. Contaminated soil concrete blocks [M]. Boca Raton：CRC Press, 2008.

[537] 刘志阳．水泥窑协同处置污染土壤的应用和前景［J］．污染防治技术，2015，28（2）：35-36，50．

[538] Li P, Luo S H, Zhang L, et al. Study on preparation and performance of iron tailings-based porous ceramsite filter materials for water treatment [J]. Separation and Purification Technology, 2021, 276：119380.

[539] 张宪芝，何汇洲，刘松，等．重金属污染土壤修复后资源化利用制备陶粒［J］．砖瓦，2022（4）：55-58．

[540] Chen T, Zhang S, Zhang C, et al. Using restored heavy metal contaminated soil as brick making material：Risk analysis upon different scenarios, considering the completeness of bricks [J]. Environmental Pollution, 2023, 332：121849.

[541] 张帆，赵路生，刘梵．利用污染土无害化烧结制砖的方法：CN115301714A［P］．2023-12-01．

[542] Dhanjode C, Nag A. Utilization of landfill waste in brick manufacturing：A review [J]. Materials Today：Proceedings, 2022, 62：6628-6633.

[543] Goel G, Kalamdhad A S. Degraded municipal solid waste as partial substitute for manufacturing fired bricks [J]. Construction and Building Materials, 2017, 155：259-266.

[544] 韩正平，张立伟，杨永健．垃圾填埋场土壤修复治理方案研究——以宁波市某垃圾填埋场为例［J］．环境卫生工程，2020，28（1）：74-78．

[545] 黄海，杨勇，陈美平，等．热脱附-固化稳定化一体处理系统：CN210023237U［P］．2020-02-07．

[546] 张巍．辽宁省污染土壤生态修复验收与评价方法研究［J］．生物技术世界，2015（7）：28．

[547] 谢明．城市污染场地开发利用中的风险管控法律制度建构［D］．武汉：武汉大学，2019．

[548] 杨周白露．基于敏感因子指数法的垃圾填埋场地下水污染过程识别技术研究［D］．南昌：东华理工大学，2015．

[549] 朱薇．石嘴山市大武口区生活垃圾填埋场地下水污染及预测研究［D］．西安：长安大学，2015．

[550] 胡馨然, 杨斌, 韩智勇, 等. 中国正规、非正规生活垃圾填埋场地下水中典型污染指标特性比较分析 [J]. 中国环境科学, 2019, 39 (9): 3025-3038.

[551] 韩智勇, 许模, 刘国, 等. 生活垃圾填埋场地下水污染物识别与质量评价 [J]. 中国环境科学, 2015, 35 (09): 2843-2852.

[552] 杨贵芳. 南京东郊轿子山垃圾填埋场地下水污染特征及机理研究 [D]. 北京: 中国地质科学院, 2013.

[553] Baun A, Reitzel L A, Ledin A, et al. Natural attenuation of xenobiotic organic compounds in a landfill leachate plume (Vejen, Denmark) [J]. Journal of Contaminant Hydrology, 2003, 65 (3-4): 269-291.

[554] Bjerg P L, Tuxen N, Reitzel L A, et al. Natural attenuation processes in landfill leachate plumes at three Danish Sites [J]. Groundwater, 2011, 49 (5): 688-705.

[555] Zeng D, Chen G, Zhou P, et al. Factors influencing groundwater contamination near municipal solid waste landfill sites in the Qinghai-Tibetan plateau [J]. Ecotoxicology and Environmental Safety, 2021, 211: 111913.

[556] Abiriga D, Vestgarden L S, Klempe H. Groundwater contamination from a municipal landfill: Effect of age, landfill closure, and season on groundwater chemistry [J]. Science of the Total Environment, 2020, 737: 140307.

[557] Gworek B, Dmuchowski W, Koda E, et al. Impact of the municipal solid waste lubna landfill on environmental pollution by heavy metals [J]. Water, 2016, 8 (10): 470.

[558] Bakis R, Tuncan A. An investigation of heavy metal and migration through groundwater from the landfill area of Eskisehir in Turkey [J]. Environmental Monitoring and Assessment, 2011, 176 (1-4): 87-98.

[559] Boateng T K, Opoku F, Akoto O. Heavy metal contamination assessment of groundwater quality: a case study of Oti landfill site, Kumasi [J]. Applied Water Science, 2019, 9 (2): 33.

[560] Abiriga D, Jenkins A, Alfsnes K, et al. Characterisation of the bacterial microbiota of a landfill-contaminated confined aquifer undergoing intrinsic remediation [J]. Science of the Total Environment, 2021, 785: 147349.

[561] Huang F Y, Zhou S Y D, Zhao Y, et al. Dissemination of antibiotic resistance genes from landfill leachate to groundwater [J]. Journal of Hazardous Materials, 2022, 440: 129763.

[562] Chen Q L, Li H, Zhou X Y, et al. An underappreciated hotspot of antibiotic resistance: The groundwater near the municipal solid waste landfill [J]. Science of the Total Environment, 2017, 609: 966-973.

[563] Bharath K M, Natesan U, Vaikunth R, et al. Spatial distribution of microplastic concentration around landfill sites and its potential risk on groundwater [J]. Chemosphere, 2021, 277: 130263.

[564] Han Y, Hu L X, Liu T, et al. Non-target, suspect and target screening of chemicals of emerging concern in landfill leachates and groundwater in Guangzhou, South China [J]. Science of the Total Environment, 2022, 837: 155705.

[565] Yu X, Sui Q, Lyu S G, et al. Do high levels of PPCPs in landfill leachates influence the water environment in the vicinity of landfills? A case study of the largest landfill in China [J]. Environment International, 2020, 135: 105404.

[566] Liu T, Hu L X, Han Y, et al. Non-target and target screening of per-and polyfluoroalkyl substances in landfill leachate and impact on groundwater in Guangzhou, China [J]. Science of the Total Environment, 2022, 844: 157021.

[567] Hepburn E, Madden C, Szabo D, et al. Contamination of groundwater with per-and polyfluoroalkyl substances (PFAS) from legacy landfills in an urban re-development precinct [J]. Environmental Pollution, 2019, 248: 101-113.

[568] 环境保护部, 国土资源部总体技术组. 全国地下水基础环境状况调查评估实施方案 [R]. 北京: 2012.

[569] 河北省环境科学学会, 河北省环境监测中心站. 河北省地下水环境监测点位布设技术规范 [S]. 石家庄: 河北省环境保护厅科技处, 2015.

[570] 姜永海, 席北斗, 廉新颖, 等. 垃圾填埋场地下水污染调查与评估技术 [M]. 北京: 中国环境出版集团, 2018.

[571] 李斌. 莱州市生活垃圾填埋场浅层地下水污染现状分析 [J]. 地下水, 2015, 37 (5): 86-89.

[572] Dugan S T, Muhammetoglu A, Uslu A. A combined approach for the estimation of groundwaer leaching potential and environmental impacts of pesticides for agricultural lands [J]. Science of the Total Environment, 2023, 901: 165892.

[573] Deng Y D, Ye X Y, Du X Q. Predictive modeling and analysis of key drivers of groundwater nitrate pollution based on machine learning [J]. Journal of Hydrology, 2023, 624: 129934.

[574] Tian Y Q, Wen Z G, Cheng M L, et al. Evaluating the water quality characteristics and tracing the pollutant sources

[575] Han X, Liu X H, Gao D T, et al. Costs and benefits of the development methods of drinking water quality index: A systematic review [J]. Ecological Indicators, 2022, 144: 109501.

[576] 姜永海, 席北斗, 郇环. 垃圾填埋场地下水污染识别与修复技术 [M]. 北京: 化学工业出版社, 2021.

[577] Zhang Y, Xu Y L, Niu Y, et al. Highly efficient dual-electrode exfoliation of graphite into high-quality graphene via square-wave alternating currents [J]. Chemical Engineering Journal, 2022, 456: 140977.

[578] 刘景财, 孙晓晨, 能昌信, 等. 填埋场衬层渗漏的电学法检测研究进展 [J]. 环境监测管理与技术, 2021, 33 (5): 6-9.

[579] De Carlo L, Perri M T, Caputo M C, et al. Characterization of a dismissed landfill via electrical resistivity tomography and mise-a-la-masse method [J]. Journal of Applied Geophysics, 2013, 98: 1-10.

[580] Song S H, Cho I K, Lee G S, et al. Delineation of leachate pathways using electrical methods: case history on a waste plaster landfill in South Korea [J]. Exploration Geophysics, 2020, 51 (3): 301-313.

[581] 游敏密, 雷宛, 蒋富鹏, 等. 高密度电法在岩溶勘察中的应用 [J]. 西部探矿工程, 2013, 25 (11): 168-174.

[582] 王晓曙, 赵湖潮, 张延杰, 等. 探地雷达属性在富水强风化地层中的应用分析 [J]. 施工技术, 2021, 50 (7): 77-80.

[583] Cerar S, Mali N. Assessment of presence, origin and seasonal variations of persistent organic pollutants in groundwater by means of passive sampling and multivariate statistical analysis [J]. Journal of Geochemical Exploration, 2016, 170: 78-93.

[584] 赖刘保, 陈昌彦, 张辉, 等. 瞬变电磁法在垃圾填埋场探测中的应用分析 [J]. 工程勘察, 2018, 46 (10): 73-78.

[585] Udin Y, Suryanto W. Identification of seismic response to aquifer system with a synthetic modelling approach [J]. IOP Conference Series: Earth and Environmental Science, 2022, 1071 (1): 012019.

[586] 孙焕奕. 基于应力波检测技术的垃圾填埋场渗漏定位方法研究 [D]. 邯郸: 河北工程大学, 2020.

[587] Mekala C, Gaonkar O, Nambi I M. Understanding nitrogen and carbon biogeotransformations and transport dynamics in saturated soil columns [J]. Geoderma, 2017, 285: 185-194.

[588] Rosenberg L, Mosthaf K, Broholm M M, et al. A novel concept for estimating the contaminant mass discharge of chlorinated ethenes emanating from clay till sites [J]. Journal of Contaminant Hydrology, 2023, 252: 104121.

[589] Vucenovic H, Zelic B K, Domitrovic D. Preliminary test results on gas permeability of soils and geosynthetic clay liners [J]. Environmental Geotechnics, 2021, 8 (8): 508-516.

[590] 吴亮亮, 王琼, 周连碧. 污染场地阻隔技术应用现状概述 [C] //2017 中国环境科学学会科学与技术年会, 2017.

[591] 宋永会, 钱锋, 弓爱君, 等. 钙型天然斜发沸石去除猪场废水中营养物的实验研究 [J]. 环境工程学报, 2011, 5 (8): 1701-1706.

[592] Ma C, Wu Y. Dechlorination of perchloroethylene using zero-valent metal and microbial community [J]. Environmental Geology, 2008, 55 (1): 47-54.

[593] Dong J, Zhao Y S, Zhang W H, et al. Laboratory study on sequenced permeable reactive barrier remediation for landfill leachate-contaminated groundwater [J]. Journal of Hazardous Materials, 2009, 161 (1): 224-230.

[594] Zhou D, Li Y, Zhang Y B, et al. Column test-based optimization of the permeable reactive barrier (PRB) technique for remediating groundwater contaminated by landfill leachates [J]. Journal of Contaminant Hydrology, 2014, 168: 1-16.

[595] Wang Y, Pleasant S, et al. Calcium carbonate-based permeable reactive barries for iron and manganese groundwater remediation at landfills [J]. Waste Management, 2016, 53: 128-135.

[596] Liu S J, Yang Q M, Yang Y K, et al. In situ remediaton of tetrachloroethylene and its intermediates in groundwater using an anaerobic/aerobic permeable reactive barrier [J]. Environmental Science and Pollution Research, 2017, 24 (34): 26615-26622.

[597] Rivett M O, Chapman S W, Allen-King R M, et al. Pump-and-treat remediation of chlorinated solvent contamination at a controlled field-experiment site [J]. Environmental Science & Technology, 2006, 40 (21): 6770-6781.

[598] Voudrias E A. Pump-and-treat remediation of groundwater contaminated by hazardous waste: Can it really be achieved? [J]. Global Nest Journal, 2001, 3: 1-10.

[599] Güngör-Demirci G, Aksoy A. Variation in time-to-compliance for pump-and-treat remediation of mass transfer-limited aquifers with hydraulic conductivity heterogeneity [J]. Environmental Earth Sciences, 2011, 63 (6): 1277-

1288.

[600] Evans P J, Dugan P, Nguyen D, et al. Slow-release permanganate versus unactivated persulfate for long-term in situ chemical oxidation of 1,4-dioxane and chlorinated solvents [J]. Chemosphere, 2019, 221: 802-811.

[601] 杨乐巍. 土壤及地下水原位高压旋喷注射修复技术 [OL]. 污染场地安全修复国家工程实验室, 2019. https://www.xny365.com/huanbao/article-14743-1.html.

[602] Yeung A T. Remediation technologies for contaminated sites [J]. Advances in Environmental Geotechnics, 2010, 328-369.

[603] Bolourani G, Ioannidis M A, Craig J R, et al. Persulfate-based ISCO for field-scale remediation of NAPL-contaminated soil: Column experiments and modeling [J]. Journal of Hazardous Materials, 2023, 449: 131000.

[604] Hamamoto S, Takemura T, Suzuki K, et al. Effects of pH on nano-bubble stability and transport in saturated porous media [J]. Journal of Contaminant Hydrology, 2018, 208: 61-67.

[605] Hu L, Xia Z. Application of ozone micro-nano-bubbles to groundwater remediation [J]. Journal of Hazardous Materials, 2018, 342: 446-453.

[606] Choi Y J, Park J Y, Kim Y-J, et al. Flow characteristics of microbubble suspensions in porous media as an oxygen carrier [J]. Clean-Soil, Air, Water, 2008, 36 (1): 59-65.

[607] Zhang M, Feng Y D, Zhang D Y, et al. Ozone-encapsulated colloidal gas aphrons for in situ and targeting remediation of phenanthrene-contaminated sediment-aquifer [J]. Water Research, 2019, 160: 29-38.

[608] Yao M, Bai J, Yang X R, et al. Effects of different permeable lenses on nitrobenzene transport during air sparging remediation in heterogeneous porous media [J]. Chemosphere, 2022, 296: 134015.

[609] Aldas-Vargas A, van der Vooren T, Rijnaarts H H M, et al. Biostimulation is a valuable tool to assess pesticide biodegradation capacity of groundwater microorganisms [J]. Chemosphere, 2021, 280: 130793.

[610] Wu Y, Xu L, Wang S, et al. Nitrate attenuation in low-permeability sediments based on isotopic and microbial analyses [J]. Science of the Total Environment, 2018, 618: 15-25.

[611] Patel A B, Mahala K, Jain K, et al. Development of mixed bacterial cultures DAKII capable for degrading mixture of polycyclic aromatic hydrocarbons (PAHs) [J]. Bioresource Technology, 2018, 253: 288-296.

[612] Park S, Kim H-K, Kim D H, et al. The effectiveness of injected carbon sources in enhancing the denitrifying processes in groundwater with high nitrate concentrations [J]. Process Safety and Environmental Protection, 2019, 131: 205-211.

[613] Anneser B, Pilloni G, Bayer A, et al. High resolution analysis of contaminated aquifer sediments and groundwater—What can be learned in terms of natural attenuation? [J] Geomicrobiology Journal, 2010, 27 (2): 130-142.

[614] 曹晓晴. 高盐梯度下的采油废水资源化与石油类微生物降解研究 [D]. 济南: 山东大学, 2022.

[615] Kao C M, Chen C Y, Chen S C, et al. Application of in situ biosparging to remediate a petroleum-hydrocarbon spill site: Field and microbial evaluation [J]. Chemosphere, 2008, 70 (8): 1492-1499.

[616] 韩昱, 刘玉仙, 丁冠涛, 等. 地下水VOCs污染修复技术探讨 [J]. 地质学报, 2019, 93 (1): 284-290.

[617] 陈磊磊, 陈文芳, 石巍巍, 等. Fe^0-可渗透反应墙修复Cr(Ⅵ)污染地下水的复合介质筛选及其长效运行研究 [J]. 环境污染与防治, 2022, 44 (7): 885-889.

[618] Öztürk Z, Tansel B, Katsenovich Y, et al. Highly organic natural media as permeable reactive barriers: TCE partitioning and anaerobic degradation profile in eucalyptus mulch and compost [J]. Chemosphere, 2012, 89 (6): 665-671.

[619] 樊冬玲. 降雨对垃圾填埋场污染地下水氧化还原分带及其污染物降解影响的研究 [D]. 长春: 吉林大学, 2008.

[620] Champ D, Gulens J, Jackson R. Oxidation-reduction sequences in ground water flow systems [J]. Canadian Journal of Earth Sciences, 2011, 16: 12-23.

[621] Abiriga D, Vestgarden L S, Klempe H. Long-term redox conditions in a landfill-leachate-contaminated groundwater [J]. Science of the Total Environment, 2021, 755 (P2): 143725.

[622] Shen R, Pennell K G, Suuberg E M. A numerical investigation of vapor intrusion—The dynamic response of contaminant vapors to rainfall events [J]. Science of the Total Environment, 2012, 437: 110-120.

[623] Chen C S, Tu C H, Chen S J, et al. Simulation of groundwater contaminant transport at a decommissioned landfill site—A case study, Tainan City, Taiwan [J]. International Journal of Environmental Research and Public Health, 2016, 13 (5): 467.

[624] Zhou Y, Jiang Y H, An D, et al. Simulation on forecast and control for groundwater contamination of hazardous waste landfill [J]. Environmental Earth Sciences, 2014, 72 (10), 4097-4104.

[625] Han Z Y, Ma H N, Shi G Z, et al. A review of groundwater contamination near municipal solid waste landfill sites in China [J]. Science of the Total Environment, 2016, 569: 1255-1264.

[626] 郑佳. 北京西郊垃圾填埋场对地下水污染的预测与控制研究 [D]. 北京：中国地质大学（北京），2009.

[627] Koda E, Miszkowska A, Sieczka A. Levels of organic pollution indicators in groundwater at the old landfill and waste management site [J]. Applied Sciences, 2017, 7 (6): 638.

[628] Jiang B C, Tian Y C, Ji W X, et al. Identifying and monitoring the landfill leachate contamination in groundwater with SEC-DAD-FLD-OCD and a portable fluorescence spectrometer [J]. ES&T Water, 2021, 2 (1): 165-173.

[629] 张文静. 垃圾渗滤液污染物在地下环境中的自然衰减及含水层污染强化修复方法研究 [D]. 长春：吉林大学，2007.

[630] El-Salam M M A, Abu-Zuid G I. Impact of landfill leachate on the groundwater quality: A case study in Egypt [J]. Journal of Advanced Research, 2015, 6 (4): 579-586.

[631] 许天福，金光荣，岳高凡，等. 地下多组分反应溶质运移数值模拟：地质资源和环境研究的新方法 [J]. 吉林大学学报（地球科学版），2012, 42 (5): 1410-1425.

[632] 朱晨，G. M. 安德森，吕鹏. 地球化学模拟理论及其应用 [M]. 北京：科学出版社，2017.

[633] Kiddee P, Naidu R, Wong M H. Metals and polybrominated diphenyl ethers leaching from electronic waste in simulated landfills [J]. Journal of Hazardous Materials, 2013, 252: 243-249.

[634] IPCC. Climate change 2013-The physical science basis [R]. Cambridge University Press, 2013.

[635] Chai X, Lou Z, Takayuki S, et al. Characteristics of environmental factors and their effects on CH_4 and CO_2 emissions from a closed landfill: An ecological case study of Shanghai [J]. Waste Management, 2010, 30: 446-451.

[636] 王敏，王里奥，刘莉. 垃圾填埋场的温室气体控制 [J]. 重庆大学学报，2001, 24 (5): 142-144.

[637] Lou X F, Nair J. The impact of landfilling and composting on greenhouse gas emissions-A review [J]. Bioresource Technology, 2009, 100 (16): 3792-3798.

[638] Griggs D J, Noguer M. Climate change 2001: The scientific basis. Contribution of working group Ⅰ to the third assessment report of the intergovernmental panel on climate change [J]. Weather, 2002, 57 (8): 267-269.

[639] Kanter D R, Wagner-Riddle C, Groffman P M, et al. Improving the social cost of nitrous oxide [J]. Nature Climate Change, 2021, 11 (12): 1008-1010.

[640] 何品晶，陈淼，张后虎，等. 垃圾填埋场渗滤液灌溉及覆土土质对填埋场氧化亚氮释放的影响 [J]. 应用生态学报，2008 (7): 1591-1596.

[641] Li W, Sun Y, Li G, et al. Contributions of nitrification and denitrification to N_2O emissions from aged refuse bioreactor at different feeding loads of ammonia substrates [J]. Waste Management, 2017, 68: 319-328.

[642] Castro P J, Aráujo J M, Martinho G, et al. Waste management strategies to mitigate the effects of fluorinated greenhouse gases on climate change [J]. Applied Sciences, 2021, 11 (10): 4367.

[643] 孙云杰，赵欣，殷堂兵，等. 垃圾填埋场挥发性有机物的含量水平、释放特征与来源解析 [C]. 2018 中国环境科学学会科学技术年会，2018.

[644] Jackson R B, Solomon E I, Canadell J G, et al. Methane removal and atmospheric restoration [J]. Nature Sustainability, 2019, 2 (6): 436-438.

[645] Landman W. Climate change 2007: the physical science basis [J]. South African Geographical Journal, 2010, 92 (1): 86-87.

[646] Ritchie H, Rosado P, Roser M. CO_2 and greenhouse gas emissions [OL]. https://ourworldindata.org/co2-and-greenhouse-gas-emissions.

[647] Demirbas A. Waste management, waste resource facilities and waste conversion processes [J]. Energy Conversion and Management, 2011, 52 (2): 1280-1287.

[648] US EPA. Non-CO_2 greenhouse gas data tool [DS]. 2023.

[649] Höglund-Isaksson L, Gómez-Sanabria A, Klimont Z, et al. Technical potentials and costs for reducing global anthropogenic methane emissions in the 2050 timeframe-results from the GAINS model [J]. Environmental Research Communications, 2020, 2: 025004.

[650] Maasakkers J D, Varon D J, Elfarsdóttir A, et al. Using satellites to uncover large methane emissions from landfills

[J]. Science Advances, 2022, 8: eabn9683.

[651] 我国甲烷排放源及其空间分布、减排路径建议 [EB/OL]. 2022-03-04.

[652] 蔡博峰, 楼紫阳, 刘建国, 等. 垃圾填埋场甲烷排放和协同减排 [M]. 北京: 中国环境出版集团, 2019.

[653] 曾远, 叶海, 严小飞, 等. 生活垃圾填埋场 N_2O 释放研究进展 [J]. 湖北农业科学, 2014, 53 (1): 1-4.

[654] Zhang H, He P, Shao L. N_2O emissions from municipal solid waste landfills with selected infertile cover soils and leachate subsurface irrigation [J]. Environmental Pollution, 2008, 156 (3): 959-965.

[655] Manheim D C, Yeşiller N, Hanson J L. Gas emissions from municipal solid waste landfills: A comprehensive review and analysis of global data [J]. Journal of the Indian Institute of Science, 2021, 101 (4): 625-657.

[656] Majdinasab A, Zhang Z, Yuan Q. Modelling of landfill gas generation: a review [J]. Reviews in Environmental Science and Bio/Technology, 2017, 16: 361-380.

[657] IPCC. Guidelines for national greenhouse gas inventories [R]. 2019.

[658] 马占云, 高庆先, 等. 城市生活垃圾填埋处理甲烷排放关键排放因子研究 [M]. 北京: 科学出版社, 2018.

[659] Wang X, De La Cruz F B, Ximenes F A, et al. Decomposition and carbon storage of selected paper products in laboratory-scale landfills [J]. Science of the Total Environment, 2015, 532: 70-79.

[660] Wang Z, Geng L. Carbon emissions calculation from municipal solid waste and the influencing factors analysis in China [J]. Journal of Cleaner Production, 2015, 104: 177-184.

[661] IPCC. Guidelines for national greenhouse gas inventories [R]. 2006.

[662] 石建屏, 徐黎黎, 孙会宁, 等. 城市生活垃圾填埋气测算及资源化利用研究 [J]. 再生资源与循环经济, 2016, 9 (12): 32-35.

[663] 范晓平, 苏红玉, 康振同, 等. 垃圾填埋气作为可再生能源的利用 [J]. 山西能源与节能, 2010 (4): 20-21, 27.

[664] Staniforth J Kendall K. Cannock landfill gas powering a small tubular solid oxide fuel cell—A case study [J]. Journal of Power Sources, 2000, 86 (1): 401-403.

[665] Bove R, Lunghi P. Electric power generation from landfill gas using traditional and innovative technologies [J]. Energy Conversion and Management, 2006, 47 (11-12): 1391-1401.

[666] 李树勋, 李确. 填埋气制取车用燃料的综合研究 [J]. 中国沼气, 2012, 30 (4): 38-40, 32.

[667] 孙炎军. 多孔介质反应器内填埋气重整制合成气的研究 [D]. 广州: 华南理工大学, 2015.

[668] Zhang Y, Sunarso J, Liu S, et al. Current status and development of membranes for CO_2/CH_4 separation: A review [J]. International Journal of Greenhouse Gas Control, 2013, 12: 84-107.

[669] 解莹. 基于技术标准编制的填埋气体收集与利用系统研究和应用 [D]. 武汉: 华中科技大学, 2011.

[670] 张杰东, 党文义, 刘迪, 等. 一种封闭式地面火炬系统: CN112628769B [P]. 2022-07-08.

[671] Qin Y, Xi B, Sun X, et al. Methane emission reduction and biological characteristics of landfill cover soil amended with hydrophobic biochar [J]. Frontiers in Bioengineering and Biotechnology, 2022, 10: 905466.

[672] Ng C W W, Feng S, Liu H. A fully coupled model for water-gas-heat reactive transport with methane oxidation in landfill covers [J]. Science of the Total Environment, 2015, 508: 307-319.

[673] 赵由才, 赵天涛, 黄仁华, 等. 用氯代甲烷抑制生活垃圾填埋场甲烷排放的方法: CN10259475B [P]. 2010-06-09.

[674] 赵天涛, 张丽杰, 张芸如, 等. 人为源甲烷生物抑制机理与研究进展 [J]. 重庆工学院学报（自然科学版）, 2009, 23 (03): 56-61.

[675] 赵由才, 赵天涛, 王星, 等. 用碳化钙抑制生活垃圾填埋场甲烷排放的方法: CN101249500 [P]. 2010-02-03.

[676] 陈天虎, 金鑫, 孙玉兵, 等. 减少温室气体排放的复合材料及应用: CN101544456 [P]. 2009-09-30.

[677] Bilgili M S, Demir A, Özkaya B. Influence of leachate recirculation on aerobic and anaerobic decomposition of solid wastes [J]. Journal of Hazardous Materials, 2007, 143 (1-2): 177-183.

[678] 宋欣欣, 刘凯丽, 吕龙义, 等. 渗滤液回灌促进垃圾填埋场甲烷产生的研究进展 [J]. 黑龙江大学自然科学学报, 2022, 39 (2): 192-200, 253.

[679] 陈娜. 填埋场好氧修复工程运行效果分析及试验研究 [D]. 武汉: 华中科技大学, 2017.

[680] 屈志红, 邢军, 郭静. 城市非正规垃圾填埋场环保治理技术——抽气输氧曝气法 [J]. 城市管理与科技, 2009, 11 (1): 54-55.

[681] 张文涛, 袁志业, 崔成, 等. 一种用于非正规垃圾填埋场开挖前的快速稳定处理系统: CN207330939U [P]. 2018-05-08.

[682] 杨槟赫, 曹占强, 葛亚军, 等. 一种用于生活垃圾填埋场开挖过程密闭覆盖工艺: CN113522919B [P]. 2022-09-02.

[683] 蔡博峰, 刘建国, 倪哲, 等. 中国垃圾填埋场甲烷减排关键技术的成本和潜力分析 [J]. 环境工程, 2015, 33 (11): 110-114, 165.

[684] 蔡朝阳, 何崭飞, 胡宝兰. 甲烷氧化菌分类及代谢途径研究进展 [J]. 浙江大学学报, 2016, 42 (3): 273-281.

[685] Bodelier P L E, Bär-Gilissen M J B, Meima-Franke M, et al. Structural and functional response of methane-consuming microbial communities to different flooding regimes in riparian soils [J]. Ecology and Evolution, 2012, 2: 106-127.

[686] Krause S M B, Lüke C, Frenzel P. Methane source strength and energy flow shape methanotrophic communities in oxygen-methane counter-gradients [J]. Environmental Microbiology Reports, 2012, 4 (2): 203-208.

[687] Shrestha M, Shrestha P M, Frenzel P, et al. Effect of nitrogen fertilization on methane oxidation, abundance, community structure, and gene expression of methanotrophs in the rice rhizosphere [J]. The ISME Journal, 2010, 4: 1545-1556.

[688] Ho A, Frenzel P. Heat stress and methane-oxidizing bacteria: Effects on activity and population dynamics [J]. Soil Biology & Biochemistry, 2012, 50: 22-25.

[689] Ho A, Lüke C, Frenzel P. Recovery of methanotrophs from disturbance: Population dynamics, evenness and functioning [J]. The ISME Journal, 2011, 5: 750-758.

[690] Meyer-Dombard D A, Bogner J E, Malas J. A review of landfill microbiology and ecology: A call for modernization with "next generation" technology [J]. Frontiers in Microbiology, 2020, 11: 1127.

[691] Mukred A M, Hamid A B A, Hamzah A, et al. Development of three bacteria consortium for the bioremediation of crude petroleum-oil in contaminated water [J]. Journal of Biological Sciences, 2008, 8: 73-79.

[692] Parsaeifard N, Sattler M L, Nasirian B, et al. Enhancing anaerobic oxidation of methane in municipal solid waste landfill cover soil [J]. Waste Management, 2020, 106: 44-54.

[693] Chanton J P, Powelson D K, Green R B. Methane oxidation in landfill cover soils, is a 10% default value reasonable? [J]. Journal of Environmental Quality, 2009, 38 (2): 654-663.

[694] Christophersen M, Kjeldsen P, Holst H, et al. Lateral gas transport in soil adjacent to an old landfill: factors governing emissions and methane oxidation [J]. Waste Management & Research, 2001, 19: 595-612.

[695] 陆峰, 周海燕, 武舒娅, 等. 生活垃圾填埋场覆盖材料研究进展 [J]. 环境卫生工程, 2019, 27 (06): 11-15.

[696] 赵玲, 王丹, 尹平河, 等. 垃圾填埋场生物覆盖材料筛选及甲烷减排 [J]. 环境工程学报, 2012, 6 (10): 3719-3724.

[697] 马培东, 王里奥, 黄川, 等. 改性污泥用作垃圾填埋场日覆盖材料的研究 [J]. 中国给水排水, 2007 (23): 38-41, 45.

[698] 王丹. 垃圾填埋场生物覆盖材料的筛选及其甲烷减排研究 [D]. 广州: 暨南大学, 2012.

[699] He R, Xia F F, Wang J, et al. Characterization of adsorption removal of hydrogen sulfide by waste biocover soil, an alternative landfill cover [J]. Journal of Hazardous Materials, 2011, 186 (1): 773-778.

[700] 王静. 垃圾生物覆盖土对填埋场甲烷减排的机理研究 [D]. 杭州: 浙江大学, 2011.

[701] Pedersen G B, Scheutz C, Kjeldsen P. Availability and properties of materials for the Fakse Landfill biocover [J]. Waste Management, 2011, 31 (5): 884-894.

[702] Al-Heetimi O T, van de Ven C J, van Geel P J, et al. Impact of temperature on the performance of compost-based landfill biocovers [J]. Journal of Environmental Management, 2023, 344: 118780.

[703] Huang D, Yang L, Ko J H, et al. Comparison of the methane-oxidizing capacity of landfill cover soil amended with biochar produced using different pyrolysis temperatures [J]. Science of the Total Environment, 2019, 693: 133594.

[704] 秦永丽, 孙晓杰, 王春莲, 等. 生物炭填埋场土壤覆盖层的甲烷减排性能和生物特征 [J]. 中国环境科学, 2021, 41 (1): 254-262.

[705] 孙文静, 孔溢, 陈学萍, 等. 垃圾填埋场覆层甲烷生物减排技术综述 [J]. 高校地质学报, 2021, 27 (6): 775-783.

[706] 江超, 赵仲辉, 刘秉岳. 生物炭改性土的甲烷吸附试验研究 [J]. 岩土工程学报, 2017 (S1): 116-120.

[707] 田丹. 生物炭对不同质地土壤结构及水力特征参数影响试验研究 [D]. 呼和浩特: 内蒙古农业大学, 2013.

[708] 李明玉, 孙文静. 生物炭改性填埋场覆盖层土的渗气特性研究 [J]. 岩石力学与工程学报, 2022, 41 (S2): 3543-3550.

[709] Albanna M, Fernandes L. Effects of temperature, moisture content, and fertilizer addition on biological methane oxidation in landfill cover soils [J]. Practice Periodical of Hazardous, Toxic, and Radioactive Waste Management, 2009, 13 (3): 187-195.

[710] Stein V B, Hettiaratchi J P A. Methane oxidation in three Alberta soils: influence of soil parameters and methane flux rates [J]. Environmental Technology, 2001, 22: 101-111.

[711] Scheutz C, Fredenslund A M, Chanton J P, et al. Mitigation of methane emission from Fakse landfill using a biowindow system [J]. Waste Management, 2011, 31 (5): 1018-1028.

[712] Gebert J, Groengroeft A, Pfeiffer E M. Relevance of soil physical properties for the microbial oxidation of methane in landfill covers [J]. Soil Biology and Biochemistry, 2011, 43 (9): 1759-1767.

[713] Einola J K M, Kettunen R H, Rintala J A. Responses of methane oxidation to temperature and water content in cover soil of a boreal landfill [J]. Soil Biology & Biochemistry, 2007, 39: 1156-1164.

[714] Wang J, Xia F, Bai Y, et al. Methane oxidation in landfill waste biocover soil: kinetics and sensitivity to ambient conditions [J]. Waste Management, 2011, 31 (5): 864-870.

[715] Huber-Humer M, Gebert J, Hilger H A. Biotic systems to mitigate landfill methane emissions [J]. Waste Management & Research, 2008, 26: 33-46.

[716] Figueroa R, Christensen T, Cossu R, et al. Landfill gas treatment by biofilters. Landfilling of Waste: Biogas [M]. E&FN Spon, 1996: 535-559.

[717] Streese J, Stegmann R. Microbial oxidation of methane from old landfills in biofilters [J]. Waste Management, 2003, 23 (7): 573-580.

[718] Wilshusen J H, Hettiaratchi J P A, De Visscher A, et al. Methane oxidation and formation of EPS in compost: Effect of oxygen concentration [J]. Environmental Pollution, 2004, 129 (2): 305-314.

[719] Sun J, Yuen S T S, Bogner J, et al. Phytocaps as biotic systems to mitigate landfill methane emissions [C] // Twelfth International Waste Management and Landfill Symposium, 2009.

[720] Barnswell K D, Dwyer D F. Assessing the performance of evapotranspiration covers for municipal solid waste landfills in Northwestern Ohio [J]. Journal of Environmental Engineering, 2011, 137: 301-305.

[721] Kim G W, Ho A, Kim P J, et al. Stimulation of methane oxidation potential and effects on vegetation growth by bottom ash addition in a landfill final evapotranspiration cover [J]. Waste Management, 2016, 55: 306-312.

[722] Adams B L, Besnard F, Bogner J E, et al. Bio-tarp alternative daily cover prototypes for methane oxidation atop open landfill cells [J]. Waste Management, 2011, 31 (5): 1065-1073.

[723] 邢志林, 袁建华, 赵天涛. 甲烷氧化菌生物效用与技术应用 [M]. 北京: 化学工业出版社, 2019.

[724] 郑思伟, 唐伟, 谷雨, 等. 城市生活垃圾填埋处理甲烷排放估算及控制途径研究 [J]. 环境科学与管理, 2013, 38 (7): 45-49.

[725] Hilger H, Wollum A G, Barlaz M A. Landfill methane oxidation response to vegetation, fertilization, and liming [J]. Journal of Environmental Quality, 2000, 29 (1): 324-334.

[726] Scheutz C, Kjeldsen P, Bogner J E, et al. Microbial methane oxidation processes and technologies for mitigation of landfill gas emissions [J]. Waste Management & Research, 2009, 27 (5): 409-455.

[727] Gebert J, Groengroeft A, Miehlich G. Kinetics of microbial landfill methane oxidation in biofilters [J]. Waste Management, 2003, 23 (7): 609-619.

[728] Zhang X, Kong J-Y, Xia F, et al. Effects of ammonium on the activity and community of methanotrophs in landfill biocover soils [J]. Systematic and Applied Microbiology, 2014, 37 (4): 296-304.

[729] 王云龙, 郝永俊, 吴伟祥, 等. 填埋覆土甲烷氧化微生物及甲烷氧化作用机理研究进展 [J]. 应用生态学报, 2007, 18 (1): 199-204.

[730] Visscher A D, Cléemput O V. Induction of enhanced CH_4 oxidation in soils: NH_4^+ inhibition patterns [J]. Soil Biology & Biochemistry, 2003, 35: 907-913.

[731] Nesbit S P, Breitenbeck G A. A laboratory study of factors influencing methane uptake by soils [J]. Agriculture, Ecosystems & Environment, 1992, 41 (1): 39-54.

[732] Omel'chenko L, Savel'eva N D, Vasil'ev L, et al. A psychrophilic methanotrophic community from a tundra soil

[J]. Microbiology, 1992, 61: 754-759.

[733] Börjesson G, Sundh I, Svensson B H. Microbial oxidation of CH_4 at different temperatures in landfill cover soils [J]. FEMS Microbiology Ecology, 2004, 48 (3): 305-312.

[734] 王晓琳, 曹爱新, 周传斌, 等. 垃圾填埋场甲烷氧化菌及甲烷减排的研究进展 [J]. 生物技术通报, 2016, 32 (5): 16-25.

[735] Zhang H, Yan X, Cai B, et al. The effects of aged refuse and sewage sludge on landfill CH_4 oxidation and N_2O emissions: Roles of moisture content and temperature [J]. Ecological Engineering, 2015, 74: 345-350.

[736] Bohn S, Jager J. Microbial methane oxidation in landfill top covers-process study on an MBT landfill [C] //. Proceedings Sardinia, Twelfth International Waste Management and Landfill Symposium, CISA, 2009.

[737] Yao Y, Su Y, Wu Y, et al. An analytical model for estimating the reduction of methane emission through landfill cover soils by methane oxidation [J]. Journal of Hazardous Materials, 2015, 283: 871-879.

[738] Visscher A D, Thomas D, Boeckx P, et al. Methane oxidation in simulated landfill cover soil environments [J]. Environmental Science & Technology, 1999, 33: 1854-1859.

[739] Stein V B, Hettiaratchi J P A, Achari G. Numerical model for biological oxidation and migration of methane in soils [J]. Practice Periodical of Hazardous, Toxic, and Radioactive Waste Management, 2001, 5 (4): 225-234.

[740] Kightley D, Nedwell D B, Cooper M D A. Capacity for methane oxidation in landfill cover soils measured in laboratory-scale soil microcosms [J]. Applied and Environmental Microbiology, 1995, 61: 592-601.

[741] He R, Wang J, Xia F, et al. Evaluation of methane oxidation activity in waste biocover soil during landfill stabilization [J]. Chemosphere, 2012, 89 (6): 672-679.

[742] Den Elzen M, Fekete H, Höhne N, et al. Greenhouse gas emissions from current and enhanced policies of China until 2030: Can emissions peak before 2030? [J]. Energy Policy, 2016, 89: 224-236.

[743] 陈海滨, 刘金涛, 钟辉, 等. 厨余垃圾不同处理模式碳减排潜力分析 [J]. 中国环境科学, 2013, 33 (11): 2102-2106.